Quality Assurance Manual for
Water Environment Monitoring

水环境监测
质量保证手册

邓超 周洋 邓英春 等编著

化学工业出版社
·北京·

内 容 简 介

本书共十六章，内容主要包括水环境监测质量保证、必要的概率论与数理统计基础知识、水环境监测网布设、水环境监测样品采集与分析方法、水环境样品采集质量保证、实验室玻璃量器、分析实验室用水、化学试剂与溶液制备、水环境监测安全、正态样本离群值的判断和处理、数值修约规则与极限数值的表示和判定、测量不确定度评定和表示、分析方法与结果的准确度（正确度与精密度）、化学分析中不确定度的评估、水环境标准物质、水环境监测质量保证与质量控制，以及水环境监测数据处理与资料整编等内容。

本书具有较强的技术应用性和针对性，可供从事水环境监测、检测分析等的工程技术人员、科研人员和管理人员参考，也可供高等学校环境科学与工程、生态工程及相关专业师生参阅。

图书在版编目（CIP）数据

水环境监测质量保证手册/邓超等编著．—北京：化学工业出版社，2020.12（2024.4 重印）
ISBN 978-7-122-38243-6

Ⅰ.①水…　Ⅱ.①邓…　Ⅲ.①水环境-环境监测-质量管理体系-手册　Ⅳ.①X832-62

中国版本图书馆 CIP 数据核字（2020）第 257345 号

责任编辑：刘　婧　刘兴春　　　　文字编辑：丁海蓉
责任校对：赵懿桐　　　　装帧设计：韩　飞

出版发行：化学工业出版社（北京市东城区青年湖南街 13 号　邮政编码 100011）
印　　装：北京建宏印刷有限公司
787mm×1092mm　1/16　印张 40¾　字数 943 千字　　2024 年 4 月北京第 1 版第 2 次印刷

购书咨询：010-64518888　　　　售后服务：010-64518899
网　　址：http://www.cip.com.cn
凡购买本书，如有缺损质量问题，本社销售中心负责调换。

定　　价：298.00 元

前 言

水环境监测是经由取样、分析得到关于水环境要素的物理、化学和生物特征的定量数据的活动。目前，在国民经济建设和生态环境保护中很多重要决策的制定均以环境要素定量监测结果为依据。为保证分析测试结果准确可靠，需要对水环境监测的全过程进行质量控制。

本书围绕水环境监测质量保证的现行要求，尽可能在内容广度、深度和时效性上都能做到与时俱进。本书对以前一直是水环境监测分析中的弱项的“水环境监测分析中不确定度评估”的内容做了详细的介绍，并且用实例加以说明；对分析方法与结果的准确度的试验条件、内容和方法进行详细介绍，以满足分析方法的研究和实验室分析质量管理的需要；根据当前水环境监测分析工作的现实，强化了化学试剂配制和标准溶液浓度不确定度评定有关的内容。因此，本书具有较强的技术应用性和针对性，可供从事水环境监测、检测分析等的工程技术人员、科研人员和管理人员参考，也可供高等学校环境科学与工程、生态工程及相关专业师生参阅。

本书以水环境监测质量保证为主线，全书共十六章：第一章为必要的概率论与数理统计基础知识；第二章为水环境监测站网布设；第三章为水环境监测样品采集与分析方法；第四章为水环境样品采集质量保证；第五章为实验室玻璃量器；第六章为分析实验室用水；第七章为化学试剂与溶液制备；第八章为水环境监测安全；第九章为正态样本离群值的判断和处理；第十章为数值修约规则与极限数值的表示和判定；第十一章为测量不确定度评定和表示；第十二章为分析方法与结果的准确度（正确度与精密度）；第十三章为化学分析中不确定度的评估；第十四章为水环境标准物质；第十五章为水环境监测质量保证与质量控制；第十六章为水环境监测数据处理与资料整编。

本书由邓超、周洋、邓英春等编著，具体分工如下：绪论、第二章、第十三章、第十四章、第十六章由邓英春编著；第一章、第九章由周洋编著；第三章、第四章、第七章、第十一章由邓超编著；第五章、第六章由张盼伟编著；第八章、第十章、第十五章由朱巧红编著；第十二章由马唐宽编著。全书最后由邓英春统稿并定稿。

限于编著者水平和编著时间，书中不足和疏漏之处在所难免，敬请读者给予批评指正。

邓超

2020 年 10 月

目 录

绪 论

水环境监测是经由取样、分析得到关于水环境要素的物理、化学和生物特征的定量数据的活动。水环境"监测"牵涉水质采样和水质分析测试，这就要求水质采样位置必须具有代表性，即需要设计一个具有代表性的水质监测站网，而站网设计则需要利用水文学和统计学的可靠方式来确定水环境要素采样点的位置，计算采样频率和选择需测项目。因此，在水环境监测程序中，水环境监测站网设计与采集样品、完成实验室分析相比更多地用到统计和水文设计。

一、水环境监测站网设计

收集水环境要素数据依赖于水质监测站网的目标，其目标范围可从监测河流水环境要素超标情况到确定水环境要素在时间和空间上的变化趋势。水环境监测按监测状态划分为常规监测与应急监测。应急监测指在发生紧急情况或突发性污染事件时进行的高密度（点）和高频次的水质监测。站网设计是整个水环境监测系统程序的一部分。

1. 水环境监测的复杂性

在一个大区域（经常由行政边界划分）上的水环境情况受复杂的天然和人为原因影响，是受时间和空间相互影响的函数。因此，以合理的花费得到所需的水环境要素往往是非常困难的。对于水环境监测的信息期望往往远远超过了提供这些信息的监测站网的能力。同时水环境监测的复杂性常常不能简单地被公众或有关方面所理解。一个完整、有效的水质监测程序的设计，必然涉及化学、生物学、统计学、水文学、信息科学、计算机和信息新闻学等方面的知识。

2. 假定

由于上述的复杂性，在进行站网设计时必须清楚地了解和确定资料目标，在由资料目标所表示的精度需要的范围内做出假定。做出或允许简化的假定数目和类型取决于站网的目的，因此根据所做的假定有许多可应用的设计标准。

在水质监测站网的设计中，出于站网设计的目的，一个区域中以往数据的分析必须基于数据真实地代表这一区域中的水质状况的假定前提。与此类似，正态分布统计量的使用是假定水质变量服从正态分布。

由于水质监测站网设计的复杂性和对假定的要求，显而易见，对开始建立水质监测站网设计方法或原则提出明确的要求是必要的。在实际水质监测站网设计中有许多统计学内容同数据分析和（或）质量控制有更多的联系。

二、采样质量保证与质量控制

为防止样品被污染，各个实验室之间应该像一般质量保证计划那样，实施一种行之有效的容器质量控制程序。随机选择清洗干净的瓶子，注入高纯水进行分析，以保证样品瓶不残留杂质。至于采样和存入程度中的质量保证也应该采用同采样后加入同分析样品相同试剂的步骤进行分析。

三、实验室质量控制简介

水环境监测实验室分析测试过程一般比较冗长、复杂，影响因素较多。为了保证分析测试结果准确、可靠、一致，需要对实验室分析测试的全过程进行质量控制、评价和审核。实验室质量保证的要点有以下几个方面。

1. 取样的质量保证

样品是从大量物质中选取的一部分物质，样品的测量结果应是总体特性量的估计值。由于总体物质不均匀，用样品的测量结果推断总体必然引入误差，此误差称为取样误差。取样误差是总误差的一部分，由随机误差和系统误差构成。增加取样次数，加大取样量可减小随机误差。取样的系统误差则是由取样方案不完善、操作不正确、环境影响、设备有缺陷等因素引起的，此类误差只能通过取样质量保证予以消除或避免。

要获得准确有效的测量结果，需要制定严格的取样方案，保证试样的有效性。制定取样方案时要明确取样的目的，同时要考虑被测物质的类型、状态、均匀性、稳定性和测量方法的精密度，以及测量结果的不确定度和预期目标。由此决定取样方式、取样数目、取样量、取样技术、取样周期、取样时间地点、样品的存放条件及存放期限等。取样方式一般有随机取样、系统取样和指定代表性样品三种，根据对被测样品的了解选择取样方式：若已知被测物质特性的变化规律，可采用系统取样方式；若已知被测物质均匀性良好，可取少数代表性样品，随机取样是常用的一种取样方式，它依据的是总体中每一部分被抽取的概率相等，一般借助随机取样表进行。当构成总体的样本服从正态分布时，可根据给定的误差限（E），按下式估计最少取样数目：

$$n=\frac{t^2s^2}{E^2}$$

式中　E——n 个样品的平均值 $\bar{x}$ 与总体平均值 μ 间的最大允差，是给定值；

s——测定 n 个样品的标准偏差，可从以往的测量中得知；

t——一个与给定概率和取样数目有关的统计量，可查表得到。

最小取样量一般用 $mR^2=k$ 计算，其中 m 是样品的质量；R 是样品间的相对标准偏差；k 是 Ingamells 取样常数，它相当于 $R=1\%$时的最小取样量，可通过初步实验估算。若先测定 n 个质量为 m 的样品，算出平均值 $\bar{x}$ 和标准偏差 s，$R=\frac{s}{\bar{x}}\times100$，由 m 和 R 估出 k。

2. 化学测量过程的质量控制

化学测量过程一般包括对样品的处理、测量方法的选择、仪器的标准、标准溶液的制备、数据统计分析和报告测量结果。其中每个环节都与测量者的操作技术、理论知识、质量意识密切相关，同时也受实验室环境、所用设备、化学试剂等影响。为了提高测量的准确度，除从组织结构、规章制度和技术方案等方面加强质量保证外，还从以下几个方面进行质量控制。

（1）加标回收率　在样品处理上，用回收率这个综合质量指标对样品处理进行评价。样品的消解、溶解和被测组分的分离、富集是化学测量过程的重要环节，样品在处理过程中可能会发生消解、溶解、富集不完全，或被测组分挥发、分解，造成负误差，另外由器皿、化学试剂、环境和操作者沾污被测组分造成正误差，样品处理过程中会产生较大的随机误差。因此，分析测试工作常用回收率来估价分析结果的正确性，一般用加标的方法推测回收率。使用此法有 2 个前提：

① 加入标准物质的组分与样品中的组分有相同的回收率；

② 假定样品中被测组分的含量相对加标量可以忽略不计，或者已知其含量。

回收率与样品的类型、处理方法、被测成分及其含量水平有关，在有关技术标准和分析方法中对例行分析回收率的控制指标做了原则性的规定。

（2）分析空白的控制和校正　为消除和控制实验环境、化学试剂等对分析结果的影响，需做分析空白的控制和校正。空白包括样品被测组分的沾污、被测组分的损失、仪器噪声产生的空白等。样品沾污产生的空白称分析空白。分析空白高而又不稳定的分析过程不能用于痕量和超痕量组分的测定。因此，消除和控制污染源，减小空白及其变动性，是痕量分析工作的重要内容。化学试剂对样品中被测组分的沾污随试剂的纯度和用量的变化而变化，试剂及用量一旦确定，引入的空白值也确定了，采用高纯度的试剂和减少试剂用量是降低试剂空白值的唯一措施。贮存和处理样品用的器皿，如果材质不合适或洗涤不干净均能造成样品沾污，痕量分析中应选用高纯惰性材料制成的器皿，如石英、聚四氟乙烯等。消除和控制实验环境对样品的沾污也是十分重要的，空气中的尘埃含多种元素，对样品被测痕量组分产生明显的沾污，而且变动性很大。因此，应对实验室局部或整体采取防潮措施，避免样品存放和处理过程中交叉污染。

分析者对样品的沾污是不能忽视的，分析者的手、毛发、皮肤、服装、饰物、化妆品等都有可能沾污样品。进行痕量和超痕量分析的工作人员，要穿戴特殊的工作服、帽、手套等，避免自身沾污样品。空白值波动大，难以做空白值修正，最可靠的方法是把分析空白降低到可以忽略不计的程度，同时在样品分析过程中做空白平行测定，做空白质量控制图，随时注意分析过程有无明显的沾污，以确定样品分析结果的可靠性。

（3）选择合适的分析方法　为了探测物质的变化规律，解决生产、生活和社会法规等问题，各国不断研究和开发各种分析技术和方法。目前，仅国家层面和国际标准化组织发展的标准方法就数以千计，大体可分为：

① 检测产品技术规格的普及型标准化方法；

② 贯彻政府制定的某些法规所指定的标准化方法（称官方方法）；

③ 基础性标准化方法。

测量的线性范围、准确度、精密度、灵敏度、检出限、分辨力和稳定性等是衡量化学分析方法的重要技术参数。准确度是测量结果与真值的一致程度。由于真值不能测得，只能通过研究分析方法的原理、回收率、分析空白、校准曲线、基体效应和精密度等，估计出方法的准确度。在实际分析工作中，现已普遍采用已知准确量值的标准物质验证分析方法是否存在明显的系统误差。测量方法和精密度表示测量数据的发散程度，它受仪器设备、操作技术、被测样品等因素的影响，一般用重复性标准偏差、再现性标准偏差表达。研究或者选择一种分析方法，应结合实验条件与拟测样品，通过实验估计方法的标准偏差、重复性及再现性标准偏差，以便对分析结果做出正确的解释和判断。测量方法的灵敏度一般用校准曲线的斜率表示，斜率越大，方法灵敏度越高。方法的检出限是指在一定置信概率下能检出被测组分的最小含量，它与分析空白值、精密度、灵敏度密切相关，是分析方法的一个综合性计量参数。

(4) *对分析方法进行校准* 校准分析方法的目的是建立测量信号与被测化学成分的函数关系，制作准确有效的校准曲线是获得准确可靠的分析结果的重要前提。制作校准曲线，应使用准确度高、均匀性好而且稳定的标准物质，消除或减小测定干扰及基体效应的影响。要控制实验条件，使样品测定和制作校准曲线的实验条件尽可能保持不变。在设计实验方案时应在较短的时间间隔内制作和使用校准曲线，实验的量值范围尽量宽，实验点不能少于5个，而且各点应多做几次，取平均值，以减小实验误差。

3. 质量控制图

质量控制图是实验数据的图解，它表示一个测量过程的特定的统计量随时间或组序的变化，是判断统计控制的标准，也是鉴别失控原因的方法。作质量控制图时，以纵坐标表示特定的统计量，横坐标表示时间或组序，用特定量的统计平均值作中心线，中心线的两侧是指定概率下的上、下控制限。利用质量控制图，可以做各种统计检验，帮助分析工作者及时发现分析测定过程中的问题，保证测量数据准确可靠。

4. 化学测量的评价

化学测量结果往往是重大经济或技术决策的依据，因此它们的准确性和可靠性至关重要。质量评价的方法有测量数据评价和实验室测量能力评价两类。使用标准物质或者权威测量方法、熟练实验、内部和外部质量评价、测量实验室认证等是常用的方法。其中使用标准物质或者权威测量方法可以提供相对真值，赋予测量结果计量溯源性，能直接、方便地对测量数据的准确度和测量实验室的实际测量能力给出客观的评价。

熟练实验是权威机构为核验例行检验实验室测量结果的可靠性而组织的实验。通过实验室间测量结果的比对，客观地评价实验室的测量能力。熟练实验的程序，通常是由实验的组织者制定实验方案，制备均匀性、稳定性符合要求的样品，按规定的日程向参加实验室发放样品；参加实验室用例行的测量方法和测量过程测定样品，并报出测量结果；实验组织者对实验数据进行统计分析，对各参加实验室在这次活动中的能力做出评价。

测量实验室认证是对测量实验室进行某个领域或特定类型测量能力的正式承认，是计量行政主管部门对向社会提供公正数据的技术机构的计量检定、测试能力、可靠性和公正性所进行的考核和证明。经认证合格的实验室，由国家颁发具有一定有效期的证书，证明该实验室有为社会提供公正数据的资格。在证书规定的范围内提供的数据，可用于贸易出证、产品质量评价、成果鉴定等公正数据场合，并具有法律效力。

第一章
概率论与数理统计基础知识

第一节　随机变数的基本概念

一、随机事件和随机变量

1. 事件和随机事件

观测或试验的一种结果，称为一个事件。例如，明天的天气是晴天、阴天还是雨天，这三种可能性中的每一种都称为事件。又如，测量工件的直径所得的结果为 9.91mm，9.92mm，9.93mm，…，这里每个可能出现的测量结果都称为事件。与测量结果相联系的不确定度是事件；若工件直径的真值已知，则相应的每一个误差也称为事件。

在客观世界中，我们可以把事件大致分为确定性和不确定性两类。向上抛的石子必然下落，纯水在标准大气压下加热到 100℃时必然沸腾等，均属肯定事件或确定性事件。抛掷一枚硬币的结果可能正面朝上也可能反面朝上，打靶的结果可能射中也可能射不中等，均属可疑事件或不确定性事件。

确定性事件有着内在的规律，这一点我们比较容易看到和处理。而对于不确定性事件，虽然就每一次观测或试验结果来看是可疑的，但在大量重复观测和试验下却呈现某种规律性（统计规律性）。例如多次重复抛掷一枚硬币，会发现正面朝上与反面朝上的次数大致相等。概率论和数理统计就是从两个不同侧面来研究这类不确定性事件的统计规律性。在概率统计中，把客观世界可能出现的事件区分为最典型的 3 种情况。

（1）必然事件　在一定条件下必然出现的事件，例如工件直径的测量结果为正，是必然事件。

（2）不可能事件　在一定条件下不可能出现的事件，例如工件直径的测量结果为零或负值，都是不可能事件。

（3）随机事件　在一定条件下可能出现也可能不出现的事件，例如工件直径的测量结果出现在 9.91～9.92mm 之间，是一个随机事件。随机事件即随机现象的某种结果。

2. 随机变量

如果某一量（例如测量结果）在一定条件下，取某一值或在某一范围内取值是一个随机事件，则这样的量叫作随机变量。

随机变量不同于其他变量的特点是：它是以一定的概率，在一定的区间上取值或取某一个固定值。例如，工件直径的测量结果在 9.90～9.92mm 区间上取值的概率为 0.9。由前所述，可知测量结果及其不确定度均为随机变量。

随机变量根据其取值的特征可以分为连续型随机变量和离散型随机变量两种。

（1）连续型随机变量　若随机变量 X 可在坐标轴上某一区间内取任一数值，即取值布满区间或整个实数轴，则称 X 为连续型随机变量。例如，重复测量中所得的一组观测值就属于连续型随机变量。

（2）离散型随机变量　若随机变量 X 的取值可离散地排列为 x_1，x_2，…，而且 X 以各种确定的概率取这些不同的值，即只取有限个或可数个实数值，则称 X 为离散型随机变量。取有效数字的位数时，数字的舍入误差就是一种离散型随机变量。

二、概率和分布函数

1. 事件的概率

（1）概述　随机事件的特点是：在一次观测或试验中，它可能出现也可能不出现，但是在大量重复的观测或试验中呈现统计规律性。例如，在连续 n 次独立试验中，事件 A 发生了 m 次，m 称为事件的频数，m/n 则称为事件的相对频数或频率。当 n 极大时，频率 m/n 稳定地趋于某一个常数 p，此常数 p 称为事件 A 的概率，记为 $P(\mathrm{A})=p$，这就是概率的古典定义。概率 p 是用以度量随机事件 A 出现的可能性大小的数值。必然事件的概率为 1，不可能事件的概率为 0，随机事件的概率 $P(\mathrm{A})$ 为 $0\leqslant P(\mathrm{A})\leqslant 1$。所以，必然事件和不可能事件是随机事件的两种极端情况。概率可以通过一定的法则进行运算，下面简要介绍概率的加法定理和乘法定理。

（2）概率加法定理　先引入下列符号：U 代表必然事件；V 代表不可能事件；$\mathrm{A}\cup\mathrm{B}$ 代表 A 或 B 中至少有一个出现的事件；$\overline{\mathrm{A}}$ 代表 A 不出现的事件，称 $\overline{\mathrm{A}}$ 为 A 的对立事件；AB 代表 A 与 B 同时出现的事件。

若 AB＝V，称 A、B 为互斥事件，即 A 与 B 不能同时出现。概率加法定理叙述为：互斥的诸事件 A_1，A_2，…，A_n 中任一事件出现的概率为各个事件概率的总和。换言之，若：

$$\mathrm{A}=\mathrm{A}_1\cup\mathrm{A}_2\cup\mathrm{A}_3\cup\cdots\cup\mathrm{A}_n\text{，且 }\mathrm{A}_i\mathrm{A}_j=\mathrm{V}\qquad(1<i<j<n)$$

则：

$$P(\mathrm{A})=P(\mathrm{A}_1)+P(\mathrm{A}_2)+\cdots+P(\mathrm{A}_n)=\sum_{i=1}^{n}P(\mathrm{A}_i)\tag{1-1}$$

【例 1-1】 加工某零件 100 件，要求零件尺寸是（100±0.01）mm。加工后测量零件，在 100 件中，尺寸小于 99.99mm 的零件有 2 件，而大于 100.01mm 的零件有 3 件，问任取一件其尺寸偏差超出±0.01mm 的概率是多少？

解　设 A_1 为零件尺寸大于 100.01mm 的事件，则 $P(\mathrm{A}_1)=3\%$；A_2 为零件尺寸小于 99.99mm 的事件，则 $P(\mathrm{A}_2)=2\%$。显然，A_1 与 A_2 为互斥的两个事件，$\mathrm{A}_1\mathrm{A}_2=\mathrm{V}$，

$A=A_1\cup A_2$，应用概率加法定理式(1-1) 可得：

$$P(A)=P(A_1)+P(A_2)=5\%$$

(3) 概率乘法定理　若事件 A 的出现并不影响事件 B 的出现，则称事件 A 与事件 B 是相互独立的。由许多独立的简单事件所组成，且各独立事件同时出现的事件称为复杂事件。则概率乘法定理可叙述为：复杂事件的概率等于组成复杂事件的各个简单事件的概率的乘积。换言之：

$$P(A_1A_2\cdots A_n)=P(A_1)P(A_2)\cdots P(A_n)=\prod_{i=1}^{n}P(A_i) \tag{1-2}$$

【例 1-2】 加工圆锥轴 100 件，加工后测得小端直径超出公差的有 5 件，大端直径超出公差的有 8 件，问任取一件大端直径和小端直径同时超出公差的概率是多少？

解　设 A_1 为小端直径超出公差的事件，则 $P(A_1)=5\%$；A_2 为大端直径超出公差的事件，则 $P(A_2)=8\%$。显然，小端直径和大端直径同时超出公差的事件 A 为复杂事件，它由 A_1 和 A_2 两个独立的简单事件所组成。故由概率乘法定理式(1-2) 可得：

$$P(A)=P(A_1)P(A_2)=5\%\times 8\%=0.4\%$$

2. 分布函数

(1) 概述　随机变量的特点是以一定的概率取值，但并不是所有的观测或试验都能以一定的概率取某一个固定值。例如，重复测量某圆柱体直径时，作为被测量最佳估计的测量结果是随机变量，记为 X，它所取的可能值是充满某一个区间的（并非某一个固定值）。那么，我们所关心的问题是它落在该区间的概率是多少，即 $P(a\leqslant X\leqslant b)=?$ 由概率加法定理有：

$$P(a\leqslant X\leqslant b)=P(X<b)-P(X<a)$$

显然，我们只要求出 $P(X<b)$ 及 $P(X<a)$ 即可，这要比求 $P(a\leqslant X\leqslant b)$ 简便得多，因为它们只依赖于一个参数。

对于任何实数 x，事件 $P(X<x)$ 的概率当然是一个 x 的函数。令 $F(x)=(X<x)$，显然有 $F(-\infty)=0$，$F(+\infty)=1$，我们称 $F(x)$ 为随机变量 X 的分布函数。所以，分布函数 $F(x)$ 完全决定了事件 $a\leqslant X\leqslant b$ 的概率，或者说分布函数 $F(x)$ 完整地描述了随机变量 X 的统计特性。下面按离散型和连续型两种情况，讨论随机变量的分布函数。

(2) 离散型随机变量的分布函数　设 x_1，x_2，…，x_n 是离散型随机变量 X 的所取值，而 p_1，p_2，…，p_n 为 X 取上述值的概率，即：

$$P(X=x_i)=p_i \qquad (I=1,2,\cdots,n) \tag{1-3}$$

概率 p_i 应满足条件 $\sum_{i=1}^{n}p_i=1$。式(1-3) 称为离散型随机变量 X 的概率分布。离散型随机变量的分布规律可以用分布表（见表 1-1）和分布图（见图 1-1）直观地表示出来。

表 1-1　离散型随机变量分布表

x_i	x_1	x_2	…	x_n
p_i	p_1	p_2	…	p_n

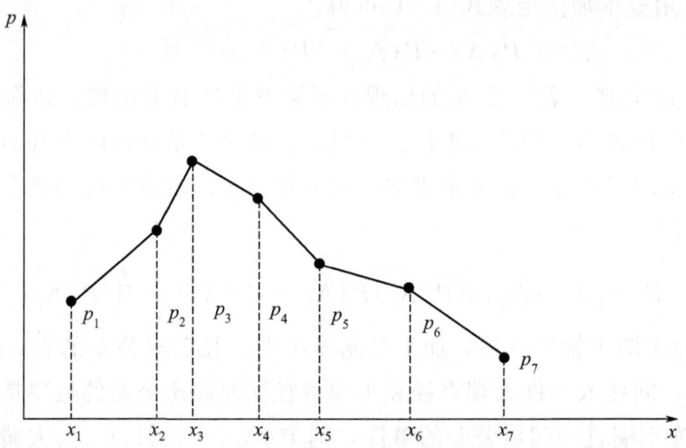

图 1-1　离散型随机变量分布图

离散型随机变量的分布函数 $F(x)$ 具有下列形式：

$$F(x)=\sum_{x_{i<n}} p_i \tag{1-4}$$

因此，任何离散型随机变量的分布函数都是不连续的。

(3) 连续型随机变量的分布函数　设连续型随机变量 X 取值于区间 (a,b)，则 X 的分布函数 $F(x)$ 对于任意两实数 x_1、$x_2(x_1<x_2)$ 有：

$$F(x_2)-F(x_1)=P(x_1<X<x_2)\geqslant 0$$

即 $F(x)$ 是单调增函数，并且假定 $F(x)$ 在 $-\infty<x<\infty$ 间是连续的，在 $-\infty<x<\infty$ 间是可微分的，且其导数 $F'(x)$ 在该区间连续。

这两个假定在实际工作中常被满足。连续型随机变量与离散型随机变量不同，其分布规律不可能用分布表表示。为了描述其概率分布的规律，需要引入一个新的概念，即概率分布密度函数 $f(x)$。显然，变量 X 在 x 至 $x+\Delta x$ 区间内的概率为：

$$P(x<X\leqslant x+\Delta x)=F(x+\Delta x<x_2)-F(x)$$

则：

$$\lim_{\Delta x\to 0}\frac{F(x+\Delta x)-F(x)}{\Delta x}=F'(x)=f(x)$$

所以，概率分布密度函数 $f(x)$ 定义为概率分布函数 $F(x)$ 的导数。由此可将分布函数写成：

$$F(x)=\int_{-\infty}^{x} f(x)\mathrm{d}x \tag{1-5}$$

式(1-5) 就是常用的概率积分公式。若已知概率分布密度 $f(x)$，则随机变量 X 落在某一区间 (x_1,x_2) 内的概率 $P(x_1<X\leqslant x_2)$ 为：

$$P(x_1<X\leqslant x_2)=F(x_2)-F(x_1)=\int_{x_1}^{x_2} f(x)\mathrm{d}x \tag{1-6}$$

例如，对于服从正态分布的随机误差，其分布密度函数 $f(x)$ 具有如下形式：

$$f(x)=\frac{1}{\sigma\sqrt{2\pi}}\exp\left(-\frac{\delta^2}{2\sigma^2}\right) \tag{1-7}$$

式中　δ——随机误差的可能值；

σ——测量列的标准差。

第二节　随机变量的数字特征

由上所述，利用分布函数或分布密度函数可以完全确定一个随机变量。但在实际问题中，求分布函数或分布密度函数不仅十分困难，而且常常没有必要。例如，测量零件的长度得到了一系列的观测值，我们往往只需要知道零件长度这个随机变量的一些特征量就够了，如长度的平均值（近似地代表长度的真值）及测量标准差（观测值对平均值的分散程度）。用一些数字来描述随机变量的主要特征，显然十分方便、直观、实用，在概率论和数理统计中就称它们为随机变量的数字特征。这些特征量有数学期望、方差、矩等。

一、随机变量的基本定理

（一）大数定律

对于自然界中的随机现象，虽然不可能确切地判定它的状态及其变化的规律性，但是由于人们在长期实践中积累了丰富的经验，因而能够确定某些事件的概率接近 1 或 0。也就是说，在一次观测或试验中把概率接近 1 或 0 的事件，分别看成是必然事件或不可能事件。

大数定律的意义就在于：以接近 1 的概率来说明大量随机现象的平均结果具有稳定性，从而在确定不变的条件下，可把随机变量视为非随机变量。例如，气体的压力等于单位时间内撞击在单位面积上的气体分子的总效果。显然，气体分子撞击的次数及速度是随机变量，但气体的压力可以认为是一个常数。

1. 切比雪夫（Tchebyshev）定理

设 X_1，X_2，…，X_n 为互相独立的随机变量序列，同时其数学期望 $E(X_i)=a$，方差 $D(X_i)\leqslant C$（C 是常数，$i=1\sim n$），则对任意的 $\varepsilon>0$，恒有：

$$\lim_{n\to\infty} P\left\{\left|\frac{1}{n}\sum_{i=1}^{n} x_i - a\right| < \varepsilon\right\}=1 \tag{1-8}$$

习惯上称这个大数定理为切比雪夫定理，它的实际意义在于：当我们测量某一量时，其真值为 a，进行 n 次独立的重复观测，测得值为 x_i（$i=1\sim n$），那么当 n 充分大时，可以用算术平均值 $\frac{1}{n}\sum_{i=1}^{n} x_i$ 代替真值 a，以满足测量不确定度 ε 的要求。换言之，随机变量序列 $\{X_n\}$ 依概率收敛于 a。

2. 贝努利定理

设在 n 次独立观测或试验中，事件 A 的出现次数为 m，则当 n 无限增大时，频率

m/n 依概率收敛于它的概率 P，即对任意的 $\varepsilon>0$，恒有：

$$\lim_{n\to\infty} P\left\{\left|\frac{m}{n}-p\right|<\varepsilon\right\}=1 \tag{1-9}$$

这就是历史上最早发现的大数定理，又称为贝努利定理，它的实际意义在于：在观测或试验的条件稳定不变时，如果 n 充分大，则可用频率代替概率，此时频率具有很高的稳定性。

(二) 中心极限定理

中心极限定理粗略地说就是：大量的独立随机变量之和，具有近似于正态的分布。例如在测量某量时产生测量不确定度的随机因素很多，这些由个别因素所引起的测量不确定度分量通常很小，但其总和（合成）却较大。为了研究这种合成不确定度的特性，就需要知道相互独立的随机变量之和的分布函数或分布密度函数的形状及其存在条件。由概率论可以证明，若 $X_i(i=1,2,\cdots,n)$ 为独立的随机变量，则其和的分布近似于正态分布，而不管个别变量的分布如何。随着 n 的增大，这种近似程度也增加。通常若 X_i 同分布，且每一 X_i 的分布与正态分布相差不甚大时，则即使 $n\geqslant 4$，中心极限定理也能保证相当好的近似正态性。这个结论具有重要的实际意义。

二、数学期望

随机变量 X 的数学期望值记为 $E(X)$ 或简记为 μ_x，它是用来表示随机变量本身的大小，说明 X 和取值中心或在数轴上的位置，也称期望值。数学期望表征随机变量分布的中心位置，随机变量围绕着数学期望取值。数学期望的估计值，即为若干个测量结果或一系列观测值的算术平均值。也就是说数学期望是无限多次实践的统计平均值，是理想的平均值，随机变量的所有可能值围绕着它而变化。

1. 离散型随机变量的数学期望

设某机械加工车间有 M 台机床，它们时而工作时而停顿（如为了调换刀具、零件和进行测量等），为了精确估计车间的电力负荷，需要知道同时工作的机床台数。为此做了 N 次观察，记下诸独立事件（所有机床都不工作，有1台工作，有 2 台工作，…，M 台都工作）的出现次数分别为 m_0，m_1，…，m_M。显然，$m_0+m_1+\cdots+m_M=N$，则该车间同时工作的机床的平均数 $\overline{n}$ 为：

$$\overline{n}=\frac{\sum_{i=1}^{M} x_i m_i}{N}=\sum_{i=1}^{M} x_i \frac{m_i}{N}=\sum_{i=1}^{M} x_i \omega_i$$

式中　ω_i——x_i 台机床同时工作的频率。

当 N 很大时，频率 ω_i 趋于稳定而等于概率 p_i，故有：

$$\overline{n}=\sum_{i=1}^{M} x_i p_i$$

由上所述，本例中同时工作的机床台数 X 是一个随机变量，其可能值为 $x_i(i=1\sim n$，本例中 $x_1=0,x_2=1,\cdots,x_n=M)$，相应的概率为 $p_i(i=1\sim n)$，则其均值 $\sum_{i=1}^{M} x_i p_i$ 即

称为随机变量的数学期望。它的一般形式 $\mu_x = E(X) = \sum_{i=1}^{\infty} x_i p_i$ 应绝对收敛。

2. 连续型随机变量的数学期望

设连续型随机变量 X 的分布密度函数为 $f(x)$，且 $\int_{-\infty}^{+\infty} |x| f(x)\mathrm{d}x$ 收敛，根据类似的定义，则 X 的数学期望为：

$$\mu_x = E(X) = \int_{-\infty}^{+\infty} x f(x)\mathrm{d}x \tag{1-10}$$

式中　$f(x)\mathrm{d}x$——随机变量 X 在任意一点 x 取值的概率。

对于任意一个具有分布函数 $F(x)$ 的随机变量 X 而言，则有：

$$\mu_x = E(X) = \int_{-\infty}^{+\infty} x\mathrm{d}F(x) \tag{1-11}$$

因此，数学期望是均值这一概念在随机变量上的推广，它不是简单的算术平均值，而是以概率为权的加权平均值（见本节后面的例题）。

3. 数学期望的运算法则

① 常数 C 的数学期望值等于常数本身。

$$E(C) = C$$

② 设 X 为一随机变量，C 为一常数，则：

$$E(CX) = CE(X)$$

③ 设 X 和 Y 是两个独立的随机变量，则：

$$E(X+Y) = E(X) + E(Y)$$

$$E(X \cdot Y) = E(X) \cdot E(Y)$$

④ 设 X_1，X_2，…，X_n 是 n 个任意的随机变量，a_1，a_2，…，a_n 是 n 个任意常数，则：

$$E\left(\sum_{i=1}^{n} a_i x_i\right) = \sum_{i=1}^{n} a_i E(x_i)$$

三、方差

1. 概述

只用数学期望还不能充分描述一个随机变量。例如对于测量而言，数学期望可用来表示被测量本身的大小，但是关于测量的可信程度或品质高低，如各个测得值对数学期望的分散程度就要用另一个特征量——方差来表示。为此，我们以下面用两种方法对某一量进行测量所得的测量结果（列于表 1-2 和表 1-3）为例，看一下哪种方法更为可信或品质更高。

表 1-2　按方法Ⅰ所得的测量结果

测得值	28	29	30	31	32	偏差绝对值	0	1	2
概率	0.1	0.15	0.5	0.15	0.1	概率	0.5	0.3	0.2

表 1-3 按方法Ⅱ所得的测量结果

测得值	28	29	30	31	32	偏差绝对值	0	1	2
概率	0.13	0.17	0.4	0.17	0.13	概率	0.4	0.34	0.26

我们比较两个表中的偏差绝对值及概率，很容易看出在没有系统效应情况下，表 1-2 所用方法Ⅰ的测量品质比表 1-3 所用方法Ⅱ要高。同时，也可以看出它们的数学期望却是相等的，均为：

$$E(X)=\sum_{i=1}^{5} x_i p_i =30.0$$

这就意味着还需要用另一个数字特征量，即用方差来进一步描述随机变量的分散或离散性。方差定义为：随机变量 X 的每一个可能值对其数学期望 $E(X)$ 的分散程度，即：

$$D_x=D(X)=E[X-E(X)]^2$$

2. 离散型随机变量的方差

$$D_x=D(X)=\sum_{i=1}^{\infty}(x_i-\mu_x)^2 p_i \qquad (1\text{-}12)$$

对于上述的测量实例，由表中的数据可以算出方差为：

① 按测量方法Ⅰ： $D_1(X)=\sum_{i=1}^{5}(x_i-\mu_x)^2 p_i=1.10$

② 按测量方法Ⅱ： $D_2(X)=\sum_{i=1}^{5}(x_i-\mu_x)^2 p_i=1.38$

由此可知，若方差小，各测得值对其均值的分散程度就小，则在不考虑系统效应情况下其测量品质高，或更为可信、有效。

3. 连续型随机变量的方差

$$D(X)=\int_{-\infty}^{+\infty}(x_i-\mu_x)^2 f(x)\mathrm{d}x \qquad (1\text{-}13)$$

方差 $D(X)$ 的量纲是随机变量 X 量纲的平方。为了更为实用和易于理解，最好用与随机变量同量纲的量来说明或表述分散性，故将方差开方取正值得：

$$\sigma_x=\sqrt{D(X)}$$

式中 σ_x 可简记为 σ，称为测量列的标准差，亦称标准差或均方根偏差。

4. 方差的运算法则

① 方差：

$$D(X)=E(X^2)-E^2(X)$$

上式可证明如下：

$$\begin{aligned}D(X)&=E[X-E(X)]^2=E[X^2-2XE(X)+E^2(X)]\\&=E(X^2)-2E(X)E(X)+E^2(X)=E(X^2)-E^2(X)\end{aligned}$$

② 常数的方差为零：

$$D(C)=0$$

③ 设 X 为一随机变量，C 为常数，则：

$$D(CX)=C^2D(X)$$

④ 设 X_1、X_2 是两个随机变量，则：

$$D(X_1+X_2)=D(X_1)+D(X_2)$$

⑤ 设 X_1、X_2 是任意两个随机变量，则：

$$D(X_1+X_2)=D(X_1)+D(X_2)+2\sigma_{X_1X_2}$$

而 $\sigma_{X_1X_2}=E[(X_1-\mu_{x_1})(X_2-\mu_{x_2})]$，称为随机变量 X_1 与 X_2 的协方差。它描述了两个随机变量相互依赖的程度，所以通常用相关系数$\rho_{X_1X_2}$ 代替之，即：

$$\rho_{X_1X_2}=\frac{\sigma_{X_1X_2}}{\sqrt{D_{X_1X_2}}}=\frac{\sigma_{X_1X_2}}{\sigma_{X_1}\sigma_{X_2}} \tag{1-14}$$

⑥ 协方差与相关系数用于分量相关的合成标准不确定度评定中，并采用它们的估计值，协方差的估计值为：

$$S(x_i,x_j)=\frac{1}{n(n-1)}\sum_{i=1}^{n}(x_i-\overline{x}_i)(x_j-\overline{x}_j) \tag{1-15}$$

相关系数的估计值为：

$$\gamma(x_i,x_j)=\frac{S(x_i,x_j)}{S(x_i)S(x_j)} \tag{1-16}$$

设 X_1、X_2 是两个独立的随机变量，则：

$$D(X_1\cdot X_2)=D(X_1)\cdot D(X_2)+D(X_1)\cdot E^2(X_2)+D(X_2)\cdot E^2(X_1)$$

四、矩

1. 原点矩

对于随机变量 X，若 $v_k=E(X^k)$ 存在，则称 v_k 为 X 的 k 阶原点矩。显然，当 $k=1$ 时有：

$$v=E(X)$$

所以，一阶原点矩就是 X 的数学期望。

2. 中心矩

对于随机变量 X，若 v_1 存在，则当 $\mu_x=E[(X-v_1)^k]$ 存在时，称 μ_x 为 X 的 k 阶中心矩。显然，一阶中心矩等于零，二阶中心矩就是方差。

第三节 几种常见随机变量的概率分布及其数字特征

一、均匀分布（矩形分布）

【例 1-3】 设被测量 X 服从均匀分布，如图 1-2 所示，试求其数学期望值 μ_x、方差 D_x 及标准差 σ。

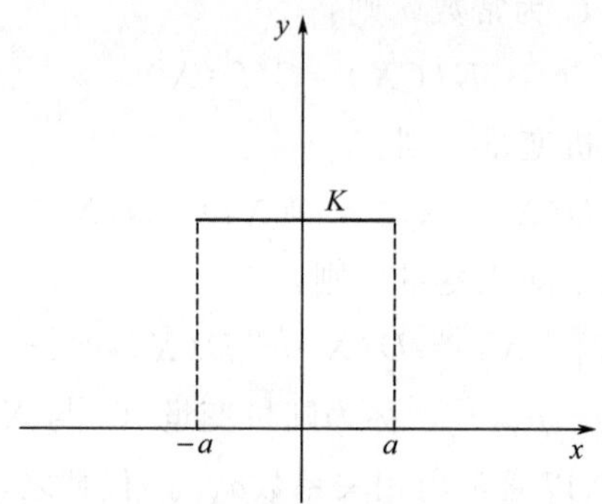

图 1-2 均匀分布

解 设其概率分布密度为 $f(x)$，它在 $-a$ 至 $+a$ 区间内为一常数，令其为 K，则：

$$y=f(x)=K$$

被测量落在 $-a$ 至 $+a$ 区间内的概率应为 1，故有：

$$\int_{-a}^{+a} f(x)\mathrm{d}x=\int_{-a}^{+a} K\mathrm{d}x=1$$

即得 $K=\frac{1}{2a}$，因此概率分布为：

$$y=f(x)=\frac{1}{2a}$$

被测量的期望值为：

$$\mu_x=\int_{-a}^{+a} xf(x)\mathrm{d}x=\frac{1}{2a}\int_{-a}^{+a} x\mathrm{d}x=0$$

被测量的方差为（注意到 $\mu_x=0$）：

$$D_x=\int_{-a}^{+a}(x-\mu_x)^2 f(x)\mathrm{d}x=\int_{-a}^{+a} x^2 f(x)\mathrm{d}x=\frac{1}{2a}\int_{-a}^{+a} x^2\mathrm{d}x=\frac{a^2}{3}$$

所以标准差为：

$$\sigma=\sqrt{D_x}=\frac{a}{\sqrt{3}}$$

上式即为被测量服从均匀分布时，其标准差与分散区间半宽之间的关系式。

在某一区间 $[-a,a]$ 内，被测量值以等概率落入，而落于该区间外的概率为零，则称被测量值服从均匀分布，通常记作 $U[-a,a]$。服从均匀分布的被测量有：

① 资料切尾引起的舍入不确定度；

② 电子计数器的量化不确定度；

③ 摩擦引起的不确定度；

④ 数字示值的分辨力；

⑤ 滞后；

⑥ 仪器度盘与齿轮回差引起的不确定度；

⑦ 平衡指示器调零引起的不确定度。

在缺乏任何其他信息的情况下，一般假设为服从均匀分布。

另外，服从均匀分布的变量的正弦或余弦函数，服从反正弦分布（见图 1-3）。服从反正弦分布的被测量有：

① 度盘偏心引起的测角不确定度；

② 正弦振动引起的位移不确定度；

③ 无线电中失配引起的不确定度；

④ 随时间正余弦变化的温度不确定度。

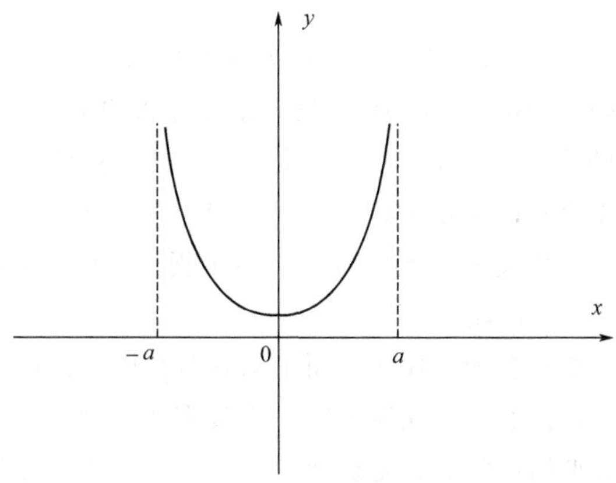

图 1-3 反正弦分布

二、正态分布（拉普拉斯-高斯分布）

【例 1-4】 设被测量 X 服从正态分布，如图 1-4(a) 所示，试说明其分布密度函数中参数 μ、σ 的实际意义和分布曲线的特点。

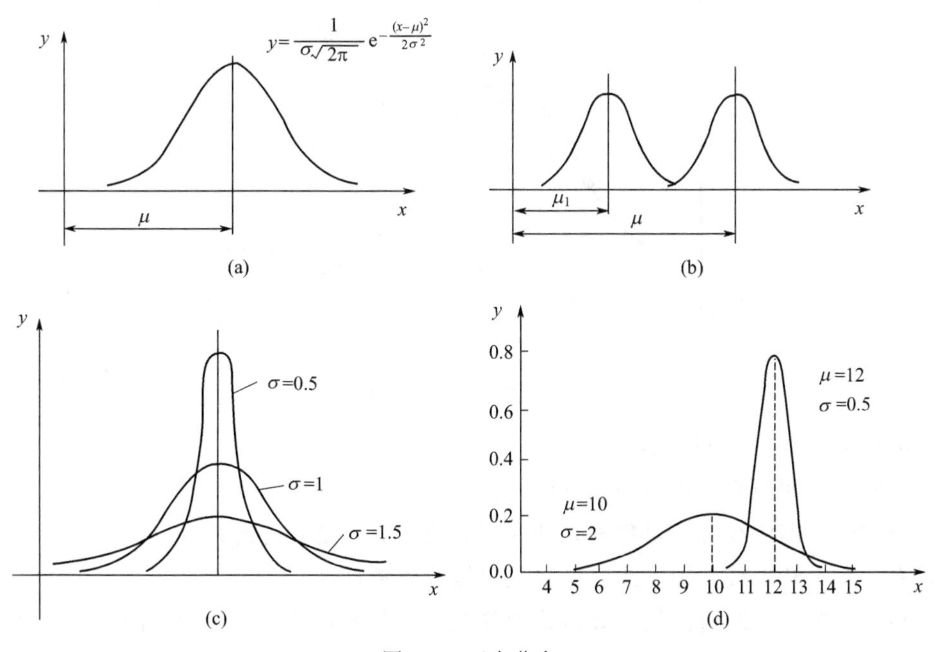

图 1-4 正态分布

解 由式(1-7) 可知正态分布的概率分布密度函数为：

$$f(x)=\frac{1}{\sigma\sqrt{2\pi}}\exp\left[-\frac{1}{2}\left(\frac{x-\mu}{\sigma}\right)^2\right] \quad (-\infty<x<+\infty) \tag{1-17}$$

根据连续型随机变量数学期望和方差的定义，用类似于上例的方法可以算得（通过简单的积分）：被测量的期望值 μ_x 恰为概率分布密度函数中的参数 μ，而被测量的方差 D_x 恰为概率分布密度函数的 σ^2，或标准差即为 σ。这是正态分布的重要特点。对于均值为 μ、标准差为 σ 的正态分布，通常记为 $N(\mu,\sigma)$；对于均值为零、标准差为 σ 的标准正态分布，则记为 $N(0,\sigma)$。

由图 1-4(a) 可见，正态分布曲线在 $x=\mu$ 处具有极大值，曲线不仅是单峰的，而且对 $x=\mu$ 直线来说是对称的。由图 1-4(b) 可见，正态分布的中心是在 $x=\mu$ 处，μ 值的大小决定了曲线在 x 轴上的位置。由图 1-4(c) 可见，在相同 μ 值下，σ 值越大，曲线越平坦，即随机变量的分散性越大；反之 σ 越小，曲线越尖锐（集中），随机变量的分散性越小。还可以看到，正态分布曲线在 $x=\mu\pm\sigma$ 处有两个拐点。图 1-4(d) 对两条不同 μ 值和不同 σ 的正态分布曲线进行了比较。

显然，随机变量的分布是多种多样的，而正态分布在计量领域极其重要。这是因为概率论的中心极限定理表明，正态分布在测量应用中具有实际意义。例如，在 3～5 次独立的重复条件下，观测值的平均值的分布是近似正态的，而不必考虑单次观测值的分布是否为正态。受大量、微小、独立因素影响的连续型随机变量，当样本大小 n 有限时做出以 f_i 为纵坐标的直方图。观察其图形，得到的结论是“两头少、中间多”，且图形基本上对称，整个图形与横轴所围的面积为 1。当样本大小 n 充分大时，直方图将越呈对称，而台阶形的折线也将趋于一条光滑曲线（见图 1-5）。

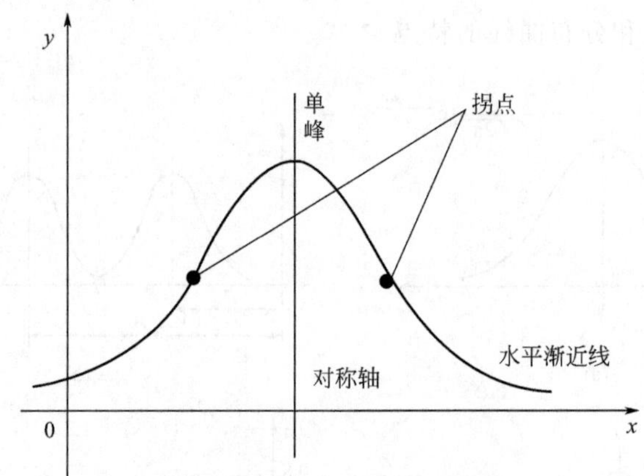

图 1-5 正态分布概率密度曲线

这条曲线有如下 4 个特点：

① 单峰性，即曲线在均值处具有极大值；

② 对称性，即曲线有一对称轴，轴的左右两侧曲线是对称的；

③ 有一水平渐近线，即曲线两头将无限接近横轴；

④ 在对称轴左右两边曲线上离对称轴等距离的某处，各有一个拐弯的点（拐点）。

把从经验中得出的直方图上升为理论，找到具有上面 4 个特点的曲线，且曲线下的面积是 1，该曲线在数学上可以由下面的函数 $f(x)$ 表达出来：

$$y=f(x)=\frac{1}{\sigma\sqrt{2\pi}}e^{-\frac{(x-\mu)^2}{2\sigma^2}}$$

函数 $f(x)$ 称为概率分布密度函数，$f(x)$ 所表示的曲线称为正态分布曲线。其中 μ、$\sigma(\sigma>0)$ 是正态分布的两个参数。

正态分布是人们在考察自然科学和工程技术中得到的一种连续分布，是大量实践经验抽象的结果。例如一批机器零件毛坯的重量、在相同条件下加工出来的一批螺栓的口径大小、细纱的强度、同一民族同性别成年人的身高、射击时中靶点的横坐标（或纵坐标）、测量误差等连续型随机变量，都服从正态分布。

正态分布以 $x=\mu$ 为其对称轴，它是正态总体的平均值。参数 σ 刻画总体的分散程度，它是总体的标准差。所以，正态分布曲线可由总体平均值 μ 及标准差 σ 确定下来。图 1-4(c) 给出了 μ 相同、σ 不同（$\sigma=0.5, \sigma=1, \sigma=1.5$）的正态分布图形。

由于 μ、σ 能完全表达正态分布的形态，所以常用简略记号 $X\sim N(\mu, \sigma)$ 表示正态分布。当 $\mu=0$，$\sigma=1$ 时，$X\sim N(0, 1)$ 称为标准正态分布。

在概率论中，X 落在下述区间内的概率特别有用（见图 1-6）：

$$p(\mu-\sigma\leqslant X\leqslant\mu+\sigma)=0.6826$$
$$p(\mu-2\sigma\leqslant X\leqslant\mu+2\sigma)=0.9545$$
$$p(\mu-3\sigma\leqslant X\leqslant\mu+3\sigma)=0.9973$$

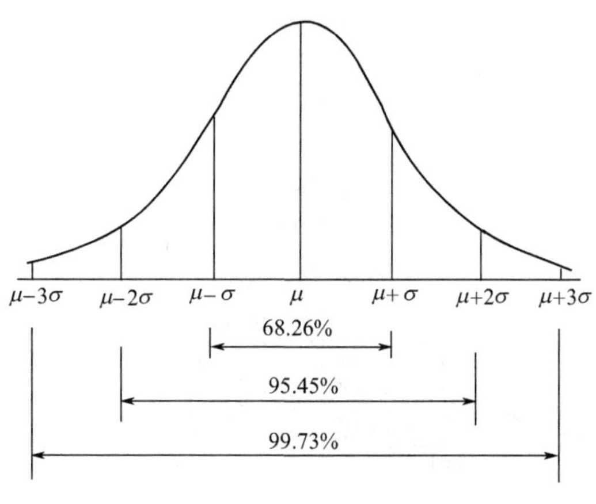

图 1-6 重要的概率值

三、t 分布（学生分布）

被测量 $x_i\sim N(\mu, \sigma)$，其 N 次测得的算术平均值 $\overline{x}\sim N\left(\mu, \frac{\sigma}{\sqrt{N}}\right)$。设 N 为充分大，则：

$$\frac{\overline{x}-\mu}{\frac{\sigma}{\sqrt{N}}}\sim N(0, 1)$$

若以有限 n 次测量的标准差 S 代替无穷 N 次测量的标准差 σ，则：

$$\frac{\overline{x}-\mu}{\frac{S}{\sqrt{n}}} \sim t(\nu)$$

式中　ν——自由度，上式即为服从 t 分布的表示式。

当自由度 ν 趋于∞时，S 趋于 σ，$t(\nu)$ 趋于 $N(0,1)$。

t 分布是一般形式，而标准正态分布是其特殊形式，$t(\nu)$ 成为标准正态分布的条件是自由度 ν 趋于∞（见图 1-7）。

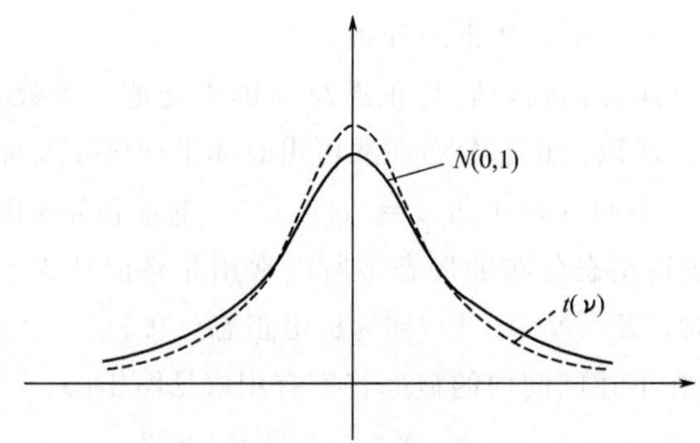

图 1-7　t 分布与标准正态分布

对于 t 分布，t 变量处于 $[-t_p(\nu), +t_p(\nu)]$ 内的概率为 p，$t_p(\nu)$ 为临界值（见图 1-8）。

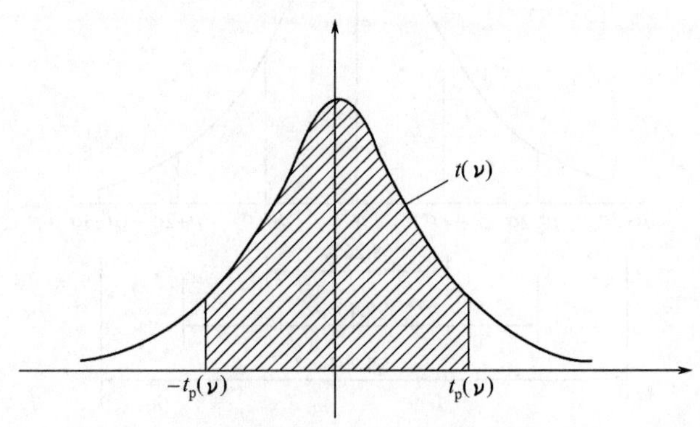

图 1-8　临界值 $t_p(\nu)$

临界值 $t_p(\nu)$ 用于扩展不确定度评定中作为包含因子，即 $k=t_p(\nu)$。

四、统计分布中常见术语图示

统计分布中常见的术语（以标准正态分布为例）示于图 1-9。

图 1-9 中：置信水准（置信概率，置信水平）以 p 表示；显著性水平以 α 表示，$\alpha=1-p$；置信区间以 $[-k\sigma, k\sigma]$ 表示；置信因子以 k 表示，当分布不同时，k 值也不同。

正态分布 k、p 的对应值见表 1-4。

对于均匀分布，$k=\sqrt{3}$；对于三角分布，$k=\sqrt{6}$；对于反正弦分布，$k=\sqrt{2}$。

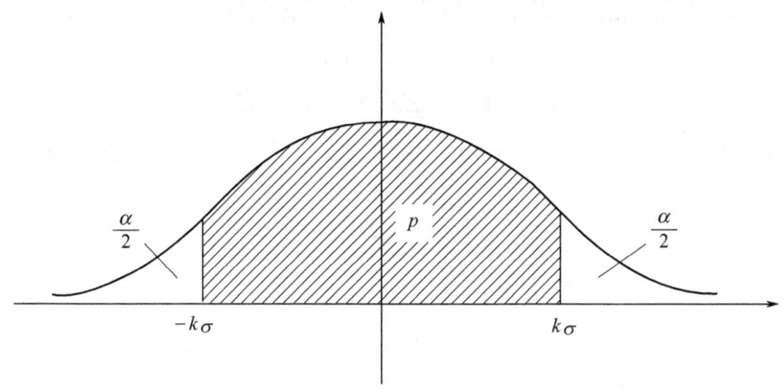

图 1-9 统计分布中常见术语图解

表 1-4 正态分布 k、p 对应值

$p/\%$	50	68.27	90	95	95.45	99	99.73
k	$\frac{2}{3}\approx0.67$	1	1.65	1.96	2	2.58	3

第四节 标准差与平均值原理

一、标准差概念

若测量结果为 q，因 q 为随机变量，其标准差为方差的正平方根：

$$\sigma=\sqrt{V(q)}=\left[\int_{-\infty}^{\infty}(x-Eq)^2\mathrm{d}F(x)\right]^{\frac{1}{2}} \tag{1-18}$$

式中 $F(x)$——q 的分布函数。

标准差在不确定度中十分重要。标准差与测量结果量纲相同。

方差为标准差的平方：

$$V(q)=\sigma^2 \tag{1-19}$$

二、标准差的计算

1. 标准差的传播

在计量工作中有些量常不能直接测量，可通过一定的函数关系与其他量联系起来，我们只要将其他量直接测量所得的数值代入函数关系式进行计算，就可以求得这些量的数值。

例如电阻 R 是温度 t 的函数，$R=R_0+\alpha t$，则 R 可由 t、0℃时电阻 R_0 及电阻温度系数 α 算出。

若被测量 $f=x_1+x_2$，则 x_1、x_2 可直接测量得到，已知 x_i 标准差为 $\sigma(x_i)$，如何求 f 的标准差？

因期望与平均值概念相同，故各量和的期望等于各量期望之和，于是：

$$Ef=Ex_1+Ex_2$$

$$f-Ef=(x_1-Ex_1)+(x_2-Ex_2)$$

$$E[(f-Ef)^2]=E[(x_1-Ex_1)^2]+E[(x_2-Ex_2)^2]+2E[(x_1-Ex_1)(x_2-Ex_2)]$$

即：

$$\sigma^2(f)=\sigma^2(x_1)+\sigma^2(x_2)+2E[(x_1-Ex_1)(x_2-Ex_2)] \tag{1-20}$$

称 $\mathrm{cov}(x_i,\ x_j)$ 为 x_i、x_j 的协方差：

$$\mathrm{cov}(x_i,x_j)=E[(x_i-Ex_i)(x_j-Ex_j)]$$

称 $\rho(x_i,\ x_j)$ 为 x_i、x_j 的相关系数：

$$\rho(x_i,x_j)=\frac{\mathrm{cov}(x_i,x_j)}{\sigma(x_i)\sigma(x_j)} \tag{1-21}$$

式(1-20) 成为：

$$\sigma^2(f)=\sigma^2(x_1)\sigma^2(x_2)+2\rho(x_1,x_2)\sigma(x_1)\sigma(x_2)$$

一般，若被测量为 $f=f\ (x_1,\ x_2,\ \cdots,\ x_n)$，而 $x_i\ (i=1,\ 2,\ \cdots,\ n)$ 可直接测量得到，则 f 的标准差 $\sigma(f)$ 的平方为：

$$\begin{aligned}\sigma^2(f)=&\sum_{i=1}^{n}\left(\frac{\partial f}{\partial x_i}\right)^2\sigma^2(x_i)+2\sum_{i=1}^{n-1}\sum_{j=i+1}^{n}\frac{\partial f}{\partial x_i}\frac{\partial f}{\partial x_j}\rho(x_i,x_j)\sigma(x_i)\sigma(x_j)\\ =&\left(\frac{\partial f}{\partial x_1}\right)^2\sigma^2(x_1)+\left(\frac{\partial f}{\partial x_2}\right)^2\sigma^2(x_2)+\cdots+\left(\frac{\partial f}{\partial x_n}\right)^2\sigma^2(x_n)\\ &+2\frac{\partial f}{\partial x_1}\frac{\partial f}{x_2}\rho(x_1,x_2)\sigma(x_1)\sigma(x_2)+\cdots\\ &+2\frac{\partial f}{x_1}\frac{\partial f}{x_n}\rho(x_1,x_n)\sigma(x_1)\sigma(x_n)+\cdots\\ &+2\frac{\partial f}{\partial x_{n-1}}\frac{\partial f}{\partial x_n}\rho(x_{n-1},x_n)\sigma(x_{n-1})\sigma(x_n)\end{aligned} \tag{1-22}$$

式中　$\sigma(x_i)$——x_i 的标准差；

$\rho(x_i,\ x_j)$——x_i，x_j 的相关系数，记为 $\rho(x_i,\ x_j)=\rho_{ij}$。

$\rho(x_i,\ x_j)$ 是一个界于 $[-1,\ +1]$ 的数，当 $\rho(x_i,\ x_j)=0$ 时，称 x_i、x_j 无关。若全部 $\rho(x_i,\ x_j)=0$，则：

$$\sigma^2(f)=\left(\frac{\partial f}{\partial x_1}\right)^2\sigma^2(x_1)+\left(\frac{\partial f}{\partial x_2}\right)^2\sigma^2(x_2)+\cdots+\left(\frac{\partial f}{\partial x_n}\right)^2\sigma^2(x_n)$$

此外，若 $f=c_1x_1+c_2x_2+\cdots+c_nx_n$，则：

$$\sigma^2(f)=c_1^2\sigma^2(x_1)+c_2^2\sigma^2(x_2)+\cdots+c_n^2\sigma^2(x_n)$$

2. 计算标准差的贝塞尔法

若在相同条件及等精度条件下对被测量做多次独立测量，得 x_1，x_2，…，x_n，其平均值为 $\overline{x}=\frac{1}{n}\sum_{i=1}^{n}x_i$，残差为 $v_i=x_i-\overline{x}$。当 $x_i\sim N(\mu,\ \sigma)$ 时，得 $\frac{1}{\sigma^2}\sum_{i=1}^{n}v_i^2\sim x^2(n-$

1)。由 $Ex^2(v)=v$，得 $E\frac{1}{\sigma^2}\sum_{i=1}^{n}v_i^2=n-1$。而 σ^2 的估计值 $\sigma^2=\frac{1}{n-1}\sum_{i=1}^{n}v_i^2$，故：

$$\sigma \approx S=\sqrt{\frac{1}{n-1}\sum_{i=1}^{n}v_i^2} \tag{1-23}$$

这就是贝塞尔公式。

在数理统计中，若 θ 的估计量 $\hat{\theta}$ 满足 $E\hat{\theta}=\theta$，则称 $\hat{\theta}$ 是 θ 的无偏估计。可以证明 $\frac{1}{n-1}\sum_{i=1}^{n}v_i^2$ 是 σ^2 的无偏估计，但 $\sqrt{\frac{1}{n-1}\sum_{i=1}^{n}v_i^2}$ 却不是 σ 的无偏估计。其差与标准差之和称综合标准差。

$$\sigma_a=u\sigma$$

式中 u 值见表 1-5。

表 1-5　贝塞尔法 u 值

n	2	3	4	5	6	7	8	9	10	20	30	40	50
u	0.80	0.57	0.47	0.40	0.36	0.32	0.30	0.28	0.26	0.17	0.14	0.12	0.11

3. 计算标准差的其他简便方法

由贝塞尔法计算标准差需将各残差平方、相加，还要进行除法与开方运算，比较复杂，为此可采用下列简便方法。

(1) *最大残差法*　该法为，若在等精度条件下对某量做多次独立测量，得：

$$x_1, x_2, \cdots, x_i, \cdots, x_n$$

并算残差：

$$v_i=x_i-\overline{x}$$

当 x_i 服从正态分布时，可算得 $v_{i_{\max}}$ 的期望：

$$E(v_{i_{\max}})=k_n\sigma$$

于是单次测量的标准差为：

$$\sigma \approx S=\frac{1}{k_n}v_{i_{\max}} \tag{1-24}$$

用它算 σ 时的综合标准差：

$$\sigma_a=\frac{r'_n}{k'_n}\sigma$$

$\frac{1}{k'_n}$ 及 $\frac{r'_n}{k'_n}$ 的值见表 1-6 及表 1-7。

表 1-6　最大残差法 $\frac{1}{k'_n}$ 值

n	2	3	4	5	6	7	8	9	10	15	20
$\frac{1}{k'_n}$	1.77	1.02	0.83	0.74	0.68	0.64	0.61	0.59	0.57	0.51	0.48

表 1-7　最大残差法$\frac{r'_n}{k'_n}$值

n	2	3	4	5	6	7	8	9	10	15	20
$\frac{r'_n}{k'_n}$	0.76	0.52	0.43	0.37	0.34	0.32	0.30	0.28	0.27	0.23	0.21

（2）*极差法*　若对某量做多次等精度独立测量，得：

$$x_1, x_2, \cdots, x_i, \cdots, x_n$$

服从正态分布，则在其中选出最大值 $x_{i_{\max}}$ 与最小值 $x_{i_{\min}}$，它们的差称为极差 R_n，即：

$$R_n = x_{i_{\max}} - x_{i_{\min}}$$

由极差分布，可求出 R_n 的期望：

$$ER_n = d_n\sigma$$

于是：

$$\sigma \approx S = \frac{1}{d_n}R_n \tag{1-25}$$

式中 d_n 值见表 1-8。

表 1-8　极差法 d_n 值

n	2	3	4	5	6	7	8	9	10	15	20
d_n	1.13	1.69	2.06	2.33	2.53	2.70	2.85	2.97	3.08	3.47	3.74

根据$\frac{R_n}{d_n}$算 σ 的综合标准差：

$$\sigma_n = c_n\sigma$$

式中 c_n 值见表 1-9。

表 1-9　极差法 c_n 值

n	2	3	4	5	6	7	8	9	10	15	20
c_n	0.76	0.52	0.43	0.37	0.34	0.32	0.30	0.28	0.27	0.23	0.21

（3）*最大误差法*　有时，可以预先知道某量的实际值，从而可在多次等精度独立测量后，算出误差 δ_i，取 $\delta_{i_{\max}}$，当各计量值服从正态分布时可求出 $\delta_{i_{\max}}$ 的期望：

$$E\delta_{i_{\max}} = k''_n\sigma$$

于是单次测量的标准差为：

$$\sigma \approx S = \frac{1}{k''_n}\delta_{i_{\max}} \tag{1-26}$$

式中，$\frac{1}{k''_n}$的数值见表 1-10。

以$\frac{1}{k''_n}\delta_{i_{\max}}$ 算 σ 的综合标准差：

$$\sigma_n = \frac{r''_n}{k''_n}\sigma$$

式中，$\frac{r''_n}{k''_n}$的值见表 1-11。

表 1-10 最大误差法$\frac{1}{k''_n}$值

n	1	2	3	4	5	6	7	8	9	10	15	20
$\frac{1}{k''_n}$	1.25	0.88	0.75	0.68	0.64	0.61	0.58	0.56	0.55	0.53	0.49	0.46

表 1-11 最大误差法$\frac{r''_n}{k''_n}$值

n	1	2	3	4	5	6	7	8	9	10	15	20
$\frac{r''_n}{k''_n}$	0.75	0.51	0.45	0.40	0.36	0.33	0.31	0.29	0.28	0.27	0.25	0.23

三、阿伦方差

如果被测量随时间或空间的变化呈随机过程，则可采用专门的方差分析方法求得其标准差。在频率测量中，由于存在闪变噪声，使得在理论上难以使用上述意义下的标准差和方差。又如在非稳定流条件下的流量测量中，由于水流流速始终是变化的，尤其是在涨、落水期间，若用贝塞尔公式估计其标准差，则不收敛，即随着测量次数 n 的增大，标准差也增大，使得在理论上难以在相同条件下，即重复性条件（或复现性条件）下对同一被测量进行 n 次独立重复测量，从而难以对方差进行无偏估计，亦不能用贝赛尔法以及其他简便方法计算标准差。此时，在取样时间 τ、取样（测量）周期 T 下得出：

$$
\begin{gathered}
f_{11}, f_{12}, \cdots, f_{1n} \\
f_{21}, f_{22}, \cdots, f_{2n} \\
\vdots \\
f_{m1}, f_{m2}, \cdots, f_{mn}
\end{gathered}
$$

则称 $\sigma^2(n, T, \tau)$ 为广义阿伦方差：

$$\sigma^2(n, T, \tau)=\lim_{m \to \infty} \frac{1}{2m} \sum_{i=1}^{m} \left[\frac{1}{n-1} \sum_{j=1}^{n} \left(f_{ij}-\frac{1}{n} \sum_{j=1}^{n} f_{ij}\right)^2\right] \tag{1-27}$$

式(1-27) [ ] 中内容为第 i 组所含几个数据的方差。

当 $T=\tau$，$n=2$ 时，得 m 对 f_{i1}、f_{i2}，上式变为：

$$\sigma^2(2, \tau, \tau)=\lim_{m \to \infty} \frac{1}{2m} \sum_{i=1}^{m} (f_{i2}-f_{i1})^2 \tag{1-28}$$

四、平均值原理

进行多次测量，其目的是发现粗大误差和减小不确定度。我们若在相同条件下对同一量测量得若干个值，因为它们不确定度相同，则称测量是等精度的。若在等精度条件下，对某一物理量 a 进行多次独立测量，得到：

$$x_1, x_2, \cdots, x_i, \cdots, x_n$$

则称$\frac{1}{n}\sum_{i=1}^{n}x_i$为$x_1$，$x_2$，…，$x_i$，…，$x_n$的平均值$\bar{x}$。

如果已辨明测量无系统误差，则其误差为：

$$\delta_1=x_1-a$$
$$\delta_2=x_2-a$$
$$\vdots$$
$$\delta_i=x_i-a$$
$$\vdots$$
$$\delta_n=x_n-a$$

将它们相加，得：

$$\sum_{i=1}^{n}\delta_i=\sum_{i=1}^{n}x_i-na$$

由于多次测量误差平均值趋于零这一抵偿性，$\frac{1}{n}\sum_{i=1}^{n}\delta_i \to 0$，所以：

$$\frac{1}{n}\sum_{i=1}^{n}x_i \to a$$

由此可见，多次等精度独立测量的平均值趋于真值，这就是平均值原理。

从概率论的最大或然原理看，若测量值服从正态分布，则x_i邻近出现的概率为：

$$p_i=\frac{1}{\sigma\sqrt{2\pi}}e^{-\frac{1}{2\sigma^2}(x_i-a)^2}dx_i$$

因它们为独立测量所得，故它们同时出现的概率为：

$$p=p_1p_2\cdots p_n=\left(\frac{1}{\sigma\sqrt{2\pi}}\right)^n e^{-\frac{1}{2\sigma^2}[(x_1-a)^2+(x_2-a)^2+\cdots+(x_n-a)^2]}dx_1dx_2\cdots dx_n$$

因此，测量结果的最佳值x应使x_1，x_2，…，x_i，…，x_n同时出现的概率最大，即x应满足：

$$Q=\min[(x_1-x)^2+(x_2-x)^2+\cdots+(x_i-x)^2+\cdots+(x_n-x)^2]$$

这里$x_i-x=v_i$称为测量值x_i的残差。上式表明，测量结果的最佳值应在使残差平方和最小的条件下求出，这就是最小二乘法原理。

为使Q达到最小，由$\frac{dQ}{dx}=0$求得：

$$-2(x_1-x)-2(x_2-x)-\cdots-2(x_n-x)=0$$

$$x=\frac{1}{n}\sum_{i=1}^{n}x_i \tag{1-29}$$

并由$\frac{d^2Q}{dx^2}=2n>0$，得知$x=\frac{1}{n}\sum_{i=1}^{n}x_i$使$Q$达到最小。

所以对服从正态分布的测量所得值，平均值是它的最佳值。在各种工作中，常对一个量做多次测量，并取它们的平均值作为最后结果。从概率看，各x_i离散，其$p_i=\frac{1}{n}$，由

于期望 $E=\frac{1}{n}\sum_{i=1}^{n}x_i$，故期望与平均值概念相同。

平均值的标准差计算如下：若在相同条件下对某量做多次独立测量，得到 x_1，x_2，…，x_n。并设单次测量 x_i 的标准差为 σ，则平均值 $\overline{x}=\frac{1}{n}\sum_{i=1}^{n}x_i$ 的标准差 $\sigma(\overline{x})$ 满足：

$$\sigma^2(\overline{x})=\frac{1}{n^2}\sigma^2+\frac{1}{n^2}\sigma^2+\cdots+\frac{1}{n^2}\sigma^2=\frac{1}{n}\sigma^2$$

即：

$$\sigma(\overline{x})=\frac{\sigma}{\sqrt{n}} \tag{1-30}$$

五、系统误差的发现和消除

1. 系统误差的发现

系统误差可以是固定不变的或按线性、周期性、对数性、指数性等确定规律变化的。

若对某量多次测量，得到：

$$x_1, x_2, \cdots, x_i, \cdots, x_n$$

算出平均值及残差：

$$\overline{x}=\frac{1}{n}\sum_{i=1}^{n}x_i$$

$$v_i=x_i-\overline{x}$$

于是可以用以下准则发现系统误差：

① 将测量列依次排列，如残差数值基本上按某个确定规律变化，则测量中含规律性变化误差。

② 如在两个条件下进行测量，当在某一条件下测量时，测量列残差基本上保持某一符号；当在另一条件下测量时，残差基本上变为另一符号，则该测量列中含随测量条件变化而变化的固定误差。

需要指出，有时系统误差同时含有规律性变化和固定不变的分量。

2. 系统误差的消除

通过对影响测量结果诸因素的研究，可以在测量前采用一些方法，以限制或消除系统误差。

（1）固定误差的消除

① 检定修正法。将计量器具送检，求出其示值的修正值以修正之。

② 代替法。在计量装置上测量未知量后，立即用一个标准量代替未知量再做测量，以求出未知量与标准量的差值。

③ 反向对准法。如反向对准测量时误差符号相反，则可正向、反向各测一次，取其平均值以消除误差。

④ 交换法。将某些测量条件（包括计量人员）交换，借交换前后测量结果的平均值以消除误差。

（2）规律性变化误差的消除　对随时间变化的线性误差，用对称测量法即将测量程序对某时刻对称地再做一次，即可将其消除。

对周期误差，可以每经半个周期进行偶数次测量，即可有效消除，这称为半周期偶数测量法。

对其他规律性变化误差，往往可以求出其变化函数关系，进行基本修正。

六、抽样

对每种产品，常常需要检验它是否符号每一个要求，由于检验产品往往要消耗一定费用和时间，因而通常并不对每件样品检查，而是采用抽样检查的办法。

由于抽样只测量部分结果，它可能将合格的（如均匀的）判为不合格（如不均匀的），这称为犯第一类错误；也可能将不合格的判为合格，这称为犯第二类错误。

若某样品的特性值 $x \sim N(\mu, \sigma)$，由历史资料知 $\mu=\mu_0$，且 x 变化允许范围为 $\pm d_0$，又当 $\mu=\mu_0$ 时犯第一类错误的概率为 α，当 $|\mu-\mu_0|=d_0$ 时犯第二类错误的概率为 β。为此，抽样检验时要求算出：应该抽样的数量为 n，样品特性值的均值 $\overline{x}$ 与 μ_0 之差的绝对值应该在什么限差 d 之内才算合格。

当 $|\overline{x}-\mu_0| \leqslant d$ 时，以概率 α 拒绝接受；当 $|\overline{x}-\mu_0| > d$ 时，以概率 β 接受。则所需 n 与 d 可由下式算出：

$$n=\left\{\left[\Phi^{-1}\left(\frac{\alpha}{2}\right)+\Phi^{-1}(\beta)\right]\frac{\sigma}{d_0}\right\}^2$$

$$d=\frac{1}{\Phi^{-1}\left(\frac{\sigma}{2}\right)+\Phi^{-1}(\beta)}d_0\Phi^{-1}\left(\frac{\alpha}{2}\right)$$

式中　Φ^{-1}——$N(0, 1)$ 分布函数的反函数。

当样品合格时，常需求出能以概率 p_c 的把握断定，单个样品特征 x_i 具有概率 p_T 的统计容许限：

$$\overline{x} \pm k_s = \overline{x} \pm k\sqrt{\frac{1}{n-1}\sum_{i=1}^{n}(x_i-\overline{x})^2}$$

式中　k——n、p_c、p_T 的函数，可由表 1-12 查出。

表 1-12　统计容许限 k 值表

n	$p_c=0.95$		$p_c=0.99$	
	$p_T=0.95$	$p_T=0.99$	$p_T=0.95$	$p_T=0.99$
2	37.674	48.430	188.491	212.300
3	9.916	12.861	22.401	29.055
4	6.370	8.259	11.150	14.527
5	5.079	6.634	7.855	10.260
6	4.414	5.775	6.345	8.301
7	4.007	5.248	5.488	7.187
8	3.732	4.891	4.936	6.468
9	3.532	4.631	4.550	5.966
10	3.379	4.433	4.265	5.591

续表

n	$p_c=0.95$		$p_c=0.99$	
	$p_T=0.95$	$p_T=0.99$	$p_T=0.95$	$p_T=0.99$
15	2.954	3.878	3.507	4.605
20	2.752	3.615	3.168	4.161
30	2.549	3.350	2.841	3.733
40	2.445	3.213	2.617	3.518
50	2.379	3.126	2.576	3.385
100	2.233	2.934	2.355	3.096
200	2.143	2.816	2.222	2.921
∞	1.96	2.58	1.96	2.58

七、测量所得值的简单处理

1. 权

在不同条件下所做测量为不等精度测量，不同条件下测量结果的质量不同，质量的数字表征可用权。

定义权与方差 σ^2 成反比，即：

$$P \propto \frac{1}{\sigma^2} \tag{1-31}$$

如方差 σ^2 的测量的权为 1，则方差 σ_i^2 的测量的权为：

$$P_i=\frac{\sigma^2}{\sigma_i^2}\times 1=\frac{\sigma^2}{\sigma_i^2} \tag{1-32}$$

称 σ 为单位权测量的标准差。

如对某量做 n 次等精度独立测量，单次测量标准差为 σ，权为 1，则平均值 $\overline{x}=\dfrac{1}{n}\sum\limits_{i=1}^{n}x_i$ 的权为：

$$P=\frac{\sigma^2}{\dfrac{\sigma^2}{n}}=n$$

它表明 $\overline{x}$ 由 n 次等精度测量得来。

2. 不等精度测量所得值的处理

设对某量 a 在不同条件下测量，即做不等精度测量，其各次测量所得值及权为：

$$x_1, x_2, \cdots, x_n$$
$$P_1, P_2, \cdots, P_n$$

视 x_i 为等精度（$P=1$）测量 x_{i1}，x_{i2}，…，x_{iP_i} 的平均值，于是对 a 的测量结果的加权平均值为：

$$\begin{aligned} x &=\frac{1}{P_1+P_2+\cdots+P_n}\left(\sum_{i=1}^{P_1}x_{i1}+\sum_{i=1}^{P_2}x_{i2}+\cdots+\sum_{i=1}^{P_n}x_{in}\right) \\ &=\frac{1}{P_1+P_2+\cdots+P_n}\left(P_1x_1+P_2x_2+\cdots+P_nx_n\right) \end{aligned}$$

$$= \frac{1}{\sum_{i=1}^{n} P x_i}$$

加权平均值的方差为：

$$\sigma^2(x) = \frac{1}{\left(\sum_{i=1}^{n} P_i\right)^2}[P_1^2\sigma^2(x_1) + P_2^2\sigma^2(x_2) + \cdots + P_n^2\sigma^2(x_n)]$$

$$= \frac{1}{\left(\sum_{i=1}^{n} P_i\right)^2}(P_1 + P_2 + \cdots + P_n)\sigma^2$$

$$= \frac{\sigma^2}{\sum_{i=1}^{n} P_i}$$

故加权平均值的权为 $\sum_{i=1}^{n} P$ 。

可以导出，单位权标准差为：

$$\sigma \approx S = \sqrt{\frac{1}{n-1}\sum_{i=1}^{n} P_i v_i^2}$$

而

$$v_i = x_i - x = x_i - \frac{\sum_{i=1}^{n} P_i x_i}{\sum_{i=1}^{n} P_i}$$

于是加权平均值的标准差为：

$$\sigma(x) \approx S(x) = \sqrt{\frac{1}{(n-1)\sum_{i=1}^{n} P_i}\sum_{i=1}^{n} P_i v_i^2}$$

3. 等精度测量所得值的处理步骤

对某量做等精度独立测量后，设系统误差已消除，粗大误差已剔除，则其处理步骤如下。

① 求平均值：

$$\overline{x} = \frac{1}{n}\sum_{i=1}^{n} x_i$$

② 求残差：

$$v_i = x_i - \overline{x}$$

③ 求单次测量标准差：

$$S = \sqrt{\frac{1}{n-1}\sum_{i=1}^{n} v_i^2}$$

④ 求平均值标准差：

$$S(\overline{x}) = \frac{\sigma}{\sqrt{n}} = \sqrt{\frac{1}{n(n-1)}\sum_{i=1}^{n} v_i^2}$$

4. 不等精度测量所得值的处理步骤

对某量做不等精度独立测量后，设系统误差已采取措施消除，且粗大误差亦已剔除，则其处理步骤如下。

① 根据测量精度高低、次数等，首先确定各测量所得值 x_i 的权 P_i，然后计算加权平均值：

$$\overline{x}=\frac{\sum_{i=1}^{n}P_ix_i}{\sum_{i=1}^{n}P_i}$$

② 求残差：

$$v_i=x_i-\overline{x}$$

③ 求单位权测量的标准差：

$$S=\sqrt{\frac{1}{n-1}\sum_{i=1}^{n}P_iv_i^2}$$

④ 求加权平均值标准差：

$$S(x)=\frac{1}{\sqrt{\sum_{i=1}^{n}P_i}}\sigma=\sqrt{\frac{1}{(n-1)\sum_{i=1}^{n}P_i}\sum_{i=1}^{n}P_iv_i^2}$$

八、滤波概念

如果我们在有限记录时间（t_0，t_1）内获得了一组测量数据，而每个数据中包含着真实信号和干扰噪声两部分。我们如何从这两部分合成的测量数据中，依照一定的条件，确定在有限记录时间内的及有效记录时间外的最佳信号 $x(t)$，称为对测量数据的滤波。滤波实际上是一种数据处理方法。

我们把测量数据按取得数据的时间顺序记录下来，称为信号过程 $Z(t)$；而测量误差按同样的时间顺序排列下来，称为噪声过程 $\varepsilon(t)$。在实际测量所得的数据中，噪声混在信号中，把噪声过滤出来就要滤波。

在（t_0，t_1）测得 $Z(t)$，用它来估计 $x(t)$。当 $t_0\leqslant t<t_1$ 时称为平滑；当 $t=t_1$ 时称为过滤；当 $t>t_1$ 时称为预测。它们总称滤波。

对于数据的滤波处理，可参阅有关文献。

第五节 统计检验

一、有关概念

1. 总体

总体即所考虑对象的全体。

注 1：总体可是真实有限或无限的，也可是完全虚构的。有时，特别是在调查抽样中也使用“有限总体”；在一些流程性物质抽样中也使用“无限总体”。在概率统计中，从概率的角度看，总体在一定意义上可看作是样本空间。

注 2：对于虚构的总体，允许人们想象在不同假定条件下的数据所具有的属性。因此，虚构总体在统计研究的设计阶段，特别是确定适宜样本量时非常有用。虚构总体所含对象数目可以是有限的也可以是无限的。在统计推断中，这是一个对评价统计研究证据强度特别有用的概念。

注 3：下面用一例子来帮助理解总体这一概念：若有三个村庄被选中做人口统计或健康研究，总体即由三个村庄的全体居民构成；若这三个村庄是从某个特定区域中的所有村庄中随机抽选出来的，则总体由该区域中的所有居民构成。

2. 抽样单元

总体划分成的若干部分中的每一部分称为抽样单元。

注：抽样单元依赖于具体问题中所感兴趣的最小部分。抽样单元可以是一个人、一个家庭、一个学校或一个行政单位等。

3. 样本

由一个或多个抽样单元组成的总体的子集称为样本。

注 1：根据所研究总体的情况，样本中的每个单元可以是真实或抽象的个体，也可以是具体的数值。

注 2：在 GB/T 3358.2 关于样本的定义中，包括一个抽样框的示例。抽样框在从有限总体中抽取随机样本时是必需的。

4. 观测值

由样本中每个单元获得的相关特性的值称为观测值。

注 1：常用的同义词是“实现”和“数据”。

注 2：本定义并没有指明值的来源或如何获得。观测值可表示某随机变量的一次实现，但并不一定如此。它可以是相继用于统计分析的若干值中的一个。正确的推断需要一定的统计假定，但首先要做的是对观测值的计算概括或图形描述。仅当需要解决进一步的问题，如确定观测值落入某一指定集合的概率时，统计机制才是重要且本质的。观测值分析的初始阶段通常称为数据分析。

5. 随机样本

由随机抽取的方法获得的样本称为随机样本。

注 1：本定义给出的样本允许来自无限总体。

注 2：当从有限样本空间中抽取 n 个抽样单元组成样本时，n 个抽样单元的任意一种组合都会以特定的概率被抽中。对于调查抽样方案而言，每一种可能组合被抽中的概率可事先计算。

注 3：对有限样本空间的调查抽样，随机样本可以通过不同的抽样方法得到，如分层随机抽样、随机起点的系统抽样、整群抽样、与辅助变量的大小成比例的概率抽样以及其他可能的抽样。

注 4：本定义一般是指实际观测值。这些观测值被认为是随机变量的实现，其中每个观测值都对应于一个随机变量。当由随机样本构造估计量、统计检验的检验统计量或置信区间时，本定义是指由样本中的抽象个体得到的随机变量而不是这些随机变量的实际观测值。

注 5：无限总体中的随机样本一般是从样本空间中重复抽取产生的。根据注 4 的解释，此时样本由独立同分布的随机变量组成。

6. 统计量

由随机变量完全确定的函数称为统计量。

注 1：统计量是随机样本中随机变量的函数。

注 2：若 $\{X_1, X_2, \cdots, X_n\}$ 是来自未知均值和未知标准差 σ 的正态分布的随机样本，则样本均值 $(X_1+X_2+\cdots+X_n)/n$ 是一个统计量，而 $[(X_1+X_2+\cdots+X_n)/n]-\mu$ 不是统计量，因为它包含了未知函数 μ。

注 3：相应于数理统计中的表述，此处给出的是统计量的一种技术性定义。英语中统计量（statistic）的复数形式就是统计学（statistics），它是一门包括了统计方法应用标准中所叙述的分析方法的技术学科。

7. 次序统计量

由随机样本中的随机变量的值，依非降次序排列所确定的统计量称为次序统计量。

【例 1-5】 假设样本观测值为 9，13，7，6，13，7，19，6，10，7，则次序统计量的观测值为 6，6，7，7，7，9，10，13，13，19，这些值是 X_1，…，X_{10} 的一次实现。

注 1：假设随机样本的观测值为 $\{x_1, x_2, \cdots, x_n\}$，按非降次序排列为 $x_1\leqslant\cdots\leqslant x_k\leqslant\cdots\leqslant x_n$，则 $(x_1, \cdots, x_k, \cdots, x_n)$ 是次序统计量 $(X_1, \cdots, X_k, \cdots, X_n)$ 的观测值，为第 k 个次序统计量的观测值。

注 2：在实际应用中，为获得一组数据的次序统计量，则将数据按照注 1 中所述方式进行排序。将一组数据按上述方法排序后，还可获得其他几个术语定义的有用的统计量，如下文“8. 样本极差”“9. 中程数”等。

注 3：次序统计量涉及按照非降次序排列后的位置来识别的样本值。正如示例所示，将样本值（随机变量的实现）排序比将未观测的随机变量排序更容易理解。它可以通过按照非降次序排列的随机样本来理解随机变量。例如，n 个随机变量的最大值可以先于它的实现值来研究。

注 4：单个次序统计量是随机变量的一个特定函数。这个函数可以简单地由其在随机变量排序集合中的位置或序次（称为秩）来确定。

注 5：结点值会引起一些潜在的问题，特别是对于离散随机变量或者是低分辨的实现。用“非降”而不是“递增”的说法可解决这个问题。需要强调的是结点值都要保留而不能合并成一个。在上面的示例中，“6”有两个实现，所以“6”是结点值。

注 6：排序按照随机变量的实数值进行，而不是按照其绝对值进行。

注 7：次序统计量 $(X_1, \cdots, X_k, \cdots, X_n)$ 组成 n 维随机变量，n 是样本中观测值的个数。

注 8：次序统计量的分量也是次序统计量，而且保持其在原样本排序中的位置标识。

注 9：最小值、最大值以及样本量为奇数时的样本中位数都是特殊的次序统计量。例如样本量为 11，那么 X_1 是最小值，X_{11} 是最大值，X_6 是样本中位数。

8. 样本极差

最大次序统计量与最小次序统计量的差称为样本极差。

【例 1-6】 在术语“次序统计量”的示例中，样本极差的观测值为 19－6＝13。

注：在统计过程控制中，尤其当样本量相对比较小时，样本极差通常用来监测过程的离散程度随时间的变化。

9. 中程数

最大次序统计量和最小次序统计量的平均值称为中程数。

【例 1-7】 在术语“次序统计量”的示例中，中程数的观测值为 (6＋19)/2＝12.5。

注：中程数能够对较小数据集的中心提供一种快捷而简单的估计。

10. 估计

估计是通过从总体中抽取的随机样本，获得对该总体的一种统计表示的方法。

注 1：特别地，估计程序包含由估计量到具体估计值的过程。

注 2：估计是一个相当广泛的概念，包括点估计、区间估计和总体性质的估计。

注 3：统计表示经常是指假定模型下，参数或参数函数的估计。更一般地，总体表示可以不完全确定，例如有关自然灾难影响的统计（应急管理者所希望得到的伤亡人数、财产损失或农业损失等的估计）。

注 4：通过对描述性统计量的研究，可能揭示假定模型是否对数据提供了不适当的统计表示。如对模型拟合优度的度量，若拟合不足可考虑选择其他模型，继续估计的过程。

11. 估计量

估计量 $\hat{\theta}$，即用于对参数 θ 估计的统计量。

注 1：样本均值是总体均值 μ 的一个估计量。例如，对于正态分布，样本均值是总体均值 μ 的估计量。

注 2：要估计总体的特征［如一维（元）分布的众数］，一个合适的估计量可以是分布参数估计量的函数，也可以是随机样本的复杂函数。

注 3：此处所讲的“估计量”是一个宽泛的概念，它包括某参数的点估计，也包括用于预测的区间估计。估计量也包括该估计量和其他特殊形式的统计量。可见术语“估计”的讨论。

12. 样本中位数

若样本量 n 为奇数，则样本中位数是第 $(n+1)/2$ 个次序统计量；若样本量 n 是偶数，则样本中位数是第 $n/2$ 个与第 $(n/2)+1$ 个次序统计量之和除以 2。

【例 1-8】 如术语“次序统计量”的示例中，8 为样本中位数的一个实现，此时样本量为 10（偶数），第 5 个和第 6 个次序统计量分别为 7 和 9，其平均值为 8。尽管严格来说样本中位数是作为一个随机变量来定义的，但在实际中也说“样本中位数为 8”。

注 1：对于样本量为 n 的随机样本，其随机变量按照非降顺序从 1 到 n 排列。如果样本量为奇数，则样本中位数为第 $(n+1)/2$ 个随机变量；如果样本量为偶数，则样本中位数为第 $n/2$ 个与第 $(n/2)+1$ 个随机变量的平均值。

注 2：从概念上讲，对一个没有观测到的随机变量进行排序似乎是不可能的。但不经观测也可理解次序统计量的结构。在实际中，通过获得观测值并对其进行排序，从而得到次序统计量的实现。这些实现值可用于解释次序统计量的结构。

注 3：样本中位数是分布中间位置的一个估计，各有一半的样本单元大于等于或小于等于它。

注 4：样本中位数在实际问题中是有用的，它提供了一个对数据极端值不敏感的估计量。例如，中位收入和中位房价都是常用的统计指标。

13. 样本均值

样本均值是指随机样本中随机变量的和除以和中的项数所得的值。样本均值又称平均值或算术平均值。

【例 1-9】 如术语“次序统计量”中的示例，观测值的和为 97，样本量为 10，样本均值的实现为 9.7。

注 1：在术语“次序统计量”中注 3 的意义下，样本均值作为统计量是随机样本中随机变量的函数。必须区分统计量与由随机样本中观测值计算得出的样本均值的数值。

注 2：样本均值作为统计量，常用作总体均值的估计量。算术平均值是它的同义词。

注 3：对样本量为 n 的随机样本 $\{X_1, X_2, \cdots, X_n\}$，样本均值为：$\overline{x}=\frac{1}{n}\sum_{i=1}^{n}X_i$。

注 4：样本均值就是一阶样本矩。

注 5：样本量为 2 时，样本均值、样本中位数和中程数皆相同。

14. 样本方差

样本方差用 S^2 表示，即由随机样本中随机变量与样本均值差的平方和被样本量减 1 除所得。

【例 1-10】 如术语“次序统计量”中的示例，样本观测值与样本均值差的平方和为 158.10，样本量 10 减 1 为 9，计算得样本方差为 17.57。

注 1：样本方差 S^2 作为统计量，是随机样本中随机变量的函数。必须区分这个统计量与根据随机样本观测值计算得出的样本方差的数值，该值称为经验样本方差或观测样本方差，通常记作 S^2。

注 2：对样本量为 n 的随机样本 $\{X_1, X_2, \cdots, X_n\}$，样本均值为 $\overline{X}$，则：

$$S^2=\frac{1}{n-1}\sum_{i=1}^{n}(X_i-\overline{X})^2$$

注 3：样本方差作为一个统计量“差不多”等于该随机变量与样本均值差的平方的平均数（其中“差不多”是指这里用 $n-1$ 作为分母，而不是用 n），用 $n-1$ 作为分母是为总体方差提供一个无偏估计量。

注 4：$n-1$ 称为自由度。

注 5：样本方差可以近似认为是中心化样本随机变量的二阶样本矩（仅以 $n-1$ 代替 n）。

15. 样本标准差

样本标准差常用 S 表示，即样本方差的非负平方根。

【例 1-11】 在术语“次序统计量”的示例中，观测样本方差为 17.57，观测样本标准差为 4.192。

注 1：实际中样本标准差用来估计总体标准差。再次强调 S 也是一个随机变量，而并不是随机样本的实现。

注 2：样本标准差是分布离散程度的一个度量。

16. 样本变异系数

样本标准差除以非零样本均值的绝对值称为样本变异系数。

注：变异系数通常表示成百分数。

17. 样本协方差

样本协方差用 S_{XY} 表示，即由随机样本中两个随机变量对各自样本均值的离差的乘积之和被求和项数减 1 除所得。

【例 1-12】 考虑下列三个变量的 10 组观测值（表 1-13）。

表 1-13 观测结果

i	1	2	3	4	5	6	7	8	9	10
X	38	41	24	60	41	51	58	50	65	33
Y	73	74	43	107	65	73	99	72	100	48
Z	34	31	40	28	35	28	32	27	27	31

在这个示例中，只考虑 X 和 Y 时，X 的观测样本均值是 46.1，Y 的观测样本均值是 75.4，X 与 Y 的样本协方差等于：

$$\frac{\begin{array}{c}[(38-46.1)\times(73-75.4)+(41-46.1)\times(74-75.4)+\\ \cdots+(33-46.1)\times(48-75.4)]\end{array}}{9}=257.178$$

考虑 Y 和 Z 时，Z 的观测样本均值是 31.3，Y 与 Z 的样本协方差等于：

$$\frac{\begin{array}{c}[(73-75.4)\times(34-31.3)+(74-75.4)\times(31-31.3)+\\ \cdots+(48-75.4)\times(31-31.3)]\end{array}}{9}=-54.356$$

注 1：作为统计量，样本协方差是样本量为 n 的随机变量对 (X_1, Y_1)，(X_2, Y_2)，…，(X_n, Y_n) 在术语“随机样本”注 3 意义下的函数。这个统计量需要与随机样本中由抽样单元 (x_1, y_1)，(x_2, y_2)，…，(x_n, y_n) 的观测值计算得到的样本协方差的数值相区别。后者称为经验样本协方差或观测样本协方差。

注 2：样本协方差 S_{XY} 由下式给出。

$$S_{XY}=\frac{1}{n-1}\sum_{i=1}^{n}(X_i-\overline{X})(Y_i-\overline{Y})$$

注 3：用 $n-1$ 除是为总体协方差提供一个无偏估计量。

注 4：例 1-12 包含 3 个变量，而协方差定义中只涉及 2 个变量。在实际应用中经常会遇到多个变量的情况。

18. 样本相关系数

样本相关系数用 r_{XY} 表示，即由样本协方差用相应样本标准差的乘积来除所得。

【例 1-13】 在术语“样本协方差”的示例中，X 的观测标准差为 12.945，Y 的观测标准差为 21.329。从而 X 和 Y 的观测样本相关系数为：

$$\frac{257.178}{12.945\times 21.329}=0.9315$$

【例 1-14】 在术语“样本协方差”的示例中，Y 的观测标准差为 21.329，Z 的观测标准差为 4.165。从而 Y 和 Z 的观测样本相关系数为：

$$\frac{-54.356}{21.329\times 4.165}=-0.612$$

注 1：样本相关系数的计算公式如下：

$$r_{XY}=\frac{\sum_{i=1}^{n}(X_i-\overline{X})(Y_i-\overline{Y})}{\sqrt{\sum_{i=1}^{n}(X_i-\overline{X})^2\sum_{i=1}^{n}(Y_i-\overline{Y})^2}}$$

这个表达式等价于样本协方差与两方差乘积的平方根的比。有时用 r_{xy} 表示样本相关系数。观测样本相关系数是基于实现值 (x_1, y_1)，(x_2, y_2)，…，(x_n, y_n) 的。

注 2：观测样本相关系数取值在 $[-1, 1]$ 之间。取值接近 1 表示强的正相关；取值接近 −1 表示强的负相关。取值接近 1 或 −1 表明数据点近似在一条直线上。

19. 标准误差

标准误差用 $\sigma_{\hat{\theta}}$ 表示，即估计值 $\hat{\theta}$ 的标准差。

【例 1-15】 如果以样本均值作为总体均值的一个估计，且随机变量的标准差为 σ，则样本均值的标准误差为 $\sigma/\sqrt{n}$，其中 n 是样本中观测值的个数。标准误差的一个估计是 $S/\sqrt{n}$，其中 S 为样本标准差。

注：不存在反义词“非标准”误差。通常在应用中，标准误差特指样本均值的标准差，记为 $\sigma_{\overline{X}}$，此时也常简称为“标准误”。

20. 区间估计

区间估计即由一个上限统计量和一个下限统计量所界定的区间。

注 1：区间的一个端点可以是 $+\infty$、$-\infty$ 或是参数值的一个自然界限。如“0”是总体方差区间估计的一个自然下限，在此情形下区间是单侧的。

注 2：区间估计可结合参数估计给出。区间估计通常是以假定在重复抽样下，区间包含所估计的参数确定比例或在其他某种概率意义下给出的。

注 3：区间估计通常有三种，即参数的置信区间、对未来观测的预测区间和分布包含的一个确定比例的统计容忍区间。

21. 置信区间

置信区间即参数 θ 的区间估计（T_0，T_1），其中作为区间限的统计量 T_0、T_1，满足 $P[T_0<\theta<T_1]\geqslant 1-\alpha$。

注 1：置信度反映了在同一条件下大量重复随机抽样中，置信区间包含参数真值的比例。置信区间并不能反映观测到的区间包含参数真值的概率（观测到的区间只能是要么包含要么不包含参数真值）。

注 2：一个与置信区间相关的量是 $100(1-\alpha)\%$，称为置信系数或置信水平，其中 α 是一个小的数。对任意确定但未知的总体 θ 值，$P[T_0<\theta<T_1]\geqslant 1-\alpha$。置信系数通常取 95%或 99%。

22. 单侧置信区间

其中一个端点固定为 $+\infty$、$-\infty$ 或某个自然确定边界的置信区间称为单侧置信区间。

注 1：这是将定义应用在 $T_0=-\infty$ 或 $T_1=+\infty$ 时的情形。单侧置信区间出现在只对一个方向感兴趣的情形中。

例如在移动电话安全音量测试中，关心的是安全上限。安全上限表示在假定安全条件下产生的音量的上界。在结构的力学测试中，关心的是设备失效的置信下限。

注 2：另一种单侧置信区间的情况出现在参数有自然边界（例如为 0）的情形中。在用泊松分布作为顾客投诉次数的模型时，0 是自然下限。又如，一个电子元件可靠度的置信区间可以为（0.98，1），其中 1 是可靠度的自然上限。

23. 估计值

估计值是从观测值中获得的数值。

注：对于一个假定的概率分布中参数的估计，估计量是指为了估计参数的统计量，而估计值是在估计量中使用观测值的结果。有时在估计的前面加形容词“点”，即“点估计”，强调估计结果是一个值；类似地在估计的前面加形容词“区间”，即“区间估计”，强调估计结果是一个区间。

24. 估计误差

估计值与待估计的参数或总体特性值的差称为估计误差。

注 1：总体特性值可以是参数的函数或某个与概率分布有关的量。

注 2：估计误差可由抽样、测量的不确定性、数值修约或其他原因引起。事实上，估计误差表示实际工作者所关心性能的底线。确定估计误差的来源是质量改进的关键。

25. 偏倚

偏倚指估计误差的期望。

注 1：这里的“偏倚”与《统计学词汇及符号　第 2 部分：应用统计》（GB/T 3358.2—2009）和《国际计量单词汇——基础通用的概念和相关术语：1993》（VIM：1993）中的“偏倚”意义有所不同，而具有更一般的意义。

注 2：实际中偏倚的存在可能导致不幸的结果。例如低估材料的强度的偏倚可能导致设备的失效。在调查抽样中的偏倚导致根据民意测验结果引起决策的失误。

26. 无偏估计量

无偏估计量即偏倚为 0 的估计量。

【例 1-16】 一个由独立随机变量组成的随机样本，服从均值为 μ、标准差为 σ 的正态分布。样本均值 $\overline{X}$ 和样本方差 S^2 分别是均值 μ 和方差 σ^2 的无偏估计量。

【例 1-17】 方差 σ^2 的极大似然估计中，分母用 $n-1$ 代替 n，则它是无偏估计量。在应用中也经常使用样本标准差，注意使用 $n-1$ 作为除数的样本方差的平方根并不是总体标准差的无偏估计量。

【例 1-18】 一个由 n 个独立随机变量组成的随机样本，每一组数据都服从协方差 $\rho\sigma_x\sigma_y$ 的二维正态分布，则样本协方差是总体协方差的无偏估计量。而协方差的极大似然估计中，分母用的是 n，而不是 $n-1$，因此它是有偏估计量。

注 1：无偏估计是在平均意义下给出了正确的值。无偏估计量为寻求总体参数的“最优”估计提供了一个有用的初始值。这里给出的定义是无偏估计量的一种统计特征。

注 2：在日常应用中，实际工作者通过某种机制，例如保证随机样本对总体的代表性，来努力避免可能出现的偏倚。

27. 假设

假设用 H 表示，即关于总体的陈述。

注：通常这个命题与分布族中的一个或几个参数有关，或与此分布族本身有关。

28. 原假设

原假设用 H_0 表示，即用统计检验方法来检验的假设。

【例 1-19】 在独立同分布正态随机变量的随机样本中，均值和标准差未知，对均值 μ 的一个原假设是：“均值小于或等于某给定值 μ_0”。该原假设一般写成 H_0：$\mu\leqslant\mu_0$。

【例 1-20】 原假设也可为：“总体的统计模型是正态分布”。对此原假设，均值和标准差可以不确定。

【例 1-21】 原假设也可为：“总体的统计模型是对称分布”。对此原假设，分布形式可以不确定。

注 1：显然，原假设可以由所有可能的概率分布的子集组成。

注 2：本定义应与备择假设和统计检验联合考虑。

注 3：在实际中，从不说“证明”了原假设，而是说在给定条件下不足以拒绝原假设。进行假设的原始目的很可能是对于当前问题，希望检验结果支持一个给定的备择假设。

注 4：不拒绝原假设并不是“证明”了它真的成立，而只是说没有足够的证据拒绝它。此时原假设也许真的成立（或近似成立）；也许由于样本的原因（如样本量不够大）而未能检出其中的差异。

注 5：有时，最初的兴趣是原假设，但对原假设的偏离也有意义。适当的样本量和检验指定的偏离或备择假设的功效能用来构造出合适的评估原假设的检验方法。

注 6：与“不能拒绝原假设”相反，“接受备择假设”是一个肯定的结果，它支持所感兴趣的猜测。与诸如“这次不能拒绝原假设”之类的结论相比，“拒绝原假设，接受备择假设”更为明确。

注 7：原假设是构造相应的检验统计量的出发点，该统计量用于对原假设进行评估。

注 8：若有可能，原假设与备择假设的命题应互斥，参见术语“统计检验”的注 2 和术语“p 值”的示例。

29. 备择假设

备择假设用 H_A 或 H_1 表示，即对从所有不属于原假设的可能容许概率分布中选择的一个集合或其子集的陈述。

【例 1-22】 在术语“原假设”例 1-19 中，对应原假设的备择假设是“均值大于该给定值”，表示为 H_A：$\mu>\mu_0$。

【例 1-23】 在术语“原假设”例 1-20 中，对应原假设的备择假设是“总体的统计模型不是正态分布”。

【例 1-24】 在术语“原假设”例 1-21 中，对应原假设的备择假设为“总体的统计模型是由非对称分布构成的”。对这个备择假设，非对称分布的具体形式没有确定。

注 1：在需要特别指定备择假设时，一般将原假设的补作为备择假设。

注 2：备择假设既可以记为 H_A，也可以记为 H_1，不存在优先选用的问题。

注 3：备择假设是与原假设相对立的一种陈述。对应的检验统计量用于在原假设和备择假设之间进行抉择。

注 4：不能脱离原假设和统计检验来考虑备择假设。

注 5：与“不能拒绝原假设”相比，“接受备择假设”是一个肯定的结果，它支持感兴趣的猜测。

30. 简单假设

在一个分布族中，指定了某单个分布的假设称为简单假设。

注 1：简单假设是选定的子集只由单个概率分布组成的原假设或备择假设。

注 2：根据从均值未知、标准差 σ 已知的正态分布总体中独立抽取的随机样本，对均值 μ 的简单假设是均值等于一个给定值 μ_0，通常表示为 H_0：$\mu=\mu_0$。

注 3：简单假设完全确定了概率分布。

31. 复合假设

在一个分布族中，指定了多于一个分布的假设称为复合假设。

【例 1-25】 术语“原假设”和“备择假设”都是复合假设的例子。

【例 1-26】 术语“统计检验”例 1-29 中情形 3 的原假设是简单假设，例 1-30 中的原假设也是简单假设，其他假设都是复合假设。

注：复合假设是所选定的子集由一个以上的概率分布组成原假设或备择假设。

32. 显著性水平

显著性水平用 α 表示，即（统计检验）原假设为真，而被拒绝的最大概率。

注：如果原假设是一个简单假设，则当原假设为真时拒绝它的概率是一个确定的值。

33. 第一类错误

拒绝事实上为真的原假设的错误称为第一类错误。

注 1：事实上，第一类错误是一种不正确的判定。因此，要使这种不正确判定的概率尽可能小。要使犯第一类错误的概率为 0，只有永不拒绝原假设，而不管证据如何。当然，这是不可能的。

注 2：在有些情况下（如检验二项参数 p），由于结果的离散性，有可能达不到预先设定的显著性水平，如 0.05。

34. 第二类错误

没有拒绝事实上不为真的原假设的错误称为第二类错误。

注：事实上，第二类错误是一种不正确的判定。因此，要使这种不正确判定的概率尽可能小。第二类错误通常是在当样本量不够大，因而不足以揭示与原假设的偏离时发生。

35. 统计检验

统计检验又称显著性检验，即判断是否拒绝原假设，支持备择假设的方法。

【例 1-27】 如果一个实际的连续随机变量在 $-\infty$ 到 $+\infty$ 之间取值，怀疑它的概率分布不是正态分布，则可以按以下步骤构造假设：

——考虑所有在 $-\infty$ 到 $+\infty$ 上取值的连续概率分布；

——猜测真实的概率分布不是正态分布；

——原假设为：概率分布是正态分布；

——备择假设为：概率分布不是正态分布。

【例 1-28】 如果随机变量服从正态分布，标准差已知，怀疑它的期望值 μ 与给定的值 μ_0 有偏离，则可以按例 1-29 中的情形 3 的步骤构造假设。

【例 1-29】 本例考虑统计检验的 3 种可能情形。

情形 1：猜测过程均值大于目标均值 μ_0。这个猜测导致如下假设：

H_0：$\mu \leqslant \mu_0$

H_1：$\mu > \mu_0$

情形 2：猜测过程均值小于目标均值 μ_0。这个猜测导致如下假设：

H_0：$\mu \geqslant \mu_0$

H_1：$\mu < \mu_0$

情形 3：猜测过程均值与目标均值不相容，但方向不确定。这个猜测导致如下假设：

H_0：$\mu = \mu_0$

H_1：$\mu \neq \mu_0$

在这 3 种情形中，假设的形成是从考虑备择假设和基本条件偏离猜测中导出的。

【例 1-30】 本例考虑两批产品（1 和 2）中的不合格品的比例 p_1 和 p_2，范围皆介于 0 和 1 之间。怀疑两批产品是不同的，因此猜测两个批次不合格品率也不同。这个猜测导致如下假设：

H_0：$p_1 = p_2$

H_1：$p_1 \neq p_2$

注1：统计检验是一种方法，利用样本观测值来判断真实的概率分布是属于原假设还是备择假设，在一定条件下这种程序是有效的。

注2：在实施统计检验之前，首先要在可利用信息基础上确定概率分布的可能集合；其次，在研究猜测的基础上，确认由可能为真的概率分布组成备择假设；最后，用备择假设的补来组成原假设。在很多情形下，概率分布的可能集合（即原假设和备择假设）可以用相关参数的集合来确定。

注3：因为判断是在样本观测的基础上做出的，这可能导致第一类错误，即原假设为真时拒绝原假设；或第二类错误，即备择假设为真时没有拒绝原假设。

注4：上面例1-29中情形1和情形2是单侧检验的例子。情形3是双侧检验的例子。在这3种情形中，检验是单侧还是双侧是由备择假设中参数 μ 的区域所决定的。更一般而言，单侧还是双侧检验取决于做出拒绝原假设，支持备择假设判定的检验统计量的区域，即临界域。但它可能并不能像情形1～情形3那样对参数空间进行直接、简单地描述。

注5：在应用统计检验时必须注意应该遵循的基本假定，在偏离基本假定情形下仍能做出稳定推断的统计检验是稳健的。例如，对均值的单个样本 t 检验就是在非正态分布下非常稳健的一个例子。而对方差齐性的Bartlett检验则是非稳健方法的例子，它有可能在方差事实相同的分布中，过分拒绝方差齐性的假设。

36. p 值

在原假设为真时，获得检验统计量的观测值及更不支持原假设的其他值的概率称为 p 值。

【例1-31】 以术语“次序统计量”示例中引入的数值为例，为解释方便，假定这些观测值来自一个标称均值为12.5的过程，并且从先前经验看，相关的工程技术人员认为过程一致低于该标称值。为研究，收集了一个样本量为10的随机样本，样本数据由术语“次序统计量”示例中给出。合适的假设是：

H_0：$\mu \geqslant 12.5$

H_1：$\mu < 12.5$

样本均值是9.7，正如所猜测的那样，比标称值小。但是它是否距12.5足够远，从而可以支持猜测？本例中，检验统计量值为－1.9764，相应的 p 值为0.040。这表明如果过程的真实均值等于12.5，则在100次观测中，最多有4次机会使检验统计量的值等于或低于－1.9764。如果预先设定的显著性水平是0.05，则据此拒绝原假设，支持备择假设。

若对此问题稍做不同的考虑，想象关心的是过程偏离了目标值12.5，但偏大还是偏小不定，这导致以下假设：

H_0：$\mu = 12.5$

H_1：$\mu \neq 12.5$

假定从随机样本中收集到相同数据，检验统计量也一样，其值为－1.9764。对这个备择假设，感兴趣的问题是“看到这样一个极端值或更极端的概率是多少?”在这种情形下有两个相关的区域：一个是检验统计量值小于或等于－1.9764；另一个是统计量值大于或等于1.9764。t 检验统计量落在两个区域中一个的概率是0.08（单侧值的2倍）。也就是原假设为真时，检验统计量在100次观测中大约会有8次机会取此极端的值。因此在0.05显著性水平下，原假设没有被拒绝。

注1：若 p 值为0.029，则在原假设为真的条件下，每100次观测中仅有不到3次的机会使检验统计量的值取此极端值或更极端的值。据此，迫使我们应拒绝原假设，因为这是个相当小的 p 值。更正式地，如果显著性水平定为0.05，而 p 值为0.029小于0.05，因而拒绝原假设。

注2：有人将 p 值称为显著概率，但它不能与显著性水平混淆，后者在应用中是指定的常数。

37. 检验功效

1减去犯第二类错误的概率即为检验功效。

注1：对于一个分布族，检验功效是未知参数的函数，它是当该参数为真时拒绝原假设的概率。

注2：在大多数有实际意义的情形中，增加样本量会增加检验功效。换句话说，当备择假设为真时，拒绝原假设的概率随着样本量的增加而增大，从而减小了犯第二类错误的概率。

注3：在检验情形下，人们愿意样本量变得足够大，这样即使距原假设有小的偏离也应该能被检测到，从而拒绝原假设。换句话说，当样本量变得足够大时，对每个对应原假设的备择假设，检验功效都接近1。这样的检验称为相合的。假定显著性水平相同，原假设和备择假设不变，用功效比较两个检验，认为功效大的检验是更有效的。对相合性和有效性有更正式的数学描述，这超出了《统计学词汇及符号　第2部分：应用统计》（GB/T 3358.2—2009）本部分的范围（可参考各种统计百科全书或数理统计教材）。

38. 检验统计量

检验统计量即用于统计检验的统计量。

注：检验统计量用来评判考察的概率分布是否与原假设或备择假设相符。

39. 类（组）

所有分类（组）既不重叠，又是穷尽的。

40. 频数

给定类（组）中，特定事件发生的次数或观测值的个数称为频数。

41. 组

（定量特性）实数轴上的区间称为组。

42. 组限

（给定特征）定义组的上、下边界值称为组限。

注：本定义指定量特性组的边界。

43. 频数分布

类（组）与其中特定事件发生的次数或观测值的个数之间的经验关系称为频数分布。

44. 累积频数

给定界限以下所有类（组）的频数之和称为累积频数。

注：本定义只适用于对应于组限的给定界限值。

45. 频率

用事件或者观测值发生的总数目除频数即为频率。

46. 累积频率

用事件或者观测值发生的总数目除累积频数即为累积频率。

47. 标准差

标准差用 σ 表示，即方差的正平方根。

48. 变异系数

变异系数用 CV 表示，即（正随机变量）标准差除以均值。

注 1：变异系数通常用百分数表示。

注 2：不赞成使用以前的术语“相对标准差”。

二、统计检验方法

统计检验是用来判断样本与样本、样本与总体的差异是由抽样误差引起还是本质差别造成的统计推断方法。其基本原理是先对总体的特征做出某种假设，然后通过抽样研究的统计推理，对此假设应该被拒绝还是接受做出推断。

1. 统计检验原理

（1）统计检验的基本思想　假设检验的基本思想是小概率反证法思想。小概率思想是指小概率事件（$p<0.01$ 或 $p<0.05$）在一次试验中基本上不会发生。反证法思想是先提出假设（检验假设 H_0），再用适当的统计方法确定假设成立的可能性大小，如可能性小则认为假设不成立，若可能性大则还不能认为假设不成立。

一般地说，对总体某项或某几项做出假设，然后根据样本对假设做出接受或拒绝的判断，这种方法称为假设检验。

统计检验使用了一种类似于“反证法”的推理方法，它的特点是：

① 先假设总体某项假设成立，计算其会导致什么结果。若导致不合理现象产生，则拒绝原先的假设；若并不导致不合理现象的产生，则不能拒绝原先假设，从而接受原先假设。

② 它又不同于一般的反证法。所谓产生不合理现象，并非指形式逻辑上的绝对矛盾，而是基于小概率原理：概率很小的事件在一次试验中几乎是不可能发生的，若发生了就是不合理的。至于怎样才算是“小概率”呢？通常可将概率不超过 0.05 的事件称为“小概率事件”，也可视具体情形而取 0.1 或 0.01 等。在假设检验中常记这个概率为 α，称为显著性水平。而把原先设定的假设称为原假设，记作 H_0。把与 H_0 相反的假设称为备择假设，它是原假设被拒绝时而应接受的假设，记作 H_1。

（2）小概率原理　如果对总体的某种假设是真实的，那么不利于或不能支持这一假设的事件 A（小概率事件）在一次试验中几乎不可能发生。要是在一次试验中 A 竟然发生了，就有理由怀疑该假设的真实性，从而拒绝这一假设。

（3）假设的形式　H_0——原假设，H_1——备择假设。

双侧检验　H_0：$\mu=\mu_0$，H_1：$\mu\neq\mu_0$。

单侧检验　H_0：$\mu\geqslant\mu_0$，H_1：$\mu<\mu_0$；H_0：$\mu\leqslant\mu_0$，H_1：$\mu>\mu_0$。

统计检验就是根据样本观察结果对原假设（H_0）进行检验。接受 H_0，就否定 H_1；拒绝 H_0，就接受 H_1。

2. 统计检验规则与两类错误

（1）确定检验规则　检验过程是比较样本观察结果与总体假设的差异。差异显著，超过了临界点，拒绝 H_0；反之，差异不显著，接受 H_0（表 1-14）。

表 1-14　检验规则

差异	临界点	判断
$\lvert X-\mu_0\rvert$　　$\geqslant$	c	拒绝 H_0
$\lvert X-\mu_0\rvert$　　$<$	c	接受 H_0

（2）两类错误　接受或拒绝 H_0，都可能犯错误（表 1-15）。

第一类错误——弃真错误，发生的概率为 α。

第二类错误——取伪错误，发生的概率为 β。

表 1-15　两类错误

检验决策	H_0 为真	H_0 为真
拒绝 H_0	犯第一类错误(α)	拒绝 H_0
接受 H_0	正确	犯第二类错误(β)

α 大 β 就小，α 小 β 就大。

基本原则：力求在控制 α 的前提下减小 β。

α——显著性水平，取值：0.1，0.05，0.001，等。如果犯第一类错误损失更大，为减少损失，α 值取小；如果犯第二类错误损失更大，α 值取大。

（3）确定临界点 c　确定 α，就确定了临界点 c。

① 设总体：$X\sim N(\mu, \sigma^2)$，σ^2 已知。

② 随机抽样：样本均值为 $\overline{X}=\dfrac{1}{n}\sum\limits_{i=1}^{n}X_i$。

③ $\overline{X}$ 标准化：$Z=\dfrac{\overline{X}-\mu}{\sigma/\sqrt{n}}N$（0，1）。

④ 确定 α 值。

⑤ 查概率表，知临界值 $Z_{\alpha/2}$。

⑥ 计算 Z 值，做出判断。

统计检验示意见图 1-10。

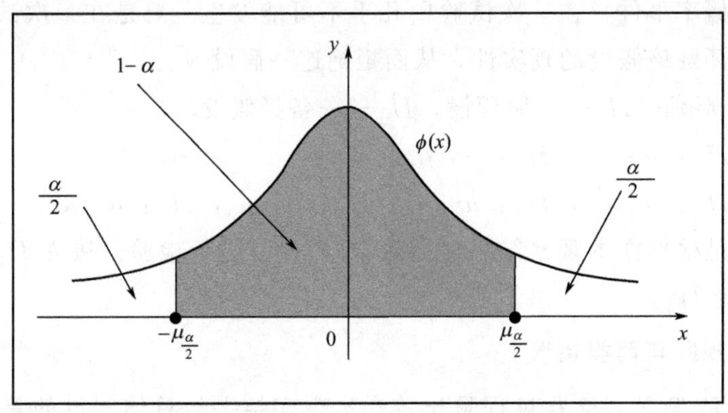

图 1-10　统计检验示意

3. 几种常见假设检验

常见统计检验有下面三种类型：

① H_0：$\mu=\mu_0$，H_1：$\mu\neq\mu_0$（双侧检验）。

② H_0：$\mu\leqslant\mu_0$，H_1：$\mu>\mu_0$（右侧单边检验）。

③ H_0：$\mu\geqslant\mu_0$，H_1：$\mu<\mu_0$（左侧单边检验）。

4. 假设检验的一般步骤

假设检验的一般步骤见图 1-11。

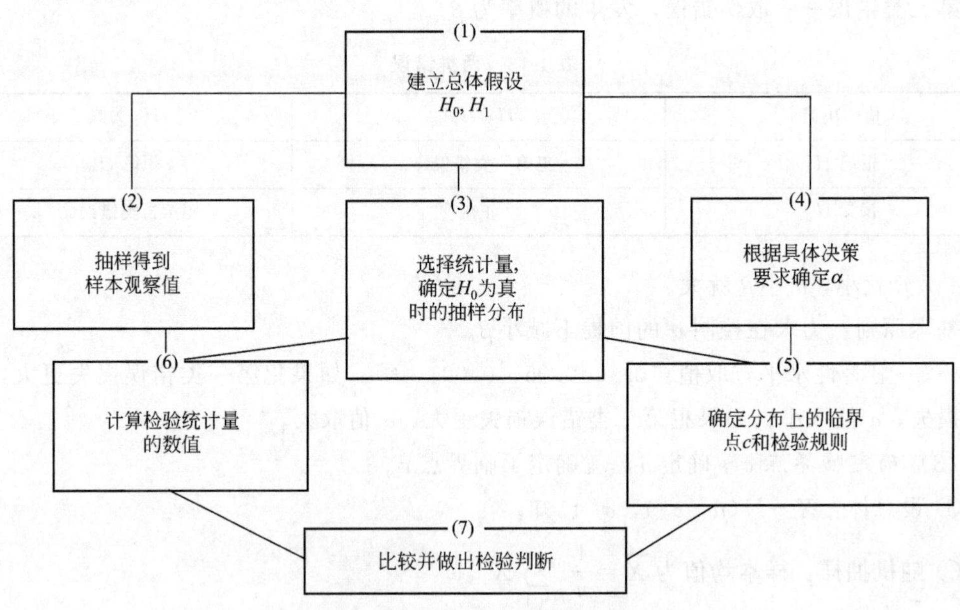

图 1-11　假设检验的一般步骤

三、统计检验与置信区间的关系

假设检验与置信区间有密切的联系，我们往往可以由某参数的显著性水平为 α 的检验，得到该参数的置信度为 $1-\alpha$ 的置信区间；反之亦然。例如，显著性水平 α 的均值 μ 的双侧检验问题：

H_0：$\mu=\mu_0$，H_1：$\mu\neq\mu_0$

与置信度为 $1-\alpha$ 的置信区间之间有着这样的关系：若检验在 α 水平下接受 H_0，则 μ 的 $1-\alpha$ 的置信区间必须包含 μ_0；反之，若检验在 α 水平下拒绝 H_0，则 μ 的 $1-\alpha$ 的置信区间必定不包含 μ_0。因此，我们可以用构造 μ 的 $1-\alpha$ 置信区间的方法来检验上述假设：如果构造出来的置信区间包含 μ_0，就接受 H_0；如果不包含 μ_0 就拒绝 H_0。同样给定显著水平 α，可以从构造检验规则的过程中，得到 μ 的 $1-\alpha$ 置信区间。

【例 1-32】 某公司想引进一种自动加工装置。这种装置的工作温度 X 服从正态分布 $(\mu, 5^2)$。厂方说它的平均工作温度是 80℃。从该装置试运转中随机测试 16 次，得到的平均工作温度是 83℃。样本结果与厂方所说的是否有显著差异？厂方的说法是否可以接受？

类似这种根据样本观测值来判断一个有关总体的假设是否成立的问题，就是假设检验的问题。我们把任一关于单体分布的假设，统称为统计假设，简称假设。上例中，可以提出两个假设：一个称为原假设或零假设，记为 H_0：$\mu=80$(℃)；另一个称为备择假设或对立假设，记为 H_1：$\mu\neq80$(℃)。这样，上述假设检验问题可以表示为：

H_0：$\mu=80$　H_1：$\mu\neq80$

原假设与备择假设相互对立，两者有且只有一个正确，备择假设的含义是一旦否定原假设 H_0，备择假设 H_1 供你选择。所谓假设检验问题就是要判断原假设 H_0 是否正确，决定接受还是拒绝原假设，若拒绝原假设，就接受备择假设。

应该如何做出判断呢？如果样本测定的结果是 100℃甚至更高（或很低），我们从直观上能感到原假设可疑而否定它，因为原假设是真实时，在一次试验中出现了与 80℃相距甚远的小概率事件几乎是不可能的，而现在竟然出现了，当然要拒绝原假设 H_0。现在的问题是样本平均工作温度为 83℃，结果虽然与厂方说的 80℃有差异，但样本具有随机性，80～83℃之间的差异很可能是样本的随机性造成的。在这种情况下，要对原假设做出接受还是拒绝的抉择，就必须根据研究的问题和决策条件，对样本值与原假设的差异进行分析。若有充分理由认为这种差异并非是由随机因素造成的，也即认为差异是显著的，才能拒绝原假设，否则就不能拒绝原假设。假设检验实质上是对原假设是否正确进行检验，因此，检验过程中要使原假设得到维护，使之不轻易被否定。否定原假设必须有充分的理由；同时，当原假设被接受时也只能认为否定它的根据不充分，而不是认为它绝对正确。

如该例中，μ 的置信度为 95%的置信区间为：

$$\overline{x}-1.96\times\frac{\sigma}{\sqrt{n}}=83-1.96\times\frac{5}{\sqrt{16}}=83-2.45=80.55$$

$$\overline{x}+1.96\times\frac{\sigma}{\sqrt{n}}=83+1.96\times\frac{5}{\sqrt{16}}=83+2.45=85.45$$

即置信区间为（80.55，85.45），因为 $\mu_0=80$，不在这个区间内，拒绝原假设 H_0。也就是说样本测试结果与厂方所说的有显著差异，厂方的说法不可以接受。

四、统计检验应注意的问题

① 做统计检验之前应注意资料本身是否有可比性。

② 当差别有统计学意义时应注意这样的差别在实际应用中有无意义。

③ 根据资料类型和特点选用正确的统计检验方法。

④ 根据专业及经验确定是选用单侧检验还是双侧检验。

⑤ 当检验结果为拒绝无效假设时，应注意有发生第一类错误的可能性，即错误地拒绝了本身成立的 H_0，发生这种错误的可能性预先是知道的，即检验水准那么大；当检验结果为不拒绝无效假设时，应注意有发生第二类错误的可能性，即仍有可能错误地接受了本身就不成立的 H_0，发生这种错误的可能性预先是不知道的，但与样本含量和第一类错误的大小有关系。

⑥ 判断结论时不能绝对化，应注意无论接受还是拒绝检验假设，都有判断错误的可能性。

⑦ 报告结论时应注意说明所用的统计量、检验的单双侧及 p 值的确切范围。

五、u 检验

正态分布有两个重要参数：一个是平均值 μ；另一个是标准差 σ。这两个参数确定之后，一个正态分布 $N(\mu, \sigma^2)$ 就完全确定了。因此，关于正态分布的检验问题，也就是检验这两个参数的问题。在很多场合，标准差比较稳定，只要对平均值做检验即可。u 检验就是在总体标准差 σ 已知并且稳定不变的条件下，检验平均值，看平均值 $\overline{x}$ 是不是随机取自同一正态母体 $N(\mu, \sigma/n)$。

【例 1-33】 已知某标准铁样的含碳量遵从正态分布 $N(4.55, 0.11^2)$。为检查分析系统（试剂、仪器设备、人的操作和情绪、环境等）是否正常，曾先后测定该标样的含碳量共 5 次，所得结果 c_C 分别为 4.28%、4.40%、4.42%、4.35%、4.30%，试问该分析系统是否正常？

解 现以它为例，说明统计检验的解题步骤。

① 提出统计假设：该分析系统各项条件都是正常的，样本值是从该总体中随机抽取的。

$$H_0: \hat{\mu} = \mu$$

② 根据统计假设，找一个合适的统计量函数式，然后代入样本值，算出该统计量的值。

如果以样本平均值 $\overline{x}$ 作为 μ 的估计量，即 $\hat{\mu} = \overline{x}$，置信区间为：

$$\overline{x} = \mu \pm u \frac{\sigma}{\sqrt{n}}$$

移项即得：

$$u = \frac{|\overline{x} - \mu|}{\frac{\sigma}{\sqrt{n}}} \tag{1-33}$$

式(1-33) 的 μ 值就是本例所需的统计量。

本例 σ 已知，$\sigma = 0.11$，$n = 5$，且

$$\overline{x} = \frac{1}{n} \sum_{i=1}^{n} x_i = 4.35$$

代入式(1-33)有：

$$u=\frac{|\overline{x}-\mu|}{\sigma/\sqrt{n}}=\frac{|4.35-4.55|}{0.11/\sqrt{5}}=4.1$$

③ 由题意确定这是双侧检验，还是单侧检验。

本例中假设各项分析条件都正常，则 $\overline{x}$ 应遵从 $N\left(\mu,\ \frac{\sigma}{n}\right)$，从而 μ 遵从 $N(0,\ 1)$，含碳量只要和标准值 μ 有显著差别，不论高于或低于标准值都应判为异常，否定原假设，所以这是双侧检验，参见图 1-12。

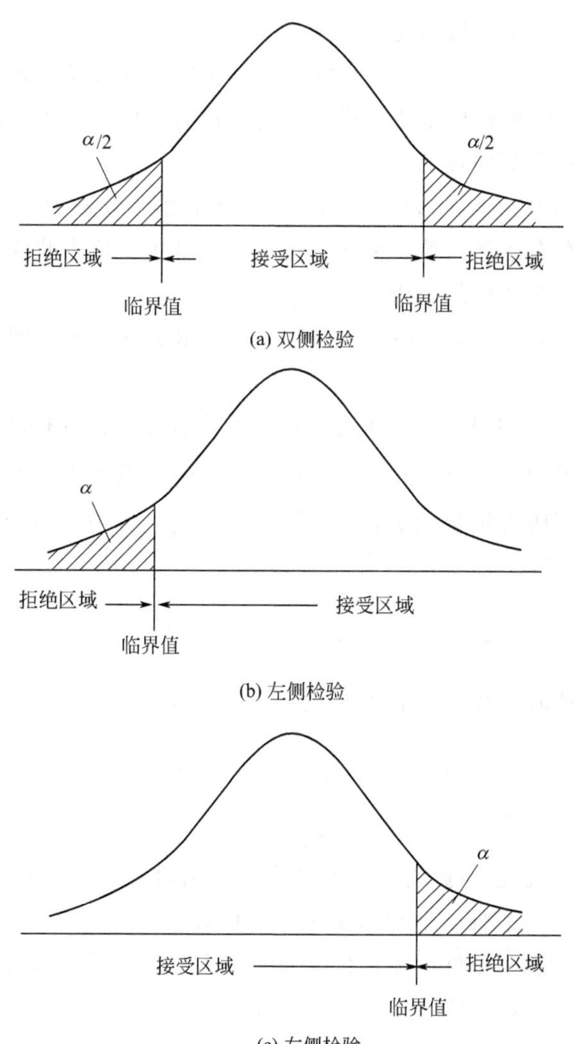

图 1-12 统计检验的接受区域和拒绝区域

图 1-12(a) 中的阴影部分，称为拒绝区域（否定域），由样本按式(1-33)算得的统计量 u 值落入这部分，可判断：原假设应予以否定。该判断犯第一类错误的危险率（概率）为 $\frac{\alpha}{2}+\frac{\alpha}{2}=\alpha$。

那么什么是单侧检验？我们可以空白试验为例说明。如果分析系统一切正常，空白试验数据应该是零，或比零稍大的一个小的数值，因此凡是数值比较小的空白值数据（包括零）都是正常值，只有那些数值大的空白值数据才是异常值，应加以否定。所以空白试验是单侧检验，参见图 1-12。单侧检验的否定域集中在一侧，即图 1-12(b) 或（c）中的阴影部分。

④ 选定显著性水平 α（即犯第一类错误的概率），从合适的统计用数据表中查找出相应的 u 的临界值，记作 u_α。

若把显著性水平确定为 $\alpha=0.05$，本例是双侧检验，如使用统计用表时，应查 $u_{\alpha/2}=u_{0.025}$。

⑤ 比较 u 和 u_α 的大小，做出统计推断。

当 $|u|>u_\alpha$（例如，$u_\alpha=u_{0.05}=1.96$）时，否定统计假设，置信度为 $(1-\alpha)$。

当 $|u|\leqslant u_\alpha$ 时，则根据样本所提供的信息，没有理由可以否定原假设，所以只能在显著性水平 α 条件下接受原假设 H_0。

本例 $(|u|=4.1)>(u_\alpha=1.96)$，理应否定统计假设，故有 95%的把握认为：当天的分析系统有异样，存在条件误差，使测得值显著偏低了，应查找原因，予以纠正，使分析系统正常化后，再做未知样的分析。

u 检验还可以用来比较两个平均值 $\overline{x}_i$ 和 $\overline{x}_j$ 有无显著性差异（即两组样本是否取自同一总体）。

进行 u 检验时，总是假设总体标准差 σ 已知而且各样本值的标准差 S_i 和 S_j 都与 σ 没有显著性差异。于是平均值 $\overline{x}_i$ 的方差等于 σ^2/n_i，而 $\overline{x}_j$ 的方差等于 σ^2/n_j。根据误差传递公式，由加减法计算所得结果的方法 $(S_y^2=S_A^2+S_B^2+S_C^2)$，两平均值之差 $(\overline{x}_i-\overline{x}_j)$ 的标准差 $S_{(\overline{x}_i-\overline{x}_j)}$ 等于：

$$S_{(\overline{x}_i-\overline{x}_j)}=\sqrt{S_{\overline{x}_i}^2+S_{\overline{x}_j}^2}=\sqrt{\frac{\sigma^2}{n_i}+\frac{\sigma^2}{n_j}}$$

所以在比较两个平均值时，统计量 u 的算式为：

$$u=\frac{\overline{x}_i-\overline{x}_j}{\sqrt{\dfrac{\sigma^2}{n_i}+\dfrac{\sigma^2}{n_j}}}=\frac{\overline{x}_i-\overline{x}_j}{\sigma\sqrt{\dfrac{1}{n_i}+\dfrac{1}{n_j}}} \tag{1-34}$$

因为不论 $\overline{x}_i$ 是大于 $\overline{x}_j$ 还是小于 $\overline{x}_j$，只要两者有显著性差异，就应否定统计假设，即认为 $\overline{x}_i$ 和 $\overline{x}_j$ 并非取自同一总体，所以这也是双侧检验。

【例 1-34】 有两大瓶制备好的赤铁矿样Ⅱ号和Ⅲ号，经教师分析：Ⅱ号分析 4 次，得平均值 $\overline{x}_i=\mathrm{Fe}(\%)=66.64$；Ⅲ号分析 6 次，得平均值 $\overline{x}_j=\mathrm{Fe}(\%)=66.68$。已知两样本标准差都和总体标准差 $\sigma=0.061$ 无显著性差异。问Ⅱ号和Ⅲ号铁矿样是同一种铁矿样分装在两个瓶里，还是两种不同的铁矿样？

解 现在要检验的是这两个平均值有无显著性差异，即检验统计假设 $\mu_1=\mu_2$，计算统计量 u 时，采用式(1-34) 计算：

$$u=\frac{\overline{x}_i-\overline{x}_j}{\sigma\sqrt{\dfrac{1}{n_i}+\dfrac{1}{n_j}}}=\frac{66.64-66.68}{0.061\times\sqrt{\dfrac{1}{4}+\dfrac{1}{6}}}=-1.02$$

令 $\alpha=5\%$，则 $u_{0.05}=1.96$，因（$|u|=1.02$）<（$u_{0.05}=1.96$），故假设成立。Ⅱ号和Ⅲ号两瓶铁矿样没有显著性差异，没有理由认为这两瓶所装的不是同一种试样。

六、t 检验

t 检验是假设检验的一种常用方法，当方差未知时，可以用来检验一个正态总体或两个正态总体的均值检验假设问题，也可以用来检验成对数据的均值假设问题。在实际工作中，我们不可能做无限多次测量，而只能由样本标准差 S 来估计总体标准差 σ。如果用 S 来估计总体标准差 σ，必然会引起一些误差，特别当测量次数 n 较少时，这样引进的误差就会更大。

在处理少量实验数据时，为了补偿这种误差，可以根据测量次数的多少而用另一数值 t 来代替 u 值。这个代替和补偿的办法叫戈斯特（William Sealy Gosset）“学生氏 t 法”。

根据 t 检验法，统计量 t 的函数式如下：

$$\mu=\overline{x}\pm t\frac{S}{\sqrt{n}}$$

$$t=\frac{\overline{x}-\mu}{S/\sqrt{n}} \tag{1-35}$$

检验时所需的 $t_{\alpha,f}$ 临界值，可查相关 t 值表获得。

t 值表中常用自由度 f 来代替测量次数 n（即样本容量）。只要知道自由度 f，并选定显著性水平 α（例如 0.05），从表中就可以查到 $t_{\alpha,f}$ 的值。由样本算得的统计量 t，和表中查得的 $t_{\alpha,f}$ 做比较：当 $|t|>t_{\alpha,f}$ 时，统计假设被否定，平均值之间有显著性差异；当 $|t|\leqslant t_{\alpha,f}$ 时，统计假设成立，根据样本值，没有理由认为平均值之间有显著性差异。

以下分 5 类介绍 t 检验法在水环境监测中的应用。

1. 样本平均值与标准值的比较

用标准参考物质来评价分析方法时，就涉及样本平均值与标准参考物质做比较的问题。

【例 1-35】 用一种新的分析方法测定标准参考物质中 Ca^{2+} 含量，得到 8 个数据：34.30mg/L、34.33mg/L、34.26mg/L、34.38mg/L、34.38mg/L、34.29mg/L、34.29mg/L、34.23mg/L。该标准参考物质 Ca^{2+} 含量标准值为 34.33mg/L，问这种新的分析方法有无偏倚？

解 现在的任务是确定样本平均值 $\overline{x}$ 和标准值 $\mu=34.33\text{mg/L}$ 是否一致，即检验样本是不是从同一总体中随机抽取的，即检验统计假设 $\hat{\mu}=\mu$。

先计算统计量，$n=8$；$f=n-1=7$；

平均值 $\overline{x}=\dfrac{\sum\limits_{i=1}^{n}x_i}{n}=34.31$；令 $\overline{x}$ 作为 μ 的估计量，即 $\hat{\mu}=\overline{x}$；

标准差为：

$$S=\sqrt{\frac{\sum_{i=1}^{n}(x_i-\overline{x})^2}{n-1}}=\sqrt{\frac{\sum_{i=1}^{n}x_i^2-\frac{1}{n}\left(\sum_{i=1}^{n}x_i\right)^2}{n-1}}=0.054(\text{mg/L})$$

统计量为：

$$t=\frac{\overline{x}-\mu}{S/\sqrt{n}}=\frac{|34.31-34.33|}{0.054/\sqrt{8}}=1.05$$

查 t 值表，$t_{0.05,7}=2.37$。

因 $t<t_{0.05,7}$，故假设成立，没有理由认为这种新方法存在偏倚。

这一类 t 检验法可以应用在以下几方面：

① 总体平均值 μ 是已知的，例如标准参考物质的标准值。

② 如果已知有一理论值，且误差是正态分布的，则理论值可以看作是总体平均值 μ。

③ 在常规分析中，若某产品需要符合一定规格，则规格所定的值可以当作 μ。通过将产品实际分析结果的平均值与规格所定的值做比较，判断该产品是否合乎规格。

④ 如果已经做过一组 $n>20$ 的数据，其平均值可以看作等于 μ，则另一组测量次数较少的数据的平均值，可以据此做比较。

【例 1-36】 某制药厂生产复合维生素丸，要求每 50g 维生素中含铁 2400mg。从某次生产过程中随机抽取部分试样进行 5 次测定，测得铁（Fe）含量为 2372mg/50g、2409mg/50g、2395mg/50g、2399mg/50g、2411mg/50g，那么这批产品的铁含量是否合格？

解 假设该批维生素铁含量合格，有：

$$n=5$$

$$f=5-1=4$$

$$\overline{x}=\frac{\sum_{i=1}^{n}x_i}{n}=2397\ (\text{mg/50g})$$

$$S=\sqrt{\frac{\sum_{i=1}^{n}(x_i-\overline{x})^2}{n-1}}=\sqrt{\frac{\sum_{i=1}^{n}x_i^2-\frac{1}{n}\left(\sum_{i=1}^{n}x_i\right)^2}{n-1}}=\sqrt{\frac{973}{4}}=16$$

$$t=\frac{\overline{x}-\mu}{S/\sqrt{n}}=\frac{|\overline{x}-\mu|}{S}\sqrt{n}=\frac{|2397-2400|}{16}\sqrt{5}=\frac{3}{16}\times 2.2=0.41$$

查表 $t_{0.05,4}=2.78$。

因为 $t<t_{0.05,4}=2.78$，所以假设不被否定，这批维生素的铁含量是合格的。

比较平均值的另一种方法是极差法，即用标准差与极差的关系计算标准差（见前文标准差的计算）。用此法估计总体均值时分析数据一般不超过 10 次。

2. 比较不同分析人员的测定结果

不同分析人员或同一分析人员用不同分析方法测定相同的试样，所得结果一般是不相同的。现在要确定两个测定结果（平均值）之间是否有显著性差异，即样本测定结果平均值 $\overline{x}_i$ 和 $\overline{x}_j$ 是属于同一总体，还是分属不同的总体。与例 1-35 情况不同，这时待比较的两个平均值任何一个都不能视为真值。

从统计的观点来讲，现在的任务就是检验统计假设 $\mu_1=\mu_2$，这时必须首先确定这两组数据的方差有没有显著性差异。因为只有在两组数据的方差 S_i^2 和 S_j^2 没有显著性差异的条件下才能把两组数据合在一起求得共同的标准差 $\overline{S}$，然后才能比较 $\overline{x}_i$ 和 $\overline{x}_j$（即检验假设 $\mu_1=\mu_2$）。方差是用 F 检验法检验的，现在 S_i^2 和 S_j^2 没有显著性差异，亦即可以在求得 $\overline{S}$ 的情况下进行两个平均值的比较，这时采用统计量：

$$t=\frac{\overline{x}_i-\overline{x}_j}{\sqrt{\frac{\overline{S}^2}{n_i}+\frac{\overline{S}^2}{n_j}}}=\frac{\overline{x}_i-\overline{x}_j}{\overline{S}}\sqrt{\frac{n_in_j}{n_i+n_j}} \tag{1-36}$$

进行 t 检验。式中 $\overline{S}^2$ 为合并方差。差方和具有加和性，所以合并方差的值由下式给出：

$$\overline{S}^2=\frac{\sum_{i=1}^{n_i}(x_i-\overline{x}_i)^2+\sum_{j=1}^{n_j}(x_j-\overline{x}_j)^2}{(n_i-1)+(n_j-1)}=\frac{(n_i-1)S_i^2+(n_j-1)S_j^2}{(n_i+n_j-2)}$$

$$\overline{S}^2=\frac{\text{差方和之和}}{\text{自由度之和}}=\frac{\text{自由度}_i\times\text{方差}_i+\text{自由度}_j\times\text{方差}_j}{\text{自由度}_i+\text{自由度}_j} \tag{1-37}$$

将式(1-36) 求出的 t 和相关表中 t 值比较。

如 $|t|\leqslant t_{0.05,(n_i+n_j-2)}$，则假设不被否定，根据样本值，看不出两组数据有显著性差异。

如 $|t|>t_{0.05,(n_i+n_j-2)}$，则假设不能成立，两组数据有显著性差异，这中间可能有偏倚存在。在式(1-37) 中，若 $n_i=n_j=n$，即两个样本容量相同，则式(1-36) 变为：

$$t=\frac{\overline{x}_i-\overline{x}_j}{\overline{S}}\sqrt{\frac{n}{2}} \tag{1-38}$$

如果 $n_i=n$，而 $n_j=\infty$，则 $\overline{x}_j=\mu$，式(1-36) 变为式(1-35)：

$$t=\frac{\overline{x}_i-\mu}{S/\sqrt{n}}=\frac{\overline{x}_i-\mu}{S}\sqrt{n}$$

由此可见，平均值与标准值的比较是两平均值比较的一个特例。

【例 1-37】 某分析人员在不同时间用同一方法分析在质量保证期内同一批次标准样品中的铜含量，所得结果如下，问两批结果有无显著性差异？

4 月 10 日：93.08mg/L、91.36mg/L、91.60mg/L、91.91mg/L、92.79mg/L、92.80mg/L、91.03mg/L

4 月 15 日：93.95mg/L、93.42mg/L、92.20mg/L、92.46mg/L、92.73mg/L、94.31mg/L、92.94mg/L、93.66mg/L、92.05mg/L

解　先求统计量：

$$n_i=7,\ \overline{x}_i=92.08\text{mg/L},\ S_i^2=0.651$$

$$n_j=9,\ \overline{x}_j=93.08\text{mg/L},\ S_j^2=0.636$$

由之后介绍的 F 检验法可以证明这两组数据的方差没有显著性差异，可以求合并标准差 $\overline{S}$。

$$\overline{S}=\sqrt{\frac{(n_i-1)S_i^2+(n_j-1)S_j^2}{(n_i-1)+(n_j-1)}}=\sqrt{\frac{6\times0.651+8\times0.636}{6+8}}=0.80$$

$$t=\frac{\overline{x}_i-\overline{x}_j}{\sqrt{\frac{\overline{S}^2}{n_i}+\frac{\overline{S}^2}{n_j}}}=\frac{\overline{x}_i-\overline{x}_j}{\overline{S}}\sqrt{\frac{n_in_j}{n_i+n_j}}=\frac{92.08-93.08}{0.80}\sqrt{\frac{7\times9}{7+9}}=-2.48$$

查相关表，$t_{0.05,(n_i+n_j-2)}=t_{0.05,14}=2.15$，因 $|t|>t_{0.05,14}$，表明两次分析结果之间有显著性差异，即有偏倚存在。

【例 1-38】 用极差法做例 1-37 中两个分析结果平均值的比较。

解 $n_1=7$，$\overline{x}_1=92.08\text{mg/L}$，$R_1=93.08-91.03=2.05$

$n_2=9$，$\overline{x}_2=93.08\text{mg/L}$，$R_2=94.31-92.05=2.26$

$$M=\frac{\overline{x}_2-\overline{x}_1}{R_2+R_1}=\frac{93.08-92.08}{2.26+2.05}=0.232$$

查 M 临界值表，$n_1=7$、$n_2=9$ 时，$M_{0.05}=0.189$，因 $M>M_{0.05,7,9}$，说明 $\overline{x}_2$ 与 $\overline{x}_1$ 有显著性差异，这和 t 检验的结论是一致的。

3. 对子分析——比较在不同实验条件下的实验结果

为了控制化验质量，我国地质化验系统规定，要把一定比例的岩矿试样送上一级化验室进行外检。于是送检的每个试样都有两个数据，一个数据是送检单位作的，另一个数据是上级化验室作的，构成“对子”。如果对子之间差值很小（平均等于零或接近零），可以认为送检单位的化验质量合格。由此可见，对子分析是平均数比较的一个特例。进行对子分析时，若两实验室间不存在系统误差，对子之间差值的期望值应为零，即 $\langle d\rangle=0$。

对子分析也可用于比较一个新方法和一个标准方法所得的一系列试样的分析结果。对子分析计算公式如下：

$$t=\frac{\overline{d}-\langle d\rangle}{\frac{S_d}{\sqrt{n}}}=\frac{\frac{\sum_{i=1}^{n}d_i}{n}-0}{\sqrt{\frac{\sum_{i=1}^{n}(d_i-\overline{d})^2}{n(n-1)}}}\tag{1-39}$$

式中 d_i——两实验室对同一试样测量结果之差；

$\overline{d}$——配对数值的差值的平均值；

$\langle d\rangle$——配对数值的差值的期望值；

S_d——配对数值的差值的标准差；

n——对子的数目，即有多少对配对的数据。

$$S_d=\sqrt{\frac{\sum_{i=1}^{n}(d_i-\overline{d})^2}{n-1}}$$

【例 1-39】 有两个水质分析实验室，测定一系列水质样品中氨氮的含量，得到的结果列于表 1-16 中，问在这两个实验室之间有无系统误差？

表 1-16 两个实验室水质样品中氨氮含量分析结果

样品号	实验室 1 /(mg/L)	实验室 2 /(mg/L)	差值 /(mg/L)	样品号	实验室 1 /(mg/L)	实验室 2 /(mg/L)	差值 /(mg/L)
1	0.18	0.16	0.02	8	0.32	0.30	0.02
2	0.12	0.09	0.03	9	0.27	0.31	−0.04
3	0.12	0.08	0.04	10	0.22	0.24	−0.02
4	0.08	0.05	0.03	11	0.34	0.28	0.06
5	0.08	0.13	−0.05	12	0.14	0.11	0.03
6	0.12	0.10	0.02	13	0.46	0.42	0.0
7	0.19	0.14	0.05				

解 $n=13$，$\langle d\rangle=0$，$\overline{d}=\dfrac{\sum\limits_{i=1}^{n}d_i}{n}=0.018$，$S_d=0.034$

$$t=\frac{\overline{d}-\langle d\rangle}{\frac{S_d}{\sqrt{n}}}=\frac{0.018-0}{\frac{0.034}{\sqrt{13}}}=1.91$$

$f=13-1=12$，查 t 分布表，$t_{0.05,12}=2.18$，因为 $t<t_{0.05,12}$，所以没有理由认为两实验室间存在显著性差异或偏倚。

4. t 检验中的注意事项

① 假设检验结论正确的前提是做假设检验用的样本资料必须能代表相应的总体，同时各对比组具有良好的组间均衡性才能得出有意义的统计结论和有价值的专业结论。这要求有严密的实验设计和抽样设计，如样本是从同质总体中抽取的一个随机样本，试验单位在干预前随机分组，有足够的样本量等。

② 检验方法有其适用条件，应根据分析目的、研究设计、资料类型、样本量大小等选用适当的检验方法。

t 检验是以正态分布为基础的，资料的正态性可用正态性检验方法检验予以判断。若资料为非正态分布，可采用数据变换的方法，尝试将资料变换成正态分布资料后进行分析。

③ 双侧检验与单侧检验的选择需根据研究目的和专业知识予以选择。单侧检验和双侧检验中的 t 值计算过程相同，只是 t 临界值不同，对同一资料做单侧检验更容易获得显著的结果。单双侧检验的选择，应在统计分析工作开始之前就决定，若缺乏这方面的依据，一般应选用双侧检验。

④ 假设检验的结论不能绝对化。假设检验统计结论的正确性是以概率做保证的，下统计结论时不能绝对化。在报告结论时，最好列出概率 p 的确切数值或给出 p 值的范围，如写成 $0.02<p<0.05$，同时应注明采用的是单侧检验还是双侧检验，以便读者与同类研究进行比较。当 p 接近临界值时下结论应慎重。

⑤ 正确理解 p 值的统计意义。p 是指在无效假设 H_0 的总体中进行随机抽样，所观察到的等于或大于现有统计量值的概率。其推断的基础是小概率事件的原理，即概率很小的事件在一次抽样研究中几乎是不可能发生的，如发生则拒绝 H_0。因此，只能说明统计学意义的“显著”。

⑥ 假设检验和可信区间的关系。假设检验用以推断总体均数间是否相同，而可信区间则用于估计总体均数所在的范围，两者既有联系又有区别。

七、方差的比较

标准差或方差是衡量分析操作条件是否丰富稳定的一个重要标志，它反映测量结果的精密度。方差的比较，对指导分析实验工作很有意义。例如在日常的分析实验工作中，在正常的情况下标准差或方差有一个相对稳定的数值，如果某个工作日突然发现对某一水质样品进行多次分析结果标准差或方差有较大的变化，超过了允许的范围，这说明分析实验中出现了异常情况，提醒分析人员要加以注意，查明原因，迅速纠正。

在介绍平均值的比较时曾指出，必须首先肯定这两组数据的方差没有显著性差异。若一组数据的精密度很高，另一组数据的精密度很低，即两组数据的精密度很不一致，这样比较它们的平均值有无显著性差异就缺乏应有的合理性（除非假设或承认精密度很高的那组数据的平均值为相对真值，并用它来检验精密度低的那组数据所得的平均值是否合格。参见后面的例子）。

在后面的章节中，我们将会常常涉及方差分析。方差分析的关键步骤也是做方差的比较，所有这些都说明方差比较的重要性。

1. χ^2 检验

检验总体方差是否正常，即检验统计假设$\hat{\sigma}=\sigma$，适用于总体方差已知的情况。

对于实验室分析质量控制，在正常条件下，已知某个指标遵从正态分布 $N(\mu, \sigma)$。若某日做了几次化验，发现该指标波动较大，就应做 χ^2 检验，以判断这一天的工作是否正常。

计算统计量：

$$\chi^2=\frac{\sum_{i=1}^{n}(x_i-\overline{x})^2}{\sigma^2}=\frac{(n-1)S^2}{\sigma^2} \tag{1-40}$$

式中分子的数值是样本的差方和$\left[Q=\sum_{i=1}^{n}(x_i-\overline{x})^2\right]$，反映了样本离散的程度，分母 σ^2 是总体方差。这个比值 χ^2 太大，大于上界 χ^2 值，或者太小，小于下界 χ^2 值，都说明方差或标准差有改变，该样本已不属于原来的总体。χ^2 值见相关 χ^2 值表。

【例 1-40】 在水质分析中，为掌握分析质量情况，在分析水质样品时，常同时测定已知含量的标准控制样品，根据测定标准控制样品的结果来判断水质分析操作是否正常。某水质分析室人员在分析水质样品中总氮时，同时测定标准控制样品，在正常情况下已知标准控制样品总氮含量（mg/L）遵从正态分布 $N(1.405, 0.048^2)$，本次共分析测定了 5 批水质样品，每批都同时测定标准控制样品，其测定结果为 1.32mg/L、1.55mg/L、1.36mg/L、1.40mg/L、1.44mg/L。问本次水质分析测定情况是否正常？

解 从 5 个数据平均值 $\overline{x}=1.414$mg/L 看，似乎离总体平均值 $\mu=1.405$mg/L 不远。但从 $S=0.088$mg/L 看，数据波动较大，应先做 χ^2 检验。

$$\chi^2=\frac{(n-1)S^2}{\sigma^2}=\frac{(5-1)\times 0.088^2}{0.048^2}=13.5$$

χ^2 值表中参数 f（自由度）$=n-1$，在本例中 $f=5-1=4$。如果取显著性水平 $\alpha=10\%$，查得 $x^2_{\alpha/2}=9.49$ 和 $x^2_{1-\alpha/2}=0.711$。$x^2=13.5>x^2_{\alpha/2}$，所以否定假设 $\hat{\sigma}=\sigma$，即认为样本标准差已显著地变大（置信度是 90%）。因此，通过 χ^2 检验，认为本次水质分析测定情况不正常，可能操作或分析条件不稳定。应采用其他方法对分析结果做进一步分析处理。

2. F 检验——两个方差的比较

当总体方差未知时，可用 F 检验比较两个样本的方差。统计量 F 即两个方差的比较。

$$F=\frac{S_1^2}{S_2^2} \tag{1-41}$$

该式中总是固定方差值较大者为 S_1^2，作为分子；方差值较小者为 S_2^2，作为分母。故统计量 F 总是大于 1，$F\geqslant 1$。F 检验法的总原则可以看作：

① 如果统计假设属真，即两个样本方差（S_1^2 和 S_2^2）都是同一方差 σ^2 的估计值，$\sigma_1^2=\sigma_2^2=\sigma^2$，那么方差比 $F=\dfrac{S_1^2}{S_2^2}$ 应等于 1 或稍大于 1。当自由度都等于∞时，F 应该等于 1。从 F 分布表中可见，当 $f_1=f_2=\infty$ 时，F 临界值都等于 1.00。

② 但是对于小样本实验来说，自由度 f 的值都比较小。用 S^2 去估计 σ^2 时，估计量 $S^2=\hat{\sigma}^2$ 和方差的真值 σ^2 之间，应该允许在一定范围内可以有一些差异，只要这些差异不太大，就可认为没有显著性差异。当自由度 f 的值较小时，方差比 $\dfrac{S_1^2}{S_2^2}=F$ 的值可以比 1 稍大一些，f 值越小，可以允许 F 临界值越大。由 F 分布表可见，随着 f_1 及 f_2 的值变小，F 临界值就逐渐变大。

③ F 临界值又随显著性水平 α 而变。当 f_1（数值较大的方差 S_1^2 的自由度）及 f_2（数值较小的方差 S_2^2 的自由度）固定时，α 值越小，则 F 临界值（记作 F_{α,f_1,f_2}）越大。统计量 $F=\dfrac{S_1^2}{S_2^2}$ 的值，与临界值 F_{α,f_1,f_2} 做比较：若 $F>F_{\alpha,f_1,f_2}$，表示 S_1^2 显著地大于 S_2^2，两者有显著性差异，原来的统计假设 $\sigma_1^2=\sigma_2^2$ 应予以否定；若 $F\leqslant F_{\alpha,f_1,f_2}$，表示两个方差没有显著性差异，亦即在显著性为 α 的水平上，根据现有实验数据，没有理由否定假设，因而只能接受原假设，认为这两个样本方差都是同一方差 σ^2 的估计量。

④ 在制作 F 分布表时已预先规定，方差值较大的 $S^2_{大}=S_1^2$ 作分子，用 $S^2_{小}=S_2^2$ 作分母，亦即已规定方差值较小的 S_2^2 作为比较的标准，意思是说：S_1^2 要比 S_2^2 大多少倍，才被认为显著地大于 S_2^2。因此，查表时不可将 f_1 和 f_2 搞错。由 F 分布表可见，$F_{0.05,6,4}\neq F_{0.05,4,6}$。

注意：F 分布表是单侧还是双侧检验用。

在以后讨论方差分析时可以看到，常常取相同条件下重复实验的实验误差的方差作为比较标准，与之比较的其他方差，通常都大于（或等于）实验误差的方差，因此在方差分析时常常需要做单侧检验。单侧检验时，若查 F 分布表时选定 $\alpha=0.05$，则所做判断的置信概率就 $=1-0.05=0.95$，即 95%。

但是，如果目的是比较两组数据的方差，我们事先并不能确定这两组数据的优劣，从统计上看，不管是甲的结果优于乙，还是乙的结果优于甲，都认为有显著性差异，那么这是双侧检验，这时查表若选定 $\alpha=0.05$ 的 F 分布表，最后所做统计推断的置信概率是 $1-2\alpha=90\%$，或者说显著性水平是 $2\alpha=2\times0.05=0.10$。

【例 1-41】 甲、乙两人分析同一试样，结果如下：

甲：95.6mg/L、94.9mg/L、96.2mg/L、95.1mg/L、95.8mg/L、96.3mg/L、96.0mg/L

乙：93.3mg/L、95.1mg/L、94.1mg/L、95.1mg/L、95.6mg/L、94.0mg/L

试问甲、乙两人分析结果的标准差有无显著性差异？

解 本题是双侧检验。

首先计算出两个样本的方差分别为：

$$S_{甲}^2=0.287,\ f_{甲}=n-1=6,\ \overline{x}_{甲}=95.70$$

$$S_{乙}^2=0.755,\ f_{乙}=n-1=5,\ \overline{x}_{乙}=94.53$$

$$F=\frac{S_{大}^2}{S_{小}^2}=\frac{S_{乙}^2}{S_{甲}^2}=\frac{0.755}{0.287}=2.63$$

查 F 分布表，$F_{0.05,5,6}=4.39$，$F<F_{0.05,5,6}$，说明甲、乙两人分析结果在显著性水平为 10%时，看不出有显著性差异。

3. 柯克伦（Cochran）检验——多个方差的比较

当有两个以上的方差需要比较时可有以下几种办法。

① 用 F 检验法检验这些方差中最大方差与最小方差，如果没有显著性差异，很显然，介于最大方差与最小方差之间的那些方差自然也不会有显著性差异，因而整组的方差可以合理地认为同属于一个总体。

② 当各样本的自由度相等时，可用 Cochran（1941 年）最大方差法检验各样本方差是不是基本相等。设 $S_i^2(i=1,2,\cdots,k)$ 为来自正态总体 $N(\mu_i,\sigma_i^2)$ 的样本方差：

$$S_i^2=\sum_{j=1}^{n}(x_{ij}-\overline{x}_i)^2 \qquad (j=1,2,\cdots,n)$$

为检验统计假设 H_0：$\sigma_1^2=\sigma_2^2=\cdots=\sigma_k^2=\sigma^2$（常数），Cochran 最大方差法的统计量为：

$$G_{\max}=\frac{S_{\max}^2}{S_1^2+S_2^2+\cdots+S_k^2} \tag{1-42}$$

其中：

$$S_{\max}^2=\max\{S_1^2,S_2^2,\cdots,S_k^2\}$$

选定显著性水平 α，对不同的 k（要比较的方差数目）和自由度 f（自由度，$f=n-1$，n 是各样本的重复实验次数），附录“Cochran 法（最大方差法）比较多个方差时的 G 临界值表（a，显著性水平 $\alpha=0.05$；b，显著性水平 $\alpha=0.01$）”给出了统计量 G 的临界值。对确定的 α、k、f，若 $G_{\max}>G_{临界值}$，则否定 H_0，即认为 $S_{\max}^2$ 所估计的方差明显大于其他方差，可将其剔除或另补实验数据。必要时可对剩下的方差重复进行 Cochran 检验。若 $G_{\max}\leqslant G_{临界值}$，则不否定 H_0，即根据现有资料，看不出各样本方差之间有显著性差异。

【例 1-42】 把一个含氟水质样品分发给 9 个水质分析室，各室用同一分析方法进行协同实验，测定水样中氟的含量，各室都独立地进行 6 次分析，得氟含量数据见表 1-17。

表 1-17 氟含量数据表

分析值号(j)	水质分析实验室号(i)								
	1	2	3	4	5	6	7	8	9
1	1.065	1.073	1.080	1.097	1.053	1.084	1.061	1.052	1.203
2	1.081	1.081	1.090	1.109	1.055	1.044	1.050	1.061	1.049
3	1.081	1.077	1.070	1.073	1.050	1.084	1.047	1.073	1.316
4	1.064	1.050	1.080	1.089	1.059	1.076	1.118	1.036	1.118
5	1.107	1.077	1.090	1.097	1.053	1.093	1.057	1.048	1.322
6	1.077	1.077	1.100	1.097	1.061	1.073	1.078	1.040	1.483

请检验各实验室方差是否一致。

解 由数据表可知，$k=9$，$n=6$，$f=n-1=5$。计算各实验室的平均值和方差（表 1-18）。

表 1-18 各实验室平均值和方差表

实验室号(i)	1	2	3	4	5	6	7	8	9
平均值($\overline{x}_i$)	1.079	1.072	1.085	1.094	1.055	1.076	1.068	1.052	1.248
方差(S_i^2)/$\times 10^{-4}$	2.42	1.28	1.10	1.43	0.17	2.90	7.07	1.87	248

再计算 Cochran 检验统计量：

$$G_{max}=\frac{S_{max}^2}{\sum_{i=1}^{9} S_i^2}=\frac{0.0248}{0.0266}=0.93$$

查“Cochran 法（最大方差法）比较多个方差时的 G 临界值表”，$G_{\alpha,k,f}=G_{0.05,9,5}=0.3286$，因 $(G_{max}=0.93)>G_{0.05,9,5}$，所以 S_9^2 明显是异常值。舍弃第 9 实验室数据后，做第二次 Cochran 检验：

$$G'_{max}=\frac{0.000707}{(2.42+1.28+\cdots+1.87)\times 10^{-4}}=\frac{0.000707}{0.001824}=0.387$$

因 $(G'_{max}=0.387)>(G_{0.05,8,5}=0.3595)$，所以第 7 实验室的精密度也显著地较差。假设再舍去第 7 实验室的数据，做第三次 Cochran 检验：

$$G''_{max}=\frac{0.000290}{(2.42+1.28+\cdots+1.87)\times 10^{-4}}=\frac{0.000290}{0.001117}=0.259$$

因 $(G''_{max}=0.259)<(G_{0.05,7,5}=0.3974)$，故可认为剩下的 7 个实验室的方差大体一致。

第六节 方差分析

在假设检验中，我们研究了一个样本的平均数或比例与假设的总体均值或比例的差异是否显著的问题；也研究了两个样本的平均值和比例差异是否显著的问题。但是如果需要检验两个以上总体的均值是否相等，上面所介绍的方法就不再适用了，这需要用方差分析来解决。

方差分析主要用来检验两个以上样本的平均值差异的显著程度，由此判断样本究竟是否抽自具有同一均值的总体。方差分析对于比较不同人员、环境、样品或仪器设备条件下分析质量的差异，分析不同质量控制方案效果的好坏，以及比较不同实验室、不同分析人员有关的分析质量差异是否显著是非常有用的。

一、单因素方差分析

1. 问题的提出

水质分析是一个受多种因素影响的复杂过程，每个因素都对最终分析结果的总差方和的形成做一定的贡献。总差方和受各因素独立形成的差方和的制约，在数值上总差方和等于各因素形成的差方和的总和，这就是差方和的加和性。方差分析正是建立在差方和的加和性的基础上。

方差分析是对实验数据进行分析的一种方法。在水质分析这个复杂的全过程中，其中有许多因素互相制约，互相矛盾，互相依存。如何通过实验数据，分析出各个因素的影响，以及各因素之间的交互作用的影响，抓住事物的主要矛盾，这是方差分析要解决的主要问题之一。

下面从一个单因素实验的实例出发说明差方和的加和性与方差分析的意义。

【例 1-43】 将一个氨氮水质样品分发给 7 个水质分析实验室，各室用相同的纳氏试剂分光光度法测定氨氮的含量，各室都独立地进行 6 次分析，得氨氮含量数据见表 1-19，问各水质分析实验室的室内标准差各为多少？各实验室所得分析结果的差异，是由实验误差（即室内误差）引起的还是由各实验室间的条件不同引起的？

表 1-19 协同实验数据

分析值号 (j)	水质分析实验室号(i)							Σ
	1	2	3	4	5	6	7	
1	1.065	1.073	1.080	1.097	1.053	1.084	1.052	
2	1.081	1.081	1.090	1.109	1.055	1.044	1.061	
3	1.081	1.077	1.070	1.073	1.050	1.084	1.073	
4	1.064	1.050	1.080	1.089	1.059	1.076	1.036	
5	1.107	1.077	1.090	1.097	1.053	1.093	1.048	
6	1.077	1.077	1.100	1.097	1.061	1.073	1.040	
Σ	6.475	6.435	6.510	6.562	6.331	6.454	6.310	45.077
$(\Sigma)^2$	41.9256	41.4092	42.3801	43.0598	40.0816	41.6541	39.8161	290.3266

续表

分析值号(j)	水质分析实验室号(i)							Σ
	1	2	3	4	5	6	7	
$\sum j^2$	6.9888	6.9022	7.0639	7.1774	6.6803	6.9438	6.6370	48.3934
$\overline{x}$	1.079	1.072	1.085	1.094	1.055	1.076	1.052	$\overline{\overline{x}}=1.073$
S	0.000243	0.000128	0.000110	0.000143	0.000017	0.000290	0.000187	$S_c^2=1.60\times10^{-4}$

解 本例中，分组因素是实验室，共 7 个水平，组数＝水平数＝$p=7(i=1, 2, \cdots, 7)$；每个水平重复测定的次数为 6，试验重复数＝$r=6(j=1, 2, \cdots, 6)$。试验总次数＝$n=pr=42$。这 42 个数据是用同一方法对同一样品进行分析所得结果。我们可以合理地认为它们都是取自同一总体的。每个数据相对于总平均值 $\overline{\overline{x}}=1.073$ 的差方和，就构成了测定的总差方和 Q_T：

$$Q_T=\sum_{i=1}^{p}\sum_{j=1}^{r}(x_{ij}-\overline{\overline{x}})^2 \tag{1-43}$$

其中：

$$\overline{\overline{x}}=\text{总平均值}=\frac{1}{pr}\sum_{i=1}^{p}\sum_{j=1}^{r}x_{ij} \tag{1-44}$$

当各室重复试验数相同时，如本例 $r_1=r_2=\cdots=r_7=6$，按照前面差方和公式，式(1-43)可改写为：

$$Q_T=\sum_{i=1}^{p}\sum_{j=1}^{r}(x_{ij}-\overline{\overline{x}})^2=\sum_{i=1}^{p}\sum_{j=1}^{r}x_{ij}^2-\frac{1}{pr}\left(\sum_{i=1}^{p}\sum_{j=1}^{r}x_{ij}\right)^2 \tag{1-45}$$

本例： $Q_T=48.3934-\frac{1}{7\times6}(45.077)^2=48.3934-48.3794=0.0140$

该大组的总自由度：

$$fr=n-1=pr-1=42-1=41 \tag{1-46}$$

这 42 个数据参差不齐的原因有两类：

① 由实验过程中各种偶然性因素的干扰及测量误差等所致，这类差异统称为实验误差，它的差方和记作 Q_c，实验误差使得在同一实验室内的测量值彼此分散，它们对各实验室的平均值 $\overline{x}_i$ 的偏差的平方的加和，构成室内差方和，即实验误差差方和。

$$Q_c=\sum_{i=1}^{p}\sum_{j=1}^{r}(x_{ij}-\overline{x}_i)^2 \tag{1-47}$$

当 $r_1=r_2=\cdots=r_7$ 时，$\overline{x}_i=\frac{1}{r}\sum_{j=1}^{r}x_{ij}$

$$Q_c=\sum_{i=1}^{p}\sum_{j=1}^{r}(x_{ij}-\overline{x}_i)^2=\sum_{i=1}^{p}\sum_{j=1}^{r}x_{ij}^2-\frac{1}{r}\sum_{i=1}^{p}\left(\sum_{j=1}^{r}x_{ij}\right)^2 \tag{1-48}$$

本例 $Q_c=48.3934-\frac{1}{6}(290.3266)=0.0056$，实验误差的自由度以 f_c 表示，因每个数据都是相对于各自的室内平均值 $\overline{x}_i$ 求得的偏差的值，故每组的自由度都比各室的重复试验数 r 要少 1。共 7 个组，$p=7$，所以：

$$f_c=p(r-1)=7\times(6-1)=35 \tag{1-49}$$

实验误差的方差的估计量 $\hat{\sigma}_c^2=S_c^2$，等于实验误差差方和除以相应的自由度。当各室的实验误差基本相同（无显著性差异）时，则：

$$\hat{\sigma}_c^2 = S_c^2 = \frac{Q_c}{f_c} = \frac{\sum_{i=1}^{p}\sum_{j=1}^{r}(x_{ij}-\overline{x}_i)^2}{p(r-1)} \tag{1-50}$$

由式(1-50) 可见，当各室的 r 相等时，实验误差方差实质上是各室室内方差的平均值：

$$S_c^2 = \frac{1}{p}\sum_{i=1}^{p}\left[\frac{\sum_{j=1}^{r}(x_{ij}-\overline{x}_i)^2}{r-1}\right] = \frac{1}{p}\sum_{i=1}^{p}(S_c)_i^2 \tag{1-51}$$

本例：
$$S_c^2 = \frac{Q_c}{f_c} = \frac{0.0056}{35} = 1.60\times10^{-4} = \frac{1}{p}\sum_{i=1}^{p}(S_c)_i^2$$

实验误差差方和开平方，取正值，即得实验误差标准差（又称室内标准偏差）：

$$S_c = \sqrt{S_c^2} = \sqrt{1.60\times10^{-4}} = 0.013$$

② 由分组因素（实验室不同）引起的。由于实验室不同，在影响数据波动的五大因素（方法、人员、仪器设备、试剂、环境等）中，除分析方法相同外，其他各因素都不同，所以不仅实验误差对总差方和 Q_T 做出贡献，由实验室间的差异所引起的影响也要对总差方和的形成做出贡献，使得不同实验室测得的平均值 $\overline{x}_1$、$\overline{x}_2$、…、$\overline{x}_7$ 各不相同，它们对于总平均值 $\overline{\overline{x}}$ 的差方和称为分组因素效应，或条件变差，即室间差方和，记作 Q_A。Q_A 反映各室平均值之间的离散情况。

$$Q_A = \sum_{i=1}^{p}\sum_{j=1}^{r}(\overline{x}_i-\overline{\overline{x}})^2 \tag{1-52}$$

因 $\overline{x}_i$ 及 $\overline{\overline{x}}$ 都与 j 无关，且 $r_1=r_2\cdots=r_7=6$，所以

$$\begin{aligned} Q_A &= \sum_{i=1}^{p}\sum_{j=1}^{r}(\overline{x}_i-\overline{\overline{x}})^2 = r\sum_{i=1}^{p}(\overline{x}_i-\overline{\overline{x}})^2 \\ &= r\left[\sum_{i=1}^{p}\overline{x}_i^2 - \frac{1}{p}\left(\sum_{i=1}^{p}\overline{x}_i\right)^2\right] \end{aligned} \tag{1-53}$$

因为 $\overline{x}_i = \frac{1}{r}\sum_{j=1}^{r}x_{ij}$，代入式(1-53) 中有：

$$\begin{aligned} Q_A &= r\left[\sum_{i=1}^{p}\left(\frac{1}{r}\sum_{j=1}^{r}x_{ij}\right)^2 - \frac{1}{p}\left(\sum_{i=1}^{p}\frac{\sum_{j=1}^{r}x_{ij}}{r}\right)^2\right] \\ &= r\left[\frac{1}{r^2}\sum_{i=1}^{p}\left(\sum_{j=1}^{r}x_{ij}\right)^2 - \frac{1}{p}\times\frac{1}{r^2}\left(\sum_{i=1}^{p}\sum_{j=1}^{r}x_{ij}\right)^2\right] \\ &= \frac{1}{r}\sum_{i=1}^{p}\left(\sum_{j=1}^{r}x_{ij}\right)^2 - \frac{1}{pr}\left(\sum_{i=1}^{p}\sum_{j=1}^{r}x_{ij}\right)^2 \end{aligned} \tag{1-54}$$

本例：
$$Q_A = \frac{1}{6}\times290.3266 - \frac{1}{42}(45.077)^2 = 0.0083$$

室间差方和的自由度为：

$$f_A = p-1 = 7-1 = 6 \tag{1-55}$$

室间差方和除以相应的自由度所得的商，称为室间均方，记作 S_A^2。本例：

$$S_A^2=\frac{Q_A}{f_A}=\frac{0.0083}{6}=0.0014 \tag{1-56}$$

从这个实例可以看出，各差方和及各自由度之间有如下关系：

$$Q_T=Q_A+Q_c \tag{1-57}$$

$$f_T=f_A+f_c \tag{1-58}$$

本例：

$$Q_T=Q_A+Q_c=0.0083+0.0056$$

$$f_T=f_A+f_c=6+35$$

这就是说，总差方和可以分解为两部分：一部分是实验误差（组内差方和）；另一部分是条件变差或因素效应（组间差方和）。同时，总自由度也可分为两部分：实验误差的自由度和条件变差的自由度。由此可见，差方和的一个很重要的性质是它的加和性。同理，自由度也具有加和性。

此外，从本例各项差方和的计算中还可看出：由样本值直接求 Q 值时，通常是由两个加和值彼此相减而得的差值。因此，在差方和运算过程中，这两个加和值的有效数字的位数应该多保留一些。如果过早地对加和值进行数字修约，那么两个加和值相减后它的差值的有效数字位数有时会太少，使方差分析无法进行下去。

例如，在本例中，曾在计算 Q_T、Q_c、Q_A 各值时对数字做了一些修约，$Q_T=0.0140$，$Q_c=0.0056$，$Q_A=0.0083$。据此，$Q_T=0.0140$，$Q_c+Q_A=0.0056+0.0083=0.0139$，两者只是近似地相等。如果不对数字进行修约，那么 $Q_T=0.01393$，$Q_A+Q_c=0.008335+0.005595=0.013930$，两者恒等。当然，也可以先将所有样本值同减一个数 a（如本例的 42 个数据分别同减 $a=1.050$ 这个数），使全部数据都只有两位有效数字，再进行运算，这样求得的 Q、S^2、S 等各数的值不变，而平均值则为 $\overline{x}=\overline{x}'+a$（如本例，$\overline{x}=\overline{x}'+1.050$）。

正因为总差方和可以分解为各因素的差方和，这就有可能对各因素影响的相对大小进行比较，进行评价，判定各个因素影响的大小，分清主次。方差分析能有效地将这些因素的影响严格地区分开来，这是方差分析的第一个重要作用。

方差分析的第二个重要作用是在方差和分解的基础上，借助于 F 检验（方差比法）判断因素影响存在与否，例如判断上例中的不同实验室之间有无系统误差。或者，当我们分析方法的条件试验时，若把酸度作为分组因素，取不同的 pH 值作为该因素的不同水平，对所得数据做方差分析，就可能用 F 检验法判断酸度这个因素对测定值是否有影响。为此，先提出统计假设 H_0：假设分组因素不起作用，S_c^2 与 S_A^2 都是同一个方差 σ^2 的估计量。然后进行 F 检验，如果 F 检验证明 S_A^2 与 S_c^2 没有显著性差异，亦即 S_A^2 与 S_c^2 都可以作为 σ^2 的估计量，这就意味着分组因素不起作用（溶液酸度在已试验过的范围内，不论取何值，都不影响分析结果）。如果 F 检验证明 S_A^2 与 S_c^2 存在显著性差异，统计假设被否定，分组因素（溶液酸度）对分析结果确有影响（必须选择合适的酸度条件，并加以严格控制，才不至于影响最后的分析结果）。

第五节介绍过 F 检验法（方差比法），即由样本值算出统计量 $F=\dfrac{S_A^2}{S_c^2}$ 的值。假如分组因素不起作用，则 $F=\frac{S_A^2}{S_c^2}$（注意方差分析时，总是让 S_c^2 作为分母）应等于1或稍大于1。假如各实验室所得结果的差异是由各实验室间的条件不同引起的，亦即各实验室间存在系统误差（即条件误差），则统计量 F 将显著地大于1。令 S_A^2 的自由度 $f_A=f_1$，S_c^2 的自由度 $f_c=f_2$，那么只要选定显著性水平 α，就可由 F 分布表找到临界值 F_{α,f_1,f_2}。把统计量 F 和 F_{α,f_1,f_2} 做比较，若 $F>F_{\alpha,f_1,f_2}$，说明 S_A^2 与 S_c^2 为同一方差估计值的概率小于 α，属于小概率事件，应否定原假设，即组间方差 S_A^2 和实验误差均方差 S_c^2 有显著性差异，各实验室间存在系统误差。

在本例中：

$$Q_A=0.0083,\ f_A=6$$
$$Q_c=0.0056,\ f_c=35$$
$$F=\frac{S_A^2}{S_c^2}=\frac{Q_A/f_A}{Q_c/f_c}=\frac{0.0083/6}{0.0056/35}=8.7$$

查 F 分布表，当 $f_1=f_A=6$，$f_2=f_c=35$ 时，得临界值：

$$\left.\begin{aligned}F_{0.05,6,35}&=2.38\\F_{0.01,6,35}&=3.38\end{aligned}\right\}\text{小于计算值 }F=8.7$$

将计算出来的统计量 F 值，与 F 分布表上临界值做比较有4种情况：

① $F>F_{0.01}$，因素影响特别显著，记为"* *"；

② $F_{0.01}\geqslant F>F_{0.05}$，因素影响显著，记为"*"；

③ $F_{0.05}\geqslant F>F_{0.10}$，因素有一定的影响，记为"△"；

④ $F_{0.10}>F$，看不出因素对测定有较大影响，不记任何符号。

本例 $(F=8.7)\gg(F_{0.01}=3.38)$，故实验室这个因素对于分析结果有特别显著的影响，"* *"。各实验室间由于实验条件（分析人员、仪器设备、试剂、环境等）不同，虽然用同一方法分析同一试样，所得结果彼此仍有差异。

以上情况可总结在如表1-20所列的方差分析表中。

表1-20　单因素多水平等重复试验的方差分析表

变异来源	差方和	自由度	均方差（方差估计值）	预期方差组成	F
组间(A)	$Q_A=r\sum_{i=1}^{p}(\overline{x}_i-\overline{\overline{x}})^2$	$p-1$	$S_A^2=\frac{Q_A}{p-1}$	$r\sigma_A^2+\sigma_c^2$	$F=\frac{S_A^2}{S_c^2}$
组内(实验误差)(c)	$Q_c=\sum_{i=1}^{p}\sum_{j=1}^{r}(x_{ij}-\overline{x}_i)^2$	$p(r-1)$	$S_c^2=\frac{Q_c}{p(r-1)}$	σ_c^2	
总和	$Q_c=\sum_{i=1}^{p}\sum_{j=1}^{r}(x_{ij}-\overline{\overline{x}})^2$	$pr-1$			

2. 方差分析的基本原理和步骤

方差分析的基本思路是一方面确定因素不同水平下均值之间的方差，把它作为对由所有试验数据所组成的全部总体的方差的一个估计值；另一方面，再考虑在同一水平下不同试验数据对于这一水平的均值的方差，由此计算出对由所有试验数据所组成的全部数据的总体方差的第二个估计值。最后，比较上述两个估计值。如果这两个方差的估计值比较接近就说明因素的不同水平下的均值间的差异并不大，就接受零假设；否则，就说明因素的不同水平下的均值间的差异比较大，就接受备择假设。

根据上述思路我们可以得到方差分析的方法和步骤。

(1) *提出假设* H_0：$\mu_1=\mu_2=\cdots=\mu_p$，即因素的不同水平对试验结果无显著影响；H_1：不是所有的 μ_i 都相等（$i=1, 2, \cdots, k$），即因素的不同水平对试验结果有显著影响。

为了检验这个假设，需要选择一个适当的统计量。

(2) *方差分解* 前面说过，容量为 $pr=n$ 的子样（样本）中的全部数据，根据统计假设都是取自同一母体（总体）的独立的随机变量。这个母体的均值 μ 可以用子样统计量 $\overline{\overline{x}}$ 来估计（$\overline{\overline{x}}$=总平均值$=\frac{1}{pr}\sum_{i=1}^{p}\sum_{j=1}^{r}x_{ij}$），即 $\hat{\mu}=\overline{\overline{x}}$。这个母体的方差为 σ^2。在子样中有两个统计量可以用来估计母体方差 σ^2。

1）组内变差平方的平均值，$\frac{\sum_{i=1}^{p}\sum_{j=1}^{r}(x_{ij}-\overline{x}_i)^2}{p(r-1)}$，称为组内均方差，记作 S_c^2。可以用 S_c^2 估计由实验误差效应引起的方差 σ_c^2，亦即 σ_c^2 是 S_c^2 的数学期望值或预期方差，或者说 S_c^2 的预期方差组成为 σ_c^2（参见表 1-20）。

2）组平均值 $\overline{x}_i$ 对总平均值 $\overline{\overline{x}}$ 的变差平方的平均值，$\frac{\sum_{i=1}^{p}(\overline{x}_i-\overline{\overline{x}})^2}{p-1}$，它包括两部分内容：

① 分组因素 A 的效应引起的方差 σ_A^2；

② 组平均值本身的随机误差的方差，它等于$\frac{\sigma_c^2}{r}$，即：

$$\frac{\sum_{i=1}^{p}(\overline{x}_i-\overline{\overline{x}})^2}{p-1}\approx\sigma_A^2+\frac{\sigma_c^2}{r} \tag{1-59}$$

把组间变差平方全部累加起来，再取平均，称为组间均方差，记作 S_A^2，当 $r_1=r_2=\cdots=r_j=r$ 时，则

$$S_A^2=\frac{\sum_{i=1}^{p}\sum_{j=1}^{r}(\overline{x}_i-\overline{\overline{x}})^2}{p-1}=\frac{r\sum_{i=1}^{p}(\overline{x}_i-\overline{\overline{x}})^2}{p-1}$$
$$\approx r\left(\sigma_A^2+\frac{\sigma_c^2}{r}\right)\approx r\sigma_A^2+\sigma_c^2 \tag{1-60}$$

式(1-60) 称为组间均方的预期方差组成［参见式(1-15)］。

如果统计假设成立，组间均方 S_A^2 和组内均方 S_c^2 这两个统计量应该没有显著性差异，可做 F 检验。F 检验时，统计量 F 计算值为：

$$F=\frac{Q_A/f_A}{Q_c/f_c}=\frac{S_A^2}{S_c^2}\approx\frac{r\sigma_A^2+\sigma_c^2}{\sigma_c^2} \tag{1-61}$$

如果统计假设成立，即分组因素 A 对测定值没有影响，因素 A 的效应为 0，亦即组间方差 σ_A^2 不存在，或 $\sigma_A^2=0$，则式(1-61) 中 $F=\dfrac{S_A^2}{S_c^2}$应是与 1 相近的一个数。所以 F 近似于 1，表示 H_0 成立。

如果因素 A 对指标有显著的影响，$\sigma_A^2>0$，则$\dfrac{S_A^2}{S_c^2}$的值将显著地大于 1，这就是为什么可以用统计量 F 来检验因素 A 效应是否显著的道理。

二、多重比较

1. 问题的提出

通过方差分析（F 检验法）我们已经可以检验因素效应是否显著，亦即检验各组均值之间有无显著差异。当因素效应显著时，有时还希望进一步知道哪些水平之间的差异是显著的，哪些水平之间是不显著的。提出这些要求，一方面是选择和确定分析实验条件的需要。我们知道，在进行常规分析时通常希望条件因素越宽容越好，这样不必严格控制条件就能获得可靠的结果。例如，在做分析时对 pH 值条件的控制，最好能允许有一个很宽的 pH 值范围，在此范围内不论 pH 取何值都对测定值无影响。这样，我们只要用 pH 试纸粗略检查一下溶液的 pH 就可以进行以后的分析操作步骤。反之，如果 pH 值对测定值的影响很显著，pH 值稍有变动，测定值就有很大变化，我们说这个实验条件很苛刻，则必须用酸度计及缓冲溶液很细心地调节好溶液 pH 值才能往下做实验。

另一方面，在生产实际工作中常常需要对水平进行分组。例如，20 世纪 70 年代北京大学化学系分析化学教研室曾经承担油田的地质分层工作。钻井队从地层中取出一些岩石，分析化学实验室师生对这些岩石进行全分析，再根据这些岩石的全分析数据来分层。各组分的含量相近者（差异不显著），看作是同一水平，即同一地层；各组分含量差异显著的，属于不同水平，就是不同地层。进行这项研究的目的就是要确定我国陆相石油到底存在于哪些地层中，以便为我国今后的陆相找石油工作提供指导。上述这些问题，都是同时要比较许多水平之间差异的显著性，在数理统计上叫作多重比较问题。

2. t 化极差 q 法

多重比较的方法很多，这里仅介绍“学生氏 t 检验法”的自然推广——“t 化极差 q 法”。现仍以例 1-43 来说明 t 化极差 q 法。通过方差分析的 F 检验，说明实验室分析水平对测定值有显著影响，进一步要求用多重比较 t 化极差 q 法，解决以下问题：

① 哪些水平（实验室）之间有显著差异？哪些之间没有显著差异？

② 这 7 个水平（实验室）之间，能不能分组？

下面就依次来讨论这两个问题。

① 检验哪些水平之间有显著差异，哪些之间没有显著差异。令 p 表示要比较的水平数（实验室数）；r 表示同一水平（实验室）试验的重复数；$S_c^2=\dfrac{Q_c}{f_c}$表示实验误差的均方差；f_c 表示实验误差的自由度；$\overline{x}_1$，$\overline{x}_2$，…，$\overline{x}_p$ 表示 p 个水平的平均值。

在例 1-43 中，$p=7$，$r=6$，$S_c^2=0.000160$，$f_c=35$，$\overline{x}_1=1.079$，$\overline{x}_2=1.072$，$\overline{x}_3=1.085$，$\overline{x}_4=1.094$，$\overline{x}_5=1.055$，$\overline{x}_6=1.076$，$\overline{x}_7=1.052$。

如果只是比较两实验室间平均值 $\overline{x}_i$ 和 $\overline{x}_{i'}$ 之间有无显著性差异，可用 t 检验法，其统计量 t 的计算公式为：

$$t=\frac{\overline{x}_1-\overline{x}_2}{S\sqrt{\frac{1}{n_1}+\frac{1}{n_2}}} \tag{1-62}$$

式中的 S 是两组数据的共同标准偏差。在例 1-43 中，已经求得 7 组共 42 个数据共同的实验误差的均方差，$S_c^2=\frac{Q_c}{f_c}=0.000160$，故这 7 组数据的共同标准偏差等于 $S_c=\sqrt{S_c^2}=0.013$，各小组平均值的标准偏差则为 $S_c/\sqrt{r}=0.013/\sqrt{6}=0.0053$。统计量 t 的计算式于是改写为：

$$t=\frac{\overline{x}_i-\overline{x}_{i'}}{S_c\sqrt{\frac{1}{r}+\frac{1}{r}}}=\frac{(\overline{x}_i-\overline{x}_{i'})}{S_c}\sqrt{\frac{r}{2}} \tag{1-63}$$

将 t 计算值与附录 t 分布表的临界值进行比较。t 分布表中 α 是选定的显著性水平，f 是实验误差标准偏差的自由度，即 f_c。当 $|t|>t_{\alpha,f_c}$ 时，表示两平均值有显著差异。例如比较例 1-43 中实验室 5 与实验室 4 所得结果（$\overline{x}_5=1.055$；$\overline{x}_4=1.094$）之间有无显著差异，则：

$$t=\frac{1.094-1.055}{0.013}\times\sqrt{\frac{6}{2}}=5.2$$

查附录 t 分布表得 $t_{0.05,35}=2.03$，因 $(t=5.2)\gg(t_{0.05,35}=2.03)$，所以实验室 5 与实验室 4 的测得值有显著差异。上述过程就是通常的 t 检验。

如果要在 7 个水平之间两两进行比较，就有 21 种比较。如果做 21 次 t 检验，则不仅计算工作量很大，而且第一类错误会增大。t 化极差 q 法则无这些缺点。t 化极差 q 法采用 $\frac{|\overline{x}_i-\overline{x}_{i'}|}{S_c/\sqrt{r}}$ 这个统计量，但不用 t 分布表做判断，而用 q 表来判断（附录 q 表）。

t 化极差 q 法的基本原理如下。

例如例 1-43，有 p 个实验室对同一试样用同一方法各做了 r 次分析，得到 p 组分析结果。现在把这 p 组结果视作 p 个相互独立的样本，它们分别遵从 $N(\mu_i,\sigma^2)$ 分布。令各组平均值：

$$\overline{x}_i=\frac{1}{r}\sum_{j=1}^{r}x_{ij}$$

各测量值的实验误差均方差 S_c^2 及其自由度 f_c 分别为：

$$S_c^2=\frac{1}{p(r-1)}\sum_{i=1}^{p}\sum_{j=1}^{r}(x_{ij}-\overline{x}_i)^2$$

$$f_c=p(r-1)$$

各小组平均值 $\overline{x}_i$ 的实验误差标准偏差等于 $S_c/\sqrt{r}$；各小组平均值间的极差为 R，

$$R=\max\{\overline{x}_1,\overline{x}_2,\cdots,\overline{x}_p\}-\min\{\overline{x}_1,\overline{x}_2,\cdots,\overline{x}_p\}$$

S_c^2 和 R 相互独立。实验误差的样本方差遵循卡方分布，

$$\frac{S_c^2}{\sigma_c^2}\sim\chi^2(f_c)$$

则：

$$P\left\{\frac{R}{S_c/\sqrt{r}}>q_{\alpha,p,f_c}\right\}=\alpha \tag{1-64}$$

换言之，对于显著性水平 α，检验假设 H_0：$\mu_1=\mu_2=\cdots=\mu_p$ 的否定域为：

$$\frac{R}{S_c/\sqrt{r}}>q_{\alpha,p,f_c} \tag{1-65}$$

这就是说，如果由样本值算得的统计量 $\frac{R}{S_c/\sqrt{r}}$ 值大于由附录 q 表中查得的 $q_{\alpha,p,f}$ 值（注：在查附录 q 表时，表左上角的 m 相当于这里的 p，亦即组数），那么就可以否定原假设 H_0，可以认为各小组平均值之间存在显著性差异，各小组平均值之间在数值上的波动并不仅仅是由实验误差引起的，一定还有组间相应差异存在。

该判断犯第一类错误的概率为 α。

此外，多重比较就是要对各种水平两两做比较，做 t 检验时例 1-43 需做 21 次计算及检验。若令：

$$d_{ii'}=|x_i-\overline{x}_i{}'| \tag{1-66}$$

$$d_T=q_{\alpha,p,f_c}\frac{S_c}{\sqrt{r}}=q_{\alpha,p,f_c}\frac{\hat{\sigma}}{\sqrt{r}} \tag{1-67}$$

则 $\frac{|x_i-\overline{x}_i{}'|}{S_c/\sqrt{r}}$ 和 q_{α,p,f_c} 做比较，与 $d_{ii'}$ 和 d_T 做比较，显然是等价的，但用 $d_{ii'}$ 和 d_T 做比较可大大减少计算量。

在例 1-43 中：

$$d_T=q_{0.05,7,35}\times\sqrt{\frac{Q_c/f_c}{r}}=4.43\times\frac{0.013}{\sqrt{6}}=0.024$$

d_T 这个量就是用来判断各水平之间差异是否显著的尺度。由式(1-66) 算出 $d_{ii'}$ 的值，列于表 1-21 中。

表 1-21 $d_{ii'}$ 的值

$d_{ii'}=\|x_i-\overline{x}_{i'}\|$	$\overline{x}_2$	$\overline{x}_3$	$\overline{x}_4$	$\overline{x}_5$	$\overline{x}_6$	$\overline{x}_7$
$\overline{x}_1$(1.079)	0.007	0.006	0.015	$0.024=d_T$	0.003	$0.027>d_T$
$\overline{x}_2$(1.072)		0.013	0.022	0.017	0.004	0.020
$\overline{x}_3$(1.085)			0.009	$0.030>d_T$	0.009	$0.033>d_T$
$\overline{x}_4$(1.094)				$0.039>d_T$	0.018	$0.042>d_T$
$\overline{x}_5$(1.055)					0.021	0.003
$\overline{x}_6$(1.076)						$0.024=d_T$
$\overline{x}_7$(1.052)						

凡是 $d_{ii'}>d_T$ 的，说明第 i 水平与第 i' 水平有显著差异。故共有 5 对，两两之间有显著差异。另有两对，其差值 $d_{ii'}>d_T$，有一定程度的差异。其余各对平均值，两两之间都无显著差异。

② 这些水平能否分组？由上述 21 次检验提示我们，这 7 个实验室的分析水平可以分组。现在假定 $\overline{x}_1$、$\overline{x}_2$、$\overline{x}_3$、$\overline{x}_4$、$\overline{x}_6$ 为甲组，$\overline{x}_5$、$\overline{x}_7$ 为乙组，甲、乙两组之间有无显著差异，就是比较 $\frac{1}{5}(\overline{x}_1+\overline{x}_2+\overline{x}_3+\overline{x}_4+\overline{x}_6)$ 与 $\frac{1}{2}(\overline{x}_5+\overline{x}_7)$ 有无显著差异。t 化极差实际上可以比较各小组平均值的任意线性函数。甲、乙两组的比较，符合这个要求：

$$\left|\frac{1}{5}(1.079+1.072+1.085+1.094+1.076)-\frac{1}{2}(1.055+1.052)\right|=1.081-1.054$$

$$=0.027>d_T(=0.024)$$

所以甲、乙两组之间，确有显著差异（$\alpha=0.05$）。

能将 $\overline{x}_1$、$\overline{x}_2$、$\overline{x}_6$ 合为一组，$\overline{x}_3$、$\overline{x}_4$ 作为一组吗？因为：

$$\left|\frac{1}{3}(1.079+1.072+1.076)-\frac{1}{2}(1.085+1.094)\right|$$

$$=|1.076-1.090|=0.014<d_T(=0.024)$$

所以不能这样分组。因此，这 7 个实验室可以按前述方式分甲、乙两大组，也只能分成两组。

小结：用 F 检验法可以检验各平均值之间是否有差异，但并不能指出哪个或哪几个平均值与另一个或另外几个平均值间有差异。t 化极差 q 法，能指出哪些平均值之间有差异。其次，t 化极差 q 法中的 d_T 值实质上是各平均值之间的差的置信限。

三、双因素方差分析

前面所研究的是试验结果仅受一个因素影响的情形，要求检验的是当因素取不同水平时对结果所产生的影响是否显著，但在实践中某种试验结果往往受到两个或两个以上因素的影响。例如，水质分析结果可能与所用的实验仪器设备、实验环境、化学试剂以及分析人员等有关。如果我们研究的是两个因素的不同水平对试验结果的影响是否显著的问题就称作双因素方差分析。双因素方差分析中两个因素的影响既可能是相互联系、相互影响的，也可能是相互独立的。因此，在分析的方法和步骤上要比单因素时复杂一些。

双因素方差分析的基本思想与单因素方差分析基本相同。首先分别计算出总变差、各个因素的变差以及随机误差的变差，其次根据各变差相应的自由度求出方差，最后计算出 F 值并做 F 检验。

双因素方差分析根据两个因素相互之间是否有交互影响而分为无交互影响和有交互影响两种情形。我们首先研究两因素无交互影响时的情形。

1. 无交互影响的双因素方差分析

研究 A 和 B 两个因素对测定结果的影响。若每种因素都包含不同的水平，那么这就是双因素多水平的试验，它的全面试验，即把每个因素的各水平的一切可能的组合都做一遍，如表 1-22 所列全面试验的这种安排方法称为交叉分组法，它的优点是两种因素都得到平等的对待，揭示事物内部的规律性比较清楚。但是，多因素全面试验，由于一般试验次数太多，在实际中常常行不通，因此是不值得提倡的。

表 1-22　双因素多水平全面试验的一种设计

因素	B_1	B_2	…	B_j	…	B_q
A_1	A_1B_1	A_1B_2	…	A_1B_j	…	A_1B_q
A_2	A_2B_1	A_2B_2	…	A_2B_j	…	A_2B_q
⋮	⋮	⋮	⋮	⋮	⋮	⋮
A_i	A_iB_1	A_iB_2	…	A_iB_j	…	A_iB_q
⋮	⋮	⋮	⋮	⋮	⋮	⋮
A_p	A_pB_1	A_pB_2	…	A_pB_j	…	A_pB_q

在多因素试验中，各因素的影响可能是相互独立的，这种影响是因素的主效应，其差方和记作 Q_A 和 Q_B 等；也可能是一因素的影响同其他因素存在量的多少有关，这样的情况表示因素之间存在着交互效应，其差方和记作 $Q_{A\times B}$ 等。如果按表 1-22 的安排，每种组合只做 $Q_{A\times B}$，就必须把整个试验重复一遍（或多遍）。

先通过一个实例，讨论双因素多水平无重复的全面试验（即暂时不考虑交互效应）。

【例 1-44】 为了全面考察溶液 pH 值和某络合剂的浓度对一个显色反应的吸光度的影响，试验的安排及结果如表 1-23 所列。对于这样一组试验，如何进行直观分析和方差分析？

表 1-23　双因素多水平无重复的全面试验的安排及结果

络合剂浓度(B)/(mol/L)	pH 值(A)			
	A_1(pH=6)	A_2(pH=5)	A_3(pH=4)	A_4(pH=2)
	吸光度			
B_1(0.4)	0.35	0.26	0.20	0.14
B_2(0.8)	0.23	0.20	0.15	0.08
B_3(1.0)	0.20	0.19	0.12	0.03

(1) 直观分析　将 A 的每个水平下的 3 个结果加在一起，记作 $\sum_{j=1}^{q} x_{ij}$ ，然后将它们除以 3，记作 k_i^A（k_i^A 表示当 A 因素的水平取 A_i 时的评价吸光度）。与此类似，计算 $\sum_{i=1}^{p} x_{ij}$ 和 k_j^B。计算结果列于表 1-24。

表 1-24　显色条件试验计算结果

项目	A_1	A_2	A_3	A_4	$\sum_{i=1}^{p} x_{ij}$	k_j^B
B_1	0.35	0.26	0.20	0.14	0.95	0.24
B_2	0.23	0.20	0.15	0.08	0.66	0.17
B_3	0.20	0.19	0.12	0.03	0.54	0.14

续表

项目	A_1	A_2	A_3	A_4	$\sum_{i=1}^{p} x_{ij}$	k_j^B
$\sum_{j=1}^{q} x_{ij}$	0.78	0.65	0.47	0.25	2.15	$\overline{x}=0.179$
k_j^A	0.26	0.22	0.16	0.08		

由表 1-24 可以看出，pH 值越高，吸光度越大；络合剂浓度越高，吸光度越小。因此通过表 1-24 就大体上能看出两种因素对吸光度有无影响，以及影响的趋势大小。如果我们在这一组试验中本来的意图是希望能找到吸光度最大的试验条件，那么从表 1-24 中就可以看出，pH 值是以 pH＝6 为最好，络合剂浓度是以 0.4mol/L 为最好，那么 A_1B_1（即 pH＝6，络合剂浓度 0.4mol/L）就是较好的显色条件。

（2）*方差分析*　与单因素试验时一样，多因素试验时的方差分析也是利用差方和加和性原理，先把总的差方和 Q_T 分解成为因素 A 的条件变差（Q_A）和因素 B 的条件变差（Q_B）及残余差方和 Q_e，在这里，残余差方和就是实验误差的差方和。

$$Q_T=Q_A+Q_B+Q_e \tag{1-68}$$

我们先给出一般的公式。

设因素 A 有 p 个水平，B 有 q 个水平，在 A_iB_j 条件下的实验数据是 x_{ij}，令：

$$k_i^A=\frac{1}{q}\sum_{i=1}^{q} x_{ij},\qquad k_i^B=\frac{1}{p}\sum_{i=1}^{p} x_{ij}$$

则：

$$\overline{x}=\frac{1}{pq}\sum_{i=1}^{p}\sum_{j=1}^{q} x_{ij} \tag{1-69}$$

总差方和 Q_T 是全部数据相对于总平均值的差方和，即：

$$Q_T=\sum_{i=1}^{p}\sum_{j=1}^{q}(x_{ij}-\overline{x})^2=\sum_{i=1}^{p}\sum_{j=1}^{q}x_{ij}^2-\frac{1}{pq}\left(\sum_{i=1}^{p}\sum_{j=1}^{q}x_{ij}\right)^2 \tag{1-70}$$

因素 A 的差方和 Q_A，等于 A 的每个水平的平均值 k_1^A，k_2^A，…，k_p^A 相对于总平均值 $\overline{x}$ 的差方和，乘以 A 的每一个水平的试验次数（等于 q），即：

$$Q_A=q\sum_{i=1}^{p}(k_i^A-\overline{x})^2=\frac{1}{q}\sum_{i=1}^{p}\left(\sum_{j=1}^{q}x_{ij}\right)^2-\frac{1}{pq}\left(\sum_{i=1}^{p}\sum_{j=1}^{q}x_{ij}\right)^2 \tag{1-71}$$

类似地，因素 B 的差方和 Q_B 为：

$$Q_B=p\sum_{i=1}^{p}(k_i^B-\overline{x})^2=\frac{1}{p}\sum_{i=1}^{p}\left(\sum_{j=1}^{q}x_{ij}\right)^2-\frac{1}{pq}\left(\sum_{i=1}^{p}\sum_{j=1}^{q}x_{ij}\right)^2 \tag{1-72}$$

从 Q_T 中扣除 Q_A 和 Q_B 就是实验误差 Q_e，即：

$$Q_e=Q_T-Q_A-Q_B=\sum_{i=1}^{p}\sum_{j=1}^{q}(x_{ij}-k_i^A-k_j^B+\overline{x})^2$$

$$=\sum_{i=1}^{p}\sum_{j=1}^{q}x_{ij}^2-\frac{1}{q}\sum_{i=1}^{p}\left(\sum_{j=1}^{q}x_{ij}\right)^2-\frac{1}{p}\sum_{i=1}^{q}\left(\sum_{i=1}^{p}x_{ij}\right)^2+\frac{1}{pq}\left(\sum_{i=1}^{p}\sum_{j=1}^{q}x_{ij}\right)^2 \tag{1-73}$$

与各差方和相应的自由度为：

① 总自由度：$f_T=pq-1$；

② 因素 A 效应的自由度：$f_A=p-1$；

③ 因素B效应的自由度：$f_B=q-1$；

④ 实验误差效应的自由度：$f_e=(p-1)\ (q-1)$。

将表1-24的值代入以上各公式，即可算出例1-44的各种差方和（这时 $p=4$，$q=3$）：

$$Q_T=\sum_{i=1}^{p}\sum_{j=1}^{q}x_{ij}^2-\frac{1}{pq}\Big(\sum_{i=1}^{p}\sum_{j=1}^{q}x_{ij}\Big)^2$$

$$=[(0.35)^2+(0.26)^2+\cdots+(0.03)^2]-\frac{1}{4\times 3}\times 2.15^2$$

$$=0.4629-0.3852=0.0777$$

$$Q_A=\frac{1}{q}\sum_{i=1}^{p}\Big(\sum_{j=1}^{q}x_{ij}\Big)^2-\frac{1}{pq}\Big(\sum_{i=1}^{p}\sum_{j=1}^{q}x_{ij}\Big)^2$$

$$=\frac{1}{3}[(0.78)^2+(0.65)^2+(0.47)^2+(0.25)^2]-0.3852$$

$$=0.0529$$

$$Q_B=\frac{1}{p}\sum_{j=1}^{q}\Big(\sum_{i=1}^{p}x_{ij}\Big)^2-\frac{1}{pq}\Big(\sum_{i=1}^{p}\sum_{j=1}^{q}x_{ij}\Big)^2$$

$$=\frac{1}{4}[(0.95)^2+(0.66)^2+(0.54)^2]-0.3852$$

$$=0.0222$$

$$Q_e=\sum_{i=1}^{p}\sum_{j=1}^{q}x_{ij}^2-\frac{1}{q}\sum_{i=1}^{p}\Big(\sum_{j=1}^{q}x_{ij}\Big)^2-\frac{1}{p}\sum_{i=1}^{q}\Big(\sum_{j=1}^{p}x_{ij}\Big)^2+\frac{1}{pq}\Big(\sum_{i=1}^{p}\sum_{j=1}^{q}x_{ij}\Big)^2$$

$$=0.4629-0.4381-0.4074+0.3852$$

$$=0.0026$$

$$f_T=pq-1=4\times 3-1=11$$

$$f_A=p-1=4-1=3$$

$$f_B=q-1=3-1=2$$

$$f_e=(p-1)(q-1)=3\times 2=6$$

将差方和除以相应的自由度，即得均方：

$$S_A^2=\frac{Q_A}{f_A}=\frac{0.0529}{3}=0.0176$$

$$S_B^2=\frac{Q_B}{f_B}=\frac{0.0222}{2}=0.0111$$

$$S_e^2=\frac{Q_e}{f_e}=\frac{0.0026}{6}=0.00043$$

最后检验因素A和因素B对吸光度有无显著的影响，方差比 F 的计算结果为：

$$F^A=\frac{S_A^2}{S_e^2}=\frac{0.0176}{0.00043}=40.9$$

$$F^B=\frac{S_B^2}{S_e^2}=\frac{0.0111}{0.00043}=25.8$$

用这些计算值和 F 值表的临界值相比：对于 A，查得 $F_{0.01,3,6}=9.8$，$F_A>9.8$，故 A 的效应特别显著；对于 B，查得 $F_{0.01,2,6}=10.9$，$F_B>10.9$，故 B 的效应也特别显著。将计算结果列成方差分析表，详见表 1-25。

表 1-25　显色条件试验方差分析

变异来源	差方和	自由度	均方	F 计算值	F 临界值
pH 值(A) 络合剂浓度(B) 误差	0.0529 0.0222 0.0026	3 2 6	0.0176 0.0111 0.00043	40.9** 25.8**	$F_{0.01,3,6}=9.8$ $F_{0.01,2,6}=10.9$
总体	0.0777	11			

2. 有交互作用的双因素方差分析

前面假定因素 A 与因素 B 之间相互独立，不存在相互影响，但有时两个因素会产生交互作用，从而使因素 A 的某些水平与因素 B 的另一些水平相结合时对结果产生更大的影响。

对于有交互作用的两因素之间方差分析的步骤几乎与前一种情形一样，不同的是当两因素之间存在交互作用时先要剔除交互作用的影响，因此比较复杂。同时在有交互作用的影响时对于每一种试验条件要进行多次重复试验，以便将因素间交互作用的差方和从误差差方和中分离出来，因此重复试验数据量就大大增加了。

有交互作用的两因素方差分析的方法和步骤同前面一样，关键是对总差方和进行分解时必须考虑两因素的交互作用。

有交互作用的两因素方差分析的步骤如下所述。

(1) *形成假设*　由于两因素有交互影响，因此除了分别检验两因素单独对试验结果的影响外，还必须检验两因素交互影响的作用是否显著。为检验因素 A 各水平间、因素 B 各水平间效应差别的显著性，以及两因素交互作用 A×B 的显著性，所做的统计假设为：

对于因素 A：H_0 为因素 A 的各个水平的影响无显著差异，H_1 为因素 A 的各个水平的影响有显著差异。

对于因素 B：H_0 为因素 B 的各个水平的影响无显著差异，H_1 为因素 B 的各个水平的影响有显著差异。

对于因素 A、B 的交互作用：H_0 为因素 A、B 的各个水平的交互作用无显著影响，H_1 为因素 A、B 的各个水平的交互作用有显著影响。

(2) *进行差方和的分解*　根据差方和的加和性，总差方和为：

$$Q_T=Q_A+Q_B+Q_{A\times B}+Q_e \tag{1-74}$$

式中　Q_A，Q_B——因素 A、B 主效应引起的差方和；

$Q_{A\times B}$——因素 A、B 的交互作用效应引起的差方和；

Q_e——实验误差效应引起的差方和，表示在相同条件下实验的精度。

在实验过程中，各种因素对测定都要施加影响，各因素对测定的综合效应最终反映在数据及其差异上。

① 总差方和是单次测定值 x_{ijh} 相对于全部数据的总平均值的变差平方和：

$$Q_T=\sum_{i=1}^{p}\sum_{j=1}^{q}\sum_{h=1}^{r}(x_{ijh}-\overline{\overline{x}})^2=\sum_{i=1}^{p}\sum_{j=1}^{q}\sum_{h=1}^{r}x_{ijh}^2-\frac{1}{pqr}\Big(\sum_{i=1}^{p}\sum_{j=1}^{q}\sum_{h=1}^{r}x_{ijh}\Big)^2 \tag{1-75}$$

② 因素 A 效应是指由 A 的水平发生变动而引起的各平均值 k_i^A 相对于总平均值 $\overline{\overline{x}}$ 的变差平方和，乘以 A 的每一个水平的试验数（qr）：

$$Q_A=qr\sum_{i=1}^{p}(k_i^A-\overline{\overline{x}})^2=\frac{1}{qr}\sum_{i=1}^{p}\Big(\sum_{j=1}^{q}\sum_{h=1}^{r}x_{ijh}\Big)^2-\frac{1}{pqr}\Big(\sum_{i=1}^{p}\sum_{j=1}^{q}\sum_{h=1}^{r}x_{ijh}\Big)^2 \tag{1-76}$$

③ 同理，对因素 B 效应：

$$Q_B=pr\sum_{j=1}^{q}(k_i^B-\overline{\overline{x}})^2=\frac{1}{pr}\sum_{j=1}^{q}\Big(\sum_{i=1}^{p}\sum_{h=1}^{r}x_{ijh}\Big)^2-\frac{1}{pqr}\Big(\sum_{i=1}^{p}\sum_{j=1}^{q}\sum_{h=1}^{r}x_{ijh}\Big)^2 \tag{1-77}$$

④ 实验误差效应，是指在同一试验条件下，测定结果的差异。例如在 A_iB_j 条件下单次测定值 x_{ijh} 同该条件下 r 次测定的平均数 $\overline{x}_{ij}$ $\Big(\frac{1}{r}\sum_{h=1}^{r}x_{ijh}\Big)$之间的变差平方和，等于：

$$\sum_{h=1}^{r}(x_{ijh}-\overline{x}_{ij})^2=\sum_{h=1}^{r}\Big(x_{ijh}-\frac{1}{r}\sum_{h=1}^{r}x_{ijh}\Big)^2 \tag{1-78}$$

把所有这些变差平方和都加在一起，就构成随机误差效应的差方和 Q_e。

$$Q_e=\sum_{i=1}^{p}\sum_{j=1}^{q}\sum_{h=1}^{r}\Big(x_{ijh}-\frac{1}{r}\sum_{h=1}^{r}x_{ijh}\Big)^2=\sum_{i=1}^{p}\sum_{j=1}^{q}\sum_{h=1}^{r}x_{ijh}^2-\frac{1}{r}\sum_{i=1}^{p}\sum_{j=1}^{q}\Big(\sum_{h=1}^{r}x_{ijh}\Big)^2 \tag{1-79}$$

⑤ 交互作用的差方和。因素 A、B 之间的交互作用，是指纯粹由因素 A 与因素 B 联合起来作用而引起的效应，并不是指因素 A 与因素 B 在不同水平组合下对测定值的总效应。因为总效应中既包括了因素 A 与因素 B 的主效应，又包括了因素 A 与因素 B 的交互效应，以及实验误差效应。因此，因素 A 与因素 B 之间的交互效应，是在排除了实验误差效应的前提下，在因素 A 与因素 B 不同水平组合 A_iB_j 下的总效应中，扣除了因素 A 与因素 B 的主效应，所引起的效应。由它引起的差方和就等于不同 A_iB_j 下的平均值：

$$\overline{x}_{ij}=\frac{1}{r}\sum_{h=1}^{r}x_{ijh}$$

相当于总平均值 $\overline{\overline{x}}$ 的差方和减去因素 A 与因素 B 的主效应引起的差方和：

$$\begin{aligned}Q_{A\times B}&=r\sum_{i=1}^{p}\sum_{j=1}^{q}(\overline{x}_{ij}-\overline{\overline{x}})^2-qr\sum_{i=1}^{p}(k_i^A-\overline{\overline{x}})^2-pr\sum_{j=1}^{q}(k_j^B-\overline{\overline{x}})^2\\&=\frac{1}{r}\sum_{i=1}^{p}\sum_{j=1}^{q}(x_{ijh})^2-\frac{1}{qr}\sum_{i=1}^{p}\Big(\sum_{j=1}^{q}\sum_{h=1}^{r}x_{ijh}\Big)^2-\\&\quad\frac{1}{pr}\sum_{j=1}^{q}\Big(\sum_{i=1}^{p}\sum_{h=1}^{r}x_{ijh}\Big)^2+\frac{1}{pqr}\Big(\sum_{i=1}^{p}\sum_{j=1}^{q}\sum_{h=1}^{r}x_{ijh}\Big)^2\end{aligned} \tag{1-80}$$

当不进行重复测定，即 $r=1$ 时，说明不能估计实验测定精度。这时因素交互效应和实验误差效应混杂在一起，已无法区分。把式(1-79) 和式(1-80) 加在一起，就等于式(1-73)($r=1$)。从这里也可看出：当不进行重复测定时交互效应就合并在实验误差效应中了，亦即把交互效应看作是实验误差的一种反映。

【例 1-45】 表 1-26 是三个采样点（因素 A）于四个季度（因素 B）采集的土壤样品

的铜含量（mg/kg）数据。每个采样点于每个季度末有两个样品数据，因此这是两因素分组有重复的实验。求因素 A 和因素 B 的主效应的显著性；地点与时间是否存在交互作用？

表 1-26　土壤样品铜含量原始数据　单位：mg/kg

采样点	第一季度		第二季度		第三季度		第四季度	
1	1.51	0.91	1.25	1.36	1.30	1.61	1.19	1.66
2	1.48	1.58	1.66	1.26	0.92	1.16	1.46	1.01
3	0.85	0.64	0.69	0.90	1.17	0.80	1.30	0.64

解　首先由表 1-26 原始数据计算，得：

$$\sum_{i=1}^{p}\sum_{j=1}^{q}\sum_{h=1}^{r} x_{ijh}^{2}=1.51^{2}+0.91^{2}+\cdots+1.30^{2}+0.64^{2}=35.8745$$

再分别计算表 1-26 内每种处理组合的观测值之和：

$$\sum_{h=1}^{r} x_{ijh}$$

连同其他的计算结果一起列于表 1-27 中。

表 1-27　土壤样品铜含量原始数据同处理的观测值之和　单位：mg/kg

采样点	第一季度	第二季度	第三季度	第四季度	Σ
1	2.42	2.61	2.91	2.85	10.79
2	3.06	2.92	2.08	2.47	10.53
3	1.49	1.59	1.97	1.94	6.99
Σ	6.97	7.12	6.96	7.26	28.31

由表 1-27 得：

$$\sum_{i=1}^{p}\sum_{j=1}^{q}\left(\sum_{h=1}^{r} x_{ijh}\right)^{2}=2.42^{2}+2.61^{2}+\cdots+1.97^{2}+1.94^{2}=69.9691$$

$$\sum_{i=1}^{p}\left(\sum_{j=1}^{q}\sum_{h=1}^{r} x_{ijh}\right)^{2}=10.79^{2}+10.53^{2}+6.99^{2}=276.1651$$

$$\sum_{j=1}^{q}\left(\sum_{i=1}^{p}\sum_{h=1}^{r} x_{ijh}\right)^{2}=6.97^{2}+7.12^{2}+6.96^{2}+7.26^{2}=200.4245$$

$$\left(\sum_{i=1}^{p}\sum_{j=1}^{q}\sum_{h=1}^{r} x_{ijh}\right)^{2}=28.31^{2}=801.4561$$

在本例中 $p=3$，$q=4$，$r=2$。于是，由式(1-74)～式(1-80) 得：

$$Q_{\mathrm{T}}=35.8745-\frac{801.4561}{3\times4\times2}=35.8745-33.3940=2.4805$$

$$Q_{\mathrm{A}}=\frac{276.1651}{4\times2}-33.3940=1.1266$$

$$Q_{\mathrm{B}}=\frac{200.4245}{3\times2}-33.3940=0.0101$$

$$Q_{\mathrm{e}}=35.8745-\frac{1}{2}\times69.9691=0.8899$$

$$Q_{A\times B}=\frac{1}{2}\times 69.9691-\frac{276.1651}{4\times 2}-\frac{200.4245}{3\times 2}+\frac{801.4561}{4\times 3\times 2}=0.4539$$

这些差方和的自由度分别是：

$$f_T=pqr-1=3\times 4\times 2-1=23$$

$$f_A=p-1=3-1=2$$

$$f_B=q-1=4-1=3$$

$$f_e=pq(r-1)=3\times 4\times (2-1)=12$$

$$f_{A\times B}=(p-1)(q-1)=2\times 3=6 \tag{1-81}$$

值得注意的是：交互作用的自由度等于相应两个因素自由度的乘积，即：

$$f_{A\times B}=f_A\times f_B \tag{1-82}$$

这个结论在任何情况下都成立，这是便于记忆的。

由以上公式，很容易得到下面的关系式：

$$Q_T=Q_A+Q_B+Q_{A\times B}+Q_e \tag{1-83}$$

$$f_T=f_A+f_B+f_{A\times B}+f_e \tag{1-84}$$

这叫作差方和的分解公式，方差分析解决问题的优点就在于能使差方和分解。

上述情况总结如表 1-28 和表 1-29 所列。

表 1-28　双因素多水平有重复试验方差分析

变异来源	差方和	自由度	均方差	F 值
A 的水平间	Q_A[式(1-76)]	$p-1$	$S_A^2=\frac{Q_A}{p-1}$	S_A^2/S_e^2
B 的水平间	Q_B[式(1-77)]	$q-1$	$S_B^2=\frac{Q_B}{q-1}$	S_B^2/S_e^2
交互作用 A×B	$Q_{A\times B}$[式(1-80)]	$(p-1)(q-1)$	$S_{A\times B}^2=\frac{Q_{A\times B}}{(p-1)(q-1)}$	$S_{A\times B}^2/S_e^2$
实验误差	Q_e[式(1-79)]	$pq(r-1)$	$S_e^2=\frac{Q_e}{f_e}$	
总差方和	Q_T[式(1-74)]	$pqr-1$		

表 1-29　方差分析（表 1-26 的数据）

变异来源	差方和	自由度	均方差	F 值
A 的水平间	1.1266	2	0.5633	7.592** ($F_{0.01}=6.927$)
B 的水平间	0.0101	3	0.0034	0.046<1
交互作用 A×B	0.4539	6	0.0757	1.020
实验误差	0.8899	12	0.0742	
总差方和	2.4805	23		

由表 1-29 可见，交互作用不显著，采样点间差别非常显著，季度间无显著差别。这说明，铜含量在该地区（三个采样点所代表的地区）的分布只和地点有关，而和时间（季度）无关，也和采样的地点与时间的搭配无关。

第七节 回归分析

一、一元线性回归

在分析化学，特别是仪器分析中，常常要作校准曲线（曾亦称标准曲线、工作曲线）。例如分光光度法和原子吸收分光光度法中作吸光度与被测物浓度的校准曲线，气相色谱法中输出信号的峰高或峰面积与被测物浓度的校准曲线等，都是用来对被测物定量的。在分析化学中所使用的校准曲线通常都是直线。一般是把实验数据中的被测物浓度作为横坐标（x 轴），称其为自变量，通常都是把可以精确测量或严格控制的变量（如标准参考物质或标准溶液的浓度）作为自变量；把实验数据中对应被测物浓度的输出信号（如吸光度、峰高或峰面积等）作为纵坐标，称为因变量。一般假设因变量是一组相互独立且服从正态分布 $N(0,\sigma^2)$ 的随机变量。这种一组不同浓度的被测物与对应输出的不同大小信号值数据的趋势为一直线，即不同浓度的被测物与对应输出的信号值为线性关系。将这些数据点绘在坐标纸上，并顺着数据的趋势绘出一条直线，这就是分析工作者用来对被测物进行定量的校准曲线。

若对应输出信号值与被测物浓度值数据趋势直线通过所有的实验数据，在统计学上就称为被测物的输出信号值与浓度值有最密切的线性相关，即完全线性相关。若被测物在一定浓度范围内，其输出信号值完全依赖于浓度的改变而变，完全遵循某一定律或确定的规律，我们称这种关系为确定性关系或函数关系。如分光光度法，被测物在一定浓度范围内，其吸光度完全依赖于浓度的改变而变，完全遵循比尔定律，若实验中没有误差存在，则吸光度与被测物的浓度之间为完全线性函数关系。但由于实验中不可避免地存在误差，实验点据全部密集在回归线上的情况是极少见的，尤其当误差较大时，实验点据比较分散，并不在一条线上，这时作图就有困难了，因为凭直觉很难判断怎样才能使所连的线对于所有实验数据来说都是误差最小的，亦即难以确定到底哪条线才是最好的回归线。

例如，用二乙基二硫代氨基甲酸银（DDC—Ag）分光光度法测定某一水样中砷含量，校准曲线系列所得实验数据见表 1-30；绘制成散点图，见图 1-13。

表 1-30 DDC—Ag 分光光度法测定水样中砷的校准曲线数据

浓度/(mg/L)	0	0.010	0.020	0.040	0.080	1.000	1.400	2.000
校正吸光度(A)	0	0.015	0.031	0.059	0.122	0.152	0.205	0.295

在图 1-13 中虽能看出吸光度与浓度之间有着密切的关系（当浓度增大时，吸光度 A 亦随之增大），但不能由一个变量的数值精确地求出另一个变量的值，我们称这类变量之间的关系为相关关系。对于相关关系较差或较分散的数据，较好的办法是对数据进行回归分析，求出回归方程，然后作图配线，这样可以得到对各数据点的误差最小，因而是最好的一条线，即回归线。

回归分析是研究随机现象中变量之间关系的一种数理统计方法。类同上例，处理的是

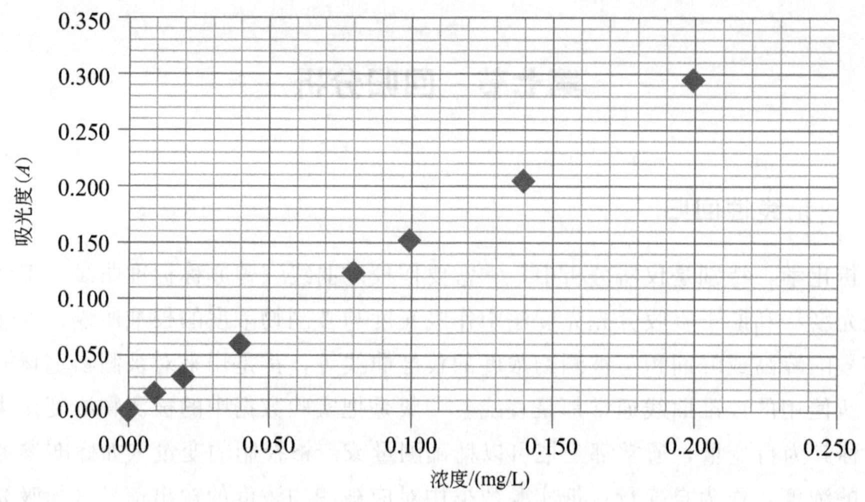

图 1-13 吸光度与浓度散点图

两个变量 x 和 y 之间的关系，其中自变量只有一个，叫作一元回归。下面讨论一元线性回归方程的求法。

二、一元线性回归方程的求法和配线过程

若用（x，y）表示 n 个数据点（$i=1$，2，…，n），而任意一条直线方程可写成：

$$\hat{y}=a+bx \tag{1-85}$$

在式(1-85）中，采用$\hat{y}$ 符号表示这是一条任意的直线。如果用这条直线来代表 x 和 y 的关系，即对每个已知的数据点（x，y）来说，其误差为：

$$y_i-\hat{y}=y_i-a-bx_i \tag{1-86}$$

令各数据点的误差的平方的加和（差方和）为$\hat{Q}$，则$\hat{Q}$ 是总的误差，为：

$$\hat{Q}=\sum_{i=1}^{n}(y_i-\hat{y})^2=\sum_{i=1}^{n}(y_i-a-bx_i)^2 \tag{1-87}$$

回归直线就是在所有直线中，差方和$\hat{Q}$ 最小的一条直线。换句话说，回归直线的系数 b 和常数项 a，应使$\hat{Q}$ 达到极小值。

根据数学分析中求极值的原理，要使$\hat{Q}$ 达到最小值，只需将式(1-87）分别对 a、b 求偏导，令它们等于 0，于是 a、b 满足：

$$\frac{\partial\hat{Q}}{\partial a}=2\sum_{i=1}^{n}(y_i-a-bx_i)\frac{\partial(y_i-a-bx_i)}{\partial a}=-2\sum_{i=1}^{n}(y_i-a-bx_i)=0 \tag{1-88}$$

$$\frac{\partial\hat{Q}}{\partial b}=2\sum_{i=1}^{n}(y_i-a-bx_i)\frac{\partial(y_i-a-bx_i)}{\partial b}=-2\sum_{i=1}^{n}(y_i-a-bx_i)x_i=0 \tag{1-89}$$

由式(1-88）可得到：

$$\sum_{i=1}^{n}(y_i-a-bx_i)=\sum_{i=1}^{n}y_i-na-b\sum_{i=1}^{n}x_i=0$$

$$na=\sum_{i=1}^{n}y_i-b\sum_{i=1}^{n}x_i$$

所以

$$a=\frac{1}{n}\sum_{i=1}^{n}y_i-b\times\frac{1}{n}\sum_{i=1}^{n}x_i=\overline{y}-b\overline{x} \tag{1-90}$$

或

$$\overline{y}=a+b\overline{x} \tag{1-91}$$

式中 $\overline{x}$、$\overline{y}$——x_i 和 y_i 的平均值。

由式(1-89) 可得到：

$$\sum_{i=1}^{n}(y_i-a-bx_i)x_i=\sum_{i=1}^{n}x_iy_i-a\sum_{i=1}^{n}x_i-b\sum_{i=1}^{n}x_i^2=0$$

将式(1-90) 代入，得：

$$\sum_{i=1}^{n}x_iy_i-\left(\frac{\sum y_i}{n}-b\frac{\sum x_i}{n}\right)\sum_{i=1}^{n}x_i-b\sum_{i=1}^{n}x_i^2=0$$

$$\sum_{i=1}^{n}x_iy_i-\frac{1}{n}\left(\sum_{i=1}^{n}x_i\right)\left(\sum_{i=1}^{n}y_i\right)+\frac{b}{n}\left(\sum_{i=1}^{n}x_i\right)^2-b\sum_{i=1}^{n}x_i^2=0$$

$$\sum_{i=1}^{n}x_iy_i-\frac{1}{n}\left(\sum_{i=1}^{n}x_i\right)\left(\sum_{i=1}^{n}y_i\right)=b\left[\sum_{i=1}^{n}x_i^2-\frac{1}{n}\left(\sum_{i=1}^{n}x_i\right)^2\right]$$

所以：

$$b=\frac{\sum x_iy_i-\frac{1}{n}\left(\sum_{i=1}^{n}x_i\right)\left(\sum_{i=1}^{n}y_i\right)}{\sum x_i^2-\frac{1}{n}\left(\sum x_i\right)^2}=\frac{\sum x_iy_i-n\overline{x}\,\overline{y}}{\sum x_i^2-n\overline{x}^2} \tag{1-92}$$

根据差方和关系式，若令：

$$\begin{aligned}
l_{xx}&=\sum_{i=1}^{n}(x_i-\overline{x})^2\\
&=\sum_{i=1}^{n}(x_i^2-2x_i\overline{x}+\overline{x}^2)\\
&=\sum_{i=1}^{n}x_i^2-2\overline{x}\sum_{i=1}^{n}x_i+n\overline{x}^2\\
&=\sum_{i=1}^{2}x_i^2-2\frac{\sum x_i}{n}\sum_{i=1}^{n}x_i+n\left(\frac{\sum x_i}{n}\right)^2\\
&=\sum_{i=1}^{n}x_i^2-2\frac{(\sum x_i)^2}{n}+n\cdot\frac{(\sum x_i)^2}{n^2}\\
&=\sum_{i=1}^{n}x_i^2-\frac{1}{n}\left(\sum_{i=1}^{n}x_i\right)^2\\
&=\sum_{i=1}^{n}x_i^2-n\overline{x}^2
\end{aligned}$$

同理，

$$l_{yy}=\sum_{i=1}^{n}(y_i-\overline{y})^2=\sum_{i=1}^{n}y_i^2-\frac{1}{n}\left(\sum_{i=1}^{n}y_i\right)^2=\sum_{i=1}^{n}y_i^2-n\overline{y}^2$$

$$\begin{aligned}
l_{xy}&=\sum_{i=1}^{n}(x_i-\overline{x})(y_i-\overline{y})\\
&=\sum_{i=1}^{n}x_iy_i-\overline{y}\sum_{i=1}^{n}x_i-\overline{x}\sum_{i=1}^{n}y_i+n\overline{x}\,\overline{y}
\end{aligned}$$

$$=\sum_{i=1}^{n}x_iy_i-\frac{(\sum y_i)(\sum x_i)}{n}-\frac{(\sum x_i)(\sum y_i)}{n}+n\cdot\frac{\sum x_i}{n}\cdot\frac{\sum y_i}{n}$$

$$=\sum_{i=1}^{n}x_iy_i-\frac{(\sum x_i)(\sum y_i)}{n}$$

$$=\sum_{i=1}^{n}x_iy_i-n\overline{x}\,\overline{y}$$

则式(1-92) 可以改写为：

$$b=\frac{\sum x_iy_i-\frac{1}{n}(\sum x_i)(\sum y_i)}{\sum x_i^2-\frac{1}{n}(\sum x_i)^2}=\frac{\sum(x_i-\overline{x})(y_i-\overline{y})}{\sum(x_i-\overline{x})^2} \tag{1-93}$$

由观测值（一组样本）算出 a、b 的值，称为参数 a 及 b 的估计量，用符号 $\hat{a}$ 及 $\hat{b}$ 表示，于是回归直线方程式(校准曲线方程) 便可确定如下：

$$\hat{y}=\hat{a}+\hat{b}x \tag{1-94}$$

式中 $\hat{y}$、$\hat{a}$、$\hat{b}$——由样本求得的 y、a、b 的估计量。

故式(1-94) 是由一组样本值所确定下来的一条回归直线，不再是任意直线。

注意：当 $x=\overline{x}$ 时，代入式(1-94)，得：

$$\hat{y}=\hat{a}+\hat{b}\overline{x}$$

由式(1-91) 知：

$$\overline{y}=\hat{a}+\hat{b}\overline{x}$$

所以，当 $x=\overline{x}$ 时，有：

$$\hat{y}=\overline{y}$$

这就是说，回归直线一定通过（$\overline{x}$，$\overline{y}$）这一点，即由各数据的平均值组成的点。牢记这一点对于拟线、作图是有用的。

上述确定回归直线所根据的原则是使它与所有观测数值的误差的平方和达到极小值。由于平方运算也称为“二乘”运算，因此上述求回归直线的方法通常称为“最小二乘法”。由此可知，最小二乘法也就是“最小差方和法”。

【例 1-46】 用二乙基二硫代氨基甲酸银（DDC—Ag）分光光度法测定某一水样中砷含量，进行校准曲线（回归直线）的绘制和计算。

解 绘制校准曲线（回归直线）通常是列表进行，见表 1-31。

表 1-31 回归分析计算

编号	x_i/(mg/L)	$y_i(A)$	x_i^2	y_i^2	x_iy_i
1	0	0	0	0	0
2	0.010	0.015	0.0001	0.000225	0.00015
3	0.020	0.031	0.0004	0.000961	0.00062
4	0.040	0.059	0.0016	0.003481	0.00236
5	0.080	0.122	0.0064	0.014884	0.00976
6	0.100	0.152	0.0100	0.023104	0.01520
7	0.140	0.205	0.0196	0.042025	0.02870
8	0.200	0.295	0.0400	0.087025	0.05900
Σ	0.590	0.879	0.0781	0.171705	0.11579

$$\overline{x}=\frac{\sum x_i}{n}=\frac{0.590}{8}=0.07375$$

$$\overline{y}=\frac{\sum y_i}{n}=\frac{0.879}{8}=0.1099$$

$$l_{xx}=\sum_{i=1}^{n}x_i^2-n\overline{x}^2=0.0781-8\times(0.07375)^2=0.03459$$

$$l_{yy}=\sum_{i=1}^{n}y_i^2-n\overline{y}^2=0.171705-8\times(0.1099)^2=0.07508$$

$$l_{xy}=\sum_{i=1}^{n}x_iy_i-n\overline{x}\,\overline{y}=0.11579-8\times0.07375\times0.1099=0.05095$$

$$\hat{b}=\frac{l_{xy}}{l_{xx}}=\frac{0.05095}{0.03459}=1.473$$

$$\hat{a}=\overline{y}-\hat{b}\overline{x}=0.1099-1.473\times0.07375=0.0013$$

所以，回归直线方程式（校准曲线方程）为：

$$\hat{y}=\hat{a}+\hat{b}x=0.0013+1.473x$$

绘图时，先在厘米格纸上选出（$\overline{x}$，$\overline{y}$）=（0.07375，0.1099）这一点，另外，找到 $x=0$，$y=0.0013$，即（0，0.0013）点，把这两点用直尺连成一条直线，即配出所求回归直线（还可再选一点，例如 $x=0.200$，$y=0.296$，由三点连成一条直线）。

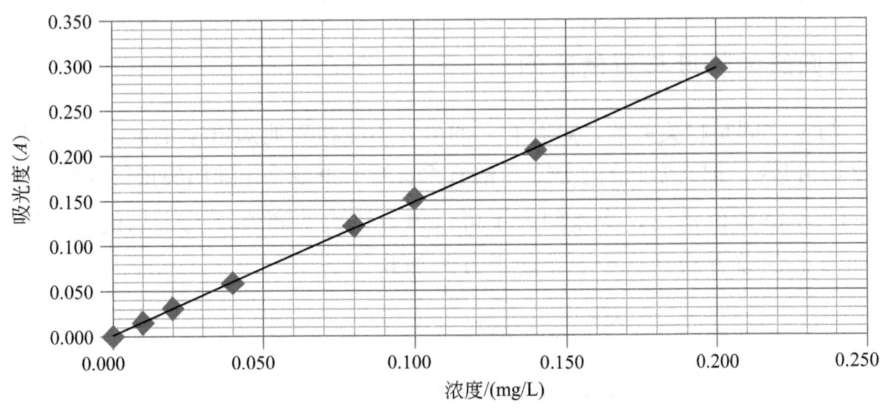

图 1-14　回归直线（校准曲线）

由图 1-14 可见，按回归分析求得的回归直线（校准曲线）有如下特点：

① 它必定通过（$\overline{x}$，$\overline{y}$）点；

② 它对所有实验数据来说是误差最小的；

③ 在本例中，它实际上并没有通过 8 个实验点中的任何一个点，这和人们凭直觉主观判断、用直尺绘图时的习惯是不相同的。

回归方程的计算，还应该注意以下 3 个问题。

① 在 l_{xx}、l_{yy} 和 l_{xy} 的计算过程中都涉及两数相减，常会使数字的有效位数减少很多，因此在数字运算过程中不可过早地修约数字，应等到获得 $\hat{b}$ 和 $\hat{a}$ 的具体数值时再进行合理的数字修约。

② $\hat{b}$ 的有效数字位数，应与自变量 x_i 的有效数字位数相等，或最多比 x_i 多保留一

位。如本例中 x_i 是三位有效数字，故$\hat{b}$ 应取 1.473。$\hat{a}$ 的最后一位数则和因变量 y_i 数值的最后一位数取齐，或最多比 y_i 多保留一位，如本例$\hat{a}$ 取 0.0013。

③ 回归方程的计算，数据多而手续繁，很易出错，最好做验算。验算方法之一是看下式是否成立：

$$\sum_{i=1}^{n} y_i = na + b\sum_{i=1}^{n} x_i$$

本例中：

$$0.879 = (8\times 0.0013 + 1.473\times 0.590 = 0.8794 \approx 0.879)$$

所以经验算，计算无误。

回归方程中，参数 b 叫作回归系数，它表示当 x 增加一个单位时 y 平均增加的数量。在本例中，$b=1.473$，表示溶液中砷的浓度增加 1μg/L 时，吸光度增加 0.001473 单位。

回归系数 $b=\dfrac{l_{xy}}{l_{xx}}=\dfrac{\sum_{i=1}^{n}(x_i-\overline{x})(y_i-\overline{y})}{\sum_{i=1}^{n}(x_i-\overline{x})^2}$，分母部分是自变量的差方和，分子部分是自变量离差（$x_i-\overline{x}$）与因变量离差（$y_i-\overline{y}$）乘积的加和。当 $b>0$ 时，y 有随 x 的增加而增加的趋势；而当 $b<0$ 时，y 有随 x 的增加而减小的趋势。a 是回归方程的常数项，是回归直线的截距。

三、回归线的精度与置信区间

由于 x 与 y 之间是相关关系，知道了 x 的值并不能精确地知道 y 的值，但由回归线可以知道 y 的平均值是$\hat{y}$，那么实际的值离$\hat{y}$ 可能有多远呢？也就是用回归线预报的精度如何呢？

对 y 的每次测量值来说，变差的大小可以通过该次实测值 y 与平均值$\overline{y}$ 的差（$y-\overline{y}$）来表示，而 y 总的差方和是这些变差的平方的加和。

$$\sum_{i=1}^{n}(y-\overline{y})^2 = l_{yy} = y_{\text{总的差方和}} \tag{1-95}$$

每个测量点的离差（$y-\overline{y}$）都可分解成两部分：

$$(y-\overline{y}) = (y-\hat{y}) + (\hat{y}-\overline{y}) \tag{1-96}$$

将式(1-96) 两边平方，然后对所有 n 次测量值求和，则：

$$\sum_{i=1}^{n}(y-\overline{y})^2 = \sum_{i=1}^{n}[(y-\hat{y})+(\hat{y}-\overline{y})]^2$$

$$= \sum_{i=1}^{n}(y-\hat{y})^2 + \sum_{i=1}^{n}(\hat{y}-\overline{y})^2 + 2\sum_{i=1}^{n}(y-\hat{y})(\hat{y}-\overline{y}) \tag{1-97}$$

上式中最后一项可以证明等于 0，其证明如下：

因为： $\hat{y}=\hat{a}+\hat{b}x$

所以：

$$\sum_{i=1}^{n}(y-\hat{y})(\hat{y}-\overline{y}) = \sum_{i=1}^{n}[y-(\hat{a}+\hat{b}x)]\times[\hat{a}+\hat{b}x-\overline{y}]$$

将式(1-90) $\hat{a}=\overline{y}-\hat{b}\overline{x}$ 代入有：

$$\begin{aligned}\sum_{i=1}^{n}(y-\hat{y})(\hat{y}-\overline{y}) &= \sum_{i=1}^{n}[y-\overline{y}+\hat{b}\overline{x}-\hat{b}x][\overline{y}-\hat{b}\overline{x}+\hat{b}x-\overline{y}] \\ &= \sum_{i=1}^{n}[(y-\overline{y})-\hat{b}(x-\overline{x})][\hat{b}(x-\overline{x})] \\ &= \hat{b}\left[\sum_{i=1}^{n}(y-\overline{y})(x-\overline{x})-\hat{b}\sum_{i=1}^{n}(x-\overline{x})^2\right]\end{aligned} \tag{1-98}$$

由式(1-93)

$$\sum_{i=1}^{n}(x-\overline{x})(y-\overline{y})=\hat{b}\sum_{i=1}^{n}(x-\overline{x})^2$$

所以，式(1-98) 等于 0，即：

$$\sum_{i=1}^{n}(y-\hat{y})(\hat{y}-\overline{y})=0;2\sum_{i=1}^{n}(y-\hat{y})(\hat{y}-\overline{y})=0 \tag{1-99}$$

于是式(1-97) 的 y 总差方和分解成两部分：

$$\sum_{i=1}^{n}(y-\overline{y})^2=\sum_{i=1}^{n}(y-\hat{y})^2+\sum_{i=1}^{n}(\hat{y}-\overline{y})^2 \tag{1-100}$$

式(1-100) 右边第二项是回归值$\hat{y}$ 与平均值 $\overline{y}$ 之差的平方和。根据回归方程，回归值$\hat{y}=\hat{a}+\hat{b}x$，因此可以把 $(\hat{y}-\overline{y})$ 看作是由 x 的变化而引起的 y 值的变化，即$\sum(\hat{y}-\overline{y})^2$ 反映了 y 总的变差中由 x 与 y 的线性关系而引起 y 变化的部分，我们称它为回归差方和，记作 U。

$$U=\sum_{i=1}^{n}(\hat{y}-\overline{y})^2$$

因为 $(\hat{y}-\overline{y})$ 是由 x 这一自变量的变化而引起的 y 值的变化，故回归差方和的自由度等于 1。式(1-100) 右边第一项 $\sum_{i=1}^{n}(y-\hat{y})^2$ 是实际测量值与回归线上预测值之差的平方的加和。因为回归关系是统计关系，每一个实验点不一定在回归线上，$(y-\hat{y})$ 是实验点对回归线的值的偏差。我们用最小二乘法原理求回归方程时，在式(1-87) 中将各数据点的误差的平方的总和称为$\hat{Q}$。

式(1-100) 表示：

$$y_{\text{总差方和}}=l_{yy}=\sum_{i=1}^{n}(y-\hat{y})^2=\text{回归差方和}(U)+\text{残余差方和}(Q)$$

根据式(1-87)、式(1-91) 和式(1-94)：

$$\begin{aligned}U=\sum_{i=1}^{n}(\hat{y}-\overline{y})^2 &= \sum_{i=1}^{n}(\hat{a}+\hat{b}x-\hat{a}-\hat{b}\overline{x})^2 \\ &= \sum_{i=1}^{n}[\hat{b}(x-\overline{x})]^2 \\ &= \sum_{i=1}^{n}\hat{b}^2(x-\overline{x})^2 \\ &= \hat{b}^2\sum_{i=1}^{n}(x-\overline{x})^2\end{aligned}$$

又根据式(1-93)：

$$\hat{b}\sum_{i=1}^{n}(x-\overline{x})^2=\sum_{i=1}^{n}(x-\overline{x})(y-\overline{y})$$

代入前式：

$$U=\hat{b}\sum_{i=1}^{n}(x-\overline{x})(y-\overline{y})=\hat{b}l_{xy} \tag{1-101}$$

因此有了回归系数$\hat{b}$，回归差方和就可按式(1-101) 求得，而：

残余差方和 Q=总差方和－回归差方和

$$Q=\sum_{i=1}^{n}(x-\hat{y})^2-l_{yy}-U=l_{yy}-\hat{b}l_{xy} \tag{1-102}$$

从回归差方和与残余差方和的意义可知，回归效果的好坏取决于U在总差方和l_{yy}中所占的比例，U的值和l_{yy}的值越接近，回归效果就越好。残余差方和则越小越好。

y总差方和的自由度： $f_{总}=n-1$ (1-103)

回归差方和的自由度： $f_U=1$ (1-104)

根据差方和（及自由度）具有加和性的原理：

残余差方和的自由度： $f_Q=n-2$ (1-105)

也可以从另外一个角度来看$f_Q=n-2$，因为相应于两个常数a、b的两个自由度已用于求回归方程。

残余差方和Q除以它的自由度f_Q所得的商称为残余方差，它可以看作在排除了x对y的线性影响后（或者说当x固定时），衡量y随机波动大小的一个估计量。

$$S_{余}^2=\frac{Q}{n-2} \tag{1-106}$$

残余方差的平方根称为残余标准差，取正值：

$$S_{余}=\sqrt{\frac{Q}{n-2}}=\sqrt{\frac{l_{yy}-bl_{xy}}{n-2}} \tag{1-107}$$

可用残余标准差衡量所有随机因素对y的一次观测值的平均变差的大小。

【例 1-47】 求例 1-46 中的残余标准差是多少？

解 由例 1-46 中的计算表可见，$n=8$；$l_{yy}=0.07508$；$b=1.473$；$l_{xy}=0.05095$。

$$S_{余}=\sqrt{\frac{l_{yy}-bl_{xy}}{n-2}}=\sqrt{\frac{0.07508-1.473\times0.05095}{6-2}}=\sqrt{\frac{3.065\times10^{-5}}{6}}=0.00226$$

求得回归直线的残余标准差后，对于每个确定的$x=x_0$，则y的取值一般都服从正态分布，它的平均值是$\hat{y}_0=\hat{a}+\hat{b}x_0$，并以$\hat{y}_0$为中心而对称分布，越接近$\hat{y}_0$的地方出现的机会越大，且与残余标准差有下述关系：$y$值落在$\hat{y}_0\pm2S_{余}$这个区间内的，约占可能出现的$y$值总数的95%。我们把$\hat{y}_0\pm2S_{余}$这个区间叫作置信区间，把95%叫作置信概率，把置信概率与置信区间结合在一起，称置信度。置信度表示预报的可靠把握程度。所以可以这么说：根据回归方程，当$x=x_0$时有95%的把握预报y值将在$\hat{y}_0\pm2S_{余}$的区间之内。由此可见，若$S_{余}$越小，则由回归方程预报y的值越精确，因此我们可以把残余标准差$S_{余}$作为预报精度的标志。

若在回归线的两侧画两条平行直线：

$$y'=\hat{a}-2S_{余}+\hat{b}x$$
$$y''=\hat{a}+2S_{余}+\hat{b}x$$

则可以预料，在全部可能出现的 y 值中，大约有 95%的点落在这两条直线所夹的区间内。

对于例 1-46，在图 1-14 中回归线上、下两侧的平行直线的方程分别为：

$$y'=0.0013-2\times 0.00226+1.473x=-0.0032+1.473x$$

$$y''=0.0013+2\times 0.00226+1.473x=0.0058+1.473x$$

图 1-14 中的所有数据点，都落在这两条直线所夹范围内。

从残余标准差的讨论中可以看到，在分析化学中绘制校准曲线，关键还在于要尽量减小实验误差。实验误差小，不仅绘制校准曲线方便，而且根据它查报出来的值可靠性也高。如果实验误差较大，尽管可以借助于回归分析，给出回归线，但由于残余方差大，查报出来的结果的准确度也会较差。

四、从回归系数的方差看校准曲线的实验安排

由前面求得的残余方差 $S_{余}^{2}=\frac{Q}{n-2}=\frac{\sum(y_i-\hat{y})^2}{n-2}=\frac{l_{yy}-\hat{b}l_{xy}}{n-2}$，是随机变量 y_i 的方差 $\sigma^2=\frac{1}{n}\left[\sum_{i=1}^{n}(y-a-bx)^2\right]$的一种估计量。

由于因变量 y 是随机变量，因此根据样本值（x_i，y_i）计算得到的$\hat{a}$、$\hat{b}$ 也是随机变量。例如，当实验误差较大时，我们做几批实验，分别绘制出来几条校准曲线，它们的 b 和截距 a 是不同的，亦即 a、b 的值是随样本取值而变的，抽样误差会影响 a、b 的值。

在统计上，用$\hat{a}$、$\hat{b}$ 的方差来衡量$\hat{a}$ 和$\hat{b}$ 的变动性，它们分别是：

$$\sigma_b^2=\frac{\sigma^2}{\sum(x_i-\overline{x})^2}=\frac{n\sigma^2}{n\sum(x_i-\overline{x})^2} \tag{1-108}$$

$$\begin{aligned}\sigma_a^2&=\sigma^2\left[\frac{1}{n}+\frac{\overline{x}^2}{\sum(x_i-\overline{x})^2}\right]=\sigma^2\left[\frac{\sum(x_i-\overline{x})^2+n\overline{x}^2}{n\sum(x_i-\overline{x})^2}\right]\\&=\sigma^2\left[\frac{\sum x_i^2-n\overline{x}^2+n\overline{x}^2}{n\sum(x_i-\overline{x})^2}\right]=\frac{\sigma^2\sum x_i^2}{n\sum(x_i-\overline{x})^2}\end{aligned} \tag{1-109}$$

在式(1-108）中，分子、分母之所以各乘以 n，是为了使分母部分与式(1-109）一致，便于记忆。

方差的大小反映随机变量取值波动的大小。由上述这些方差公式可以看出：

① 式(1-108）表明，回归系数 b 的变动大小，不仅与误差的方差 σ^2 有关，而且还取决于观测数据中自变量 x_i 取值范围的大小。如果 x_i 值波动较大（即 x_i 取值范围较宽），则$\hat{b}$ 的波动较小，也就是估计比较精确。反之，若原始数据是在一个较小的自变量变动范围内取得的，则 b 的估计就不会精确。因此，我们为制作校准曲线安排实验时，应尽可能使自变量 x_i 的取值分散些，使 x_i 取值的变化范围尽可能宽些。

② 由式(1-109）可知，常数项$\hat{a}$ 的方差，不仅与σ^2 有关，和 x_i 的波动大小有关，而且还同观测数据的数量 n 有关。数据越多，且 x_i 值越分散，误差越小，估计量$\hat{a}$ 就越精确。

③ 制作校准曲线时，为了减弱随机误差，需要增加观测数据的数量 n。一种办法是，选定少数几个 x 值，重复多次测量 y 值，求其平均值（方式 A)。例如令 $x=x_1$，对 $y=$

y_1 值重复多次测量，求得一个平均值 $\overline{y}_1$，然后把 $\overline{y}_1$ 值代入，以计算回归方程，对 $x=x_2$、$x=x_3$，也采取同样措施，分别求得 $\overline{y}_2$、$\overline{y}_3$ 等，这样求出来的 a 和 b 估计量的精密度是会提高的。另一种办法是在更多的不同的 x 取值下测量出对应的 y 值，但每次都不做重复实验（方式 B）。这两种实验方式各有优缺点，当实验总次数 n 相同时方式 A 由于进行了重复实验，不但可以求得残余方差，还可求得实验误差的方差，这对进一步做方差分析是有好处的。但由于对每个 x 取值都做了重复实验，在 n 不变的条件下 x_i 不同取值少，间隔宽，不利于对情况做细致考察。通常要求，构成回归直线的数据点，自变量 x_i 最好有多于 5 个的不同取值。方式 B 的好处表现在 x_i 取值的间隔较密，有利于对情况做较细致的考察，可以帮助判断假设 $y=a+bx$ 是否无误。方式 B 也可以求得残余方差，但不能求实验误差（因无重复实验）。

④ 回归方程的适用范围一般仅局限于原来观测数据的变动范围，而不能随意外推。亦即用回归方程做内插预报，比较可靠；外推预报值，常常不可靠。根据回归方程预报 y 值时，其精度实际上还与 x 有关，靠近平均数 $\overline{x}$ 的精度高，而离 $\overline{x}$ 越远，精度就越差。在靠近回归直线的上、下两侧各有一条虚曲线表示回归值 $\hat{y}$ 的波动范围。

统计上求得对于指定的 $x=x_0$，预报 y 的标准差 $S_{预}$ 和残余标准差 $S_{余}$ 有如下关系：

$$S_{预}=S_{余}\sqrt{1+\frac{1}{n}+\frac{(x_0-\overline{x})^2}{\sum(x-\overline{x})^2}} \tag{1-110}$$

从式(1-110) 可以看出，当 n 相当大，且 x_0 离 $\overline{x}$ 比较近时，预报 y_0 的标准差 $S_{预}$ 就可近似地用 $S_{余}$ 来表示。此时回归直线上、下两侧的曲线就比较直。故例 1-47 中图 1-14 中回归线上、下两侧的平行直线实际上是此时回归直线上、下两侧的虚曲线的一种近似。

⑤ 在校准曲线图中，当 x 的取值靠近回归线的两端时（x_1 或 x_n，即离 $\overline{x}$ 最远的端点），预报的 y 值（y_1 或 y_n）的精度是比较差的。反过来，为了提高校准曲线的精度，最好在自变量 x 的端点值（x_1 或 x_n）处，重复多做几次实验（方式 C），借以用较少的实验次数，获得较高的精度，这比在每个 x 值处都重复相同次数实验的方法要好一些。方式 C 提高精度的效率，要比方式 A 略高一些。由方式 C 既可求得残余方差，也能求实验误差的方差，所以方式 C 也比方式 B 要好些。

⑥ 在分光光度分析法中，作吸光度-浓度校准曲线时通常都是用空白溶液作参比，将分光光度计的吸光度读数调零，然后依次将标准系列溶液推入光路，以读取各吸光度值。由式(1-110) 可见，这种做法是不够好的：a. 由式(1-110) 可知，端点（x_1 或 x_n）处的 y 值的波动是相对大的；b. 只要空白溶液的显色强度有波动，空白值一个实验点就能使整条校准曲线发生上下平移；c. 当每个实验点只做一次测量时（无重复），很难发现空白值有无波动；d. 如果做双份空白，若两者吸光强度有差别，由于确定不了到底用哪一份空白溶液作参比为好，对于校准曲线的绘制也无帮助。

比较好的做法是：用纯水（或纯溶剂）作参比调零，多做几份空白实验。其好处在于：a. 比较容易发现空白值是否有波动；b. 空白值即使有波动，也可以取空白液吸光度的平均值来作图，不会因空白值发生波动而严重影响整条校准曲线的全局；c. 空白值通常都是校准曲线的端点之一，按照方式 C 多做几份空白是较好的实验安排方式。

很明显，对分光光度分析法校准曲线实验安排方面的这些考虑，同样也适用于其他分析方法的校准曲线的制作。

综上所述，为了使所述的回归方程比较稳定，绘制出来的校准曲线比较可靠，精度高，就应该努力提高观测数据本身的准确度，增加观测次数，并且尽可能增大观测数据中自变量的离散程度，在实验安排上则以在自变量的端点值（例如空白值）上做重复实验较好。

五、由因变量反估自变量的值

上面所述是回归方程（直线）的稳定性和预报问题。在预报中，是给定 x_0，用 a、b、σ 的估计量来预测 y_0 及其精度。但是，我们分析工作者制作校准曲线的最终目的，还是要借助它来查找未知试样中被测组分的含量。这就是有了因变量的测得值 y，希望借助校准曲线去反估自变量 x（浓度），这样反估出来的 x，其精度又如何呢？

例如，我们利用原子吸收分光光度法（其他仪器分析法也都是如此），使用标准溶液，总共做了 n 次实验，得到 n 个实验点，通过回归分析，制得一条校准曲线。同时，我们又对某个未知试样，在相同条件下，做 m 次重复分析，测得 m 个 y' 值，求得平均值：

$$\overline{y}'=\frac{1}{m}\sum_{j=1}^{m}y'_j$$

我们可借助校准曲线，由 $\overline{y}'$ 值查找被测组分在未知样中的含量（x 值），这是每个分析人员都熟知的做法。问题是，这样求得的 x 值的精度如何呢？

统计上求得，当因变量 $y=\overline{y}'$ 时，反估 x' 的点估计是：

$$\hat{x}'=\frac{\overline{y}'-\hat{a}}{\hat{b}} \tag{1-111}$$

反估 x' 的标准差 $S_{反估}$ 为：

$$S_{反估}=S_{余}\sqrt{\frac{1}{m}+\frac{1}{n}+\frac{(x'-\overline{x})^2}{\sum(x_i-\overline{x})^2}} \tag{1-112}$$

由此可见：

① 由于对未知样重复做了 m 次实验，所以 $S_{反估}$ 比 $S_{预报}$ 要小一些，亦即由 m 次分析求得的平均值 $\overline{y}'$ 反估 x'，与不再做实验，而指定 $x=x_0$，由校准曲线来预报 y 值相比，前者的精度更高些。这说明，实验劳动总是有益的。对未知样重复分析次数越多（m 值越大），反估出来的 x' 越准确。

② 反估的精度和残余标准差有关。我们只有在全过程中都精心操作，精益求精，使 $S_{余}$ 降到尽可能地小，反估的 x' 值才更可靠。

③ 反估的精度和制作校准曲线时的实验次数 n 有关。n 越大，校准曲线越稳定，反估的精度越高。

④ 反估的精度和制作校准曲线时的自变量取值范围的大小有关。自变量 x_i 取值的波动幅度越宽，校准曲线就越稳定，反估的 x' 越可靠。

⑤ 反估的精度还与未知样中被测组分的含量 x' 是否接近 $\overline{x}$（自变量的平均值）有关，x' 越接近 $\overline{x}$，反估越准确。若未知样中被测组分的含量接近校准曲线的端点，则反估出来的 x' 的可靠性要差一些。

如果 x' 处于 $x_1 \rightarrow x_n$ 的范围以外，这种外推反估的可靠性就更差了。如果外推得太远，有时甚至会得出荒唐的结论。外推反估通常不大可靠的原因其实很简单：因为实践是检验真理的唯一标准，我们在制作校准曲线时的实践范围只限于从 $x_1 \rightarrow x_n$。超出该范围的情况如何，我们并无实践经验，凭有限的经验去外推就难免会导致谬误。

以上各点就是 $S_{反估}$ 公式给我们的启示。

六、相关系数和相关关系显著性的检验

用最小二乘法配出的回归线有无意义呢？检验回归线有无意义，主要靠专业知识，因变量 y 应该由于某种内在的原因随着自变量 x 的变化而变化，亦即 y 与 x 之间应该有内在的联系，配出的回归线才有实际意义。此外，在数学上也给出一种辅助办法，引进一个叫相关系数的量，用 r 表示。r 的计算公式为：

$$r=\frac{l_{xy}}{\sqrt{l_{xx}l_{yy}}}=\frac{\sum(x_i-\overline{x})(y_i-\overline{y})}{\sqrt{\sum(x_i-\overline{x})^2\sum(y_i-\overline{y})^2}} \tag{1-113}$$

在式(1-113) 中，分子的绝对值永远不会大于分母的值，因此相关系数的取值范围是

$$0<|r|<1 \tag{1-114}$$

相关系数 r 的符号也取决于离差乘积之和 l_{xy} 的符号，故 r 的符号与回归系数 b 的符号一致。

另外，相关系数也可定义为：

$$r=\frac{b\sigma_x}{\sigma_y}=\frac{bS_x}{S_y} \tag{1-115}$$

式中，S_x、S_y、σ_x、σ_y 分别代表 x 和 y 的标准偏差，它们的含义分别为：

$$S_x=\sqrt{\frac{\sum(x_i-\overline{x})^2}{n-1}}; \qquad S_y=\sqrt{\frac{\sum(y_i-\overline{y})^2}{n-1}} \tag{1-116}$$

$$\sigma_x=\sqrt{\frac{\sum(x_i-\mu_x)^2}{n}}; \qquad \sigma_y=\sqrt{\frac{\sum(y_i-\mu_y)^2}{n}} \tag{1-117}$$

亦即相关系数 r 等于回归直线的斜率（回归系数）与自变量标准偏差的乘积和因变量标准偏差之比。由式(1-115) 可见，r 的符号和 b 的符号相一致；由式(1-113) 算得的 r 值，应该和式(1-115) 算得的一致。比较这两个 r 计算值的一致性，也是对回归方程计算过程的验算方法之一。

再来看相关系数 r 的物理意义：

① 当 $|r|=1$ 时，所有的点都落在一条直线即回归直线上，此时称 y 与 x 完全线性相关。实际上，此时 y 与 x 之间存在着确定的线性函数关系。$|r|=1$ 时，实验误差等于零。

② 当 $0<|r|<1$ 时，这是绝大多数的情况。x 与 y 之间存在着一定的线性相关关系。当 $r>0$ 时，$b>0$，y 有随 x 增加而增大的趋势，此时称 y 与 x 正相关。当 $r<0$ 时，$b<0$，y 有随 x 增加而减小的趋势，此时称 y 与 x 负相关。再从 r 的绝对值看，当 r 的绝对值比较小时，散点离回归线较分散，残余标准差较大；而当 r 的绝对值比较大（接近1）时，散点就较靠近回归直线，残余标准差较小。

③ 当 $r=0$ 时，此时 $l_{xy}=0$，因此 $b=0$，即根据最小二乘法确定的回归直线平行于 x 轴，这说明 y 的变化与 x 无关，实验点的分布是不规则的，此时 x 与 y 毫无线性关系，因此回归直线是没有意义的。

由此可见，相关系数 r 确实可以表示两个变量 x 与 y 之间线性相关的密切程度。$|r|$ 越大，越接近 1，y 与 x 之间的线性相关就越密切。这里需要着重指出的是：相关系数 r 所表示的两个变量之间的相关是指线性相关。因此，当 r 很小甚至等于 0 时并不一定表示 x 与 y 之间就不存在其他关系。例如有一种关系线的 $r=0$，但从关系线上可以看出 x 与 y 之间存在着明显的关系，只不过这种关系不是线性关系而已。从线性上看来，y 和 x 之间很像存在着抛物线类型的曲线关系。关于这类一元非线性回归，亦即化曲线为直线的回归问题，我们在后面再讲。

由上可见，只有当有相关系数 r 的绝对值大到某个起码值以上时，y 与 x 两组数据之间才是显著相关的，求得的回归关系才是有意义的，才可用回归直线来近似地表示 x 与 y 之间的关系。在这种情况下，我们说相关系数显著。由于抽样误差的影响，使相关系数 r 达到显著的值与抽样个数 n（更确切地说，与自由度 $f=n-2$）有关。此外，r 的起码值还与显著性水平 α 有关。相关系数检验表见表 1-32。

表 1-32 相关系数检验表

$n-2$	5%	1%	$n-2$	5%	1%	$n-2$	5%	1%
1	0.997	1.000	16	0.468	0.590	35	0.325	0.418
2	0.950	0.990	17	0.456	0.575	40	0.304	0.393
3	0.878	0.959	18	0.444	0.561	45	0.288	0.372
4	0.811	0.917	19	0.433	0.549	50	0.273	0.354
5	0.754	0.874	20	0.423	0.537	60	0.250	0.325
6	0.707	0.834	21	0.413	0.526	70	0.232	0.302
7	0.666	0.798	22	0.404	0.515	80	0.217	0.283
8	0.632	0.765	23	0.396	0.505	90	0.205	0.267
9	0.602	0.735	24	0.388	0.496	100	0.195	0.254
10	0.576	0.708	25	0.381	0.487	125	0.174	0.228
11	0.553	0.684	26	0.374	0.478	150	0.159	0.208
12	0.532	0.661	27	0.367	0.470	200	0.138	0.181
13	0.514	0.641	28	0.361	0.463	300	0.113	0.148
14	0.497	0.623	29	0.355	0.456	400	0.098	0.128
15	0.482	0.606	30	0.349	0.449	1000	0.062	0.081

如果计算的 r 值大于表中 $r_{\alpha,f}$ 值，则表示在显著性水平为 α 时，y 与 x 两个变量之间是显著相关的，即求得的回归关系是有意义的。若计算的 r 值小于表中的 $r_{\alpha,f}$ 值，则 r 不显著，此时 x 与 y 为线性不相关，在此情况下配回归线就没有什么意义。

【例 1-48】 计算例 1-46 的相关系数 r 的值，判断图 1-14 所配回归直线是否有意义。

解 根据式(1-113) 及例 1-46 计算表中的数据：

$$r=\frac{l_{xy}}{\sqrt{l_{xx}l_{yy}}}=\frac{\sum(x_i-\overline{x})(y_i-\overline{y})}{\sqrt{\sum(x_i-\overline{x})^2\sum(y_i-\overline{y})^2}}=\frac{0.05095}{\sqrt{0.03459\times0.07508}}=0.9998$$

根据式(1-115)，则：

$$r=\frac{bS_x}{S_y}=\frac{1.473\times0.07030}{0.1036}=0.9996$$

两种算法所得 r 值一致，验算表明，数字计算过程无误。

样本容量 $a=8$；自由度 $f=n-2=6$；查相关系数检验表中 r 的起码值：

$$r_{\alpha,f}=r_{0.05,6}=0.707$$

$$r_{\alpha,f}=r_{0.01,6}=0.834$$

r 计算值大于 $r_{\alpha,f}$ 值，故本例中相关系数是高度显著的，因而在 x、y 之间配回归直线是合理的，可以做出一条校准曲线（工作曲线）。

相关系数 r 的绝对值的大小，既然是衡量相关性是否显著的一种尺度，当然也是衡量回归效果好不好的一种标准。回归效果的好坏，取决于回归差方和 U 在总差方和 l_{yy} 中所占的比例，U 的值和 l_{yy} 的值越接近，回归效果就越好。显然，U 和 r 之间一定有某种联系。

根据式(1-113)：

$$r=\frac{l_{xy}}{\sqrt{l_{xx}l_{yy}}}$$

故：

$$r^2=\frac{(l_{xy})^2}{l_{xx}l_{yy}}=\frac{l_{xy}}{l_{xx}}\cdot\frac{l_{xy}}{l_{yy}} \tag{1-118}$$

根据式(1-93)，$b=\frac{l_{xy}}{l_{xx}}$；式(1-101)，$U=bl_{xy}$，代入式(1-118)，则

$$r^2=\frac{l_{xy}}{l_{xx}}\cdot\frac{l_{xy}}{l_{yy}}=\frac{bl_{xy}}{l_{yy}}==\frac{U}{l_{yy}} \tag{1-119}$$

由此可见，回归差方和 U 在总差方和 l_{yy} 中所占的比例，就等于相关系数的平方 r^2，从而有：

$$U=r^2l_{yy} \tag{1-120}$$

$$Q=(1-r^2)l_{yy} \tag{1-121}$$

y 和 x 的相关关系是否显著，除上述利用相关系数法进行检验外，还可以利用残余方差对回归方差做 F 检验，或者说进行方差分析：

$$回归方差=\frac{回归差方和}{回归差方和的自由度}=\frac{U}{f_U}$$

$$残余方差=\frac{残余差方和}{残余差方和的自由度}=\frac{Q}{f_Q}$$

如果 y 和 x 是线性不相关，则回归方差应该和残余方差基本一致。在做 F 检验时，统计量 F 为：

$$F=\frac{回归方差}{残余方差}=\frac{\frac{U}{f_U}}{\frac{Q}{f_Q}}$$

F 应该等于 1 或接近 1（注：在这里，规定回归方差一定作为分子，残余方差一定作

为分母，不可颠倒)。如果统计量 $F\approx 1$（或者稍大于1)，说明相关效应已经与实验误差等效应，在给定的显著性水平上看不出有显著性差别，这些效应已经区分不清，只能把回归效应和实验误差等效应混在一起考虑。换句话说，如果统计量 $F\approx 1$，就表明 y 的变化并不是由自变量 x 对它的线性影响造成的，而是由实验误差过大或者其他别的因素造成的。因此，y 和 x 是线性不相关。

由于 y 和 x 都是随机变量，统计量 F 的值一定要大于（或等于）F 临界值（F_α）表中所列的数值，相关性才是显著的，如果 F 小于 F_α（在给定显著性水平下)，就只能接受统计假设认为 y 与 x 线性不相关。需要说明的是，在查 F_α 表时，除了要注意给定的显著性水平 α 以外，还要记住 F_α 表中的 f_1 要对应于 f_U，表中的 f_2 要对应于 f_Q。这样查得的临界值可按顺序填入 F_{α,f_U,f_Q} 中。

【例 1-49】 请用 F 检验法检验例 1-46 的相关性是否显著，并和例 1-47 的相关系数法比较，看结论是否一致。

解 先计算例 1-46 的回归差方和 U 及残余差方和 Q 的值。

$$U=r^2 l_{yy}=(0.9998)^2\times 0.07508=0.07505$$

$$U=bl_{xy}=1.473\times 0.05095=0.07505$$

$$Q=l_{yy}-bl_{xy}=0.07508-1.473\times 0.05095=0.00003$$

$$Q=(1-r^2)l_{yy}=[1-(0.9998)^2]\times 0.07508=0.00003$$

再计算统计量 F 的值：

$$F=\frac{\dfrac{U}{f_U}}{\dfrac{Q}{f_Q}}=\frac{0.07505/1}{0.00003/(8-2)}=15010$$

查 F 分布表，F_{α,f_U,f_Q} 的临界值为：

$$f_{0.05,1,6}=5.99$$

$$f_{0.01,1,6}=13.75$$

$$(F=15010)\gg(f_{0.01,1,6}=13.75)$$

所以，吸光度与砷的浓度的相关关系高度显著，和前述相关系数法所得结论一致。

七、一元非线性回归与变量变换

1. 配曲线问题

在实际问题中，两个变量之间的关系不一定是线性的，这时选配恰当类型的曲线比配直线更符合实际情况。在许多情形下，非线性回归可以通过某些简单的变量变换转化为线性回归来解决。

一般地说，对实验数据配曲线可以分为以下两种情况。

(1) *确定 x 与 y 之间内在关系的函数类型* 这里又分如下两种情况：

① 根据专业知识可确定两个变量间的函数类型，如在生长现象的生物实验中，每一时刻的总量 y 与时间 t 有指数关系：$y=a\mathrm{e}^{bt}$。

② 根据理论或经验无法推知 y 与 x 关系的函数类型，这时就可根据实验数据由散点

图的分布形状及特点选择恰当的曲线来拟合这些实验数据。

(2) *确定 x 与 y 相关函数中的未知参数* 确定未知参数最常用的方法是平均值法和最小二乘法。前者精度较低，但计算方便，这时都是先通过变化把非线性函数关系转化成线性函数关系。

例如，用感光板记录的发射光谱分析中，分析线对黑度差（$\frac{\Delta S}{r}$）和被测组分含量 C 之间的关系就不是线性关系，它们的关系式为：

$$\frac{\Delta S}{r}=\lg\alpha+b\lg C \tag{1-122}$$

这种关系称对数关系。这种函数关系在普通方格纸上绘制出来是曲线图形。

这样的曲线不便于作校准曲线（工作曲线）使用。在光谱分析中，通常都使用半对数坐标纸来绘制校准曲线，由于横坐标已改为对数作单位，所得校准曲线是一条直线。这也就是通过变量变换，使：

$$\frac{\Delta S}{r}=y;\quad \lg C=x;\quad \lg\alpha=a$$

于是式(1-122) 变为线性关系：

$$y=a+bx \tag{1-123}$$

这样就可按前述线性回归的方法进行处理。

【例 1-50】 用发射光谱法测定某样品中的硅含量，得表 1-33 所列的一组数据，试确定分析线黑度差和样品中砷含量的关系。

解 先计算各项的值。

表 1-33 用发射光谱法测定某样品中的硅含量的数据

序号	$y=\frac{\Delta S}{r}$	$x=\lg C$	其他
1	0.126	−0.770	$n=10$
2	−0.077	−0.921	
3	0.207	−0.638	$\sum x^2=4.886$
4	0.055	−0.796	
5	0.282	−0.553	$\sum xy=-0.8634$
6	−0.059	−0.886	
7	0.240	−0.602	$\sum y^2=0.4492$
8	0.259	−0.569	
9	0.160	−0.678	
10	0.385	−0.409	$(\sum x)^2=46.54$
加和	1.578	−6.822	$\sum x\sum y=-10.77$
平均	$\overline{y}=0.1578$	$\overline{x}=-0.6822$	
标准偏差	$S_y=0.1491$①	$S_x=0.1605$①	$(\sum y)^2=2.490$

① 这里的标准偏差 S_x、S_y 是为计算相关系数 r 值用的，故多保留了几位有效数字。

$$l_{xx}=\sum x^2-\frac{1}{n}\left(\sum x\right)^2=0.2318$$

$$l_{yy}=\sum y^2-\frac{1}{n}\left(\sum y\right)^2=0.2002$$

$$l_{xy}=\sum xy-\frac{1}{n}\sum x\sum y=0.2131$$

根据式(1-93)：

$$\hat{b}=\frac{l_{xy}}{l_{xx}}=\frac{0.2131}{0.2318}=0.919$$

根据式(1-90)：

$$\hat{a}=\overline{y}-b\overline{x}=0.1578-0.919\times(-0.6822)=0.785$$

于是得回归方程为：

$$\hat{y}=0.785+0.919x$$

亦即：

$$\frac{\Delta S}{r}=0.785+0.919\lg C$$

根据式(1-113)，相关系数为：

$$r=\frac{l_{xy}}{\sqrt{l_{xx}l_{yy}}}=\frac{0.2131}{\sqrt{0.2318\times0.2002}}=0.989$$

根据式(1-115) 验算数字计算过程有无差错：

$$r=\frac{bS_x}{S_y}=\frac{0.919\times0.1605}{0.1491}=0.989$$

查相关系数检验表，$r_{\alpha,f}=r_{0.01,10-2}=0.765$；计算值 $r\gg r_{0.01,8}$，说明$\frac{\Delta S}{r}$和 $\lg C$ 之间有显著的相关性，回归效果是好的，确立的回归方程是有意义的。

2. 常见的曲线及相应的变量变换

要选择合适的曲线类型并不是一件容易的事，但经常遇到的曲线关系有幂函数曲线、二次抛物线、双曲线、指数曲线与对数曲线，农业科研中 S 形曲线被广泛应用。

(1) 双曲线

$$y=\frac{x}{b_0+bx}$$

① $\frac{x}{y}=b_0+bx$，令$\begin{cases}y'=\frac{x}{y}\\x'=x\end{cases}$，则 $y'=b_0+bx'$；

② $\frac{1}{y}=\frac{b_0}{x}+b$，令 $y'=\frac{1}{y}$，$x'=\frac{1}{x}$，则 $y'=b_0x'+b$。

(2) 幂函数曲线

$$y=ax^b$$

取对数 $\lg y=\lg a+b\lg x$，令 $y'=\lg y$，$x'=\lg x$，$b_0=\lg a$，则 $y'=b_0+bx'$。

(3) 指数函数曲线

$$y=a\mathrm{e}^{bx} \qquad (-\infty<x<+\infty)$$

取对数 $\ln y=\ln a+bx$，令 $y'=\ln y$，$b_0=\ln a$，则 $y'=b_0+bx$。

(4) 对数函数曲线

$$y=b_0+b\lg x \qquad (0<x<+\infty)$$

令 $x'=\lg x$，则 $y=b_0+bx$。

(5) S 形曲线

$$y=\frac{c}{1+\mathrm{e}^{b_0+bt}}$$

作变换$\frac{c-y}{y}=\mathrm{e}^{b_0+bt}$，取对数 $\ln\frac{c-y}{y}=b_0+bt$，令 $z=\ln\frac{c-y}{y}$，则 $z=b_0+bt$。

八、多元线性回归

1. 回归模型

设随机变量 y 与 m 个自变量 m_1，m_2，…，m_m 之间存在线性关系，它们的第 i 次观测数据为 (x_{i1}，x_{i2}，…，x_{im}；y_i)($i=1$，2，…，n)，那么，这一组数据可以假设具有如下的数学结构式：

$$y_i=\beta_0+\beta_1X_{i1}+\beta_2X_{i2}+\cdots+\beta_mX_{im}+\varepsilon_i \qquad (i=1,2,\cdots,n)$$

其中 $\varepsilon_i\sim N(0,\sigma^2)$，且 ε_1，…，ε_n 相互独立；$\beta=(\beta_1,\cdots,\beta_m)$，为待估参数。这就是多元线性回归模型，即一次多元线性回归模型。

2. 参数估计

设 b_0，b_1，…，b_m 分别是参数 β_0，β_1，…，β_m 的最小二乘估计，则回归方程为：

$$\hat{y}_i=b_0+b_1X_{i1}+\cdots+b_mX_{im} \qquad (i=1,2,\cdots,n)$$

b_0，b_1，…，b_m 称为偏回归系数，它使偏差平方和（残差或剩余）Q 取最小值。

$$Q=\sum_{i=1}^{n}(y_i-\hat{y}_i)^2=\sum_{i=1}^{n}(y_i-b_0-b_1X_{i1}-\cdots-b_mX_{im})^2$$

应用求极值的方法，由：

$$\frac{\partial Q}{\partial b_i}=0, \qquad (i=0,1,2,\cdots,m)$$

经整理化简后得正规方程组：

$$\begin{cases} S_{11}b_1+S_{12}b_2+\cdots+S_{1m}b_m=S_{1y} \\ S_{21}b_1+S_{22}b_2+\cdots+S_{2m}b_m=S_{2y} \\ \cdots\cdots \\ S_{m1}b_1+S_{m2}b_2+\cdots+S_{mm}b_m=S_{my} \end{cases}$$

其中：

$$S_{ij}=\sum_{a=1}^{n}(X_{ai}-\overline{X}_i)(X_{aj}-\overline{X}_j)=\sum_{a=1}^{n}X_{ai}X_{aj}-n\overline{X}_i\overline{X}_j$$

$$S_{jy}=\sum_{a=1}^{n}(X_{aj}-\overline{X}_j)(y_a-\overline{y})=\sum_{a=1}^{n}X_{aj}y_a-n\overline{X}_j\overline{y}$$

$$\overline{X}_i=\frac{1}{n}\sum_{a=1}^{n}X_{ai},\quad \overline{y}=\frac{1}{n}\sum_{a=1}^{n}y_a$$

由方程组解出 $b_i(i=1,2\cdots,m)$，再计算 $b_0=\overline{y}-b_1\overline{X}_1-\cdots-b_m\overline{X}_m$，记 $S_{xx}=(S_{ij})_{m\times n}$，$S_{xy}=(S_{1y},\cdots,S_{my})'$，则正规方程组的矩阵形式为 $S_{xx}b^*=S_{xy}$，即 $b^*=S_{xx}^{-1}S_{xy}$，其中 $b^*=(b_1,b_2,\cdots,b_m)'$。

九、两条回归线的比较

在分析测试实践中，常常需要检验两条校准曲线（回归曲线）有无明显差异。例如，不同的人（或同一人在不同时间）所作的两条校准曲线有无明显差异，如果没有明显差异，两条校准曲线能否合并成一条，等等。

检验两条回归线有无明显差异通常有以下 3 个步骤：

① 用 F 检验法检验残余方差 S_1^2 和 S_2^2 有无显著差异。如果 S_1^2 和 S_2^2 没有显著差异，可以把 S_1^2 和 S_2^2 合并起来作为一个共同的残余方差。

② 用 t 检验法检验斜率 b_1 和 b_2 有无显著的差异。如无显著差异，可将它们联合起来，计算一个共同的 b。如有显著差异，说明因变量与自变量的关系，在这两种不同情况下已有显著的不同，应该分别采用不同的公式表示，不宜用一个统一的回归方程式去硬套。

③ 检验 a_1 和 a_2 有无显著的差异，也是用 t 检验法。

以下通过一个实例，说明比较两条回归线的具体方法。

【例 1-51】 为了快速测定钢液的含碳量，可以利用钢液的结晶温度随含碳量而变化这一规律。为此，首先需要摸清钢液的结晶温度（热电势值，mV）与含碳量之间的关系。实验数据见表 1-34，散点图见图 1-15。

表 1-34　钢液的结晶温度（热电势值）与含碳量的关系

序号	含碳量 $x/0.01\%$	热电势值 y/mV	序号	含碳量 $x/0.01\%$	热电势值 y/mV
1	129	14.73	9	82	15.09
2	123	14.78	10	77	15.12
3	115	14.82	11	73	15.15
4	105	14.89	12	71	15.16
5	89	15.01	13	69	15.17
6	90	15.02	14	69	15.17
7	85	15.06	15	69	15.18
8	83	15.07	16	68	15.21

续表

序号	含碳量 $x/0.01\%$	热电势值 y/mV	序号	含碳量 $x/0.01\%$	热电势值 y/mV
17	64	15.21	29	19	15.69
18	61	15.25	30	20	15.70
19	54	15.30	31	19	15.70
20	48	15.37	32	18	15.71
21	46	15.33	33	18	15.72
22	41	15.41	34	17	15.72
23	36	15.51	35	15	15.73
24	24	15.64	36	17	15.74
25	24	15.65	37	17	15.74
26	23	15.66	38	15	15.77
27	22	15.65	39	10	15.79
28	21	15.68			

从图 1-15 可看出，热电偶的电势 y 与含碳量 x 之间，在高碳与低碳条件下，其 y 的变化随 x 的变化规律究竟有无显著差异，以含碳量 0.5%为界线，把数据分成两组（前 19 个和后 20 个），分别计算两条回归直线方程，结果如下：

第一组回归（含碳量>0.5%），见图 1-15(b)：

$$n_1=19;\quad \overline{x}_1=83.0;\quad \overline{y}_1=15.07$$

$$l_{x_1x_1}=8093;\quad l_{x_1y_1}=-61.86;\quad l_{y_1y_1}=0.4746$$

$$b_1=\frac{l_{x_1y_1}}{l_{x_1x_1}}=\frac{-61.86}{8093}=-0.00764$$

$$a_1=15.07+0.00764\times83.0=15.70$$

回归方程：

$$\hat{y}_1=15.70-0.00764x$$

$$U_1=b_1l_{x_1y_1}=-0.00764\times(-61.86)=0.4726$$

$$Q_1=l_{y_1y_1}-U_1=0.4746-0.4726=0.0020$$

$$S_1^2=\frac{Q_1}{n_1-2}=\frac{0.0020}{19-2}=0.00012$$

$$S_1=0.011;\quad f_1=n_1-2=17$$

第 2 组回归（含碳量<0.50%），见图 1-15(c)：

$$n_2=20;\quad \overline{x}_2=23.5;\quad \overline{y}_2=15.65$$

$$l_{x_2x_2}=2145;\quad l_{x_2y_2}=-25.48;\quad l_{y_2y_2}=0.3061$$

$$b_2=\frac{l_{x_2y_2}}{l_{x_2x_2}}=\frac{-25.48}{2145}=-0.0119$$

$$a_2=15.65+0.0119\times23.5=15.93$$

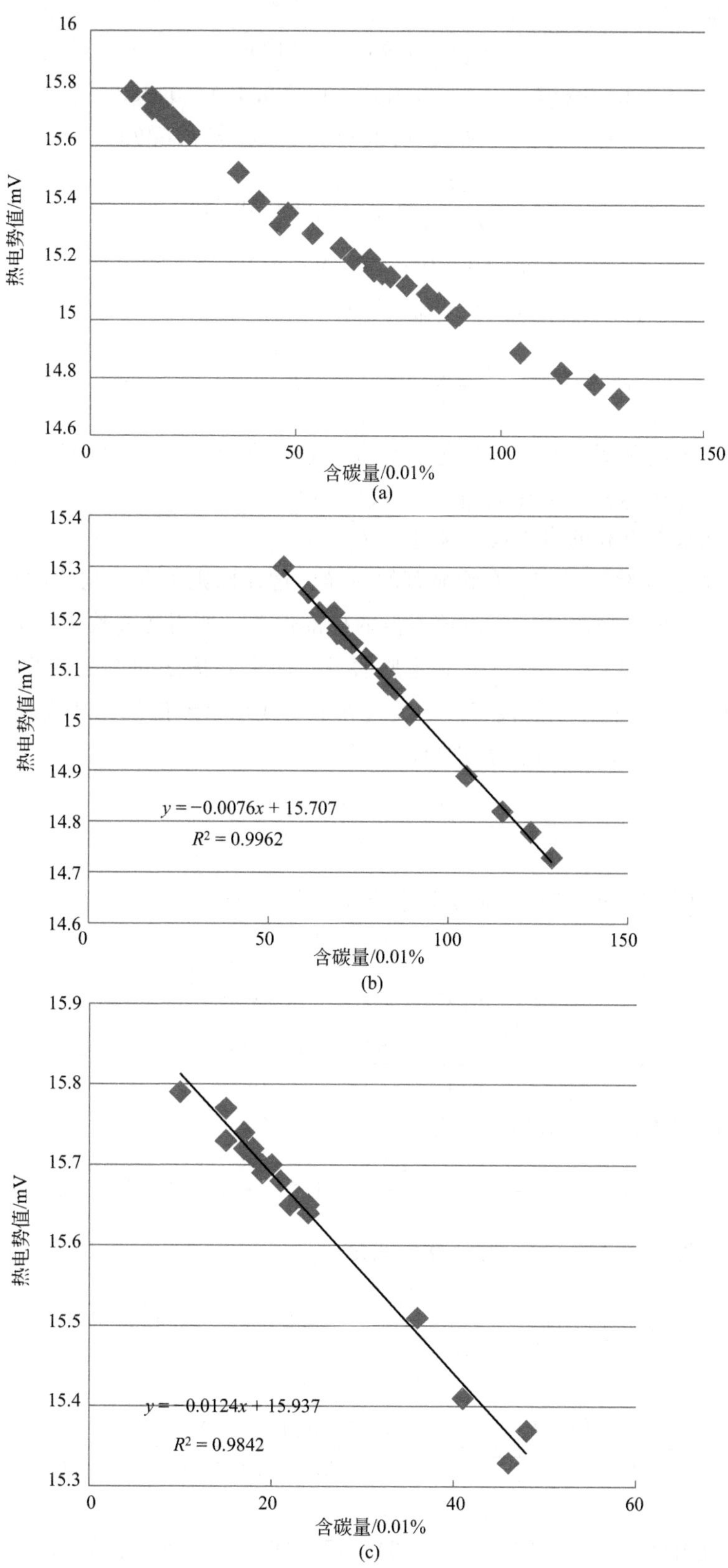

图 1-15 钢液的结晶温度（热电势值，y，mV）对其含碳量（x，0.01%）回归线

回归方程：

$$\hat{y}_2=15.93-0.0119x$$

$$U_2=b_2 l_{x_2y_2}=-0.0119\times(-25.48)=0.3032$$

$$Q_2=l_{y_2y_2}-U_2=0.3061-0.3032=0.0029$$

$$S_2^2=\frac{Q_2}{n_2-2}=\frac{0.0029}{20-2}=0.00016$$

$$S_2=0.010；\ f_2=n_2-2=18$$

① 用 F 检验法检验 S_1^2 和 S_2^2 有无显著差异：

$$F=\frac{S_{大}^2}{S_{小}^2}=\frac{0.00016}{0.00010}=1.6<(F_{0.05,18,17}=2.26)$$

所以，S_1^2 和 S_2^2 没有显著差异，可以把它们合并起来作为一个共同的残余方差：

$$S^2=\frac{各残余差方和的加和}{各残余差方和的自由度的加和}=\frac{Q_1+Q_2}{f_1+f_2}==\frac{0.0020+0.0029}{17+18}=0.00014$$

② 用 t 检验法检验 b_1 和 b_2 有无显著的差异，这在原则上和两均值的比较是相同的，选用的统计量是：取两值之差，除以该差值的标准偏差，所得的商称为 t 值。然后与 t 检验表的临界值比较：若 $|t|>t_{\alpha,f}$，否定原假设，两个 b 值之间有显著差别；若 $|t|\leqslant t_{\alpha,f}$，则原假设（$b_1=b_2$）不能被否定。关键在于要找出该差值的标准偏差。

由式(1-108)，回归系数 b 的方差为：

$$\sigma_b^2=\frac{\sigma^2}{\sum(x_i-\overline{x})^2}$$

σ^2 是因变量 y 的方差，σ^2 的估计量是残余方差，$S_{余}^2=\frac{Q}{n-2}$。所以：

$$S_{b_1}^2=\frac{\sigma^2}{\sum(x_i-\overline{x}_1)^2}=\frac{S^2}{l_{x_1x_1}}=\frac{0.00014}{8093}=1.7\times10^{-8}$$

$$S_{b_2}^2=\frac{\sigma^2}{\sum(x_i-\overline{x}_2)^2}=\frac{S^2}{l_{x_2x_2}}=\frac{0.00014}{2145}=6.5\times10^{-8}$$

根据误差传递的规则，该差值的方差为：

$$S_{(b_1-b_2)}^2=\sigma_{b_1}^2+\sigma_{b_2}^2=\frac{S^2}{l_{x_1x_1}}+\frac{S^2}{l_{x_2x_2}}=(1.7+6.5)\times10^{-8}=8.2\times10^{-8}$$

所以该差值的标准偏差 $S_{(b_1-b_2)}$ 的计算公式是：

$$S_{(b_1-b_2)}=S\sqrt{\frac{1}{l_{x_1x_1}}+\frac{1}{l_{x_2x_2}}}=\sqrt{8.2\times10^{-8}}=2.9\times10^{-4} \tag{1-124}$$

统计量：

$$t=\frac{b_1-b_2}{S\sqrt{\frac{1}{l_{x_1x_1}}+\frac{1}{l_{x_2x_2}}}}=\frac{(-0.00764)-(-0.0119)}{2.9\times10^{-4}}=14.7 \tag{1-125}$$

该统计量 t 的自由度为（n_1-2）+（n_2-2）$=17+18=35$，查附录表，$t_{0.01,35}=2.73$（由插值法得到），因（$t=14.7$）>（$t_{0.01,35}=2.73$），故这两个回归系数 b_1 和 b_2 有显著差

异，图 1-15(b)、(c) 中的两条回归直线不可以合并。

假如在别的实例中，经上述检验表明，b_1 和 b_2 在给定的显著性水平（例如 $\alpha=0.05$）下没有显著差异，则按以下公式计算合并后的回归系数 b：

$$b=\frac{b_1 l_{x_1x_1}+b_2 l_{x_2x_2}}{l_{x_1x_1}+l_{x_2x_2}} \tag{1-126}$$

③ 用 t 检验法检验 a_1 和 a_2 有无显著的差异，由式(1-109) 知截距 a 的方差为：

$$\sigma_a^2=\sigma^2\left[\frac{1}{n}+\frac{\overline{x}^2}{\sum(x_i-\overline{x})^2}\right]$$

所以：

$$\sigma_{a_1}^2=\sigma^2\left(\frac{1}{n_1}+\frac{\overline{x}_1^2}{l_{x_1x_1}}\right)=0.00014\times\left(\frac{1}{19}+\frac{83.0^2}{8093}\right)=1.27\times10^{-4}$$

$$\sigma_{a_2}^2=\sigma^2\left(\frac{1}{n_2}+\frac{\overline{x}_2^2}{l_{x_2x_2}}\right)=0.00014\times\left(\frac{1}{20}+\frac{23.5^2}{2145}\right)=4.3\times10^{-5}$$

(a_1-a_2) 的差的方差 $S_{(a_1-a_2)}^2=\sigma_{a_1}^2+\sigma_{a_2}^2$，所以

$$S_{(a_1-a_2)}=S\sqrt{\frac{1}{n_1}+\frac{\overline{x}_1^2}{l_{x_1x_1}}+\frac{1}{n_2}+\frac{\overline{x}_2^2}{l_{x_2x_2}}}=\sqrt{(1.27+0.43)\times10^{-4}}=0.013 \tag{1-127}$$

故统计量 t 的计算公式为：

$$t=\frac{a_1-a_2}{S\sqrt{\frac{1}{n_1}+\frac{\overline{x}_1^2}{l_{x_1x_1}}+\frac{1}{n_2}+\frac{\overline{x}_2^2}{l_{x_2x_2}}}}=\frac{15.70-15.93}{0.013}=-17.7 \tag{1-128}$$

因为 $|t|>(t_{0.01,35}=2.73)$，故 a_1 和 a_2 也有显著差异。

假如在别的实例中，经上述检验表明，a_1 和 a_2 在给定的显著性水平下没有显著差异，则按以下公式计算共同的常数项 a：

$$a=\frac{n_1\overline{y}_1+n_2\overline{y}_2}{n_1+n_2}-b\frac{n_1\overline{x}_1+n_2\overline{x}_2}{n_1+n_2} \tag{1-129}$$

总结起来，通过以上计算，说明热电势值与钢的含碳量的关系在高碳和低碳两种情况下有显著的不同，故应该分别用不同的公式表示，不能笼统地用一个回归方程来表示热电势随含碳量而变的规律性。

假如在别的实例中，经上述检验表明，两条回归线无显著性差别，那么就可以把它们合并成一条回归线。合并的回归线的斜率 b 和截距 a，既可以按上述式(1-126) 及式(1-129) 分别计算，在有计算器的条件下，也可以将原有两条回归线的全部原始数据都合并在一起，重新计算回归方程。用这两种办法计算所得的 b、a 值是一样的。合并后的回归线的可靠性和稳定性，将显著优于不合并的两条回归线。

参考文献

[1] 全国统计方法应用标准化技术委员会. GB/T 3358. 1—2009 统计学词汇及符号 第1部分：一般统计术语与用于

概率的术语［S］. 北京：中国标准出版社，2010.

［2］ 全国统计方法应用标准化技术委员会. GB/T 3358. 2—2009 统计学词汇及符号 第 2 部分：应用统计［S］. 北京：中国标准出版社，2010.

［3］ 全国统计方法应用标准化技术委员会. GB/T 3358. 3—2009 统计学词汇及符号 第 3 部分：实验设计［S］. 北京：中国标准出版社，2010.

［4］ 郑用熙. 分析化学中的数理统计方法［M］. 北京：科学出版社，1986.

［5］ 中山大学数学力学系. 概率论及数理统计［M］. 北京：人民教育出版社，1980.

［6］ 施昌彦，等. 现代计量学［M］. 北京：中国计量出版社，2003.

［7］ 中国环境监测总站，《环境水质监测质量保证手册》编写组. 环境水质监测质量保证手册［M］. 北京：化学工业出版社，1994.

［8］ ［美］杜克斯 J P. 分析化学实验室质量保证手册［M］. 徐立强，等译. 上海：上海翻译出版公司，1988.

［9］ ［美］Sanders T G，等. 水质监测站网设计［M］. 金立新，等译. 南京：河海大学出版社，1989.

［10］ 统计方法应用国家标准汇编. 统计分析与数据处理卷［M］. 北京：中国标准出版社，1999.

［11］ ［英］Kottegoda N T. 随机水资源技术［M］. 金光炎，译. 北京：农业出版社，1987.

［12］ 四川省环境保护科研监测所. ISO 数理统计方法标准译文集［M］. 成都：四川科学技术出版社，1984.

［13］ 罗旭. 化学统计学基础［M］. 沈阳：辽宁人民出版社，1985.

［14］ 陈守建，鄂学礼，张宏陶，等. 水质分析质量控制［M］. 北京：人民卫生出版社，1987.

［15］ 全国统计方法应用标准化技术委员会. GB/T 28043—2011 统计学词汇及符号 第 1 部分：利用实验室间比对进行能力验证的统计方法［S］. 北京：中国标准出版社，2010.

［16］ 陈家鼎，刘婉如，汪仁官. 概率统计讲义. ［M］. 北京：人民教育出版社，1980.

［17］ 国家认证认可监督管理委员会. RB/T 208—2016 化学分析实验室内部质量控制 比对试验［S］. 北京：中国标准出版社，2017.

［18］ 中国科学院数学研究所数理统计组. 回归分析方法. ［M］. 北京：科学出版社，1974.

［19］ 金光炎. 水文统计计算. ［M］. 北京：水利电力出版社，1983.

［20］ 肖明耀. 误差理论与应用. ［M］. 北京：计量出版社，1985.

［21］ 四川医学院. 卫生统计学［M］. 北京：人民卫生出版社，1978.

［22］ 全国统计方法应用标准化技术委员会. GB/T 3359—2009 数据的统计处理和解释 统计容忍区间的确定［S］. 北京：中国标准出版社，2010.

［23］ 全国统计方法应用标准化技术委员会. GB/T 4889—2008 数据的统计处理和解释 正态分布均值和方差的估计与检验［S］. 北京：中国标准出版社，2008.

［24］ 全国统计方法应用标准化技术委员会. GB/T 6380—2008 数据的统计处理和解释 Ⅰ型极值分布样本离群值的判断和处理［S］. 北京：中国标准出版社，2008.

［25］ 全国统计方法应用标准化技术委员会. GB/T 8056—2008 数据的统计处理和解释 指数分布样本离群值的判断和处理［S］. 北京：中国标准出版社，2008.

［26］ 全国统计方法应用标准化技术委员会. GB/T 3361—1982 数据的统计处理和解释 指数分布样本离群值的判断和处理［S］. 北京：中国标准出版社，1983.

［27］ 全国统计方法应用标准化技术委员会. GB/T 11792—1989 测试方法的精密度 在重复性或再现性条件下所得测试结果可接受性的检查和最终测试结果的测定［S］. 北京：中国标准出版社，1990.

［28］ 全国统计方法应用标准化技术委员会. GB/Z 22553—2010 利用重复性、再现性和正确度的估计值评估测量不确定度的指南［S］. 北京：中国标准出版社，2010.

第二章 水环境监测站网布设

第一节　水环境监测系统和随机过程

水环境监测主要是为水环境管理服务。水环境管理可以认为是由社会努力控制水体的物理、化学和生物特征的行为。在控制社会对水环境质量的影响上这些努力是直接的，然而对环境的影响有两种基本因素：一是社会活动；二是天然水环境与水循环。因此，水环境管理必然涉及这两个事件，但是事实上只能控制其中一个事件，即社会活动。两种事件都可以描述为随机过程，其中每个随机过程在某种程度上均由机遇的法则所支配。因此，水质从广泛的管理意义上来说可以认为是一个随机变量。

水环境的随机性通常被用于管理水环境质量的方法中，特别是对用于监测水环境质量的方法有较大的影响。用于设计水环境监测站网的基本原则应是将取样统计学和水文学进行统一考虑，从而形成科学完整的水环境监测站网设计技术。

一、水环境监测系统

1. 概述

水环境监测站网设计必须了解：整个水环境监测程序或系统；监测的对象的随机性。站网设计是整个水环境监测系统程序的一部分。确保所设计的站网与系统的其他部分很好地加以协调，是站网设计和整个系统最终成功的基本保证。同时，理解水环境的随机性并在设计中确认这一点，对于制订一套切实可行、行之有效的监测程序同样也是必要的。

评价、改进或优化一个水环境监测站网的基础是监测目的，通俗来说即任何监测工作都应当以“我们为什么要监测?”这个问题开始。查阅一下有关水环境监测的文献资料将会发现，过去这一问题似乎没有受到足够的重视。相反，在回答诸如“如何采集水环境样品?”“如何确定样品中监测项目的含量?”或者“如何对数据进行处理?”等问题时均较为详细。在水环境管理中，人们的注意力大都集中在决定怎样监测或怎样去收集数据上，而考虑为什么监测或怎样利用数据和成果资料的较少。由于这样不平衡的情况，使得我们对于数据收集考虑得较多，而对使用数据或理解其中蕴含的信息方面考虑得较少。事实上，对于做出水环境管理决策来说监测系统是一个从样品收集到数据利用的完整系统。若对监测的目的进行扩展，便使得情况更加复杂。

当水环境监测（包括监测站网设计）朝着更加系统、全面和平衡的方向探讨时，则将构成一个完整的系统观点。系统观点的构成必须考虑两个主要方面：一是监测目的；二是监测活动。我们必须把水环境监测视为一个完整的系统，把监测系统的每一个具体方面看成是整体的一部分，而监测则是一个有完整的组织和科学计划的系统。

2. 系统结构

由于河流水环境涉及大量的经济外部的事物和下游经济成本的提高，因此流域内各级政府一般都非常注重水环境管理。这意味着即使不是全部，也是大部分的水环境监测被各级政府作为控制与水环境恶化有关的经济活动的结果来执行，这也意味着即使不是对全部也是对大多数的水环境监测必须有一个法律法规基础。然而，法律法规通常只是提供较粗的目标和目的而将其实施留给行政管理工作。法律法规是最终的依赖，并且被当作监测系统（和围绕这个监测系统而涉及的全部行政管理工作）的最终目标。水环境监测则是管理水质的法律法规和水环境行政管理实施行动是否成功的最终衡量。水环境监测还应当是水环境行政管理计划和工作的基础。

除管理水环境的法律法规目标之外，水环境监测系统还必须与更加精细的行政管理目标相关联。行政管理目标不但必须经常反映法律法规目标，而且还必须反映同经济约束有关联的统计目标。

详细地规定法律法规和水环境行政管理的目的，有助于清楚地确定水环境监测的目的，以政府执行监测作为水环境监测站网的设计准则，这就极大地简化了水环境监测站网的设计。

水环境监测目的的第二个主要方面是水环境监测活动可以分为许多不同的种类。种类的识别一般可根据监测的操作，也可基于信息的开发。监测操作的种类包括样品采集、样品的实验室分析和数据处理存储，而信息活动的种类则包括数据分析、数据发布和数据利用。操作分类比信息分类更接近实际，因而往往受到更多的关注。

完整的站网设计必须既考虑操作的监测活动，又考虑信息的监测活动。因此站网设计的系统观点能极大地促进参与全部监测活动的人们之间的联系。

对于水资源评价监测、水资源管理监测等能建立一个类似的观点，而每一种观点又由于对水环境信息最终利用的对象不同和目的不同而有所区别。

二、常规监测目的

1. 水环境常规监测概念

水环境常规监测由政府部门在他们的辖权范围内为执行水环境管理行动而进行。政府也相应制定出更能被人们接受的法规，并相应制定出更容易理解的常规水环境管理程序。

当监测目的扩展并且新的监测方法在更加复杂的监测活动中产生时，为了将新的目的和活动并入现有的监测结构，建立一个充分和有效的监测系统，必须保持完整的系统观点，并建立同常规监测有关联的监测活动之间相互作用的、完整的常规监测系统。

对于为了管理目的而监测的必要性已在确立水环境管理程序的要求中得到阐述。为处理水污染问题或应对水环境管理的新的研究而批准新的规划时，常规监测的目的被扩展以提供更多的数据和信息。

如在水体（如地表水、地下水等）有关的监测目的的法规或规章分类中，有由需要来划分的另一种分类，诸如对于管理功能（例如计划）需要探测水质趋势，而对于水质标准的实施则需要探测水质的极值等。

2. 分类

常规监测将监测目的同管理目标相联系，产生了更有系统性的水环境监测方法。规定作为水环境管理基础的河流标准，使所得到的监测成果更加适应河流内部状况。

河流标准被确立为固定的质量水准，并不反映一个具有统计意义的基本的取样程序是有关一致性信息的来源。在这种特殊情况下，监测主要是为了法律上的立法需要，而不是明确地确定管理决策目的。

把常规水环境管理的重点从严格的河流标准转移到河流和排放标准基础的综合上，那么监测机构不得不监测污水作为核实自动监测数据的一种手段。在收集了若干年的以历史记载为基础背景的数据后，排放标准开始以更加明确定义的统计形式来描述排污监测（均值和/或极值）与常规的水环境管理决策之间的关系。

每一种不同的水环境要求有适合于其自身特点的监测过程（或系统）。例如，地表水的容易采集与需要建井提取地下水形成对照。快速变化的地表水水质与相对缓慢发生变化的地下水水质亦形成鲜明对比。入河排污量的自动监测要求监测机构进行更多的验证监测工作等。

执行上述常规监测（例行监测），即长期正常的例行监测，还需要经常采用深入的、短期的特别专项调查监测来补充。特别调查监测的目的和形式可以是多种多样的。例如河流易受污染期的动态监测、受污染期间的跟踪监测以及入河排污口专项调查、非点源污染调查、特别水生生物调查等。

3. 监测目的

对地表水、地下水和污水进行的常规监测，其基本分类或目的一般有以下几个方面：

① 例行的地表水监测；

② 例行的地下水监测；

③ 为证实由主管单位报告的自动监测数据（包括入河排污）的例行验证监测；

④ 周期性安排的特别调查；

⑤ 紧随着污染事故所实行的特别调查。

4. 均值与极值的关系

最基本的水质标准是“固定的数据”，并且在超标时才执行。对于确定是否超标，要求有较高采样频率的数据——以便发现水质极值。而水质的均值（平均）是用来监测水质在时间和空间上的趋势。

在水环境常规监测中，为了有效实施河流标准，对较高采样频率的需要同经费的有限性将会产生一对矛盾。因为较高采样频率的例行监测获得极值数据所需经费很大，监测机构往往是难以承受的，因此倾向于采取较低采样频率的常规监测活动与入河排污监测、非点源特别调查等常规监测活动相结合的形式，从而减少在监测系统中例行监测的采样频率，而增加按特别调查执行的监测活动。这将是最现实、最有效和最节省经费的常规监测形式。

按照法规或规章的意义，特别调查不是例行的，这一事实可作为分类的一个理想基础。提前安排的调查常常满足规划和实施目标，而临时安排的调查则经常是根据污染事件进行的专门的相适应的调查。

非预先安排的调查可以在任何时间进行并涉及多种情况，如由意外污染事故而产生的特别调查，与计划内例行监测调查相比，必须有极强的监测能力和一套高度灵活的工作方式。

三、常规监测活动

监测目的表示常规监测系统的一个方面，另一个方面与数据的收集和利用有关。这些活动从采集样品开始，到数据用于制订管理决策结束。这中间有许多与样品和数据的处理、数据分析、对成果资料做出报告等有关的活动。

监测活动有许多分类方式，这里选用的方法是将活动大致地分为数据收集和数据分析利用，这两大类活动对于整个系统的有效性都是重要的。

1. 数据收集

数据收集由样品采集和实验室分析组成。然而，在样品采集之前，采样位置、采样频率和要分析的水环境项目必须通过站网设计来决定。因此，在进一步定义时数据收集则由站网设计、样品采集和实验室分析所组成。

样品采集活动包括在河流采样现场进行分析测定，在最具有代表性的点位采样，使用合适的样品采集方法和把样品输送到实验室的样品贮存方法。所使用的精确程序依赖于要采样的水环境类型（河流、湖泊、水库、地下水、大气降水、水体沉积物、水生态、入河排污口等）、要分析的项目、在实验室内所使用的分析方法等。

实验室分析是一项复杂的活动，因为它包括用若干可选择的方法对许多水环境项目进行分析。此外，在实验室中的分析方法（样品的处理及流程）、质量控制（质量保证）以及数据记录和处理都是实验室分析的主要活动。

2. 数据分析利用

在常规水质管理目的的数据利用领域中，首先，数据必须存储以便可进行校核和审查，且易于检索。其次，必须选择数据分析方法，以便使得所分析的成果与所获得的数据性质相适应，并且与管理决策者对分析成果的需求和期望相适应。

分析成果利用是从数据分析到决策过程的信息组合。数据的实际用途必须加以估价，以确保所需要的信息确实是由监测系统产生的。

在数据收集和利用的过程中有 6 类常规操作，分析如下：水质监测活动→站网设计→样品采集→实验室分析→数据处理→数据分析→分析成果利用→决策。

站网设计不是经常性的任务，但却是一项对系统有效运行极其重要的活动。其他五个常规操作紧随着信息的流程贯穿于监测系统，并且要同设法做出管理决策相联系。监测的变化在该系统中反馈循环。

在前面的关于监测活动的讨论中，站网设计包括确定采样位置、采样频率、要监测的项目。所有讨论过的监测系统活动及子活动的差异说明了在水质常规监测中所进行的活动的复杂性。现将水质监测系统活动的功能总结如下。

（1）站网设计　站址；项目选择；采样频率。

（2）样品采集　采样技术；野外分析测定；样品保存；采样点；样品输送。

（3）实验室分析　分析技术；操作程序；质量控制；数据记录。

（4）数据处理　数据接收（实验室内、实验室外来源）；复查与校核；存储与检索；报告；传送。

（5）数据分析　基本的概括统计；回归分析；水质指标；“质量控制”说明；时间序列分析；水质模型。

（6）分析成果利用　成果需求；报告格式；操作程序；利用评价。

3. 监测系统活动

水质常规监测系统的监测目的和监测活动这两个方面已经讨论过，它们被认为是获得成功监测系统全面观点的关键。主要监测目的同主要监测活动相结合，产生监测目的和监测活动的组合，这些组合的设计必须适合整个系统。了解每一个目的活动单元与其他所有单元的相互作用是一回事，而确定（或定量化）这种作用则是另一回事。

从监测系统管理的观点来看，这样的相互作用或许最好涉及一个共同的基础——资金、人员等基本资源。在不同的监测目的中资金的分配确定了监测机构，从而也确定了管理策略。例如，假定每一个监测目的都得到了相应的监测资金，那么将监测预算大致分为(假设)：35％的资金用于例行的地表水环境监测，15％的资金用于例行的地下水环境监测，10％的资金用于例行排污监测，30％的资金用于计划内调查，10％的资金用于非计划内调查。这样的一个百分比划分更清晰地确定了与其目的有关的机构的完整常规监测规划。

通过监测系统活动表检验监测系统设计和操作的研究，能够得出一些结论：前三种活动——站网设计、样品采集和实验室分析比后三种活动受到更多关注；在后三种活动中，数据处理和数据分析比分析成果利用受到更多的关注，等等。

可以通过监测系统活动表格式，将监测目的与监测活动组合起来去理解完整的水质常规监测系统。这样的理解有助于建立均衡的监测程序和确定需要进行附加研究和（或）支持薄弱的领域。

常规监测的系统观点是基于监测目的或监测活动的一种主观分类，这种分类为制订常规监测系统提供基础支撑作用。

4. 更有效的数据利用策略

任何改进水环境监测活动和监测数据的利用的意见，都必须考虑到管理目标、管理策略和将用于提供决策需要信息的监测之间的关系。

在监测中，最为重要的是检查水环境要素质量是否超过水环境各项要素质量标准。水环境要素质量标准是最基本的水环境管理依据，由它可导出排污标准（在水质有限制的河流），构成大区域的管理计划，部分设置建筑拨款的优先权等。假如为了统一一个水质标准致使社会或工业必须承受与标准有关的巨大经济影响，那就必不可少地要尽可能精确地测定水体的水质。

5. 水体水质标准和监测

水体水质标准包含一个数值准则或限度，超出或达不到这个限度的水都不适应它的设计用途。水体同其水质标准的一致性，是通过对样品分析结果同以水质标准表示的质量限度相比较来确定的。做出这种关于一致性的推断，用一种水质监测统计的方法，能获得非常多的水质信息（如水质趋势、管理策略的效率评价、因果关系等）。

使用有助于解释水质数据的统计方法把概率和不确定性的概念引入水质管理中，但管理策略能通过法律手段加以设计。然而，这种不确定性或许难以纳入管理策略中，因为“法院不喜欢统计证据”。但是，在取样统计学中引入水质管理时所包含的政策性考虑，并且可用于协助解释河流水质标准依从的固定站数据统计分析方法，对于水质监测工作的完全成功可能起到关键性的作用。

四、随机过程的水质变量

1. 水质变量的随机性

水质是天然的水文变化和社会影响的函数。支配水质的这两种机制在某种程度上受机遇法则的影响，这一点对由天然水文循环中的变化带来的影响尤为可信。为了正确地解决水质数据，关键是要重视和理解水质变量（成分）的随机性。

水文学研究水量和水质变量的时空分布，因此，对在水量和水质变量间的相互作用的广泛了解是解决各种水质问题的前提，而重点应放在弄清在天然和社会影响的条件下各种水体中水质特性的演变过程。

土地利用规划和水资源开发利用需要水质项目的基本资料。单个水质项目同整个水量的关系常常是复杂的，涉及这一现象的科学——环境水文学在理论上和应用上都已成为水文学科中一个越来越重要的内容。水质通常由一组相互联系的物理、生物和化学变量来描述，而用另外一些水量变量来表示某些水质变量作为统计项目，如用概率分布参数和各种河流流域特征二者来描述水质变量则很有实用价值。

随机过程是一组因为时间 t 而产生关联的随机变量所组成的序列。序列可以是连续的，也可以是离散的。同时，每个随机变量也同样可以是连续的或者离散的。在这里将水质变量作为随机变量，或更明确地作为随机过程来分类。随机性是指水质变量的观察结果部分地受机遇法则的支配，其结果的某些方面具有规则性或可预测性。如某些水体质量的日和年的周期性，而结果的其他部分则受机遇法则支配并且不能预测。

水环境专家在深入调查各种地球物理学的时间序列后得出的结论是：水质时间过程是最复杂的时间序列。水文环境和过程上的人为影响在水质过程中产生连续的变化，使得水质特征既不相容（由数据中的系统误差引起）又不一致（由人类活动和自然变迁引起）。水质和水量变量之间的关系经常是微弱的，它们只说明水质随时间变化过程中周期性随机变化的一小部分。

为了全面地描述水质过程需要许多项目，在水质过程全面描述中，使不同的用户感兴趣的项目有数百个。从人力、财力和物力上讲，定期监测所有这几百个水质项目是不可能做到的。因此，必须以一种方式确立带有不同重要性水平的这些项目的一个具体排列系统，这种方式即是在例行监测的基础上需要观察或采样的水质项目的最小数目。通过寻找未监测的与监测的水质项目或水质与水量项目间高度相关的关系，时间序列资料就可以从监测的项目转换为未监测项目而无需另外增加采样和分析。

2. 水质过程中数据收集的分级方法

将水资源分析分为水量和水质两个方面的历史同水文学一样久远。然而，既可视为一个连续序列也可以表示为一个离散区间时间序列的水量随机变量是水质特性的载体，并在水质中必须考虑为一个基本过程。不管这种变量以何种方式出现，水量的这种作用都应置于水量、水质项目组的分层分类中的最高地位。通常称作水质项目的水及其混合物（如漂浮物、悬浮物、推移质等）的任何物理、化学或生物特性，则是对于水量载体变量的辅助变量。无论何时，水量和辅助的水质变量都必须放在一起研究，它们代表一种多变量随机过程。恰当的统计分析方法可能相当复杂，在概率统计的意义上，水量是第一位的或基本的随机变量，而水质则是第二位的或辅助的随机变量。

成百上千的随机变量能用于水质的描述。如果数组水质项目的联合影响包括在内，变量的这个数目就随着组合的数量级而增长。一些类型的变量，像水质物理特性在数目上是小的，而化学和生物变量的数目很大。随着时间的推移，越来越多的化学物质将被确定，因为每年还会开发和合成新的化学物质。当化学物质的数目增加时，总是有很多新的化学物质会迁入水环境。对于水体中生物的存在也有类似的潜在威胁，因为有很多的生物种群及其组合同水质特征有联系。

把某些水质项目确定为分层中的首位或综合项目，如温度、pH 值、电导率、溶解固体、放射性、生化需氧量（BOD）、溶解氧（DO）、浊度、阳离子（如钙、镁、钠、钾、铝、铁、锰、钛、铬、镍、铜、锡、铅、锌、钴、镉、锑、锶、钡、铍、锂等的离子）、阴离子（HCO_3^-、SO_4^{2-}、Cl^-、F^-、NO_2^-、NO_3^-、Br^-、BO_3^{3-}、IO_3^-、SiO_3^{2-}、CN^-）。它们既是许多其他更具体的水质项目的产出物，也是这些项目函数综合特性的体现。

为了确定和划分水质项目，似乎最好通过考虑位于分层排列图顶端的水量变量来应用分层的划分，其最大限度为 5～15 个水质项目，所有其他水质项目的综合影响作为第二层项目。第三层水平由更细划分的第二层水质项目所组成等，一直排出最详细的组类，通常具有最大数目的随机变量。

五、水环境数据的获取

为了获取一般和重点水质项目的数据，以及确定自然界中多变的水量、水质、时空过程，或许需要一个水质数据收集的最佳方法。按照前文介绍的项目分层分类，一种经济的、最佳的分割点可在一般和重点水质项目的数据获取问题中加以确定，并由用户确定不同的获取方式。

如果提出一个具体的工业水质问题，则少量特定的物理、化学和生物特性或许比所有其他项目的数据更为重要。这些具体特性对于灌溉甚至城市使用的供水中或许不太重要，或者完全不重要。因此，指明要监测哪些项目则是建立一般水质常规监测站网的主要困难所在。

对于具体的水质问题，物理和生物的水质特性不可能与无机物成分没有联系。然而，利用逐步近似法和无机溶解物质的水质特性的具体分析，作为有影响的所有类型的水质项目协同影响问题的研究的第一步或许是必要的。如果对各种水质特性适当地进行单独分析，则对于作为与水情和各种流域因素有关的相互依赖的水质特性的全面综合，是一个极好的目标，并且是一个流域的水质项目的认识转换到另一流域的最为可行的方法之一。对于这个转换，地理因素、土壤成分、植物、地下水、含水层、流域土地利用和其他一些因素会有助于解释水质过程的大部分变化。在首先研究无机溶解物质特性的情况下，需要努力找出与无机水质有关的应当监测的项目的最小数目。这样提出了在前文介绍的第二层和第三层项目的再次选择。

由于数据重复地来自少数样品的化学分析，可以确定未来监测的水质项目与定期监测到的主要水质项目间的数学关系。这将使改进的水质数据的转换超出原来将水量数据转换到水质数据的概念（前文介绍的第二层项目），依靠水文站网例行监测的少量水质项目可达到较好地了解影响水质因素的目的。然而在这些数据转换中应特别小心，换句话说，为了转换的目的，项目间的关系是相当密切的，并且需要充分考虑与时间的关系。

这里给出第二层项目溶解固体（以 mg/L 计）和第一层项目流量（m^3/s）之间的关系的一个例子。这个例子证明了基本水质与次级水质变量间关系的复杂性。对于选择的流量范围，逐日值围绕平均值曲线有一个较大的变化。次级项目总溶解固体（TDS），实际上代表两个随机变量的比，为单位时间溶解固体流量的总质量 D_s 除以水流量 Q，即：

$$\mathrm{TDS}=\frac{D_s}{Q} \tag{2-1}$$

由 TDS 与 Q 的关系的尝试，假定用任一数学方程式描述这之间的关系，方程的形式为：

$$\mathrm{TDS}=f(Q)=\frac{D_s}{Q} \tag{2-2}$$

方程两边都有随机变量 Q，因为 D_s 和 Q 都是随机变量，所以 TDS 和 $f(Q)$［式(2-2)］也是随机变量。这是一种虚相关（部分地虚拟）的典型例子。即是说，将证明关系 TDS$=f(Q)$ 比关系 $D_s=f(Q)$ 更好。

将 1 个月电导率逐日值作为流量的函数。这是一个简单的关系：

$$c=aQ^b \tag{2-3}$$

即在双对数坐标上呈一条直线。然而流量的范围是受到限制的，电导率或许有一个有限的变化。

如果将所有的数据值（电导率、流量）放在一起，则电导率与流量的关系与仅用 1 个月数据拟合曲线相比有较大的离差。

另外一个例子：淮河安徽段蚌埠闸以上各取样点在时间序列中的一个较高的可变性和在第二层水质项目间 pH 值与流量（Q，m^3/s）间有较低的相关性。在个别站点 pH 值变化极大。这个例子表明了关系式：

$$\mathrm{pH}=f(Q) \tag{2-4}$$

不能从河流流量的一个可能发生的长期观察中转换许多信息。因此，项目间信息转换方程应当谨慎地加以使用。

为了恰当地描述特定水资源问题或水环境和污染源控制问题，我们往往必须选择有限数量的水质随机变量。变量在时空上都显示出随机行为，因此在水质项目的选择中相对不确定因素或许是不可避免的。

水质项目受时间和空间上的每一点的周期随机变化的支配，因此水量和水质监测站网以及获取资料的多元情况有 2 个方面：

① 同一个定点（断面、小水量）有联系的水质项目的多元性；

② 多站点方面，同水量和水质项目一起考虑为多点、多变量随机过程（在变量数和地点数两个方面的多元性）。

需要在一个定点监测区域内水质随机变量的数目和监测的站点数二者之间进行选择，使得我们为找到一个设计监测站网和获取关于水质随机变量的资料的最佳经济方法产生了困难，基于观察或获取这些水质过程的样本的现代技术的统计技术或许有助于找到这个最优经济方法。

随着人们对健康和生活中各种水质变量影响的关注，需要探索收集水质数据的新领域。如果能很好地了解自然水质过程，那么质量判断将极受启发，这种了解应包括各种污染物的起源和迁移，以及同物质和过程有关的水质。把各种类型的自然水质过程作为对各系统的输入以及环境系统对这些输入的反应的了解，将为认识水质过程如何在空间和时间中演变开辟一条有效的研究途径。一个包括自然水质过程和关于水质的人为影响及作用的环境水文学，对水质数据获取方法的发展是一个主要贡献。

某些水质项目的数据可以类似于水量数据的方法进行获取，但有些差别应加以注意。水量基本数据通过以下某一种方法取得：

① 通过连续或间隔观测同时间序列有关的水量；

② 通过寻找雨量与水量之间的关系，以及把雨量数据转换为水量时间序列；

③ 通过两种方法的结合。

只要水量时间序列历史数据是可用的，就能推导出其他随机变量。这些变量包括洪峰、洪水量、小流量、干旱和类似的随机过程。

对于水质，事情并不如此简单，一个难以从经济上解决的问题是如何选择在时间和空间中最重要的水质项目来加以监测。这些水质项目（如温度和电导率）容易监测，而另一些项目则只能通过实际采样，并且进行化学、生物以及其他耗时且经常是昂贵的实验室分析来准确地测定。经济地获取水质时间随机过程数据的另一障碍是一个事实，即许多随机变量不能够在现场用仪器适当且准确地测定。它们既可能是连续的，也可能是计数的监测输出，或者也可能是一个简单的读数。

任何一种方法获得的数据都受测量误差的支配。水质项目数据获取的测量误差问题，在模拟水质随机过程中值得更深入的分析。

水质过程的数据收集通常使用类似于在水量过程中使用的那些方法。一种简单、便宜并且常用的方法，是建立在具体水质项目与水量（流量、水位）之间的关系。通过在相同的时间里既给出水质项目，又给出相应的流量过程，数据将可用来建立一种关系，并且因此允许以某种统计方法将水量转换为水质数据。所转换的数据量是在两种随机变量间相依程度的函数。比如说通过一个线性关系的相关系数来估计，当相关性较大时则包含在用于转换为水质项目的水量项目中的数据的比例也较大。然而，只需这种关系一变弱，所转换的数据量也迅速地减小。如果水质同水量的关系不密切，那么 50～60 年的水量观测资料或许只相当于 5～10 年获得的水质项目所等价的数据量。

通过监测站网获取资料的另一种有用的方法是分析并且建立各种水质项目的相关性，然后通过找出高度相关的那些项目，选择每一组有代表性的项目，然后在监测站网中监测这些代表性的项目。而后这些代表性项目的数据能转换为未做定期监测的其他水质项目的数据，例如用常规监测项目电导率来估计和监测总溶解固体（TDS）。

一旦确立水质项目的层次，根据水质项目之间以及这些项目与水量特征之间的关系就能把项目分为几组：

① 对于可转换的数据来讲，与水量高度相关的那些水质项目；

② 相关关系较弱的水质项目，与水位或流量相似，需要直接监测（观测或采样）其时间序列；

③ 既没有第一种情况中的相关性，又不能明显地应用第二种情况，因而需要对最经济的数据获取做进一步研究。

第二节　地表水环境监测站点布设

一、河流水质监测站概要

在河流采样站选址的研究中要考虑三个级别不同的设计准则：

① 监测河段位置（宏观位置）——在流域中需要采集水样的河段；

② 采样断面位置（微观位置）——河段内需要设置采样的断面位置（重要支流和入河排污口汇入口下游位置或具有其他唯一水质特征的位置等）；

③ 采样垂线位置（代表性位置）——河流横断面上的各采样垂线位置，从这些垂线上采集到的水样可得到河流水质的横向和垂向分布情况，即可代表整个采样断面的水质情况。

监测河段位置实质上是一个要设立水质监测站的河段，在这个河段上要采集到河流断面水质样品。而采样断面位置的设计是根据宏观位置的具体特征而选择的。从一个水质监测站网中所采集的水质信息，其实用性在很大程度上取决于设计者在站网规划中对各个等级的考虑。宏观位置是采样机构特定目的的函数，而确定一条完全混合带的微观位置则是水力学和河流混合性质的函数。

设立一个河流监测站网可以通过以下 4 个步骤来完成：

① 选择采样的河段；

② 在该河段内选择一个指定站址或断面；

③ 在每个断面上确定采样点；

④ 确定能反映水质变化趋势的采样频率。

本节主要阐述前 3 个步骤内容，即选择河段、采样断面及其采样点；第 4 个步骤内容，采样频率将在下节中阐述。

1. 河流水质采样站设置原则

水质采样站的位置和可利用的测站个数有着密切的联系，而可利用的测站个数又往往是每个站上所取的采样数的函数。因此，在详细评价采样站位置之前需要确定通常的采样频率分布范围和可利用的测站总数。如果监测站网的目的明确，而且总预算和采样费用也是知道的话，那么确定这些问题是不太困难的。

如果该站网的监测目标有两个或更多，则必须在监测目标之间进行分配。在流域和各监测目标之间配置的手段中，确定对一个流域或目的要给出多少测站（和样品）是重要的第一步。这里监测目的起主要作用。

2. 根据目标设置

监测目标是基于可能包括历史水质信息、用水优先权、流量、人口、工业密集程度和农业耕作方式等各种因素之上的。在监测目标之间，一般通过监测目标的重要程度来设置不同监测目标的监测位置。

如果一个监测机构有两个监测目标（例如测定水质变化趋势和测定河流水质是否超标等情况），那么监测目标一旦确定了，监测手段（采样数和测站）就可以划分了。划为监测水质变化趋势的测站所分配的采样一般少于测定河流水质超标情况的测站。测定河流超标情况的站可以用来测定趋势。但是，测定趋势的站如果采样项目少的话，不一定能很好地测定河流水质的超标情况。目标的重要性的一个更具体的表现是在监测机构内各项工作之间的预算分配。根据具体情况，可能打算要将实行的预算的 60％确定到监测河流水质超标情况上。

如果测站为了不同的监测目标而承担不同的监测目标采样任务，这就隐含两个“站网”：第一个站网是作为基本站网来考虑的，收集有关河流水质超标情况和趋势的信息；第二个站网只是收集有关水质趋势的信息。

水质站网常常是根据固定测站位置来设计的，并在站网规划开始就要根据各区域水功能区对水质的不同要求，对这些站进行采样定位。这些规划是基于可能包括水质的历史资料、用水优先权、流量、人口、工业密集程度和农业耕作方式等各种因素之上的。

3. 根据流域配置

一个人口密集、工业高度发展的流域比人口不多且又不发达流域的监测任务重要得多。在流域之间的差别可以通过指标方法来定量地表示。管理需要的指标包括人口、工业活动、农业用途和采矿位置等。同管理手段平行的监测手段则能使用指标作为基础来进行配置。一旦水质监测站配置到每一个流域，通过目标可做出更进一步的划分。不管流域间和目标间的水质监测站的配置如何，依然存在着一个问题，即“在给定站数的流域内如何将手段配置到各个站”的问题。

二、流域和水系

1. 基本概念

(1) 分水线 地形等高线中的极大值称为山峰，山峰的下坡方向为山脊，相邻山峰之间的区域称为鞍部。山峰、山脊和鞍部的连接线称为分水线。由于这种连接线能将降雨形成的水流分开使其流向相邻的两条河流，因此而得名。分水线有地面分水线和地下分水线之分。地面分水线将地面水流分开使其流向相邻的两条河流，地下分水线则将含水层中的地下水流分开使其流向相邻的两条河流。

(2) 流域 地面分水线包围的区域称为流域。流域有闭合流域和非闭合流域之分。地面分水线与地下分水线重合的流域称为闭合流域。地面分水线与地下分水线不重合的流域称为非闭合流域。

闭合流域与周围区域不存在水流联系。较大的流域或水量丰富的流域，由于河床切割深度大，一般多为闭合流域。非闭合流域与周围区域存在地下水流上的联系。小流域或者干旱、半干旱地区水量小的流域，由于河床切割深度浅，一般多为非闭合流域。在水文地质条件复杂的地区，例如岩溶即喀斯特（Karst）地区，非闭合流域也是常见的。

(3) 水系 流域中大大小小河流交汇形成的树枝状或网状结构称为水系，亦称河系。自然形成的水系多为树状结构，人工开挖形成的平原水系可为网状结构。

自然形成的水系虽然形状千变万化，但归纳起来主要有三类：第一类为“羽毛状”；第二类为“混合状”；第三类为“平行状”。羽毛状水系的支流自上游到下游，在不同的地点依次汇入干流，相应的流域形状多为狭长形。平行状水系的支流与干流大体呈平行趋势相交汇，相应的流域形状多为扇形。混合状水系的支流与干流的关系介于前两者之间，相应的流域形状也介于狭长形和扇形之间。

对面积相同、水系形状不同的流域，同样一场暴雨形成的流域出口断面流量过程线明显不同。平行状水系由于各支流汇集到流域出口断面的同时性强，所以产生较尖瘦的洪水过程；羽毛状水系由于各支流汇集到流域出口断面的时间相互错开，所以产生较矮胖的洪水过程；混合状水系产生的洪水过程则介于以上两者之间。

(4) 坡地 流域中水系以外的陆域部分称为坡地。因此，流域是由水系和坡地组成的。一般来说，除平原水网地区外，一个流域的水系的水面面积占全流域面积的10%左右，其余90%左右即为坡地。按坡面的几何形状，可将坡地分为倾斜面、收敛斜面、收敛曲面和发散曲面几种类型。

(5) 流域基本单元 一个流域按流域内的自然分水线可以划分成若干个不嵌套的子流域，每个子流域按其内部的自然分水线，又可划分成一些更小的不嵌套的小流域……这样不断地划分下去，最后得到的不可再划分的部分就是流域基本单元，它是组成一个流域的最小单位。由上述坡地的分类可知，流域基本单元可分为四种形状，即“一本打开的书”形、扇形、倒扇形和马蹄形。

2. 水系的拓扑学特征

拓扑学特征是指几何图形在连续改变形状情况下仍能保持不变的一些特征。因此，拓扑学特征显然只考虑物体之间的位置关系，而不涉及物体的大小和相互之间的距离。例如两曲线相交性和曲线的闭合性就是拓扑学特征，这是因为它们并不随几何图形连续改变形状而发生变化。水系的拓扑学特征主要表现在水系分叉、河流分级和满足河数定律上。

（1）水系分叉　大量的观测资料表明，自然界的天然水系一般属于二分叉树的形状（图 2-1）。“树根”称为水系的出口，且只有 1 个。“树枝”的端点称为河源，简称源，因为它们是水系的发源地。源的总数是水系量级即规模的量级，源越多，水系的量级就越大；反之，水系的量级就越小。两条河流的交汇点称为节点。相邻节点、出口与相邻节点，以及源与相邻节点之间的河段称为链，其中前两种链统称为内链，最后一种链称为外链。一个量级为 N 的二分叉水系，必有 N 个源，N 条外链和（$N-1$）条内链，链的总数必为（$2N-1$）条。

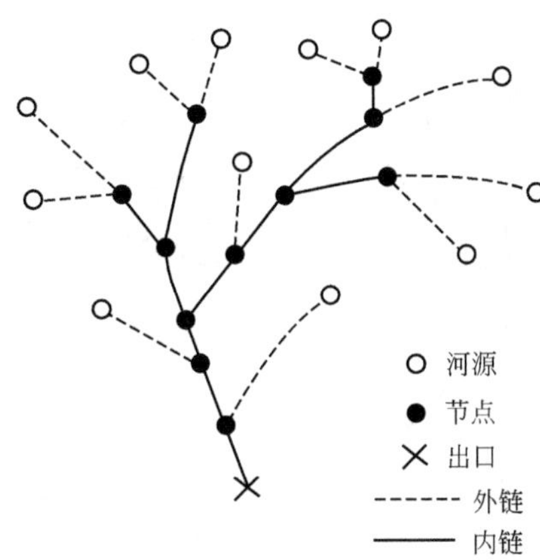

图 2-1　水系组成形状示意

（2）河流分级　为了对水系中大小不同的河流进行区别，有必要对河流进行分级。这个问题看起来简单，实际上却不那么容易解决。在 20 世纪以前，人们对水系大小不同的河流只有定性的认识，仅将水系中的河流区分为支流和干流两级。这样一种模糊的分级方法显然是不能满足水文学上定量分析的需要的。1914 年以后，地貌学界普遍主张采用序列命名法则，即将水系中各条河流按一定的次序排列成序列，并以序号对序列中的河流逐一加以命名。这种序列命名法可把整个水系中的河流按次序划分完毕，以满足定量分析需要。下面所列 5 种方法代表了序列命名法的不同发展阶段。

① 格雷夫利厄斯（Gravelius）分级法。这是格雷夫利厄斯于 1914 年提出的方法。该法规定：水系中最大的主流为 1 级河流，汇入主流的支流为 2 级河流，汇入支流的小支流为 3 级河流，依次类推，就可以将水系中所有的干流、支流命名完毕。

② 霍顿（Horton）分级法。这是霍顿于 1945 年提出的方法［图 2-2(a)］。该法将最小的不分叉的河流称为 1 级河流，只接纳 1 级河流汇入的河流称为 2 级河流，只接纳 1、2 两级河流汇入的河流称为 3 级河流，其余类推，直至将水系中所有的河流命名完毕。

③ 斯特拉勒（Strahler）分级法。这是斯特拉勒于 1953 年提出的方法［图 2-2(b)］。该法定义从河源出发的河流为 1 级河流；同级的两条河流交汇形成的河流的级比原来增加 1 级；不同级的两条河流交汇成的河流的级等于两者中较高者。借助于数学符号，后两条规则还可以表达为：

$$w * w = w + 1 \tag{2-5}$$

$$w * n = n \quad (n > w) \tag{2-6}$$

式中 w，n——河流的级（w，$n=1$，2，…，Ω，Ω 为水系中最高级河流的级）；

$*$——两条河流相交汇的运算符号。

④ 施里夫（Shreve）分级法。这是施里夫于 1966 年提出的方法［图 2-2(c)］。该法将水系中最小的、不分叉的河流定义为 1 级河流，两条河流交汇成的河流的级为这两条河流级的代数和。

⑤ 沙伊达格（Scheidagger）分级法。这是沙伊达格于 1967 年提出的方法［图 2-2(d)］。该法的分级原则与施里夫分级法相同，差别仅是该法将水系中最小的、不分叉的河流定义为 2 级河流，这样水系中所有河流的级将均以偶数标记。

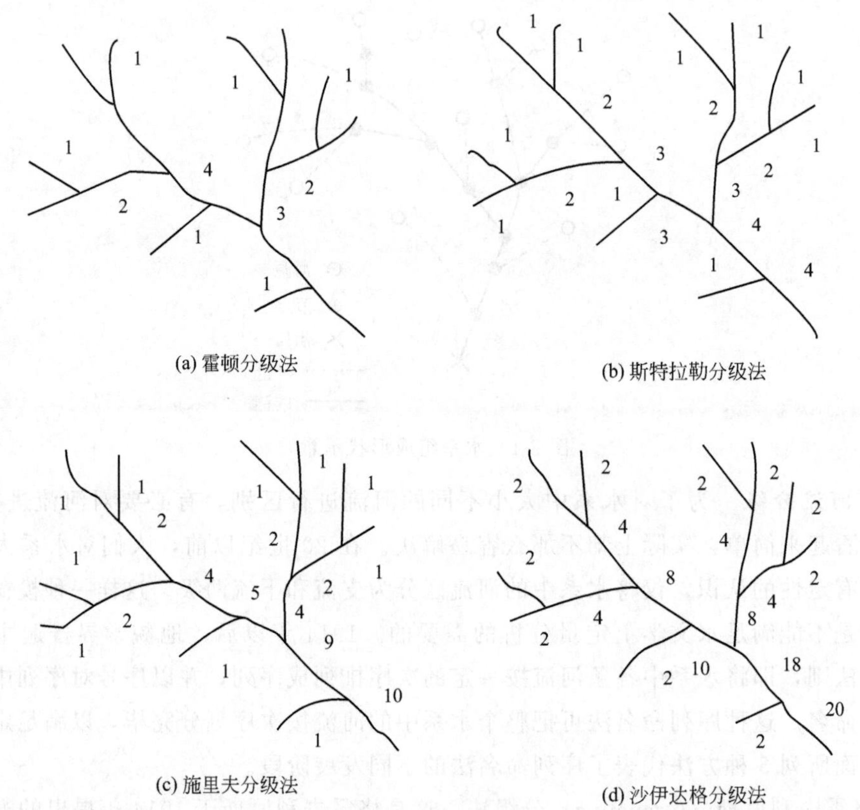

图 2-2 河流分级图

按照格雷夫利厄斯分级法，水系中河流越小，级数就越大。这显然是有缺点的，这样既难以区分水系中的主流和支流，而且在大小不同的两个流域内，同样为 1 级的河流可能相差较大，故现在已不再使用格雷夫利厄斯分级法了。

霍顿分级法采用了不同于格雷夫利厄斯分级命名河流级的原则。这样虽然可以克服格雷夫利厄斯分级法的主要缺点，但也存在不妥之处。例如，按照霍顿分级法，2 级以上的河流均可以一直延伸到河源，但实际上它们的最上游都只具有 1 级河流的特征。

斯特拉勒分级法与霍顿分级法的关系，显然是每条 w 级的霍顿河流将由 w 条 $1-w$ 级的斯特拉勒河流首尾相连接而成，而每条斯特拉勒河流仅仅是一条霍顿河流的一部分，这就表明，斯特拉勒分级法不可能像霍顿分级法一样将 2 级以上的河流都一直延伸到河源，因而总是将能通过全流域水量和泥沙量的河流作为水系中最高级的河流。

斯特拉勒分级法的主要不足是不能反映流域内河流级越高，通过的水量和泥沙量也越大的事实。施里夫分级法和沙伊达格分级法，就是为弥补这一缺点而提出来的，它们的区别仅是前者比后者更便于进行数值处理。

梅尔顿（Melton）曾指出，斯特拉勒分级法是根据对水系形态与水文要素的综合分析引导出来的，便于作为寻求水系地貌规律的基础，因此，斯特拉勒分级法是目前最广泛使用的一种河流分级法。

流域也可以分级，其分级的原则与河流分级相同。以斯特拉勒分级法为例，1 级河流的汇水范围称为 1 级流域，2 级河流的汇水范围称为 2 级流域，其余类推，最高级河流的汇水范围即为全流域。这就是说，流域的级与其中最高级河流的级是相同的。

(3) 河数定律　令水系中 w 级河流数目为 N_w 条（$w=1, 2, \cdots, \Omega$，Ω 为水系中最高级河流的级），这里所谓的一条河流是指一条外链或由同级内链串联而成的河流。对于作为二级分叉树的水系，N_w 必随 w 的增加而减小，且水系中最高级的河流数目总是 1，即 $N_\Omega=1$。

水系中 w 级河流数目 N_w 与高一级即（$w+1$）级河流总数目 N_{w+1} 的比值称为分叉比，用 R_b 表示，即：

$$R_b=\frac{N_w}{N_{w+1}} \quad (w=1,2,\cdots,\Omega-1) \tag{2-7}$$

霍顿在 1945 年发现，对一个自然水系，R_b 近似为一个常数。这就是说，由水系中各级河流的数目构成的数列是一个以 N_1 为首项，$1/R_b$ 为公比的几何级数。因此，式(2-7) 的一种表达显然为：

$$N_w=R_b^{\Omega-w} \quad (w=1,2,\cdots,\Omega) \tag{2-8}$$

由式(2-7) 或式(2-8) 表达的规律称为河数定律，文献中也有称霍顿河数定律的。

对式(2-8) 的两边同时取对数，得：

$$\lg N_w=(\Omega-w)\lg R_b \tag{2-9}$$

由式(2-9) 可见，$\lg N_w$ 与 w 之间是直线关系，其斜率即为 $\lg R_b$。对世界上大量自然水系资料的分析表明，自然水系的分叉比为 $R_b=3\sim5$。

由式(2-9) 不难看出，只要已知一个水系的 R_b 和 Ω，就可以按此式求得该水系中各级河流数目之和：

$$N_1+N_2+\cdots+N_\Omega=\sum_{i=1}^{\Omega} N_j=\frac{R_b^{\Omega-1}}{R_b-1} \tag{2-10}$$

三、在流域内确定水质采样河段——宏观位置

1. 概述

如果采样的目的是研究河流的部分区域，例如要知道一给定排污对下游的直接影响（粗略的调查），对获得描述该河段的信息来说，确定采样断面的位置则不是很关键的，并且也不复杂。但是，当采样的目的是监测整个河流或整个流域以及某一河段以上流域时，

其采样断面的位置就必须经过对该流域中的河段进行周密考虑和反复比较选择后确定。

河流的水质反映了自然背景和负载污水的情况。因为整个河流沿线的难降解污染物和易降解污染物均排入河流，整个河流的水质也因此而沿程变化。因此，不能指望采集少量的水样就能充分地描述河流水质的时空变化情况，更不能指望从一个特定河段中采集水样就能推断其他河段水质时空变化情况。

例如淮河这样受污染而超过水质标准的河流，对许多作为河流水质指标的水质项目进行连续监测既不可能也不现实。在两种重要而且复杂的情况下要进行间断监测：第一种是当出现超标情况时，不能确认它是一个随机现象还是一个连续现象；第二种是当只有河流信息可利用时难以判断是否超标。此外，还必须确定表面上的超标是不是因为采样位置靠排污口太近，使得污水在混合带内不能充分扩散。

若水质管理的重点从河流水质限制转移到排水水质限制上时，河流监测目标从测定河流水质超标转移到评价水质整体趋势上来。这种目标的转移对水质监测站网提出大量的要求，为了得到理想的结果，站网必须既能反映水质变化趋势，又能评价在整个流域内减少监测项目和将来的监测任务的效益。为了达到这些目的，进行水质趋势分析不会去找“水质临界点”，即河流超标可能性很大的采样点，而是为了研究采样站的位置，在这个站址上可以得到该河流的河段信息特征，和其他站结合通常可以得到整个河流系统情况的信息特征。

确定宏观位置的基本方法包括两点：一是根据控制面积的覆盖度；二是根据一些人口密度的指标，这里人口密度指标是考虑相应的污染事故的可能性以及总排污量。将站址的选择作为河流超标可能的函数，或者作为排污口下游的河流分支的函数。将采集站设在每个主要污染源的水质临界点上。根据控制面积覆盖度的方法，将监测站用来系统地产生整个流域的水质信息，是一种适合于刻画趋势特征的方法。

对某些监测计划的站址选择是沿河长寻找一个段面，根据经验认为在这个断面上各种所要测的水质变量是近似同类的。

有些采样方案产生可疑的数据是因为采样站位置的选择没有考虑到污水汇入的空间分布。当计划将测站密度和一些人口密度指标（如排污口位置）联系起来时，这种方法就缺乏定量标准，并且由于失误而产生很大的主观性。预算的约束和人为限制往往产生任意的和不合理的采样频率。因此现实的采样方案不可能从河流（纵向和横向）获得有代表性的信息，采样频率也不能充分监测平均水质情况和趋势。

采样人员常常在桥上或其他便于采样的地方采样，而不考虑采样位置和河流污染源之间的任何关系，这种情况就已经不考虑采样站位置了。认识到采样站位置的重要性，常常就要沿河寻找河段，根据一些标准任务在这些断面上水流已经充分混合了。而在这些河段上采样则非常简单，采集一个水样就认定可以代表整个断面，但仍然对采样位置和污染源之间的关系不清楚。在排污口以下几十公里范围内或许找不到一个充分混合带（如某些城市河段只能形成近岸污染带），在这些地方，人们很难找到一个能将采样位置上的浓度和水质变量同某一具体的上游条件相关联的有效方法。

另一种方法是根据一些逻辑关系来设计采样站位置，例如在已知的污染源附近集中采样，用这种方法可以测得最接近反映当水质只随河流纵向变化时的河流水质信息，但是仍有误差，除非采用一个合理的设计采样站位置的系统方法。

有学者提出霍顿（Horton）的河流分级方法可考虑作为与通过在水系出口检测来确定污染源的位置有关的非确定性的一种度量（Sharp，1970），这种方法利用水系中支流或污染源数目对各个分区或网络节（link）分配等级。这里的网络节是水道的一个分区，它的开始点称作源，结束点称作分叉点或合流点。采用这种方法设计了一个能根据采样的不确定性和强度之间的权衡来确定污染源位置的流域监测站网。当时这个设计是用来确定河流污染源的超标情况的，现在水质监测站宏观位置的选择方法是以这种水质监测站网设计方法为基础的。下面讨论选择河段的方法。

2. 根据汇入的支流数选择采样位置

选择水质监测站位置的方法是将整个水系系统地分成小块，每块上的汇入支流数大致相等，汇入河流干流的每条外部支流其量级定为“1”。由两条外部支流相交而成的河流成为2级支流。根据同样的方法沿程而下，由两条上游支流汇合而成的河流，其级数为这两条支流级数的和。在水系出口最下游的一段河流，其级数等于所有汇入的外来支流的总级数。

流域的形心用干流最终河段的等级除以2来确定。第一个形心将整个水系分成面积近似相等的两部分，并且对每一部分又可以用相同方法找出新的形心。第一次划分指定的位置为一级采样河段，整个水系一分为四的划分又指定了二级采样河段。不断划分下去所定的采样河段，其级别依次递增。在这些河段中进行采样的断面称作采样站。

为了查出污染源，在一级河段进行采样并且分析选定将要采样的下一级站的水系区段，依次类推，通过不断筛选，直至找到污染源。但这种方法不适于那些是根据采样优先权而不是采样顺序来确定的河段等级。如果允许，可以同时在所有的1级站和2级站上采样，然后再加上3级站，依次类推。这里追加等级采样实际上是逐步改进了整个水系的图解结果，在查出一个污染源时，采样站级别的增加相对应于采样优先权等级的降低。

设有一级采样站的主形心位于某一个网络节，该网络节量级最接近：

$$M_i=\frac{\sum i-1}{2} \tag{2-11}$$

式中 M_i——第一级网络节（如计算出的数字为小数，则取整数）；

$\sum i$——外部支流的总数。

若计算出的一级网络节数与河段上实际网络节数不符，就选定最接近的网络节作为形心。注意：指定为某一级别的网络节值不一定就是选定的 M_i 值，因为这个值可能不存在，在这种情况下可以选择最接近 M_i 的一节作为形心。网络节一旦确定，就在它的下游汇合点上设立一个采样位置。在实际采样计划中的河段是一个指定位置，最好不要那么苛求。这样，在采样断面选定之前，按照这样一些因素诸如可接近性、充分混合带的存在或其他可能存在的唯一条件，分别逐个地审定每个设计河段。由此方法得到的待选河段时常需要判断。

如果删去第一级网络节，两个系统结果的量级近似相等，它的形心是：

$$M_{i+1}=\frac{M_i+1}{2} \tag{2-12}$$

在下游部分按照此处理方法，即可采用上面所述的同样方法将支流重新编号，也可选择最接近下列数值的网络节确定形心：

$$M'_i=\frac{M_d-M_u+1}{2} \tag{2-13}$$

或

$$M''_i=M_u+M'_i \tag{2-14}$$

式中 M_d——划为下游部分流域大的量级；

M_u——划为上游部分流域大的量级；

M'_i, M''_i——可能的备选形心。

式(2-13)、式(2-14) 中，M 为网络节的量级，i 为等级。

根据以上的方法可以选定 1 级站和 3 级站。

如果需要，还可以设计 3 级以上的站址。是否在这些地方采样，取决于预算的限制，还取决于从这些站上采集的附加资料分析是否需要。例如，一个 4 级站位于一个没有污染源排入，基本上是天然情况的区域，人们就可能不需要增加采样。

3. 根据河流使用指标选择采样位置

根据上面水质监测站址确定方法，常常需要从两个备选河段中选定其中一个，而指定一个采样断面是在评价河段特性后做出的主观判断，但它有助于设计者系统地配置采样手段。例如，根据以上方法，应该在所选网络节点或河段下游末端处进行采样，但是在实际工作中，当地的条件（如可接近性）很可能使得采样位置需要变动。

在确定采样等级数和如何采样时，经费是个重要因素。在水质常规监测站上进行连续监测的成本比间断监测的成本要高。成本还受所选采样变量的影响，例如，在所有其他设计因子相同的情况下，用电极法测定电导率和溶解氧的成本比测量 BOD_5、铁或氧化物的成本要低得多。

如果要监测两个或更多的变量，需设的水质站数可能不止一个，但是成本太高，需要与某一基础水质监测站有关联的水质资料之间建立某种关系。因此，采样计划的理想特征是能在一个变量和另一个变量之间容易进行比较和建立相关关系。能测定许多变量的单一排列可以在同一时空结构内进行比较，这样在测定几个变量时可期望根据一个共同的因子来设计水质监测站网、排污口基本站网或在每个排污口的排污量基础上的水质监测站网。

当汇入河网的支流数不随时间变化时，河口数或者河口排污的水质将逐渐变化，但是支流数不变并不意味着支流和汇入水系的水量、水质、排污的位置之间存在必然的关系。另外，根据目前资料设计的水质监测站网中的一个河口（包括排污口），几年后就可能不再是正确的了。但这无关紧要，回顾本章所讨论的水质监测站网的两个方面很有用：首先，站网是准备探测水质趋势；其次，在一指定水质监测站上探测到的趋势被认为是相应网络节点最佳指标。从某一具体断面上得到的数据不能作为整个流域的指标，并且因为一个断面是适当地用来推测某一区域的情况的，所以宁可在某一固定点上长期保持一个水质监测站而不是经常变动站址来反映河口变化或排污内容的改变。因为，如果长期保持采样断面不变，那么对在这个站上采集的全部资料就能确认有一个比较的基础。

如果水质采样站不是处于指定的永久采样站位置，则经费可能不是一个较大的因素。在这种情况下，保持几个互相比较的采样站可能更好。诸如在桥上这样的地点采样的做法不是任意的但的确是普遍的，因为在这些地方容易接近河流。

以上讨论的方法不要求在横向完全混合带上采样，所以一般来说，在横断面上要采集许多水样来描述河流特性和测定河流水质变化趋势。如果所有排污发生在同一河段，完全混合带在下游某个地点可能找到。然而完全混合带可能不存在，特别是在人口稠密、排污口集中的地区。如果一定要在河流没有完全混合的河段上采样，要特别注意在横断面上要采集足够多的水样来精确描述出河流在该点上的横向分布曲线。

以上所提的一般方法可以用来设计监测流域水质的采样位置，其级数代表以资金水平对采样方案应限制或扩大的顺序。首先是建立 1 级采样站，如果经费允许或者还需要增测资料，则再建立 2 级站，依次类推。当每设计一个更高级的测站时，根据支流或类似排水口设计的站网，其控制面积的百分数要增加。对于根据排污口设计站网时，所得到的形心代表污染负荷的中心而不是流域中心。

大部分污水流量是从有着明显来源（如某个工厂或污水处理厂）的排污口汇入河流的。然而小部分是来自有暴雨排水阴沟的排污口，这些变化无常的排污是由无法描述的城市径流产生的。这些排污口流出的污水，其数量和质量的变化都是非常不规则的，因此需要进行更多的考虑。

暴雨排水阴沟和通过其他排水道流入河流的城市径流来自非点源，其来源很多，一般不会为此处理它们去收集水样。除了城市径流外，非点源包括许多其他地面径流的形式，如从垃圾填坑式农田、林区汇集的水量，来自非点源的营养物，金属和悬移颗粒以及其他污染物的汇入，现在认为可能是超过点源的污染汇入。为此，必须认识到在本章描述的水质监测站网中采集的水质资料可以反映点源污染和非点源污染两方面的汇入。于是，以下两点值得注意：

① 监测机构的工作人员要密切注意可能影响汇入河流的污染物含量和影响从站网中采集的样品的水文事件的说明；

② 测定河系沿程径流的水质和水量的步骤。

从采样断面采集的水样中提取出有用的资料，可能指出监测机构不一定要被迫寻求真实的完全混合区域来采样，或者一定要假设在横向完全混合的情况下进行采样。如达不到这些要求，但在横断面上考虑增加采样点，则水系内任何地方都可以作为采样的候选点。这样就给监测机构选择采样站位置提供了广阔的范围。

四、在河段内确定水质采样断面——微观位置

根据监测站网的目标，一旦确定了采样站的宏观位置，就要进一步确定保证所采水样的确能代表监测河段水质的采样位置。所取水样应具有代表性，因为它是从水体中取得并作为水体质量的依据。一个水质样品的代表性是河流横断面上水样浓度的均匀性的函数。任何水质变量的浓度不依赖于河流横断面的横向和垂向位置的地点，都可以作为理想的采样位置。理想的微观位置应是一个完全混合的河段。

然而，不能确定完全混合带也可以确定水质采样站的位置。假设污水一排入河流就完全混合了，则可以计算污染量的影响。但是实际上并非如此，在河流完全混合前局部范围的高浓度可能已超过河流标准，经过混合后又不会超标。

既可以假设在汇入点附近完全混合，也可以根据经验初步估算完全混合带。在一些实用情况下，主观判断十分简单的假设都是可以的。但是，对于确定固定水质采样的位置，

这些可能还不够。在下游整个断面的离散已经完成得较好的某一距离，甚至在水流流速缓慢、水面宽阔时也还是要谨慎地检查变化，并且如果要进行检测，则有必要在断面上若干点采样。

估算完全混合带缺乏数学上的定义。混合距离是通过反复试验后确定的：在汇入河口（或排污口汇入）处下游不同点上的断面采集多个水样，直到同一河流断面的水样的可变性变得不怎么显著了。虽然这种反复试验的方法能够确定完全混合带，但确定采样站微观位置的普遍应用可能既昂贵又费时。

1. 混合长度计算

应用若干假设，可以对代表性的水质采样确定在河流中的完全混合带（微观位置）。假设一个瞬时点源流出的污染物在横向和垂向上都是高斯分布，并应用古典映像理论，在一顺直、均匀河道中可以确定从汇入河口（或排污口汇入）处到完全混合带的理论长度，这一混合长度是下列因子的函数：

① 平均流速；

② 点源位置；

③ 水流在垂向和横向的平均紊动扩散系数。

有几种可作为混合长度的函数的模型，而混合系数可用来预测一个相对完全混合带。Ruthven（1971）通过求解稳定状态下二维平流扩散方程，导出一个混合长度的表达式。假设大部分河流是较浅的，以致在相当短的距离内保证在垂向上完全混合，根据二维模型求解建立一个关系［见式(2-15)］来预报从河口到某一点的混合距离，该点在断面上的浓度变化不超过10%：

$$L \geqslant 0.075\frac{W^2 u}{D_y} \tag{2-15}$$

式中 L——混合距离（或长度）；

W——河道宽度；

u——平均速度；

D_y——横向紊动扩散系数。

在一个更普遍的关系式中，Sayre（1965）认为到某一断面上浓度均匀的点之间的混合长度由下式计算：

$$L = \frac{1}{2\alpha_1^2} \cdot \frac{W^2 u}{D_y} \tag{2-16}$$

式中 α_1——同点源位置和浓度梯度的均匀程度有关的常数。

Ward（1973）根据河道几何形状和相对于河道中点的示踪剂注入点，推导出混合长度的表达式为：

$$L = \frac{K_1}{0.02} \cdot \frac{W^2}{d} \tag{2-17}$$

式中 K_1——横向紊动扩散系数，示踪剂注入点的位置和顺直河流宽度的函数；

d——水深。

在根据染料稀释法来估计水流时，美国地质调查局推荐应用下列方程来确定染料注入点下游的采样点，示踪剂注入位置分别为河中心和河边。

$$L=1.3u\frac{W^2}{d} \tag{2-18}$$

$$L=2.6u\frac{W^2}{d} \tag{2-19}$$

应当注意，混合距离是河宽的平方、横向紊动扩散系数和一个常数的函数。

假设来自一个点源的污染分布，Sanders（1978）在一均匀顺直河道上，用下列方程求横向完全混合和垂向完全混合的混合距离：

$$L_y=\frac{\sigma_y^2 u}{2D_y} \tag{2-20}$$

$$L_z=\frac{\sigma_z^2 u}{2D_z} \tag{2-21}$$

式中　L_y——横向完全混合的混合距离；

L_z——垂向完全混合的混合距离；

σ_y——（示踪剂）注入点到横向最远边界的距离；

σ_z——注入点到垂向最远边界的距离。

因为对于多数河流，垂向完全混合所需的理论混合长度小于横向完全混合的理论混合长度，因此，在河流整个横断面上提供一个均匀的污染分布所需的混合长度等于两个混合长度中较大的一个，也就是指横向完全混合的混合长度。

【例 2-1】　在一条河宽为 100m，水深为 3m，排污在河中心的河流中，在下游 1.5km 处的一个采样点上能否完全混合？并且在横断面上是否只需要一个采样点？假定可以忽略热力分层和浓度分层，平均流速为 1m/s，横向紊动扩散系数和垂向紊动扩散系数分别为 0.15m/s 和 0.003m/s。

运用方程式(2-20）和方程式(2-21）估算：

$$L_y=\frac{\sigma_y^2 u}{2D_y}=\frac{50^2\times1}{2\times0.15}=8333.3(\text{m})=8.33(\text{km})$$

$$L_z=\frac{\sigma_z^2 u}{2D_z}=\frac{1.5^2\times1}{2\times0.003}=375(\text{m})=0.375(\text{km})$$

虽然在排污口下游 1.5km 处，河流在垂向上已经完全混合，但在横向上没有完全混合。

为了估算排污口下游的完全混合带，必须知道排污口在横断面上的精确位置，另外还必须知道平均流速和紊动扩散系数。

根据可用的资料能容易地确定平均流速和注入点位置，但是，除了纵向离散系数以外，关于 D_y 和 D_z 的量值有用的文献资料很少。然而，人们发现，根据由 Fischer（1967）和 Holly（1972）提出的方程的估算值与采用实测资料所估算的系数值相比还是相当好的。

这些估算横向、垂向紊动扩散系数的方程是一些容易量测的河流水力特征值（水深和摩阻流速）的函数。

$$D_y = 0.23du' \tag{2-22}$$

$$D_z = \frac{1}{15}du' \tag{2-23}$$

$$u' = \sqrt{gRS_e}$$

式中 u'——摩阻流速；

g——重力加速度；

R——水力半径；

S_e——能坡。

将 D_y 的经验式(2-22) 代入方程式(2-20)，D_z 的经验式(2-23) 代入方程式(2-21)，实际上应不影响混合长度方程的精度。

$$L_y = \frac{\sigma_y^2}{0.46d} \times \frac{u}{u'} \tag{2-24}$$

$$L_z = \frac{7.5\sigma_z^2}{d} \times \frac{u}{u'} \tag{2-25}$$

事实上，运用紊动扩散系数的经验估算式增加了只需要通过河流流速和剪切流速资料就可进行混合长度判别的使用，而二者均可根据最少量的实测资料就可以计算。通过美国地质调查局可得到美国国内具体每条河流的逐日平均流量，结合横断面资料就可以计算流速。由于剪切流速是已知参数或容易估算的参数（重力加速度、水力半径、能坡）的函数，因此也能很容易地求得。

穿城河流污染带宽度是多少，可以根据各排污口之间的距离长度，通过用以上计算横向混合距离的方法加以判定。

【例 2-2】 在一条顺直、均匀的河道中，从一排污口到下游完全混合带的最短距离是多少？河流平均流速为 0.84m/s，平均水深为 3.6m，河宽为 100m，河底坡降为 2/1000（由地形图上两等高线的距离除两等高线的高差得到）。这样，假定能坡 S_e 等于河底比降，是稳态的。

排污口在断面中心，

$$L_y = \frac{\sigma_y^2}{0.46d} \times \frac{u}{u'}$$

$$u' = \sqrt{gRS_e} = \sqrt{9.8 \times 3.6 \times 0.002} = 0.2656(\text{m/s})$$

$$L_y = \frac{100^2 \times 0.84}{0.46 \times 3.6 \times 0.2656} = 19098(\text{m}) = 19.098(\text{km})$$

另外，假如没有热力层和密度层，污水流量与河流流量相比是可以忽略的，应当强调的是，所计算的混合长度可由流量、河宽和水深的平均估计值求得。假定河流是顺直的，没有引起次生横向流的弯道。很明显，水力参数和水文参数不是常数，大部分河流在整个混合长度内也不会是顺直的。因此，如果热力层和密度层不明显，则实际的混合长度比所预测的长度要稍短一些。

但是应当注意，如所有的假定都被精确地应用并且排污口下游的完全混合带的距离也可以准确地确定，则对于单一的一组水文变量和水力变量，即流速、水力半径、水深和河床比降，它是很有用的。因而，为了通过调查不同水流的流速、水深来改进混合长度模式的应用，应当确定一组混合长度。假设混合长度是个随机变量，应用统计原理可以确定一个适用一定时间百分数的混合长度。

【例 2-3】 应用方程式(2-18）和河流月平均特征值，定出 12 个混合长度（见表 2-1）来估算自排污口到下游完全混合带的距离。确定的混合长度适用于 95%的时间，假定混合长度不适用任何给定月份的概率为 5%。

表 2-1 应用方程式(2-18）和河流月平均特征值定出的 12 个混合长度

月份	10 月	11 月	12 月	1 月	2 月	3 月	4 月	5 月	6 月	7 月	8 月	9 月
L_y	4000	3700	2900	6000	3400	6700	7600	4300	4700	5200	4900	5600
排列	1	2	3	4	5	6	7	8	9	10	11	12
L_y	2900	3400	3700	4000	4300	4700	4900	5200	5600	6000	6700	7600
$\frac{m}{n+1}\times100\%$	7.7	15.4	23.1	30.8	38.5	46.2	53.8	61.5	69.2	76.9	86.4	92.3

注：表中 m 为排列序数；n 为总序数。

如果水质采样站设计在计算得到的完全混合带内的某一点上，则在采样断面上提供一个代表性水样的采样点的位置和数目的问题已无关紧要了，在这种情况下，当水质变量浓度不随水流的深度和宽度变化时（完全混合），多个采样点将通过减小给定显著水平的均值置信区间来提高变量浓度的精度，但不能改善资料的代表性置信区间。然而，应当强调的是，有动量向量的水质变量的浓度，如泥沙浓度，它一般是水深的函数，除非水流极为湍急，这种情况在此不加以讨论。

无论什么时候，要采样的河段没有完全混合带，那就仍然存在能否得到有代表性的水样的问题。如果采样点所在位置既没有超过 L_y，也没有超过 L_z，那就必须考虑采样点在横向上和垂向上的位置和采样点的个数。在采样时应避免采集到漂浮固体和河底沉积物。

在河流横断面上的水质变量浓度的变化是可以定量的。采用标准统计方法，方差分析可以分析横断面上水质浓度变化，以确定变化是显著的（需要更多的采样点）还是不显著的，因此确定一个完全混合带。这种方法可以用于河流中距上游排污口距离小于 L_y 和 L_z 的采样点和无法得到估计完全混合带资料的河流采样点。一旦确定了一个作为资料可允许变化的函数的显著水平，就可以定量地分析变化。

只要浓度随时间的变化相对于随位置的变化很小时，可以采用单因素方差分析。然而如果在采集样本的时段内其水质变量的变化较显著时，就要考虑双因素方差分析。

2. 横断面上完全混合的评价

多数情况下，在垂直方向存在完全混合，并且变量的浓度将随时间变化，因此评价在横断面上水质变量浓度的变化需要双因素方差分析。如果在分析中不考虑水质浓度随时间的变化，则水质变量在横断面上不同位置的变化可能就是时间变化的结果，而不是空间变化的结果。

在双因素方差分析中，假定资料是独立的，随时间变化的，且各自变化的量级是独立的和可叠加的，即：

$$S_{TOT}=S_E+S_T+S_L \tag{2-26}$$

$$S_{\mathrm{TOT}}=\sum_{j=1}^{c}\sum_{i=1}^{r_j}(x_{ij}-\overline{X})^2$$

$$S_{\mathrm{T}}=\sum_{j=1}^{c}\sum_{i=1}^{r_j}(\overline{x}_{\cdot j}-\overline{X})^2$$

$$S_{\mathrm{L}}=\sum_{i=1}^{r_j}\sum_{j=1}^{c}(\overline{x}_{i\cdot}-\overline{X})^2$$

$$\overline{x}_{i\cdot}=\frac{1}{c}\sum_{j=1}^{c}x_{ij}$$

$$\overline{x}_{\cdot j}=\frac{1}{r_j}\sum_{i=1}^{r_j}x_{ij}$$

式中 S_{TOT}——总变差；

S_{T}——由时间引起的变差；

S_{L}——由位置引起的变差；

S_{E}——其他随机变量；

r_j——行数；

c——列数。

时间和位置的均方偏差除以均方误差分别是带有自由度（r_j-1）、$(r_j-1)(c-1)$ 和 $(c-1)$、$(r_j-1)(c-1)$ 的一个 F 分布的独立随机变量。因此，使用一个 ANOVA（方差分析）表（表 2-2）和零假设 H_0 检验取样位置是否合适。H_0 为：在不同时间和不同位置上采集的变量浓度取自具有相同均值和方差的同一总体，并且方差可相对于备选假设 H_1 来进行检验。H_1 为：在时间横断面的不同时间和不同位置上采集的变量浓度取自具有不同均值和方差的不同总体。检验方差相等的假设是：

$$H_0:\frac{\sigma_{\mathrm{L}}^2}{\sigma_{\mathrm{E}}^2}=1$$

$$\frac{\sigma_{\mathrm{T}}^2}{\sigma_{\mathrm{E}}^2}=1 \tag{2-27}$$

$$H_1:\frac{\sigma_{\mathrm{L}}^2}{\sigma_{\mathrm{E}}^2}\neq1$$

$$\frac{\sigma_{\mathrm{T}}^2}{\sigma_{\mathrm{E}}^2}\neq1$$

式中 H_0——零假设；

H_1——备择假设。

$$\sigma_{\mathrm{L}}^2=\frac{S_{\mathrm{L}}}{c-1}$$

$$\sigma_{\mathrm{T}}^2=\frac{S_{\mathrm{T}}}{r_j-1}$$

$$\sigma_{\mathrm{E}}^2=\frac{S_{\mathrm{E}}}{(c-1)(r_j-1)}$$

检验零假设的合理性的计算顺序在表 2-2 中说明。最重要的是随机变量 S_E 的计算，它是总变差和时间、位置上的变差之差。平均空间变差和平均随机变差的计算比率及平均时间变差及平均随机变差的计算比率（在表中以 $F_{计}$ 记）是限制性常数 F 的估计值。

如果 $F_{计}$ 小于表中的常数 F——自由度和显著水平的函数，则方差的比率等于 1 并且在给定的显著水平上零假设是合理的。

然而，如果 $F_{计}$ 大于表中的常数 F，则方差的比率不等于 1 并且零假设可能就不合格，因此，水质浓度看来不是从同一总体中得到的，并且是位置和时间或两者的一个函数。

表 2-2 在双因素方差分析中采用的 ANOVA 表

项目	自由度	平方和	均方和	$F_{计}$
行	r_j-1	S_T	$S_T/(r_j-1)$	$S_T(c-1)/S_E$
列	$c-1$	S_L	$S_L/(c-1)$	$S_L(r_j-1)/S_E$
偏差	$(r_j-1)(c-1)$	$S_{TOT}=S_E+S_T+S_L$	$S_E/[(r_j-1)(c-1)]$	
总计	r_jc-1			

【例 2-4】 在 2.5h 时间段内，在一条河流的横断面上 6 个不同采样位置每 5min 采集一次水样。横向间隔约为 36m，采样点位于离最近的排污口 3.7km 的下游，这个距离大于在垂向上浓度均匀的混合距离 L_z，但远小于在横向上浓度均匀的混合距离 L_y，因此，作为一个检验，方差分析应当检验出在一个指定的显著水平上，横断面上的浓度变化明显不同，正如计算指出的，完全混合不会发生在离排污口 3.7km 的下游，排污口位于河流右岸的 6m 内，随后的变量浓度在右岸的下游是较高的且向左移动时减小。与河流流量比较，上游排污口的流量很小，分别为 0.23m/s 和 381m/s。一个排污流量小于 0.02m/s 的小污水处理厂位于取样断面上游 4.8km 处的左岸。

钠被选作为评价河流断面空间变化的水质项目。尽管一般不认为它是一种污染物质，但它在天然水和废水中是保守的和无处不在的。最重要的是钠在浓度小于 1mg/L 时能非常精确地测定出来。此外，据测定，排污口上游河流中的钠浓度近似为 10mg/L，很容易用分光光度计测定。

在采样的当天，河流的深度在预定的采样位置约 1.3m，在距水面约 0.5m 深度处采样，采样断面的所有 6 个采样点均在同一条直线上。共采集 186 个水样，每个采样断面采样点距右岸的距离及测定水样中钠浓度相应线性相关的吸收率列在表 2-3 中。

表 2-3 在河流中 6 个采样点上 31 批水样钠浓度相应线性相关的吸收率值

项目	1	2	3	4	5	6
	距右岸的距离/m					
	47	74	104	142	179	246
1	0.3242	0.2924	0.2976	0.3116	0.3098	0.3080
2	0.2660	0.2388	0.2269	0.2299	0.2262	0.2306
3	0.2644	0.2381	0.2366	0.2351	0.2373	0.2381
4	0.2993	0.2774	0.2790	0.2741	0.2725	0.2725
5	0.2993	0.2676	0.2676	0.2720	0.2668	0.2741

续表

项目	1	2	3	4	5	6
	距右岸的距离/m					
	47	74	104	142	179	246
6	0.2636	0.2472	0.2381	0.2381	0.2306	0.2366
7	0.2725	0.2534	0.2472	0.2426	0.2388	0.2403
8	0.2725	0.2441	0.2441	0.2457	0.2503	0.2441
9	0.2660	0.2487	0.2457	0.2503	0.2518	0.2426
10	0.2628	0.2373	0.2472	0.2381	0.2426	0.2426
11	0.2660	0.2457	0.2441	0.2441	0.2381	0.2472
12	0.2692	0.2457	0.2411	0.2411	0.2472	0.2518
13	0.2628	0.2441	0.2403	0.2457	0.2426	0.2441
14	0.2557	0.2411	0.2487	0.2503	0.2441	0.2472
15	0.2628	0.2381	0.2373	0.2381	0.2233	0.2248
16	0.2596	0.2411	0.2381	0.2457	0.2457	0.2396
17	0.2596	0.2496	0.2449	0.2396	0.2426	0.2472
18	0.2636	0.2441	0.2373	0.2351	0.2351	0.2240
19	0.2549	0.2451	0.2381	0.2336	0.2441	0.2441
20	0.2534	0.2336	0.2218	0.2306	0.2336	0.2218
21	0.2549	0.2291	0.2248	0.2351	0.2403	0.2336
22	0.2708	0.2464	0.2291	0.2291	0.2358	0.2336
23	0.2596	0.2457	0.2262	0.2306	0.2314	0.2336
24	0.2457	0.2262	0.2336	0.2248	0.2351	0.2411
25	0.2426	0.2336	0.2226	0.2175	0.3182	0.2306
26	0.2403	0.2218	0.2204	0.2211	0.2262	0.2321
27	0.2226	0.2076	0.2104	0.2013	0.2007	0.2132
28	0.2218	0.1952	0.1911	0.1878	0.1871	0.1952
29	0.2676	0.2472	0.2426	0.2480	0.2396	0.2425
30	0.2765	0.2487	0.2464	0.2457	0.2457	0.2518
31	0.2596	0.2441	0.2381	0.2336	0.2381	0.2449
均值	0.2632	0.2419	0.2389	0.2389	0.2394	0.2413

显然，在河流右岸钠的浓度高于中间和左岸。另外明显的是钠吸收率表现出与取样时间也有关。在采样期间，每个位置的吸收率趋于减少，然后又增加。时间依赖性，无论它是实际时间的变化还是仪器的微电子变化，都不能加以忽略。因此，必须使用双因素方差分析来评价在横向上的空间变化。表 2-4 是用于钠吸收率的双因素方差分析的 ANOVA 表。通过 $F_{计}$ 与限制性常数 F 的比较，变量吸收率随时间（行）和位置（列）的变化相当大，因为根据双因素方差分析的定义，随时间的变化是独立的，且不影响随位置的变化。结果指出，在横向上断面不是完全混合的：重要的采样点不止一个。

表 2-4 河流中 6 个横向位置上钠吸收率的双因素方差分析中的 ANOVA 表

项目	自由度	平方和	均方和	$F_{计}$	F 常数
行	30	0.065	0.002	79.475	1.54
列	5	0.014	0.003	103.194	2.27
偏差	150	0.004	0.000		
总计	185	0.083			

为了在河流上具体的取样位置得到一个有代表性的平均变量浓度，需设的取样点不止 1 个。仅在河流中点采集变量浓度是不够的，因为这些水样没有反映废水流量。同样，在两岸的水质样品也没有代表性，因为污水处理厂流出的水的浓度量级对采样有相当大的影响。因此，为了适当确定河流横断面（该断面位置不在完全混合带内）的平均浓度的代表性水样，在横断面上起码要有 3 个采样点。

根据混合距离准则定义和双因素方差分析检验证实，在完全混合带取样时，在横断面上进一步确定能提高平均精度的采样点个数，能评价变量浓度相关系数的空间变化。在采样点之间确定最简单的相关关系是确定完全混合带内的横断面上采样点个数的基础。此外，如果只使用一个采样点，那么通过计算每一对变量数据的相关系数确定横断面上最有代表性的采样点将是可能的。这个点和所有其他点有最高的平均相关（系数）。在使用另一个观测点之前，建立一个相应的相关系数为 0.71 的距离值作为限制。两个变量之间的相关系数定义为：

$$\rho_{xy}=\frac{\sigma_{xy}}{\sigma_x\sigma_y} \tag{2-28}$$

式中 σ_{xy}^2——x 和 y 的协方差，其估算式为 $\sigma_{xy}^2=\sum\limits_{i=1}^{n}\frac{(x_i-\overline{x})(y_i-\overline{y})}{n-1}$；

σ_x^2——x 的方差，估算式为 $\sigma_x^2=\sum\limits_{i=1}^{n}\frac{(x_i-\overline{x})^2}{n-1}$，$\sigma_x=\sqrt{\sigma_x^2}$；

σ_y^2——y 的方差，估算式为 $\sigma_y^2=\sum\limits_{i=1}^{n}\frac{(y_i-\overline{y})^2}{n-1}$，$\sigma_y=\sqrt{\sigma_y^2}$；

n——数据个数。

【例 2-5】 使用例 2-4 中的资料，但假定河流污染带是完全混合的，使用最高平均相关作为准则，应在横断面上什么点上采样？每一组数据的相关系数已计算，并列在表 2-5 中。

表 2-5 在不同采样点上钠吸收率之间的相关系数

采样位置	相关系数					
	1	2	3	4	5	6
1	1.000	0.965	0.918	0.931	0.906	0.878
2	0.965	1.000	0.931	0.939	0.906	0.886
3	0.918	0.931	1.000	0.962	0.940	0.945
4	0.931	0.939	0.962	1.000	0.959	0.926
5	0.906	0.906	0.940	0.959	1.000	0.943
6	0.878	0.886	0.944	0.926	0.943	1.000
平均	0.933	0.938	0.949	0.953	0.942	0.930

使用相关系数限值 0.71 的限定，当最小相关系数是 0.88 时，在采样位置隔开 180m 之间只需要一个采样点。并且正如所期待的，有最高平均相关系数的采样位置在河流的中间。很明显，甚至在一个不完全混合带中，相关系数也超过了 0.71 的限定。因此，需要一个更高的相关限值来确定在一条完全混合带中的各采样点之间的最大距离。

第三节　水质监测断面布设

一、水质站监测断面布设原则

水质站监测断面布设应符合以下原则：

① 能客观、真实反映自然变化趋势与人类活动对水环境质量的影响状况。

② 具有较好的代表性、完整性、可比性和长期观测的连续性，并兼顾实际采样时的可行性和方便性。

③ 充分考虑河段内取水口和排污口分布，支流汇入及水利工程等影响河流水文情势变化的因素。

④ 避开死水区、回水区、排污口，选择河段较为顺直、河床稳定、水流平稳、水面宽阔、无浅滩位置。

⑤ 与现有水文观测断面相结合。

二、河流水质监测断面布设要求

1. 河流一般河段水质监测断面布设要求

河流一般河段监测断面布设应符合以下要求：

① 河流或水系背景断面布设在上游接近河流源头处，或未受人类活动明显影响的上游河段。

② 干、支流流经城市或工业聚集区河段在上、下游处分别布设对照断面和削减断面；污染严重的河段，根据排污口分布及排污状况布设若干控制断面，控制排污量不得小于本河段入河排污量总量的 80%。

③ 河段内有较大支流汇入时，在汇入点支流上游及充分混合后的干流下游处分别布设监测断面。

④ 出入国境河段或水域在出入境处布设监测断面，重要省际河流等水环境敏感水域在行政区界处布设监测断面。

⑤ 水文地质或地球化学异常河段，在上、下游分别布设监测断面。

⑥ 水生生物保护区、水源型地方病发病区及水土流失严重区布设对照断面和控制断面。

⑦ 城镇饮用水水源在取水口及其上游 1000m 处布设监测断面。在饮用水源保护区以外如有排污口时，应视其影响范围与程度增设监测断面。潮汐河段或其他水质变化复杂的

河段，在取水口和取水口上、下游 1000m 处分别布设监测断面。

⑧ 水网地区按常年主导流向布设监测断面；有多个岔流时监测断面设在较大干流上，控制径流量不得少于总径流量的 80%。

2. 潮汐河段（入海河口）水质监测断面布设要求

潮汐河段（入海河口）监测断面布设应充分考虑常年潮流界四季变化以及考虑涨潮、落潮水流变化特点，并应符合以下要求：

① 设有挡潮闸的潮汐河段，在闸的上、下游分别布设监测断面；未设挡潮闸的潮汐河段，在潮流界上游布设对照断面。潮流界超出本河段范围时，在本河段上游布设对照断面。

② 在靠近入海口处布设监测断面；入海口在本河段之外时，在本河段下游处布设监测断面。

三、湖泊、水库水质监测站点布设

1. 采样位置布设原则

湖泊、水库水质监测采样点位布设的选择，应在较大的采样范围进行详尽的预调查，在获得足够信息的基础上，应用统计技术合理地确定。

(1) *采样点位布设总体原则* 采样点位的布设应充分考虑如下总体原则：

① 湖泊水体的水动力条件；

② 湖库面积、湖盆形态；

③ 补给条件、出水及取水；

④ 排污设施的位置和规模；

⑤ 污染物在水库中的循环及迁移转化；

⑥ 湖泊和水库的区别。

(2) *采样点位的水平分布原则*

① 水质特性的采样点。许多湖泊、水库具有复杂的岸线，或由几个不同的水面组成，由于形态的不规则可能出现水质特性在水平方向上的明显差异。为了评价水质的不均匀性，需要布设若干个采样点，并对其进行初步调查。所收集到的数据可以使所需要的采样点有效地确定下来。湖库的水质特性在水平方向未呈现明显差异时，允许只在水的最深位置以上布设一个采样点。采样点的标示要明显，采样标示可采用浮标法、六分仪法、岸标法或无线电导航定位等来确定。

② 水质控制的采样点。采样点应设在靠近用水的取水口及主要水源的入口。

③ 特殊情况的采样点。在观察到出现异常现象的地点，通常要进行一次或几次采样。采样地点应在报告中清楚地表明，如有可能可采用图示方法。

2. 湖泊、水库监测断面布设要求

湖泊、水库监测断面布设应符合以下要求：

① 在湖泊、水库出入口、中心区、滞流区、近坝区等水域分别布设监测断面。

② 湖泊、水库水质无明显差异，采用网格法均匀布设，网格大小依据湖泊、水库面

积而定，精度需满足掌握整体水质的要求。设在湖泊、水库的重要供水水源取水口，以取水口处为圆心，按扇形法在100～1000m范围布设若干弧形监测断面或垂线。

③ 河道型水库，应在水库上游、中游、近坝区及库尾与主要库湾回水区分别布设监测断面。

④ 湖泊、水库的监测断面布设与附近水流方向垂直；流速较小或无法判断水流方向时，以常年主导流向布设监测断面。

四、地表水功能区水质监测断面布设

1. 地表水功能区监测断面布设基本要求

地表水功能区监测断面布设应符合以下基本要求：

① 按水功能区的要求布设监测断面，水功能区具有多种功能的，按主导功能要求布设监测断面。

② 每一水功能区监测断面布设不得少于一个，并根据影响水质的主要因素与分布状况等，增设监测断面。

③ 相邻水功能区界间水质变化较大或区间有争议的，按影响水质的主要因素增设监测断面。

④ 水功能区内有较大支流汇入时，在汇入点支流的河口上游处及充分混合后的干流下游处分别布设监测断面。

⑤ 潮汐河流水功能区上、下游区界处分别布设监测断面。

⑥ 水网地区河流水功能区，根据区界内河网分布状况、水域污染状况和往复流运动规律等，在上、下游区界内分别布设监测断面。

⑦ 同一湖泊、水库只划分一种类型水功能区的，应按网格法均匀布设监测断面（点）；划分为两种或两种以上水功能区的，应根据不同类型水功能区特点布设监测断面（点）。

2. 保护区监测断面布设方法与要求

① 自然保护区应根据所涉及保护区水域分布情况和主导流向，分别在出入保护区和核心保护区水域布设监测断面；保护区水域范围内有支流汇入时，应在汇入点支流河口上游处布设监测断面。

② 源头水保护区应在河流上游未受人类开发利用活动影响的河段布设监测断面，或在水系河源区第一个村落或第一个水文站以上河段布设监测断面。

③ 跨流域、跨省及省内大型调水工程水源地保护区，应按河流监测断面布设要求规定布设监测断面；水源地核心保护区应布设一个或若干个监测断面。

3. 保留区监测断面布设方法与要求

① 保留区内水质稳定的，应在保留区下游区界处布设一个监测断面。

② 保留区内水质变化较大的，应分别在区内主要城镇、重要取排水口附近水域布设若干个监测断面。

4. 缓冲区监测断面布设方法与要求

① 缓冲区监测断面应根据跨行政区界的类型、区界内影响水质的主要因素以及对相邻水功能区水质影响的程度布设。

② 上、下游相邻行政区界缓冲区，区间水质稳定的，可在行政区界处布设一个监测断面；区间水质时常变化的，应分别在区界处的上、下游布设监测断面。

③ 左、右岸相邻行政区界缓冲区，区间水质稳定的，在相邻行政区界河段的上游入境处、下游出境处分别布设监测断面。区内污染物随流态变化可能跨左、右岸相邻行政区界时，应增设监测断面。

④ 左、右岸相邻行政区界缓冲区，两岸有支流汇入时，在汇入点支流河口上游增设监测断面；有入河排污口污水汇入时，应视其污染物扩散情况，在入河排污口下游100～1000m处增设监测断面。

⑤ 以河流为界，既有上、下游又有左、右岸交错分布的缓冲区，应根据具体实际情况，按②～④条的要求分别布设监测断面。

⑥ 湖泊、水库缓冲区应根据水体流态特点分别在区界处布设监测断面。河道型水库监测断面布设按照河流缓冲区布设方法与要求布设。相邻水功能区水质管理目标高于缓冲区水质管理目标的，在相邻水功能区区界处增设监测断面。

⑦ 水网地区和潮汐河流缓冲区，在上、下游区界处分别布设监测断面；河网分布和往复流运动规律复杂的，应根据污染程度或对相邻水功能区水质的影响程度，在区界内和各行政区界处增设若干个监测断面。

5. 开发利用区监测断面布设方法与要求

① 饮用水源区应在取水口处、取水口上游500m或1000m的范围内分别布设一个监测断面。

② 工业用水区、农业用水区应分别在主要取水口上游1000m范围内布设监测断面。区间有入河排污口的，应在其下游污水均匀混合处布设监测断面。

③ 渔业用水区一般布设一个或多个监测断面。区内有国家、省级重要经济和保护鱼虾类的产卵场、索饵场、越冬场、洄游通道的，应根据区内水质状况增设监测断面。

④ 景观娱乐用水区可根据长度或水域面积，布设一个或多个监测断面。

⑤ 过渡区应在下游区界处布设监测断面，下游连接饮用水源区的应根据区界内水质状况增设监测断面。

⑥ 排污控制区应在下游区界处布设监测断面，区间入河污水浓度变化大的，应在主要入河排污口下游增设监测断面。

五、受水工程控制或影响的水域水质监测断面布设

受水工程控制或影响的水域水质监测断面应按照以下方法与要求进行布设：

① 已建、在建或规划的大型水利工程，应根据工程类型、规模和涉水影响范围以及工程进度的不同阶段，综合考虑布设水质监测断面。

② 灌溉、排水、阻水、引水、蓄水工程，应根据工程规模与涉水范围分别在取水处、

干支渠主要控制节点和主要退水口布设水质监测断面。

③ 有水工建筑物并受人工控制河段，视情况分别在闸（坝、堰）上、下布设水质监测断面，如水质常年无明显差别，可只在闸（坝、堰）上布设水质监测断面。

④ 在引、排、输、蓄水系统的水域，监测断面布设应控制引水、排水节点水量的80%；引、排、输水系统较长的，应适当增加水质监测断面布设数量。

六、水质监测垂线分布

1. 河流采样点的垂直分布

① 河流、湖泊、水库在水质监测断面上设置的采样垂线应符合表2-6的规定；北方地区封冻期，应以断面冰底宽度作为水面宽度设置采样垂线。

表 2-6 采样垂线的设置

水面宽	采样垂线	说明
＜50m	1条(中泓)	①应避开污染带；考虑污染带时，应增设垂线； ②能证明该断面水质均匀时，可只设置中泓垂线； ③解冻期采样时，可适当调整采样垂线
50～100m	2条(左、右岸有明显水流处)	
100～1000m	3条(左、中、右)	
＞1000m	5～7条	

② 河流水质采样垂线上设置的采样点应符合表2-7的规定。

表 2-7 采样垂线上采样点的设置

水深	采样点	说明
＜5m	1点(水面下0.5m处)	①水深不足1.0m时，在水深1/2处； ②封冻时在冰下0.5m处采样，有效水深不足1.0m时，在水深1/2处采样； ③潮汐河段应分层设置采样点
5～10m	2点(水面下0.5m、水底上0.5m处)	
＞10m	3点(水面下0.5m、水底上0.5m、中层1/2水深处)	

2. 湖泊、水库采样点的垂直分布

由于分层现象，湖泊和水库的水质沿水深方向可能出现很大的不均匀性，其原因来自水面（透光带内光合作用和水温的变化引起的水质变化）和沉积物（沉积层中物质的溶解）的影响。此外悬浮物的沉降也可能造成水质垂直方向的不均匀性。在斜温层也常常观察到水质有很大差异。基于上述情况，在非均匀水体采样时，要把采样点深度间的距离尽可能缩短。采样层次的合理布设取决于所需要的资料和局部环境。初步调查可使用探测器（如测量温度、溶解氧、pH值、电导率、浊度和叶绿素的荧光）。探测器可提供连续的或短间隔的检测。错开采样深度可显示出全部垂直的不均匀性。采样方案一经确定就要严格执行。采样过程中如果变动了方案，所取得的数据就缺乏可比性。当湖、库沿水深方向水质变化很大时可使用一组采样器同时进行采样。

湖泊、水库有温度分层现象时，应对湖泊、水库的水温、溶解氧进行监测调查，确定分层状况与分布后，分别在垂线上的表温层、斜温层和亚温层设置采样点。

3. 水质站监测断面档案

水质站监测断面均应经现场核实和确认，并建立水质站监测断面档案，主要包括以下内容与要求：

① 在地图上标明，并准确定位（经纬度精确到秒）；

② 在岸边设置固定标志或固定参照物；

③ 文字说明断面周围环境的详细情况，并配以照片存档；

④ 定期更新断面周围环境变化情况。

第四节　地下水环境监测站点布设

一、地下水水质监测井布设

1. 地下水水质监测井布设原则

地下水水质监测井布设应遵循以下原则：

① 以地下水类型区和开采强度分区为基础，并根据监测目的和精度要求合理布设各类监测井。

② 以平原区和浅层地下水为重点，平面上点、线、面相结合布设各类水质监测井，垂向上分层布设各类监测点。

③ 以特殊类型区地下水水质监测为重点，兼顾基本类型区地下水水质监测。

④ 与地下水功能区管理相结合，重点监测地下水开采层或供水层。

⑤ 与地下水水文监测井相结合，并优先选用符合监测条件的民井或生产井。

⑥ 监测井密度在主要供水区密，一般地区稀；污染严重区密，非污染区稀。

2. 地下水水质监测井布设地

下列地区应布设地下水水质监测井：

① 以地下水为主要供水水源的地区。

② 饮水型地方病（如高氟病）高发地区。

③ 污水灌溉区、垃圾填埋处理场地区、地下水回灌区、大型矿山排水区及大型水利工程或工业建设项目区等。

④ 超采区、次生盐渍区和污染严重区。

⑤ 不同水文地质单元区。

⑥ 地下水功能区。

3. 地下水水质监测井布设方法与要求

（1）地下水水质监测井布设地区有关资料收集　在布设地下水水质监测井之前应收集本地区有关资料，主要包括：

① 区域地下水类型区、自然水文地质单元特征、地下水补给条件、地下水流向及开

发利用情况；

② 城镇及工农业生产区分布、污染源及污水排放特征、土地利用与水利工程状况等；

③ 监测井有关参数，如井位、钻井日期、井深、成井方法、含水层位置、抽水试验数据、钻探单位、使用价值、水质资料等；

④ 自流泉水有关情况，如出露位置、成因类型、补给来源、流量、水温、水质和利用情况等。

(2) 地下水水质对照监测井布设方法与要求

① 根据区域水文地质单元状况，在地下水补给来源垂直于地下水流的上游方向应设置一个至数个对照监测井。

② 水文地质单元跨行政区界时，在地下水流入行政区界处应设置一个对照监测井。

③ 地下水水文地质单元或行政区界内有多处补给来源时，应分别设置数个对照监测井，控制水量不得少于地下水补给来源水量的80%。

(3) 地下水水质控制监测井布设方法与要求

① 根据地下水流向、流程以及主要含水层纵向和垂向分布状况与范围，在纵向和垂向应分别布设数个水质控制监测井和垂向采样点。

② 供水水源地保护区范围内水质控制监测井布设数量，应能控制地下水水量和主要污染物来源的80%。

③ 对于点污染源，如工业或生活排污口、垃圾堆放点等形成的点状污染扩散，应沿地下水流向，自排泄点由密而疏，呈圆形或扇形放射线式布设若干控制监测井。

④ 对于线污染源，如废污水沟渠、污染河流等形成的条带状污染扩散，应以平行及垂直于地下水的流向（呈放射线式）分别布设若干控制监测井。污染物浓度高和渗透性强的地区应适当增设控制监测井。

⑤ 对于面污染源，如农业施肥、污废水灌溉等形成的面状污染扩散，可呈均匀网状布设若干控制监测井。

⑥ 综合考虑地下含水层透水性和地下水流速，适当调整控制监测井纵向和垂向之间的距离。必要时，可适当扩大监测范围。

(4) 缺乏基本资料地区地下水水质监测井布设方法与要求　在缺乏基本资料或开展地下水资源质量普查工作时，可采用正方形、正六边形、四边形等网格法或放射法均匀布设监测井。网格大小依监测与调查目的、范围、精度要求以及区域内地下水水文地质单元分布状况而定。

(5) 地下水功能区监测井布设要求　地下水功能区监测井布设应符合以下基本要求：

① 布设前收集地下水功能区水文地质条件、生态、环境保护等信息。

② 根据监测区域水文地质单元状况，在地下水一级功能区内分别布设一个至数个对照监测井和控制监测井。

③ 地下水功能区监测井布设具体方法与（2）～（4）条相同。

二、地下水水质监测井布设密度

地下水水质监测井布设密度，应根据水文地质条件、地下水类型、开采强度及污染状况等合理选定。以地下水为主要供水水源的地区，监测井布设密度不得低于表2-8最低限要求。其他地下水水功能区、污染严重区、超或强开采区应按表2-8要求的上限加密。

表2-8　地下水水质监测井布设密度　　单位：眼/10^3km^2

基本类型区名称		开采强度分区			
		超采区	强开采区	中等开采区	弱开采区
平原区	冲积平原区	8～14	6～12	4～10	2～6
	内陆盆地平原区	10～16	8～14	6～12	4～8
	山间平原区	12～16	10～14	8～12	6～10
	黄土台塬区	参照冲积平原区弱开采区监测站布设密度布设			
	荒漠区				
山丘区	一般基岩山丘区				
	岩溶山区				
	黄土丘陵区				

① 地下水水质监测井布设密度，宜控制在同一地下水类型区内水位基本监测井布设密度的10%左右。地下水成分较复杂的区域或地下水受污染的区域应适当加密。

② 平原地区应充分考虑本地区水文分区、流域面积、河渠网密度、机井密度、产汇流立体特点等，以面上的分布均匀及综合代表性强为原则，确定地下水监测井网布设密度。

地下水二级水功能区水质监测井布设密度规定如下：

① 功能区内控制监测井布设不得少于1个。

② 特大型（日允许开采量≥15万立方米）集中式地下水供水水源区，监测井布设数量应≥区内开采井数的1/2。

③ 大型（5万立方米≤日允许开采量＜15万立方米）集中式地下水供水水源区，监测井布设数量应≥区内开采井数的1/3。

④ 中型（1万立方米≤日允许开采量＜5万立方米）和小型（日允许开采量＜1万立方米）集中式地下水供水水源区，监测井布设数量应≥区内开采井数的1/4。

⑤ 其他地下水二级水功能区监测井布设密度应≥1个/$100km^2$。

第五节　其他监测站点布设

一、大气降水水质监测站点布设

1. 大气降水水质监测站布设基本原则

大气降水水质监测站布设应符合以下基本原则：

① 根据本地区气象、水文、地形、地貌等自然条件，以及城市功能与工业布局、大气污染源位置与排污强度等布设。

② 污染严重区密，非污染区稀；城镇区域密，荒僻区域疏。

③ 与现有水文雨量观测站网相结合，统一规划与布设大气降水监测点。

④ 具有较好的代表性。

2. 大气降水水质监测站布设要求

大气降水水质监测站布设应符合以下要求：

① 水质监测站四周（25m×25m）无遮挡雨、雪、风的高大树木或建筑物，并考虑风向（顺风、背风）、地形等因素，避开主要工业污染源及主要交通污染源。

② 在本地区主导风上风向一侧，设置对照监测点。对照监测站宜以省级行政区为单元进行统一规划设置。

③ 50 万以上人口的城市，分别在城区、郊区和远郊（清洁对照点）布设监测站点。城区面积较大或区内具有明确功能分区的，视城区面积和功能分区适当增设监测站点。

④ 50 万以下人口的城市，分别在城区和郊区设置 2 个水质监测站点。

⑤ 库（湖）容在 1 亿立方米以上或水面面积在 $50km^2$ 以上的水库、湖泊，根据水面大小，设置 1～3 个水质监测站点。

⑥ 按现有水文面雨量观测站的 3%～5%进行布设。边远山区水质监测站点布设密度可适当降低。

⑦ 专用水质监测站点布设按监测目的与要求设置。

3. 大气降水水质基本监测站网密度

大气降水水质基本监测站网的布点密度，宜控制在同一类型区内雨量基本观测站布设密度的 10%左右，地形地貌复杂的区域或地下水污染区应适当加密。国家重点大气降水水质监测站点宜占大气降水基本监测站点总数的 20%左右。

4. 大气降水水质监测站布设方法

大气降水水质监测站布设基本方法为：以现有水文雨量观测站网为基础，可选用降雨等值线（抽站）法、网格法和放射式法等，布设大气降水水质监测站点和确定站网密度。

（1）*等值线法* 以现有雨量站绘制降雨等值线图，然后用较少雨量站监测资料再绘制降雨等值线图，采用降雨等值线图量算各场降雨面平均雨量，计算抽样误差，选取满足要求的雨量站网密度及大气降水水质监测站点。

（2）*网格法* 按布设方式，可分为矩形、正多边形等网格布点法，网格大小应根据当地自然环境条件、待测区域污染状况等确定。

（3）*放射式法* 以掌握污染状况、分布范围的变化规律为重点，按布设方式可分为同心圆布点法和扇形布点法。

5. 大气降水水质监测站点选择与采样器安装基本要求

大气降水水质监测站点选择与采样器安装应符合以下基本要求：

① 监测站点选择在开阔、平坦、多草、周围 100m 内没有树木的地方。

② 采样器安放在楼顶上时，周围 2m 范围内不得有障碍物。

③ 降水采样器安装在距地面相对高度 1.2m 以上，以避免样品沾污。

二、水体沉降物监测断面布设

水体沉降物监测断面的布设应根据本地区、河段的土壤与地球化学背景状况、水土流失状况、泥沙运动与沉积特点以及污染源分布和主要污染物种类等情况进行布设。

1. 水体沉降物监测断面布设原则

水体沉降物监测断面的布设应符合以下原则：

① 与现有水文测站水质监测断面和垂线相结合。

② 与水体水力学特征、泥沙运动特征等相结合。

③ 与水土流失状况和侵蚀强度相结合。

④ 与沉降物的物理和化学组分以及在纵、横和垂向的分布特点、分布状况相结合。

⑤ 专用站监测断面（点）按监测目的与要求布设。

2. 河流水体沉降物监测断面布设方法与要求

河流水体沉降物监测断面布设方法与要求如下：

① 河流水系源头区监测断面应设置在上游受人类活动影响相对较小或水系上游的第一个水文站；城市河段对照监测断面应设置在该河段上游处。

② 根据多年平均输沙量的沿程变化，在现有水文泥沙观测站中选取监测断面。

③ 在城市河段、支流入口处、大型或重要灌区的出口处、不同水质类别水域，应选择在水流平缓、冲刷作用较弱、泥沙沉积较为稳定处布设监测断面。

④ 根据沉降物中物理和化学组成的不同分布，在纵、横和垂向可分别布设监测断面。

⑤ 监测断面上的采样点按左、右两岸近岸与中泓布设；近岸采样点位置选在距离湿岸线 2～10m 处。如因砾石等采集不到样品，可略做移动，但应做好记录。

⑥ 布设排污口区监测断面时，应在其上游 50m 不受污水影响的区域设对照采样点。在排污口下游 50～1000m 处布设若干监测断面或采样点，也可按放射式布设。

3. 湖泊、水库水体沉降物监测断面布设方法与要求

湖泊、水库水体沉降物监测断面布设方法与要求如下：

① 湖泊、水库应根据功能分区分别布设监测断面。

② 湖泊、水库应在主要入出湖（库）支流口、城市河段、库湾湖汊水域、不同水质类别和不同水生生物分布水域布设监测断面。

③ 监测断面与水质监测断面与垂线尽量一致；有入湖、库排污口的，可参照河流水体沉降物监测断面布设方法与要求，按河流或扇形布设监测断面。

④ 水库监测断面还应考虑水库冲淤运行的泥沙运动变化，在库区及下游河段适当增设监测断面。

4. 其他水体沉降物监测断面布设方法与要求

① 污染严重及敏感的河流、湖泊、水库省界缓冲区，应布设沉降物监测断面；水土流失严重区应增设监测断面和岸上水土流失区土壤采样点。

② 柱状样品监测断面应设置在河段、湖泊、水库沉积较为均匀、稳定、代表性较好处。

③ 悬浮物监测断面布设同地表水监测断面（垂线），并可在水文泥沙（悬移质）观测站中选取符合监测要求的断面。

三、水生态监测断面与调查单元布设

1. 水生态调查与监测内容

水生态调查与监测涉及水质、沉降物、水生生物监测与河岸带（包括湖滨带）调查四个方面。开展水生态调查与监测前，应调查和收集待调查与监测区域范围内河流、湖库的有关基础资料，主要包括以下内容：

① 水文气象、水下地形等河流、河段或水域基本信息。

② 河滩地（缓冲带）随水位交替变化的宽度与面积、支流（渠闸）汇入与流出的水量，以及人工调控下河流、河段或水域的水文情势。

③ 水域周边工农业生产布局、土地利用、水土流失与植被分布状况。

④ 河流、河段或水域水生生物群落和本土鱼类基本情况。

⑤ 国家和省级濒危、珍稀和特有保护生物以及外来物种。

⑥ 水域水深、流速、水温和沉降物分布状况。

⑦ 潮汐运动与含盐量变化基本规律以及水质状况等。

2. 监测断面（垂线、点）布设原则

监测断面（垂线、点）布设应符合以下原则：

① 根据全国河流水生态分区和全国湖泊地理分区确定的不同水生态类型与特征，开展水文水资源、物理结构、水质、生物以及社会服务功能等方面的调查监测工作。

② 与水生生物生长及分布特点相结合。

③ 与水文站、水质站和水体沉降物监测断面（垂线、点）相结合。

④ 符合经济、方便性和长期监测的连续性要求。

⑤ 具有较好的代表性，能反映调查与监测水域范围内不同水域实际状况。

⑥ 具有较好的完整性，既能反映调查与监测水域水生生物状况，又能反映人类活动对水体生态状况的影响。

3. 水生态监测断面布设要求

水生态监测断面（垂线、点）布设应符合以下要求：

① 在相对受人类活动影响较少的水域应布设对照监测断面。

② 在河流的激流与缓流水域（河滩、河汊、静水区）、城市河段、纳污水域、水源保护区、支流与汇流处、潮汐河段潮间带等代表性水域，应分别布设监测断面。

③ 在湖泊、水库的进出口、岸边水域、开阔水域、汊湾水域、纳污水域等代表性水域，应分别布设监测断面；水库下泄低温水，应根据影响范围布设若干个监测断面。

④ 河流、湖泊、水库水面宽度小于 50m，可在中心布设 1 条采样垂线；宽度在 50～100m 的应布设左、右 2 条采样垂线；宽度大于 100m 的采样垂线布设不得少于左、中、右 3 条。

⑤ 入河排污口（温水排放口）水域，分别在排污口上游 500～1000m 和下游 500m、

1000m以及大于1500m处，布设对照和控制监测断面。

⑥ 采集鱼样时，应按鱼类的摄食和栖息特点，如肉食性、杂食性和草食性，表层和底层等，在监测水域范围内采集。

4. 河流水生态纵向评价河段监测点位布设方法与要求

河流水生态调查与监测纵向评价河段、监测河段和监测断面与监测点位的布设方法与要求如下：

① 河流上、中、下游河段，山区与平原河段，顺直、弯曲、分汊、游荡河段，大的支流汇入与分汊河段，城市与乡村河段以及水工程河段等河道地貌形态、水文水力学和河岸邻近陆域土地利用状况不同的变异分区河段，应布设代表评价河段。

② 每条河流的代表评价河段的数量不得少于5个；代表评价河段较长时，应增设监测河段。当河流深弘水深小于5m时，监测河段长度按40倍河宽确定；当河流深弘水深大于5m时，监测河段长度取定为1km。

③ 监测断面按等距离设置于监测河段内，按4倍河宽等分距离布设11个监测断面。监测断面设置除考虑代表性外，还应兼顾监测便利性和取样的安全性。

5. 河流水生态调查与监测横向断面布设要求

河流水生态调查与监测横向断面，按左、右河岸带和河道水面布设，并应符合以下要求：

① 根据河流横断形态和河岸带植被、地形、土壤结构、沉积物、洪水痕迹和土地利用等不同状况，确定河道和左右河岸带取样区。

② 设有堤防的河道，河岸带取样区为实际水面线至两岸堤防之间陆域区和陆向延伸10m的区域；无堤防的河道，河岸带取样区为实际水面线至历史最高洪水位或设计洪水位范围，外加向两侧陆向延伸10m的区域；两岸堤防及护堤地宽度不足10m的，陆向延伸至10m范围。

6. 湖泊水生态调查与监测的监测断面和湖滨带取样区布设方法与要求

湖泊水生态调查与监测的监测断面和湖滨带取样区的布设方法与要求如下：

① 根据湖泊水文、水动力学特征、水质、生物分区特征以及湖泊水功能区等布设监测断面，布设方法和要求与《水环境监测规范》地表水监测相同。浮游动物和浮游植物监测断面（点）应与水质监测断面（点）一致。

② 按湖岸线10等分湖岸线距离布设10个湖滨带取样区。根据取样的便利性和安全性，可对湖滨带取样区做适当调整。湖泊面积较大或较小时，可对湖滨带取样区布设数量做适当增减。

③ 湖滨带取样区分为2个区，即最大可涉水水深（2m）水域和湖滨带（岸区）植被覆盖度调查样方区（10m×15m）。湖岸稳定性调查范围为湖岸区，调查宽度为10m，调查湖岸长度根据湖岸特征确定。

④ 大型水生植物和底栖生物取样区为可涉水水深水域，宽度为10m。

⑤ 鱼类调查按相关技术标准进行取样监测。

7. 生物监测采样点布设方法与要求

(1) *浮游生物和微生物监测采样点的布设方法与要求* 浮游生物和微生物监测采样点的布设方法与要求如下：

① 水深小于2m，可在采样垂线上水面下0.5m设置一个采样点；透明度很小，可在下层增设一个采样点，并可与水面下0.5m样混合制成混合样。

② 水深在2～5m，在水面下0.5m、1m、2m、3m、4m处分别设置采样点，或混合制成混合样。

③ 水深大于5m，在水面下0.5m处和透明度0.5倍处、1倍处、1.5倍处、2.5倍处、3倍处分别设置采样点，或混合制成混合样。

(2) *其他生物监测采样点布设要求* 着生生物、底栖动物和水生维管束植物，每条采样垂线布设一个采样点。

图2-3为水生态监测评价、监测河段采样断面（点）布设示意图。

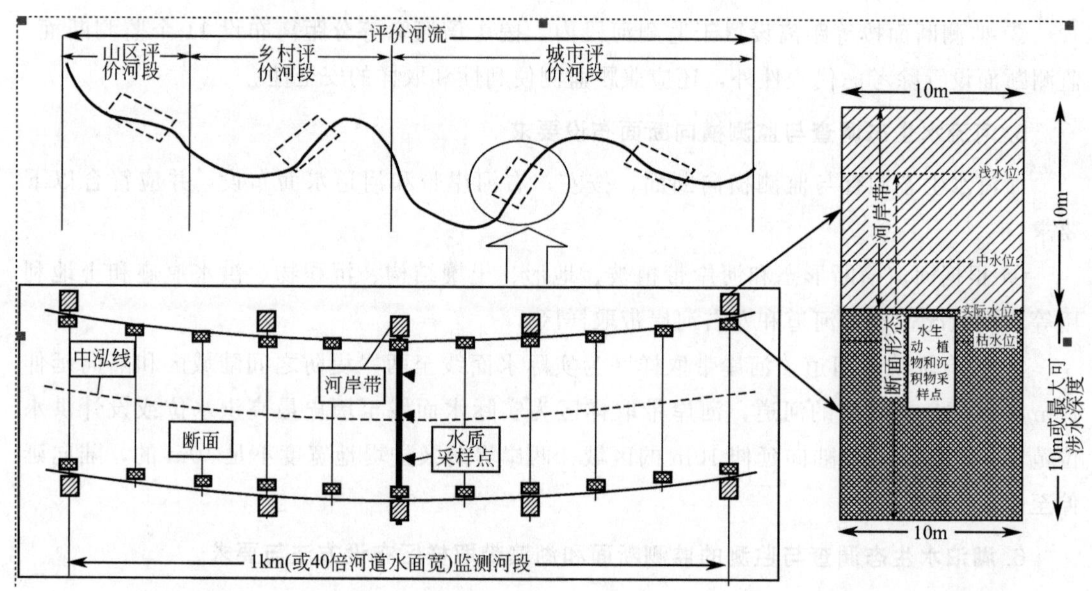

图2-3 水生态监测评价、监测河段采样断面（点）布设示意

四、入河排污口调查与监测点布设

1. 一般规定

① 根据水功能区监督管理的需要，应对直接或者通过沟、渠、管道等设施向江河、湖泊、水库排放污水的排污口开展调查与监测。

② 入河排污口调查与监测，应能较全面、真实地反映流域或区域排放污水所含主要污染物种类、排放浓度、排放总量和入河排放规律；能客观地反映节水和用水定额、污水处理和循环利用率、水域纳污能力及排污总量限值等基本状况。

③ 入河排污口基本情况调查主要包括以下内容：

a. 入河排污口的类型、数量和位置分布，其中入河排污的类型有企业废污水、生活污水、医疗污水、市政污水（含城镇集中式污水处理设施排水）、混合污水等；b. 入河排污口排放方式，是指连续排放、间歇排放和季节性排放等；c. 废污水入河方式，是指漫流、明渠、暗管、泵站、涵闸、潜没等；d. 入河排污口准确地理坐标位置（经纬度准确到秒）；e. 入河排污口设置管理单位、排污单位和排入的河流、水域、水功能区。

④ 流域或区域入河排污口监测，监测的入河排污口污染物质量和污水排放量之和应分别大于该流域或区域入河污染物质量和污水排放总量的80%。

⑤ 入河排污口监测应同步施测污水排放量和主要污染物质的排放浓度，并计算入河污染物排放总量。

⑥ 对入河排污口污水进行调查、测量和采集样品时，应采取有效防护措施，防止有毒有害物质、放射性物质和热污染等危及人身安全。

2. 入河排污口调查

(1) 流域或区域入河排污口的调查范围

① 县级以上城市市区、人口集中的小城镇及其城镇工业园、经济开发区和其他工业聚集区。

② 建有化工、冶炼、采矿、造纸、印染、屠宰、酿造、木材加工等工业企业的村镇。

③ 县（区或乡）农业生产和生活区，如禽畜与水产养殖区、规模农田灌排区等。

(2) 工业企业类入河排污口调查内容

① 企业名称、厂址、企业性质、生产规模、产品、产量、生产水平等。

② 工艺流程、原理、工艺水平，以及能源和原材料种类、成分、消耗量。

③ 供水类型、水源、供水量、水平衡、水的重复利用率。

④ 生产布局，物料平衡，污水排放系统和排放规律，主要污染物种类、排放浓度和排放量，污水处理工艺及设施运行情况。

⑤ 入河排污口位置和控制方式。

(3) 城镇居民生活类入河排污口调查内容

① 城镇人口。

② 居民生活区布局。

③ 自来水供水量、居民用水定额。

④ 生活污水去向。

(4) 医疗污水类入河排污口调查内容

① 医疗机构分布和医疗用水量。

② 医疗污水处理设施及运行情况。

③ 入河排污口位置及控制方式。

(5) 市政污水类入河排污口调查内容

① 城市下水道管网分布状况、服务人口、服务面积和污水收集率等。

② 城镇集中式污水处理设施日处理能力、运行状况及入河排污口位置和控制方式。

③ 市政污水入河排污口位置、数量和控制方式。

④ 生活垃圾处理场位置、处置方式及垃圾填埋渗滤液的控制。

(6) 农村生活污染源调查内容

① 农村常住人口数量、经济条件、生活方式。

② 农村生活垃圾、生活污水的产生情况。

③ 农村家庭生活供水情况、有无下水装置、户数等。

④ 农村生活污水和生活垃圾集中处理方式或分散处理方式，不同处理方式的农户数。

(7) 农业生产污染源调查内容

① 农田面积及主要农作物品种。

② 农药的使用品种、品名、有效成分及含量、使用方法和使用量、使用年限等。

③ 化肥的使用品种、数量和方式。

④ 农田灌溉方式和用水量、农田退水流向。

⑤ 规模化集约化禽畜养殖场养殖品种、数量，污水处理设施及运行情况、排污方式、入河排污口位置及控制方式。

⑥ 其他农业废弃物。

(8) 入河排污口调查基本要求

① 通过广泛收集相关资料，开展必要的现场勘察，确定江河湖库水功能区入河排污口具体位置。

② 对某一入河排污口的调查，应区分是单一排污单位还是多个排污单位共用，并调查分析入河排污口所排废污水来源、组成。

③ 入河排污口为温排水的，应有温水排放量和温升数据；对排放有毒有机物的，应有较详细的调查监测数据。

④ 调查农村生活污水和生活垃圾的产生和排放数量，获得农村生活污水和生活垃圾的产排污系数。以区域为调查单元，以农户为调查对象，核算农村生活污染物产生和排放数量。

⑤ 新增与改扩建的入河排污口，应及时调查上报，并说明设置单位原有入河排污口的基本情况。

⑥ 以市（县）为单位，将调查到的资料统计整理、绘制图表、整编、建档。

(9) 定期复核　为掌握入河排污口动态变化状况，应对流域或区域内的入河排污口进行定期复核调查。

五、应急监测站点布设

应急监测是指在突发重大公共水事件，如水污染事件、水生态破坏事件、特大水旱等自然灾害危及饮用水源安全的紧急情况下，为发现或查明污染物种类、浓度、危害程度和水生态环境恶化范围而对敏感水域进行的动态监测。

1. 应急监测机制和报告制度

(1) 应急监测机制　应急监测实行属地管理为主、分级响应和跨区域联动机制。当突发重大公共水事件时，各级水文机构和流域水环境监测机构应当按照地方应急事件指挥机构或上级主管部门的要求，承担应急监测任务。根据水资源管理和保护的需要，各级水文机构和流域水环境监测机构应当制定应急监测预案，适时开展水环境水生态应急监测演练，不断提高应急监测能力。

（2）突发重大公共水事件报告制度

① 突发重大公共水事件实行逐级报告制度。当发现或获悉发生公共水事件时，各级水文机构和流域水环境监测机构应及时向当地人民政府和上一级水行政主管部门报告，紧急情况下可越级报告，并向可能受到影响的上下游或左右岸相关地区水行政主管部门通报。

② 报告的内容包括发生地点、污染类型、可能的影响和已采取的措施等。并要继续关注事件发展动态，及时续报。有条件的，应同时采集现场的音像等资料。

③ 报告的方式可采用电话、电子邮件、传真、文件等，但应确保信息及时，内容准确，并符合国家保密规定。

④ 以各种方式传递的突发事件信息均应按规定备份存档，并应记录传递方式、时间、传递人、接收的单位、接收的时间和人员等。

2. 水污染事件调查

（1）水污染事件调查要求

① 当发现或获悉水污染事件或水生态破坏事件时，各级水文机构应按就近原则，及时开展调查。

② 一般水污染事件或水生态破坏事件，由当地水文机构协同有关部门或机构进行调查。

③ 发生较大和重大水污染事件或水生态破坏事件，可能影响到跨设区市界的江河湖库时，由省级水文机构协同有关部门或机构进行调查。

④ 可能影响到跨省界江河湖库的重大水污染事件或水生态破坏事件，由流域水环境监测机构协同有关部门或机构进行调查；特别重大事件可经授权由流域水环境监测机构协同当地有关部门或机构组织开展调查。

⑤ 在接到上级指示或事故发生地水文机构的紧急技术支持请求时，流域水环境监测机构应驰援协助开展调查。

（2）水污染事件调查内容

① 对一般水污染事件和水生态环境破坏事件，调查发生的时间、水域、污染物类型和数量或藻类暴发、各类损失等情况。

② 对重大和特别重大水污染事件或水生态环境破坏事件，调查发生的原因、过程，采取的应急措施，处理结果，直接、潜在或间接的危害，遗留问题，社会影响，生态恢复等。

③ 对固定源引发的突发性水污染事件，调查事故发生位置、设备、材料、产品、主要污染物种类、理化性质和数量等。

④ 对流动源引发的突发性水污染事件，调查运送危险品或危险废物的外包装、准运证、押运证，危险品的名称、数量、来源、生产单位等。

（3）水污染事件调查简要报告　水污染事件或水生态环境破坏事件调查应有书面报

告。报告可分为简要报告（表）和调查报告，并应在规定的时间内及时提交。

（4）简要报告内容　简要报告（表）主要用于水污染事件或水生态破坏事件过程中的情况通报。视情况提交初报或续报。主要包括以下内容：

① 事件发生地点、时间、起因和性质、基本过程、受害和受损情况。

② 主要污染物、数量和污染类型，已采取的应急处置措施。

③ 危及或可能危及饮用水水源等敏感水域的情况、发展趋势、影响范围、处置情况、拟采取的措施以及下一步工作建议。

④ 受到或可能受到事件影响的水环境敏感点的分布示意图。

⑤ 事发现场的有关音像记录等。

⑥ 应急预案的启动，应急监测监测断面布设、断面间距离、采样频次与时间及人员分工安排。

⑦ 水域水文情势分析和可能影响的敏感水域分析，事发地和污水团演进沿程各时段动态监测结果，水污染影响程度、范围和发展趋势预测分析与评价。

⑧ 基本结论与有关建议。

（5）水污染事件处理报告　调查报告是在处理突发事件完毕后，对事件的处置措施、过程和结果的总结上报，主要包括以下内容：

① 事件发生的时间、发现或获悉时间、到达现场及监测时间；

② 事件发生的性质、原因及损失情况；

③ 事件发生的具体位置坐标、周边水系与水文情势、饮用水源等敏感水域分布状况；

④ 主要污染物种类、物理与化学性质、危险与危害程度；

⑤ 污染物进入水体的方式、数量、扩散方式、浓度及影响水域，或发生藻类暴发及生态危害范围；

⑥ 实施应急监测方案，包括采样点位、监测项目、分析方法、监测时间和频次；

⑦ 简要说明污染物对人群健康、水生态环境的危害特性，处理处置建议；

⑧ 附现场示意图、影像、监测结果以及必要的有关信息与来源说明；

⑨ 调查和监测单位及负责人盖章签字。

3. 水污染事件应急监测

（1）应急监测监测断面（点）布设　布设应急监测监测断面（点），应根据规范有关技术要求和污染物在水体中稀释、扩散的物理化学特征确定，并符合以下要求：

① 现场监测监测断面（点）布设应以事故发生地点及其附近水域为主，根据现场具体情况（如地形地貌等）和污染水体的特性（水流方向、扩散速度或流速）布设监测断面（点）。

② 河流监测应在事故地点及其下游布设监测断面（点），同时要在事故发生地的上游采集对照样。结合水流条件和污染物特性布设分层采样点，如地表水中污染物为石油类时，则可布设表层监测断面（点）。

③ 湖泊、水库监测应以事故发生地点为中心，按水流方向在一定间隔的扇形或圆形区域内布点采样，同时采集对照样品，并根据污染物的特性在不同水层采样。

④ 地下水监测应以事故发生地为中心，根据所在地段的地下水流向，采用网格法或

辐射法在事故发生地周边一定范围内布设监测井采样。同时，沿地下水主要补给路径，在事故发生地上游一定距离设置对照监测井采样。

⑤ 重要饮用水源地等敏感水域，应根据污染水体的传播特性（扩散速度、时间和估算浓度）布设监视监测断面（点）。

（2）水质动态监测　对水污染事件和水生态环境破坏事件发生后，滞留在水体中短期内不能消除、降解的污染物，或水体短期内不能恢复正常，应实施动态监测。

① 按实时水情变化，采取不同的监测频次和跟踪（移动）方式进行监测，以确定污染的影响范围和程度。

② 水污染动态监测应根据污染物质的性质和数量及水文要素等变化特点，设置若干个监测断面（点）。饮用水取水口应设置监测断面（点）。

③ 根据当地实时水文情势，可采用水文、水质等模型对水污染事件演进过程进行模拟和预测，并运用模型计算结果布设和调整监测断面（点）。

4. 应急监测样品采集

（1）应急监测样品采集要求

① 对于所有采集的样品，应分类保存，防止交叉污染。

② 现场无法测定的项目，应立即将样品送至实验室分析。

③ 应对事故发生地点、采样现场进行定位、录像或拍照。

④ 采集样品时应尽可能同步施测流量，如有必要应同时采集受到污染水域的沉积物样品。

⑤ 现场应采平行双样，一份供现场快速测定，一份供送回实验室测定。现场平行测定率应不低于20%，实验室测定同时还应测定有证标准物质质控样品。

⑥ 保存留样，以备复检或其他用途。未经批准，不得擅自处置。

（2）应急监测人员安全防护　应急监测人员应采取有效安全防护措施，并符合下列要求：

① 应急监测人员必须有两人以上同行进入事故现场。

② 采样人员进入事故现场应按规定穿戴防护服、防毒面具等防护设备，经事故现场指挥、警戒人员的许可，在确认安全的情况下进行采样。采集水样时，应穿戴救生衣和佩戴防护安全绳。

③ 进入易燃、易爆事故现场的应急监测车辆应配有防火、防爆安全装置。在确认安全的情况下，使用现场应急监测仪器设备进行现场监测。

④ 对送实验室进行分析的有毒有害、易燃易爆或性状不明样品，特别是污染源样品应用特别的标志（如图案、文字）加以注明，以便送样、接样和监测人员采取合适的防护措施，确保人身安全。

⑤ 对含有剧毒或大量有毒有害化合物的样品，不得随意处置，应做无害化处理。

（3）现场监测记录　现场监测记录应按规定格式进行详细填写，保证信息的完整性，并有审核人员的签名。监测任务完成后监测记录应归档保存。

5. 其他公共水事件应急监测

发生下列公共水事件之一的，应当进行应急监测：

① 启动跨流域或跨区域应急调水输水、水生态环境需水调度等。

② 河流、输水渠道、湖泊、水库发生水质突变，沿岸城镇生活、生产正常供水受到影响或出现大面积死鱼。

③ 河流上游蓄积大量高浓度污水的闸坝运行前后，特别是长期关闸遇首场洪水开闸运行前后，或在运行中泄量有大的改变。

④ 湖泊、大型水库等水域发生或可能发生大范围藻类暴发或其他生态危害。

⑤ 河流、湖泊发生二十年一遇及以上的大洪水及其退水期。

⑥ 河流、湖泊发生二十年一遇及以上的严重干旱期。

⑦ 跨省或跨设区市的河流、湖泊水污染联防期。

6. 其他公共水事件应急监测断面（点）布设

（1）监测断面（点）布设　其他公共水事件应急监测，应在下列水域布设监测断面（点）：

① 跨流域或跨区域应急调水输水干线节点（闸坝）处。

② 水生态环境需水调度控制节点处。

③ 枯水期易发生水质严重恶化，危及沿岸城市供水安全的河段。

④ 污染严重的主要河流出入省界处。

⑤ 污染严重的主要支流，流入国家确定的重要江河湖泊的河口处。

⑥ 有大量污水积蓄的闸坝处。

⑦ 易大面积暴发水华（湖泛）的水域。

⑧ 发生大洪水、严重干旱、地震等自然灾害区域的饮用水源地，洪水淹没区内有毒危险品存放地的周边水域。

⑨ 其他易发生水质恶化的水域。

（2）动态监测方式　其他公共水事件应急监测，可按不同水情和污染状况，因地制宜地采取定点监测和干支流河道、调（输）水沿线、上下游间跟踪（移动）监测相结合，河道水量水质同步监测和入河排污口水量水质同步监测相结合，实验室内测定和水质自动监测站在线监测相结合等动态监测方式。

（3）其他公共水事件应急监测有关事项　其他公共水事件应急监测有关采样、监测频率、监测项目、分析方法标准、质量控制、安全防护、结果报告等，均应符合规范相关技术规定。

参考文献

[1] 水利部水文局. SL 219—2013 水环境监测规范 [S]. 北京：中国水利水电出版社，2014.

[2] 毛学文，邓英春. 常规水质监测采样频率研究 [C] //全国水文学术讨论会论文集. 南京：河海大学出版社，2004.

[3] 芮孝芳. 水文学原理 [M]. 北京：中国水利水电出版社，2004.

[4] 张书农. 环境水力学 [M]. 南京：河海大学出版社，1988.

[5] [美] Sanders T G，等. 水质监测站网设计 [M]. 金立新，等译. 南京：河海大学出版社，1989.

[6] 傅国伟. 河流水质数学模型及其模拟计算 [M]. 北京：中国环境科学出版社，1987.

[7] 谢永明. 环境水质模型概论 [M]. 北京：中国科学技术出版社，1996.

[8] 李天杰，宁大同，薛纪渝，等. 环境地学原理 [M]. 北京：化学工业出版社，2004.

[9] 侯景儒，黄竞先. 地质统计学的理论与方法 [M]. 北京：地质出版社，1990.

[10] [德] 金士博 W. 水环境数学模型 [M]. 北京：中国建筑工业出版社，1987.

[11] 张永良，刘培哲. 水环境容量综合手册 [M]. 北京：清华大学出版社，1991.

[12] 方子云，等. 水资源保护手册 [M]. 南京：河海大学出版社，1988.

[13] 安徽省水利厅，安徽省环境保护局. 安徽省水功能区划 [M]. 北京：中国水利水电出版社，2004.

[14] 朱党生,王超,程晓冰. 水资源保护规划理论及技术 [M]. 北京：中国水利水电出版社，2001.

[15] 陶月赞，郑恒强，汪学福. 用 Kriging 方法评价地下水监测网密度 [J]. 水文，2003，23 (2)：46-48.

[16] Fethi B J,et al. Multivariate geostatistical design of ground-water monitoring network [J]. Water Resources Planning and Management,1994，120 (4)：502-522.

[17] Loaiciga H A，et al. Review of ground-water quality monitoring network design [J]. Hgdro Engrg ASCE，1992,118(1)：11-37.

[18] Maidment D R，等. 水文学手册 [M]. 张建云，李纪生，等译. 北京：科学出版社，2002.

[19] 葛守西. 现代洪文预报技术 [M]. 北京：中国水利水电出版社，1999.

[20] 国家环境保护局,《空气和废气监测分析方法》编写组. 空气和废气监测分析方法 [M]. 北京：中国环境科学出版社，1990.

[21] 金光炎. 水文水资源分析研究 [M]. 北京：东南大学出版社，2003.

[22] 夏青，陈艳卿，刘宪兵. 水质基准与水质标准 [M]. 北京：中国标准出版社，2004.

[23] 谢贤群，王立军. 水环境要素观测与分析 [M]. 北京：中国标准出版社，1998.

[24] 水利部水文局，长江水利委员会水文局. 水文情报预报技术手册 [M]. 北京：中国水利水电出版社，2010.

[25] 金相灿，刘鸿亮，屠清瑛，等. 中国湖泊富营养化 [M]. 北京：中国环境科学出版社，1990.

[26] 中国医学科学院卫生研究所. 水质分析法 [M]. 北京：人民卫生出版社，1983.

[27] 刘兆昌，张兰生，聂永丰，等. 地下水系统的污染与控制 [M]. 北京：中国环境科学出版社，1991.

[28] 冀天宝. 环保知识与工作问答 [M]. 北京：化学工业出版社，1987.

[29] 龚书椿，陈应新，韩玉莲，等. 环境化学 [M]. 北京：华东师范大学出版社，1991.

第三章 水环境监测样品采集与分析方法

第一节 水环境监测样品采集频次

一、地表水监测频次与时间

1. 采样频次与时间确定原则

采样频次与时间确定应遵循以下原则：

① 采集的样品在时间和空间上具有足够的代表性，能反映水资源质量自然变化和受人类活动影响的变化规律。

② 符合水功能区管理与水资源保护的要求。

③ 充分考虑水工程调度与运行、入河污染物随水文情势变化在时间和空间上对水体影响的过程与范围。

④ 力求以最低的采样频次取得最具有时间代表性的样品；既要满足反映水体质量状况的需要，又要实际可行。

2. 河流、湖泊、水库采样频次与时间

河流、湖泊、水库监测频次和采样时间规定如下：

① 国家重点水质站应每月采样 1 次，全年不少于 12 次，遇特大水旱灾害期应增加采样频次。

② 国家一般水质站应在丰水期、平水期、枯水期各采样 2 次，或按单数或双数月份采样 1 次，全年不少于 6 次。

③ 出入国境河段或水域、重要省际河流等水环境敏感水域，应每月采样 1 次，全年不少于 12 次。发生水事纠纷或水污染严重时应增加采样频次。

④ 河流水系背景监测断面应每年采样 6 次，丰水期、平水期、枯水期各 2 次。

⑤ 流经城市或工业聚集区等污染严重的河段、湖泊、水库或其他敏感水域，应每月采样 1 次，全年不少于 12 次。

⑥ 水污染有季节差异时，采样频次可按污染和非污染季节适当调整，污染季节应增加采样频次，非污染季节可按月监测，全年监测不少于 12 次。

3. 水功能区采样频次与时间

① 水功能一级区中的保护区（自然保护区、源头水保护区）、保留区应每年采样 6

次，丰水期、平水期、枯水期各2次。

② 水功能一级区中的缓冲区、跨流域等大型调水工程水源地保护区，应每月采样1次，全年不少于12次。发生水事纠纷或水污染严重时应增加采样频次。

③ 水功能二级区中的重要饮用水源区应按旬采样，每月3次，全年36次。一般饮用水源区每月采样2次，全年24次。

④ 其他水功能二级区每月采样1次，全年不少于12次。相邻水功能区间水质有相互影响的或有水事纠纷的，应增加采样频次。

4. 其他水环境监测采样频次与时间

① 潮汐河段和河口采样频次每年不少于3次，按丰水期、平水期、枯水期进行，每次采样应在当月大汛或小汛日采高平潮与低平潮水样各1个；全潮分析的水样采集时间可从第一个落憩到出现涨憩，每隔1～2h采1个水样，周而复始直到全潮结束。

② 河流、湖泊、水库洪水期、最枯水位、封冻期、流域性大型调水期以及大型水库泄洪、排沙运行期，应适当增加采样频次。

③ 受水工程控制或影响的水域采样频次应依据水工程调度与运行办法确定。

④ 地处人烟稀少的高原、高寒地区及偏远山区等交通不便的水质站，采样频次原则上可按每年的丰水期、平水期、枯水期或按汛期、非汛期各采样1次。

⑤ 除饮用水源区外，其他水质良好且常年稳定无变化的河流、湖泊、水库，可以酌情降低监测频次。

⑥ 为保证水质监测资料的可比性，国家基本水质站的采样时间统一规定在当月20日前完成，同一河段或水域的采样时间宜尽可能安排在同一时间段进行。

⑦ 专用水质站的采样频次与时间，视监测目的和要求参照以上采样频次与时间确定。

二、地下水监测频次与时间

1. 水质监测采样频次与时间

地下水监测频次和采样时间规定如下：

① 国家重点水质监测井应在每月采样1次，全年12次；背景值监测井不得少于每年枯水期采样1次。

② 国家一般水质监测井应在采样月采样，不得少于丰水期、平水期、枯水期各采样一次。

③ 地下水污染严重区域的监测井，应在每月采样一次，全年不得少于12次。

④ 以地下水作为主要生活饮用水源的地区，日供水量≥1万立方米的监测井应在每月采样1次，全年不少于12次；日供水量<1万立方米的监测井，应在采样月采样1次，不得少于丰水期、平水期、枯水期各采样1次。

⑤ 国家基本监测井的采样时间统一规定在采样月的20日前完成。同一水文地质单元的监测井采样时间应基本保持一致。

⑥ 专用监测井采样时间与频次，按监测目的与要求确定。

⑦ 遇到特殊情况（水质发生异常变化）或发生污染事故，可能影响地下水供水安全时，应增加采样频次。

2. 地下水功能区采样频次与时间

地下水功能区采样频次与时间要求具体规定如下：

① 特大型、大型集中式供水水源区和跨省级行政区的监测井，应在每月采样 1 次，全年 12 次。

② 中型集中式供水水源区、分散式开发利用区应在每季度的采样月采样 1 次，全年 4 次。

③ 其他地下水二级功能区应在丰水期、平水期、枯水期的采样月各采样 1 次。偏远地区每年汛期和非汛期至少各采样 1 次。

④ 地下水功能区水质良好且稳定的，可适当降低采样频次，但不得少于汛期和非汛期各采样 1 次；水污染严重或用水矛盾突出、有纠纷的，应适当增加采样频次。

第二节　水环境监测其他样品采集与分析

一、大气降水监测频次与时间

1. 采样频次

大气降水采样频次的确定应符合以下规定：

① 国家重点监测站点逢降雨（雪）即测。

② 少雨季节时，每次采样按 1 段或 2 段采样 1～2 次；多雨季节时，每次采样按 4 段采样 2～4 次。

③ 干旱或半干旱地区，一般监测站点每年采样不得少于 4 次，每季度各 1 次。

④ 湿润地区和大气污染严重地区在雨季时，适当增加采样频次，并可按常年降水场次与月均降水量大小确定各月采样频次。

⑤ 偏远和交通不便的地区，采样频次可适当降低，但每年不得低于多雨和少雨季节各一次。

⑥ 专用监测站点按监测目的与要求确定。

2. 采样时间

大气降水采样时段与时间的确定应符合以下要求：

① 降水水样在降水初期采集，特别是干旱后的第一次降水。

② 各季节盛行风向不同时，按季节采样。

③ 当降水量在非汛期＞5mm、汛期＞10mm，雪＞2mm 时采样。

④ 与水文雨量观测时段相结合：少雨季节，按 1 段 8 时采样或 2 段 8 时与 20 时采样；多雨季节，按 4 段 14 时、20 时、2 时与 8 时采样。

⑤ 每次采样以 24h 作为一次采样周期，若一天中有几次降雨（雪）过程，可合并为一个样品测定；若遇连续几天降雨（雪），则将上午 9：00 至次日上午 9：00 的降雨（雪）视为一个样品。

⑥ 自动采样器防尘盖须在降雨（雪）开始 1min 内打开，在降雨（雪）结束后 5min 内关闭。

二、水体沉降物监测频次与时间

水体沉降物监测采样频次与时间应符合以下要求：

① 国家基本水质站监测断面沉积物样品每年应采样 1～2 次，分别在汛期和非汛期进行。悬浮物（悬移质）样品可不定期进行采集，通常在丰水期采集。

② 水生态调查与监测的监测断面，沉积物样品每年应采样 1 次，在平水期与水生态调查和监测同期进行。

③ 专用站监测断面、排污口区监测断面和柱状样品视监测目的与要求确定。

三、水生态监测频次与时间

1. 水生态采样频次与时间

水生态调查与监测应与地表水监测和水体沉降物监测采样时间与频次相结合，并同步进行水质、沉积物和水生生物采样。河岸带（湖滨带）调查与监测时间和频次要求如下：

① 国家基本站应每年收集气象常规、自然地理、水文水情等相关信息，并按国家和行业的技术规范要求进行统计分析。

② 国家重点站所在河段或水域，河岸带（湖滨带）和生物群落监测应以 3～5 年为一周期，调查监测一次；国家一般站所在河段或水域，河岸带（湖滨带）调查与生物群落监测可参照执行。

③ 在周期监测年份内，河岸带（湖滨带）野外调查应选在基流条件（即平水期）或初夏季节调查一次；每年可不重复安排一部分河段或水域进行河岸带（湖滨带）调查与生物群落监测，3～5 年内完成一个监测周期的水生态调查与监测。

2. 水生物采样频次与时间

国家重点站水生物监测采样频次与时间应符合以下规定，国家一般站可参照执行，专用站按监测要求与目的确定。

① 浮游生物每季采样 1 次，全年 4 次。

② 着生生物春秋季各采样 1 次，全年 2 次。

③ 底栖动物春秋季各采样 1 次，全年 2 次。

④ 鱼类样品在秋季采集，全年 1 次，也可按丰水期、平水期、枯水期或一年四季采集。

⑤ 水体初级生产力监测每年不得少于 2 次，春秋季各 1 次。

⑥ 生物体污染物残留量监测每年 1 次，在秋季或冬季采集样品。

⑦ 主要入河排污口污水毒性生物测试可不定期进行，宜在排污口排放的有毒污染物浓度最高时采集样品。

⑧ 水体卫生学项目（如细菌总数、总大肠菌群数、粪大肠菌群数和粪链球菌群数）与地表水水质监测频率相同。

⑨ 同一类群的生物样品采集时间（季节、月份）应尽量保持一致。浮游生物样品的采集时间以上午 8:00～10:00 时为宜。

四、入河排污口监测频次与时间

1. 入河排污口监测频次

入河排污口污水流量和水质同步监测的频次应符合以下要求：

① 入河排污口调查性监测每年不少于 1 次；监督性监测每年不少于 2 次。

② 列为国家、流域或省级年度重点监测的入河排污口，每年不少于 4 次。

③ 因水行政管理的需要所进行的入河排污口抽查性监测，依照管理部门或机构的要求确定监测频次。

2. 污水流量测量和采样频次与时间

入河排污口污水流量测量和采样应符合以下要求：

① 入河排污口为连续排放的，每隔 6～8h 测量和采样一次，连续施测 2 天。

② 入河排污口为间歇排放的，每隔 2～4h 测量和采样一次，连续施测 2 天。

③ 入河排污口为季节性排放的，应调查了解排污周期和排放规律，在污水排放期间，每隔 6～8h 测量和采样一次，连续施测 2 天。

④ 入河排污口发生事故性排污时，每隔 1h 测量和采样一次，延续时间可视具体情况而定。

⑤ 入河排污口污水排放有明显波动又无规律可循的，则应加密测量和采样频次；入河排污口污水排放稳定或有明显排放规律的，可适当降低测量和采样频次。

⑥ 入河排污口受潮汐影响的，应根据污水排放规律及潮汐周期确定测量间隔与频次。

⑦ 有条件的，可根据监测结果绘制入河排污口污水和污染物排放曲线（浓度-时间、流量-时间、总量-时间），优化调整监测频次和监测时间。

五、应急监测频次

应急监测频次应根据现场污染程度、影响范围及变化趋势确定和动态调整，应急监测频次的确定应符合以下原则：

① 事发阶段的监测频次应加密，采样时间间隔短，必要时采用连续监测。

② 事中阶段应根据污水团演进过程、演进速度和影响范围，动态调整各监测断面（点）的监测频次和时间间隔。

③ 后期阶段或在基本确认污染程度、影响范围和发展变化趋势后，可逐渐减少现场监测频次，或终止监测。

第三节　水环境监测项目与分析方法

一、地表水水环境监测项目与分析方法

1. 选择水环境监测项目原则

选择水环境监测项目应符合以下原则：

① 国家和行业地表水环境、水资源质量标准中规定的监测项目。

② 国家水污染物排放标准中要求控制的监测项目。

③ 反映本地区天然水化学特征与污染源特征的监测项目。

2. 地表水水质监测项目

地表水水质监测项目规定如下：

① 国家重点水质站和一般水质站监测项目应符合表 3-1 常规项目要求，潮汐河流常规项目还应增加盐度和氯化物等。国家重点水质站在汛期和非汛期，应增测表 3-1 中非常规项目，一般水质站可参照执行。

表 3-1　地表水水质监测项目

地表水类型	常规项目	非常规项目
河流	水温、pH 值、溶解氧、高锰酸盐指数、化学需氧量、五日生化需氧量、氨氮、总磷、总氮、铜、锌、氟化物、硒、砷、汞、镉、六价铬、铅、氰化物、挥发酚、石油类、阴离子表面活性剂、硫化物、粪大肠菌群	矿化度、总硬度、电导率、悬浮物、硝酸盐氮、硫酸盐、氯化物、碳酸盐、重碳酸盐、总有机碳、钾、钠、钙、镁、铁、锰、镍。其他项目可根据水功能区和入河排污口管理需要确定
湖泊水库	水温、pH 值、溶解氧、高锰酸盐指数、化学需氧量、五日生化需氧量、氨氮、总磷、总氮、铜、锌、氟化物、硒、砷、汞、镉、六价铬、铅、氰化物、挥发酚、石油类、阴离子表面活性剂、硫化物、粪大肠菌群、氯化物、叶绿素 a、透明度	矿化度、总硬度、电导率、悬浮物、硝酸盐氮、硫酸盐、碳酸盐、重碳酸盐、总有机碳、钾、钠、钙、镁、铁、锰、镍。其他项目可根据水功能区和取退水许可管理需要确定
饮用水源地	水温、pH 值、溶解氧、高锰酸盐指数、化学需氧量、五日生化需氧量、氨氮、总磷、总氮、铜、锌、氟化物、硒、砷、汞、镉、六价铬、铅、氰化物、挥发酚、石油类、阴离子表面活性剂、硫化物、粪大肠菌群、氯化物、硫酸盐、硝酸盐氮、总硬度、电导率、铁、锰、铝	三氯甲烷、四氯化碳、三溴甲烷、二氯甲烷、1,2-二氯乙烷、环氧氯丙烷、氯乙烯、1,1-二氯乙烯、1,2-二氯乙烯、三氯乙烯、四氯乙烯、氯丁二烯、六氯丁二烯、苯乙烯、甲醛、乙醛、丙烯醛、三氯乙醛、苯、甲苯、乙苯、二甲苯①、异丙苯、氯苯、1,2-二氯苯、1,4-二氯苯、三氯苯②、四氯苯③、六氯苯、硝基苯、二硝基苯④、2,4-二硝基甲苯、2,4,6-三硝基甲苯、硝基氯苯⑤、2,4-二硝基氯苯、2,4-二氯苯酚、2,4,6-三氯苯酚、五氯酚、苯胺、联苯胺、丙烯酰胺、丙烯腈、邻苯二甲酸二丁酯、邻苯二甲酸二(2-乙基己基)酯、水合肼、四乙基铅、吡啶、松节油、苦味酸、丁基黄原酸、活性氯、滴滴涕、林丹、环氧七氯、对硫磷、甲基对硫磷、马拉硫磷、乐果、敌敌畏、敌百虫、内吸磷、百菌清、甲萘威、溴氰菊酯、阿特拉津、苯并[*a*]芘、甲基汞、多氯联苯⑥、微囊藻毒素-LR、黄磷、钼、钴、铍、硼、锑、镍、钡、钒、钛、铊

① 二甲苯指邻二甲苯、间二甲苯和对二甲苯。

② 三氯苯指 1,2,3-三氯苯、1,2,4-三氯苯和 1,3,5-三氯苯。

③ 四氯苯指 1,2,3,4-四氯苯、1,2,3,5-四氯苯和 1,2,4,5-四氯苯。

④ 二硝基苯指邻二硝基苯、间二硝基苯和对二硝基苯。

⑤ 硝基氯苯指邻硝基氯苯、间硝基氯苯和对硝基氯苯。

⑥ 多氯联苯指 PCB-1016、PCB-1221、PCB-1232、PCB-1242、PCB-1248、PCB-1254 和 PCB-1260。

② 饮用水源区监测项目应符合表 3-1 常规项目要求，还应根据当地水质特征，增测表 3-1 中非常规项目。

③ 其他水功能区监测项目除应符合表 3-1 常规项目要求外，还应根据排入水功能区的主要污染物质种类增加其他监测项目。

④ 受水工程控制或影响的水域监测项目除应符合表 3-1 常规项目要求外，还应根据工程类型与规模、影响因素与范围等增加其他监测项目。泄洪期间应增测气体过饱和等监测项目。

⑤ 专用水质站监测项目可根据设站目的与要求，参照表 3-1 常规项目和非常规项目确定监测项目。

3. 水质分析方法选用原则

水质分析方法选用应符合以下原则：

① 选用国家标准分析方法、行业标准分析方法或统一分析方法。

② 河流、湖泊、水库等地表水监测项目应优先选用地表水环境质量标准、渔业水质标准、农田灌溉水质标准和生活饮用水卫生标准规定的分析方法。

③ 特殊监测项目尚无国家或行业标准分析方法或统一分析方法时，可采用 ISO 等标准分析方法，但必须进行适用性检验，验证其检出限、准确度和精密度等技术指标均能达到质控要求。

④ 当规定的分析方法应用于基体复杂或干扰严重的样品分析时，应增加必要的消除基体干扰的净化步骤等，并进行可适用性检验。

⑤ 地表水水质分析方法见表 3-2。

表 3-2 地表水水质分析方法

序号	监测项目	分析方法	方法来源
1	水温	温度计或颠倒温度计测定法	GB 13195
2	pH 值	玻璃电极法	GB 6920
3	电导率	电导仪法	SL 78
4	透明度	透明度计法、圆盘法	SL 87
5	矿化度	重量法	SL 79
6	叶绿素	分光光度法	SL 88
7	总硬度	EDTA 滴定法	GB 7477
		乙二胺四乙酸二钠滴定法	GB 5750.4
8	悬浮物	重量法	GB 11901
9	溶解氧	碘量法	GB 7489
		电化学探头法	HJ 506
10	高锰酸盐指数	高锰酸盐指数法	GB 11892
11	化学需氧量	重铬酸盐法	HJ 828
		快速消解分光光度法	HJ/T 399
12	五日生化需氧量	稀释与接种法	HJ 505
		微生物传感器快速测定法	HJ/T 86

续表

序号	监测项目	分析方法	方法来源
13	氨氮	纳氏试剂分光光度法	HJ 535
		水杨酸分光光度法	HJ 536
		蒸馏-中和滴定法	HJ 537
14	挥发酚	4-氨基安替比林分光光度法	HJ 503
		溴化容量法	HJ 502
15	氰化物	硝酸银滴定法	HJ 484
		吡啶-巴比妥酸比色法	HJ 484
		异烟酸-吡唑啉酮比色法	GB/T 5750.5
16	石油类	红外分光光度法	HJ 637
		非分散红外光度法	HJ 637
		紫外分光光度法	SL 84
17	总磷	钼酸铵分光光度法	GB 11893
18	总氮	碱性过硫酸钾消解紫外分光光度法	HJ 636
19	硝酸盐氮	酚二磺酸分光光度法	GB 7480
		紫外分光光度法	GB/T 5750.5
		离子色谱法	HJ 84
20	亚硝酸盐氮	分光光度法	GB 7493
		重氮偶合分光光度法	GB/T 5750.5
		离子色谱法	HJ 84
21	氯化物	硝酸银滴定法	GB 11896
		硝酸汞容量法	GB/T 5750.5
		离子色谱法	HJ 84
22	氟化物	茜素磺酸锆目视比色法	HJ 487
		氟试剂分光光度法	HJ 488
		离子色谱法	HJ 84
23	硫酸盐	火焰原子吸收分光光度法	GB/T 13196
		铬酸钡分光光度法	GB/T 5750.5
		EDTA 滴定法	SL 85
		离子色谱法	HJ 84
24	碳酸盐	酸碱滴定法	SL 83
25	重碳酸盐	酸碱滴定法	SL 83
26	硫化物	亚甲基蓝分光光度法	GB/T 16489
		直接显色分光光度法	GB/T 17133
		碘量法	GB/T 5750.5
27	阴离子表面活性剂	电位滴定法	GB 13199
		亚甲蓝分光光度法	GB 7494
		二氮杂菲萃取分光光度法	GB/T 5750.4

续表

序号	监测项目	分析方法	方法来源
28	总有机碳	燃烧氧化-非分散红外吸收法	HJ 501
29	粪大肠菌群	多管发酵法	SL 355
30	砷	二乙基二硫代氨基甲酸银分光光度法	GB 7485
		电感耦合等离子发射光谱法	GB/T 5750.6
		电感耦合等离子体原子发射光谱法	SL 394
		原子荧光光度法	SL 327.1
31	汞	冷原子吸收分光光度法	HJ 597
		双硫腙分光光度法	GB 7469
		电感耦合等离子体原子发射光谱法	SL 394
		原子荧光光度法	SL 327.2
32	铬(六价)	二苯碳酰二肼分光光度法	GB 7467
		电感耦合等离子发射光谱法	GB/T 5750.6
33	铜	原子吸收分光光度法	GB 7475
		电感耦合等离子发射光谱法	GB/T 5750.6
		2,9-二甲基-1,10-菲啰啉分光光度法	HJ 486
		二乙基二硫代氨基甲酸钠分光光度法	HJ 485
		电感耦合等离子体原子发射光谱法	SL394
34	铅	原子吸收分光光度法	GB 7475
		双硫腙分光光度法	GB 7470
		电感耦合等离子发射光谱法	GB/T 5750.6
		电感耦合等离子体原子发射光谱法	SL 394
		原子荧光光度法	SL 327.4
35	锌	原子吸收分光光度法	GB 7475
		双硫腙分光光度法	GB 7472
		电感耦合等离子发射光谱法	GB/T 5750.6
		电感耦合等离子体原子发射光谱法	SL 394
36	镉	原子吸收分光光度法	GB 7475
		双硫腙分光光度法	GB 7471
		电感耦合等离子发射光谱法	GB/T 5750.6
		电感耦合等离子体原子发射光谱法	SL 394
37	铁	火焰原子吸收分光光度法	GB 11911
		电感耦合等离子发射光谱法	GB/T 5750.6
		电感耦合等离子体原子发射光谱法	SL 394
38	锰	火焰原子吸收分光光度法	GB 11911
		高碘酸钾分光光度法	GB 11906
		电感耦合等离子发射光谱法	GB/T 5750.6
		电感耦合等离子体原子发射光谱法	SL 394

续表

序号	监测项目	分析方法	方法来源
39	镍	火焰原子吸收分光光度法	GB 11912
		丁二酮肟分光光度法	GB 11910
		电感耦合等离子发射光谱法	GB/T 5750.6
		电感耦合等离子体原子发射光谱法	SL 394
40	硒	2,3-二氨基萘荧光法	GB 11902
		石墨炉原子吸收分光光度法	GB 15505
		电感耦合等离子发射光谱法	GB/T 5750.6
		原子荧光光度法	SL 327
		铁(Ⅱ)邻菲啰啉间接分光光度法	SL/T 272
41	钾	火焰原子吸收分光光度法	GB 11904
		电感耦合等离子体原子发射光谱法	SL 394
		电感耦合等离子发射光谱法	GB/T 5750.6
42	钠	火焰原子吸收分光光度法	GB 11904
		电感耦合等离子发射光谱法	GB/T 5750.6
		电感耦合等离子体原子发射光谱法	SL 394
43	钙	原子吸收分光光度法	GB 11905
		EDTA 滴定法	GB 7476
		电感耦合等离子发射光谱法	GB/T 5750.6
		电感耦合等离子体原子发射光谱法	SL 394
44	镁	原子吸收分光光度法	GB 11905
		EDTA 滴定法	GB 7477
		电感耦合等离子发射光谱法	GB/T 5750.6
		电感耦合等离子体原子发射光谱法	SL 394
45	铝	电感耦合等离子发射光谱法	GB/T 5750.6
		电感耦合等离子体原子发射光谱法	SL 394

二、地下水水质监测项目与分析方法

1. 水质监测项目选择原则

地下水水质监测项目选择应符合以下原则：

① 反映本地区地下水主要天然水化学与水污染状况。

② 满足地下水资源管理与保护要求。

③ 按本地区地下水功能用途选择，并应符合相应质量标准的规定。

④ 矿区或地球化学高背景区，可根据矿物成分、丰度来选择。

⑤ 专用监测井按监测目的与要求选择。

2. 地下水水质监测项目

地下水水质监测项目分为常规项目和非常规项目两类。

① 国家重点水质监测井和一般水质监测井应符合表3-3中常规项目要求。地球化学背景高的地区和地下水污染严重区的控制监测井，应根据主要污染物增加有关监测项目。

表3-3 地下水水质监测项目

常规项目	非常规项目
pH值、总硬度、溶解性总固体、钾、钠、钙、镁、硝酸盐、硫酸盐、氯化物、重碳酸盐、亚硝酸盐、氟化物、氨氮、高锰酸盐指数、挥发性酚、氰化物、砷、汞、镉、六价铬、铅、铁、锰、总大肠菌群	色、嗅和味、浑浊度、肉眼可见物、铜、锌、钼、钴、阴离子合成洗涤剂、电导率、溴化物、碘化物、亚硝胺、硒、铍、钡、镍、六六六、滴滴涕、细菌总数、总α放射性、总β放射性

② 生活饮用水水源监测井的监测项目，应符合表3-3中常规项目要求，并根据实际情况增加反映本地区水质特征的其他有关监测项目。

③ 水源性地方病流行地区应另增加碘、钼、硒、亚硝胺以及其他有机物、微量元素和重金属等监测项目。

④ 沿海地区和北方盐碱区应另增加电导率、溴化物和碘化物等监测项目。

⑤ 农村地下水可选测有机氯、有机磷农药等监测项目。有机污染严重区域应增加苯系物、烃类等挥发性有机物监测项目。

⑥ 进行地下水水化学类型分类，应测定钙、镁、钠、钾阳离子以及氯化物、硫酸盐、重碳酸盐、硝酸盐等天然水化学项目。

⑦ 用于锅炉或冷却等工业用途的，应增加侵蚀性二氧化碳、磷酸盐等监测项目。

⑧ 矿泉水源调查应增加反映矿泉水特征和质量的监测项目。

3. 地下水水质分析方法

地下水水质分析方法的选用规定如下：

① 国家重点水质监测井、专用监测井、地下水资源普查的监测项目，其分析方法可选用《生活饮用水标准检验方法》(GB/T 5750) 和水利行业标准分析方法。

② 生活饮用水水源的监测项目，其分析方法应采用GB/T 5750。

③ 特殊监测项目尚无国家或行业标准分析方法时，可采用ISO等标准分析方法，但须进行适用性检验，验证其检出限、准确度和精密度等技术指标均能达到质控要求。

地下水水质分析方法见表3-4。

表3-4 地下水水质分析方法

序号	监测项目	分析方法	方法来源
1	pH值	(1)玻璃电极法 (2)标准缓冲溶液比色法	GB/T 5750.4 GB/T 6920 GB/T 5750.4
2	总硬度	(1)EDTA滴定法 (2)乙二胺四乙酸二钠滴定法	GB/T 7477 GB/T 5750.4
3	溶解性总固体	(1)重量法 (2)称量法	GB 11901 GB/T 5750.4
4	高锰酸盐指数	(1)酸性高锰酸钾氧化法 (2)碱性高锰酸钾氧化法	GB 11892 GB 11892
5	挥发酚	(1)4-氨基安替比林萃取光度法 (2)蒸馏后溴化容量法 (3)4-氨基安替比林三氯甲烷萃取光度法	HJ 503 HJ 502 GB/T 5750.4

续表

序号	监测项目	分析方法	方法来源
6	亚硝酸盐	(1)N-(1-萘基)-二乙胺光度法 (2)重氮偶合分光光度法	GB 7493 GB/T 5750.5
7	氨氮	(1)纳氏试剂光度法 (2)水杨酸分光光度法 (3)纳氏试剂分光光度法	HJ 535 HJ 536 GB/T 5750.5
8	硝酸盐	(1)酚二磺酸分光光度法 (2)离子色谱法 (3)紫外分光光度法	GB 7480 GB/T 5750.5 GB/T 5750.5
9	氯化物	(1)硝酸银滴定法 (2)离子色谱法	GB 11896 GB/T 5750.5
10	硫酸盐	(1)重量法 (2)火焰原子吸收分光光度法 (3)离子色谱法	GB 11899 GB/T 13196 GB/T 5750.5
11	重碳酸盐	酸滴定法	SL 83 GB 8538
12	氟化物	(1)离子选择电极法(含流动电极法) (2)氟试剂分光光度法 (3)离子色谱法	GB 7484 HJ 488 GB/T 5750.5
13	氰化物	(1)异烟酸-吡唑啉酮比色法 (2)吡啶-巴比妥酸比色法 (3)异烟酸-吡唑啉酮分光光度法	HJ 484 HJ 484 GB/T 5750.5
14	砷	(1)硼氢化钾-硝酸银分光光度法 (2)二乙基二硫化氨基甲酸银分光光度法 (3)原子荧光法 (4)氢化物原子荧光法	GB 11900 GB 7485 SL 327.1 GB/T 5750.6
15	镉	(1)火焰原子吸收法 (2)双硫腙分光光度法 (3)电感耦合等离子体发射光谱法 (4)无火焰原子吸收分光光度法	GB 7475 GB 7471 GB/T 5750.6 GB/T 5750.6
16	六价铬	二苯碳酰二肼分光光度法	GB 7467
17	汞	(1)冷原子吸收法 (2)原子荧光法 (3)双硫腙分光光度法 (4)原子荧光法	HJ 597 SL 327.2 GB 7469 GB/T 5750.6
18	铁	(1)火焰原子吸收法 (2)电感耦合等离子体发射光谱法 (3)二氮杂菲分光光度法	GB 11911 GB/T 5750.6 GB/T 5750.6
19	锰	(1)火焰原子吸收法 (2)高碘酸钾氧化光度法 (3)过硫酸铵分光光度法	GB 11911 GB 11906 GB/T 5750.6
20	钾	(1)火焰原子吸收法 (2)电感耦合等离子体发射光谱法	GB 11904 GB/T 5750.6
21	钠	(1)火焰原子吸收法 (2)电感耦合等离子体发射光谱法	GB 11904 GB/T 5750.6
22	钙	(1)火焰原子吸收法 (2)EDTA 络合滴定法 (3)电感耦合等离子体发射光谱法	GB 11905 GB 7476 GB/T 5750.6

续表

序号	监测项目	分析方法	方法来源
23	镁	(1)火焰原子吸收法 (2)EDTA络合滴定法 (3)电感耦合等离子体发射光谱法	GB 11905 GB 7477 GB/T 5750.6
24	总大肠菌群	(1)多管发酵法 (2)滤膜法	GB/T 5750.12 GB/T 5750.12

三、大气降水水质监测项目与分析方法

1. 大气降水监测项目

大气降水监测项目分为常规项目与非常规项目，详见表3-5。监测项目的选择应符合以下要求：

① 国家重点监测站点和一般监测站点的监测项目应符合表3-5中常规项目要求，并可根据本地区降水水质特征增加其他有关监测项目。

② 专用监测站点可按监测目的与要求，参照表3-5确定监测项目。

表3-5 大气降水监测项目

常规项目	非常规项目
pH值、电导率、硝酸盐、亚硝酸盐、氨氮、氟离子、氯离子、硫酸根、钾、钠、钙、镁	碳酸根、碳酸氢根、磷酸根、亚硫酸根、溴离子、铅、镉、甲酸根、乙酸根

2. 大气降水分析方法

大气降水分析方法应选用需要样品量少、方法灵敏度高的国家或行业标准分析方法。

大气降水监测项目分析方法见表3-6。

表3-6 大气降水监测项目分析方法

监测项目	分析方法	标准号
电导率	电极法	GB 13580.3
pH值	电极法	GB 13580.4
硫酸根	离子色谱法 硫酸钡比浊法 铬酸钡-二苯碳酰二肼光度法	GB 13580.5 GB 13580.6 GB 13580.6
硝酸根	离子色谱法 紫外光度法 镉柱还原光度法	GB 13580.5 GB 13580.8 GB 13580.8
氯离子	离子色谱法 硫氰酸汞高铁光度法	GB 13580.5 GB 13580.9
氟离子	离子色谱法 新氟试剂光度法	GB 13580.5 GB 13580.10
钾离子、钠离子	原子吸收分光光度法	GB 13580.12
钙离子、镁离子	原子吸收分光光度法	GB 13580.13
氨氮	纳氏试剂光度法 次氯酸钠-水杨酸光度法	GB 13580.11 GB 13580.11

续表

监测项目	分析方法	标准号
铅	原子吸收分光光度法	GB 7475
镉	原子吸收分光光度法	GB 7475

四、水体沉降物监测项目与分析方法

1. 监测项目与分析方法选择原则

（1）监测项目选择原则　监测项目的选择应符合以下原则：

① 能反映监测区域或河段沉降物基本特征。

② 全国沉降物评价统一要求的监测项目。

③ 矿区或土壤地球化学高背景区监测项目，根据矿物成分、丰度及土壤背景选择。

（2）分析方法选择原则　分析方法的选择原则是采用国家、行业现行有关标准或相关国际标准。

2. 水体沉降物监测项目与分析方法选择

（1）监测项目　水体沉降物监测项目分为常规项目与非常规项目，详见表 3-7。

表 3-7　水体沉降物监测项目

常规项目	非常规项目
pH 值、铜、铅、锌、镉、铬、汞、砷、总氮、总磷、六六六和滴滴涕、有机磷农药、6 种多环芳烃、有机质	颜色、臭、氧化还原电位、泥沙颗粒级配、硫化物、镍、硒、三氯乙醛、多氯联苯、氯酚类、有机硫农药等

（2）监测项目与分析方法的选用　监测项目与分析方法的选用规定如下：

① 国家基本站监测项目应符合表 3-7 水体沉降物常规项目的要求，水库、湖泊还应增加总氮、总磷监测项目。

② 根据当地实际情况，国家基本站可选择表 3-7 中有关非常规监测项目；根据监测目的与要求，还可选择不同形态和可提取态（吸附态）的监测项目。

③ 水体沉降物分析方法按监测目的与要求，可参照表 3-8 确定。

表 3-8　水体沉降物监测项目分析方法和方法来源

监测项目	分析方法	方法来源
pH 值	森林土壤 pH 测定	LY/T 1239
氧化还原电位	电位计法	SL 94
铜	火焰原子吸收分光光度法	GB/T 17138
镉	石墨炉原子吸收分光光度法	GB/T 17141
	萃取火焰原子吸收分光光度法	GB/T 17140
铅	石墨炉原子吸收分光光度法	GB/T 17141
	萃取火焰原子吸收分光光度法	GB/T 17140
铬	火焰原子吸收分光光度法	HJ 491
锌	火焰原子吸收分光光度法	GB/T 17138

续表

监测项目	分析方法	方法来源
镍	火焰原子吸收分光光度法	GB/T 17139
汞	原子荧光法	HJ 694
砷	原子荧光法	HJ 694
硒	荧光分光光度法	HJ 694
	二氨基联苯胺分光光度法	HJ 811
六六六和滴滴涕	电子捕获气相色谱法	GB/T 14550
6 种多环芳烃	高效液相色谱法	HJ 478
总磷	森林土壤磷的测定	LY/T 1232
总氮	森林土壤氮的测定	LY/T 1228
硫化物	亚甲基蓝分光光度法	GB/T 16489
	碘量法	HJ/T 60

五、水生态监测项目与分析方法

1. 水生态监测项目

河流、湖泊、水库水生态调查与监测主要内容包括水质、沉降物、水生生物监测与河岸带（包括湖滨带）调查 4 个方面。

① 国家基本站水生生物监测项目应符合表 3-9 常规项目要求；国家重点站生物体残毒指标每年监测 1 次，国家一般站可参照执行。

表 3-9　水生生物监测项目

指标类型	监测项目	水体类型	
		河流	湖库
生物群落	浮游植物	常规	常规
	浮游动物	常规	常规
	着生生物	常规	常规
	底栖动物	常规	常规
	水生维管束植物	非常规	常规
	鱼类	常规	常规
水体生产力	浮游植物初级生产力	非常规	非常规
	叶绿素	非常规	常规
卫生指标	细菌总数	常规	常规
	粪大肠菌群数	常规	常规
	总大肠菌群数	非常规	非常规
	粪链球菌群数	非常规	非常规
生物体残毒	铅、铜、镉、铬等重金属元素	非常规	非常规
	总汞	非常规	非常规
	总砷	非常规	非常规

续表

指标类型	监测项目	水体类型	
		河流	湖库
生物体残毒	总氰化物	非常规	非常规
	挥发酚	非常规	非常规
	有机农药类	非常规	非常规
	多环芳烃类(PAHs)	非常规	非常规
	多氯联苯类(PCBs)	非常规	非常规
综合毒性测试	发光强度抑制	非常规	非常规
	半致死浓度(LC_{50})	非常规	非常规

② 国家基本站主要入河排污口污水毒性生物测试可不定期进行。

③ 水体卫生学项目（如细菌总数、总大肠菌群数、粪大肠菌群数和粪链球菌群数）与地表水水质监测项目相同。

④ 专用站可根据监测要求与目的，按表 3-9 确定监测项目。

2. 水生态监测分析方法

水生生物监测项目分析方法和方法来源详见表 3-10。

表 3-10 水生生物监测项目分析方法和方法来源

指标类型	监测项目	分析方法	方法来源
生物群落	浮游植物	显微镜检法	书①
	浮游动物		
	着生生物		
	底栖动物		
	水生维管束植物		
	鱼类		
水体生产力	浮游植物初级生产力	黑白瓶测氧法	SL 354
	叶绿素	分光光度法	SL 88
卫生指标	细菌总数	平板法	GB/T 5750
	粪大肠菌群数	多管发酵法 滤膜法	SL 355
	总大肠菌群群数	多管发酵法 滤膜法	SL 355
	粪链球菌群数	多管发酵法和滤膜法	CJ/T 141～150
生物体残毒	铅、铜、镉、铬等重金属元素	原子吸收分光光度法	GB 7475
	总汞	冷原子吸收法	HJ 597
	总砷	比色法	GB 7485
	总氰化物	蒸馏-比色法	HJ 484
	挥发酚	蒸馏-比色法	HJ 502
	有机农药类	气相色谱法	GB 13192、GB 7492

续表

指标类型	监测项目	分析方法	方法来源
生物体残毒	多环芳烃类(PAHs)	液相色谱法	HJ 478
	多氯联苯类(PCBs)	气相色谱法	GB/T 22331
综合毒性测试	发光强度抑制	发光细菌法	GB/T 15441
	半致死浓度(LC_{50})	急性毒性测定方法	GB/T 13267

①《水和废水监测分析方法（第四版）》，中国环境科学出版社，2002 年。

六、入河排污口监测项目与分析方法

1. 入河排污口水质监测项目

入河排污口水质监测项目的选择应根据表 3-11 污水类型选择国家实施水污染物总量控制和优先控制污染物的监测项目，所采用的分析方法应符合国家和行业有关标准的规定。

表 3-11 入河排污口水质监测项目表

污水类型	常规项目	增测项目
工业废水	pH 值、色度、悬浮物、化学需氧量、五日生化需氧量、石油类、挥发酚、总氰化物等	相应的行业类型国家排放标准和《污水综合排放标准》(GB 8978)中规定的其他监测项目
生活污水	化学需氧量、五日生化需氧量、悬浮物、氨氮、总磷、阴离子表面活性剂、细菌总数、总大肠菌群数等	《污水综合排放标准》(GB 8978)和《污水排入城市下水道水质标准》(CJ 343)中规定的其他监测项目
医疗污水	pH 值、色度、余氯、化学需氧量、五日生化需氧量、悬浮物、致病菌、细菌总数、总大肠菌群数等	《医疗机构水污染物排放标准》(GB 18466)中规定的其他监测项目
市政污水(含城镇污水处理厂)	化学需氧量、五日生化需氧量、悬浮物、氨氮、总磷、石油类、挥发酚、总氰化物、阴离子表面活性剂、细菌总数、总大肠菌群数等	《污水综合排放标准》(GB 8978)、《城镇污水处理厂污染物排放标准》(GB 18918)和《污水排入城镇下水道水质标准》(CJ 343)中规定的其他监测项目
农业废水	pH 值、五日生化需氧量、悬浮物、总氮、总磷、有机磷农药、有机氯农药	除草剂、灭菌剂、杀虫剂等

2. 入河排污口水质分析方法

入河排污口水质分析方法的选择应符合以下要求：

① 列为国家、流域或省级年度重点监测的入河排污口，选用国家和行业排放标准规定的分析方法。

② 其他入河排污口监测参照表 3-12 规定的分析方法执行。

③ 特殊监测项目尚无国家或行业标准分析方法时，可采用 ISO 等标准分析方法，但须进行适用性检验，验证其检出限、准确度和精密度等技术指标均能达到质控要求。

表 3-12 污废水监测项目分析方法和方法来源

序号	监测项目	分析方法	方法来源
1	水温	温度计法	GB 13195
2	色度	(1)铂钴比色法 (2)稀释倍数法	GB 11903 GB 11903

续表

序号	监测项目	分析方法	方法来源
3	臭	(1)文字描述法 (2)臭阈值法	① ①
4	浊度	(1)分光光度法 (2)目视比浊法	GB 13200 GB 13200
5	透明度	(1)铅字法 (2)塞氏圆盘法 (3)十字法	① ① ①
6	pH 值	玻璃电极法	GB 6920
7	悬浮物	重量法	GB 11901
8	矿化度	重量法	①
9	电导率	电导仪法	①
10	总硬度	(1)EDTA 滴定法 (2)钙镁换算法 (3)流动注射法	GB 7477 ① ①
11	溶解氧	(1)碘量法 (2)电化学探头法	GB 7489 HJ 506
12	高锰酸盐指数	(1)高锰酸盐指数 (2)碱性高锰酸钾法 (3)流动注射连续测定法	GB 11892 ① ①
13	化学需氧量	(1)重铬酸盐法 (2)库仑法 (3)快速 COD 法(催化快速法、密闭催化消解法、节能加热法)	HJ 828 ① ①
14	生化需氧量	(1)稀释与接种法 (2)微生物传感器快速测定法	HJ 505 HJ/T 86
15	氨氮	(1)纳氏试剂光度法 (2)蒸馏和滴定法 (3)水杨酸分光光度法 (4)电极法	HJ 535 HJ 537 HJ 536
16	挥发酚	(1)4-氨基安替比林萃取光度法 (2)蒸馏后溴化容量法	HJ 503 HJ 502
17	总有机碳	(1)燃烧氧化-非分散红外线吸收法 (2)燃烧氧化-非分散红外法	HJ 501 HJ 501
18	油类	(1)重量法 (2)红外分光光度法	① HJ 637
19	总氮	碱性过硫酸钾消解-紫外分光光度法	HJ 636
20	总磷	(1)钼酸铵分光光度法 (2)孔雀绿-磷钼杂多酸分光光度法 (3)氯化亚锡还原光度法 (4)离子色谱法	GB 11893 ① ① ①
21	亚硝酸盐氮	(1)*N*-(1-萘基-)-乙二胺比色法 (2)分光光度法 (3)离子色谱法 (4)气相分子吸收法	GB 13580.7 GB 7493 ① ①

续表

序号	监测项目	分析方法	方法来源
22	硝酸盐氮	(1)酚二磺酸分光光度法 (2)镉柱还原法 (3)紫外分光光度法 (4)离子色谱法 (5)气相分子吸收法 (6)电极流动法	GB 7480 ① ① ① ① ①
23	凯氏氮	蒸馏-滴定法	GB 11891
24	酸度	(1)酸碱指示剂滴定法 (2)电位滴定法	① ①
25	碱度	(1)酸碱指示剂滴定法 (2)电位滴定法	① ①
26	氯化物	(1)硝酸银滴定法 (2)电位滴定法 (3)离子色谱法 (4)电极流动法	GB 11896 ① ① ①
27	游离氯和总氯	(1)*N*,*N*-二乙基-1,4-苯二胺滴定法 (2)*N*,*N*-二乙基-1,4-苯二胺分光光度法	HJ 585 HJ 586
28	二氧化氯	连续滴定碘量法	GB 4287 附录 A
29	氟化物	(1)离子选择电极法(含流动电极法) (2)氟试剂分光光度法 (3)离子色谱法	GB 7484 HJ 488 ①
30	氰化物	(1)异烟酸-吡唑啉酮比色法 (2)吡啶-巴比妥酸比色法 (3)硝酸银滴定法	HJ 484
31	石棉	重量法	GB 11901
32	硫氰酸盐	异烟酸-吡唑啉酮分光光度法	GB/T 13897
33	铁(Ⅱ,Ⅲ)氰化合物	(1)原子吸收分光光度法 (2)三氯化铁分光光度法	GB/T 13898 GB/T 13899
34	硫酸盐	(1)重量法 (2)铬酸钡光度法 (3)火焰原子吸收分光光度法 (4)离子色谱法	GB/T 11899 ① GB/T 13196 ①
35	硫化物	(1)亚甲基蓝分光光度法 (2)直接显色分光光度法 (3)间接原子吸收法 (4)碘量法	GB/T 16489 GB/T 17133 ① ①
36	银	(1)火焰原子吸收法 (2)镉试剂 2B 分光光度法 (3)3,5-Br2-PADAP 分光光度法	GB 11907 HJ 490 HJ 489
37	砷	(1)硼氢化钾-硝酸银分光光度法 (2)氢化物发生原子吸收法 (3)二乙基二硫代氨基甲酸银分光光度法 (4)等离子发射光谱法 (5)原子荧光法	GB 11900 ① GB 7485 ① ①
38	铍	(1)石墨炉原子吸收法 (2)铬菁 R 分光光度法 (3)等离子发射光谱法	HJ/T 59 HJ/T 58 ①

续表

序号	监测项目	分析方法	方法来源
39	镉	(1)流动注射-在线富集火焰原子吸收法 (2)火焰原子吸收法 (3)双硫腙分光光度法 (4)石墨炉原子吸收法 (5)阳极溶出伏安法 (6)极谱法 (7)等离子发射光谱法	GB 7475 GB 7475 GB 7471 ① ① ① ①
40	铬	(1)火焰原子吸收法 (2)石墨炉原子吸收法 (3)高锰酸钾氧化-二苯碳酰二肼分光光度法 (4)等离子发射光谱法	① ① GB 7466 ①
41	六价铬	(1)二苯碳酰二肼分光光度法 (2)APDC-MIBK萃取原子吸收法 (3)DDTC-MIBK萃取原子吸收法 (4)差示脉冲极谱法	GB 7467 ① ① ①
42	铜	(1)火焰原子吸收法 (2)2,9-二甲基-1,10-菲啰啉分光光度法 (3)二乙基二硫代氨基甲酸钠分光光度法 (4)流动注射-在线富集火焰原子吸收法 (5)阳极溶出伏安法 (6)示波极谱法 (7)等离子发射光谱法	GB 7475 HJ 486 HJ 485 ① ① ① ①
43	汞	(1)冷原子吸收法 (2)原子荧光法 (3)双硫腙光度法	HJ 597 ① GB 7469
44	铁	(1)火焰原子吸收法 (2)邻菲罗啉分光光度法	GB 11911 ①
45	锰	(1)火焰原子吸收法 (2)高碘酸钾氧化光度法 (3)等离子发射光谱法	GB 11911 GB 11906 ①
46	镍	(1)火焰原子吸收法 (2)丁二酮肟分光光度法 (3)等离子发射光谱法	GB 11912 GB 11910 ①
47	铅	(1)火焰原子吸收法 (2)流动注射-在线富集火焰原子吸收法 (3)双硫腙分光光度法 (4)阳极溶出伏安法 (5)示波极谱法 (6)等离子发射光谱法	GB 7475 GB 7475 GB 7470 ① GB/T 13896 ①
48	锑	(1)氢化物发生原子吸收法 (2)石墨炉原子吸收法 (3)5-Br-PADAP 光度法 (4)原子荧光法	① ① ① ①
49	铋	(1)氢化物发生原子吸收法 (2)石墨炉原子吸收法 (3)原子荧光法	① ① ①
50	硒	(1)原子荧光法 (2)2,3-二氨基萘荧光法 (3)3,3′-二氨基联苯胺光度法	① GB 11902 ①

续表

序号	监测项目	分析方法	方法来源
51	锌	(1)火焰原子吸收法 (2)流动注射-在线富集火焰原子吸收法 (3)双硫腙分光光度法 (4)阳极溶出伏安法 (5)示波极谱法 (6)等离子发射光谱法	GB 7475 ① GB 7472 ① ① ①
52	钾	(1)火焰原子吸收法 (2)等离子发射光谱法	GB 11904 ①
53	钠	(1)火焰原子吸收法 (2)等离子发射光谱法	GB 11904 ①
54	钙	(1)火焰原子吸收法 (2)EDTA络合滴定法 (3)等离子发射光谱法	GB 11905 GB 7476 ①
55	镁	(1)火焰原子吸收法 (2)EDTA络合滴定法	GB 11905 GB 7477(Ca、Mg总量)
56	锡	火焰原子吸收法	①
57	钼	无火焰原子吸收法	②
58	钴	无火焰原子吸收法	②
59	硼	姜黄素分光光度法	HJ/T 49
60	锑	氢化物原子吸收法	②
61	钡	无火焰原子吸收法	②
62	钒	(1)钽试剂(BPHA)萃取分光光度法 (2)无火焰原子吸收法	GB/T 15503 ②
63	钛	(1)催化示波极谱法 (2)水杨基荧光酮分光光度法	② ②
64	铊	无火焰原子吸收法	②
65	黄磷	钼锑抗分光光度法	②
66	挥发性卤代烃	(1)气相色谱法 (2)吹脱捕集气相色谱法 (3)GC/MS法	HJ 620 ① ①
67	苯系物	(1)气相色谱法 (2)吹脱捕集气相色谱法 (3)GC/MS法	GB 11890 ① ①
68	氯苯类	(1)气相色谱法(1,2-二氯苯、1,4-二氯苯、1,2,4-三氯苯) (2)气相色谱法 (3)GC/MS法	HJ621 ① ①
69	苯胺类	(1)*N*-(1-萘基)乙二胺偶氮分光光度法 (2)气相色谱法 (3)高效液相色谱法	GB 11889 ① ①
70	丙烯腈和丙烯醛	(1)气相色谱法 (2)吹脱捕集气相色谱法	HJ/T 73 ①
71	邻苯二甲酸酯 (二丁酯、二辛酯)	(1)气相色谱法 (2)高效液相色谱法	HJ/T 72
72	甲醛	(1)乙酰丙酮光度法 (2)变色酸光度法	HJ 601 ①

续表

序号	监测项目	分析方法	方法来源
73	苯酚类	气相色谱法	HJ 591
74	硝基苯类	(1)气相色谱法 (2)还原-偶氮光度法(一硝基和二硝基化合物) (3)氯代十六烷基吡啶光度法(三硝基化合物)	HJ 648 ① ①
75	烷基汞	气相色谱法	GB/T 14204
76	甲基汞	气相色谱法	GB/T 17132
77	有机磷农药	(1)气相色谱法(乐果、对硫磷、甲基对硫磷、马拉硫磷、敌敌畏、敌百虫) (2)气相色谱法(速灭磷、甲拌磷、二嗪农、异稻瘟净、甲基对硫磷、杀螟硫磷、溴硫磷、水胺硫磷、稻丰散、杀扑磷)	GB 13192 GB/T 14552
78	有机氯农药	(1)气相色谱法 (2)GC/MS 法	GB 7492 ①
79	苯并[*a*]芘	(1)乙酰化滤纸层析荧光分光光度法 (2)高效液相色谱法	GB 11895 HJ 478
80	多环芳烃	高效液相色谱法(荧蒽、苯并[*b*]荧蒽、苯并[*k*]荧蒽、苯并[*a*]芘、苯并[*ghi*]苝、茚并[1,2,3-*cd*]芘)	HJ 478
81	多氯联苯	多氯联苯	①
82	三氯乙醛	(1)气相色谱法 (2)吡唑啉酮光度法	① ①
83	可吸附有机卤素(AOX)	(1)微库仑法 (2)离子色谱法	GB/T 15959 ①
84	丙烯酰胺	气相色谱法	②
85	一甲基肼	对二甲氨基苯甲醛分光光度法	HJ 674
86	肼	对二甲氨基苯甲醛分光光度法	HJ 674
87	偏二甲基肼	氨基亚铁氰化钠分光光度法	GB/T 14376
88	三乙胺	溴酚蓝分光光度法	GB/T 14377
89	二乙烯三胺	水杨醛分光光度法	GB/T 14378
90	环三亚甲基三硝胺(RDX)	分光光度法	GB/T 13900
91	二硝基甲苯(DNT)	示波极谱法	GB/T 13901
92	硝化甘油	示波极谱法	GB/T 13902
93	三硝基甲苯(TNT)	(1)分光光度法 (2)亚硫酸钠分光光度法	GB/T 13903 HJ 598
94	TNT、RDX、DNT	气相色谱法	HJ 600
95	总硝基化合物	分光光度法	GB 4918
96	总硝基化合物	气相色谱法	HJ 592
97	五氯酚和五氯酚钠	(1)气相色谱法 (2)藏红 T 分光光度法	HJ 591 GB 9803
98	阴离子洗涤剂	(1)电位滴定法 (2)亚甲蓝分光光度法	GB 13199 GB 7493

续表

序号	监测项目	分析方法	方法来源
99	吡啶	气相色谱法	GB/T 14672
100	微囊藻毒素-LR	液相色谱法	②
101	粪大肠菌群	(1)发酵法 (2)滤膜法	①
102	细菌总数	培养法	①

①《水和废水监测分析方法（第四版）》，中国环境科学出版社，2002年。

② 监测人员应掌握有关废水的分析方法，有干扰物质共存时，应采取数字措施消除；当样品浓度超过监测上限时，应采用逐级稀释的方法稀释样品，但取样量不得少于10.00mL，且稀释倍数不得大于100倍。

注：化学需氧量、高锰酸盐指数等项目，可使用快速法或现场监测法，但须进行适用性检验。

七、应急监测的监测项目与分析方法

1. 应急监测项目

（1）*已知污染物的突发性水污染事件监测项目*　对于已知污染物的突发性水污染事件，应根据已知污染物来确定主要监测项目，同时应考虑污染物在环境中可能产生的反应，衍生成其他有毒有害物质的可能性。

（2）*未知污染物的突发性水污染事件监测项目*　对于未知污染物的突发性水污染事件，应按下列方式，通过污染事故现场的一些特征及对周围环境的影响，结合当地原有污染源信息等，确定主要污染物和监测项目：

① 根据人员中毒或动物中毒反应的特殊症状，确定主要污染物和监测项目。

② 通过事故排放源的生产、环保、安全记录，确定主要污染物和监测项目。

③ 利用水质自动监测站和污染源在线监测系统的监测信息，确定主要污染物和监测项目。

④ 通过现场采样，利用试纸、快速监测管和便携式监测仪器等现场快速分析手段，确定主要污染物和监测项目。

⑤ 通过现场采样，包括采集有代表性的污染源样品，送实验室进行定性、半定量分析，确定主要污染物和监测项目。

2. 应急监测的分析方法

应急监测的分析方法可选择本手册入河排污口监测或其他适用标准分析方法；当无国家和行业标准分析方法时，可选用国内外其他标准和企业标准。

应急现场监测应遵循以下原则：

① 选择操作步骤简便、快速、灵敏，直接或间接指示污染物变化，具有一定测量精度的分析方法。

② 监测仪器设备轻便易于携带，操作简便、快速，适用于野外作业，并具有数据处理、计算和存储等功能。

③ 移动实验室或现场监测使用的水质监测管，便携式、车载式监测仪器等监测手段，

能快速鉴定污染物的种类，并给出定量或半定量的测定数据。

参考文献

[1] 水利部水文局. 水环境监测规范 SL 219—2013 [S]. 北京：中国水利水电出版社，2014.

[2] 国家环境保护局标准处. 水质采样方案设计技术规定 GB 12997—1991 [S]. 北京：中国标准出版社，1991.

[3] 国家环境保护局标准处. 水质采样方案设计技术规定 GB 12997—1991 [S]. 北京：中国标准出版社，1991.

[4] 国家环境保护局标准处. 水质采样技术指导 GB 12998—1991 [S]. 北京：中国标准出版社，1991.

[5] 国家环境保护局标准处. 水质采样样品保存和管理技术指导 GB 12999—1991 [S]. 北京：中国标准出版社，1991.

[6] 中国环境监测总站. 大气降水样品的采样与保存 GB 13580. 2—1992 [S]. 北京：中国标准出版社，1992.

[7] 国家环境保护局科技标准司. 水质湖泊和水库采样指导 GB 14581—1993 [S]. 北京：中国标准出版社，1993.

[8] 毛学文，邓英春. 常规水质监测采样频率研究：全国水文学术讨论会论文集 [C]. 南京：河海大学出版社,2004.

[9] [美]Sanders T G，等. 水质监测站网设计 [M]. 金立新，等译. 南京：河海大学出版社，1989.

[10] 陈守建，鄂学礼，张宏陶，等. 水质分析质量控制 [M]. 北京：人民卫生出版社，1987.

[11] 水质分析大全编写组. 水质分析大全[M]. 重庆：科学技术文献出版社重庆分社，1989.

[12] 国家环境保护局，《空气和废气监测分析方法》编写组. 空气和废气监测分析方法[M]. 北京：中国环境科学出版社，1990.

[13] 谢贤群，王立军. 水环境要素观测与分析[M]. 北京：中国标准出版社，1998.

[14] 中国医学科学院卫生研究所. 水质分析法[M]. 北京：人民卫生出版社，1983.

[15] 于天仁，王振权. 土壤分析化学[M]. 北京：科学出版社，1988.

[16] 中国环境监测总站，《环境水质监测质量保证手册》编写组. 环境水质监测质量保证手册[M]. 北京：化学工业出版社，1994.

第四章

水环境样品采集质量保证

第一节 水环境样品采集一般技术

一、水样类型

1. 概述

为了说明水质，要在规定的时间、地点或特定的时间间隔内测定水的一些参数。如无机物、溶解的矿物质或化学药品、溶解气体、溶解有机物、悬浮物以及底部沉积物的浓度。

某些参数，例如溶解气体的浓度，应尽可能在现场测定以便取得准确的结果。

由于化学和生物样品的采集、处理步骤和设备均不相同，样品应分别采集。

采样技术要随具体情况而定。

2. 瞬间水样

从水体中不连续地随机（就时间和地点而言）采集的样品称为瞬间水样。

瞬间水样无论是在水面、规定深度还是底层，通常均可手工采集，也可以用自动化方法采集。

下列情况适用瞬间采样：

① 流量不固定、所测参数不恒定时（如采用混合样，会因个别样品之间的相互反应而掩盖了它们之间的差别）；

② 不连续流动的水流，如分批排放的水；

③ 水或废水特性相对稳定时；

④ 需要考察可能存在的污染物，或要确定污染物出现的时间；

⑤ 需要污染物最高值、最低值或变化的数据时；

⑥ 需要根据较短一段时间内的数据确定水质的变化规律时；

⑦ 需要测定参数的空间变化时，例如某一参数在水流或开阔水域的不同断面和（或）深度的变化情况；

⑧ 在制定较大范围采样方案前；

⑨ 测定某些参数，例如溶解气体含量、余氯含量、可溶性硫化物含量、微生物含量、有机物含量和 pH 值时。

3. 周期样品采集

(1) 在固定时间间隔下采集周期样品（取决于时间） 通过定时装置在规定的时间间隔下自动开始和停止采集样品。通常在固定的期间内抽取样品，将一定体积的样品注入各容器中。

手工采集样品时，按上述要求采集周期样品。

(2) 在固定排放量间隔下采集周期样品（取决于体积） 当水质参数发生变化时，采样方式不受排放流速的影响，这种样品归于流量比例样品，例如液体流量的单位体积（例如 10000L），所取样品量是固定的，与时间无关。

(3) 在固定流速下采集的连续样品（取决于时间或时间平均值） 在固定流速下采集的连续样品，可测得采样期间存在的全部组分，但不能提供采样期间各参数浓度的变化。

(4) 在可变流速下采集连续样品（取决于流量或流量成比例） 采集流量比例样品代表水的整体质量。即便流量和组分都在变化，而流量比例样品同样可以提示利用瞬间样品所观察不到的这些变化。因此，对于流速和待测污染浓度都有明显变化的流动水，采集流量比例样品是一种精确的采样方法。

(5) 混合水样 在同一采样点上以流量、时间或体积为基础，按照已知比例（间歇的或连续的）混合在一起的样品，称为混合水样。

混合水样可自动或手工采集。

混合水样是混合几个单独样品，可减少分析样品，节约时间，降低消耗。

混合样品提供组分的平均值。因此在样品混合之前，应验证这些样品参数的数据，以确保混合后样品数据的准确性。如果测试成分在水样储存过程中易发生明显变化，则不能采用混合水样，如测定挥发酚、油类、硫化物等时，需采取单样储存方式。

下列情况适用混合水样：

① 需测定平均浓度时；

② 计算单位时间的质量负荷；

③ 为评价特殊的、变化的或不规则的排放和生产运转的影响。

(6) 综合水样 为了某种目的，把从不同采样点同时采得的瞬间水样混合为一个样品（时间应尽可能接近，以便得到所需要的数据），这种混合样品称作综合水样。

下列情况适于采用综合水样：

① 为了评价出平均组分或总的负荷。如一条江河或水渠上，水的成分沿着江河的宽度和深度而变化时，采用能代表整个横断面上各点和它们的相对流量成比例的混合样品。

② 几条废水渠道分别进入综合处理厂时。因为几股废水相互反应，可能对可处理性及其成分产生明显的作用。对其作用的数学预测可能不正确或不可能时，综合水样能提供更加有用的资料。

天然和人工湖泊或江河常显示出空间分布的变化，在多数情况下，总值或平均值的变化都不特别明显，而局部的变化显得更为重要。在这种情况下检验单个水样比检验综合水样更为有效。

二、采样类型

1. 河流的采样

为监测开阔河流水质采样时应包括下列几个基本点：

① 用水地点的采样；

② 污水流入河流后，应在充分混合的地点以及流入前的地点采样；

③ 支流合流后，在充分混合的地点及混合前的主流与支流地点采样；

④ 在主流分流后的地点采样；

⑤ 根据其他需要设定的采样地点。

各采样点原则上规定在横过河流不同地点的不同深度采集定点样品。

采样时，一般选择采样前连续晴天，水质较稳定的日子（特殊需要除外）。

采样时间是在考虑人们的活动、工厂企业的工作时间及污染物质流到的时间的基础上确定的。另外，在潮汐区，应考虑潮的情况，确定把水质最坏的时刻包括在采样时间内。

2. 封闭管道的采样

在封闭管道中采样，也会遇到与开阔河流采样中出现的类似问题。采样器探头或采样管应妥善地放在进水的下游，采样管不能靠近管壁。湍流部位，例如在“T”形管、弯头、阀门的后部，可充分混合，一般作为最佳采样点，但是对于等动力采样（即等速采样）除外。

3. 开阔水体的采样

开阔水体，由于地点不同和温度的分层现象，水质可能有很大的差异。

在调查水质状况时，应考虑到成层期与循环期的水质明显不同。了解循环期水质，可采集表层水样；了解成层期水质，应按深度分层采样。

在调查水域污染状况时，需进行综合分析判断，抓住基本点（如废水流入前、流入后充分混合的地点、用水地点、流出地点等，有些可参照开阔河流的情况，但不能等同而论），以取得代表性水样。

采样时，一般选择采样前连续晴天，水质稳定的日子（特殊需要除外）。

4. 底部积物采样

沉积物要用抓斗、采泥器或钻探装置采集。

典型的沉积过程一般会出现分层或者组分有很大差别。此外，河床高低不平以及河流的局部运动都会引起各沉积层厚度的很大变化。

采泥地点除在主要污染源附近、河口部位外，应选择由地形及潮汐原因造成堆积以及底泥恶化的地点。另外也可选择在沉积层较薄的地点。

在底泥堆积分布状况未知的情况下，采泥地点要均衡地设置。在河口部分，由于沉积物堆积分布容易变化，必须适当增设采样点。采泥位置原则上在同一地方稍微变更位置进行采集。

混合样品可由采泥器或者抓斗采集。需要了解分层作用时可采用钻探装置。

在采集沉积物时，不管是岩芯还是规定深度沉积物的代表性混合样品，必须知道样品的性质，以保证数据更有用。

沉积物样品的存放一般均使用广口容器。由于这种样品水分含量较高，因此要特别注意容器的密封性。

5. 地下水的采样

地下水可分为上层滞水、潜水和承压水。

上层滞水的水质与地表水的水质基本相同。

潜水含水层通过包气带直接与大气圈、水圈相通，因此其具有季节性变化的特点。

承压水地持条件不同于潜水。其受水文、气象因素直接影响小，含水层的厚度不受季节变化的支配，其不易受人为活动污染。采集样品时，一般应考虑以下因素：

① 地下水流较缓慢，水质参数的变化率小；

② 地表以下温度变化小，因而当样品取出地表时，基温度发生显著的变化，这种变化能改变化学反应速率，倒转土壤中阴阳离子的交换方向，改变微生物生长速度；

③ 由于吸收二氧化碳和随着碱性的变化，pH 值改变，某些化合物也会发生氧化作用；

④ 某些溶解于水的气体如硫化氢，当将样品取出地表时极易挥发；

⑤ 有机样品可能会受到某些因素的影响，如采样器材料的吸收、污染和挥发性物质的逸失；

⑥ 土壤和地下水可能受到严重的污染，以致影响到采样工作人员的健康和安全。

从一个监测井采得的水样只能代表一个含水层的水平向、垂直向的局部情况，而不能像对地表水那样可以在水系的任何一点采样。因为那样做很困难，又要耗费大量资金。

如果采样只是为了确定某特定水源中有没有污染物，那么只需从自来水管中采集水样。当采样的目的是要确定某种有机污染物或一些污染物的水平及垂直分布，并做出相应的评价时，那么需要组织相当的人力、物力进行研究。

对于区域性的或大面积的监测，可利用已有的井、泉或者河流的支流，但是，它们要符合监测要求，如果时间很紧迫，则只能选择有代表性的一些采样点。但是，如果污染源很小，如填埋废渣、咸水湖，或者是污染物浓度很低，例如含有机物，那就极有必要设立专门的监测井。这些增设的井的数目和位置取决于监测的目的、含水层的特点，以及污染物在含水层内的情况。

如果潜在污染源在地下水位以上，则需要在包气带采样，以得到其对地下水威胁的真实情况。除了氯化物、硝酸盐和硫酸盐外，大多数污染物都能吸附在包气带的物质上，并在适当的条件下迁移。因此很有可能采集到已存在污染源很多年的地下水样，而且观察不到新的污染，这就会给人以安全的错觉，而实际上污染物正一直以极慢的速度通过包气带向地下水迁移。另外还应了解水文方面的地质数据和地质状况及地下水的本底情况。

另外，采集水样还应考虑到靠近井壁的水的组成几乎不能代表该采样区的全部地下水水质，因为靠近井的地方可能有钻井污染，以及某些重要的环境条件，如氧化还原电位，在近井处与地下水承载物质的周围有很大的不同，所以采样前需抽取适量水。

6. 降水的采样

准确地采集降水样品是十分困难的，在降水前必须盖好采样器，只在降水真实出现之后才打开。每次降水取全过程样（降水开始到结束）。采集样品时，应避开污染，四周应无遮挡雨、雪的高大树木或建筑物，以便取得准确的结果。

三、采样设备

1. 供测定物理或化学性质的采样设备

（1）瞬间非自动采样设备

① 概述。瞬间样品一般采集表层样品时，用吊桶或广口瓶沉入水中，待注满水后再提出水面。

对于分层水选定深度的定点采样建议按以下“选定深度定点采样设备”中叙述的有关方法。如果只需要了解水体一垂直断面的平均水质，可按以下“综合深度采样设备”中叙述的综合深度法采样。

② 综合深度采样设备。综合深度法采样需要一套用以夹住瓶子并使之沉入水中的机械装置。配有重物的采样瓶以均匀的速度沉入水中，同时通过注入孔使整个垂直断面的各层水样进入采样瓶。

为了在所有深度均采得等分的水样，采样瓶沉降或提升的速度应随深度的不同做出相应的变化，或者采样瓶具备可调节的注孔，用以保持在水压变化的情况下，注水流量恒定。

无上述采样设备时，可采用排空式采样器。此采样器是两端开口，侧面带刻度、温度计，下侧端接有一胶管，底部加重物的一种玻璃或塑料的圆筒式装置。顶端与底端各有同向向上开启的两个半圆盖子，当采样器沉入水中时两端各自的两个半圆盖子随之向上开启，水不停留在采样器中，到达预定深度上提，两端半圆盖子随之盖住，即取到所需深度的样品。注：上述排空式采样器只是其中一种，其他只要能达到同等效果的采样器，均可使用。

③ 选定深度定点采样设备。将配有重物的采样瓶口塞住，沉入水中，当采样瓶沉到选定深度时，打开瓶塞，瓶内装满水样后又塞上。对于有特殊要求的样品（例如溶解氧）此法不适用。对于有特殊要求的样品，可采用颠倒式采水器、排空式采水器等。

④ 采集沉积物的抓斗式采泥器。用自身重量或杠杆作用设计的深入泥层的抓斗式采泥器，其设计的特点不一，包括弹簧制动、重力或齿板锁合方法，这些随深入泥层的状况不同而不同，以及因所取样品的规模和面积而异。因此，所取样品的性质受下列因素的影响：a. 贯穿泥层的尝试；b. 齿板锁合的角度；c. 锁合效率（避免物体障碍的能力）；d. 引起扰动和造成样品的流失或者在泥水界面上洗掉样品组分或生物体；e. 在急流中样品的稳定性。

在选定采泥器时，对生物环境、水流情况、采样面积以及可使用的船只设备均应做考虑。

⑤ 抓斗式挖斗。抓斗式挖斗与地面挖斗设备相似，它们是通过一个吊杆操作将其沉降到选定的采样点上，采集较大量的混合样品，所采集到的样品比使用采泥器得到的样品

更能准确地代表所选定的采样地点的情况。

⑥ 岩芯采样器。岩芯采样器可采集沉积物垂直剖面样品。采集到的岩芯样品不具有机械强度，从采样器上取下样品时应小心保持泥样纵向的完整性，以便得到各层样品。

(2) 自动采样设备

1) 非比例自动采样器

① 非比例等时不连续自动采样器。按设定采样时间间隔与储样顺序，自动将定量的水样从指定采样点分别采集到采样器的各储样容器中。

② 非比例等时连续自动采样器。按设定采样时间间隔与储样顺序，自动将定量的水样从指定采样点分别连续采集到采样器的各储样容器中。

③ 非比例连续自动采样器。自动将定量的水样从指定采样点采集到采样器的储样容器中。

④ 非比例等时混合自动采样器。按设定采样时间间隔，自动将定量的水样从指定采样点采集到采样器的混合储样容器中。

⑤ 非比例等时顺序混合自动采样器。按设定采样时间间隔与储样顺序，并按设定的样品个数，自动将定量的水样从指定采样点分别采集到采样器的各混合储样容器中。

此种采样器应具有在单个储样容器中收集 2～10 次混合样的功能。

2) 比例自动采样器

① 比例等时混合自动采样器。按设定采样时间间隔，自动将污水流量成比例的定量水样从指定采样点采集到采样器中的混合样品容器中。

② 比例不等时混合自动采样器。每排放一定设定体积污水，自动将定量水样从指定采样点采集到采样器中的混合样品容器中。

③ 比例等时连续自动采样器。按设定采样时间间隔，与污水排放流量成一定比例，连续将水样从指定采样点分别采集到采样器中的各储样容器中。

④ 比例等时不连续自动采样器。按设定采样时间间隔与储样顺序，自动将与污水流量成比例的定量水样从指定采样点分别采集到采样器中的各储样容器中。

⑤ 比例等时顺序混合自动采样器。按设定采样时间间隔与储样顺序，并按设定的样品个数，自动将与污水流量成比例的定量水样从指定采样点分别采集到采样器中的各混合样品容器中。

2. 采集生物特性样品的设备

(1) 概述

有些生物测定如同理化分析的采样情况一样，可以现场完成。但是绝大多数样品需送回实验室检验。一些采样设备可以人工进行（通过潜水员）或自动化地遥测观察，以及采集某些生物种类或生物群体。

以下叙述的采样范围主要涉及常规使用的简单设备。

采集生物样品的容器最理想的是广口瓶。广口瓶的瓶口直径最好是接近广口瓶体直径，瓶的材质为塑料或玻璃。

（2）浮游生物

1）浮游植物。采样技术和设备类似于检测水中化学品时采集的瞬间和定点样品中叙述的那些内容。在大多数湖泊调查中，使用容积为1～3L的瓶子或塑料桶，用选定深度定点采样设备中的采样装置采集。定量检测浮游植物，不宜使用网具采集。

2）浮游动物。需要采集大量浮游动物样品（多达10L）。采集浮游动物样品时，除使用缆绳操纵水样（见本节“选定深度定点采样设备”）外，还可以用计量浮游生物的尼龙网，所使用网格的规格取决于检验的浮游动物种类。

3）底栖生物

① 水生附着生物。对于定量地采集水生附着生物，用标准显微镜载玻片（直径为25mm×75mm）最适宜。为适应两种不同的水栖处境，载玻片要求有两种形式的底座支架。

在小而浅的河流中，或者湖泊沿岸地区，水样比较清澈，载玻片装在架子上或安置在固定于底部的柜架上。在大的河流或湖泊中部水样比较浑浊，载玻片可固定在聚丙烯塑料制成的柜架上，该架子的上端处连接聚苯乙烯泡沫块，使其能漂浮于水中。

载玻片在水中暴露一定的时间（视水质情况自定时间，一般在水中暴露2周左右）。

注意：载玻片在水中暴露的时间不是固定的，应视附着情况而定。如水样比较浑浊，暴露时间相同，附着的生物过多，影响镜检。

② 大型水生植物。对于定性采样，采样设备根据具体情况，随水的深度而变。在浅水中，可用园林耙具；对较深的水，可使用采泥器。目前在潜水探查中已开始使用配套的水下呼吸器（简称SCUBA）。

定量采样，除确定采样地区已测定，或大型水生植物已测定，或者在其他方面已评价过外，可采用类似于上述的技术。

③ 大型无脊椎动物。当前使用的采样设备，还不能提供所有生境类型的定量数据。通常局限于某一指定的水域内采样。在某些情况下，要求化验人员主要依靠定性采样，分析这些样品需要大量的重复样品和时间。

在进行底栖生物的对照调查中，必须认真地记录不同采样点之间自然生境差别的影响。然而，由于采样技术和适用的设备都很不相同，因此对调查的生境类型相对地不做限制。使用何种形式采样器取决于很多参数——水的深度、流量、底质的理化性质等等。

采集大型脊椎动物使用的设备为：抓斗和采泥器、手柄网、圆筒和箱式采样器、钻探设备（供沉积物采样）、气动抽水器、人工基质、径流网（driftnets）等。

4）鱼。捕集鱼类有活动的和不活动的两种方法。活动的采样方法包括使用拉网、拖网、电子捕鱼法、化学药品以及鱼钩和钩绳。不活动的采样方法包括陷捕法（如刺网、细网）和诱捕法（如拦网、陷阱网等）。鱼类的洄游性和鱼类的“迅速补充”（即鱼群的高速增长）使所用的采样设备对鱼类的定性和定量检验产生了一定的局限性。

3. 采集微生物的设备

灭菌玻璃瓶或塑料瓶适用采集大多数样品。在湖泊、水库的水面以下较深的地点采样时，可使用深水采样装置（“选定深度定点采样设备”中）。

4. 采集放射性特性样品的设备

对采集水和废水化学组分的采样技术和制备一般适用于放射性测定。

一般物理、化学分析用的硬质玻璃和聚乙烯塑料适用于放射性核素分析。但要针对检验核素存在的形态选取合适的取样容器（例如测量总 α 放射性、总 β 放射性可用聚乙烯瓶，测定氚，只能使用玻璃容器）。取样之前应将样品瓶洗净晾干。

采集水样时，则尽量防止放射性核素吸附在容器表面而损失（例如用待测核素的稳定同位素浸泡 1d 以上）。

四、样品容器的辅助设备

下列提供的资料有助于一般采样过程中采样容器的选择。

1. 材料

为评价水质，需对水中化学组分（待测物）进行分析，其浓度范围从痕量以下、微量至大量。另外，因组分之间的相互作用、光分解等，应缩短存放时间及明光、热暴露的限制等。还应考虑生物活性。最常遇到的是清洗容器不当，及容器自身材料对样品的污染和容器壁的吸附作用。

在选择采集和存放样品的容器时还应考虑一些其他因素，例如对温度急剧变化、抗破裂性、密封性能、重复打开的情形、体积、形状、质量供应状况、价格、清洗和重复使用的可行性等。

大多数含无机物的样品，多采用由聚乙烯、氟塑料和碳酸脂制成的容器。常用的高密度聚乙烯容器，适用于水中二氧化硅、钠、总碱度、氯化物、电导率、pH 值和硬度的分析。分析光敏物质可使用棕色玻璃瓶。不锈钢容器可用于高温或高压的样品，或用于含微量有机物的样品。

一般玻璃瓶用于有机物和生物样品。塑料容器适用于放射性核素和含属于玻璃主要成分的元素的水样。采样设备经常用氯丁橡胶垫圈和经油质润滑的阀门，均不适合采集有机物和微生物样品。

因此，除了上述要求的物理特性外，选择采集和存放样品的容器，尤其是分析微量组分，应该遵循下述准则：

① 制造容器的材料应对水样的污染降至最小，例如从玻璃（尤其是软玻璃）中溶出无机组分和从塑料及合成橡胶（增塑的乙烯瓶盖垫、氯丁橡胶盖）中溶出有机化合物及金属；

② 清洗和处理容器壁表面，以减少微量组分的污染，例如重金属或放射性核素对容器表面的污染；

③ 制造容器的材料在化学特性和生物特性方面具有惰性，使样品组分与容器之间的反应达到最低程度；

④ 因待测物吸附在样品容器上也会引起误差，尤其是测痕量金属时其他待测物（如洗涤剂、农药、磷酸盐）也可引起误差。

2. 自动采样线及储样容器

采样线，指以自动采样方式从采样点将样品抽吸到储样容器所经过的管线。样品在采样线内停留的时间应视样品在容器内存放的时间而定。采样线的材质及储样容器的材料可按样品容器材料要求的准则进行选择。

3. 样品容器的种类

（1）概述　测定天然水的理化参数，使用聚乙烯和硼硅玻璃进行常规采样。常用的有多种类型的细口瓶、广口瓶和带有螺旋帽子的瓶子，也可配软木塞（外裹化学惰性金属箔片）、胶塞（对有机物和微生物的研究不理想）和磨口玻璃塞（碱性溶液易粘住塞子）。如果样品装在箱子中送往实验室，则箱盖的设计必须可以防止瓶塞松动，防止样品溢漏或污染。

（2）特殊样品的容器　除了上面提到需要考虑的事项外，一些光敏物质，包括藻类，为防止光的照射，多采用不透明材料或有色玻璃容器，而且在整个存放期间它们应放置在避光的地方。在采集和分离的样品中含溶解性气体组分时，通过曝气会改变样品的组分。细口生化需氧量（BOD）瓶有锥形磨口玻璃塞，能使空气的吸收减小到最低程度。在运送过程中要求采取特别的密封措施。

（3）微量有机污染样品容器　一般情况下使用的样品瓶为玻璃瓶。所有塑料容器干扰高灵敏度的分析，对这类分析应采用玻璃瓶或聚四氟乙烯瓶。

五、采样容器和常用水样保存方法

采样容器和常用的水样保存方法详见表 4-1。

表 4-1　采样容器和常用水样保存方法

项目	采样容器	保存方法及保存剂用量	保存时间
色度*	G、P		12h
pH 值*	G、P		12h
电导率*	G、P		12h
悬浮物	G、P	0～4℃避光保存	14d
碱度	G、P	0～4℃避光保存	12h
酸度	G、P	0～4℃避光保存	30d
总硬度	G、P	HNO_3，1L 水样中加浓 HNO_3 10mL	14d
化学需氧量	G	H_2SO_4，pH≤2	2d
高锰酸盐指数	G	0～4℃避光保存	2d
溶解氧*	溶解氧瓶	加入 $MnSO_4$、碱性 $KINaN_3$ 溶液，现场固定	24h
生化需氧量	溶解氧瓶		6h
总有机碳	G	H_2SO_4，pH≤2	7d
氟化物	P	0～4℃避光保存	14d
氯化物	G、P	0～4℃避光保存	30d
溴化物	G、P	0～4℃避光保存	14h

续表

项目	采样容器	保存方法及保存剂用量	保存时间
碘化物	G、P	NaOH，pH=12	14h
硫酸盐	G、P	0～4℃避光保存	30d
磷酸盐	G、P	NaOH，H_2SO_4 调 pH=7，$CHCl_3$ 0.5%	7d
总磷	G、P	HCl，H_2SO_4，pH≤2	24h
氨氮	G、P	H_2SO_4，pH≤2	24h
硝酸盐氮	G、P	0～4℃避光保存	24h
总氮	G、P	H_2SO_4，pH≤2	7d
硫化物	G、P	1L 水样加 NaOH 至 pH=9，加入 5% $C_6H_8O_6$ 5mL、饱和 EDTA 3mL，滴加饱和 $Zn(Ac)_2$ 至胶体产生，常温蔽光	24h
挥发酚	G、P	NaOH，pH≥9	12h
总氰	G、P	NaOH，pH≥9	12h
阴离子表面活性剂	G、P		24h
钠	P	HNO_3，1L 水样中加浓 HNO_3 10mL	14d
镁	G、P	HNO_3，1L 水样中加浓 HNO_3 10mL	14d
钾	P	HNO_3，1L 水样中加浓 HNO_3 10mL	14d
钙	G、P	HNO_3，1L 水样中加浓 HNO_3 10mL	14d
锰	G、P	HNO_3，1L 水样中加浓 HNO_3 10mL	14d
铁	G、P	HNO_3，1L 水样中加浓 HNO_3 10mL	14d
镍	G、P	HNO_3，1L 水样中加浓 HNO_3 10mL	14d
铜	P	HNO_3，1L 水样中加浓 HNO_3 10mL	14d
锌	P	HNO_3，1L 水样中加浓 HNO_3 10mL	14d
砷	G、P	HNO_3，1L 水样中加浓 HNO_3 10mL，DDTC 法，HCl 2mL	14d
硒	G、P	HCl，1L 水样中加浓 HCl 2mL	14d
银	G、P	HNO_3，1L 水样中加浓 HNO_3 2mL	14d
镉	G、P	HNO_3，1L 水样中加浓 HNO_3 10mL	14d
六价铬	G、P	NaOH，pH=8～9	14d
汞	G、P	HCl，1%；如水样为中性，1L 水样中加浓 HCl 10mL	14d
铅	G、P	HNO_3，1%；如水样为中性，1L 水样中加浓 HNO_3 10mL	14d
油类	G	HCl，pH≤2	7d
农药类	G	加入 $C_6H_8O_6$ 0.01～0.02g 除去残余氯，0～4℃避光保存	24h
挥发性有机物	G	用 1+10 HCl 调至 pH=2，加入 0.01～0.02 $C_6H_8O_6$ 除去残余氯，0～4℃避光保存	12h
酚类	G	用 H_3PO_4 调至 pH=2，用 0.01～0.02g $C_6H_8O_6$ 除去残余氯，0～4℃避光保存	24h
微生物	G	加入 $Na_2S_2O_3$ 0.2～0.5g/L 除去残余物，0～4℃避光保存	12h
生物	G、P	不能现场测定时用 HCHO 固定，0～4℃避光保存	12h

注：1. * 表示现场测定。

2. G 为硬质玻璃瓶；P 为聚乙烯瓶（桶）。

六、标志和记录

1. 概述

样品注入样品瓶后，按照国家标准《水质采样　样品的保存和管理技术规定》中规定执行。

在场记录在水质调查方案中非常有用，但是它们很容易被误放或丢失，绝对不要依赖它们来代替详细的资料。而详细资料应在从采样点到结束分析制表的过程中伴随着样品。

所需要的最低限度的资料取决于数据的最终用途。

2. 地面水

至少应该提供下列资料：a. 测定项目；b. 水体名称；c. 地点的位置；d. 采样点；e. 采样方法；f. 水位或水流量；g. 气象条件；h. 气温、水温；i. 预处理的方法；j. 样品的表观特征（悬浮物质、沉降物质、颜色等）；k. 有无臭气；l. 采样时间；m. 采样人姓名等。

3. 地下水

至少应提供下列资料：a. 测定项目；b. 地点位置；c. 采样深度；d. 井的直径；e. 预处理方法；f. 采样方法；g. 含水层的结构；h. 水位；i. 水源的产水量；j. 水的主要用途；k. 气象条件；l. 采样时的外观；m. 水温；n. 采样时间；o. 采样人姓名等。

4. 补充资料

样品是否保存或加入稳定剂应加以记录。

七、样品的运送

空样品容器运送到采样地点，装好样品后运回实验室分析，都要非常小心。包装箱可用多种材料，例如泡沫塑料、波纹纸板等，以使运送过程中样品的损耗减少到最低限度。包装箱的盖子，一般都衬有隔离材料，用以对瓶塞施加轻微的压力。气温较高时，防止生物样品发生变化，应对样品冷藏防腐或用冰块保存。

样品运输具体要求如下：

① 水样采集后应立即送达实验室。采样位置距实验室较远的，应选用最快捷的运输方式，缩短采样与检验的间隔时间。

② 塑料样品容器要盖好内塞，拧紧外盖；玻璃样品瓶要塞紧磨口塞，贴好密封带；按要求需要冷藏的样品，应配备专门的隔热容器，并放入制冷剂；冬季应采取保温措施，防止样品瓶冻裂。

③ 水样装运前，应逐一与样品登记表、样品标签和采样记录进行核对。核对无误后，按样品容器的规格和保存要求分类装箱，并有显著标志。

④ 采取有效防护措施，防止样品在运输过程中因振动、碰撞等而导致破损。

⑤ 样品送达实验室时，交接双方应认真核对，并在样品交接单上注明交接日期和时

间，双方签字确认。实验室相关人员应制备室内质量控制样品，并对样品进行编码和标记。

八、采样质量保证与质量控制

为防止样品被污染，每个实验室之间应该像一般质量保证计划那样，实施一种行之有效的容器质量控制程序。随机选择清洗干净的瓶子，注入高纯水进行分析，以保证样品瓶不残留杂质。至于采样和存入过程中的质量保证也应该同采样后加入同分析样品相同试剂的步骤进行分析。具体要求如下：

① 采样人员应通过岗前培训考核，持证上岗，切实掌握采样技术，熟知水样固定、保存、运输条件。

② 采样人员不得擅自变更采样位置。采样时应保证采样按时、准确、安全，断面、垂线、采样点的位置准确。必要时利用卫星定位系统进行定位。

③ 当不能抵达指定采样位置时，应详细记录现场情况和实际调整的采样位置。水体异常可能影响样品代表性时，应立即进行现场调查和分析影响原因，及时调整采样计划和增设断面或垂线、测点，并予以详细记录。

④ 采样时，不得搅动水底沉积物，以免影响样品的真实代表性。用船只采样时，采样船应位于下游方向逆流采样。在同一采样点上分层采样时应自上而下进行，避免不同层次水体混扰。

⑤ 采样容器容积有限需多次采样时，可将各次采集的水样放入洗净的大容器中混匀后分装，但不得用于溶解氧及细菌等易变项目的检验。

⑥ 细菌总数、大肠菌群、粪大肠菌群、油类、生化需氧量、有机物、硫化物、余氯、悬浮物、放射性等有特殊要求的检验项目，应单独采集样品。溶解氧、生化需氧量和挥发性有机污染物的水样应充满容器，密闭保存。油类的水样应在水面下 300mm 单独采集，全部用于测定，不得用采集的水样冲洗采样器（容器）。

⑦ 水样装入容器后，应按规定要求立即加入相应的固定剂摇匀，贴好标签，或按规定要求低温避光保存。

⑧ 采样时应用签字笔或硬质铅笔做好现场采样记录，认真填写“水质采样记录表”，字迹应端正、清晰，项目完整。

⑨ 采样结束前，应核对采样计划、填好水样送检单、核对瓶签，如有错误或遗漏，应立即补采或重采。

⑩ 每批水样，应选择部分项目加采现场平行样、制备现场空白样，与样品一同送实验室分析。

⑪ 样品交接签字确认后，实验室质量控制人员制备室内质量控制样品，并对样品进行编码和标记。

⑫ 现场与室内质量控制样品数量应为每批水样总数的 10%～20%。每批水样≤10 个时，质量控制样品不得少于 2 个。

第二节 水环境样品采集技术

一、地表水样品采集技术

1. 采样器的选择与使用

（1）采样器的选择

① 采样器应有足够强度，且使用灵活、方便可靠，与水样接触部分应采用惰性材料，如不锈钢、聚四氟乙烯等。采样容器在使用前，应先用洗涤剂洗去油污，用自来水冲净，再用10%盐酸荡洗，自来水冲净后备用。

② 根据当地实际情况和涉水、桥梁、船只、缆道和冰上等采样方式，选择以下一种采样器：a. 聚乙烯桶；b. 有机玻璃采样器；c. 单层采样器；d. 直立式采样器；e. 泵式采样器；f. 自动采样器。

（2）采样方法的选择 根据监测目的与要求，可选用以下自动或人工采样方法之一采集样品：a. 定流量采样；b. 流速比例采样；c. 时间积分采样；d. 深度积分采样。

2. 样品容器的选择与使用要求

① 样品容器的材质应化学稳定性好，不会溶出待测组分，且在保存期内不会与水样发生物理化学反应；对光敏性组分，应具有遮光作用。微生物检验用的容器能耐受高温灭菌时的高温。

② 测定有机及生物项目的样品容器选用硬质（硼硅）玻璃容器，测定金属、放射性及其他无机项目的样品容器选用高密度聚乙烯或硬质（硼硅）玻璃容器，测定溶解氧及五日生化需氧量（BOD_5）使用专用样品容器。

③ 样品容器在使用前应根据监测项目和分析方法的要求，采用相应的洗涤方法洗涤。

3. 样品预处理注意事项

样品预处理注意事项如下：

① 含有沉降性固体（如泥沙等）的水样，应将所采水样摇匀后倒入筒形玻璃容器（如量筒），静置30min。在水样表层50mm以下位置，用吸管将水样移入样品容器后，再加入保存剂。测定总悬浮物和油类的水样除外。

② 需要分别测定悬浮物和水中所含组分时，或规定使用过滤水样的，应采用0.45μm玻璃纤维微孔滤膜或等效方法过滤水样后，再加保存剂或萃取剂保存样品。

③ 测定微量有机物质，采用现场液-液或液-固萃取分离方法，低温保存萃取物或固相萃取柱。

4. 现场测定与观测要求

现场测定与观测要求如下：

① 水温、pH值、溶解氧、电导率、透明度、感官性状等监测项目应在采样现场采用

相应方法观测或检验。

② 现场使用的监测仪器应经检定或校准合格，并在使用前进行仪器校正。

③ 采用深水电阻温度计或颠倒温度计测量时，温度计应在测点放置 5～7min，待测得的水温恒定不变后读数。

④ 感官指标的观测：用相同的比色管，分取等体积的水样和蒸馏水做比较，对水的颜色进行定性描述。现场记录水的气味（臭），水面有无油膜、泡沫等。

⑤ 水文参数的测量应符合现行国家和行业有关技术标准的规定。潮汐河流各点位采样时，还应同时记录潮位。

⑥ 测量并记录气象参数，如气温、气压、风向、风速和相对湿度等。

5. 样品保存基本要求

样品保存主要有冷藏、加入保存剂等方法，基本要求如下：

① 保存剂不能有干扰物影响待测物的测定；保存剂的纯度和等级应符合分析方法的要求。

② 保存剂可预先加入样品容器中，也可在采样后立即加入，但应避免对其他测试项目的影响和干扰。易变质的保存剂不宜预先添加。

③ 常用水样保存方法应符合表 4-1 的规定。表中未列的，可参照分析方法的要求保存水样。

二、地下水样品采集技术

1. 采样器与样品容器

采样器与样品容器要求如下：

① 地下水水质采样器分为自动式与人工式，自动式用电动泵进行采样，人工采样方式分为活塞式与隔膜式，可按当地实际情况和监测要求合理选用。

② 采样器在监测井中应能准确定位，并能取到足够量的代表性水样。

③ 样品容器要求同地表水监测相关技术规定。

2. 采样方法与注意事项

采样方法与注意事项要求如下：

① 利用水位测量井采样时，应先测量地下水位，然后再采集水样。

② 采样时采样器放下与提升时动作要轻，应避免搅动井水和井壁及底部沉积物，以避免影响水样真实性。

③ 采集分层水样时，应按含水层分布状况采集，或在地下水水面 0.5m 以下、中层和底部 0.5m 以上采集，并同时记录采样深度。

④ 用机井泵采样时，应待抽水管道中停滞的水排净，新水更替后再采样。

⑤ 自流地下水应在水流流出处或水流汇集处采样。

⑥ 除特殊监测项目外，应用监测井水荡洗采样器和水样容器 2～3 次。挥发性或半挥发性有机污染物项目，采样时水样注满容器，上部不留空隙；石油类、重金属、细菌类、放射性等特殊监测项目的水样分别单独采样。

⑦ 水样采集量应满足监测项目与分析方法所需量及备用量要求。

⑧ 水样采入或装入容器后，应盖紧、密封容器瓶，贴好标签。需加入保存剂的水样，应立即加保存剂后密封。

⑨ 采集水样后，应按要求现场填写采样记录，字迹应端正、清晰，各栏内容填写齐全。

⑩ 核对采样计划、采样记录与水样，如有错误或漏采应立即重采或补采。

3. 样品保存方法

样品保存方法与要求：

① 样品中易发生物理或化学变化的监测项目，应根据待测物的性质选择适宜的样品保存方法。

② 不需或不能向样品中加入保存剂保存样品的监测项目，应采用低温保存、现场测定、预处理（如萃取）或控制从采样到测定的时间间隔等方法，并应在保存期内测定完毕。

③ 地下水样品保存方法应符合表 4-1 的规定。表中未列的，可参照分析方法的要求保存水样。

三、入河排污口样品采集技术

1. 样品采集

入河排污口采样方法与注意事项如下：

① 采样器和样品容器的选择与使用应符合地表水样品采集有关要求；每次使用后应按规定的洗涤方法清洗，保证清洁，避免沾污和交叉污染。

② 排污口（沟渠）水深小于 1m，应在 1/2 水深处采样；水深大于 1m，应在 1/4 水深处采样。

③ 采样时应注意除去水面的杂物、垃圾等漂浮物。同时避免搅动底部沉积物，防止异物进入采样器。

④ 在排污暗管（渠）落水口处或观察孔采样，可直接用采样桶采集。

⑤ 用样品容器直接采样时，应反复用水样冲洗数次后再行采样。但当水面有浮油时，采油的容器不能冲洗。

⑥ 入河排污口监督性或抽查性监测可以采集瞬时样品。污水排放不稳定，污染物浓度有明显变化时，可分时间段采样。但在各次采样时，应注意采样量与实时的污水流量成比例，保证混合样品具有代表性。

⑦ 用自动采样器进行自动采样时：当污水排放量较稳定，污染物浓度变化较小时，可采用时间比例法采集混合样；污水流量和污染物浓度随时间变化>20%时，应采用流量比例法采集混合样。

⑧ 测定 pH 值、悬浮物、溶解氧（DO）、化学需氧量（COD）、五日生化需氧量（BOD_5）、硫化物、油类、有机物、余氯、粪大肠菌群、放射性等项目的样品，不宜采集混合样，需单独采集。

2. 入河排污口采样质量保证与质量控制

采样质量保证与质量控制要求如下：

① 采样人员应通过岗前培训考核，持证上岗，切实掌握采样技术与安全防护措施，熟知水样固定、保存、运输条件。

② 样品保存应符合表 4-1 的规定。

③ 采样记录应包括入河排污口名称、样品编号、监测断面（点）、采样时间、污水性质、污水流量、采样人姓名及其他有关事项等。

④ 样品采集后要在每个样品容器上贴上标签，标明监测断面（点）、编号、采样日期和时间、测定项目和保存方法等。

⑤ 每批水样，应选择部分项目加采现场平行样、制备现场空白样，与样品一同送实验室分析。

⑥ 污水样品的组成复杂，稳定性一般比地表水样差，易变项目应在现场测定。现场测定项目平行测定率，不得低于现场测定项目样品总数的 20%。其他项目也应尽快送达实验室及时测定。

⑦ 同一监测点二次以上采集的污水样品可混合后测定，也可逐次测定，取日平均值。

第三节 大气降水样品的采集

一、采样器及清洗

1. 采样器

采样器可分为降雨采样器和降雪采样器两种类型，容器由聚乙烯、搪瓷或玻璃材质制成。聚乙烯适用于无机监测项目样品采集，搪瓷和玻璃适用于有机监测项目样品采集。采样器的选择要求如下：

① 降雨采样器。按采样方式可分为人工采样器和自动采样器，前者为上口直径 40cm 的聚乙烯桶，后者带有湿度传感器，降雨时自动打开，降雨停后自动关闭。

② 降雪采样器。可使用上口直径>60cm 的聚乙烯桶或洁净聚乙烯塑料布平铺在水泥地或桌面上进行。用塑料布取样时，只取中间 15cm×15cm 范围内雪样，装入采样桶内，在室温下融化。

③ 利用现有水文雨量观测站设施采集降水样品时，应避免干沉降物对降水水质的影响。

2. 采样器清洗

① 采样器具在第一次使用前，用 100mL/L 盐酸（或硝酸）溶液浸泡一昼夜，用自来水洗至中性，再用去离子水冲洗多次。然后加少量去离子水振摇，用离子色谱法检查水中的 Cl^-，若和去离子水相同，即为合格。晾干，加盖，保存在清洁的橱柜内。

② 采样器每次使用后，先用去离子水冲洗干净，晾干，然后加盖保存。

③ 过滤用 0.45μm 微孔滤膜，应在使用前用 100mL/L 盐酸溶液浸泡 24h 后，用纯水洗净后浸泡于去离子水中备用。

二、样品采集

样品采集要求与注意事项如下：

① 降水出现有其偶然性，且降水水质随降水历时而变化，在利用水文雨量观测站采样设施时，应特别注意采样代表性。

② 样品量应满足监测项目与采用的分析方法所需水样量以及备用量的要求。

③ 采样过程中应避免干沉降物污染样品和降水样品的蒸发影响。

④ 采样时应记录降水类型、降水量、气温、风向、风速、风力、降水起止时间等。

⑤ 暴雨时，应采取有效措施防止降水溢出储水器；冬季结冰期，应防止储水器和雨量杯等冻结破裂。

⑥ 样品采集后，应尽快过滤以除去降水样品中的颗粒物，滤液装入干燥清洁的容器中，于 4℃下保存。

⑦ 测试电导率、pH 值的样品不得过滤。应先进行电导率测定，然后再测定 pH 值。

⑧ 每批水样，应选择部分项目加采现场平行样、制备现场空白样，与样品一同送实验室分析。

三、样品保存

样品保存应符合表 4-2 的要求。

表 4-2　大气降水样品保存方法

监测项目	容器	保存方法	保存期限
电导率、pH 值、亚硝酸根、硝酸根、氨氮、碳酸根、碳酸氢根、亚硫酸根	P	4℃，冷藏	1d
氟离子、氯离子、硫酸根、磷酸根、溴离子、钾、钠、钙、镁、铅、镉	P	4℃，冷藏	1m
甲酸根、乙酸根	G	4℃，冷藏	1m

注：P 为聚乙烯瓶（桶）；G 为硬质玻璃瓶。

第四节　水体沉积物样品采集与保存

一、样品采集

1. 采样器

沉积物采样器的材质应强度高、耐磨及耐蚀性良好。悬浮物采样器同水质采样器。沉积物采样器可根据河床的软硬程度，选用以下类型：

① 挖式、锥式或抓式沉积物采样器，用于较深水域，水流流速大时需与铅鱼配用。

② 管式沉积物采样器，用于柱状样品采集。

③ 水深小于1.5m时，可选用削有斜面的竹竿采样；在浅水区或干涸河段可用金属铲或塑料勺等采样。

2. 样品采集

沉积物样品采集应与水质采样同步进行，采样注意事项与质量控制要求如下：

① 采样前，采样器应用水样冲洗，采样时应避免搅动底部沉积物。

② 样品采集后应沥去水分，除去砾石、植物等杂物。供无机物分析的样品应放置于塑料瓶（袋）中；供有机污染物分析的样品应置于棕色广口玻璃瓶中，瓶盖应内衬洁净铝箔或聚四氟乙烯薄膜。

③ 为保证样品代表性，可在同一采样点多次采集，装入同一容器中混匀。

④ 柱状样品可按样柱上部30cm内间隔5cm，下部按10cm间隔（超过1m时酌定）用塑料刀切成小段，分段取样。

⑤ 沉积物采样量为0.5～1.0kg（湿重），悬浮物采样量为0.5～5.0g（干重），监测项目多时应酌情增加。也可从水文泥沙观测（河床沉积物、悬移质和泥沙粒径分析）样品中，选取符合各监测项目技术要求的样品。

二、样品保存

沉积物样品保存应符合以下要求：

① 沉积物样品采集后，于－40～－20℃冷冻保存，并在样品保存期内测试完毕。

② 悬浮物采用0.45μm滤膜过滤或离心等方法将水分离后冷冻保存。

③ 沉积物样品按表4-3的方法与要求保存。

表4-3　沉积物样品保存方法与要求

测定项目	容器	样品保存方法与要求
颗粒度	P、G	＜4℃，保存期6个月，样品在分析前严禁冷冻和烘干处理
总固体，水分	P、G	冷冻保存，保存期6个月
氧化还原电位	G	尽快分析
有机质	P、G	冷冻保存，保存期6个月，室温溶解
油类	P、G	尽快分析[80g(湿样)/1mL浓HCl，4℃下密封保存，保存期28d]
硫化物	P、G	尽快分析[80g(湿样)/2mL1moI/L醋酸锌并摇匀，于4℃下避光密封保存，保存期7d]
重金属	P、G	于－20℃下，保存期为6个月(汞为30d，六价铬为1d)
有机污染物	G	尽快萃取或4℃下避光保存至萃取，可萃取有机物在萃取后40d内分析；挥发性、半挥发性、难挥发性有机物保存期分别为7d、10d和14d

注：P—塑料；G—玻璃。

三、样品制备

1. 样品干燥方法

沉积物样品干燥方法的选用应符合监测项目的技术要求。

① 真空冷冻干燥法，适用于对热、空气不稳定的组分。

② 自然风干法，适用于较稳定组分。

③ 恒温（105℃）干燥法，适用于稳定组分。

2. 样品制备方法

沉积物样品干燥脱水后，按下列粉碎、过筛和缩分步骤制备样品：

① 剔除砾石、贝壳、植物等杂质，平摊在有机玻璃板上，然后挑拣剔除明显的砾石与动植物残体，用聚乙烯棒或玻璃棒将样品反复碾压后过 20 目筛，至筛上不含泥土为止。

② 粗磨样品过 20 目筛后采用四分法取其两份：一份交样品库按表 4-2 的要求保存；另一份作为测试样品预备磨细。其余粗磨样可用于 pH 值、元素形态含量等项目的分析。

③ 使用球磨机粉碎，或玛瑙研钵人工研磨碎样方法制成细磨样品，至全部样品通过 80～200 目筛（视测定项目过筛要求定）。

④ 测定汞、砷、硫化物等项目样品宜采用人工碎样方法，并且过 80 目筛。

⑤ 过筛后的细磨样品应再采用四分法缩分取其两份：一份交样品库存放；另一份作样品测试用。

⑥ 沉积物样品、粗磨样品和细磨样品应装入棕色广口瓶或相应储样容器中，贴上标签后供测试用或冷冻保存。

⑦ 分析油类、硫化物、有机污染物可用新鲜样品，按方法规定要求进行样品前处理。

3. 样品制备注意事项

沉积物样品制备应注意以下事项：

① 测定金属的样品应使用玛瑙钵体与玛瑙球的球磨机粉碎，或玛瑙研钵人工研磨碎样。

② 测定金属项目的样品应使用尼龙网筛；测有机污染项目的样品应使用不锈钢网筛。

③ 测定热不稳定组分、有机物的样品应采用自然风干法干燥；或同时制备两份湿样样品，一份用于污染物测定，另一份用于含水量测定。

四、样品预处理方法

沉积物样品预处理方法主要包括全分解方法、酸溶浸法、金属形态样品预处理方法和有机污染物提取方法。

沉积物样品预处理根据所测参数类别不同，选用方法各异。无机物中金属可分为全量分析、浸出态分析和形态分析；有机物根据物质不同极性、酸碱度、可存性及热不稳定性分别采用有机溶剂提取、顶空/吹扫捕集、超临界流体抽提和微波辅助提取等方法。

1. 全分解方法

全分解方法用于沉积物矿质全量分析中沉积物样品的分解（消解）预处理，主要包括普通酸分解法、高压密闭分解法、微波炉加热分解法和碱融法。

1）普通酸分解法、高压密闭分解法和微波炉加热分解法主要是加热分解方式与条件有所不同，均使用酸溶剂分解样品。其优点是酸度小，适用于仪器分析测定，但对某些难熔矿物分解不完全，特别对铝、钛的测定结果会偏低，且不能测定硅（已被除去）。常用于分解样品的酸溶剂有 HNO_3-HCl-HF-$HClO_4$、HNO_3-HF-$HClO_4$、HNO_3-HCl-HF-

H_2O_2、HNO_3-HF-H_2O_2 等。

2）碱融法主要包括碳酸钠熔融法和碳酸锂-硼酸、石墨粉坩埚熔样法，是在马弗炉中于 900℃以上熔样，分解某些难熔矿物。

① 碳酸钠熔融法适用于对氟、钼、钨的测定。

② 碳酸锂-硼酸、石墨粉坩埚熔样法适用于对铝、硅、钛、钙、镁、钾、钠等元素的测定。

2. 酸溶浸法

酸溶浸法是测定沉积物中重金属常选用的方法，常用混合酸消解体系，必要时加入氧化剂或还原剂加速消解反应。

① HCl-HNO_3 溶浸法，适用于原子吸收法或 ICP 法测定 P、Ca、Mg、K、Na、Fe、Al、Ti、Cu、Zn、Cd、Ni、Cr、Pb、Co、Mn、Mo、Ba、Sr 等。

② HNO_3-H_2SO_4-$HClO_4$ 溶浸法，能使大部分元素溶出，且加热过程中液面比较平静，没有迸溅的危险，但不适用于易与 SO_4^{2-} 形成难溶性盐类的元素。

③ HNO_3 溶浸法适用于大部分金属的测定。

④ HCl 溶浸法适用于溶浸 Cd、Cu、As、Ni、Zn、Fe、Mn、Co 等重金属元素。

3. 金属形态样品预处理方法

金属形态包括水溶态、交换态、吸附态、有机结合态、松结有机态、紧结有机态、碳酸盐态、无定形氧化锰结合态、无定形氧化铁结合态、晶型氧化铁结合态、硫化物态和残渣态等多种形态，形态分析样品的处理有以下几种常用方法。

1）数字态的溶浸法：DTPA 浸提法、0.1mol/L HCl 浸提法和水浸提法。

① DTPA（二乙三胺五乙酸）浸提法适用于石灰性土壤和中性土壤，可测定数字态 Cu、Zn、Fe 等。

② 0.1mol/L HCl 浸提法适合于酸性土壤。

③ 常用水浸提法。数字态锰用 1mol/L 乙酸铵-对苯二酚溶液浸提；数字态钼用草酸-草酸铵溶液浸提；硅用 pH 4.0 的乙酸-乙酸钠缓冲溶液、0.02mol/L H_2SO_4、0.025%或 1%的柠檬酸溶液浸提；数字态硫用 H_3PO_4-HAc 溶液浸提，或用 0.5mol/L $NaHCO_3$ 溶液（pH 8.5）浸提；数字态钙、镁、钾、钠用 1mol/L NH_4Ac 浸提；数字态磷用 0.03mol/L NH_4F-0.025mol/L HCl 或 0.5mol/L $NaHCO_3$ 浸提等。

2）用下列方法依次提取可交换态、碳酸盐结合态、铁锰氧化物结合态、有机结合态和残余态。

① 先用 $MgCl_2$（1mol/L $MgCl_2$，pH 7.0）或者乙酸钠溶液（1mol/L NaAc，pH 8.2）提取可交换态，残余物留作下用。

② 上一步提取后的残余物用乙酸把 pH 值调至 5.0，用 1mol/L NaAc 浸提碳酸盐结合态，残余物留作下用。

③ 上一步提取后的残余物用 0.3mol/L $Na_2S_2O_3$-0.175mol/L 柠檬酸钠-0.025mol/L 柠檬酸混合液，或者用 0.04mol/L $NH_2OH \cdot HCl$ 在 20%（体积分数）乙酸中浸提铁锰氧化物结合态，残余物留作下用。

④ 上一步提取后的残余物用 HNO_3 调节 pH 值至 2，用 0.02mol/L HNO_3、5mL 30% H_2O_2，加热至 85℃±2℃，保温 2h；再用 HNO_3 调至 pH=2，加入 3mL 30% H_2O_2，再将混合物在 85℃±2℃下加热 3h；冷却后，加入 5mL 3.2mol/L 乙酸铵 20%（体积分数）HNO_3 溶液，稀释至 20mL，振荡 30min 提取有机结合态，残余物留作下用。

⑤ 上一步提取后的残余物采用全分解方法中的普通酸分解法，用 HF-$HClO_4$ 分解残余态（残余态中包括了在天然条件下，一些不会在短期内溶出，夹杂、包藏在其晶格内的痕量元素）。

4. 有机污染物提取方法

有机污染物提取常用有机溶剂提取、顶空/吹扫捕集、超临界流体抽提和微波辅助提取等方法。

(1) 有机溶剂提取　有机溶剂提取是依据相似相溶的原理，通常有振荡提取、索氏提取和超声提取等方法。萃取时，选择与待测物极性相近的有机溶剂作为提取剂，通过回流、振荡等方式提取样品中的有机污染物。针对不同待测物的化学稳定性及酸碱性，还可以在溶剂萃取之前进行碱分离，除去基体中的干扰物质，简化样品预处理过程（如底质和污泥样品中多氯联苯分析）。

① 索氏提取法。用于萃取非挥发性和半挥发性有机化合物，索氏抽提过程能够保证样品基体与萃取溶剂完全接触。固体样品与无水硫酸钠混合，放入专用套筒中，加入适当的溶剂（如丙酮-正己烷混合溶剂、二氯甲烷-丙酮混合溶剂、二氯甲烷、甲苯-甲醇混合溶剂等），在索氏提取器中完成提取。

② 超声提取法。用于萃取非挥发性和半挥发性有机化合物，超声波作用过程保证了样品基体与萃取溶剂的密切接触。固体样品与无水硫酸钠混合形成自由流动的粉末，用超声波作用进行溶剂萃取 3 次，通过真空过滤或离心使提取液与样品分离。提取液即可用于进一步的净化或浓缩后直接分析。

(2) 顶空/吹扫捕集　吹扫捕集法和顶空法适用于提取挥发性有机物。通过加热的方式来使挥发性物质从沉降物中释放出来，后续采用 GC（气相色谱）或 GC-MS（气相气谱-质谱联用）测定。

(3) 超临界流体抽提　超临界流体萃取（SFE）是一种特殊形式的液固色谱，其特点是利用在超临界条件下的流体进行萃取，近年来在环境固体样品的前处理中得到了广泛的应用。在 SFE 中不用有污染的有害溶剂，而采用超临界流体 CO_2 作为萃取溶剂，能在相对低的温度下进行快速数字的抽提。该预处理方法有萃取选择性，可以通过调节超临界流体的密度、温度、流速和加入溶剂来控制萃取能力。

(4) 微波辅助提取　微波辅助提取法（MAE）是利用微波能量，快速和有选择地提取固体样品中待测物的方法。MAE 的主要参数是物质的介电常数，物质的介电常数越高，吸收的微波能量也越高。同时还与微波频率有关。在分析中，常用的微波频率为 2450MHz。在 MAE 液相提取中常采用具有较小介电常数和微波透明的溶剂，例如正己烷-丙酮、正己烷-二氯甲烷。

五、沉积物样品预处理质量控制

样品制备、预处理质量控制要求如下：

① 样品风干室和磨样室应分设，并通风良好，整洁，无尘，无易挥发性化学物质。

② 制样工具及容器，如搪瓷盘、玛瑙研磨机（球磨机）或玛瑙研钵、尼龙筛、不锈钢筛等制样工具及容器，应每处理一份样后擦抹（洗）干净，防止交叉污染。

③ 制样过程中，采样时的样品标签应与所制样品标签一致，样品名称、编码、流转编码统一规范。

④ 样品的保存应符合表 4-2 规定的要求。

⑤ 每批水样，应选择部分项目加采现场平行样、制备现场空白样，与样品一同送实验室分析。

⑥ 选择背景结构、组分、含量水平尽可能与待测沉积物样品一致或近似的标准样品，如 ESS 系列、GSS 系列和 GSD 系列等土壤与水系沉积物标准样品，进行准确度控制。每批样品、每个监测项目，标准样品测试不少于 2 次。

第五节　水生态样品采集与保存

一、样品采集

1. 采样器

水生生物样品采集可选用以下类型与规格的采样器皿。

① 有机玻璃采水器：适用于采集不同深度水样，采水器内部有温度计，可同时测量水温。规格：1000mL、1500mL、2000mL 等。

② 浮游生物网：用于采集浮游动植物，规格有 25 号网（网孔 0.064mm）、13 号网（网孔 0.112mm）。

③ 彼得逊采泥器：用于采集底栖动物，规格有 $1/16\text{m}^2$、$1/20\text{m}^2$。

④ 人工基质篮：用于采集底栖动物，规格为 ϕ 18cm、h 20cm。

⑤ 三角拖网：用于采集底栖生物，规格为 L 35cm。

⑥ 硅藻计：用于着生生物的采集，规格为 26mm×76mm。

⑦ 聚酯薄膜采样器：用于着生生物的采集，规格为 4cm×40cm。

2. 采样方法

水生态调查与监测中水质与沉积物的采样方法同地表水监测及水体沉积物监测。

(1) *浮游生物采样方法*　浮游生物采样方法与要求如下：

① 定性样品（浮游植物、原生动物和轮虫等）采集，采用 25 号浮游生物网（网孔 0.064mm），枝角类和桡足类等浮游动物采用 13 号浮游生物网（网孔 0.112mm），在表层中拖滤 1～3min。

② 定量样品采集，在静水和缓慢流动水体中采用玻璃采样器采集；在流速较大的河流中，采用横式采样器，并与铅鱼配合使用，采水量为1～2L，当浮游生物量很低时应酌情增加采水量。

③ 浮游生物样品采集后，除进行活体观测外，一般按水样体积加1%的鲁哥氏溶液固定，静置沉淀后倾去上层清水，将样品装入样品瓶中。

(2) *着生生物采样方法* 着生生物采样方法与要求如下：

① 天然基质法是利用一定的采样工具，采集生长在水中的天然石块、木桩等天然基质上的着生生物。

② 人工基质法是将玻片、硅藻计和PFU（聚氨酯泡沫塑料）等人工基质放置于一定水层中，时间不得少于14d，然后取出人工基质，采集基质上的着生生物。

③ 用天然基质法和人工基质法采集样品时，应准确测量采样基质的面积。

④ 采集的着生生物样品，除进行活体观测外，一般按水样体积加1%的鲁哥氏溶液固定，静置沉淀后倾去上层清水，将样品装入样品瓶中。

(3) *底栖动物采样方法* 底栖动物采样方法与要求如下：

① 定量样品可用开口面积一定的采泥器采集，如彼得逊采泥器（采样面积为1/16m^2）或用铁丝编织的直径为18cm、高20cm圆柱形铁丝笼，笼网孔径为5cm^2±1cm^2，底部铺40目尼龙筛绢，内装规格尽量一致的卵石，将笼置于采样垂线的水底中，14d后取出。从底泥中和卵石上挑出底栖动物。

② 定性样品可用三角拖网在水底拖拉一段距离，或用手抄网在岸边与浅水处采集。以40目分样筛，挑出底栖动物样品。

(4) *水生维管束植物样品采样方法* 水生维管束植物样品采样方法与要求如下：

① 定量样品用面积为0.25m^2、网孔3.3cm×3.3cm的水草定量夹采集。

② 定性样品用水草采集夹、采样网和耙子采集。

③ 采集样品后，去掉泥土、黏附的水生动物等，按类别晾干、存放。

(5) *鱼类样品采样方法* 鱼类样品采用渔具捕捞或从渔民、鱼市收购站购买标本，采集后应尽快进行种类鉴定。

(6) *微生物样品采样方法* 微生物样品采样方法与要求如下：

① 采样用玻璃样品瓶在160～170℃烘箱中干燥灭菌或121℃高压蒸汽灭菌锅中灭菌15min；塑料样品瓶用0.5%过氧乙酸灭菌备用。

② 用专用采样器采样时，将样品瓶固定于采集装置上，放入水中，到达预定深度后打开瓶塞，待水样装满后盖上瓶塞，再将采样装置提出水面。

③ 表层水样徒手采集时，用手握住样品瓶底部，将瓶迅速浸入水面下10～15cm处，然后将瓶口转向水流方向，待水样充满至瓶体积2/3时在水中加上瓶盖，取出水面。

二、样品预处理

1. 生物体残毒分析样品制备方法

生物体残毒分析样品应尽快取样分析，或冷冻保存。样品制备方法与要求如下：

① 贝、螺类样品用蒸馏水洗净附着物后，先进行个体种类鉴定和测量长度与重量，然后用刀具（塑料或不锈钢）取出软组织；再用蒸馏水清洗，沥干水分后再次称量个体软组织鲜重，并放入容器内，贴上标签，低温保存。

② 虾类样品用蒸馏水洗净沥干后，先进行个体种类鉴定和测量长度与重量，然后用刀具切除所有腿，切成头、腹、尾三段，从腹部中仔细取出内脏，检查性腺鉴定性别；去除外甲，取出肌肉软组织，再次称量个体鲜重，并放入容器内，贴上标签，低温保存。

③ 鱼类样品用蒸馏水洗净沥干后，先进行个体种类鉴定和测量长度与重量，然后从鱼体中部侧线上方部位取出 5～8 片鱼鳞用于鱼龄鉴定；用刀具从背脊切开鱼体，仔细取出内脏，避免沾污鱼肉，检查性腺鉴定性别；去除鱼皮、鱼骨，取出肌肉软组织，再次称量个体鲜重，并放入容器内，贴上标签，低温保存。

④ 鱼类样品除肌肉软组织外，还可选择鱼体内脏，如腮、肝等进行体内残毒分析。

⑤ 当贝、螺、虾和鱼生物体个体较小时，可选择生物个体大小相近的 10 个或以上个体的肌肉软组织制成多个体样品，用匀浆机匀化后称量鲜重，并放入容器内，贴上标签，低温保存。

2. 生物体残毒分析样品预处理方法

生物体残毒分析样品预处理方法与要求如下：

① 生物体样品于 105℃下烘干恒重或冷冻干燥 24h 恒重，计算鲜重样品含水率。生物体样品脂肪含量高时应采用冷冻干燥方法恒重。

② 干燥后的样品可用于部分无机痕量元素分析，但应用玛瑙研钵碎样，至全部样品通过 80～100 目筛。

③ 生物体样品中无机痕量元素分析可采用普通酸法、高压密闭法、微波炉加热分解法等消解样品；有机污染物分析应使用匀浆样品，采用振荡法、索氏提取、超声提取和超临界提取等方法提取样品。

三、样品保存

水生态调查与监测的水质与沉积物样品保存方法与要求同本手册地表水监测及水体沉积物监测。

生物样品保存方法应符合表 4-4 的要求。

表 4-4 生物样品保存方法

样品类别	待测项目	样品容器	保存方法	保存时间	备注
浮游植物	定性鉴定 定量计数	P 或 G	水样中加入 1%（体积分数）鲁哥氏液固定	1a	需长期保存样品，可按每 100mL 水样加 4mL 福尔马林
浮游动物 （原生动物、轮虫）	定性鉴定 定量计数	P 或 G	水样中约加入 1%（体积分数）鲁哥氏液固定	1a	需长期保存样品，可按每 100mL 水样加 4mL 福尔马林
	活体鉴定	G	最好不加保存剂，有时可加适当麻醉剂（普鲁卡因等）	现场观察	

续表

样品类别	待测项目	样品容器	保存方法	保存时间	备注
浮游动物(枝角类、桡足类)	定性鉴定 定量计数	P或G	100mL水样约加4～5mL福尔马林固定后保存	1a	若要长期保存,在40h后,换用70%乙醇保存
底栖动物	定性鉴定 定量计数	P或G	样品在70%乙醇或5%福尔马林溶液中固定保存	1a	样品最好先在低浓度固定液中固定,逐次升高固定液浓度,最后保存在70%乙醇或5%福尔马林中
鱼类	定性鉴定 定量计数	P或G	将样品用10%福尔马林保存	6m	现场鉴定计数
水生维管束植物	定性鉴定 污染物分析	P	晾干		将定性鉴定的样品尽快晾干,干燥后作为污染物残留分析样品
底栖动物、鱼类	污染物分析	P或G	−20℃		尽快完成分析
浮游生物	污染物分析	P或G	过滤后,在−20℃下保存	1m	
浮游植物	叶绿素a	P或G	2～5℃,每升水样加1mL 1% $MgCO_3$溶液	24h	立即分析
浮游植物	初级生产力	G	不允许加入保存剂		取样后,尽快试验
微生物	细菌总数、总大肠菌群数、粪大肠菌群数、粪链球菌群数	灭菌玻璃瓶	1～4℃	<6h	最好在采样后2h内完成接种,并进行培养。如水样含有余氯或重金属含量高,可按500mL样品瓶分别加入0.3mL 10%硫代硫酸钠溶液或1mL 15% EDTA溶液
废水	综合 毒性测试	P或G	密封1～4℃	24h	应尽快测试
		P	−20℃冷冻	2w	

注：a表示年；m表示月；h表示小时；w表示周。

四、水生态样品采集质量保证与质量控制

水生态调查与监测采样质量保证与质量控制要求如下：

① 采样人员应通过岗前培训考核，持证上岗，切实掌握水生态调查与监测采样相关技术，熟知各类样品的固定、保存、运输条件。

② 熟练掌握各种水生生物采样器具的正确使用方法，并确保采集到足够量的代表样品。

③ 按要求现场进行样品清洗、活体观测和样品浓缩，并应按表4-4的要求在现场加入保存剂。

④ 熟悉采样水域主要鱼类品种，保证采集（或购置）的鱼类样品来自监测水域；熟悉主要鱼类品种生长环境，采集表、中、底层生长，草食、肉食、杂食性的代表样品。

⑤ 每批水样，应选择部分项目加采现场平行样、制备现场空白样，与样品一同送实

验室分析。

参考文献

[1]　水利部水文局. 水环境监测规范 SL 219—2013 [S]. 北京：中国水利水电出版社，2014.

[2]　国家环境保护局标准处. 水质采样方案设计技术规定 GB 12997—1991 [S]. 北京：中国标准出版社，1991.

[3]　国家环境保护局标准处. 水质采样方案设计技术规定 GB 12997—1991 [S]. 北京：中国标准出版社，1991.

[4]　国家环境保护局标准处. 水质采样技术指导 GB 12998—1991 [S]. 北京：中国标准出版社，1991.

[5]　国家环境保护局标准处. 水质采样样品保存和管理技术指导 GB 12999—1991 [S]. 北京：中国标准出版社，1991.

[6]　中国环境监测总站. 大气降水样品的采样与保存 GB 13580. 2—1992 [S]. 北京：中国标准出版社，1992.

[7]　国家环境保护局科技标准司. 水质湖泊和水库采样指导 GB 14581—1993 [S]. 北京：中国标准出版社，1993.

[8]　毛学文，邓英春. 常规水质监测采样频率研究：全国水文学术讨论会论文集 [C]. 南京：河海大学出版社,2004.

[9]　[美]Sanders T G，等. 水质监测站网设计 [M]. 金立新，等译. 南京：河海大学出版社，1989.

[10]　陈守建，鄂学礼，张宏陶，等. 水质分析质量控制 [M]. 北京：人民卫生出版社，1987.

[11]　水质分析大全编写组. 水质分析大全[M]. 重庆：科学技术文献出版社重庆分社，1989.

[12]　国家环境保护局,《空气和废气监测分析方法》编写组. 空气和废气监测分析方法[M]. 北京：中国环境科学出版社，1990.

[13]　谢贤群，王立军. 水环境要素观测与分析[M]. 北京：中国标准出版社，1998.

[14]　中国医学科学院卫生研究所. 水质分析法[M]. 北京：人民卫生出版社，1983.

[15]　于天仁，王振权. 土壤分析化学[M]. 北京：科学出版社，1988.

[16]　中国环境监测总站,《环境水质监测质量保证手册》编写组. 环境水质监测质量保证手册[M]. 北京：化学工业出版社，1994.

第五章

实验室玻璃量器

第一节　常用玻璃量器

一、常用玻璃量器分类及结构

1. 玻璃量器的分类

常用玻璃量器包括滴定管、分度吸量管、单标线吸量管、单标线容量瓶、量筒和量杯。玻璃量器按其形式分为量入式和量出式两种。玻璃量器按其准确度不同分为A级和B级，其中量筒和量杯不分级。

（1）滴定管　用于滴定分析的具有一系列精确容积刻度且下端具活栓或嵌有玻璃珠的橡胶管的管状玻璃器具。滴定管是滴定分析时使用的较精密仪器，用于测量在滴定中所用标准滴定溶液的体积。

① 具塞滴定管。用直通活塞连接量管和流液口的滴定管。具塞滴定管又称酸式滴定管。

② 无塞滴定管。用内孔带有玻璃小球的胶管连接量管和流液口的滴定管。无塞滴定管又称碱式滴定管。

③ 三通活塞自动定零位滴定管。用三通活塞连接量管和流液口，带有自动定零位装置的滴定管。

④ 侧边活塞自动定零位滴定管。直通活塞在侧边，带有自动定零位装置的滴定管。

⑤ 侧边三通活塞自动定零位滴定管。三通活塞在侧边，带有自动定零位装置的滴定管。

⑥ 座式滴定管。带有辅助注液管，并有底座支撑的滴定管。

⑦ 夹式滴定管。带有辅助注液管，安装在支架上的滴定管。

（2）分度吸量管　用于转移液体的具有一系列精确容积刻度的玻璃管状器具。对于吸量管，当液体自然流至流液口端不流时流液口内残留的液体称为残留液。

① 流出式分度吸量管。当液体自然流至流液口端不流时口端保留残留液的分度吸量管。

② 吹出式分度吸量管。当液体自然流至流液口端不流时即将流液口端残留液排出的分度吸量管。

(3) 单标线吸量管 用于转移液体的具有单一精确容积刻度的玻璃管状器具。单标线吸量管又俗称胖肚吸量管。

(4) 单标线容量瓶 用于配制溶液，颈细长，具有单一精确容积刻度的具塞玻璃容器。

(5) 量筒 用于配制溶液或转移液体的具有一系列精确容积分度线并具塞或有倒液嘴带底座的玻璃筒状器具。

① 量入式量筒。用于配制溶液，具有一系列精确体积分度线并具塞带底座的玻璃筒状容器。量入式符号用“In”表示。

量入式量筒的容量：将纯水注入干燥量筒内到所需要的分度线的体积，即为该刻度线的容量。

② 量出式量筒。用于转移液体，具有一系列精确容积分度线并有倒液嘴带底座的玻璃筒状器具。量出式符号用“Ex”表示。

量出式量筒的容量：将纯水注入量筒到所需分度线，然后倒出，等待30s后所排出的体积即为该分度线的容量。

(6) 量杯 用于转移液体，具有一系列精确容积分度并有倒液嘴带底座的玻璃杯状器具。量杯的容量同量出式量筒。

常用玻璃量器的分类、形式、准确度等级及标称容量见表5-1。

表5-1 常用玻璃量器的分类、形式、准确度等级及标称容量

<table>
<tr><th colspan="2">玻璃量器的分类</th><th>形式</th><th>准确度等级</th><th>标称容量/mL</th></tr>
<tr><td rowspan="2">滴定管</td><td>无塞、具塞、三通活塞、自动定零位滴定管</td><td rowspan="2">量出</td><td rowspan="2">A、B级</td><td>5,10,25,50,100</td></tr>
<tr><td>座式滴定管
夹式滴定管</td><td>1,2,5,10</td></tr>
<tr><td rowspan="2">分度吸量管</td><td>流出式</td><td rowspan="2">量出</td><td>A、B级</td><td>1,2,5,10,25,50</td></tr>
<tr><td>吹出式</td><td>A、B级</td><td>0.1,0.2,0.25,0.5,1,2,5,10</td></tr>
<tr><td colspan="2">单标线吸量管</td><td>量出</td><td>A、B级</td><td>1,2,3,5,10,15,20,25,50,100</td></tr>
<tr><td colspan="2">单标线容量瓶</td><td>量入</td><td>A、B级</td><td>1,2,5,10,25,50,100,200,250,500,1000,2000</td></tr>
<tr><td rowspan="2">量筒</td><td>具塞</td><td>量入</td><td rowspan="2">—</td><td rowspan="2">5,10,25,50,100,200,250,500,1000,2000</td></tr>
<tr><td>不具塞</td><td>量出
量入</td></tr>
<tr><td colspan="2">量杯</td><td>量出</td><td>—</td><td>5,10,20,50,100,250,500,1000,2000</td></tr>
</table>

2. 常用玻璃量器的结构

常用玻璃量器的结构参见图5-1～图5-12。

二、常用玻璃量器通用技术要求

1. 材质

① 玻璃量器通常采用钠钙玻璃或硼硅玻璃制成。

② 滴定管、分度吸管和量筒允许用有蓝线、乳白衬背的双色玻璃管制成。

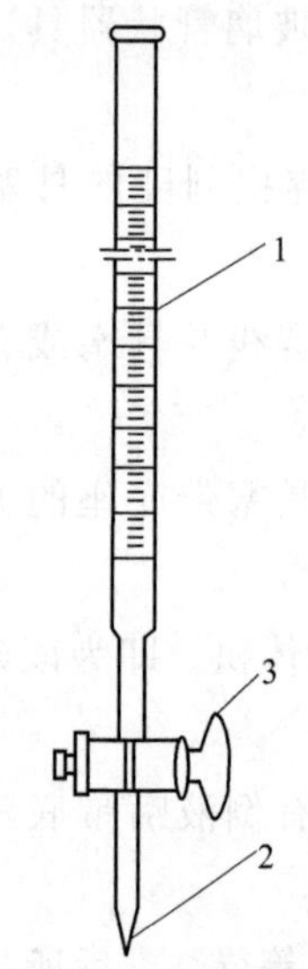

图 5-1 具塞滴定管

1—量管；2—流液口；
3—直通活塞

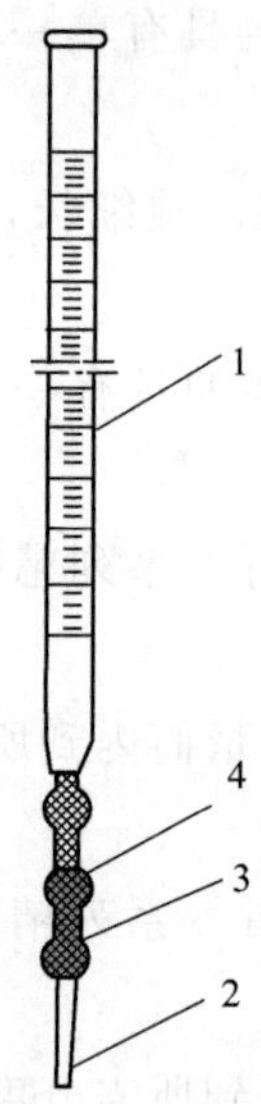

图 5-2 无塞滴定管

1—量管；2—流液口；
3—胶管；4—玻璃球

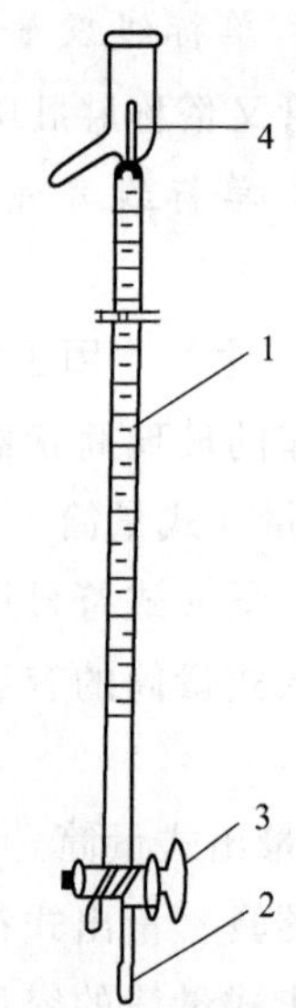

图 5-3 三通活塞自动定零位滴定管

1—量管；2—流液口；
3—三通活塞；4—定零位装置

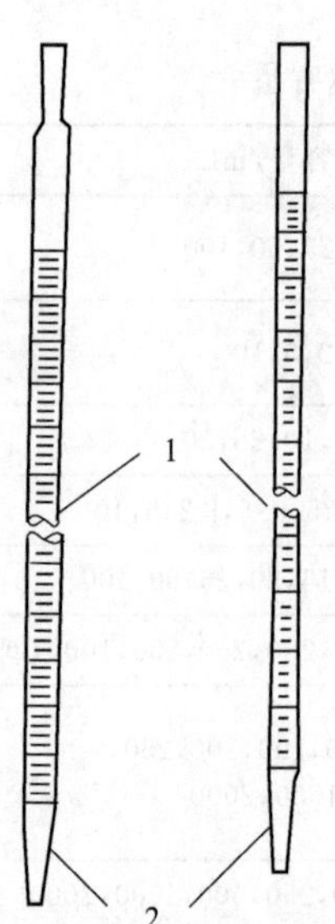

图 5-4 分度吸量管

1—量管；2—流液口

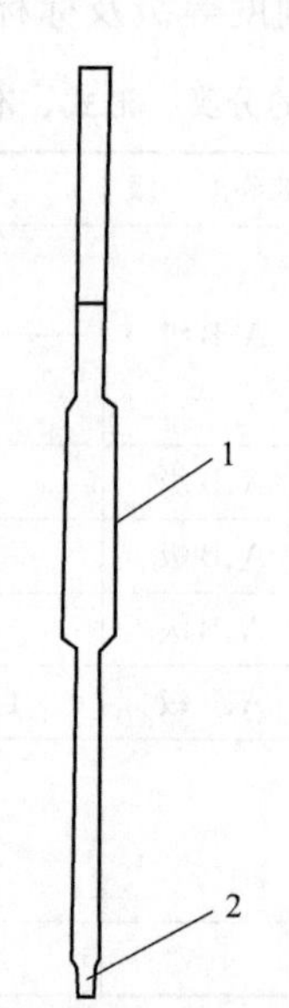

图 5-5 单标线吸量管

1—量管；2—流液口

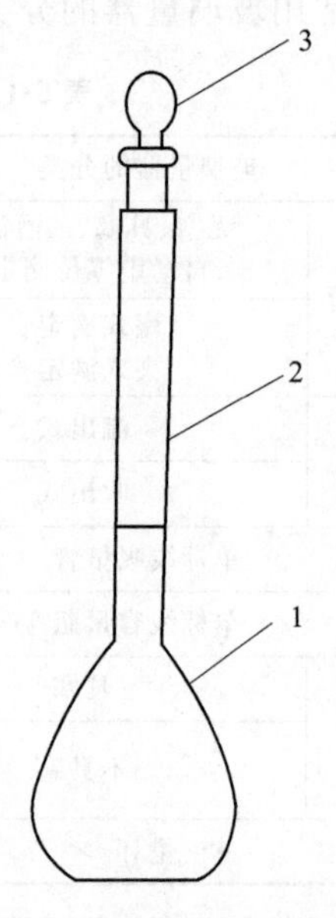

图 5-6 单标线容量瓶

1—瓶体；2—瓶颈；
3—瓶塞

③ 量器必须经过良好的退火处理，其内应力不得超过表 5-2 的规定。

表 5-2 内应力

名称	残余内应力
量器(滴定管除外)	单位厚度光程差应≤100nm/cm
滴定管,活塞芯和量瓶、量筒的塞盖	单位厚度光程差应≤120nm/cm

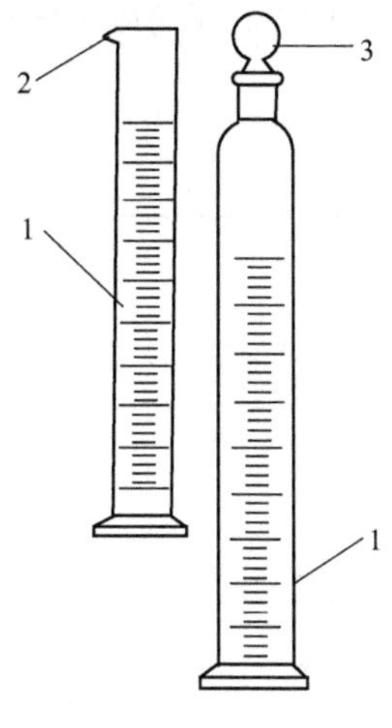

图 5-7　量筒

1—分度表；2—倒液嘴；3—筒塞

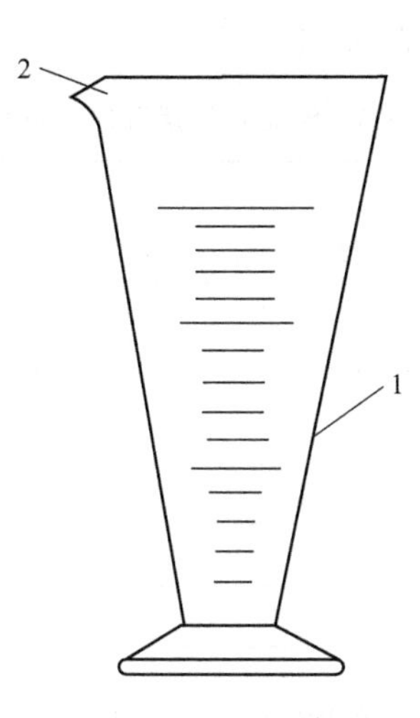

图 5-8　量杯

1—分度表；2—倒液嘴

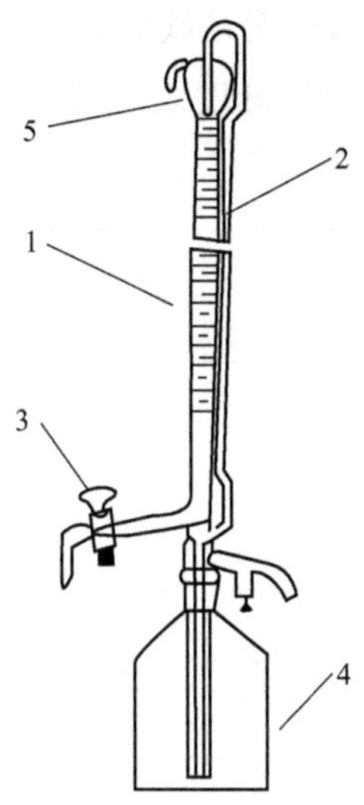

图 5-9　侧边活塞自动定零位滴定管

1—量管；2—进水管；3—直通活塞；4—储水瓶；5—定零位装置

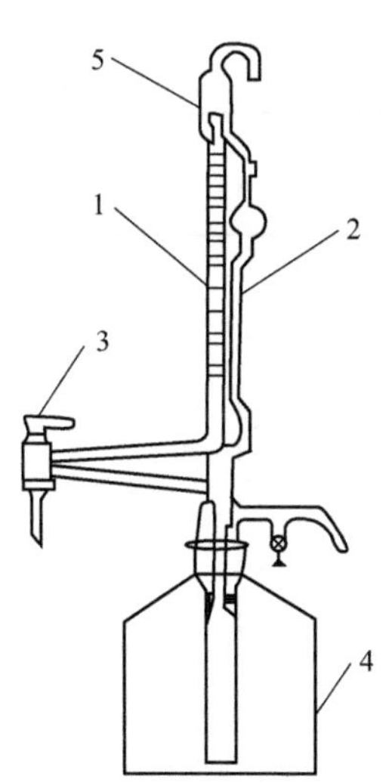

图 5-10　侧边三通活塞自动定零位滴定管

1—分度表；2—回水管；3—三通活塞；4—储液瓶；5—定零位装置

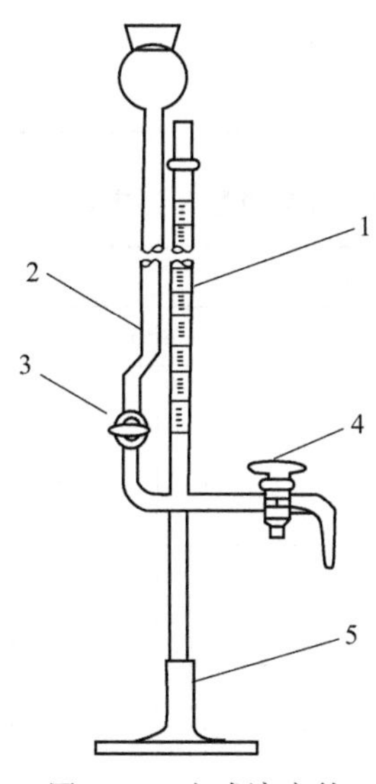

图 5-11　座式滴定管

1—量管；2—注液管；3—进水活塞；4—出水活塞；5—底座

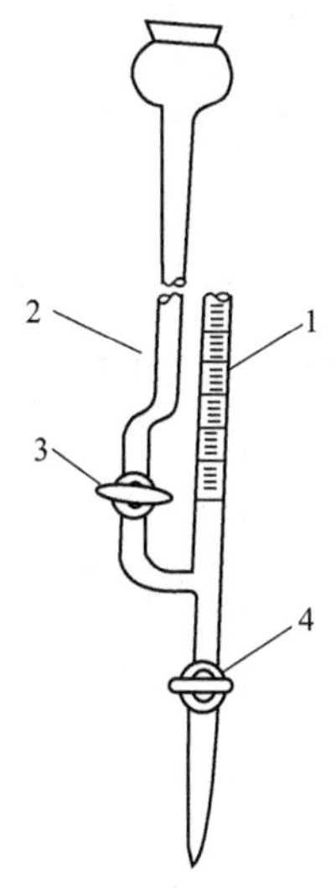

图 5-12　夹式滴定管

1—量管；2—注液管；3—进水活塞；4—出水活塞

2. 外观

（1）玻璃量器不允许有影响计量读数及使用强度等缺陷，包括密集的气线（气泡）、破气线（气泡）、擦伤、铁屑和明显的直棱线等，具体要求应符合现行国家标准。

（2）分度线和量的数值应清晰、完整、耐久，具体要求应符合现行国家标准。

（3）分度线应平直、分格均匀，必须与器轴相垂直；相邻两分度线的中心距离应>1mm。

（4）分度线的宽度和分度值见表 5-3～表 5-8。

表 5-3　滴定管计量要求一览表

标称容量/mL		1	2	5	10	25	50	100
分度值/mL		0.01		0.02	0.05	0.1	0.1	0.2
容量允差/mL	A	±0.010		±0.010	±0.025	±0.04	±0.05	±0.10
	B	±0.020		±0.020	±0.050	±0.08	±0.10	±0.20
流出时间/s	A	20～35		30～45		45～70	60～90	70～100
	B	15～35		20～45		35～70	50～90	60～100
等待时间/s		30						
分度线宽度/mm		≤0.03						

表 5-4　单标线吸量管计量要求一览表

标称容量/mL		1	2	3	5	10	15	20	25	50	100
容量允差/mL	A	±0.007	±0.010	±0.015		±0.020	±0.025	±0.030		±0.05	±0.08
	B	±0.015	±0.020	±0.030		±0.040	±0.050	±0.060		±0.10	±0.16
流出时间/s	A	7～12		15～25		20～30		25～35		30～40	35～45
	B	5～12		10～25		15～30		20～35		25～40	30～45
分度线宽度/mm		≤0.4									

表 5-5　分度吸量管计量要求一览表

标称容量/mL	分度值/mL	容量允差/mL				流出时间/s				分度线宽度/mm
		流出式		吹出式		流出式		吹出式		
		A	B	A	B	A	B	A	B	
0.1	0.001	—	—	±0.002	±0.004	3～7		2～5		A级:≤0.3 B级:≤0.4
	0.005									
0.2	0.002	—	—	±0.003	±0.006					
	0.01									
0.25	0.002	—	—	±0.004	±0.008					
	0.01									
0.5	0.005	—	—	±0.005	±0.010	4～8				
	0.01									
	0.02									
1	0.01	±0.008	±0.015	±0.008	±0.015	4～10		3～6		
2	0.02	±0.012	±0.025	±0.012	±0.025	4～12				
5	0.05	±0.025	±0.050	±0.025	±0.050	6～14		5～10		
10	0.1	±0.05	±0.10	±0.05	±0.10	7～17				
25	0.2	±0.10	±0.20	—		11～21		—		
50	0.2	±0.10	±0.20	—		15～25				

表 5-6　单标线容量瓶计量要求一览表

标称容量/mL		1	2	5	10	25	50	100	200	250	500	1000	2000
容量允差/mL	A	±0.010	±0.015	±0.020	±0.020	±0.030	±0.05	±0.10	±0.15	±0.15	±0.25	±0.40	±0.60
	B	±0.020	±0.030	±0.040	±0.040	±0.06	±0.10	±0.20	±0.30	±0.30	±0.50	±0.80	±1.20
分度线宽度/mm		≤0.4											

表 5-7　量筒计量要求一览表

标称容量/mL		5	10	25	50	100	250	500	1000	2000
分度值/mL		0.1	0.2	0.5	1	1	2 或 5	5	10	20
容量允差/mL	量入式	±0.05	±0.10	±0.25	±0.25	±0.5	±1.0	±2.5	±5.0	±1.0
	量出式	±0.01	±0.20	±0.50	±0.50	±1.0	±2.0	±5.0	±10	±20
分度线宽度/mm		≤0.3		≤0.4				≤0.5		

表 5-8　量杯计量要求一览表

标称容量/mL	5	10	20	50	100	250	500	1000	2000
分度值/mL	1	1	2	5	10	25	25	50	100
容量允差/mL	±0.2	±0.4	±0.5	±1.0	±1.5	±3.0	±6.0	±10	±20
分度线宽度/mm	≤0.4					≤0.5			

（5）玻璃量器应具有下列标记（见图 5-13）：

图 5-13　玻璃量器标记排列图

① 厂名或商标。

② 标准温度（20℃）。

③ 形式标记：量入式用“In”，量出式用“Ex”，吹出式用“吹”或“Blow out”。

④ 等待时间：+××s。

⑤ 标称总容量与单位：××mL。

⑥ 准确度等级：A 或 B。有准确度等级而未标注的玻璃量器，按 B 级处理；凡无等级的量器，如量筒与量杯其等级一项可省略。

⑦ 用硼硅玻璃制成的玻璃量器，应标“B”字样。

⑧ 非标准的口与塞、活塞芯和外套，必须用相同的配合号码。无塞滴定管的流液口与管下部也应标有同号。

另外，玻璃量器上还有计量许可标记ⓂⒸ。

3. 结构

① 玻璃量器的口应与玻璃量器纵轴相垂直，口边要平整光滑，不得有粗糙处及未经熔光的缺口。

② 滴定管和吸量管的流液口，应是逐渐地向管口缩小，流液口必须磨平倒角或熔光，口部不应突然缩小，内孔不应偏斜。

③ 量筒、量杯的倒液嘴应能使量筒、量杯内液体呈细流状倒出而不外溢。当分度表面对观察者时，倒液嘴的位置：量筒的嘴位于左侧；250mL 以下的量杯（包括 250mL）位于右侧；500mL 以上的量杯位于左侧。

④ 量杯、量筒和量瓶放置在平台上时不应摇动。空量杯、空量筒（不带塞）和大于 25mL（包括 25mL）的空量瓶（不带塞）放置在与水平面成 15°的斜面上时，不应跌倒；小于 25mL 的空量瓶（不带塞），放置在与水平面成 10°的斜面上时不应跌倒。

4. 密合性

① 滴定管玻璃活塞的密合性要求：当水注至最高标线时，活塞在关闭情况下停留 20min 后，漏水量应不大于最小分度值。

② 滴定管塑料活塞的密合性要求：当水注至最高标线时，活塞在关闭情况下停留 50min 后，渗漏量应不大于最小分度值。

③ 具塞量筒、量瓶的口与塞之间的密合性要求：当水注入至最高标线，塞子盖紧后颠倒 10 次，每次颠倒时，在倒置状态下至少停留 10s 不应有水渗出。

三、计量性能

1. 计量性能概念

(1) 量器的容量单位　量器的容量单位为立方厘米（cm^3）或毫升（mL）。毫升（mL）为立方厘米（cm^3）的专用名称。

(2) 标准温度　量器的标准温度为 20℃。

(3) 量器的标称容量　量器上所标出的标线和数字，称为量器在标准温度 20℃时的标称容量。

(4) 流出时间　量出式量器内液体充至全量标线，通过流液嘴使量器内液体全部自然流出所需用的时间。

对于量出式量器，由于量器内壁上遗留的液膜而使量出的容量总是小于量入的容量。液膜的容量与液体流出的时间有关。当流出时间超过一定值后，剩余液膜的容量就极小而且不变，因此量出液体容量误差的影响可忽略不计。

流出时间被分成若干段并有一定的等待时间也会造成液体容量的读数误差。流液口破损或堵塞，以及任何为了增快流速而改变流液口尺寸的做法都会引起读数误差。这种误差降低了读数的准确性，而且不能估算。

玻璃量器标准规定的流出时间适用于量出式以水作为液体的玻璃量器。实际流出时间在该范围内变化将不会有不合理的容量差异，但为安全起见，规定了流出时间范围，使用者可以通过测量流出时间来检查流液口是否堵塞或损坏。

（5）*等待时间* 量出式量器，当液体流至所要读数的标线以上约 5mm 处时需要等待的一定时间。

2. 计量性能要求

（1）*流出时间和等待时间* 滴定管、单标线吸量管和分度吸量管的流出时间与等待时间见表 5-3～表 5-5。

（2）*容量允差* 在标准温度 20℃时，滴定管、分度吸量管的标称容量和零至任意分量，以及任意两检定点之间的最大误差均应符合表 5-3 和表 5-5 的规定。单标线吸量管和单标线容量瓶的标称总容量允差应符合表 5-4 和表 5-6 的规定。量筒和量杯的标称容量和任意分量的容量允差应符合表 5-7 和表 5-8 的规定。

第二节 专用玻璃量器

一、专用玻璃量器分类

水环境监测实验室常用的专用玻璃量器主要有比色管、离心管和刻度试管等。

（1）*比色管* 比色管主要是用于水质分析的量入式量器，是一种平底细长管形状的玻璃仪器，分具塞［图 5-14(a)］、无塞［图 5-14(b)］、具塞［图 5-14(c)］三种形式。分度线一般为两条，即半量和全量。

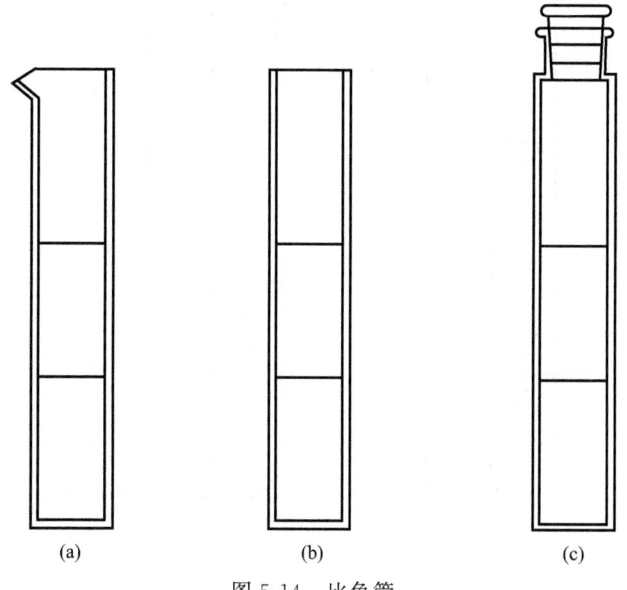

图 5-14 比色管

（2）离心管　离心管是用于化学分析的量入式量器，分尖底和圆底两种：尖底离心管是一种上口径为圆口，管身下部 2/3 处开始逐渐缩小为锥形的尖底玻璃管，它又分为无塞和具塞两种形式；圆底离心管是容积较大的带有分度线的圆底试管。其规格尺寸见图 5-15。

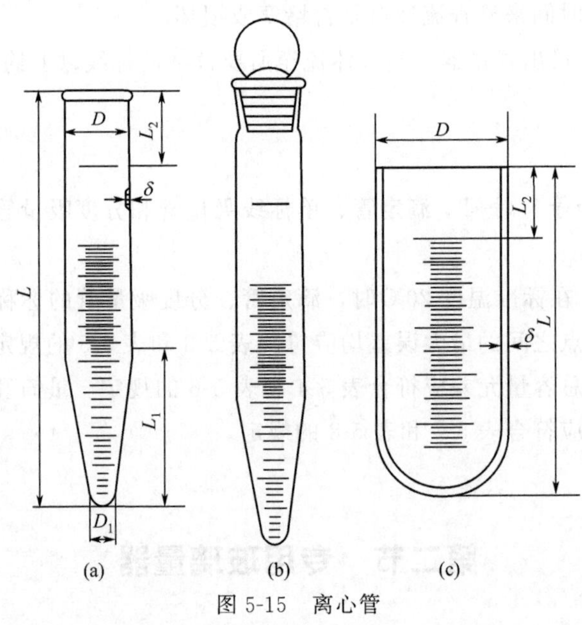

图 5-15　离心管

（3）刻度试管　刻度试管是用于化学分析的量入式量器，分为无塞和具塞两种形式：无塞刻度试管是一种上口为圆口的圆底玻璃管；具塞刻度试管是一种瓶颈式的圆底玻璃管，瓶颈上配有磨砂玻璃塞。其规格尺寸见图 5-16。

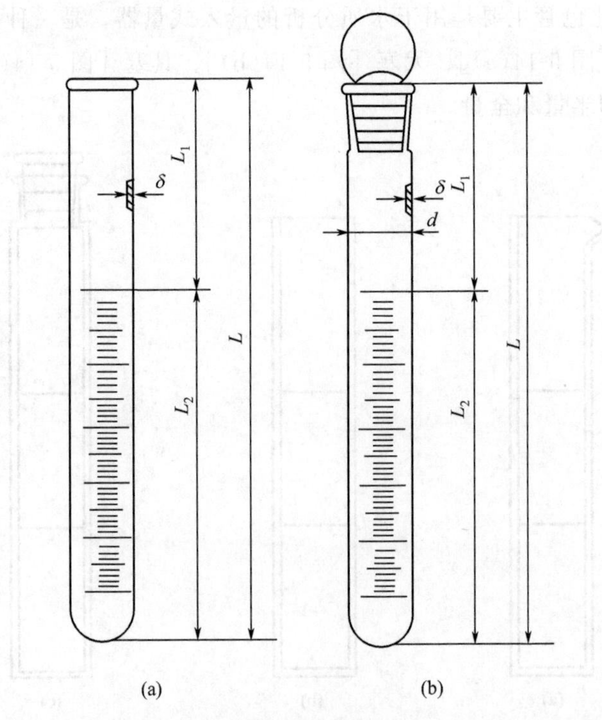

图 5-16　刻度试管

二、专用玻璃量器通用技术要求

1. 化学性能和应力

专用玻璃量器应采用透明、无色的硼硅玻璃制成，其化学性能和应力应符合表5-9的规定。

表5-9 硼硅玻璃的化学性能和应力

项目名称	技术要求
耐水	1级
耐酸	1级
耐碱	2级
残余应力(光程差)	≤100nm/cm

2. 外观

专用玻璃量器不得有影响读数的密集气泡、积水条纹、破气线气泡、明显直棱线、铁屑和严重擦伤等缺陷的存在。

专用玻璃量器流液嘴或管口端应按量器轴垂直方向切断并熔光，不得粗糙或有缺口。

量器的分度线和量的数值应清晰、完整、耐久。分度线应平直，分格均匀。

(1) 比色管

① 制造比色管的玻璃应无色、透明，其底部应平整光滑、厚薄均匀，放在白纸上观察时，不得有黑影和其他杂色。

② 分度线和量的数值应为白色或不上色。

③ 两条标线应制成围线，其宽度不得大于0.3mm。

④ 配组要求。同组各支比色管的分度线高低差值：5～10mL的不得超过0.7mm；25～100mL的不得超过1mm。

(2) 离心管、刻度试管

① 其圆底部分应厚薄均匀，不允许有结石。圆底离心管和刻度试管圆底部分不必有分度线。

② 量的数值应自上而下递减排列在主分度线的右上方。

3. 密合性

① 具塞比色管、离心管和刻度试管的磨口应细腻无光斑。在管口和塞上应标注相同的编号。

② 将液体注入至最高标线，颠倒10次后不应有水渗出。

4. 耐急冷急热

刻度试管在耐温差150℃的急热急冷条件下不得爆裂。

5. 标记

① 厂名或商标。

② 许可证标记：(MC)。

③ 标准温度：20℃。

④ 量器类型：a. 量入式为 In；b. 量出式为 Ex；c. 吹出式为“吹”。

⑤ 容量单位：mL 或 μL。

⑥ 流出时间和等待时间：s。

⑦ 同组组号。

三、计量性能要求

专用玻璃量器在标准温度 20℃时，其容量允差、流出时间等应符合下列各项要求。

1. 比色管

比色管的容量允差应符合表 5-10 的规定。

表 5-10　比色管的容量允差　　单位：mL

标称容量	5	10	25	50	100
容量允差	±0.06	±0.10	±0.25	±0.40	±0.60

2. 离心管、刻度试管

离心管、刻度试管的容量允差应符合表 5-11 的规定。

表 5-11　离心管、刻度试管的容量允差　　单位：mL

<table>
<tr><th rowspan="2">标称容量</th><th colspan="2">尖底离心管</th><th>圆底离心管</th><th>刻度试管</th></tr>
<tr><th colspan="4">容量允差</th></tr>
<tr><td rowspan="2">5</td><td>0～0.5</td><td>±0.05</td><td rowspan="2">—</td><td rowspan="2">±0.1</td></tr>
<tr><td>0.5～5</td><td>±0.1</td></tr>
<tr><td rowspan="2">10</td><td>0～1</td><td>±0.1</td><td rowspan="2">—</td><td rowspan="2">±0.2</td></tr>
<tr><td>1～10</td><td>±0.2</td></tr>
<tr><td rowspan="2">15</td><td>0～1</td><td>±0.1</td><td rowspan="2">—</td><td rowspan="2">±0.2</td></tr>
<tr><td>1～15</td><td>±0.2</td></tr>
<tr><td rowspan="2">20</td><td>0～2</td><td>±0.2</td><td rowspan="2">—</td><td rowspan="2">±0.5</td></tr>
<tr><td>2～20</td><td>±0.4</td></tr>
<tr><td rowspan="2">25</td><td>0～2.5</td><td>±0.25</td><td rowspan="2">—</td><td rowspan="2">±0.5</td></tr>
<tr><td>2.5～25</td><td>±0.5</td></tr>
<tr><td>30</td><td colspan="2">—</td><td>—</td><td>±0.5</td></tr>
<tr><td rowspan="2">50</td><td>0～5</td><td>±0.5</td><td rowspan="2">±0.5</td><td rowspan="2">±1.0</td></tr>
<tr><td>5～50</td><td>±1.0</td></tr>
<tr><td>100</td><td colspan="2">—</td><td>±0.6</td><td>±1.0</td></tr>
</table>

四、玻璃比色皿

玻璃比色皿也是水环境监测实验室常用的玻璃器皿，虽然不是量器，但对其材料和几何尺寸有严格的要求，因此也列入本节加以介绍。

1. 玻璃比色皿分类

玻璃比色皿按光谱透过范围分为 3 类，如表 5-12 所列。

表 5-12 玻璃比色皿的分类

名称	分类代号	特征
可见光学玻璃比色皿	G	在可见光谱范围内透明，在 360～1100nm 波长范围内透射比≥80%
紫外光学石英玻璃比色皿	Q 或 S	在紫外和可见光谱范围内透明，在 200～1100nm 波长范围内透射比≥80%
红外光学石英玻璃比色皿	I	在可见和红外光谱范围内透明，在 360～2800nm 波长范围内透射比≥80%

2. 玻璃比色皿技术指标要求

（1）正常工作条件　玻璃比色皿正常工作条件为：

① 环境温度：5～35℃。

② 相对湿度：不应大于 85%。

③ 室内应无腐蚀性气体。

（2）透光平行度　玻璃比色皿的透光平行度偏差，光路长度不应大于 0.08mm，透光面外径不应大于 0.18mm。

（3）尺寸公差　玻璃比色皿的尺寸公差应符合表 5-13 的要求。

表 5-13 玻璃比色皿的尺寸公差　　单位：mm

<table>
<tr><th rowspan="4">光路长度</th><th colspan="8">公差值</th></tr>
<tr><th colspan="4">外径公差</th><th colspan="4">内径公差</th></tr>
<tr><th rowspan="2">透光面外径</th><th>矩形</th><th>圆形</th><th rowspan="2">高</th><th rowspan="2">光路长度</th><th>矩形</th><th>圆形</th><th rowspan="2">高</th></tr>
<tr><th>宽</th><th>直径</th><th>宽</th><th>直径</th></tr>
<tr><td><20</td><td>±0.2</td><td>±0.2</td><td>±0.3</td><td>±0.3</td><td>±0.08</td><td>±0.2</td><td>±0.3</td><td>±0.3</td></tr>
<tr><td>≥20</td><td>±0.25</td><td>±0.2</td><td>±0.3</td><td>±0.3</td><td>±0.1</td><td>±0.2</td><td>±0.3</td><td>±0.3</td></tr>
</table>

（4）透射比　玻璃比色皿的透射比（在空比色皿状态下）应符合表 5-14 的要求。

表 5-14 玻璃比色皿的透射比（在空比色皿状态下）

名称	波长/nm	透射比/%
可见光学玻璃比色皿	360	≥80
紫外光学石英玻璃比色皿	200	≥80
红外光学石英玻璃比色皿	2730	≥86

（5）配套一致性　在配套使用的比色皿中，相同光路长度的一组比色皿之间透射比的差值应符合表 5-15 的要求。

表 5-15 玻璃比色皿配套一致性

名称	波长/nm	测试介质	配套一致性
可见光学玻璃比色皿	440	蒸馏水	相同光路长度的一组比色皿透射比的差值不应大于 0.5%
紫外光学石英玻璃比色皿	220	蒸馏水	
红外光学石英玻璃比色皿	2730	空气	

（6）*表面粗糙度* 玻璃比色皿的表面粗糙度 Ra 值应符合表 5-16 的要求。

表 5-16 玻璃比色皿的表面粗糙度 *Ra* 值

表面名称	表面粗糙度 Ra 值
比色皿透光面玻璃	≤0.025
比色皿非透光面玻璃内侧	≤0.1
比色皿非透光面玻璃外侧	≤3.2

（7）*表面疵病*

① 比色皿光通区范围的表面疵病应符合以下要求：a. 直径在 0.03～0.01mm 的麻点不应超过 2 个；b. 麻点不得密集；c. 宽度在 0.03～0.1mm 的擦痕总长度不应大于 10mm，并且每条长度不应大于 4mm。

② 比色皿非光通区内表面疵病应符合以下要求：a. 麻点不能形成雾状；b. 不能有明显的擦痕。

（8）外观

① 比色皿的几何形状应完整，不得有直径大于 0.5mm 的破边。

② 比色皿粘接面应符合以下要求：a. 粘接凝固，存放液体后不渗漏；b. 气孔、斑点不得密集，不得与内壁相通。

（9）*耐酸碱及有机溶剂的浸蚀* 比色皿应能经受 500mL/L 的盐酸溶液（即 1∶1 盐酸溶液）、240g/L 的氢氧化钠溶液、四氯化碳 3 种介质，各浸泡 24h 不应有脱胶、渗漏现象。

第三节 玻璃量器的使用、清洁及保管

一、玻璃量器的使用

当要求使用玻璃量器得到最高准确度时应尽可能按校准时的条件来操作，并要求用分度误差的校准值。使用前玻璃量器应清洗，如果校准时发现示值容量有偏差则应做适当修正。

1. 玻璃量器的读数方法

玻璃量器的读数方法是使量器保持垂直，使观读者的视线与所读的液面处于同一水平线上，然后读取液面对应刻度的数据。玻璃量器的液面为一弯月面。弯月面是指玻璃量器内的液体与空气之间的界面。大多数玻璃量器都可采用对照基准线或分度线来确定弯液面和读取数据。玻璃量器液面的观察方法见图 5-17。

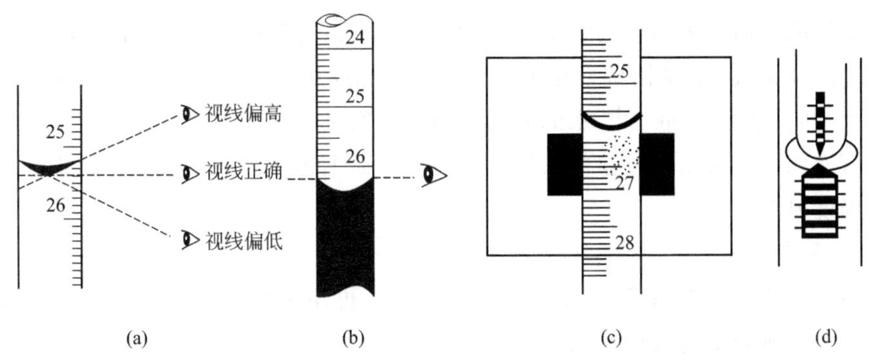

图 5-17 玻璃量器液面观察方法示意

对于透明液体，弯月面的最低点应与玻璃量器刻线上缘的水平面相切，水平线应与刻线上缘在同一水平面［如图 5-17(a)］。对于液体在量器中呈凸月面时，其凸月面的最高点应与刻线下缘的水平面相切。当量器中是深色溶液时，视线应水平通过弯月面的上缘［如图 5-17(b)］。

为使弯月面更清晰，适当调整光线可以使弯月面暗淡且轮廓清晰，为此可衬以白色背景并遮去杂光。也可以在玻璃量器定位液面以下不大于 1mm 处放置一条黑色纸带［见图 5-17(c)］。若玻璃量器以乳白板蓝线为衬背，如有乳白板蓝线衬背滴定管、吸量管等，应当取蓝线上下两相对点的位置读数［见图 5-17(d)］。

当量器的刻度线为环线时，可以用黑色遮光带衬在量器的后面使刻线的轮廓清晰，这时的视差可忽略不计。但应注意：眼睛与刻线的上缘在同一水平面内方可读数。

2. 常用玻璃量器的使用

（1）*滴定管* 滴定管在使用前要检查其是否漏水，为了保证装入滴定管的标准液的浓度不被稀释，装标准液前要用该标准滴定溶液洗涤 3 次，将标准滴定溶液装满滴定管后，应排尽滴定管下部气泡，读数时视线要与溶液凹面最低处保持水平。

如果滴定管尺寸不够大，其顶部插不进温度计用于观测液体温度，可设置一根足以容纳温度计的普通玻璃试管夹在滴定管旁。将夹在垂直位置的滴定管充水至零标线以上几毫米，如果管壁沾湿，则在调定零线以前应有充分的沥液时间，为了排除旋塞阀和流液口间气泡，在调定零线之前应从流液口排放一些液体再注液。

流出时间是指当旋塞阀全开时液体从零线至标称容量自由流出所用的时间。为了得到最佳准确度，应使用分度修正值。在放液时旋塞阀应全开，流液口不得与接收容器及液面接触。因此，对滴定管来说最好能估算出试样需耗用多少毫升溶液方可到达终点，如果有足够的试样可进行一次预先的滴定来得到这一点。如果不能这样做，只要滴定时间不超过规定流出时间 60s，则在容量允差为 $\pm t$mL 时，所产生的误差一般 $<\pm t$mL。如果规定了等待时间为旋塞阀关闭后与最后读数之前的那段时间，通常不得在滴定进行时观测等待时

间，因为达到滴定终点的时间一般比规定的等待时间长。

上述使用情况适用于黏度与水相似的透明液体，特别黏稠的液体不能准确而方便地使用，因为这样会在管壁上留下大量的黏液，而且流速很慢，但是通常用于容量分析的稀释水溶液是适用的，而且无明显的误差。例如：1mol/L 的溶液产生的容量误差小于 A 级量器的允差。而 0.1mol/L 的溶液产生的容量误差则相应更小。当使用非水液体时准确度也会降低，因为它们的表面张力与水的表面张力相差很大。

对于弯液面底部可见度较差的液体，可在弯液面上边缘读数，但比在弯液面最低点观测到的准确度要差一些。

(2) 吸量管

① 量出式吸量管。吸量管用蒸馏水清洗之后，再用待用液体冲洗。吸量管吸取液体至零标线以上或所需刻度线以上几毫米。

注意：当吸取有毒和腐蚀性液体以及所有生物液体时（以防对人体感染），建议使用能使待测液体自由流动的吸具，如吸球等。

为了得到正确的量出容量，吸量管应按其产品标准中有关容量定义所述的方法操作。吸量管与接收容器脱离之前应遵守规定的等待时间。通常吸量管挂壁液体流至流液口的等待时间规定 3s 已足够了，而且不需要准确测定。一旦确定弯液面到达流液口并趋于静止，吸量管即可与接收容器脱离接触。

量出式吸量管使用时，洗净的吸量管要用吸取液洗涤 3 次，放液时应使液体自然流出，流完后保持吸量管垂直，容器倾斜 45°，按表 5-3 和表 5-5 的规定要求停靠一定时间，留在流液口的余液不得排出。而“吹出”式吸量管则应吹出其最后余液作为量出容量的一部分。与滴定管一样，非常黏稠的液体不能方便和准确地吸取。通常对于容量分析的稀释水溶液是适用的，而且无明显误差。

② 量入式吸量管。用蒸馏水清洗之后进行干燥或用待测溶液冲洗 3 次。吸取液体至零标线以上或所需刻度线以上。为了得到正确的量入容量，吸量管应按有关容量定义所述方法操作。

(3) 容量瓶　容量瓶用于配制浓度要求准确的溶液，或用于标准滴定溶液或标准溶液的定量稀释。瓶塞应配套，密封性好，使用前要检查其是否漏水，配制或稀释溶液时，应在溶液接近标线时，用滴管缓缓滴加至溶液的凹面最低处与标线相切。容量瓶不能久贮溶液，特别是碱性溶液。如果使用容量瓶配制水溶液，则用蒸馏水清洗后可不必干燥。

稀释水溶液的方法推荐如下：把待稀释的标准滴定溶液或标准溶液移入容量瓶中，接着加水使液面升到刻度线下几厘米处，盖上瓶塞混合后，用洗瓶水流冲洗使液面升到刻度线以下 1cm 处，打开容量瓶塞，静置 2min，让瓶颈的液体沥下，要使溶液重新达到室温可以盖上瓶塞多等待一些时间。最后从刻度线以下 1cm 以内的一点沿着瓶颈流下一定的水，使弯液面的最低点调定在刻度线上。盖上瓶塞摇、动颠倒容量瓶，使溶液均匀，备用。

(4) 量筒和量杯　量筒和量杯经清洗和干燥后，充以待测液体至标称容量刻线或所需的刻线上几毫米，接着用吸管将多余的液体吸出。读数时视线要与量筒（或量杯）内溶液凹面最低处保持水平。

3. 专用玻璃量器的使用

专用玻璃量器的使用参照常用玻璃量器中量筒的使用。

4. 玻璃比色皿的使用方法

玻璃比色皿两个透光面应完全平行，在使用时要垂直置于比色皿架中，以保证在测量时，入射光垂直于透光面，避免光的反射损失，保证光程固定。

比色皿一般为长方体，其底及两侧面为毛玻璃，另两侧面为光学玻璃制成的透光面，所以使用时应注意以下几点：

① 拿取比色皿时，只能用手指接触两侧的毛玻璃，避免接触光学面（透光面）。

② 不得将光学面与硬物或脏物接触。盛装溶液时，高度为比色皿的 2/3 处即可，光学面如有残液可先用滤纸轻轻吸附，然后再用镜头纸或丝绸擦拭。

③ 凡含有腐蚀玻璃的物质的溶液，不得长期盛放在比色皿中。

④ 比色皿在使用后，应立即用水冲洗干净。必要时可用 1∶1 的盐酸浸泡，然后用水冲洗干净。

⑤ 不能将比色皿放在火焰或电炉上进行加热或放在干燥箱内烘烤。

⑥ 在测量时如对比色皿有怀疑，可自行检测。用户可将波长选择置于实际使用的波长上，将一套比色皿都注入蒸馏水，将其中一只的透射比调至 95%（数显仪器调至 100%）处，测量其他各只的透射比，凡透射比之差不大于 0.5%，即可配套使用。

⑦ 玻璃比色皿使用经验有：a. 使用前将比色皿在 2%的硝酸溶液中浸泡 24h，然后用水、蒸馏水依次冲洗干净，擦干；b. 比色前将各个比色皿中装入蒸馏水，在比色波长下进行比较，误差在±0.001 吸光度以内的比色皿选出 4～8 个进行比色测定，可避免因比色皿差异造成测量误差；c. 比色皿中的液体，应沿毛面倾斜，慢慢倒掉，不要将比色皿翻转，直接口向下放在干净的滤纸上吸干剩余液，然后用蒸馏水冲洗比色皿内部，倒掉蒸馏水（操作同上），避免液体外流，使第 2 次测量时不用擦拭比色皿，不致因擦拭带来误差。

二、玻璃仪器的洗涤

在水环境监测分析工作中，洗涤玻璃仪器不仅是一个实验前的预备工作，也是一个技术性的工作。仪器洗涤是否符合要求对分析结果的准确度和精确度均有影响，不同分析工作（一般化学分析和微量分析等）有不同的仪器洗涤要求，我们以一般定量化学分析为基础介绍玻璃量器以及其他玻璃仪器的洗涤方法。

1. 洗涤剂及使用范围

最常用的洁净剂是肥皂、肥皂液（特制商品）、洗衣粉、去污粉、洗液、有机溶剂等。肥皂、肥皂液、洗衣粉、去污粉，用于可以用刷子直接刷洗的仪器，如烧杯、锥形瓶、试剂瓶等。洗液多用不便用刷子洗刷的仪器，如滴定管、吸量管、容量瓶、蒸馏器等特殊形状的仪器，也用于洗涤长久不用的杯皿器具和刷子刷不下的结垢。用洗液洗涤仪器，是利用洗液本身与污物起化学反应的作用，将污物去除，因此需要浸泡一定的时间充分作用。

有机溶剂是针对污物属于某种类型的有机物，具油腻性，而借助有机溶剂能溶解油脂的作用洗除之，或借助某些有机溶剂能与水混合而又挥发快的特殊性。例如，甲苯、二甲苯、汽油等可以洗油垢，酒精、乙醚、丙酮可以冲洗刚洗净而带水的仪器。

2. 洗涤玻璃仪器的一般步骤

（1）*用水刷洗* 使用用于各种外形仪器的毛刷，如试管刷、瓶刷、滴定管刷等。首先用毛刷蘸水刷洗仪器，然后用水冲去可溶性物质及刷去表面黏附灰尘。

（2）*用合成洗涤水刷洗* 市售的餐具洗涤灵是以非离子表面活性剂为主要成分的中性洗液，可配制成10～20mL/L的水溶液，也可用50g/L的洗衣粉水溶液刷洗仪器；它们都有较强的去污能力，必要时可温热或短时间浸泡。洗涤的仪器倒置时，水流出后器壁应不挂小水珠。至此再用少许纯水冲洗仪器3次，洗去自来水带来的杂质，即可使用。

（3）*用洗液浸洗* 对于不便用刷子洗刷的仪器，如滴定管、吸量管、容量瓶、蒸馏器等特殊形状的仪器，长久不用的杯皿器具和刷子刷不下的结垢，以及其他有特殊需要的，选取有针对性的洗液进行浸洗。

3. 洗液的配制

针对玻璃仪器沾污物的性质，采用不同洗液能有效地洗净仪器。要注重在使用各种性质不同的洗液时，一定要把上一种洗液除去后再用另一种，以免相互作用生成的产物更难洗净。铬酸洗液因毒性较大尽可能不用，近年来多以合成洗涤剂和有机溶剂来除去油污，但有时仍要用到铬酸洗液。

几种常用洗液的配制与使用方法如下。

（1）*铬酸洗液* 研细的重铬酸钾20g溶于40mL水中，慢慢加入360mL浓硫酸。用于去除器壁残留油污，用少量洗液刷洗或浸泡一夜，洗液可重复使用。

铬酸洗液具体配制方法及注意事项如下。

1）铬酸洗液的配制与使用。洗液分浓溶液与稀溶液两种，配方如下。

① 浓溶液。重铬酸钠或重铬酸钾（工业用）50g，自来水150mL，浓硫酸（工业用）800mL。

② 稀溶液。重铬酸钠或重铬酸钾（工业用）50g，自来水850mL，浓硫酸（工业用）100mL。

配法都是将重铬酸钠或重铬酸钾先溶解于自来水中，可慢慢加温，使溶解，冷却后徐徐加入浓硫酸，边加边搅动。

配好后的洗涤液应是棕红色或橘红色，贮存于有盖容器内。

2）原理。重铬酸钠或重铬酸钾与硫酸作用后形成铬酸，铬酸的氧化能力极强，因而此液具有极强的去污作用。

3）使用注意事项。

① 洗液中的硫酸具有强腐蚀作用，玻璃器皿浸泡时间太长会使玻璃变质，因此切忌到时忘记将器皿取出冲洗。其次，洗液若沾污衣服和皮肤应立即用水洗，再用苏打水或氨液洗。如果洗液溅在桌椅上，应立即用水洗去或湿布抹去。

② 玻璃器皿投入前应尽量干燥，避免洗液被稀释。

③ 此液的使用仅限于玻璃和瓷质器皿，不适用于金属和塑料器皿。

④ 有大量有机质的器皿应先行擦洗，然后再用洗液，这是因为有机质过多，会加快洗液失效；此外，洗液虽为很强的去污剂，但也不是所有的污迹都可清除。

⑤ 盛洗液的容器应始终加盖，以防氧化变质。

⑥ 洗液可反复使用，但当其变为墨绿色时即已失效，不能再用。

(2) 盐酸洗液　浓盐酸（可用工业盐酸）或 500mL/L 盐酸溶液。用于洗去碱性物质及大多数无机物残渣。

(3) 碱性洗液　100g/L 氢氧化钠水溶液或乙醇溶液。溶液加热（可煮沸）使用，其去油效果较好。

注意：煮的时间太长会腐蚀玻璃，碱-乙醇洗液不要加热。

(4) 碱性高锰酸钾洗液　取 4g 高锰酸钾溶于水中，加入 10g 氢氧化钠，用水稀释至 100mL。洗涤油污或其他有机物，洗后容器沾污处有褐色二氧化锰析出，再用浓盐酸或草酸洗液、硫酸亚铁、亚硫酸钠等还原剂去除。

(5) 草酸洗液　取 5～10g 草酸溶于 100mL 水中，加入少量浓盐酸。洗涤高锰酸钾洗液后产生的二氧化锰，必要时加热使用。

(6) 碘-碘化钾洗液　取 1g 碘和 2g 碘化钾溶于水中，用水稀释至 100mL。洗涤用过硝酸银滴定液后留下的黑褐色沾污物，也可用于擦洗沾过硝酸银的白瓷水槽。

(7) 有机溶剂洗液　苯、乙醚、二氯乙烷等，可洗去油污或可溶于该溶剂的有机物质，使用时要注重其毒性及可燃性。用乙醇配制的指示剂干渣、比色皿，可用盐酸-乙醇 (1∶2) 洗液洗涤。

(8) 乙醇、浓硝酸　用一般方法很难洗净的少量残留有机物，可用此法：于容器内加入不多于 2mL 的乙醇，加入 10mL 浓硝酸，静置即发生激烈反应，放出大量热及二氧化氮，反应停止后再用水冲洗，操作应在通风橱中进行，不可塞住容器，做好防护。

注意：不可事先混合！

4. 常用玻璃仪器的洗涤

(1) 新玻璃仪器的洗涤方法　新购置的玻璃器皿含游离碱较多，应先在酸溶液内浸泡数小时。酸溶液一般用 2%的盐酸或洗液。浸泡后用自来水冲洗干净。

(2) 使用过的玻璃仪器的洗涤方法

① 试管、培养皿、锥形瓶、烧杯等可用瓶刷或海绵沾上肥皂或洗衣粉或去污粉等洗涤剂刷洗，然后用自来水充分冲洗干净。热的肥皂水去污能力更强，可有效地洗去器皿上的油污。洗衣粉和去污粉较难冲洗干净而常在器壁上附有一层微小粒子，故要用水多次甚至 10 次以上充分冲洗，或可用稀盐酸摇洗一次，再用水冲洗，然后倒置于铁丝框内或有空心格子的木架上，在室内晾干。急用时可盛于框内或搪瓷盘上，放烘箱烘干。

玻璃器皿经洗涤后，若内壁的水是均匀分布成一薄层，表示油垢完全洗净，若挂有水珠，则还需用洗涤液浸泡数小时，然后再用自来水充分冲洗。

装有固体培养基的器皿应先将其刮去，然后洗涤。带菌的器皿在洗涤前先浸在 2%煤酚皂溶液（来苏尔）或 0.25%新洁尔灭消毒液内 24h 或煮沸 30min，再用上法洗涤。带病原菌的培养物最好先行高压蒸汽灭菌，然后将培养物倒去，再进行洗涤。

盛放一般培养基用的器皿经上法洗涤后即可使用，若需精确配制化学药品，或做科研用的精确实验，要求用自来水冲洗干净后，再用蒸馏水淋洗 3 次，晾干或烘干后备用。

② 吸过试剂溶液或染料溶液等的玻璃吸管（包括毛细吸管），使用后应立即投入盛有自来水的量筒或标本瓶内，免得干燥后难以冲洗干净。量筒或标本瓶底部应垫以脱脂棉花，否则吸管投入时容易破损。待实验完毕，再集中冲洗。若吸管顶部塞有棉花，则冲洗前先将吸管尖端与装在水龙头上的橡皮管连接，用水将棉花冲出，然后再装入吸管自动洗涤器内冲洗，没有吸管自动洗涤器的实验室可用冲出棉花的方法多冲洗片刻。必要时再用蒸馏水淋洗。洗净后，放搪瓷盘中晾干，若要加速干燥则可放烘箱内烘干。

吸过含有微生物培养物的吸管亦应立即投入盛有 2%煤酚皂溶液或 0.25%新洁尔灭消毒液的量筒或标本瓶内，24h 后方可取出冲洗。

吸管的内壁如果有油垢，同样应先在洗涤液内浸泡数小时，然后再行冲洗。

③ 用过的载玻片与盖玻片如滴有香柏油，要先用皱纹纸擦去或浸在二甲苯内摇晃几次，使油垢溶解，再在肥皂水中煮沸 5～10min，用软布或脱脂棉花擦拭，立即用自来水冲洗，然后在稀洗涤液中浸泡 0.5～2h，用自来水冲去洗涤液，最后用蒸馏水换洗数次，待干后浸于 95%酒精中保存备用。使用时在火焰上烧去酒精。用此法洗涤和保存的载玻片和盖玻片清洁透亮，没有水珠。

检查过活菌的载玻片或盖玻片应先在 2%煤酚皂溶液或 0.25%新洁尔灭溶液中浸泡 24h，然后按上法洗涤与保存。

5. 玻璃量器的洗涤

（1）滴定管的洗涤

① 酸式滴定管的洗涤。无明显油污的滴定管，可直接用自来水冲洗，再用滴定管刷蘸取合成洗涤剂来刷洗。若有油污，则可用铬酸洗液浸泡。

② 碱式滴定管的洗涤。碱式滴定管则应先将橡皮管卸下，用自来水分别冲洗，再用滴定管刷蘸取合成洗涤剂来洗涤。若有油污，可将滴定管直接倒插入铬酸洗液浸泡数小时。

（2）容量瓶的洗涤　用水冲洗后，倒入合成洗涤剂反复振荡洗涤。若有油污，可直接倒入铬酸洗液浸泡数小时。

（3）吸量管的洗涤　应吸取铬酸洗液进行洗涤。若污染严重，则可直接放入盛有铬酸洗液的高型玻璃管（或大量筒）内浸泡数小时。

（4）其他玻璃量器的洗涤　其他玻璃量器可根据需要选择常用玻璃仪器的洗涤方法或针对性选用洗液进行浸洗。

6. 砂芯玻璃滤器的洗涤

① 新的滤器使用前应以热的盐酸或铬酸洗液边抽滤边清洗，再用蒸馏水洗净。

② 针对不同的沉淀物采用适当的洗涤剂先溶解沉淀，或反复用水抽洗沉淀物，再用蒸馏水冲洗干净，在 110℃烘箱中烘干，然后保存在无尘的柜内或有盖的容器内。若不然积存的灰尘和沉淀堵塞滤孔很难洗净。

7. 特殊要求的洗涤方法

在用一般方法洗涤后用蒸汽洗涤是很有效的。有的实验要求用蒸汽洗涤，方法是烧瓶上安装一个蒸汽导管，将要洗的容器倒置在上面用水蒸气吹洗。某些测量痕量金属的分析对仪器要求很高，要求洗去微克级的杂质离子，洗净的仪器还要浸泡在500mL/L盐酸溶液或500mL/L硝酸溶液中数小时至24h，以免吸附无机离子，然后用纯水冲洗干净。有的仪器需要在几百摄氏度温度下烧净，以达到痕量分析的要求。

三、玻璃仪器的干燥

实验经常要用到的仪器应在每次实验完毕之后洗净干燥备用。用于不同实验的仪器对干燥有不同的要求，一般定量分析中的烧杯、锥形瓶等仪器洗净即可使用，而用于有机化学实验或有机分析的仪器很多是要求干燥的，有的要求无水迹，有的要求无水。应根据不同要求来干燥仪器。

1. 晾干

不急用的仪器，要求一般干燥，可在纯水涮洗后，在无尘处倒置晾干水分，然后自然干燥。可用安有斜木钉的架子和带有透气孔的玻璃柜放置仪器。

2. 烘干

洗净的仪器控去水分，放在电烘箱中烘干，烘箱温度为105～120℃，烘1h左右。也可放在红外灯干燥箱中烘干。此法适用于一般玻璃仪器。称量用的称量瓶等烘干后要放在干燥器中冷却和保存。带实心玻璃塞的仪器及厚壁仪器烘干时要注重慢慢升温并且温度不可过高，以免烘裂。量器不可放于烘箱中烘。硬质试管可用酒精灯烘干，要从底部烘起，把试管口向下，以免水珠倒流把试管炸裂，烘到无水珠时，把试管口向上赶净水汽。

3. 热（冷）风吹干

对于急于干燥的仪器或不适合放入烘箱的较大的仪器可用吹干的办法，通常将少量乙醇、丙酮（或最后再用乙醚）倒入已控去水分的仪器中摇洗控净溶剂（溶剂要回收），然后用电吹风吹，开始用冷风吹1～2min，当大部分溶剂挥发后吹入热风至完全干燥，再用冷风吹残余的蒸气，使其不再冷凝在容器内。此法要求通风好，防止中毒，不可接触明火，以防有机溶剂爆炸。

四、玻璃仪器的保管

玻璃仪器应分门别类地存放，以便取用。经常使用的玻璃仪器放在实验柜内，要放置稳妥，高的、大的玻璃仪器放在里面。以下推荐一些仪器的保管办法。

① 吸量管洗净后置于防尘的盒中。

② 滴定管用后，洗去内装的溶液，洗净后装满纯水，上盖玻璃短试管或塑料套管，也可倒置夹于滴定管架上。

③ 比色皿用毕洗净后，在瓷盘或塑料盘中下垫滤纸，倒置晾干后装入比色皿盒或清洁的器皿中。

④ 带磨口塞的仪器、容量瓶或比色管最好在洗净前就用橡皮筋或小线绳把塞和管口

拴好，以免打破塞子或互相弄混。需长期保存的磨口仪器要在塞间垫一张纸片，以免日久粘住。长期不用的滴定管要除掉凡士林后垫纸，用皮筋拴好活塞保存。

⑤ 成套仪器如索氏萃取器、气体分析器等用完要立即洗净，放在专门的纸盒里保存。

总之，我们要本着对工作负责的精神，对所用的一切玻璃仪器用完后要清洗干净，按要求保管，要养成良好的工作习惯，不要在仪器里遗留油脂、酸液、腐蚀性物质（包括浓碱液）或有毒药品，以免造成后患。

第四节　玻璃量器的检测与校准

玻璃量器如滴定管、容量瓶、分度吸量管、量筒、量杯、比色管、离心管等，广泛应用于水环境监测实验室中，作为化学分析中最基础的计量器具，其准确度直接影响后续的分析结果。尽管实验室使用的玻璃量器根据检定周期，及时通过计量检定部门的检定合格，但由于各种原因或是使用不当，玻璃量器产生容量误差还是难免的。为了确保其计量数据的准确，对使用中的玻璃量器及时进行校准还是必要的。

一、影响玻璃量器准确性的主要因素

1. 温度

（1）*量器的温度*　玻璃量器的容量随着温度不同而改变。玻璃量器在量入或量出其标称容量时的温度为标准温度。例如：制造量器的玻璃其体热膨胀系数在 10×10^{-5}～30×10^{-5}/℃范围内。一个体热膨胀系效为 30×10^{-5}/℃的（用钠钙玻璃制造的）量器在20℃下校准而在27℃下使用时只显示0.02%的附加误差，它小于大多数量器的极限误差，由此可见，标准温度在实际使用中，只要使用环境温度差别不是太大，量器本身的容量影响不大，容量误差很小，因此在实验室日常工作中往往不太受关注。但是为了提供良好的校准基准，规定一个标准温度并在校准前使量器在该温度下达到均衡是很重要的。

（2）*液体的温度*　测量校准玻璃量器用水的温度的准确度应为±0.1℃，与标准温度的温差校正值可在相关修正值表中查得。在使用量器时，应保证测量所有液体容积时都是在同一环境温度下。

2. 玻璃表面的清洁度

玻璃量器在量入或量出液体的容量时与其内表面的清洁度有关，清洁度差会使弯月面畸形而引起误差，这种弯液面的缺陷有两种。

玻璃表面不完全湿润，即液体表面与玻璃以明显的角度接触，而不是形成曲线与玻璃表面相切。由于液体表面污染而减少了表面张力，使曲率半径增加。用于量出液体的量器，内壁不清洁则可使内壁上的液膜分布不规则或不完整而引起误差。若有化学沾污，即使不影响容量，也可能因化学反应使浓度变化而产生误差。配有磨口塞的量器应特别注意清洗研磨区。

按照本手册中推荐的玻璃量器清洗方法，一般都能得到满意的清洁度。

要确定量器是否彻底清洗干净，应在充液时进行观察（量出式的量器最好从液面以下充液，即从滴定管的旋塞阀下部，或从吸量管的流液口充液），弯液面升高而不变形（即在其边缘处不起皱）。在充液超过标称容量后，应将多余液体放出（量出式量器应通过流液口排液，量入式量器应使用吸管吸出）。上部的玻璃表面应保持湿润均匀，在边缘处弯液面不应起皱变形。

二、校准用计量器具控制

1. 校准条件

（1）环境条件

① 室温（20±5）℃，且室温变化不得大于1℃/h。

② 水温与室温之差不得大于2℃。

③ 衡量法校准介质——纯水（蒸馏水或去离子水），应符合GB 6682要求。

④ 清洗干净的被校量器具须在检定前2h放入恒温室内。

（2）校准设备

① 标准砝码：F_2级。

② 相应称量范围的天平，其称量误差应小于被校量器容量允差的1/10。

③ 标准玻璃量器，其容量允差应为被校量器容量允差的1/5。

④ 温度范围0～50℃，分度值为0.1℃的温度计。

⑤ 分度值不小于0.2s的秒表。

⑥ 校准用的辅助设备：校准装置、测温筒、有盖的称量杯、读数放大镜等。

2. 检测与校准项目

玻璃量器的校准项目列于表5-17中。

表5-17 玻璃量器校准项目一览表

序号	校准项目	首次校准	后续校准	使用中校准
1	外观	+	+	+
2	密合性	+	+	+
3	流出时间	+	+	+
4	容量示值	+	+	+

注："+"表示应校准；"—"表示可不校准。

三、玻璃量器检测与校准方法

1. 外观

用目力观察，可借助刻度放大镜和斜面进行，应符合第一节、第二节中对外观的相关规定。

2. 密合性

（1）具塞滴定管

① 将不涂油脂的活塞芯擦干净后用水润湿，插入活塞套内，滴定管应垂直地夹在检

定架上，然后充水至最高标线处，活塞在任一关闭情况下静置 20min（塑料活塞静置 50min），漏水量应符合第一节中对玻璃量器密合性的规定。

② 三通活塞的滴定管，除了进行上述方法的校准外，对进液孔也应进行相同方法的校准。校准时把滴定管内的水排空，进液孔连接相等容量的容器，它的液位应高于被检滴定管最高标线 250mm，活塞在任意关闭状态下静置 20min，漏水量应符合第一节中对玻璃量器密合性的规定。

③ 对于座式滴定管和夹式滴定管，将水充至最高标线，去掉注液管活塞以上的水，垂直静置 20min 后，两只活塞漏量应符合第一节中对玻璃量器密合性的规定。

（2）容量瓶和具塞量筒、具塞比色管、具塞离心管、具塞刻度试管　将水充至最高标线，塞子应擦干，不涂油脂，盖紧后用手指压住塞子，颠倒 10 次。每次颠倒时，在倒置状态下至少停留 10s，不应有水渗出。

3. 流出时间

（1）滴定管

① 将已经清洁处理的滴定管垂直夹在滴定架上，活塞芯上涂一层薄而均匀的油脂，不应有水渗出；

② 充水至最高标线，流液口不应接触接水器壁；

③ 将活塞完全开启并计时（对于无塞滴定管应用力挤压玻璃小球），使水充分地从流液口流出，直到液面降至最低标线为止的流出时间应符合表 5-17 的规定。

（2）分度吸量管和单标线吸量管

① 注水至最高标线以上约 5mm，然后将液面调至最高标线处；

② 将吸量管垂直放置，并将流液口轻靠接水器壁，此时接水器约倾斜 30°，在保持不动的情况下流出并计时，以流至口端不流时为止，其流出时间应符合表 5-4 和表 5-5 的规定。

4. 容量示值

滴定管、分度吸量管、A 级单标线吸量管和 A 级容量瓶采用衡量法校准，也可采用容量比较法校准。

容量校准前须对玻璃量器进行清洗，清洗的方法为：用重铬酸钾的饱和溶液和等量的浓硫酸混合液或 20％发烟硫酸进行清洗，然后用水冲净，器壁上不应有挂水等沾污现象，使液面下降或上升时与器壁接触处形成正常弯月面。清洗干净的被校量器需要在校准前 4h 放入实验室内（量入式量器应进行干燥处理），使其与实验室温度尽可能接近。

（1）衡量法

① 取一只容量大于被校玻璃量器的洁净有盖称量杯，称得空杯质量。

② 将被校玻璃量器内的纯水放入称量杯后，称得纯水质量。

③ 调整被校玻璃量器液面的同时，应观察测温筒内的水温，读数准确到 0.1℃。

④ 玻璃量器在标准温度 20℃时的实际容量按下式计算：

$$V_{20}=\frac{m(\rho_B-\rho_A)}{\rho_B(\rho_W-\rho_A)}[1+\beta(20-t)] \tag{5-1}$$

式中 V_{20}——标准温度 20℃时的被检玻璃量器的实际容量，mL；

ρ_B——砝码密度，g/cm^3，取 $8.00g/cm^3$；

ρ_A——测定时实验室内的空气密度，g/cm^3，取 $0.0012g/cm^3$；

ρ_W——纯水（蒸馏水或去离子水）t℃时的密度，g/cm^3；

β——被检玻璃量器的体胀系数，$℃^{-1}$；

t——检定时纯水（蒸馏水或去离子水）的温度，℃；

m——被检玻璃量器内所能容纳水的表观质量，g。

为简化计算过程，也可将式(5-1) 化为下列形式：

$$V_{20}=mK(t) \tag{5-2}$$

其中：

$$K(t)=\frac{\rho_B-\rho_A}{\rho_B(\rho_W-\rho_A)}[1+\beta(20-t)]$$

$K(t)$ 值列于附表中。根据测定的质量（m）和测定水温所对应的 $K(t)$ 值，即可由式(5-2) 求出被检玻璃量器在 20℃时的实际容量。

⑤ 凡需要使用实际值的校准方法，其校准次数至少 2 次，两次校准数据的差值应不超过被校玻璃量器容量允差的 1/4，并取两次的平均值。

（2）容量比较法

① 将标准玻璃量器用配制好的洗液进行清洗，然后用水冲洗，使标准玻璃量器内无积水现象，液面与器壁能形成正常的弯月面。

② 将被校玻璃量器和标准玻璃量器安装到比较法校准装置上。

③ 排除校准装置内的空气，检查所有活塞是否漏水，调整标准玻璃量器的流出时间和零位，使校准装置处于正常工作状态。

④ 将被校玻璃量器的容量与标准玻璃量器的容量进行比较，观察被校玻璃量器的容量示值是否在允差范围内。

（3）校准点的选择

1）滴定管。

1～10mL：半容量和总容量二点。

25mL：0～5mL、0～10mL、0～15mL、0～20mL、0～25mL 五点。

50mL：0～10mL、0～20mL、0～30mL、0～40mL、0～50mL 五点。

100mL：0～20mL、0～40mL、0～60mL、0～80mL、0～100mL 五点。

2）分度吸量管。

① 1mL 以下（不包括 1mL）校总容量和总容量的 1/10，若无 1/10 分度线则校 2/10（自流液口起）。

② 1mL 以上（包括 1mL）校准点。

③ 总容量的 1/10。若无 1/10 分度线则校 2/10（自流液口起）。

④ 半容量～流液口（不完全流出式自零位起）。

⑤ 总容量。

3）量筒、量杯、离心管、刻度试管。

① 总容量的1/10（自底部起，若无总容量的1/10分度线，则校2/10点）；

② 半容量；

③ 总容量。

（4）容量示值合格要求

① 滴定管、分度吸量管、单标线吸量管、单标线容量瓶、量筒、量杯、比色管、离心管、刻度试管的各校准点，以及滴定管和分度吸量管任意两校准点之间的最大误差，均应符合表5-3～表5-8、表5-10和表5-11的相关规定。

② 比色管、离心管和刻度试管最大误差应符合表5-10和表5-11的相关规定。

5. 检测与校准结果的处理

① 经检测和校准A级玻璃量器低于A级但符合B级的，允许降为B级使用；B级玻璃量器经检定符合A级的，不予升级。

② 经检测与校准不合格的玻璃量器不得使用。

6. 检测与校准周期

玻璃量器的检测校准周期为3年，其中无塞滴定管的为1年。

四、玻璃量器容量校准

1. 玻璃量器容量调定方法

（1）滴定管　滴定管应垂直而稳固地夹在检定架上，充水至最高标线以上约几毫米处，用活塞（无塞滴定管在乳胶管中夹玻璃小球或弹簧夹）慢慢地将液面正确地调至零位。完全开启活塞，流液口应无阻塞。当液面升至距被校分度线上约5mm处时等待30s，然后在10s内将液面正确地调至被检分度线处。

（2）分度吸量管　把已经洗净的吸管垂直放置，充水至高出被校分度线几毫米处，擦干吸管口外面的水，然后将弯液面调至被校分度线。调液面时，应使流液口与称量杯内壁接触，称量杯倾斜约30°，二者不能有相对移动，当完全流出式吸量管内的水流至口端不流时，按规定时间等待后，随即将流液口移开（口端保留残留液）。

对于无规定等待时间的吸量管，为保证液体完全流出，可近似等待3s。使用中不必严格遵守此规定。

对于吹出式吸量管，当水流至口端不流时，随即将口端残留液排出。

（3）单标线吸量管　调定方法与分度吸量管项相同，当水自最高标线排至流液口后，约等3s后移开。

（4）容量瓶和量入式量筒、比色管、离心管、刻度试管　水注入干燥的量瓶或量筒内标线处的体积，即为该量瓶或量筒的标称容量。标线以上的残留水滴应擦干。

（5）量出式量筒和量杯　先充水至所需标线处，然后从倒液嘴排出，排完后等待30s，再注水至标线处即为该标线的容量。

2. 衡量法

① 将滴定管等量出式玻璃量器稳妥地置于校准架上，充水至被校标线上5mm处，等

待容量检定。

② 取一只容量大于被校量器的洁净有盖称量杯（如果校准量瓶则取一只洁净干燥的待校量瓶），称得空杯质量。

③ 将被校量器内的纯水放入称量杯中（容量瓶应注纯水到标线），称得纯水质量值。

④ 在调整被校量器弯液面的同时，应观察测温筒内的水温，读数应准确到 0.1℃。容量瓶可在称完后将温度计直接插入瓶内测温。然后按式(5-1) 或式(5-2) 计算被校玻璃量器在标准温度 20℃时的实际容量。

⑤ 对滴定管除计算各校准点容量误差外，还应计算任意两校准点之间的最大误差。

⑥ 凡需要使用实际值的校准方法，其校准次数至少 2 次，两次校准数据的差值应不超过被校容量允差的 1/4，并取两次的平均值。

3. 容量比较法

① 将标准玻璃量器用配制好的洗液进行清洗，然后用水冲洗，使标准玻璃量器内无积水现象，液面与器壁能形成正常的弯月面。

② 排出校准装置内的空气，检查所有活塞是否漏水，调整标准玻璃量器的流出时间和零位，将容量比较法校准装置调整到正常工作状态，并与衡量法进行比对试验。容量比较法与衡量法的差值应不超过被校量器的容量允差的 1/4。

③ 滴定管、分度吸量管和单标线吸量管采用直插法检定，见图 5-18。首先开启活塞 c，注水至被校量器标线上方约 5mm 处，于是关闭活塞 c，慢慢打开活塞 b，调整液面至标线，然后按规定的流出时间排入标准量器。对于完全流出的分度吸量管和单标线吸量管应注意标明残留液的位置。标准量器内水排出时，应按规定时间流出。连接玻璃管用的乳胶管，不宜过多暴露在两玻璃管之间。

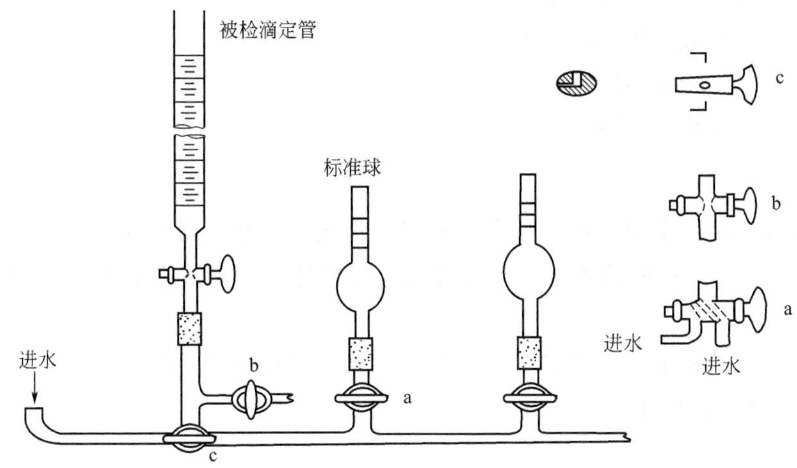

图 5-18　滴定管、分度吸量管和单标线吸量管检定装置

注：连接标准球的三通活塞，在出水口处加接流液嘴或自动定位装置，放在标准球下标线的适当位置上，可以起到自动停液面的作用。

④ 容量瓶和量筒、量杯、比色管、离心管、刻度试管的校准，是把水先充入标准玻璃量器，然后按规定时间流入被校玻璃量器，见图 5-19。

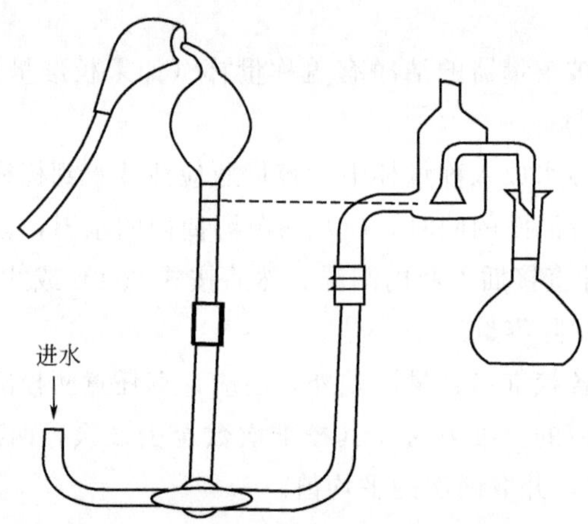

图 5-19　容量瓶、量筒和量杯检定图

五、玻璃比色皿检测与校准

1. 校准工作条件和测量仪器的误差

（1）校准工作条件　玻璃比色皿正常校准工作条件为：

① 环境温度：5～35℃。

② 相对湿度：不应大于 85%。

③ 室内应无腐蚀性气体。

（2）测量仪器的误差

① 计量性能为Ⅱ级的紫外可见分光光度计。

② 计量性能为 B 类的红外分光光度计。

③ 示值误差±10%的表面粗糙度测量仪。

④ 分辨力 0.001mm 的测量投影仪。

⑤ 所用计量器具应经检定合格。

2. 透光面平行度

① 用内测千分尺或游标卡尺对玻璃比色皿光路长度进行测量，必要时，用测量投影仪进行测量。所测任意 2 个数值的差为平行度偏差。玻璃比色皿的光路长度偏差应不大于 0.08mm。

② 用外径千分尺或游标卡尺对玻璃比色皿透光面外径进行测量，所测任意 2 个数值的差为平行度偏差。玻璃比色皿的透光面外径偏差应不大于 0.18mm。

3. 透射比

用紫外可见分光光度计或红外分光光度计进行检测。按表 5-14 规定的波长，参考路为空气（无比色皿），把参考路透射比调至 100%，将比色皿送入光路中进行检测。比色皿的透射比应符合表 5-14 的要求。

4. 配套一致性

用紫外可见分光光度计或红外分光光度计进行检测。按表 5-15 规定的波长和测试介质，将一个比色皿的透射比调至100%，测量同一组光路长度的其他比色皿透射比，比较任意两个比色皿的透射比的差值，应符合表5-15的要求。

相同光路长度的一组比色皿之间透射比的差值应不大于0.5%。

5. 表面粗糙度

玻璃比色皿的表面粗糙度用目测进行检查。必要时，用表面粗糙度测量仪检测。玻璃比色皿的表面粗糙度 Ra 值应符合表5-16的要求。

6. 表面疵病

① 比色皿的表面疵病用目测进行检查。

② 检查时应以黑色屏幕为背景，光源为60～80W的普通光源，在透射光或反射光下进行观察。

比色皿通过检查，其表面疵病应符合以下要求：

① 比色皿光通区范围的表面疵病应符合：a. 直径在0.03～0.1mm的麻点不应超过2个；b. 麻点不得密集；c. 宽度在0.03～0.1mm的擦痕总长度不应大于10mm，并且每条长度不应大于4mm。

② 比色皿非光通区内表面疵病应符合：a. 麻点不能形成雾状；b. 不能有明显的擦痕。

7. 外观

玻璃比色皿的外观用目测进行检查。

玻璃比色皿的外观应符合以下要求：

① 比色皿的几何形状应完整，不得有直径大于0.5mm的破边。

② 比色皿粘接面应符合：a. 粘接凝固，存放液体后不渗漏；b. 气孔、斑点不得密集，不得与内壁相通。

8. 耐酸碱及有机溶剂的浸蚀

玻璃比色皿分别浸泡在500mL/L的盐酸溶液、240g/L的氢氧化钠溶液、四氯化碳3种介质中，各浸泡24h后，清洗干净，再注满水，观察10min，检查不应有脱胶、渗漏现象。

六、玻璃量器容量的扩展不确定度评定

1. 容量的测定方法

按《常用玻璃量器检定规程》(JJG 196—2006)中的规定测定。玻璃量器在标准温度20℃时的容量（V_{20}），按式(5-2)计算：

$$V_{20}=mK(t)$$

式中 m——被检玻璃量器内所能容纳水的表观质量，g；

$K(t)$——常用玻璃量器衡量法 $K(t)$ 值，mL/g。

2. 容量的扩展不确定度评定

(1) 玻璃量器在标准温度20℃时容量的相对标准不确定度分量的A类评定 玻璃

量器在标准温度 20℃时容量 A 类相对标准不确定度分量 [$u_{Arel}(V_{20})$]，按式(5-3) 计算：

$$u_{Arel}(V_{20})=\frac{S_{rel}}{\sqrt{n}} \tag{5-3}$$

式中 S_{rel}——玻璃量器容量的相对标准偏差；

n——同一容量检定次数。

（2）玻璃量器在标准温度 20℃时的容量合成相对标准不确定度分量的 B 类评定

衡量法校准玻璃量器在标准温度 20℃时容量引入的合成相对标准不确定度分量 [$u_{cBrel}(V_{20})$]，按式(5-4) 计算：

$$u_{cBrel}(V_{20})=\sqrt{u_{rel}^2(m)+u_{rel}^2[K(t)]+u_{rel}^2(t)+u_{rel}^2(r)} \tag{5-4}$$

式中 $u_{cBrel}(V_{20})$——衡量法校准玻璃量器在标准温度 20℃时容量引入的合成相对标准不确定度分量,%；

$u_{rel}(m)$——被检玻璃量器内所能容纳水的表观质量的相对标准不确定度分量；

$u_{rel}[K(t)]$——玻璃量器衡量法 $K(t)$ 值修约引入的相对标准不确定度分量；

$u_{rel}(t)$——纯水温度引入的相对标准不确定度分量；

$u_{rel}(r)$——玻璃量器容量修约引入的相对标准不确定度分量。

① 被检玻璃量器内所能容纳水的表观质量的相对标准不确定度分量 [$u_{rel}(m)$]，按式(5-5) 计算：

$$u_{rel}(m)=\frac{a}{km} \tag{5-5}$$

式中 $u_{rel}(m)$——被检玻璃量器内所能容纳水的表观质量的相对标准不确定度分量,%；

a——电子天平的最大允许误差，g；

k——包含因子，按均匀分布，$k=\sqrt{3}$；

m——被检玻璃量器内所能容纳水的表观质量，g。

② 常用玻璃量器衡量法 $K(t)$ 值修约引入的相对标准不确定度分量 $u_{rel}[K(t)]$，按式(5-6) 计算：

$$u_{rel}[K(t)]=\frac{a}{k\times K(t)} \tag{5-6}$$

式中 $u_{rel}[K(t)]$——常用玻璃量器衡量法 $K(t)$ 值修约引入的相对标准不确定度分量,%；

a——常用玻璃量器衡量法 $K(t)$ 值修约的半宽，mL/g；

k——包含因子，按均匀分布，$k=\sqrt{3}$；

$K(t)$——常用玻璃量器衡量法 $K(t)$ 值，mL/g。

③ 纯水温度引入的相对标准不确定度分量 [$u_{rel}(t)$]，按式(5-7) 计算：

$$u_{rel}(t)=\frac{a}{k\times K(t)} \tag{5-7}$$

式中 $u_{rel}(t)$——纯水温度引入的相对标准不确定度分量,%；

a——纯水温度相差 0.1℃时 $K(t)$ 值；

k——包含因子，按均匀分布，$k=\sqrt{3}$；

$K(t)$——常用玻璃量器衡量法 $K(t)$ 值，mL/g。

④ 玻璃量器容量修约引入的相对标准不确定度分量 [$u_{rel}(r)$]，按式(5-8) 计算：

$$u_{rel}(r)=\frac{a}{kV_{20}} \tag{5-8}$$

式中 $u_{rel}(r)$——玻璃量器容量修约引入的相对标准不确定度分量，%；

a——玻璃量器在标准温度 20℃时容量修约的半宽，mL；

k——包含因子，按均匀分布，$k=\sqrt{3}$；

V_{20}——玻璃量器在标准温度 20℃时的容量，mL。

(3) 玻璃量器在标准温度 20℃时容量的合成标准不确定度 [$u_c(V_{20})$] 按式(5-9) 计算：

$$u_c(V_{20})=V_{20}\times\sqrt{u_{Arel}^2(V_{20})+u_{cBrel}^2(V_{20})} \tag{5-9}$$

式中 $u_c(V_{20})$——玻璃量器在标准温度 20℃时容量的合成标准不确定度，mL；

V_{20}——玻璃量器在标准温度 20℃时的容量，mL；

$u_{Arel}(V_{20})$——玻璃量器在标准温度 20℃时容量的相对标准不确定度分量的 A 类评定；

$u_{cBrel}(V_{20})$——玻璃量器在标准温度 20℃时容量的合成相对标准不确定度分量的 B 类评定。

(4) 玻璃量器在标准温度 20℃时容量的扩展标准不确定度 [$U(V_{20})$] 按式(5-10) 计算：

$$U(V_{20})=ku_c(V_{20}) \tag{5-10}$$

式中 $U(V_{20})$——玻璃量器在标准温度 20℃时容量的扩展标准不确定度，mL；

k——包含因子（一般情况下 $k=2$）；

$u_c(V_{20})$——玻璃量器在标准温度 20℃时容量的合成标准不确定度，mL。

(5) 玻璃量器容量报告的表示 按式(5-11) 计算：

$$v_{20}=V_{20}\pm U(V_{20});\quad k=2 \tag{5-11}$$

示例：

① $v_{20}=(35.03\pm0.01)$mL；$k=2$。

② $v_{20}=35.03$mL，$U=0.01$mL；$k=2$。

以上两种表示方法任选其一。

3. 说明

① 以上评定适用于进行滴定管、单标线吸量管、单标线容量瓶的测量不确定度计算。

② 以上评定列出的测量不确定度分量，有些可以忽略不计，但应验算后确定。

参考文献

[1] 全国流量容量计量技术委员会. 常用玻璃量器检定规程 JJG 196—2006 [S]. 北京：中国计量出版社，2007.

[2] 全国流量容量计量技术委员会. 专用玻璃量器 JJG 10—2005 [S]. 北京：中国计量出版社，2005.

[3] 全国玻璃仪器标准化质量检测中心. 实验室玻璃仪器　玻璃量器的设计和结构原则 GB/T 12809—1991 [S]. 北京：中国标准出版社，1991.

[4] 全国工业过程测量和控制标准化技术委员会. 玻璃比色皿 GB/T 26791—2011 [S]. 北京：中国标准出版社，2011.

[5] 全国玻璃仪器标准化质量检测中心. 实验室玻璃仪器　玻璃量器的容量校准和使用方法 GB/T 12810—1991 [S]. 北京：中国标准出版社，1991.

[6] 中国环境监测总站，《环境水质监测质量保证手册》编写组. 环境水质监测质量保证手册 [M]. 北京：化学工业出版社，1994.

[7] 国家环境保护局，《水和废水监测分析方法》编委会. 水和废水监测分析方法[M]. 北京：中国环境科学出版社，2002.

[8] 张铁垣，程泉寿，张仕斌. 化验员手册[M]. 北京：水利电力出版社，1988.

[9] 武汉大学，等. 分析化学[M]. 北京：高等教育出版社，1982.

[10] 华中师范大学，东北师范大学，陕西师范大学，等. 分析化学[M]. 北京：高等教育出版社，1986.

[11] 全国玻璃仪器标准化技术委员会（SAC/TC 178）. 实验室玻璃仪器 量筒：GB/T 12804—2011[S]. 北京：中国标准出版社，2012.

[12] 全国玻璃仪器标准化质量检测中心. 量杯：GB/T 12803—1991[S]. 北京：中国标准出版社，1991.

[13] 全国玻璃仪器标准化技术委员会（SAC/TC 178）. 实验室玻璃仪器 滴定管：GB/T 12805—2011[S]. 北京：中国标准出版社，2012.

[14] 全国玻璃仪器标准化技术委员会（SAC/TC 178）. 实验室玻璃仪器 单标线容量瓶：GB/T 12806—2011[S]. 北京：中国标准出版社，2012.

[15] 全国玻璃仪器标准化质量检测中心. 实验室玻璃仪器 分度吸量管：GB/T 12805—1991[S]. 北京：中国标准出版社，1991.

[16] 全国玻璃仪器标准化质量检测中心. 实验室玻璃仪器 单标线吸量管：GB/T 12805—1991[S]. 北京：中国标准出版社，1991.

第六章
分析实验室用水

第一节　分析实验室用水规格和试验

本章所指分析实验室用水，适用于化学分析和无机痕量分析等试验用水。在水环境监测试验工作中，可根据实际工作需要选用不同级别的水。

一、实验室用水分级

1. 外观

分析实验室用水目视观察应为无色透明的液体。

2. 级别

分析实验室用水的原水应为饮用水或适当纯度的水。分析实验室用水共分一级水、二级水和三级水三个级别。

（1）一级水　一级水用于有严格要求的分析试验，包括对颗粒有要求的试验，如高压液相色谱分析用水等。一级水可用二级水经过石英设备蒸馏或离子交换混合床处理后，再经 0.2μm 微孔滤膜过滤来抽取。

（2）二级水　二级水用于无机痕量分析等试验，如原子吸收光谱分析用水。二级水可用多次蒸馏或离子交换等方法制取。

（3）三级水　三级水用于一般化学分析试验。三级水可用蒸馏或离子交换等方法制取。

二、实验室用水规格

分析实验室用水的规格见表 6-1。

表 6-1　分析实验室用水的规格

名称	一级	二级	三级
pH 值范围(25℃)	—	—	5.0～7.5
电导率(25℃)/(mS/m)	≤0.01	≤0.10	≤0.50
可氧化物质(以 O 计)/(mg/L)	—	≤0.08	≤0.4

续表

名称	一级	二级	三级
吸光度(254nm,1cm 光程)	≤0.001	≤0.01	—
蒸发残渣含量(105℃±2℃)/(mg/L)	—	≤1.0	≤2.0
可溶性硅(以 SiO_2 计)/(mg/L)	≤0.01	≤0.02	—

注：1. 由于在一级水、二级水的纯度下，难以测定其真实的 pH 值，因此对一级水、二级水的 pH 值范围不做规定。

2. 由于在一级水的纯度下，难以测定可氧化物质和蒸发残渣，对其限量不及规定。可用其他条件和制备方法来保证一级水的质量。

三、取样及贮存

1. 容器

① 各级用水均使用密闭的专用聚乙烯容器盛放。三级水也可使用密闭的专用玻璃容器盛放。

② 新容器在使用前需用盐酸溶液（200mL/L）浸泡 2～3d，再用待测水反复冲洗，并注满待测水浸泡 6h 以上。

2. 取样

按分析实验室用水标准要求进行试验，至少应取 3L 有代表性水样备用。

取样前用待测水反复清洗容器。取样时要避免沾污。水样应注满容器。

3. 贮存

各级实验室用水在贮存期间，其沾污的主要来源是容器可溶成分的溶解、空气中二氧化碳和其他杂质溶入。因此，一级水不可贮存，应在使用前制备；二级水、三级水可适量制备，分别贮存在预先经同级水清洗过的相应容器中。

各级用水在运输过程中应避免沾污。

四、特殊要求的实验用水

1. 无二氧化碳水

将水注入烧瓶中，煮沸 10min，立即用装有钠石灰管的胶塞塞紧，导管与盛有焦性没食子酸碱性溶液（100g/L）的洗瓶连接，冷却。

2. 无氧水

将水注入烧杯中，煮沸 1h 后立即用装有玻璃导管的胶塞塞紧，导管与盛有焦性没食子酸碱性溶液（100g/L）的洗瓶连接，冷却。

3. 无氨水

取 2 份强碱性阴离子交换树脂及 1 份强酸性阳离子交换树脂，依次填充于长 500mm、内径 30mm 的交换柱中，将水以 3～5mL/min 的速度通过交换柱。

第二节 分析实验室用水试验方法

一、一般要求

在试验方法中，各项试验必须在洁净环境中进行，并采取适当措施，以避免对试样的沾污。水样均按精确至0.1mL量取，所用溶液“%”表示的均为质量分数。

试验中均使用分析纯试剂和相应级别的实验室用水。

二、pH值的测定

量取100mL分析实验室用水水样，按GB/T 9724的规定测定。

三、电导率的测定

1. 仪器

(1) 用于一、二级水测定的电导仪 配备电极常数为0.01～0.1cm^{-1}的“在线”电导池，并具有温度自动补偿功能。

若电导仪不具温度补偿功能，可装“在线”热交换器，使测量时水温控制在25℃±1℃，或记录水温度，然后进行换算。

(2) 用于三级水测定的电导仪 配备电极常数为0.1～1cm^{-1}的电导池，并具有温度自动补偿功能。

若电导仪不具温度补偿功能，可装恒温水浴槽，使待测水样温度控制在25℃±1℃，或记录水温度，然后进行换算。

2. 测定步骤

① 按电导仪说明书安装调试仪器。

② 一、二级水的测量：将电导池装在水处理装置流动出水口处，调节水流速，赶净管道及电导池内的气泡，即可进行测量。

③ 三级水的测量：取400mL水样于锥形瓶中，插入电导池后即可进行测量。

3. 电导率的换算公式

当电导率测定温度为t℃时，各级水的电导率可换算为不是25℃时的电导率。

25℃时各级水的电导率K_{25}，可按式(6-1) 进行换算。

$$K_{25}=k_t(K_t-K_{p \cdot t})+0.00548 \tag{6-1}$$

式中 K_{25}——各级水在25℃时的电导率，mS/m；

k_t——换算系数；

K_t——t℃时各级水的电导率，mS/m；

$K_{p \cdot t}$——t℃时理论纯水的电导率，mS/m；

0.00548——25℃时理论纯水的电导率，mS/m。

k_t 和 $K_{p \cdot t}$ 可从表 6-2 中查出。

表 6-2 理论纯水的电导率和换算系数

t/℃	k_t/(mS/m)	$K_{p \cdot t}$/(mS/m)	t/℃	k_t/(mS/m)	$K_{p \cdot t}$/(mS/m)
0	1.7975	0.00116	26	0.9795	0.00578
1	1.7550	0.00123	27	0.9600	0.00607
2	1.7135	0.00132	28	0.9413	0.00640
3	1.6728	0.00143	29	0.9234	0.00674
4	1.6329	0.00154	30	0.9065	0.00712
5	1.5940	0.00165	31	0.8904	0.00749
6	1.5559	0.00178	32	0.8753	0.00784
7	1.5188	0.00190	33	0.8610	0.00822
8	1.4825	0.00201	34	0.8475	0.00861
9	1.4470	0.00216	35	0.8350	0.00907
10	1.4125	0.00230	36	0.8233	0.00950
11	1.3788	0.00245	37	0.8126	0.00994
12	1.3461	0.00260	38	0.8027	0.01044
13	1.3142	0.00276	39	0.7936	0.01088
14	1.2831	0.00292	40	0.7855	0.01136
15	1.2530	0.00312	41	0.7782	0.01189
16	1.2237	0.00330	42	0.7719	0.01240
17	1.1954	0.00349	43	0.7664	0.01298
18	1.1679	0.00370	44	0.7617	0.01351
19	1.1472	0.00391	45	0.7580	0.01410
20	1.1155	0.00418	46	0.7551	0.01464
21	1.0906	0.00441	47	0.7532	0.01521
22	1.0667	0.00466	48	0.7521	0.01582
23	1.0436	0.00490	49	0.7518	0.01650
24	1.0213	0.00519	50	0.7525	0.01728
25	1.0000	0.00548	—	—	—

4. 注意事项

测量用的电导仪和电导池应定期进行检定。

四、可氧化物质测定

1. 试剂

① 硫酸溶液（20%）。量取 128mL 硫酸，缓缓注入约 700mL 水中，冷却，稀释至 1000mL。

②高锰酸钾标准滴定溶液$\left[c\left(\frac{1}{5}KMnO_4\right)=0.01mol/L\right]$。见本手册第七章第三节（与 GB/T 601 技术相一致）中高锰酸钾标准滴定溶液$\left[c\left(\frac{1}{5}KMnO_4\right)=0.1mol/L\right]$的配制。

③高锰酸钾标准滴定溶液$\left[c\left(\frac{1}{5}KMnO_4\right)=0.01mol/L\right]$。量取 10.00mL 高锰酸钾标准溶液（0.1mol/L）于 100mL 容量瓶中，并稀释至刻度。

2. 测定步骤

量取1000mL二级水，注入烧杯中。加入5.0mL硫酸溶液（20%），混匀。

量取200mL三级水，注入烧杯中。加入1.0mL硫酸溶液（20%），混匀。

在上述已酸化的试液中，分别加入1.00mL高锰酸钾标准滴定溶液$\left[c\left(\frac{1}{5}KMnO_4\right)=0.01mol/L\right]$，混匀。盖上表面皿，加热至沸腾并保持5min，溶液的粉红色不得完全消失。

五、吸光度的测定

按GB/T 9721的规定测定。

1. 仪器

紫外可见分光光度计。

石英吸收池：厚度1cm和2cm。

2. 测定步骤

将水样分别注入1cm和2cm吸收池中，在紫外可见分光光度计上，于254nm处，以1cm吸收池中水样为参比，测定2cm吸收池中水样的吸光度。

若仪器的灵敏度不够，可适当增加测量吸收池的厚度。

六、蒸发残渣的测定

1. 仪器

① 旋转蒸发器：配备500mL蒸馏瓶。

② 恒温水浴。

③ 蒸发皿：材质可选用铂、石英、硼硅玻璃。

④ 电烘箱：温度可控制在105℃±2℃。

2. 测定步骤

按GB/T 9740的规定测定。

（1）水样预浓集　量取1000mL二级水（三级水取500mL），将水样分几次加入旋转蒸发器的蒸馏瓶中，于水浴上减压蒸发（避免蒸干）。待水样最后蒸至约50mL时，停止加热。

（2）测定　将上述预浓集的水样，转移至一个已于105℃±2℃恒量的蒸发皿中，并用5～10mL水样分2～3次冲洗蒸馏瓶，将洗液与预浓集水样合并于蒸发皿中在水浴上蒸干，并在105℃±2℃的电烘箱中干燥至恒重。

七、可溶性硅的测定

1. 试剂

① 二氧化硅标准溶液（1mg/mL）：见本手册第七章第三节（与GB/T 602技术相一

致）中二氧化硅标准溶液的配制。

② 二氧化硅标准溶液（0.01mg/mL）：量取 1.00mL 二氧化硅标准溶液（1mg/mL）于 100mL 容量瓶中，稀释至刻度，摇匀。转移至聚乙烯瓶中，现用现配。

③ 钼酸铵溶液（50g/L）：称取 5.0g 钼酸铵［$(NH_4)_6Mo_7O_{24}\cdot 4H_2O$］，溶于水，加入 20.0mL 硫酸溶液（20%），稀释至 100mL，摇匀，贮存于聚乙烯瓶中，发现有沉淀时应重新配制。

④ 草酸溶液（50g/L）：称取 5.0g 草酸，溶于水并稀释至 100mL。贮存于聚乙烯瓶中。

⑤ 对甲氨基酚硫酸盐（米吐尔）溶液（2g/L）：称取 0.20g 对甲氨基酚硫酸盐，溶于水，加 20.0g 偏重亚硫酸钠（焦亚硫酸钠），溶解并稀释至 100mL，摇匀。贮存于聚乙烯瓶中，避光保存。有效期 2 周。

2. 仪器

① 铂皿：容量为 250mL。

② 比色管：容量为 250mL。

③ 水浴：可控制恒温为约 60℃。

3. 测定步骤

① 量取 520mL 一级水（二级水取 270mL），注入铂皿中，在防尘条件下，亚沸蒸发至约 20mL 时，停止加热。冷至室温，加 1.0mL 钼酸铵溶液（50g/L），摇匀。放置 5min 后，加 1.0mL 草酸溶液（50g/L），摇匀，放置 1min 后，加 1.0mL 对甲氨基酚硫酸盐溶液（2g/L），摇匀。移入比色管中，稀释至 25mL 刻度，摇匀，于 60℃ 水浴中保温 10min。溶液所呈蓝色不得深于标准比色溶液。

② 标准比色溶液的制备是取 0.50mL 二氧化硅标准溶液（0.01mg/mL），用水样稀释至 20mL 后，与同体积试液同时同样处理。

参考文献

[1] 全国化学标准化技术委员会化学试剂分技术委员会（SAC/TC 63/SC 3）. 分析实验室用水规格和试验方法 GB/T 6682—2008［S］. 北京：中国标准出版社，2008.

[2] 全国化学标准化技术委员会化学试剂分技术委员会（SAC/TC 63/SC 3）. 化学试剂 试验方法中所用制剂及制品的制备 GB/T 603—2002［S］. 北京：中国标准出版社，2002.

[3] 中国环境监测总站，《环境水质监测质量保证手册》编写组. 环境水质监测质量保证手册［M］. 北京：化学工业出版社，1994.

[4] 吴辛友，袁盛铨，翟金铣. 分析试剂的提纯与配制手册［M］. 北京：冶金工业出版社，1989.

[5] 陈守建，鄂学礼，张宏陶，等. 水质分析质量控制［M］. 北京：人民卫生出版社，1987.

[6] 中国医学科学院卫生研究所. 水质分析法［M］. 北京：人民卫生出版社，1983.

[7] 水质分析大全编写组. 水质分析大全[M]. 重庆：科学技术文献出版社重庆分社，1989.

[8] 国家环境保护局，《水和废水监测分析方法》编委会. 水和废水监测分析方法[M]. 北京：中国环境科学出版社，2002.

[9] 国家环境保护局，《空气和废气监测分析方法》编写组. 空气和废气监测分析方法[M]. 北京：中国环境科学出

版社，1990.

[10] 中国医学科学院卫生研究所. 水质分析法[M]. 北京：人民卫生出版社，1983.

[11] 张铁垣，程泉寿，张仕斌. 化验员手册[M]. 北京：水利电力出版社，1988.

[12] 武汉大学，等. 分析化学[M]. 北京：高等教育出版社，1982.

[13] 华中师范大学，东北师范大学，陕西师范大学，等. 分析化学[M]. 北京：高等教育出版社，1986.

[14] 鲁光四，周怀东，李怡庭. 水质分析方法[M]. 北京：学术书刊出版社，1989.

第七章

化学试剂与溶液制备

第一节　分析化学计量

一、化学分析和仪器分析

1. 分析化学

分析化学是化学学科的一个重要分支，是研究物质的化学组成的分析方法及有关理论的一门学科。分析化学的任务是鉴定物质的化学结构、化学成分及测定各成分的含量，它们分别属于结构分析、定性分析及定量分析研究的内容。

通常人们把物质的化学成分的分析方法分为化学分析和仪器分析两类。

以物质的化学反应为基础的分析方法称为化学分析法。化学分析法又称为经典分析法，是分析化学的基础，主要有重量分析法和滴定分析法（容量分析法）等。

以物质的物理和物理化学性质为基础的分析方法称为物理和物理化学分析法。由于这类方法都需要较特殊的专用仪器，故一般又称为仪器分析法。仪器分析法有光化学分析法、电化学分析法、色谱分析法、质谱分析法和放射化学分析法等。

分析化学计量主要研究与物质组成有关的化学成分计量问题。

2. 化学成分的表示方法

物质的化学成分（元素、离子、基团或化合物）含量，可以用浓度、物质的量分数（浓度）、物质的量比等各种不同的参量来描述，表 7-1 列出了化学成分量的各种表示方法、量的名称和计量单位等。

表 7-1　化学成分量的表示方法、量的名称和计量单位等

化学成分量名称	符号	定义	定义式	计量单位	相应的应予废除的旧名称	适用范围
质量浓度	ρ_B	混合相中某一组分的质量与混合相的体积之比	$\rho_B=m_i/V$	kg/m^3，kg/L	重量体积浓度	液体、气体
体积浓度	δ_i	混合相中某一组分的体积与混合相的体积之比	$\delta_i=V_i/V$	1 或 m^3/m^3 及其分数单位	体积百分浓度	液体、气体
物质的量浓度（简称浓度）	c_B	混合相中某一组分的物质的量与混合相的体积之比	$c_B=n_i/V$	mol/m^3，mol/L	体积克分子浓度，当量浓度	液体、气体

续表

化学成分量名称	符号	定义	定义式	计量单位	相应的应予废除的旧名称	适用范围
粒子数浓度	C_i	混合相中某一组分的粒子数目与混合相的体积之比	$C_i=N_i/V$	$1/m^3$		液体、气体
摩尔质量浓度	b_B	溶质B的物质的量(n_B)与溶剂(K)的质量之比	$b_B=n_B/m_K$	mol/kg	重量克分子浓度	液体
质量分数	ω_B	混合相中某一组分的质量与混合相的总质量之比	$\omega_B=m_i/m$	1	重量百分浓度	固体、液体、气体
体积分数	φ_B	混合相中某一组分的体积与混合前在相同温度、压力下各组分体积之和(V_0)之比	$\varphi_B=V_i/V_0$	1		液体、气体
摩尔分数	x_B	混合物中某一组分的物质的量与混合物的总的物质的量之比	$x_B=n_i/n$	1		固体、液体、气体
粒子数分数	x	混合物中某一组分的粒子数与混合物的总粒子数之比	$x=N_i/N$	1		固体、液体、气体
质量比	ω	某一组分的质量与另一种组分的质量之比	$\omega=m_i/m_k$	1或kg/kg及其分数或倍数单位		固体、液体、气体
体积比	φ	某一组分的体积与另一种组分的体积之比	$\varphi=V_i/V_k$	1或mL/m^3及其分数或倍数单位		液体、气体
物质的量比	$r_{i,k}$	某一组分的物质的量与另一种组分的物质的量之比	$r_{i,k}=n_i/n_k$	1或mol/mol及其分数或倍数单位		固体、液体、气体
粒子数比	x	某一组分的粒子数与另一种组分的粒子数之比	$x=N_i/N_k$	1		固体、液体、气体

二、化学分析和计量

1. 化学分析方法

化学分析是指利用物质的化学反应及其定量关系来确定物质的组成、成分含量的一类分析方法，主要包括重量分析和滴定分析。重量分析是根据化学产物（沉淀）的重量测量来确定被测组分在试样中的含量，适用于1%以上的常量分析测量，测定的不确定度为0.1%～0.2%。重量分析操作麻烦，耗费时间，却是一种经典的绝对测量方法。滴定分析也称容量分析，是将一种已知准确浓度的溶液，用滴定管加到被测物质的溶液中，直到化学反应完成，根据试剂和被测物质之间化学反应的定量关系，由消耗的已知浓度的滴定试剂体积，求出被测组分的含量。滴定分析适用于常量组分的测定，比重量法简便、快速。根据化学反应的类型不同，滴定分析又分为酸碱滴定、络合滴定、氧化还原滴定和沉淀滴定。

2. 化学分析中的计量问题

化学分析中的计量问题是：

① 称量仪器（分析天平）的计量问题；

② 体积测量仪器（滴定管、吸量管等）的计量问题；

③ 标准滴定溶液的制备和准确测量。

前两个问题属于物理计量问题，可参考有关标准、手册、参考书以及本手册相关章节。标准滴定溶液是具有准确浓度的溶液。其制备方法有两种：第一种是直接法，即准确称取一定量的基准物质，溶解后定量地转移到容量瓶中，用合适的溶剂（如实验室相关用水）稀释至刻度，根据称取物质的量和容量瓶的体积，计算出该溶液的准确浓度；第二种是标定法。由于很多试剂不符合基准物质的条件，不能直接配成标准滴定溶液，可采用标定的方法定出标准滴定溶液的准确浓度。首先按需要配制接近所需浓度的标准滴定溶液，然后用该物质与基准物质反应，用基准溶液标定出该标准滴定溶液的浓度。

三、仪器分析

仪器分析是采用比较复杂或特殊的设备，测量物质的某些物理或物理化学特性参量及其变化，进行分析的方法。仪器分析方法可概括地分为光分析法、电化学分析法、色谱分析法、波谱分析法、质谱分析法和热分析法等。

表 7-2 列举了仪器分析法的分类及其原理。

表 7-2　仪器分析法的分类和原理

方法分类		方法原理
光分析法	非光谱法（折射法、干涉法、散射浊度法、旋光法、X 射线衍射法和电子衍射法等）	不以光的波长为特征信号，仅通过测量电磁辐射的某些基本性质（反射、折射、干涉、衍射、偏振等）的变化的分析方法
	光谱法（原子发射光谱法、原子吸收光谱法、原子荧光光谱法、紫外可见分光光度法、红外吸收光谱法、核磁共振波谱法、激光拉曼光谱法、X 荧光光谱法、分子磷光光谱法、化学发光法等）	在光的发射、吸收和拉曼散射等作用下，通过检测光谱的波长和强度来确定化学成分含量的分析方法
电化学分析法（电导分析法、电位分析法、电解和库仑分析法、伏安和极谱分析法等）		根据物质在溶液中的电化学性质及其变化来进行分析的方法。电信号的变化包括：电流、电位、电导等
色谱分析法（气相色谱法、液相色谱法、薄层色谱法、离子色谱法等）		利用物质在两相间分配、吸附等的差异，对物质进行分离、分析的方法
质谱分析法		根据元素的质量与电荷比的关系来进行分析的方法
热分析法（差热分析法、差示扫描量热法、热重量法、测温滴定法等）		根据物质的某些性质（质量、体积、热导、反应热等）与温度之间的动态关系来进行分析的方法

1. 电化学分析

电化学分析法是以物质的组成与其电化学性质的关系为基础的分析方法，通常是以待测试样溶液构成电化学电池的一部分进行测量的，具有分析速度快、灵敏度高、选择性好、所需试样量少、易于自动控制等优点，广泛用于水环境监测、工业流程的自动分析和控制等。根据测量的电化学量不同，电化学分析法可分为五类，如表 7-3 所列。

表 7-3 电化学分析法的分类和简要说明

所测量的电参量	方法名称		说明
电极电位	电位法	直接电位法(离子选择性电极法)	通过电位测量按能斯特方程求出待测离子的浓度
		电位滴定	通过电位测量来确定滴定终点
电流-电压关系	伏安法	极谱法	以滴汞电极作工作电极的伏安法
		溶出伏安法	先将溶液中待测离子"电析"在电极上,然后"溶出"并测定其电流,从而求出待测离子的浓度
电量	库仑分析法	恒电流库仑法(库仑滴定法)	在恒电流下电解产生滴定剂,测出电解开始至终点的时间,按法拉第定律求出待测离子的质量
		控制电位库仑法	在控制电位下,将试液中待测离子完全电解,测出所耗电量,根据法拉第定律求出待测离子的质量
电导	电导分析法	直接电导法	测量电导,计算出待测离子浓度
		电导滴定	通过测量电导来确定滴定终点
电流	电流滴定法		用伏安(极谱)法来指示终点的滴定分析法

2. 光谱分析

凡基于检测能量作用于被测物质后产生的辐射信号或引起的变化的分析方法统称光分析法。光分析法通常分为非光谱法和光谱法两类。非光谱法是指不以光的波长为特征信号，仅通过测量电磁辐射的某些基本性质的变化的分析方法，如折射法、旋光法等。光谱法是以光的吸收、发射、拉曼散射等作用建立起来的分析方法。表 7-4 列出了根据物质对不同波长辐射能的吸收而建立起来的各种光谱分析法；表 7-5 是各种发射光谱法的特点。

表 7-4 吸收光谱法

方法名称	辐射能	作用物质	检测信号
莫斯鲍尔光谱法	γ 射线	原子核	吸收后的 γ 射线
X 射线吸收光谱法	X 射线 放射性同位素	Z(原子序数)>10 的重元素 原子的内层电子	吸收后的 X 射线
原子吸收光谱法	紫外、可见光	气态原子外层的电子	吸收后的紫外、可见光
紫外可见分光光度法	紫外、可见光	分子外层的电子	吸收后的紫外、可见光
红外吸收光谱法	炽热硅碳棒等 2.5～15μm 红外线	分子振动	吸收后的红外光
核磁共振波谱法	0.1～100MHz 射频	原子核磁量子 有机化合物分子的质子	吸收
电子自旋共振波谱法	10000～800000MHz 微波	未成对电子	吸收
激光吸收光谱法	激光	分子溶液	吸收
激光光声光谱法	激光	分子(气体) 分子(固体) 分子(液体)	声压
激光热透镜光谱法	激光	分子(溶液)	吸收

表 7-5 发射光谱法

方法名称	辐射能(或能源)	作用物质	检测信号
原子发射光谱法	电能、火焰	气态原子外层电子	紫外、可见光

续表

方法名称	辐射能(或能源)	作用物质	检测信号
X荧光光谱法	X射线	原子内层电子的逐出,外层能级电子跃入空位(电子跃迁)	特征X射线(荧光)
原子荧光光谱法	高强度紫外、可见光	气态原子外层电子跃迁	原子
荧光光谱法	紫外、可见光	分子	荧光(紫外、可见光)
磷光光谱法	紫外、可见光	分子	磷光(紫外、可见光)
化学发光法	化学能	分子	可见光

3. 色谱分析

色谱分析法是一种物理及物理化学的分离方法，它是利用物质在固定相和流动相构成的体系中，具有不同的分配系数（或溶解度）的特征，将混合物分离的技术。在色谱分析中，装入玻璃（或不锈钢）管子中的静止不动的相称为固定相，在管子中运动的相称为流动相。装有固定相的管子叫色谱柱。

色谱分析法中，按流动相的物理状态分为气相色谱和液相色谱。按固定相的状态，气相色谱又分为气-液色谱、气-固色谱；液相色谱分为液-液色谱、液-固色谱。按分离过程相系统的特征和形式可分为柱色谱（填充柱色谱、毛细管柱色谱）、平板色谱（薄层色谱、纸色谱），按分离原理可分为吸附色谱、分配色谱、离子交换色谱、体积排斥色谱等。表7-6 列出了色谱法的分类及其缩写（国际通用）。

表 7-6 色谱法分类及其缩写（国际通用）

按相分类		按分离过程分类		按方法分类	
色谱法	缩写	色谱法	缩写	色谱法	缩写
液相色谱法	LC			平板色谱法 纸色谱法 薄层色谱法 高效薄层色谱法 柱色谱法	FBC PC TLC HPTLC LCC
液-液色谱法	LLC	分配色谱法 反相色谱法 凝胶渗透色谱法 离子交换色谱法	— RPC GPC IEC	高压(高效)液相色谱法	HPLC
液-固色谱法	LSC	吸附色谱法 离子交换色谱法 亲和力色谱法 疏水柱色谱法	— IEC — —		
气相色谱法	GC			柱色谱法 程序升温气相色谱法 程序升压气相色谱法	CC PTGC PPGC
气-液色谱法	GLC	分配色谱法	—		
气-固色谱法	GSC	吸附色谱法	—		

4. 质谱分析

（1）质谱图　在高真空下物质的分子被电离生成阳离子和自由基（M^+，分子离子），这样的离子继续破裂变成更多的碎片离子，在磁场和电场作用下这些离子按其质量与所带电核之比（m/e，质核比）的大小顺序分离，形成的谱图称质谱。如图 7-1 所示。

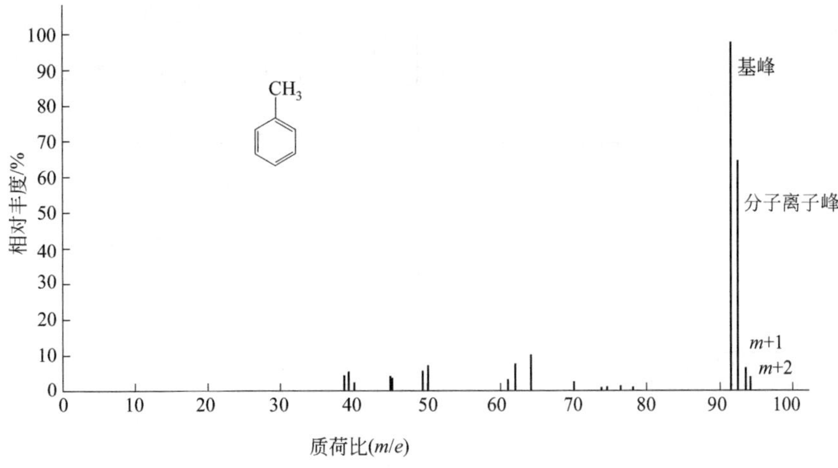

图 7-1　质谱图

（2）质谱仪器　历史上人们根据测量方式的差别，将质谱仪器分为质谱仪和质谱计。质谱仪采用照相法同时检测多种离子；质谱计采用电测法，一次仅检测一种或几种离子。不论是质谱仪还是质谱计，其基本结构都包括以下 4 个主要部分。

① 进样系统。把样品引入离子源的装置。

② 离子源。将中性原子或分子电离成离子的部分。

③ 质量分析器。由磁场或电场，或电场-磁场组合而成，其功能是把离子按质核比展开，实现方向聚焦或方向及能量双聚焦。

④ 离子检测器。照相检测器由照相二板室及感光板组成；电检测系统由离子收集器、信号放大器和记录仪器组成。

此外，还备有必要的真空系统、供电系统、数据处理系统、控制系统等。根据仪器的工作原理与结构，质谱仪器可分为如图 7-2 所示的多种类型。常用的质谱仪器有四极质谱仪、磁式质谱计。

（3）同位素稀释质谱法（IDMS）　同位素稀释质谱法是被人们称为定义法或绝对法的分析方法，对痕量和超痕量组分的分析有独到之处，能分析皮克级或皮克级以下的元素或化合物，是现今各国化学家普遍公认的准确定量方法。其主要优点之一是被测化合物做了同位素稀释之后，不需做定量分离，因此在化学处理过程中物质的丢失不影响定量结果，标记化合物是最好的内标物。

5. 联用技术

随着各种现代分析技术的发展，虽然出现了一些对复杂及难分离样品分辨力特别高的分析仪器，但在许多情况下，仅靠一种方法还是难以完成对复杂样品的分析。近年来发展起来的联用技术，将两台或两台以上的相同或不同原理的仪器组合起来，充分发挥各自的特点和长处，以提高和改善分辨力和选择性。

（1）色谱-质谱联用技术　色谱技术能有效地将试样中各组分分离，但常用的检测器能给出的结构信息很少；质谱技术则能提供丰富的结构信息且具有很高的灵敏度，但只能分析很纯的试样。若将两者结合起来，实现色谱-质谱联用，就能充分发挥色谱和质谱技

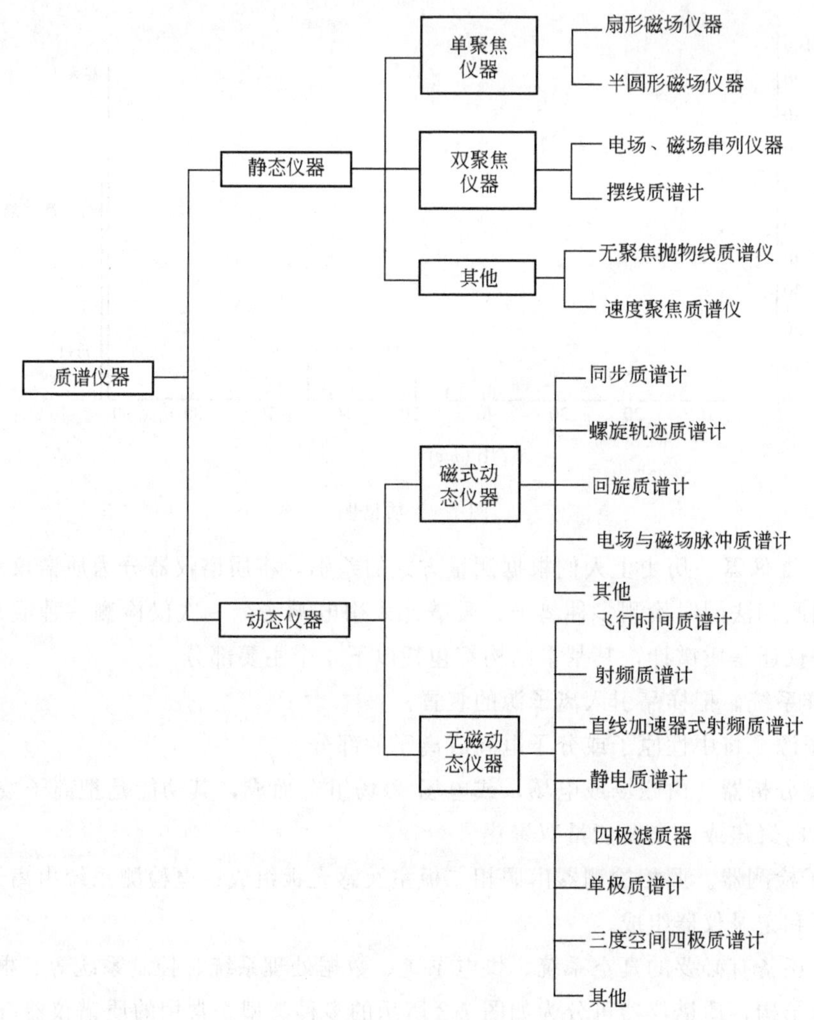

图 7-2　质谱仪器的分类

术各自的优势，形成一种强有力的分析手段。

① 气相色谱-质谱联用技术（GC-MS）。气相色谱柱的出口压力至少有一个大气压力（1atm＝101325Pa），质谱的离子源只能在高真空下工作，若将气相色谱和质谱仪联合起来使用，将气相色谱柱的流出物导入离子源，必须首先清除流出物中大部分载气。目前，各类仪器使用的接口（也称界面）为喷射接口，其分离原理是基于载气（氦气）和有机物分子从色谱柱流出后，通过喷嘴向真空膨胀时的运动和扩散速率的差异。若使用毛细管柱，因载气流量小，可以不经接口将毛细管柱直接插入质谱仪的离子源。

原则上，任何一种热稳定、能气化的化合物，都能用 GC-MS 技术进行分析测定。采用扫描方式，检测限可达纳克级。选择离子检测方式，检测限还能降低 2～3 个数量级，达到皮克级，是测定低含量组分的好方法。

② 高效液相色谱-质谱联用技术（HPLC-MS）。要把液相色谱柱的流出物转移到质谱仪的离子源中去，需要一个能除去大量色谱洗脱液的接口。由于液相色谱经常使用不易挥发的极性溶剂，因而增加了接口的技术难度。科技工作者对液相色谱-质谱仪接口做了大

量工作，研制了诸如传送带式、热喷雾式、粒子束式和电喷雾式等各种接口，并得到了实际应用。特别是粒子束式和电喷雾式接口，使 LC-MS 技术已进入常规分析。这种接口的原理和 GC-MS 的喷射式接口相似，从接口射出的被分析物粒子直接打到离子源壁上，受热气化后再以电子轰击或化学离子化等方式电离。粒子束式接口易于操作，受洗脱液性质、流量、接口温度等参数的影响较小，特别是获得的质谱不仅有分子离子峰的信息，而且还有与电子轰击相似的碎片峰信息，有助于揭示分子结构。

电喷雾式接口是近年来发展起来的技术，它具有产生多电荷离子的特性，因而使一般的质谱仪扩大了质量检测范围。与其他技术相比，电喷雾法具有更高的碰撞碎裂效率和灵敏度，检测下限可达 10^{-15}～10^{-12} mol/L。

（2）色谱联用技术

① 气相色谱-气相色谱联用（GC-GC），是将两台气相色谱仪或两根色谱柱按一定方式组合起来形成的二维系统。根据使用的色谱柱，GC-GC 系统可分为填充柱—填充柱、填充柱—毛细管柱、毛细管柱—毛细管柱系统。两柱可以处于同一柱箱，也可以有各自的柱箱，控制在不同的温度下，柱与柱之间由特殊的连接阀连接。二维系统有 4 种组合方式：a. 流量反吹；b. 溶剂反吹；c. 中心切割；d. 并联柱。GC-GC 的组合，可以用在线的死体积小的阀来实现，也可以用在线的电磁阀，按不同时间改变气路压力或载气流量来实现。

② 液相色谱-气相色谱联用（LC-GC），将液相色谱和气相色谱按一定方式组合起来，以充分发挥 LC 和 GC 柱及检测器的全部潜力，为解决复杂、难分离的样品分析提供强有力的手段。将液相色谱的正相柱、反相柱和气相色谱的填充柱、毛细管柱巧妙地组合起来，就能获得满意的分离效果。采用灵敏度高、选择性好的检测器，能提高分析灵敏度和准确度。LC-GC 系统的组合可以用在线和非在线方式完成。

③ 电感耦合等离子体原子发射光谱-质谱联用技术（ICP-MS）。ICP-MS 是一种多元素分析技术，具有灵敏度高、干扰少、多元素同时分析等诸多优势，能够在复杂基体中准确地分析痕量元素。ICP-MS 以电感耦合等离子体发射光谱（ICP）作为离子源，由质谱（MS）分析器检测产生的离子。它可以同时测量化学元素周期表中大多数元素，测定分析物浓度可低至纳克每升（ng/L）或万亿分之几（10^{-12} 级，即 ppt 级）水平；分析速度快，每个样品全元素测定只需 4min 左右；线性范围宽，一次测量线性范围能覆盖整个数量级等。

第二节　化学试剂

在任何实验室做实验都离不开试剂，试剂不仅有各种状态，而且不同的试剂其性能差异很大。有的常温下非常稳定，有的平时就很活泼；有的受高温也不变质，有的却易燃易爆；有的香气浓烈，有的则有剧毒。只有对化学试剂的有关知识深入了解才能安全、顺利地进行各项实验，既可保证达到预期实验目的，又可消除对环境的污染。

一、化学试剂的分类

有关化学试剂的分类至今国际上尚未统一，但其趋势是要与当今科研前沿和热点相适应。从世界著名的生产化学试剂公司的商品分类来看，化学试剂可归纳为生命科学大类、化学部分大类、分析部分大类和精细化工大类四大类。对化学试剂的分类研究正在不断深入，将为化学试剂快速检索、查询、应用及合理管理等提供更有效便捷的依据。

试剂（reagent）又称化学试剂或试药，主要是实现化学反应、分析化验、研究试验、教学实验、化学配方使用的纯净化学品。

试剂一般按用途分为通用试剂、高纯试剂、分析试剂、仪器分析试剂、临床诊断试剂、生化试剂、无机离子显色剂试剂等。

（1）基准试剂　基准试剂（primary standards）是纯度高、杂质少、稳定性好、化学组分恒定的化合物。在基准试剂中有容量分析、pH 值测定、热值测定等分类。每一分类中均有第一基准和工作基准之分。凡第一基准都必须由国家计量科学院检定，生产单位则利用第一基准作为工作基准产品的测定标准。目前，商业经营的基准试剂主要是指容量分析类中的容量分析工作基准试剂［含量范围为 99.95%～100.05%（重量滴定）］，一般用于标定标准滴定溶液。基准试剂也称基准物质，是用来直接配制标准溶液或用来标定溶液的物质。基准物质的技术要求是：

① 物质的组成与化学式相符，若含结晶水，其含量也要与化学式相符；

② 试剂稳定，不吸收空气中的水分和二氧化碳，也不易被空气氧化；

③ 试剂纯度高，一级基准试剂的纯度为 $(100\pm0.02)\%$，二级基准试剂的纯度为 $(100\pm0.05)\%$。

基准试剂的纯度较高，必须用高准确度的绝对测量法来确定。很多无机基准试剂是用精密库仑滴定法确定其纯度的。

（2）标准物质　标准物质（standard substance）是用于化学分析、仪器分析中作对比的化学物品，或是用于校准仪器的化学品。其化学组分、含量、理化性质及所含杂质必须已知，并符合规定获得公认。

（3）微量分析试剂　微量分析试剂（micro-analytical reagent）是用于被测定物质的许可量仅为常量百分之一（质量为 1～15mg，体积为 0.01～2mL）的微量分析的试剂。

（4）有机分析标准品　有机分析标准品（organic analytical standards）是测定有机化合物的组分和结构时用作对比的化学试剂。其组分必须精确已知。也可用于微量分析。

（5）农药分析标准品　农药分析标准品（pesticide analytical standards）适用于气相色谱法分析农药或测定农药残留量时作对比物品。其含量要求精确。有由微量单一农药配制的溶液，也有由多种农药配制的混合溶液。

（6）折光率液　折光率液（refractive index liquid）为已知其折光率的高纯度的稳定液体，用以测定晶体物质和矿物的折光率。在每个包装的外面都标明了其折光率。

（7）指示剂　指示剂（indicator）是能由于某些物质存在的影响而改变自己颜色的物质。主要用于容量分析中指示滴定的终点。一般可分为酸碱指示剂、氧化还原指示剂、吸附指示剂等。指示剂除分析外，也可用来检验气体或溶液中某些有害有毒物质的存在。

(8) 试纸 试纸(test paper)是浸过指示剂或试剂溶液的小干纸片，用以检验溶液中某种化合物、元素或离子的存在，也有用于医疗诊断的。

(9) 仪器分析试剂 仪器分析试剂(instrumental analytical reagents)是利用根据物理、化学或物理化学原理设计的特殊仪器进行试样分析的过程中所用的试剂。

(10) 原子吸收光谱标准品 原子吸收光谱标准品(atomic absorption spectroscopy standards)是在利用原子吸收光谱法进行试样分析时作为标准用的试剂。

(11) 色谱用试剂 色谱用试剂是指用于气相色谱、液相色谱、气液色谱、薄层色谱、柱色谱等分析法中的试剂和材料，有固定液、担体、溶剂等。

(12) 电子显微镜用试剂 电子显微镜用(for electron microscopy)试剂是在生物学、医学等领域利用电子显微镜进行研究工作时所用的固定剂、包埋剂、染色剂等试剂。

(13) 核磁共振测定溶剂 核磁共振测定溶剂(solvent for NMR spectroscopy)主要是氘代溶剂(又称重氢试剂或氘代试剂)，是有机溶剂结构中的氢被氘(重氢)所取代了的溶剂。在核磁共振分析中，氘代溶剂可以不显峰，对样品做氢谱分析不产生干扰。

(14) 极谱用试剂 极谱用试剂是指在用极谱法做定量分析和定性分析时所需要的试剂。

(15) 光谱纯试剂 光谱纯(spectrography)试剂通常是指经发射光谱法分析过的纯度较高的试剂。

(16) 分光纯试剂 分光纯(spectrophotometric pure)试剂是指使用分光光度分析法时所用的溶液，有一定的波长透过率，用于定性分析和定量分析。

(17) 生化试剂 生化试剂(biochemical reagent)是指有关生命科学研究的生物材料或有机化合物，以及临床诊断、医学研究用的试剂。由于生命科学面广、发展快，因此该类试剂品种繁多、性质复杂。

二、化学试剂级别分类

1. 化学试剂的分级

化学试剂的种类很多，世界各国对化学试剂的分类和分级的标准不尽一致。国际纯粹与应用化学联合会(IUPAC)对化学标准物质的分类为：

A 级：原子量标准。

B 级：和 A 级最接近的基准物质。

C 级：含量为 100%±0.02%的标准试剂。

D 级：含量为 100%±0.05%的标准试剂。

E 级：以 C 级或 D 级为标准对比测定得到纯度的试剂。

化学试剂按用途可分为标准试剂、一般试剂、生化试剂等，我国习惯将相当于 IUPAC 的 C 级、D 级的试剂称为标准试剂。

优级纯、分析纯、化学纯是一般试剂的中文名称。

一级：即优级纯(guaranteed reagent，GR)，标签为深绿色，用于精密分析试验。

二级：即分析纯（analytical reagent，AR），标签为金光红，用于一般分析试验。

三级：即化学纯（chemical pure，CP），标签为中蓝，用于一般化学试验。

就试剂纯度来说：超高纯≥99.99%；优级纯≥99.8%；分析纯≥99.7%；化学纯≥99.5%

四级：高纯级，纯度>99%。

五级：工业级，纯度>98.5%。

2. 国家标准规定化学试剂级别分类

该类试剂为我国国家标准所规定，适用于检验、鉴定、检测。

试剂级（RG，红标签）：作为试剂的标准化学品。

基准试剂（JZ，绿标签）：作为基准物质，标定标准溶液。

优级纯（GR，绿标签）：主成分含量很高，纯度很高，适用于精确分析和研究工作，有的可作为基准物质。

分析纯（AR，红标签）：主成分含量很高，纯度较高，干扰杂质含量很低，适用于工业分析及化学实验。

化学纯（CP，蓝标签）：主成分含量高，纯度较高，存在干扰杂质，适用于化学实验和合成制备。

实验纯（LR，黄标签）：主成分含量高，纯度较差，杂质含量不做选择，只适用于一般化学实验和合成制备。

教学试剂：可以满足学生教学目的，不至于造成化学反应现象偏差的一类试剂。

指定级（ZD）：该类试剂是按照用户要求的质量控制指标，为特定用户定做的化学试剂。

高纯试剂（EP）：包括超纯、特纯、高纯、光谱纯，用于配制标准溶液。此类试剂质量注重的是在特定方法分析过程中可能引起分析结果偏差，并对成分分析或含量分析产生干扰的杂质含量，但对主含量不做很高要求。

气相色谱纯（GC）：气相色谱分析专用。质量指标注重干扰气相色谱峰的杂质。主成分含量高。

液相色谱纯（LC）：液相色谱分析标准物质。质量指标注重干扰液相色谱峰的杂质。主成分含量高。

指示剂（ID）：配制指示溶液用。质量指标为变色范围和变色敏感程度。可替代CP，也适用于有机合成。

生化试剂（BR）：用于配制生物化学检验试液和生化合成。质量指标注重生物活性杂质。可替代指示剂，可用于有机合成。

生物染色剂（BS）：用于配制微生物标本染色液。质量指标注重生物活性杂质。可替代指示剂，可用于有机合成。

光谱纯（SP）：用于光谱分析。分别适用于分光光度计标准品、原子吸收光谱标准品、原子发射光谱标准品。

合成试剂：就是在标明成分主含量的前提下，严格给出该产品有关的各种物理常数的一类化学试剂。

此外，还有特种试剂，生产量极小，几乎是按需定产，此类试剂的数量和质量一般为用户所指定。目前国际上通行的方法是按照化学品的主含量、物理常数等来标示化学试剂的级别和纯度。一般认为，当主含量、沸点、熔点、密度、折光率，甚至光谱都已知的情况下，一种物质的纯度、适用范围也就可以完全确定了。

三、化学试剂的包装和规格

化学试剂的规格反映试剂的质量，一般按试剂的纯度及杂质的含量区分不同的级别。为确保和控制产品质量，我国相关部门制定和颁布了一系列化学试剂的国家标准（代号 GB）、行业标准（代号 HB）和企业标准（代号 QB）。

化学试剂的规格按试剂的纯度及杂质的含量一般划分为高纯、光谱纯、基准、分光纯、优级纯、分析纯和化学纯等。2012 年 12 月 31 日发布了新标准《化学试剂包装及标志》（GB/T 15346—2012），MOS 试剂[1]、临床试剂、高纯试剂和精细化工产品不在该标准范围。标准对内包装形式、包装单位、中包装容器、外包装组装量、外包装容器及隔离材料等做了详细的规定。对产品包装标志也做出了规定，标签内容一般包括 13 项。

GB/T 15346—2012 要求按表 7-7 规定的标签颜色标记化学试剂的级别。

表 7-7 化学试剂的级别和标签颜色

序号	级别		颜色
1	通用试剂	优级纯	深绿色
		分析纯	金光红色
		化学纯	中蓝色
2	基准试剂		深绿色
3	生物染色剂		玫红色

在购买化学试剂时，除了了解试剂的等级外，还需要知道试剂的包装单位。化学试剂的包装单位是指每个包装容器内盛装化学试剂的净质量（固体）或体积（液体）。包装单位的大小根据化学试剂的性质、用途和经济价值而决定。

我国规定化学试剂以下列五类包装单位（固体产品以 g 计，液体产品以 mL 计）包装。

第一类：0.10g、0.25g、0.50g、1g 或 0.5mL、1mL。

第二类：5g、10g、25g 或 5mL、10mL、20mL、25mL。

第三类：50g、100g 或 50mL、100mL。

第四类：250g、500g 或 250mL、500mL。

第五类：1000g、2500g、5000g、25000g 或 1000mL、2500mL、5000mL、25000mL。

应该根据用量决定购买量，以免造成浪费。如过量储存易燃易爆品，不安全；易氧化及变质的试剂，过期失效；标准物质等贵重试剂，积压浪费等。

[1] MOS 级化学试剂是“金属-氧化物-半导体”（metal-oxide-semiconductor）电路专用的特纯试剂的简称，是为适应大规模集成电路（LSI）的生产而出现的一个新的试剂门类。

四、化学试剂的安全使用

1. 易燃易爆化学试剂

一般将闪点在25℃以下的化学试剂列入易燃化学试剂，它们多是极易挥发的液体，遇明火即可燃烧。闪点越低，越易燃烧。常见闪点在－4℃以下的有石油、氯乙烷、凝乙烷、乙醚、汽油、二硫化碳、丙酮、苯、乙酸乙酯、乙酸甲酯。

使用易燃化学试剂时绝对不能使用明火。加热也不能直接用加热器加热，一般不用水浴加热。这类化学试剂应存放在阴凉通风处。放在冰箱中时，一定要使用防爆冰箱，曾经发生过将乙醚存放在普通冰箱而引起火灾，烧毁整个实验室的事故。在大量使用这类化学试剂的地方，一定要保持良好通风，所用电器一定要采用防爆电器，现场绝对不能有明火。

易燃试剂在激烈燃烧时也可引发爆炸。一些固体化学试剂如硝化纤维、苦味酸、三硝基甲苯、三硝基苯、叠氮或重叠化合物、硝酸铵等，本身就是炸药，遇热或明火它们极易燃烧或分解，发生爆炸。在使用这些化学试剂时绝不能直接加热，也要注意周围不要有明火。

还有一类固体化学试剂，遇水即可发生激烈反应，并放出大量热，也可产生爆炸。这类化学试剂有金属钾、钠、锂、钙、氢化铝、电石等，在使用这些化学试剂时一定要避免它们与水直接接触。

还有些固体化学试剂与空气接触即能发生强烈氧化作用，如黄磷；还有些与氧化剂接触或在空气中受热、受冲击或摩擦即能引起急剧燃烧，甚至爆炸，如硫化磷、赤磷镁粉、锌粉、铝粉等。在使用这些化学试剂时，一定要注意周围环境温度不要太高（一般不要超过30℃，最好在20℃以下），不要与强氧化剂接触。

使用易燃化学试剂的实验人员，要穿戴好必要的防护用具，最好戴上防护眼镜。

2. 有毒化学试剂

一般的化学试剂对人体都有毒害，在使用时一定要避免大量吸入。在使用完这些试剂后，要及时洗手、洗脸、洗澡，更换工作服。对于一些吸入或食入少量即能中毒致死的化学试剂，生物试验中致死量（LD_{50}）在50mg/kg以下的称为剧毒化学试剂，例如：氰化钾、氰化钠及其他氰化物，三氧化二砷及某些砷化物，氯化汞及某些汞盐，硫酸，二甲酯，等等。在使用性能不清的化学试剂时，一定要了解它的LD_{50}。对一些常用的剧毒化学试剂一定要了解这些化学试剂中毒时的急救处理方法，剧毒化学试剂一定要有专人保管，严格控制使用量。

3. 腐蚀性化学试剂

任何化学试剂碰到皮肤、黏膜、眼、呼吸器官时都要及时清洗，特别是对皮肤、黏膜、眼、呼吸器官有极强腐蚀性的化学试剂（不论是液体还是固体），如各种酸和碱、三氯化磷、溴、苯酚等，更要避免碰到皮肤、黏膜、眼、呼吸器官，在使用前一定要了解接触到这些腐蚀性化学试剂的急救处理方法。例如，酸溅到皮肤上要用稀碱液清洗等。

4. 强氧化性化学试剂

强氧化性化学试剂都是过氧化物或是有强氧化能力的含氧酸及其盐，例如过氧化酸、硝酸铵、硝酸钾、高氯酸及其盐、重铬酸及其盐、高锰酸及其盐、过氧化苯甲酸、过氯酸、五氧化二磷等等。强氧化性化学试剂在适当条件下可放出氧发生爆炸，并且可与有机物、镁、铝、锌粉、硫等易燃物形成爆炸性混合物，有些遇水也可能发生爆炸，在使用这类强氧化性化学试剂时环境温度不要高于 30℃，通风要良好，并且不要与有机物或还原性物质共同使用（加热）。

5. 放射性化学试剂

使用这类化学试剂时一定要按放射性物质使用方法操作，采取保护措施。

五、化学试剂保管注意事项

1. 化学试剂的保管应视其性质而定

对玻璃有强烈腐蚀作用的试剂，如氢氟酸、氢氧化钠应保存在聚乙烯塑料瓶内；易被空气氧化、分化、潮解的试剂应密封保存。

易感光分解的试剂应用有色玻璃瓶贮存并藏于暗处。

易受热分解及低沸点溶剂，应存于冷处。

剧毒试剂应存于保险箱中。

有放射性的试剂应存于铅罐中。

2. 化学试剂的保养是经常性工作

一般化学试剂贮存不宜超过 2 年，基准试剂不超过 1 年。定期盘点，核对出现差错应及时检查原因，并报主管领导或部门处理。

3. 实验室化学试剂的存放

一般试剂按无机物和有机物两大类进行分类存放，特殊试剂及危险试剂另存。

无机物化学试剂的存放：按盐类、单质、氧化物、碱类、酸类等类别分别存放。

有机物化学试剂的存放：每种试剂应按纯度级别依次排列，配制的溶液应与固体试剂分别存放。

特别注意危险性化学试剂的存放：易燃易爆性化学试剂必须存放于专用的危险性试剂仓库里，并存放在不燃烧材料制作的柜、架上，温度不宜超过 28℃，按规定实行“五双”制度。氧化性试剂不得与其他性质抵触的试剂共同贮存。腐蚀性试剂贮存容器必须按不同的腐蚀性合理选用。剧毒性试剂应远离明火、热源、氧化剂、酸类及食用品，并放置于通风良好处贮存。化学试剂中遇水易燃试剂一定要存放在干燥、严防漏水及暴雨或潮汛期间保证不进水的仓位。

第三节 标准滴定溶液制备

一、一般规定

① 除另有规定外，本节所有试剂的级别应在分析纯（含分析纯）以上，所用制剂及

制品，均按本章第四节（与 GB/T 603 技术相一致）的规定要求制备，实验用水应符合第六章第一节（与 GB/T 6682 技术相一致）中三级水的规格。

② 本节制备的标准滴定溶液的浓度，除高氯酸标准滴定溶液、盐酸乙醇标准滴定溶液、亚硝酸钠标准滴定溶液［$c(NaNO_2)=0.5mol/L$］外，均指 20℃时的浓度。在标准滴定溶液标定、直接制备和使用时若温度不为 20℃，应对标准滴定溶液进行补正。规定“临用前标定”的标准滴定溶液，若标定和使用时的温度差异不大，可以不进行补正。标准滴定溶液标定、直接制备和使用时所用分析天平、滴定管、单标线容量瓶、单标线吸量管等按相关校准规定进行校准。单标线容量瓶、单标线吸量管应有容量校正因子。

③ 在标定和使用标准滴定溶液时，滴定速度一般应保持在 6～8mL/min。

④ 称量工作基准试剂的质量小于或等于 0.5g 时，按精确至 0.01mg 称量；大于 0.5g 时，按精确至 0.1mg 称量。

⑤ 制备标准滴定溶液的浓度值应在规定浓度值的±5%范围内。

⑥ 除另有规定外，标定标准滴定溶液的浓度时，需两人进行实验，分别做四平行，每人四平行标定结果极差不得大于相对重复性临界极差［$CR_{95}(4)_r=0.15\%$］，两人共八平行标定结果相对极差不得大于相对重复性临界极差［$CR_{95}(8)_r=0.18\%$］。在运算过程中保留 5 位有效数字，取两人八平行标定结果的平均值为标定结果，报出结果取 4 位有效数字。需要时，可采用比较法对部分标准滴定溶液的浓度进行验证。

⑦ 标准滴定溶液浓度的相对扩展不确定度不大于 0.2%（$k=2$），其评定方法参见本节“标准滴定溶液浓度的扩展不确定度评定”部分。

⑧ 使用工作基准试剂标定标准滴定溶液的浓度。当对标准滴定溶液浓度值的准确度有更高要求时，可使用标准物质（扩展不确定度应<0.05%）代替工作基准试剂进行标定或直接制备，并在计算标准滴定溶液浓度时，将其质量分数代入计算式中。

⑨ 标准滴定溶液的浓度≤0.02mol/L 时（除 0.02mol/L 乙二胺四乙酸二钠、氯化锌标准滴定溶液外），应于临用前将浓度高的标准滴定溶液用煮沸并冷却的水稀释（不含非水溶剂的标准滴定溶液），必要时重新标定。当需用本节规定浓度以外的标准滴定溶液时，可参考本节中相应标准滴定溶液的制备方法进行配制和标定。

⑩ 贮存。a. 除另有规定外，标准滴定溶液在 10～30℃下密封保存时间一般不超过 6 个月；碘标准滴定溶液、亚硝酸钠标准滴定溶液［$c(NaNO_2)=0.1mol/L$］密封保存时间为 4 个月；高氯酸标准滴定溶液、氢氧化钾-乙醇标准滴定溶液、硫酸铁（Ⅲ）铵标准滴定溶液密封保存时间为 4 个月。超过保存时间的标准滴定溶液进行复标定后可以继续使用。b. 标准滴定溶液在 10～30℃下，开封使用过后保存时间一般不超过 2 个月（倒出溶液后立即盖紧）；碘标准滴定溶液、氢氧化钾-乙醇标准滴定溶液一般不超过 1 个月；亚硝酸钠标准滴定溶液［$c(NaNO_2)=0.1mol/L$］一般不超过 15d；高氯酸标准滴定溶液开封后当天使用。c. 当标准滴定溶液出现浑浊、沉淀、颜色变化等现象时应重新制备。

⑪ 贮存标准滴定溶液的容器，其材料不应与溶液起理化作用，壁厚最薄处不小于 0.5mm。

⑫ 本节中所用溶液以“%”表示的除“乙醇（95%）”外其他均为质量分数。

注意：重复性临界极差［$CR_{95}(n)_r$］的定义见 GB/T 11792—1989。重复性临界极差的相对值是指重复性临界极差与浓度平均值，以“%”表示。

二、标准滴定溶液的配制与标定

1. 氢氧化钠标准滴定溶液

（1）配制　称取 110g 氢氧化钠，溶于 100mL 无二氧化碳的水中，摇匀，注入聚乙烯容器中，密闭放置至溶液清亮。按表 7-8 的规定，用塑料管量取上层清液，用无二氧化碳的水稀释至 1000mL，摇匀。

表 7-8　标准滴定溶液浓度与需量取上层清液体积的关系

氢氧化钠标准滴定溶液的浓度 $c(NaOH)/(mol/L)$	量取上层清液的体积 V/mL
1	54
0.5	27
0.1	5.4

（2）标定　按表 7-9 的规定称取于 105～110℃电烘箱中干燥至恒重的工作基准试剂邻苯二甲酸氢钾，加无二氧化碳的水溶解，加 2 滴酚酞指示液（10g/L），用配制好的氢氧化钠溶液滴定至溶液呈粉红色，并保持 30s。同时做空白试验。

表 7-9　标准滴定溶液浓度与工作基准试剂的质量、无二氧化碳水的体积间的关系

氢氧化钠标准滴定溶液的浓度 $c(NaOH)/(mol/L)$	工作基准试剂邻苯二甲酸氢钾的质量 m/g	无二氧化碳水的体积 V/mL
1	7.5	80
0.5	3.6	80
0.1	0.75	50

氢氧化钠标准滴定溶液的浓度［$c(NaOH)$］，单位为摩尔每升（mol/L），按式(7-1)计算：

$$c(NaOH)=\frac{m\times 1000}{(V_1-V_2)M} \tag{7-1}$$

式中　m——邻苯二甲酸氢钾的质量，g；

V_1——试验消耗氢氧化钠溶液的体积，mL；

V_2——空白试验消耗氢氧化钠溶液的体积，mL；

M——邻苯二甲酸氢钾的摩尔质量，g/mol，$M(KHC_8H_4O_4)=204.22g/mol$。

2. 盐酸标准滴定溶液

（1）配制　按表 7-10 的规定量取盐酸，注入 1000mL 水中，摇匀。

（2）标定　按表 7-11 的规定称取于 270～300℃高温炉中灼烧至恒重的工作基准试剂无水碳酸钠，溶于 50mL 水中，加入 10 滴溴甲酚绿-甲基红指示液，用配制的盐酸溶液滴定至溶液由绿色变为暗红色，煮沸 2min，加盖具钠石灰管的橡胶塞，冷却，继续滴定至溶液再呈暗红色。同时做空白试验。

表 7-10 盐酸标准滴定溶液的浓度与需量取盐酸体积的对照

盐酸标准滴定溶液的浓度 $c(HCl)/(mol/L)$	盐酸的体积 V/mL
1	90
0.5	45
0.1	9

表 7-11 盐酸标准滴定溶液的浓度与工作基准试剂质量的对照

盐酸标准滴定溶液的浓度 $c(HCl)/(mol/L)$	工作基准试剂无水碳酸钠的质量 m/g
1	1.9
0.5	0.95
0.1	0.2

盐酸标准滴定溶液的浓度 [$c(HCl)$]，单位为摩尔每升（mol/L），按式(7-2) 计算：

$$c(HCl)=\frac{m\times 1000}{(V_1-V_2)M} \tag{7-2}$$

式中 m——无水碳酸钠的质量，g；

V_1——试验消耗盐酸溶液的体积，mL；

V_2——空白试验消耗盐酸溶液的体积，mL；

M——无水碳酸钠的摩尔质量，g/mol，$M(1/2Na_2CO_3)=52.994g/mol$。

3. 硫酸标准滴定溶液

(1) 配制 按表 7-12 的规定量取硫酸，缓缓注入 1000mL 水中，冷却，摇匀。

表 7-12 硫酸标准滴定溶液的浓度与需量取硫酸的体积的对照

硫酸标准滴定溶液的浓度 $c(1/2H_2SO_4)/(mol/L)$	硫酸的体积 V/mL
1	30
0.5	15
0.1	3

(2) 标定 按表 7-13 的规定称取于 270～300℃高温炉中灼烧至恒重的工作基准试剂无水碳酸钠，溶于 50mL 水中，加入 10 滴溴甲酚绿-甲基红指示液，用配制好的硫酸溶液滴定至溶液由绿色变为暗红色，煮沸 2min，加盖具钠石灰管的橡胶塞，冷却，继续滴定至溶液再呈暗红色。同时做空白试验。

表 7-13 硫酸标准滴定溶液的浓度与工作基准试剂质量的对照

硫酸标准滴定溶液的浓度 $c(1/2H_2SO_4)/(mol/L)$	工作基准试剂无水碳酸钠的质量 m/g
1	1.9
0.5	0.95
0.1	0.2

硫酸标准滴定溶液的浓度 [$c(1/2H_2SO_4)$]，单位为摩尔每升（mol/L），按式(7-3)计算：

$$c(1/2H_2SO_4)=\frac{m\times 1000}{(V_1-V_2)M} \tag{7-3}$$

式中　m——无水碳酸钠的质量，g；

V_1——试验消耗硫酸溶液的体积，mL；

V_2——空白试验消耗硫酸溶液的体积，mL；

M——无水碳酸钠的摩尔质量，g/mol，$M(1/2Na_2CO_3)=52.994$g/mol。

4. 碳酸钠标准滴定溶液

(1) *方法一*

① 配制。按表7-14的规定量，称取无水碳酸钠，溶于1000mL水中，摇匀。

表7-14　碳酸钠标准滴定溶液的浓度与无水碳酸钠的质量的对照

碳酸钠标准滴定溶液的浓度 $c(1/2Na_2CO_3)/(mol/L)$	无水碳酸钠的质量 m/g
1	53
0.1	5.3

② 标定。量取35.00～40.00mL配制的碳酸钠溶液，加表7-15规定量的水，加10滴溴甲酚绿-甲基红指示液，用表7-15规定的相应浓度的盐酸标准滴定溶液滴定至溶液由绿色变为暗红色，煮沸2min，加盖具钠石灰管的橡胶塞，冷却，继续滴定至溶液再呈暗红色。同时做空白试验。

表7-15　碳酸钠标准滴定溶液的浓度与加入水的体积、盐酸标准滴定溶液的浓度之间的关系

碳酸钠标准滴定溶液的浓度 $c(1/2Na_2CO_3)/(mol/L)$	加入水的体积 V/mL	盐酸标准滴定溶液的浓度 $c(HCl)/(mol/L)$
1	50	1
0.1	20	0.1

碳酸钠标准滴定溶液的浓度 [$c(1/2Na_2CO_3)$]，单位为摩尔每升（mol/L），按式(7-4)计算：

$$c(1/2Na_2CO_3)=\frac{(V_1-V_2)c_1}{V} \tag{7-4}$$

式中　V_1——试验消耗盐酸标准滴定溶液的体积，mL；

V_2——空白试验消耗盐酸标准滴定溶液的体积，mL；

c_1——盐酸标准滴定溶液浓度，mol/L；

V——碳酸钠溶液的体积，mL。

(2) *方法二*　按表7-16的规定量，称取于270～300℃高温炉中灼烧至恒重的工作基准试剂无水碳酸钠，溶于1000mL容量瓶中，稀释至刻度。

表 7-16 碳酸钠标准滴定溶液的浓度与工作基准试剂的质量之间的对照

碳酸钠标准滴定溶液的浓度 $c(1/2Na_2CO_3)$/(mol/L)	工作基准试剂无水碳酸钠的质量 m/g
1	53.00±1.00
0.1	5.3±0.20

碳酸钠标准滴定溶液的浓度［$c(1/2Na_2CO_3)$］，单位为摩尔每升（mol/L），按式(7-5)计算：

$$c(1/2Na_2CO_3)=\frac{m\times 1000}{VM} \tag{7-5}$$

式中 m——无水碳酸钠的质量，g；

V——无水碳酸钠溶液的体积，mL；

M——无水碳酸钠的摩尔质量，g/mol，$M(1/2Na_2CO_3)=52.994$g/mol。

5. 重铬酸钾标准滴定溶液［$c(1/6K_2Cr_2O_7)=0.1$mol/L］

（1）*方法一*

① 配制。称取 5g 重铬酸钾，溶于 1000mL 水中，摇匀。

② 标定。量取 35.00～40.00mL 配制的重铬酸钾溶液，置于碘量瓶中，加 2g 碘化钾及 20mL 硫酸溶液（20%），摇匀，于暗处放置 10min，加 150mL 水（15～20℃），用硫代硫酸钠标准滴定溶液［$c(Na_2S_2O_3)=0.1$mol/L］滴定，近终点时加 2mL 淀粉指示液(10g/L)，继续滴定至溶液由蓝色变为亮绿色。同时做空白试验。

重铬酸钾标准滴定溶液的浓度［$c(1/6K_2Cr_2O_7)$］，单位为摩尔每升（mol/L），按式(7-6) 计算：

$$c(1/6K_2Cr_2O_7)=\frac{(V_1-V_2)c_1}{V} \tag{7-6}$$

式中 V_1——试验消耗硫代硫酸钠标准滴定溶液的体积，mL；

V_2——空白试验消耗硫代硫酸钠标准滴定溶液的体积，mL；

c_1——硫代硫酸钠标准滴定溶液的浓度，mol/L；

V——重铬酸钾溶液的体积，mL。

（2）*方法二* 称取 4.90g±0.20g 已在 120℃±2℃的电烘箱中干燥至恒重的工作基准试剂重铬酸钾，溶于水，移入 1000mL 容量瓶中，稀释至刻度。

重铬酸钾标准滴定溶液的浓度［$c(1/6K_2Cr_2O_7)$］，单位为摩尔每升（mol/L），按式(7-7) 计算：

$$c(1/6K_2Cr_2O_7)=\frac{m\times 1000}{VM} \tag{7-7}$$

式中 m——重铬酸钾的质量，g；

V——重铬酸钾溶液的体积，mL；

M——重铬酸钾的摩尔质量，g/mol，$M(1/6K_2Cr_2O_7)=49.031$g/mol。

6. 硫代硫酸钠标准滴定溶液 [$c(Na_2S_2O_3)=0.1mol/L$]

（1）配制　称取 26g 五水合硫代硫酸钠（$Na_2S_2O_3 \cdot 5H_2O$）（或 16g 无水硫代硫酸钠），加 0.2g 无水碳酸钠，溶于 1000mL 水中，缓缓煮沸 10min，冷却。放置两周后过滤。

（2）标定　称取 0.18g 于 120℃±2℃干燥至恒重的工作基准试剂重铬酸钾，置于碘量瓶中，溶于 25mL 水，加 2g 碘化钾及 20mL 硫酸溶液（20%），摇匀，于暗处放置 10min。加 150mL 水（15～20℃），用配制的硫代硫酸钠溶液滴定，近终点时加 2mL 淀粉指示液（10g/L），继续滴定至溶液由蓝色变为亮绿色。同时做空白试验。

硫代硫酸钠标准滴定溶液的浓度 [$c(Na_2S_2O_3)$]，单位为摩尔每升（mol/L），按式（7-8）计算：

$$c(Na_2S_2O_3)=\frac{m\times 1000}{(V_1-V_2)M} \tag{7-8}$$

式中　m——重铬酸钾的质量，g；

V_1——试验消耗硫代硫酸钠溶液的体积，mL；

V_2——空白试验消耗硫代硫酸钠溶液的体积，mL；

M——重铬酸钾的摩尔质量，g/mol，$M(1/6K_2Cr_2O_7)=49.031g/mol$。

7. 溴标准滴定溶液 [$c(1/2Br_2)=0.1mol/L$]

（1）配制　称取 3g 溴酸钾及 25g 溴化钾，溶于 1000mL 水中，摇匀。

（2）标定　量取 35.00～40.00mL 配制的溴溶液，置于碘量瓶中，加 2g 碘化钾及 5mL 盐酸溶液（20%），摇匀，于暗处放置 5min。加 150mL 水（15～20℃），用硫代硫酸钠标准滴定溶液 [$c(Na_2S_2O_3)=0.1mol/L$] 滴定，近终点时加 2mL 淀粉指示液（10g/L），继续滴定至溶液蓝色消失。同时做空白试验。

溴标准滴定溶液的浓度 [$c(1/2Br_2)$]，单位为摩尔每升（mol/L），按式(7-9）计算：

$$c(1/2Br_2)=\frac{(V_1-V_2)c_1}{V} \tag{7-9}$$

式中　V_1——试验消耗硫代硫酸钠标准滴定溶液的体积，mL；

V_2——空白试验消耗硫代硫酸钠标准滴定溶液的体积，mL；

c_1——硫代硫酸钠标准滴定溶液的浓度，mol/L；

V——溴溶液体积，mL。

8. 溴酸钾标准滴定溶液 [$c(1/6KBr_2O_3)=0.1mol/L$]

（1）配制　称取 3g 溴酸钾，溶于 1000mL 水中，摇匀。

（2）标定　量取 35.00～40.00mL 配制的溴酸钾溶液，置于碘量瓶中，加 2g 碘化钾及 5mL 盐酸溶液（20%），摇匀，于暗处放置 5min。加 150mL 水（15～20℃），用硫代硫酸钠标准滴定溶液 [$c(Na_2S_2O_3)=0.1mol/L$] 滴定，近终点时加 2mL 淀粉指示液（10g/L），继续滴定至溶液蓝色消失。同时做空白试验。

溴酸钾标准滴定溶液的浓度 [$c(1/6KBr_2O_3)$]，单位为摩尔每升（mol/L），按式（7-10）计算：

$$c(1/6KBr_2O_3)=\frac{(V_1-V_2)c_1}{V} \tag{7-10}$$

式中 V_1——试验消耗硫代硫酸钠标准滴定溶液的体积，mL；

V_2——空白试验消耗硫代硫酸钠标准滴定溶液的体积，mL；

c_1——硫代硫酸钠标准滴定溶液的浓度，mol/L；

V——溴酸钾溶液的体积，mL。

9. 碘标准滴定溶液［$c(1/2I_2)$=0.1mol/L］

（1）配制　称取13g碘及35g碘化钾，溶于100mL水中，置于棕色瓶中，放置2d，稀释至1000mL，摇匀。

（2）标定

① 方法一。称取0.18g预先在硫酸干燥器中干燥至恒重的工作基准试剂三氧化二砷，置于碘量瓶中，加6mL氢氧化钠标准滴定溶液［$c(NaOH)=1mol/L$］溶解，加50mL水，加2滴酚酞指示液（10g/L），用硫酸标准滴定溶液［$c(1/2H_2SO_4)=1mol/L$］滴定至溶液无色，加3g碳酸氢钠及2mL淀粉指示液（10g/L），用配制的碘溶液滴定至溶液呈浅蓝色。同时做空白试验。

碘标准滴定溶液的浓度［$c(1/2I_2)$］，单位为摩尔每升（mol/L），按式(7-11)计算：

$$c(1/2I_2)=\frac{m\times 1000}{(V_1-V_2)M} \tag{7-11}$$

式中 m——三氧化二砷的质量，g；

V_1——试验消耗碘溶液的体积，mL；

V_2——空白试验消耗碘溶液的体积，mL；

M——三氧化二砷的摩尔质量，g/mol，$M(1/4As_2O_3)=49.460g/mol$。

② 方法二。量取35.00～40.00mL配制的碘溶液，置于碘量瓶中，加150mL水（15～20℃），用硫代硫酸钠标准滴定溶液［$c(Na_2S_2O_3)=0.1mol/L$］滴定，近终点时加2mL淀粉指示液（10g/L），继续滴定至溶液蓝色消失。

同时做水消耗碘的空白试验：取250mL水（15～20℃），加5mL盐酸溶液［$c(HCl)=0.1mol/L$］，加0.05～0.20mL配制的碘溶液及2mL淀粉指示液（10g/L），用硫代硫酸钠标准滴定溶液［$c(Na_2S_2O_3)=0.1mol/L$］滴定至溶液蓝色消失。

碘标准滴定溶液的浓度［$c(1/2I_2)$］，单位为摩尔每升（mol/L），按式(7-12)计算：

$$c(1/2I_2)=\frac{(V_1-V_2)c_1}{V_3-V_4} \tag{7-12}$$

式中 V_1——试验消耗硫代硫酸钠标准滴定溶液的体积，mL；

V_2——空白试验消耗硫代硫酸钠标准滴定溶液的体积，mL；

c_1——硫代硫酸钠标准滴定溶液的浓度的准确数值，mol/L；

V_3——碘溶液的体积，mL；

V_4——空白试验中加入碘溶液的体积，mL。

10. 碘酸钾标准滴定溶液 [$c(1/6KIO_3)$=0. 1mol/L 和 $c(1/6KIO_3)$=0. 3mol/L]

(1) *方法一*

① 配制。按表 7-17 的规定量，称取碘酸钾，溶于 1000mL 水中，摇匀。

表 7-17 碘酸钾标准滴定溶液浓度与碘酸钾质量的对照

碘酸钾标准滴定溶液浓度 $c(1/6KIO_3)/(mol/L)$	碘酸钾的质量 m/g
0. 3	11
0. 1	3. 6

② 标定。按表 7-18 的规定，量取配制的碘酸钾溶液、水，称取碘化钾，置于碘量瓶中，加 5mL 盐酸溶液（20%），摇匀，于暗处放置 5min。加 150mL 水（15～20℃），用硫代硫酸钠标准滴定溶液 [$c(Na_2S_2O_3)$=0. 1mol/L] 滴定，近终点时加 2mL 淀粉指示液（10g/L），继续滴定至溶液蓝色消失。同时做空白试验。

表 7-18 碘酸钾标准滴定溶液浓度与量取碘酸钾溶液体积、水体积及称取碘化钾质量之间的对照

碘酸钾标准滴定溶液浓度 $c(1/6KIO_3)/(mol/L)$	量取碘酸钾溶液的体积 V/mL	水的体积 V/mL	碘化钾的质量 m/g
0. 3	11. 00～13. 00	20	3
0. 1	35. 00～40. 00	0	2

碘酸钾标准滴定溶液的浓度 [$c(1/6KIO_3)$]，单位为摩尔每升（mol/L），按式(7-13)计算：

$$c(1/6KIO_3)=\frac{(V_1-V_2)c_1}{V} \tag{7-13}$$

式中 V_1——试验消耗硫代硫酸钠标准滴定溶液的体积，mL；

V_2——空白试验消耗硫代硫酸钠标准滴定溶液的体积，mL；

c_1——硫代硫酸钠标准滴定溶液的浓度，mol/L；

V——碘酸钾溶液的体积，mL。

(2) *方法二* 按表 7-19 的规定量，称取已于 180℃±2℃的电烘箱中干燥至恒重的工作基准试剂碘酸钾，溶于水，移入 1000mL 容量瓶中，稀释至刻度。

表 7-19 碘酸钾标准滴定溶液浓度与工作基准试剂质量之间的对照

碘酸钾标准滴定溶液的浓度 $c(1/6KIO_3)/(mol/L)$	工作基准试剂碘酸钾的质量 m/g
0. 3	10. 70±0. 50
0. 1	3. 57±0. 15

碘酸钾标准滴定溶液的浓度 [$c(1/6KIO_3)$]，单位为摩尔每升（mol/L），按式(7-14)计算：

$$c(1/6KIO_3)=\frac{m\times 1000}{VM} \quad (7\text{-}14)$$

式中 m——碘酸钾的质量，g；

V——碘酸钾溶液的体积，mL；

M——碘酸钾的摩尔质量，g/mol，$M(1/6KIO_3)=35.667$g/mol。

11. 草酸（或草酸钠）标准滴定溶液［$c(1/2H_2C_2O_4=0.1$mol/L)或 $c(1/2Na_2C_2O_4=0.1$mol/L)］

（1）*方法一*

① 配制。称取 6.4g 水合草酸（$H_2C_2O_4 \cdot 2H_2O$）或 6.7g 草酸钠（$Na_2C_2O_4$），溶于 1000mL 水中，摇匀。

② 标定。量取 35.00～40.00mL 配制的草酸（或草酸钠）溶液，加 100mL 硫酸溶液（8+92），用高锰酸钾标准滴定溶液［$c(1/5KMnO_4)=0.1$mol/L］滴定，近终点时加热至约 65℃，继续滴定至溶液呈粉红色，并保持 30s。同时做空白试验。

草酸（或草酸钠）标准滴定溶液的浓度［$c(1/2H_2C_2O_4)$ 或 $c(1/2Na_2C_2O_4)$］，单位为摩尔每升（mol/L），按式(7-15）计算：

$$c=\frac{(V_1-V_2)c_1}{V} \quad (7\text{-}15)$$

式中 V_1——试验消耗高锰酸钾标准滴定溶液的体积，mL；

V_2——空白试验消耗高锰酸钾标准滴定溶液的体积，mL；

c_1——高锰酸钾标准滴定溶液的浓度，mol/L；

V——草酸（或草酸钠）溶液的体积，mL。

（2）*方法二* 称取 6.70g±0.30g 已于 105℃±2℃的电烘箱中干燥至恒重的工作基准试剂草酸钠，溶于 1000mL 容量瓶中，稀释至刻度。

草酸钠标准滴定溶液的浓度［$c(1/2Na_2C_2O_4)$］，单位为摩尔每升（mol/L），按式（7-16）计算：

$$c(1/2Na_2C_2O_4)=\frac{m\times 1000}{VM} \quad (7\text{-}16)$$

式中 m——草酸钠的质量，g；

V——草酸钠溶液的体积，mL；

M——草酸钠的摩尔质量，g/mol，$M(1/2Na_2C_2O_4)=66.999$g/mol。

12. 高锰酸钾标准滴定溶液［$c(1/5KMnO_4)=0.1$mol/L］

（1）*配制* 称取 3.3g 高锰酸钾，溶于 1050mL 水中，缓缓煮沸 15min，冷却，于暗处放置 2 周，用已处理过的 4 号玻璃滤埚（在同样浓度的高锰酸钾溶液中缓缓煮沸 5min）过滤，贮存于棕色瓶中。

（2）*标定* 称取 0.25g 已于 105～110℃电烘箱中干燥至恒重的工作基准试剂草酸钠，溶于 100mL 硫酸溶液（8＋92）中，用配制的高锰酸钾溶液滴定，近终点时加热至约 65℃，继续滴定至溶液呈粉红色，并保持 30s。同时做空白试验。

高锰酸钾标准滴定溶液的浓度 [$c(1/5KMnO_4)$]，单位为摩尔每升（mol/L），按式(7-17) 计算：

$$c(1/5KMnO_4)=\frac{m\times1000}{(V_1-V_2)M} \tag{7-17}$$

式中 m——草酸钠的质量，g；

V_1——试验消耗高锰酸钾溶液的体积，mL；

V_2——空白试验消耗高锰酸钾溶液的体积，mL；

M——草酸钠的摩尔质量，g/mol，$M(1/2Na_2C_2O_4)=66.999$g/mol。

13. 硫酸铁（Ⅱ）铵标准滴定溶液{$c[(NH_4)_2Fe(SO_4)_2]=0.1$mol/L}

硫酸铁（Ⅱ）铵标准滴定溶液又称硫酸亚铁铵标准滴定溶液。

（1）制剂配制

① 硫磷混酸溶液：于 100mL 水中缓慢加入 150mL 硫酸和 150mL 磷酸，摇匀，冷却至室温，用高锰酸钾溶液调至微红色。

② *N*-苯代邻氨基苯甲酸指示液（2g/L）（临用前配制）：称取 0.2g *N*-苯代邻氨基苯甲酸，溶于少量水，加 0.2g 无水碳酸钠，温热溶解，稀释至 100mL。

（2）配制 称取 40g 六水合硫酸铁（Ⅱ）铵 [$(NH_4)_2Fe(SO_4)_2\cdot6H_2O$]，溶于 300mL 硫酸溶液（20%）中，加 700mL 水，摇匀。

（3）标定（临用前标定）

① 方法一。称取 0.18g 已于 120℃±2℃电烘箱中干燥至恒重的工作基准试剂重铬酸钾，溶于 25mL 水中，加 10mL 硫磷混酸溶液，加 70mL 水，用配制的硫酸铁（Ⅱ）铵溶液滴定至橙黄色消失，加 2 滴 *N*-苯代邻氨基苯甲酸指示液（2g/L），继续滴定至溶液由紫变为亮绿色。

硫酸铁（Ⅱ）铵标准滴定溶液的浓度 {$c[(NH_4)_2Fe(SO_4)_2]$}，单位为摩尔每升（mol/L），按式(7-18) 计算：

$$c[(NH_4)_2Fe(SO_4)_2]=\frac{m\times1000}{VM} \tag{7-18}$$

式中 m——重铬酸钾的质量，g；

V——硫酸铁（Ⅱ）铵溶液的体积，mL；

M——重铬酸钾的摩尔质量，g/mol，$M(1/6K_2Cr_2O_7)=49.031$g/mol。

② 方法二。称取 35.00～40.00mL 配制的硫酸铁（Ⅱ）铵溶液，加 25mL 无氧的水，用高锰酸钾标准滴定溶液 [$c(1/5KMnO_4)=0.1$mol/L] 滴定至溶液呈粉红色，并保持 30s。同时做空白试验。

硫酸铁（Ⅱ）铵标准滴定溶液的浓度 {$c[(NH_4)_2Fe(SO_4)_2]$}，单位为摩尔每升（mol/L），按式(7-19) 计算：

$$c[(NH_4)_2Fe(SO_4)_2]=\frac{(V_1-V_2)c_1}{V} \tag{7-19}$$

式中 V_1——试验消耗高锰酸钾标准滴定溶液的体积，mL；

V_2——空白试验消耗高锰酸钾标准滴定溶液的体积，mL；

c_1——高锰酸钾标准滴定溶液的浓度，mol/L；

V——硫酸铁（Ⅱ）铵溶液的体积，mL。

14. 硫酸铈（或硫酸铈铵）标准滴定溶液{$c[Ce(SO_4)_2]=0.1mol/L$ 或 $c[2(NH_4)_2SO_4\cdot Ce(SO_4)_2]=0.1mol/L$}

（1）配制　称取 40g 四水合硫酸铈 [$Ce(SO_4)_2\cdot 4H_2O$] 或 67g 四水合硫酸铈铵 [$2(NH_4)_2SO_4\cdot Ce(SO_4)_2\cdot 4H_2O$]，加 30mL 水及 28mL 硫酸，再加 300mL 水，加热溶解，再加 650mL 水，摇匀。

（2）标定　称取 0.25g 已于 105～110℃电烘箱中干燥至恒重的工作基准试剂草酸钠，溶于 75mL 水中，加 4mL 硫酸溶液（20%）及 10mL 盐酸，加热至 65～70℃，用配制的硫酸铈（或硫酸铈铵）溶液滴定至溶液呈浅黄色。加入 0.10mL 1,10-菲罗啉-亚铁指示液使溶液变为橘红色，继续滴定至溶液呈浅蓝色。同时做空白试验。

硫酸铈（或硫酸铈铵）标准滴定溶液的浓度 {$c[Ce(SO_4)_2]$或 $c[2(NH_4)_2SO_4\cdot Ce(SO_4)_2]$}，单位为摩尔每升（mol/L），按式(7-20) 计算：

$$c=\frac{m\times 1000}{(V_1-V_2)M} \tag{7-20}$$

式中 m——草酸钠的质量，g；

V_1——试验消耗硫酸铈（或硫酸铈铵）溶液的体积，mL；

V_2——空白试验消耗硫酸铈（或硫酸铈铵）溶液的体积，mL；

M——草酸钠的摩尔质量，g/mol，$M(1/2Na_2C_2O_4)=66.999g/mol$。

15. 乙二胺四乙酸二钠标准滴定溶液

（1）*方法一*

① 配制。按表 7-20 的规定量，称取乙二胺四乙酸二钠，加 1000mL 水，加热溶解，冷却，摇匀。

表 7-20　乙二胺四乙酸二钠标准滴定溶液浓度与乙二胺四乙酸二钠质量之间的对照

乙二胺四乙酸二钠标准滴定溶液的浓度 $c(EDTA)/(mol/L)$	乙二胺四乙酸二钠的质量 m/g
0.1	40
0.05	20
0.02	8

② 标定。

a. 乙二胺四乙酸二钠标准滴定溶液 [$c(EDTA)=0.1mol/L$，$c(EDTA)=0.05mol/L$]。按表 7-21 的规定量，称取于 800℃±50℃的高温炉中灼烧至恒重的工作基准试剂氧化锌，用少量水润湿，加 2mL 盐酸溶液（20%）溶解，加 100mL 水，用氨水溶液（10%）将溶液 pH 值调至 7～8，加 10mL 氨-氯化铵缓冲溶液甲（pH≈10）及 5 滴铬黑 T 指示液（5g/L），用配制的乙二胺四乙酸二钠溶液滴定至溶液由紫色变为纯蓝色。同时做空白试验。

表 7-21 乙二胺四乙酸二钠标准滴定溶液的浓度与工作基准试剂氧化锌的质量之间的对照

乙二胺四乙酸二钠标准滴定溶液的浓度 c(EDTA)/(mol/L)	工作基准试剂氧化锌的质量 m/g
0.1	0.3
0.05	0.15

乙二胺四乙酸二钠标准滴定溶液的浓度 [c(EDTA)]，单位为摩尔每升 (mol/L)，按式(7-21) 计算：

$$c(\mathrm{EDTA})=\frac{m\times 1000}{(V_1-V_2)M} \tag{7-21}$$

式中 m——氧化锌的质量，g；

V_1——试验消耗乙二胺四乙酸二钠溶液的体积，mL；

V_2——空白试验消耗乙二胺四乙酸二钠溶液的体积，mL；

M——氧化锌的摩尔质量，g/mol，$M(\mathrm{ZnO})=81.408$g/mol。

b. 乙二胺四乙酸二钠标准滴定溶液 [c(EDTA)=0.02mol/L]。称取 0.42g 于 800℃±50℃的高温炉中灼烧至恒重的工作基准试剂氧化锌，用少量水湿润，加 3mL 盐酸溶液 (20%) 溶解，移入 250mL 容量瓶中，稀释至刻度，摇匀。取 35.00～40.00mL 配制好的氧化锌溶液，加 70mL 水，用氨水溶液 (10%) 将溶液 pH 值调至 7～8，加 10mL 氨-氯化铵缓冲溶液甲 (pH≈10) 及 5 滴铬黑 T 指示液 (5g/L)，用配制的乙胺四乙酸二钠溶液滴定至溶液由紫色变为纯蓝色。同时做空白试验。

乙二胺四乙酸二钠标准滴定溶液的浓度 [c(EDTA)]，单位为摩尔每升 (mol/L)，按式(7-22) 计算：

$$c(\mathrm{EDTA})=\frac{m\times\frac{V_1}{250}\times 1000}{(V_2-V_3)M} \tag{7-22}$$

式中 m——氧化锌的质量，g；

V_1——氧化锌溶液的体积，mL；

V_2——试验消耗乙二胺四乙酸二钠溶液的体积，mL；

V_3——空白试验消耗乙二胺四乙酸二钠溶液的体积，mL；

M——氧化锌的摩尔质量，g/mol，$M(\mathrm{ZnO})=81.408$g/mol。

(2) *方法二* 按表 7-22 的规定量，称取在硝酸镁饱和溶液恒湿器中放置 7d 后的工作基准试剂乙二胺四乙酸二钠，溶于热水中，冷却至室温，移入 1000mL 容量瓶中，稀释至刻度。

表 7-22 乙二胺四乙酸二钠标准滴定溶液的浓度与工作基准试剂乙二胺四乙酸二钠的质量之间的对照

乙二胺四乙酸二钠标准滴定溶液的浓度 c(EDTA)/(mol/L)	工作基准试剂乙二胺四乙酸二钠的质量 m/g
0.1	37.22±0.50

续表

乙二胺四乙酸二钠标准滴定溶液的浓度 $c(EDTA)/(mol/L)$	工作基准试剂乙二胺四乙酸二钠的质量 m/g
0.05	18.61±0.50
0.02	7.44±0.30

乙二胺四乙酸二钠标准滴定溶液的浓度 [$c(EDTA)$]，单位为摩尔每升（mol/L），按式(7-23) 计算：

$$c(EDTA)=\frac{m\times1000}{VM} \tag{7-23}$$

式中 m——乙二胺四乙酸二钠的质量，g；

V——乙二胺四乙酸二钠溶液的体积，mL；

M——乙二胺四乙酸二钠的摩尔质量，g/mol，$M(EDTA)=372.24$g/mol。

16. 氯化锌标准滴定溶液

(1) 方法一

① 配制。按表 7-23 的规定量，称取氯化锌，溶于 1000mL 盐酸溶液（1+2000）中，摇匀。

表 7-23 氯化锌标准滴定溶液的浓度与氯化锌的质量之间的对照

氯化锌标准滴定溶液的浓度 $c(ZnCl_2)/(mol/L)$	氯化锌的质量 m/g
0.1	14
0.05	7
0.02	2.8

② 标定。按表 7-24 的规定量，称取在硝酸镁饱和溶液恒湿器中放置 7d 后的工作基准试剂乙二胺四乙酸二钠，溶于 100mL 热水中，加 10mL 氨-氯化铵缓冲溶液甲（pH≈10)，用配制的氯化锌溶液滴定，近终点时加 5 滴铬黑 T 指示液（5g/L)，继续滴定至溶液由蓝色变为紫红色。同时做空白试验。

表 7-24 氯化锌标准滴定溶液的浓度与工作基准试剂乙二胺四乙酸二钠的质量之间的对照

氯化锌标准滴定溶液的浓度 $c(ZnCl_2)/(mol/L)$	工作基准试剂乙二胺四乙酸二钠的质量 m/g
0.1	1.4
0.05	0.7
0.02	0.28

氯化锌标准滴定溶液的浓度 [$c(ZnCl_2)$]，单位为摩尔每升（mol/L），按式(7-24) 计算：

$$c(ZnCl_2)=\frac{m\times1000}{(V_1-V_2)M} \tag{7-24}$$

式中 m——乙二胺四乙酸二钠的质量，g；

V_1——试验消耗氯化锌溶液的体积，mL；

V_2——空白试验消耗氯化锌溶液的体积，mL；

M——乙二胺四乙酸二钠的摩尔质量，g/mol，$M(EDTA)=372.24g/mol$。

(2) **方法二** 按表7-25的规定量，称取于800℃±50℃的高温炉中灼烧至恒重的工作基准试剂氧化锌，用少量水润湿，加表7-25规定量的盐酸溶液（20%）溶解，移入1000mL容量瓶中，稀释至刻度。

表7-25 氯化锌标准滴定溶液浓度与工作基准试剂氧化锌的质量、盐酸溶液（20%）体积之间的对照

氯化锌标准滴定溶液的浓度 $c(ZnCl_2)/(mol/L)$	工作基准试剂氧化锌的质量 m/g	盐酸溶液(20%)体积 V/mL
0.1	8.14±0.40	36.0
0.05	4.07±0.20	18.0
0.02	1.63±0.08	7.2

氯化锌标准滴定溶液的浓度 [$c(ZnCl_2)$]，单位为摩尔每升（mol/L），按式(7-25)计算：

$$c(ZnCl_2)=\frac{m\times 1000}{VM} \tag{7-25}$$

式中 m——氧化锌的质量，g；

V——氯化锌溶液的体积，mL；

M——氧化锌的摩尔质量，g/mol，$M(ZnO)=81.408g/mol$。

17. 氯化镁（或硫酸镁）标准滴定溶液 [$c(MgCl_2)=0.1mol/L$ 或 $c(MgSO_4)=0.1mol/L$]

(1) **配制** 称取21g六水合氯化镁（$MgCl_2\cdot 6H_2O$）[或25g七水合硫酸镁（$MgSO_4\cdot 7H_2O$）]，溶于1000mL盐酸溶液（1+2000）中，放置1个月后用3号玻璃滤埚过滤。

(2) **标定** 称取1.4g在硝酸镁饱和溶液恒湿器中放置7d后的工作基准试剂乙二胺四乙酸二钠，溶于100mL热水中，加10mL氨-氯化铵缓冲溶液甲（pH≈10），用配制的氯化镁（或硫酸镁）溶液滴定，近终点时加5滴铬黑T指示液（5g/L），继续滴定至溶液由蓝色变为紫红色。同时做空白试验。

氯化镁（或硫酸镁）标准滴定溶液的浓度 [$c(MgCl_2)$ 或 $c(MgSO_4)$]，单位为摩尔每升（mol/L），按式(7-26)计算：

$$c=\frac{m\times 1000}{(V_1-V_2)M} \tag{7-26}$$

式中 m——乙二胺四乙酸二钠的质量，g；

V_1——试验消耗氯化镁（或硫酸镁）溶液的体积，mL；

V_2——空白试验消耗氯化镁（或硫酸镁）溶液的体积，mL；

M——乙二胺四乙酸二钠的摩尔质量，g/mol，$M(EDTA)=372.24g/mol$。

18. 硝酸铅标准滴定溶液{c [Pb (NO$_3$) $_2$] =0. 05mol/L}

（1）配制　称取 17g 硝酸铅，溶于 1000mL 硝酸溶液（1+2000）中，摇匀。

（2）标定　量取 35.00～40.00mL 配制的硝酸铅溶液，加 3mL 乙酸（冰醋酸）及 5g 六次甲基四胺，加 70mL 水及 2 滴二甲酚橙指示液（2g/L），用乙二胺四乙酸二钠标准滴定溶液［c(EDTA)＝0.05mol/L］滴定至溶液呈亮黄色。同时做空白试验。

硝酸铅标准滴定溶液的浓度 {$c[Pb(NO_3)_2]$}，单位为摩尔每升（mol/L），按式(7-27)计算：

$$c[Pb(NO_3)_2]=\frac{(V_1-V_2)c_1}{V} \tag{7-27}$$

式中　V_1——试验消耗乙二胺四乙酸二钠标准滴定溶液的体积，mL；

V_2——空白试验消耗乙二胺四乙酸二钠标准滴定溶液的体积，mL；

c_1——乙二胺四乙酸二钠标准滴定溶液的浓度，mol/L；

V——硝酸铅溶液的体积，mL。

19. 氯化钠标准滴定溶液 [c (NaCl) =0. 1mol/L]

（1）*方法一*

① 配制。称取 5.9g 氯化钠，溶于 1000mL 水中，摇匀。

② 标定。按《化学试剂　电位滴定法通则》（GB/T 9725—2007）的规定测定。其中：量取 35.00～40.00mL 配制的氯化钠溶液，加 40mL 水、10mL 淀粉溶液（10g/L），以 216 型银电极作指示电极，217 型双盐桥饱和甘汞电极作参比电极，用硝酸银标准滴定溶液［$c(AgNO_3)$＝0.1mol/L］滴定，按 GB/T 9725—2007 中 6.2.2 条“二级微商法”的规定计算 V_0。

氯化钠标准滴定溶液的浓度［c(NaCl)］，单位为摩尔每升（mol/L），按式(7-28)计算：

$$c(NaCl)=\frac{V_0 c_1}{V} \tag{7-28}$$

式中　V_0——硝酸银标准滴定溶液的体积，mL；

c_1——硝酸银标准滴定溶液的浓度，mol/L；

V——氯化钠溶液的体积，mL。

（2）*方法二*　称取 5.84g±0.30g 已于 550℃±50℃的高温炉中灼烧至恒重的工作基准试剂氯化钠，溶于水，移入 1000mL 容量瓶中，稀释至刻度。

氯化钠标准滴定溶液的浓度［c(NaCl)］，单位为摩尔每升（mol/L），按式(7-29)计算：

$$c(NaCl)=\frac{m\times 1000}{VM} \tag{7-29}$$

式中　m——氯化钠的质量，g；

V——氯化钠溶液的体积，mL；

M——氯化钠的摩尔质量，g/mol，$M(NaCl)=58.442$g/mol。

20. 硫氰酸钠（或硫氰酸钾、硫氰酸铵）标准滴定溶液［$c(NaSCN)=0.1$mol/L、$c(KSCN)=0.1$mol/L、$c(NH_4SCN)=0.1$mol/L］

（1）配制　称取8.2g硫氰酸钠（或9.7g硫氰酸钾，或7.9g硫氰酸铵），溶于1000mL水中，摇匀。

（2）标定

① 方法一。按《化学试剂　电位滴定法通则》（GB/T 9725—2007）的规定测定。其中：称取0.6g于硫酸干燥器中干燥至恒重的工作基准试剂硝酸银，溶于90mL水中，加10mL淀粉溶液（10g/L）及10mL硝酸溶液（25%），以216型银电极作指示电极，217型双盐桥饱和甘汞电极作参比电极，用配制的硫氰酸钠（或硫氰酸钾、硫氰酸铵）溶液滴定，并按GB/T 9725—2007中6.2.2条“二级微商法”的规定计算V_0。

硫氰酸钠（或硫氰酸钾、硫氰酸铵）标准滴定溶液的浓度（c），单位为摩尔每升(mol/L)，按式(7-30)计算：

$$c=\frac{m\times 1000}{V_0 M} \tag{7-30}$$

式中　m——硝酸银的质量，g；

V_0——硫氰酸钠（或硫氰酸钾、硫氰酸铵）溶液的体积，mL。

M——硝酸银的摩尔质量，g/mol，$M(AgNO_3)=169.87$g/mol。

② 方法二。按《化学试剂　电位滴定法通则》（GB/T 9725—2007）的规定测定。其中：量取35.00～40.00mL硝酸银标准滴定溶液［$c(AgNO_3)=0.1$mol/L］，加60mL水、10mL淀粉溶液（10g/L）及10mL硝酸溶液（25%），以216型银电极作指示电极，217型双盐桥饱和甘汞电极作参比电极，用配制的硫氰酸钠（或硫氰酸钾、硫氰酸铵）溶液滴定，并按GB/T 9725—2007中6.2.2条“二级微商法”的规定计算V_0。

硫氰酸钠（或硫氰酸钾、硫氰酸铵）标准滴定溶液的浓度（c），单位为摩尔每升(mol/L)，按式(7-31)计算：

$$c=\frac{V_0 c_1}{V} \tag{7-31}$$

式中　V_0——硝酸银标准滴定溶液的体积，mL；

c_1——硝酸银标准滴定溶液的浓度，mol/L；

V——硫氰酸钠（或硫氰酸钾、硫氰酸铵）溶液的体积，mL。

21. 硝酸银标准滴定溶液［$c(AgNO_3)=0.1$mol/L］

（1）配制　称取17.5g硝酸银，溶于1000mL水中，摇匀。溶液贮存于密闭的棕色瓶中。

（2）标定　按《化学试剂　电位滴定法通则》（GB/T 9725—2007）的规定测定。其中：称取0.22g于500～600℃高温炉中灼烧至恒重的工作基准试剂氯化钠，溶于70mL

水中，加 10mL 淀粉溶液（10g/L），以 216 型银电极作指示电极，217 型双盐桥饱和甘汞电极作参比电极，用配制好的硝酸银溶液滴定，按 GB/T 9725—2007 中 6.2.2 条“二级微商法”的规定计算 V_0。

硝酸银标准滴定溶液的浓度［$c(AgNO_3)$］，单位为摩尔每升（mol/L），按式(7-32)计算：

$$c(AgNO_3)=\frac{m\times 1000}{V_0 M} \tag{7-32}$$

式中 m——氯化钠的质量，g；

V_0——硝酸银溶液的体积，mL；

M——氯化钠的摩尔质量，g/mol，$M(NaCl)=58.442$g/mol。

22. 硝酸汞标准滴定溶液

（1）配制　按表 7-26 的规定，称取硝酸汞或氧化汞，置于 250mL 烧杯中，加入硝酸溶液（1+1）及少量水溶解，必要时过滤，稀释至 1000mL，摇匀。溶液贮存于密闭的棕色瓶中。

表 7-26　硝酸汞标准滴定溶液的浓度与硝酸汞（氧化汞）质量、硝酸溶液（1+1）体积之间的对照

硝酸汞标准滴定溶液的浓度 $c[1/2Hg(NO_3)_2]$/(mol/L)	硝酸汞的质量 m/g	用硝酸汞时硝酸(1+1)体积 V/mL	氧化汞的质量 m/g	用氧化汞时硝酸(1+1)体积 V/mL
0.1	17.2	7	10.9	20
0.05	8.6	4	5.5	10

（2）标定　按表 7-27 的规定，称取于 500～600℃的高温炉中灼烧至恒重的工作基准试剂氯化钠，溶于 100mL 水中，加入 3～4 滴溴酚蓝指示液。若溶液颜色呈蓝紫色，滴加硝酸溶液（8+92）至溶液变为黄色，再过量 5～6 滴；若溶液颜色呈黄色，则滴加氢氧化钠溶液（40g/L），至溶液变为蓝紫色，再滴加硝酸溶液（8+92）至溶液变为黄色，再过量 5～6 滴。加 10 滴新配制的二苯偶氮碳酰肼指示液（5g/L 乙醇溶液），用配制的硝酸汞溶液滴定至溶液由黄色变为紫红色。同时做空白试验。

表 7-27　硝酸汞标准滴定溶液的浓度与工作基准试剂氯化钠的质量之间的对照

硝酸汞标准滴定溶液的浓度 $c[1/2Hg(NO_3)_2]$/(mol/L)	工作基准试剂氯化钠的质量 m/g
0.1	0.2
0.05	0.1

硝酸汞标准滴定溶液的浓度 $c[1/2Hg(NO_3)_2]$，单位为摩尔每升（mol/L），按式(7-33)计算：

$$c[1/2Hg(NO_3)_2]=\frac{m\times 1000}{VM} \tag{7-33}$$

式中 m——氯化钠的质量，g；

V——硝酸汞溶液的体积，mL；

M——氯化钠的摩尔质量，g/mol，$M(NaCl)=58.442g/mol$。

23. 亚硝酸钠标准滴定溶液

（1）配制　按表 7-28 的规定量称取亚硝酸钠、氢氧化钠及无水碳酸钠，溶于 1000mL 水中，摇匀。

表 7-28　亚硝酸钠标准滴定溶液的浓度与亚硝酸钠、氢氧化钠及无水碳酸钠的质量之间的对照

亚硝酸钠标准滴定溶液的浓度 $[c(NaNO_2)]/(mol/L)$	亚硝酸钠的质量 m/g	氢氧化钠的质量 m/g	无水碳酸钠的质量 m/g
0.5	36	0.5	1
0.1	7.2	0.1	0.2

（2）标定

① 方法一。按表 7-29 的规定量，称取于 120℃±2℃的电烘箱中干燥至恒重的工作基准试剂无水对氨基苯磺酸，加氨水溶解，加 200mL 水（冰水）及 20mL 盐酸，按永停滴定法安装好电极和测量仪表。将装有配制的相应浓度的亚硝酸钠溶液的滴管下口插入溶液内约 10mm 处，在搅拌下进行滴定，近终点时将滴管的尖端提出液面，用少量水淋洗尖端，洗液并入溶液中，继续慢慢滴定，并观察检流计读数和指针偏转情况，直至加入滴定液搅拌后电流突增，并不再回复时为滴定终点。同时做空白试验。

表 7-29　亚硝酸钠标准滴定溶液的浓度与工作基准试剂无水对氨基苯磺酸的质量、氨水的体积之间的对照

亚硝酸钠标准滴定溶液的浓度 $[c(NaNO_2)]/(mol/L)$	工作基准试剂无水对氨基苯磺酸的质量 m/g	氨水的体积 V/mL
0.5	3	3
0.1	0.6	2

亚硝酸钠标准滴定溶液的浓度 $[c(NaNO_2)]$，单位为摩尔每升（mol/L），按式(7-34)计算：

$$c(NaNO_2)=\frac{m\times 1000}{(V_1-V_2)M} \tag{7-34}$$

式中　m——无水对氨基苯磺酸的质量，g；

V_1——试验消耗亚硝酸钠溶液的体积，mL；

V_2——空白试验消耗亚硝酸钠溶液的体积，mL；

M——无水对氨基苯磺酸的摩尔质量，g/mol，$M[C_6H_4(NH_2)(SO_3H)]=173.19g/mol$。

② 方法二。按表 7-29 的规定量，称取于 120℃±2℃的电烘箱中干燥至恒重的工作基准试剂无水对氨基苯磺酸，加氨水溶解，加 200mL 水（冰水）及 20mL 盐酸。将装有配制的相应浓度的亚硝酸钠溶液的滴管下口插入溶液内约 10mm 处，在搅拌下进行滴定，

近终点时将滴管的尖端提出液面，用少量水淋洗尖端，洗液并入溶液中，继续慢慢滴定，当淀粉-碘化钾试纸（外用）出现明显蓝色时，放置5min，再用试纸试之，如产生明显蓝色即为滴定终点。同时做空白试验。

亚硝酸钠标准滴定溶液的浓度 [$c(NaNO_2)$]，单位为摩尔每升（mol/L），按式(7-35)计算：

$$c(NaNO_2)=\frac{m\times 1000}{(V_1-V_2)M} \tag{7-35}$$

式中 m——无水对氨基苯磺酸的质量，g；

V_1——试验消耗亚硝酸钠溶液的体积，mL；

V_2——空白试验消耗亚硝酸钠溶液的体积，mL；

M——无水对氨基苯磺酸的摩尔质量，g/mol，$M[C_6H_4(NH_2)(SO_3H)]=173.19$g/mol。

24. 高氯酸标准滴定溶液 [$c(HClO_4)=0.1$mol/L]

（1）配制

① 方法一。量取8.7mL高氯酸，在搅拌下注入500mL乙酸（冰醋酸）中，混匀。滴加20mL乙酸酐，搅拌至溶液均匀。冷却后用乙酸（冰醋酸）稀释至1000mL。

② 方法二。量取8.7mL高氯酸，在搅拌下注入950mL乙酸（冰醋酸）中，混匀。取5mL，共两份，用吡啶作溶剂。按GB/T 606规定测定水的质量分数，以二平行测定结果的平均值（w_1）计算高氯酸溶液中乙酸酐的加入量。滴加计算量的乙酸酐，搅拌均匀。冷却后用乙酸（冰醋酸）稀释至1000mL，摇匀。同时做空白试验。

高氯酸溶液中乙酸酐的加入量（V），单位为毫升（mL），按式(7-36)计算：

$$V=5320w_1-2.8 \tag{7-36}$$

式中 w_1——未加乙酸酐的高氯酸溶液中水的质量分数，%。

（2）标定　称取0.75g于105～110℃的电烘箱中干燥至恒重的工作基准试剂邻苯二甲酸氢钾，置于干燥的锥形瓶中，加入50mL乙酸（冰醋酸），温热溶解。加3滴结晶紫指示液(5g/L)，用配制的高氯酸溶液滴定至溶液由紫色变为蓝色（微带紫色）。同时做空白试验。

标定温度下高氯酸标准滴定溶液的浓度 [$c(HClO_4)$]，单位为摩尔每升（mol/L），按式(7-37)计算：

$$c(HClO_4)=\frac{m\times 1000}{(V_1-V_2)M} \tag{7-37}$$

式中 m——邻苯二甲酸氢钾的质量，g；

V_1——试验消耗高氯酸溶液的体积，mL；

V_2——空白试验消耗高氯酸溶液的体积，mL；

M——邻苯二甲酸氢钾的摩尔质量，g/mol，$M(KHC_8H_4O_4)=204.22$g/mol.

（3）修正方法　使用时，高氯酸标准滴定溶液的温度应与标定时的温度相同。若其温差小于4℃，应按式(7-38)将高氯酸标准滴定溶液的浓度修正到使用温度下的浓度；若其温差大于4℃，应重新标定。

高氯酸标准滴定溶液修正后的浓度 [$c_1(HClO_4)$]，单位为摩尔每升 (mol/L)，按式 (7-38) 计算：

$$c(HClO_4)=\frac{c}{1+0.0011(t_1-t)} \tag{7-38}$$

式中 c——标定温度下高氯酸标准滴定溶液的浓度，mol/L；

t_1——使用时高氯酸标准滴定溶液的温度,℃；

t——标定时高氯酸标准滴定溶液的温度,℃；

0.0011——高氯酸标准滴定溶液每改变 1℃时的体积膨胀系数,$℃^{-1}$。

注：本方法控制高氯酸标准滴定溶液中的水的质量分数约为 0.05%。

25. 氢氧化钾-乙醇标准滴定溶液 [c (KOH) =0. 1mol/L]

(1) 配制 称取约 500g 氢氧化钾，置于烧杯中，加约 420mL 水溶解，冷却，移入聚乙烯容器中，放置。用塑料管量取 7mL 上层清液，用乙醇 (95%) 稀释至 1000mL，密闭避光放置 2～4d 至溶液清亮后，用塑料管虹吸上层清液至另一聚乙烯容器中（避光保存或用深色聚乙烯容器）。

(2) 标定 称取 0.75g 于 105～110℃电烘箱中干燥至恒重的工作基准试剂邻苯二甲酸氢钾，溶于 50mL 无二氧化碳的水中，加 2 滴酚酞指示液 (10g/L)，用配制的氢氧化钾-乙醇溶液滴定至溶液呈粉红色。同时做空白试验。

氢氧化钾-乙醇标准滴定溶液的浓度 [$c(KOH)$]，单位为摩尔每升 (mol/L)，按式 (7-39) 计算：

$$c(KOH)=\frac{m\times1000}{(V_1-V_2)M} \tag{7-39}$$

式中 m——邻苯二甲酸氢钾的质量，g；

V_1——试验消耗氢氧化钾-乙醇溶液的体积，mL；

V_2——空白试验消耗氢氧化钾-乙醇溶液的体积，mL；

M——邻苯二甲酸氢钾的摩尔质量，g/mol，$M(KHC_8H_4O_4)=204.22$g/mol。

26. 盐酸-乙醇标准滴定溶液 [c (HCl) =0. 5mol/L]

(1) 配制 量取 45mL 盐酸，用乙醇 (95%) 稀释至 1000mL，摇匀。

(2) 标定

① 方法一。称取 0.95g 于 270～300℃高温炉中灼烧至恒重的基准试剂无水碳酸钠，溶于 50mL 水中，加 10 滴溴甲酚绿-甲基红指示液，用配制的盐酸-乙醇溶液滴定至溶液由绿色变为暗红色，煮沸 2min，加盖具钠石灰管的橡胶塞，冷却，继续滴定至溶液再呈暗红色。同时做空白试验。

盐酸-乙醇标准滴定溶液的浓度 [$c(HCl)$]，单位为摩尔每升 (mol/L)，按式(7-40) 计算：

$$c(HCl)=\frac{m\times1000}{(V_1-V_2)M} \tag{7-40}$$

式中 m——无水碳酸钠的质量，g；

V_1——试验消耗盐酸-乙醇溶液的体积，mL；

V_2——空白试验消耗盐酸-乙醇溶液的体积，mL；

M——无水碳酸钠的摩尔质量，mol/L，$M(1/2Na_2CO_3)=52.994$g/mol。

② 方法二。量取35.00～40.00mL配制的盐酸-乙醇溶液，加2滴酚酞指示液（10g/L），用氢氧化钠标准滴定溶液［c(NaOH)=0.1mol/L］滴定，至溶液呈粉红色。

盐酸-乙醇标准滴定溶液的浓度［c(HCl)］，单位为摩尔每升（mol/L），按式(7-41)计算：

$$c(\mathrm{HCl})=\frac{V_1c_1}{V} \tag{7-41}$$

式中 V_1——氢氧化钠标准滴定溶液的体积，mL；

c_1——氢氧化钠标准滴定溶液的浓度，mol/L；

V——盐酸-乙醇溶液的体积，mL。

27. 硫酸铁（Ⅲ）铵标准滴定溶液{c［$NH_4Fe(SO_4)_2$］=0.1mol/L}

硫酸铁（Ⅲ）铵标准滴定溶液又称硫酸高铁铵标准滴定溶液。

(1) 配制 称取48g十二水合硫酸铁（Ⅲ）铵，加500mL水，缓慢加入50mL硫酸，加热溶解，冷却，稀释至1000mL。

(2) 标定 量取35.00～40.00mL配制的硫酸铁（Ⅲ）铵溶液，加10mL盐酸溶液（1+1），加热至近沸，滴加氯化亚锡溶液（400g/L）至溶液无色，过量1～2滴，冷却，加入10mL氯化汞饱和溶液，摇匀，放置2～3min，加入10mL硫磷混酸溶液［见本节“13. 硫酸铁（Ⅱ）铵标准滴定溶液{c[$(NH_4)_2Fe(SO_4)_2$]=0.1mol/L}”部分］，稀释至100mL，加1mL二苯胺磺酸钠指示液（5g/L），用重铬酸钾标准滴定溶液［$c(1/6K_2Cr_2O_7)$=0.1mol/L］滴定至溶液呈紫色，并保持30s。同时做空白试验。（收集废液，处理方法见本节“三、含汞废液的处理方法”。）

硫酸铁（Ⅲ）铵标准滴定溶液的浓度{$c[NH_4Fe(SO_4)_2]$}，单位为摩尔每升（mol/L），按式(7-42)计算：

$$c[\mathrm{NH_4Fe(SO_4)_2}]=\frac{(V_1-V_0)c_1}{V} \tag{7-42}$$

式中 V_1——试验消耗重铬酸钾标准滴定溶液的体积，mL；

V_0——空白试验消耗重铬酸钾标准滴定溶液的体积，mL；

c_1——重铬酸钾标准滴定溶液的浓度，mol/L；

V——硫酸铁（Ⅲ）铵溶液的体积，mL。

三、含汞废液的处理方法

1. 方法提要

在碱性介质中，加过量的硫化钠将汞沉淀，用过氧化氢氧化过量的硫化钠，防止汞以多硫化物的形式溶解。

2. 处理步骤

将废液收集于约5L的容器中，当废液达到4L时，依次加入40mL氢氧化钠溶液

(400g/L)、10g 硫化钠($Na_2S \cdot 9H_2O$),摇匀。10min 后缓慢加入 40mL “30%过氧化氢”,充分混合,放置 24h 后,将上部清液排入废水中,沉淀物转入另一容器内,由有资质的专业机构进行汞的回收。

四、不同温度下标准滴定溶液的体积的补正值

不同温度下标准滴定溶液的体积的补正值,按表 7-30 计算。

表 7-30 不同温度下标准滴定溶液的体积的补正值 单位:mL/L

温度/℃	水及 0.05mol/L 以下的各种溶液	0.1mol/L 及 0.2mol/L 各种水溶液	盐酸溶液 [c(HCl)=0.5mol/L]	盐酸溶液 [c(HCl)=1mol/L]	硫酸溶液 [$c(1/2H_2SO_4)$=0.5mol/L]、氢氧化钠溶液 [c(NaOH)=0.5mol/L]	硫酸溶液 [$c(1/2H_2SO_4)$=1mol/L]、氢氧化钠溶液 [c(NaOH)=1mol/L]	碳酸钠溶液 [$c(1/2Na_2CO_3)$=1mol/L]	氢氧化钾-乙醇溶液 [c(KOH)=0.1mol/L]
5	+1.38	+1.7	+1.9	+2.3	+2.4	+3.6	+3.3	
6	+1.38	+1.7	+1.9	+2.2	+2.3	+3.4	+3.2	
7	+1.36	+1.6	+1.8	+2.2	+2.2	+3.2	+3.0	
8	+1.33	+1.6	+1.8	+2.1	+2.2	+3.0	+2.8	
9	+1.29	+1.5	+1.7	+2.0	+2.1	+2.7	+2.6	
10	+1.23	+1.5	+1.6	+1.9	+2.0	+2.5	+2.4	+10.8
11	+1.17	+1.4	+1.5	+1.8	+1.8	+2.3	+2.2	+9.6
12	+1.10	+1.3	+1.4	+1.6	+1.7	+2.0	+2.0	+8.5
13	+0.99	+1.1	+1.2	+1.4	+1.5	+1.8	+1.8	+7.4
14	+0.88	+1.0	+1.1	+1.2	+1.3	+1.6	+1.5	+6.5
15	+0.77	+0.9	+0.9	+1.0	+1.1	+1.3	+1.3	+5.2
16	+0.64	+0.7	+0.8	+0.8	+0.9	+1.1	+1.1	+4.2
17	+0.50	+0.6	+0.6	+0.6	+0.7	+0.8	+0.8	+3.1
18	+0.34	+0.4	+0.4	+0.4	+0.5	+0.6	+0.6	+2.1
19	+0.18	+0.2	+0.2	+0.2	+0.2	+0.3	+0.3	+1.0
20	0.00	0.00	0.0	0.0	0.00	0.00	0.0	0.0
21	−0.18	−0.2	−0.2	−0.2	−0.2	−0.3	−0.3	−1.1
22	−0.38	−0.4	−0.4	−0.5	−0.5	−0.6	−0.6	−2.2
23	−0.58	−0.6	−0.7	−0.7	−0.8	−0.9	−0.9	−3.3
24	−0.80	−0.9	−0.9	−1.0	−1.0	−1.2	−1.2	−4.2
25	−1.03	−1.1	−1.1	−1.2	−1.3	−1.5	−1.5	−5.3
26	−1.26	−1.4	−1.4	−1.4	−1.5	−1.8	−1.8	−6.4
27	−1.51	−1.7	−1.7	−1.7	−1.8	−2.1	−2.1	−7.5
28	−1.76	−2.0	−2.0	−2.0	−2.1	−2.4	−2.4	−8.5
29	−2.01	−2.3	−2.3	−2.3	−2.4	−2.8	−2.8	−9.6
30	−2.30	−2.5	−2.5	−2.6	−2.8	−3.2	−3.1	−10.6
31	−2.58	−2.7	−2.7	−2.9	−3.1	−3.5		−11.6
32	−2.86	−3.0	−3.0	−3.2	−3.4	−3.9		−12.6
33	−3.04	−3.2	−3.3	−3.5	−3.7	−4.2		−13.7
34	−3.47	−3.7	−3.6	−3.8	−4.1	−4.6		−14.8
35	−3.78	−4.0	−4.0	−4.1	−4.4	−5.0		−16.0
36	−4.10	−4.3	−4.3	−4.4	−4.7	−5.3		−17.0

注:1. 本表数值是以 20℃为标准温度用实测法测出的。

2. 表中带有“+”“−”号的数值是以 20℃为分界线,室温低于 20℃的补正值为“+”,高于 20℃的补正值均为“−”。

3. 本表的用法:如 1L 硫酸溶液 [$c(1/2H_2SO_4)$=1mol/L] 由 25℃换算为 20℃时,其体积补正值为−1.5mL,故 40.00mL 换算为 20℃时的体积为:

$$V_{20}=40.00-\frac{1.5}{1000}\times 40.00=39.94\ (\text{mL})$$

五、标准滴定溶液浓度的扩展不确定度评定

1. 一般规定

首次制备标准滴定溶液时应进行不确定度的评定，日常制备不必每次计算，但当条件（如人员、计量器具、环境等）改变时应重新进行不确定度的评定。

2. 标准滴定溶液的标定方法

标准滴定溶液浓度的标定方法大体上有四种方式，因此不确定度的计算也分为四种。

(1) 第一种方式 用工作基准试剂标定标准滴定溶液的浓度。包括氢氧化钠、盐酸、硫酸、硫代硫酸钠、碘、高锰酸钾、硫酸铁（Ⅱ）铵、硫酸铈、乙二胺四乙酸二钠 [c(EDTA)＝0.1mol/L、0.5mol/L]、氯化锌、氯化镁、硫氰酸钠、硝酸银、硝酸汞、亚硝酸钠、高氯酸、氢氧化钾-乙醇、盐酸-乙醇共18种标准滴定溶液。

规定使用工作基准试剂（其质量分数按100%计）标定标准滴定溶液的浓度。当对标准滴定溶液浓度的准确度有更高要求时，可用二级纯度标准物质或定值标准物质代替工作基准试剂进行标定，并在计算标准滴定溶液浓度时，将其纯度的质量分数代入计算式中。

标准滴定溶液的浓度（c），按式(7-43)计算：

$$c=\frac{mw\times 1000}{(V_1-V_2)M} \tag{7-43}$$

式中 c——被标定标准滴定溶液的浓度，mol/L；

m——工作基准试剂的质量，g；

w——工作基准试剂的纯度（质量分数），%；

V_1——滴定时消耗被标定溶液的体积，mL；

V_2——空白试验消耗被标定溶液的体积，mL；

M——工作基准试剂的摩尔质量，g/mol。

(2) 第二种方式 用标准滴定溶液标定标准滴定溶液的浓度。包括碳酸钠、重铬酸钾、溴、溴酸钾、碘、碘酸钾、草酸（或草酸钠）、硫酸铁（Ⅱ）铵、硝酸铅、氯化钠、硫氰酸钠、盐酸-乙醇、硫酸铁（Ⅲ）铵共13种标准滴定溶液。

标准滴定溶液的浓度（c），按式(7-44)计算：

$$c=\frac{(V_1-V_2)c_1}{V} \tag{7-44}$$

式中 c——被标定标准滴定溶液的浓度，mol/L；

V_1——滴定时消耗标准滴定溶液的体积，mL；

V_2——空白试验消耗标准滴定溶液的体积，mL；

c_1——标准滴定溶液的浓度，mol/L；

V——被标定标准滴定溶液的体积，mL。

(3) 第三种方式 将工作基准试剂溶解、定容、量取后标定标准滴定溶液的浓度。包括乙二胺四乙酸二钠标准滴定溶液 [c(EDTA)＝0.02mol/L]。

标准滴定溶液的浓度（c），按式(7-45）计算：

$$c=\frac{\left(\frac{m}{V_3}\right)V_4w\times1000}{(V_1-V_2)M} \tag{7-45}$$

式中 c——被标定标准滴定溶液的浓度，mol/L；

m——工作基准试剂的质量，g；

V_3——工作基准试剂溶液的体积，mL；

V_4——量取工作基准试剂溶液的体积，mL；

w——工作基准试剂的纯度（质量分数），%；

V_1——滴定时消耗被标定标准滴定溶液的体积，mL；

V_2——空白试验消耗被标定标准滴定溶液的体积，mL；

M——工作基准试剂的摩尔质量，g/mol。

（4）第四种方式 用工作基准试剂直接制备的标准滴定溶液，包括碳酸钠、重铬酸钾、碘酸钾、草酸钠、氯化锌、氯化钠共 6 种标准滴定溶液。

标准滴定溶液的浓度（c），按式(7-46）计算：

$$c=\frac{mw\times1000}{VM} \tag{7-46}$$

式中 c——被标定标准滴定溶液的浓度，mol/L；

m——工作基准试剂的质量，g；

w——工作基准试剂的纯度（质量分数），%；

V——滴定时消耗被标定标准滴定溶液的体积，mL；

M——工作基准试剂的摩尔质量，g/mol。

3. 用工作基准试剂标定标准滴定溶液浓度的测量不确定度评定

（1）标准滴定溶液浓度的相对不确定度的 A 类评定 标准滴定溶液浓度平均值的 A 类标准不确定度有两种计算方法。

① 由方法的相对重复性临界极差评定 [$u_{\mathrm{Arel}}(c)$]。按式(7-47）计算：

$$u_{\mathrm{Arel}}(c)=\frac{\mathrm{CR}_{0.95}(n)}{\sqrt{n}\times f(n)} \tag{7-47}$$

式中 $\mathrm{CR}_{0.95}(n)$——标定结果的相对重复性临界极差,%；

n——标定次数；

$f(n)$——临界极差系数，见表 7-31（来自 GB/T 6379.6—2009)。

② 用实验数据标准偏差评定 [$u_{\mathrm{Arel}}(c)$]。按式(7-48）计算：

$$u_{\mathrm{Arel}}(c)=\frac{S(c)}{\sqrt{n}\times c} \tag{7-48}$$

式中 $S(c)$——标定标准滴定溶液的标准偏差，mol/L；

n——标定次数；

c——标准滴定溶液的浓度平均值，mol/L。

表 7-31 临界极差系数 $f(n)$

n	$f(n)$	n	$f(n)$
2	2.8	25	5.2
3	3.3	26	5.2
4	3.6	27	5.2
5	3.9	28	5.3
6	4.0	29	5.3
7	4.2	30	5.3
8	4.3	31	5.3
9	4.4	32	5.3
10	4.5	33	5.4
11	4.6	34	5.4
12	4.6	35	5.4
13	4.7	36	5.4
14	4.7	37	5.4
15	4.8	38	5.5
16	4.8	39	5.5
17	4.9	40	5.5
18	4.9	45	5.6
19	5.0	50	5.6
20	5.0	60	5.8
21	5.0	70	5.9
22	5.1	80	5.9
23	5.1	90	6.0
24	5.1	100	6.1

注：临界极差系数 $f(n)$ 是 $(x_{max}-x_{min})/\sigma$ 分布的95%分位数，其中 x_{max} 与 x_{min} 分别为从标准差为 σ 的正态总体中抽取的样本量为 n 的样本的极大值与极小值。

(2) 标准滴定溶液浓度的合成相对标准不确定度分量的 B 类评定 $[u_{cBrel}(c)]$ 按式(7-49) 计算：

$$u_{cBrel}(c)=\sqrt{u_{rel}^2(m)+u_{crel}^2(w)+u_{crel}^2(V_1-V_2)+u_{crel}^2(M)+u_{rel}^2(r)} \tag{7-49}$$

式中 $u_{cBrel}(c)$——标准滴定溶液浓度的合成相对标准不确定度分量的 B 类评定,%；

$u_{rel}(m)$——工作基准试剂质量的相对标准不确定度分量,%；

$u_{crel}(w)$——工作基准试剂质量分数的合成相对标准不确定度分量,%；

$u_{crel}(V_1-V_2)$——被标定溶液体积与空白试验被标定溶液体积差的合成相对标准不确定度分量,%；

$u_{crel}(M)$——工作基准试剂摩尔质量的合成相对标准不确定度分量,%；

$u_{rel}(r)$——被标定溶液浓度修约引入的相对标准不确定度分量,%。

① 工作基准试剂质量的相对标准不确定度分量 $[u_{rel}(m)]$。按式(7-50) 计算：

$$u_{rel}(m)=\frac{a}{km} \tag{7-50}$$

式中 $u_{rel}(m)$——工作基准试剂质量的相对标准不确定度分量,%；

a——电子天平的最大允许误差，g；

k——包含因子，按均匀分布，$k=\sqrt{3}$；

m——工作基准试剂的质量，g。

② 工作基准试剂质量分数的合成相对标准不确定度分量 $[u_{\text{crel}}(w)]$。按式(7-51)计算：

$$u_{\text{crel}}(w)=\frac{\sqrt{\left(\frac{U}{k}\right)^2+\left(\frac{a}{k_1}\right)^2}}{w} \tag{7-51}$$

式中 $u_{\text{crel}}(w)$——工作基准试剂质量分数的合成相对标准不确定度分量，%；

U——工作基准试剂质量分数的扩展不确定度分量，%；

k——包含因子（一般情况下 $k=2$）；

a——工作基准试剂质量分数范围的半宽，%；

k_1——包含因子，按均匀分布，$k=\sqrt{3}$；

w——工作基准试剂的质量分数，%。

③ 被标定溶液体积与空白试验被标定溶液体积差的合成相对标准不确定度分量 $[u_{\text{crel}}(V_1-V_2)]$。按式(7-52) 计算：

$$u_{\text{crel}}(V_1-V_2)=\frac{\sqrt{u^2(V_1)+u^2(V_2)}}{V_1-V_2} \tag{7-52}$$

式中 $u_{\text{crel}}(V_1-V_2)$——被标定溶液体积与空白试验被标定溶液体积差的合成相对标准不确定度分量，%；

$u(V_1)$——被标定溶液体积的标准不确定度分量，mL；

$u(V_2)$——空白试验被标定溶液体积的标准不确定度分量，mL；

V_1——被标定溶液消耗的体积，mL；

V_2——空白试验被标定溶液消耗的体积，mL。

由于空白试验体积很小，其标准不确定度分量可以忽略不计，则被标定溶液体积与空白试验被标定溶液体积差的合成相对标准不确定度分量 $[u_{\text{crel}}(V_1-V_2)]$，按式(7-53)计算：

$$u_{\text{crel}}(V_1-V_2)=\frac{\sqrt{u_{1c}^2(V)+u_{2c}^2(V)+u_{3c}^2(V)}}{V_1-V_2} \tag{7-53}$$

式中 $u_{\text{crel}}(V_1-V_2)$——被标定溶液体积与空白试验被标定溶液体积差的合成相对标准不确定度分量，%；

$u_{1c}(V)$——滴定管容量引入的标准不确定度分量，mL；

$u_{2c}(V)$——由内插法确定被标定溶液体积引入的合成标准不确定度分量，mL；

$u_{3c}(V)$——被标定溶液温度补正值修约引入的合成标准不确定度分量，mL；

V_1——被标定溶液体积，mL；

V_2——空白试验被标定溶液体积，mL。

a. 滴定管容量引入的标准不确定度分量 $[u_{1c}(V)]$。量器在温度 20℃时的实际体积 (V_{20})，单位为毫升（mL），按式(7-54) 计算：

$$u_{1c}(V)=\frac{U}{k} \tag{7-54}$$

式中 $u_{1c}(V)$——滴定管容量引入的标准不确定度分量，mL；

U——滴定管容量的扩展不确定度，mL；

k——包含因子（一般情况下 $k=2$）。

b. 由内插法确定被标定溶液体积引入的合成标准不确定度分量［$u_{2c}(V)$］。按式(7-55)计算：

$$u_{2c}(V)=\sqrt{\left(\frac{a_1}{k_1}\right)^2+\left(\frac{a_2}{k_2}\right)^2} \tag{7-55}$$

式中 $u_{2c}(V)$——由内插法确定被标定溶液体积引入的合成标准不确定度分量，mL；

a_1——大于和小于被标定溶液体积两校正点校正值差的1/2，mL；

k_1——按三角形分布，$k=\sqrt{6}$；

a_2——内插法确定被标定溶液体积修约的半宽，mL；

k_2——按均匀分布，$k=\sqrt{3}$。

c. 温度补正值修约引入的合成标准不确定度分量［$u_{3c}(V)$］。按式(7-56)计算：

$$u_{3c}(V)=\sqrt{\left(\frac{aV_1}{k\times1000}\right)^2+\frac{a_1}{k}} \tag{7-56}$$

式中 $u_{3c}(V)$——温度补正值修约引入的合成标准不确定度分量，mL；

a——标准中温度补正值修约的半宽，mL/L；

V_1——被标定溶液体积，mL；

a_1——标准中温度补正计算值修约的半宽，mL/L；

k——包含因子，按均匀分布，$k=\sqrt{3}$。

④ 工作基准试剂摩尔质量的合成相对标准不确定度分量［$u_{crel}(M)$］。按式(7-57)计算：

$$u_{crel}(M)=\frac{\sqrt{\sum_{i=1}^{n}q_i\times u^2(A_i)+\left(\frac{a}{k}\right)^2}}{M} \tag{7-57}$$

式中 $u_{crel}(M)$——工作基准试剂摩尔质量的合成相对标准不确定度分量，%；

n——工作基准试剂分子中原子的种类数；

q_i——工作基准试剂分子中某元素的原子数；

$u(A_i)$——工作基准试剂分子中各组成元素摩尔质量标准不确定度引入的标准不确定度分量，g/mol；

a——工作基准试剂摩尔质量修约的半宽，g/mol；

k——包含因子，按均匀分布，$k=\sqrt{3}$；

M——工作基准试剂摩尔质量，g/mol。

⑤ 标准滴定溶液浓度修约引入的相对标准不确定度分量［$u_{rel}(r)$］。按式(7-58)计算：

$$u_{rel}(r)=\frac{a}{kc} \tag{7-58}$$

式中 $u_{rel}(r)$——标准滴定溶液浓度修约引入的相对标准不确定度分量，%；

a——标准滴定溶液浓度修约的半宽，mol/L；

k——包含因子，按均匀分布，$k=\sqrt{3}$；

c——标准滴定溶液浓度，mol/L。

将上述计算结果 $u_{rel}(m)$、$u_{crel}(w)$、$u_{crel}(V_1-V_2)$、$u_{crel}(M)$、$u_{rel}(r)$ 代入式(7-49)，得到标准滴定溶液浓度的合成相对标准不确定度分量的 B 类评定 [$u_{cBrel}(c)$]。

(3) 标准滴定溶液浓度的合成不确定度 [$u_c(c)$] 按式(7-59) 计算：

$$u_c(c)=c\times\sqrt{u_{Arel}^2+u_{cBrel}^2} \tag{7-59}$$

式中 $u_c(c)$——标准滴定溶液浓度的合成不确定度，mol/L；

c——标准滴定溶液浓度，mol/L；

$u_{Arel}(c)$——标准滴定溶液浓度的相对标准不确定度分量的 A 类评定；

$u_{cBrel}(c)$——标准滴定溶液浓度的合成相对标准不确定度分量的 B 类评定。

(4) 标准滴定溶液浓度的扩展不确定度 [$U(c)$] 按式(7-60) 计算：

$$U(c)=ku_c(c) \tag{7-60}$$

式中 $U(c)$——标准滴定溶液浓度的扩展不确定度，mol/L；

k——包含因子（一般情况下 $k=2$）；

$u_c(c)$——标准滴定溶液浓度的合成不确定度，mol/L。

(5) 标准滴定溶液浓度报告的表示 按式(7-61) 表示：

$$c_1=c\pm U(c);\quad k=2 \tag{7-61}$$

示例：

① $c_1=(0.100\pm0.0002)$mol/L；$k=2$。

② $c_1=0.1000$mol/L，$U=0.0002$mol/L；$k=2$。

以上两种表示方法任选其一。

4. 其他三种方式的测量不确定度的评定

参考第一种方式的标准滴定溶液浓度的测量不确定度评定，可进行第二种～第四种方式标准滴定溶液浓度的测量不确定度的评定。

第四节 化学分析用标准溶液的制备

本节介绍水环境监测分析用标准溶液的制备方法，适用于制备单位容积内含有准确数量物质（元素、离子或分子）的溶液，也可供其他行业选用。

一、一般规定

① 本节除另有规定外，所用试剂的纯度应在分析纯以上，所用标准滴定溶液、制剂

及制品，应按 GB/T 601—2016、GB/T 603—2002 的规定制备，实验用水应符合 GB/T 6682—2008 中三级水规格。

② 杂质测定用标准溶液的量取。

a. 杂质测定用标准溶液，应使用分度吸量管量取。每次量取时，以不超过所量取杂质测定用标准溶液体积的三倍量选用分度吸量管。

b. 杂质测定用标准溶液的量取体积应在 0.05～2.00mL 之间。当量取体积少于 0.05mL 时，应将杂质测定用标准溶液按比例稀释，稀释的比例，以稀释后的溶液在应用时的量取体积不小于 0.05mL 为准；当量取体积大于 2.00mL 时，应在原杂质测定用标准溶液制备方法的基础上，按比例增加所用试剂和制剂的加入量，增加比例以制备后溶液在应用时的量取体积不大于 2.00mL 为准。

③ 除另有规定外，杂质测定用标准溶液，在常温（15～25℃）下保存期一般为 2 个月，当出现浑浊、沉淀或颜色有变化等现象时应重新制备。

④ 本节中所用溶液以%表示的均为质量分数，只有乙醇（95%）中的%为体积分数。

二、制备方法

水环境监测分析用标准溶液的制备方法见表 7-32。

表 7-32 水环境监测分析用标准溶液的制备方法

序号	名称	浓度/(mg/mL)	制备方法
1	乙酸酐[$(CH_3CO)_2O$]	1	称取 0.100g 乙酸酐，置于 100mL 容量瓶中，用无乙酸酐的乙酸（冰醋酸）溶解，用无乙酸酐的乙酸（冰醋酸）稀释至刻度，临用前制备。 无乙酸酐的乙酸（冰醋酸）的制备：将乙酸（冰醋酸）回流 30min 后，蒸馏制得
2	乙酸盐（以 CH_3COO^- 计）	10	称取 23.050g 乙酸钠（$CH_3COONa \cdot 3H_2O$），溶于水，移入 1000mL 容量瓶中，稀释至刻度
3	乙醛（CH_3CHO）	1	称取 mg 乙醛（40%），精确至 0.001g，置于 1000mL 容量瓶中，稀释至刻度。临用前制备。乙醛（40%）的称取质量 m，以克（g）为单位，按式（1）计算： $m=\frac{1.000}{\omega}$ （1） 式中 ω——乙醛（40%）的实测质量分数，%。 制备前应按本节中乙醛（40%）的质量分数测定方法测定
4	水杨酸（HOC_6H_4COOH）	0.1	称取 0.100g 水杨酸，加入少量水和 1mL 乙酸（冰醋酸）溶液，移入 1000mL 容量瓶中，稀释至刻度
5	丙酮（CH_3COCH_3）	1	称取 1.000g 丙酮，溶于水，移入 1000mL 容量瓶中，稀释至刻度。临用前制备
6	甲醇（CH_3OH）	1	称取 1.000g 甲醇，溶于水，移入 1000mL 容量瓶中，稀释至刻度。临用前制备
7	甲醛（HCHO）	1	称取 mg 甲醛溶液，精确至 0.001g，置于 1000mL 容量瓶中，稀释至刻度。临用前制备。甲醛溶液的称取质量 m，以克（g）为单位，按式（2）计算： $m=\frac{1.000}{\omega}$ （2） 式中 ω——甲醛溶液的实测质量分数，%。 制备前应按 GB/T 685—2013 的规定测定甲醛溶液的质量分数

续表

序号	名称	浓度/(mg/mL)	制备方法
8	草酸盐(以 $C_2O_4^{2-}$ 计)	0.1	称取 0.143g 草酸($H_2C_2O_4 \cdot 2H_2O$),溶于水,移入 1000mL 容量瓶中,稀释至刻度。临用前制备
9	苯酚(C_6H_5OH)	1	称取 1.000g 苯酚,溶于水,移入 1000mL 容量瓶中,稀释至刻度。临用前制备
10	葡萄糖($C_6H_{12}O_6 \cdot H_2O$)	1	称取 1.000g 葡萄糖($C_6H_{12}O_6 \cdot H_2O$),溶于水,移入 1000mL 容量瓶中,稀释至刻度
11	缩二脲($NH_2CONHCONH_2$)	1	称取 1.000g 缩二脲,溶于水,移入 1000mL 容量瓶中,稀释至刻度。临用前制备
12	羰基化合物(以 C═O 计)	1	称取 10.43g 丙酮(相当于 5.000gC═O),置于含有 50mL 无羰基的甲醇的 100mL 容量瓶中,用无羰基的甲醇稀释至刻度,充分混匀。量取 20.00mL 此溶液,置于 1000mL 容量瓶中,用无羰基的甲醇稀释至刻度。临用前制备
13	糠醛($C_5H_4O_2$)	1	称取 1.000g 新蒸馏的糠醛,置于 1000mL 容量瓶中,溶于水,稀释至刻度。临用前制备
14	二氧化硅(SiO_2)	1	称取 1.000g 二氧化硅,置于铂坩埚中,加 3.3g 无水碳酸钠,混匀。于 1000℃加热至完全熔融,冷却,溶于水,移入 1000mL 容量瓶中,稀释至刻度。贮存于聚乙烯瓶中
15	二氧化碳(CO_2)	0.1	称取 0.240g 于 270～300℃灼烧至恒重的无水碳酸钠,溶于无二氧化碳的水,移入 1000mL 容量瓶中,用无二氧化碳的水稀释至刻度
16	二硫化碳(CS_2)	1	称取 0.500g 二硫化碳,溶于四氯化碳,移入 500mL 常量瓶中,用四氯化碳稀释至刻度。临用前制备
17	六氰合铁(Ⅱ)酸盐 $[Fe(CN)_6]^{4-}$	0.1	称取 0.199g 六氰合铁(Ⅱ)酸钾{$K_4[Fe(CN)_6] \cdot 3H_2O$},溶于水,移入 1000mL 容量瓶中,稀释至刻度。临用前制备
18	六氟合硅酸盐(以 SiF_6^{2-} 计)	0.1	称取 mg 六氟合硅酸,精确至 0.001g,溶于水,移入 1000mL 容量瓶中,稀释至刻度。存于聚乙烯瓶中。 六氟合硅酸的称取质量 m,以克(g)为单位,按式(3)计算: $$m=\frac{1.0141\times 0.100}{\omega} \quad (3)$$ 式中　ω——六氟合硅酸的实测质量分数,%。 制备前应按本节中六氟合硅酸的质量分数的测定方法测定
19	亚硝酸盐(以 NO_2^- 计)	0.1	称取 0.150g 亚硝酸钠,溶于水,移入 1000mL 容量瓶中,稀释至刻度。临用前制备
20	过氧化氢(H_2O_2)	1	称取 mg 30%的过氧化氢,精确至 0.001g,置于 1000mL 容量瓶中,稀释至刻度。临用前制备。 30%过氧化氢的称取质量 m,以克(g)为单位,按式(4)计算: $$m=\frac{1.000}{\omega} \quad (4)$$ 式中　ω——30%过氧化氢的实测质量分数,%。 制备前按 GB/T 6684—2002 的规定测定 30%过氧化氢的质量分数
21	氟化物(以 F^- 计)	0.1	称取 0.221g 氟化钠,溶于水,移入 1000mL 容量瓶中,稀释至刻度,贮存于聚乙烯瓶中
22	硅酸盐(以 SiO_3^{2-} 计)	1	称取 0.790g 二氧化硅,置于铂坩埚中,加 2.6g 无水碳酸钠,混匀。于 1000℃加热至完全熔融,冷却,溶于水,移入 1000mL 容量瓶中,稀释至刻度。贮存于聚乙烯瓶中

续表

序号	名称	浓度 /(mg/mL)	制备方法
23	铬酸盐(以 CrO_4^{2-} 计)	0.1	称取 0.167g 于 105～110℃干燥 1h 的铬酸钾，溶于含有一滴氢氧化钠溶液(100g/L)的少量水中，移入 1000mL 容量瓶中，稀释至刻度
24	铵(以 NH_4^+ 计)	0.1	称取 0.297g 于 105～110℃干燥至恒重的氯化铵，溶于水，移入 1000mL 容量瓶中，用同样的水稀释至刻度
25	硫化物(以 S^{2-} 计)	0.1	称取 0.749g 硫化钠($Na_2S \cdot 9H_2O$)，溶于水，移入 1000mL 容量瓶中，稀释至刻度。临用前制备
26	硫代硫酸盐(以 $S_2O_3^{2-}$ 计)	0.1	称取 0.221g 硫代硫酸钠($Na_2S_2O_3 \cdot 5H_2O$)，溶于新煮沸并冷却的水，移入 1000mL 容量瓶中，用同样的水稀释至刻度
27	硫氰酸盐(以 SCN^- 计)	0.1	称取 0.131g 硫氰酸铵，溶于水，移入 1000mL 容量瓶中，稀释至刻度
28	硫酸盐(以 SO_4^{2-} 计)	0.1	方法 1：称取 0.148g 于 105～110℃干燥至恒重的无水硫酸钠，溶于水，移入 1000mL 容量瓶中，稀释至刻度。 方法 2：称取 0.181g 硫酸钾，溶于水，移入 1000mL 容量瓶中，稀释至刻度
29	硝酸盐(以 NO_3^- 计)	0.1	方法 1：称取 0.163g 于 120～130℃干燥至恒重的硝酸钾，溶于水，移入 1000mL 容量瓶中，稀释至刻度。 方法 2：称取 0.137g 硝酸钠，溶于水，移入 1000mL 容量瓶中，稀释至刻度
30	氯化物(以 Cl^- 计)	0.1	称取 0.165g 于 500～600℃灼烧至恒重的氯化钠，溶于水，移入 1000mL 容量瓶中，稀释至刻度
31	氯酸盐(以 ClO_3^- 计)	0.1	称取 0.147g 氯酸钾，溶于水，移入 1000mL 容量瓶中，稀释至刻度
32	碘化物(以 I^- 计)	0.1	称取 0.131g 碘化钾，溶于水，移入 1000mL 容量瓶中，稀释至刻度。贮存于棕色瓶中
33	碘酸盐(以 IO_3^- 计)	0.1	称取 0.122g 碘酸钾，溶于水，移入 1000mL 容量瓶中，稀释至刻度。贮存于棕色瓶中
34	溴化物(以 Br^- 计)	0.1	称取 0.149g 溴化钾，溶于水，移入 1000mL 容量瓶中，稀释至刻度。贮存于棕色瓶中
35	溴酸盐(以 BrO_3^- 计)	0.1	称取 0.131g 溴酸钾，溶于水，移入 1000mL 容量瓶中，稀释至刻度。贮存于棕色瓶中
36	碳酸盐(以 CO_3^{2-} 计)	0.1	称取 0.177g 于 270～300℃灼烧至恒重的无水碳酸钠，溶于无二氧化碳的水中，移入 1000mL 容量瓶中，用无二氧化碳的水稀释至刻度
37	磷酸盐(以 PO_4^{3-} 计)	0.1	称取 0.143g 磷酸二氢钾，溶于水，移入 1000mL 容量瓶中，稀释至刻度
38	铍(Be)	1	称取 1.966g 硫酸铍，溶于水，移入 1000mL 容量瓶中，稀释至刻度
39	硼(B)	0.1	称取 0.572g 硼酸，加 100mL 水，温热溶解，移入 1000mL 容量瓶中，稀释至刻度
40	碳(C)	1	称取 8.826g 于 270～300℃灼烧至恒重的无水碳酸钠，溶于无二氧化碳的水中，移入 1000mL 容量瓶中，用无二氧化碳的水稀释至刻度
41	氮(N)	0.1	方法 1：称取 0.382g 于 100～105℃干燥至恒重的氯化铵，溶于水，移入 1000mL 容量瓶中，稀释至刻度。 方法 2：称取 0.607g 硝酸钠，溶于水，移入 1000mL 容量瓶中，稀释至刻度

续表

序号	名称	浓度/(mg/mL)	制备方法
42	钠(Na)	0.1	称取0.254g于500～600℃灼烧至恒重的氯化钠,溶于水,移入1000mL容量瓶中,稀释至刻度。贮存于聚乙烯瓶中
43	镁(Mg)	0.1	方法1:称取0.166g于800℃±50℃灼烧至恒重的氧化镁,溶于2.5mL盐酸及少量水中,移入1000mL容量瓶中,稀释至刻度。 方法2:称取1.014g硫酸镁($MgSO_4 \cdot 7H_2O$),溶于水,移入1000mL容量瓶中,稀释至刻度
44	铝(Al)	0.1	称取1.759g硫酸铝钾[$KAl(SO_4)_2 \cdot 12H_2O$],溶于水,加10mL硫酸溶液(25%),移入1000mL容量瓶中,稀释至刻度
45	硅(Si)	0.1	称取0.214g二氧化硅,置于铂坩埚中,加1g无水碳酸钠,混匀。于1000℃加热至完全熔融,冷却,溶于水,移入1000mL容量瓶中,稀释至刻度。贮存于聚乙烯瓶中
46	磷(P)	0.1	称取0.439g磷酸二氢钾,溶于水,移入1000mL容量瓶中,稀释至刻度
47	硫(S)	0.1	称取0.544g硫酸钾,溶于水,移入1000mL容量瓶中,稀释至刻度
48	氯(Cl)	0.1	称取约4g氯胺T($C_7H_7ClNNaO_2S \cdot 3H_2O$),溶于水,移入1000mL容量瓶中,稀释至刻度(溶液Ⅰ)。量取VmL溶液Ⅰ,精确至0.01mL,置于1000mL容量瓶中,稀释至刻度。临用前制备
49	钾(K)	0.1	方法1:称取0.191g于500～600℃灼烧至恒重的氯化钾,溶于水,移入1000mL容量瓶中,稀释至刻度。 方法2:称取0.259g于120～130℃干燥至恒重的硝酸钾,溶于水,移入1000mL容量瓶中,稀释至刻度
50	钙(Ca)	0.1	方法1:称取0.250g于105～110℃干燥至恒重的碳酸钙,溶于10mL盐酸溶液(10%),移入1000mL容量瓶中,稀释至刻度。 方法2:称取0.367g氯化钙($CaCl_2 \cdot 2H_2O$),溶于水,移入1000mL容量瓶中,稀释至刻度
51	钛(Ti)	1	称取0.167g二氧化钛,加5g硫酸铵,加10mL硫酸,加热溶解,冷却,移入1000mL容量瓶中,稀释至刻度
52	钒(V)	1	称取0.230g偏钒酸铵,溶于水(必要时温热溶解),移入1000mL容量瓶中,稀释至刻度
53	铬(Cr)	0.1	方法1:称取0.373g于105～110℃干燥1h的铬酸钾,溶于含有一滴氢氧化钠溶液(100g/L)的少量水中,移入1000mL容量瓶中,稀释至刻度。 方法2:称取0.283g重铬酸钾,溶于水,移入1000mL容量瓶中,稀释至刻度
54	锰(Mn)	0.1	方法1:称取0.275g于400～500℃灼烧至恒重的无水硫酸锰,溶于水,移入1000mL容量瓶中,稀释至刻度。 方法2:称取0.308g硫酸锰($MnSO_4 \cdot H_2O$),溶于水,移入1000mL容量瓶中,稀释至刻度
55	铁(Fe)	0.1	称取0.846g硫酸铁铵[$NH_4Fe(SO_4)_2 \cdot 12H_2O$],溶于水,加10mL硫酸溶液(25%),移入1000mL容量瓶中,稀释至刻度
56	亚铁[Fe(Ⅱ)]	0.1	称取0.702g硫酸亚铁铵[$(NH_4)_2Fe(SO_4)_2 \cdot 6H_2O$],溶于含有0.5mL硫酸的水中,移入1000mL容量瓶中,稀释至刻度。临用前制备

续表

序号	名称	浓度/(mg/mL)	制备方法
57	钴(Co)	1	称取2.630g无水硫酸钴[用硫酸钴($CoSO_4 \cdot 7H_2O$)于500～550℃灼烧至恒重],加150mL水,加热至溶解,冷却,移入1000mL容量瓶中,稀释至刻度
58	镍(Ni)	0.1	方法1:称取0.673g硫酸镍铵[$NiSO_4 \cdot (NH_4)_2SO_4 \cdot 6H_2O$],溶于水,移入1000mL容量瓶中,稀释至刻度。 方法2:称取0.448g硫酸镍($NiSO_4 \cdot 6H_2O$),溶于水,移入1000mL容量瓶中,稀释至刻度
59	铜(Cu)	0.1	称取0.393g硫酸铜($CuSO_4 \cdot 5H_2O$),溶于水,移入1000mL容量瓶中,稀释至刻度
60	锌(Zn)	0.1	方法1:称取0.125g氧化锌,溶于100mL水及1mL硫酸中,移入1000mL容量瓶中,稀释至刻度。 方法2:称取0.440g硫酸锌($ZnSO_4 \cdot 7H_2O$),溶于水,移入1000mL容量瓶中,稀释至刻度
61	镓(Ga)	1	称取0.134g三氧化二镓,溶于5mL硫酸,小心地用水稀释,冷却,移入1000mL容量瓶中,稀释至刻度
62	锗(Ge)	0.1	称取0.100g锗,加热溶于3～5mL 30%过氧化氢中,逐滴加入氨水至白色沉淀溶解,用硫酸溶液(20%)中和并过量0.5mL,移入1000mL容量瓶中,稀释至刻度
63	砷(As)	0.1	称取0.132g于硫酸干燥器中干燥至恒重的三氧化二砷,温热溶于1.2mL氢氧化钠溶液(100g/L),移入1000mL容量瓶中,稀释至刻度
64	硒(Se)	0.1	称取0.141g二氧化硒,溶于水,移入1000mL容量器中,稀释至刻度
65	锶(Sr)	0.1	称取0.304氯化锶($SrCl_2 \cdot 6H_2O$),溶于水,移入1000mL容量瓶中,稀释至刻度
66	锆(Zr)	0.1	称取0.353g氧氯化锆($ZrOCl_2 \cdot 8H_2O$),加30～40mL盐酸溶液(10%)溶解,移入1000mL容量瓶中,用盐酸溶液(10%)稀释至刻度
67	铌(Nb)	0.1	称取0.143g经乳钵研细的五氧化二铌和4g粉末状的焦硫酸钾,二者分层放入石英坩埚中,于600℃加热熔融,冷却,加20mL酒石酸溶液(150g/L),加热溶解,冷却,移入1000mL容量瓶中,稀释至刻度
68	钼(Mo)	0.1	称取0.184g钼酸铵[$(NH_4)_6Mo_7O_{24} \cdot 4H_2O$],溶于水,移入1000mL容量瓶中,稀释至刻度
69	钯(Pd)	1	称取1.666g于105～110℃干燥1h的氯化钯,加30mL盐酸溶液(20%)溶解,移入1000mL容量瓶中,稀释至刻度
70	银(Ag)	0.1	称取0.158g硝酸银,溶于水,移入1000mL容量瓶中,稀释至刻度。贮存于棕色瓶中
71	镉(Cd)	0.1	称取0.203g氯化镉($CdCl_2 \cdot \frac{5}{2}H_2O$),溶于水,移入1000mL容量瓶中,稀释至刻度
72	铟(In)	1	称取0.100g铟,加15mL盐酸溶液(20%),加热溶解,冷却,移入100mL容量瓶中,稀释至刻度
73	锡(Sn)	0.1	称取0.100g锡,溶于盐酸溶液(20%),移入100mL容量瓶中,用盐酸溶液(20%)稀释至刻度。 量取10.00mL上述溶液,注入100mL容量瓶中,加15mL盐酸溶液(20%),稀释至刻度。临用前制备

续表

序号	名称	浓度 /(mg/mL)	制备方法
74	锑(Sb)	0.1	称取 0.274g 酒石酸锑钾($C_4H_4KO_7Sb\cdot1/2H_2O$),溶于盐酸溶液(10%),移入 1000mL 容量瓶中,用盐酸溶液(10%)稀释至刻度
75	碲(Te)	1	称取 1.000g 碲,加 20~30mL 盐酸及数滴硝酸,温热溶解,移入 1000mL 容量瓶中,用盐酸溶液(10%)稀释至刻度
76	钡(Ba)	0.1	称取 0.178g 氯化钡($BaCl_2\cdot2H_2O$),溶于水,移入 1000mL 容量瓶中,稀释至刻度
77	钨(W)	1	称取 1.262g 于 105~110℃干燥 1h 的三氧化钨(可用钨酸铵在 400~500℃灼烧 20min 分解后生成的三氧化钨制备),加 30~40mL 氢氧化钠溶液(200g/L),加热溶解,冷却,移入 1000mL 容量瓶中,稀释至刻度
78	铂(Pt)	1	称取 0.249g 氯铂酸钾,溶于水,移入 100mL 容量瓶中,稀释至刻度
79	金(Au)	1	称取 0.100g 金,加 5mL 硝酸溶解,在水浴上蒸发近干,溶于水,移入 100mL 容量瓶中,稀释至刻度
80	汞(Hg)	0.1	方法 1:称取 0.135g 氯化汞,溶于水,移入 1000mL 容量瓶中,稀释至刻度。 方法 2:称取 0.162g 硝酸汞,用 10mL 硝酸溶液(1+9)溶解,移入 1000mL 容量瓶中,稀释至刻度
81	铊(Tl)	0.1	称取 0.118g 氯化亚铊,溶于 5mL 硝酸中,小心地用水稀释,冷却,移入 1000mL 容量瓶中,稀释至刻度
82	铅(Pb)	0.1	称取 0.160g 硝酸铅,用 10mL 硝酸溶液(1+9)溶解,移入 1000mL 容量瓶中,稀释至刻度
83	铋(Bi)	0.1	方法 1:称取 0.232g 硝酸铋[$Bi(NO_3)_3\cdot5H_2O$],用 10mL 硝酸溶液(25%)溶解,移入 1000mL 容量瓶中,稀释至刻度。 方法 2:称取 0.100g 铋,溶于 6mL 硝酸中,煮沸除去氮的氧化物气体,冷却,移入 1000mL 容量瓶中,稀释至刻度
84	氨基三乙酸 [$N(CH_2COOH)_3$]	1	称取 1.000g 氨基三乙酸,加 50mL 水,在摇动下滴加氢氧化钠溶液(200g/L)至氨基三乙酸完全溶解,移入 1000mL 容量瓶中,稀释至刻度
85	硝基苯 ($C_6H_5NO_2$)	1	称取 1.000g 硝基苯,置于 1000mL 容量瓶中,用甲醇稀释至刻度

三、乙醛、六氟合硅酸的质量分数及溶液Ⅰ(氯)浓度的测定

该部分的测定为乙醛(40%)、六氟合硅酸的质量分数及溶液Ⅰ(氯)浓度的测定。

1. 乙醛(40%)质量分数的测定

将 50.00mL 氯化羟胺(盐酸羟胺)溶液(140g/L)注入具塞锥形瓶中,称量,加入 1.5mL 乙醛(40%),放置 30min,再称量,精确至 0.0001g,加 30mL 水,加 10 滴溴酚蓝指示液(0.4g/L),用氢氧化钠标准滴定溶液[$c(NaOH)=1mol/L$]滴定。同时做空白试验。

乙醛(40%)的质量分数 ω,数值以%表示,按式(7-62)计算:

$$\omega=\frac{(V_1-V_2)cM}{m\times1000}\times100\% \tag{7-62}$$

式中 V_1——试验消耗氢氧化钠标准滴定溶液的体积，mL；

V_2——空白试验消耗氢氧化钠标准滴定溶液的体积，mL；

c——氢氧化钠标准滴定溶液的浓度，mol/L；

M——乙醛的摩尔质量，g/mol，$M(CH_3CHO)=44.05$g/mol；

m——乙醛（40%）的质量，g。

2. 六氟合硅酸质量分数的测定

称取3g六氟合硅酸，精确至0.0001g。置于聚乙烯杯中，加100mL水、10mL饱和氯化钾溶液及3滴酚酞指示液（10g/L），冷却至0℃，用氢氧化钠标准滴定溶液［c(NaOH)=1mol/L］滴定至溶液呈粉红色（V_1），保持15s。加热至约80℃，继续用氢氧化钠标准滴定溶液［c(NaOH)=1mol/L］滴定至溶液呈稳定的粉红色（V_2）。

六氟合硅酸的质量分数ω，数值以%表示，按式(7-63)计算：

$$\omega=\frac{(V_2-V_1)cM}{m\times 1000}\times 100\% \tag{7-63}$$

式中 V_2——滴定至第二终点时消耗氢氧化钠标准滴定溶液的体积，mL；

V_1——滴定至第一终点时消耗氢氧化钠标准滴定溶液的体积，mL；

c——氢氧化钠标准滴定溶液的浓度，mol/L；

M——六氟合硅酸的摩尔质量，g/mol，$M(1/4H_2SiF_6)$ =36.02g/mol；

m——称取六氟合硅酸的质量，g。

3. 溶液Ⅰ（氯）浓度的测定

量取5.00mL溶液Ⅰ（见表7-32中48），注入碘量瓶中，加100mL水、2g碘化钾及5mL盐酸溶液（10%），在暗处放置10min，用硫代硫酸钠标准滴定溶液［$c(Na_2S_2O_3)$=0.1mol/L］滴定，近终点时，加2mL淀粉指示液（10g/L），继续滴定至溶液蓝色消失。

溶液Ⅰ（氯）的浓度ρ，数值以克每毫升（g/mL）表示，按式(7-64)计算：

$$\rho=\frac{VcM}{5\times 1000} \tag{7-64}$$

式中 V——消耗的硫代硫酸钠标准滴定溶液的体积，mL；

c——硫代硫酸钠标准滴定溶液的浓度，mol/L；

M——氯的摩尔质量，g/mol，$M(Cl)=35.45$g/mol。

第五节　化学分析中所用制剂及制品的制备

本节介绍水环境监测分析中所用制剂及制品的制备方法，适用于水环境监测分析中所需制剂及制品的制备，也可供其他行业选用。

一、一般规定

① 本节除另有规定外，所用试剂的纯度应在分析纯以上，所用标准滴定溶液、杂质

测定用标准溶液，应按本章第三节（与 GB/T 601 技术一致）、第四节（与 GB/T 602 技术一致）的规定制备，实验用水应符合本手册第六章（与 GB/T 6682 技术一致）中三级水的规格。

② 当溶液出现浑浊、沉淀或颜色变化等现象时应重新制备。

③ 本节中所用溶液以%表示的均指质量分数，只有乙醇（95%）中的%为体积分数。

二、制备方法

1. 制剂

（1）一般制剂

① 无氨的氢氧化钠溶液：将所需浓度的氢氧化钠溶液注入烧瓶中，煮沸 30min，用装有硫酸溶液（20%）的双球管的胶塞塞紧冷却，用无氨的水稀释至原体积。

② 无碳酸盐的氨水：量取 500mL 氨水，注入 1000mL 圆底烧瓶中，加入预先消化的 10g 生石灰浆，混匀，将烧瓶与冷凝管连接（见图 7-3），放置 18～20h，将氨气出口 3 用橡皮管与另一装有约 200mL 无二氧化碳的水的烧瓶进口 5 连接，外部用水冷却。将氨水和石灰浆的混合液用水浴加热，将氨蒸出直至制得的氨水密度达 0.9g/mL 左右。

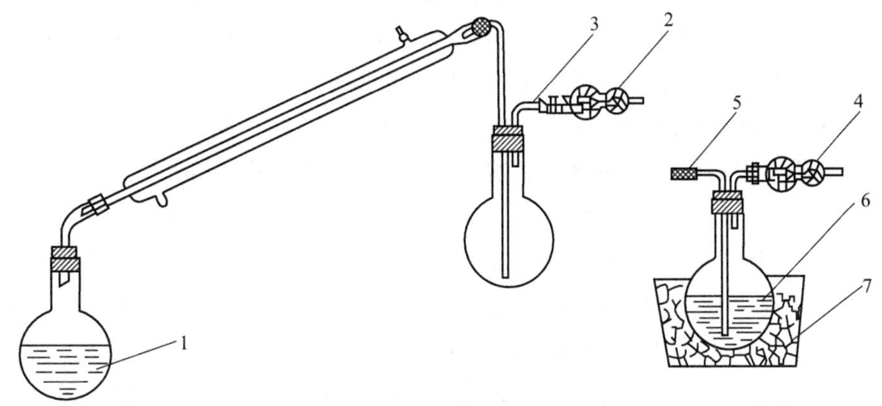

图 7-3　无碳酸盐氨水的制备装置示意图

1—氨水及石灰；2—钠石灰；3—氨气出口；4—钠石灰；5—烧瓶进口；6—无二氧化碳水；7—冰

③ 无羰基的甲醇：量取 2000mL 甲醇，加 10g 2,4-二硝基苯肼和 0.5mL 盐酸，在水浴上回流 2h，加热蒸馏，弃去最初的 50mL 蒸馏液，收集馏出液，贮存于棕色瓶中。

按以上方法制备的无羰基的甲醇，应符合下述要求：按 GB/T 9733—2008 的规定测定，羰基含量不得大于 0.001%。

④ 无醛的乙醇：量取 2000mL 乙醇（95%），加 10g 2,4-二硝基苯肼及 0.5mL 盐酸，在水浴上回流 2h，加热蒸馏，弃去最初的 50mL 蒸馏液，收集馏出液，贮存于棕色瓶中。

按以上方法制备的无醛的乙醇，应符合下述要求：取 5mL 按上法制备的无醛的乙醇，加 5mL 水，冷却至 20℃，加 2mL 碱性品红-亚硫酸溶液，放置 10min，应无明显红色。

⑤ 饱和二氧化硫溶液：将二氧化硫气体在常温（15～25℃）下通入水中，至饱和为止。临用前制备。

⑥ 饱和硫化氢水：将硫化氢气体通入无二氧化碳的水中，至饱和为止。

⑦ 无钙及镁的氯化钠：将优级纯氯化钠的饱和溶液与同体积乙醇（无水乙醇）混合，不断搅拌至不再出结晶，抽滤，于105～110℃干燥后备用。

（2）试液

① 乙二胺四乙酸二钠镁溶液［c(EDTA-Mg)＝0.01mol/L］：称取0.43g乙二胺四乙酸二钠镁，溶于水，稀释至100mL。

② 乙酸溶液

a. 乙酸溶液（5%）：量取48mL乙酸（冰醋酸），稀释至1000mL。

b. 乙酸溶液（6%）：量取58mL乙酸（冰醋酸），稀释至1000mL。

c. 乙酸溶液（30%）：量取298mL乙酸（冰醋酸），稀释至1000mL。

③ 乙二醛缩双邻氨基酚乙醇溶液（2g/L）：称取0.2g乙二醛缩双邻氨基酚（钙试剂），溶于乙醇（95%），用乙醇（95%）稀释至100mL。

④ 乙酸铅（碱溶液）：称取5g乙酸铅［$Pb(CH_3COO)_2 \cdot 3H_2O$］和15g氢氧化钠，溶于80mL水中，稀释至100mL。

⑤ 二乙基二硫代氨基甲酸钠溶液（1g/L）：称取0.1g二乙基二硫代氨基甲酸钠（铜试剂），溶于水，稀释至100mL。使用期为1个月。

⑥ 二乙基二硫代氨基甲酸银-三乙基胺三氯甲烷溶液：称取0.25g二乙基二硫代氨基甲酸银，用少量三氯甲烷溶解，加入1.8mL三乙基胺，用三氯甲烷稀释至100mL。静置过夜，过滤，贮存于棕色瓶中。避光保存，使用期为1周。

⑦ 二甲基乙二醛肟氢氧化钠溶液（10g/L）：称取1g二甲基乙二醛肟（镍试剂），溶于氢氧化钠溶液（50g/L），用氢氧化钠溶液（50g/L）稀释至100mL。

⑧ 4,7-二苯基-1,10-菲啰啉溶液｛$c[(C_6H_5)_2C_{12}H_6N_2]=0.001$mol/L｝：称取0.3324g 4,7-二苯基-1,10-菲啰啉，溶于乙醇（95%）中，用乙醇（95%）稀释至100mL。

⑨ 2,4-二硝基苯肼溶液（1g/L）：称取0.1g 2,4-二硝基苯肼，溶于50mL无羰基的甲醇和4mL盐酸中，稀释至100mL。使用期为2周。

⑩ 马钱子碱溶液（50g/L）：称取5g马钱子碱，溶于乙酸（冰醋酸），用乙酸（冰醋酸）稀释至100mL。

⑪ 孔雀石绿溶液（2g/L）：称取0.2g孔雀石绿，溶于水，稀释至100mL。

⑫ 双甲酮（醛试剂）溶液（50g/L）：称取5g双甲酮（醛试剂），溶于乙醇（95%），用乙醇（95%）稀释至100mL。

⑬ 双硫腙三氯甲烷（或四氯化碳）溶液（0.01g/L）：称取0.010g双硫腙，溶于三氯甲烷（或四氯化碳），用三氯甲烷（或四氯化碳）稀释至1000mL。使用期为2周。

⑭ 达旦黄溶液（0.5g/L）：称取0.05g达旦黄，溶于水，稀释至100mL。

⑮ 纳氏试剂：称取50g红色碘化汞和40g碘化钾，溶于200mL水中，将此溶液倾入700mL氢氧化钠溶液（210g/L）中，稀释至1000mL，静置，取上层清液使用。

按以上方法制备的纳氏试剂，应符合下述要求：取含0.005mg氮（N）的杂质测定用标准溶液，稀释至100mL，加2mL纳氏试剂，所呈黄色应深于空白溶液。

⑯ 玫红三羧酸铵溶液（0.5g/L）：称取0.25g玫红三羧酸铵（铝试剂）和5g阿拉伯

胶，加 250mL 水，温热溶解，加 87g 乙酸铵，溶解后，加 145mL 盐酸溶液（15%），稀释至 500mL。必要时过滤，使用期 1 个月。

⑰ 苯基邻氨基苯甲酸-乙醇溶液（1g/L）：称取 0.1g 苯基邻氨基苯甲酸，溶于乙醇（95%），用乙醇（95%）稀释至 100mL。

⑱ 苯甲酰苯基羟胺溶液（20g/L）：称取 2g 苯甲酰苯基羟胺（钽试剂），溶于乙醇（95%），用乙醇（95%）稀释至 100mL。

⑲ 苯基荧光酮溶液（0.1g/L）：称取 0.01g 苯基荧光酮（苯芴酮），加适量乙醇（95%），温热溶解，加 1mL 盐酸溶液（20%），用乙醇（95%）稀释至 100mL。

⑳ 氢氧化钾-乙醇溶液：称取 30g 氢氧化钾，溶于 30mL 水中，用无醛的乙醇稀释至 1000mL。放置 24h，取上层清液使用。

㉑ 氢氧化钾-甲醇溶液：取 15mL 氢氧化钾溶液（330g/L），加 50mL 无羰基的甲醇，混匀。使用期为两周。

㉒ 费林溶液

a. 溶液Ⅰ：称取 34.7g 硫酸铜（$CuSO_4 \cdot 5H_2O$），溶于水，稀释至 500mL。

b. 溶液Ⅱ：称取 173g 酒石酸钾钠（$C_4H_4KNaO_6 \cdot 4H_2O$）和 50g 氢氧化钠，溶于水，稀释至 500mL。

使用时将溶液Ⅰ与溶液Ⅱ按同体积混合。

㉓ 氨水溶液

a. 氨水溶液（2.5%）：量取 103mL 氨水，稀释至 1000mL。

b. 氨水溶液（10%）：量取 400mL 氨水，稀释至 1000mL。

㉔ 盐酸溶液

a. 盐酸溶液（5%）：量取 117mL 盐酸，稀释至 1000mL。

b. 盐酸溶液（10%）：量取 240mL 盐酸，稀释至 1000mL。

c. 盐酸溶液（15%）：量取 370mL 盐酸，稀释至 1000mL。

d. 盐酸溶液（20%）：量取 504mL 盐酸，稀释至 1000mL。

㉕ 盐酸苯肼溶液（10g/L）：称取 1g 盐酸苯肼，溶于水，稀释至 100mL。临用前制备。

㉖ 铁-亚铁混合液：称取 10g 硫酸亚铁铵［$(NH_4)_2Fe(SO_4)_2 \cdot 6H_2O$］和 1g 硫酸铁（Ⅲ）铵［$NH_4Fe(SO_4)_2 \cdot 12H_2O$］溶于水，加 5mL 硫酸溶液（20%），稀释至 100mL。

㉗ 淀粉-碘化锌溶液

a. 溶液Ⅰ：称取 2g 可溶性淀粉与 20mL 水混合，注入 200mL 沸水中，加 10g 氯化锌，溶解。

b. 溶液Ⅱ：称取 0.5g 金属锌粉和 1g 碘，加 10mL 水，搅拌至黄色消失，过滤。将滤液煮沸，冷却。

c. 溶液Ⅲ：将溶液Ⅱ注入冷却后的溶液Ⅰ中，混匀，稀释至 500mL。贮存于棕色瓶中，使用期为 1 周。

按以上方法制备的淀粉-碘化锌溶液，应符合下述要求：量取 1mL 淀粉-碘化锌溶液，加 50mL 水、3mL 硫酸溶液（1+5），混匀，溶液不得呈现蓝色。溶液中加 1 滴碘酸钾标

准滴定溶液 [$c(1/6KIO_3)$=0.01mol/L]，混匀，应立即产生蓝色。

㉘ 混合碱：取200mL氢氧化钠溶液（100g/L），加100mL无水碳酸钠溶液（100g/L），混匀。

㉙ 1,10-菲啰啉溶液

a. 1,10-菲啰啉溶液（2g/L）：称取0.2g 1,10-菲啰啉（$C_{12}H_8N_2 \cdot H_2O$）[或0.24g 1,10-菲啰啉盐酸盐（$C_{12}H_8N_2 \cdot HCl \cdot H_2O$）]，加入少量水振摇至溶解（必要时加热），稀释至100mL。

b. 1,10-菲啰啉溶液（5g/L）：称取0.5g 1,10-菲啰啉（$C_{12}H_8N_2 \cdot H_2O$）[或0.6g 1,10-菲啰啉盐酸盐（$C_{12}H_8N_2 \cdot HCl \cdot H_2O$）]，溶于乙酸-乙酸钠缓冲溶液（pH≈3），用乙酸-乙酸钠缓冲溶液（pH≈3）稀释至100mL。

㉚ 铬天青S混合液

a. 溶液Ⅰ：称取0.5g十六烷基三甲基溴化铵，溶于水，稀释至100mL。

b. 溶液Ⅱ：称取0.04g铬天青S，加5mL乙醇（95%）溶解，稀释至100mL。

c. 取10mL溶液Ⅰ及50mL溶液Ⅱ，稀释至100mL。

㉛ 铬酸溶液（100g/L）：称取100g三氧化铬，溶于硫酸溶液（35%）中，用硫酸溶液（35%）稀释至1000mL。贮存于聚乙烯瓶中。

㉜ 偏钒酸铵溶液（2.5g/L）：称取2.5g偏钒酸铵，溶于500mL沸水中，加20mL硝酸，冷却，稀释至1000mL。贮存于聚乙烯瓶中。

㉝ 氯化亚锡溶液

a. 氯化亚锡-盐酸溶液：称取0.4g氯化亚锡（$SnCl_2 \cdot 2H_2O$），置于干燥的烧杯中，加50mL盐酸溶解，稀释至100mL。

b. 氯化亚锡溶液（5g/L）：称取0.5g氯化亚锡（$SnCl_2 \cdot 2H_2O$），置于干燥的烧杯中，加1mL盐酸溶解（必要时加热），稀释至100mL。

c. 氯化亚锡-抗坏血酸溶液：称取0.5g氯化亚锡（$SnCl_2 \cdot 2H_2O$），置于干燥的烧杯中，加8mL盐酸溶解，稀释至50mL，加0.7g抗坏血酸，摇匀，临用前制备。

d. 氯化亚锡盐酸溶液（20g/L）：称取2g氯化亚锡（$SnCl_2 \cdot 2H_2O$），置于干燥的烧杯中，用少量盐酸溶解（必要时加热），用盐酸稀释至100mL。

e. 氯化亚锡溶液（400g/L）：称取40g氯化亚锡（$SnCl_2 \cdot 2H_2O$），置于干燥的烧杯中，加40mL盐酸溶解，稀释至100mL。

㉞ 三氯化铁溶液（100g/L）：称取10g三氯化铁（$FeCl_3 \cdot 6H_2O$），溶于盐酸溶液（1+9）中，用盐酸溶液（1+9）稀释至100mL。

㉟ 硝酸溶液

a. 硝酸溶液（13%）：量取150mL硝酸溶液（20%），稀释至1000mL。

b. 硝酸溶液（20%）：量取240mL硝酸，稀释至1000mL。

c. 硝酸溶液（25%）：量取308mL硝酸溶液（20%），稀释至1000mL。

㊱ 硝酸银溶液（17g/L）：称取1.7g硝酸银，溶于水，稀释至100mL。贮存于棕色瓶中。

㊲ 硫化铵溶液：量取100mL无碳酸盐的氨水，通入硫化氢气体至溶液变为黄色。

㊳ 硫酸溶液

a. 硫酸溶液（0.5%）：量取 2.8mL 硫酸（市售商品硫酸，98%，下同），缓缓注入约 700mL 水中，冷却，稀释至 1000mL。

b. 硫酸溶液（5%）：量取 29mL 硫酸，缓缓注入约 700mL 水中，冷却，稀释至 1000mL。

c. 硫酸溶液（20%）：量取 128mL 硫酸，缓缓注入约 700mL 水中，冷却，稀释至 1000mL。

d. 硫酸溶液（35%）：量取 244mL 硫酸，缓缓注入约 700mL 水中，冷却，稀释至 1000mL。

e. 硫酸溶液（40%）：量取 294mL 硫酸，缓缓注入约 700mL 水中，冷却，稀释至 1000mL。

㊴ 硫酸铜溶液（20g/L）：称取 2g 硫酸铜（$CuSO_4 \cdot 5H_2O$），溶于水，加两滴硫酸，稀释至 100mL。

㊵ 硫酸亚铁溶液（50g/L）：称取 5g 硫酸亚铁（$FeSO_4 \cdot 7H_2O$），溶于适量水中，加 10mL 硫酸，稀释至 100mL。

㊶ 硫酸亚铁铵溶液（100g/L）：称取 10g 硫酸亚铁铵［$(NH_4)_2Fe(SO_4)_2 \cdot 6H_2O$］，溶于适量水，加 10mL 硫酸，稀释至 100mL。

㊷ 硫酸锰溶液：称取 67g 硫酸锰（$MnSO_4 \cdot H_2O$），溶于 500mL 水中，加 138mL 磷酸及 130mL 硫酸，稀释至 1000mL。

㊸ 硫酸银溶液（10g/L）：称取 1g 硫酸银，溶于 50mL 硫酸溶液（40%）中，稀释至 100mL。贮存于棕色瓶中。

㊹ 硫酸钾乙醇溶液（0.2g/L）：称取 0.2g 硫酸钾，溶于 700mL 水中，用乙醇（95%）稀释至 1000mL。

㊺ 葛利斯试剂

a. 溶液Ⅰ：称取 0.1g 无水对氨基苯磺酸，溶于水，稀释至 100mL。

b. 溶液Ⅱ：称取 1g 无水对氨基苯磺酸，溶于水，稀释至 100mL。

c. 使用时将溶液Ⅰ与溶液Ⅱ按同体积混合。

㊻ 紫脲酸铵溶液（0.5g/L）：称取 0.05g 紫脲酸铵，溶于水，稀释至 100mL。临用前制备。

㊼ 溴溶液［$c(1/2Br_2)=0.1mol/L$］

a. 配制：称取 50g 溴化钾，溶于 300mL 水中，加 2.5～2.6mL（约 8g）溴，稀释至 1000mL。

b. 标定：量取 25.00mL 上述溶液，注入碘量瓶中，加 2g 碘化钾及 100mL 水（15～20℃），于暗处放置 5min，用硫代硫酸钠标准滴定溶液［$c(Na_2S_2O_3)=0.1mol/L$］滴定，近终点时，加 2mL 淀粉指示液（10g/L），继续滴定至溶液蓝色消失。

溴溶液的浓度［$c(1/2Br_2)$］，数值以摩尔每升（mol/L）表示，按式(7-65) 计算：

$$c(1/2Br_2)=\frac{V_1c_1}{V} \tag{7-65}$$

式中 V_1——滴定用硫代硫酸钠标准滴定溶液的体积，mL；

c_1——硫代硫酸钠标准滴定溶液的浓度，mol/L；

V——溴溶液的体积，mL。

㊽ 碱性品红-亚硫酸溶液

a. 亚硫酸钠溶液（100g/L）：称取 2g 亚硫酸钠（$Na_2SO_3 \cdot 7H_2O$），溶于 20mL 水中。

b. 称取 0.2g 碱性品红，溶于 120mL 热水中，冷却，加 20mL 亚硫酸钠溶液（100g/L），加 2mL 盐酸，稀释至 200mL，放置 1h。

按以上方法制备的碱性品红-亚硫酸溶液，应符合下述要求：取含 0.005mg 甲醛的杂质测定用标准溶液，稀释至 20mL，加 2mL 碱性品红-亚硫酸溶液，摇匀，在 15～20℃下放置 10min，所呈红色应深于空白溶液。

㊾ 碳酸铵溶液：称取 200g 碳酸铵，溶于水，加 80mL 氨水，稀释至 1000mL。

㊿ 靛蓝二磺酸钠溶液［$c(C_{16}H_8N_2Na_2O_8S_2)=0.001mol/L$］

a. 配制：称取 mg 靛蓝二磺酸钠（靛蓝胭脂红），加 2mL 硫酸溶液（1＋5），稀释至 1000mL。使用期为 10d。

制备靛蓝二磺酸钠溶液［$c(C_{16}H_8N_2Na_2O_8S_2)=0.001mol/L$］所需靛蓝二磺酸钠的质量 m，单位以克（g）表示，按式(7-66) 计算：

$$m=\frac{0.4664}{\omega} \tag{7-66}$$

式中 ω——靛蓝二磺酸钠的质量分数，%。

b. 靛蓝二磺酸钠的质量分数测定。称取 0.2g 于 105～110℃干燥至恒重的靛蓝二磺酸钠，精确至 0.0001g。溶于 30mL 水，加 1mL 硫酸，稀释至 600mL，用高锰酸钾标准滴定溶液［$c(1/5KMnO_4)=0.1mol/L$］滴定至溶液由绿色变为淡黄色。

靛蓝二磺酸钠的质量分数 ω，数值以%表示，按式(7-67) 计算：

$$\omega=\frac{VcM}{m\times 1000}\times 100\% \tag{7-67}$$

式中 V——消耗高锰酸钾标准滴定溶液的体积，mL；

c——高锰酸钾标准滴定溶液的浓度，mol/L；

M——靛蓝二磺酸钠的摩尔质量，g/mol，$M(1/4C_{16}H_8N_2Na_2O_8S_2)=116.6g/mol$；

m——靛蓝二磺酸钠的质量，g。

(51) 磷试剂甲：称取 5g 钼酸铵［$(NH_4)_6Mo_7O_{24} \cdot 4H_2O$］，溶于水，稀释至 100mL。

(52) 磷试剂乙：称取 0.2g 对甲氨基苯酚硫酸盐，溶于 100mL 水中，加 20g 偏重亚硫酸钠，溶解，贮存于棕色瓶中。使用期为两周。

(53) 磷酸二氢钠溶液（200g/L）：称取 20g 磷酸二氢钠（$NaH_2PO_4 \cdot 2H_2O$），溶于水，加 1mL 硫酸溶液（20%），稀释至 100mL。

（3）缓冲溶液

① 乙酸-乙酸钠缓冲溶液

a. 乙酸-乙酸钠缓冲溶液（pH≈3）：称取 0.8g 乙酸钠（$CH_3COONa \cdot 3H_2O$），溶于

水，加 5.4mL 乙酸（冰醋酸），稀释至 1000mL。

b. 乙酸-乙酸钠缓冲溶液（pH≈4）：称取 54.4g 乙酸钠（$CH_3COONa \cdot 3H_2O$），溶于水，加 92mL 乙酸（冰醋酸），稀释至 1000mL。

c. 乙酸-乙酸钠缓冲溶液（pH≈4.5）：称取 164g 乙酸钠（$CH_3COONa \cdot 3H_2O$），溶于水，加 84mL 乙酸（冰醋酸），稀释至 1000mL。

d. 乙酸-乙酸钠缓冲溶液（pH 4～5）：称取 54.4g 乙酸钠（$CH_3COONa \cdot 3H_2O$），溶于水，加 28.6mL 乙酸（冰醋酸），稀释至 1000mL。

e. 乙酸-乙酸钠缓冲溶液（pH≈6）：称取 100g 乙酸钠（$CH_3COONa \cdot 3H_2O$），溶于水，加 5.7mL 乙酸（冰醋酸），稀释至 1000mL。

② 乙酸-乙酸铵缓冲溶液

a. 乙酸-乙酸铵缓冲溶液（pH 4～5）：称取 38.5g 乙酸铵，溶于水，加 28.6mL 乙酸（冰醋酸），稀释至 1000mL。

b. 乙酸-乙酸铵缓冲溶液（pH≈6.5）：称取 59.8g 乙酸铵，溶于水，加 1.4mL 乙酸（冰醋酸），稀释至 200mL。

③ 氨-氯化铵缓冲溶液

a. 氨-氯化铵缓冲溶液甲（pH≈10）：称取 54g 氯化铵，溶于水，加 350mL 氨水，稀释至 1000mL。

b. 氨-氯化铵缓冲溶液乙（pH≈10）：称取 26.7g 氯化铵，溶于水，加 36mL 氨水，稀释至 1000mL。

（4）指示剂及指示液

① 二甲酚橙指示液（2g/L）：称取 0.2g 二甲酚橙，溶于水，稀释至 100mL。

② 二苯胺磺酸钠指示液（5g/L）：称取 0.5g 二苯胺磺酸钠，溶于水，稀释至 100mL。

③ 二苯基偶氮碳酰肼指示液（0.25g/L）：称取 0.025g 二苯基偶氮碳酰肼，溶于乙醇（95%），用乙醇（95%）稀释至 100mL。

④ 4-(2-吡啶偶氮)间苯二酚指示液（5g/L）：称取 0.1g 4-(2-吡啶偶氮)间苯二酚（PAR），溶于乙醇（95%），用乙醇（95%）稀释至 100mL。

⑤ 甲基百里香酚蓝指示剂：称取 1g 甲基百里香酚蓝和 100g 硝酸钾，混匀，研细。

⑥ 甲基红指示液（1g/L）：称取 0.1g 甲基红，溶于乙醇（95%），用乙醇（95%）稀释至 100mL。

⑦ 甲基红-亚甲蓝混合指示液

a. 溶液Ⅰ：称取 0.1g 亚甲蓝，溶于乙醇（95%），用乙醇（95%）稀释至 100mL。

b. 溶液Ⅱ：称取 0.1g 甲基红，溶于乙醇（95%），用乙醇（95%）稀释至 100mL。

c. 取 50L 溶液Ⅰ、100mL 溶液Ⅱ，混匀。

⑧ 甲基橙指示液（1g/L）：称取 0.1g 甲基橙，溶于 70℃ 的水中，冷却，稀释至 100mL。

⑨ 甲基紫指示液（0.5g/L）：称取 0.05g 甲基紫，溶于水，稀释至 100mL。

⑩ 对硝基酚指示液（1g/L）：称取 0.1g 对硝基酚，溶于乙醇（95%），用乙醇

（95%）稀释至100mL。

⑪ 百里香酚酞指示液（4g/L）：称取0.1g百里香酚酞，溶于乙醇（95%），用乙醇（95%）稀释至100mL。

⑫ 百里香酚蓝指示液（4g/L）：称取0.1g百里香酚蓝，溶于乙醇（95%），用乙醇（95%）稀释至100mL。

⑬ 邻甲苯酚酞指示液（4g/L）：称取0.4g邻甲苯酚酞，溶于乙醇（95%），用乙醇（95%）稀释至100mL。

⑭ 邻甲苯酚酞络合剂-萘酚绿B混合指示剂：称取0.1g邻甲苯酚酞络合剂、0.16g萘酚绿B及30g氯化钠，混匀，研细。

⑮ 邻联甲苯胺指示液（1g/L）：称取0.1g邻联甲苯胺，加10mL盐酸及少量水溶解，稀释至100mL。

⑯ 饱和2,4-二硝基酚指示液：2,4-二硝基酚的饱和水溶液。

⑰ 吲哚醌指示液（2g/L）

a. 溶液Ⅰ：称取0.2g吲哚醌，溶于硫酸，用硫酸稀释至100mL。

b. 溶液Ⅱ：称取0.25g三氯化铁（$FeCl_3 \cdot 6H_2O$），溶于1mL水中，用硫酸稀释至50mL，搅拌，直至不再产生气泡。

c. 使用前将5.0mL溶液Ⅱ加入2.5mL溶液Ⅰ中，用硫酸稀释至100mL。

⑱ 荧光素指示液（5g/L）：称取0.5g荧光素（荧光黄或荧光红），溶于乙醇（95%），用乙醇（95%）稀释至100mL。

⑲ 结晶紫指示液（10g/L）：称取0.5g结晶紫，溶于乙酸（冰醋酸）中，用乙酸（冰醋酸）稀释至100mL。

⑳ 淀粉指示液（10g/L）：称取1g淀粉，加5mL水使其成糊状，在搅拌下将糊状物加到92mL沸腾的水中，煮沸1～2min，冷却，稀释至100mL。使用期为2周。

㉑ 1,10-菲啰啉-亚铁指示液：称取0.7g硫酸亚铁（$FeSO_4 \cdot 7H_2O$），溶于70mL水中，加2滴硫酸，加1.5g 1,10-菲啰啉（$C_{12}H_8N_2 \cdot H_2O$）[或1.76g 1,10-菲啰啉盐酸盐（$C_{12}H_8N_2 \cdot HCl \cdot H_2O$）]，溶解后，稀释至100mL。临用前制备。

㉒ 酚酞指示液（10g/L）：称取1g酚酞，溶于乙醇（95%），用乙醇（95%）稀释至100mL。

㉓ 铬黑T指示剂：称取1g铬黑T和100g氯化钠，混合，研细。

㉔ 铬黑T指示液（5g/L）：称取0.5g铬黑T和2g氯化羟胺（盐酸羟胺），溶于乙醇（95%），用乙醇（95%）稀释至100mL。临用前制备。

㉕ 硫酸铁（Ⅲ）铵指示液（80g/L）：称取8g硫酸铁（Ⅲ）铵[$NH_4Fe(SO_4)_2 \cdot 12H_2O$]，溶于50mL含几滴硫酸的水中，稀释至100mL。

㉖ 紫脲酸铵指示剂：称取1g紫脲酸铵及200g干燥的氯化钠，混匀，研细。

㉗ 溴百里香酚蓝指示液（1g/L）：称取0.1g溴百里香酚蓝，溶于50mL乙醇（95%），稀释至100mL。

㉘ 溴甲酚绿指示液（1g/L）：称取0.1g溴甲酚绿，溶于乙醇（95%），用乙醇（95%）稀释至100mL。

㉙ 溴甲酚绿-甲基红指示液

a. 溶液Ⅰ：称取 0.1g 溴甲酚绿，溶于乙醇（95%），用乙醇（95%）稀释至 100mL。

b. 溶液Ⅱ：称取 0.2g 甲基红，溶于乙醇（95%），用乙醇（95%）稀释至 100mL。

c. 取 30mL 溶液Ⅰ、10mL 溶液Ⅱ，混匀。

㉚ 溴酚蓝指示液（5g/L）：称取 0.04g 溴酚蓝，溶于乙醇（95%），用乙醇（95%）稀释至 100mL。

㉛ 曙红钠盐指示液（5g/L）：称取 0.5g 曙红钠盐，溶于水，稀释至 100mL。

㉜ 溴甲酚紫指示液（1g/L）：称取 0.1 溴甲酚紫，溶于乙醇（95%），用乙醇（95%）稀释至 100mL。

㉝ 二甲基黄-亚甲蓝混合指示液：称取 1g 二甲基黄和 0.1g 亚甲蓝，溶于 125mL 甲醇中。

2. 制品

① 乙酸铅棉花：取脱脂棉花，用乙酸铅［$Pb(CH_3COO)_2 \cdot 3H_2O$］溶液（50mL）浸透后，除去过多的溶液，于暗处晾干，贮存于棕色瓶中。

② 乙酸铅试纸：取适量无灰滤纸，用乙酸铅［$Pb(CH_3COO)_2 \cdot 3H_2O$］溶液（50mL）浸透，取出于暗处晾干，贮存于棕色瓶中。

③ 淀粉-碘化钾试纸：于 100mL 新配制的淀粉溶液（10g/L）中，加 0.2 碘化钾，将无灰滤纸放入该溶液中浸透，取出，于暗处晾干，贮存于棕色瓶中。

④ 溴化汞试纸：称取 1.25g 溴化汞，溶于 25mL 乙醇（95%），将无灰滤纸放入该溶液中浸泡 1h，取出，于暗处晾干，贮存于棕色瓶中。

参考文献

[1] 全国化学标准化技术委员会化学试剂分技术委员会（SAC/TC 63/SC 3）. GB/T 6682—2008 分析实验室用水规格和试验方法［S］. 北京：中国标准出版社，2008.

[2] 全国化学标准化技术委员会化学试剂分技术委员会（SAC/TC 63/SC 3）. GB/T 603—2002 化学试剂 试验方法中所用制剂及制品的制备［S］. 北京：中国标准出版社，2002.

[3] 全国化学标准化技术委员会化学试剂分技术委员会（SAC/TC 63/SC 3）. GB/T 601—2016 化学试剂 标准滴定溶液的制备［S］. 北京：中国标准出版社，2016.

[4] 全国化学标准化技术委员会化学试剂分技术委员会（SAC/TC 63/SC 3）. GB/T 602—2002 化学试剂 杂质测定用标准溶液的制备［S］. 北京：中国标准出版社，2002.

[5] 全国化学标准化技术委员会化学试剂分技术委员会（SAC/TC 63/SC 3）. GB/T 603—2002 化学试剂 试验方法中所用制剂及制品的制备［S］. 北京：中国标准出版社，2002.

[6] 朱贵云，刘德信. 化学试剂知识［M］. 北京：科学出版社，1987.

[7] 邓英春，等. 水质化学分析计算指南［M］. 合肥：安徽科学技术出版社，1993.

[8] 吴辛友，袁盛铨，翟金铣. 分析试剂的提纯与配制手册［M］. 北京：冶金工业出版社，1989.

[9] 全国流量容量计量技术委员会. 常用玻璃量器检定规程 JJG 196—2006［S］. 北京：中国计量出版社，2007.

[10] 全国统计方法应用标准化技术委员会. GB/T 11792—1989 测试方法的精密度在重复性或再现性条件下所得测试结果可接受性的检查和最终测试结果的确定［S］. 北京：中国标准出版社，1990.

[11] 朱贵云，刘德信. 化学试剂知识. [M]. 北京：科学出版社，1987.
[12] 水质分析大全编写组. 水质分析大全[M]. 重庆：科学技术文献出版社重庆分社，1989.
[13] 国家环境保护局，《水和废水监测分析方法》编委会. 水和废水监测分析方法[M]. 北京：中国环境科学出版社，2002.
[14] 国家环境保护局，《空气和废气监测分析方法》编写组. 空气和废气监测分析方法[M]. 北京：中国环境科学出版社，1990.
[15] 中国医学科学院卫生研究所. 水质分析法[M]. 北京：人民卫生出版社，1983.
[16] 张铁垣，程泉寿，张仕斌. 化验员手册[M]. 北京：水利电力出版社，1988.
[17] 武汉大学，等. 分析化学[M]. 北京：高等教育出版社，1982.
[18] 华中师范大学，东北师范大学，陕西师范大学，等. 分析化学[M]. 北京：高等教育出版社，1986.
[19] 中国环境监测总站，《环境水质监测质量保证手册》编写组. 环境水质监测质量保证手册[M]. 北京：化学工业出版社，1994.

第八章

水环境监测安全

第一节　安全组织与管理

一、安全管理体系

1. 安全组织体系

① 水环境监测部门应建立保持安全组织管理体系。成立实验室安全工作领导小组，落实实验室安全分管领导，制订本单位的实验室安全工作计划并组织实施；建立、健全实验室安全责任体系和规章制度（包括制度规定、操作规程、应急预案等）；组织、协调、督促各实验室负责人做好实验室安全工作；定期、不定期组织实验室安全检查，并组织落实安全隐患整改工作；组织本单位实验室安全环保教育培训，实行实验室准入制度；及时发布、报送实验室安全环保工作相关通知、信息、工作进展等。

② 除机构负责人和实验室负责人以外，每个实验室应设定一名兼职安全员，负责实验室的各项安全保障工作。

③ 实验室负责人是本实验室安全责任人，按实验安全工作计划开展本实验室的安全管理工作。兼职安全员协助实验室负责人具体负责该实验室的安全工作。安全员对实验室的安全负有检查、监督的责任，有权制止有碍安全的操作，纠正安全违章行为。

2. 安全管理制度、安全方针

① 水环境监测部门应根据具体情况制定和完善各项安全制度，实验室工作条件、工作环境发生变化时，应及时对安全规章制度进行修改或再版。

② 安全方针应清楚阐明实验室安全总目标和改进实验室安全绩效的承诺。

③ 应定期对水环境监测相关场所进行安全检查。

④ 可通过召开安全会议、张贴安全宣传画、发放与安全主题相关的文字资料和影视资料等方式推动安全工作的开展。

3. 人员职责

（1）机构负责人应承担的职责

① 贯彻上级安全管理规定；

② 为实施、控制和改进水环境监测安全管理提供必要的资源；

③ 制定相关的安全规章制度，确保所有危险环境得到有效控制；

④ 定期对安全组织管理体系进行评审或检查，以确保体系的持续适宜性、充分性和有效性。

(2) 实验室负责人应承担的职责

① 执行上级安全管理规定，监督检定有关的各项活动；

② 对排除危险提供建议和技术帮助；

③ 向工作人员宣传有关水环境监测的安全管理规定及处置措施；

④ 向上级有关部门汇报工作事故；

⑤ 负责所有实验室工作人员相应的安全知识培训。

(3) 兼职安全员应承担的职责

① 执行上级安全管理规定，检查实验室与上级安全管理规定的一致性；

② 协助实验室负责人监督执行相关的安全规章制度；

③ 负责标明所有危险工作场所的警示标志；

④ 听取实验室工作人员对安全问题的意见和建议，收集有关实验室安全问题的所有信息；

⑤ 报告与工作有关的安全危险信息，参与工作人员安全培训。

(4) 工作人员应承担的职责

① 实验室工作人员应了解所从事工作的相关安全与卫生标准规定，遵守各项安全规章制度；

② 保证按照工作程序完成承担的任务；

③ 按规定正确使用个人防护用品和安全设备；

④ 采取合理方法，消除或减少工作场所的不安全因素；

⑤ 向上级或安全员反映安全方面的问题、意见或建议；

⑥ 参加安全培训，掌握所从事工作的相关安全与卫生防护知识。

4. 人员权利

① 单位应每年组织实验室工作人员进行有关身体检查。

② 因工作中不安全因素造成伤害或疾病的人员，应获得相应的检查、治疗和赔偿。

二、安全培训

1. 实验室工作人员安全培训应达到的目标

① 能充分意识到安全管理的重要性；

② 识别工作活动中存在的或潜在的危害及偏离规定的安全规程的潜在后果；

③ 获得实验室健康及安全的知识；

④ 能应用安全知识于实践。

2. 实验室安全培训应包括的内容

① 相关的法律法规和技术标准；

② 实验室安全规章制度；

③ 关于化学品分类、加贴标签以及安全使用的常识；

④ 危险源的识别及排除；

⑤ 运行程序偏离规定的严重后果；

⑥ 个人防护用品及安全设施的选择、保养和使用；

⑦ 废弃物处理、火情处理以及紧急情况和急救措施的培训，以及必要时的再培训。

三、安全记录和安全保密

1. 安全记录

① 水环境监测工作过程中，应建立和保存安全记录。

② 安全记录可遵循以下规定：a. 报告记录应字迹清楚，标志明确，并可追溯相关的事故；b. 记录应包含发生的原因及预防该类事故再次发生应采取的措施；c. 记录的保存和管理应便于查阅，避免损坏、变质或遗失；d. 应规定保存期限。

③ 安全事故报告和处理方式应按国家有关政策法规执行。

2. 记录的安全保密

① 水环境监测部门按其职责范围，对已完成的监测与质量活动，应按照规定的记录格式认真记录，并应定期整理和收集。

② 记录经整理后，应及时交档案管理人员存档，并应认真履行交接手续。保存的记录如超过保存期，应按规定的程序进行销毁处理。

③ 记录应存放在指定场所。存放记录的场所应干燥整洁，具有防盗、防火设施，室内应严禁吸烟或存放易燃易爆物品，外来人员未经许可不应进入。

④ 本部门工作人员因工作需要借阅、复制记录的应经实验室负责人批准。

⑤ 外单位人员不宜借阅和复制记录，确因需要应经单位负责人批准。

⑥ 借阅、复制记录应办理登记手续，借阅人不得泄密和转移借阅，不得在记录上涂改。

⑦ 借阅人员未经许可不得复制、摘抄或将记录带离指定场所，不得查阅审批以外的其他无关记录。

⑧ 电子记录的安全保密应符合以下规定：a. 本部门计算机和自动化设备应只允许内部指定人员进行操作；b. 机主或自动化设备责任人对数据安全、保密负有责任，非授权人员不得上机操作；c. 每次开机和使用移动存储介质前，应进行一次计算机病毒的查杀；d. 未安装防火墙的上网计算机，不得存储重要数据；e. 按文件类别分别建立目录和子目录，并应对重要数据进行加密管理；f. 计算机管理员应定期检查和备份电子记录。

四、安全检查

水环境监测安全检查应坚持自查与抽查相结合、定期检查与不定期检查相结合的原则，及时发现及时排除安全隐患，做好技术安全工作档案。

安全检查内容详见表 8-1～表 8-3。

表 8-1 水环境监测实验室安全检查表

常规检查
①全体人员是否接受过实验室安全、卫生培训？
②实验室是否存放食物和饮料？
③走廊及过道是否清洁整齐？
④实验室工作环境中的有害物质浓度是否超过允许接触限值？
⑤通风橱或其他通风、排风设施排放有害物质是否及时？通风是否充足？
有关电
①电器、插座、电线、电缆有无接头松动、磨损或绽裂？
②是否有延接电线？
③有无防止超负荷和短路的装置？
④是否正确接地？
消防
①放置的灭火器种类和数量是否与该场所最可能发生的起火类型相适应？
②灭火器是否置于方便取用处？标记是否清楚？是否可用？
③是否安装洒水灭火系统？
④是否安装烟感探头？
⑤过道、楼梯或走廊是否被放置物品占用？
个人防护用品
①按要求应佩戴防护用品的场所是否配备了面罩、防护眼镜、手套和防护服等？是否可用？
②在毒害性物质环境下工作时，有无适当的保护措施？
医疗和急救
①使用腐蚀品的地方是否配备喷淋器和洗眼器？有无正常维修计划确保其正常工作？
②毒害性物品使用场所，是否备有一定数量的应急解毒药物？
化学废物
①存放毒害性废物的容器是否贴有标注标签，并有封口盖？
②盛装毒害性废物的容器标签是否完整清楚？
③毒害性废物存放期是否超过规定期限？

表 8-2 气瓶间安全检查表

①贮存压缩气体时，是否按其种类分门别类？
②气瓶使用过程中是否竖直摆放并加以固定？
③是否靠近热源放置？有无明火？
④夏季是否有暴晒？
⑤压缩气体有无泄漏？

表 8-3 化学品贮存区安全检查表

常规检查
①化学品，特别是危险化学品是否依其禁忌性贴签分类存放？
②可燃液体贮存区是否粘贴“禁止吸烟”标志？贮存容器是否合适？通风是否良好？
③通风系统是否进行了定期检查？
④过道是否堆放杂物？
⑤放置的灭火器是否合适？
⑥是否安装烟感探头和应急水龙头？是否可用？
⑦是否提供面罩、防护眼镜、手套和防护服等个人防护用品？
⑧是否有近期出入库清单？

续表

化学药品的存放及处理
①有无破损容器存在？ ②所有盛装化学药品的容器是否带有标签？ ③可形成过氧化物的试剂是否注明收到和开封日期？ ④可形成过氧化物的试剂，超过保质期后是否进行测试或丢弃不用？ ⑤可燃品是否远离热源、火源、明火焰存放？ ⑥腐蚀性药品存放位置是否离地过高？ ⑦可燃/易燃液体存放总量有无超过规定限值？ ⑧是否存在可燃性气体？ ⑨是否存在毒性气体？

第二节　实验室安全管理

一、实验室一般安全措施

1. 一般规定

① 一旦发生安全事故，当事人或责任部门应及时采取相应措施，并应向实验室负责人进行汇报。

② 实验室无人工作时，除恒温实验室、培养箱和冰箱等需要连续供电的仪器设备外，应切断电、水、气源，关好门窗，确保安全。

③ 实验室应保持门窗的锁、插销完好，重点部位应有防火、防盗、防爆、防破坏的基本设施和措施。

④ 应加强实验室用水设施的日常维护和管理，应定期检查输水管路和排水管路，发现问题应及时处理，以减少耗损，杜绝隐患。

⑤ 实验室应保持清洁整齐，实验结束后应及时打扫实验区卫生。

⑥ 应定期进行实验室安全检查，安全检查内容见表 8-1。

2. 压缩气体

1）实验室常用压缩气体的基本特性及分类应符合《瓶装气体分类》（GB/T 16163）的有关要求。

2）气瓶的存放可遵循下列要求：

① 气瓶贮存在专用气瓶间或气瓶柜中；

② 气瓶应贮存在阴凉通风处，远离热源、火种，防止日光暴晒，气瓶周围不应堆放任何可燃物品；

③ 气瓶在使用过程中应竖直摆放并加以固定；

④ 氧气瓶、可燃性气体气瓶与明火的距离一般应大于 10m。在采取可靠的防护措施后，距离可适当缩短；

⑤ 应定期对气瓶间进行安全检查，安全检查内容可参照表 8-2。

3）气瓶的使用遵循下列要求：

① 气瓶入库验收检查包装，确保无明显外伤、无漏气现象，严禁使用超过使用期限的气瓶；

② 气瓶应定期进行检验，如在使用过程中发现有严重腐蚀、损坏或对其安全可靠性有影响时，应提前进行检验；

③ 气瓶内气体不应全部用尽，气瓶内宜留有余压。其中，惰性气体气瓶内剩余 0.05MPa 以上压力的气体；可燃性气体气瓶内剩余 0.2MPa 以上压力的气体；氢气气瓶内剩余 2.0MPa 以上压力的气体。

④ 气瓶应按类别正确选用减压器，螺扣应旋紧，防止泄漏；开、关减压器和开、关阀时，动作应缓慢；使用时应先旋动开关阀，后开减压器；用完，应先关闭开关阀，放尽余气后，再关减压器；不应只关减压阀而不关开关阀。

⑤ 对于装氧化性气体的气瓶，其阀门，调节器或软管不应沾染油脂。

⑥ 在使用氢气的地方，严禁烟火、严防泄漏，用后应及时关闭总阀。

⑦ 氢气瓶和氧气瓶不应同存一处。

4）搬运气瓶可遵循下列要求。

① 搬运气瓶时，可用特制的担架或小推车，也可用手平抬或垂直转动，但不应用手执开关移动。

② 应轻装轻卸，严禁碰撞、抛掷或横倒在地上滚动。

③ 搬运时应防止气瓶安全帽跌落。

④ 搬运氧气瓶时，工作服和装卸工具不应沾有油污。

3. 仪器设备

① 涉及操作安全的仪器设备，应建立安全操作规程，操作人员应严格遵守。

② 安装新仪器设备之前应详读说明书，应确保新设备的电压、电流、环境等符合有关安全规定。

③ 仪器设备使用时应满足以下要求：a. 应安装符合规格的地线；b. 必要时应安装电源滤波器，以消除各种仪器运转引入的高频电流；c. 不应使用情况不明的电源；d. 实验完毕后，应对仪器的安全状态进行检查；e. 必要时应建立仪器设备档案，包括仪器管理记录、维护记录和事故记录。

4. 玻璃器皿

① 使用及储存玻璃器皿时应加倍小心。

② 液体加热时应使用耐热的玻璃器皿。

③ 玻璃器皿的使用及处理应符合以下要求：a. 在搬动大容量玻璃瓶时，应使用手推车或特制的设备运载；b. 开启紧闭的玻璃瓶塞时，应先将玻璃瓶放在水槽或托盘内，然后轻敲瓶塞或在瓶颈处稍微加热，以开启瓶塞；c. 截断玻璃管或玻璃棒时，应先用布块保护手部之后方可进行；d. 锋利的玻璃截口处应以火烧熔，使其圆滑；e. 玻璃管插入木塞或橡胶塞时，不应将管口指向掌心；f. 如玻璃管紧塞在木塞内，不应强行拉拔，而应

切开木塞取出。

④ 破裂的玻璃器皿的处理方法宜符合下列要求：a. 不应使用有裂痕或边缘破损的玻璃器皿；b. 宜使用钳子夹起并丢弃玻璃碎片；c. 玻璃碎片宜弃置于指定的金属容器或胶箱中。

二、实验室用电安全

1. 一般规定

① 实验室电气设施如开关、插座插头及接线板等应使用合格产品。

② 应经常对实验室电气设备、线路进行检查，发现老化、破损、绝缘不良等不安全情况，应及时维修。

③ 实验室所有固定的仪器设备均应接地。

④ 烘箱、电炉、高温电炉（马弗炉）、搅拌器、电加热器、电力驱动冷却水系统等不应无人值守过夜工作。使用电炉等明火加热器时，使用人员不应远离工作场所。

⑤ 同一个插座不宜同时用于多台仪器设备。

⑥ 需要对实验室墙电进行维修、改造时应由有专业资质的人员进行操作。

⑦ 不应用手或导电物（如铁丝、钉子、别针等金属制品）去接触、探试电源插座内部；不应用潮湿的手、湿布触摸和擦拭带电工作的电气设备。

⑧ 发现有人触电时应设法及时切断电源，或者用干燥的木棍等物将触电者与带电的电气设备分开，不应用手直接救人。

⑨ 电线走火时应立即切断电源，不应直接泼水灭火。

⑩ 应确保手电筒或应急灯的开关触点灵敏可用。

2. 短路和过载保护

① 实验设备和线路的安装应符合消防规定，不应随意加大保险丝用量，不应存在过载电路。

② 应选择适合所用电气设备类型的保护装置，如保险丝和电路开关等。

③ 当插座处于潮湿位置时，应使用 0.2mA 的地面漏电断路器。

3. 延接电线

① 应选择合适规格的延长线和绝缘方式，使用过程中不应发烫或有异味产生。

② 延长线上连接多孔插座时，应使用具保险丝安全装置或过载保护装置的产品。

③ 使用延长线时，应注意不可将其捆绑。

④ 长距离接设电线宜使用高频电线。

⑤ 延接电线不可用作永久性线路。

4. 断电

① 为防止突发断电，应在实验室放置手电筒和便携式应急灯或其他应急灯。

② 发生断电时，应立即启动应急灯，并应采取以下防范措施：a. 应封紧易挥发性物质的容器盖子；b. 应降下通风橱的窗格；c. 应关闭所有断电前正在运行的仪器设备；d. 应关闭实验室的火源、水龙头、电闸；e. 应保护或隔离正在进行的反应（如电热板上

沸腾的液体、蒸馏）；f. 因断电被迫终止的实验，应切断一切可能产生安全事故的隐患；g. 应从实验室外部锁好门。

三、实验室安全防护设施

1. 一般规定

① 为避免实验室工作人员直接接触危险化学品，实验室应合理配置实验室安全设施和个人防护用品，专人保管，定期检修，使之保持完好状态。

② 实验室安全设施主要包括通风设施、冲洗眼部设施、防喷溅工具箱、安全挡板和灭火设施等。

③ 个人防护用品主要包括眼睛和面部的防护用具，手和足部的防护用品，以及具有防御化学腐蚀和放射性性能的防护工作服。

④ 实验室应配备急救医药箱，以及划伤、擦伤和烧伤的包扎药物。

⑤ 实验室工作人员应熟悉各种化学品的接触途径，并应正确使用各种安全防护设施、设备以及个人防护用品。

⑥ 在处理或使用化学品后应清洗手部，避免不必要的危害或伤害。

⑦ 严格遵守操作规程，不应出现直接嗅危险化学品以及用嘴吸吸量管等操作。

2. 安全设施

1）通风设施的使用与维护应符合以下规定。

① 水环境监测实验室应正确配备通风系统等设施，有效地控制或消除实验过程中产生的有毒有害气体、高温、余湿等。通风系统应满足实验环境要求，具有足够的通、排风量和风速。

② 通风橱的使用应符合以下安全规定：a. 使用前，应检查通风系统是否处于正常运转状态；b. 置于通风橱中的实验器具距外壁的距离不应小于 15cm，以保证容器不致磕碰通风橱吊窗；通风橱周围放置大型器具时，距基座的距离应大于 5cm，以保证周围空气的通畅；c. 通风橱内台面上不应长期大量存放化学品；d. 通风橱内有可燃性气体时，应禁止放置起火源；e. 煮沸液体或使用活性化学物质时应放下吊窗遮挡泼溅物以保障安全；f. 不应将头伸入通风橱中操作；g. 不使用通风橱时通风橱吊窗应处于关闭状态；h. 应使用适当的气流量测试仪（计）定期检查通风橱的排风效果，最小气流量不应小于 0.5m/s。如果气流量不能满足要求，应立即进行检测或通知厂家进行维修。

2）冲洗眼部设施使用与维护应符合以下规定。

① 冲洗眼部设施应安放在实验室内工作人员使用方便且显著的位置。

② 冲洗眼部设施应能提供持续供应 15min 以上的水量。

③ 冲洗压力不应过大，应离眼球 3～5mm，且不应直接冲洗在角膜上。

④ 定期检查和疏通冲洗眼部设施，冲洗眼部设施应每周清洗一次，每次清洗时间不应少于 5min。

3）防喷溅工具箱应符合以下规定。

① 实验室中使用危险品应配备防喷溅工具箱，并应置于方便取用处。

② 防喷溅工具箱中主要应包括以下物品：a. 防喷溅护目镜；b. 防化学物质的手套；c. 塑料袋；d. 多种化学物质吸附剂；e. 铲子。

4）安全挡板的配备与使用应符合以下规定。

① 每个实验室应配备一块以上的安全挡板。

② 在使用蒸馏、加压和真空等装置时，应使用安全挡板遮挡，防止发生意外时飞溅伤人。

③ 安全挡板应保持清洁，若有损坏应立即更换。

3. 个人防护措施

1）使用眼部防护用品时应注意以下事项。

① 应根据接触的化学品和工作环境，正确选用眼部防护用品，或眼部防护用品结合呼吸防护用品使用。

② 在从事可能溅入人眼的实验，搬运或倾倒腐蚀性物质（如酸、碱）和毒性液体时应佩戴防泼溅眼镜。

③ 佩戴隐形眼镜的操作者，应佩戴有校正透镜的安全护目镜。

④ 使用产生紫外线辐射的设备工作时，应佩戴可过滤紫外线的眼罩。

2）面部防护应注意以下事项。

① 使用危险化学品，特别是有爆炸或高能化学反应的危险化学品时，应佩戴面罩对整个脸部进行保护。

② 在从事存在爆炸或颗粒溅射危险的工作时应对颈部进行保护。

③ 在有害蒸气浓度较高、微细分散粉尘存在的环境下工作时，应佩戴局部呼吸保护装置。

④ 如果职业接触限值超过允许接触限值，或吸入物有危害，应根据《呼吸防护用品的选择、使用与维护》（GB/T 18664）推荐的程序使用合适类型的呼吸防护用品。

3）手部防护宜注意以下事项。

① 使用腐蚀性或有毒化学药品时，应针对物质的种类选择使用合适的防护手套。

② 如果实验过程中可能产生泼溅物，为防止伤害皮肤，应使用橡胶或塑料制手套。

③ 如果实验操作造成皮肤机械损伤，宜使用皮革制或毛纺织品制的劳保手套。

④ 防护手套的使用应注意以下事项：a. 应查阅厂家说明书，以获得关于防护手套老化、渗漏及渗透时间的信息；b. 所有类型的防护手套均为可渗透的，应根据所接触物质的强度、浓度以及手套材料、厚度和渗透时间正确选用防护手套；c. 脱去手套之前，宜反复进行冲洗，并注意在空气中自然晾干；d. 一经褪色或出现其他破损迹象时应及时更换。

4）皮肤及身体的保护应注意以下事项。

① 实验全过程应穿实验服。

② 工作中使用伤害性或腐蚀性化学品时，不应穿露脚面的鞋和短裤等。

③ 接触强酸及酸性气体、有机物质、强氧化剂、致癌物质及诱变剂时，应使用特定的不渗透的橡胶手套、围裙、水靴及连裤工作服等保护物品以防止伤害皮肤。

④ 沾染化学药品的实验服或工作服，不得带回家中并与家庭衣物共同清洗。

4. 急救

1）发生割伤时，应立即用双氧水、生理盐水或75%酒精冲洗伤口，待仔细检查确认没有异物后，方可用止血粉、消炎粉等药物处理伤口。

2）发生休克时，应使患者平卧，抬起双脚，解开衣扣，注意保暖。如果呼吸微弱或停止时，可施行人工呼吸或输氧，同时应联系急救车迅速送医院治疗。

3）烧伤和灼伤可按以下方法进行急救。

① 一度症状为皮肤红痛、浮肿。应立即用大量清水洗净烧伤处，然后涂抹烧伤药物。

② 二度症状为起水泡。应立即用无菌绷带缠好，并马上就医。

③ 三度症状为坏疽，皮肤呈现棕色或黑色，有时呈白色。应立即用无菌绷带缠好，并马上就医。

④ 常见的化学烧伤和急救法见表8-4。

表 8-4 常见的化学烧伤和急救法

化学品名称	急救法
碱类(钾、钠等)	先用大量清水冲洗，后用2%醋酸冲洗
酸类(三强酸)	先用大量清水冲洗，后用2%小苏打液冲洗
氢氟酸	同酸类处理后，再涂抹甘油：氧化镁(体积比，2：1)制的糊剂，也可用冷的饱和硫酸镁溶液冲洗、包好
磷	用2%硫酸铜湿敷
溴	用浓氨水：松节油：酒精(体积比，1：1：1)的混合液冲洗
苯酚	用20%酒精：1mol/L 氯化铁(体积比，4：1)的混合液冲洗

4）急性化学中毒可进行如下抢救。

① 吸入化学品后，应立即将中毒人员转移到空气新鲜处。如呼吸停止，应进行人工呼吸，尽快就医。

② 误食化学品后，应立即漱口、催吐，并尽快就医。

③ 可使用鸡蛋、牛奶等解毒剂，中和或改变毒物的化学成分，从而减轻毒物对人体的损害作用。

5）发生剧毒性、可燃性或不确定性物质喷溅以及喷溅物多于1L时，应立即采取处置措施和实施救助。

① 处置措施应遵循以下原则：a. 应尽快撤走喷溅处的人员，并应提醒附近人员注意喷溅物；b. 应迅速移走所在场所的起火源，并应切断工作仪器的电源；c. 应打开通风设备并加大排风量；d. 当事故的危害和影响范围有可能扩大时，应撤离该区域的所有人员。

② 受伤人员救助宜采用以下急救方法：a. 应将受伤人员从喷溅区转移至通风处；b. 出血处应用冷水冲洗至少15min，对一些能和水发生反应的物质，应先用棉花或纸吸除后，再用清水冲洗；c. 不宜使用润肤霜、乳液等类似物品；d. 若喷溅物进入眼睛，应立即带领受伤人员至冲洗眼部设施处，揭开眼睑，冲洗眼睛不少于15min。若持续疼痛或有畏光现象，应到医院检查角膜受损情况。

四、实验室楼内易发生中毒事件的化学药品简介

1）甲醇：甲醇为高挥发性、高可燃性溶剂，沸点 64.7℃。吞食、吸入其蒸气或经皮肤吸收均可造成中毒。中毒症状为头痛、疲倦、反胃等，严重时会抽筋甚至失明。长期暴露于其蒸气中会造成视神经的伤害。

2）丙酮：丙酮为高挥发性、高可燃性溶剂，有特殊香气，沸点 56.5℃。丙酮可溶解大部分的塑料制品，大量吸入其蒸气会导致头痛、疲倦、支气管炎，严重时会昏迷。

3）乙二醇：乙二醇为黏滞性的液体，沸点 197.6℃。吞食乙二醇会出现呕吐、呼吸困难、痉挛、昏迷等症状，对肾脏有很大的伤害，致命量为 100mL。

4）实验室有各种不同染料，均有剧毒，使用时应特别小心（务必戴手套而且注意不要吸入其微粒），最好在通风橱中进行。

5）乙醚：乙醚是易挥发的无色液体，沸点 34.5℃，微溶于水，能溶解许多有机化合物，极易着火，易爆。乙醚具有麻醉作用。

6）乙酸：乙酸为无色且有刺激臭味的液体，沸点 118℃，溶点 16.6℃。乙酸对人体的黏膜有极大的刺激作用，吸入后能引起人体不适。

7）三硝基苯：三硝基苯为浅黄色液体，溶点 5.7℃，沸点 21℃。具有苦杏仁味，不溶于水，可随水蒸发。其蒸气有毒。

8）甲醛：甲醛在常温下为无色、具有特殊刺激气味的气体，溶点 −92℃，沸点 −21℃。其与空气混合形成爆炸混合物，爆炸极限为 7%～73%（体积分数）。甲醛易溶于水。一般是以水溶液保存。

9）苯：苯为无色液体，溶点 5.5℃，沸点 80.1℃。具有特殊气味，有毒，长期吸入苯及其蒸气是有害的。

10）三氯甲烷：三氯甲烷是一种无色且有甜味的液体，沸点 61.2℃，是良好的溶剂。它对人体肝脏有伤害作用。在光的作用下，空气可把三氯甲烷氧化为有剧毒的光气。因此三氯甲烷要在棕色瓶中保存。

11）四氯化碳：四氯化碳是无色液体，沸点 76.8℃，不能燃烧。四氯化碳有毒，能伤害肝脏。一次吸入高浓度的四氯化碳即引起麻醉并很快对肝脏和肾脏造成损害。乙醇能促进人体吸收四氯化碳，起着增毒作用。人吸入 0.15～0.20g/m^3 的四氯化碳就引起恶心、呕吐和消化障碍；吸入 0.21～0.78g/m^3 会感觉极度疲乏，脸色苍白及肠胃道障碍；吸入大量高浓度四氯化碳会引起急性中毒，使中枢神经受抑制，立即意识不清、抽搐、昏迷，甚至迅速死亡。

12）在无机化学实验的过程中，产生多种有害气体，因为实验台上没有通风设备，使实验人员长时间暴露在有害气体中，易发生中毒事件。有毒气体的种类列举如下。

① 氯气：氯气有毒，有剧烈的刺激性臭味，即使空气中含有少量的氯气，也能感觉到它的难闻气味。吸入少量的氯气会使鼻和喉头的黏膜受到刺激，引起胸部疼痛和咳嗽，吸入大量氯气会中毒，呼吸困难，乃至死亡。

② 溴蒸气：溴是红棕色液体，易挥发，其蒸气亦呈棕色，对眼球及黏膜有刺激和损伤作用。液溴具有强烈的腐蚀性，能深度灼伤皮肉，并难以痊愈。

③ 硫化氢：硫化氢是无色且有特殊臭（臭鸡蛋）味的气体，密度比空气略大，有极大的毒性。空气中含有0.1%的硫化氢，就会使人感到头痛、头晕、恶心，长时间吸入就会使人昏迷，甚至死亡。

④ 二氧化硫：硫在空气中燃烧生成二氧化硫。它是一种无色、有刺激性气味的有毒气体。二氧化硫的慢性中毒会使人丧失食欲、大便不通和患气管炎症。

⑤ 一氧化二氮：有微麻醉性，俗称笑气。一氧化二氮是红棕色有毒气体。一氧化二氮中毒的特征是对深部呼吸道的刺激作用，能引起肺炎、支气管炎和肺水肿等。严重者可导致肺坏疽。吸入高浓度的氮氧化物时可迅速出现窒息、痉挛乃至死亡的现象。

第三节　化学品安全

一、化学品分类及标志

① 化学品包括各类化学单质、化合物和混合物。水环境监测实验室新购入的化学品应按《化学品分类和危险性公示　通则》(GB 13690) 的规定进行危险性分类。

② 常用化学危险品危险特性和类别分为主标志 16 种和副标志 11 种。当一种化学危险品具有一种以上的危险性时，应用主标志表示主要危险性类别，并用副标志来表示其他重要的危险性类别。具体分类及图形可参见《化学品分类和危险性公示　通则》(GB 13690)。

二、化学品使用

1) 化学品的使用应符合医学规定。

① 应保证新购入化学品的标志内容符合《化学品安全标签编写规定》(GB 15258) 的规定。

② 实验室化学品和配制好的溶液，应贴有标签，标明其主要信息。

③ 分装或使用完化学品后应立即将容器盖盖紧，防止倾覆、挥发、散落、吸潮等。

④ 无标签、过期、变质等化学品或溶液，一经发现应按废品处理。

2) 使用化学品的实验室工作人员，应熟悉各种化学品的接触途径和安全防范知识，应能正确使用各种个人安全防护用品和实验设施，并采用以下防护措施。

① 工作时应穿工作服并佩戴防护手套，防止化学品通过皮肤进入人体内，工作完毕应立即洗手。

② 如遇有小伤口时，应妥善包扎并佩戴手套后方能工作；伤口较大时应停止工作。

③ 实验中煮沸、烘干、蒸发等均应在通风橱中进行操作。

3) 可燃/易燃品的存放与使用应符合以下规定。

① 存放可燃物质的容器或橱柜应远离起火源，或置于专门存放可燃物质的房间。

② 自燃物品应在惰性环境中使用和存放。

③ 工作区内应装备合适的灭火装置或喷水消防系统。

4）腐蚀品存放与使用应符合以下规定。

① 存放或处理腐蚀性物质用的容器或仪器应具备耐腐蚀性和密封性。酸性和碱性物质严禁混放，应分类隔离贮存。

② 使用腐蚀性物质时，应正确使用防护眼罩、橡胶手套、面罩、橡胶围裙、橡胶鞋等。

③ 当用水稀释浓硫酸时，应缓慢地将浓硫酸倒入水中，并加以搅拌，不得向浓硫酸中加水，以免发生安全事故。

④ 经常使用腐蚀性物质处应备有常用急救药品及喷淋水龙头。

⑤ 腐蚀性物质误入眼内或接触皮肤，应立即用凉水冲洗 15min，并进行医治。

5）氧化剂的使用应符合以下规定。

① 使用氧化剂时，实验区内不应有引发强烈氧化反应的其他物质存在。

② 使用反应比较剧烈或有可能引发爆炸的强氧化剂时，应使用安全罩或采取其他措施进行隔离操作。

6）可形成过氧化物的物质的使用应符合以下规定。

① 熟悉可能存在过氧化物的化学品，并应按相应的操作规程谨慎使用。

② 使用前应核查化学试剂的有效使用日期，不得使用超过推荐使用日期的化学试剂。

③ 不应使用瓶盖周围有明显固态颗粒的试剂。

④ 使用和贮存大量可形成过氧化物的物质时应定期进行化学试验以检查试剂是否形成过氧化物。

7）光敏性物质应置于棕色瓶中，存放于阴凉、暗处或置于可减少光穿透的其他容器中。

8）不稳定物质的使用应符合以下规定。

① 应熟悉不稳定物质使用的操作规程，使用中应避免发生撞击。

② 当怀疑或发现不稳定物质异常时，应立即采取隔离措施。

③ 使用前应检查容器上标明的收到及开封日期，不应使用超过推荐使用日期的试剂。

④ 一旦发生爆炸，应首先设法隔离爆炸源。

9）制冷剂的使用与防护应符合以下规定。

① 仪器设备应保持清洁，特别是工作中使用液态氧时。

② 应严格控制气体或流体的混合比，防止形成可燃性或爆炸性物质。

③ 盛装制冷剂的容器或系统应有缓冲压力装置。

④ 盛装制冷剂的容器或系统应有足够的强度，确保其承受相当低的温度而不脆裂。

⑤ 工作中应采取以下防护措施：a. 应佩戴有边罩的安全罩或面部保护罩；b. 当使用的制冷剂可能溢出或喷溅时，应使用可盖住整个面部的保护罩、不渗透的围裙或罩衣、橡胶裤及高帮胶鞋；c. 操作时不应戴手表、戒指及其他饰物；d. 使用的防护手套应不漏气且足够宽松，以便在制冷剂喷溅时能迅速脱下。

10）放射性物质的使用与防护应符合以下规定。

① 应建立放射性物质使用安全操作规程，使用人员上岗前应经专业培训，持证上岗。

② 应采取相应的安全防护措施和配备防护器具。

③ 应建立放射性物质使用记录，记录内容应包括使用人员、使用时间、使用范围、用量、操作运转情况、产生废弃物的种类与数量等。

④ 在操作时，应利用各种夹具，增大接触距离，减少被辐射量。

⑤ 在操作中，应减少被辐射时间，不得在有放射性物质（特别是β体、γ体）附近长时间停留。

⑥ 使用过的器具、防护用品、废弃物和含放射性物质的试剂等应存放在指定的位置，不能随意堆放和处置。

11）发生汞溅落时可参照如下方式进行处理。

① 打碎压力计、温度计及极谱分析操作不慎，将金属汞洒落时，可将真空捕集管套在玻璃滴管上，以拾取洒落的汞滴，不应使用吸尘器。

② 洒落的小汞滴可采用以下化学物质之一进行处理：a. 多硫化钠水溶液；b. 硫粉；c. 金属银的化合物。

三、化学品贮存

① 化学品应集中贮存，存放场所应按照国家有关安全规定，设置相应的通风、防潮、避光、防火、防盗等设施。

② 化学品存放应做到分类科学、定橱定位、加贴橱标。

③ 化学品应指定专人保管，建立入、出库台账。

④ 剧毒物品和放射性物品应按卫生、公安、防疫、环保等相关部门的要求保存和领用。

⑤ 购买化学品以能满足实验室需要的最小量为原则，实验台或工作间内摆放的化学品应保持最小量。

⑥ 常用化学危险品出、入库及贮存应按 GB 15603 的要求执行。

⑦ 贮存区应定期进行安全检查，检查内容可参见表 8-1 和表 8-3。

四、化学品搬运

① 搬运化学品应轻拿轻放，防止撞击、摩擦、碰摔、振动，避免坠地或溅射。

② 搬运化学品前应将容器或包装袋密封，以防搬运过程中发生倾覆、泄漏等。

③ 人工搬运时一次只应搬运适当重量的物品，大件或大量物品应使用小车搬运，但要注意适当的堆放高度，并应有防散落、倾覆措施。

④ 购买和运输易燃、易爆、剧毒、放射性等危险品应严格执行公安机关及有关部门的安全规定。

五、废弃物处理

1）实验过程中产生的废气、废液、固体废弃物称为实验室“三废”，实验室废弃物应依其性质进行分类收集和处理。

2）废气的处理可按以下方法进行。

① 实验室废气可通过安装废气处理排风设备排出。

② 如遇偶然废气泄漏时，应加大排风设备的排风量，并应立即打开实验室门窗。

3）废液的贮存和处理应符合以下要求。

① 废液应使用密闭式容器收集贮存，不应使用玻璃器具、烧杯、长颈烧瓶等长期存放废物。

② 贮存容器不应与废液发生化学反应，一般为：高密度聚乙烯桶（HDPE 桶）用于无机类废液贮存；不锈钢桶、搪瓷桶和玻璃容器用于有机废液贮存。

③ 不应将互为禁忌的化学物质混装于同一废物回收容器内，废液可按以下类别分开存放：a. 有机废液（卤素类）；b. 有机废液（非卤素类）；c. 汞、氰、砷类废液；d. 无机酸及一般无机盐类废液；e. 碱类及一般无机盐类废液；f. 重金属类废液。

④ 贮存容器上应注明废弃物种类，并应附有《实验室废弃物倾倒记录表》，登记废弃物主要成分、数量和处理情况等信息。

⑤ 废液应适当处理，pH 值在 6.5～8.5 之间，且不存在可燃、腐蚀、有毒和放射性等危害时，可排入下水道。

4）实验中出现的固体废弃物不应随便置放；可释放有毒气体或可自燃的固体废弃物不应丢进废物箱内或排进下水管道中；碎玻璃和锐利固体废弃物不应丢进废纸篓内，宜收集于特殊废品箱内集中处理。

5）放射性废物应单独收集存放，不应混于一般实验室废弃物中。

6）生物检验样本、培养基以及所使用的玻璃器皿均应经高压灭菌或煮沸消毒后再清理或清洗。

7）报废及过期化学品可使用原盛装容器暂存。

8）贮存容器如发生严重锈蚀、损坏或泄漏等情况时应立即更换。

9）毒害性废物在实验室的存放期不宜超过半年。

10）实验室应制定详细的废弃物转移程序，并应将废弃物交至经环境保护行政主管部门认可，持有危险废物经营许可证的单位统一处理。

六、控制措施

1）存在下列情况之一，应采取控制措施。

① 工作人员使用危险化学品；

② 工作人员接触暴露量超过造成危害的限制值的危险化学品；

③ 有新化学物质生成或操作程序有变化；

④ 可能影响工作人员身体健康的其他情况。

2）实验室应采取以下控制措施，减少工作人员接触危险化学品的次数、时间或机会。

① 应采取定期轮班轮岗等措施，减少工作人员接触危险化学品的时间；

② 应采用通风橱或安全通风口等工程措施，移走或降低工作环境中有害物质的浓度；

③ 应采取个人防护措施，配备如手套和实验服等，避免工作人员直接接触有害物质；

④ 应采用代用品措施，用危害小的化学品代替危害大的化学品；

⑤ 应采取改变处理手段和处理方式措施，降低工作中的接触危害程度；

⑥ 应采用屏蔽及污染监控设备等措施，控制和监控特定情况下的接触污染状况。

第四节 消防安全

一、一般规定

① 各单位应配置消防器材和设施，设置消防安全标志，定期组织检验、维修，确保设施和器材完好。

② 消防器材和设施应有专人维护和管理，任何人不得损坏和擅自挪用消防器材和设施，不得埋压和圈占室外消火栓，不得占用防火间距、堵塞消防通道。

③ 过道、走廊和楼梯等安全出口应保持畅通，不得堆放任何材料和杂物，堵塞安全出口。

④ 实验室内严禁吸烟。

⑤ 各单位应扩展职工消防知识普及教育，印发消防知识学习材料。

⑥ 职工应掌握以下消防知识：a. 应能识别火灾危险性，熟悉预防措施和正确运用扑救方法；b. 应能正确使用消防器材，具有扑灭初期火灾的能力以及紧急情况下撤离与报警。

二、烟感探测器

1）实验室、化学药品间等工作场所应安装烟感探测器。烟感探测器的使用与维护应符合以下规定。

① 应安装于工作场所天花板上的合适位置。

② 应按照制造商说明书，定期检查感应效果。

③ 应保持清洁，并定期更换电池。

2）下列设备或作业环境正上方，不宜直接安装烟感探测器。

① 火焰原子吸收分光光度计、电感耦合等离子体光谱（质谱）仪。

② 酸浴或酸浸透作业环境。

③ 产生粉尘和颗粒的作业环境。

④ 其他可产生腐蚀性蒸气或湿气、粉尘等直接腐蚀和阻塞检测器的作业环境。

三、灭火器

1）办公室、实验室、药品库、车辆、船只及任何使用可燃液体或者火源的场所都应配备相应类型的灭火器材。

2）灭火器应置于方便取用处，并标记清晰。

3）置于室外或船/车中的灭火器，应注意防雨和避免失效；置于低温环境中的灭火器，应选择合适的种类。

4）灭火器种类的选择应与可能发生的起火类型相适应。实验室常见的着火类型及灭火方法见表 8-5。

表 8-5 实验室常见着火类型及灭火方法

类型	起火物质	灭火方法	禁用灭火方法
A	普通的物质如木材、布等	水或含水的泡沫液	—
B	可燃性液体	泡沫灭火器、化学干粉灭火器	—
C	以上物质(A类和B类的起火物质)有电源接触时	化学干粉、二氧化碳、四氯化碳	水、泡沫
D	可燃性金属物质	干冰、干的盐(钠或钾)、干的石墨(锂)	水、泡沫、二氧化碳

5）使用灭火器应注意以下事项。

① 使用前应迅速查清起火部位、着火物质及其来源，及时准确地切断电源及各种热源。

② 应对火焰底部进行扫动喷射。

③ 在室外使用时应注意站在上风向喷射，并随着射程缩短，应逐渐接近燃烧区，以提高灭火效率。

④ 若使用灭火器无法扑灭火焰，应立即呼叫消防部门。

⑤ 离开现场前应保证火焰已全部扑灭。

四、其他灭火设施

① 每个实验室至少应备有一张灭火毯，并置于容易取用的地方。

② 每个实验室应备有防火沙，用以扑灭由金属（钠、锌粉、镁等）及磷所引起的小火。沙桶内应置一个铲子，以供取用防火沙。

③ 化学品特别是易燃易爆品存放区应安装消防水龙头，消防水龙头位置距使用或存放处不宜过远和存有障碍物。

④ 消防水龙头应定期检查和疏通。

五、应急方案

1）发生紧急情况时，实验室工作人员应熟知实验室内水、电、气的阀门和灭火设备的位置以及安全出口位置。

2）实验室发生火灾时应采取以下应急措施。

① 电气设备或气瓶爆炸引起火灾时，应立即切断电源、气源开关，并迅速移走周围的可燃物品，不应使用水和泡沫灭火器。

② 应设法隔绝火源周围的空气，降低温度至低于可燃物的着火点。

③ 如果工作人员身上着火，不应奔跑，应设法脱掉衣服或卧地打滚，将身上火苗压灭，或就近用水或灭火器，直接灭火。

④ 根据火势的大小采取有效措施及时扑灭火焰。火势较小时，可用湿抹布等灭火；火势较大时，则应根据燃烧物的性质，使用不同方法和灭火器灭火。

⑤ 当火势难以自行控制时，应立即拨通“119”报警，同时组织人员尽快撤离现场。

⑥ 工作人员应按照疏散指示灯和安全出口灯指示的方向进行疏散。当安全指示灯方向和火灾方向相同时，应向相反方向疏散。

第五节　野外采样及测量安全

一、交通安全

1. 水质移动监测车

① 驾驶水质移动监测车进行野外作业，出车前应对车辆进行安全检查。水质移动监测车安全检查表可参见表 8-6。

表 8-6　水质移动监测车安全检查表

车牌号：　　　　　　　　　　　　　检查员：
日期：
改进措施：
①车辆发动机部位需检查项目：千斤顶、悬臂扳手、链条有无异常？
②与驾驶操作有关的检查项目：方向盘、刹车、风挡刮水器、喇叭、安全带、灯（头灯、尾灯、拐弯灯、刹车灯）是否正常？
③车体外部需检查项目：车灯、车窗是否清洁，有无破损？有无备用轮胎？轮胎有无异常？排气系统是否通畅？拖车牵引装置是否正常？
④车内须检查项目：墙面、地板、试验台等是否耐腐蚀？
⑤有无应急灯、应急工具、灭火器、自动绞盘？是否可用？
⑥通风、排风设施排放有害物质是否及时？监测车中的有害物质浓度是否超过允许接触限值？
⑦有无车载专用减震装置及仪器设备紧固用安全带？是否可用？
⑧仪器设备、钢瓶、化学药品以及实验废弃物的使用和存放是否满足要求？
⑨电气设备、插座、电线、电缆、仪器接地系统等是否异常？
⑩是否配备独立式发电系统和净化稳压电源？燃料是否足够？贮存方式是否满足要求？
⑪是否配置车载 UPS 备用电源？蓄电池电压、电流和剩余电量的显示监控是否满足要求？
⑫是否配备洗涤池和独立供水/排水系统？是否可用？
⑬是否按要求配备了面罩、防护眼镜、手套、防护服、急救箱、洗眼器等个人防护用品？是否可用？
⑭监测车位于突发性污染事故现场时，是否保持足够安全的防火、防爆距离？

② 严格遵守有关道路交通安全法律法规，做到安全行驶，安全第一。

2. 水质移动监测船

① 水质移动监测船作业出航前应预先检查船只和设备，船只安全检查表见表 8-7。

② 上船工作人员应加强安全意识，工作船航行、作业过程中，应严格遵守“内河避碰规则”及有关安全航行的规章制度。

二、作业安全

① 每次外出采样前，应收集目的地的天气信息，了解样品采集水域的情况，并应分

析可能发生的危险。

表 8-7 水质移动监测船安全检查表

船号： 检查员：
日期：
改进措施：

①水道选取是否合理？
②有无导航帮助？
③水面交通是否通畅？
④有无标记线？
⑤船体外壳需检查项目：航行灯、排水泵、锚、缆线、导航灯及驾驶盘或控制器有无异常？
⑥各类发动机和传动装置如气柜、火焰制动器、鼓风机、船外发动机、安全链条等操作时有无异常？
⑦燃料是否足够？
⑧有无鸣笛、罗盘、无线电、桨、探照灯？是否可用？
⑨有无应急用品或设施如灭火器、应急灯、信号装置、报警笛、救生圈、救生衣、安全工作背心？
⑩有无个人防护用品？
⑪通风、排风设施排放有害物质是否及时？工作环境中的有害物质浓度是否超过允许接触限值？
⑫电气设备、插座、电线、电缆等是否异常？
⑬仪器设备、钢瓶、化学药品以及实验废弃物的使用和存放是否满足要求？
⑭在血吸虫病流行区作业，是否准备了预防措施？

注：对于特殊船只检查项目有所不同，表格应定制。

② 野外作业应由两人以上同时进行。

③ 野外作业时应注意有无自然危险或人为危险，如有毒化学物质、有害植物、危险动物、昆虫及踩绊危险等。必要时，应采取有效措施避免吸入有毒气体，防止通过口腔和皮肤吸收有毒物质和病原微生物。

④ 用酸或碱保存水样时应戴上手套和保护镜，穿上实验服。酸碱保存剂在运输期间应妥善贮存，防止溢出。当发现有溢出时，应立即用大量的水冲洗稀释或用化学物质中和。

⑤ 在大面积水体上采样、测量时应穿救生衣作业。

⑥ 河流涉水作业时，作业前应用探深杆对水深进行探测，水深和水下地形不明时不应涉水作业。

⑦ 在冰层覆盖的水体上作业前，应预先检查薄冰层的位置和范围，做好标记。行走和作业时应有专人进行监视工作，防止作业人员发生危险。

⑧ 在桥上采样和测量时应在人行道上作业。因作业干扰交通时，应提前与地方交通部门协商并应在桥上设置“有人作业”的显示标志。在通航河流的桥上作业时应注意来往航行船只。

⑨ 使用缆道采样时应全面检查梯子、平台、通道及护栏等处，检查电缆、拉索、铰

钉、缆车和塔台等有无过度磨损、破坏或其他损坏情况，可参见表 8-8。

表 8-8 缆道安全检查表

站号__________　　　站名称__________
检查者__________　　　检查日期__________
电缆跨距______ m;电源类型和直径____,规定垂度,无负载时______ m。
A—构架高度,左____ m;右____ m。

主电缆
①绳股有无断裂？有无生锈？有无剥落？
②有无疲劳现象(线笔直断裂)？
③槽钢和电缆是否清洁且不接触污物？如不是,进行清理。
④电缆接头是否已校准并水平安放？
⑤电缆垂度是______ m。必要时纠正。
⑥缆道是否已充分就位？必要时调整。
⑦夹子安装是否正确？

后拉索和悬缆线
①绳股有无断裂？
②有无生锈？有无剥落？
③后拉索是否绷紧？如未绷紧,需拉紧处理。
④是否需要飞机识别标记？
⑤如果使用飞机识别标记,是否维修良好？是否牢固？
⑥夹子安装是否正确？

铰钉和底座
①铰钉是否有损耗迹象？底座是否有损耗迹象？(左右两个均需检查)
②铰钉有无松动现象？有无断裂？
③槽钢有无生锈、损耗或疲劳现象？电缆接头有无生锈、损耗或疲劳现象？电缆是否连接？紧固 A—构架和底座的螺栓是否生锈？螺栓有无螺母？(左右两个均需检查)

电缆支撑
①A—构架是否无生锈和腐蚀？有无疲劳现象？(左右两个均需检查)
②木制 A—构架是否需用防腐材料处理？(左右两个均需检查)
③梯子、台阶和平台是不是安全紧固？是否需要护栏？如现场有护栏,是否安全并充分维修？(左右两个均需检查)
④缆道是否接地？

缆车
①滑轮的形态是否良好？
②支持物有无裂缝？
③地板状态是否良好？
④电缆盘的状态是否良好？
⑤边侧围栏是否安全？
⑥连接滑轮与支撑物的盘状态是否良好？

⑩ 对监测车、监测船、水质自动监测站中的水、电、气、火、分析仪器、化学药品以及个人安全防护等方面安全检查的具体内容可参照实验室安全检查内容进行。

参考文献

[1] 水利部水文局. 水环境监测实验室安全技术导则 SL/Z 390—2007 [S]. 北京: 中国水利水电出版社, 2008.

[2] 全国认证认可标准化技术委员会 (SAC/TC261). 检测实验室安全 第 1 部分: 总则 GB/T 27476. 1—2014

[S]. 北京：中国标准出版社，2015.

[3] 全国认证认可标准化技术委员会（SAC/TC261）. 检测实验室安全第 2 部分：电气因素 GB/T 27476. 2—2014 [S]. 北京：中国标准出版社，2015.

[4] 全国认证认可标准化技术委员会（SAC/TC261）. 检测实验室安全第 5 部分：化学因素 GB/T 27476. 5—2014 [S]. 北京：中国标准出版社，2015.

[5] 崔克清. 危险化学品安全使用 [M]. 北京：化学工业出版社，2005.

[6] 杨书宏. 作业场所化学品的安全总论 [M]. 北京：化学工业出版社，2005.

[7] 国家化学生产监督管理局. 危险化学品安全评价 [M]. 北京：中国石化出版社，2003.

[8] 胡忆沩. 危险化学品应急处置 [M]. 北京：化学工业出版社，2009.

[9] 王罗春，何德文，赵由才. 危险化学品废物的处置 [M]. 北京：化学工业出版社，2009.

[10] 朱贵云，刘德信. 化学试剂知识 [M]. 北京：科学出版社，1987.

[11] AS/NZS 2243. 1：2005 Safety in laboratories—Part 1：Planning and operational aspects.

[12] AS/NZS 2982：2010 Laboratories design and construction—Part 1：General requirements.

[13] AS/NZS 2243. 7：1991 Safety in laboratories—Part 7：Electrical aspects.

[14] AS/NZS 2243. 8：2006 Safety in laboratories—Part 8：Fume cupboards.

[15] AS/NZS 2243. 9：2003 Safety in laboratories—Part 9：Recirculating fume cabinets.

[16] ANSI Z358. 1：2004 emergency eyewash and shower equipment.

[17] 国际劳工组织. 作业场所安全使用化学品公约（第 170 号国际公约）[Z]. 1990.

[18] 国际劳工组织. 作业场所安全使用化学品建议书（第 177 号国际公约）[Z]. 1990.

[19] [比] 马克 J 利菲尔. 化学事故急救手册 [M]. 王兰芬，译. 北京：化学工业出版社，1987.

[20] 武汉大学，等. 分析化学 [M]. 北京：高等教育出版社，1982.

[21] 华中师范大学，东北师范大学，陕西师范大学，等. 分析化学 [M]. 北京：高等教育出版社，1986.

[22] 张铁垣，程泉寿，张仕斌. 化验员手册 [M]. 北京：水利电力出版社，1988.

[23] 国家环境保护局，《水和废水监测分析方法》编委会. 水和废水监测分析方法 [M]. 北京：中国环境科学出版社，2002.

[24] 中国环境监测总站，《环境水质监测质量保证手册》编写组. 环境水质监测质量保证手册 [M]. 北京：化学工业出版社，1994.

第九章

正态样本离群值的判断和处理

第一节 离群值判断和处理一般规则

一、一般规则

1. 术语和定义

（1）离群值（outlier） 样本中的一个或几个观测值，其离其他观测值较远，暗示它们可能来自不同的总体。

注：离群值按显著性的程度分为歧离值和统计离群值。

（2）统计离群值（statistical outlier） 在剔除水平下统计检验为显著的离群值。

（3）歧离值（straggler） 在检出水平下显著，但在剔除水平下不显著的离群值。

（4）检出水平（detection level） 为检出离群值而指定的统计检验的显著性水平。

注：除非根据《数据的统计处理和解释 正态样本离群值的判断和处理》（GB/T 4883—2008）中达成协议的各方另有约定，检出水平α值应为0.05。

（5）剔除水平（deletion level） 为检出离群值是否高度离群而指定的统计检验的显著性水平。

注：剔除水平α^*的值应不超过检出水平α的值。除非根据《数据的统计处理和解释 正态样本离群值的判断和处理》（GB/T 4883—2008）中达成协议的各方另有约定，α^*值应为0.01。

2. 符合和缩略语

n：样本量（观测值个数）。

$\bar{x}$：样本均值。

α：检验离群值所使用的显著性水平，简称检出水平。

α^*：检验统计离群值所使用的显著性水平，简称剔除水平（$\alpha^*<\alpha$）。

$x_{(i)}$：观测值自小到大排序后的第i个值。

σ：总体标准差。

S：样本标准差。

R_n：奈尔（Nair）上统计量。

R_n'：奈尔（Nair）下统计量。

G_n：格拉布斯（Grubbs）上统计量。

G'_n：格拉布斯（Grubbs）下统计量。

D_n：狄克逊（Dixon）上统计量。

D'_n：狄克逊（Dixon）下统计量。

b_s：偏度统计量。

b_k：峰度统计量。

二、离群值判断

1. 离群值的来源与判断

离群值按产生原因分为以下两类。

第一类离群值是总体固有变异性的极端表现，这类离群值与样本中其余观测值属于同一总体。

第二类离群值是由试验条件和试验方法的偶然偏离所产生的结果，或产生于观测、记录、计算中的失误，这类离群值与样本中其余观测值不属于同一总体。

对离群值的判定通常可根据技术上或物理上的理由直接进行，例如当试验者已经知道试验偏离了规定的试验方法，或测试仪器发生问题等。当上述理由不明确时，可用GB/T 4883—2008规定的方法。

2. 离群值的3种情形

在下述不同情形下判断样本中的离群值。

① 上侧情形：根据实际情况或以往经验，离群值都为高端值。

② 下侧情形：根据实际情况或以往经验，离群值都为低端值。

③ 双侧情形：根据实际情况或以往经验，离群值可为高端值，也可为低端值。

注：a. 上侧情形和下侧情形统称单侧情形；b. 若无法认定单侧情形，按双侧情形处理。

3. 检出离群值个数的上限

应规定在样本中检出离群值个数的上限（与样本量相比应较小），当检出离群值个数超过了这个上限时，对此样本应做慎重的研究和处理。

4. 单个离群值情形

① 依实际情况或以往经验选定，选定适宜的离群值检验规则。

② 确定适当的显著性水平。

③ 根据显著性水平及样本量，确定检验的临界值。

④ 由观测值计算相应统计量的值，根据所得值与临界值的比较结果作出判断。

5. 判定多个离群值的检验规则

在允许检验出离群值的个数大于1的情况下，重复使用“4. 单个离群值情形”中规定的检验规则进行检验。若没有检出离群值，则整个检验停止；若检出离群值，当检出的离群值总数超过“3. 检出离群值个数的上限”规定的上限时检验停止，对此样本应慎重处理，否则采用相同的检出水平和相同的规则，对除去已检出的离群值后余下的观测值继续检验。

第二节　离群值处理

一、处理方式

处理离群值的方式有以下几种。

① 保留离群值并用于后续数据处理。

② 在找到实际原因时修正离群值，否则予以保留。

③ 剔除离群值，不追加观测值。

④ 剔除离群值，并追加新的观测值或适宜的插补值代替。

二、处理规则

对检出的离群值，应尽可能寻找其技术上和物理上的原因，作为处理离群值的依据。应根据实际问题的性质，权衡寻找和判定产生离群值的原因所需代价、正确判定离群值的得益及错误剔除正常观测值的风险，以确定实施下述三个规则之一。

① 若在技术上或物理上找到了产生离群值的原因，则应剔除或修正；若未找到产生它的物理上和技术上的原因，则不得剔除或修正。

② 若在技术上或物理上找到产生离群值的原因，则应剔除或修正；否则，保留歧离值，剔除或修正统计离群值。在重复使用同一检验规则检验多个离群值的情形下，每次检出离群值后都要再检验它是否为统计离群值。若某次检出的离群值为统计离群值，则此离群值及在它前面检出的离群值（含歧离值）都应被剔除或修正。

③ 检出的离群值（含歧离值）都应被剔除或进行修正。

三、备案

被剔除或修正的观测值及其理由应予记录，以备查询。

四、已知标准差情形离群值的判断规则

1. 一般原则

当已知标准差时，使用奈尔（Nair）检验法，奈尔检验法的样本量 $3\leqslant n\leqslant 100$。

2. 离群值的判断规则

(1)上侧情形

① 计算出统计量 R_n 值：

$$R_n=\frac{x_n-\bar{x}}{\sigma}$$

其中 σ 是已知的总体标准差，$\bar{x}$ 是样本均值，$\bar{x}=\frac{x_1+\cdots+x_n}{n}$。

② 确定检出水平 σ，在表 9-1 中查出临界值 $R_{1-n}(n)$。

③ 当 $R_n > R_{1-\alpha}(n)$ 时判定 x_n 为离群值，否则判未发现 x_n 是离群值。

④ 对于检出的离群值 x_n，确定剔除水平 α^*，在表 9-1 中查出临界值 $R_{1-\alpha^*}(n)$。当 $R_n > R_{1-\alpha^*}(n)$ 时，判定 x_n 为统计离群值，否则判未发现 x_n 是统计离群值（即 x_n 为歧离值）。

表 9-1 奈尔（Nair）检验的临界值表

n	0.90	0.95	0.975	0.99	0.995	n	0.90	0.95	0.975	0.99	0.995
						51	2.843	3.060	3.261	3.509	3.687
						52	2.849	3.066	3.267	3.515	3.692
3	1.497	1.738	1.955	2.215	2.396	53	2.856	3.072	3.273	3.521	3.698
4	1.696	1.941	2.163	2.431	2.618	54	2.862	3.078	3.279	3.526	3.703
5	1.835	2.080	2.304	2.574	2.764	55	2.868	3.084	3.284	3.532	3.708
6	1.939	2.184	2.408	2.679	2.870	56	2.874	3.090	3.290	3.537	3.713
7	2.022	2.267	2.490	2.761	2.952	57	2.880	3.095	3.295	3.542	3.718
8	2.091	2.334	2.557	2.828	3.019	58	2.886	3.101	3.300	3.547	3.723
9	2.150	2.392	2.613	2.884	3.074	59	2.892	3.106	3.306	3.552	3.728
10	2.200	2.441	2.662	2.931	3.122	60	2.897	3.112	3.311	3.557	3.733
11	2.245	2.484	2.704	2.973	3.163	61	2.903	3.117	3.316	3.562	3.737
12	2.284	2.523	2.742	3.010	3.199	62	2.908	3.122	3.321	3.566	3.742
13	2.320	2.557	2.776	3.043	3.232	63	2.913	3.127	3.326	3.571	3.746
14	2.352	2.589	2.806	3.072	3.261	64	2.919	3.132	3.330	3.575	3.751
15	2.382	2.617	2.834	3.099	3.287	65	2.924	3.137	3.335	3.580	3.755
16	2.409	2.644	2.860	3.124	3.312	66	2.929	3.142	3.339	3.584	3.759
17	2.434	2.668	2.883	3.147	3.334	67	2.934	3.146	3.344	3.588	3.763
18	2.458	2.691	2.905	3.168	3.355	68	2.938	3.151	3.348	3.593	3.767
19	2.480	2.712	2.926	3.188	3.374	69	2.943	3.155	3.353	3.597	3.771
20	2.500	2.732	2.945	3.207	3.392	70	2.948	3.160	3.357	3.601	3.775
21	2.519	2.750	2.963	3.224	3.409	71	2.952	3.164	3.361	3.605	3.779
22	2.538	2.768	2.980	3.240	3.425	72	2.957	3.169	3.365	3.609	3.783
23	2.555	2.784	2.996	3.256	3.440	73	2.961	3.173	3.369	3.613	3.787
24	2.571	2.800	3.011	3.270	3.456	74	2.966	3.177	3.373	3.617	3.791
25	2.587	2.815	3.026	3.284	3.468	75	2.970	3.181	3.377	3.793	3.794
26	2.602	2.829	3.039	3.298	3.481	76	2.974	3.185	3.381	3.624	3.798
27	2.616	2.843	3.053	3.310	3.493	77	2.978	3.189	3.385	3.828	3.801
28	2.630	2.856	3.065	3.322	3.505	78	2.983	3.193	3.389	3.631	3.805
29	2.643	2.869	3.077	3.334	3.516	79	2.987	3.197	3.393	3.635	3.808
30	2.656	2.881	3.089	3.345	3.527	80	2.991	3.201	3.396	3.638	3.812
31	2.668	2.892	3.100	3.356	3.538	81	2.995	3.205	3.400	3.642	3.815
32	2.678	2.903	3.111	3.366	3.548	82	2.999	3.208	3.403	3.645	3.818
33	2.690	2.914	3.121	3.376	3.557	83	3.002	3.212	3.407	3.648	3.821
34	2.701	2.924	3.131	3.385	3.566	84	3.006	3.216	3.410	3.652	3.825
35	2.712	2.934	3.140	3.394	3.575	85	3.010	3.219	3.414	3.655	3.828
36	2.722	2.944	3.150	3.403	3.584	86	3.014	3.223	3.417	3.658	3.831
37	2.732	2.953	3.159	3.412	3.592	87	3.017	3.226	3.421	3.661	3.834
38	2.741	2.962	3.167	3.420	3.600	88	3.021	3.230	3.424	3.665	3.837
39	2.750	2.971	3.176	3.428	3.608	80	3.024	3.233	3.427	3.668	3.840
40	2.759	2.980	3.184	3.436	3.616	90	3.028	3.236	3.430	3.671	3.843
41	2.768	2.988	3.192	3.444	3.623	91	3.031	3.240	3.433	3.674	3.846
42	2.776	2.996	3.200	3.451	3.630	92	3.035	3.243	3.437	3.677	3.849
43	2.784	3.004	3.207	3.458	3.637	93	3.038	3.246	3.440	3.680	3.852
44	2.792	3.011	3.215	3.465	3.644	94	3.042	3.249	3.443	3.683	3.854
45	2.800	3.019	3.222	3.472	3.651	95	3.045	2.253	3.446	3.685	3.857
46	2.808	3.026	3.229	3.479	3.657	96	3.048	3.256	3.449	3.688	3.860
47	2.815	3.033	3.235	3.485	3.663	97	3.052	3.259	3.452	3.691	3.863
48	2.822	3.040	3.242	3.491	3.669	98	3.055	3.262	3.455	3.694	3.865
49	2.829	3.047	3.249	3.498	3.675	99	3.058	3.265	3.058	3.697	3.868
50	2.836	3.053	3.255	3.504	3.681	100	3.061	3.268	3.460	3.699	3.871

（2）下侧情形

① 计算出统计量 R'_n 的值：

$$R'_n=\frac{\bar{x}-x_1}{\sigma}$$

式中 σ——已知的总体标准差；

$\bar{x}$——样本均值。

② 确定检出水平 α，在表 9-1 中查出临界值 $R_{1-\alpha}(n)$。

③ 当 $R'_n>R_{1-\alpha}(n)$ 时，判定 x_1 为离群值，否则判未发现 x_1 是离群值。

④ 对于检出的离群值 x_1，确定剔除水平 α^*，在表 9-1 中查出临界值 $R_{1-\alpha^*}(n)$。当 $R'_n>R_{1-\alpha^*}(n)$ 时，判定 x_1 为统计离群值；否则判未发现 x_1 是统计离群值（即 x_1 为歧离值）。

（3）双侧情形

① 计算出统计量 R_n 与 R'_n 的值。

② 确定检出水平 α，在表 9-1 中查出临界值 $R_{1-\alpha/2}(n)$。

③ 当 $R_n>R'_n$，且 $R_n>R_{1-\alpha/2}(n)$ 时，判定最大值 x_n 为离群值；当 $R'_n>R_n$，且 $R'_n>R_{1-\alpha/2}(n)$ 时，判定最小值 x_1 为离群值；否则判未发现离群值；当 $R_n=R'_n$ 时，同时对最大值和最小值进行检验。

④ 对于检出的离群值 x_1 或 x_n，确定剔除水平 α^*，在表 9-1 中查出临界值 $R_{1-\alpha^*/2(n)}$。当 $R'_n>R_{1-\alpha^*/2}(n)$ 时，判定 x_1 为统计离群值，否则判未发现 x_1 是统计离群值（即 x_1 为歧离值）。当 $R_n>R_{1-\alpha^*/2}(n)$ 时，判定 x_n 为统计离群值，否则判未发现 x_n 是统计离群值（即 x_n 为歧离值）。

3. 使用奈尔（Nair）检验法的示例

对某种化纤的纤维干收缩率测试 25 个样品，其数据经排列后为（单位为%）：

3.13	3.49	4.01	4.48	4.61	4.76	4.98	5.25	5.32	5.39	5.42	5.57	5.59
5.59	5.63	5.63	5.65	5.66	5.67	5.69	5.71	6.00	6.03	6.12	6.76	

经验表明这种化纤的纤维干收缩率服从正态分布，已知 $\sigma=0.65$，检查这些数据中是否存在下侧离群值。

规定至多检出 3 个离群值，采用本节中“二”的处理方式。

① 确定检出水平 $\alpha=0.05$，对 25 个样品，经计算得 $\bar{x}=5.2856$，$R'_{25}=(\bar{x}-x_1)/\sigma=(5.2856-3.13)/0.65=3.316$。在表 9-1 中查出临界值 $R_{0.95}(25)=2.815$，因 $R'_n>R_{0.95}(25)$，故判定 $x_1=3.13$ 是离群值。

对于检出的离群值 $x_1=3.13$，确定剔除水平 $\alpha^*=0.01$，在表 9-1 中查出临界值 $R_{0.99}(25)=3.284$，因 $R'_n>R_{0.99}(25)$，故判定 $x_1=3.13$ 是统计离群值。

② 取出观测值 3.13 的数据后，在余下的 24 个观测值中计算均值 $\bar{x}=5.375$，这时最小值为 $x_2=3.49$，计算得 $R'_{24}=(5.375-3.49)/0.65=2.90$。在表 9-1 中查出临界值

$R_{0.95}(24)=2.8$，因 $R'_{24}>R_{0.95}(24)$，故判定 $x_2=3.49$ 是离群值。

对于检出的离群值 $x_2=3.49$，确定剔除水平 $\alpha^*=0.01$，在表 9-1 中查出临界值 $R_{0.99}(24)=3.270$，因 $R'_{24}<R_{0.99}(24)$，故判定未发现 $x_2=3.49$ 是统计离群值（即 $x_2=3.49$ 为歧离值）。

③ 取出观测值 3.13、3.49 的数据后，余下的 23 个观测值中计算均值为 5.457，这时最小值为 $x_3=4.01$，计算得 $R'_{23}=(5.457-4.01)/0.65=2.227$。在表 9-1 中查出临界值 $R_{0.95}(23)=2.784$，因 $R'_{23}<R_{0.95}(23)$，故判定未发现 $x_3=4.01$ 是离群值。

本例检出 $x_1=3.13$ 和 $x_2=3.49$ 是离群值，其中 $x_1=3.13$ 是统计离群值，$x_2=3.49$ 是歧离值。应考虑是否剔除。

五、未知标准差的情形离群值的判断规则（限定检出离群值的个数不超过 1 时）

1. 一般原则

在未知标准差的情形下可使用格拉布斯（Grubbs）检验法和狄克逊（Dixon）检验法。可根据实际要求选定其中一种检验法（见第三节“一”）。

2. 格拉布斯（Grubbs）检验法

（1）上侧情形

① 计算出统计量 G_n 的值：

$$G_n=\frac{x_n-\bar{x}}{S} \tag{9-1}$$

$$S=\left[\frac{1}{n-1}\sum_{i=1}^{n}(x_i-\bar{x})^2\right]^{1/2} \tag{9-2}$$

式中　$\bar{x}$、S——样本均值和样本标准差。

② 确定检出水平 α，在表 9-2 中查出临界值 $G_{1-\alpha}(n)$。

③ $G_n>G_{1-\alpha}(n)$ 时，判定 x_n 为离群值，否则判未发现 x_n 是离群值。

④ 对于检出的离群值 x_n，确定剔除水平 α^*，在表 9-2 中查出临界值 $G_{1-\alpha^*}(n)$。当 $G_n>G_{1-\alpha^*}(n)$ 时，判定 x_n 为统计离群值，否则判未发现 x_n 是统计离群值（即 x_n 为歧离值）。

表 9-2　格拉布斯（Grubbs）检验的临界值表

n	0.90	0.95	0.975	0.99	0.995	n	0.90	0.95	0.975	0.99	0.995
						11	2.088	2.234	2.355	2.485	2.564
						12	2.134	2.285	2.412	2.550	2.636
3	1.148	1.153	1.155	1.155	1.155	13	2.175	2.331	2.462	2.607	2.699
4	1.425	1.463	1.481	1.492	1.496	14	2.213	2.371	2.507	2.659	2.755
5	1.602	1.672	1.715	1.749	1.764	15	2.247	2.409	2.549	2.705	2.806
6	1.729	1.822	1.887	1.944	1.973	16	2.279	2.443	2.585	2.747	2.852
7	1.828	1.938	2.020	2.097	2.139	17	2.309	2.475	2.620	2.785	2.894
8	1.909	2.032	2.126	2.221	2.274	18	2.335	2.504	2.651	2.821	2.932
9	1.977	2.110	2.215	2.323	2.387	19	2.361	2.532	2.681	2.854	2.968
10	2.036	2.176	2.290	2.410	2.482	20	2.385	2.557	2.709	2.884	3.001

续表

n	0.90	0.95	0.975	0.99	0.995	n	0.90	0.95	0.975	0.99	0.995
21	2.408	2.580	2.733	2.912	3.031	61	2.842	3.o32	3.205	3.418	3.566
22	2.429	2.603	2.758	2.939	3.060	62	2.849	3.037	3.212	3.424	3.573
23	2.448	2.624	2.781	2.963	3.087	63	2.854	3.044	3.218	3.430	3.579
24	2.467	2.644	2.802	2.987	3.112	64	2.860	3.049	3.224	3.437	3.586
25	2.486	2.663	2.822	3.009	3.135	65	2.866	3.055	3.230	3.442	3.592
26	2.502	2.681	2.841	3.029	3.157	66	2.871	3.061	3.235	3.449	3.598
27	2.519	2.698	2.859	3.049	3.178	67	2.877	3.066	3.241	3.454	3.605
28	2.534	2.714	2.876	3.068	3.199	68	2.883	3.071	3.246	3.460	3.610
29	2.549	2.730	2.893	3.085	3.218	69	2.888	3.076	3.252	3.466	3.617
30	2.563	2.745	2.908	3.103	3.236	70	2.893	3.082	3.257	3.471	3.622
31	2.577	2.759	2.924	3.119	3.253	71	2.897	3.087	3.262	3.476	3.627
32	2.591	2.773	2.938	3.135	3.270	72	2.903	3.092	3.267	3.482	3.633
33	2.604	2.786	2.952	3.150	3.286	73	2.908	3.098	3.272	3.487	3.638
34	2.616	2.799	2.965	3.164	3.301	74	2.912	3.102	3.278	3.492	3.643
35	2.628	2.811	2.979	3.178	3.316	75	2.917	3.107	3.282	4.496	3.648
36	2.639	2.823	2.991	3.191	3.330	76	2.922	3.111	3.287	3.502	3.654
37	2.650	2.835	3.003	3.204	3.343	77	2.927	3.117	3.291	3.507	3.658
38	2.661	2.846	3.014	3.216	3.356	78	2.931	3.121	3.297	3.511	3.663
39	2.671	2.857	3.025	3.228	3.369	79	2.935	3.125	3.301	3.516	3.669
40	2.682	2.866	3.036	3.240	3.381	80	2.940	3.130	3.306	3.521	3.673
41	2.692	2.877	3.046	3.251	3.393	81	2.945	3.134	3.309	3.525	3.677
42	2.700	2.887	3.057	3.261	3.404	82	2.949	3.139	3.315	3.529	3.682
43	2.710	2.896	3.067	3.271	3.415	83	2.953	3.143	3.319	3.534	3.687
44	2.719	2.905	3.075	3.282	3.425	84	2.957	3.147	3.323	3.539	3.691
45	2.727	2.914	3.085	3.292	3.435	85	2.961	3.151	3.327	3.543	3.695
46	2.736	2.923	3.094	3.302	3.445	86	2.966	3.155	3.331	3.547	3.699
47	2.744	2.931	3.103	3.310	3.455	87	2.970	3.160	3.335	3.551	3.704
48	2.753	2.940	3.111	3.319	3.464	88	2.973	3.163	3.339	3.555	3.708
49	2.760	2.948	3.120	3.329	3.474	89	2.977	3.167	3.343	3.559	3.712
50	2.768	2.958	3.128	3.336	3.483	90	2.981	3.171	3.347	3.563	3.716
51	2.775	2.964	3.136	3.345	3.491	91	2.984	3.174	3.350	3.567	3.720
52	2.783	2.971	3.143	3.353	3.500	92	2.989	3.179	3.355	3.355	3.725
53	2.790	2.978	3.151	3.361	3.507	93	2.993	3.182	3.358	3.358	3.728
54	2.798	2.986	3.158	3.368	3.516	94	2.996	3.186	3.362	3.362	3.732
55	2.804	2.992	3.166	3.376	3.524	95	3.000	3.189	3.365	3.365	3.736
56	2.811	3.000	3.172	3.383	3.531	96	3.003	3.193	3.369	3.586	3.739
57	2.818	3.006	3.180	3.391	3.539	97	3.006	3.196	3.372	3.589	3.744
58	2.824	3.013	3.186	3.397	3.546	98	3.011	3.201	3.377	3.593	3.747
59	2.831	3.019	3.193	3.405	3.553	99	3.014	3.204	3.380	3.597	3.750
60	2.837	3.025	3.199	3.411	3.560	100	3.017	3.207	3.383	3.600	3.754

（2）下侧情形

① 计算出统计量 G'_n 的值：

$$G'_n=\frac{\bar{x}-x_1}{S} \tag{9-3}$$

$$S=\left[\frac{1}{n-1}\sum_{i=1}^{n}(x_i-\bar{x})^2\right]^{1/2} \tag{9-4}$$

式中 $\bar{x}$、S——样本均值和样本标准差。

② 确定检出水平 α，在表 9-2 中查出临界值 $G_{1-\alpha}(n)$。

③ $G_n'>G_{1-\alpha}(n)$ 时，判定 x_1 为离群值，否则判未发现 x_1 是离群值。

④ 对于检出的离群值 x_1，确定剔除水平 α^*，在表 9-2 中查出临界值 $G_{1-\alpha^*}(n)$。当 $G_n'>G_{1-\alpha^*}(n)$ 时，判定 x_1 为统计离群值，否则判未发现 x_1 是统计离群值（即 x_1 为歧离值）。

(3) 双侧情形

① 计算出统计量 G_n 和 G_n' 的值。

② 确定检出水平 α，在表 9-2 中查出临界值 $G_{1-\alpha/2}(n)$。

③ 当 $G_n>G_n'$ 且 $G_n>G_{1-\alpha/2}(n)$ 时，判定 x_n 为离群值；当 $G_n'>G_n$ 且 $G_n'>G_{1-\alpha/2}(n)$ 时，判定 x_1 为离群值；否则判未发现离群值。当 $G_n'=G_n$ 时，应重新考虑限定离群值的个数。

④ 对于检出的离群值 x_1 或 x_n，确定剔除水平 α^*，在表 9-2 中查出临界值 $G_{1-\alpha^*/2}(n)$。当 $G_n'>G_{1-\alpha^*/2}(n)$ 时，判定 x_1 为统计离群值，否则判未发现 x_1 是统计离群值（即 x_1 为歧离值）；当 $G_n>G_{1-\alpha^*/2}(n)$ 时，判定 x_n 为统计离群值，否则判未发现 x_n 是统计离群值（即 x_n 为歧离值）。

(4) 使用格拉布斯（Grubbs）检验法的示例　对某种砖的抗压强度测试 10 个样品，其数据经排列后为（单位为 MPa）：4.7，5.4，6.0，6.5，7.3，7.7，8.2，9.0，10.1，14.0。经验表明这种砖的抗压强度服从正态分布，检查这些数据中是否存在上侧离群值。

本例中，样本量 $n=10$，$\bar{x}=7.89$，$S^2=7.312$，$S=2.704$。计算得：

$$G_{10}=\frac{x_{10}-\bar{x}}{S}=\frac{14-7.89}{2.704}=2.260$$

确定检出水平 $\alpha=0.05$，在表 9-2 中查出临界值 $G_{0.95}(10)=2.176$，因 $G_{10}>G_{0.95}(10)$，判定 $x_{10}=14.0$ 为离群值。

对于检出的离群值 $x_{10}=14.0$，确定剔除水平 $\alpha^*=0.01$，在表 9-2 中查出临界值 $G_{0.99}(10)=2.410$，因 $G_{10}<G_{0.99}(10)$，故判定未发现 $x_{10}=14.0$ 为统计离群值（即 x_{10} 为歧离值）。

3. 狄克逊（Dixon）检验法

当使用狄克逊检验法时：若样本量 $3\leqslant n\leqslant 30$，其临界值见表 9-3；若样本量 $30\leqslant n\leqslant 100$，其检验方法见第三节中“二”。

(1) 单侧情形

① 计算出统计量的值（表 9-3）。

表 9-3　统计量的值的计算公式表

样本量	检验高端离群值	检验低端离群值
n:3～7	$D_n=r_{10}=\dfrac{x_n-x_{n-1}}{x_n-x_1}$	$D_n'=r_{10}'=\dfrac{x_2-x_1}{x_n-x_1}$
n:8～10	$D_n=r_{11}=\dfrac{x_n-x_{n-1}}{x_n-x_2}$	$D_n'=r_{11}'=\dfrac{x_2-x_1}{x_{n-1}-x_1}$

续表

样本量	检验高端离群值	检验低端离群值
n:11～13	$D_n=r_{21}=\dfrac{x_n-x_{n-2}}{x_n-x_2}$	$D'_n=r'_{21}=\dfrac{x_3-x_2}{x_{n-1}-x_1}$
n:14～30	$D_n=r_{22}=\dfrac{x_n-x_{n-2}}{x_n-x_3}$	$D'_n=r'_{22}=\dfrac{x_3-x_1}{x_{n-2}-x_1}$

② 确定检出水平 α，在表 9-4 中查出临界值 $D_{1-\alpha}(n)$。

③ 检验高端值，当 $D_n>D_{1-\alpha}(n)$ 时，判定 x_n 为离群值；检验低端值，当 $D'_n>D_{1-\alpha}(n)$ 时，判定 x_1 为离群值；否则判未发现离群值。

④ 对于检出值 x_1 或 x_n，确定剔除水平 α^*，在表 9-4 中查出临界值 $D_{1-\alpha^*}(n)$。检验高端值，当 $D_n>D_{1-\alpha^*}(n)$ 时，判定 x_n 为统计离群值，否则判未发现 x_n 是统计离群值（即 x_n 为歧离值）；检验低端值，当 $D'_n>D_{1-\alpha^*}(n)$ 时，判定 x_1 为统计离群值，否则判未发现 x_1 是统计离群值（即 x_1 为歧离值）。

表 9-4 单侧狄克逊（Dixon）检验的临界值表

n	统计量	0.90	0.95	0.99	0.995
3	$D_n=r_{10}=\dfrac{x_n-x_{n-1}}{x_n-x_1}$或$D'_n=r'_{10}=\dfrac{x_2-x_1}{x_n-x_1}$	0.885	0.941	0.988	0.994
4		0.679	0.765	0.889	0.920
5		0.557	0.642	0.782	0.823
6		0.484	0.562	0.698	0.744
7		0.434	0.507	0.637	0.680
8	$D_n=r_{11}=\dfrac{x_n-x_{n-1}}{x_n-x_2}$或$D'_n=r'_{11}=\dfrac{x_2-x_1}{x_{n-1}-x_1}$	0.479	0.554	0.681	0.723
9		0.441	0.512	0.635	0.635
10		0.410	0.477	0.597	0.638
11	$D_n=r_{21}=\dfrac{x_n-x_{n-2}}{x_n-x_2}$或$D'_n=r'_{21}=\dfrac{x_3-x_2}{x_{n-1}-x_1}$	0.517	0.575	0.674	0.707
12		0.490	0.546	0.642	0.675
13		0.467	0.521	0.617	0.649
14	$D_n=r_{22}=\dfrac{x_n-x_{n-2}}{x_n-x_3}$或$D'_n=r'_{22}=\dfrac{x_3-x_1}{x_{n-2}-x_1}$	0.491	0.546	0.640	0.672
15		0.470	0.524	0.618	0.649
16		0.453	0.505	0.597	0.629
17		0.437	0.489	0.580	0.611
18		0.424	0.475	0.564	0.595
19		0.412	0.462	0.550	0.580
20		0.401	0.450	0.538	0.568
21		0.391	0.440	0.526	0.556
22		0.382	0.431	0.516	0.545
23		0.374	0.422	0.507	0.536
24		0.367	0.413	0.497	0.526
25		0.360	0.406	0.489	0.519
26		0.353	0.399	0.482	0.510
27		0.347	0.393	0.474	0.503
28		0.341	0.387	0.468	0.496
29		0.337	0.381	0.462	0.489
30		0.332	0.376	0.456	0.484

续表

n	统计量	0.90	0.95	0.99	0.995
31	$r_{22}=\frac{x_n-x_{n-2}}{x_n-x_3}$或$r'_{22}=\frac{x_3-x_1}{x_{n-2}-x_1}$	0.327	0.371	0.450	0.478
32		0.323	0.367	0.445	0.473
33		0.319	0.362	0.441	0.468
34		0.315	0.358	0.436	0.463
35		0.311	0.354	0.432	0.458
36		0.308	0.350	0.427	0.454
37		0.305	0.347	0.423	0.450
38		0.301	0.343	0.419	0.446
39		0.298	0.340	0.416	0.442
40		0.296	0.337	0.413	0.439
41		0.293	0.334	0.409	0.435
42		0.290	0.331	0.406	0.432
43		0.288	0.328	0.403	0.429
44		0.285	0.326	0.400	0.425
45		0.283	0.323	0.397	0.423
46		0.281	0.321	0.394	0.420
47		0.279	0.318	0.391	0.417
48		0.277	0.316	0.389	0.414
49		0.275	0.314	0.386	0.412
50		0.273	0.312	0.384	0.409
51		0.271	0.310	0.382	0.407
52		0.269	0.308	0.379	0.405
53		0.267	0.306	0.377	0.402
54		0.265	0.304	0.375	0.400
55		0.264	0.302	0.373	0.398
56		0.262	0.300	0.371	0.396
57		0.261	0.298	0.369	0.394
58		0.259	0.297	0.367	0.392
59		0.258	0.295	0.366	0.391
60		0.256	0.294	0.363	0.388
61		0.255	0.292	0.362	0.387
62		0.253	0.291	0.361	0.385
63		0.252	0.289	0.359	0.383
64		0.251	0.288	0.357	0.382
65		0.250	0.287	0.355	0.380
66		0.249	0.285	0.354	0.379
67		0.247	0.284	0.353	0.377
68		0.246	0.283	0.351	0.376
69		0.245	0.282	0.350	0.374
70		0.244	0.280	0.348	0.372
71		0.243	0.279	0.347	0.371
72		0.242	0.278	0.346	0.370

续表

n	统计量	0.90	0.95	0.99	0.995
73		0.241	0.277	0.344	0.368
74		0.240	0.276	0.343	0.368
75		0.239	0.275	0.342	0.366
76		0.238	0.274	0.341	0.365
77		0.237	0.273	0.340	0.364
78		0.236	0.272	0.338	0.363
79		0.235	0.271	0.337	0.361
80		0.234	0.270	0.336	0.360
81		0.233	0.269	0.335	0.359
82		0.232	0.268	0.334	0.358
83		0.232	0.267	0.333	0.356
84		0.231	0.266	0.332	0.356
85		0.230	0.265	0.331	0.355
86	$r_{22}=\frac{x_n-x_{n-2}}{x_n-x_3}$ 或 $r'_{22}=\frac{x_3-x_1}{x_{n-2}-x_1}$	0.229	0.264	0.330	0.353
87		0.228	0.263	0.329	0.352
88		0.228	0.262	0.328	0.352
89		0.227	0.262	0.327	0.351
90		0.226	0.261	0.326	0.350
91		0.225	0.260	0.325	0.349
92		0.225	0.259	0.324	0.348
93		0.224	0.259	0.323	0.347
94		0.223	0.258	0.323	0.346
95		0.223	0.257	0.322	0.345
96		0.222	0.256	0.321	0.344
97		0.221	0.255	0.320	0.344
98		0.221	0.255	0.320	0.343
99		0.220	0.254	0.319	0.341
100		0.219	0.254	0.318	0.341

(2) 双侧情形

① 计算出统计量 D_n 与 D'_n 的值，这里 D_n 与 D'_n 由“（1）单侧情形”中给出。

② 确定检出水平 α，在表 9-5 中查出临界值 $\widetilde{D}_{1-\alpha}(n)$。

③ 当 $D_n>D'_n$ 且 $D_n>\widetilde{D}_{1-\alpha}(n)$ 时，判定 x_n 为离群值；当 $D'_n>D_n$ 且 $D'_n>\widetilde{D}_{1-\alpha}(n)$ 时，判定 x_1 为离群值；否则判未发现离群值。

④ 对于检出值 x_1 或 x_n，确定剔除水平 α^*，在表 9-5 中查出临界值 $\widetilde{D}_{1-\alpha^*}(n)$。当 $D_n>D'_n$ 且 $D_n>\widetilde{D}_{1-\alpha^*}(n)$ 时，判定 x_n 为统计离群值，否则判未发现 x_n 是统计离群值（即 x_n 为歧离值）；当 $D'_n>D_n$ 且 $D'_n>\widetilde{D}_{1-\alpha^*}(n)$ 时，判定 x_1 为统计离群值，否则判未发现 x_1 是统计离群值（即 x_1 为歧离值）。

表 9-5 双侧狄克逊（Dixon）检验的临界值表

n	统计量	0.95	0.99	n	统计量	0.95	0.99
3		0.970	0.994	52		0.340	0.405
4		0.829	0.926	53		0.338	0.402
5	r_{10} 和 r'_{10} 中较大者	0.710	0.821	54		0.337	0.400
6		0.628	0.740	55		0.335	0.399
7		0.569	0.680	56		0.334	0.399
8		0.608	0.717	57		0.330	0.396
9	r_{11} 和 r'_{11} 中较大者	0.564	0.672	58		0.329	0.393
10		0.530	0.635	59		0.327	0.390
11		0.619	0.709	60		0.325	0.389
12	r_{21} 和 r'_{21} 中较大者	0.583	0.660	61		0.323	0.387
13		0.557	0.638	62		0.321	0.385
14		0.587	0.669	63		0.320	0.383
15		0.565	0.646	64		0.319	0.382
16		0.547	0.629	65		0.318	0.379
17		0.527	0.614	66		0.316	0.377
18		0.513	0.602	67		0.315	0.375
19		0.500	0.582	68		0.313	0.376
20		0.488	0.570	69		0.313	0.375
21		0.479	0.560	70		0.312	0.375
22		0.469	0.548	71		0.310	0.373
23		0.460	0.537	72		0.309	0.373
24		0.449	0.522	73		0.308	0.371
25		0.441	0.518	74		0.306	0.370
26		0.436	0.509	75		0.305	0.368
27		0.427	0.504	76	r_{22} 和 r'_{22} 中较大者	0.304	0.363
28		0.420	0.497	77		0.304	0.363
29		0.415	0.489	78		0.303	0.362
30		0.409	0.480	79		0.303	0.361
31		0.403	0.473	80		0.302	0.358
32	r_{22} 和 r'_{22} 中较大者	0.399	0.468	81		0.301	0.358
33		0.395	0.463	82		0.301	0.355
34		0.390	0.460	83		0.301	0.355
35		0.388	0.458	84		0.298	0.353
36		0.388	0.452	85		0.297	0.351
37		0.388	0.450	86		0.297	0.351
38		0.377	0.447	87		0.296	0.349
39		0.375	0.442	88		0.295	0.349
40		0.370	0.438	89		0.294	0.347
41		0.367	0.433	90		0.293	0.347
42		0.364	0.432	91		0.291	0.344
43		0.362	0.428	92		0.290	0.344
44		0.359	0.425	93		0.289	0.343
45		0.357	0.422	94		0.289	0.343
46		0.353	0.419	95		0.288	0.343
47		0.352	0.416	96		0.288	0.342
48		0.350	0.413	97		0.286	0.340
49		0.346	o.412	98		0.285	0.340
50		0.409	0.409	99		0.285	0.339
51		0.342	0.407	100		0.284	0.339

（3）使用狄克逊（Dixon）检验法的示例　射击16发子弹，射程数据经排列后为（单位为m）：

1125　1248　1250　1259　1273　1279　1285　1285

1293　1300　1305　1312　1315　1324　1325　1350

经验表明子弹射程服从正态分布，根据实际中的关注不同，分别对低端值和高端值进行检验。

① 检验低端值 $x_1=1125$ 是否为离群值。本例中样本量 $n=16$，计算

$$D'_{16}=r'_{22}=\frac{x_3-x_1}{x_{14}-x_1}=\frac{1250-1125}{1324-1125}=\frac{125}{199}=0.6281$$

确定检出水平 $\alpha=0.05$，在表9-4中查出临界值 $D_{0.95}(16)=0.505$，因 $D'_{16}>D_{0.95}(16)$，故判定最小值 $x_1=1125$ 为离群值。

对于检出的离群值 $x_1=1125$，确定剔除水平 $\alpha^*=0.01$，在表9-4中查出临界值 $D_{0.99}(16)=0.597$，因 $D'_{16}>D_{0.995}(16)$，故判定最小值 $x_1=1125$ 为统计离群值。

② 双侧情形。计算 $D'_{16}=0.6281$ 和

$$D_{16}=r_{22}=\frac{x_{16}-x_{14}}{x_{16}-x_3}=\frac{1350-1324}{1350-1250}=\frac{26}{100}=0.26$$

确定检出水平 $\alpha=0.05$，在表9-5中查出临界值 $\widetilde{D}_{0.95}(16)=0.547$。因 $D'_{16}>D_{16}$ 且 $D'_{16}>\widetilde{D}_{0.95}(16)$，故判定最小值 $x_1=1125$ 为离群值。

对于检出的离群值 $x_1=1125$，确定剔除水平 $\alpha^*=0.01$，在表9-5中查出临界值 $\widetilde{D}_{0.99}(16)=0.629$，因 $D'_{16}>D_{16}$ 且 $D'_{16}>\widetilde{D}_{0.99}(16)$，故判定最小值 $x_1=1125$ 为统计离群值。

六、未知标准差情形离群值的判断规则（限定检出离群值的个数大于1时）

1. 一般原则

当限定检出离群值的个数大于1时，可使用偏度-峰度检验法或狄克逊（Dixon）检验法的重复使用方法，可根据实际要求选定其中一种检验法（见第三节“一”）。

2. 偏度-峰度检验法

（1）使用条件　考查样本诸观测值，确认它们的样本主体来自正态总体，而极端值应较明显地偏离样本主体。

（2）单侧情形——偏度检验法

① 计算偏度统计量 b_s 的值。

$$b_s=\frac{\sqrt{n}\sum(x_i-\bar{x})^3}{[\sum(x_i-\bar{x})^2]^{3/2}}=\frac{\sqrt{n}[\sum x_i^3-3\bar{x}\sum x_i^2+2n(\bar{x})^3]}{(\sum x_i^2-n\bar{x}^2)^{3/2}} \tag{9-5}$$

② 确定检出水平 α，在表9-6中查出临界值 $b_{1-\alpha}(n)$。

③ 对上侧情形，当 $b_s>b_{1-\alpha}(n)$ 时，判定最大值 x_n 为离群值，否则判未发现 x_n 是离群值；对下侧情形，当 $-b_s>b_{1-\alpha}(n)$ 时，判定最小值 x_1 为离群值，否则判未发现 x_1 是离群值。

④ 对于检出值 x_1 或 x_n，确定剔除水平 α^*，在表9-6中查出临界值 $b_{1-\alpha^*}(n)$。对上

侧情形，当 $b_s > b_{1-\alpha^*}(n)$ 时，判定 x_n 为统计离群值，否则判未发现 x_n 是统计离群值（即 x_n 为歧离值）；对下侧情形，当 $-b_s > b_{1-\alpha^*}(n)$ 时，判定 x_1 为统计离群值，否则判未发现 x_1 是统计离群值（即 x_1 为歧离值）。

表 9-6 偏度检验的临界值表

n	0.95	0.99	n	0.95	0.99
8	0.99	1.42	40	0.59	0.87
9	0.97	1.41	45	0.56	0.82
10	0.95	1.39	50	0.53	0.79
12	0.91	1.34	60	0.49	0.72
15	0.85	1.26	70	0.46	0.67
20	0.77	1.15	80	0.43	0.63
25	0.71	1.06	90	0.41	0.60
30	0.66	0.98	100	0.39	0.57
35	0.62	0.92			

(3) 双侧情形——峰度检验法

① 计算峰度统计量 b_k 的值。

$$b_k = \frac{n\sum(x_i-\bar{x})^4}{[\sum(x_i-\bar{x})^2]^2} = \frac{n(\sum x_i^4 - 4\bar{x}\sum x_i^3 + 6\bar{x}^2\sum x_i^2 - 3n\bar{x}^4)}{(\sum x_i^2 - n\bar{x}^2)^2} \tag{9-6}$$

② 确定检出水平 α，在表 9-7 中查出临界值 $b'_{1-\alpha}(n)$。

③ 当 $b_k > b'_{1-\alpha}(n)$ 时，判定离均值 $\bar{x}$ 最远的观测值为离群值，否则判未发现离群值。

④ 对于检出的离群值，确定剔除水平 α^*，在表 9-7 中查出临界值 $b'_{1-\alpha^*}(n)$。当 $b_k > b'_{1-\alpha^*}(n)$ 时，判定离均值 $\bar{x}$ 最远的观测值为统计离群值，否则判未发现该离群值是统计离群值（即该离群值为歧离值）。

表 9-7 峰度检验的临界值表

n	0.95	0.99	n	0.95	0.99
8	3.70	4.53	40	4.05	5.02
9	3.86	4.82	45	4.02	4.94
10	3.95	5.00	50	3.99	4.87
12	4.05	5.20	60	3.93	4.73
15	4.13	5.30	70	3.88	4.62
20	4.17	5.38	80	3.84	4.52
25	4.14	5.29	90	3.80	4.45
30	4.11	5.20	100	3.77	4.37
35	4.08	5.11			

(4) 重复使用峰度检验法的示例　本例为离群值问题早期研究中的著名实例（1883 年）。观测金星垂直半径的 15 个观测数据的离差经排列后为（单位：s）：

−1.40　−0.44　−0.30　−0.24　−0.22　−0.13　−0.05　0.06
0.10　0.18　0.20　0.39　0.48　0.63　1.01

由问题的背景需要判断 $x_1=-1.40$ 和 $x_{15}=1.01$ 是否离群。

根据 GB/T 4882—2001，使用正态概率纸进行正态性检验。

将上述数据点在正态概率纸上（见图 9-1），此时样本的诸点近似在一条直线近旁两侧，当画出适宜的直线后样本的低端向上而高端向下偏离，故可用偏度-峰度检验法。

计算得：$\sum_{i=1}^{15} x_i = 0.27$

$$\sum_{i=1}^{15} x_i^2 = 4.2545$$

$$\sum_{i=1}^{15} x_i^3 = -1.417671$$

$$\sum_{i=1}^{15} x_i^4 = 5.17024805$$

$$\bar{x} = \frac{0.27}{15} = 0.018,\ b_k = 4.386$$

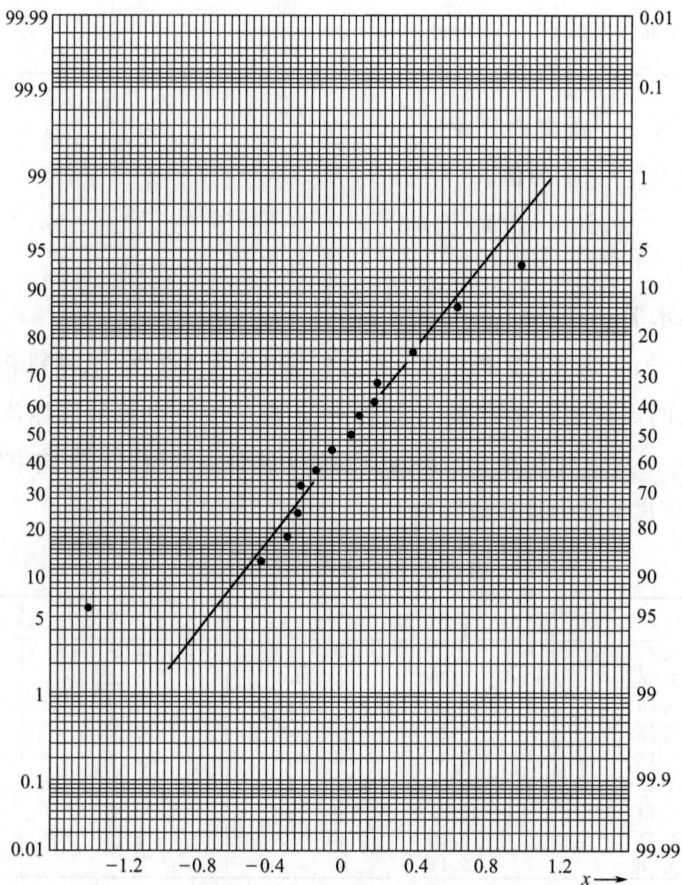

图 9-1　数据在正态概率纸上的分布

确定检出水平 $\alpha = 0.05$，在表 9-7 中查出临界值 $b'_{0.95}(15) = 4.13$，因 $b_k > b'_{0.95}(15)$，故判定距离均值 0.018 最远的 $x_1 = -1.40$ 为离群值。

对于检出的离群值 $x_1 = -1.40$，确定剔除水平 $\alpha^* = 0.01$，在表 9-7 中查出临界值 $b'_{0.99}(15) = 5.30$。因 $b_k < b'_{0.99}(15)$，故判定未发现该离群值 $x_1 = -1.40$ 是统计离群值（即 $x_1 = -1.40$ 为歧离值）。

取出 $x_1 = -1.40$ 之后，对余下 14 个值进行计算如下：

$$\sum_{i=1}^{14} x_i = 0.27 + 1.40 = 1.67$$

$$\sum_{i=1}^{14} x_i^2 = 4.2545 - 1.9600 = 2.2945$$

$$\sum_{i=1}^{14} x_i^3 = -1.417671 + 2.744000 = 1.326329$$

$$\sum_{i=1}^{14} x_i^4 = 5.17024805 - 3.84160000 = 1.32864805$$

$\bar{x} = \frac{1.67}{14} = 0.1193$，$b_k = 2.8164$。确定检出水平 $\alpha = 0.05$，查出临界值 $b'_{0.95}(14) = 4.11$，而 $b_k < b'_{0.95}(14)$，故不能再检出离群值。

所以，本例只检出一个歧离值 $x_1 = -1.40$。

3. 狄克逊（Dixon）检验法

（1）狄克逊（Dixon）检验法的规则　狄克逊（Dixon）检验法的规则见本节“五”中“3”的规定。

（2）重复使用狄克逊（Dixon）检验法的案例分析　数据同“重复使用峰度检验法的示例”。计算：

$$D_{15} = r_{22} = \frac{x_{15} - x_{13}}{x_{15} - x_3} = \frac{1.01 - 0.48}{1.01 + 0.30} = \frac{0.53}{1.31} = 0.405$$

$$D'_{15} = r'_{22} = \frac{x_3 - x_1}{x_{13} - x_1} = \frac{-0.30 + 1.40}{0.48 + 1.40} = \frac{1.10}{1.88} = 0.585$$

对双侧问题，确定检出水平 $\alpha = 0.05$，在表 9-5 中查出临界值 $\widetilde{D}_{0.95}(15) = 0.565$，因 $D'_{15} > D_{15}$ 且 $D'_{15} > \widetilde{D}_{0.95}(15)$，故判定最小值 $x_1 = -1.40$ 为离群值。

对于检出的离群值 $x_1 = -1.40$，确定剔除水平 $\alpha^* = 0.01$，在表 9-5 中查出临界值 $\widetilde{D}_{0.99}(15) = 0.646$，因为 $D'_{15} < D_{15}$，故未发现 $x_1 = -1.40$ 是统计离群值（即 $x_1 = -1.40$ 为歧离值）。

取出这个观测值后还剩余 14 个值（$n = 14$），计算：

$$D_{14} = r_{22} = \frac{x_{14} - x_{12}}{x_{14} - x_3} = \frac{1.01 - 0.48}{1.01 + 0.24} = \frac{0.53}{1.25} = 0.424$$

$$D'_{14} = r'_{22} = \frac{x_3 - x_1}{x_{12} - x_1} = \frac{-0.24 + 0.44}{0.48 + 0.44} = \frac{0.20}{0.92} = 0.217$$

确定检出水平 $\alpha = 0.05$，在表 9-5 中查出临界值 $\widetilde{D}_{0.95}(14) = 0.587$，因为 $D'_{14} < \widetilde{D}_{0.95}(14)$，故不能继续检出离群值。

所以，本例只检出一个歧离值 $x_1 = -1.40$。

七、统计数值表

奈尔（Nair）检验的临界值见表 9-1，格拉布斯（Grubbs）检验的临界值见表 9-2，狄克逊（Dixon）检验的临界值见表 9-4 和表 9-5，偏度检验的临界值见表 9-6，峰度检验的临界值见表 9-7。

第三节 选择离群值判断方法和处理指南

一、选择离群值判断方法和处理规则

1.判定和处理离群值的目的

（1）三种不同的目的

① 识别与诊断。主要目的是找出离群值，从而进行质量控制、新规律探索、技术考察等项工作。

② 估计参数。主要目的在于估计总体的某个参数，寻找离群值的目的在于确定这些值是否计入样本，以便准确估计其参数。

③ 检验假设。主要目的在于判定总体是否符合考察的要求，寻找离群值的目的主要在于确定这些值是否计入样本，以使判定结果计量准确。

（2）判断离群值的不同目的引起的不同的选择

① 以识别为目的。选择判断离群值的主要标准在于判定准确性，要根据所判定错误带来的风险不同，选择适宜的规则。

② 以估计和检验为目的。要判定离群值，就应把判定和处理离群值的方法与进一步作估计和检验的准确性统一起来考虑。如使用格拉布斯（Grubbs）检验法作估计，实际是一种新估计量：

$$\hat{\mu}=\begin{cases}(x_1+\cdots+x_n)/n & [\text{当 } G_n\leqslant G_{1-\alpha^*}(n)\text{时}]\\(x_{(1)}+\cdots+x_{(n-1)})/(n-1) & [\text{当 } G_n>G_{1-\alpha^*}(n)\text{时}]\end{cases}$$

有时也可以不经过判定离群值的步骤，而采用稳健的方法。

例如：在塑料材料中有时使用截割均值，把12个观测值的最大值与最小值舍去，以余下的10个观测值做算术平均以估计μ（体操比赛评分时，也把诸裁判报出的最高分和最低分舍去，以余下的几个评分的平均值报出），并不需要追查舍去的一定是离群值，而这种估计也很好地预防了离群值的不利影响。

2.对各种检验法的选择

本章第二节“五”“六”中给出了3种检验法，在选用检验方法时应主要考虑下述几点。

（1）限定检出离群值的个数不超过1时

① 当n较小时，格拉布斯（Grubbs）检验法具有判定离群值的功效最优性，而狄克逊（Dixon）检验法正确判定离群值的功效与格拉布斯（Grubbs）检验法相差甚微，建议使用格拉布斯（Grubbs）检验法。

② 当n较大时，同时在正态概率纸上，若样本主体基本在一条直线的近旁，建议使用偏度-峰度检验法。

③ 当n较大时，同时在正态概率纸上，若样本主体不是基本在一条直线的近旁，建

议使用格拉布斯（Grubbs）检验法。

（2）限定检出离群值的个数大于1时 重复使用同一检验法可能犯判多为少（只检出一部分离群值）的错误，而不易犯判少为多（错将一部分非离群的观测值判为离群值）的错误。这两类错误的概率以重复使用偏度-峰度检验法为少（可以证明，它也具有正确判定离群值的功效优良性），但计算相对复杂得多；重复使用狄克逊（Dixon）检验法的效果次之；重复使用格拉布斯（Grubbs）的功效则较差。偏度-峰度检验法又是正态检验的优良检验法，不是来自正态分布的样本都可能被它拒绝。但这不只是正态样本主体加离群值的模型，所以使用偏度-峰度检验法时，要满足规定的使用条件。例如，在正态概率纸上，若样本主体不是基本在一条直线的近邻两侧，或是样本主体基本在一条直线近邻两侧，而高端值相对于这条直线而言向上而不是基本在一条直线的近邻两侧，或是样本主体基本在一条直线近邻两侧，而高端值相对于这条直线而言是向上而不是向下偏离（见图9-2），低端值相对于这条直线而言向下而不是向上偏离，则采用偏度-峰度检验法就可能把一部分非离群观测值误判为离群值。

① 当n较小时，重复使用狄克逊检验法。

② 当n较大时，且在正态概率纸上，若样本主体基本在一条直线的近旁，可重复偏度-峰度检验法。

③ 当n较大时，且在正态概率纸上，若样本主体不是基本在一条直线的近旁，建议重复使用格拉布斯检验法。

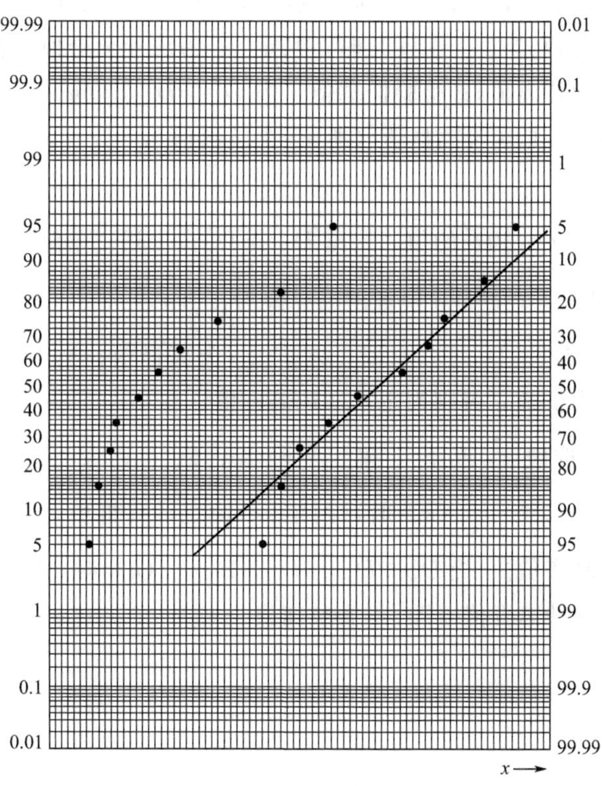

图9-2 数据在正态概率纸上的分布

3. 重视检出的离群值给出的信息

① 在一段时间后，考察检出离群值的全体，往往能明显地发现其物理原因和系统倾向，如离群值出自某个测试者为多，说明此人的操作有系统偏离。

② 若各个样本中出现离群值较为经常，又常不能明确其物理原因，则应怀疑分布的正态性假设。此时可更细微地确定统计分布及选择适宜的统计量形式。

因此，标准使用者应完善判定和处理离群值的记录，并做定期分析。

二、当 $n>30$ 时的狄克逊（Dixon）检验法

1. 单侧情形

① 计算出统计量的值（表 9-8）。

表 9-8　统计量的计算公式表

样本量	检验高端离群值	检验低端离群值
n:31～100	$D_n=r_{22}=\dfrac{x_n-x_{n-2}}{x_n-x_3}$	$D'_n=r'_{22}=\dfrac{x_3-x_1}{x_{n-2}-x_1}$

② 确定检出水平 α，在表 9-4 中查出临界值 $D_{1-\alpha^*}(n)$。

③ 检验高端值，当 $D_n>D_{1-\alpha}(n)$ 时，判定 x_n 为离群值；检验低端值，当 $D'_n>D_{1-\alpha}(n)$ 时，判定 x_1 为离群值；否则判定未发现离群值。

④ 对于检出的离群值 x_1 或 x_n，确定剔除水平 α^*，在表 9-4 中查出临界值 $D_{1-\alpha^*}(n)$。检验高端值，当 $D_n>D_{1-\alpha^*}(n)$ 时，判定 x_n 为统计离群值，否则判未发现 x_n 是统计离群值（即 x_n 为歧离值）；检验低端值，当 $D'_n>D_{1-\alpha^*}(n)$ 时，判定 x_1 为统计离群值，否则判未发现 x_1 是统计离群值（即 x_1 为歧离值）。

2. 双侧情形

① 计算出统计量 D_n 与 D'_n 的值，这里 D_n 与 D'_n 由上述“单侧情形”中给出。

② 确定检出水平 α，在表 9-5 中查出临界值 $\widetilde{D}_{1-\alpha}(n)$。

③ 当 $D_n>D'_n$ 且 $D_n>\widetilde{D}_{1-\alpha}(n)$ 时，判定 x_n 为离群值；当 $D'_n>D_n$ 且 $D'_n>\widetilde{D}_{1-\alpha}(n)$ 时，判定 x_1 为离群值；否则判定未发现离群值。

④ 对于检出的离群值 x_1 或 x_n，确定剔除水平 α^*，在表 9-5 中查出临界值 $\widetilde{D}_{1-\alpha^*}(n)$。当 $D_n>D'_n$ 且 $D_n>\widetilde{D}_{1-\alpha^*}(n)$ 时，判定 x_n 为统计离群值，否则判未发现 x_n 是统计离群值（即 x_n 为歧离值）；当 $D'_n>D_n$ 且 $D'_n>\widetilde{D}_{1-\alpha^*}(n)$ 时，判定 x_n 为统计离群值，否则判未发现 x_1 是统计离群值（即 x_1 为歧离值）。

参考文献

[1] 全国统计方法应用标准化技术委员会. 数据的统计处理和解释 正态样本离群值的判断和处理 GB/T 4883—

2008［S］. 北京：中国标准出版社，2008.

［2］ 全国统计方法应用标准化技术委员会. 数据的统计处理和解释 Ⅰ型极值分布样本离群值的判断和处理 GB/T 6380—2008［S］. 北京：中国标准出版社，2008.

［3］ 全国统计方法应用标准化技术委员会. 数据的统计处理和解释 指数分布样本离群值的判断和处理 GB/T 8056—2008［S］. 北京：中国标准出版社，2008.

［4］ Dixon W J. Processing data for outliere［J］. Biometrics，1953，9（1）：74-89.

［5］ Dixon W J. Analysis of extreme values：Annals of Mathematical Statistics［J］. 1950，21（4）：488-506.

［6］ Dixon W J. Ratios involing extreme values ：Annals of Mathematical Statistics［J］. 1951，22（1）：68-78.

［7］ Surendra P. Verma and alfredo quiroz-critical values of six dixon tests for outliers in normal samples up to sizes 100，and applications in science and engineering［J］. Revista Mexicana de Ciencias Geologicas，2006，23（2）：133-161.

［8］ C. E. Efstathiou Estimation of Type I Error Probability from Experimental Dixon's "Q" Parameter on Testing for Outliers within small Size Data Sets Talanta，2006. 69（5）.

［9］ Bartlett V，Lewis T. Outliers in Statistical data Chichester. John Wiley. Third edition，584.

［10］ 统计方法应用国家标准汇编. 统计分析与数据处理卷［M］. 北京：中国标准出版社，1999.

［11］ 四川省环境保护科研监测所. ISO 数理统计方法标准译文集［M］. 成都：四川科学技术出版社，1984.

［12］ 全国统计方法应用标准化技术委员会. 数据的统计处理和解释 统计容忍区间的确定：GB/T 3359—2009［S］. 北京：中国标准出版社，2010.

［13］ 全国统计方法应用标准化技术委员会. 数据的统计处理和解释 正态分布均值和方差的估计与检验：GB/T 4889—2008［S］. 北京：中国标准出版社，2008.

［14］ 中国环境监测总站，《环境水质监测质量保证手册》编写组. 环境水质监测质量保证手册［M］. 北京：化学工业出版社，1994.

第十章 数值修约规则与极限数值的表示和判定

第一节 数值修约规则

一、数字舍入误差的期望值

1. 有效数字及其计算规则

有效数字就是在测量中所能得到的有实际意义的数字（只作定位的“0”除外）。

① 在记录一个测量所得的数据时，数据中只应保留一位不确定数字。

有效数字位数是包括全部可靠数字以及一位不确定数字在内的有意义的数字的位数。

② 在运算中弃去多余数字时，一律以“四舍六入五单双”为原则，或者说“四要舍，六要上，五前单数要进一，五前双数全舍光”，而不要“四舍五入”。

③ 几个数相加减时，保留有效数字的位数取决于绝对误差最大的一个数据。

④ 几个数相乘除时，以有效数字位数最少的为标准，即以相对误差最大的数据为标准，弃去过多的位数。在作乘、除、开方、乘方运算时，若第一位有效数字等于 8 或大于 8 时，则有效数字可多计一位（例：8.03mL 的有效数字可视作 4 位）。

⑤ 在所有计算式中，常数 π、e 的数值，以及$\sqrt{2}$、1/2 等系数的有效数字位数，可以认为无限制，即在计算中需要几位就可以写几位。

⑥ 在对数计算中，所取对数位数，应与真数的有效数字位数相等。例如，pH 12.25 和 $[H^+]=5.6\times10^{13}$ mol/L，$K_a=5.8\times10^{-10}$ 和 $\lg K_a=-9.24$ 等，都是 2 位有效数字。换言之，对数的有效数字位数只计小数点以后的数字的位数，不计对数的整数部分。

2. 舍入误差的期望值

数值修约规则应采用“四舍六入五单双”，而不是“四舍五入”，这是因为：设某数据要保留 n 个有效位，就需对 $n+1$ 位及其以后的数进行处理，$n+1$ 位的数可能的取值为 0，1，2，…，9。在统计处理很多数据时，这 10 个数字出现的概率是相等的，都是 1/10。若按古典的“四舍五入”规则修约，这 10 个数分别引入的误差（称为舍入误差）见表 10-1。

表 10-1　期望值“四舍五入”引起的舍入误差对应表

第 $n+1$ 位数的值	0	1	2	3	4	5	6	7	8	9
期望值“四舍五入”引起的舍入误差 ε	0	-1	-2	-3	-4	5	4	3	2	1

在统计处理极多数据时，舍入误差 ε（统计平均）为：

$$\varepsilon=\frac{1}{10}\times 0+\frac{1}{10}\times(-1)+\frac{1}{10}\times(-2)+\frac{1}{10}\times(-3)+\frac{1}{10}\times(-4)+\frac{1}{10}\times 5+\frac{1}{10}\times 4+\frac{1}{10}\times 3+\frac{1}{10}\times 2+\frac{1}{10}\times 1=\frac{1}{2}$$

所以古典的“四舍五入”规则的舍入误差的统计平均值为第 $n+1$ 位的单位的 1/2。

舍入误差是人为引入的误差。我们引入一种人为误差总是希望它在多次实践中的平均值基本上为 0 才好，但古典的“四舍五入”规则并不具备我们所希望的这个性质。仔细分析一下，第 n+1 位为 1 与 9 的舍入误差为 −1 和 +1，极多次实践平均起来可以相消。同理，第 $n+1$ 位为 2 与 8、3 与 7、4 与 6 的舍入误差，极多次实践平均起来也可以相消。只有第 $n+1$ 位为 5 时，舍入误差是 5，这就是祸根所在，因此，应该修改为 $n+1$ 位是 5 时的修约规则，使舍入误差在极多次实践中平均起来可以相消，才能满足我们的期望。按“四舍六入五单双”规则，当第 $n+1$ 位是 5 时，看第 n 位上的数。第 n 位上的数取 0，1，2，…，9 的概率也都是 1/10。该规则规定：当第 n 位上的数是偶数（包括 0）时，第 $n+1$ 位上的 5 予以舍去，保留第 n 位上原来的那个偶数不变（五前双数全舍光），此时舍入误差为 −5，单位是第 $n+1$ 位的单位；当第 n 位上的数是奇数时，第 $n+1$ 位上的 5 就进入，使第 n 位增加 1 单位，即 5 前如遇单数，该单数就加 1 而变为双数（五前单数要进一），此时舍入误差为 +5，单位是第 $n+1$ 位的单位。由于第 n 位上的数为偶数或奇数的概率各为 1/2，于是舍入误差为 −5 及 +5 的概率各为 1/2，从而极多次实践平均起来可以相消，亦即“四舍六入五单双”规则的舍入误差的期望值是 0。

$$\varepsilon=\frac{1}{10}\times 0+\frac{1}{10}\times(-1)+\frac{1}{10}\times(-2)+\frac{1}{10}\times(-3)+\frac{1}{10}\times(-4)+\frac{1}{10}\times\frac{1}{2}\times(-5)+\frac{1}{10}\times\frac{1}{2}\times 5+\frac{1}{10}\times 4+\frac{1}{10}\times 3+\frac{1}{10}\times 2+\frac{1}{10}\times 1=0$$

在运用“四舍六入五单双”规则时，还有以下几点要注意。

① 如果要舍去的不只 1 位数，而是几位数字，则应该一次完成，而不是连续修约。例如 4.347，要保留 2 位有效数字应该为 4.3，不可先将 4.347 舍入成 4.35，然后再修约作 4.4；而 15.352，要求保留 3 位有效数字，则得 15.4；又如 $\pi=3.141592654$，要求保留 8 位有效数字，应得 $\pi=3.1415927$，这是因为第 9 及第 10 两位数“54”，已经超过第 8 位数的 1 个单位的 1/2（即“54”＞“50”），故第 8 位的“6”，虽是偶数，仍应修约为“7”。

② 在修约标准偏差的值或其他表示不确定度的值时，修约的结果通常是使准确度的估计值变得更差一些。例如标准偏差 $S=0.213$ 单位，取 2 位有效数字时，要入为 0.22 单位，而取 1 位有效数字时，就要入为 0.3 单位。

③ 自由度的有效数字（当量自由度 ϕ，通常不是整数），通常只取整数部分，例如：$\phi=14.7$，取整数为 14。

④ 平均值的有效数字位数，通常与测量值相同。比如测量值有 3 位有效数字，平均值亦取 3 位。当样本容量 n 较大时，在运算过程中，为减小舍入误差，平均值可比单次测量值多保留 1 位数字。但在最后以平均值报告分析结果时，其有效数字位数取决于该平均值的标准差 $S_{\bar{x}}$。

二、术语与定义

1. 数值修约（rounding off for numerical values）

数值修约即通过省略原数值的最后若干位数字，调整所保留的末位数字，使最后所得到的值最接近原始数值的过程。

注：经数值修约后的数值称为（原数值的）修约值。

2. 修约间隔（rounding interval）

修约间隔为修约值的最小数值单位。

注：修约间隔的数值一经确定，修约值即为该数值的整数倍。

【例 10-1】 如指定修约间隔为 0.1，修约值应在 0.1 的整数倍中选取，相当于将数值修约到一位小数。

【例 10-2】 如指定修约间隔为 100，修约值应在 100 的整数倍中选取，相当于将数值修约到“百”数位。

3. 极限数值（limiting values）

极限数值为标准（或技术规范）中规定考核的以数量形式给出且符合标准（或技术规范）要求的指标数值范围的界限值。

三、数值修约规则

1. 确定修约间隔

① 指定修约间隔为 10^{-n}（n 为正整数），或指明将数值修约到 n 位小数；

② 指定修约间隔为 1，或指明将数值修约到“个”数位；

③ 指定修约间隔为 10^n（n 为正整数），或指明将数值修约到 10^n 数位，或指明将数值修约到“十”“百”“千”……数位。

2. 进舍规则

① 拟舍弃数字的最左一位数字小于 5，则舍去，保留其余各位数字不变。

【例 10-3】 将 12.1498 修约到个数位，得 12；将 12.1498 修约到一位小数，得 12.1。

② 拟舍弃数字的最左一位数字大于 5，则进一，即保留数字的末位数字加 1。

【例 10-4】 将 1268 修约到“百”数位，得 13×10^2（特定场合可写为 1300）。

注：本示例中，“特定场合”系指修约间隔明确时。

③ 拟舍弃数字的最左一位数字是 5，且其后有非 0 数字时进一，即保留数字的末位数字加 1。

【例 10-5】 将 10.5002 修约到个数位，得 11。

④ 拟舍弃数字的最左一位数字为 5，且其后无数字或数字为 0 时：若所保留的末位数字为奇数（1、3、5、7、9）则进一，即保留数字的末位数字加 1；若所保留的末位数字为偶数（0、2、4、6、8,）则舍去。

【例 10-6】 修约间隔为 0.1（或 10^{-1}）。

拟修约数值	修约值
1.050	10×10^{-1}（特定场合可写为 1.0）
0.35	4×10^{-1}（特定场合可写为 0.4）

【例 10-7】 修约间隔为 1000（或 10^3）。

拟修约数值	修约值
2500	2×10^3（特定场合可写为 2000）
3500	4×10^3（特定场合可写为 4000）

⑤ 负数修约时，先将它的绝对值按①～④的规定进行修约，然后在所得值前面加上负号。

【例 10-8】 将下列数字修约到“十”数位。

拟修约数值	修约值
－355	-36×10（特定场合可写为－360）
－325	-32×10（特定场合可写为－320）

【例 10-9】 将下列数字修约到三位小数，即修约间隔为 10^{-3}。

拟修约数值	修约值
－0.0365	-36×10^{-3}（特定场合可写为－0.036）

3. 不允许连续修约

① 拟修约数字应在确定修约间隔或指定修约数位后一次修约获得结果，不得多次按本节“三”中“2”的规则连续修约。

【例 10-10】 修约 97.46，修约间隔为 1。

正确的做法：97.46→97；

不正确的做法：97.46→97.5→98。

【例 10-11】 修约 15.4546，修约间隔为 1。

正确的做法：15.4546→15；

不正确的做法：15.4546→15.455→15.46→15.5→16。

② 在具体实践中，有时测试与计算部门先将获得数值按指定的修约数位多一位或几位报出，而后由其他部门判定。为避免产生连续修约的错误，应按下述步骤进行。

a. 报出数值最右的非零数字为 5 时，应在数值右上角加“＋”或加“－”或不加符号，分别表明已进行过舍、进或未舍未进。

【例 10-12】 16.50^{+} 表示实际值大于 16.50，经修约舍弃为 16.50；16.50^{-} 表示实际值小于 16.50，经修约进一为 16.50。

b. 如需对报出值进行修约，当拟舍弃数字的最左一位数字为 5，且其后无数字或皆为零时，数值右上角有“＋”者进一，有“－”者舍去，其他仍按“2”的规定进行。

【例 10-13】 将下列数字修约到个数位（报出值多留一位至一位小数）。

实测值	报出值	修约值
15.4546	15.5^{-}	15
−15.4546	-15.5^{-}	−15
16.5203	16.5^{+}	17
−16.5203	-16.5^{+}	−17
17.5000	17.5	18

4. 0.5 单位修约与 0.2 单位修约

在对数值进行修约时，若有必要也可用 0.5 单位修约或 0.2 单位修约。

(1) 0.5 单位修约（半个单位修约） 0.5 单位修约是指按指定修约间隔对拟修约的数值以 0.5 单位进行的修约。

0.5 单位修约方法如下：将拟修约数值 X 乘以 2，按指定修约间隔对 $2X$ 依“2”的规定修约，所得数值（$2X$ 修约值）再除以 2。

【例 10-14】 将下列数字修约到“个”数位的 0.5 单位修约。

拟修约数值 X	$2X$	$2X$ 修约值	X 修约值
60.25	120.50	120	60.0
60.38	120.76	121	60.5
60.28	120.56	121	60.5
−60.75	−121.50	−122	−61.0

(2) 0.2 单位修约 0.2 单位修约是指按指定修约间隔对拟修约的数值以 0.2 单位进行的修约。

0.2 单位修约方法如下：将拟修约数值 X 乘以 5，按指定修约间隔对 $5X$ 依“2”的规定修约，所得数值（$5X$ 修约值）再除以 5。

【例 10-15】 将下列数字修约到“百”数位的 0.2 单位修约。

拟修约数值 X	$5X$	$5X$ 修约值	X 修约值
830	4150	4200	840
842	4210	4200	840
832	4160	4200	840
−930	−4650	−4600	−920

第二节 极限数值的表示和判定

一、书写极限数值的一般原则

① 标准（或其他技术规范）中规定考核的以数量形式给出的指标或参数等，应当规定极限数值。极限数值表示符合该标准要求的数值范围的界限值，它通过给出最小极限值

和（或）最大极限值与极限偏差值等方式表达。

② 标准中极限数值的表示形式及书写位数应适当，其有效数字应全部写出。书写位数表示的精确程度，应能保证产品或其他标准化对象应有的性能和质量。

二、表示极限数值的用语

1. 基本用语

① 表达极限数值的基本用语及符号见表 10-2。

表 10-2　表达极限数值的基本用语及符号

基本用语	符号	特定情形下的基本用语			注
大于 A	＞A		多于 A	高于 A	测定值或计算值恰好为 A 值时不符合要求
小于 A	＜A		少于 A	低于 A	测定值或计算值恰好为 A 值时不符合要求
大于或等于 A	≥A	不小于 A	不少于 A	不低于 A	测定值或计算值恰好为 A 值时符合要求
大于或等于 A	≤A	不大于 A	不多于 A	不高于 A	测定值或计算值恰好为 A 值时符合要求

注：1. A 为极限数值。

2. 允许采用以下习惯用语表达极限数值：

a. “超过 A”，指数值大于 A（＞A）；

b. “不足 A”，指数值小于 A（＜A）；

c. “A 及以上”或“至少 A”，指数值大于或等于 A（≥A）；

d. “A 及以下”或“至多 A”，指数值小于或等于 A（≤A）。

【例 10-16】 钢中磷的残量＜0.035%，A＝0.035%。

【例 10-17】 钢丝绳抗拉强度≥22×10^2 MPa，A＝22×10^2 MPa。

② 基本用语可以组合使用，表示极限值范围。

对特定的考核指标 *X*，允许采用下列用语和符号（见表 10-3）。同一标准中一般只应使用一种符号表示方式。

表 10-3　对特定的考核指标 *X*，允许采用的表达极限数值的组合用语及符号

组合基本用语	组合允许用语	符号		
		表示方式Ⅰ	表示方式Ⅱ	表示方式Ⅲ
大于或等于 A 且小于或等于 B	从 A 到 B	A≤*X*≤B	A≤·≤B	A～B
大于 A 且小于或等于 B	超过 A 到 B	A＜*X*≤B	A＜·≤B	＞A～B
大于或等于 A 且小于 B	至少 A 不足 B	A≤*X*＜B	A≤·＜B	A～＜B
大于 A 且小于 B	超过 A 不足 B	A＜*X*＜B	A＜·＜B	

2. 带有极限偏差值的数值

① 基本数值 *A* 带有绝对极限上偏差值 $+b_1$ 和绝对极限下偏差值 $-b_2$，指从 $A-b_2$ 到 $A+b_1$ 符号要求，记为 $A^{+b_1}_{-b_2}$。

注：当 $b_1=b_2=b$ 时，$A^{+b_1}_{-b_2}$ 可简记为 $A\pm b$。

【例 10-18】 80^{+2}_{-1}mm，指从 79mm 到 82mm 符合要求。

② 基本数值 *A* 带有相对极限上偏差值 $+b_1$% 和相对极限下偏差值 $-b_2$%，指实测值

或其计算值 R 对于 A 的相对偏差值 $[(R-A)/A]$ 从 $-b_2\%$ 到 $+b_1\%$ 符合要求，记为 $A^{+b_1}_{-b_2}\%$。

注：当 $b_1=b_2=b$ 时，$A^{+b_1}_{-b_2}\%$ 可记为 $A(1\pm b\%)$。

【例 10-19】 510Ω(1±5%)，指实测值或其计算值 R(Ω) 对于 510Ω 的相对偏差值 $[(R-510)/510]$ 从 −5% 到 +5% 符合要求。

③ 对基本数值 A，若极限上偏差值 $+b_1$ 和（或）极限下偏差值 $-b_2$ 使得 $A+b_1$ 和（或）$A-b_2$ 不符合要求，则应附加括号，写成 $A^{+b_1}_{-b_2}$（不含 b_1 和 b_2）或 $A^{+b_1}_{-b_2}$（不含 b_1）、$A^{+b_1}_{-b_2}$（不含 b_2）。

【例 10-20】 80^{+2}_{-1}（不含 2）mm，指从 79mm 到接近但不足 82mm 符合要求。

【例 10-21】 510Ω（1±5%）（不含 5%），指实测值或其计算值 R(Ω) 对于 510Ω 的相对偏差值 [(R−510)/510] 从 −5% 到接近但不足 +5% 符合要求。

三、测定值或其计算值与标准规定的极限数值做比较的方法

1. 总则

① 在判定测定值或其计算值是否符合标准要求时，应将测试所得的测定值或其计算值与标准规定的极限数值作比较，比较的方法可采用：a. 全数值比较法；b. 修约值比较法。

② 当标准或有关文件中，对极限数值（包括带有极限偏差值的数值）无特殊规定时，均应使用全数值比较法。如规定采用修约值比较法，应在标准中加以说明。

③ 若标准或有关文件规定了使用其中一种比较方法时，一经确定则不得改动。

2. 全数值比较法

将测试所得的测定值或计算值不经修约处理（或随经修约处理，但应标明它是经舍、进或未舍而得），用该数值与规定的极限数值作比较，只要超出极限数值规定的范围（不论超出程度大小）都判定为不符合要求。示例见表 10-4。

3. 修约值比较法

① 将测定值或其计算值进行修约，修约数位应与规定的极限数值数位一致。

当测试或计算精度允许时，应先将获得的数值按指定的修约数位多一位或几位报出，然后按第一节中“三”的程序修约至规定的数位。

② 将修约后的数值与规定的极限数值进行比较，只要超出极限数值规定的范围（不论超出程度大小）都判定为不符合要求。示例见表 10-4。

表 10-4 全数值比较法和修约值比较法的示例与比较

项目	极限数值	测定值或其计算值	按全数值比较是否符合要求	修约值	按修约值比较是否符合要求
中碳钢抗拉强度/MPa	≥14×100	1349	不符合	13×100	不符合
		1351	不符合	14×100	符合
		1400	符合	14×100	符合
		1402	符合	14×100	符合

续表

项目	极限数值	测定值或其计算值	按全数值比较是否符合要求	修约值	按修约值比较是否符合要求
NaOH 的质量分数/%	≥97.0	97.01 97.00 96.96 96.94	符合 符合 不符合 不符合	97.0 97.0 97.0 96.9	符合 符合 符合 不符合
中碳钢的硅的质量分数/%	≤0.5	0.452 0.500 0.549 0.511	符合 符合 不符合 不符合	0.5 0.5 0.5 0.5	符合 符合 符合 不符合
中碳钢的锰的质量分数/%	1.2～1.6	1.151 1.200 1.649 1.651	不符合 符合 不符合 不符合	1.2 1.2 1.6 1.7	符合 符合 符合 不符合
盘条直径/mm	10.0±0.1	9.89 9.85 10.10 10.16	不符合 不符合 符合 不符合	9.9 9.8 10.1 10.2	符合 不符合 符合 不符合
盘条直径/mm	10.0±0.1（不含 0.1）	9.94 9.96 10.06 10.05	符合 符合 符合 符合	9.9 10.0 10.1 10.0	不符合 符合 不符合 符合
盘条直径/mm	10.0±0.1（不含 0.1）	9.94 9.86 10.06 10.05	符合 不符合 符合 符合	9.9 9.9 10.1 10.0	不符合 符合 不符合 符合
盘条直径/mm	10.0±0.1（不含 0.1）	9.94 9.86 10.06 10.05	符合 不符合 符合 符合	9.9 9.9 10.1 10.0	不符合 不符合 符合 符合

注：表中的例子并不表明这类极限数值都应采用全数值比较法或修约值比较法。

4. 两种判定方法的比较

对测定值或其计算值与规定的极限数值在不同情形用全数值比较法和修约值比较法的比较结果的示例见表 10-4。对同样的极限数值，若它本身符合要求，则全数值比较法比修约值比较法相对较严格。

参考文献

[1] 全国统计方法应用标准化技术委员会. 数值修约规则与极限数值的表示和判定 GB/T 8170—2008 [S]. 北京：中国标准出版社，2008.

[2] 全国钢标准化技术委员会(SAC/TC183). 优质碳素结构钢 GB/T 699—2015 [S]. 北京：中国标准出版社，2016.

[3] JIS Z 8401 Rules for Rounding off of Number Values.

[4] 国家环境保护局，《水和废水监测分析方法》编委会. 水和废水监测分析方法 [M]. 北京：中国环境科学出版社，2002.

[5] 中国环境监测总站，《环境水质监测质量保证手册》编写组. 环境水质监测质量保证手册［M］. 北京：化学工业出版社，1994.

[6] 中国医学科学院卫生研究所. 水质分析法［M］. 北京：人民卫生出版社，1983.

[7] 张铁垣，程泉寿，张仕斌. 化验员手册［M］. 北京：水利电力出版社，1988.

[8] 武汉大学，等. 分析化学［M］. 北京：高等教育出版社，1982.

[9] 华中师范大学，东北师范大学，陕西师范大学，等. 分析化学［M］. 北京：高等教育出版社，1986.

[10] 水质分析大全编写组. 水质分析大全［M］. 重庆：科学技术文献出版社重庆分社，1989.

第十一章
测量不确定度评定和表示

测量不确定度的概念在测量历史上相对较新，其应用具有广泛性和实用性。本章主要介绍测量不确定度评定和表示的基本方法。

第一节　适用范围及术语和定义

一、适用范围

1. 引言

1）当报告物理量的测量结果时应对测量结果的质量给出定量的说明，以便使用者能评价其可靠程度。如果没有这样的说明，测量结果之间不能进行比较，测量结果也不能与标准或规范中给出的参考值进行比较。所以需要一个便于实现、容易理解和公认的方法来表征测量结果的质量，本章介绍的就是一种这样的方法，即评定和表示其测量不确定度。

2）虽然误差分析早就成为测量科学或计量学的一部分，但作为定量特征的不确定度概念还是一个比较新的概念。现在大家都能认识到，当对已知的或可疑的误差分量都做了评定，并进行了适当的修正后，这样的测量结果仍然存在着不确定度。

3）正如国际单位制（SI）已在全世界的所有科学和技术测量中普遍使用一样，全世界对测量不确定度的评定和表示方法取得共识，给出易于理解和有恰当释义的规则，将会对科学、工程技术、商贸和工业中大量的测量结果具有极为重要的意义。在市场全球化的时代，推广和应用统一的不确定度的评定和表示方法势在必行，以便使不同国家进行的测量可以容易地相互比较。

4）评定和表示测量结果不确定度的理想方法应该具有普遍适用性，即该方法应该适用于所有类型的测量和测量中用到的各种输入量。

用于表示不确定度的实际的量应该是：

① 内部协调的：它应该直接由对它有贡献的分量导出，且与这些分量如何分组以及这些分量如何分解成子分量无关。

② 可传递的：如果第二个测量中使用了第一个测量的结果，则应该可以用第一个结果的不确定度作为评定第二个测量结果的不确定度的一个分量。

此外，在许多工业、商业以及健康和安全领域中常常有必要提供测量结果的一个区间，可期望该区间包含了被测量之值合理分布的大部分。评定和表示测量不确定度的理想方法应能方便地给出这样一个区间，特别是在符合实际需要的包含概率或置信水平下的区间。

5）测量结果的不确定度通常包含若干个分量，根据其数值的评估方法不同分为以下两类。

A 类：用统计方法评定的分量。

B 类：用其他方法评定的分量。

A 类和 B 类不确定度与以前有关文献中介绍的“随机效应引入的不确定度”和“系统效应不确定度”之间并不总是存在简单的对应关系。“系统不确定度”这个术语容易引起误解，应该避免使用。

① 任何有关不确定度的详细报告应该有一个完整的分量明细表，对每个分量应该说明其数值的获得方法。

② A 类分量用估计方差 S_i^2（或估计标准偏差 S_i）及自由度 υ_i 表征。适当时，应该给出协方差。

③ B 类分量应该用 u_j^2 表征。可以认为 u_j^2 是假设存在的相应方差的近似。可以像方差那样处理 u_j^2，并像标准偏差那样去处理 u_j。适当时，也应该以同样方法给出协方差。

④ 合成不确定度应该采用常用的方差合成方法得到的数值表征。合成不确定度及其分量应该用“标准偏差”的形式表示。

⑤ 对于特殊应用，有必要用合成不确定度乘以一个因子获得总不确定度，并且应声明被乘因子。

2. 适用领域

① 本章介绍的测量不确定度评定和表示的通用规则，适用于从生产车间到基础研究等很多领域的各种不确定度水平的测量，包括以下几方面：a. 生产过程中利用测量活动进行的质量控制和质量保证；b. 法律法规中涉及的测量结果的符合性判断；c. 科学和工程领域的基础研究、应用研究和开发工作中的测量活动；d. 为溯源到国家测量标准，对测量标准和仪器进行的校准；e. 研制、保存国际和国家物理测量标准，包括标准物质，以及扩展比对。

② 本章介绍的评定方法主要涉及已有明确定义，并可用唯一值表征的物理量的测量结果的不确定度表示方法。如果某个现象仅呈现为一系列值的分布或取决于一个或若干个参数，例如时间，则被测量就包含其分布情况或相应关系的一组量值。

③ 测量不确定度评定和表示方法适用于实验、测量方法、复杂部件和系统的设计及理论分析中相关不确定度的评定与表示。因为测量结果及其不确定度可能只是概念上的，可能完全基于假设的数据，所以在本章按广义来理解术语“测量结果”。

④ 本章仅介绍测量不确定度评定和表示的通用方法，而不是详尽的技术规范文件。此外，本章不讨论某个特定的测量结果的不确定度在其评定后如何用于不同的目的，例如：判断一个结果与另一些类似结果间是否相容；确定制造工艺中的容差极限；决定是否

能安全地保证某个工作的过程等。

⑤ 本章所介绍的评定方法主要适用于以下条件：a. 可以假设输入量的概率分布是对称分布；b. 可以假设输入量的概率分布近似为正态分布或 t 分布；c. 测量模型为线性模型、可以转化为线性的模型或可用线性模型近似的模型。

当不能同时满足上述适用条件时可考虑采用蒙特卡洛法（简称 MCM）评定测量不确定度，即采用概率分布传播的方法。MCM 的使用详见《用蒙特卡洛法评定测量不确定度技术规范》（JJF 1059.2—2012）。当用本章内容的方法评定的结果得到蒙特卡洛法验证时，则依然可以用本章介绍的方法评定测量不确定度。

二、术语和定义

本章中的计量学术语采用《通用计量术语及定义》（JJF 1001—2011），它是依据国际标准 ISO/IEC GUIDE99：2007（即 VIM 第三版）修订后的版本。本章中所用的概率和统计术语基本采用国际标准 ISO 3534.1：2006 的术语和定义。

1. 被测量（measurand；JJF 1001,4.7）

拟测量的量即被测量。

注 1：对被测量的说明要求了解量的种类，以及含有该量的现象、物体或物质状态的描述，包括有关成分及化学实体。

注 2：在 VIM 第二版和 IEC 60050-300：2001 中，被测量定义为受到测量的量。

注 3：测量包括测量系统和实施测量的条件，它可能会改变研究中的现象、物体物质，使被测量的量可能不同于定义的被测量。在这种情况下，需要进行必要的修正。

例 1：用内阻不够大的电压表测量时，电池两端间的电位差会降低，开路电位差可根据电池和电压表的内阻计算得到。

例 2：钢棒在与环境温度 23℃平衡时的长度不同于拟测量的规定温度为 20℃时的长度，这种情况下必须修正。

例 3：在化学中，“分析物”或者物质或化合物的名称有时被称作“被测量”。这种用法是错误的，因为这些术语并不涉及量。

2. 测量结果（measurement result，result of measurement；JJF 1001,5.1）

与其他有用的相关信息一起赋予被测量的一组量值即测量结果。

注 1：测量结果通常包含这组量值的“相关信息”，诸如某些可以比其他方式更能代表被测量的信息。它可以概率密度函数（PDF）的方式表示。

注 2：测量结果通常表示为单个测得的量值和一个测量不确定度。对某些用途，如果认为测量不确定度可忽略不计，则测量结果可表示为单个测得的量值。在许多领域中这是表示测量结果的常用方式。

注 3：在传统文献和 1993 版 VIM 中，测量结果定义为赋予被测量的值，并按情况解释为平均示值、未修正的结果或已修正的结果。

3. 测得的量值（measured quantity value；JJF 1001，5.2）

测得的量值即代表测量结果的量值，又称量的测得值（measured value of a quantity)，简称测得值（measured value）。

注 1：对重复示值的测量，每个示值可提供相应的测得值。用这一组独立的测得值可计算出作为结果的测得值，如平均值或中位值，通常它附有一个已减小了的与其相关联的测量不确定度。

注 2：当认为代表被测量的真值范围与测量不确定度相比小得多时，量的测得值可认为是实际唯一真值的估计值，通常是通过重复测量获得的各独立测得值的平均值或中位值。

注 3：当认为代表被测量的真值范围与测量不确定度相比不太小时，被测量的测得值通常是一组真值的平均值或中位值的估计值。

注 4：在测量不确定度指南（GUM）中，对测得的量值使用的术语有“测量结果”和“被测量的值的估计”或“被测量的估计值”。

4. 量的真值（true quantity value,true of quantity；VIM2. 11）

量的真值即与量值的定义一致的量值，简称真值（true value）。

注 1：在描述关于测量的“误差方法”中，认为真值是唯一的，实际上是不可知的。在“不确定度方法”中认为，由于定义本身细节不完善，不存在单一真值，只存在与定义一致的一组真值，然而在原理上和实际上这一组值是不可知的。另一些方法免除了所有关于真值的概念，而依靠测量结果计量兼容性的概念去评定测量结果的有效性。

注 2：在基本常量的这一特殊情况下，量被认为具有一个单一真值。

注 3：当被测量的定义的不确定度与测量不确定度其他分量相比可忽略时，认为被测量具有一个“基本唯一”的真值。这就是 GUM 和相关文件采用的方法，其中“真”字被认为是多余的。

5. 约定量值（conventional quantity value；VIM2. 12）

约定量值即对于给定目的，由协议赋予某量的量值，又称量的约定值（conventional value of a quantity），简称约定值（conventional value）。

例 1：标准自由落体加速度（以前称标准重力加速度）$g_n=9.80665\mathrm{m/s^2}$。

例 2：约瑟夫逊常量的约定量值 $K_{J\text{-}90}=483597.9\mathrm{GHz/V}$。

例 3：给定质量标准的约定量值 $m=100.00347\mathrm{g}$。

注 1：有时将术语“约定真值”用于此概念，但不提倡这种用法。

注 2：有时约定真值是真值的一个估计值。

注 3：约定真值通常被认为具有适当小（可能为零）的测量不确定度。

6. 测量精密度（measurement precision；JJF 1001，5. 10）

测量精密度即在规定条件下，对同一或类似被测对象重复测量所得示值或测得值间的一致程度，简称精密度（precision）。

注 1：测量精密度通常用不精密程度以数字形式表示，如在规定测量条件下的标准差、方差或变差系数。

注 2：规定条件可以是重复性测量条件、期间精密度测量条件或复现性测量条件。

注 3：测量精密度用于定义测量重复性、期间测量精密度或测量复现性。

注 4：术语“测量精密度”有时用于指“测量准确度”，这是错误的。

7. 测量重复性（measurement repeatability；JJF 1001，5.13）

测量重复性即在一组重复性测量条件下的测量精密度，简称重复性（repeatability）。

8. 重复性测量条件（measurement repeatability condition of measurement；JJF 1001，5.14）

重复性测量条件即相同测量程序、相同操作者、相同测量系统、相同操作条件和相同地点，并在短时间内对同一或相类似被测对象重复测量的一组测量条件，简称重复性条件（repeatability condition）。

注：在化学中，术语“序列内精密度测量条件”有时用于指“重复性测量条件”。

9. 测量复现性（measurement reproducibility；JJF 1001，5.14）

测量复现性即在复现性测量条件下的测量精密度，简称复现性（reproducibility）。

10. 复现性测量条件（measurement reproducibility condition of measurement；JJF 1001，5.15）

复现性测量条件即不同地点、不同操作者、不同测量系统，对同一或相类似被测对象重复测量的一组测量条件，简称复现性条件（reproducibility condition）。

注 1：不同的测量系统可采用不同的测量程序。

注 2：在给出复现性时应说明改变和未改变的条件及实际改变到什么程度。

11. 期间精密度测量条件（intermediate precision condition of measurement；JJF 1001，5.11）

期间精密度测量条件除了相同测量程序、相同地点，以及在一个较长时间内对同一或相类似的被测对象重复测量的一组测量条件外，还可包括涉及改变的其他条件，简称期间精密度条件（intermediate precision condition）。

注 1：改变可包括新的校准、测量标准器、操作者和测量系统。

注 2：对条件的说明应包括改变和未改变的条件以及实际改变到什么程度。

注 3：在化学中，术语“序列间精密度测量条件”有时用于指“期间精密度测量条件”。

12. 实验标准偏差（experimental standard deviation；JJF 1001，5.17）

实验标准偏差为对同一被测量进行 n 次测量，表征测量结果分散性的量，简称实验标准差（experimental standard deviation）。用符号 S 表示。

注 1：n 次测量中某单个测得值 x_k 的实验标准差 $S(x_k)$ 可按贝塞尔公式计算。

$$S(x_k)=\sqrt{\frac{\sum_{i=1}^{n}(x_i-\bar{x})^2}{n-1}}$$

式中 x_i——第 i 次测量的测得值；

$\bar{x}$——n 次测量所得一组测得值的算术平均值；

n——测量次数。

注 2：n 次测量的算术平均值 $\bar{x}$ 的实验标准差 $S(x_k)$ 如下。

$$S(\bar{x})=S(x_k)/\sqrt{n}$$

13. 测量误差（measurement error，error of measurement；JJF 1001，5.3）

测量误差即测得的量值减去参考量值，简称误差（error）。

注 1：测量误差的概念在以下两种情况下均可使用。

① 涉及存在单个参考量值，如用测得值的测量不确定度可忽略的测量标准进行校准，或约定量值给定时，测量误差是已知的。

② 假设被测量使用唯一的真值或范围可忽略的一组真值表征时，测量误差是未知的。

注 2：测量误差不应与出现的错误或过失相混淆。

14. 测量不确定度（measurement uncertainty，uncertainty of measurement；JJF 1001，5.18）

测量不确定度即利用可获得的信息，表征赋予被测量量值分散性的非负参数，简称不确定度（uncertainty）。

注 1：测量不确定度包括由系统效应引起的分量，如与修正量和测量标准所赋量值有关的分量及定义的不确定度。有时对估计的系统效应未作修正，而是当作不确定度分量处理。

注 2：此参数可以是诸如称为标准测量不确定度的标准差（或其特定倍数），或是说明了包含概率的区间半宽度。

注 3：测量不确定度一般由若干分量组成。其中一些分量可根据一系列测量值的统计分布，按测量不确定度的 A 类评定进行评定，并可用标准差表征。而另一些分量则可根据其经验或其他信息获得的概率密度函数，按测量不确定度的 B 类评定进行评定，也用标准差表征。

注 4：通常，对于一组给定的信息，测量不确定度是相应于所赋予被测量的值的。该值的改变将导致相应的不确定度的改变。

注 5：本定义是按 2008 版 VIM 给出的，而在 GUM 中的定义是：表征合理地赋予被测量之值的分散性，与测量结果相联系的参数。

15. 计量溯源性（metrological traceability；JJF 1001，4.14）

计量溯源性即通过文件规定的不间断的校准链，将测量结果与参照对象联系起来的特性。校准链中的每项校准均会引入测量不确定度。

注 1：本定义中的参照对象可以是实际实现的测量单位的定义，或包括无序量测量单位的测量程序，或测量标准。

注 2：测量溯源性要求建立校准等级序列。

注 3：参照对象的技术规范必须包括在建立等级序列时所使用该参照对象的时间，以及关于该参照对象的任何计量信息，如在这个校准等级序列中进行第一次校准的时间。

注 4：对于在测量模型中具有一个以上输入量的测量，每个输入量本身应该是经过计量溯源的，并且校准等级序列可形成一个分支机构或网络。为每个输入量建立计量溯源性所作的努力应与对测量结果的贡献相适应。

注 5：测量结果的计量溯源性不能保证其测量不确定度满足给定的目的，也不能保证不发生错误。

注 6：如果两个测量标准的比较是用于检查，必要时用于对量值进行修正，以及对其中一个测量标准赋予测量不确定度时，测量标准间的比较可看作一种校准。

注 7：两台测量标准之间的比较，如果用于对其中一台测量标准进行核查以及必要时修正量值并给出测量不确定度，则可视为一次校准。

注 8：国家实验室认可合作组织（ILAC）认为计量溯源性的要素是国际测量标准或国家测量标准的不间断的溯源性、文件规定的测量不确定度、文件规定的测量程序、认可的技术能力、向 SI 的计量溯源性校准间隔。

注 9："溯源性"有时是指"计量溯源性"，有时也用于其他概念，诸如"样品可追溯性""文件可追溯性"或"仪器可追溯性"等，其含义是指某项目的历程（轨迹）。所以，当有产生混淆的风险时，最好使用全称"计量溯源性"。

16. 标准不确定度（standard uncertainty；JJF 1001，5. 19）

标准不确定度即以标准差表示的测量不确定度，全称标准测量不确定度（standard measurement uncertainty，standard uncertainty of measurement）。

17. 测量不确定度的 A 类评定（Tyoe A evaluation of measurement uncertainty；JJF 1001，5. 20）

测量不确定度的 A 类评定即对在规定测量条件下测得的量值用统计分析的方法进行的测量不确定度分量的评定，简称 A 类评定（Type A evaluation），又称（标准不确定度的）A 类评定 [Type A evaluation (of standard uncertainty)]。

注：规定测量条件是指重复性测量条件、期间精密度测量条件或复现性测量条件。

18. 测量不确定度的 B 类评定（Type B evaluation of measurement uncertainty；JJF 1001，5. 21）

测量不确定度的 B 类评定即用不同于测量不确定度 A 类评定的方法对测量不确定度分量进行的评定，简称 B 类评定（Type B evaluation），又称（标准不确定度的）B 类评定 [Type B evaluation (of standard uncertainty)]。

示例：评定基于以下信息。

① 权威结构发布的量值；

② 有证标准物质的量值；

③ 校准证书；

④ 仪器的漂移；

⑤ 经检定的测量仪器的准确度等级；

⑥ 根据人员经验推断的极限值等。

19. 合成标准不确定度（combined standard uncertainty；JJF 1001，5. 22）

合成标准不确定度即由在一个测量模型中各输入量的标准测量不确定度获得的输出量的标准测量不确定度，全称合成标准测量不确定度（combined standard measurement uncertainty）。

注：如果测量模型中的输入量相关，当计算合成标准不确定度时应考虑协方差。

20. 相对标准不确定度（relative standard uncertainty; JJF 1001, 5.23）

相对标准不确定度即标准不确定度除以测得值的绝对值，全称相对标准测量不确定度（relative standard measurement uncertainty）。

21. 扩展不确定度（expanded uncertainty; JJF 1001, 5.27）

扩展不确定度即合成标准不确定度与一个大于1的数字因子的乘积，全称扩展测量不确定度（expanded measurement uncertainty）。

注1：该因子取决于测量模型中输出量的概率分布类型及所选取的包含概率。

注2：本定义中术语“因子”是指包含因子。

注3：扩展测量不确定度在INC-1（1980）建议书的第5段中被称为“总不确定度”。

22. 包含区间（coverage interval; JJF 1001, 5.28）

包含区间即基于可获得的信息确定的包含被测量一组值的区间，被测量值以一定概率落在该区。

注1：包含区间不一定以所选的测得值为中心。

注2：不应把包含区间称为置信区间，以避免与统计学概念混淆。

注3：包含区间可由扩展测量不确定度导出。

23. 包含概率（coverage probabilitv; JJF 1001, 5.29）

包含概率即在规定的包含区间内包含被测量的一组值的概率。

注1：为避免与统计学概念混淆，不应把包含概率称为置信水平。

注2：在GUM中包含概率又称“置信的水平”（level of confidence）。

注3：包含概率替代了曾经使用过的“置信水准”。

24. 包含因子（coverage factor; JJF 1001, 5.30）

包含因子即为获得扩展不确定度，对合成标准不确定度所乘的大于1的数。

注：包含因子通常用符号 k 表示。

25. 测量模型（measurement model, model of measurement; JJF 1001, 5.31）

测量模型即测量中涉及的所有已知量间的数学关系，简称模型（model）。

注1：测量模型的通用形式是方程 $h(Y, X_1, \cdots, X_N)=0$，其中测量模型中的输出量 Y 是被测量，其量值由测量模型中输入量 $X_1, \cdots, X_N$ 的有关信息推导得到。

注2：在有两个或多个输出量的较复杂的情况下，测量模型包含一个以上的方程。

26. 测量函数（measurement function; JJF 1001, 5.32）

测量函数即在测量模型中，由输入量的已知量值计算得到的值是输出量的测得值时，输入量与输出量之间的函数关系。

注1：如果测量模型 $h(Y, X_1, \cdots, X_N)=0$ 可明确写成 $Y=f(X_1, \cdots, X_N)$，其中 Y 是测量模型中的输出量，则函数 f 是测量函数。更通俗地说，f 是一个算法符号，算出与输入量 $X_1, \cdots, X_N$ 相应的唯一的输出量 $y=f(x_1, \cdots, x_N)$。

注2：测量函数也用于计算测得值 Y 的测量不确定度。

27. 测量模型中的输入量（input quantity in a measurement model；JJF1001，5.33）

测量模型中的输入量即为计算被测量的测得值而必须测量的，或其值可用其他方式获得的量，简称输入量（input quantity）。

例：当被测量是在规定温度下某钢棒的长度时，则实际温度、在实际温度下的长度以及该棒的线热膨胀系数为测量模型中的输入量。

注1：测量模型中的输入量往往是某个测量系统的输出量。

注2：示值、修正值和影响量可以是一个测量模型中的输入量。

28. 测量模型中的输出量（output quantity in a measurement model；JJF 1001，5.34）

测量模型中的输出量即用测量模型中输入量的值计算得到的测得值的量，简称输出量（output quantity）。

29. 定义的不确定度（definitional uncertainty；JJF 1001，5.24）

定义的不确定度即由测量定义中细节量有限所引起的测量不确定度分量。

注1：定义的不确定度是在任何给定被测量的测量中实际可达到的最小测量不确定度。

注2：所描述细节中的任何改变导致另一个定义的不确定度。

30. 仪器的测量不确定度（instrumental measurement uncertainty；JJF 1001，7.24）

仪器的测量不确定度即由所用测量仪器或测量系统引起的测量不确定度的分量。

注1：除原级测量标准采用其他方法外，仪器的不确定度通过对测量仪器或测量系统校准得到。

注2：仪器的不确定度通常按B类测量不确定度评定。

注3：对仪器的测量不确定度的有关信息可在仪器说明书中给出。

31. 零的测量不确定度（null measurement uncertainty；JJF 1001，7.25）

零的测量不确定度即测得值为零时的测量不确定度。

注1：零的测量不确定度与零位或接近零的示值有关，它包含被测量小到不知是否能检测的区间或仅由噪声引起的测量仪器的示值区间。

注2：零的测量不确定度的概念也适用于当对样品与空白进行测量并获得差值时。

32. 不确定度报告（uncertainty budget；JJF 1001，5.25）

不确定度报告即对测量不确定度的陈述，包括测量不确定度的分量及其计算和扩展。

注：不确定度报告应该包括测量模型、估计值、测量模型中与各个量相关的测量不确定度、协方差、所用的概率密度分布函数的类型、自由度、测量不确定度的评定类型和包含因子。

33. 目标不确定度（target uncertainty；JJF 1001，5.26）

目标不确定度即根据测量结果的预期用途，规定作为上限的测量不确定度，全称目标测量不确定度（target measurement uncertainty）。

34. 自由度（degrees of freedom）

自由度即在方差的计算中，和的项数减去对和的限制数。

注 1：在重复性条件下，用 n 次独立测量确定一个被测量时，所得的样本方差为 $(\nu_1^2+\nu_2^2+\cdots+\nu_n^2)/(n-1)$，其中 ν_i 为残差，$\nu_1=x_1-\bar{x}$，$\nu_2=x_2-\bar{x}$，…，$\nu_n=x_n-\bar{x}$。和的项数即为残差的个数 n，和的限制数为 1。由此可得自由度 $\upsilon=n-1$。

注 2：当用测量所得的 n 组数据按最小二乘法拟合的校准曲线确定 t 个被测量时，自由度 $\upsilon=n-t$。如果另有 r 个约束条件，则自由度 $\upsilon=n-1+r$。

注 3：自由度反映了相应实验标准差的可靠程度。用贝塞尔公式估计实验标准偏差 S 时，S 的相对标准差为：$\sigma(S)/S=1/\sqrt{2\upsilon}$。若测量次数为 10，则 $\upsilon=9$，表明估计的 S 的相对标准差约为 0.24，可靠程度达 76%。

注 4：合成标准不确定度 $u_c(y)$ 的自由度，称为有效自由度 υ_{eff}，用于在评定扩展不确定度 U_P 时求得包含因子 k_P。

35. 协方差（covariance）

协方差是两个随机变量相互依赖性的度量，它是两个随机变量各自的误差之积的期望。用符号 COV(X，Y) 或 $V(X, Y)$ 表示：

$$V(X,Y)=E[(X-\mu_x)(Y-\mu_y)]$$

注：定义协方差是在无限多次测量条件下的理想概念。有限多次测量时两个随机变量的单个估计值的协方差估计值用 $S(x, y)$ 表示。

$$S(x,y)=\frac{1}{n-1}\sum_{i=1}^{n}(x_i-\overline{X})(y_i-\overline{Y})$$

式中：

$$\overline{X}=\frac{1}{n}\sum_{i=1}^{n}x_i\,,\ \overline{Y}=\frac{1}{n}\sum_{i=1}^{n}y_i$$

有限次数测量时两个随机变量的算术平均值的协方差估计值用 $S(\bar{x}, \bar{y})$ 表示：

$$S(\bar{x},\bar{y})=\frac{1}{n(n-1)}\sum_{i=1}^{n}(x_i-\overline{X})(y_i-\overline{Y})$$

36. 相关系数（correlation coefficient）

相关系数是两个随机变量之间相互依赖性的度量，它等于两个变量间的协方差除以各自方差之积的正平方根，用符号 $\rho(X, Y)$ 表示：

$$\rho(X,Y)=(Y,X)=\frac{V(Y,X)}{\sqrt{V(Y,Y)V(X,X)}}=\frac{V(Y,X)}{\sigma(Y)\sigma(X)}$$

注 1：定义的相关系数是在无限多次测量条件下的理想概念。有限次测量时相关系数的估计值用 $r(x, y)$ 表示。

$$r(x,y)=r(y,x)=\frac{S(x,y)}{S(x)S(y)}$$

注 2：相关系数是一个 [−1，1] 间的纯数。

注 3：对于多变量概率分布，通常给出相关系数矩阵，该矩阵的主对角线元素为 1。

第二节 测量不确定度的评定方法

本书对测量不确定度评定的方法简称 GUM。用 GUM 法评定测量不确定度的一般流程为：分析不确定度来源和建立测量模型→评定标准不确定度 u_i→计算合成标准不确定度→确定扩展不确定度 U 或 U_P→报告测量结果。

一、测量不确定度来源分析

① 由测量所得的测得值只是被测量的估计值，测量过程中的随机效应及系统效应均会导致测量不确定度。对已认识的系统效应进行修正后的测量结果仍然只是被测量的估计值，还存在由随机效应导致的不确定度和由对系统效应修正不完善导致的不确定度。从不确定度评定方法上所作的 A 类评定、B 类评定的分类与产生不确定度的原因无任何联系，不能称为随机不确定度和系统不确定度。

② 在实际测量中有许多可能导致测量不确定度的来源，如以下一些方面：a. 被测量的定义不完整；b. 被测量定义的复现不理想；c. 取样的代表性不够，即被测样本可能不完全代表所定义的被测量；d. 对测量受环境条件的影响认识不足或对环境条件的测量不完善；e. 模拟式仪器的人员读数偏移；f. 测量仪器的计量性能（如最大允许误差、灵敏度、鉴别力、分辨力、死区及稳定性等）的局限性，即导致仪器的不确定度；g. 测量标准或标准物质提供的标准值的不准确；h. 引用的常数或其他参数值的不准确；i. 测量方法和测量程序中的近似和假设；j. 在相同条件下被测量重复观测值的变化。

测量不确定度的来源必须根据实际测量情况进行具体分析。分析时，除了定义的不确定度外，可从测量仪器、测量环境、测量人员、测量方法等方面考虑，特别注意对测量结果影响较大的不确定度来源，应尽量做到不遗漏、不重复。

③ 修正仅仅是对系统误差的补偿，修正值是具有不确定度的。在评定已修正的被测量的估计值的测量不确定度时，要考虑修正值引入的不确定度。只有在修正值的不确定度较小，且对合成标准不确定度的贡献可忽略不计的情况下，才可不予考虑。

④ 测量中的失误或突发因素不属于测量不确定度的来源，在测量不确定度评定中，应剔除测得值中的离群值（异常值）。离群值的剔除应通过对数据进行适当检验后进行。

注：离群值的判断和处理方法可见本手册第九章［与《数据的统计处理和解释　正态样本离群值的判断和处理》（GB/T 4883—2008）技术一致］。

二、测量模型的建立

① 测量中，当被测量（即输出量）Y 由 N 个其他量 X_1，X_2，…，X_N（即输入量），通过函数 f 来确定时，则公式(11-1) 称为测量模型：

$$Y=f(X_1,X_2,\cdots,X_N) \tag{11-1}$$

式中，大写字母表示量的符号；f 为测量函数。

设输入量 X_i，被测量 Y 的估计值为 y，则测量模型可写成式(11-2) 的形式：

$$y=f(x_1,x_2,\cdots,x_N) \tag{11-2}$$

测量模型与测量方法有关。

注：在一系列输入量中，第 k 个输入量用 X_k 表示。如果 k 个输入量是电阻，其符号为 R，则 Y 可表示为 R。

【例 11-1】 一个随温度 t 变化的电阻器两端的电压为 V，在温度为 t_0（20℃）时的电阻为 R_0，电阻器的温度系数为 α，则电阻器的损耗功率 P（被测量）取决于 V、R_0、α 和 t，即测量模型为：

$$P=f(V,R_0,\alpha,t)=\frac{V^2}{R_0[1+\alpha(t-t_0)]}$$

用其他方法测量损耗功率 P 时，可能有不同的测量模型。

② 在简单的直接测量中测量模型可能简单到式(11-3) 的形式：

$$Y=X_1-X_2 \tag{11-3}$$

甚至简单到式(11-4) 的形式：

$$Y=X \tag{11-4}$$

注：例如用压力表测量压力，被测量（压力）的估计值 y 就是仪器（压力表）的示值 x。测量模型为 $y=x$。

③ 输出量 Y 的每个输入量 X_1，X_2，…，X_N 本身可看作为被测量，也可取决于其他量，甚至包括修正值或修正因子，从而可能导出一个十分复杂的函数关系，甚至测量函数 f 不能明确地表示出来。

④ 物理量测量的测量模型一般根据物理原理确定。非物理量或在不能用物理原理确定的情况下，测量模型也可以用实验方法确定，或仅以数值方程给出，在可能的情况下尽可能采用按长期积累的数据建立的经验模型。用核查标准和控制图的方法表明测量过程始终处于统计控制状态时有助于测量模型的建立。

⑤ 如果数据表明测量函数没有能将测量过程模型化至测量所要求的准确度，则要在测量模型中增加附加输入量来反映对影响量的认识不足。

⑥ 测量模型中输入量可以是以下量：a. 由当前直接测得的量。这些量值及其不确定度可以由单次观测、重复观测或根据经验估计得到，并可包含对测量仪器读数的修正值和对诸如环境温度、大气压力、湿度等影响量的修正值；b. 由外部来源引入的量。如已校准的计量标准或有证标准物质的量，以及由手册查得的参考数据等。

⑦ 在分析测量不确定度时，测量模型中的每个输入量的不确定度均是输出量的不确定度的来源。

⑧ 本章主要适用于测量模型为线性函数的情况。如果是非线性函数，应采用泰勒级数展开并忽略其高阶项，将被测量近似为输入量的线性函数，才能进行测量不确定度评定。若测量函数明显为非线性，合成标准不确定度评定中必须包括泰勒级数展开的主要高阶项。

⑨ 被测量 Y 的最佳估计值 y 在通过输入量 X_1，X_2，…，X_N 的估计值 x_1，x_2，…，

x_N 得出时，有公式(11-5) 和公式(11-6) 两种计算方法。

a. 计算方法一：

$$y=\bar{y}=\frac{1}{n}\sum_{k=1}^{n}y_k=\frac{1}{n}\sum_{k=1}^{n}f(x_{1k},x_{2k},\cdots,x_{Nk}) \tag{11-5}$$

式中，y 是取 Y 的 n 次独立测量得到的测得值 y_k 的算术平均值，其每个测得值 y_k 的不确定度相同，且每个 y_k 都是根据同时获得的 N 个输入量 X_i 的一组完整的测得值求得的。

b. 计算方法二：

$$y=f(\bar{x}_1,\bar{x}_2,\cdots,\bar{x}_N) \tag{11-6}$$

式中，$\bar{x}=\frac{1}{n}\sum_{k=1}^{n}x_{i,\ k}$，它是第 i 个输入量的 k 次独立测量所得的测得值 $x_{i,k}$ 的算术平均值。这一方法的实质是先求 X_i 的最佳估计值 x_i，再通过函数关系式计算得出 y。

当 f 是输入量 X_i 的线性函数时，以上两种方法的计算结果相同。但当 f 是 X_i 的非线性函数时，应采用式(11-5) 的计算方法。

三、标准不确定度的评定

1. 概述

① 测量不确定度一般由若干分量组成，每个分量用其概率分布的标准差估计值表征，称标准不确定度。用标准不确定度表示的各分量用 u_i 表示。根据对 X_i 的一系列测得值 x_i 得到实验标准差的方法为 A 类评定。根据有关信息估计的先验概率分布得到标准差估计值的方法为 B 类评定。

② 在识别不确定度来源后，对不确定度各个分量作一个预估是必要的，测量不确定度评定的重点应放在识别并评定那些重要的、占支配地位的分量上。

2. 标准不确定度的 A 类评定

（1）A 类评定的方法　对被测量进行独立重复观测，通过所得到的一系列测得值，用统计分析方法获得实验标准差 $S(x)$，当用算术平均值 $\bar{x}$ 作为被测量估计值时，被测量估计值的 A 类标准不确定度按式(11-7) 计算：

$$u_{\mathrm{A}}=u(\bar{x})=S(\bar{x})=\frac{S(x)}{\sqrt{n}} \tag{11-7}$$

标准不确定度的 A 类评定的一般流程为：A 类评定开始→对被测量 X 进行 n 次独立观测得到一系列测得值 $x_i(i=1,\ 2,\ \cdots,\ n)$→计算被测量的最佳估计值 $\bar{x}\left(\bar{x}=\frac{1}{n}\sum_{i=1}^{n}x_i\right)$→计算实验标准差 $S(x_k)$→计算 A 类标准不确定度 $u_{\mathrm{A}}(\bar{x})\left[u_{\mathrm{A}}(\bar{x})=S(\bar{x})=\frac{S(x_k)}{\sqrt{n}}\right]$。

（2）贝塞尔公式法　在重复性条件或复现性条件下对同一被测量独立重复观测 n 次，得到 n 个测得值 x_i（$i=1,\ 2,\ \cdots,\ n$），被测量 X 的最佳估计值是 n 个独立测得值的算术平均值 x，按式(11-8) 计算：

$$\bar{x}=\frac{1}{n}\sum_{i=1}^{n}x_i \tag{11-8}$$

单个测得值 x_k 的实验方差 $S^2(x_k)$，按式(11-9) 计算：

$$S^2(x_k)=\frac{1}{n-1}\sum_{i=1}^{n}(x_i-\bar{x})^2 \tag{11-9}$$

单个测得值 x_k 的实验标准差 $S(x_k)$，按式(11-10) 计算：

$$S(x_k)=\sqrt{\frac{1}{n-1}\sum_{i=1}^{n}(x_i-\bar{x})^2} \tag{11-10}$$

式(11-10) 就是贝塞尔公式，自由度 υ 为 $n-1$。实验标准差 $S(x_k)$ 表征了测得值 x 的分散性，测量重复性用 $S(x_k)$ 表征。

被测量估计值 x 的 A 类标准不确定度 $u_A(\bar{x})$ 按公式(11-11) 计算：

$$u_A(\bar{x})=S(\bar{x})=\frac{S(x_k)}{\sqrt{n}} \tag{11-11}$$

A 类标准不确定度 $u_A(\bar{x})$ 的自由度为实验标准差 $S(x_k)$ 的自由度，即 $\upsilon=n-1$。实验标准差 $S(\bar{x})$ 表征了被测量估计值 $\bar{x}$ 的分散性。

(3) *极差法* 一般在测量次数较少时，可采用极差法评定获得 $S(x_k)$。在重复性条件或复现性条件下，对 X 进行 n 次独立重复观测，测得值中的最大值与最小值之差称为极差，用符号 R 表示，在 X 可以估计接近正态分布的前提下，单个测得值 x_k 的实验标准差 $S(x_k)$ 可按式(11-12) 近似地评定：

$$S(x_k)=\frac{R}{C} \tag{11-12}$$

式中 R——极差；

C——极差系数。

极差系数 C 及自由度 υ 可查表 11-1 得到。

表 11-1 极差系数 C 及自由度 υ

n	2	3	4	5	6	7	8	9
C	1.13	1.69	2.06	2.33	2.53	2.70	2.85	2.97
υ	0.9	1.8	2.7	3.6	4.5	5.3	6.0	6.8

被测量估计值的标准不确定度按式(11-13) 计算：

$$u_A(\bar{x})=S(\bar{x})=\frac{S(x_k)}{\sqrt{n}}=\frac{R}{C\sqrt{n}} \tag{11-13}$$

【例 11-2】 对某被测件的长度进行 4 次测量的最大值与最小值之差为 3cm，查表 11-1 得到级差系数 C 为 2.06，则长度测量的 A 类标准不确定度为：

$$u_A(\bar{x})=\frac{R}{C\sqrt{n}}=\frac{3}{2.06\times\sqrt{4}}=0.73\ (\text{cm})，自由度\ \upsilon=2.7$$

(4) *测量过程合并标准差的评定* 对一个测量过程，采用核查标准和控制图的方法使测量过程处于统计控制状态，若每次核查时的测量次数为 n_j（自由度为 υ_j），每次核查

时的实验标准差为 S_j，共核查 m 次，则统计控制下的测量过程的 A 类标准不确定度可以用合并实验标准差 S_p 表征。测量过程的实验标准差按式(11-14) 计算：

$$S(x)=S_p=\sqrt{\frac{\sum_{j=1}^{m}\upsilon_j S_j^2}{\sum_{j=1}^{m}\upsilon_j}} \tag{11-14}$$

若每次核查的自由度相等（即每次核查时测量次数相同），则合并标准差按式(11-15) 计算：

$$S_p=\sqrt{\frac{\sum_{j=1}^{m}S_j^2}{m}} \tag{11-15}$$

式中 S_p——合并样本标准差，是测量过程长期组内标准差的统计平均值；

S_j——第 j 次核查时的实验标准差；

m——核查次数。

在过程参数 S_p 已知的情况下，由该测量过程对被测量 X 在同一条件下进行 n 次独立重复观测，以算术平均值 $\bar{x}$ 为测量结果，测量结果的 A 类标准不确定度按公式(11-16) 计算：

$$u_A(x)=u(\bar{x})=\frac{S_p}{\sqrt{n}} \tag{11-16}$$

在以后的测量中，只要测量过程受控，则由公式(11-16) 可以确定任意次时被测量估计值的 A 类标准不确定度。若只测一次，即 $n=1$，则 $u_A(x)=S_p/\sqrt{n}=S_p$。

(5) *在规范化的常规检定、校准或检测中评定合并样本标准差* 例如使用一个计量标准或测量仪器在相同条件下检定或测量示值基本相同的一组同类被测件的被测量时，可以用该一组被测件的测得值作测量不确定度的 A 类评定。

若对每个被测件的被测量 X_j 在相同条件下进行 n 次独立测量，测得值 x_{i1}，x_{i2}，…，x_{in}，其平均值为 x_i。若有 m 组这样的测得值，可按公式(11-17) 计算单个测得值的合并样本标准差 $S_p(x_k)$：

$$S_p(x_k)=\sqrt{\frac{1}{m(n-1)}\sum_{i=1}^{m}\sum_{j=1}^{n}(x_{ij}-\bar{x}_i)^2} \tag{11-17}$$

式中 i——组数，$i=1$，2，…，m；

j——每组测量的次数，$j=1$，2，…，n。

式(11-17) 给出的 $S_p(x_k)$，其自由度为 $m(n-1)$。

若对每个被测件已分别按 n 次重复测量算出了其实验标准差 S_i，则 m 组测得值的合并样本标准差 $S_p(x_k)$ 可按式(11-18) 计算：

$$S_p(x_k)=\sqrt{\frac{1}{m}\sum_{i=1}^{m}S_i^2} \tag{11-18}$$

当实验标准差 S_i 的自由度均为 υ_0 时，式(11-18) 给出的 $S_p(x_k)$ 的自由度为 $m\upsilon_0$。

若对 m 个被测量 X_i 分别重复测量的次数不完全相同，设各为 n_i，而 X_i 的实验标准差 $S(x_i)$ 的自由度 υ_i，通过 m 个 S_i 与 υ_i 可得 $S_p(x_k)$，按式(11-19) 计算：

$$S_p(x_k)=\sqrt{\frac{1}{\sum_{i=1}^{m}\upsilon_i}\sum_{i=1}^{m}\upsilon_i S_i^2} \tag{11-19}$$

公式(11-19) 给出的 $S_p(x_k)$ 的自由度为 $\upsilon=\sum_{i=1}^{m}\upsilon_i$。

由上述方法对某个被测件进行 n'次测量时，所得测量结果最佳估计值的 A 类标准不确定度为：

$$u_A(\bar{x})=S(\bar{x})=\frac{S_p(x_k)}{\sqrt{n'}}$$

用这种方法可以增大评定的标准不确定度的自由度，也就提高了可信程度。

(6) 预评估重复性　在日常开展同一类被测件的常规检定、校准或检测工作，如果测量系统稳定，测量重复性无明显变化，则可用该测量系统以与测量被测件相同的测量程序、操作者、操作条件和地点，预先对典型的被测件的典型被测量值进行 n 次测量（一般 n 不小于 10)，由贝塞尔公式计算出单个测得值的实验标准差 $S(x_k)$，即测量重复性。在对某个被测件实际测量时可以只测量 n'次（$1\leqslant n'<n$)，并以 n'次独立测量的算术平均值作为被测量的估计值，则该被测量估计值由重复性导致的 A 类标准不确定度按式(11-20) 计算：

$$u(\bar{x})=S(\bar{x})=\frac{S(x)}{\sqrt{n'}} \tag{11-20}$$

用这种方法评定的标准不确定度的自由度仍为 $\upsilon=n-1$。应注意，当怀疑测量重复性有变化时，应及时重新测量和计算实验标准差 $S(x_k)$。

(7) 当输入量 X_i 的估计值 x_i 是由实验数据用最小二乘法拟合的曲线上得到时，曲线上任何一点和表征曲线拟合参数的标准不确定度，可用有关的统计程序评定。如果被测量估计值 x_i 在多次观测中呈现与时间有关的随机变化，则应采用专门的统计分析方法。例如，频率测量中需采用阿伦标准差（阿伦方差）。

(8) 用 A 类评定方法得到的不确定度通常比用其他检定方法所得到的更为客观，并具有统计学的严格性，但要求有充分的重复次数。此外，这一测量程序中的重复测量所得的测得值，应相互独立。

(9) A 类评定时应尽可能考虑随机效应的来源，使其反映到测得值中去。

注：例如以下几种情况。

① 若被测量是一批材料的某一特性，A 类评定时应该在这批材料中抽取足够多的样品进行测量，以便把不同样品间可能存在的随机差异导致的不确定度分量反映出来；

② 若测量仪器的调零是测量程序的一部分，获得 A 类评定的数据时应注意每次测量要重新调零，以便计入每次调零的随机变化导致的不确定度分量；

③ 通过直径的测量计算圆的面积时，在直径的重复测量中应随机地选取不同的方向测量；

④ 在一个气压表上重复多次读取示值时，每次把气压表扰动一下，然后让它恢复到平衡状态后再进行读数。

3. 标准不确定度的 B 类评定

1）B类评定的方法是根据有关的信息或经验，判断被测量的可能值区间 $[\bar{x}-a,\bar{x}+a]$，假设被测量值的概率分布，根据概率分布和要求的概率 P 确定 k，则 B 类标准不确定度 u_B 可由公式(11-21) 得到：

$$u_B=\frac{a}{k} \tag{11-21}$$

式中 a——被测量可能值区间的半宽度。

注：根据概率论获得的 k 称置信因子，当 k 为扩展不确定度的倍乘因子时称包含因子。

标准不确定度的B类评定的一般流程为：B类评定开始→确定区间半宽度 a→假设被测量值在区间内的概率分布→确定 k→计算 B 类标准不确定度 $u_B=a/k$。

2）区间半宽度 a 一般根据以下信息确定：a. 以前测量的数据；b. 对有关技术资料和测量仪器特性的了解和经验；c. 生产厂提供的技术说明；d. 校准证书、检定证书或其他文件提供的数据；e. 手册或某些材料给出的参考数据；f. 检定规程、校准规范或测试标准中给出的数据；g. 其他有用的信息。

注：区间半宽度 a 的确定的示例如下。

① 生产厂提供的测量仪器的最大允许误差为±Δ，并经计量部门检定合格，则评定仪器的不确定度时，可能值区间的半宽度为：$a=\Delta$。

② 校准证书提供的校准值，给出了其扩展不确定度 U，则区间的半宽度为：$a=U$。

③ 由手册查出所用的参考数据，其误差限为±Δ，则区间的半宽度为：$a=\Delta$。

④ 由有关资料查得某参数的最小可能值为 a_- 和最大可能值为 a_+，最佳估计值为该区间的中点，则区间半宽度可估计为：$a=(a_+-a_-)/2$。

⑤ 当测量仪器或实物量具给出准确度等级时，可以按检定规程规定的该等级的最大允许误差得到对应区间的半宽度。

⑥ 必要时可根据经验推断某量值不会超出的范围，或用实验方法来估计可能的区间。

3）k 的确定方法 包括：a. 已知扩展不确定度是合成标准不确定度的若干倍时，该倍数就是包含因子 k；b. 假设为正态分布时，根据要求的概率查表 11-2 得到 k；c. 假设为非正态分布时，根据概率分布查表 11-3 得到 k。

表 11-2 正态分布情况下概率 P 与置信因子 k 间的关系

P	0.50	0.68	0.90	0.95	0.9545	0.99	0.9973
k	0.675	1	1.645	1.960	2	2.576	3

表 11-3 常用非正态分布的置信因子 k 及 B 类标准不确定度 $u_B(x)$

分布类别	P/%	k	$u_B(x)$
三角形	100	$\sqrt{6}$	$a/\sqrt{6}$

续表

分布类别	$P/\%$	k	$u_B(x)$
梯形($\beta=0.71$)	100	2	$a/2$
矩形(均匀)	100	$\sqrt{3}$	$a/\sqrt{3}$
反正弦	100	$\sqrt{2}$	$a/\sqrt{2}$
两点	100	1	a

注：表中β为梯形的上底与下底之比，对于梯形分布来说，$k=\sqrt{6}/(1+\beta^2)$。当β等于1时，梯形分布变为矩形分布；当β等于0时，梯形分布变为三角形分布。

4）概率分布按以下不同情况假设。

① 被测量受到许多随机影响量的影响，当它们各自的效应为同等量级时，不论各影响量的概率分布是什么形式，被测量的随机变化近似正态分布。

② 如果有证书或报告给出的不确定度是其有包含概率为0.95、0.99的扩展不确定度U_P（即给出U_{95}、U_{99}），此时除非另有说明，可按正态分布来评定。

③ 当利用有关信息或经验估计出被测量可能值区间的上限和下限，其值在区间外的可能几乎为零时：若被测量值落在该区间内的任意值处的可能性相同，则可假设为均匀分布（或称矩形分布、等概率分布）；若被测值落在该区间中心的可能性最大，则假设为三角分布；若落在该区间中心的可能性最小，而落在该区间上限和下限的可能性最大，则可假设为反正弦分布。

④ 已知被测量的分布由两个不同大小的均匀分布合成时，则可假设为梯形分布。

⑤ 对被测量的可能值落在区间内的情况缺乏了解时一般假设为均匀分布。

⑥ 实际工作中，可依据同行专家的研究结果或经验来假设概率分布。

注1：由数据修约、测量仪器最大允许误差或分辨力、参考数据的误差限、度盘或齿轮的回差、平衡指示器调零不准、测量仪器的滞后或摩擦效应导致的不确定度，通常假设为均匀分布。

注2：两相同均匀分布的合成、两个独立量之和值或差值服从三角分布。

注3：度盘偏心引起的测角不确定度、正弦振动引起的位移不确定度、无线电测量中失配引起的不确定度、随时间正弦或余弦变化的温度不确定度，一般设为反正弦分布（即U形分布）。

注4：按级使用量块时（除00级以外），中心长度偏差的概率分布可假设为两点分布。

注5：当被测量受服从均匀分布的角度α的影响呈$1-\cos\alpha$的关系时，角度导致的不确定度、安装或调整测量仪器的水平或垂直状态导致的不确定度常假设为投影分布。

【例 11-3】 若数字显示屏的分辨力为δ_x，由分辨力导致的标准不确定度分量$u(x)$采用B类评定，则区间半宽度为$a-\delta_x/2$，假设可能值在区间内为均匀分布，查表得$k=\sqrt{3}$，因此由分辨力导致的标准不确定度$u(x)$为：

$$u(x)=\frac{a}{k}=\frac{\delta_x}{2\sqrt{3}}=0.29\delta_x$$

5）B类标准不确定度的自由度可按式(11-22)近似计算：

$$\upsilon_i \approx \frac{1}{2} \times \frac{u^2(x_i)}{\sigma^2[u(x_i)]} \approx \frac{1}{2}\left[\frac{\Delta[u(x_i)]}{u(x_i)}\right]^{-2} \tag{11-22}$$

根据经验，按所依据的信息来源的可信程度来判断 $u(x_i)$ 的相对标准不确定度 $\Delta[u(x_i)]/u(x_i)$。表 11-4 列出了按式(11-22) 计算出的自由度 υ_i 值。

表 11-4　$\Delta[u(x_i)]/u(x_i)$ 与 υ_i 关系

$\Delta[u(x_i)]/u(x_i)$	υ_i	$\Delta[u(x_i)]/u(x_i)$	υ_i
0	∞	0.25	8
0.10	50	0.50	2
0.20	12		

除用户要求或获得 U_P 而必须求得 u_c 的有效自由度外，一般情况下 B 类评定的标准不确定度可以不给出其自由度。

6）B 类标准不确定度的评定方法举例参见本章第三节中“测量不确定度评定方法举例”。

四、合成标准不确定度的计算

1. 不确定度传播

当被测量 Y 由 N 个其他量 X_1，X_2，…，X_N 通过线性测量函数 f 确定时，被测量的估计值 y 为：

$$y=f(x_1,x_2,\cdots,x_N)$$

被测量的估计值 y 的合成标准不确定度 $u_c(y)$ 按式(11-23) 计算：

$$u_c(y)=\sqrt{\sum_{i=1}^{N}\left(\frac{\partial f}{\partial x_i}\right)^2 u^2(x_i)+2\sum_{i=1}^{N-1}\sum_{j=i+1}^{N}\frac{\partial f}{\partial x_i}\times\frac{\partial f}{x_j}r(x_i,x_j)u(x_i)u(x_j)} \tag{11-23}$$

式中　y——被测量 y 的估计值，又称输出量的估计值；

x_i——输入量 X_i 的估计值，又称第 i 个输入量的估计值；

$\frac{\partial f}{\partial x_i}$——被测量 Y 与有关的输入量 X_i 之间的函数对于输入量 x_i 的偏导数，称灵敏系数；

$u(x_i)$——输入量 x_i 的标准不确定度；

$r(x_i, x_j)$——输入量 x_i 与 x_j 的相关系数，$r(x_i,x_j)u(x_i)u(x_j)=u(x_i,x_j)$；

$u(x_i, x_j)$——输入量 x_i 与 x_j 的协方差。

注：灵敏系数通常是对测量函数 f 在 $X_i=x_i$ 处取偏导数得到，也可用 c_i 表示。灵敏系数是一个有符号和单位的量值，它表明了输入量 x_i 的不确定度 $u(x_i)$ 影响被测量估计值的不确定度 $u_c(y)$ 的灵敏程度。有些情况下，灵敏系数难以通过函数 f 计算得到，可以由实验确定，即通过变化一个特定的 X_i，测量出由此引起的 Y 的变化。

式(11-23) 被称为不确定度传播律。

式(11-23) 是计算合成标准不确定度的通用公式，当输入量间相关时需要考虑它们的协方差。

当各输入量间均不相关时，相关系数为零。被测量的估计值 y 的合成不确定度 $u_c(y)$ 按式(11-24) 计算：

$$u_c(y)=\sqrt{\sum_{i=1}^{N}\left(\frac{\partial f}{\partial x_i}\right)^2 u^2(x_i)} \tag{11-24}$$

当测量函数为非线性时，由泰勒级数展开成为近似线性的测量模型。若各输入量间均不相关，必要时，被测量的估计值 y 的合成标准不确定度 $u_c(y)$ 的表达式中应包括泰勒级数展开式中的高阶项。当每个输入量 X_i 都是正态分布时，考虑高阶项后的 $u_c(y)$ 可按式(11-25) 计算：

$$u_c(y)=\sqrt{\sum_{i=1}^{N}\left(\frac{\partial f}{\partial x_i}\right)^2 u^2(x_i)+\sum_{i=1}^{N}\sum_{j=1}^{N}\left[\frac{1}{2}\left(\frac{\partial^2 f}{\partial x_i\,\partial x_j}\right)^2+\frac{\partial f}{\partial x_i}\times\frac{\partial^3 f}{\partial x_i\,\partial x_j^2}\right]u^2(x_i)u^2(x_j)} \tag{11-25}$$

常用的合成标准不确定度计算流程如下：根据测量模型列出 $u_c(y)$ 的表达式→求灵敏系数 $c_i=\partial f/\partial x_i$→计算 $u_i(y)=|c_i|u(x_i)$→判断分量间是否相关。

若分量间不相关→$u_c(y)=\sqrt{\sum u_i^2(y)}$→$u_c(y)$（必要时给出 υ_{eff}）。

若分量间相关→$u_c(y)=\sqrt{\sum u_i^2(y)+\text{相关项分量}}$→$u_c(y)$（必要时给出 υ_{eff}）。

2. 当输入量间不相关时，合成标准不确定度的计算

对于每一个输入量的标准不确定度 $u(x_i)$，设 $u_i(y)=\frac{\partial f}{\partial x_i}u(x_i)$，$u_i(y)$ 为相应于 $u(x_i)$ 的输出量 y 的不确定度分量。当输入量间不相关，即 $r(x_i,x_j)=0$ 时，式(11-24) 可变换为式(11-26)：

$$u_c(y)=\sqrt{\sum_{i=1}^{N}u_i^2(y)} \tag{11-26}$$

① 当简单直接测量，测量模型为 $y=x$ 时，应该分析和评定测量时导致测量不确定度的各分量 u_i，若相互间不相关，则合成标准不确定度按式(11-27) 计算：

$$u_c(y)=\sqrt{\sum_{i=1}^{N}u_i^2} \tag{11-27}$$

注：例如用卡尺测量工件的长度，测得值 y 就是卡尺上的读数 x。要分析卡尺测量长度时影响测得值的各种不确定度来源，如卡尺刻度不准、温度的影响等。这种情况下，应注意将测量不确定度分量的计量单位折算到被测量的计量单位。例如，温度对长度测量的影响导致长度测得值的不确定度，应该通过被测件材料的温度系数将温度的变化折算到长度的变化。

② 当测量模型为 $Y=A_1X_1+A_2X_2+\cdots+A_NX_N$ 且各输入量间不相关时，合成标准不确定度可用式(11-28) 计算：

$$u_c(y)=\sqrt{\sum_{i=1}^{N}A_i^2u^2(x_i)} \tag{11-28}$$

③ 当测量模型为 $Y=A_1^{P_1}X_2^{P_2}\cdots X_N^{P_N}$ 且各输入量间不相关时，合成标准不确定度可

用式(11-29) 计算：

$$\frac{u_c(y)}{|y|}=\sqrt{\sum_{i=1}^{N}\left[\frac{P_i u(x_i)}{x_i}\right]^2}=\sqrt{\sum_{i=1}^{N}[P_i u_r(x_i)]^2} \tag{11-29}$$

当测量模型为$Y=AX_1X_2\cdots X_N$且各输入量之间不相关时，公式(11-29) 变换为式(11-30)：

$$\frac{u_c(y)}{|y|}=\sqrt{\sum_{i=1}^{N}\left[\frac{u(x_i)}{x_i}\right]^2} \tag{11-30}$$

注：只有在测量函数是各输入量的乘积时，可由输入量的相对标准不确定度计算输出量的相对标准不确定度。

3. 各输入量间正强相关时，合成标准不确定度的计算

各输入量间正强相关，相关系数为1时，合成标准不确定度应按公式(11-31) 计算：

$$u_c(y)=\left|\sum_{i=1}^{N}\frac{\partial f}{\partial x_i}u(x_i)\right|=\left|\sum_{i=1}^{N}c_i u(x_i)\right| \tag{11-31}$$

若灵敏系数为1，则式(11-31) 变换为式(11-32)：

$$u_c(y)=\sum_{i=1}^{N}u(x_i) \tag{11-32}$$

4. 各输入量间相关时合成标准不确定度的计算

(1) 协方差的估计方法

1) 两个输入量的估计值x_i与x_j的协方差在以下情况时可取为零或忽略不计。

① x_i和x_j中任意一个量可作为常数处理；

② 在不同实验室用不同测量设备、在不同时间测得的量值；

③ 独立测量的不同量的测量结果。

2) 用同时观测两个量的方法确定协方差估计值。

① 设x_{ik}、x_{jk}分别是X_I及X_J的测得值。下标k为测量次数($k=1, 2, \cdots, n$)。$\bar{x}_i$、$\bar{x}_j$分别为第i个和第j个输入量的测得值的算术平均值。两个重复同时观测的输入量x_i、x_j可由式(11-33) 确定：

$$u(x_i,x_j)=\frac{1}{n-1}\sum_{k=1}^{n}(x_{ik}-\bar{x}_i)(x_{jk}-\bar{x}_j) \tag{11-33}$$

【例 11-4】 一个振荡器的频率可能与环境温度有关，则可以把频率和环境温度作为两个输入量，同时观测每个温度下的频率值，得到一组t_{ik}、f_{jk}数据，共观测n组。由式(11-33) 可以计算它们的协方差。如果协方差为零，说明频率与温度无关；如果协方差不为零，就显露出它们间的相关性。由式(11-33) 计算合成标准不确定度。

② 当两个量均因与同一个量有关而相关时，协方差的估计方法如下。

设$x_i=F(q)$，$x_j=G(q)$

式中 q——使x_i与x_j相关的变量Q的估计值；

F，G——两个量与q的测量函数。

则x_i与x_j的协方差按式(11-34) 计算：

$$u(x_i,x_j)=\frac{\partial F}{\partial q}\cdot\frac{\partial G}{\partial q}u^2(q) \tag{11-34}$$

如果有多个变量使 x_i 与 x_j 相关，当 $x_i=F(q_1, q_2, \cdots, q_L)$，$x_j=G(q_1, q_2, \cdots, q_L)$ 时，协方差按式(11-35) 计算：

$$u(x_i,x_j)=\sum_{k=1}^{L}\frac{\partial F}{\partial q_k}\cdot\frac{\partial G}{\partial q_k}u^2(q_k) \tag{11-35}$$

（2）相关系数的估计方法

① 根据对两个量 X 和 Y 同时观测的 n 组测量数据，相关系数的估计值按式(11-36) 计算：

$$r(x,y)=\frac{\sum_{i=1}^{n}(x_i-\overline{X})(y_i-\overline{Y})}{(n-1)S(x)S(y)} \tag{11-36}$$

式中　$S(x)$，$S(y)$——x 和 y 的实验标准差。

② 如果两个输入量的测得值 x_i 和 x_j 相关，x_i 变化 δ_i 会使 x_j 相应变化 δ_j，则 x_i 和 x_j 的相关系数可用经验式(11-37) 近似估计：

$$r(x_i,x_j)\approx\frac{u(x_i)\delta_j}{u(x_j)\delta_i} \tag{11-37}$$

式中　$u(x_i)$，$u(x_j)$——x_i 和 x_j 的标准不确定度。

（3）采用适当方法去除相关性

① 将引起相关的量作为独立的附加输入量引入测量模型。

【例 11-5】 若被测量估计值的测量模型为 $y=f(x_i,x_j)$，在确定被测量 Y 时，用某一温度计来确定输入量 X_i 估计值的温度修正值 x_i，并用同一温度计来确定另一个输入量 X_j 估计值的温度修正值 x_j，这两个温度修正值 x_i 和 x_j 就明显相关了。$x_i=F(T)$，$x_j=G(T)$，也就是说 x_i 和 x_j 都与温度有关，由于用同一个温度计测量，如果该温度计示值偏大，两者的修正值同时受影响，所以 $y=f[x_i(T), x_j(T)]$ 中两个输入量 x_i 和 x_j 是相关的。然而，只要在测量模型中把温度 T 作为独立的附加输入量，即 $y=f(x_i, x_j, T)$，x_i、x_j 为输入量 X_i、X_j 的估计值，附加输入量 T 具有与上述两个量不相关的标准不确定度，则在计算合成标准不确定度时就不须再引入 x_i 与 x_j 的协方差或相关系数了。

② 采取有效措施变换输入量。

【例 11-6】 在量块校准中校准值的不确定度分量中包括标准量块的温度 θ_s 及被校量块的温度 θ 两个输入量，即 $L=f(\theta_s, \theta\cdots\cdots)$。由于两个量块处在实验室的同一测量装置上，温度 θ_s 与 θ 是相关的。但只要将 θ 变换成 $\theta=\theta_s+\delta_\theta$，这样就把被校量块与标准量块的温度差 δ_θ 与标准量块的温度 θ_s 作为两个输入量，此时这两个输入量间就不相关了，即 $L=f(\theta_s,\delta_\theta\cdots\cdots)$ 中 θ_s 与 δ_θ 不相关。

5. 合成标准不确定度的有效自由度

① 合成标准不确定度 $u_c(y)$ 的自由度称为有效自由度，用符号 υ_{eff} 表示。它表示了评定的 $u_c(y)$ 的可靠程度，υ_{eff} 越大，评定的 $u_c(y)$ 越可靠。

② 在以下情况下时需要计算有效自由度 υ_{eff}：a. 当需要评定 U_P 时为求得 k_P 而必须计算 $u_c(y)$ 的有效自由度 υ_{eff}；b. 当用户为了解所评定的不确定度的可靠程度而提出要求时。

③ 当各分量间相互独立输出量接近正态分布或 t 分布时，合成标准不确定度的有效自由度通常可按式(11-38) 计算：

$$\upsilon_{\text{eff}}=\frac{u_c^4(y)}{\sum_{i=1}^{N}\frac{u_i^4(y)}{\upsilon_i}} \tag{11-38}$$

且

$$\upsilon_{\text{eff}}\leqslant\sum_{i=1}^{N}\upsilon_i$$

当测量模型为 $Y=A_1^{P_1}X_2^{P_2}\cdots X_N^{P_N}$ 时，有效自由度可用相对标准不确定度的形式计算，见式(11-39)：

$$\upsilon_{\text{eff}}=\frac{[u_c(y)/y]^4}{\sum_{i=1}^{N}\frac{[P_iu(x_i)/x_i]^4}{\upsilon_i}} \tag{11-39}$$

实际计算中，得到的有效自由度 υ_{eff} 不一定是一个整数。如果不是整数，可以将 υ_{eff} 的数字舍去小数部分取整。

例如：若计算得到 $\upsilon_{\text{eff}}=12.85$，则取 $\upsilon_{\text{eff}}=12$。

注：有效自由度计算举例。

设 $Y=f(X_1,X_2,X_3)=bX_1X_2X_3$，其中 X_1、X_2、X_3 的估计值 x_1、x_2、x_3 分别是 n_1、n_2、n_3 次测量的算术平均值，$n_1=10$，$n_2=5$，$n_3=15$。它们的相对标准不确定度分别为 $u(x_1)/x_1=0.25\%$，$u(x_2)/x_2=0.57\%$，$u(x_3)/x_3=0.82\%$。在这种情况下：

$$\frac{u_c(y)}{y}=\sqrt{\sum_{i=1}^{N}\left[\frac{P_iu(x_i)}{x_i}\right]^2}=\sqrt{\sum_{i=1}^{N}\left[\frac{u(x_i)}{x_i}\right]^2}=1.03\%$$

$$\upsilon_{\text{eff}}=\frac{1.03^4}{\frac{0.25^4}{10-1}+\frac{0.57^4}{5-1}+\frac{0.82^4}{15-1}}=19.0$$

6. 合成标准不确定度的评定方法举例

合成标准不确定度的评定方法举例见本章第三节“测量不确定度评定方法案例分析”。

五、扩展不确定度的确定

1. 扩展不确定度

扩展不确定度是被测量可能包含区间的半宽度。扩展不确定度分为 U 和 U_P 两种。在给出测量结果时一般情况下报告扩展不确定度。

2. 扩展不确定度 U

扩展不确定度 U 由合成标准不确定度 u_c 乘包含因子 k 得到，按式(11-40) 计算：

$$U=ku_{c} \tag{11-40}$$

测量结果可用式(11-41) 表示：

$$Y=y\pm U \tag{11-41}$$

y 是被测量 Y 的估计值，被测量 Y 的可能值以较高的包含概率落在 $[y-U，y+U]$ 区间内，即 $y-U\leqslant Y\leqslant y+U$。被测量的值落在包含区间内的包含概率取决于所取的包含因子 k 的值，k 值一般取 2 或 3。

当 y 和 $u_{c}(y)$ 所表征的概率分布近似为正态分布时，且在 $u_{c}(y)$ 的有效自由度较大的情况下：若 $k=2$，则由 $U=2u_{c}$ 所确定的区间具有的包含概率约为 95%；若 $k=3$，则 $U=3u_{c}$ 所确定的区间具有的包含概率约为 99%。

在通常的测量中一般取 $k=2$。当取其他值时，应说明其来源。当给出扩展不确定度 U 时，一般应注明所取的 k 值。若未注明 k 值，则指 $k=2$。

注：应当注意，用 k 乘以 u_{c} 并不提供新的信息，仅仅是对不确定度的另一种表示形式。在大多数情况下，由扩展不确定度所给出的包含区间具有的包含概率是相当不确定的，不仅因为对用 y 和 $u_{c}(y)$ 表征的概率分布了解有限，而且因为 $u_{c}(y)$ 本身具有不确定度。

3. 扩展不确定度 U_{P}

当要求扩展不确定度所确定的区间具有接近于规定的包含概率 P 时扩展不确定度用符号 U_{P} 表示，当 P 为 0.95 或 0.99 时分别表示为 U_{95} 和 U_{99}。

U_{P} 由式(11-42) 获得：

$$U_{P}=k_{P}u_{c} \tag{11-42}$$

k_{P} 是包含概率为 P 时的包含因子，由式(11-43) 获得：

$$k_{P}=t_{P}(\upsilon_{\text{eff}}) \tag{11-43}$$

根据合成标准不确定度 $u_{c}(y)$ 的有效自由度 υ_{eff} 和需要的包含概率，查 t 值表得到 $t_{P}(\upsilon_{\text{eff}})$ 值，该值即包含概率为 P 时的包含因子 k_{P} 值。

扩展不确定度 $U_{P}=k_{P}u_{c}(y)$ 提供了一个具有包含概率为 P 的区间 $y\pm U_{P}$。

在给出 U_{P} 时应同时给出有效自由度 υ_{eff}。

4. 不是正态分布时 k_{P} 的确定

如果可以确定 Y 可能值的分布不是正态分布，而是接近于其他某种分布，则不应按 $k_{P}=t(\upsilon_{\text{eff}})$ 计算 U_{P}。

例如：Y 可能值近似为矩形分布，取 $P=0.95$ 时 $k_{P}=1.65$，取 $P=0.99$ 时 $k_{P}=1.71$，取 $P=1$ 时 $k_{P}=1.73$。

第三节　测量不确定度的报告与表示

一、测量不确定度报告

① 完整的测量结果应报告被测量的估计值及其测量不确定度以及有关的信息。报告

应尽可能详细，以便使用者可以正确地利用测量结果。只有对某些用途，如果认为测量不确定度可以忽略不计，则测量结果可表示为单个测得值，不需要报告其测量不确定度。

② 通常在报告以下测量结果时使用合成标准不确定度 $u_c(y)$，必要时给出其有效自由度 υ_{eff}：a. 基础计量学研究；b. 基本物理常量测量；c. 复现国际单位制单位的国际比对（根据有关国际规定，亦可能采用 $k=2$ 的扩展不确定度）。

③ 除上述规定或有关各方约定采用合成标准不确定度外，通常在报告测量结果时都用扩展不确定度表示。

当涉及工业、商业及健康和安全方面的测量时，如果没有特殊要求，一律报告扩展不确定度 U，一般取 $k=2$。

④ 测量不确定度报告一般包括以下内容：a. 被测量的测量模型；b. 不确定度来源；c. 输入量的标准不确定度 $u(x_i)$ 的值及其评定方法和评定过程；d. 灵敏系数 $c_i=\frac{\partial f}{\partial x_i}$；e. 输出量的不确定度分量 $u_i(y)=|c_i|u(x_i)$，必要时给出各分量的自由度 υ_i；f. 对所有相关的输入量给出其协方差或相关系数；g. 合成标准不确定度 u_c 及其计算过程，必要时给出有效自由度 υ_{eff}；h. 扩展不确定度 U 或 U_P 及其确定方法；i. 报告测量结果，包括被测量的估计值及其测量不确定度。

通常测量不确定度报告除文字说明外，必要时可将上述主要内容和数据列成表格。

⑤ 当用合成标准不确定度报告测量结果时，应注意以下 3 点：a. 明确说明被测量 Y 的定义；b. 给出被测量 Y 的估计值 y、合成标准不确定度 $u_c(y)$ 及其计量单位，必要时给出有效自由度 υ_{eff}；c. 必要时也可给出相对标准不确定度 $u_{crel}(y)$。

二、测量不确定度的表示

① 合成标准不确定度 $u_c(y)$ 的报告可用例 11-7 中三种形式之一。

【例 11-7】 标准砝码的质量为 m_s，被测量的估计值为 100.02147g，合成标准不确定度 $u_c(m_s)=0.35$mg，则报告为：a. $m_s=100.02147$g，合成标准不确定度 $u_c(m_s)=0.35$mg；b. $m_s=100.02147$ (35)g，括号内的数是合成标准不确定度的值，其末位与前面结果内末位数对齐；c. $m_s=100.02147$ (0.00035)g，括号内是合成标准不确定度的值，与前面结果有相同计量单位。

形式 b 常用于公布常数、常量。

注：为了避免与扩展不确定度混淆，国家有关计量规范对合成标准不确定度的报告，规定不使用 $m_s=(100.02147\pm0.00035)$g 的形式。

② 当用扩展不确定度 U 或 U_P 报告测量结果的不确定度时，应注意以下几点：a. 明确说明被测量 Y 的定义；b. 给出被测量 Y 的估计值 y 及其扩展不确定度 U 或 U_P，包括计量单位；c. 必要时也可给出相对扩展不确定度 U_{rel}；d. 对 U 应给出 k 值，对 U_P 应给出 P 和 υ_{eff}。

③ $U=ku_c(y)$ 的报告可用例 11-8 中四种形式之一。

【例 11-8】 标准砝码的质量为 m_s，被测量的估计值为 100.02147g，$u_c(y)=0.35$mg，取包含因子 $k=2$，$U=2\times0.35=0.70$ (mg)，则报告为：a. $m_s=100.02147$g，

U=0.70mg，k=2；b. m_s=(100.02147±0.00070)g，k=2；c. m_s=100.02147 (70)g，括号内为k=2的U值，其末位与前面结果内末位数对齐；d. m_s=(100.02147±0.00070)g，括号内为k=2时的U值，与前面结果有相同计量单位。

④ $U_P=k_P u_c(y)$ 的报告可用例11-9中四种形式之一。

【例11-9】 标准砝码的质量为m_s，被测量的估计值为m_s=100.02147g，$u_c(m_s)$=0.35mg。υ_{eff}=9，按P=95%，查得$k_P=t_{95}(9)$=2.26，U_{95}=2.26×0.35=0.79(mg)，则：a. m_s=100.02147g，U_{95}=0.79mg，υ_{eff}=9；b. m_s=(100.02147±0.00079)g，υ_{eff}=9，括号内第二项为U_{95}之值；c. m_s=100.02147 (79)g，υ_{eff}=9，括号内为U_{95}之值，其末位与前面结果内末位数对齐；d. m_s=100.02147 (0.00079)g，υ_{eff}=9，括号内为U_{95}之值，与前面结果有相同计量单位。

注：当给出扩展不确定度U_P时，为了明确起见，推荐以下说明方式。例如m_s=(100.02147±0.00079)g，式中，正负号后的值为扩展不确定度$U_{95}=k_{95}u_c$，其中，合成标准不确定度u_c (m_s)=0.35g，自由度υ_{eff}=9，包含因子$k_P=t_{95}$ (9)=2.26，从而具有包含概率为95%的包含区间。

三、报告不确定度时的其他要求

① 相对不确定度的表示应加下标r或rel。例如：相对合成标准不确定度u_r或u_{rel}；相对扩展不确定度U_r或U_{rel}。测量结果的相对不确定度U_{rel}或u_{rel}的报告形式举例如下：a. m_s=100.02147 (1±7.0×10^{-6})g，k=2，式中正负号后的数为U_{rel}的值；b. m_s=100.02147g，$U_{95rel}=7.0\times10^{-6}$，$\upsilon_{eff}$=9。

② 在用户对合成标准不确定度与扩展不确定度这些术语还不太熟悉的情况下，必要时在技术报告或科技文章中报告测量结果的不确定度时可作如下说明："合成标准不确定度（标准差）u_c""扩展不确定度（二倍标准差估计值）U"。

③ 测量不确定度表述和评定时应采用规定的符号。

④ 不确定度单独表述时，不要加"±"号。

例如：u_c=0.1mm或U=0.2mm，不应写成u_c=±0.1mm或U=±0.2mm。

⑤ 在给出合成标准不确定度时，不必说明包含因子k或包含概率P。

注：u_c=0.1mm (k=1) 是不对的，括号内关于k的说明是不需要的，因为合成标准不确定度u_c是标准差，它是一个表明分散性的参数。

⑥ 扩展不确定度U取k=2或k=3时，不必说明P。

⑦ 不带形容词的"不确定度"或"测量不确定度"用于一般概念性的叙述。当定量表示某一被测量估计值的不确定度时"合成标准不确定度"还是"扩展不确定度"。

⑧ 估计值y的数值和它的合成标准不确定度$u_c(y)$或扩展不确定度U的数值都不应该给出过多的位数。

Ⅰ. 通常最终报告的$u_c(y)$和U根据需要取一位或两位有效数字。

注：$u_c(y)$和U的有效数字的首位为1或2时，一般应给出两位有效数字。

对于评定过程中的各不确定度分量$u_c(x_i)$或$u_c(y)$，为了在连续计算中避免修约误差导致不确定度而可以适当多保留一些位数。

Ⅱ. 当计算得到的 $u_c(y)$ 和 U 有过多位的数字时，一般采用常规的修约规则将数字修约到需要的有效数字，修约规则参见《数值修约规则与极限数值的表示和判定》(GB/T 8170—2008)。有时也可以将不确定度最末位后面的数都进位而不是舍去。

注：例如 U=28.05kHz，需取两位有效数字，按常规的修约规则修约后写成 28kHz。又如 U=10.47mΩ，有时可以进位到 U=11mΩ；U=28.05kHz 也可以写成 29kHz。

Ⅲ. 通常，在相同计量单位下，被测量的估计值应修约到其末位与不确定度的末位一致。

注：如若 y = 10.05762Ω，U = 27mΩ，报告时由于 U = 0.027Ω，则 y 应修约到 10.058Ω。

四、测量不确定度的应用

1. 校准证书中报告测量不确定度的要求

① 在校准证书中，校准值或修正值的不确定度一般应针对每次校准时的实际情况进行评定。

注 1：校准值或修正值的不确定度是与被测件有关的，不同被测件用同一计量标准进行校准时，如果被测件的重复性和分辨力不同，其校准值或修正值的不确定度也不相同。

注 2：校准值或修正值的不确定度仅是在校准时的测量条件下获得的，不包含被测件的长期稳定性，也不包括用户使用条件不同引入的不确定度。

② 测量不确定度是对应于每个测量结果的，因此对不同参数、不同测量范围的不同量值，应分别给出相应的测量不确定度。只有当在测量范围内测量不确定度相同时，可以统一说明。

2. 实验室的校准和测量能力表示

在实验室认可时，实验室的校准和测量能力是用实验室能达到的测量范围及在该范围内相应的测量不确定度表述的，实验室的校准和测量能力的表示方法应执行有关认可组织的文件。

注：目前实验室的校准和测量能力常用的表示方式有以下几种。

① 当在测量范围内测量不确定度的值不随被测量值的大小而变，或在整个测量范围内相对不确定度不变时，则可用一个测量不确定度值表示校准和测量能力。

② 当在测量范围内不能用一个测量不确定度的值表示校准和测量能力时，可以：a. 将测量范围分为若干个小范围，按段分开表示，必要时可给出每段的最大测量不确定度；b. 用被测量值或参数的函数形式表示。

③ 当不确定度的值不仅取决于被测量的值，还与相关的其他参量有关时，校准和测量能力最好用矩阵形式表示。

在实际情况下，矩阵形式有时带来不便，校准和测量能力有时用测量范围及对应于该范围的最小不确定度和最大不确定度的范围表示，同时给出最小测量不确定度的点。

④ 必要时，校准和测量能力用图形表示。此时，为使得到的测量不确定度有 2 位有

效数字，每个数轴应有足够的分辨力。

3. 其他情况应用

① 测量不确定度在合格评定中的应用见 JJF 1059.3.

② 在工业、商业等日常的大量测量中，有时虽然没有任何明确的不确定度报告，但所用的测量仪器是经过检定处于合格状态的，并且测量程序有技术文件明确规定，则其不确定度可以由技术指标或规定的文件评定。

③ 在与测量有关的科研项目立项和方案论证时，应该提出目标不确定度，并作出测量不确定度预先分析报告，论证目标不确定度的可行性。

五、测量不确定度评定方法案例分析

1. 标准不确定度的 B 类评定方法案例分析

【例 11-10】 校准证书上给出标称值为 1000g 的不锈钢标准砝码质量 m_s 的校准值为 1000.000325g，其标准不确定度为 24μg（按 3 倍标准差计），求砝码的标准不确定度。

解 $a=U=24\mu g$，$k=3$，则砝码的标准不确定度为：

$$u(m_s)=\frac{24}{3}=8\ (\mu g)$$

【例 11-11】 校准证书上说明标称为 10Ω 的标准电阻，在 23℃ 时的校准值为 10.000074Ω，扩展不确定度为 90μΩ，包含概率为 0.99，求电阻校准值的相对标准不确定度。

解 由校准证书的信息知道：

$$a=U_{99}=90\mu\Omega, P=0.99$$

设为正态分布，查表得到 $k=2.58$，则电阻的标准不确定度为：

$$u(R_s)=\frac{90\mu\Omega}{2.58}=35\mu\Omega$$

相对标准不确定度为：$\dfrac{U\ (R_s)}{R_s}=\dfrac{35\times10^{-6}}{10.000074}=3.5\times10^{-6}$。

【例 11-12】 手册给出了纯铜在 20℃时线热膨胀系数 α_{20}(Cu) 为 16.52×10^{-6}℃$^{-1}$，并说明此值的误差不超过 $\pm0.40\times10^{-6}$℃$^{-1}$，求 α_{20}(Cu) 的标准不确定度。

解 根据手册提供的信息，$\alpha=0.40\times10^{-6}$℃$^{-1}$，依据经验假设为等概率地落在区间内，即均匀分布，查表得 $k=\sqrt{3}$。

铜的线热膨胀系数 α_{20}(Cu) 的标准不确定度为：

$$u(\alpha_{20})=\frac{0.40\times10^{-6}}{\sqrt{3}}=0.23\times10^{-6}\ (℃^{-1})$$

【例 11-13】 手册中给出黄铜在 20℃时的线热膨胀系数为 $\alpha_{20}=16.66\times10^{-6}$℃$^{-1}$，并说明最小可能值是 16.40×10^{-6}℃$^{-1}$，最大可能值是 16.92×10^{-6}℃$^{-1}$，求线热膨胀系数的标准不确定度。

解 由手册给出的信息知道：

$$\alpha_{-}=16.40\times10^{-6}℃^{-1},\ \alpha_{+}=16.92\times10^{-6}℃^{-1}$$

则区间半宽度为：

$$a=\frac{1}{2}(a_{+}-a_{-})=\frac{1}{2}(16.92-16.40)\times10^{-6}=0.26\times10^{-6}\ (℃^{-1})$$

假设在区间内为均匀分布，取 $k=\sqrt{3}$，则黄铜的线热膨胀系数的标准不确定度为：

$$u(\alpha_{20})=\frac{0.26\times10^{-6}}{\sqrt{3}}=0.15\times10^{-6}\ (℃^{-1})$$

【例 11-14】 由数字电压表的仪器说明书得知，该电压表的最大允许误差为±(14×10^{-6}×读数+2×10^{-6}×量程)，在 10V 量程上测 1V 电压，测量 10 次，取其平均值作为测量结果，$\overline{V}=0.928571$V，平均值的实验标准差为 $S(\overline{X})=12\mu$V，求电压表仪器的标准不确定度。

解 电压表最大允许误差的模为区间的半宽度：

$$a=(14\times10^{-6}\times0.928571+2\times10^{-6}\times10)=33\times10^{-6}\ (\text{V})=33\ (\mu\text{V})$$

设在区间内为均匀分布，查表得到 $k=\sqrt{3}$，则电压表仪器的标准不确定度为：

$$u(V)=\frac{33}{\sqrt{3}}=19\ (\mu\text{V})$$

2. 合成标准不确定度评定方法举例

【例 11-15】 一台数字电压表的技术说明书中说明："在仪器校准后的两年内，示值的最大允许误差为±(14×10^{-6}×读数+2×10^{-6}×量程)。"在校准后的 20 个月时，在 1V 量程上测量电压 V，一组独立重复观测的算术平均值为 $\overline{V}=0.928571$V，其重复性导致的标准不确定度由 A 类评定得到，$u_{\text{A}}(V)=12\mu$V，附加修正值 $\Delta V=0$，修正值的不确定度 $u(\Delta\overline{V})=2.0\mu$V，求该电压测量结果的合成标准不确定度。

解 测量模型：$y=\overline{V}+\Delta\overline{V}$

① A 类标准不确定度：$u_{\text{A}}(V)=12\mu$V。

② B 类标准不确定度。

读数：$\overline{V}=0.928571$V，量程：1V

区间半宽度：$a=14\times10^{-6}\times0.928571+2\times10^{-6}\times1=15\times10^{-6}\ (\text{V})=15\ (\mu\text{V})$

假设可能值在区间内为均匀分布，$k=\sqrt{3}$，则：

$$u_{\text{B}}(V)=\frac{a}{k}=\frac{15}{\sqrt{3}}=8.7\ (\mu\text{V})$$

③ 修正值的不确定度：$u(\Delta\overline{V})=2.0\mu$V。

合成标准不确定度（可以判断三个不确定度分量不相关），则：

$$u_{\text{c}}(\overline{V})=\sqrt{u_{\text{A}}^{2}(\overline{V})+u_{\text{B}}^{2}(\overline{V})+u^{2}(\Delta\overline{V})}=\sqrt{12^{2}+8.7^{2}+2.0^{2}}=15\ (\mu\text{V})$$

所以，电压测量结果为：最佳估计值为 0.928571V，其合成标准不确定度为 15μV。

注意：在此例中，虽然因为认为修正值为零，而未加修正值，但必须考虑修正值的不确定度。

【例 11-16】 如果加在一个随温度变化的电阻两端的电压为 V，在温度 t_0 时的电阻为 R_0，电阻的温度系数为 α，在温度 t 时导致损耗的功率 P 为被测量，被测量 P 与 V、R_0、

α 和 t 的函数关系为：

$$P=\frac{V^2}{\{R_0[1+\alpha(t-t_0)]\}}$$

问测量结果的合成标准不确定度的计算方法。

解 由于各输入量之间不相关，合成方差为：

$$u_c^2(P)=\left(\frac{\partial P}{\partial V}\right)^2u^2(V)+\left(\frac{\partial P}{\partial R_0}\right)^2u^2(R_0)+\left(\frac{\partial P}{\partial \alpha}\right)^2u^2(\alpha)+\left(\frac{\partial P}{\partial t}\right)^2u^2(t)$$

式中的灵敏系数为：

$$\frac{\partial P}{\partial V}=\frac{2V}{R_0[1+\alpha(t-t_0)]}=\frac{2P}{V}$$

$$\frac{\partial P}{\partial R_0}=\frac{V^2}{R_0^2[1+\alpha(t-t_0)]}=-\frac{P}{R_0}$$

$$\frac{\partial P}{\partial \alpha}=-\frac{V^2(t-t_0)}{R_0[1+\alpha(t-t_0)]^2}=-\frac{P(t-t_0)}{1+\alpha(t-t_0)}$$

$$\frac{\partial P}{\partial t}=-\frac{V^2\alpha}{R_0[1+\alpha(t-t_0)]^2}=-\frac{P\alpha}{1+\alpha(t-t_0)}$$

将实际数据代入合成方差的公式中就可以求得合成标准不确定度 $u_c(P)$。

【例 11-17】 被测量功率 P 是输入量电流 I 和温度 t 的函数。测量模型为 $P=C_0I^2(t+t_0)$，其中，C_0 和 t_0 是已知常数且不确定度可忽略。用同一个标准电阻 R_s 确定电流和温度，电流是用一个数字电压表测量出标准电阻两端的电压来确定的，温度是用一个电阻电桥和标准电阻测量出温度传感器的电阻 $R_t(t)$ 确定的，由电桥上读出 $\frac{R_t(t)}{R_s}=\beta(t)$。所以输入量电流 I 和温度 t 分别由以下两式得到：$I=\frac{V_s}{R_s}$，$t=\beta^2(t)R_s^2-t_0$。α 为已知常数，其不确定度可忽略。

问测量结果的合成标准不确定度的计算方法。

解 计算步骤如下。

① 测量模型：$P=C_0I^2(t+t_0)$

其中：$I=\frac{V_s}{R_s}$；$t=\beta^2(t)R_s^2-t_0$。

② 输入量 I 的标准不确定度 $u(I)$。

I 的测量模型：$$I=\frac{V_s}{R_s}=V_sR_s^{-1}$$

$$\frac{u(I)}{I}=\sqrt{\left[\frac{u(V_s)}{V_s}\right]^2+\left[\frac{u(R_s)}{R_s}\right]^2}$$

③ 输入量 t 的标准不确定度 $u(t)$。

t 的测量模型：$$t=\beta^2(t)R_s^2-t_0$$

灵敏系数（由于 α 和 t 为已知常数，其不确定度可忽略。所以，上式中有 β 和 R_s 两个输入量）：

$$\left(\frac{\partial t}{\partial \beta}\right)^2=(2\alpha\beta R_s^2)^2=4\alpha^2\beta^2R_s^4=\frac{4(t+t_0)^2}{\beta^2}$$

$$\left(\frac{\partial t}{\partial R_s}\right)^2=(2\alpha\beta R_s^2)^2=4\alpha^2\beta^2R_s^4=\frac{4(t+t_0)^2}{R_s^2}$$

由于 β 与 R_s 不相关，t 的标准不确定度为：

$$u(t)=\sqrt{\left(\frac{\partial t}{\partial \beta}\right)^2u^2(\beta)+\left(\frac{\partial t}{\partial R_s}\right)^2u^2(R_s)}=\sqrt{4(t+t_0)^2\left[\frac{u^2(\beta)}{\beta^2}\right]+\left[\frac{u^2(R_s)}{R_s^2}\right]}$$

④ 求 I 与 t 的协方差。

因为 I 与 t 都与 R_s 有关，所以 I 与 t 的两个标准不确定度分量是相关的，它们的协方差 $u(I, t)$ 可根据下式求得：

$$u(I,t)=\frac{\partial I}{\partial R_s}\cdot\frac{\partial t}{\partial R_s}u^2(R_s)=\frac{-V_s}{R_s^2}[2\alpha\beta^2R_s]u^2(R_s)=\frac{2I(t+t_0)}{R_s^2}u^2(R_s)$$

⑤ 测量结果 P 的合成标准不确定度。

P 的测量模型： $P=C_0I^2(t+t_0)$

由于 $u(C_0)\approx 0$，$u(t_0)\approx 0$，此测量模型中只有两个输入量，即 I 和 t，且它们间相关，所以由 I 和 t 的方差及它们的协方差得到 P 的方差：

$$\frac{u_c^2(P)}{P^2}=4\times\frac{u^2(I)}{I^2}-4\times\frac{u(I,t)}{I(t+t_0)}+\frac{u^2(t)}{(t+t_0)^2}$$

得到：
$$\frac{u_c(P)}{P}=\sqrt{4\frac{u^2(I)}{I^2}+\frac{u^2(t)}{(t+t_0)^2}-4\frac{u(I,t)}{I(t+t_0)}}$$

式中：

$$\frac{u(I)}{I}=\sqrt{\left[\frac{u(V_s)}{V_s}\right]^2+\left[\frac{u(R_s)}{R_s}\right]^2}$$

$$u(t)=\sqrt{4(t+t_0)^2\left[\frac{u^2(\beta)}{\beta^2}+\frac{u^2(R_s)}{R_s^2}\right]}$$

$$u(I,t)=-\frac{2I(t+t_0)}{R_s^2}u^2(R_s)$$

将实际数据代入公式中就可以求得相对合成标准不确定度 $u_c(P)/P$。

注意：在此例中，如果将 I 和 t 与 R_s 的函数关系代入测量模型中，则在测量模型中引入了 R_s 量，得到新的测量模型为：

$$P=\frac{C_0V_s^2}{R_s^2(\alpha\beta^2R_s^2)}=\frac{C_0V_s^2}{\alpha\beta^2R_s^4}$$

在这个测量模型中，输入量为 V_s、R_s 和 β，各输入量间均不相关了。

【例 11-18】 有 10 个电阻器，每个电阻器的标称值为 1000Ω，用 1kΩ 的标准电阻 R_s 校准，得到校准值为 R_i，比较仪的不确定度可忽略，标准电阻的不确定度由校准证书给出为 $u(R_s)=10\text{m}\Omega$。将 10 个电阻器用导线串联起来，导线电阻可忽略不计，串联后得到标称值为 10kΩ 的参考电阻，求参考电阻 R_{ref} 的合成标准不确定度。

解

① 测量模型：$$R_{ref}=f(R)=\sum_{i=1}^{10}R_i$$

② 灵敏系数：$$\frac{\partial R_{ref}}{\partial R_i}=1$$

③ 每个电阻校准时与标准电阻 R_s 比较得到比值 α_i，则校准值为 R_i：

$$R_i=\alpha_i R_s$$

④ 每个 R_s 的标准不确定度：

$$u(R_i)=\sqrt{[R_s u(\alpha_i)]^2+[\alpha_i u(R_s)]^2}$$

式中，$u(\alpha_i)$ 对每一个校准值近似相等，且 $\alpha_i\approx 1$，比较仪的不确定度可忽略 $[u(\alpha_i)\approx 0]$，则：

$$u(R_i)\approx\sqrt{u^2(R_s)}=u(R_s)$$

⑤ 任意两个电阻校准值的相关系数：

$$R_i=\alpha_i R_s$$

$$R_j=\alpha_j R_s$$

$$u(R_i,R_j)=\frac{\partial R_i}{\partial R_s}\cdot\frac{\partial R_j}{\partial R_s}u^2(R_s)=\alpha_i\alpha_j u^2(R_s)=\alpha^2 u^2(R_s)$$

由于 $\alpha_i\approx\alpha_j=\alpha\approx 1$，协方差 $u(R_i, R_j)=u^2(R_s)$

相关系数：

$$r(R_i,R_j)=\frac{u(R_i,R_j)}{u(R_i)u(R_j)}\approx\frac{u^2(R_s)}{u(R_s)u(R_s)}=1$$

相关系数近似为+1，为正强相关。

⑥ 串联电阻 R_{ref} 的合成标准不确定度：

根据 R_{ref} 的测量模型：$$R_{ref}=\sum_{i=1}^{10}R_i$$

R_{ref} 的合成方差为：

$$u_c^2(R_{ref})=\sum_{i=1}^{10}\left[\frac{\partial R_{ref}}{\partial R_i}u(R_i)\right]^2+2\sum_{i=1}^{10}\frac{\partial R_{ref}}{\partial R_i}\cdot\frac{\partial R_{ref}}{\partial R_i}r(R_i,R_j)u(R_i)u(R_j)=\left[\sum_{i=1}^{10}u(R_i)\right]^2$$

因为 $u(R_i)\approx u(R_s)$

所以 $u_c(R_{ref})=\sum_{i=1}^{10}u(R_s)=10\times 10=100(\mathrm{m\Omega})=0.10(\Omega)$

注：在此例中，由于各输入量间正强相关，合成标准不确定度是各不确定度分量的代数和。如果不考虑 10 个电阻器的校准值的相关性，还用方和根法合成，即 $u_c(R_{ref})=\sqrt{\sum_{i=1}^{10}u^2(R_i)}$，得到结果为 0.032Ω，这是不正确的，明显使评定的不确定度偏小。

3. 不同类型测量时不确定度评定方法举例（样品中所含氢氧化钾的质量分数测定）

本例是测量不确定度在化学测量中的应用，在数学模型中各输入量间是相乘的关系，可以采用相对标准不确定度计算合成标准不确定度。

（1）测量方法　用盐酸（HCl）作为标准滴定溶液测定某样品中所含氢氧化钾（KOH）的质量分数。

（2）有关信息

① 在滴定中达到中和，滴定终点（化学计量点前或后）消耗标准滴定溶液 50mL。

② 标准滴定溶液的物质的量浓度为 $c(\mathrm{HCl})=0.2(1\pm1\times10^{-3})\mathrm{mol/L}$（$k=2$）。

③ 所用滴定管为 B 级，其最大允许误差为±0.6%。

④ 氢氧化钾的分子量（摩尔质量）M（KOH）与三种元素的原子量 A_r 有关，由式(11-44) 计算：

$$M(\mathrm{KOH})=A_r(\mathrm{K})+A_r(\mathrm{O})+A_r(\mathrm{H}) \tag{11-44}$$

查 1993 年国际上公布的元素原子量表，得到：

A_r（K）=39.0983（1），A_r（O）=15.994（3），A_r（H）=1.00794（7）。

括号中的数是原子量的标准不确定度，其数字与原子量的末位一致。

例如 $A_r(\mathrm{K})=39.0983(1)$，即 $u[A_r(\mathrm{K})]=0.0001$，表中的不确定度都取一位有效数字。

将数据代入式(11-44)，得到氢氧化钾的分子量 M（KOH）：

$$M(\mathrm{KOH})=39.0983+15.994+1.00794=56.10024(\mathrm{g/mol})$$

⑤ 样品的质量用由砝码和天平组成的称重设备测量得到，测量结果为 10g。称重设备的不确定度为 $U_r=3\times10^{-4}$（$k=3$）。

（3）测量模型　被测量是样品中所含氢氧化钾的质量分数，用符号 ω(KOH) 表示，其测量模型为公式(11-45)：

$$\omega(\mathrm{KOH})=f[V(\mathrm{HCl}),c(\mathrm{HCl}),M(\mathrm{KOH}),m]=\frac{V(\mathrm{HCl})\times c(\mathrm{HCl})\times M(\mathrm{KOH})}{m} \tag{11-45}$$

（4）合成标准不确定度的计算公式　由于被测量的测量模型中各输入量是相乘的关系，函数关系符合以下形式：

$$Y=X_1^P X_2^P \cdots X_N^P$$

相对合成标准不确定度可以表示为式(11-46) 或式(11-47)：

$$\frac{u_c(y)}{y}=\sqrt{\sum_{i=1}^{N}\left[\frac{P_i u(x_i)}{x_i}\right]^2} \tag{11-46}$$

即

$$u_c(y)=\sqrt{\sum_{i=1}^{N}[P_i u_r(x_i)]^2} \tag{11-47}$$

ω(KOH) 的相对合成标准不确定度为式(11-48)

$$u_{cr}[\omega(\mathrm{KOH})]=\sqrt{u_r^2[V(\mathrm{HCl})]+u_r^2[c(\mathrm{HCl})]+u_r^2[K(\mathrm{KOH})]+u_r^2(m)} \tag{11-48}$$

由此可见，不确定度的主要来源为消耗标准滴定溶液的体积测量不准、盐酸标准滴定溶液浓度不准、氢氧化钾的分子量不准和样品的质量测量不准。

(5) 评定不确定度分量

① 消耗标准滴定溶液的体积测量引入的标准不确定度 $u_r[V(HCl)]$。消耗标准滴定溶液的体积是用滴定管测量的，滴定管的最大允许误差为±0.6%，假设为等概率分布，取 $k=\sqrt{3}$，则：

$$u_r[V(HCl)]=\frac{a}{k}=\frac{0.6\%}{\sqrt{3}}=0.35\%=3.5\times10^{-3}$$

② 盐酸标准滴定溶液的标准不确定度 $u_r[c(HCl)]$。由所给的信息可知，标准滴定溶液的物质的量浓度为：

$$c(HCl)=0.2(1\pm1\times10^{-3})mol/L \quad (k=2)$$

即盐酸标准滴定溶液浓度 $c(HCl)=0.2mol/L$，其相对扩展不确定度 $U_r=1\times10^{-3}$ ($k=2$)。

故盐酸标准滴定溶液浓度的相对标准不确定度为：

$$u_r[c(HCl)]=1\times10^{-3}/2=0.5\times10^{-3}$$

③ 氢氧化钾的分子量的标准不确定度 $u_r[M(KOH)]$：

由于 $M(KOH)=39.0983+15.994+1.00794=56.10024$ (g/mol)

$$u[M(KOH)]=\sqrt{u^2[A_r(K)]+u^2[A_r(O)]+u^2[A_r(H)]}$$

查 1993 年国际公布的元素原子量表得到：

$$A_r(K)=39.0983(1), A_r(O)=15.994(3), A_r(H)=1.00794(7)$$

$$u[A_r(K)]=0.0001, u[A_r(O)]=0.003, u[A_r(K)]=0.00007$$

$$u[M(KOH)]=\sqrt{0.0001^2+0.003^2+0.00007^2}=0.03$$

$$u_r[M(KOH)]=\sqrt{0.003/56.10024}=5.3\times10^{-5}$$

④ 样品的质量测量不准引入的标准不确定度 $u_r(m)$。样品的质量用由砝码和天平组成的称重设备测量得到，测量结果为 10g，测量重复性（实验标准差）为 0.3×10^{-4}。称重设备的不确定度为 $U_r=3\times10^{-4}$ ($k=3$)。所以由质量测量不准引入的标准不确定度分量为：

$$u_r(m)=\sqrt{\left(\frac{3\times10^{-4}}{3}\right)^2+(0.3\times10^{-4})^2}=1\times10^{-4}$$

(6) 计算合成标准不确定度

$$\begin{aligned}u_{cr}[\omega(KOH)]&=\sqrt{u_r^2[V(HCl)]+u_r^2[c(HCl)]+u_r^2[M(KOH)]+u_r^2(m)}\\&=\sqrt{(3.5\times10^{-3})^2+(0.5\times10^{-3})^2+(0.1\times10^{-3})^2}\\&=3.5\times10^{-3}\end{aligned}$$

由不确定度分析和评定看出，测定氢氧化钾质量分数的最主要的不确定度来源在于消耗盐酸标准滴定溶液的体积的测定误差。在实际工作中，可以采用提高滴定管的准确度等级来减小测量不确定度。

(7) 确定扩展不确定度　为了测量结果间可以相互比较，按惯例在确定扩展不确定度时取包含因子为 2，则：

$$U_r=ku_c=2\times3.5\times10^{-3}=7\times10^{-3} \quad (k=2)$$

（8）报告测量结果 由于滴定终点消耗盐酸标准滴定溶液 50mL，标准滴定溶液的物质的量浓度为 $c(HCl)=0.2mol/L$，氢氧化钾的分子量（摩尔质量）$M(KOH)$ 为 56.10g/mol，样品的质量为 10g。则样品中所含氢氧化钾的质量分数为：

$$\omega(KOH)=\frac{V(HCl)\times c(HCl)\times M(KOH)}{m}$$

$$=\frac{50\times10^{-3}\times0.2\times56.10}{10}=56.1\times10^{-3}$$

$$=0.0561$$

$$U_r=7\times10^{-3}\text{；}U=0.0561\times7\times10^{-3}=0.0004\quad(k=2)$$

所以测量结果可以报告为：$\omega(KOH)=0.561(4)\quad(k=2)$

括号内的数是扩展不确定度，与测量获得的最佳估计值的末位一致，包含因子为 2。

参考文献

[1] 全国认证认可标准化技术委员会（SAC/TC261）. 测量不确定度评定和表示 GB/T 27418—2017［S］. 北京：中国标准出版社，2018.

[2] 中国实验室国家认可委员会. 化学分析中不确定度的评估指南［M］. 北京：中国计量出版社，2002.

[3] 全国法制计量管理计量技术委员会. 通用计量术语及定义 JJF 1001—2011［S］. 北京：中国计量出版社，2012.

[4] 全国法制计量管理计量技术委员会. 测量不确定度评定与表示 JJF 1059.1—2012［S］. 北京：中国计量出版社，2013.

[5] 全国法制计量管理计量技术委员会. 用蒙特卡洛法评定测量不确定度 JJF 1059.2—2012［S］. 北京：中国计量出版社，2013

[6] 全国物理化学计量技术委员会. 化学分析中不确定度的评估 JJF 1135—2005［S］. 北京：中国计量出版社，2005.

[7] 国家质量技术监督局计量司. 测量不确定度评定与表示指南［M］. 北京：中国计量出版社，2000.

[8] 全国统计方法应用标准化技术委员会. 统计学词汇及符号 第 2 部分：应用统计 GB/T 3358.2—2009［S］. 北京：中国标准出版社，2010.

[9] 全国统计方法应用标准化技术委员会. 统计学词汇及符号 第 3 部分：实验设计 GB/T 3358.3—2009［S］. 北京：中国标准出版社，2010.

[10] ISO/IEC 17025：1999. General Requirements for the Competence of Calibration and Testing Laboratories. ISO，Geneva，1999.

[11] Guide to the Expression of Uncertainty in Measurement. ISO，Geneva，1993.

[12] EURACHEM，Quantifying Uncertainty in Analytical Measauerment. Laboratory of the Government Chemist，London，1995.

[13] International Vocabulary of basic and general terms in Metrology. ISO，Geneva，1993.

[14] ISO 3534:1993. Statistics-Vocabulary and Symbols. ISO，Geneva，Switzerland，1993.

[15] Analytical Methods Committee，Analyst(London). 1995,120：29-34.

[16] EURACHEM，The Fitness for Purpose of Analytical Methods . 1998.

[17] ISO/IEC Guede38:1989. Users of Certified Reference Materials. ISO，Geneva，1989.

[18] International Union of Pure and Applied Chemistry . Pure Appl. Chem，1995，67：331-343.

[19] ISO 5725: 1994(Parts1-4and6). Accuracy(trueness and precision)of measurement methods and results . ISO，Geneva，1994. See also ISO 5725-5: 1989 for alternatiove methods fo estimating precision.

[20] Good I J，"Degree of Belief"，in Encyclopaedia of Statistical Sciences. Vol 2 Wiley，New York，1982.

[21] British Standard BS6748: 1986. Limits of metal release form ceramic ware，glassware，glass ceramic ware and vitreous enamel ware.

[22] ISO 9004-4: 1993, Total Quality Management. Part2. Guidelines forquality improvement. ISO, Geneva, 1993.

[23] EURACHEM/CITAC Guide. 量化分析测量不确定度指南［M］. 刘立，潘秀荣，译. 北京：中国计量出版社，2003.

[24] 李慎安，王光先，王国才. 测量不确定度的简化评定［M］. 北京：中国计量出版社，2004.

[25] 肖明耀，康金玉. 测量不确定度表达指南［M］. 北京：中国计量出版社，2004.

[26] 全国统计方法应用标准化技术委员会. 利用重复性、再现性和正确度的估计值评估测量不确定度的指南：GB/Z 22553—2010［S］. 北京：中国标准出版社，2010.

[27] 全国统计方法应用标准化技术委员会. 测试方法的精密度 在重复性或再现性条件下所得测试结果可接受性的检查和最终测试结果的测定：GB/T 11792—1989［S］. 北京：中国标准出版社，1990.

第十二章

分析方法与结果的准确度(正确度与精密度)试验

分析结果的准确度（正确度与精密度）以及重复性和再现性，体现分析方法的可靠性和适用性，也可体现实验室对一个可靠、适用的分析方法掌握的程度以及实验室的分析测试能力。本章主要介绍分析方法与结果准确度（正确度与精密度）的试验条件、内容和方法，以供分析方法的研究和实验室分析质量管理的需要。

第一节　总则

一、术语和定义

1. 观测值（observed value；GB/T 3358. 1,1. 4）

观测值即由样本中每个单元获得的相关特性的值。

注 1：常用的同义词是“实现”和“数据”。

注 2：本定义并没有指明值的来源或如何获得。观测值表示某随机变量的一次实现，但并不一定如此。它可以是相继用于统计分析的若干值中的一个。正确的推断需要一定的统计假定，但首先要做的是对观测值的计算概括或图形描述。仅当需要解决进一步的问题，如确定观测值落入某一指定集合的概率时，统计机制才是重要而本质的。观测值分析的初始阶段通常称为数据分析。

2. 精密度试验的测试水平（level of the test in a precision experiment；GB/T 6379. 1，3. 3）

精密度试验的测试水平即对某测试物料或试样，所有实验室测试结果的总平均值。

3. 精密度实验单元（cell in aprecision experiment；GB/T 6379. 1，3. 4）

精密度实验单元即由一个实验室在单一水平获得的测试结果。

4. 接受参照值（accepted reference value；GB/T 6379. 1，3. 5）

接受参照值即用作比较的经协商同意的标准值，它来自以下各值：

① 基于科学原理的理论值或确定值；

② 基于一些国家或国际组织的实验工作的指定值或认定值；

③ 基于科学或工程组织赞助下合作实验工作中的同意值或认定值；

④ 当①～③不能获得时，则用（可测）量的期望，即规定测量总体的均值。

5. 测量准确度（measurement accuracy，accuracy of measurement；JJF 1001，5. 8）

测量准确度即测试结果与接受参照值间的一致程度，简称准确度（accuracy）。

注1：概念“测量准确度”不是一个量，不给出有数字的量值。当测量提供较小的测量误差时就说该测量是较准确的。

注2：术语“测量准确度”不应与“测量正确度”和“测量精密度”相混淆，尽管它与这两个概念有关。

注3：测量准确度有时被理解为赋予被测量的测得值之间的一致程度。

6. 测量正确度（measurement trueness，trueness of measurement；JJF 1001，5. 9）

测量正确度即无穷多次重复测量所得量值的平均值与一个参考量值的一致程度，简称正确度（trueness）。

注1：测量正确度不是一个量，不能给出数值表示。

注2：测量正确度与系统测量误差有关，与随机误差无关。

注3：术语“测量正确度”不能用“测量准确度”表示，反之亦然。

7. 偏倚（bias；GB/T 6379. 1，3. 8）

偏倚即测试结果的期望与接受参照值之差。

注：与随机误差相反，偏倚是系统误差的总和。偏倚可能由一个或多个系统误差引起。系统误差与接受参照值之差越大，偏倚就越大。

8. 实验室偏倚（laboratory bias；GB/T 6379. 1,3. 9）

实验室偏倚即一个特定的实验室的测试结果的期望与接受参照值之差。

9. 测量方法偏倚（bias of themeasurement method；GB/T 6379. 1，3. 10）

测量方法偏倚即所有采用该方法的实验室所得测试结果的期望与接受参照值之差。

注：实际操作中例如测量某化合物中硫的含量，由于测量方法不可能提尽所有的硫，因此该测量方法将有一个负的偏倚。对很多使用相同方法的不同实验室得到的测试结果求平均值，就可用来测定该测量方法的偏倚。测量方法的偏倚在不同水平下可以是不同的。

10. 偏倚的实验室分量（laboratory component of bias；GB/T 6379. 1，3. 11）

偏倚的实验室分量即实验室偏倚与测量方法偏倚之差。

注1：偏倚的实验室分量是针对特定实验室所具有的测量条件的，在不同的测试水平下也可以是不同的。

注2：偏倚的实验室分量与测试结果的总平均值有关，而与真值或标准值无关。

11. 重复性标准差（repeability standard deviation；GB/T 6379. 1，3. 15）

重复性标准差即在重复性条件下获得的测试结果或测量结果的标准差。

注1：重复性标准差是重复性条件下所得测试结果或测量结果分布离散程度的一种

度量。

注2：类似地可以定义"重复性方差"和"重复性变异系数"，作为重复性条件下所得测试结果或测量结果分布离散程度的度量。

12. 重复性限（repeability limit；GB/T 6379.1，3.16）

重复性限即一个数值，在重复性条件下两个测试结果的绝对差小于或等于此数的概率为95%。

注：重复性限用符号 r 来表示。

13. 再现性标准差（reproducibility standard deviation；GB/T 6379.1，3.19）

再现性标准差即在再现性条件下所得测试结果或测量结果的标准差。

注1：再现性标准差是再现性条件下所得测试结果或测量结果分布离散程度的一种度量。

注2：类似地可以定义"再现性方差"和"再现性变异系数"，作为再现性条件下所得测试结果或测量结果分布离散程度的度量。

14. 再现性限（reproducibility limit；GB/T 6379.1，3.20）

再现性限即一个数值，在再现性条件下两个测试结果的绝对差小于或等于此数的概率为95%。

注：再现性限用符号 R 来表示。

15. 协同评定试验（collaborative；GB/T 6379.1，3.22）

协同评定试验即一种实验室间的试验，在这样的试验中，用相同的标准测量方法对同一物料进行测试，以评定每个实验室的水准。

注1：在术语14中给出的定义适用于观测值为连续变化的情形。如果测试结果是离散的或经过修约的，那么前面所定义的重复性限和再现性限是各自满足以下条件值的最小值：两个测试结果差的绝对值小于或等于该值的概率不小于95%。

注2：由术语7和术语12～15中所给的定义的诸量，指的都是实际中未知的理论值，实际确定重复性和再现性标准差及偏倚时用GB/T 6379.2和ISO 5725-4中所描述的试验，用统计语言说是这些理论值的估计值，因此会有误差。例如，与 r 和 R 相关的概率水平将不会正好等于95%。当很多实验室参与一个精密度试验时，这些概率水平将近似等于95%，但是当参与精密度试验的实验室数目少于30时，概率水平可能偏离95%较远。这是不可能避免的，但是也不要过于低估它们的实际效用，因为设计它们的原意就是要作为一种工具，用来判断试验结果之间的差别是否是由测量方法的随机不确定因素造成的。比重复性限 r 和再现性限 R 大的差值应该引起注意。

注2：符号 r 和 R 在其他地方有其他更一般的含义，例如在ISO 3534-1中，r 表示相关系数，R（或 W）表示一组观测值的极差。如果有可能产生误解，特别是在标准中引用时，宜使用全称重复性限 r 或再现性限 R，这样就不致引起混淆。

二、准确度试验定义的实际意义

1. 标准测量方法

① 为使测量按同样的方法进行，测量方法应标准化。所有测量都应该根据规定的标

准方法进行，这意味着必须要有一个书面的文件规定有关如何测量的所有细节，最好还要包括如何获得和准备试样的内容。

② 有关测量方法文件的存在意味着有一个负责研究测量方法的机构的存在。

2. 准确度试验

① 准确度（正确度和精密度）的度量宜由参加试验的实验室报告的系列测试结果确定。由为此目的而专门设立的专家组组织所有测试。

② 这样一个不同实验室间的试验称为“准确度试验”。准确度试验根据其限定目标也可称为“精密度试验”或“正确度试验”。如果目标是确定正确度，那么应事先或同时进行精密度试验。

③ 通过这样试验得到的准确度的估计值，宜指明所用的标准测量方法，且结果仅在所用的方法下才有效。

④ 准确度试验通常可以认为是检验标准测量方法是否适合的一个实际测试。标准化的主要目标之一就是要尽可能地估计用户（实验室）之间的差异，由准确度试验提供的数据将会揭示出这个目标是如何有效取得的。实验室内方差或实验室均值之间的差异可能表明标准测量方法还不够详细，可以进一步改进。如果是这样，宜将问题报告给标准化团体以便进一步调查。

3. 同一测试对象

在一个准确度试验中，规定物料或规定产品的样本从一个中心点发往不同地点，不同国家，甚至不同洲的许多实验室。重复性条件的定义指出在这些实验室中进行的测量应该是对同一测试对象进行的，并在实际同一时段内进行。为此应满足以下两个条件：

① 分送各实验室的样本应该是相同的；

② 样本在运输过程和实际测试前所消耗的时间须保持相同。

在组织精密度试验中，要仔细考虑这两个条件是否得到满足。

4. 短暂的时间间隔

① 根据重复性条件的定义，确定重复性的测量必须在恒定的操作条件下进行，即在整个测量时间段内，下列因素必须保持不变：a. 操作员；b. 使用的设备；c. 设备的校准；d. 环境（温度、湿度、空气污染等）；e. 不同测量的时间间隔。

② 特别地，设备在两次测量之间不应重新校准，除非校准是单个测量中一个基本的组成部分。在实际中，在重复性条件下进行的试验宜在尽可能短的时间间隔内进行，以便使那些不能保证不变的因素，例如环境因素的变化最小。

③ 影响不同观测之间的时间间隔的因素还有测试结果的独立性假设。为避免前面的测试结果可能会影响之后的测试结果（从而可能低估重复性方差），就有必要按以下方式提供样本：操作员根据样品编号不知道哪些样品是相同的。指示操作员按一定观测顺序操作，而顺序是随机的，以使所有的“同一”测试对象的测试不会一起进行。这也许意味着违背了重复测量应在一个短时间段内完成的初衷，除非全部测量能在一个很短的时间间隔内完成。

5. 参与的实验室

① 本部分的一个基本假定是对一个标准测量方法而言，重复性对使用这个标准程序的每个实验室应该或至少是近似相同的，这样可以允许建立一个共同的平均重复性标准差，它适用于任何实验室。然而，每个实验室在重复性条件下进行一系列观测时都能就该测量方法得到一个自己的重复性标准差的估计值，并可据此与共同的标准差来校核该估计值。

② 在本节中从偏倚到再现性限中定义的量，理论上适用于可能使用所述测量方法的所有实验室。但在实际上，它们是根据这个实验室总体的一个样本来确定的。选择这个样本的进一步细节将在本章第二节“实验室的选择”中讨论。

③ 当参加试验的实验室及数量达到第二节中规定的数量时，所获得的正确度与精密度的估计值即可满足要求。然而，如果将来某一时间有证据表明参加测试的实验室不能或不再能真正代表所有使用该标准测量方法的实验室，那么测量就将重新进行。

6. 观测条件

① 在上面的“4”中列出了能使在一个实验室内获得的观测值产生变异的所有因素。这些因素包括时间、操作员与设备等。因为在不同时间进行测试时，环境条件的改变及设备的重新校准等都会使观测值受到影响。在重复性条件下，观测值是在所有这些因素不变的情况下取得的；在再现性条件下，观测值是在不同的实验室获得的，由于实验室的不同，不仅所有其他因素会发生改变，而且在两个实验室之间的管理和维护以及观测值的稳定性检查等诸多方面的差异也会对结果产生不同的影响。

② 有时也有必要考虑中间精密度条件，即观测值是在相同的实验室获得的，但是允许时间、操作员或设备中的一个或几个因素发生改变。

③ 在确定测量方法的精密度时，很重要的一点就是要规定观测条件，即上述时间、操作员和设备三个因素哪些不变，哪些改变。

④ 此外，这三个因素所引起的差异的数值大小与测量方法有关。例如：在化学分析中，“操作员”和“时间”是主要因素；在微量分析中，“设备”和“环境”是主要因素；而在物理测试中，“设备”和“校准”是主要因素。

三、统计模型

为估计测量方法的准确度（正确度和精密度），假定对给定的受试物料，每个测试结果 y 是三个分量的和：

$$y=m+B+e \tag{12-1}$$

式中　m——总平均值（期望）；

B——重复性条件下偏倚的实验室分量；

e——重复性条件下每次测量产生的随机误差。

1. 总平均值 m

① 总平均值 m 是测试水平。一种化学品或物料的不同成分的样品（例如不同类型的

钢材）对应着不同的水平。在很多技术场合，测试水平仅由测量方法确定，独立真值的概念并不适用。然而，在某些情况下，受试特性的真值 μ 的概念仍可使用，例如一种正在滴定的溶液的真正浓度。总平均值 m 未必与真值 μ 相等。

② 在检查用相同测量方法获得的测试结果间的差异时，测量方法的偏倚不会对其产生影响，因此可以忽略。然而，当把测试结果和一个在合同中或标准中规定的值进行比较时，其中合同或标准中指的是真值 μ 而不是测试水平 m，或者比较不同的测量方法得到的结果时，必须考虑测量方法的偏倚。如果存在一个真值，并且可以获得满意的参照物，那么就应该用 GB/T 6379.4“确定标准测量方法正确度的基本方法”中的方法确定测量方法的偏倚。

2. 分量 B

① 在重复性条件下进行的任何系列测试中，分量 B 可以认为是常量，但是在其他条件下进行的测试，分量 B 则会不同。当只对两个相同的实验室比较测试结果时，有必要确定它们相应的偏倚，通过准确度试验测定各自的偏倚，或通过在它们之间专门的试验确定。然而，若对不特别指定的两个实验室之间差异进行一般性的描述，或者对两个还没有确定其各自偏倚的实验室进行比较时，必须考虑偏倚的实验室分量分布，这就是引进再现性概念的理由。在 GB/T 6379.2“确定标准测量方法重复性与再现性的基本方法”中给出的程序，是在假定偏倚的实验室分量是近似正态分布情况下得到的，但在多数实际情形中只需假定分布为单峰的即可。

② B 的方差称为实验室间方差，用式(12-2) 表示：

$$\mathrm{var}(B)=\sigma_{\mathrm{L}}^{2} \tag{12-2}$$

式中，σ_{L}^{2} 包含操作员和设备间的变异。

在 GB/T 6379.2“确定标准测量方法重复性与再现性的基本方法”中描述的基本精密度试验中，这些分量没有被拆分。在 GB/T 6379.3“标准测量方法精密度的中间度量”中给出了测量 B 的某些随机分量的大小的方法。

③ 通常，B 可以看作是随机分量和系统分量之和。这里并不试图列出所有与 B 有关的因素，这些因素包括不同的气候条件、制造者允许的设备变差，甚至包括由操作员在不同地点接受培训所引起的技术上的差异等。

3. 误差项 e

① 误差项表示每个测试结果都会发生的随机误差。在本部分中，所有程序是在假定误差分布近似为正态分布的情况下得出的，但是在多数实际情形下只需假定为单峰的即可。

② 在重复性条件下单个实验室内的方差称为实验室内方差，用式(12-3) 表示：

$$\mathrm{var}(e)=\sigma_{\mathrm{W}}^{2} \tag{12-3}$$

由于诸如操作员的操作技巧等方面的差异，不同实验室的 σ_{W}^{2} 值可能不同，但本部分中假定对一般的标准化测量方法实验室之间的这种差异是很小的，可以对所有使用该测量方法的实验室设定一个对每个实验室都相等的实验室内方差。该方差称为重复性方差，它可以通过实验室内方差的算术平均值来进行估计，表达式如下：

$$\sigma_r^2=\overline{\mathrm{var}(e)}=\overline{\sigma_W^2} \tag{12-4}$$

式(12-4) 中的算术平均值是在剔除了离群值后对所有参加准确度试验的实验室计算的。

四、基本模型和精密度的关系

① 当采用上述的基本模型时，重复性方差可以直接作为误差项 e 的方差，但再现性方差为重复性方差和实验室间方差之和。

② 作为精密度度量的两个量如下。

重复性标准差：

$$\sigma_r=\sqrt{\overline{\mathrm{var}(e)}} \tag{12-5}$$

再现性标准差：

$$\sigma_R=\sqrt{\sigma_L^2+\sigma_r^2} \tag{12-6}$$

③ 有时需要考虑基本模型的推广，它们在其他相关部分中描述。

五、准确度数据的应用

1. 准确度与精密度数值的发布

① 当精密度试验的目的是获得在定义“重复性条件”和“再现性条件”的条件下的重复性和再现性标准差的估计值时，应使用统计模型中的基本模型。当精密度试验的目的是获得精密度中间度量的估计值时，则应使用 GB/T 6379.3“标准测量方法精密度的中间度量”中的模型和方法。

② 一旦确定了测量方法的偏倚，其值宜与确定该偏倚时所参照的有关说明一起发布。当偏倚随测试水平改变时，宜以表格的形式对给定的水平及所确定的偏倚和所用的参考说明进行发布。

③ 当以实验室间试验进行准确度和精密度的估计时，宜向每个参加测试的实验室报告各自相对总平均值的偏倚的实验室分量。这个信息对将来进行类似试验是有用的，但不宜用作校准的目的。

④ 任何标准测量方法的重复性和再现性标准差，其结果宜在发布该标准测量方法时作为专门标记为“精密度”一节的内容。这一节也可以列出重复性限 (r) 和再现性限 (R)。当精密度不随测试水平变化时，可单独给出每种情况下的平均数。当精密度随着测试水平变化时，宜以表格的形式进行发布，如表 12-1 所列，也可以用数学公式来表示。精密度的中间度量也宜用类似的形式来表达。

表 12-1 报告标准差的方法示例

范围或水平	重复性标准差 S_r	再现性标准差 S_R
从……到…… 从……到…… 从……到……		

⑤ 在精密度条款中应给出重复性和再现性条件的定义。当涉及精密度的中间度量时，宜说明时间、操作员和设备中哪些因素允许变化。当给定重复性限和再现性限时，还应增加其他陈述，它们把重复性限和再现性限与两个测试结果之间的差和 95%的概率水平联系起来。建议措辞如下：在通常正确的操作方法下，由同一操作员使用同一仪器设备，在最短的可行的时间段内，对同一物料所做出的两个测试结果之间的差出现大于重复性限 r 的情况，平均在 20 次测试中不会超过 1 次。在通常正确的操作方法下，由两个实验室报告的对同一物料进行测试的测试结果的差出现大于再现性限 R 的情形，平均在 20 次测试中不会超过 1 次。

通过引用进行测试所要遵守的标准测量方法的条款的编号或其他方式，确保测试结果定义清晰。

⑥ 通常在精密度章节结束部分应该增加对准确度试验的简要说明，建议措辞如下：对 p 个实验室和 q 个测试水平所组织和分析的试验而得到的。实验室数据包括离群值，在计算重复性标准差和再现性标准差时不包括这些离群值。应有关于在准确度试验中所使用的物料的描述，尤其当正确度和精密度依赖于测试物料时。

2. 准确度和精密度数值的实际应用

（1）对测试结果接收性的检验　产品规范可有在重复性条件下进行重复测量的要求。在这种情形下，重复性标准差可以用于对测试结果的接收性的检验，以及决定当测试结果不可接收时应该采取什么行动。当供需双方对相同的物料进行测量，而试验结果不同时，可以用重复性标准差和再现性标准差来决定差异是否是测量方法所能允许的。

（2）在一个实验室内测试结果的稳定性　通过对物料进行定期测试，实验室能够检查其结果的稳定性，从而得出该实验室有能力控制试验的偏倚和重复性的证据。

（3）对实验室水准进行评估　对实验室的认可认证日益普遍。无论采用标准物料还是进行实验室间试验，所获得的测量方法的正确度与精密度数值能用于对一个候选的实验室的偏倚与重复性进行评定。

（4）比较可供选择的测量方法　为测量某一特性，若有两种测量方法可用，其中一种要比另一种简单而廉价，但是一般使用较少，可以根据正确度和精密度值来对某些限定范围内的物料判断这种廉价方法的使用。

第二节　准确度试验设计

一、准确度试验的计划

① 估计一个标准测量方法的精密度和（或）正确度。试验的具体安排应是熟悉该测量方法及其应用的专家组的任务。专家组中至少有一个成员具有统计设计和试验分析方面的经验。

② 当计划一个试验时要考虑以下问题：a. 该测量方法是否有一个令人满意的标准？b. 宜征集多少实验室来协作进行试验？c. 如何征集实验室？这些实验室应满足什么要求？d. 在实际中什么是水平的变化范围？e. 在试验中宜使用多少个水平？f. 什么样的物料才能表达这些水平？如何准备受试物料？g. 宜规定多少次重复？h. 完成所有这些测量宜规定多长的时间范围？i. 基本模型是否适宜？是否需要考虑修改？j. 需要什么特别的预防措施来确保同一物料在所有的实验室在相同的状态下进行测量。

二、标准测量方法

如前文所述的那样，所考察测量方法应是一个标准化的方法。这样一个方法应是稳健的，即测量结果对测量过程中的微小变动，不会产生意外的大的变动。若测量过程真有较大的变化，应有适当的预防措施或发出警告。在制定一个标准测量方法中，应该尽一切努力力求消除或减少偏倚。

也可以用一些相似的测试程序来对已经建立的测量方法和最新标准化的测量方法的正确度和精密度进行测试。在后一种情况下，所得到的结果宜被看作是初始估计值，因为正确度和精密度随着实验室经验的积累而改变。

建立测量方法的文件应该是明确的和完整的。所有涉及该程序的环境、试剂和设备、设备的初始检查以及测试样本的准备等重要操作都应该包括在测量方法中，这些方法尽可能地参考其他的对操作员有用的书面说明。说明宜精确说明测试结果和计算方法以及应该报告的有效数字位数。

三、准确度试验的实验室选择

1. 实验室的选择

从统计的观点来看，那些参加估计准确度的实验室宜从所有使用该测量方法的实验室中进行随机选取。自愿参加的实验室可能不代表实验室的组成。然而，其他的一些考虑，例如要求参加的实验室应该分布在不同的洲或不同的气候地域等可能对代表性模式产生影响。

参加的实验室应该不宜仅由那些在对该测量方法进行标准化过程中已获得专门经验的实验室组成，也不宜由那些特别的“标准”实验室组成，这些“标准”实验室是专家用该方法来演示准确度的确定时用的。

需要确定参加协同实验室间测试的实验室数目，以及每个实验室在每个测试水平需要进行的测试结果个数，下面将给出确定这些数目的基本方法。

2. 估计精密度所需实验室数

① 在式(12-7)～式(12-14) 中符号 σ 表示的诸量是未知的标准差真值，精密度试验的一个目标就是对它们进行估计。当可对标准差真值 σ 求得估计值 S 时，可以得到关于 σ 的范围的结论，即估计值 S 期望所在的范围。这是一个熟知的统计问题，可通过 x^2 分布和 S 的估计值所基于的测试结果的数目得到解决。通常使用的公式是：

$$P\left(-A<\frac{S-\sigma}{\sigma}<+A\right)=P \tag{12-7}$$

以 A 表示标准值估计值不确定度的系数，常用百分数来表示。式(12-7) 表示可以预期标准差的估计值 S 以概率 P 位于标准差真值 $(\sigma)A$ 倍的两侧。

② 对单一测试水平，重复性标准差的不确定度依赖于实验室数 p 和每个实验室内的测试结果数 n。对再现性标准差，其估计程序较为复杂，因为再现性标准差由两个标准差所决定，见式(12-6)。此时需要另一个因子 γ，它表示再现性标准差对重复性标准差的比：

$$\gamma=\frac{\sigma_R}{\sigma_r} \tag{12-8}$$

③ 下面给出计算概率 95%下 A 值的一个近似式。此式的目的是计算所需征集实验室数，并确定每个实验室在每个测试水平所需的测试结果数。这些等式没有给出置信限，因此在计算置信限的分析阶段不宜使用。A 的近似公式如下。

对重复性：

$$A=A_r=1.96\sqrt{\frac{1}{2p(n-1)}} \tag{12-9}$$

对再现性：

$$A=A_R=1.96\sqrt{\frac{p[1+n(\gamma^2-1)]^2+(n-1)(p-1)}{2\gamma^4 n^2(p-1)p}} \tag{12-10}$$

注：可以假定具有 ν 个自由度和期望 σ^2 的样本方差近似服从正态分布，其方差为 $2\sigma^4/\nu$，式(12-9) 和式(12-10) 是在这个假定下得出的。通过精确的计算可检验上述近似公式。

γ 值是未知的，通常可利用在该测量方法标准化过程中获得的实验室内标准差和实验室间标准差得到它的初步估计值。表 12-2 给出了实验室数为 p，每个实验室的不同测试结果数为 n 时，重复性标准差和再现性标准差估计值的不确定度系数的精确值。

表 12-2 重复性标准差和再现性标准差估计值的不确定度系数的精确值

p	A_r			A_R								
				$\gamma=1$			$\gamma=2$			$\gamma=3$		
	$n=2$	$n=3$	$n=4$	$n=2$	$n=3$	$n=4$	$n=2$	$n=3$	$n=4$	$n=2$	$n=3$	$n=4$
5	0.62	0.44	0.36	0.46	0.37	0.32	0.61	0.58	0.57	0.68	0.67	0.67
10	0.44	0.31	0.25	0.32	0.26	0.22	0.41	0.39	0.38	0.45	0.45	0.45
15	0.36	0.25	0.21	0.26	0.21	0.18	0.33	0.31	0.30	0.36	0.36	0.36
20	0.31	0.22	0.18	0.22	0.18	0.16	0.28	0.27	0.26	0.31	0.31	0.31
25	0.28	0.20	0.16	0.20	0.16	0.14	0.25	0.24	0.23	0.28	0.28	0.27
30	0.25	0.18	0.15	0.18	0.15	0.13	0.23	0.22	0.21	0.25	0.25	0.25
35	0.23	0.17	0.14	0.17	0.14	0.12	0.21	0.20	0.19	0.23	0.23	0.23
40	0.22	0.16	0.13	0.16	0.13	0.11	0.20	0.19	0.18	0.22	0.22	0.22

3. 估计偏倚所需实验室数

① 测量方法的偏倚 δ 可由式(12-11) 估计：

$$\delta=\overline{\overline{y}}-\mu \tag{12-11}$$

式中　$\overline{\overline{y}}$——所有实验室在一特定的测试水平下所得到的所有测试结果的总平均值；

μ——可接受参照值。

该估计值的不确定度可由式(12-12）表达：

$$P(\delta-A\sigma_R<\delta<\delta+A\sigma_R)=0.95 \tag{12-12}$$

式(12-12）表示这个估计值以 0.95 的概率距测量方法偏倚的真值不超过 $A\sigma_R$。利用系数 γ，参见式(12-8)，可得：

$$A=1.96\sqrt{\frac{n(\gamma^2-1)+1}{\gamma^2 pn}} \tag{12-13}$$

A 的值由表 12-3 给出。

表 12-3　测量方法偏倚的估计值的不确定度系数 A

实验室数 p	A 值								
	$\gamma=1$			$\gamma=2$			$\gamma=3$		
	$n=2$	$n=3$	$n=4$	$n=2$	$n=3$	$n=4$	$n=2$	$n=3$	$n=4$
5	0.62	0.51	0.44	0.82	0.80	0.79	0.87	0.86	0.86
10	0.44	0.36	0.31	0.58	0.57	0.56	0.61	0.61	0.61
15	0.36	0.29	0.25	0.47	0.46	0.46	0.50	0.50	0.50
20	0.31	0.25	0.22	0.41	0.40	0.40	0.43	0.43	0.43
25	0.28	0.23	0.20	0.37	0.36	0.35	0.39	0.39	0.39
30	0.25	0.21	0.18	0.33	0.33	0.32	0.35	0.35	0.35
35	0.23	0.19	0.17	0.31	0.30	0.30	0.33	0.33	0.33
40	0.22	0.18	0.15	0.29	0.28	0.28	0.31	0.31	0.31

② 在试验期间，实验室偏倚 Δ 可由下式估计：

$$\Delta=\overline{y}-\mu \tag{12-14}$$

式中　$\overline{y}$——所有实验室在特定测试水平下所得到的所有测试结果的算术平均值；

μ——可接受参照值。

该估计值的不确定度可由下式表达：

$$P(\Delta-A_w\sigma_r<\Delta<\Delta+A_w\sigma_r)=0.95 \tag{12-15}$$

式(12-15）表示估计值以 0.95 的概率距实验室偏倚的真值不超过 $A_w\sigma_r$。实验室内不确定度系数为：

$$A_w=\frac{1.96}{\sqrt{n}} \tag{12-16}$$

A_w 的值由表 12-4 给出。

表 12-4　实验室内偏倚的估计值的不确定度系数 A_w

测试结果数 n	A_w 值	测试结果数 n	A_w 值
5	0.88	25	0.39
10	0.62	30	0.36
15	0.51	35	0.33
20	0.44	40	0.31

4. 实验室选择的影响

实验室数的选择是在可利用资源与将估计值的不确定度减少至一个满意的水平之间的一种折中。根据表 12-2 可以看到重复性标准差和再现性标准差当参加精密度测试试验的实验室数很小（$p\approx5$）时，其值变化较为显著。而当 p 大于 20 时，再增加 2～3 个只能使不确定度降低很少。一般取 p 为 8～15。当 σ_L 大于 σ_r（即 $\gamma>2$），且每个实验室在每个水平的测试结果数 $n>2$ 时，并不会获得比 $n=2$ 时太多的信息。

四、用于准确度试验物料的选择

① 在确定一个测量方法的准确度的测试中，所使用的物料应该完全能代表该测量方法在正常的使用中的那些物料。作为一般规则，使用 5 种不同的物料通常就能够满足较大的水平变化范围，用这些水平完全能够确定所要求的准确度。当怀疑是否有必要修改最近开发的测量方法时，只需要用较小水平数的物料，在此基础上再进行进一步的准确度试验。

② 当观测值必须要在各个不随测量而改变的分离的物料上进行测量时，至少在原则上，这些观测值应该在不同的实验室使用一系列相同物料进行测试。然而，这样就有必要将相同的物料给分布在各个国家或洲的不同地方的许多实验室，在运输过程中同时伴随着许多损失和风险。如果在不同的实验室使用不同的物料，那么就要按照这样的方式来选择物料，即要确保这些物料是完全相同的。

③ 在选择代表不同水平的物料时，应考虑在将准备样本分送前，是将物料进行专门的均质化处理，还是将不均匀物料的影响包括在准确度数值中。

④ 在对不能均质化的固体物料（如金属、橡胶、纺织品等）进行测量时，或不能对相同试样重复测量时，测试物料的非均质性将成为该测量方法精密度的一个重要分量，此时物料的同一性的概念也不再成立，虽然精密度试验仍可以进行，但精密度的值仅仅对所用的物料有效，也只有在这种情况下方可使用。要使所确定的精密度值能更广泛地应用，只有在能证明其数值不因生产者不同或不同时间生产物料有较大差别时才可以。这需要考虑更加精心地安排试验。

⑤ 通常，当涉及破坏性试验时，由试样之间的差异所产生的测试结果的变异与测量方法本身的变异相比较或忽略不计，或应将它视为测量方法变异的一个固有的组成部分，从而成为精密度的一个真正分量。

⑥ 当所测量的物料随着时间而改变时，应考虑完成全部试验时间的范围。某些情况下宜规定样本测量的时间，这一点很重要。

⑦ 在上述论述中，在不同实验室的测量隐含着将试样运至实验室的问题，尽管有些试样不存在运输问题，如储藏罐中的油。在这些情况下，不同实验室的测量指的是把不同的操作员连同他们所使用的设备送往测试现场。在其他一些情形下，被测量可能是瞬时的或可变的，如江河中的流水，此时要注意尽可能取位置靠近、条件相同的样本进行测量。指导原则是以确定重复相同测量的能力为目的。

⑧ 上述确定一种测量方法精密度的方法时，都假定了精密度或与所测试的物料无关或与物料有某种可预测的依赖关系。对某些测量方法，引用精密度值时必须说明是对哪一

类或哪几类物料而言的。在其他应用场合，这些数值仅能作为粗略的估计。更为常见的情形是，精密度与测试水平密切相关，因此建议在公布精密度时同时明确精密度试验中所用的物料及物料的变化范围。

⑨ 为评定正确度，至少要有一种所用的物料有接受参照值。如果正确度似乎随着水平改变，则需要有若干水平的物料具有接受参照值。

第三节 确定重复性与再现性的基本方法

一、基本模型中的参数估计

① 估计测量方法的准确度（正确度和精密度）的基本模型见本章给出的式(12-1)。

② 式(12-2)～式(12-6) 表示的是所考虑总体标准差的真值。实际情况中，这些标准差的确切值是未知的，精密度的估计值通过从全体实验室组成的总体中抽取少量的实验室来获得。而在这些实验室内部，该估计值由所有可能测试结果的一个小样本获得。

③ 在统计实践中，如果标准差的真值 σ 未知，则以样本进行估计并替代，此时，符号 σ 用 S 代替，S 表示 σ 的估计值。下列估计值可根据式(12-2)～式(12-6) 得出。

S_{L}^2：实验室间的方差的估计值。

S_{W}^2：实验室内的方差的估计值。

S_r^2：S_{W}^2 的算术平均值，并且是重复性方差的估计值。这个算术平均值是在剔除了离群值后对所有参与准确度试验的实验室计算的。

S_R^2：再现性方差的估计值。

$$S_R^2 = S_{\mathrm{L}}^2 + S_r^2 \tag{12-17}$$

二、精密度试验要求

1. 试验安排

1）在用基本方法进行试验安排时，取自 q 批物料的样本分别代表 q 个不同测试水平，被分到 p 个实验室，每一个实验室都在重复性条件下对每一水平得到同样 n 次重复测试结果。这种试验称为平衡均匀水平试验。

2）这些测量工作应在如下规则下组织进行。

① 任何设备的预检都应按标准方法中的规定进行。

② 同一水平中一组 n 次测量应该在重复性条件下进行，即在短暂的时间间隔内，由同一操作员测量；除非是作为整个过程的一个环节，测量过程中间不允许对设备进行任何的重新校准。

③ 一组 n 次测试要求在重复性条件下独立地进行是十分重要的。就像是在对 n 种不

同的物料进行的 n 个测试。然而，事实上，操作员会知道他是对同一物料进行测试。应在说明书中强调的是，测试的整个意图就是要考察在实际测试中测试结果能发生多大的变化。尽管有这样的提示，为避免前面的测试结果对随后的测试产生影响，从而影响重复性方差，可考虑在全部 q 个水平，每个水平上要求 n 个独立测试的样本，混合进行编号，使得操作员不知道所进行的测试是哪个水平的。不过，这样的程序也可能会产生另一个问题，即能否保证重复性条件适用于这些重复的测试。只有当所有 qn 个测量可以在一个很短的时间内完成，上述条件才得到保证。

④ 没有必要要求所有 q 组的 n 次测量都严格在一个很短的时间内进行，不同组的测量可以不在同日内进行。

⑤ 所有 q 个水平的测量都将由同一个操作员进行。此外，在给定水平上进行的 n 个测量要自始至终使用同一设备。

⑥ 如果在测量过程中一个操作员因故不能完成全部测量，那么可以由另外一个操作员继续剩下的测量，只要这个人员变更不是发生在同一水平同一组的 n 个测量上，而是发生在 q 组中的两个不同组上。任何这样的人员变更都要随测试结果一起上报。

⑦ 应该给出一个时间限制，所有的测量应该在该时间区间内完成。把该时间限制在收到样本的日期和测量完成的日期之间。

⑧ 所有的受试样本都应该用标签标明测试名称并对样本进行编号。

3）对于某些测量，事实上可能由一组操作员进行，每一操作员执行测量程序的某一规定部分。在此情况下，这一组操作员将统一看作“操作员”，这一组中出现任何人员的变更都将被看成是不同的“操作员”。

4）在商业实践中，对测试结果的修约可能做得很粗。但在精密度试验中，测试结果要比标准方法中规定的有效数字位数至少多一位。如果该方法没有规定有效数字位数，那么修约的误差不能超过重复性标准差的1/2。当精密度依赖于水平 m 时，对于不同的水平就有不同的修约程度。

2. 实验室征集

① 在第二节“三、准确度试验的实验室选择”中给出了关于参与实验室间协同试验的实验室征集工作的一般原则。在征集所需要数目的协同实验室时，要明确规定这些实验室的条件。

图 12-1 给出了一个实验室调查征集的案例。

② 一个“实验室”在本部分中被认为是操作员、设备和测试场所的一个组合，一个测试场所或通常意义的一个实验室可以产生几个“实验室”，只要它能够为几个操作员提供独立的仪器设备和测试场地。

3. 物料准备

① 在第二节“一、准确度试验的计划”中给出了精密度试验中选择物料时需要考虑的要点。

② 在决定试验所需的物料数量时，应该考虑到在获得某些测试结果时会出现偶然的洒出和称量误差，从而需用到额外的物料。需要准备的物料数量应当足以满足测试之用，

并且允许适当的储备。

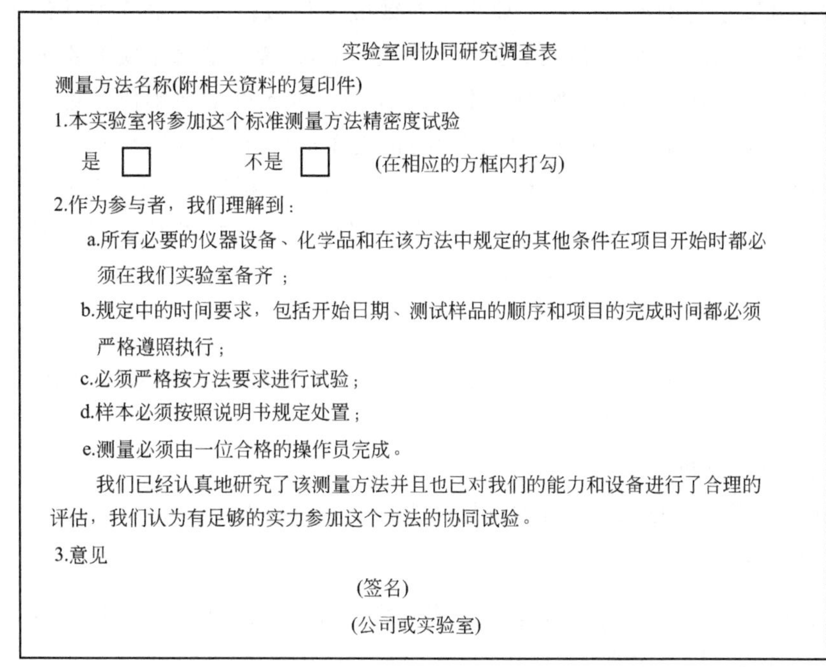

实验室间协同研究调查表

测量方法名称(附相关资料的复印件)

1.本实验室将参加这个标准测量方法精密度试验

是 ☐ 不是 ☐ (在相应的方框内打勾)

2.作为参与者，我们理解到：

a.所有必要的仪器设备、化学品和在该方法中规定的其他条件在项目开始时都必须在我们实验室备齐；

b.规定中的时间要求，包括开始日期、测试样品的顺序和项目的完成时间都必须严格遵照执行；

c.必须严格按方法要求进行试验；

d.样本必须按照说明书规定处置；

e.测量必须由一位合格的操作员完成。

我们已经认真地研究了该测量方法并且也已对我们的能力和设备进行了合理的评估，我们认为有足够的实力参加这个方法的协同试验。

3.意见

(签名)

(公司或实验室)

图 12-1 实验室间协同研究调查征集的案例

③ 应考虑在得到正式的测试结果之前一些实验室为了熟悉测量方法而获得的某些初步测试结果是否可取，如果可取那么也应考虑是否应该提供额外的物料（非精密度试验样本）。

④ 当一种物料必须要进行均质化时，应对该种物料以最合适的方式进行均质化。当要进行测试的物料不是均质时，就要以该方法中规定的方式准备样本，这是很重要的，最好对每个水平都用不同的商业物料。对于不稳定的物料，应给出特殊的储藏和处置说明书。

⑤ 如果容器一旦被打开，物料就有变质的危险（例如被氧化、损失、挥发或吸湿），那么对于每一水平下的样本，应对每个实验室使用 n 个不同的容器。在物料不稳定情况下，应给出特殊的储藏处置说明书。应该采取一些预防措施来确保样本直到进行测量时相同。如果要测量的物料是由不同相对密度的粉状物料混合而成或由不同大小的颗粒组成的，那么由于振动可能会发生分离（例如在运输过程中），因此需要特别注意。当受试样本可能与空气发生反应时，样品可以被封在被抽空或者用惰性气体填充的玻璃瓶内。对于食品或血样这样的易变质物料，有必要将其以冷冻状态送到参与的实验室，并对其融化程序进行详细的说明。

三、参与精密度试验的人员

不同的实验室其操作方法不尽相同，因此本节的内容仅作为一个指南，在特定情况下可做适当修改。

1. 领导小组

① 领导小组成员要求。领导小组宜由熟悉该测量方法及其应用的专家组成。

② 领导小组的任务。领导小组的任务如下：a. 计划和协调试验；b. 决定需要的实验室数量、水平和要求的测量数，以及要求的有效数字位数；c. 指定其中某位成员承担统计方面的职责；d. 指定其中一位成员为执行负责人；e. 考虑给每个实验室的测量负责人下发除了标准测量方法以外的操作说明书；f. 决定是否允许某些操作员进行少量的非正式测量（这些测量的结果不应作为协同试验的正式样本），以便在间歇很长时间后重获测量方法方面的经验；g. 测试结果分析完成后，讨论统计分析报告；h. 确定重复性标准差和再现性标准差的最终值；i. 决定是否需要就改进测量方法标准及对那些测试结果被作为离群值而拒绝的实验室采取进一步的措施。

2. 统计专家

领导小组中至少有一个成员应具有统计设计和试验分析方面的经验，他的任务如下：

① 用专业知识进行试验设计；

② 对数据进行分析；

③ 按统计专家报告的规定内容向领导小组提交一份报告。

3. 执行负责人

① 把试验实际的组织工作委托给某个实验室。领导小组任命该实验室的一名成员为执行负责人，对此工作负全责。

② 执行负责人的任务如下：a. 征集必要数目的协同实验室，并且负责任命每个实验室的测量负责人；b. 组织和监管测试物料、样本的准备以及样本的分配，对每个水平，应当预留足够量的物料；c. 起草涵盖试验安排 2）中①～②各项要点的操作说明书，将说明书尽早地提前分发给各实验室负责人，以便他们能对其提出意见，确保所选的操作员在常规操作中能正确地进行测量；d. 设计适当的表格，以便操作员用于工作记录、测量负责人用于报告测试结果的有效数字位数（表格可以包括操作员的姓名、收到和测量样本的日期、所使用的设备和其他有关的信息等）；e. 处理各实验室在测量操作中出现的问题；f. 关注试验的进度，使试验按规定日程进行；g. 收集数据表并把它们提交给统计专家。

4. 测量负责人

① 每个参与试验的实验室应指定一名成员负责实际测量的组织，按执行负责人的指令工作并报告测试结果。

② 测量负责人的任务如下：a. 确保所选的操作员在日常操作中能正确地进行测量；b. 按执行负责人的指令把样本分发给操作员（必要时还要为熟悉试验操作提供物料）；c. 对测量的执行进行监管（测量负责人不应参与测量操作）；d. 确保操作员进行规定次数的测量；e. 确保测量工作按时间进度进行；f. 收集测试结果，要求结果记录的小数位数与要求一致，并记录测试中遇到的任何困难、异常现象和操作员反映的意见。

③ 每个实验室的测量负责人应撰写一份包括下面信息的全面报告：a. 原始测试结果，由操作员以清晰字迹记录在所提供的表格上，而不要转录或打印（计算机或测试机器打印输出的结果除外）；b. 最初的观测值或读数（当测试结果由这些读数计算得出时），由操

作员以清晰字迹记录在所提供的表格上，而不要转录或打印；c. 操作员提出的关于测量方法标准方面的意见；d. 在测量期间发生的任何非常规或干扰的信息，包括可能发生的操作员变更，指明哪位操作员做了哪些测量，以及对任何数据缺失原因的说明；e. 收到样本的日期；f. 使用相关设备的信息；g. 其他有关的信息。

5. 操作员

① 在每个实验室中，测量应该由一个选定的操作员完成，该操作员是在通常操作中可能执行该测量任务的操作员代表。

② 因为试验的目的是对全体使用该标准测量方法的操作员确定标准测量方法的精密度，因此一般不宜给操作员以拓展测量方法的权利。然而，也应该对操作员指出测试的目的之一是发现测试结果在实际中的变化，这样他们就不会对不一致的测量结果进行丢弃或重测。

③ 尽管操作员通常没有对标准测量方法进行补充性修订的任务，但是也应鼓励他们对标准做出评价，尤其是指出标准中的说明是否足够明确而不模糊。

④ 操作员的任务如下：a. 根据标准测量方法实施测量；b. 报告测试中遇到的异常现象和困难，报告一个错误要比调整测试结果更为重要，因为缺失一两个测试结果不会毁坏整个试验，多数情况下反而反映了测量标准本身的不足；c. 为评价标准中的说明是否合适，操作员应在遇到任何不能按试验说明进行测试时随时报告，因为这也反映了标准本身的不足。

第四节 精密度试验的统计分析

一、初步考虑

1）数据的分析是一个统计问题，应由统计专家来解决，它包括以下 3 个相继的步骤。

① 对数据进行检查，以判别和处理离群值或者其他不规则数据，并检验模型的合适性；

② 对每个水平分别计算精密度和平均值的初始值；

③ 确定精密度和平均值的最终值，且在分析表明精密度和水平 m 之间可能存在某种关系时，建立它们之间的关系。

2）对每个水平，首先计算以下诸量的估计值。

① 重复性方差：S_r^2。

② 实验室间方差：S_L^2。

③ 再现性方差：$S_R^2=S_r^2+S_\mathrm{L}^2$。

④ 平均值：m。

3）统计分析包括对离群值的统计检验的系统应用，在文献中有许多方法可以用于本部分。从实际应用考虑，将这些方法选择整理如下。

二、结果列表和所用记号

1. 单元

一个实验室和一个水平的组合称为精密度试验的一个单元。理想的情况是，一项有 p 个实验室和 q 个水平的试验，列成 pq 个单元的表，每个单元包含 n 次重复测试结果，以此来计算重复性标准差和再现性标准差。然而，由于多余数据、缺失数据和离群值的发生，这种理想情况在实际中并不总是能够达到的。

2. 多余数据

有时一个实验室可能进行且报告了多于正式规定的 n 个测试结果。在此情形下，测量负责人应报告：为什么会这样？哪些是正确的测试结果？如果答案是这些测试结果都是同样有效的，则宜在这些测试结果中随机抽取原定数量的数据用于分析。

3. 缺失数据

另一种情形是，一些测试结果可能缺失，例如因为样本的丢失或在测量时操作的失误。在本节“一、初步考虑”中推荐的分析程序是对完全空白的单元简单地将其忽略，而对部分空白的单元则通过标准计算程序给予考虑。

4. 离群值

离群值是原始测试结果或由此生成的一些数据，与其他测试结果或同样产生的其他数据相差很大，不一致。经验告诉我们，离群值不能完全避免，需与缺失数据一样做类似处理。

5. 离群实验室

当某个实验室在几个不同水平出现无法解释的非正常测试结果，在所测试水平下，实验室内方差和（或）系统误差过大时，可将它作为离群实验室。有理由舍弃离群实验室的部分或全部数据。

判断可疑的离群实验室的统计检验程序，应由统计专家做出初步决定，但是所有被除外的实验室都应该报告给领导小组，以便采取进一步的行动。

6. 错误数据

有明显错误的数据应进行核查并予以更正或剔除。

7. 平衡均匀水平测试结果

理想的情况是对 p 个实验室（编号为 $i=1$，2，…，p），q 个水平（编号为 $j=1$，2，…，q），每个水平都重复 n 次测试的情形，总共获得 pqn 个测试结果。由于数据缺失、离群测试结果、离群实验室或错误数据的存在，这种理想的情况并不总能得到。在这些情况下，在下文“8. 原始测试结果”“9. 单元平均值”“10. 单元离散度”中的记号和“四、总平均值和方差的计算”中的程序允许测试结果数完全不同。表 12-5～表 12-7 给出了用于统计分析的推荐的原始数据的列表格式。

表 12-5 原始数据整理的推荐格式

实验室	水平								
	1	2	…	…	j	…	…	$q-1$	q
1									
2									
…									
…					…				
…					…				
i					y_{ijk}				
…					…				
…									
p									

表 12-6 单元平均值整理的推荐格式

实验室	水平								
	1	2	…	…	j	…	…	$q-1$	q
1									
2									
…									
i					$\bar{y}_{ij}$				
…									
p									

表 12-7 单元内离散度的推荐格式

实验室	水平								
	1	2	…	…	j	…	…	$q-1$	q
1									
2									
…									
i					S_{ij}				
…									
p									

8. 原始测试结果（表 12-5）

表 12-5 中：n_{ij} 是第 i 个实验室在水平 j 这个单元的测试结果数；y_{ijk} 是该单元第 k 个测试结果（$k=1, 2, \cdots, n_{ij}$）；p_j 是 j 水平至少有一个测试结果的实验室数（在剔除了所有离群值和错误的测试结果后）。

9. 单元平均值（表 12-6）

由表 12-5 按式(12-2) 计算单元平均值：

$$\overline{y}_{ij}=\frac{1}{n_{ij}}\sum_{k=1}^{n_{ij}}y_{ijk} \tag{12-18}$$

单元平均值应比表 12-5 中的测试结果有效数字多一位。

10. 单元离散度（表 12-7）

由表 12-5 和表 12-6 按式(12-19) 计算单元离散度。

一般情况，使用单元内标准差，即：

$$S_{ij}=\sqrt{\frac{1}{n_{ij}-1}\sum(y_{ijk}-\overline{y_{ij}})^2} \tag{12-19}$$

上式等价于：

$$S_{ij}=\sqrt{\frac{1}{n_{ij}-1}\left[\sum_{k=1}^{n_{ij}}(y_{ijk})^2-\frac{1}{n_{ij}}\left(\sum_{k=1}^{n_{ij}}y_{ijk}\right)^2\right]} \tag{12-20}$$

在使用式(12-20) 计算时，应注意在计算过程中保留足够的有效数字位数，每个中间值要保留的位数应是原始数据的两倍。

注：如果单元 ij 只包含两个测试结果，单元内标准差即为：

$$S_{ij}=\frac{|y_{ij1}-y_{ij2}|}{\sqrt{2}} \tag{12-21}$$

因此，为简单起见，若所有单元都只包含两个测试结果，则可用绝对差代替标准差。

标准差应该比表 12-5 中的结果的有效数字多一位。

若 n_{ij} 小于 2，在表 12-7 中插入符号“—”。

11. 经更正或被剔除的数据

因为一些数据根据柯克伦检验和格拉布斯检验中提到的检验可能经过更正或予以剔除，因此用于最后确定精密度和平均值的 y_{ijk}、n_{ij} 及 p_j 可能与表 12-5～表 12-7 中的原始测试结果不同。所以在报告精密度（正确度）的最终值时，如果有经过更正或剔除的数据应予以指出。

三、测试结果的一致性和离群值检查

根据对多个水平获得的数据，即可对重复性标准差和再现性标准差进行估计。由于个别实验室或数据可能与其他实验室或其他数据明显不一致，从而影响估计，必须对这些数值进行检查，为此介绍以下两种方法：

① 检验一致性的图方法；

② 检验离群值的数值方法。

1. 检验一致性的图方法

该方法需用到称为曼德尔的 h 统计量和 k 统计量两种度量。除用来描述测量方法的变异外，这两个统计量对实验室评定也是有用的。

① 对每个实验室的每个水平，计算实验室间的一致性统计量 h，方法是用单元对平均值的离差（单元平均值减去该水平的总平均值）除以单元平均值的标准差：

$$h_{ij}=\frac{\overline{y_{ij}}-\overline{\overline{y_j}}}{\sqrt{\frac{1}{p_i-1}\sum_{i=1}^{p_j}(\overline{y_{ij}}-\overline{\overline{y_j}})^2}} \tag{12-22}$$

将 h_{ij} 的数值，按实验室顺序，以每个实验室的不同水平为一组描点作图（称为 h 图）。

② 对每个实验室 i，计算实验室内的一致性统计量 k，方法是先对每个水平 j 计算联合单元标准差：

$$\sqrt{\frac{\sum S_{ij}^2}{p_j}} \tag{12-23}$$

然后对每个实验室的每个水平计算：

$$k_{ij}=\frac{S_{ij}\sqrt{p_i}}{\sqrt{\sum S_{ij}^2}} \tag{12-24}$$

将 k_{ij} 的数值，按实验室顺序，以每个实验室的不同水平为一组，描点作图，称为 k 图。

③ 检查 h 图与 k 图可以发现是否有这样的实验室，它的测试结果与所考察的其他实验室明显不同。这里的不同表示为单元内变异一致的高或低，或者单元平均值在许多水平上皆为最高或最低。若发生此种情况，应与该实验室接触，探究造成此类不同行为的原因，根据调查结果统计专家可做如下处理：a. 暂时保留该实验室的数据；b. 要求实验室重新进行测量（如果可行）；c. 剔除该实验室的数据。

④ h 图有不同的模式。对试验的不同水平，实验室的 h 值可正可负。一个实验室的 h 值可能皆为正值，或皆为负值，取负值的实验室与取正值的实验室大致相等。虽然上述第二种模式表明有共同的实验室偏倚来源的可能，但这两种模式都是正常的，不需要做特别的检查。另外，若有一个实验室的 h 值皆取同一符号（正或负），而所有其他实验室的 h 值皆取另一种符号，就需要查找原因。类似地，若一个实验室的 h 值比较极端，且与试验水平有系统的依赖关系，则也需要查找原因。在 h 图上按表 12-8 与表 12-9 的临界值画出的临界线，可用于考察数据的行为模式。

表 12-8 显著性水平为 1%时曼德尔的 h 和 k 统计量的临界值

p	h	k								
		n								
		2	3	4	5	6	7	8	9	10
3	1.15	1.71	1.64	1.58	1.53	1.49	1.46	1.43	1.41	1.39
4	1.49	1.91	1.77	1.67	1.60	1.55	1.51	1.48	1.45	1.43
5	1.72	2.05	1.85	1.73	1.65	1.59	1.55	1.51	1.48	1.46
6	1.87	2.14	1.90	1.77	1.68	1.62	1.57	1.53	1.50	1.47
7	1.98	2.20	1.94	1.79	1.70	1.63	1.58	1.54	1.51	1.48
8	2.06	2.25	1.97	1.81	1.71	1.65	1.59	1.55	1.52	1.49
9	2.13	2.29	1.99	1.82	1.73	1.66	1.60	1.56	1.53	1.50
10	2.18	2.32	2.00	1.84	1.74	1.66	1.61	1.57	1.53	1.50

续表

p	h	k								
		n								
		2	3	4	5	6	7	8	9	10
11	2.22	2.34	2.01	1.85	1.74	1.67	1.62	1.57	1.54	1.51
12	2.25	2.36	2.02	1.85	1.75	1.68	1.62	1.58	1.54	1.51
13	2.27	2.38	2.03	1.86	1.76	1.68	1.63	1.58	1.55	1.52
14	2.30	2.39	2.04	1.87	1.76	1.69	1.63	1.58	1.55	1.52
15	2.32	2.41	2.05	1.87	1.76	1.69	1.63	1.59	1.55	1.52
16	2.33	2.42	2.05	1.88	1.77	1.69	1.63	1.59	1.55	1.52
17	2.35	2.44	2.06	1.88	1.77	1.69	1.64	1.59	1.55	1.52
18	2.36	2.44	2.06	1.88	1.77	1.70	1.64	1.59	1.56	1.52
19	2.37	2.44	2.07	1.89	1.78	1.70	1.64	1.59	1.56	1.53
20	2.39	2.45	2.07	1.89	1.78	1.70	1.64	1.60	1.56	1.53
21	2.39	2.46	2.07	1.89	1.78	1.70	1.64	1.60	1.56	1.53
22	2.40	2.46	2.08	1.90	1.78	1.70	1.65	1.60	1.56	1.53
23	2.41	2.47	2.08	1.90	1.78	1.71	1.65	1.60	1.56	1.53
24	2.42	2.47	2.08	1.90	1.79	1.71	1.65	1.60	1.56	1.53
25	2.42	2.47	2.08	1.90	1.79	1.71	1.65	1.60	1.56	1.53
26	2.43	2.48	2.09	1.90	1.79	1.71	1.65	1.60	1.56	1.53
27	2.44	2.48	2.09	1.90	1.79	1.71	1.65	1.60	1.56	1.53
28	2.44	2.49	2.09	1.91	1.79	1.71	1.65	1.60	1.57	1.53
29	2.45	2.49	2.09	1.91	1.79	1.71	1.65	1.60	1.57	1.53
30	2.45	2.49	2.10	1.91	1.79	1.71	1.65	1.61	1.57	1.53

注：p 为给定水平下的实验室数；n 为给定水平下每个实验室的测试重复数。

表 12-9 显著性水平为 5%时曼德尔的 h 和 k 统计量的临界值

p	h	k								
		n								
		2	3	4	5	6	7	8	9	10
3	1.15	1.65	1.53	1.45	1.40	1.37	1.34	1.32	1.30	1.29
4	1.42	1.76	1.59	1.50	1.44	1.40	1.37	1.35	1.33	1.31
5	1.57	1.81	1.62	1.53	1.46	1.42	1.39	1.36	1.34	1.32
6	1.66	1.85	1.64	1.54	1.48	1.43	1.40	1.37	1.35	1.33
7	1.71	1.87	1.66	1.55	1.49	1.44	1.41	1.38	1.36	1.34
8	1.75	1.88	1.67	1.56	1.50	1.45	1.41	1.38	1.36	1.34
9	1.78	1.90	1.68	1.57	1.50	1.45	1.42	1.39	1.36	1.35
10	1.80	1.90	1.68	1.57	1.50	1.46	1.42	1.39	1.37	1.35
11	1.82	1.91	1.69	1.58	1.51	1.46	1.42	1.39	1.37	1.35
12	1.83	1.92	1.69	1.58	1.51	1.46	1.42	1.40	1.37	1.35
13	1.84	1.92	1.69	1.58	1.51	1.46	1.43	1.40	1.37	1.35
14	1.85	1.92	1.70	1.59	1.52	1.47	1.43	1.40	1.37	1.35
15	1.86	1.93	1.70	1.59	1.52	1.47	1.43	1.40	1.38	1.36
16	1.86	1.93	1.70	1.59	1.52	1.47	1.43	1.40	1.38	1.36
17	1.87	1.93	1.70	1.59	1.52	1.47	1.43	1.40	1.38	1.36
18	1.88	1.93	1.71	1.59	1.52	1.47	1.43	1.40	1.38	1.36
19	1.88	1.93	1.71	1.59	1.52	1.47	1.43	1.40	1.38	1.36
20	1.89	1.94	1.71	1.59	1.52	1.47	1.43	1.40	1.38	1.36
21	1.89	1.94	1.71	1.60	1.52	1.47	1.44	1.41	1.38	1.36

续表

p	h	k								
		n								
		2	3	4	5	6	7	8	9	10
22	1.89	1.94	1.71	1.60	1.52	1.47	1.44	1.41	1.38	1.36
23	1.90	1.94	1.71	1.60	1.53	1.47	1.44	1.41	1.38	1.36
24	1.90	1.94	1.71	1.60	1.53	1.48	1.44	1.41	1.38	1.38
25	1.90	1.94	1.71	1.60	1.53	1.48	1.44	1.41	1.38	1.36
26	1.90	1.94	1.71	1.60	1.53	1.48	1.44	1.41	1.38	1.36
27	1.91	1.94	1.71	1.60	1.53	1.48	1.44	1.41	1.38	1.36
28	1.91	1.94	1.71	1.60	1.53	1.48	1.44	1.41	1.38	1.36
29	1.91	1.94	1.72	1.60	1.53	1.48	1.44	1.41	1.38	1.36
30	1.91	1.94	1.72	1.60	1.53	1.48	1.44	1.41	1.38	1.36

注：p 为给定水平下的实验室数；n 为给定水平下每个实验室的测试重复数。

⑤ 如果一个实验室的 k 图上的多个点值都很大，就要查找原因，这表明该实验室的重复性比其他实验室差。一个实验室可因对数据的连续修约或测量的不灵敏等因素而造成 k 值偏小。在 k 图上按表 12-8 与表 12-9 的临界值画出的临界线，可用于考察数据的行为模式。

⑥ 当按实验室分组的 k 图或 h 图表明某个实验室有好几个 k 值或 h 值接近临界线时，就应考察相应的按水平分组的图，通常在按实验室分组的图中某个值看起来好像大，但实际上当在同一水平上比较，其他实验室的值与它还是很一致的。如果与其他实验室的值相差很大，就要查找原因。

⑦ 除了 k 图和 h 图之外，单元平均值直方图和单元极差直方图也能揭示某些规律，例如实际存在两个不同总体。这种情况需要特殊处理，因为此处描述的方法是在总体分布是单一且是单峰的基本假定下进行的。

2. 检验离群值的数值方法

1）对离群值的处理建议使用方法。

① 用下面柯克伦（Cochran）检验和格拉布斯（Grubbs）检验中推荐的方法判别歧离值或离群值：a. 如果检验统计量≤5％临界值，则接受检验的项目为正确值；b. 如果检验统计量＞5％临界值，但小于或等于 1％临界值，则称被检验的项目为歧离值，且用单星号（*）标出；c. 如果检验统计量＞1％临界值，则被检验的项目称为统计离群值，且用双星号（* *）标出。

② 调查歧离值与统计离群值是否能用某些技术错误来解释，如：a. 测量时的失误；b. 计算错误；c. 登录测试结果时的简单书写错误；d. 错误样本分析。

当错误属于计算或登录类型时，应用正确的值来代替可疑的结果；当错误来自对错误样本的分析时，应用正确单元的结果代替。在进行这样的更正以后，应再一次考察歧离值和离群值。如果不能用技术错误解释，从而不能对它们进行更正时，宜将这些值作为真正的离群值予以剔除，真正的离群值属于不正常的测试结果。

③ 当歧离值和（或）统计离群值不能用技术错误解释或它们来自某个离群实验室时，歧离值仍然作为正确项目对待而保留，而统计离群值则应被剔除，除非统计专家有充分的

理由决定保留它们。

④ 按上述程序，若表 12-6 中的某个单元的数据被剔除时，则表 12-7 中的相应的数据也应该被剔除，反之亦然。

2）柯克伦（Cochran）检验和格拉布斯（Grubbs）检验是两种类型的检验。柯克伦检验是对实验室内变异的检验，应该首先使用。若因此采取了任何行动，就有必要再次对剩下的数据进行检验。格拉布斯检验主要是对实验室间变异的检验，但当 $n>2$ 且柯克伦检验怀疑一个实验室内较高的变异是来自某个测试结果时，格拉布斯检验也可用来对该单元的数据进行检验。

3. 柯克伦（Cochran）检验

① 本部分假定相对实验室间而言，实验室内方差很小。然而经验表明情况并非总是如此，为此需对此假定的有效性进行检验。为此目的有若干检验可以使用，这里选择了柯克伦检验。

② 给定 p 个由相同的 n 次重复测试结果计算的标准偏差 S_i。柯克伦检验统计量 C 定义为：

$$C=\frac{S_{\max}^2}{\sum_{i=1}^{p}S_i^2} \tag{12-25}$$

式中　$S_{\max}$——这组标准差中的最大值。

Ⅰ. 如果检验统计量≤5%临界值，则接受被检验项目为正确值；

Ⅱ. 如果检验统计量>5%临界值，而≤1%临界值，则被检验的项目称为歧离值，且用单星号（*）标出；

Ⅲ. 如果检验统计量>1%临界值，则被检验项目称为统计离群值，且用双星号（* *）标出。

表 12-10 给出了柯克伦检验的临界值。

表 12-10　柯克伦检验的临界值

p	$n=2$		$n=3$		$n=4$		$n=5$		$n=6$	
	1%	5%	1%	5%	1%	5%	1%	5%	1%	5%
2	—	—	0.995	0.975	0.979	0.939	0.959	0.906	0.937	0.877
3	0.993	0.967	0.942	0.871	0.883	0.798	0.834	0.746	0.793	0.707
4	0.968	0.906	0.864	0.768	0.781	0.684	0.721	0.629	0.676	0.590
5	0.928	0.841	0.788	0.684	0.696	0.598	0.633	0.544	0.588	0.506
6	0.883	0.781	0.722	0.616	0.626	0.532	0.564	0.480	0.520	0.445
7	0.838	0.727	0.664	0.561	0.568	0.480	0.508	0.431	0.466	0.397
8	0.794	0.680	0.615	0.516	0.521	0.438	0.463	0.391	0.423	0.360
9	0.754	0.638	0.573	0.478	0.481	0.403	0.425	0.358	0.387	0.329
10	0.718	0.602	0.536	0.445	0.447	0.373	0.393	0.331	0.357	0.303
11	0.684	0.570	0.504	0.417	0.418	0.348	0.366	0.308	0.332	0.281

续表

p	$n=2$		$n=3$		$n=4$		$n=5$		$n=6$	
	1%	5%	1%	5%	1%	5%	1%	5%	1%	5%
12	0.653	0.541	0.475	0.392	0.392	0.326	0.343	0.288	0.310	0.262
13	0.624	0.515	0.450	0.371	0.369	0.307	0.322	0.271	0.291	0.243
14	0.599	0.492	0.427	0.352	0.349	0.291	0.304	0.255	0.274	0.232
15	0.575	0.471	0.407	0.335	0.332	0.276	0.288	0.242	0.259	0.220
16	0.553	0.452	0.388	0.319	0.316	0.262	0.274	0.230	0.246	0.208
17	0.532	0.434	0.372	0.305	0.301	0.250	0.261	0.219	0.234	0.198
18	0514	0.418	0.356	0.293	0.288	0.240	0.249	0.209	0.223	0.189
19	0.496	0.403	0.343	0.281	0.276	0.230	0.238	0.200	0.214	0.181
20	0.480	0.389	0.330	0.270	0.265	0.220	0.229	0.192	0.205	0.174
21	0.465	0.377	0.318	0.261	0.255	0.212	0.220	0.185	0.197	0.167
22	0.450	0.365	0.307	0.252	0.246	0.204	0.212	0.178	0.189	0.160
23	0.437	0.354	0.297	0.243	0.238	0.197	0.204	0.172	0.182	0.155
24	0.425	0.343	0.287	0.235	0.230	0.191	0.197	0.166	0.176	0.149
25	0.413	0.334	0.278	0.228	0.222	0.185	0.190	0.160	0.170	0.144
26	0.402	0.325	0.270	0.221	0.215	0.179	0.184	0.155	0.164	0.140
27	0.391	0.316	0.262	0.215	0.209	0.173	0.179	0.150	0.159	0.135
28	0.382	0.308	0.255	0.209	0.202	0.168	0.173	0.146	0.154	0.131
29	0.372	0.300	0.248	0.203	0.196	0.164	0.168	0.142	0.150	0.127
30	0.363	0.293	0.241	0.198	0.191	0.159	0.164	0.138	0.145	0.124
31	0.355	0.286	0.235	0.193	0.186	0.155	0.159	0.134	0.141	0.120
32	0.347	0.280	0.229	0.188	0.181	0.151	0.155	0.131	0.138	0.117
33	0.339	0.273	0.224	0.184	0.177	0.147	0.151	0.127	0.134	0.114
34	0.332	0.267	0.218	0.179	0.172	0.144	0.147	0.124	0.131	0.111
35	0.325	0.262	0.213	0.175	0.168	0.140	0.144	0.121	0.127	0.108
36	0.318	0.256	0.208	0.172	0.165	0.137	0.140	0.118	0.124	0.103
37	0.312	0.251	0.204	0.168	0.161	0.134	0.137	0.116	0.121	0.103
38	0.306	0.246	0.200	0.164	0.157	0.131	0.134	0.113	0.119	0.101
39	0.300	0.242	0.196	0.161	0.154	0.129	0.131	0.111	0.116	0.099
40	0.294	0.237	0.192	0.158	0.151	0.126	0.128	0.108	0.114	0.097

柯克伦检验必须分别用于图 12-2 中不同水平的 C 表中。

③ 柯克伦准则严格应用在所有标准差都是在重复性条件下，且由相同数目（n）的测试结果计算得出的情形，实际中由于数据的缺失或剔除，测试结果数可能不同。然而本部分假定在正常组织的试验中，每个单元中测试结果数目不同所造成的影响是有限且可忽略的，柯克伦准则中所用的 n 可取为多数单元中的测试结果数。

④ 柯克伦准则仅对一组标准差中的最大值，即单侧离群值进行检验。当然方差不齐

也包含使某些标准差相对较小，然而小的标准差值可能很大程度上受原始数据修约程度的影响，因而并不可靠。另外，似乎也没有理由拒绝一个比其他实验室精密度都要高的实验室的数据。因此，柯克伦准则是合理的。

⑤ 图 12-2 中 C 表的临界检验有时揭示一个特定实验室的标准差全部或在大多数水平下都比其他实验室的低，表明该实验室的重复性标准差要比其他实验室的低，这可能是由于它们有较好的技术或设备，也可能由于修改了或不适当地用了标准测量方法。如果是后一种情况应向领导小组报告，由领导小组做出决定是否应该更详细地调查。

⑥ 如果最大标准差经检验判为离群值，应将该值剔除而对剩下的数据再次进行柯克伦检验，此过程可以重复进行。但是当分布为近似正态的假定没有充分满足时，这样有可能导致过度的拒绝。重复应用柯克伦检验，仅在没有同时检验多个离群值的统计检验时使用。柯克伦检验不是为同时检验多个离群值而设计的，因此在下结论时要格外小心。当有两个或三个实验室的标准差都比较高，尤其是如果这是在一个水平内得出的时候，由柯克伦检验得出的结论应该仔细核查。另外，如果在一个实验室的不同水平下发现多个歧离值和（或）统计离群值，这表明该实验室的室内方差非常高，来自该实验室的全部数据都应该被拒绝。

4. 格拉布斯（Grubbs）检验

（1）一个离群观测值情形　给定一组数据 x_i（$i=1, 2, \cdots, p$），将其按值大小升序排列成 $x(i)$，格拉布斯检验用于检验最大观测值 $x(p)$ 是否为离群值，计算格拉布斯统计量 G_p：

$$G_p=\frac{[x(p)-\bar{x}]}{S} \tag{12-26}$$

其中：

$$\bar{x}=\frac{1}{p}\sum_{i=1}^{p}x(i) \tag{12-27}$$

$$S=\sqrt{\frac{1}{p-1}\sum_{i=1}^{p}[x(i)-\bar{x}]^2} \tag{12-28}$$

而为检验最小观测值 $x(1)$ 是否为离群值，则计算检验统计量：

$$G_1=\frac{[\bar{x}-x(1)]}{S} \tag{12-29}$$

① 如果检验统计量≤5%临界值，则接受被检验项目为正确值；

② 如果检验统计量＞5%临界值，但≤1%临界值，则被检验项目称为歧离值，且用单星号（*）标出；

③ 如果检验统计量＞1%临界值，则被检验项目称为离群值，且用双星号（* *）标出。

（2）两个离群观测值情形　为检验最大的两个值是否为离群值，计算格拉布斯检验统计量 G：

$$G=\frac{S_{p-1,p}^2}{S_0^2} \tag{12-30}$$

其中：

$$S_0^2=\sum_{i=1}^{p}[x(i)-\bar{x}]^2 \tag{12-31}$$

$$S_{p-1,p}^2=\sum_{i=1}^{p-2}[x(i)-\bar{x}]^2 \tag{12-32}$$

$$\bar{x}_{p-1,p}=\frac{1}{p-2}\sum_{i=1}^{p-2}x(i) \tag{12-33}$$

为检验最小的两个观测值的显著性，计算格拉布斯检验统计量 G：

$$G=\frac{S_{1,2}^2}{S_0^2} \tag{12-34}$$

其中：

$$S_{1,2}^2=\sum_{i=3}^{p}[x(i)-\bar{x}_{1,2}]^2 \tag{12-35}$$

$$\bar{x}_{1,2}=\frac{1}{p-2}\sum_{i=3}^{p}x(i) \tag{12-36}$$

表 12-11 给出了格拉布斯检验统计量的临界值。

表 12-11 格拉布斯检验统计量的临界值

p	一个最大值或一个最小值		两个最大值或两个最小值	
	上 1%	上 5%	下 1%	下 5%
3	1.155	1.155	—	—
4	1.496	1.481	0.0000	0.0002
5	1.764	1.715	0.0018	0.0090
6	1.973	1.887	0.0116	0.0340
7	2.139	2.020	0.0308	0.0708
8	2.274	2.126	0.0563	0.1101
9	2.387	2.215	0.0851	0.1492
10	2.482	2.290	0.1150	0.1864
11	2.564	2.355	0.1148	0.2213
12	2.636	2.412	0.1738	0.2537
13	2.699	2.462	0.2016	0.2836
14	2.755	2.507	0.2280	0.3112
15	2.806	2.549	0.2530	0.3367
16	2.852	2.585	0.2767	0.3603
17	2.894	2.620	0.2990	0.3822
18	2.932	2.651	0.3200	0.4025
19	2.968	2.681	0.3398	0.4214
20	3.001	2.709	0.3585	0.4391
21	3.031	2.733	0.3761	0.4556
22	3.060	2.758	0.3927	0.4711

续表

p	一个最大值或一个最小值		两个最大值或两个最小值	
	上 1%	上 5%	下 1%	下 5%
23	3.087	2.781	0.4085	0.4857
24	3.112	2.802	0.4234	0.4994
25	3.135	2.822	0.4376	0.5123
26	3.157	2.844	0.4510	0.5245
27	3.178	2.859	0.4638	0.5360
28	3.199	2.876	0.4759	0.5470
29	3.218	2.893	0.4875	0.5574
30	3.236	2.908	0.4985	0.5672
31	3.253	2.924	0.5091	0.5766
32	3.270	2.938	0.5192	0.5856
33	3.286	2.952	0.5288	0.5941
34	3.301	2.965	0.5381	0.6023
35	3.316	2.979	0.5469	0.6101
36	3.330	2.991	0.5554	0.6175
37	3.343	3.003	0.5636	0.6247
38	3.356	3.014	0.5714	0.6316
39	3.369	3.025	0.5789	0.6382
40	3.381	3.036	0.5862	0.6445

注：1. p 为给定水平下的实验室数。

2. 本表给出的是格拉布斯检验方法的临界值，适用于双侧检验。

对一个离群观测值的格拉布斯检验，大于表 12-11 中 1%临界值的为离群值，大于表 12-11 中 5%临界值的为歧离值。

对两个离群观测值的格拉布斯检验，小于表 12-11 中 1%临界值的为离群值，小于表 12-11 中 5%临界值的为歧离值。

(3) *格拉布斯检验的应用* 当分析精密度试验时，格拉布斯检验可用于以下情形。

① 给定水平 j 的单元平均值，见表 12-6。在此情形下：

$$x_i = \bar{y}_{ij}$$

$$p = p_j$$

式中 j 固定。

对一个水平的数据，对样本平均值应用格拉布斯检验中的一个离群值情形的格拉布斯检验，若其中最大的或最小的单元平均值经检验为离群值，则将其剔除。对剩下的单元平均值重复进行同样的检验，看另一个极值（若前一个检出的为最大值，则第二次检验最小值）是否为离群值。此时不要用两个离群观测值的格拉布斯检验。当前一检验结果没有一个单元均值为离群值时，再进行两个离群值情形的格拉布斯检验。

② 柯克伦检验表明某个单元标准差有问题时，对该单元单独进行测试。

注：根据对离群值的处理建议使用的方法，如果检验统计量的值比1%临界值大，则称该项为统计离群值。格拉布斯检验最初用于一组单元平均值，表12-11中临界值是用来检验0.5%水平时最高的单元平均值，以及检验0.5%水平时最低的单元平均值，这等于检验水平1%时极端的单元平均值。如果发现单元平均值的极端值是统计离群值，则可将格拉布斯检验应用于其他单元平均值的极端值。也可能有人认为此时应使用单侧检验，然而本部分所推荐的程序只使用表12-11中的临界值（显著性水平为1%时双侧检验临界值），为的是使所有单元平均值都进行一致的处理。类似地也可以同样的论据来判明对歧离值的双侧5%临界值。

四、总平均值和方差的计算

1. 分析方法

在本部分中采用的分析方法包括 m 的估计以及每个不同水平下精密度的估计。计算结果对每个 j 值列在一个表中。

2. 基本数据

用于计算的基本数据是3个表：表12-5为原始测试结果；表12-6为单元平均值；表12-7为单元离散度。

3. 非空白单元

如同在检验离群值的数值方法中叙述的那样，对于特定的水平，用于计算的非空白单元数在表12-6和表12-7中应总是相同的。一个特殊情况是，由于数据缺失表12-5中的某个单元可能只包含一个测试结果，尽管此时表12-6不空，但表12-7中的单元则可能成为空白的，在这种情况下可以进行以下处理。

① 剔除这一单独测试结果，从而使表12-6和表12-7同时成为空白单元。

② 如果认为该数据是不应缺失的信息，就在表12-7中相应位置用一条横线“—”代替。

4. 总平均值 $\hat{m}$ 的计算

对于水平 j，总平均值的估计为：

$$\hat{m}_j = \bar{\bar{y}}_j = \frac{\sum_{i=1}^{p} n_{ij}\bar{y}_{ij}}{\sum_{i=1}^{p} n_{ij}} \tag{12-37}$$

5. 方差的计算

对每个水平计算3个方差，即重复性方差、实验室间方差和再现性方差。

① 重复性方差：

$$S_{ij}^2 = \frac{\sum_{i=1}^{p}(n_{ij}-1)S_{ij}^2}{\sum_{i=1}^{p}(n_{ij}-1)} \tag{12-38}$$

② 实验室间方差：

$$S_{\mathrm{L}j}^2=\frac{S_{\mathrm{d}j}^2-S_{rj}^2}{\overline{\overline{n}}_j} \tag{12-39}$$

其中：

$$S_{\mathrm{d}j}^2=\frac{1}{p-1}\sum_{i=1}^{p}n_{ij}(\overline{y}_{ij}-\overline{\overline{y}}_j)^2=\frac{1}{p-1}\left[\sum_{i=1}^{p}n_{ij}(\overline{y}_{ij})^2-(\overline{\overline{y}}_j)^2\sum_{i=1}^{p}n_{ij}\right] \tag{12-40}$$

$$\overline{\overline{n}}_j=\frac{1}{p-1}\left(\sum_{i=1}^{p}n_{ij}-\frac{\sum_{i=1}^{p}n_{ij}^2}{\sum_{i=1}^{p}n_{ij}}\right) \tag{12-41}$$

上述计算将在后面用例子说明。

对于所有的 $n_{ij}=n=2$ 的特殊情况，可使用以下简单的公式：

$$S_{rj}^2=\frac{1}{2p}\sum_{i=1}^{p}(y_{ij1}-y_{ij2})^2$$

$$S_{\mathrm{L}j}^2=\frac{1}{p-1}\sum_{i=1}^{p}(\overline{y}_{ij}-\overline{\overline{y}}_j)^2-\frac{S_{rj}^2}{2}$$

将在后面用例子说明。

由于受到误差影响，当经过计算 $S_{\mathrm{L}j}^2$ 出现负值时应将该值设置为零。

③ 再现性方差：

$$S_{Rj}^2=S_{rj}^2+S_{\mathrm{L}j}^2 \tag{12-42}$$

6. 方差依赖于平均值 m 水平的情形

接下来，应该考察精密度是否依赖于 m，若是应确定它们之间的函数关系。

五、精密度值和平均值水平 m 之间的函数关系的建立

① 并非总能假定在精密度与 m 之间存在某种确切的函数关系。特别是在物料的非均匀性是引起测试结果变异的不可分割的部分时，只有这种非均匀性是 m 的确切函数才可做上述假定。对于不同成分或来自不同生产过程的固体材料，确定的函数关系更不是一定存在的。对精密度与 m 之间是否存在某种关系必须在应用如下方法前做出决定：如果关系不存在，可对每种所考察的物料分别确定各自的精密度值。

② 后面③～⑨中的推理和计算程序既能用于重复性标准差，也能用于再现性标准差，为简明起见，这里仅对重复性标准差进行讨论。考虑以下 3 种类型的关系式。

Ⅰ：$S_r=bm$（通过原点的直线）；

Ⅱ：$S_r=a+bm$（截距为正的直线）；

Ⅲ：$\lg S_r=c+d\lg m$（或 $S_r=Cm^d$），$d\leqslant 1$（指数关系）。

在大多数情况下，这些关系式中至少有一个能给出满意的拟合。如果不能，进行分析的统计专家应该寻求另外的解决办法。为避免混淆，上述关系式中的常数 a、b、c、C 和 d 可用不同的下标来区别，例如对重复性记为 a_r、b_r 等，对再现性记为 a_R、b_R 等。为简化起见，本节中这些下标均被省略。基于同样理由，S_r 也简写成 S，而将下标记号留

给水平标号 j。

③ 一般地，$d>0$，因而对关系式Ⅰ与Ⅲ，当 $m=0$ 时，有 $S=0$。从试验角度看，这似乎不能接受。因此，当报告精密度数据时，必须明确表示所建立的关系仅适用于实验室间精密度试验所覆盖的水平范围。

④ 当 $a=0$，$d=1$ 时，上述三个关系等同，故当 $a\approx 0$、$d\approx 1$ 时，两个或所有三个拟合的关系式实际上是等价的。在此情况下，宜采用关系式Ⅰ，因为它允许以下简单的陈述："当两个测试结果的差大于（$100b$）%时，就应该怀疑这两个测试结果。"用统计语言表示就是：对所有水平，变异系数是一个常数（$100S/m$）%。

⑤ 如果在 S_j 对 $\hat{m}_j$ 或 $\lg S_j$ 对 $\lg \hat{m}_j$ 的图中，散点分布接近一条直线，手工画出的直线即可以给出一个较为满意的解，但最好使用数值拟合方法。对关系式Ⅰ与Ⅱ，建议用下面"⑥"中的方法；而对关系式Ⅲ，建议用下面"⑧"中的方法。

⑥ 从统计观点来看，拟合一条直线是很复杂的，因为 $\hat{m}_j$ 和 S_j 都是估计值，都有误差。但是因为斜率 b 通常很小（小于 0.1 阶或更小），因此 $\hat{m}$ 的误差影响很小，S 估计误差是主要的。

a. 对回归直线参数的更好估计是使用加权回归，因为 S 的标准误差与 S_j（$\hat{S}_j$）的预测值成正比例。

加权系数应与 $1/(\hat{S}_j)^2$ 成比例，其中 $\hat{S}_j$ 是水平 j 预测的重复性标准差，然而，$\hat{S}_j$ 与需要计算的参数有关。

为求使残差的加权平方和最小的估计值，严格的数学步骤相当复杂。建议使用以下已证明在实际中满意的叠代方法。

b. 对叠代的第 N 步，令加权系数 $W_j=1/(\hat{S}_{Nj})^2$，$N=0$，1，2，…，依次计算以下各量：

$$T_1=\sum_j W_j$$

$$T_2=\sum_j W_j\hat{m}_j$$

$$T_3=\sum_j W_j\hat{m}_j^2$$

$$T_4=\sum_j W_jS_j$$

$$T_5=\sum_j W_j\hat{m}_jS_j$$

对于关系式Ⅰ（$S=bm$）：

$$b=T_5/T_3$$

对于关系式Ⅱ（$S=a+bm$）：

$$a=\frac{T_3T_4-T_2T_5}{T_1T_3-T_2^2} \tag{12-43}$$

$$b=\frac{T_1T_5-T_2T_4}{T_1T_3-T_2^2} \tag{12-44}$$

c. 对于关系式Ⅰ，将 $\hat{S}_j=b\,\hat{m}_j$ 代入加权系数 $W_j=1/(\hat{S}_j)^2$ 中即可得到如下简单的

表达式：

$$b=\frac{\sum_{j}(S_j/\hat{m}_j)}{q} \tag{12-45}$$

这里不需要进行叠代。

d. 对于关系式Ⅱ，将由本节“四”中的方法得到的 S 值作为初始值$\hat{S}_{0j}$。令：

$$W_{0j}=1/(\hat{S}_{0j})^2 \quad (j=1,2,\cdots,q)$$

按以上 b 中的方法计算 a_1 和 b_1，进而计算：

$$\hat{S}_{1j}=a_1+b_1\hat{m}_j$$

用 $W_{1j}=1/(\hat{S}_{2j})^2$ 重复上述计算，可以得到：

$$\hat{S}_{2j}=a_2+b_2\hat{m}_j$$

若对加权系数 $W_{1j}=1/(\hat{S}_{2j})^2$ 再次重复上述同样的步骤，所得的结果变化将很有限。从 W_{0j} 到 W_{1j} 对消除权数的误差是很有效的，因而$\hat{S}_{2j}$ 可以看作是最终的结果。

⑦ $\lg S$ 的标准误差依赖于 S，所以 $\lg S$ 关于 $\lg\hat{m}$ 的非加权回归是适宜的。

⑧ 对于关系式Ⅲ，相应计算公式是：

$$T_1=\sum_{j}\lg\hat{m}_j$$

$$T_2=\sum_{j}(\lg\hat{m}_j)^2$$

$$T_3=\sum_{j}\lg S_j$$

$$T_4=\sum_{j}(\lg\hat{m}_j)(\lg S_j)$$

因此：

$$c=\frac{T_2T_3-T_1T_4}{qT_2-T_1^2} \tag{12-46}$$

$$d=\frac{qT_4-T_1T_3}{qT_2-T_1^2} \tag{12-47}$$

⑨ 下面是对相同的一组数据给出了拟合以上“②”中的关系式Ⅰ、Ⅱ和Ⅲ的例子：a. 表 12-12 给出拟合关系式Ⅰ的例子；b. 表 12-13 给出拟合关系式Ⅱ的例子（$\hat{m}_j$、S_j 由表 12-12 给出）；c. 表 12-14 给出拟合关系式Ⅲ的例子。

表 12-12 关系式Ⅰ：$S=bm$

$\hat{m}_j$	3.94	8.28	14.18	15.59	20.41
S_j	0.092	0.179	0.127	0.337	0.393
$S_j/\hat{m}_j$	0.0234	0.0216	0.0089	0.0216	0.0193
$b=\frac{\sum_j(S_j/\hat{m}_j)}{q}$	$\frac{0.0948}{5}=0.019$				
$S=bm$	0.075	0.157	0.269	0.296	0.388

表 12-13　关系式Ⅱ：$S=a+bm$

W_{0j}	118	31	62	8.8	6.5
$S_1=0.058+0.0090m$					
$\hat{S}_{1j}$	0.093	0.132	0.185	0.197	0.240
W_{1j}	116	57	29	26	17
$S_2=0.030+0.0156m$					
$\hat{S}_{2j}$	0.092	0.159	0.251	0.273	0.348
W_{2j}	118	40	16	13	8
$S_3=0.032+0.0154m$					
$\hat{S}_{3j}$①	0.093	0.160	0.251	0.273	0.348

① 与 S_2 相差无几。

注：加权值并非至关重要，两位有效数字已足够。

表 12-14　关系式Ⅲ：$\lg S=c+d\lg m$

$\lg\hat{m}_j$	+0.595	+0.918	+1.152	+1.193	+1.310
$\lg S_{0j}$	−1.036	−0.747	−0.896	−0.472	−0.406
$\lg S=-1.5065+0.722\lg m$ 或 $S=0.031m^{0.77}$					
S	0.089	0.158	0.239	0.257	0.316

六、统计分析程序的步骤

① 将所有测试结果整理成表格，如表 12-5 所列。建议将该表排成 p 行（标为 $i=1$，2，…，p；p 为参与试验的实验室数），q 列（标为 $j=1$，2，…，q；q 为按升序排列的水平数）。

在一致水平试验中，表 12-5 同单元内的测试结果无需区分，可按任意顺序排列。

② 检查表 12-5 中有无明显不规则的数据，剔除任何有明显错误的数据（例如在仪器测量范围之外的，或技术上不可能的数据），并向领导小组报告。有时某个特定实验室或某水平下特定单元内的测试结果明显和其他数据不一致，对这样明显不一致的数据应该予以剔除，但也应该向领导小组报告，以做进一步考虑（见本节“七”中“1”）。

③ 必要时对表 12-5 的数据按②进行更正，分别计算单元均值及单元离散度，得表 12-6 与表 12-7。

当表 12-5 中的单元中只有一个测试结果时，应选用见本节“四”中“3”所述的其中一种方法加以处理。

④ 按本节“三”中“1”所述的方法绘制曼德尔 h 图和 k 图，以检验数据的一致性。这些图可以表明数据是否适宜于进一步的分析，也可以表明是否存在离群值和离群实验室。然而在以下⑤～⑨中的步骤完成以前还不能做出明确的决定。

⑤ 对表 12-6 和表 12-7，对每个水平，检查可能的歧离值和（或）统计离群值，见检验离群值的数值方法。对每个可疑项目用测试结果的一致性和离群值检查方法进行统计检验。将每个检出的歧离值用“＊”号标出，对每个统计离群值用“＊＊”标出。如果没有

歧离值和（或）统计离群值，则略过⑥～⑩的步骤，直接转入步骤⑪。

⑥ 对检出的歧离值和（或）统计离群值进行检查，看是否有可能对它们做技术解释。如经核实，解释令人满意，则应更正或剔除这些歧离值和（或）统计离群值，同时更正相应的表格。如果没有未得解释的歧离值和（或）统计离群值，则略过⑦～⑩的步骤，直接转入步骤⑪。

注：大量的歧离值和（或）统计离群值可能表示方差明显不齐或存在明显的实验室间差异，因而怀疑该测量方法的适用性，对此也应向领导小组报告。

⑦ 如果表 12-6 与表 12-7 中未得到解释的歧离值和（或）统计离群值的分布没有表明有离群实验室，则略过步骤⑧而直接转入步骤⑨。

⑧ 如果有足够的证据表明部分或全部的被怀疑的数据来自某个离群实验室，那么剔除这些数据并向领导小组报告。

做出剔除一个特定实验室的部分或全部数据的决定，是执行统计分析任务的统计专家的职责。但该项决定应向领导小组报告，以便进一步进行考虑（见本节“七”中“1”）。

⑨ 如果仍有尚未得到解释的或不属于某离群实验室的歧离值或离群值，则剔除统计离群值，保留歧离值。

⑩ 如果在前面的步骤中，表 12-6 中有数据被剔除，那么也应该剔除表 12-7 中相应的数据；反之亦然。

⑪ 对表 12-6 和表 12-7 中保留下来的正确值，用总平均值和方差的计算方法，对每个水平分别计算平均水平$\hat{m}_j$、重复性标准差和再现性标准差。

⑫ 如果试验是单水平的，或重复性标准差和再现性标准差需对每个水平确定而不能作为水平的函数，则略去⑬～⑱步骤直接转入步骤⑲。

注：以下⑬至⑰可分别应用于S_r、S_R，但是为简便起见，只写成S_r。

⑬ 作S_j对$\hat{m}_j$的点图，根据图判断S是否依赖于m。如果认为S依赖于m，略去步骤⑭，转入⑮；如果S不依赖于m，则进入⑭。如果有疑问，最好两种情况都做，然后由领导小组做出决定。对此没有适用的统计检验方法，但是熟悉该测量方法的技术专家应该有足够的经验对此做出决定。

⑭ 将$\frac{1}{q}\Sigma S_j=S_r$作为重复性标准差的最终值，略去步骤⑮～⑱，直接转入⑲。

⑮ 根据⑬中的图，判断S和m之间的关系是否能用直线表示，如果可以，是关系式Ⅰ（$S=bm$）还是关系式Ⅱ（$S=a+bm$）合适？用式(12-43）和式(12-44）来确定参数b或（a，b）。如果线性关系令人满意，则略去步骤⑯，进入步骤⑰；否则，转入步骤⑯。

⑯ 作$\lg S_j$对$\lg\hat{m}_j$的点图，根据图判断$\lg S$和$\lg m$之间是否存在某种直线关系。如果存在，使用式(12-46）和式(12-47）拟合关系式Ⅲ（$\lg S=c+d\lg m$）。

⑰ 如果在步骤⑮或⑯中已建立的关系令人满意，那么对特定的m值，S_r（或S_R）最终的值即可根据此关系式推得。然后略去步骤⑱，进入步骤⑲。

⑱ 如果按步骤⑮或⑯不能在S与m之间建立令人满意的关系，统计专家应决定能否建立其他类型的关系，或明确由于数据太不规则以至于不可能在它们之间建立关系。

⑲ 准备一份包括基本数据和结果以及根据统计分析而得出的结论的报告，提交领导

小组。本节“三”中“柯克伦（Cochran）检验”检验一致性的图形对表示结果的一致性和变异性是有用的。

七、领导小组的报告和领导小组做出的决定

1. 统计专家的报告

完成统计分析后，统计专家应向领导小组提交一份报告。报告中应包括以下内容。

① 充分叙述从操作员和（或）测量负责人处了解到的对测量方法标准的意见；

② 充分叙述按步骤②和⑧被除外的离群实验室及除外的理由；

③ 充分叙述所发现的每一个歧离值和（或）统计离群值，以及哪些已经得到解释、更正或剔除；

④ $\hat{m}_j$、S_r 和 S_R 的最终结果表及按步骤⑬、⑮或⑯规定所得的结论，并用在这些步骤中推荐的其中一个图说明；

⑤ 用作统计分析的表 12-5～表 12-7，可作为附录。

2. 领导小组做出的决定

领导小组应讨论这个报告，并对下列问题做出决定。

① 不一致的测试结果、歧离值或离群值，是否是由对标准测量方法的不恰当的描述而引起的?

② 对被除外的离群实验室应采取什么措施?

③ 离群实验室的测试结果和（或）操作员、执行负责人的意见是否能说明需要改进测量方法的标准?如果需要应改进哪些方面?

④ 精密度试验的结果能用来确定重复性标准差和再现性标准差的值吗?如果可以，最终值应取多少?应该以何种方式公布?精密度数据应用的范围是什么?

3. 全面报告

执行负责人应准备一份最后经领导小组通过的报告，包括试验工作开展理由、组织工作情况以及统计专家提出的经同意的结论性意见。通常一些对一致性或变异性检验的图表形式也是必要的，报告应该提交给负责对此项工作进行审核和其他感兴趣的部门。

第五节　确定正确度的基本方法

一、根据实验室间试验确定标准测量方法的偏倚

1. 统计模型

在估计测量方法的准确度（正确度和精密度）时所描述的基本模型［见本章第一节给出的式(12-1)］中，总平均值 m 可表示为：

$$m=\mu+\delta \tag{12-48}$$

式中 μ——被测特性的接受参照值；

δ——测量方法的偏倚。

从而模型改写为：

$$y=\mu+\delta+B+e \tag{12-49}$$

式(12-49) 用于关注 δ 的情形，其中 B 为偏倚的实验室分量，即测试结果中表示实验室间变异的分量。

实验室偏倚 Δ 由式(12-50) 给出：

$$\Delta=\delta+B \tag{12-50}$$

于是模型可记为：

$$y=\mu+\Delta+e \tag{12-51}$$

式(12-51) 用于关注 Δ 的情形。

2. 对标准物料的要求

当需用标准物料时，应满足以下（1）与（2）的条件，标准物料是均匀的。

（1）标准物料的选择

① 标准物料对于标准测量方法，准备应用的水平范围内的每个水平上的特性值（例如浓度、含量）应是已知的。在某些情形中，重要的是在评估试验中需用一组标准物料，每种对应于特性的不同水平，因为标准测量方法在不同水平上的偏倚可能不相同。标准物料的基体宜与标准测量方法被测物料的基体尽可能接近，例如煤中的碳和钢中的碳。

② 整个试验应备齐足够数量的标准物料，而且为应付不备之需，需要有一定量的余量。

③ 无论在何地，标准物料的特性在全部试验过程中应尽可能保持稳定，有下列 3 种情形。

a. 特性稳定：无需事先规定注意事项。

b. 特性的论证值可能受贮存条件的影响而改变：容器在开启前及开启后都应按说明书所述的方式保存。

c. 特性值按已知速率变化：需要随参照值一起提供一个说明，以确定在特定时间的特性值。

④ 特性的指定值与真值之间的任何可能差异用标准物料的不确定度表示，在这里给出的方法中不予考虑。

（2）标准物料的检查与分送 在分送前，对标准物料需进行缩分，此时应特别仔细，以免引入任何额外的误差，应参考相关的有关样本缩分的国家（国际）标准。对样品单元的分送应是随机抽取的。若测量过程是非破坏性的，给参与实验室间试验的每一个实验室分送同一样品的标准物料是可能的，不过这样会延长整个试验的时间周期。

3. 估计测量方法偏倚的试验设计

① 试验的目的是估计测量方法的偏倚量，并判定在统计上是否显著。若它在统计上是显著的，进一步的目标是确定那些根据试验结果仍以一定概率未能检测到的最大偏倚量。

② 试验安排与前述精密度试验几乎完全相同，区别仅有以下 2 点：a. 额外要求一个接受参照值；b. 参与试验的实验室数及测试结果数应满足所需实验室数的要求。

4. 与有关设计相互参照

本章第一节至第四节的相关内容适用于本部分，此时以上部分内容中的“精密度”及“重复性与再现性”应由“正确度”所替代。

5. 所需实验室数

所需实验室数及在每个水平所需测试结果数彼此是有关系的。本章第二节“三”中讨论了需用的实验室数。以下是确定实验室数的一个指南。

根据试验结果，为能以高概率检测到一事先确定的偏倚量，所需的最小实验室数 p 及测试结果数 n 应满足以下关系：

$$A\sigma_R \leqslant \frac{\delta_m}{1.84} \tag{12-52}$$

$$A = 1.96\sqrt{\frac{n(\gamma^2-1)+1}{r^2 pn}} \tag{12-53}$$

$$\gamma = \frac{\sigma_R}{\sigma_r} \tag{12-54}$$

式中 δ_m——试验者希望能从试验结果检出的事先确定的偏倚量；

σ_R——该测量方法的再现性标准差；

A——p 与 n 的函数。

表 12-15 给出了 A 的数值。

表 12-15 表示测量方法偏倚的估计值不确定度 A 的值

p	$\gamma=1$			$\gamma=2$			$\gamma=5$		
	$n=2$	$n=3$	$n=4$	$n=2$	$n=3$	$n=4$	$n=2$	$n=3$	$n=4$
5	0.62	0.51	0.44	0.82	0.80	0.79	0.87	0.86	0.86
10	0.44	0.36	0.31	0.58	0.57	0.56	0.61	0.61	0.61
15	0.36	0.29	0.25	0.47	0.46	0.46	0.50	0.50	0.50
20	0.31	0.25	0.22	0.41	0.40	0.40	0.43	0.43	0.43
25	0.28	0.23	0.20	0.37	0.36	0.35	0.39	0.39	0.39
30	0.25	0.21	0.18	0.33	0.33	0.32	0.35	0.35	0.35
35	0.23	0.19	0.17	0.31	0.30	0.30	0.33	0.33	0.33
40	0.22	0.18	0.15	0.29	0.28	0.28	0.31	0.31	0.31

对于试验者事先确定的 δ_m 值，理想的情况是实验室数及每个实验室重复的测试数满足式(12-52)，然而基于实际原因，实验室数的选定通常是在可利用资源与将 δ_m 减少至一个满意水平之间的折中。如果测量方法的再现性差，在估计偏倚时要求达到高的把握程度是不现实的。多数情形中，$\sigma_R > \sigma_r$（即 $\gamma > 1$），此时每个实验室在每个水平的测试数 $n > 2$ 并不会比 $n=2$ 有显著的改进。

6. 统计评估

测试结果应按本章第三节和第四节叙述的方式处理。特别当检测到有离群值时，应采取所有必要的步骤检查其产生的原因。同时对所采用的接受参照值是否合适进行重新评定。

7. 对统计评估结果的解释

(1) 精密度检验 测量方法的精密度由 S_r（重复性标准差的估计值）与 S_R（再现性标准差的估计值）表示。在式(12-25)～式(12-27) 中，假定每个实验室的测试数 n 都相等，若不然，应用本章第三节和第四节给出的相应公式来计算 S_r 与 S_R。

① 有 p 个实验室参与的重复性方差估计值 S_r^2 按以下公式计算：

$$S_r^2=\frac{1}{p}\sum_{i=1}^{p}S_i^2 \tag{12-55}$$

$$S_i^2=\frac{1}{n-1}\sum_{k=1}^{n}(y_{ik}-\bar{y}_i)^2 \tag{12-56}$$

$$\bar{y}_i=\frac{1}{n}\sum_{k=1}^{n}y_{ik} \tag{12-57}$$

式中 S_i^2，$\bar{y}_i$——第 i 实验室得到的第 n 个测试结果 y_{ik} 的方差与平均值。

对方差 S_i^2 应用本章第四节中所述柯克伦（Cochran）检验来检查在实验室内方差间是否存在显著差异，同时应用本章第四节中所述曼德尔（Mandel）的 h 图与 k 图来对潜在的离群值进行更为全面的检查。

如果标准测量方法的重复性标准差不能按本章第四节的方法事先确定，则将 S_r 作为它的最好估计值。若标准测量方法的重复性标准差 σ_r 已按本章第四节的方法确定，S_r^2 可用于计算比值：

$$C=\frac{S_r^2}{\sigma_r^2} \tag{12-58}$$

将检验统计量 C 与下面的临界值进行比较：

$$C_{\text{crit}}=\frac{\chi_{1-\alpha}^2(\nu)}{\nu}$$

其中 $\chi_{1-\alpha}^2(\nu)$ 是自由度 $p(n-1)$ 的 χ^2 分布的 $1-\alpha$ 分位数。除非另行说明，α 假定皆取为 0.05。

Ⅰ. 若 $C\leqslant C_{\text{crit}}$，则 S_r^2 不显著大于 σ_r^2；

Ⅱ. 若 $C>C_{\text{crit}}$，则 S_r^2 显著大于 σ_r^2。

在前一种情形中，重复性标准差 σ_r 将用于对测量方法偏倚的评估；在后一种情形中，有必要对产生波动的原因进行调查，也许在进一步深入前需重复进行试验。

② p 个参与试验的实验室的再现性方差的估计值 S_R^2 计算如下：

$$S_R^2=\frac{1}{p-1}\sum_{i=1}^{p}(\bar{y}_i-\bar{\bar{y}})^2+\left(1-\frac{1}{n}\right)S_r^2 \tag{12-59}$$

其中：

$$\bar{\bar{y}}=\frac{1}{p}\sum_{i=1}^{p}\bar{y}_i \tag{12-60}$$

如果标准测量方法的再现性标准差不能按本章第四节的方法事先确定，则可考虑将 S_R 作为它的最好估计值。若标准测量方法的再现性标准差 S_R 与重复性标准差 σ_r 已按本章第四节的方法确定，S_R 可通过计算下面比值进行间接评估：

$$C'=\frac{S_R^2-(1-1/n)S_r^2}{\sigma_R^2-(1-1/n)\sigma_r^2} \tag{12-61}$$

将检验统计量 C' 与下面的临界值比较：

$$C'_{\text{crit}}=\frac{\chi^2_{1-\alpha}(\nu)}{\nu}$$

其中 $\chi^2_{1-\alpha}(\nu)$ 是自由度为 $(p-1)\text{d}$ 的 χ^2 分布的 $1-\alpha$ 分位数。除非另行说明，α 假定皆取为 0.05。

Ⅰ. 若 $C'\leqslant C'_{\text{crit}}$，则 $S_R^2-(1-1/n)S_r^2$ 不显著大于 $\sigma_R^2-(1-1/n)\sigma_r^2$；

Ⅱ. 若 $C'>C'_{\text{crit}}$，则 $S_R^2-(1-1/n)S_r^2$ 显著大于 $\sigma_R^2-(1-1/n)\sigma_r^2$。

在前一种情形中，重复性标准差 σ_r 与再现性标准差 S_R 将用于对测量方法正确度的评估。在后一种情形中，在对测量方法偏倚做评估前，必须对每个实验室的工作条件进行仔细的检查。可能有下面这些情况：某些实验室没有使用要求的设备，或没有按规定的条件进行工作。在化学分析中，问题可能出于，例如没有正确控制温度、湿度或受到污染等。其结果，试验必须重做以得到所希望的精密度数值。

(2) 标准测量方法偏倚的估计　测量方法偏倚的估计值由式(12-62) 给出：

$$\hat{\delta}=\bar{\bar{y}}-\mu \tag{12-62}$$

式中，$\hat{\delta}$ 可为正值也可为负值。

若偏倚估计值的绝对值小于或等于不确定度区间长度的 1/2，则表明偏倚不显著。

测量方法偏倚估计值的变异来源于测量过程结果的变异，其大小用它的标准差表示。在精密度值已知情形下，它的计算公式为：

$$\sigma_{\hat{\delta}}=\sqrt{\frac{\sigma_R^2-(1-1/n)\sigma_r^2}{p}} \tag{12-63}$$

而在精密度值未知情形下，计算公式为：

$$S_{\hat{\delta}}=\sqrt{\frac{S_R^2-(1-1/n)S_r^2}{p}} \tag{12-64}$$

该测量方法偏倚的一个近似的 95％置信区间为：

$$\hat{\delta}-A\sigma_R\leqslant\delta\leqslant\hat{\delta}+A\sigma_R \tag{12-65}$$

式中，A 由式(12-53) 给出。若 σ_R 未知，则用其估计值 S_R 代替。而计算 A 值时则需借助于 $\gamma=S_R/S_r$。

若置信区间包含 0，则测量方法的偏倚在置信性水平 $\alpha=5\%$下不显著；否则偏倚显著。

二、单个实验室偏倚的确定

如下所述，在按本章第四节的实验室间精密度试验已进行，且已确定测量方法的重复性标准差的条件下，一个实验室的试验可用于估计该实验室偏倚。

1. 试验的实施

试验应严格遵照标准方法，而测量应在重复性条件下进行。在评估正确度之前，应对实验室所用的标准测量方法的精密度进行检查。这也包括比较（不同实验室的）实验室内标准差以及所引用的标准测量方法的重复性标准差。

试验的安排与本章第四节所述的精密度试验中每一个实验室需进行的测量一致。除对单个实验室的限制外，唯一实质性差别是需要一个接受参照值。

在对一个实验室的偏倚进行度量时，将许多精力放在如上的试验上是不值得的，也许应将更多的精力放在经常性的检查中。如果标准测量方法的重复性较差，想以较高的精度估计实验室偏倚是不实际的。

2. 与前几节有关内容相互参照

在参照本章第一节至第四节时，应将文中的“精密度”或“重复性与再现性”由“正确度”所替代。由于本章第四节所述的实验室数 p 此时等于 1，“执行负责人”与“测量负责人”这两个角色可由一个人担任。

3. 测试结果数

实验室偏倚估计值的不确定度依赖于测量方法的重复性以及获得的测试结果数。为使试验结果能以高概率检测到一个事先确定的偏倚量（参见本章第六节中有关公式推导），测试结果数 n 应满足以下关系：

$$A_{\mathrm{W}}\sigma_r \leqslant \frac{\Delta_{\mathrm{m}}}{1.84} \tag{12-66}$$

$$A_{\mathrm{W}} = \frac{1.96}{\sqrt{n}} \tag{12-67}$$

式中 Δ_{m}——事先确定的试验者希望从试验结果能检测到的实验室偏倚量；

σ_r——测量方法的重复性标准差。

4. 统计分析

（1）*实验室内标准差的检验* 对 n 个测试结果，计算平均值 $\bar{y}_{\mathrm{W}}$ 及实验室内标准差 σ_{W} 的估计值 S_{W}：

$$\bar{y}_{\mathrm{W}} = \frac{1}{n}\sum_{k=1}^{n} y_k \tag{12-68}$$

$$S_{\mathrm{W}} = \sqrt{\frac{1}{n-1}\sum_{k=1}^{n}(y_i - \bar{y}_{\mathrm{W}})^2} \tag{12-69}$$

应按本章第四节所述的格拉布斯（Grubbs）检验对测试结果中的离群值进行仔细检查。

若测量方法的重复性标准差 σ_r 已知，估计值 S_{W} 能用以下方法评估。

计算比值：

$$C'' = (S_{\mathrm{W}}/\sigma_r)^2 \tag{12-70}$$

将它与临界值 $C''_{\mathrm{crit}} = \chi^2_{1-\alpha}(\nu)/\nu$ 比较，其中 $\chi^2_{1-\alpha}(\nu)$ 是自由度为 $(p-1)d$ 的 χ^2 分布的 $1-\alpha$ 分位数。除非另行说明，α 假定皆取为 0.05。

① 若 $C'' \leqslant C''_{\mathrm{crit}}$，则 S_{W} 不显著大于 σ_r；

② 若 $C'' > C''_{\mathrm{crit}}$，则 S_{W} 显著大于 σ_r。

在前一种情形中，测量方法的重复性标准差 σ_r 将用于实验室偏倚的评估；在后一种情形中，应该考虑进行重复试验，以确定标准测量方法中的所有步骤均为正常实施的。

（2）实验室偏倚的估计　实验室偏倚 Δ 的估计值 $\hat{\Delta}$ 由式(12-71）给出：

$$\hat{\Delta} = \bar{y}_{\mathrm{W}} - \mu \tag{12-71}$$

实验室偏倚估计值的变异来源于测量过程结果的变异，可用它的标准差表示。在重复性标准差已知情形下，计算公式为：

$$\sigma_{\hat{\Delta}} = \frac{\sigma_r}{\sqrt{n}} \tag{12-72}$$

而在重复性标准差未知情形下，计算公式为：

$$S_{\hat{\Delta}} = \frac{S_{\mathrm{W}}}{\sqrt{n}} \tag{12-73}$$

实验室偏倚的 95%置信区间可计算为：

$$\hat{\Delta} - A_{\mathrm{W}}\sigma_r \leqslant \Delta \leqslant \hat{\Delta} + A_{\mathrm{W}}\sigma_r \tag{12-74}$$

式中，A_{W} 由式(12-67）给出。若 σ_r 未知，则用其估计值 S_r 代替。

若置信区间包含 0，则实验室偏倚在置信水平 5%下不显著；否则偏倚显著。

三、领导小组的报告和领导小组做出的决定

1. 统计专家的报告

完成统计分析后，统计专家应向领导小组提交一份报告。报告应包括以下内容。

① 充分叙述在操作员和（或）测量负责人处了解到的对标准测量方法的意见；

② 充分叙述被剔除的离群实验室及剔除的理由；

③ 充分叙述所发现的每一个歧离值和（或）统计离群值，并说明它们是否已经得到解释、更正或剔除；

④ 包含均值与精密度度量的最终结果表；

⑤ 关于标准测量方法相对于所采用的接受参照值的偏倚是否显著的说明，若偏倚显著，应对每个水平报告偏倚的估计值。

2. 领导小组做出的决定

领导小组应讨论统计专家的报告，并对下列问题做出决定。

① 测试结果是否一致？若显著不一致，是否是由对标准测量方法的不恰当的描述而引起的？

② 对被剔除的离群实验室应采取什么措施？

③ 离群实验室的测试结果和（或）操作员、执行负责人的意见是否能说明需要改进标准测量方法？如果需要应改进哪些方面？

④ 准确度试验的结果能证实该测量方法可接受为标准测量方法吗？公布前应采取什么措施？

第六节 准确度试验案例分析

一、精密度试验统计案例分析

(一) 实例一：煤中硫含量的确定（多水平，不包含缺失值与离群值数据）

1. 背景

(1) 测量方法　确定煤中的硫含量，试验结果以质量百分数表示。

(2) 资料来源　S. S. Tomkins《化学工业工程》。

(3) 简述　8个实验室参与试验，根据引用的资料来源中所描述的标准化的测量方法对测试结果进行分析。对每个水平实验室1报告了4个试验结果，实验室5报告了4～5个测试结果，其余的实验室都报告了3个测试结果。

(4) 图形表示　一般应将曼德尔 h 和 k 统计量绘制成图形，但在本例中这些图形不是很重要，故为节省篇幅，将其省略。实例三对曼德尔点图进行了全面的说明和讨论。

2. 原始数据

原始数据用表12-5的格式列于表12-16中，以质量百分数（%）表示，没有任何一个数据有特殊的标记。

表12-16　原始数据：煤中硫的含量　　单位：%

实验室 i	水平 j			
	1	2	3	4
1	0.71	1.20	1.68	3.26
	0.71	1.18	1.70	3.26
	0.70	1.23	1.68	3.20
	0.71	1.21	1.69	3.24
2	0.69	1.22	1.64	3.20
	0.67	1.21	1.64	3.20
	0.68	1.22	1.65	3.20
3	0.66	1.28	1.61	3.37
	0.65	1.31	1.61	3.36
	0.69	1.30	1.62	3.38
4	0.67	1.23	1.68	3.16
	0.65	1.18	1.66	3.22
	0.66	1.20	1.66	3.23
5	0.70	1.31	1.64	3.20
	0.69	1.22	1.67	3.19
	0.66	1.22	1.60	3.18

续表

实验室 i	水平 j			
	1	2	3	4
5	0.71	1.24	1.66	3.27
	0.69	—	1.68	3.24
6	0.73	1.39	1.70	3.27
	0.74	1.36	1.73	3.31
	0.73	1.37	1.73	3.29
7	0.71	1.20	1.69	3.27
	0.71	1.26	1.70	3.24
	0.69	1.26	1.68	3.23
8	0.70	1.24	1.67	3.25
	0.65	1.22	1.68	3.26
	0.68	1.30	1.67	3.26

注：表12-16中所引用的试验，没有指明实验室应该做多少次试验，只给出了应测试的最小次数。根据GB/T 6379本部分所推荐程序，对实验室1和5，宜从给定的测试值中随机抽取3个数据，使所有单元中的测试结果刚好等于3。然而，为说明计算程序也能适用于那些测试结果数可能不等的情形，本例中保留了所有的测试结果。读者可以将每个单元的测试结果用随机抽取的办法减少到3个，经过计算，可以验证对$\hat{m}_i$、S_r和S_R的影响甚微。

同样按照表12-16的数据可以类似样本1做出样本2～样本4的煤中硫的含量图（图12-2～图12-5）。

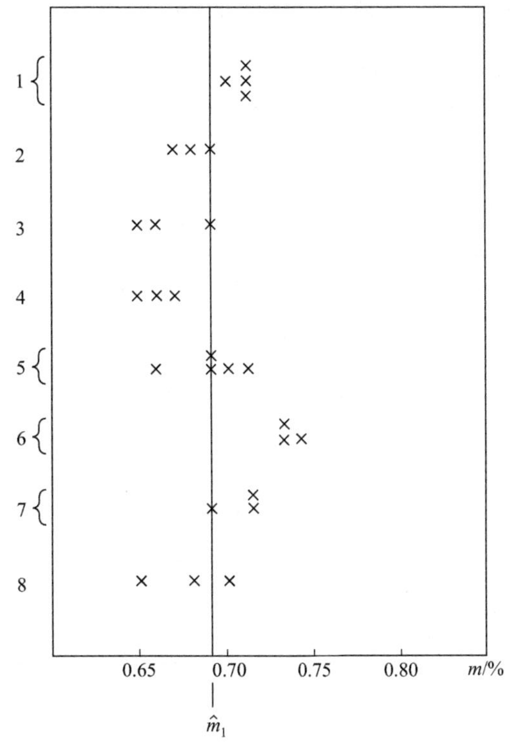

图12-2　样本1煤中硫的含量

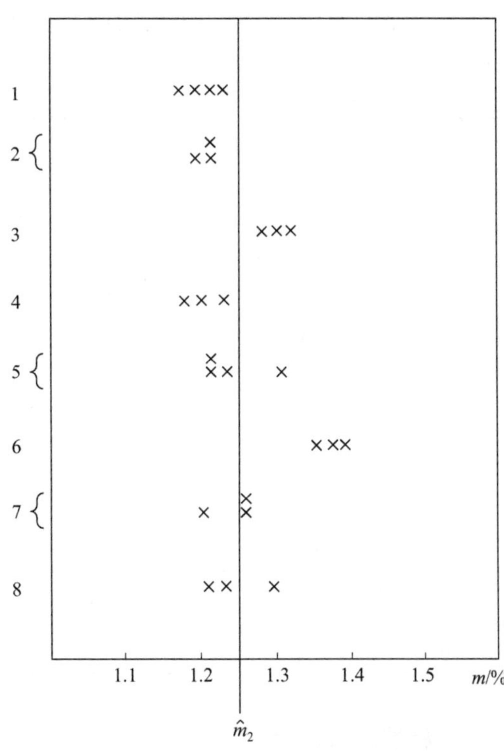

图12-3　样本2煤中硫的含量

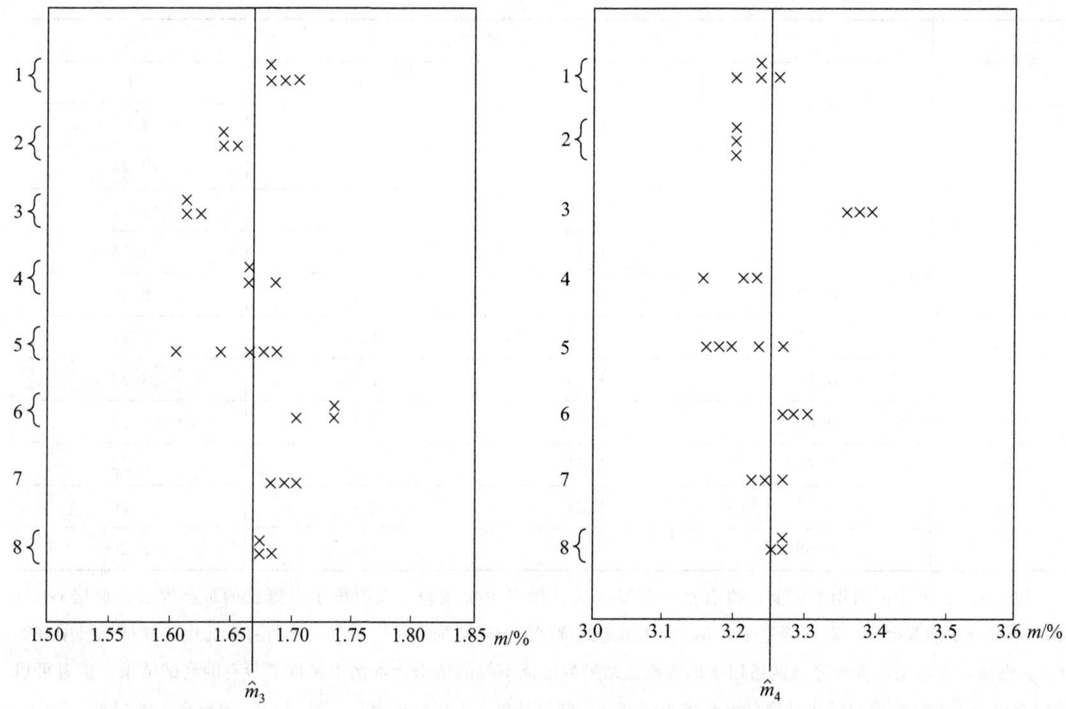

图 12-4 样本 3 煤中硫的含量

图 12-5 样本 4 煤中硫的含量

3. 单元平均值 $\bar{y}_{ij}$ 的计算

单元平均值按表 12-6 的格式列于表 12-17 中，单位为质量百分数（%）。

表 12-17 煤中硫含量的单元平均值 单位：%

实验室 i	水平 j							
	1		2		3		4	
	$\bar{y}_{ij}$	n_{ij}	$\bar{y}_{ij}$	n_{ij}	$\bar{y}_{ij}$	n_{ij}	$\bar{y}_{ij}$	n_{ij}
1	0.708	4	1.205	4	1.688	4	3.240	4
2	0.680	3	1.217	3	1.643	3	3.200	3
3	0.667	3	1.297	3	1.613	3	3.370	3
4	0.660	3	1.203	3	1.667	3	3.203	3
5	0.690	5	1.248	4	1.650	5	3.216	5
6	0.733	3	1.373	3	1.720	3	3.290	3
7	0.703	3	1.240	3	1.690	3	3.247	3
8	0.677	3	1.253	3	1.673	3	3.257	3

4. 标准差 S_{ij} 的计算

标准差按表 12-7 的格式列于表 12-18 中，单位为质量百分数（%）。

表 12-18 煤中硫含量的标准差 单位:%

实验室 i	水平 j							
	1		2		3		4	
	S_{ij}	n_{ij}	S_{ij}	n_{ij}	S_{ij}	n_{ij}	S_{ij}	n_{ij}
1	0.005	4	0.021	4	0.010	4	0.028	4
2	0.010	3	0.006	3	0.006	3	0.000	3
3	0.021	3	0.015	3	0.006	3	0.010	3
4	0.010	3	0.025	3	0.012	3	0.038	3
5	0.019	5	0.043	4	0.032	5	0.038	5
6	0.006	3	0.015	3	0.017	3	0.020	3
7	0.012	3	0.035	3	0.010	3	0.021	3
8	0.025	3	0.042	3	0.006	3	0.006	3

5. 一致性和离群值的检查

$n=3$,$p=8$,柯克伦检验 5%临界值为 0.516,1%临界值为 0.615。

对水平 1,实验室 8 的 S 最大:

$$\sum S^2=0.00182;\ 检验统计量值=0.347$$

对水平 2,实验室 5 的 S 最大:

$$\sum S^2=0.00636;\ 检验统计量值=0.287$$

对水平 3,实验室 5 的 S 最大:

$$\sum S^2=0.00172;\ 检验统计量值=0.598$$

对水平 4,实验室 4 的 S 最大:

$$\sum S^2=0.00463;\ 检验统计量值=0.310$$

这表明水平 3 的一个单元可以看作是歧离值,没有离群值。该歧离值仍然参与后续计算。

将格拉布斯检验应用于单元平均值,表 12-19 给出了这些平均值。没有单个的歧离值或离群值,在水平 2 和 4 中,对实验室 3 和 6,根据双高检验,最高测试结果为歧离值。这些歧离值在分析中予以保留。

表 12-19 对单元平均值的格拉布斯检验

水平	单个低值	单个高值	两个低值	两个高值	检验类型
1	1.24	1.80	0.539	0.298	格拉布斯检验统计量
2	0.91	2.09	0.699	0.108	
3	0.67	1.58	0.378	0.459	
4	0.94	2.09	0.679	0.132	
歧离值	2.126	2.126	0.1101	0.1101	格拉布斯检验临界值
	2.274	2.274	0.0563	0.0563	

6. $\hat{m}_j$、S_{rj} 和 S_{Rj} 的计算

以水平 1 为例,总平均值、重复性方差、实验室间方差和再现性方差计算如下(实验室数 $p=8$)。

$$T_1=\sum n_i\bar{y}_i=18.642$$

$$T_2=\sum n_i\ (\bar{y})^2=12.8837$$

$$T_3=\sum n_i=27$$

$$T_4=\sum n_i^2=95$$

$$T_5=\sum(n_i-1)S_i^2=0.004411$$

$$S_r^2=\frac{T_5}{T_3-p}=0.0002322$$

$$S_{\mathrm{L}}^2=\left[\frac{T_2T_3-T_1^2}{T_3(p-1)}-S_r^2\right]\left[\frac{T_3(p-1)}{T_3^2-T_4}\right]=0.0004603$$

$$S_R^2=S_{\mathrm{L}}^2+S_r^2=0.0006925$$

$$\hat{m}=\frac{T_1}{T_3}=0.69044$$

$$S_r=0.01524$$

$$S_R=0.02632$$

类似地可对水平 2、3 和 4 进行计算，其结果列于表 12-20。

表 12-20 煤中硫含量的$\hat{m}_j$、S_{rj} 和 S_{Rj} 值

水平 j	p_j	$\hat{m}_j$/%	S_{rj}	S_{Rj}
1	8	0.690	0.015	0.026
2	8	1.252	0.029	0.061
3	8	1.667	0.017	0.035
4	8	3.250	0.026	0.058

7. 精密度与 m 的关系

对表 12-20 中的数据进行检查，没有显示出它们与 m 有任何依赖关系。因而可用它们的平均值。

8. 结论

测量方法精密度（以质量百分数表示）可引述如下。

重复性标准差：$S_r=0.022$；

再现性标准差：$S_R=0.045$。

这些值的适当范围为 0.69%～3.25%（质量分数）。这些值是通过 8 个实验室参与的一致水平试验获得的，所测硫含量的值在上述范围内，试验中共检测到 4 个歧离值，但在分析中予以保留。

（二）实例二：沥青的软化点（多水平，包含缺失值数据）

1. 背景

（1）测量方法　使用环和球来确定沥青的软化点。

（2）资料来源　测试焦油及其产品的标准方法：沥青部分，使用中性甘油的方法 PT3。

(3) 物料 根据参考文献有关“样本”的章节中对沥青部分所规定的程序，从收集到的多批商业沥青中对物料进行选择和准备。

(4) 简述 需要测量的特性是温度，以℃表示。有16个实验室参与协同试验。分别在87.5℃、92.5℃、97.5℃和102.5℃测量4个样品，这包含了通常的商业产品范围。但是水平2最初对样本使用了错误的方法（所测试的第一个值），它没有足够的物料进行重测。实验室8没有水平1的样本（水平4有2个样本）。

(5) 图形表示 一般应将曼德尔 h 和 k 统计量绘制成图，但在本例中限于篇幅被省略。实例三中对曼德尔的点图进行了全面的说明和讨论。

2. 原始数据

这些数据用表12-5的格式列于表12-21中，单位为℃。

表12-21 原始数据：沥青的软化点 单位：℃

实验室 i	水平 j			
	1	2	3	4
1	91.0	97.0	96.5	104.0
	89.6	97.2	97.0	104.0
2	89.7	98.5	97.2	102.6
	89.8	97.2	97.0	103.6
3	88.0	97.8	94.2	103.0
	87.5	94.5	95.8	99.5
4	89.2	96.8	96.0	102.5
	88.5	97.5	98.0	103.5
5	89.0	97.2	98.2	101.0
	90.0	—	98.5	100.2
6	88.5	97.8	99.5	102.2
	90.5	97.2	103.2	102.0
7	88.9	96.6	98.2	102.8
	88.2	97.5	99.0	102.2
8	—	96.0	98.4	102.6
	—	97.5	97.4	103.9
9	90.1	95.5	98.2	102.8
	88.4	96.8	96.7	102.0
10	86.0	95.2	94.8	99.8
	85.8	95.0	93.0	100.8
11	87.6	93.2	93.6	98.2
	84.4	93.4	93.9	97.8
12	88.2	95.8	95.8	101.7
	87.4	95.4	95.4	101.2

续表

实验室 i	水平 j			
	1	2	3	4
13	91.0	98.2	98.0	104.5
	90.4	99.5	97.0	105.6
14	87.5	97.0	97.1	105.2
	87.8	95.5	96.6	101.8
15	87.5	95.0	97.8	101.5
	87.6	95.2	99.2	100.9
16	88.8	95.0	97.2	99.5
	85.0	93.2	97.8	99.8

注：没有明显的歧离值和统计离群值。

3. 单元平均值

这些数据按表 12-6 的格式列于表 12-22 中。图 12-6 给出了这些数据的图示。

表 12-22　沥青的软化点的单元平均值　　单位：℃

实验室 i	水平 j			
	1	2	3	4
1	90.30	97.10	96.75	104.00
2	89.75	97.85	97.10	103.10
3	87.75	96.15	95.00	101.25
4	88.85	97.15	97.00	103.00
5	89.50	—	98.35	100.60
6	89.50	97.50	101.35	102.10
7	88.55	97.05	98.60	102.50
8	—	96.75	97.90	103.25
9	89.25	96.15	97.45	102.40
10	85.90	95.10	93.90	100.30
11	86.00	93.30	93.75	98.00
12	87.80	95.60	95.60	101.45
13	90.70	98.85	97.50	105.05
14	87.65	96.25	96.85	103.50
15	87.55	95.10	98.50	101.20
16	86.90	94.10	97.50	99.65

注：已剔除了 $i=5$，$j=2$ 这一单元的测试结果。

4. 单元内绝对差

在本例中，每个单元有两个测试结果，故可用绝对差来表示变异。单元的绝对差按表

12-7 的格式列于表 12-23。单元内绝对差的图示见图 12-7。

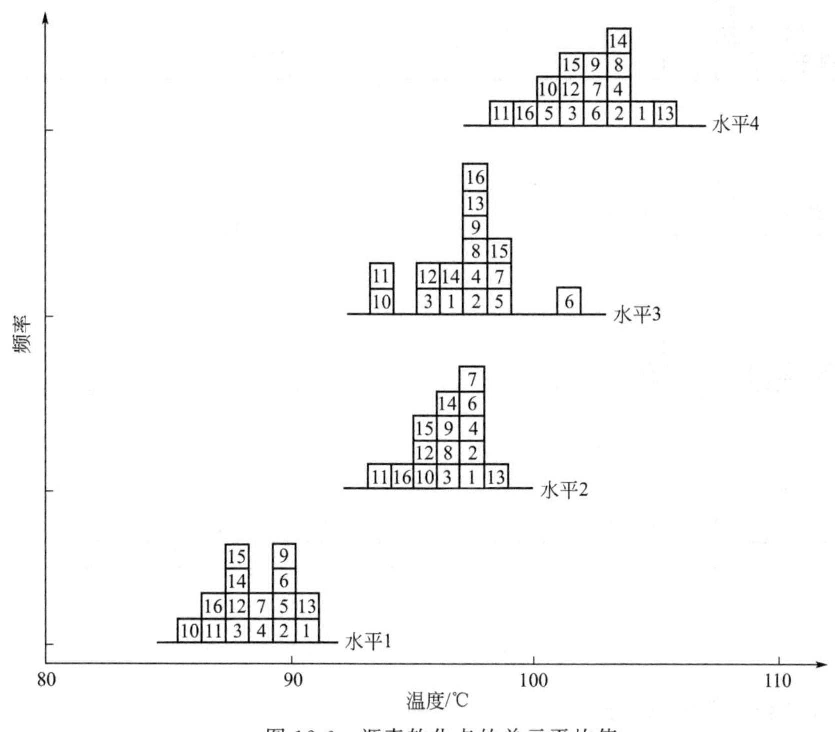

图 12-6 沥青软化点的单元平均值

表 12-23 沥青软化点的单元内绝对差 单位：℃

实验室 i	水平 j			
	1	2	3	4
1	1.4	0.2	0.5	0.0
2	0.1	1.3	0.2	1.0
3	0.5	3.3	1.6	3.5
4	0.7	0.7	2.0	1.0
5	1.0	—	0.3	0.8
6	2.0	0.6	3.7	0.2
7	0.7	0.9	0.8	0.6
8	—	1.5	1.0	1.3
9	1.7	1.3	1.5	0.8
10	0.2	0.2	1.8	1.0
11	3.2	0.2	0.3	0.4
12	0.8	0.4	0.4	0.5
13	0.6	1.3	1.0	1.1
14	0.3	1.5	0.5	3.4
15	0.1	0.2	1.4	0.6
16	3.8	1.8	0.6	0.3

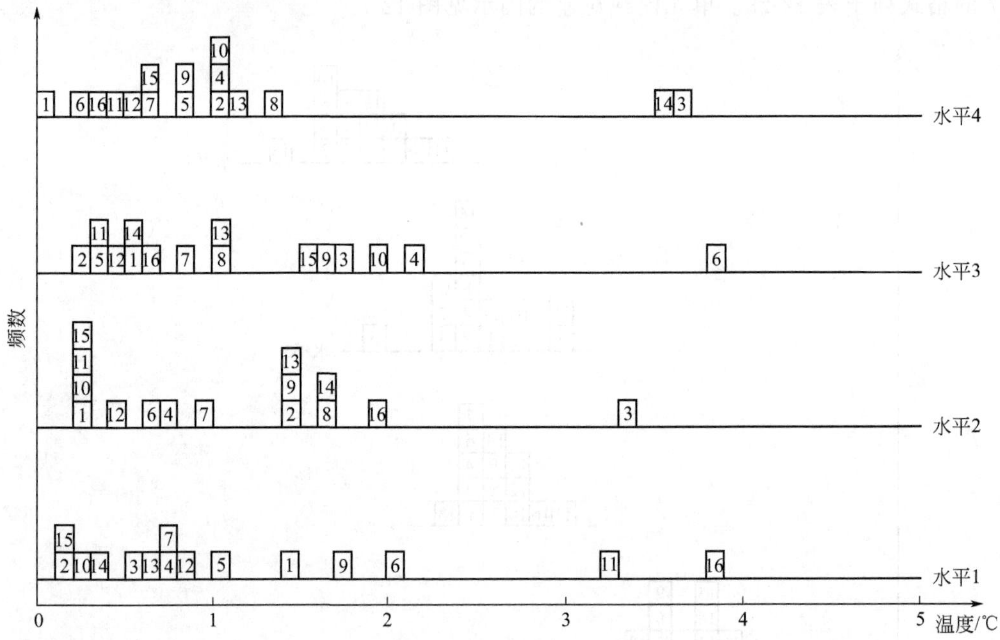

图 12-7　沥青软化点的单元内绝对差

5. 对一致性和离群值的检查

应用柯克伦检验，计算得到的检验统计量 C 的值，列于表 12-24。

表 12-24　柯克伦检验统计量 C 的值

水平 j	1	2	3	4
C	0.391(15)	0.424(15)	0.436(16)	0.380(16)

注：括号内给出的是实验室数。

对 $n=2$，$p=15$，显著性水平为 5%时的临界值为 0.471，$p=16$ 时为 0.452，表明没有歧离值。

将格拉布斯检验用于单元平均值（表 12-25），也没有发现有单个或成对歧离值或离群值存在。

表 12-25　对单元平均值的格拉布斯检验

水平;n	单个低值	单个高值	两个低值	两个高值	检验类型
1;15	1.69	1.56	0.546	0.662	格拉布斯检验统计量
2;15	2.04	1.77	0.478	0.646	
3;16	1.76	2.27	0.548	0.566	
4;16	2.22	1.74	0.500	0.672	
歧离值					格拉布斯检验临界值
$n=15$	2.549	2.549	0.3367	0.3367	
$n=16$	2.585	2.585	0.3603	0.3603	
离群值					
$n=15$	2.806	2.806	0.2530	0.2530	
$n=16$	2.852	2.852	0.2767	0.2767	

6. $\hat{m}_j$，S_{rj} 和 S_{Rj} 的计算

这些值按上面介绍的总平均值$\hat{m}$ 的计算与方差的计算中的方法计算。

以水平 1 为例，具体计算如下。为了简化计算，所有数据都减去 80.00。以下方法适用于每个单元重复 $n=2$ 的情形。

实验室数 $p=15$，重复次数 $n=2$。

$$T_1=\sum \bar{y}_i=125.9500$$

$$T_2=\sum (\bar{y}_i)^2=1087.9775$$

$$T_3=\sum (y_{i1}-y_{i2})^2=36.9100$$

$$S_r^2=\frac{T_3}{2p}=1.2303$$

$$S_L^2=\left[\frac{pT_2-T_1^2}{p(p-1)}\right]-\frac{S_r^2}{2}=1.5575$$

$$S_R^2=S_L^2+S_r^2=2.7878$$

$$\hat{m}=\frac{T_1}{p}+80.00=88.3966$$

$$S_r=1.1092$$

$$S_R=1.6697$$

所有 4 个水平的计算结果列于表 12-26。

表 12-26 沥青软化点$\hat{m}_j$、S_{rj} 和 S_{Rj} 值的计算

水平 j	p_j	$\hat{m}_j$/℃	S_{rj}	S_{Rj}
1	15	88.40	1.109	1.670
2	15	96.27	0.925	1.597
3	16	97.07	0.993	2.010
4	16	101.96	1.004	1.915

7. 精密度与 m 的关系

对表 12-26 进行粗略的考察揭示不出任何两者之间有明显的依赖关系，或许再现性标准差稍有一些迹象。考虑到 m 值的范围大小，不足以表示任何显著的依赖关系。从该测量的本质看，它们与 m 的依赖关系也不会存在。因此可以得出下面的结论：在正常商业材料范围内精密度不依赖于 m，因而这些量的平均值可以作为重复性标准差和再现性标准差的最终值。

8. 结论

就实际应用而言，测量方法的精密度不依赖于材料的水平，相应的数值如下。

重复性标准差：$S_r=1.0$℃。

再现性标准差：$S_R=1.8$℃。

（三）实例三：木馏油的热滴定（多水平，包含离群值数据）

1. 背景

（1）资料来源　测试沥青及其产品的标准方法：木馏油部分。

（2）物料　根据“Standard Methods for Testing Tar and its Products”中“样本”一章中的木馏油部分所规定的程序，从收集到的多批商业木馏油中对物料进行选择和准备。

（3）简述　热滴定法在化学分析中是一种标准的测量方法，测试结果用质量分数表示。有9个实验室参加，对5个样品每个进行2次重复测量。选择的测量样本覆盖一般商业应用中的正常范围，即4%、8%、12%、16%和20%（质量分数）水平内。实际通常测试结果只保留一位小数，但是在这个试验中要求操作员将测量结果保留两位小数。

2. 原始数据

这些数据用表12-5的格式表示，列于表12-27中，单位为%（质量分数）。

实验室1的测试结果总是比其他实验室的高，并且在某些水平下还高出许多。实验室6在水平5下的第二个测试值值得怀疑，该记录似乎更符合在水平4下的结果。这些问题将在后面“5. 一致性和离群性的检查”中进一步讨论。

表12-27　原始数据：木馏油的热滴定　　单位：%

实验室 i	水平 j									
	1		2		3		4		5	
1	4.44	4.39	9.34	9.34	17.40	16.90	19.23	19.23	24.28	24.00
2	4.03	4.23	8.42	8.33	14.42	14.50	16.06	16.22	20.40	19.91
3	3.70	3.70	7.60	7.40	13.60	13.60	14.50	15.10	19.30	19.70
4	4.10	4.10	8.93	8.80	14.60	14.20	15.60	15.50	20.30	20.30
5	3.97	4.04	7.89	8.12	13.73	13.92	15.54	15.78	20.53	20.88
6	3.75	4.03	8.76	9.24	13.90	14.06	16.42	16.58	18.56	16.58
7	3.70	3.80	8.00	8.30	14.10	14.20	14.90	16.00	19.70	20.50
8	3.91	3.90	8.04	8.07	14.84	14.84	15.41	15.22	21.10	20.78
9	4.02	4.07	8.44	8.17	14.24	14.10	15.14	15.44	20.71	21.66

3. 单元平均值

这些值按表12-6的格式列于表12-28中。

表12-28　木馏油热滴定的单元平均值　　单位：%（质量分数）

实验室 i	水平 j				
	1	2	3	4	5
1	4.415	9.340	17.150**	19.230**	24.140*
2	4.130	8.375	14.460	16.140	20.155
3	3.700	7.500	13.600	14.800	19.500
4	4.100	8.865	14.400	15.550	20.300
5	4.005	8.005	13.825	15.660	20.705
6	3.890	9.000	13.980	16.500	17.570
7	3.750	8.150	14.150	15.450	20.100
8	3.905	8.055	14.480	15.315	20.940
9	4.045	8.305	14.170	15.290	21.185

注：*看作歧离值；**看作统计离群值。

4. 单元内绝对差

这些值记为 w_{ij}，按表 12-7 的格式列于表 12-29 中。

表 12-29 木馏油热滴定的单元内绝对差 单位：%（质量分数）

实验室 i	水平 j				
	1	2	3	4	5
1	0.05	0.00	0.50	0.00	0.28
2	0.20	0.09	0.08	0.16	0.49
3	0.00	0.20	0.00	0.60	0.40
4	0.00	0.13	0.40	0.10	0.00
5	0.07	0.23	0.19	0.24	0.35
6	0.28	0.48	0.16	0.16	1.98*
7	0.10	0.30	0.10	1.10*	0.80
8	0.01	0.03	0.00	0.19	0.32
9	0.05	0.27	0.14	0.30	0.95

注：* 看作歧离值。

5. 一致性和离群性的检查

在图 12-8 和图 12-9 中给出了计算得到的曼德尔 h 和 k 一致统计量，水平线表示与表 12-8 和表 12-9 中的曼德尔临界值相对应的临界线。

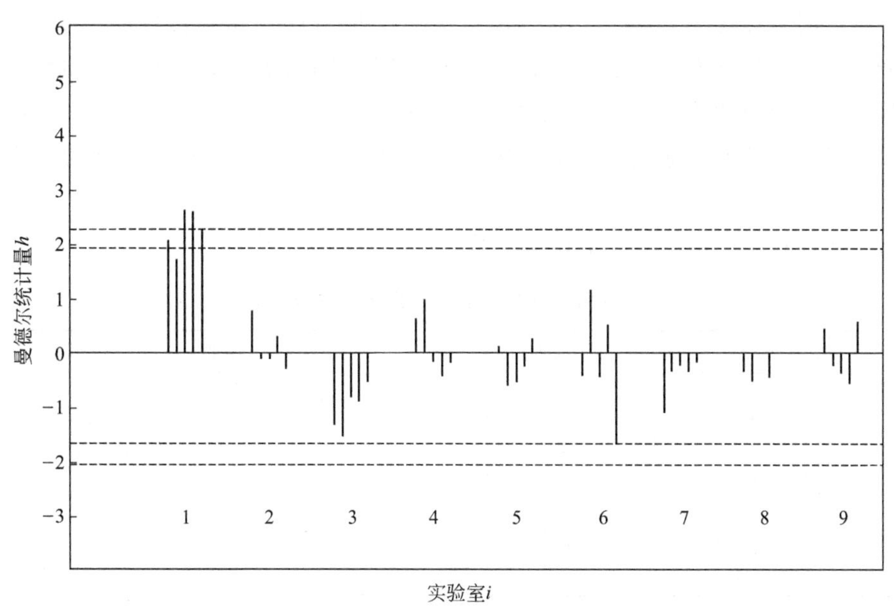

图 12-8 木馏油滴定：按实验室进行分组的实验室间一致性曼德尔统计量 h

h 图（图 12-8）清晰地表示出实验室 1 在各水平下的试验结果要比其他实验室相应水平的试验结果高。这样的结果要求管理此项实验室间研究的委员会给予关注。如果对这些测试结果找不到合理的解释，那么委员会成员应依据其他的或非统计的考虑进行判断，来决定在计算精密度值时是保留还是剔除该实验室。

k 图（图 12-9）显示了在实验室 6 和 7 中的两次重复测试结果之间有相当大的变异。然而，这些试验结果可采取必要的补救措施。

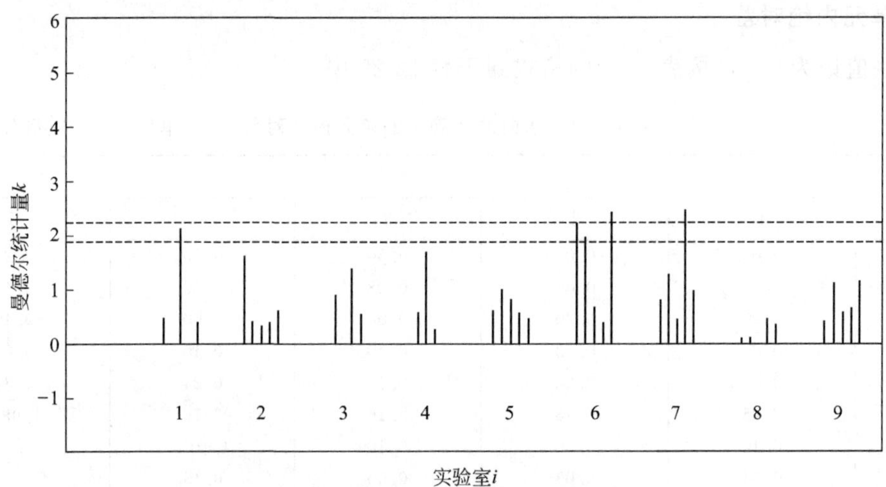

图 12-9　木馏油滴定：按实验室进行分组的实验室间一致性曼德尔统计量 k

应用柯克伦检验得到下面结果：

① 在水平 4 时，根据绝对差 1.10，检验统计量值为 $1.10^2/1.8149=0.667$；

② 在水平 5 时，根据绝对差 1.98，检验统计量值为 $1.98^2/6.1663=0.636$；

③ 对于 $p=9$，柯克伦检验的临界值在显著水平为 5%时是 0.638，1%时是 0.754。

在水平 4 时，1.10 显然是一个歧离值；水平 5 下的 1.98 也很接近 5%的临界值，所以有可能也是一个歧离值。由于这两个值与所有其他值相差甚大，并且它们也使得柯克伦检验统计量中的分母增大，所以它们都被看作是歧离值而标以“*”号。然而到目前为止，还没有足够的证据拒绝这两个值，尽管曼德尔 k 图（图 12-9）也对这两个值提出了质疑。

将格拉布斯检验应用于单元平均值，给出表 12-30 的结果。

表 12-30　对单元平均值的格拉布斯检验

水平	单个低值	单个高值	两个低值	两个高值	检验类型
1	1.36	1.95	0.502	0.356	格拉布斯检验临界值
2	1.57	1.64	0.540	0.395	
3	0.86	2.50	—	—	
4	0.91	2.47	—	—	
5	1.70	2.10	0.501	0.318	
歧离值	2.215	2.215	0.1492	0.1492	格拉布斯检验临界值
离群值	2.387	2.387	0.0851	0.0851	

对于水平 3 和 4，因为一个观测值的格拉布斯检验表明有离群值，所以就不需要做两个观测值的格拉布斯检验。

实验室 1 对水平 3 和 4 的单元平均值是离群值，该实验室在水平 5 时单元平均值也很大，这在曼德尔 h 图中也可以明显地看出。

进一步的调查得知，实验室 6 在水平 5 下至少有一个样本误用了水平 4 的样本。由于该单元的绝对差也值得怀疑，因此决定剔除这一对试验结果。由于剔除了实验室 6 的水平 5 下的这对值，实验室 1 水平 5 下的测试结果现在显得更加可疑。

因为这些测试结果，也因为不能肯定测量的是什么样的物料，所以决定拒绝这对来自实验室 6 水平 5 下的测试结果，同时也拒绝来自离群实验室 1 的所有结果。将这些测试结果排除以后，把 8 个实验室水平 4 下的柯克伦检验统计量与临界值（5%时是 0.680）进行比较，就不再认为是歧离值，予以保留。

6. $\hat{m}_j$、S_{rj} 和 S_{Rj} 的计算

$\hat{m}_j$、S_{rj} 和 S_{Rj} 的计算在表 12-31 中给出，单位为%（质量分数）。计算使用总平均值$\hat{m}$ 的计算程序和方差的计算程序，这些值在计算过程中剔除了实验室 1 的测试结果以及实验室 6 水平 5 下的一对测试结果。

表 12-31　木馏油热滴定的$\hat{m}_j$、S_{rj} 和 S_{Rj} 的计算值　　单位：%

水平 j	p_j	$\hat{m}_j$	S_{rj}	S_{Rj}
1	8	3.94	0.092	0.171
2	8	8.28	0.179	0.498
3	8	14.18	0.127	0.400
4	8	15.59	0.337	0.579
5	7	20.41	0.393	0.637

7. 精密度与 m 的关系

根据表 12-31，随着 m 值的加大显然标准差也在增加，所以可能建立它们之间的某种关系。熟悉测量方法的化学家也认为精密度很可能是依赖于水平 m 的。

拟合函数关系的实际计算这里并没有给出，因为它已经在上面计算 S_r 时进行了详细的阐述。$\hat{m}_j$、S_{rj} 和 S_{Rj} 的值画在图 12-10 中。

根据图 12-10，显然水平 3 的值非常分散，不能通过任何程序得到改进。

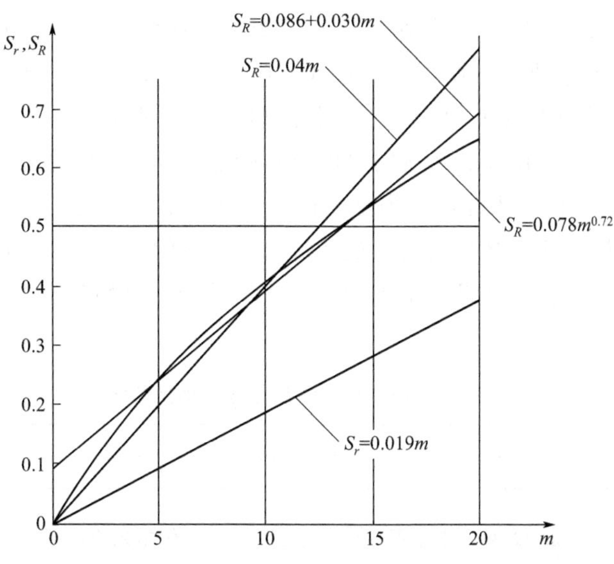

图 12-10　表 12-31 中数据$\hat{m}_j$、S_{rj} 和 S_{Rj} 的图

图 12-10 中各条线表示精密度值和平均水平 m 之间函数关系中数据拟合的关系。

对于重复性而言，直线通过原点似乎是合适的。

对于再现性而言，所有的三条直线拟合得都很好。其中关系Ⅲ的拟合效果最好。熟悉

木馏油标准测试方法的人员能在其中选择一种最适宜的关系式。

8. 精密度的最终值

经过适当的舍入，精密度的最终值如下。

重复性标准差：$S_r=0.019m$。

再现性标准差用以下关系式计算：

$$S_R=0.086+0.030m$$

或：

$$S_R=0.078m^{0.72}$$

9. 结论

在统计上没有什么理由偏好“8·精密度的最终值”中的 S_R 的两个等式中的任一个，应该由领导小组决定哪一个。

应该调查实验室 1 的离群试验结果的原因。

似乎这个精密度试验不令人非常满意。9 个实验室中有一个作为离群实验室被排除，另外一个测试了一个错误的样本。水平 3 的物料似乎也被选错，它几乎和水平 4 的结果完全相同而不是介于水平 2 和水平 4 之间。此外，水平 3 的物料似乎性质上稍微有些不同，或许比其他物料质地更均匀。这个试验值得重复进行，只是对不同的水平需要更仔细地选择物料。

二、准确度试验的实例

1. 试验的描述

本例的准确度试验是用原子吸收分光光度法确定铁矿石中锰的含量，测量方法根据 ISO/TC 102《铁矿石》进行，使用 5 种测试物料，相应的接受参照值 μ 列于表 12-32（不向实验室透露）。每个实验室对每个水平接收随机抽取的试样瓶，并对每个试样瓶中的物料重复进行两次分析。采用双瓶系统的目的旨在验证不存在瓶间差异。一旦证实瓶间差异确实不存在后，4 个分析结果即可认为是在重复性条件下得到的。对结果的分析表明瓶间变异确实不显著，样本认为是均匀的，从而每个实验室的测试结果也可认为是在重复性条件下得到的。所有化学分析结果列于表 12-33 中，5 种物料的每个实验室均值及方差列于表 12-34 中。

表 12-32　铁矿石中的锰含量：接受参照值

水平	1	2	3	4	5
μ 的接受参照值/%	0.0100	0.0930	0.4010	0.7770	2.5300

表 12-33　铁矿石中的锰含量：Mn 的化学分析结果　　单位：%

实验室号	样瓶号	水平									
		1		2		3		4		5	
1	1	0.0118	0.0121	0.0880	0.0875	0.408	0.407	0.791	0.791	2.584	2.560
	2	0.0121	0.0121	0.0865	0.0867	0.407	0.408	0.794	0.801	2.535	2.545

续表

实验室号	样瓶号	水平									
		1		2		3		4		5	
2	1	0.0131	0.0115	0.0894	0.0861	0.411	0.405	0.760	0.765	2.543	2.591
	2	0.0115	0.0115	0.0887	0.0867	0.406	0.399	0.766	0.783	2.516	2.567
3	1	0.0118	0.0112	0.0864	0.0849	0.410	0.403	0.752	0.767	2.526	2.463
	2	0.0110	0.0104	0.0867	0.0896	0.408	0.400	0.755	0.753	2.515	2.493
4	1	0.0107	0.0121	0.0881	0.0892	0.402	0.402	0.780	0.750	2.560	2.520
	2	0.0114	0.0121	0.0861	0.0874	0.404	0.402	0.777	0.750	2.600	2.520
5	1	0.0120	0.0128	0.0904	0.0904	0.404	0.400	0.775	0.775	2.470	2.510
	2	0.0112	0.0128	0.0862	0.0870	0.404	0.396	0.770	0.780	2.500	2.480
6	1	0.0111	0.0110	0.0892	0.0893	0.402	0.398	0.786	0.782	2.531	2.514
	2	0.0110	0.0111	0.0900	0.0864	0.408	0.404	0.780	0.772	2.524	2.494
7	1	0.0088	0.0095	0.0893	0.0895	0.390	0.390	0.754	0.762	2.510	2.521
	2	0.0070	0.0086	0.0859	0.0886	0.395	0.395	0.758	0.756	2.500	2.513
8	1	0.0115	0.0112	0.0823	0.0823	0.390	0.396	0.761	0.765	2.501	2.499
	2	0.0113	0.0113	0.0828	0.0829	0.400	0.389	0.770	0.766	2.507	2.490
9	1	0.0123	0.0120	0.0862	0.0866	0.414	0.414	0.765	0.765	2.523	2.520
	2	0.0117	0.0118	0.0865	0.0876	0.411	0.414	0.765	0.765	2.521	2.508
10	1	0.0095	0.0086	0.0780	0.0720	0.390	0.370	0.746	0.730	2.530	2.580
	2	0.0092	0.0084	0.0780	0.0730	0.392	0.374	0.750	0.738	2.510	2.610
11	1	0.0125	0.0125	0.0900	0.0890	0.405	0.395	0.790	0.780	2.520	2.520
	2	0.0130	0.0125	0.0890	0.0895	0.400	0.405	0.785	0.790	2.530	2.520
12	1	0.0125	0.0130	0.0885	0.0890	0.405	0.395	0.790	0.780	2.535	2.525
	2	0.0115	0.0130	0.0890	0.0875	0.405	0.390	0.775	0.790	2.550	2.495
13	1	0.0125	0.0116	0.0842	0.0832	0.399	0.399	0.784	0.777	2.523	2.523
	2	0.0121	0.0116	0.0832	0.0828	0.398	0.399	0.782	0.777	2.527	2.537
14	1	0.0116	0.0120	0.0898	0.0890	0.418	0.416	0.797	0.800	2.602	2.602
	2	0.0098	0.0116	0.0900	0.0902	0.415	0.415	0.801	0.790	2.592	2.602
15	1	0.0108	0.0112	0.0871	0.0860	0.399	0.400	0.775	0.774	2.488	2.495
	2	0.0112	0.0111	0.0883	0.0861	0.397	0.401	0.783	0.773	2.503	2.485
16	1	0.0109	0.0108	0.0846	0.0858	0.392	0.400	0.779	0.769	2.528	2.516
	2	0.0111	0.0110	0.0849	0.0855	0.396	0.397	0.751	0.753	2.528	2.525
17	1	0.0100	0.0110	0.0849	0.0880	0.409	0.410	0.766	0.794	2.571	2.380
	2	0.0100	0.0100	0.0830	0.0890	0.392	0.402	0.755	0.775	2.429	2.488
18	1	0.0117	0.0102	0.0880	0.0881	0.405	0.404	0.771	0.773	2.520	2.511
	2	0.0125	0.0103	0.0868	0.0882	0.402	0.408	0.778	0.763	2.514	2.503
19	1	0.0099	0.0128	0.0945	0.0905	0.398	0.375	0.770	0.767	2.483	2.351
	2	0.0118	0.0128	0.0924	0.0884	0.418	0.382	0.799	0.760	2.485	2.382

表 12-34 铁矿石中的锰含量：实验室均值与实验室方差

实验室号	水平				
	1	2	3	4	5
实验室均值					
1	0.01203	0.08718	0.40750	0,79425	2.55600
2	0.01190	0.08773	0.40525	0.76875	2.55425
3	0.01110	0.08690	0.40525	0.75675	2.49925
4	0.01158	0.08770	0.40250	0.76425	2.55000
5	0.01220	0.08850	0.40100	0.77500	2.49000
6	0.01105	0.08873	0.40300	0.78000	2.51575
7	0.00848	0.08833	0.39250	0.75750	2.51100
8	0.01133	0.08258	0.39375	0.76550	2.49925
9	0.01195	0.08673	0.41325	0.76500	2.51800
10	0.00893	0.07525	0.38150	0.74100	2.55750
11	0.01263	0.08938	0.40125	0.78625	2.52250
12	0.01250	0.08850	0.39875	0.78375	2.52625
13	0.01195	0.08335	0.39875	0.78000	2.52750
14	0.01125	0.08975	0.41600	0.79700	2.59950
15	0.01108	0.08688	0.39925	0.77625	2.49275
16	0.01095	0.08520	0.39625	0.76300	2.52425
17	0.01025	0.08623	0.40325	0.77250	2.46700
18	0.01118	0.08778	0.40350	0.77125	2.51200
19	0.01183	0.09145	0.39325	0.77400	2.42525
实验室方差					
1	0.2250×10^{-7}	0.4892×10^{-6}	0.3333×10^{-6}	0.2225×10^{-4}	0.4540×10^{-3}
2	0.6400×10^{-6}	0.2482×10^{-5}	0.2425×10^{-4}	0.9825×10^{-4}	0.1034×10^{-2}
3	0.3333×10^{-6}	0.3860×10^{-5}	0.2092×10^{-4}	0.4825×10^{-4}	0.7722×10^{-3}
4	0.4492×10^{-6}	0.1687×10^{-5}	0.1000×10^{-5}	0.2722×10^{-3}	0.1467×10^{-2}
5	0.5867×10^{-6}	0.4920×10^{-5}	0.1467×10^{-4}	0.1667×10^{-4}	0.3333×10^{-3}
6	0.3333×10^{-8}	0.2529×10^{-5}	0.1733×10^{-4}	0.3467×10^{-4}	0.2589×10^{-3}
7	0.1116×10^{-5}	0.2763×10^{-5}	0.8333×10^{-5}	0.1167×10^{-4}	0.7533×10^{-4}
8	0.1583×10^{-7}	0.1025×10^{-6}	0.2692×10^{-4}	0.1367×10^{-4}	0.4958×10^{-4}
9	0.7000×10^{-7}	0.3692×10^{-6}	0.2250×10^{-5}	0	0.4600×10^{-4}
10	0.2625×10^{-6}	0.1025×10^{-4}	0.1237×10^{-3}	0.7867×10^{-4}	0.2092×10^{-2}
11	0.6250×10^{-7}	0.2292×10^{-6}	0.2292×10^{-4}	0.2292×10^{-4}	0.2500×10^{-4}
12	0.5000×10^{-6}	0.5000×10^{-6}	0.5625×10^{-4}	0.5625×10^{-4}	0.5396×10^{-3}
13	0.1900×10^{-6}	0.3567×10^{-6}	0.2500×10^{-6}	0.1267×10^{-4}	0.4367×10^{-4}
14	0.9700×10^{-6}	0.2767×10^{-6}	0.2000×10^{-5}	0.2467×10^{-4}	0.2500×10^{-4}
15	0.3583×10^{-7}	0.1149×10^{-6}	0.2917×10^{-5}	0.2092×10^{-4}	0.6425×10^{-4}
16	0.1667×10^{-7}	0.3000×10^{-6}	0.1092×10^{-4}	0.1787×10^{-3}	0.3225×10^{-4}
17	0.2500×10^{-6}	0.7669×10^{-5}	0.6892×10^{-4}	0.2723×10^{-3}	0.6757×10^{-2}
18	0.1249×10^{-5}	0.4292×10^{-6}	0.1667×10^{-5}	0.3892×10^{-4}	0.5000×10^{-4}
19	0.1583×10^{-5}	0.6803×10^{-5}	0.3649×10^{-3}	0.2953×10^{-3}	0.4763×10^{-2}

2. 对精密度的评估

为对分析方法的精密度进行评估，按本章第四节所述方法对数据进行分析，图 12-11～图 12-15 显示了对每个水平的检验结果。

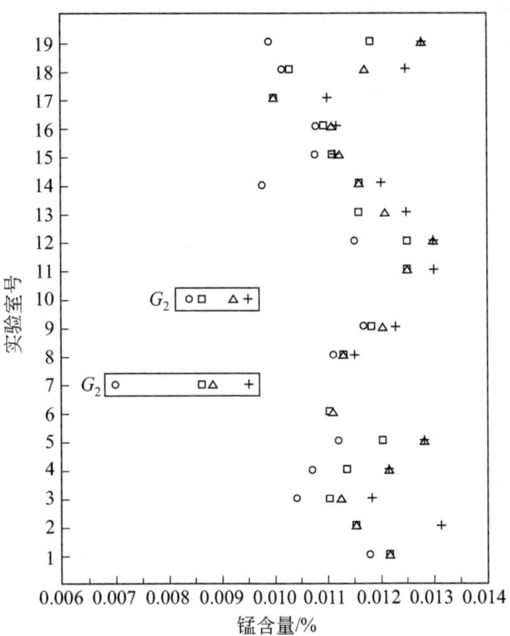

图 12-11 铁矿石的锰含量：水平 1 的测试结果

注：图中同一行中的 4 个符号表示同一实验室的 4 个测试结果的绘点。方框中的点表示相应的测试结果根据格拉布斯检验（G_2）为离群值

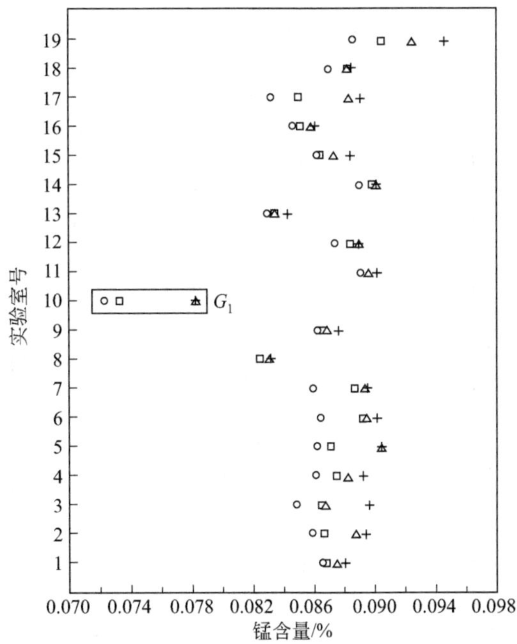

图 12-12 铁矿石的锰含量：水平 2 的测试结果

注：图中同一行中的 4 个符号表示同一实验室的 4 个测试结果的绘点。方框中的点表示相应的测试结果根据格拉布斯检验（G_1）为离群值

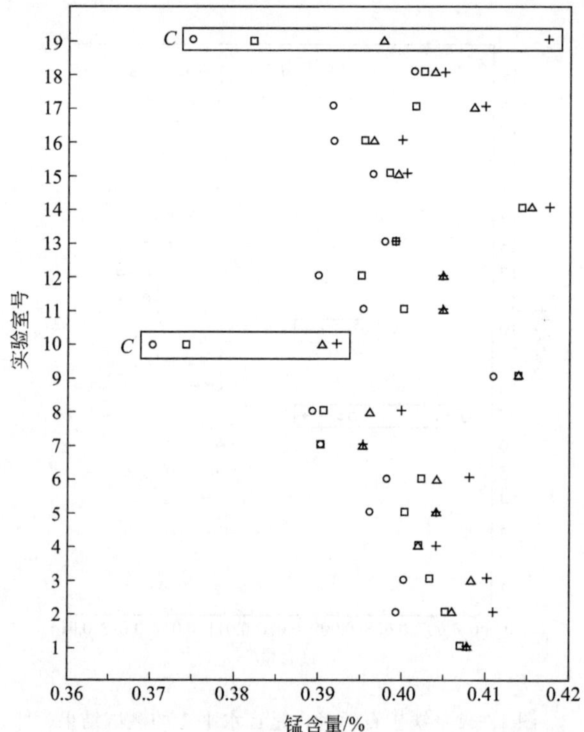

图 12-13　铁矿石的锰含量：水平 3 的测试结果

注：图中同一行中的 4 个符号表示同一实验室的 4 个测试结果的绘点。方框中的点表示相应的测试结果根据柯克伦检验为离群值

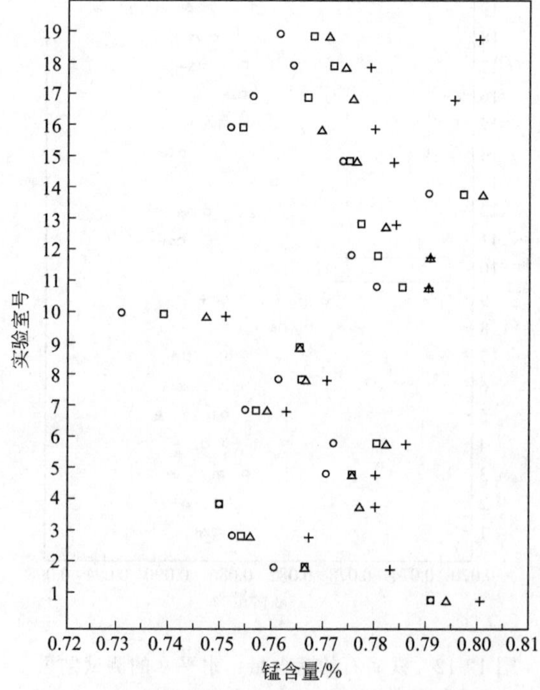

图 12-14　铁矿石的锰含量：水平 4 的测试结果

注：图中同一行中的 4 个符号表示同一实验室的 4 个测试结果的绘点

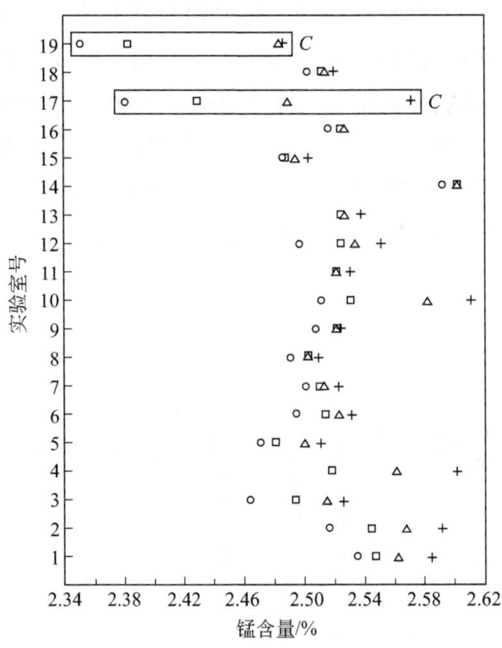

图 12-15　铁矿石的锰含量：水平 5 的测试结果

注：方框中的点表示相应的测试结果根据柯克伦检验为离群值

表 12-35 列出了根据柯克伦检验及格拉布斯检验检测出的歧离值和离群值。图 12-11～图 12-15 中方框内的点表示检出为离群值的测试结果。表 12-35 表示有 7 个实验室的结果被识别为离群值，其中 5 个来自 2 个实验室（实验室 10 与 19），有一个实验室的结果被识别为歧离值，它也来自实验室 10。

表 12-35　铁矿石中的锰含量：离群值与歧离值

水平	实验室	计算的统计量	临界值
离群值($\alpha=0.01$)			
1	7		
	10	$G_2=0.295$	$G_2(19)=0.3398$
2	10	$G_1=3.305$	$G_1(19)=2.968$
3	19	$C=0.474$	$C(4,19)=0.276$
	10	$C=0.305$	$C(4,18)=0.288$
4	—	—	—
5	17	$C=0.358$	$C(4,19)=0.276$
	19	$C=0.393$	$C(4,18)=0.288$
歧离值($\alpha=0.05$)			
1	—	—	—
2	—	—	—
3	—	—	—
4	—	—	—
5	10	$C=0.284$	$C(4,17)=0.250$

注：C 为柯克伦检验结果。G_1 为对一个离群观测值的格拉布斯检验结果。G_2 为对两个离群观测值的格拉布斯检验结果。

图 12-16 与图 12-17 分别列出了 h 值、k 值。h 值（图 12-16）清楚地表明实验室 10

的结果偏低很多，其中 2 个（水平 2 与 3）被识别为离群值。因此决定将实验室 10 的数据完全剔除，这个问题应引起特别注意，且应予以解决。此外，根据格拉布斯检验，实验室 7 的水平 1 的数据也被识别为离群值，予以剔除。k 值（图 12-17）表明实验室 10、17 与 19 的实验室内变异有比其他实验室大的迹象，因此应对这些实验室进行检查以采取适当的措施，或者有必要进一步严格对测量方法的约定。为统计分析目的，最后决定舍弃根据柯克伦检验检出的离群值，即实验室 19 关于水平 3 与 5 及实验室 17 关于水平 5 的数据。

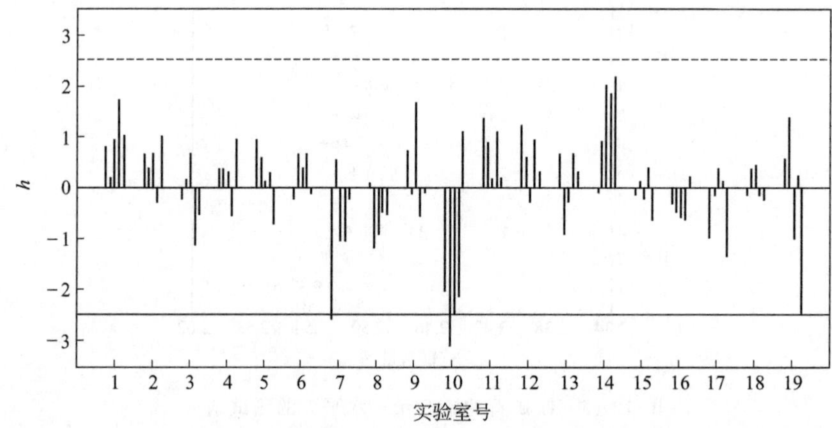

图 12-16 铁矿石的锰含量：以实验室分组的 h 值

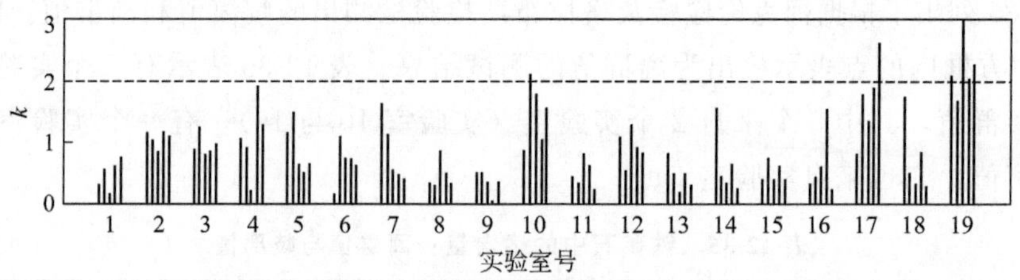

图 12-17 铁矿石的锰含量：以实验室分组的 k 值

剔除上述数据后，计算重复性标准差与再现性标准差，计算结果列于表 12-36，并在图 12-18 中对相应的水平描点。图 12-18 显示精密度与锰品位水平之间存在线性关系。

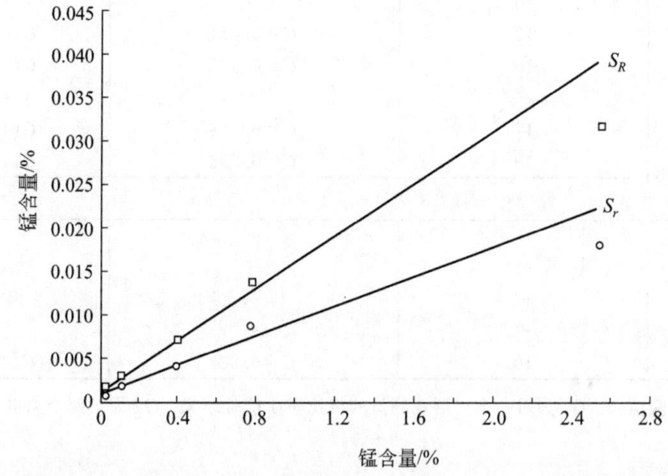

图 12-18 铁矿石的锰含量：重复性标准差和再现性标准差与含量 m 的线性关系

重复性标准差与再现性标准差对锰品位水平的线性回归方程为：

$$S_r = 0.000579 + 0.00885m$$

$$S_R = 0.000737 + 0.01557m$$

3. 对正确度的评估

根据式(12-74) 计算测量方法偏倚的 95%置信区间，并将它们与 0 比较（表 12-36），即可对该测量方法的正确度进行评估。由于水平 3～水平 5 的这些置信区间都包含数值 0，因此这种测量方法的偏倚对于锰的含量水平 3～水平 5 不显著，由于水平 1 与 2 的置信水平不包含 0，因此对锰的低含量水平 1 与 2 偏倚显著。

表 12-36　铁矿石中的锰含量：重复性标准差与再现性标准差及测量方法偏倚的估计

	水平				
	1	2	3	4	5
n	4	4	4	4	4
p	17	18	17	18	16
S_r	0.00065	0.00143	0.00407	0.00895	0.01815
S_R	0.00084	0.00248	0.00706	0.01385	0.03246
γ	1.29	1.73	1.73	1.54	1.79
A	0.3528	0.3999	0.4117	0.3830	0.4287
A_{S_R}	0.000296	0.000991	0.002906	0.005301	0.013916
$\bar{\bar{y}}$	0.0116	0.0874	0.4024	0.7739	2.5249
μ	0.0100	0.0930	0.4010	0.7770	2.5300
$\hat{\delta}$	0.0016	−0.0056	0.0014	−0.0031	−0.0051
$\hat{\delta} - A_{S_R}$	0.0013	−0.0066	−0.0015	−0.0084	−0.0190
$\hat{\delta} + A_{S_R}$	0.0019	0.0046	0.0043	0.0022	0.0088

4. 进一步分析

对数据进行补充分析可提取进一步信息，例如做 $\bar{y}$ 对 μ 的回归分析等。

三、有关公式推导

1. 式 (12-52) 与式 (12-53)

第五节“一”中“所需实验室数”所述，根据试验结果，为能以高概率检测到一事先确定的偏倚量，所需的最小实验室数 p 及测试结果数 n 应满足以下关系：

$$A\sigma_R \leqslant \frac{\delta_m}{1.84}$$

$$A = 1.96\sqrt{\frac{n(\gamma^2 - 1) + 1}{\gamma^2 pn}}$$

$$\gamma = \frac{\sigma_R}{\sigma_r}$$

式中　δ_m——试验者希望能从试验结果检出的事先确定的偏倚量；

σ_R——该测量方法的再现性标准差；

A——p 与 n 的函数。

现对式(12-52) 与式(12-53) 推导如下。

最小实验室数 p 及测试结果数 n 按满足以下两个条件计算。

① 检验应能以 $1-\alpha=0.95$ 的概率检测到偏倚等于 0；

② 以 $1-\beta=0.95$ 的概率检测到事先确定的偏倚量 δ_m。

第一个条件实际上在前文中已讨论，测量方法偏倚量 δ 的置信区间即用作对原假设偏倚等于 0（H_0：$\delta=0$），备择假设偏倚不等于 0（H_1：$\delta\neq0$）进行统计检验。

上述检验的另一种等价形式是将测量方法偏倚估计值的绝对值 $|\hat{\delta}|=|\bar{\bar{y}}-\mu|$ 与某个临界值 K 进行比较：若 $|\hat{\delta}|>K$，则拒绝 $H_0(\delta=0)$；若 $|\hat{\delta}|\leqslant K$，则不拒绝 $H_0(\delta=0)$。

K 可按以下条件求得。当 H_0 成立时，拒绝 H_0 的概率应等于选定的显著性水平，$\alpha=5\%$，即：

$$P(|\hat{\delta}|>K|\delta=0)=\alpha=0.05$$

$$\begin{aligned}P(|\hat{\delta}|\leqslant K|\delta=0)&=1-\alpha=0.95\\&=\Phi\left[\frac{K}{\sqrt{V(\hat{\delta})}}\right]-\Phi\left[-\frac{K}{\sqrt{V(\hat{\delta})}}\right]\\&=2\Phi\left[\frac{K}{\sqrt{V(\hat{\delta})}}\right]-1\end{aligned}$$

$$\Phi\left[\frac{K}{\sqrt{V(\hat{\delta})}}\right]=0.975$$

$$\frac{K}{\sqrt{V(\hat{\delta})}}=\mu_{0.975}=1.960$$

$$K=1.960\sqrt{V(\hat{\delta})} \tag{12-75}$$

式中 $\Phi(\cdot)$——标准的累积分布函数；

μ_p——标准正态分布的 p 分位数，这里 $p=0.975$；

$V(\hat{\delta})$——测量方法偏倚值的方差。

$$\begin{aligned}V(\hat{\delta})&=V(\bar{\bar{y}}-\mu)=V(\bar{\bar{y}})\\&=\frac{\sigma_L^2}{p}+\frac{\sigma_r^2}{pn}=\frac{\sigma_R^2-\sigma_r^2}{p}+\frac{\sigma_r^2}{pn}\\&=\frac{n(\sigma_R^2-\sigma_R^2/\gamma^2)+\sigma_R^2/\gamma^2}{pn}\\&=\left[\frac{n(\gamma^2-1)+1}{\gamma^2 pn}\right]\sigma_R^2\end{aligned}$$

式中 σ_L^2——实验室间方差，即有 $\sigma_R^2=\sigma_L^2+\sigma_r^2$。

第二个条件是检验能以 $1-\beta=0.95$ 检测到事前确定的偏倚量 δ_m。

$$P(|\hat{\delta}|>K|\delta=\delta_m)=1-\beta=0.95$$

$$\begin{aligned}P(|\hat{\delta}|\leqslant K|\delta=\delta_m)&=\beta=0.05\\&=P\left[\frac{\hat{\delta}-\delta_m}{\sqrt{V(\hat{\delta})}}\leqslant\frac{K-\delta_m}{\sqrt{V(\hat{\delta})}}\right]=\Phi\left[\frac{K-\delta_m}{\sqrt{V(\hat{\delta})}}\right]\end{aligned}$$

$$\frac{K-\delta_m}{\sqrt{V(\hat{\delta})}}=\mu_{0.05}=-1.645$$

$$K=\delta_m-1.645\sqrt{V(\hat{\delta})} \tag{12-76}$$

由 K 的两个等式式(12-75) 与式(12-76)，即得：

$$1.960\sqrt{V(\hat{\delta})}=\delta_m-1.645\sqrt{V(\hat{\delta})}$$

$$(1.960+1.645)\sqrt{V(\hat{\delta})}=\delta_m$$

$$\left(1+\frac{1.645}{1.960}\right)1.960\sqrt{V(\hat{\delta})}=\delta_m$$

$$\left(1+\frac{1.645}{1.960}\right)A\sigma_R=\delta_m$$

$$A\sigma_R=\frac{\delta_m}{1.84}$$

2. 式（12-66）与式（12-67）

第五节“二”中“测试结果数”所述，为使试验结果能以高概率检测到一个事先确定的偏倚量，测试结果数 n 应满足以下关系：

$$A_W\sigma_r\leqslant\frac{\Delta_m}{1.84}$$

$$A_W=\frac{1.96}{\sqrt{n}}$$

式中　Δ_m——事先确定的试验者希望从试验结果能检测到的实验室偏倚量；

　　σ_r——测量方法的重复性标准差。

在前面“1”的推导中，若将 δ、δ_m、$\hat{\delta}$、$V(\hat{\delta})$ 及 A 分别由 Δ、Δ_m、$\hat{\Delta}$、$V(\hat{\Delta})$ 及 A_m 代替，而 $V(\hat{\delta})$ 的表达式由以下表达式代替：

$$V(\hat{\Delta})=\frac{\sigma_r^2}{n}$$

则即可得到式(12-66) 与式(12-67)。

参考文献

[1] 全国统计方法应用标准化技术委员会. GB/T 3358.1—2009 统计学词汇及符号 第1部分：一般统计术语与用于概率的术语 [S]. 北京：中国标准出版社，2010.

[2] 全国统计方法应用标准化技术委员会. GB/T 3358.2—2009 统计学词汇及符号 第2部分：应用统计 [S]. 北京：中国标准出版社，2010.

[3] 全国统计方法应用标准化技术委员会. GB/T 3358.3—2009 统计学词汇及符号 第3部分：实验设计 [S]. 北京：中国标准出版社，2010.

[4] 全国统计方法应用标准化技术委员会. GB/T 6379.1—2004 测量方法与结果的准确度（正确度与精密度）第1部分：总则与定义 [S]. 北京：中国标准出版社，2004.

[5] 全国统计方法应用标准化技术委员会. GB/T 6379.2—2004 测量方法与结果的准确度（正确度与精密度）第 2 部分：确定标准测量方法重复性与再现性的基本方法 [S]. 北京：中国标准出版社，2004.

[6] 全国统计方法应用标准化技术委员会. GB/T 6379.3—2012 测量方法与结果的准确度（正确度与精密度）第 3 部分：标准测量方法精密度的中间度量 [S]. 北京：中国标准出版社，2012.

[7] 全国统计方法应用标准化技术委员会. GB/T 6379.4—2006 测量方法与结果的准确度（正确度与精密度）第 4 部分：确定标准测量方法正确度的基本方法 [S]. 北京：中国标准出版社，2007.

[8] 全国统计方法应用标准化技术委员会. GB/T 6379.5—2006 测量方法与结果的准确度（正确度与精密度）第 5 部分：确定标准测量方法正确度的可替代方法 [S]. 北京：中国标准出版社，2007.

[9] 全国统计方法应用标准化技术委员会. GB/T 6379.6—2009 测量方法与结果的准确度（正确度与精密度）第 6 部分：准确定值的实际应用 [S]. 北京：中国标准出版社，2009.

[10] ISO 5725-1：1994，Accuracy (trueness and precision) of measurement methods and results－Part 1：General principles and definitions.

[11] ISO 5725-2：1994，Accuracy (trueness and precision) of measurement methods and results－Part 2：Basic methods for the determination of repeatability and reproducibility of a standard measurement method.

[12] ISO 5725-3：1994，Accuracy (trueness and precision) of measurement methods and results－Part 3：Intermediate measures of the precision of a standard measurement method.

[13] ISO 5725-4：1994，Accuracy (trueness and precision) of measurement methods and results－Part 4：Basic methods for the determination of the trueness of a standard and measurement method.

[14] ISO 5725-5：Accuracy (trueness and precision) of measurement methods and results－Part 5：Alternative methods for the determination of the trueness of a standard and measurement method.

[15] ISO 5725-6：1994，Accuracy (trueness and precision) of measurement methods and results－Part 6：Use in practice of accuracy values.

[16] 全国统计方法应用标准化技术委员会. GB/T 4883—2008 数据的统计处理和解释 正态样本离群值的判断和处理 [S]. 北京：中国标准出版社，2008.

[17] 全国统计方法应用标准化技术委员会. GB/T 6380—2008 数据的统计处理和解释 Ⅰ型极值分布样本离群值的判断和处理 [S]. 北京：中国标准出版社，2008.

[18] 全国统计方法应用标准化技术委员会. GB/T 8056—2008 数据的统计处理和解释 指数分布样本离群值的判断和处理 [S]. 北京：中国标准出版社，2008.

[19] 四川省环境保护科研监测所. ISO 数理统计方法标准译文集 [M]. 成都：四川科学技术出版社，1984.

[20] 全国统计方法应用标准化技术委员会. GB/T 3359—2009 数据的统计处理和解释 统计容忍区间的确定 [S]. 北京：中国标准出版社，2010.

[21] 全国统计方法应用标准化技术委员会. GB/T 4889—2008 数据的统计处理和解释 正态分布均值和方差的估计与检验 [S]. 北京：中国标准出版社，2008.

[22] 全国统计方法应用标准化技术委员会. GB/T 11792—1989 测试方法的精密度 在重复性或再现性条件下所得测试结果可接受性的检查和最终测试结果的测定 [S]. 北京：中国标准出版社，1990.

第十三章 化学分析中不确定度的评估

第一节 分析测量和不确定度

一、概述

很多重要的决策的制定均以化学定量分析结果为依据。例如，化学定量分析的结果可以用于判定某些材料是否符合特定规范或法规限量，用于评估收益甚至估计货币价值。当我们使用分析结果作为依据的时候，必须对结果的可靠性有所了解。目前，很多用户强烈要求降低化学分析上的重复劳动，涉及国际贸易、环境监测等时尤为迫切。要达到这个目的，必须要建立对用户之外的机构所提供数据的信心。在化学分析的某些领域，现在已经有正式的（或法定的）要求，即实验室通过质量保证措施来确保数据的可靠性。这些质量保证措施包括使用经确认的分析方法、规定内部质量控制程序、参加能力验证计划、基于ISO/IEC 17025的实验室认可和建立计量溯源性。

在分析化学中，过去曾把规定方法分析结果的精密度作为重点，而不是结果对已定义的标准或SI单位的溯源性，这导致了需使用“官方方法”来满足法定要求和贸易要求。而现在则要求建立结果的置信度，因此测量结果必须溯源至SI单位、标准物质（标准样品）等定义的参考标准，即便由操作决定的方法或经验方法（empirical method）也不例外。欧洲分析化学活动中心（A Focus for Analytical Chemistry in Europe，EURACHEM）与国际分析化学溯源性合作组织（Co-operation on International Traceability in Analytical Chemistry，CITAC）联合发布的指南文件《分析测量中不确定度的量化》（Quantifying Uncertainty in Analytical Measurement）中“化学测量的溯源性”阐述了在决定的方法中如何建立测量结果的计量溯源性。

根据现在的要求，实验室需要证明分析结果的质量，通过提供结果的目的适宜性，这也包括不同分析方法间所得结果一致的程度；其中一个常用的度量参数就是测量不确定度。

虽然相关人员早已对测量不确定度的概念有所了解，但是直到1993年国际标准化组织（ISO）联合国际计量局（BIPM）、国际电工组织（IEC）、国际临床化学联合会（IFCC）、国际实验室认可合作组织（ILAC）、国际理论化学与应用化学联合会（IUPAC）、国际理论物理与应用物理联合会（IUPAP）和国际法制计量组织（OIML）出版了《测量不确定度评定和表示指南》(GUM) 时，才正式建立了测量领域的测量不确定度评定和表示的通用原则。该指南秉承GUM的理念并结合化学领域的特点，介绍了不确定度的概念及不确定度和误差的区别，描述了评估不确定度的步骤，并在附录A中给出了评估过程的实例。

分析人员在不确定度评估过程中应密切关注所有产生不确定度的可能来源，其详尽研究要做大量工作，但是抓住其中的关键点至关重要。实际上，通过初步分析就可快速确定不确定度最重要的来源。正如实例所示，合成不确定度的数值几乎完全取决于那些重要的不确定度分量。评估不确定度时，正确的做法应该是集中精力分析贡献最大的不确定度分量。此外，当实验室对某一给定方法（即特定的测量程序）的不确定度进行评估后，且不确定度估计值经过相关质量控制数据验证后，该估计值便可以用于该实验室相同方法后续的分析结果中。只要测量过程本身或所使用的设备未发生变化，就不需要对不确定度进行再次评估。当测量过程或所使用的设备发生变化时，审核不确定度评估结果即为方法再确认内容的一部分。

方法开发亦是如此，包括对每一个来源的不确定度进行评估，研究不确定度的潜在来源，然后通过调整方法，尽量将不确定度降低到可接受的水平（如果将测量不确定度的可接受水平数值规定为不确定度上限，则称此数值为“目标测量不确定度”）。用精密度和正确度对方法性能进行量化。方法确认是为了确保方法开发过程中所获得的性能能够满足特定应用的需要，并在必要时进行调整。有些情况下，采用协同试验能够获得更多的性能数据。而参加能力验证计划和实施内部质量控制则是实验室为了检查自身是否可以维持方法性能，同时获得其他相关信息。上述活动均可为不确定度的评估提供有用信息，指南(GUM) 针对如何利用不同来源的信息提供统一的方法。

ISO指南第一版《分析测量中不确定度评估指南》是根据1995年出版的GUM制定的。根据化学实验室在测量不确定度评估上的实践经验，以及对实验室引入正式的质量保证程序必要性更进一步的认识，ISO指南第二版从2000年开始与CITAC合作编写。由于质量控制措施可提供评估测量不确定度所需的信息，因此第二版强调实验室测量不确定度的评估应与现有的质量保证措施相结合。

ISO指南第三版保留了第二版的特点，增加了2000年以来在评定和使用不确定度方面的前沿信息，改进了当测量结果接近零时不确定度的表示方式，新增了应用蒙特卡洛模拟法评定不确定度的指南，改进了能力验证数据的使用指南，完善了带有测量不确定度的结果的符合性判定指南。因此，指南在符合GUM原则及ISO/IEC 17025:2017要求的前提下，规定如何使用方法和相关数据进行不确定度的评估。

二、应用范围和领域

① 本章基于GUM中所采用的方法，给出定量化学分析中评估和表述不确定度的详细介绍，适用于各种准确度和所有测量领域——从日常分析到基础研究、经验方法和理论方法。需要化学测量并可以使用本章介绍的基本知识内容的一些常见领域有：a. 制造业中的质量控制和质量保证；b. 判定是否符合法定要求的检测；c. 使用约定方法的检测；d. 标准和设备的校准；e. 与标准物质研制和认证有关的测量活动；f. 科学研究和开发

活动。

② 本章中未包括如何使用公认方法（包括多种测量方法）给标准物质（标准样品）赋值，这在本手册第十四章中专门加以介绍。在符合性声明中如何使用不确定度估计值及在低浓度下如何使用和表示不确定度，对此可能还需要进一步的规定。本章也未包含与抽样操作有关的不确定度。与抽样操作有关的不确定度方面的内容详见有关专业文献。

③ 由于许多领域的实验室已采用了规范的质量保证措施，所以本章也包括任何利用下列信息进行的评估：a. 单个实验室使用作为规定测量程序的单个方法，所识别的不确定度来源对分析结果影响的评估；b. 方法开发和确认的数据；c. 单个实验室中规定的内部质量控制程序的结果；d. 为了确认分析方法而在一些有能力的实验室间进行的协同试验的结果；e. 用于评价实验室分析能力的能力验证计划的结果。

④ 在本章，无论是进行测试还是评估测量程序的性能，均是在实验室实施了有效的质量保证和控制措施，可以确保测量过程稳定并受控的前提下。这些措施包括：有能力（合格）的工作人员、对设备和试剂的正确维护和校准、使用适当的参考标准、使用文件化的测量程序、使用适当的核查标准和控制图等。有关于分析测量保证程序的更多信息详见有关专业文献。

注：本段的意思是在本章中假定所有分析方法均是按已充分文件化的程序来进行的。因此只要是在一般意义上提及分析方法，就意味着其有这样一个程序。严格意义上讲，测量不确定度仅适用于这个特定程序的结果，而不适用于更一般意义上的测量方法。

三、化学分析中不确定度

1. 不确定度的基本概念

不确定度的定义在第十一章中已介绍，这里不再赘述。这里只对不确定度的基本概念给予简单的分析解释。

① 在很多情况下，化学分析中的被测量通常为某被分析物的浓度，但也可用于测量的其他量，例如颜色、pH 值等，所以本书中使用了“被测量”这一通用术语。

注：在指南中，未加限定词的术语“浓度”适用于任何具体的量，如质量浓度、数量浓度、数字浓度或体积浓度，除非引用了单位（例如用 mg/L 表示的浓度明显就是质量浓度）。也应注意，许多用来表示成分的其他量，如质量分数、物质含量和摩尔分数，能直接表示浓度。

② 指南中不确定度的定义主要考虑了分析人员相信能合理赋予被测量的值的范围。

③ 通常意义上，不确定度这一词汇与怀疑一词的概念接近。在指南中，如未加修饰语，不确定度一词指指南中定义的相关参数，或是指对于一个特定值的认知的局限性。测量不确定度一词没有对测量有效性怀疑的意思，而是表明对测量结果有效性的信心的增加。

2. 不确定度来源

在实际工作中，结果的不确定度可能有很多来源，例如被测量定义不完整、取样、基体效应和干扰、环境条件、质量和容量仪器的不确定度、参考值、测量方法和程序中的估计和假定以及随机变异等。

3. 不确定度的分量

① 在评估总不确定度时，可能有必要分析不确定度的每一个来源并分别处理，以确定其对总不确定度的贡献。每一个贡献量即为一个不确定度分量。当用标准偏差表示时，测量不确定度分量称为标准不确定度。如果各分量间存在相关性，必须通过计算协方差将其考虑在内。但是，通常可以评价几个分量的合成效应，这可以减少评估不确定度的总工作量，并且如果综合考虑的几个不确定度分量是相关的，也无需再另外考虑其相关性了。

② 对于测量结果 y，其总不确定度称为合成标准不确定度，记作 $u_c(y)$，是一个标准偏差估计值，它等于运用不确定度传播律将所有测量不确定度分量（无论是如何评估的）合成为总体方差的正平方根，或由替代方法获得（电子数据表和蒙特卡洛模拟法）。

③ 在分析化学中，大多数情况下要使用扩展不确定度 U。扩展不确定度是指被测量的值以一个较高的置信水平存在的区间宽度。U 是由合成标准不确定度 $u_c(y)$ 乘以包含因子 k 确定的。选择包含因子 k 时应根据所需要的置信水平确定。对于大约 95% 的置信水平，k 值通常为 2。

注：通常应当声明包含因子 k 值，因为只有如此才能复原被测量值的合成标准不确定度，以备在可能需要用该量进行其他测量结果的合成不确定度计算时使用。

四、误差和不确定度

① 区分误差和不确定度很重要。误差定义为被测量的单个结果和真值之差。在实际工作中，观测到的误差是观测值与参考值之差。所以不论是理论上的还是观测到的，误差是一个单个数值。原则上已知误差的数值可以用来修正结果。

注：误差是一个理想的概念，不可能被准确知道。

② 另外，不确定度是以一个范围或区间的形式表示的，如果是为一个分析程序和所规定样品类型做评估时，可适用于其所描述的所有测量值。通常情况下，不能用不确定度数值来修正测量结果。

③ 为了进一步说明差异，修正后的分析结果，在很偶然的情况下可能非常接近被测量的数值，因此误差可以忽略。但是，不确定度可能还是很大，因为分析人员对于测量结果与测量数值的接近程度没有把握。

④ 测量结果的不确定度不代表误差本身或经修正后的残余误差。

⑤ 通常认为误差含有两个分量，分别称为随机分量和系统分量。

⑥ 随机误差通常来自影响量的不可预测的变化。这些随机效应导致对被测量重复观察的结果产生变化。分析结果的随机误差不可补偿，但是通常可以通过增加观察的次数来减小。

注：尽管在一些不确定度的出版物中是这样的说法，但是算术平均值或一系列观察值的平均值的实验标准差不是平均值的随机误差。它是由一些随机效应产生的这个平均值不确定度的度量。由这些随机效应产生的平均值的随机误差的准确值是不可知的。

⑦ 系统误差定义为在对于同一被测量的多次分析过程中保持不变或以可以预测的方式变化的误差分量。它独立于测量次数，因此不能在相同的测量条件下通过增加分析次数

的办法使之减小。

⑧ 恒定的系统误差，例如定量分析中没有考虑到试剂空白，或设备多点校准中的不准确性，在给定的测量值水平上是恒定的，但是也可能随着不同测量值的水平而发生变化。

⑨ 在一系列分析中，影响因素在量上发生了系统性的变化，例如由试验条件控制得不充分所引起的效应会产生不恒定的系统误差。

例如：

a. 在进行化学分析时，一组样品的温度在逐渐升高，可能会导致结果的渐变。

b. 在整个试验的过程中，传感器和探针可能存在老化影响，也可能引入不恒定的系统误差。

⑩ 测量结果的所有已识别的显著系统效应都应予以修正。

注：测量仪器和系统通常需要使用测量标准和标准物质（标准样品）来调节或校准，以修正系统影响。与这些测量标准和标准物质（标准样品）有关的不确定度及修正过程中存在的不确定度必须加以考虑。

⑪ 误差的另一个类型是假误差或过错误差。这种类型的误差使测量无效，它通常由人为失误或仪器故障导致。记录数据时数字位置颠倒、光谱仪流通池中存在气泡或试样之间偶然的交叉污染等是导致这类误差的常见例子。

有此类误差的测量应予以剔除，不应将此类误差带进任何统计分析中。然而，因数字位置颠倒产生的误差可准确地进行修正，特别是当这种误差发生在首位数字时。

⑫ 误差并不总是很明显的，当重复测量的次数足够多时，通常应采用异常值检验的方法检查这组数据中是否存在可疑的数据。所有异常值检验中的阳性结果都应该谨慎对待，可能时应向实验人员核实。一般不能仅根据统计结果就剔除某一数值。

⑬使用指南中方法评估的不确定度没有考虑出现假误差或过错误差的可能性。

五、分析方法和不确定度

1. 方法确认

1）在实践中，日常检测的分析方法的适宜性通常是通过方法确认研究加以评价。在方法确认过程中产生的表征方法总体性能和个别影响因子的数据可直接用于该测量方法常规使用所得结果的不确定度的评估。

2）方法确认研究主要是确定方法总体性能参数。这些参数是在方法开发和实验室间研究或按照实验室内部方法确认方案时获得的。单个误差或不确定度来源只有在其与所使用的总精密度相比较较为显著时才会专门研究。由于方法确认的重点在于识别和消除（而不是修正）显著影响，因此大多数潜在的显著影响因素已被识别，而且通过与总的精密度相比较来检验其显著性，并证明其可以忽略。在这种情况下，分析人员可以得到的数据主要为：表征总体方法的性能参数、大多数非显著影响量的证明数据和其余显著影响量的测量数据。

3）定量分析方法的确认研究通常确定了下列部分或全部参数。

① 精密度。主要精密度测量包括重复性标准偏差 S_r、再现性标准偏差 S_R（GB/T

3358.2）和中间精密度，有时表示为 S_{Zi}，其中 i 表示变化因素的数量（GB/T 6379.1）。S_r 表示在短时间内由同一操作人员操作同一设备等在同一间实验室观察到的变异性。S_r 可以在一个实验室内评估，也可以通过实验室间研究来评估。特定方法的实验室间的再现性标准偏差 S_R 可能只能用实验室间研究的方法直接评估，它表示不同实验室分析同一样品的差异性。中间精密度与实验室内的一个或多个因素（例如时间、设备和操作人员）发生变化时所观察到的结果变化有关，所得到的数值可能有所不同，这取决于哪些因素是保持恒定的。中间精密度评估通常是在实验室内获得的，但是也可以由实验室间研究获取。无论是通过独立方差合成的方法得到的，还是通过研究完整的操作方法获得的，分析过程所观察到的精密度是总体不确定度的基本分量。

② 偏倚。分析方法的偏倚通常是通过研究相关标准物质（标准样品）或通过加标研究来确定。在建立与公认标准的溯源性时，重要的是确定与相关参考值的总体偏倚。偏倚可以表示为分析回收率（观察值除以期望值）。偏倚应小到可忽略或应加以修正，但不论何种情况，与偏倚确定有关的不确定度始终是总不确定度的一个基本分量。

③ 线性。线性是用于在一定浓度范围内进行测量的方法的一个重要特性。对于纯标准或实际样品响应能否成线性是可以确定的。通常线性不被量化，而是通过检查或使用非线性显著性检验来检查线性。显著的非线性通常使用非线性校准函数加以修正，或通过选择更严格的操作区间加以消除。残余的线性偏差通常已被覆盖几个浓度的总体精密度估计值所充分考虑，或已在与校准有关的不确定度中得到充分考虑。

④ 检出限。在方法确认中，通常确定检出限只是为了建立一个方法实际操作区间的下限。虽然接近检出限的不确定度在评估时需要仔细考虑和特别处理，但检出限（无论它是如何确定的）与测量不确定度的评估没有直接关系。

⑤ 稳健性。很多方法开发和方法确认方案中需要直接研究特定参数的灵敏度，通常通过初步的“稳健性测试”来得到，即观察一个和多个参数变化的影响。如果影响显著（与稳健性测试的精密度相比较），就需要进一步研究来确定影响的大小，并因此选择一个所允许的操作区间。因此稳健性测试的数据也可提供关于重要参数影响的信息。

⑥ 选择性。“选择性”与分析方法对目标分析物的独特响应程度相关。典型的选择性研究中需要研究可能的干扰物的影响，通常采用在空白样品和加标样品（标准添加样品）中加入潜在的干扰物并观察其响应值的方法。结果通常用于证明实际影响并不显著。然而，因为这种研究是直接测量响应值的变化，所以当干扰物的浓度范围已知时，可以使用这些数据来评估与潜在的干扰物有关的不确定度。

注：以前曾用术语“专一性”来表示“选择性”。

2. 方法性能实验研究的组织实施

方法确认和方法性能研究的详细设计和实施在别处有详细的讨论，在此不再重复。然而，研究中影响不确定度评估的主要原则是很关键的，因此在下面对此加以论述。

代表性是最重要的，也就是说研究应尽可能反映方法正常使用中影响因素数量和范围，并涵盖方法适用范围内的浓度范围和样品类型。当在精密度试验中已使某一个因素代表性地发生变化时，例如该因素影响直接出现在所观察到的方差中，就不需要额外研究，除非希望对方法做进一步优化。

本书中，代表性变异是指影响参数必须具有与该参数的不确定度相适应的数值分布。对于连续参数，这可以是允许的范围或声明的不确定度；对于样品基质这类非连续参数，其范围随着正常实验中遇到的基质类型不同而变化。注意代表性不只表示数值的范围，而且包括其分布。

在选择变化因素时，应当尽可能确保影响较大的因素发生变化。例如，每天的变化（可能来自重新校准的影响）与重复性相比较相当大时，5d 中的每一天进行 2 次测量就比 2d 中的每一天进行 5 次测量能给出更好的中间精密度估计值。在充分的控制下，在不同的天里进行 10 次单独的测量可能会更好，虽然它对于日内重复性没有提供额外的信息。

通常处理随机选取的数据比处理由系统变化获取的数据更简单。例如：在足够长的时间内进行随机次数的试验通常包括代表性的环境温度影响，而按照 24h 间隔所进行的试验，可能由于工作日内有规律的环境温度变化而产生偏倚。前者试验只需要评估总体标准偏差，后者还需要考虑环境温度的系统变化，再按照温度的实际分布进行调整。然而，随机变异这种方式效率最低。少量的系统研究就可以快速确定一个影响量的大小，但是随机变异这种方式通常需要测量 30 多次才能给出优于大约 20％相对准确度的不确定度分量。因此，只要可能，系统地研究少量的主要影响因素是更好的选择。

当因素已知或可能产生交互作用时，应当保证对交互作用的影响加以考虑。该影响可以采用随机选取不同水平的交互作用参数来评估，也可以通过缜密的实验设计得到方差和协方差的信息进行评估。

在对总体偏差研究时，标准物质（标准样品）和数值应与日常检测的材料相近。

为调查和检验某个影响量的显著性而进行的研究，应当有足够的检验效能来检测出实际显著的影响量。

3. 溯源性

测量领域中，能够对实验室间或实验室内不同时期的结果进行可靠的比较很重要。但前提条件是，所有的实验室须使用同样的测量尺度或同样的“参考点”进行测量，通常情况是通过建立比较机制能够最终达到国家或国际基准，理想的情况下是国际测量单位制 SI（为了长期的一致）的校准链。以分析天平为例，每个天平用标准砝码来校准，而砝码本身最终与国家基准核对，如此直至千克基准。这种最终可到达已知参考值的不间断比较链提供了对共同“参考点”的溯源性，确保不同的操作者使用同一测量单位。在日常测量中，建立对某个测量结果的所有相关的中间测量的溯源性，可极大地提升实验室间或实验室内不同时期的测量结果的一致性。因此在所有测量领域中溯源性极为重要。

溯源性（计量溯源性）的正式定义是：通过文件规定的不间断的校准链，将测量结果与参照对象联系起来的测量结果的特性。校准链中的每项校准均会引入测量不确定度。

提及不确定度的原因是由于实验室间的一致性在一定程度上受到每个实验室溯源链所带来的不确定度的限制。因此溯源性与不确定度有紧密联系。溯源性提供了一种将所有有关的测量放在同一测量尺度上的方法，而不确定度则表征了校准链链环的“强度”以及从事同类测量的实验室间所期望的一致性。

通常，某个可溯源至特定参考标准的结果的不确定度，将由该标准的不确定度与对照该标准所进行的测量的不确定度组成。

EURACHEM/CITAC 的指南中“化学测量的溯源性”确认了以下建立溯源性必不可少的活动：a. 规定被测量、测量范围和所需的不确定度；b. 选择适当的估值方法，即包含有关计算、方程和测量条件的测量程序；c. 通过确认，证明该计算方法和测量条件包括会对结果产生重要影响的所有“影响量”或标准的赋值；d. 确定每个影响量的相对重要性；e. 选择并运用适当的参考标准；f. 评估不确定度。

4. 溯源性一般程序

通过如下程序的组合，可建立完整的分析过程所得结果的溯源性：a. 使用可溯源的标准校准测量仪器；b. 使用基准方法或与基准方法的结果比较；c. 使用纯物质的标准物质（RM）；d. 使用含有合适基体的有证标准物质（CRM）；e. 使用公认的、规定严谨的程序。

下面依次讨论每个步骤。

（1）*测量仪器的校准*　在任何情况下，所使用的测量仪器的校准必须可溯源到合适的标准。分析过程的定量阶段通常使用其值可溯源至 SI 单位的纯物质的标准物质来进行校准。在这一程序所得结果可以溯源到 SI 单位。然而，定量前的分析操作结果如萃取和样品净化等也必须用别的方法建立溯源性。

（2）*使用基准方法来进行测量*　基准方法（primary method）的定义是：测量的基准方法是一种具有最高计量学特性，其操作可用 SI 单位进行完整地描述并被理解，其不确定度可完全用单位表述的方法。其测量结果不依赖于被测量的标准。

基准方法的结果直接溯源至 SI 单位，并且具有最小不确定度。正常情况下，基准方法通常只由国家计量机构研究和使用，很少用于日常检测和校准。通过基准方法和检测或校准方法测量结果间的直接比较，可实现对基准方法结果的溯源性。

（3）*使用纯物质标准物质（RM）*　溯源性可通过测定含有已知量的纯物质标准物质的合成样品验证。如内标或标准添加法可达到此目的。但必须评价测量系统对所用标准和被实际样品响应的差异。遗憾的是，对于很多化学分析，尤其在内标或标准添加的情况下，响应偏差的校正值和它的不确定度都很大。因此，虽然结果溯源到 SI 单位在理论上成立，但实际上除非在非常简单的情况下，所有结果的不确定度可能大得无法接受，甚至不可估量。如果不确定度不可估量，其溯源性也就无法成立。

（4）*使用合适的基体标准物质（CRM）*　溯源性可通过基体标准物质的测量结果与其标准值比较来验证。选用合适的基体标准物质 CRM 验证溯源性与使用纯物质标准物质相比可减少不确定度。如果基体标准物质的量值可溯源到 SI 单位，那么这些测量可在后文中进行讨论。但是尽管如此，如果被测样品组分和所用标准物质匹配不好，测量结果的不确定度也可能大得无法接受或者不能估量。

（5）*使用已认可的方法*　通过使用严密确定和普遍认可的方法，适当的可比性才可实现。这种方法将依据输入参数进行确定，如样品萃取时间、颗粒大小等。当这些输入参数的值可溯源至给定的标准时，所得结果也被认为是可溯源的，其结果的不确定度是由输入参数的不确定度、不完善的技术条件的影响和执行中的变动性所致。当另外的方法或程序的结果与认可的方法的结果相比较时，可通过两种方法所得到结果间的比较使另外的方法实现溯源。

第二节 化学分析中不确定度来源分析

一、分析测试过程中的不确定度

1. 分析过程分解

为了识别分析过程中的不确定度可能来源，将分析过程分解为以下几个常见部分：

① 抽样；

② 样品制备；

③ 将有证标准物质（标准样品）使用于测试系统；

④ 仪器的校准；

⑤ 分析（数据采集）；

⑥ 数据处理；

⑦ 结果的表达；

⑧ 结果的解释。

2. 对不确定度的贡献进一步分组

这些步骤可按对不确定度的贡献进一步分组。下面所列出的内容，虽然不一定全面，但提供应考虑因素的指南。

（1）抽样

① 均匀性；

② 具体的抽样方案的影响（例如随机抽样、分层随机抽样、比例抽样等）；

③ 整批样品介质移动的影响（尤其是密度选择）；

④ 媒介的物理状态（固体、液体、气体）；

⑤ 温度和压力影响；

⑥ 抽样过程是否影响组成？例如在抽样系统中的差色吸附。

（2）样品制备

① 均匀性和（或）二级抽样的影响；

② 干燥；

③ 碾磨；

④ 溶解；

⑤ 萃取；

⑥ 污染；

⑦ 衍生（化学影响）；

⑧ 稀释误差；

⑨（预）浓缩；

⑩ 物种形成影响的控制。

（3）有证标准物质（标准样品）对测量系统的影响

① 有证标准物质（标准样品）的不确定度；

② 有证标准物质（标准样品）基质是否与样品匹配。

（4）仪器的校准

① 使用有证标准物质（标准样品）的仪器校准误差；

② 标准物质（标准样品）及其不确定度；

③ 校准用的物质是否与样品匹配；

④ 仪器的精密度。

（5）分析

① 自动分析仪的效应；

② 操作者的影响，例如色盲、视差、其他系统误差；

③ 基体、试剂或其他被分析物的干扰；

④ 试剂的纯度；

⑤ 仪器参数的设置，例如积分参数；

⑥ 重复性实验的精密度。

（6）数据处理

① 求均值计算过程；

② 修约的控制；

③ 统计；

④ 运算法则（模型拟合，例如线性最小二乘法）。

（7）结果的表达

① 最终结果；

② 不确定度的估计；

③ 置信水平。

（8）结果解释

① 对照限值/范围；

② 与法规的符合性；

③ 符合目的要求。

二、分析不确定度来源

1. 引言

通常需要将分析方法有关的所有不确定度来源分析出来并加以记录。将这一过程系统化既可保证考虑范围的全面性，又可避免重复计算。下面步骤（基于以前出版的方法），提供了一种合适的能系统地分析不确定度分量的可能方法。

2. 方法的原理

（1）识别对结果的影响因素　实际上，可通过使用因果图（有时称作 Ishikawa 或“鱼骨”图）来进行必要的系统分析。

（2）简化并解决重复的情况　首次列出的内容要进行精简并且保证影响因素没有不必要的重复列出。

3. 因果分析

1）构造因果图的原则在其他部分已有详细描述，所使用的步骤如下。

① 写出结果的完整公式。该公式中的参数构成因果图的主要分支。几乎有必要增加一个对总偏差（通常以回收率来表示）修正的主要分支。适当时推荐在此步骤中增加此分支。

② 考虑方法的每一步骤，并且从主要影响因素之外来考虑，在因果图上进一步增加其他因素，如环境及基质的影响。

③ 对每一个分支，从增加有贡献的影响因素之外来考虑，在因果图上进一步增加其他因素，如环境及基质的影响。

④ 解决重复问题，并重新调整，澄清影响因素，将有关的不确定度来源编成组。在此步骤，可恰当地将所有精密度项组合在一起，并以单独的分支展现。

2）因果分析的最后步骤要求进一步说明。

对每个输入参数的贡献量进行详细分析时，自然会产生重复问题。例如，对任何影响因素，重复性实验的变异性总是存在的，至少在名义上。这些影响因素作为总体已体现在所观测到的该方法的总方差上。因此，假如已经这样考虑了就不需单独列出。同样，通常用同一台仪器称量物质，会导致校准不确定度的重复计算。出于这些考虑，就有了下述精简因果图的附加规则（虽然它同样地适用于系统地列出的影响因素）。

① 取消影响因素：两者均要去掉。例如，在差减称量中称量两次，两次均受天平“零偏倚”的影响，“零偏倚”将由于重量差而消除。因此，可在分别列出的称量有关分支中取消。

② 类似的影响因素，同样时间：合成一个单一输入量。例如许多输入量的重复性变化能合成一个总的重复性精密度“分支”。尤其需要注意，每一次测量单独操作间的变异性可以合成。而对多个完整批次操作间的变异性（例如仪器校准）只有用批次间精密度度量时才能观测到。

③ 不同的情况：重新标注。通常会发现类似命名相近的影响因素实际上是指类似测量的不同情况，在进行下一步之前必须清楚区分。

3）这种类型的分析不会导致单一结构的列表。在目前的例子中，温度既可视为所测密度的直接影响因素，也可视为是对此密度瓶中的物质所测质量的影响因素，两者均可成为首次构图内容。实际上这不影响方法的使用性。假如所有重要的影响因素在列表的某个地方只出现过一次，总的一套方法仍然有效。

4）一旦因果图分析完成，适当的做法是回到结果的原始公式，并增加任何新的项

（例如温度）到公式中。

4. 案例分析

本部分通过参照简化了的直接密度测量例子来说明。考虑直接测量乙醇密度 d（EtOH）的例子，通过称量合适的带刻度容器的皮重 m_{tare} 以及加了乙醇后的毛重 m_{gross} 来获得已知体积乙醇的质量。密度按下式计算：

$$d(\mathrm{EtOH})=\frac{(m_{gross}-m_{tare})}{V}$$

为了清晰，仅考虑仪器校准、温度和每次测量的精密度三个影响因素。

图 13-1～图 13-3 用图表的方式说明这一过程。

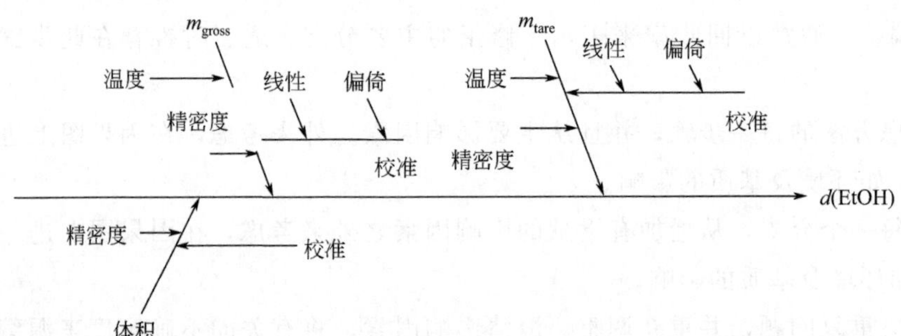

图 13-1　首始列表

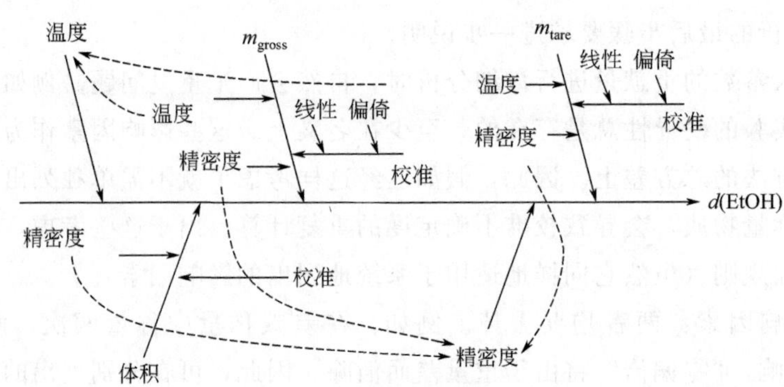

图 13-2　合并相似影响因子

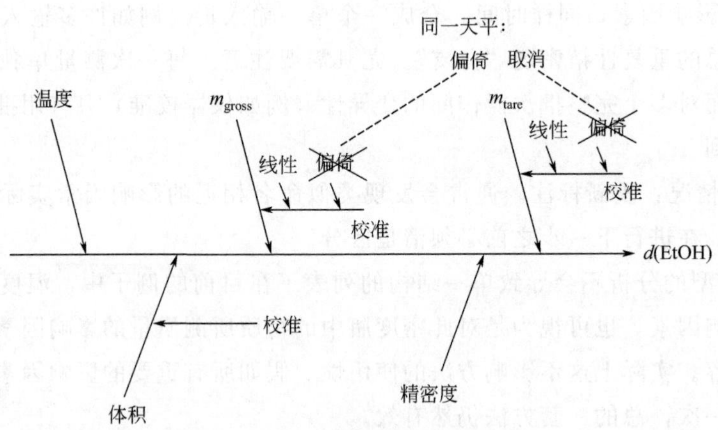

图 13-3　取消部分影响因子

因果图是一个分级结构，最终只导致一个结果。在本实例中，结果就是具体的分析结果［图 13-1 的 d(EtOH)］。指向该结果的“各分支”是贡献因素，包括具体的中间测量结果和其他因素，诸如环境或基体影响。每一个分支接着又有自己的贡献因素。这些“因素”包含影响结果的各种因素，无论是变量还是常数。这些因素的不确定度都明显地对结果的不确定度有贡献。

图 13-1 显示了应用前述步骤直接获得的一种可能的图表。主要分支是公式中的参数，对各参数的影响因素由次分支来表示。注意：有两个“温度”影响因素，3 个“精密度”影响因素和 3 个“校准”影响因素。

图 13-2 显示了按照第二条规则（相同影响因素/时间）将精密度和温度各自组合在一起。温度可作为影响密度的单一因素，而每次测量的变异性均贡献给整个方法的重复实验所观测到的变异性。

按照第一个精简规则（取消），两个称量的校准偏差相互抵消了，可以去除（图 13-3）。

最后，余下的校准分支需要分布两个（不同）分量，一个可能是由于天平响应的非线性，另一个是与体积测量有关的校准不确定度。

三、有用的统计方法

1. 三个重要的分布函数

表 13-1 显示了如何由三个最重要的分布函数的参数来计算不确定度，并给出了它们使用的环境。

例如：如果一个影响因素不小于 7 或不大于 10，但具体数值可能位于这个区间的任何地方，那么则属于区间宽 $2a=3$（半宽 $a=1.5$）的矩形分布函数的情况。利用下面矩形分布的函数，可计算出标准不确定度的估计值。使用上面的区间（$a=1.5$），可得到标准不确定度的结果为（$1.5/\sqrt{3}$）$=0.87$。

表 13-1 三种分布函数的标准不确定度

矩形分布		
图形	在下述情况使用	不确定度
$2a(=\pm a)$；$1/2a$；x	① 证书或其他技术规定给出了界限，但没规定置信水平［例如 (25 ± 0.05)mL］； ② 估计值是以最大区间（$\pm a$）形式给出的，但没给出分布的形状	$u(x)=\dfrac{a}{\sqrt{3}}$

续表

三角形分布		
图形	在下述情况使用	不确定度
$2a(=\pm a)$ $1/a$ x	① 所获得的有关 x 的信息不像矩形分布有那么多的限制。靠近 x 的数值更可能靠近 x 而不是接近两边界。 ② 估计值以最大区间($\pm a$)形式做出，并具有对称分布的特点	$u(x)=\frac{a}{\sqrt{6}}$
正态分布		
图形	在下述情况使用	不确定度
$2a$ $1/a$ x	① 估计值是通过对随机变化过程的重复测量做出的。 ② 不确定度以标准偏差 S、相对标准偏差 $S/\bar{x}$ 或变异系数 CV(%)给出，未给出分布。 ③ 不确定度以 95%(或其他)置信水平，区间为 $x\pm c$ 给出，未规定分布	$u(x)=S$ $u(x)=S$ $u(x)=S(S/\bar{x})$ $u(x)=\frac{CV(\%)}{100}x$ $u(x)=c/2$ (95%置信水平) $u(x)=c/3$(99.7%置信水平)

2. 电子表格方法计算不确定度

电子表格软件可用来简化不确定度评估的有关计算。该程序利用微分法的近似数字方法，并且只要求知道用来导出最终结果（包括任何必要的修正因子或影响）的计算以及参数的数值及其不确定度。此处是按照 Kragten 方法予以描述的。

在不确定度 $u[y(x_1,\ x_2,\ \cdots,\ x_n)]$ 的表达式

$$\sqrt{\sum_{i=1}^{n}\left[\frac{\partial y}{\partial x_i}\cdot u(x_i)\right]^2+\sum_{i,k=1}^{n}\left[\frac{\partial y}{\partial x_k}\cdot\frac{\partial y}{\partial x_k}\cdot u(x_i,x_k)\right]}$$

中，假如 $y(x_1,\ x_2,\ \cdots,\ x_n)$ 对 x_i 呈线性，或者与 x_i 相比 $u(x_i)$ 值很小，偏微分 $(\partial y/\partial x_i)$ 可近似为：

$$\frac{\partial y}{\partial x_i}\approx\frac{y[x_i+u(x_i)]-y(x_i)}{u(x_i)}$$

乘以 $u(x_i)$ 获得因 x_i 不确定度引起的 y 的不确定度 $u(y,\ x_i)$，得：

$$u(y,x_i)\approx u\{y,x_i,\cdots,[x_i+u(x_i)],\cdots,x_n\}-y(x_1,x_2,\cdots,x_n)$$

因此，$u(y,\ x_i)$ 只是分别用 $[x_i+u(x_i)]$ 和 x_i 计算出来的 y 之差。

并不是在所有的情况下 y 与 x 呈线性或小的 $u(x_i)/x_i$ 的假设都得到满足。实际运用中，需要对评估 $u(x_i)$ 值进行必要的近似估算时，该方法确实能提供可接受的准确性。Kragten 论文对这点讨论更详细并且建议核查假设有效性的方法。

基础的电子表格设立如下，假设 y 是四个参数 p、q、r 和 S 的函数。

① 在电子表格 A 栏内输入 p、q 等值以及计算 y 的公式。按照 y 中的变量数栏 A 复制到其他各栏，一个变量复制一次（见图 13-4）。如图所示将不确定度 $u(p)$、$u(q)$ 等的值放在第一行。

	A	B	C	D	E
1		$u(p)$	$u(q)$	$u(r)$	$u(S)$
2					
3	p	p	p	p	p
4	q	q	q	q	q
5	r	r	r	r	r
6	S	S	S	S	S
7					
8	$y=f(p,q\cdots\cdots)$	$y=f(p,q\cdots\cdots)$	$y=f(p,q\cdots\cdots)$	$y=f(p,q\cdots\cdots)$	$y=f(p,q\cdots\cdots)$
9					
10					
11					

图 13-4　步骤①的操作

② 将 $u(p)$ 加到单元 B3 的 p 中，将 $u(q)$ 加到单元 C4 的 q 中等，见图 13-5。重新计算电子表格后，单元 B8 变成 $f[p+u(p),\ q,\ r\cdots]$ [在图 13-5 和图 13-6 中用 $f(p',q,r\cdots)$ 表示]，单元 C8 就变成 $f[p,q+u(q),r\cdots]$ 等。

	A	B	C	D	E
1		$u(p)$	$u(q)$	$u(r)$	$u(S)$
2					
3	p	$p+u(p)$	p	p	p
4	q	q	$q+u(q)$	q	q
5	r	r	r	$r+u(r)$	r
6	S	S	S	S	$S+u(S)$
7					
8	$y=f(p,q\cdots\cdots)$	$y=f(p'\cdots\cdots)$	$y=f(\cdots\cdots q'\cdots\cdots)$	$y=f(\cdots\cdots r'\cdots\cdots)$	$y=f(\cdots\cdots S'\cdots\cdots)$
9		$u(y,p)$	$u(y,q)$	$u(y,r)$	$u(y,r)$
10					
11					

图 13-5　步骤②的操作

③ 在第 9 行输入第 8 行减 A8（例如，单元 B9 变成 B8-A8），给出 $u(y,p)$ 的值为：

$$u(y,p)=f[p+u(p),q,r\cdots]-f(p,q,r\cdots)\text{等}$$

注：这给出了一个带符号的差值，大小表示标准不确定度的值，符号表示变化的方向。

④ 为了得到 y 的标准不确定度，各个分量分别平方，并加在一起，然后开平方根，即通过在第 10 行输入 $u(y,p)^2$（图 13-6），并且将这些和的平方根放在 A10。即，单元 A10 相当于下列公式：

$$\text{SQRT}[\text{SUM}(\text{B10}+\text{C10}+\text{D10}+\text{E10})]$$

它给出了 y 的标准不确定度。

	A	B	C	D	E
1		$u(p)$	$u(q)$	$u(r)$	$u(S)$
2					
3	p	$p+u(p)$	p	p	p
4	q	q	$q+u(q)$	q	q
5	r	r	r	$r+u(r)$	r
6	S	S	S	S	$S+u(S)$
7					
8	$y=f(p,q\cdots\cdots)$	$y=f(p'\cdots\cdots)$	$y=f(\cdots\cdots q'\cdots\cdots)$	$y=f(\cdots\cdots r'\cdots\cdots)$	$y=f(\cdots\cdots S'\cdots\cdots)$
9		$u(y,p)$	$u(y,q)$	$u(y,r)$	$u(y,S)$
10	$u(y)$	$u(y,p)^2$	$u(y,q)^2$	$u(y,r)^2$	$u(y,S)^2$
11					

图 13-6　步骤④的操作

单元 B10、C10 等的内容显示了 y 不确定度的各个不确定度分量的平方分量 $u(y, x_i)^2=[c_i u(x_i)]^2$，很容易看出显著的分量。

随着个别参数值改变或不确定度的更新，可直接进行即时计算。在上面的步骤①，不是直接将栏 A 复制到栏 B 至 E 中，而是通过引用将 p 至 S 值复制，即单元 B3 至 E3 均引用 A3，单元 B4 至 E4 引用 A4 等。图 13-4 的水平箭头表明第 3 行引用情况。注意单元 B8 至 E8 还分别引用列 B 至列 E 的值，如图 13-4 的 B 列竖箭头所示。在上面的步骤②中，通过引用加上第 1 行的引用值（如图 13-4 中箭头所示），例如单元 B3 变成 A3＋B1，单元 C4 变成 A4＋C1 等，参数或不确定度的变化将立刻在 A8 的总结果中及 A10 的合成标准不确定度中反映出来。

假如变量是相关的，要在 A10 的 SUM 中增加必要的附加项。例如 p 和 q 相关，其相关系数为 $r(p,q)$，则附加项 $2\times r(p,q)\times u(y,p)\times u(y,q)$ 要在开平方根之前加到计算的和中。因此通过电子表格中增加适当的附加项就可以很容易将相关性包括进去。

3. 使用蒙特卡洛（Monte Carlo）模拟法计算不确定度

（1）引言　2008 年，由 7 个国际组织创立的计量学指南联合委员会（JCGM）第一工作组（WG1）发表了一篇 GUM 的补充说明文件（GS1）。该文件介绍了一种被称作“分布的传播”的通用方法来评估测量不确定度。此方法通过蒙特卡洛模拟法（MCS）来实现数值计算。此方法原理简单，如有合适的软件则操作方便。几乎所有 GUM 和 Kragten 方法适用的情况下，此方法也基本可用。此外，它可用于当测定结果是由一个叠代数值计算程序获得的情况。本手册在此对该方法进行简单的介绍。

（2）原理　蒙特卡洛模拟法（MCS）要求建立一个测量模型，利用所有影响结果的独立因子来描述测量过程。测量模型可以是公式的形式或者是可输出测量结果的计算机程序或函数。此外，要求已知输入量的概率分布（又称作概率密度函数或 PDF），例如表 13-1 中的正态分布、矩形分布、三角形分布等。本章第三节“第四步：计算合成不确定度”中介绍了通过输入量的常用可获得信息，例如下限或上限，或估计值及其标准不确定度，来获得概率密度函数（PDF），GS1 中对其他的情况进行了说明。

蒙特卡洛模拟法介绍的结果分别对应每一个从其概率密度函数（PDF）中随机抽取的输入量的值，并重复计算多次（试验），通常为 10^5～10^6 次。这个过程生成的一组模拟结果在一定假设条件下，形成一个被测量值的近似的概率密度函数（PDF）。根据这组模拟结果，可计算出平均值和标准偏差，在 GUM 补充说明 1 里，它们被分别当作被测量的估计值及其不确定度，具体过程见图 13-7(b)。蒙特卡洛模拟法与常用 GUM 计算程序的比较见图 13-7(a)。GUM 程序通过合并那些输入量估计值的标准不确定度，得出被测量的估计值的标准不确定度。补充说明 1 里的程序［图 13-7(b)］则使用输入分布来计算输出分布。

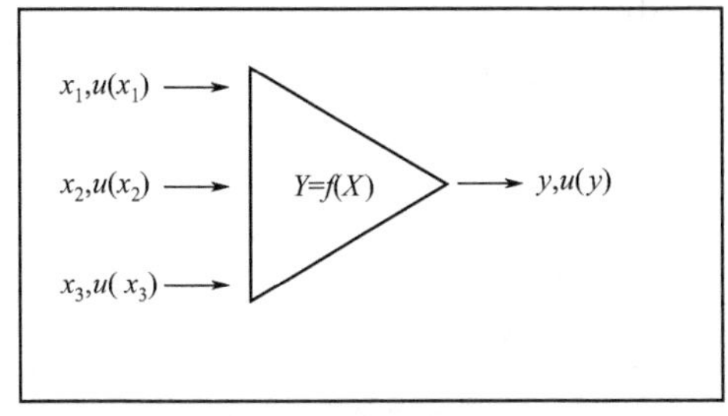

(a) 不确定度的传播定律

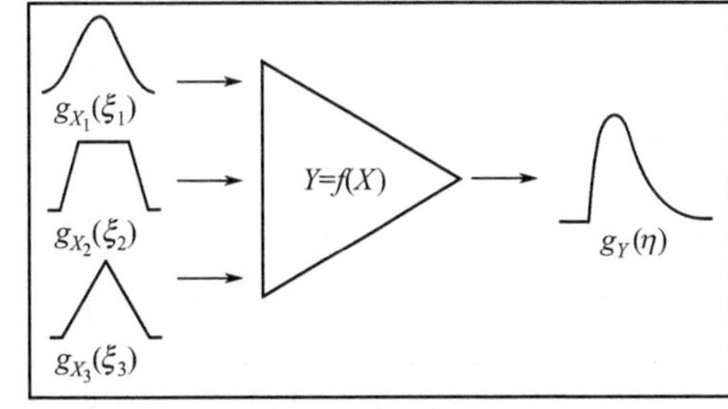

(b) 三个独立的输入量的分布传播

图 13-7　不确定度的传播定律和三个独立的输入量的分布传播的比较

［其中（ξ_i）是 x_i 的概率密度函数（PDF）；$g(\eta)$ 为结果的密度函数］

(3) *MCS、GUM 和 Kragten 方法之间的关系*　在大多数情况下，GUM、Kragten 和 MCS 方法计算得出的被测量值的标准不确定度几乎相同。当分布远远偏离正态分布或者测量结果非线性地取决于一个或多个输入量时，三者计算结果的差异变得明显。当有明显的非线性时，后文“第四步：计算合成不确定度”给出的基本 GUM 方法，应用比较差。GUM 中提到，通过扩展计算包括引入高阶方程来解决非线性的问题。这种情况下，与“第四步：计算合成不确定度”中的一阶方程相比，Kragten 方法可能给出一个更现实的不确定度估计。因为当输入量以标准不确定度的幅度变化时，Kragten 方法可计算出结果中的实际变化。MCS（足够多的模拟次数）给出了一个更好的近似值，因为它另外探讨了输入和输出分布的极端值情况。当分布的非正态分布极端严重时，Kragten 和 GUM 方法仅给出了估计的标准不确定度，而 MCS 能给出估计的输出分布，因此更好地体现出真正的“包含区间”，而不是简单的区间 $y \pm U$。

MCS 的主要缺点包括：a. 计算更复杂和计算时间更多，尤其需要获得可靠的区间时；b. 由于模拟的有意随机性，这次计算的不确定度与下一次计算的是不一样的；c. 不通过重复模拟，很难确定对合成不确定度的最重要的贡献。

然而，基础 GUM 法、Kragten 方法和 MCS 一起使用时有助于制定适当的方案，因为三者能关注到问题的不同方面。GUM 法和 Kragten 方法之间存在显著差异往往意味着非线性比较严重，而当 Kragten 方法或基础 GUM 法和 MCS 之间存在大的差异时，可能预示着明显的正态偏离。当不同的方法给出的结果显著不同时，应调查产生差异的原因。

(4) *电子表格应用*　MCS 最好是在专门为此设计的软件中实现。但是，也可以利用电子表格的功能（如表 13-2 所列），对 MCS 做中等次数的估算。下面通过简单的例子来说明这个过程。其中，输入值为 a、b 和 c，y 值通过公式 $y=\frac{a}{b-c}$ 得到（例如，这可能为通过测量分析物的质量 a、总重 b 和皮重 c，计算质量分数的公式）。表 13-3 中第 3 行至第 5 行中分别列出 a～c 的值、标准不确定度和指定的分布。

表 13-2　蒙特卡洛模拟法的电子表格公式

分布	适用于 PDF 的公式①
正态分布	NORM[RAND(), x, u]
矩形分布	
给定半宽 a	x＋2a[RAND()－0.5]
给定标准不确定度 u	x＋2uSQRT(3)[RAND()－0.5]
三角形分布	
给定半宽 a	x＋a[RAND()－RAND()]
给定标准不确定度 u	x＋uSQRT(6)[RAND()－RAND()]
t②	x＋uTINV[RAND(), ν_{eff}]

① 公式中 x 应该被替换为输入量的值 x_i；u 为相关的标准不确定度；a 为矩形分布和三角形分布的半宽；ν 表示自由度。

② 这个公式适用于标准不确定度已知，且为 t 分布（已知自由度为 ν）时。这是所报告的一个典型的标准不确定度，其所报告的有效自由度为 ν_{eff}。

表 13-3　蒙特卡洛模拟法的电子表格

	A	B	C	D	E	F	G
1							
2			a	b	c		y
3		参数值	1.00	3.00	2.00		=C3/(D3E3)
4		标准不确定度	0.05	0.15	0.10		=STDEV (G9:G507)
5		分布	正态	正态	正态		
6							
7		模拟	a	b	c		y
8			=NORMINV [RAND(), C$3,C$4]	=NORMINV[RAND(), D$3,D$4]	=NORMINV[RAND(), E$3,E$4]		=C8/(D8E8)
9			1.024702	2.68585	1.949235		1.39110
10			1.080073	3.054451	1.925224		0.95647
11			0.943848	2.824335	2.067062		1.24638
12			0.970668	2.662181	1.926588		1.31957
…			…	…	…		…
506			1.004032	3.025418	1.861292		0.86248
507			0.949053	2.890523	2.082682		1.17480
508							

注：在第 3 行 C3 至 E3 中输入参数值，下一行的 C4 至 E4 中输入对应的标准不确定度。在 G3 单元格中输入计算结果 y。在第 8 行中输入适当的产生随机数的公式，以及复制结果的计算公式（G8）。注意，G8 为第 8 行的模拟值。往下复制第 8 行，直到得到所需的蒙特卡洛重复次数表中显示的从第 9 行算起的随机数。y 的标准不确定度为所有模拟值的标准偏差。

表 13-3 也说明了以下步骤：

① 电子表格第 3 行和第 4 行中分别输入输入量参数值和标准不确定度（或可选矩形分布或三角形分布、半宽）。

② 电子表格第 3 行，输入量值最右侧列中输入计算结果 y。

③ 在参数值和不确定度所在行以下，选择合适的行作为起始行（表 13-3 选择第 8 行作为起始行）输入每个输入量分布对应公式。表 13-2 列出了由不同概率密度函数（PDF）产生随机样本的有用电子表格公式。请注意，该公式必须包括固定引用行中的参数值及其不确定度（在公式中以 $ 表示）。

④ 该结果 y 的计算被复制到随机值的第 1 行，输入量值列表的最右侧。

⑤ 随机值及相应结果 y 的计算公式所在行被向下复制以给出所希望的重复次数（例如表 13-3，500 次）。

⑥ 如表 13-3 单元格 G4 所示，该 MCS 估计的 y 的标准不确定度是所有模拟值 y 的标准偏差。

可以通过内置的电子表格功能，生成直方图来检查分布。本例中，使用表 13-3 中的值，500 次重复计算所得 y 的标准不确定度为 0.23。重复 10 次模拟（通过重新计算电子表格）得到的标准不确定度范围在 0.197～0.247。基础 GUM 法计算得到的标准不确定度为 0.187。两者比较得出，模拟计算一般给予较高的标准不确定度估计。

从模拟结果的直方图（图 13-8）可看出，产生这种情况的原因为虽然输入量参数分布呈正态分布，但输出显示出明显的正偏，从而产生一个比预期更高的标准不确定度。这是由于明显的非线性：注意 b 和 c 的不确定度所占分母 $b-c$ 的比重相当大，导致非常小的 y 估计值的比例关系。

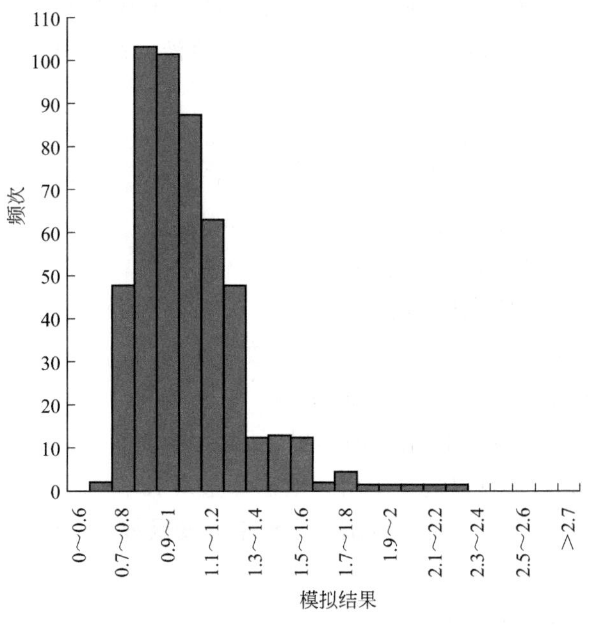

图 13-8 模拟结果的直方图示例

(5) MCS 进行不确定度评估的实际考虑

① MCS 样本数。仅基于几百次的试验模拟，MCS 法就能对标准不确定度提供一个

很好的估计值。试验模拟次数约200次时，MCS法所得到的标准不确定度估计值与最佳估计值之间仅有约±10%的差异，而对于1000次和10000次模拟，预期差异范围约为±5%和±1.5%（基于卡方分布，95%的置信区间）。值得注意的是，许多输入量的不确定度估计值是基于少得多的观测值而计算得出的。相比较而言，对于探索性研究或者一般的标准不确定度报告来说，选用500～5000次的MCS模拟可能就足够了。对于这样的目标，可用电子表格进行MCS计算。

② MCS置信区间。原则上也可以由MCS结果来估计置信区间，而无需使用有效自由度。例如，通过使用相关的分位数。然而，重要的是不要被结果中所获取的PDF的明显细节信息所误导。需要牢记输入量的PDF缺乏详细信息，因为这些PDF基于的信息并不总是可靠。PDF的尾端对这种信息特别敏感。因此，通常尝试区分极其类似的置信水平（例如94%和96%的水平）是不明智的。此外，GUM表明获得在99%或更高的置信水平时的区间是特别困难的。另外，为了获得足够输出量PDF的尾部信息，要求至少10^6次试验计算的结果。然后，很重要的一点是，确保软件所使用的随机数发生器在从输入量PDF中提取如此大量数据时能够保持随机性，这需要性能良好的数值计算软件。GS1中建议了一些可靠的随机数发生器。

③ 输出分布的不对称导致的偏倚。当测量模型是非线性的，并且估计值y的标准不确定度相比y较大［即，$u(y)/y$大于10%］时，MCS的PDF可能是不对称的。在这种情况下，模拟结果的平均值和通过计算输入量的估计获得的被测量的值将是不同的。从化学测量实用性角度考虑，应报告由原始输入值计算出的结果，然而，MCS方法可用来估计相关的标准不确定度。

（6）*MCS方法进行不确定度评估示例*　下面的例子基于本章第四节中例2，用标准邻苯二甲酸氢钾（KHP）标定氢氧化钠（NaOH）溶液。NaOH溶液的浓度c_{NaOH}的测试函数：

$$c_{\mathrm{NaOH}}=\frac{1000m_{\mathrm{KHP}}p_{\mathrm{KHP}}}{M_{\mathrm{KHP}}V}$$

式中　c_{NaOH}——NaOH标准滴定溶液的浓度，mol/L；

1000——从mL到L的换算系数；

m_{KHP}——滴定标准物KHP的质量，g；

p_{KHP}——滴定标准物的纯度，以质量分数表示；

M_{KHP}——KHP的摩尔质量，g/mol；

V——滴定消耗NaOH溶液的体积，mL。

测量公式的部分输入量可以进一步用其他输入量来表示。公式需要用基本量来表示，因为这些基本量的任何一个必须能分别被一个概率密度函数（PDF）来描述，作为蒙特卡洛模拟法计算的基础。

m_{KHP}可通过差减法称量获得：

$$m_{\mathrm{KHP}}=m_{\mathrm{KHP1}}-m_{\mathrm{KHP2}}$$

M_{KHP}的计算公式中包括分子式里4种不同元素：

$$M_{\mathrm{KHP}}=M_{\mathrm{C_8}}+M_{\mathrm{H_5}}+M_{\mathrm{O_4}}+M_{\mathrm{K}}$$

V 取决于温度和测量系统的校准：

$$V=V_T[1+\alpha(T-T_0)]$$

式中 α——水的体积膨胀系数；

T——实验室的温度；

T_0——玻璃量器校准时的温度；

V_T——实验室温度下滴定消耗 NaOH 溶液的体积，mL。

此外，R 代表重复性。

因此，测量公式变成：

$$c_{\mathrm{NaOH}}=\frac{1000(m_{\mathrm{KHP1}}-m_{\mathrm{KHP2}})}{(M_{\mathrm{C_8}}+M_{\mathrm{H_5}}+M_{\mathrm{O_4}}+M_{\mathrm{K}})V_T[1+\alpha(T-T_0)]}$$

根据提供的有关信息，这些输入量各自的特征分别由一个适当的 PDF 给出。表 13-4 列出了这些量及其特征 PDF。

表 13-4 实例中各输入量的值、不确定度和分布

输入量	描述	单位	值	标准不确定度或半宽	分布
R	重复性	1	1.0000	0.0005	正态
m_{KHP1}	容器和 KHP 的总质量	g	60.5450	0.00015	矩形
m_{KHP2}	容器减去 KHP 的质量	g	60.1562	0.00015	矩形
P_{KHP}	KHP 的纯度	1	1.0000	0.0005	矩形
$M_{\mathrm{C_8}}$	C_8 的摩尔质量	g/mol	96.0856	0.0037	矩形
$M_{\mathrm{H_5}}$	H_5 的摩尔质量	g/mol	5.0397	0.00020	矩形
$M_{\mathrm{O_4}}$	O_4 的摩尔质量	g/mol	63.9976	0.00068	矩形
M_{K}	K 的摩尔质量	g/mol	39.0983	0.000058	矩形
V	滴定 KHP 用去 NaOH 的体积	mL	18.64	0.03	矩形
$T-T_0$	温度校准因子	K	0.0	1.53	正态
α	体积膨胀系数	$℃^{-1}$	2.1×10^4	可忽略	

由于 V_T 的贡献是主要的，除矩形分布外，考虑为这个量使用 2 个 PDF 分布（三角形分布和正态分布），以观察对计算结果的影响（表 13-5）。

表 13-5 V_T 的不确定度的 PDF 为不同分布时 GUM 和 MCS 方法计算获得的不确定度值 u（c_{NaOH}）的比较

方法	V_T 的三角形分布概率密度	V_T 的正态分布概率密度	V_T 的矩形分布概率密度
GUM①	0.000099mol/L	0.000085mol/L	0.00011mol/L
MCS	0.000087mol/L	0.000087mol/L	0.00011mol/L

① GUM 和 Kragten 方法的计算结果至少有 2 位有效数字一致。

让 V_T 的不确定度具有 3 种 PDF，为浓度 c_{NaOH} 所计算的标准不确定度 $u(c_{\mathrm{NaOH}})$ 跟用常规方法如 GUM 法（表 13-3）或 Kragten 方法所得的结果完全一致。另外，对结果数据进行组织，使得尾端的 2.5%落在这些结果数据的下面和另外 2.5%落在这些数据的上面，并通过这些结果数据获得包含因子 k，明确其对应于正态分布的哪些数值并支持使用 $k=2$ 作为扩展不确定度。然而，让 V_T 的不确定度具有矩形分布时会明显影响浓度 c_{NaOH}

的 PDF（见图 13-9）。使用多次蒙特卡洛试验（从 10^4 次到 10^6 次不等）进行计算，当进行 10^4 次试验时计算出的 k 和 $u(c_{NaOH})$ 的值足够稳定。较大数量的试验提供 PDF 的更平滑逼近（见图 13-10）。

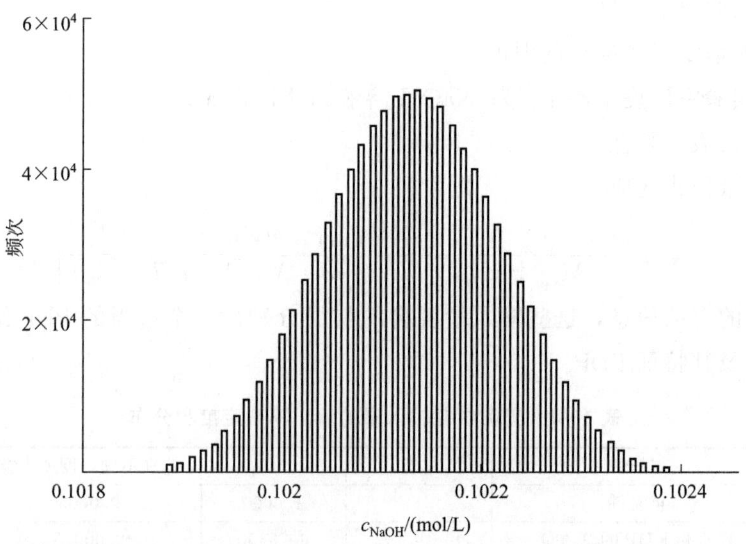

图 13-9 基于 V_T 表征为三角形分布 PDF 所获得的浓度 $u(c_{NaOH})$（$k_{95}=1.94$，$u=0.000087$，GUM 值为 0.00009）

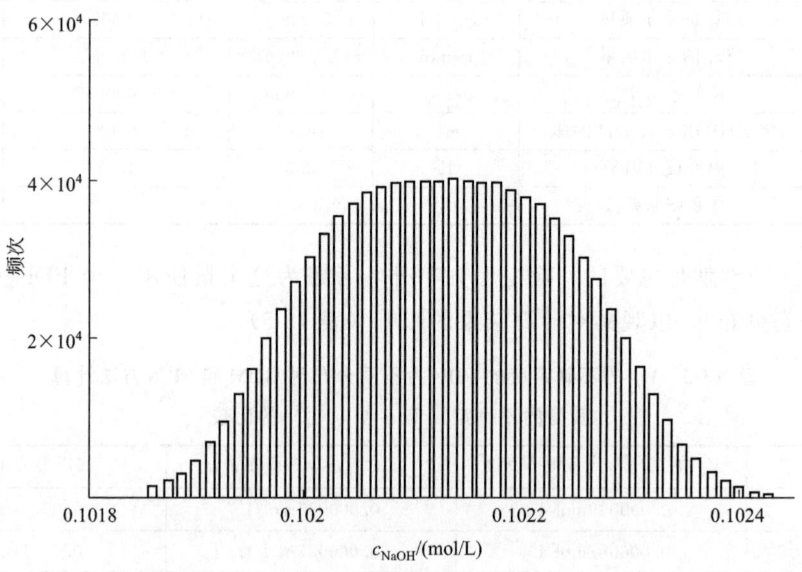

图 13-10 基于 V_T 表征为矩形分布 PDF 所获得的浓度 c_{NaOH}（$k_{95}=1.83$，$u=0.00011$）

4. 线性最小二乘法校准的不确定度

1）分析方法和仪器通常是通过观察被分析物 x 的不同浓度的响应值 y 来校准的。在大多数情况下，这种关系被认为是线性的，即：

$$y=b_0+b_1x \tag{13-1}$$

利用该校准线，可通过样品中被分析物产生的响应值 y_{obs}，由式(13-2) 计算其浓

度 x_{pred}：

$$x_{pred}=(y_{obs}-b_0)/b_1 \tag{13-2}$$

通常通过对一组 n 对数值（x_i，y_i）的加权或未加权最小二乘法回归来确定常数 b_1 和 b_0。

2）为了获得估计值浓度 x_{pred} 的不确定度，需要考虑 4 种主要不确定度来源：a. 测量 y 时的随机变异，既影响校准标准响应值 y_i，又影响被测量的响应值 y_{obs}；b. 导致标准值赋值 x_i 误差的随机效应；c. x_i 和 y_i 值可能受恒定的未知偏倚的影响，例如当 x 值取自储备溶液的连续稀释时所产生的偏倚；d. 线性的假设未必有效。

上面因素中，在正常操作中最显著的是 y 的随机变异。该种来源的不确定度评估方法将在此详述。其他来源也简要地加以讨论以便指出所用的方法。

3）由于 y 的（随机）变化性，预估值 x_{pred} 的不确定度 $u(x_{pred}, y)$ 可按以下几种方法来评估。

① 由计算所得的方差和协方差来获取。假如 b_1 和 b_0 的值，它们的方差 $\mathrm{var}(b_1)$、$\mathrm{var}(b_0)$ 以及它们的协方差 $\mathrm{covar}(b_1, b_0)$ 是由最小二乘法获得的，x 的方差 $\mathrm{var}(x)$ 通过使用本章第三节第四步中的公式，并对该标准公式求微分，得：

$$\mathrm{var}(x_{pred})=\frac{\mathrm{var}(y_{obs})+x_{pred}^2\mathrm{var}(b_1)+2x_{pred}\mathrm{covar}(b_0,b_1)+\mathrm{var}(b_0)}{b_1^2} \tag{13-3}$$

对应的不确定度 $u(x_{pred},y)$ 表示成$\sqrt{\mathrm{var}(x_{pred})}$。

② 由校准数据获得。上述 $\mathrm{var}(x_{pred})$ 的公式可由测量校准函数所使用的一组 n 个数据点（x_i，y_i）来表示：

$$\mathrm{var}(x_{pred})=\frac{\mathrm{var}(y_{obs})}{b_1^2}+\frac{S^2}{b_1^2}\left[\frac{1}{\sum w_i}+\frac{(x_{pred}-\bar{x})^2}{\sum(w_i x_1^2)-(\sum w_i x_i)^2/\sum w_i}\right] \tag{13-4}$$

其中 $S^2=\dfrac{\sum w_i\ (y_i-y_{fi})^2}{n-2}$，$(y_i-y_{fi})$ 是第 i 个点的余差，n 是校准的数据点的数目，b_1 是计算所得的最佳拟合斜率，w_i 是赋予 y_i 的权，$(x_{pred}-\bar{x})$ 是 x_{pred} 与 n 个 x_1、x_2……值的平均值 $\bar{x}$ 之间的差。

对未加权数据以及 $\mathrm{var}(y_{obs})$ 基于 p 次测量，公式(13-4) 变成：

$$\mathrm{var}(x_{pred})=\frac{S^2}{b_1^2}\left[\frac{1}{p}+\frac{1}{n}+\frac{(x_{pred}-\bar{x})^2}{\sum(w_i x_1^2)-(\sum w_i x_i)^2/\sum w_i}\right] \tag{13-5}$$

这是以 $S_{xx}=\sum(x_i^2)-(\sum x_i)^2/n=\sum(x_i-\bar{x})^2$ 形式用在第四节案例 5 中的公式。

③ 由用来导出校准曲线的软件提供的信息估计。某些软件给出 S 的值，有不同的称谓，如均方根（RMS）误差或残余标准误差。然后可用在式(13-4) 或式(13-5) 中。然而，一些软件也可给出从某些新的 x 值拟合线上计算所得的 y 值的标准偏差 $S(y_c)$，因此这可用来计算 x_{pred} 的方差 $\mathrm{var}(x_{pred})$。对于 $p=1$：

$$S(y_c)=\sqrt{1+\frac{1}{n}+\frac{(x_{pred}-\bar{x})^2}{\sum(x_1^2)-(\sum x_i)^2/n}}$$

与式(13-5) 比较，给出：

$$\operatorname{var}(x_{\text{pred}})=\left[\frac{S(y_{\text{c}})}{b_1}\right]^2 \tag{13-6}$$

4）标准值 x_i 各有自己的不确定度，并通过传播律传给最终结果。实际上，这些数值的不确定度与系统的响应值 y_i 的不确定度相比通常是小的，可以忽略不计。由具体标准值 x_i 的不确定度引起的对预估值 x_{pred} 的不确定度 $u(x_{\text{pred}},x_i)$ 的近似估计值为：

$$u(x_{\text{pred}},x_i)\approx\frac{u(x_i)}{n} \tag{13-7}$$

式中 n 是在校准的 x_i 值的数目。这个表达式可用来检查 $u(x_{\text{pred}},x_i)$ 的显著性。

5）由于假设 x 和 y 的线性关系引起的不确定度通常不会大到要求做额外的评估。如果残差表明与这种假设关系没有显著的系统偏差，由这种假设所引起的不确定度可忽略（除了导致 y 方差的增加所覆盖外）。假如残差表明有系统偏离趋向，在校准函数有必要包括较高阶项式。在这些情况下 $\operatorname{var}(x)$ 的计算方法见本节相关内容。基于系统偏离的大小也可做出判断。

6）x 和 y 的值可能受恒定的未知偏倚影响（例如 x 的值取自给出不确定度的有证值的储备溶液的连续稀释时所引起的），假如这些影响对 y 和 x 产生的标准不确定度分别为 $u(y,\text{const})$ 和 $u(x,\text{const})$，内插值 x_{pred} 的不确定度由式(13-8) 给出：

$$u^2(x_{\text{pred}})=u^2(x,\text{const})+\left[\frac{u(y,\text{const})}{b_1}\right]^2+\operatorname{var}(x) \tag{13-8}$$

7）前文所述的 4 个不确定度分量可用式(13-3) ～式(13-8) 进行计算。线性校准计算引起的总不确定度可按常规的方式合成这 4 个分量来计算。

8）对于线性最小二乘回归的最常见情况，上述计算能提供合适的办法，它们并不适用于更普遍的考虑了 x 或 x 和 y 之间相关性的不确定度的回归建模方法。ISO TS28037 中能找到解决这些更复杂情况的方法（直线校准函数的确定和使用）。

5. 与被分析物浓度相关的不确定度表示

（1）引言

① 在化学分析中，经常看到在被分析物浓度水平范围内，在总不确定度中占支配作用的分量几乎与被分析物浓度水平成比例变化，即 $u(x)\propto x$。在这种情况下，以相对标准偏差或变异系数（如 CV,%）来表述不确定度是明智的。

② 当不确定度不受浓度水平的影响，例如在低浓度或被分析物的浓度范围相对较窄时，不确定度以绝对值表述更合理。

③ 在某些情况下，恒定影响和按比例的影响都很重要。当不确定度随受分析物浓度的变化而变化时，简单地报告一个变异系数是不合适的。本部分给出了记录不确定度信息的通用方法。

（2）方法的基本原理

① 既要考虑到不确定度随受分析物浓度的变化而变化，又要考虑不随被分析物浓度变化的基本恒定数值的可能性，使用下列通用公式：

$$u(x)=\sqrt{s_0^2+(xs_1)^2} \tag{13-9}$$

式中 $u(x)$——结果 x 的合成标准不确定度（即用标准偏差表示的不确定度）；

s_0——对总不确定度的贡献恒定的分量；

s_1——比例常数。

式(13-9) 是基于常用的将两个不确定度分量合成总不确定度的方法，并假设分量 s_0 是常数，而分量 xs_1 与结果成比例，表达式的形式见图 13-11。

注：上述方法只适用于可能计算大量数据的情况。当进行实验研究时，通常不能建立相关的抛物线关系。在这种情况下，通过对在不同被分析物浓度下获得的 4 个或更多的合成不确定度进行简单的线性回归可获得合适的近似值。该程序与根据 GB/T 6379.1—2004 进行的研究再现性和重复性的程序是一致的。相关的表达式为 $u(x)\approx s_0'+xs_1'$。

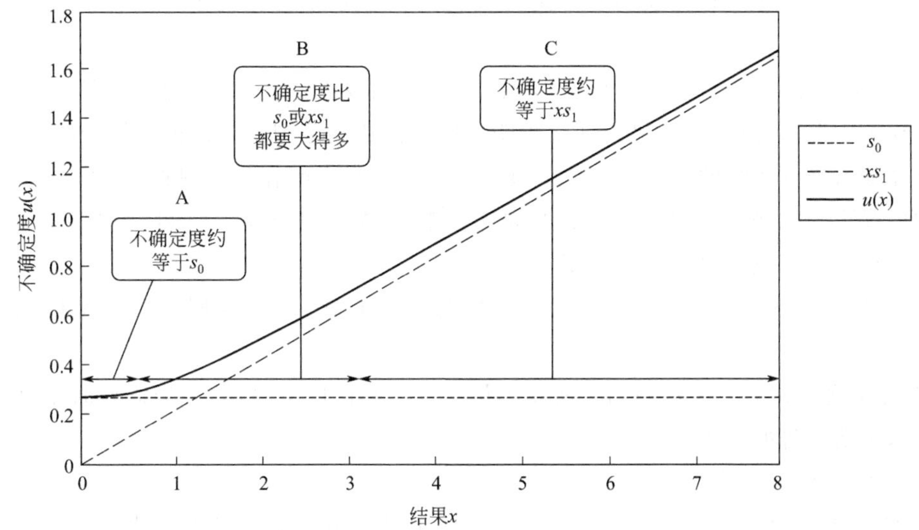

图 13-11 不确定度随机观测结果的变化

② 图 13-11 可大致分为三个区域（见图 13-11 中 A～C）。

A：不确定度中 s_0 项占支配地位，并且不确定度基本恒定，约等于 s_0。

B：两项均相当重要。最终的不确定度比 s_0 或 xs_1 高出许多，可见一部分曲线。

C：xs_1 项占支配地位。不确定度随 x 的增加几乎呈线性增长，因此约等于 xs_1。

③ 注意在许多实例中，没有明显的完整曲线形式，极常见的是方法范围所允许的被分析物浓度的整个报告范围落在一个单一图区。下面更详细介绍的一些特殊例子的结果就是这样。

(3) 与被分析物浓度相关的不确定度数据表示 一般来说，不确定度可用 s_0 和 s_1 的每一个值的形式来表示。在整个方法范围内可用这些数值提供不确定度的估计值。当在计算机系统上对成熟的方法进行计算时，其中该公式可以独立于参数的值[见下面(4) 特殊情况] 进行计算，这尤其重要。因此建议，除下面给出的特定情况外，或当相关性较强并且不是线性之外，不确定度可由一个常数项 s_0 和一个变量 s_1 的形式表示。

注：一个非线性相关的重要例子是仪器噪声在接近仪器性能上限的高吸光度值时对噪

声测量的影响，当吸光度是通过透射比率（如在红外光谱中）来计算时尤其明显。在这种情况下，基线噪声使得高吸光度数值有非常大的不确定度，并且不确定度值增长得比简单的线性估计值所预测的更快。通常的做法是通过稀释降低吸光度，使得吸光度的数值刚好落在工作范围内。此处所使用的线性模型因此变得合适了。其他例子包括某些免疫测定方法的“S 形”响应。

（4）特殊情况

1）不确定度与被分析物浓度无关（s_0 占支配作用）。不确定度通常会有效地独立于所观测的被分析物的浓度，当结果接近零（例如在方法给定的检出限内，见图 13-11 的区域 A）时，或结果的可能范围（在方法范围中规定的或在不确定度评估的范围声明中规定的）与可观测到的浓度相比是小的，在这些情况下 s_1 的值可记为零，s_0 通常是所计算的标准不确定度。

2）不确定度完全与被分析物的浓度相关（s_1 占支配作用）。当结果远大于零（例如高于“检测限”），以及有明显的证据表明，在方法适用范围所允许被分析物浓度范围内，不确定度随着被分析物的浓度而按比例变化，xs_1 项起支配作用（见图 13-11 的区域 C），在这种情况下，方法的适用范围不包括被分析物的浓度约为零，s_0 可合理地记为零，s_1 简单地以相对标准偏差表示不确定度。

3）中间相关。在中间的情况，尤其当情况对应于图 13-11 区域 B 时可采取以下两种方法。

① 使用变量相关。最常用的方法是测量、记录和使用 s_0 和 s_1。当需要时不确定度的估计值基于所报告的结果。

注：见前文注。

② 使用固定的相似值。在通常测试中可使用另一个方法，当相关性不强（即比例的证据不强）或所期望的结果范围是中等时，以上任何一情况下导致不确定度变化不超过平均不确定度估计值的 15%，因此基于所期望的结果平均值，计算和引用一个不确定度的固定值作为一般用途是合理的。即：或者用 x 的平均值或特征值来计算固定的不确定度估计值，并以此来代替个别计算的估计值；或基于对覆盖所允许的被分析物浓度的全范围（在不确定度估计值的范围内）的物质研究，得到单一的标准偏差，并且几乎没有证据说明比例性假设是合理的。一般应该将它作为零相关性的情况处理，有关的标准偏差记为 S_0。

（5）确定 s_0 和 s_1

① 在一项起支配作用的特定情况下，分别以标准偏差或相对标准偏差表示的不确定度作为 s_0 和 s_1 的值通常是足够的。然而，当相关性不甚明显时有必要由一系列不确定度估计值来间接地确定在不同的被分析物浓度下的 s_0 和 s_1。

② 假定由不同的分量进行合成不确定度的计算，其中某些分量与浓度有关而另一些则无关，通常可通过模拟来研究总不确定度与被分析物浓度的相关性，程序如下：a. 计算（或通过实验获取）涵盖所允许的全范围内至少 10 个被分析物浓度 x_i 的不确定度 $u(x_i)$；b. 绘制 $u(x_i)^2$-x_i^2 图；c. 通过线性回归，获得 $u(x)^2=mx^2+c$ 的线性方程中 m 和 c 的估计值；d. 由 $s_0=\sqrt{c}$ 、$s_1=\sqrt{m}$ 计算 s_0 和 s_1；e. 记录 s_0 和 s_1。

(6) 报告

① 在此所列出的方法允许评估任何单次结果的标准不确定度。原则上，当报告不确定度信息时，将以下述形式给出：

[结果]±[不确定度]

其中以标准偏差表示的不确定度按上述方法计算，并且必要时扩展（通常乘以因子2）以增加置信水平，当许多结果一起报告时可给出适用于所有报告结果的一个不确定度估计值。

② 表 13-6 可供参考。一系列不同被分析物的不确定度值可按同样的原则进行列表。

注：当用“检出限”或“报告限”以“$<x$”或“未检出”形式给出检测结果时，除给出大于该限值的结果的不确定度外，通常还有必要给出“检出限”或“报告限”。

表 13-6　几个样品例子的不确定度汇总

场合	占支配的项	报告的例子(S)
对所有结果的不确定度基本恒定	s_0 或固定的近似值	标准偏差;扩展不确定度;95%置信水平的区间
不确定度通常与浓度成比例	xs_1	相对标准偏差;方差系数,可选用百分分数
比例性和不确定度下限值的报告	中间例子	引用 CV 或 RSD,可选用百分比以及标准偏差限表示的低限

四、检出限/测定限的测量不确定度

1. 概述

① 低浓度时很多因素的影响会增加，例如：a. 噪声或基线波动；b. 干扰物对（总）信号的干扰作用；c. 所使用的分析空白的影响；d. 在萃取、分离或净化过程中的损失。

因为这些影响的存在，随着被分析物浓度的降低，结果的相对不确定度趋于增大，首先是不确定度在结果中的占比非常大，最终达到一个浓度点其（对称的）不确定度区间包含零。该区间典型地与所用方法的实际检出限相关。

② 与测量和报告低浓度分析物相关的术语和约定已经在其他地方广泛讨论过。这里，术语“检出限”采用 IUPAC 的建议，即检出限为“在规定的判定准则下，能以高概率得出被分析物存在的结论时，该被分析物真实的量。”该判定准则（“临界值”）通常设定为对于不存在的分析物，只有较低概率声明分析物存在。按照这个约定，当观测响应值高于临界值时就可以说分析物是存在的。检出限通常大约是临界值的 2 倍，用分析物浓度表示。

③ 普遍认为，“检出限”最重要的用途是显示方法不能提供可靠的定量测量、需要改进的区域，理想状况下该区域不宜进行定量测量。但是很多分析物在低浓度下也很重要，因此在这个区域进行测量并报告结果不可避免。

④ 当结果值较小，但不确定度与结果相比较大时，GUM 并没有给出不确定度评估的

明确指南。该计算基于的假设之一是与被测量的值相比不确定度小。另外，GUM 给出的不确定度定义将产生另一个理论上的困难：尽管在这个区域观测值很有可能出现负值，并且相当常见，但当被测量是浓度时所包括零以下的检测值的分散性并不能“合理地作为量值赋予被测量”，因为浓度本身不能为负。

⑤ 上述问题不影响在本手册中所述的方法的应用。但是在解释和报告该区域的测量不确定度结果时要谨慎。本手册仅对其他途径获得的评估方法作补充。

注：其他区域也应相同地考虑。例如，摩尔分数或质量分数接近 100%时可产生类似的困难。

2. 观测值和估计值

测量科学的基本原理是“结果是真值的估计值”。例如，分析结果开始是以所观测到的信号为单位的，如 mV、吸光度单位等。为了便于客户理解，尤其是实验室的客户或其他官方机构，原始数据需要转换成化学量，如浓度或物质的量。这种转换通常需要一个校准程序（可包括对观测到并且特性已完全清楚的损失的修正）。然而，无论何种转换，所产生的数值仍为观测值或信号，假如实验操作正确，该观测值数值仍为被测量的最佳估计值。

观测值通常不受实际浓度所适用的基本限值所限制。例如，报告一个“观测到的浓度”，也就是估计值，即便低于零也是完全合理的。例如，当对一个不含被分析物的样品进行无偏测量时，可能有约 50%观测值低于零。例如：

$$观测浓度=(2.4\pm8)mg/L$$

$$观测浓度=(4.2\pm9)mg/L$$

上述观测浓度不仅可能存在，还应被视为关于观测值和它们平均值的有效表达。

当向专业人士报告观测值及其不确定度时，即便结果意味着一个不可能的情况，也可直接报告最佳估计值及其不确定度。确实，在某些情况下（例如，当报告一个被用来修正其他结果的分析空白值时），报告该观测值及其不确定度（不管多大）是绝对必要的。

无论结果最终用途如何，只有观测值及其不确定度能被直接使用（例如，用于进一步计算、趋势分析或重新解释等），原始观测值应当始终能够获得。

因此理想的情况是如实报告有效观测值及其不确定度，而不管其值如何。

3. 经解释结果和一致性说明

尽管存在上述情况，为了满足客户需求，许多分析报告和符合性声明已经包含了解释。通常，这种解释会包括对材料中可能存在被分析物浓度水平的相关推断。由于是实际情况的推论，因此最终用户期望此类解释符合实际限制。因此，对“真”值不确定度的估计值也是如此。下面的段落总结了一些公认的方法。下文“4”中（使用“小于”或“大于”）通常与现有实际做法是一致的。“5”中的方法是基于经典置信区间的方法，这种方法易于使用，能够满足常规用途。但是观测值可能落在低于零或者高于 100%的区域时，经典方法可能会得出小得不切实际的区间，在这种情况下，“6”给出的贝叶斯方法可能更适用。

4. 报告中使用“小于”或“大于”

当充分了解报告结果的最终用途，也不可能告知最终用户测量观测值性质时，对于低浓度结果的报告，应当按照有关的通用指南来使用“小于”“大于”等。

有一点需要注意，很多文献的检测能力严重依赖于重复观测的统计数据。但本手册的读者应当清楚所观测到的变异性极少能代表结果的所有不确定度。正如报告其他区域的结果一样，在报告结果前应充分考虑可能影响结果的所有不确定度。

5. 接近零的扩展不确定度区间：经典方法

若想得到理想的结果，扩展不确定度区间需满足以下 3 个要求；a. 区间可能的范围（“可能的范围”是指浓度为零或零以上）；b. 包含水平接近规定的置信水平时，所声称的对应于大约 95%置信水平的扩展不确定度区间应预期有接近 95%的概率包含真值；c. 报告的结果具有长期最小偏倚。

按照定义，如果扩展不确定度是用经典统计学方法计算得到的，那么这个区间（包括低于零的任何部分）便具有 95%的包含概率。然而，既然被测物的（真）值不可能位于可能范围之外，那么在可能范围的边缘处简单截短后的区间仍能满足 95%的包含概率的要求。截短后的经典的置信区间依旧具有 95%的包含概率。这个过程比较简单，使用现有的工具即可。

当平均观测值也落在了可能范围之外，并且需提供真实浓度的区间时，报告的结果就可以简单调整至零。但是，这种调整会导致一些小的长期偏倚，对于需要利用这些原始数据进行统计分析的客户（或 PT 提供者）来说是不愿接受的。这些客户会继续要求获得原始观测值而不会考虑实际限值。尽管如此，将结果在零点截断是目前情况下偏倚最小的方式。

若按此程序处理，扩展不确定度区间在结果接近限值时会变得越来越不对称。图 13-12

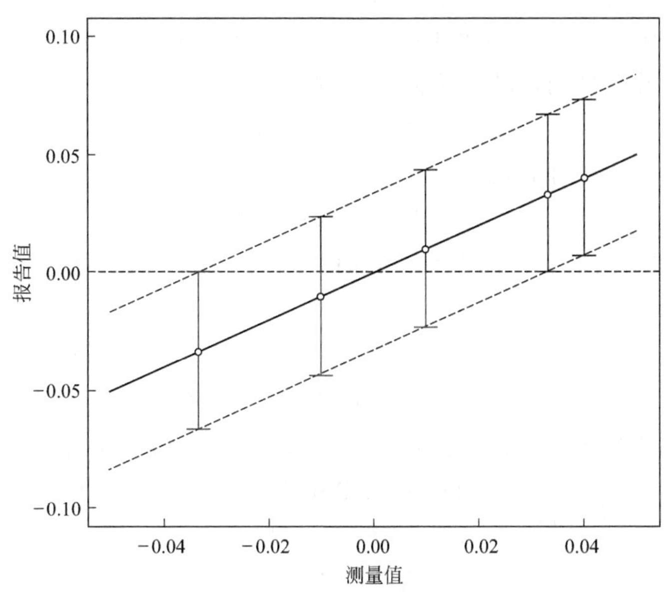

图 13-12 结果接近零时截短的经典置信区间

说明了结果接近零时的情况，在平均值大于零时以平均值报出结果，而当平均值小于零时结果报告为零。图 13-12 中，平均值在 −0.05～0.05 之间变化，标准偏差固定为 0.01。粗体对角斜线表示按观测值报告的结果（缩小区间之前），对角虚斜线表示结果对应的区间。实心线段表示缩小区间后所报告的不确定度区间。需要注意的是观测平均值小于零时，经缩小后的区间小到不合理。

最后，经典区间完全落在实际值之外，这就意味着调整后的区间变为［0，0］。由此表明所得结果与真实的浓度不一致。通常分析人员应当调阅原始数据，查找原因，方式可参考查找质量控制中的异常数据。

如果必须报告标准不确定度以及（非对称）扩展不确定度区间，则建议报告确定置信区间时的未做修改的标准不确定度。

6. 接近零的扩展不确定度区间：贝叶斯方法

1）贝叶斯方法允许结合测量信息和关于被测值可能（或很可能）分布的先验信息。该方法将一个实际概率分布（仅由测量结果推断出的分布）与“先验”分布结合获得一个描述合理地赋予被测量值的分布的“后验分布”。然后选择扩展不确定度区间以包含适当比例的该分布，同时报告值可以是任何易于描述该分布位置的点值。平均值、中位数和后验概率的模型均可能被用到。

2）当已知一个量值限定属于某一特定范围（例如大于零），而且以测量结果显示属于 t 分布时，所得到的可能值的分布可能是一个截短的 t 分布。为了获得最小偏倚的结果和适宜覆盖率的扩展不确定度区间，建议如下。

① 报告后验概率模型。对于截短的 t 分布，报告观测平均值或零（当观测平均值小于零时）。

② 计算出的扩展不确定度区间是包含后验分布所需部分的最大密度区间。这个最大密度区间也是包含该分布所需部分的最小区间。

3）对于一个观测值为 $\bar{x}$、标准不确定度为 u、（有效）自由度为 ν_{eff} 的 t 分布，结果的下限为零的最大密度区间，以及置信度 p，可通过下式获得。

① 计算： $$P_{tot}=1-P_t(-\bar{x}/u,\nu_{eff})$$

$P_t(q,\nu)$ 是学生 t 的累计概率。

② 设： $$q_1=q_t[1-(1-pP_{tot})/2,\nu_{eff}]$$

$q_t(P,\nu)$ 是累积概率为 P 的学生 t 分布的分位点，ν_{eff} 为自由度，p 为所要求的置信水平（通常是 95%）。

③ 如果（$\bar{x}-uq_1$）$\geqslant 0$，设区间为 $\bar{x}\pm uq_1$，如果（$\bar{x}-uq_1$）<0，区间设置为：

$$\{0,\bar{x}+uq_1[P_t(-\bar{x}/S,\nu_{eff})+pP_{tot}\nu_{eff}]\}$$

注：使用电子表格 MS Excel 或 OpenOffice Calc，P_t 和 q_t 的计算如下：

$$P_t(q,\nu)=\left|\begin{array}{ll}\mathrm{TDIST}[\mathrm{ABS}(q),\nu,2]/2 & q<0\\ 1-\mathrm{TDIST}(q,\nu,2)/2 & q\geqslant 0\end{array}\right.$$

$$q_t(P,\nu)=1-\mathrm{TINV}[2(1-P),\nu]$$

在电子表格公式中 q 和 ν 用所要求的分位点（$-\bar{x}/u$）和自由度 ν_{eff} 替代，p 是所要求的累积概率（例如 0.95）。

实际存在的另一种复杂情况是，TDIST 函数只提供上尾侧概率 P_t，TINV 只提供两侧的概率 P_t 数值。

④ 贝叶斯区间能提供同本节“5. 接近零的扩展不确定度区间：经典方法”所描述的经典方法一样小的偏倚，其最为有用的特性是当观测平均值远低于零时，报告的不确定度会增大。所以该法特别适合报告那些接近极限值，如零或者 100%的结果，如评估高纯材料的纯度。然而这个区间明显窄于经典区间 $0<\bar{x}<5u$（图 13-13），所以不能达到准确的 95%的成功率。

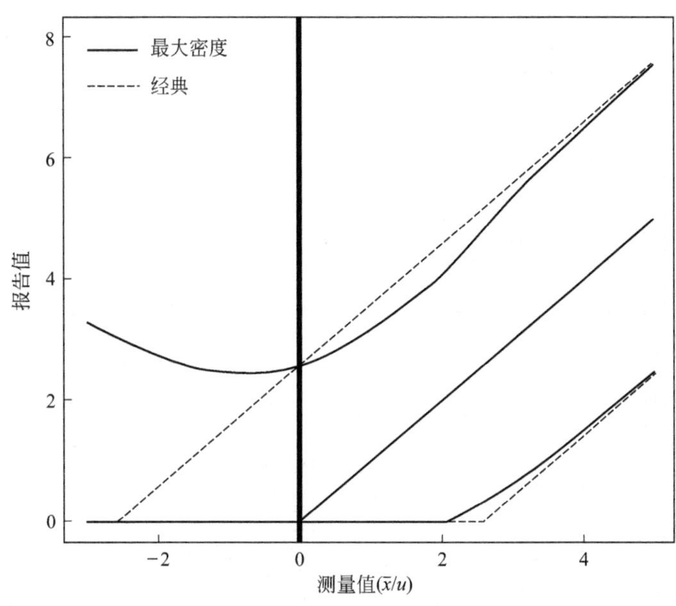

图 13-13 $\bar{x}$ 的函数

（实线表示自由度为 5 的贝叶斯最大密度区间；虚线表示相应的经典区间）

⑤ 至于经典方法，只有在其他所有的计算已经完成后，才能计算报告值以及不确定度区间。例如，如果要合成许多接近零的值，首先应进行计算和评估所报结果的标准不确定度，然后再计算不确定度区间。

⑥ 如果报告需要给出标准不确定度以及（非对称）扩展不确定度区间，则建议按照经典方法，报告确定置信区间时所用的未做修改的标准不确定度。

五、不确定度的常见来源和数值

表 13-7 概括了一些不确定度分量的典型例子。该表给出：

① 具体的被测量或实验程序（测定质量、体积等）。

② 每一例中不确定度的主要分量和来源。

③ 测定每一个来源的不确定度所建议的方法。

④ 典型的例子。

表 13-7 旨在总结分析测量中评估一些典型测量不确定度分量数值的方法。它们并不意在全面，所给的值也不可未经独立判断而直接使用，然而这些数值可帮助判断某个具体分量是否显著。

表 13-7 不确定度分量的典型例子

测量	不确定度分量	原因	测量方法	典型值	
				例子	数值
质量	天平校准不确定度	校准的有限准确度	将校准证书上声明的值转换为标准偏差	4 位天平	0.5mg
	线性		① 在有证砝码范围内实验； ② 制造商的规格		约 0.5×最后一位有效数字
	日偏移	不同因素，包括温度	长期核查称量的标准偏差。必要时计算成相对标准偏差(RSD)		约 0.5×最后一位有效数字
	可读性	显示器或刻度的有限分辨率	来自最后一位有效数字		0.5×最后有效位/$\sqrt{3}$
	批次变化	不同	连续样品或核查称量的标准偏差		约 0.5×最后一位有效数字
	密度影响(约定真值)①	校准块/样品密度不配引起空气浮力效应的不同	由已知或假设的密度和典型的空气条件来计算	钢铁、镍 铝 有机固体 水 烃	1×10^{-6}② 20×10^{-6} $(50\sim100)\times10^{-6}$ 65×10^{-6} 90×10^{-6}
	密度影响(真空中)	校准块/样品密度不配引起空气浮力效应的不同	计算空气浮力影响并从校准块中减去浮力影响	100g 水 10g 镍	+0.1g(效应) <1mg(效应)
体积(液体)	校准不确定度	校准有限的准确度	制造商所声明的规格转换为标准偏差对体积为 V 的 ASTM 的 A 级玻璃仪器，限值约为 $V^{0.6}/200$	10mL(A 级)	$0.02/\sqrt{3}=0.01$mL (假设矩形分布)
	温度	由校准温度不同引起的与在标准温度下的体积的差别	$\Delta T\alpha/(2\sqrt{3})$ 给出相对标准偏差，其中 ΔT 是可能的温度范围，α 是液体的体积膨胀系数(对于水，α 约为 $2\times10^{-4}K^{-1}$；对于有机液体为 $1\times10^{-3}K^{-1}$)。 对于塑料容量设备，其容器的膨胀系数应需要考虑	100mL 水	在规定的操作温度 3℃ 内进行测试为 0.03mL
	重复性变化	不同	连续核查排出的体积的标准偏差(通过称量确定)	25mL 移液管	重复充满/称量 $S=0.0092$mL
从标准物质(标准样品)证书上获得的分析物浓度	纯度	不纯降低了标准物质(标准样品)的实际含量，活性不纯可干扰测量	制造商证书标示值。标准物质(标准样品)证书对限值没有更详细的信息，因此可按矩形分布处理，除以$\sqrt{3}$。 注：当不纯的性质未给出时，需要额外的考虑或核查来建立干扰限	标准邻苯二甲酸氢钾的证书值为 99.9%±0.1%	$0.1/\sqrt{3}=0.065$

续表

测量	不确定度分量	原因	测量方法	典型值	
				例子	数值
从标准物质(标准样品)证书上获得的分析物浓度	浓度(证书)	标准物质(标准样品)证书中浓度的不确定度	制造商证书标示值。标准物质(标准样品)证书对限值没有更详细的信息,因此可按矩形分布处理,除以$\sqrt{3}$	在4%醋酸中的醋酸镉,证书值为(1000±2)mg/L	$2/\sqrt{3}=1.2$mg/L (RSD为0.0012)
	浓度(经有证纯物质配制的)	标准值和中间步骤的不确定度的合成	合成前面步骤的数值作为整个过程的RSD	三次稀释后醋酸镉:从1000mg/L到0.5mg/L	$\sqrt{0.012^2+0.0017^2+0.0021^2+0.017^2}=0.0034$作为RSD
吸光度	仪器校准(该分量是指相对于标准吸光度的吸光度读数,而不是以吸光度的读数对浓度校准)	校准的有限准确度	校准证书给出的作为限值,然后转换为标准偏差		
	重复性化	不同	重复测量的标准偏差或QA性能	7个吸光度读数的平均,$S=1.63$	$1.63/\sqrt{7}=0.62$
抽样	均匀性	不均匀材料的二级抽样通常不能准确地代表整批物质(随机抽样通常导致零偏倚。有必要检查抽样确实是随机的)	①不同的二级抽样结果的标准偏差(假如与分析准确度比非均匀性较大)。 ②由已知或假设的总体参数所估计的标准偏差	从假设的二项式不均匀性的面包中抽样(见第四节例4)	从72份污染和360份未污染整体中抽样15份:RSD=0.58
萃取回收率	平均回收率	萃取很少是完全的,并且可加入或包括干扰物	回收率由相匹配的标准物质(标准样品)或代表性加标的百分比回收率来计算(回收率也可直接由以前测量所得的分配系数计算而得)。 由回收率实验的平均值的标准偏差可得不确定度	面包农药的回收率:42次实验,平均值为90%,$S=28\%$(见第四节案例4)	$28/\sqrt{42}=4.32$ (RSD为0.048)
	回收率的重复性变化	不同	重复实验的标准偏差	从成对平行试验的数据所得的面包农药的回收率(见第四节例4)	RSD为0.31

① 对于基本常数或SI单位定义,通过称量测定质量通常修正到真空中的重量。在大多数其他实际场合中,引用的重量是基于OIML所定义的约定质量。该约定是引用在空气密度为1.2kg/m^{3}和样品密度为8000kg/m^{3}时的重量,相当于在正常大气条件下处于海平面称量钢。当样品密度为8000kg/m^{3}或空气密度为1.2kg/m^{3}时,对常规质量的浮力修正是零。因为空气密度通常非常接近后者,对约定质量的浮力修正是零。因为空气密度通常非常接近后者,对约定质量的修正通常可忽略。该表所给出的在约定质量条件下称量的与密度有关的影响所产生的标准不确定度数值,足够用于初步评估基于约定质量的称量而无须考虑修正水平面的浮力。然而,基于约定质量测得的质量与“质量真值”(在真空中)相差0.1%或更多(见本表质量栏最后一行的影响因素)。

② 有的文件中此处以ppm表示,考虑到ppm为非计量单位,本书以10^{-6}表示。

第三节　测量不确定度的评估程序

一、概述

不确定度的评估在原理上很简单。以下概述为获取测量结果的不确定度估计值所要进行的工作。随后提供用于不同情况下的有关内容，特别是关于使用内部和协同研究的方法确认数据、质量控制（QC）数据、能力验证（PT）数据和使用正规的不确定度传播律。这些步骤如下。

1. 第一步：被测量的表述

清楚地写明需要测量什么，包括被测量和被测量所依赖的输入量（例如被测量、常数、校准标准值等）的关系。只要可能，还应该包括对已知系统影响量的修正。这些信息应在标准操作程序（SOP）或其他方法描述中给出。

2. 第二步：识别不确定度来源

列出不确定度的可能来源。包括第一步所规定的关系式中所含参数的不确定度来源，也可以有其他的来源。必须包括那些由化学假设所产生的不确定度来源。

3. 第三步：量化不确定度分量

量化不确定度分量即评估识别出的每一个潜在的不确定度来源相关的不确定度分量的大小。可以使用方法确认研究的数据、QC 数据等来评估与大量独立来源有关的不确定度的单个分量。使用这些数据可以大大减少不确定度评估的工作量，因为它利用实际的实验数据，可以使不确定度的评估结果可信度更高。另外，很重要的是需考虑现有的数据是否足以反映所有的不确定度来源，是否需要安排其他的实验和研究来确保所有的不确定度来源都得到充分的考虑。

4. 第四步：计算合成不确定度

第三步所述的对总不确定度有贡献的量化分量，它们可能与单个来源有关，也可能与几个不确定度来源的合成效应有关。这些分量必须以标准偏差的形式表示，并根据有关规则进行合成，以得到合成标准不确定度。应当使用适当的包含因子来给出扩展不确定度。

以下对上述几个步骤进行详细描述，并解释如何根据所获得的有关多个不确定度来源的合成效应信息来简化这些步骤。

图 13-14 展示了不确定度的评估流程。

二、第一步：被测量的表述

在本章化学分析的不确定度评估中“被测量的表述”要求清楚明确地说明正在测量什么，并定量表述被测量的值与其所依赖的参数之间的关系。这些参数可能是其他被测量、不能直接测量的量或者常数。所有这类信息应当在标准操作程序（SOP）中写明。

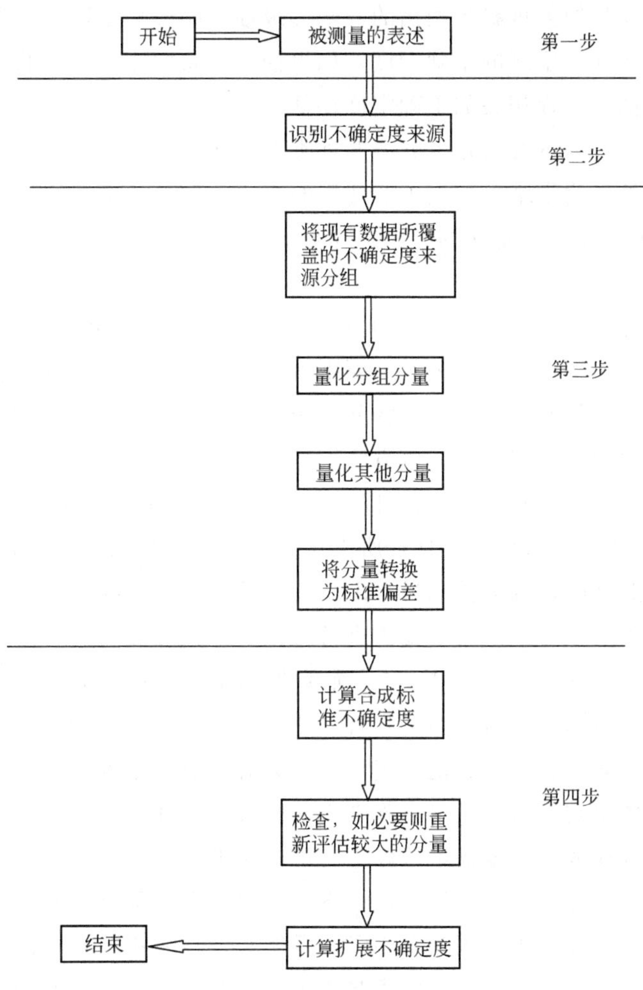

图 13-14 不确定度评估流程

对绝大多数的分析测试而言，被测量的准确表述应当包括以下内容的描述。

① 待测的特定量，通常是指被分析物的浓度或质量分数。

② 待分析的项目或材料，以及必要时，该检测对象所在位置的附加信息。例如“患者血液中铅”是指检测对象（患者）体内的特定组织。

③ 必要时，报告结果量值的计算依据。例如，被测量可能是在某规定条件下萃取的量，或某个质量分数是以干重计或检测对象某些特定部分（如食物中不能食用的成分）被去除后得出的。

注 1：“被分析物”一词是指待测的一种化学物质；被测量通常是指被分析物的浓度或质量分数。

注 2：本手册引用“被分析物水平”一词一般是指量值，例如被分析物的浓度、被分析物的质量分数等。用在“材料”“干扰物”等上面时“水平”的意思也类似。

注 3：“被测量”一词在第十一章第一节“术语和定义”中有详细讨论。

应当明确过程中是否包括抽样，例如被测量是否只与被送到实验室的检测样品相关，或与抽取该样品的整批材料有关，很显然这两种情况下测量不确定度是有差别的。如果检测结论是对抽取该样品的整批材料做出的，则一级抽样的影响变得很重要，其相关不确定度经常远大于实验室样品检测的不确定度。如果抽样是获取测试结果的检测程序中的一部分，则需要考虑与抽样过程相关的不确定度评估。

在分析测量中，尤为重要的是区分出两种类型的测量方法，一种是测量结果独立于所使用的方法，另一种是测量结果取决于所使用的方法。后者通常被称作经验方法（empiricar method），或者操作程序定义的方法。详见如下示例。

【例 13-1】

① 不同的测定合金中镍含量的方法通常会期望得到一致的测定结果，该结果以相同单位如质量分数或摩尔（量）分数表示。原则上，任何由方法偏倚或者基质效应带来的系统影响都应得到修正，虽然实际上只是将此类影响降到很小（提供信息除外）。检测结果表述时无需引述所使用的特定方法。该方法不是经验方法。

②“可萃取脂肪”的测定结果可能相差很大，因为它取决于所规定的萃取条件。由于“可萃取脂肪”完全取决于条件的选择，所以该方法就是经验方法。考虑对该方法的内在偏差进行修正是无意义的，因为被测量是由所使用的方法确定的。报告结果通常要指明所使用的方法，并且不对该方法的固有偏倚进行修正。该方法被认为是经验方法。

③ 当基质或基体的变化可能产生不可预测的影响时，通常需要开发一个程序，其唯一目的就是实验室间对同一材料的测量具有可比性。然后可将该程序采用为地方、国家或国际标准方法，凭此做出贸易或其他决定，而非绝对测定被分析物和真实含量。按惯例可不对方法偏倚或基体影响进行修正（不管在方法开发过程中它们是否已被最小化）。通常报告的结果没有对基体或方法偏倚进行修正。该方法被认为是经验方法。

经验方法和非经验方法（有时称为理论方法）的区别很重要，因为它影响了不确定度的评估。在上述例子②和③中，因为采用了习惯做法，与一些较大的影响量相关联的不确定度在日常使用中并不相关。所以，应适当考虑结果是独立于还是依赖于所使用的方法，并且只有那些与所报告的结果有关的影响量才应包括在不确定度评估中。

三、第二步：识别不确定度来源

应列出不确定度有关来源的完整清单。在本步骤，无需考虑单个分量的量化问题。本步骤的目的是完全明确应当考虑什么。在第三步中将考虑处理每一个来源的最佳方法。

在列出不确定度来源的清单时，比较简便的办法是从那些根据中间数值计算被测量的基本表达式开始。这个表达式中的所有参数可能都有一个与其数值相关的不确定度，因此都是不确定度的潜在来源。此外，也可能有其他参数并没有明显地出现在用于计算被测量数值的表达式中，但却影响该测量结果，例如萃取时间或温度，它们也是不确定度的潜在来源。所有这些不同的来源都应当考虑。详细信息参见本章第二节中“分析不确定度来源”。

列出不确定度来源的一种简便的方式是因果图法（见本章第二节中的因果图）。通过因果图可展示各来源之间的相互关系，以及它们对结果的不确定度的影响，也有助于避免重复计算不确定度来源。虽然还有其他方式可以列出不确定度的来源，但本章第四节的例子中均采用因果图法。其他信息参见本章第二节中“分析不确定度来源”。

在列出不确定度的来源后，原则上可以用一个正式的测量模型来表述各个来源对测量结果的影响，其中每一个影响量都与公式中的一个参数或变量有关。然后，该公式将所有影响测量结果的独立因子组成一个完整的测量过程模型。该函数可能非常复杂，但是只要可能就应该明确地写出。因为表达式通常决定了合成各个不确定度分量的方法。

另外，对测量过程中一系列互不关联的操作（有时称为单元操作），每一个操作可以单独评估以得到与之相关的不确定度估计值。此办法对于相似测量过程共享相同的单元操作时尤为有效。最终每个操作各自的不确定度构成了总不确定度的分量。

实际上在分析测量中更普遍的做法是考虑与整体方法性能的要素有关的不确定度，例如可观察的精密度和用适当的标准物质（标准样品）测得的偏倚。这些构成了不确定度的主要分量，最好在模型中表示为影响结果的独立因素。然后，对其他可能的分量进行评估时只需要检查它们是否显著，并只量化那些显著的分量（详见下面第三步介绍）。

典型的不确定度来源包括以下几种。

① 抽样。当规定的检测程序中包括室内或现场抽样时，不同样品间的随机变异以及抽样程序存在的潜在偏倚等将构成影响最终结果的不确定度分量。

② 存储条件。当测试样品在分析前要储存一段时间时，则存储条件可能影响结果。存储时间以及存储条件因此也被认为是不确定度来源。

③ 仪器的影响。仪器影响可包括：分析天平校准的准确度水平；保持平均温度的控温器偏离（在规范范围内）其设定的指示点；受残留效应影响的自动分析仪等。

④ 试剂纯度。即便原料已化验过，由于化验过程中仍然存在着某些不确定度，所配制的滴定溶液的浓度很难准确获得。例如许多有机染料不是100%的纯度，可能含有异构体和无机盐。对于这类物质的纯度，制造商通常只标明不低于规定值。关于纯度水平的假设将会引进一个不确定度分量。

⑤ 假设的化学计量比。在假定分析过程按照特定的化学计量比进行的情况下，可能有必要考虑偏离所预期的化学计量比、反应的不完全或副反应。

⑥ 测量条件。例如，玻璃量器可能在与校准温度不同的环境温度下使用，总的温度影响应当加以修正，但是液体和玻璃温度的不确定度应当加以考虑。同样，当材料对湿度的可能变化敏感时，考虑湿度也很重要。

⑦ 样品的影响。基体成分可能会影响复杂基体中被分析物的回收率或仪器的响应，被分析物的形态会使这一影响变得更复杂。由于热状况的变化或光分解影响，样品/被分析物的稳定性在分析过程中可能会发生变化。当用“加标”评估回收率时，样品中被分析物的实际回收率可能与加标样品的回收率不同，此时引起的不确定度需要加以评估。

⑧ 计算影响。选择校准模型，例如对曲线的响应使用直线校准，会导致较差的拟合，因此引入较大的不确定度。截断误差和修约误差能导致最终结果的不准确。由于这些很少能预知，有必要考虑不确定度。

⑨ 空白修正。空白修正的值和合理性都会产生不确定度，在痕量分析中尤为重要。

⑩ 操作人员的影响。可能总是将仪表或刻度的读数读高或低或可能对方法做出不太

一致的解释。

⑪ 随机效应。在所有测量中都有随机影响产生的不确定度，该影响应当作为一个不确定度来源包括在列表中。

注：这些来源不一定是独立的。

四、第三步：量化不确定度分量

1. 引言

已按第二步的说明识别不确定度来源后，下一个步骤就是要量化这些来源所产生的不确定度，可以通过以下方法进行。

① 评估每个来源的不确定度，然后将其按照第四步所述的方法合成。第四节中案例1～案例3说明了如何使用这种方法。

② 使用方法性能数据，直接确定部分或全部来源对结果不确定度的联合贡献。第四节中案例4～案例6是使用该程序的典型实例。

实际上，通常上述方法的组合使用非常必要而且也很方便。

不管使用哪种方法，评估不确定度所需要的大部分信息都可从方法确认研究的结果、质量保证/质量控制（QA/QC）的数据和其他为核查方法性能进行的实验工作中得到。然而，不是所有来源的不确定度都有评估所需的数据，可能有必要进行后面“10”和“11”所描述的其他工作。

2. 不确定度的评估程序

用来评估总不确定度的程序取决于可获得的方法性能数据。步骤包括以下两步。

① 协调现有数据与信息需求。首先，应检查不确定度来源清单，并确定哪些不确定度可以利用现有数据计算，不论这些数据是特定贡献的研究数据，还是整个方法中潜在的(不确定度）变异数据。对照步骤2所列的表核查这些来源，并列出任何余下的来源，并提供那些不确定度分量的可供审核的记录。

② 策划获取所需的其他数据。对于现有数据未充分涵盖的不确定度来源，可以从文献或现有资料（证书、仪器规格等）中获取其他信息，或策划实验以获取所需的其他数据。附加的实验可具体研究单个不确定度分量，或采用常用的方法性能研究来确认重要因素的代表性变异。

不是所有分量都会对合成不确定度有显著贡献。实际上，只有少数分量才会有显著影响。小于最大分量1/3的那些分量无需深入评估，除非这类分量很多。对于每一个分量或合成分量的贡献进行初步评估，去掉那些不重要的分量。

根据现有的数据和所需的其他信息，分别对如何进行评估予以阐述。下文“以前研究的相关性”给出了使用以前的实验研究数据（包括方法确认数据）的要求。“量化单个分量来评估不确定度”简述了单纯从单个不确定度来源评估不确定度的方法。依赖于可获得的数据识别出所有或者几个不确定度来源可能是必要的，稍后文中也会加以考虑。本节内容“5～10”描述了在不同情况下评估不确定度的方法，其中内容“5”适用于高度匹配的标准物质的情况；内容“6”适用于使用协同研究数据的情况；内容“7”适用于使用实验室内部确认数据的情况；内容“8”描述了经验方法的特殊处理；内容“9”描述了对检验方法的特殊处理；内容“10”讨论了临时方法（ad-hoc methods）。量化单个不确定度分量的方法，包括实验研究、文献和其他数据、建立模型和专业判断，详见内容“10”和“11”。内容“12”讨论在不确定度评估中对于已知偏倚的处理。

3. 以前研究的相关性

当不确定度评估至少部分地基于以前的方法特性研究时，有必要证明使用以前研究结果的有效性，通常包括以下内容。

① 证明可以达到的精密度与以前所获取的精密度相当。

② 证明以前所得到的偏倚数据的合理性，特别是通过用相关标准物质（标准样品）确定偏倚、通过适当的加标研究或通过有关能力验证计划或其他实验室间比对的满意表现来证明。

③ 通过定期质量控制样品分析测试结果表明持续性能统计受控，并实施有效的分析质量保证程序。

满足上述条件，并且方法在其使用范围和领域内应用时，通常可用以前的研究（包括方法确认研究）数据来直接评估该实验室的不确定度。

4. 量化单个分量来评估不确定度

有些情况下，特别是没有或有很少的方法性能数据时，最适合的程序可能是分别评估每个不确定度分量。

量化单个分量的一般程序是准备一个详细的试验过程的定量模型（参见第一步和第二步，尤其是第二步），评估与单个输入参数相关的标准不确定度，然后按第四步给出的方法进行合成。

通过试验方法和其他方法评估单个分量的详细方法在内容“11”和“12”中详述。示例详见本章第四节中案例1～案例3和第十一章第三节中的示例。

5. 极匹配的有证标准物质

通常，为方法确认或重新确认的组成部分，对标准物质（标准样品）的测量有效地达到了检查整个测量程序的作用。此过程也提供了许多不确定度潜在来源的综合影响的信息。详见内容“7”。

6. 利用以前协同方法开发和确认研究数据评估不确定度

例如根据诸如AOAC/IUPAC协议或者GB/T 6379.1为确认公开发表的方法所做的协同研究，可为不确定度评估提供有价值的数据。这些数据通常包括对于不同水平的响应时再现性标准偏差的估计值 S_R、S_R 与响应水平相关性的线性估计值，还可能包括基于有证标准物质（标准样品）CRM研究的偏倚估计值。如何使用这些数据，取决于进行协同研究时所考虑的因素。在上述“权衡”阶段（“不确定度的评估程序”），有必要识别协同研究数据没有涵盖的不确定度来源。需加以特别关注的来源主要有以下几种。

（1）取样　协同研究很少涉及取样步骤。如果实验室内所用的方法涉及二次取样，或被测量（见定义）是从一个小样品来估计整批产品的特性，必须研究取样的影响，并在测量不确定度评估中考虑这些因素。

（2）预处理　很多研究中样品是均匀的，分发前还可能需要进一步稳定。可能有必要调查并考虑实验室内使用的特定预处理程序的影响。

（3）方法偏倚　方法偏倚的检查通常在实验室间研究之前或之中进行，只要可能就通过与参考方法或标准物质（标准样品）比较进行。当偏倚自身、所用标准值的不确定度以及与偏倚检查有关的精密度，与再现性标准偏差 S_R 相比均较小时，不必额外考虑偏倚不确定度的影响。否则，就必须考虑。

（4）条件的变化　参加协同研究的实验室可能倾向于采用所允许的实验条件范围的中间值，这导致低估方法定义中可能的结果范围。如这些影响经研究表明在其全部允许的范围内不显著，可以不考虑。

（5）样品基体的变化　基体成分或干扰物水平超出了研究覆盖的范围时，由此引入的不确定度需要加以考虑。

基于满足GB/T 6379.1要求的协同研究数据评估不确定度，在ISO 21748“在测量不确定度评估使用重复性、再现性和准确度估计值”中有详细的描述。利用协同研究进行测量不确定度评估，推荐使用以下一般步骤。

① 从关于该方法的公开信息中获取重复性、再现性和正确度的估计值；

② 基于①所获取的数据，确定该测量的实验室偏倚是否落在该期望的范围内；

③ 基于①所获取的重复性和再现性估计值数据，确定目前测量的精密度是否落在期望的范围内；

④ 识别任何在①所述研究中没有被涵盖的影响测量的因素，并量化这些因素可产生的方差，同时考虑到每一个影响因素的灵敏系数和不确定度；

⑤ 当偏倚和精密度正如步骤②和步骤③所显示的受控时，将步骤①的再现性标准偏差估计值与正确度（步骤①和②）和额外影响（步骤④）因素相关的不确定度合成，生成合成不确定度估计值。

该步骤基本上等同于“2”给出的一般步骤。一定要注意实验室的检测能力应与方法期望的检测能力一致。

如何使用协同研究数据详见本章第四节案例6。

对于在定义范围内操作的方法，当“权衡”阶段表明所有已识别的不确定度来源已包括在方法确认研究中，或来自诸如上文“1”讨论的任何残余来源的不确定度贡献经证明可以忽略不计时，则可将再现性标准偏差 S_R 作为合成标准不确定度使用，必要时可根据浓度进行调整。

通常重复性标准偏差 S_r 不是一种恰当的不确定度评估，因为它未涵盖主要的不确定度贡献。

7. 利用实验室内研发和确认研究进行不确定度评估

实验室内研发和确认研究主要包括方法性能参数的确定，由这些参数进行不确定度评估需使用下面数据：

① 现有的最佳总精密度估计值；

② 现有的最佳总体偏倚及其不确定度估计值；

③ 对上述整体性能研究中未能充分得到考虑的影响量，量化其有关的不确定度。

精密度评估应尽可能在一段较长的时间内进行，并使影响结果的所有因素自然变化，可以通过下述方法得到。

① 一段时间内对典型样品的几次分析的结果的标准偏差，尽可能由不同的分析人员操作和使用不同的设备（对质量控制样品的测量结果能提供这方面的信息）。

② 对于多个样品中的每一个样品进行重复分析所得标准偏差。

注：在不同的时间内进行重复分析才能获得中间精密度估计值。同一批内进行的重复分析只能提供重复性的估计值。

③ 通过多因素实验设计，通过方差分析（ANOVA）加以分析，获得每一个因素单独的方差估计值。

精密度会随响应水平的变化而产生显著变化。例如，被分析物浓度不同，测定得到的标准偏差会显著地和系统性地增加。在这些情况下，应当调整不确定度评估值，使其适用于特定结果的精密度。本章第二节“三”中给出了与响应水平有关的不确定度分量的评估方法。

总体偏倚最好通过使用完整的测量程序对有关有证标准物质（标准样品）CRM进行重复分析来估计。按此进行时，所得到的偏倚如果不显著，与此偏倚相关的不确定度就是有证标准物质（标准样品）数值的标准不确定度和与测量偏倚有关的标准偏差的简单合成。

注：用这种方式估计的偏倚就是实验室操作偏倚与所用方法自身偏倚的合成；当所使用的方法是经验方法时需要特别考虑。见后文中内容“9”。

① 当标准样品和待测样品不是高度匹配时，应当考虑其他因素，包括（适用时）：成分和均匀性的差别，通常标准样品比待测样品更均匀。必要时，应使用专业判断得出的估计值为这些不确定度赋值［见下文“11”（4）部分］。

② 被分析物浓度的影响，例如萃取时被分析物的损失率在高浓度和低浓度时是不同的。

方法的偏倚也可以通过将其结果与参考方法的结果进行比较而得到。如偏倚在统计学上是不显著的，标准不确定度就是参考方法的不确定度（如适用，见下述“9”部分）与两个方法测量结果之间差值的标准不确定度的合成。后者的不确定度分量由显著性检验中使用的标准偏差表示。详见例13-2。

【例13-2】 测定硒浓度的某个方法（方法1）与参考方法（方法2）比较。每一个方法的测定结果（单位为mg/kg）列入表13-8。

表13-8　两种方法的测定结果

方法	$\bar{x}$/(mg/kg)	S/(mg/kg)	n/次
方法1	5.40	1.47	5
方法2	4.76	2.75	5

标准偏差合并后得合并标准偏差 S_c：

$$S_c=\sqrt{\frac{1.47^2\times(5-1)+2.75^2\times(5-1)}{5+5-2}}=2.205$$

相应的 t 值：

$$t=\frac{5.40-4.76}{2.205\times\sqrt{\frac{1}{5}+\frac{1}{5}}}=\frac{0.64}{1.4}=0.46$$

自由度为 8，t_{crit} 为 2.3，因此两个方法测定结果的平均值之间无显著性差异。然而，结果差值 0.64 是与上述 t 计算公式中的标准偏差 1.4 相比较。数值 1.4 是与结果差值相关的标准偏差，因此代表了与所测得的偏倚相关的不确定度分量。

总体偏倚也可以通过在一种以前已研究过的材料中加入被分析物的方法来进行评估。上述考虑同样适用于标准物质（标准样品）研究（见上文）。应考虑添加的被分析物与来自样品本身的被分析物的不同行为，因此要给出相应的修正（允差）。此类修正可基于下述条件给出。

① 由一系列基体及加入的被分析物的不同浓度水平所得偏倚的分布。

② 将对标准样品的检测结果与在同一标准样品中所加入被分析物的回收率比较。

③ 基于具有已知极端表现的具体材料所做的判断。例如，牡蛎组织，一个普通的海洋生物参考，众所周知其在消解时易与钙盐一起共沉淀某些元素，可能提供“最不利情况”回收率的估计值，而该估计值又作为不确定度评估的基础（例如，将最不利情况作为矩形或三角形分布的极端处理）。

④ 基于先前经验所判断。

另外也可以通过比较特定方法和用标准加入法测定的数值来评估偏倚。在标准加入法中，将已知量的被分析物加入测试样品中，通过外推法得到正确的被分析物浓度。与偏倚有关的不确定度通常主要由外推法的不确定度与（适用时）来自制备和加入储备溶液的显著的不确定度分量一起合成。

注：为了更具有相关性，被分析物应当直接加入原始样品中，而不是已制备的提取物中。

GUM 通常要求修正所有已知的显著的系统影响。当对一个显著的总体偏倚进行修正时，应当按照偏倚不显著时（上述“5”中）所描述的方式进行评估与偏倚有关的不确定度。

偏倚显著，但是又因为某个实际的原因忽略不计了，此时有必要采取其他的措施（详见后文“11”（4）部分的方法）。

除上述因素外，其他因素的影响应当分别评估。可以根据已建立的理论进行预测。与这些因素相关的不确定度应当加以评估、记录，并和其他分量按照常规方法合成。

如果与精密度相比，其他因素的影响被证明可以忽略不计（即统计上不显著）时，其不确定度分量可使用该因素进行显著性检验的标准偏差的估计。

【例 13-3】 对所允许的 1h 萃取时间变化的影响 t 检验进行了研究，分别采用正常的萃取时间和减少 1h 的萃取时间对同一样品测定了 5 次。对测定结果通过 t 检验进行研究。平均值和标准偏差（用 mg/L 表示）是：采用标准萃取时间的平均值为 1.8，标准偏差为

0.21；而采用另一个萃取时间的平均值为1.7，标准偏差为0.17。t 检验使用合成方差以获得 t 值，其中：

$$合并方差=\frac{(5-1)\times0.21^2+(5-1)\times0.17^2}{(5-1)+(5-1)}=0.037$$

$$t=\frac{1.8-1.7}{\sqrt{0.037\times\left(\frac{1}{5}+\frac{1}{5}\right)}}=0.82$$

t 的计算值0.82明显小于临界值 $t_{crit}=2.3$，因而萃取时间变化1h无显著影响。但是两个平均值的差值（0.1）是与所计算得出的标准偏差相比较，其值为 $\sqrt{0.037\times(1/5+1/5)}=0.12$。该值就是与萃取时间允许变化的影响有关的不确定度分量。

当检测到某一个影响具有统计显著性，但是在实践中又足够小到可以忽略不计时，可应用本节后续“12”部分的方法进行处理。

8. 能力验证数据的利用

（1）*PT数据在不确定度评估中的应用* 能力验证（PT）的数据同样可以为不确定度评估提供有用的信息，对于实验室已经长期使用的试验方法，PT（也被称为外部质量保证，EQA）数据可用于以下用途：

① 对某个实验室利用能力验证的结果检查所评估的不确定度；

② 评估实验室的不确定度。

（2）*在不确定度评估中PT数据的有效性* 使用PT数据的优势在于当PT主要是为了验证实验室的能力时，久而久之实验室会选择与自身特定检查领域相关的，并在一定范围内其特性已尽知的材料进行检测。此外，由于PT样品的稳定性和均匀性要求不是太严格，因此PT样品可能比有证标准物质（标准样品）更接近实验室的常规样品。

相对而言，PT样品的劣势在于缺少类似于有证标准物质（标准样品）的可溯源的参考值，特别是公议值，容易出现偶然误差，因此在不确定度评估过程中使用PT数据时要特别关注，正如IUPAC在对PT结果的通用解释中所给的建议一样。但是对于分发的材料来说，公议值出现明显偏倚的概率并不大，并且在PT测试中还有延长时间的保护，因此从实用角度来说，能力验证的指定值，包括将参与者结果的公议值作为指定值还是足够可靠的。

满足以下条件时，实验室参加能力验证获得的数据可以作为不确定度评估中的良好依据。

① PT样品应当能够合理代表实验室的常规检测样品，例如材料的种类和被测量的量值范围应适当。

② 指定值有适当的不确定度。

③ 能力验证的频次是适当的。为了得到可靠的评估结果，建议在适当的时间段内至少进行6次不同的试验。

当使用公议值时参与能力验证的实验室数量应该充足，以便保证所确定的样品特性可靠。

（3）*用来检查不确定度估计值* 能力验证活动（EQA）的目的是定期验证实验室的

总体表现。实验室参与能力验证的结果可以被用来检查实验室评估的不确定度，因为该实验室在参加了一定次数的能力验证之后，不确定度与PT结果分散性应该是一致的。

（4）用来评估不确定度　经过几轮能力验证之后，实验室结果对指定值的偏离可以用来初步评估实验室的测量不确定度。

如果选择在PT计划中所有使用同一检测方法的参与者的结果，所得结果的标准偏差等同于实验室间再现性估计值，原则上可以像协同研究所获得的再现性标准偏差一样使用。见上文“6”部分内容。

Eurolab技术报告（1/2002“检测中的不确定度”、1/2006“定量分析结果测量不确定度评估指南”以及“测量不确定度回顾：不确定度评估的其他方法”）对PT数据使用的介绍更为详细，并且提供了示例。Nordtest guide介绍了环境实验室的一般做法。

9. 经验方法的不确定度估计

“经验方法”是指在特定应用领域内，为比较性测量目的而一致同意使用的方法，其特征是被测量依赖于所使用的方法。相应地，方法定义了被测量。举例包括陶瓷中可溶出的金属的测定方法和食品中膳食纤维的测定方法（见本章第四节例13-15、例13-16）。

当在规定的适用范围内使用此类方法时，其方法偏倚规定为零。在这种情况下，偏倚估计只与实验室的操作有关，不需另外考虑方法内在的偏倚。

利用标准物质（标准样品）可以测量偏倚或者证明偏倚是否可忽略，但需注意有证标准物质（标准样品）或者间接赋值的标准物质（标准样品）。

当无法获得以此方式赋予特性的标准物质（标准样品）时，对偏倚的整体控制就与影响结果的方法参数控制相关，特别是时间、温度、质量、体积等因素。因此与这些输入量有关的不确定度必须进行评估，证明其可以忽略不计，或对其定量化（见本章第四节例13-16）。

经验方法通常需要进行协同研究，所以应当按照上文“6”部分中方法评估其不确定度。

10. 临时方法的不确定度评估

临时方法是在短期内或为一小批试样进行探索性研究所建立的方法。这种方法通常基于标准方法或实验室内的成熟方法，但做了较大的修改（例如研究不同的被分析物），并且通常没有对该试样做正式的方法确认研究。

由于确定有关不确定度分量的精力有限，在很大程度上需要利用相关系统的已知性能或这些系统内相关步骤的已知性能，不确定度评估因此就应该基于一个相关系统的已知特性。该性能信息必须被必要的研究所支持，以确认信息的相关性。下面建议假定存在这样一个相关的系统，并且对获得可信的不确定度估计值已进行了充分的研究，或该方法包括了其他方法的步骤，并且这些步骤的不确定度之前已经确定。

至少要得到所讨论方法的总体偏倚的估计值和精密度的表示值。测量偏倚理想的做法是用标准物质（标准样品），但实际上更常用的做法是通过加标回收率加以评估。除加标回收率要与相关所观察的值相比较，以建立以前研究与所讨论的临时方法之间的相关性，建立相关性的相关系统中除所观测到的回收率可比之外，前文“7”中部分所述问题及方法适用。对所测试材料，临时方法所观测的总体偏倚，应与有关系统的观察值相当，符合先前方法确认研究中的要求。

精密度试验最少为双平行试验，推荐在实际操作时尽可能多地重复分析。该精密度应与相关系统的精密度比较，并且临时方法的标准偏差应相当。

注：建议这种比较应经过检查。由于统计学上检验方法的局限性，显著性检验（如 F 检验）对于小样本量的重复分析通常不可靠，很容易得出“没有显著差异”的结论。

当上述条件明确得到满足时，相关系统的不确定度估计值可以直接应用到临时方法所得的结果中，并根据浓度的依赖程度和其他已知因素进行适当调整。

11. 单个分量的量化

有些情况下，需要单独考虑一些不确定度的来源时，或者方法性能数据很少或者没有时，应分别评估每个来源（见本章第四节例 13-11～例 13-13 的说明）。通常用以下方法来评估单个的不确定度分量：

① 输入变量的试验变化；

② 根据现有数据，例如测量和校准证书；

③ 通过理论原则建立的模型；

④ 根据经验和假设模型的信息做出的判断。

上述方法分别简述如下。

（1）单个不确定度分量的试验估计

1）可针对特定参数的试验研究来进行不确定度分量的估计。

2）随机效应：可通过重复性试验测量，标准不确定度以被测量值的标准偏差来表示。通常重复试验不超过 15 次，如需要更高的精密度可增加试验次数。

3）其他典型的试验包括以下几种。

① 研究单个参数变化对结果的影响，尤其是适合独立于其他影响的连续、可控的参数，如时间或温度。试验结果随参数变化的变化率可通过试验数据获得，然后将其直接与该参数的不确定度合成就可得到相关的不确定度分量。

注：与该研究现有精密度相比，参数的变化应该足够使结果产生大的变化（例如是重复测量的标准偏差的 5 倍）。

② 稳健性研究。系统地研究参数适度变化的显著性，尤其适合于快速识别显著影响，并且通常用于方法优化。该方法可用于评估离散效应，如基体的变化或小型仪器配置的变化，它们可能对结果产生不可预测的影响。当发现某个因素是显著的时，通常要做进一步研究。当不显著时，与之有关的不确定度是稳健性研究所得的不确定度（至少对初步评估是这样）。

③ 多因素试验。系统性的多因素试验设计，目的在于估计因素的影响以及因素相互之间的作用。这类研究在分类变量存在的情况下尤其适用。分类变量是一种其数值与该因素大小无直接关联的变量，例如某个研究中的实验室编号、分析人员名字或样品类型等。基体类型变化（在方法规定范围内）的影响可从重复的多基体研究中的回收率分析中估计。根据方差分析即可得到回收率的基体内和基体间的方差分量。基体间方差分量即为与

基体变化有关的标准不确定度。

(2) 基于其他结果或数据的估计　使用现有的关于所考虑量的不确定度的相关信息来评估某些标准不确定度，下文推荐出一些信息来源。

① 质量控制（QC）的数据。正如前文所指出的，必须保证达到标准操作程序（SOP）中设定的质量标准，且QC样品的测量结果应证明能持续满足该标准。如果QC检查用到了标准物质（标准样品），前文“5”阐述了如何在不确定度评估中使用该数据。如果用到其他的稳定物质，QC数据可以用于中间精密度的评估（前文“7”中部分）。如果没有稳定的QC样品，质量控制可以用双平行测试或者类似方法监测可重复性，通过长期积累，合并重复性数据可用来评估重复性标准偏差，该标准偏差构成不确定度的一部分。

QC数据还可以持续检查不确定度的引用值。很显然，随机影响产生的合成不确定度不会小于QC测量结果的标准偏差。

更多的基于QC数据进行不确定度评估的细节见最新的NORDTEST and EUROLAB指南。

② 供应商的信息。对于许多不确定度来源，校准证书或供应商的目录可以提供很多不确定度来源的信息。例如：玻璃量器在使用前，其允差可由生产商的产品目录上取得，或从针对特定项目的校准证书上获得。

(3) 根据理论原理建立模型　很多情况下，公认的物理理论提供了结果影响量良好的模型，例如温度对体积和密度的影响。在这种情况下，可以使用第四节描述的不确定度传播方法由关系式评估或计算不确定度。

在其他情况下，可能需要将近似的理论模型与实验数据一起使用。例如，当分析测量取决于限时衍生反应时，可能需要评估与计时有关的不确定度。可简单地通过变化所用的时间来达到。然而，可能通过对测量浓度附近的衍生动力学的简要实验研究来建立近似的速率模型，并且在给定的时间内由所预测的变化速率来评估不确定度，这样做可能更好。

(4) 基于判断的估计　不确定度的评估既不是日常工作，也不是纯数学推导，它取决于对被测量的性质、测量方法和程序的了解程度。作为测量结果所引用的不确定度，其可靠性和可用性最终取决于对其数值赋值有贡献的那些因素的理解、严格分析和完整性。

很多观测数据的分布情况，可以理解为分布在边缘的观测数据较少，而分布在中间部位的观测数据较多。对于这些分布及其相关标准偏差的量化可通过重复测量获得。

当不能进行重复测量或不能提供特定不确定度分量的有意义测量时，可能需要对区间进行其他评估。

在分析化学中有很多需要用判断评估不确定度的实例。例如以下几种情况。

① 当回收率及相关的不确定度评估数据不能针对每一个样品获得时，整个样品类型的相关数据可以应用到相似类型样品中。但是由于相似程度本身是未知的，因此该推论（从某一类型的基体到某一特定样品）可能会引入不确定度的另一个分量（此分量尚无频率论的解释）。

② 分析程序中规定的测量模型是用来将被测量转换为被测量的量值（分析结果）的。正如科学领域的所有模型一样，该模型本身也有不确定度，只能假设其按特定模型运作，

但永远不能百分之百地确定。

③ 推荐使用标准物质（标准样品），但仍有不确定度，不仅认为其真值有不确定度，分析具体样品时与特定标准物质（标准样品）的相关性也有不确定度。因此，在特定情况下需要判断所声明使用的标准物质（标准样品）与样品性质合理接近的程度。

④ 当程序对被测量定义不充分时会产生另一种不确定度来源。例如，测定“高锰酸盐指数”的情况，无论是分析地表水还是城市废水，毫无疑问都是不同的。不仅有氧化温度等因素，基体组成或干扰物等化学影响均可能对该定义有影响。

⑤ 在分析化学中通常的做法是加入单一物质，如结构相似物或同分异构体、相关的内在物质，据此判断回收率或甚至整类化合物的回收率。很明显，假如分析人员准备研究在所有浓度水平以及任何比例的被测量对加标物和所有“相关”基体的回收率，则其不确定度可通过试验评估。但关于下列问题通常采用判断来代替试验：a. 浓度与被测量回收率的相关性；b. 浓度与加标物回收率的相关性；c. 回收率与基体（分）类型的相关性；d. 内源性物质和加标物结合模式的识别。

此类判断不是基于直接的试验结果，而是基于主观（人为）的概率，这是一个与“可信程度”“直觉概率”和“可信性”同义的术语。同时假定可信程度不是基于仓促的判定，而是基于深思熟虑的概率判定。

做出主观判断的人员应具备常识、一定的专业知识和丰富的经验，主观概率可能性会因人而异，或对同一个人会因时而异，但是结论也相对客观。

当试验条件的真实、实际的变化性不可模拟，由此导致结果数据的变化不能反映实际情况时，本方式特别适用，其可靠性可能会优于重复测量的方式。

当需要对长期的变化性进行评估，而又没有协同研究数据时，就会产生这种性质的典型问题，研究人员没有选择用主观概率代替实际观测的概率（当后者不可获得时），就可能忽略了合成不确定度的重要分量，也就是最终不如那些利用主观概率的人客观了。

评估合成不确定度时，可信程度估计的 2 个特征是最基本的：a. 可信程度应被视为区间值，即提供了类似于经典概率分布的上下边界；b. 将不确定度的“可信程度”分量合成为合成不确定度，同其他方法得到的标准偏差一样，用同样的计算规则。

12. 偏倚的显著性

对所有的已知并显著的系统效应进行修正，这是 GUM 的总要求。

在判定一个已知的偏倚是否可合理地被忽略不计时建议使用下列方法。

① 在不考虑相关偏倚的情况下评估合成不确定度。

② 将偏倚与合成不确定度比较。

③ 当偏倚与合成不确定度比较不显著时，该偏倚可以忽略不计。

④ 当偏倚与合成不确定度比较显著时，需要采取必要的措施。适当的措施可能包括：a. 消除或修正偏倚，并适当考虑修正的不确定度；b. 除结果外，还要报告观测到的偏倚及其不确定度。

注：当已知偏倚未能按惯例修正时，该方法应视为经验方法。见前文“8”的内容。

五、第四步：计算合成不确定度

1. 标准不确定度

① 所有不确定度分量必须在合成前以标准不确定度即标准偏差表示。

② 当不确定度分量是通过重复测量的分散性来评估时，不确定度分量可直接用标准偏差表示。对于单次测量的不确定度分量，其标准不确定度就是所观测到的标准偏差，取平均的结果则为平均值的标准差。

③ 当不确定度的评估是通过已有的结果和数据进行时，其分量可用标准偏差表示。如有置信区间（用 $p\%\pm\alpha$ 表示，并指明 $p\%$）并给定置信水平 $p\%$，则将 α 值除以与所给出的置信水平相应的正态分布百分点的临界值就得到标准偏差。

【例 13-4】 规范中规定天平的分度值为±0.2mg，置信水平为95%。从正态分布的百分点标准表中可知，95%的置信区间是用 1.96σ 这个值计算的。使用这个数值得出标准不确定度约为 $0.2/1.96\approx0.1$。

④ 当 $\pm\alpha$ 的限值没有给定置信水平，且认为极端值可能时，通常假定其为矩形分布，标准偏差为 $\alpha/\sqrt{3}$。

【例 13-5】 证书给出10mL A级容量瓶限值为±0.2mL，则该标准不确定度为 $0.2/\sqrt{3}\approx0.12$（mL）。

⑤ 当 $\pm\alpha$ 的限值没有给定置信水平，且认为极端值不可能时，可假定为三角形分布，标准偏差为 $\alpha/\sqrt{6}$。

【例 13-6】 证书给出10mL A级容量瓶限值为±0.2mL，但实验室内部日常核查表明极限值的可能性极小，则标准不确定度为 $0.2/\sqrt{6}\approx0.08$（mL）。

⑥ 当基于判断方式评估不确定度时，如可能，可直接用标准偏差表示不确定度分量。如果不可能，则应以实际中可能合理存在的最大偏差（剔除简单错误）进行评估。当认为较小值可能性更高时，此估计按三角形分布处理。如果不认为小误差比大误差更加可能时，应按矩形分布处理。

⑦ 最常用的分布函数的转换因子见本章第二节“三”的内容“1”。

2. 合成标准不确定度

在评估了单个的或成组的不确定度分量并将其表示为标准不确定度后，下一步就是要使用下列程序之一计算合成标准不确定度。

数值 y 的合成标准不确定度 $u_c(y)$ 和其所依赖的独立参数 x_1，x_2，…，x_n 的不确定度之间的总体关系式如下：

$$u_c[y(x_1,x_2,\cdots,x_n)]=\sqrt{\sum_{i=1}^{n}c_i^2u^2(x_i)}=\sqrt{\sum_{i=1}^{n}u^2(y,x_i)}$$

式中 $y(x_1, x_2, \cdots, x_n)$ 为几个参数 x_1，x_2，…，x_n 的函数；c_i 为灵敏系数，记作 $c_i=\partial y/\partial x_i$，即 y 对 x 的偏导。

$u(y,x_i)$ 为由 x_i 不确定度引起的 y 的不确定度。GUM 中用 $u_i(y)$ 代替。每个变量

的贡献 $u^2(y,x_i)$ 正好是其表达不确定度的标准偏差的平方乘以相关的灵敏系数的平方。这些灵敏系数反映了 y 值如何随着参数 x_1、x_2 等的变化而变化。

注：当无法找到可靠的数学表达式时，灵敏系数也可以直接根据实验得出。

当变量不是独立的，而是变量相关时，关系式较为复杂，即：

$$u[y(x_i,j,\cdots\cdots)]=\sqrt{\sum_{i=1}^{n}c_i^2u^2(x_i)+\sum_{\substack{i,k=1\\i\neq k}}^{n}c_ic_ku(x_i,x_k)}$$

式中 $u(x_i,x_k)$——x_i 和 x_k 之间的协方差；

c_i、c_k——灵敏系数。

协方差与相关系数 r_{ik} 有关：

$$u(x_i,x_k)=u(x_i)u(x_k)r_{ik}\quad(-1\leqslant r_{ik}\leqslant 1)$$

无论不确定度是与单个参数有关，还是与分组参数有关，或者是与整个分析方法有关，上述通用程序都适用。然而，如果不确定度分量与整个方法有关时，通常表示为对最终结果的影响。在这种情况下，或当某个参数的不确定度直接表示为其对 y 的影响时，灵敏系数等于1.0。

【例 13-7】 结果为22mg/L，其观测的标准偏差为4.1mg/L。在这些条件下，与精密度有关的标准不确定度 $u(y)$ 为4.1mg/L。为清楚起见忽略其他因素，则该测量所蕴含的模型为：

$$y=(\text{计算的结果})+\varepsilon$$

式中 ε——在测量条件下的随机变异影响。

因此 $\partial y/\partial\varepsilon=1.0$。

除上述情形，当灵敏系数等于1.0外，以及除了下列规则1和规则2中所给的特殊例子外，应使用需要进行偏导的通用程序或其他可选择的数值计算方法。本章第二节“三”部分内容中给出了由Kragten提出的数值计算方法的详细情况，该方法有效利用了电子表格软件，根据已知测量模型，由输入标准不确定度得出合成标准不确定度。同时还描述了一个可选择的数值计算方法——蒙特卡洛（Monte Carlo）模拟法的使用。

除最简单的情况外，建议使用这些方法或其他适合的计算机方法。

在某些情况，合成不确定度的表达可以采用更为简单的形式。这里给出合成标准不确定度的两个简单规则。

a. 规则1：对于只涉及量的和（加）或差（减）的模型，例如 $y=(p+q+r+\cdots\cdots)$，合成标准不确定度 $u_c(y)$ 如下。

$$u_c[y(p,q\cdots\cdots)]=\sqrt{u(p)^2+u(q)^2+\cdots\cdots}$$

b. 规则2：对于只涉及积（乘）或商（除）的模型，例如 $y=(pqr\cdots\cdots)$ 或 $y=p/(qr\cdots\cdots)$，合成标准不确定度 $u_c(y)$ 如下。

$$u_c(y)=y\sqrt{\left[\frac{u(p)}{p}\right]^2+\left[\frac{u(q)}{q}\right]^2+\cdots\cdots}$$

式中，$u(p)/p$ 等是参数表示为相对标准偏差的不确定度。

注：减法的处理原则与加法相同，除法与乘法相同。

合成不确定度分量时，为方便起见，应将原始的数学模型分解，将其变为只包括上述原则之一所覆盖的形式，例如：表达式 $(o+p)/(q+r)$ 应分解为 $(o+p)$ 和 $(q+r)$ 两个部分。每个部分的临时不确定度用规则 1 计算，然后将这些临时不确定度用规则 2 合成为合成标准不确定度。

下述例子说明了上述规则的应用。

【例 13-8】

$y=p-q+r$，其中 $p=5.02$，$q=6.45$，$r=9.04$

标准不确定度 $u(p)=0.13, u(q)=0.05, u(r)=0.22$

则：
$$y=5.02-6.45+9.04=7.61$$

$$u(y)=\sqrt{0.13^2+0.05^2+0.22^2}=0.26$$

【例 13-9】

$y=op/(qr)$，其中 $o=2.46$，$p=4.32$，$q=6.38$，$r=2.99$

标准不确定度 $u(o)=0.02$，$u(p)=0.13$，$u(q)=0.11$，$u(r)=0.07$

则：
$$y=2.46\times4.32/(6.38\times2.99)=0.56$$

$$u(y)=0.56\times\sqrt{\left(\frac{0.02}{2.46}\right)^2+\left(\frac{0.13}{4.32}\right)^2+\left(\frac{0.11}{6.38}\right)^2+\left(\frac{0.07}{2.99}\right)^2}$$

$$u(y)=0.56\times0.043=0.024$$

很多情况下，不确定度分量的大小随着被分析物浓度的不同而变化。例如，回收率的不确定度对于高浓度物质可能要小些，光谱信号可能会近似按与强度成比例的方式随机地变化（恒定变化系数）。在这种情况下，必须考虑合成不确定度随被分析物浓度变化的情况。方法包括以下几种：

① 将规定的程序或不确定度评估限制到被分析物浓度的小范围内；

② 将不确定度估计值以相对标准偏差的形式给出；

③ 明确计算相关性并对给定的结果重新计算不确定度。

本章第二节“五”部分内容中给出了这类方法的其他信息。

3. 扩展不确定度

最后一步是将合成标准不确定度和所选的包含因子相乘得到扩展不确定度。扩展不确定度需要给出一个期望区间，合理赋予被测量的数值分布的大部分会落在此区间内。

在选择包含因子 k 的数值时，需要考虑很多问题，包括：a. 所需的置信水平；b. 对所基于的分布的了解；c. 对评估随机影响所用的数目的了解。

大多数情况下推荐 k 为 2。然而，如果合成不确定度是基于较小自由度（大约小于 6）的统计观测的话，选择这个 k 值可能不充分，此时 k 的选择取决于有效自由度。

当合成标准不确定度由某个自由度小于 6 的分量起决定作用时，推荐将 k 设成与该分量自由度数值以及所需置信水平（通常为 95%）相当的学生 t 分布的双侧检验数值。表 13-9 中给出了经常使用的 t 的主要数值，包括自由度大于 6 的。

表 13-9 95%置信（双边）的学生 t 分布表

自由度 ν	t	自由度 ν	t
1	12.7	6	2.5
2	4.3	8	2.3
3	3.2	10	2.2
4	2.8	14	2.1
5	2.6	28	2.0

注：t 值修约到一位小数。对于位于中间部位的自由度 ν，要么使用下一个较低的 ν 值，要么引用表中的 ν 值，要么使用软件确定。

【例 13-10】 称量操作的合成标准不确定度，由标准不确定度分量 $u_{cal}=0.01mg$ 和 5 次重复实验的标准偏差 $S_{ods}=0.08mg$ 合成。合成标准不确定度 $u_c=\sqrt{0.01^2+0.08^2}=0.081$（mg）。显然，合成标准不确定度由重复性分量 S_{ods} 占主导，重复性分量 S_{ods} 是由 5 次重复性实验产生的，自由度为 $\nu=5-1=4$。k 值由 t 分布值表获得。自由度为 4，置信水平为 95%，查表双边数值 t 为 2.8，因此 k 值设为 2.8，扩展不确定度 $U=2.8\times0.081=0.23$（mg）。

使用少数几次的测量来评估大的随机影响时，对 k 值的选择方法见第十一章第二节。当评估有几个显著分量的自由度时应参照此方法。

当所涉及的分布是正态分布时，包含因子 2（置信水平设为 95%）给出了大约包含 95%分布数值的区间。在没有有关分布的信息时，该区间并不意味着是在 95%的置信水平下的区间。

六、不确定度的报告

1. 总则

报告测量结果所需要的信息取决于其预期的用途。指导原则如下：a. 提供足够的信息，以便有新的信息或数据时可重新进行评估；b. 提供的信息越充分越好。

当相关信息描述中不确定度评估引用了已发布的文件时，应保证所获得的文件最新、有效且与所使用的方法一致。

2. 内容要求

测量结果的完整报告应包括，或者引用包括下列信息的文件：a. 根据实验观测值及输入数据进行测量结果及其不确定度计算的方法描述；b. 在计算和分析不确定度中使用的所有修正值和常数的数值和来源；c. 所有不确定度分量的清单，包括每一个分量是如何评价的完整文件。

数据和分析的表达方式应能在必要时容易地重复所有重要步骤并重复计算结果。

如需报告更全面的内容，包括中间输入数值时，报告应给出如下数据或描述：a. 给出每一个输入值的数值及其标准不确定度和获取方法的描述；b. 给出结果和输入值之间的关系式及其任何偏导数、用来说明相关性影响的协方差或相关系数；c. 给出每个输入值的标准不确定度的自由度的评估值（评估自由度的方法见本手册第十一章第二节）。

注：当函数关系极其复杂或没有明确的函数关系时（例如，可能仅以计算机程序的形式存在），可以用通用术语或引用适当的文献来描述上述关系。在这种情况下，必须清楚地说明结果值及其不确定度是如何得到的。

报告日常分析的结果时，给出扩展不确定度的数值和 k 值即可。

3. 报告标准不确定度

当不确定度是以合成标准不确定度 u_c 的形式表达（即一个标准偏差）时，推荐采用下面的形式报告。

"（结果）：x（单位）[和] 标准不确定度 u_c（单位）（其中该标准不确定度是 GUM 中所定义的标准不确定度，相当于一个标准偏差）"

注：当使用标准不确定度时，不建议使用±符号，因为此符号通常与高置信水平的区间有关。

[] 中的术语根据需要可以忽略或精简。

例如：

总氮含量：3.52g/100g；

标准不确定度：0.07g/100g。

注：标准不确定度相对于一个标准偏差。

4. 报告扩展不确定度

除非另有要求，结果 x 应跟使用包含因子 $k=2$（或上文相关内容中所描述，给出 k 值）计算的扩展不确定度 U 一起给出。推荐采用以下方式报告。

"（结果）：$(x\pm U)$（单位），计算时使用的包含因子为 2（其给出了大约 95%的置信水平）"

例如：

总氮量：(3.52±0.14)g/100g

注：报告的不确定度是扩展不确定度，使用的包含因子是 2，对应的置信水平大约是 95%。

5. 结果的数值表示

结果及其不确定度的数值表示中不可给出过多的数字位数。无论是给出扩展不确定度 U，还是标准不确定度 u，通常不确定度的有效数字不要超过两位。测试结果应根据所给出的不确定度进行适当修约。

6. 非对称区间

在某些情况下，特别是结果接近零时的不确定度或按照蒙特卡洛（Monte Carlo）模拟法评估时，结果的分布可能是不对称的。将一个单一值引用作为不确定度可能不恰当，而应该给出所估计的覆盖区间的限值。如果结果及其不确定度有可能用于进一步计算，那么应当给出标准不确定度。

例如：纯度（质量分数）可报告为以下内容。

纯度：0.995，大约 95%置信区间为 0.983～1.000，标准不确定度为 0.005，自由度为 11。

7. 与法规限值的符合性

① 法规通常要求被测量（例如有毒物质的含量）符合规定限值。本手册中的测量不确定度明显有解释分析结果的含义，特别是以下 2 点：a. 评价符合性时可能需要考虑分析结果的不确定度；b. 限值中可能已经给出不确定度的允许量。

在评估中需考虑这两个因素。

② 决定是否接受测试样品的基本要求如下：a. 相关规范给出了受控指标（被测量）的允许上限或下限；b. 相关判定规则说明了当根据规范和测量结果接受或拒绝一个产品时应如何考虑测量不确定度；c. 从判定规则导出接受或拒绝的区间（即结果范围），根据测量结果所位于的区间做出接受或拒绝的决定。

例如：目前使用比较广泛的判定规则是如果测量值超过上限一个扩展不确定度时结果判定为不符合上限。按照这个规则，图 13-15 中只有第 1 种情况是不符合的。类似地，对于只有结果低于一个扩展不确定度时才能判定为符合的判定规则会比上述情况更复杂一些，只有第 4 种情况是符合的。

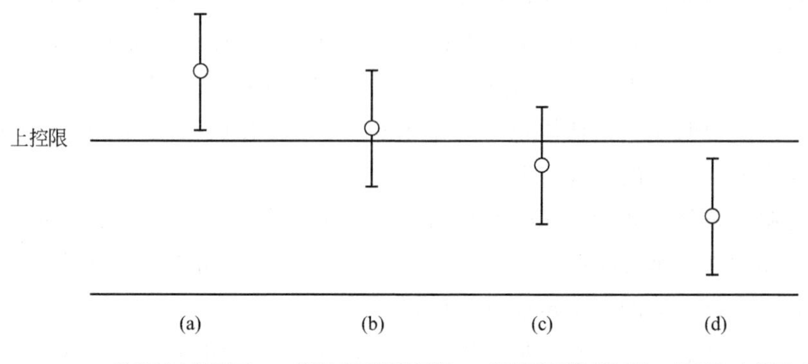

图 13-15 不确定度和符合性限值

③ 通常判定规则会比上述情况更复杂一些。假设规定限值没有用不确定度的允许量调整，与上规定限的符合性情况明显有 4 种情形。a. 测量结果超过规定限值加扩展不确定度；b. 测量结果超过规定限值，但差值小于扩展不确定度；c. 测量结果低于规定限值，但差值小于扩展不确定度；d. 结果小于规定限值减扩展不确定度。

情形 a 通常解释为完全不符合。情形 d 通常解释为符合。情形 b 和 c 通常需要根据与数据用户的协议分别考虑。

上述的逻辑论证也适用于与下规定限符合性的评估。

④ 当已知或相信设定限值时已考虑到不确定度的允许量时，符合性判断有理由只对给出的允许量进行。当符合性检查是对照在指定的环境中操作的规定方法时，将产生例外的情况。在这种情况下的假设是：规定方法的不确定度，或者至少是再现性足够小，以致在实际中可以忽略不计。在这种情况下，如果提供了适当的质量控制，通常只对特定结果的数值报告符合性。这通常会在采用本方法的标准中声明。

第四节　化学分析不确定度评估案例分析

一、简介

本节示例解释了第三节所描述的不确定度评估技术的具体应用。它们均按照流程图的步骤进行（图 13-14），识别不确定度来源并在因果图中列出（见本章第二节中分析不确定度来源），既能避免不确定度的来源双重计算，也能将能评估合成效应的分量组合在一起。案例 1～案例 6 展示了应用本章第二节中的电子表格方法，由已计算出的分量 $u(y, x_i)$ 计算合成不确定度。

案例 1～案例 3 和案例 5 分别阐述了通过量化每一个来源的不确定度来评估不确定度。每一个例子均给出了与使用玻璃量器进行体积测量和不同称量方法与称量质量有关的不确定度的详细分析。该例子是为了说明目的，不应作为所需详细程度或所采用的方法的通用建议。对于很多分析，与这些操作有关的不确定度不是显著的，这样详细的评估是没必要的。使用这些操作的典型值并适当考虑所使用的质量和体积的实际值就能满足需要。

案例 1 是一个用原子吸收分光光度法（AAS）测定镉所使用校准用标准溶液的制备的例子。其目的是说明如何评估体积测量和称量的基本操作所引入的不确定度分量，以及这些分量如何合成得出总的不确定度。

案例 2 是制备氢氧化钠（NaOH）标准溶液，并用邻苯二甲酸氢钾（KHP）标准滴定溶液标定其浓度的过程的例子。它不仅包括对案例 1 中定量体积和称量的不确定度评估，还对与滴定分析有关的不确定度进行检查。

案例 3 是案例 2 的延伸，其增加了用制备好的 NaOH 标准滴定溶液标定盐酸（HCl）溶液浓度有关的不确定度评估。

案例 4 说明了前文所述使用实验室内部确认数据，以及如何使用这些数据来评估许多来源的合成效应所引起的不确定度。也说明了如何评估与方法偏差有关的不确定度。

案例 5 是针对使用规定程序测定陶瓷制品中溶出的重金属含量这种标准或经验方法（empirical method），按照本章第二节有关所述，评估结果的不确定度。其目的是说明如何在缺乏协同试验数据或稳健性试验结果的情况下，有必要考虑方法定义所允许的参数（例如温度、浸泡时间和酸度）在方法规定的范围内所引起的不确定度。当可获取协同研究数据时，该过程变得相当简单，如下一个例子所述。

案例 6 是粗（膳食）纤维测定的不确定度评估。因为被分析物由标准分析方法定义，所以该方法是操作程序定义的方法，或经验方法（empirical method）。在这个例子中，协同研究数据、内部质量保证（QA）核查以及文献研究数据均是现成的，允许使用本章第三节所描述的相关方法。内部研究证实该方法的性能达到协同研究所预期的结果。该例子说明了使用内部方法性能核查所支持的协同研究数据，如何能大大地降低在此情况下不确定度评估所需要的不同分量的数目。

案例 7 详细说明了使用同位素稀释质谱法（IDMS）测定水样中铅含量的不确定度评

估。除对不确定度可能来源进行识别和用统计方法量化外，该例子还说明了如何有必要按本章第三节所述的基于判断来评估不确定度分量。使用判断是本手册第十一章所描述（同GUM）的B类评定的一个特定例子。

二、案例1：标准溶液的制备

1. 概要

首先介绍的这个例子讨论由相应高纯金属制备校准用标准溶液。本案例为用原子吸收分光光度法（AAS）测定镉所使用校准用标准溶液的制备。该校准用标准溶液在稀硝酸（HNO_3）介质中镉的浓度约为1000mg/L。尽管该例没有给出完整的分析测量过程，但校准用标准溶液的使用则是每一次分析测量的组成部分。因为现代例行分析测量都是比较测量，需使用参考标准以溯源至国际单位制SI。

2. 步骤1：技术规定

第1步的目的是清楚地说明什么是被测量，它包括校准用标准溶液制备的描述和被测量与相关参数之间的数学表达式。

（1）程序　在标准操作程序（SOP）中给出有关标准溶液制备的具体信息。制备过程由如图13-16所示各阶段组成。

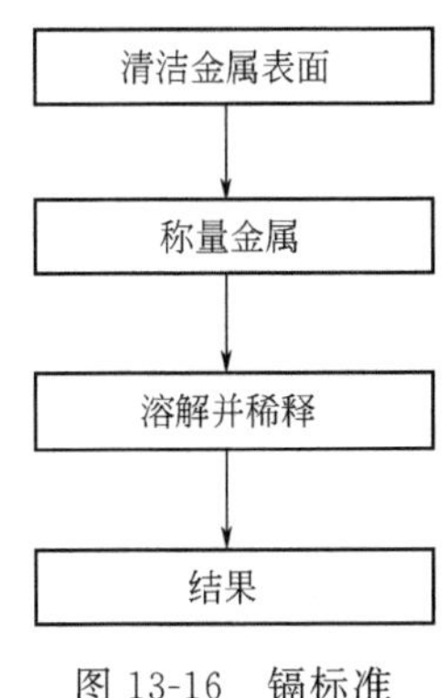

图13-16　镉标准溶液的制备

每个步骤分别介绍如下。

① 用酸的混合物处理高纯金属的表面以清除金属氧化物污染。清洁方法由金属制造商提供，必须按规定的方法进行清除，以获得证书所给出的纯度。

② 分别称量空容量瓶（100mL）的质量和装有净化的高纯金属容量瓶（100mL）的质量。称量所用分析天平的分度值应为0.1mg（或分辨力为0.01mg）。

③ 1mL浓硝酸（$c=65\%$，质量分数）和3mL的去离子水加入容量瓶中以溶解镉（准确称量至约100mg）。然后用去离子水定容，并且倒转容量瓶至少30次以充分混合。

（2）计算　本例中的被测量是校准用标准溶液的浓度，取决于高纯度金属镉（Cd）的称量、纯度以及溶解所用的液体体积。该标准溶液浓度由下式给出：

$$c_{Cd}=\frac{1000mP}{V}$$

式中　c_{Cd}——镉标准溶液的浓度，mg/L；

1000——将mL换算为L的换算系数；

m——高纯金属镉的质量，mg；

P——金属镉的纯度（以质量分数给出）；

V——镉校准标准溶液的体积，mL。

3. 步骤2：识别和分析不确定度来源

第2步的目的是列出所有影响被测量数值的各个参数的不确定度来源。

（1）纯度 P　供应商证书上给出的金属镉（Cd）纯度是 99.99%±0.01%，因此 P 是 0.9999±0.0001。这一数值取决于净化高纯度金属表面的有效性。如果严格按照制造商给出的方法，就不必对证书给出的数值再考虑金属表面氧化物污染有关的附加不确定度。

（2）质量 m　配制的第 2 步涉及高纯金属的称量。配制 100mL 浓度为 1000mg/L 的镉溶液，镉的相应质量由已扣除皮重的称量给出，得出 m＝0.10028g。

制造商的说明书确认扣除皮重称量的 3 个不确定度来源，即重复性、可读性（数字分辨力）以及由天平校准产生的不确定度分量。该校准操作有两个潜在的不确定度来源，即天平的灵敏度及其线性。使用同一台天平在一个很窄的范围内进行称量，得到的质量差值灵敏度可忽略不计。

注：浮力修正不加以考虑，因为所有称量结果都是按常规在空气中称量的，剩余的不确定度很小而不加以考虑。

（3）体积 V　容量瓶中的溶液体积主要有以下 3 个不确定度来源：

① 确定容量瓶内部体积时的不确定度；

② 定容至刻度的变动性；

③ 容量瓶和溶液的温度与容量瓶体积校准时的温度不同。

不同因素及其影响的因果关系见图 13-17。

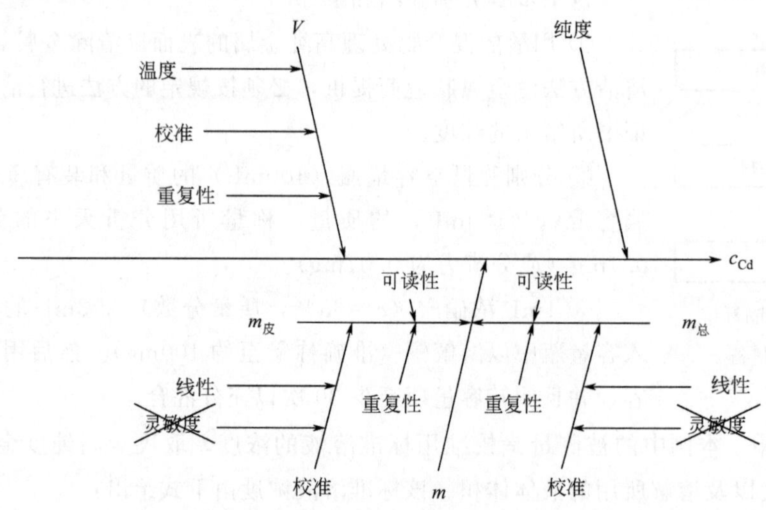

图 13-17　镉标准溶液制备的因果关系

4. 步骤 3：不确定度分量的量化

在步骤 3 中，每一个已识别的潜在来源的不确定度的大小，可通过直接测量或用以前的实验结果估算，或者通过理论分析推导出来。

（1）纯度 P　在证书中给出的 Cd 的纯度是 0.9999±0.0001。由于没有关于不确定度的附加说明，故假定是矩形分布。标准不确定度 $u(P)$ 的值为 0.0001 除以$\sqrt{3}$：

$$u(P)=\frac{0.0001}{\sqrt{3}}=0.000058$$

（2）质量 m　利用校准证书的数据和制造商关于对不确定度评估的建议，估算出与镉的质量有关的不确定度为 0.05mg。这个评估值考虑了前面已确认的 3 个不确定度分量。

注：质量不确定度的详细计算可能会非常复杂，在质量不确定度起支配作用的情况下，参考制造商提供的资料是很重要的。在本例中，为简明起见省略了这些计算过程。

（3）体积 V　该体积有 3 个主要的影响因素：校准、重复性和温度。

① 校准。制造商提供的容量瓶在 20℃的体积为（100±0.1)mL，给出的不确定度的数值没有置信水平或分布情况信息，因此假设是必要的。在这里，计算标准不确定度时是假设为三角形分布。

$$0.1/\sqrt{6}=0.04\ (\text{mL})$$

注：选择三角形分布是因为在一个有效的生产过程中标称值的概率比极端值更大。结果用三角形分布比矩形分布表示更好。

② 重复性。由充满液体量的变化引起的不确定度可通过该容量瓶的典型样品的重复实验来评估。通过对典型的 100mL 容量瓶进行 10 次定容并称量的实验，得出标准偏差为 0.02mL。标准偏差 0.02mL 可直接用作标准不确定度。

③ 温度。根据国家玻璃量器产品标准和检定规程规定，容量瓶校准的容量为 20℃下的标准容量，而实验室的温度在（20±4)℃的范围内变动。温度影响引起的不确定度可通过估算该温度范围和体积膨胀系数来进行估算。由于液体的体积膨胀明显大于容量瓶的体积膨胀，因此只需考虑液体体积膨胀即可。水的体积膨胀系数约为 $2.1\times10^{-4}℃^{-1}$，因此产生的体积变化为 $\pm100\times4\times2.1\times10^{-4}=\pm0.084$（mL)。

假设温度变化是矩形分布，因此它的标准不确定度为：

$$\frac{0.084}{\sqrt{3}}=0.05\ (\text{mL})$$

合成以上 3 个不确定度分量，得到体积 V 的标准不确定度 $u(V)$ 为：

$$u(V)=\sqrt{0.04^2+0.02^2+0.05^2}=0.07\ (\text{mL})$$

5. 步骤 4：计算合成标准不确定度

使用以上步骤 3 计算的相关数值，得校准标准溶液的浓度为：

$$c_{\text{Cd}}=\frac{1000mP}{V}=\frac{1000\times1000.28\times0.9999}{100.0}=1002.7\ (\text{mg/L})$$

对于这种简单的乘除表达式，合成与每一个分量有关的不确定度，得到：

$$\begin{aligned}\frac{u_c(c_{\text{Cd}})}{c_{\text{Cd}}}&=\sqrt{\left[\frac{u(P)}{P}\right]^2+\left[\frac{u(m)}{m}\right]^2+\left[\frac{u(V)}{V}\right]^2}\\&=\sqrt{0.000058^2+0.0005^2+0.0007^2}\\&=0.0009\end{aligned}$$

$$u_c(c_{\text{Cd}})=c_{\text{Cd}}\times0.0009=1002.7\times0.0009=0.9\ (\text{mg/L})$$

使用本章第二节给出的电子表格方法导出合成标准不确定度 $u_c(c_{\text{Cd}})$ 更好，因为即使复杂的表达式也能用它。

以上计算各量值及其标准不确定度和相对标准不确定度，以及合成不确定度汇总在表

13-10中。

表 13-10　量值及其不确定度

符号	描述	数值 x	标准不确定度 $u(x)$	相对标准不确定度 $u(x)/x$
P	金属纯度	0.9999	0.000058	0.000058
m	金属质量	100.28mg	0.05mg	0.0005
V	容量瓶体积	100.0mL	0.07mL	0.0007
c_{Cd}	标准溶液的浓度	1002.7mg/L	0.9mg/L	0.0009

不同参数的不确定度分量大小见图 13-18。容量瓶体积的不确定度分量是最大的，称量过程的不确定度分量类似，镉纯度的不确定度分量实际上对镉标准溶液配制总不确定度几乎没有影响。

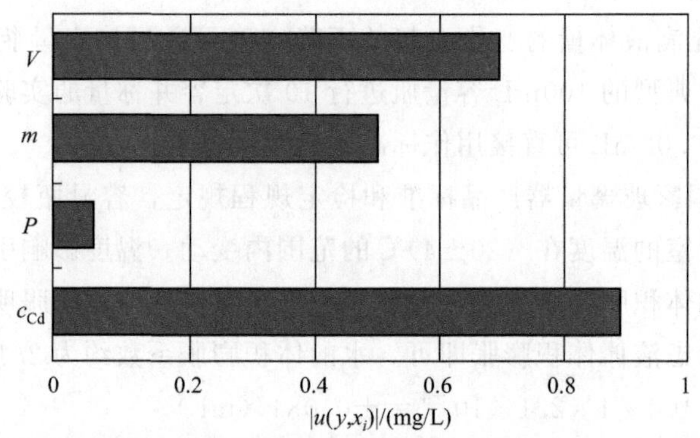

图 13-18　镉标准溶液制备中的不确定度分量

[$u(y,x_i)=(\partial y/\partial x_i)u(x_i)$ 的数值取自表 13-10]

将合成标准不确定度乘以包含因子 2 得到扩展不确定度 $U(c_{\mathrm{Cd}})$。

$$U(c_{\mathrm{Cd}})=2\times0.9=1.8\ (\mathrm{mg/L})$$

三、案例 2：氢氧化钠标准滴定溶液的标定

1. 概要

第二个案例讨论的是氢氧化钠（NaOH）标准滴定溶液浓度的标定实验。用滴定标准物邻苯二甲酸氢钾（KHP）标定氢氧化钠标准滴定溶液浓度。假设 NaOH 溶液浓度约为 0.1mol/L，用自动滴定装置，通过复合 pH 电极测定 pH 曲线的形状确定滴定的终点。滴定标准物 KHP 的有效官能团成分和与其分子总数有关的自由质子的数目，使标定的 NaOH 溶液的浓度可溯源至国际单位制 SI。

2. 步骤 1：技术规定

该步骤的目的是说明测量程序，包括列出测定步骤和被测量及相关参数的数学表达式。

（1）程序　NaOH 溶液的标定包括：干燥并称取滴定标准物邻苯二甲酸氢钾（KHP，基准），配制 NaOH 溶液后，将滴定标准物邻苯二甲酸氢钾（KHP）溶解，并用

NaOH 标准滴定溶液滴定。具体的测定步骤见流程图 13-19。

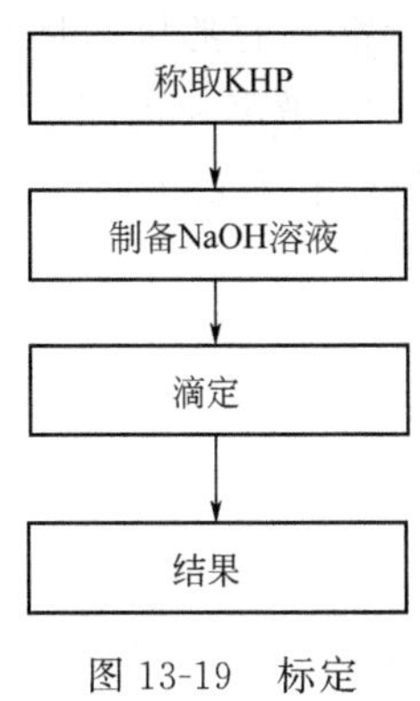

图 13-19 标定 NaOH 溶液

① 按标准方法将滴定标准物 KHP 干燥。供应商的说明书中注明了滴定标准物的纯度及其不确定度。滴定 19mL 浓度 0.1mol/L 的 NaOH 溶液大约需要消耗 KHP 的量为：

$$\frac{204.2212\times 0.1\times 19}{1000\times 1.0}=0.388\ (\text{g})$$

称量应使用分度值为 0.1mg 的分析天平。

② 配制 0.1mol/L 的 NaOH 溶液。为配制 1L 浓度 0.1mol/L 的 NaOH 溶液，需要称取 4g NaOH。由于 NaOH 溶液的浓度是由滴定标准物 KHP 对照测得的，而不是由直接计算得到的，因此不需要涉及与 NaOH 的分子量和其质量有关的不确定度来源信息。

③ 将称取的滴定标准物 KHP 溶解于约 50mL 去离子水中，再以 NaOH 溶液滴定。采用自动滴定装置来滴加 NaOH 溶液，并记录 pH 曲线。由自动滴定装置记录的 pH 曲线判定滴定终点。

(2) 计算 被测量，即 NaOH 溶液的浓度，取决于 KHP 的质量、纯度、分子量和滴定终点时消耗的 NaOH 的体积：

$$c_{\text{NaOH}}=\frac{1000m_{\text{KHP}}P_{\text{KHP}}}{M_{\text{KHP}}V_T}$$

式中 c_{NaOH}——NaOH 标准滴定溶液的浓度，mol/L；

1000——从 mL 到 L 的换算系数；

m_{KHP}——滴定标准物 KHP 的质量，g；

P_{KHP}——滴定标准物的纯度，以质量分数表示；

M_{KHP}——KHP 的摩尔质量，g/mol；

V_T——滴定消耗 NaOH 溶液的体积，mL。

3. 步骤 2：不确定度来源的确定和分析

该步骤的目的是识别各主要不确定度来源，并了解其对被测量及其不确定度的影响。本步骤是分析测定的不确定度评估中最困难的，因为一方面有些不确定度来源可能被忽略，另一方面有些不确定度来源可能会被重复计算。绘制因果关系图是防止这类问题发生的一个可行的方法。制作因果关系图的第一步就是先画出被测量计算公式中的 4 个参数，见图 13-20。

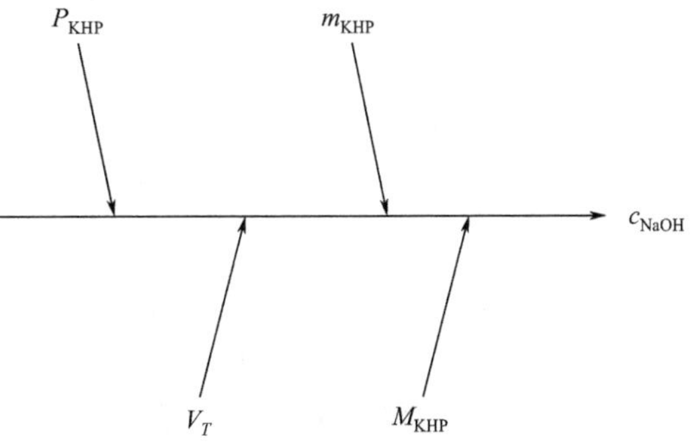

图 13-20 建立因果关系图的第一步

然后，分析测定方法的每一步骤，再沿主要影响因素将其他进一步的影响量添加在图中。对每一个分支均进行同样的分析，直到影响因素变得微不足道为止，将所有不可忽略的影响因素均标注在每一个支干上。

(1) 质量 m_{KHP} 为标定 NaOH 溶液浓度，称取 388mg 滴定标准物邻苯二甲酸氢钾，以差量法进行称量。因此在因果关系图上应画出称量容器空重（皮重）称量（m_{tare}）和包括邻苯二甲酸氢钾在内的总重称量（m_{gross}）两条支干。每一次称量都会有随机变化和天平校准带来的不确定度。天平校准本身有两个可能的不确定度来源：灵敏度和校准函数的线性。如果称量是用同一台天平且称量范围很小，则灵敏度带来的不确定度可忽略不计。

所有 m_{KHP} 有关的不确定度来源均标注在因果关系图上，见图 13-21。

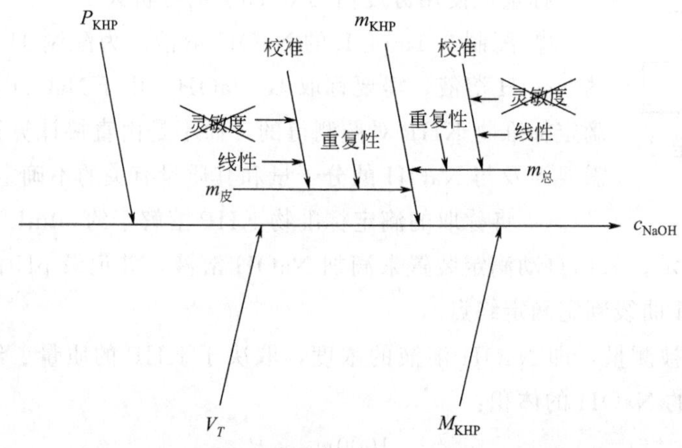

图 13-21 增加称量过程引入的不确定度因果关系

（2）纯度 P_{KHP} 供应商目录中标注的 KHP 的纯度介于 99.95%～100.05%之间，因此 P_{KHP} 等于 1.0000±0.0005。如果干燥过程完全按供应商给出的方法进行，则无其他不确定度来源。

（3）摩尔质量 M_{KHP} 邻苯二甲酸氢钾（KHP）的传统分子式为 $C_8H_5O_4K$。该分子的摩尔质量的不确定度可以通过合成各组成元素原子量的不确定度得到。IUPAC 每两年在《纯粹和应用化学杂志》上发布一次包括不确定度评估值的原子量表，摩尔质量可以直接由该表计算得到。为简洁起见，因果关系图（图 13-22）中省略了各个原子的质量。

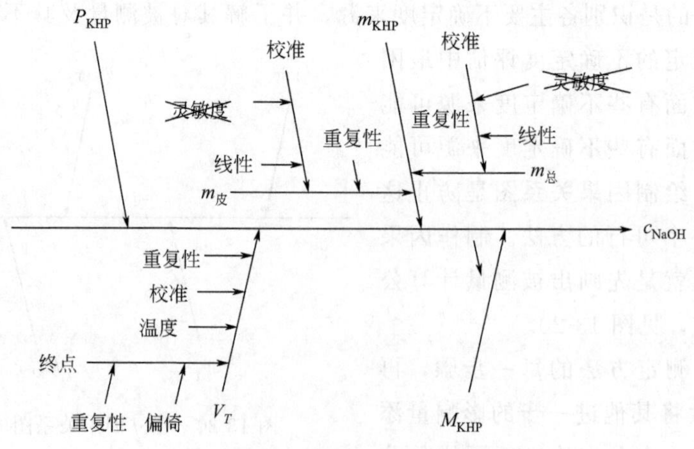

图 13-22 所有不确定度因果关系

（4）体积 V_T 用 20mL 滴定管进行滴定。滴定管中氢氧化钠溶液装载体积和前例中容量瓶定容一样。NaOH 溶液从滴定管滴定的体积有 3 个不同的不确定度来源。这 3 个不确定度来源是滴定体积的重复性、体积校准的不确定度以及由实验室温度与滴定管校准时温度不一致而带来的不确定度。此外，终点检验过程也有影响，有以下 2 个不确定度来源：

① 滴定终点检测的重复性，它独立于滴定体积的重复性；

② 由于滴定过程中吸入二氧化碳及由滴定曲线计算终点的不准确，滴定终点与等当点之间可能存在系统误差。

以上各项均标明在图 13-22 因果关系图中。

4. 步骤 3：不确定度分量的定量

步骤 2 确定的各不确定度来源在步骤 3 中进行量化，并转化为标准不确定度。通常，各类实验都至少包含了滴管滴定体积的重复性和称量操作的重复性，因此，将各重复性分量合并为总实验的一个分量，并且利用方法确认的数值将其量化是合理的，由此导致对因果关系图的修订，见图 13-23。

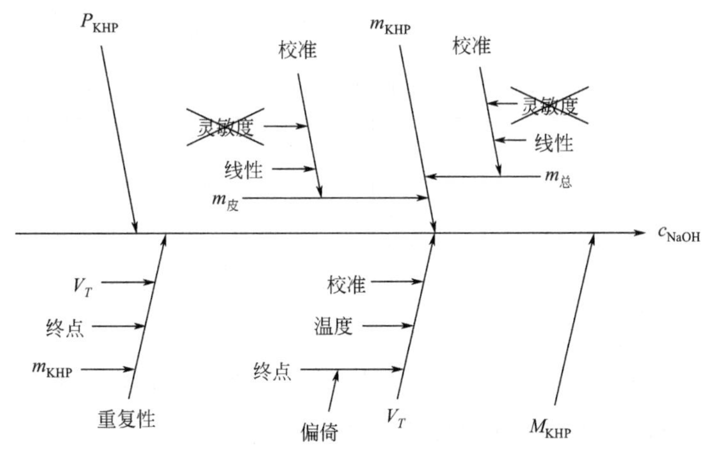

图 13-23 将重复性合并后的因果关系

方法确认表明滴定实验的重复性为 0.05%，该值可直接用于合成不确定度的计算。

(1) 质量 m_{KHP}

① 相关称量如下。

称量容器和邻苯二甲酸氢钾总质量：60.5450g（观测值）。

称量容器质量：60.1562g（观测值）。

邻苯二甲酸氢钾质量：0.3888g（计算值）。

注：由于引入了前面已经确定的合成重复性，因此不需考虑称量的重复性。天平量程范围内的系统偏倚将被抵消。因此，不确定度仅由天平的线性不确定度引起。

② 线性。天平的校准证书标明其线性为±0.15mg。该数值为天平托盘上的实际质量与天平读数的最大差值。天平制造本身不确定度评估建议采用矩形分布将线性分量转化为标准不确定度。

因此，天平不确定度的线性分量为 $0.15/\sqrt{3}=0.09$ (mg)。

上述分量必须计算两次，一次作为空称量容器称量，另一次为称量容器加入称量物质后的总量称量，因为每一次称量均为独立的观测结果，两者的线性影响间是不相关的。

由此得到质量 m_{KHP} 的标准不确定度 $u(m_{KHP})$：

$$u(m_{KHP})=\sqrt{2\times 0.09^2}=0.13\ (\text{mg})$$

注1：由于称量均是按常规在空气中进行的，因此不考虑浮力修正。其他不确定度分量太小，不予考虑。

注2：称量滴定标准物时还存在其他问题。标准物的温度与天平的温度即使只差1℃，也会产生与重复性分量数量级相当的偏倚。滴定标准物已完全干燥，但称量环境的相对湿度在约50%时也会吸收一些湿气。

(2) 纯度 P_{KHP}　P_{KHP} 为1.0000±0.005。供应商在目录中没有给出不确定度的进一步的信息，因此可将该不确定度视为矩行分布，标准不确定度为：

$$u(P_{KHP})=0.0005/\sqrt{3}=0.00029$$

(3) 摩尔质量 M_{KHP}　从IUPAC最新版的原子量表中查得的邻苯二甲酸氢钾($C_8H_5O_4K$)中各元素的原子量和不确定度如表13-11所列。

表13-11　邻苯二甲酸氢钾中各元素的原子量和不确定度

元素	原子量	不确定度	标准不确定度
C	12.0107	±0.0008	0.00046
H	1.00794	±0.00007	0.000040
O	15.9994	±0.0003	0.00017
K	39.0983	±0.0001	0.000058

对于每一个元素来说，标准不确定度是将IUPAC所列不确定度作为矩形分布的极差计算得到的。因此相应的标准不确定度等于查得数值除以$\sqrt{3}$。

各元素对摩尔质量的贡献及其不确定度分量如表13-12所列。

表13-12　各元素对摩尔质量的贡献及其不确定度分量

元素	计算式	结果	标准不确定度
C_8	8×12.0107	96.0856	0.0037
H_5	5×1.00794	5.0397	0.00020
O_4	4×15.9994	63.9976	0.00068
K	1×39.0983	39.0983	0.000058

表13-12各数值的不确定度是由表13-11中各元素的标准不确定度数值乘以原子数值计算得到的。

邻苯二甲酸氢钾的摩尔质量为：

$$M_{KHP}=96.0856+5.0397+63.9976+39.0983=204.2212\ (\text{g/mol})$$

上式为各独立数值之和，因此标准不确定度 $u(M_{KHP})$ 就等于各不确定度分量平方和的平方根：

$$u(M_{KHP})=\sqrt{0.0037^2+0.0002^2+0.00068^2+0.000058^2}=0.0038\ (g/mol)$$

注：由于每个元素对 M_{KHP} 的贡献仅是其原子量与原子数量的乘积，那么按照不确定度分量合成的通用规则可以预见每个元素的不确定度可由单个原子分量平方之和来计算，也就是，如对于碳元素，即 $u(M_C)=\sqrt{8\times0.00046^2}=0.0013$（g/mol）。然而请记住该规则只适用于独立的分量，也就是不同测定值的分量。对于本例，总量是通过单一值乘以 8 得到的。注意各元素的不确定度分量是独立的，因此可以用常规方式合成。

（4）体积 V_T

① 滴定体积的重复性。如前所述，该重复性已通过实验合成重复性考虑了。

② 校准。制造商已给定了滴定体积的准确性范围为±（数值）。对于 20mL 滴定管，典型数值为±0.03mL。假定为三角形分布，标准不确定度为 $0.03/\sqrt{6}=0.012$（mL）。

注：如果有理由认为出现在中心区的概率大于极值附近时，ISO 指南建议采用三角形分布。案例 1 和案例 2 中的玻璃量器均假定为三角形分布（见案例 1 中体积不确定度的讨论）。

③ 温度。由于对温度缺乏控制而产生的不确定度按前例方式计算，但这一次假定温度的波动范围为±3℃（置信水平为 95%）。同样由水的膨胀系数 2.1×10^{-4}℃$^{-1}$ 得到：

$$\frac{19\times2.1\times10^{-4}\times3}{1.96}=0.006\ (mL)$$

因此，因温度控制不充分而产生的标准不确定度为 0.006mL。

注：当处理由不能完全控制的环境因素（如温度）而产生的不确定度时，有必要考虑这些影响间的相关性对不同中间值的影响。本案例中，溶液温度的主要影响是考虑不同溶剂的热效应，也就是说溶液与周围温度并不平衡，因此本案例中在标准温度和压力（STP）下温度对每种溶液浓度的影响是不相关的，从而作为独立不确定度分量处理。

④ 终点检测误差。滴定是在氩气气氛下进行的，以避免滴定液吸收 CO_2 带来的误差。这样做主要是考虑防止误差远比修正误差要好。由于是强碱滴定强酸，没有迹象表明由 pH 曲线形状判定终点会与等当点不一致，所以假定终点判定偏倚及其不确定度可以忽略。

V_T 为 18.64mL，合并各不确定度分量得到体积 V_T 的不确定度 $u(V_T)$：

$$u(V_T)=\sqrt{0.012^2+0.006^2}=0.013\ (mL)$$

5. 步骤 4：合成标准不确定度的计算

c_{NaOH} 由下式计算获得：

$$c_{NaOH}=\frac{1000m_{KHP}P_{KHP}}{M_{KHP}V_T}$$

将以上步骤 3 计算的相关数值代入上述公式后，得到：

$$c_{NaOH}=\frac{1000\times0.3888\times1.0}{204.2212\times18.64}=0.10214(mol/L)$$

对于乘法表示方式（如上式），标准不确定度为：

$$\frac{u_c(c_{NaOH})}{c_{NaOH}}=\sqrt{\left[\frac{u(rep)}{rep}\right]^2+\left[\frac{u(m_{KHP})}{m_{KHP}}\right]^2+\left[\frac{u(P_{KHP})}{P_{KHP}}\right]^2+\left[\frac{u(M_{KHP})}{M_{KHP}}\right]^2+\left[\frac{u(V_T)}{V_T}\right]^2}$$

$$=\sqrt{0.0005^2+0.00033^2+0.00029^2+0.000019^2+0.00070^2}$$
$$=0.00097$$

$$u_c(c_{NaOH})=c_{NaOH}\times 0.00097=0.00010\ (mol/L)$$

为简化上式合成标准不确定度的运算，可以引用本章第二节给出的电子表格运算方法。

以上计算各量值及其标准不确定度和相对标准不确定度，以及合成不确定度汇总在表13-13中。

表 13-13　NaOH 标定中的数据和不确定度

量符号	名称	数值 x	标准不确定度 $u(x)$	相对标准不确定度 $u(x)/x$
rep	重复性	1.0	0.0005	0.0005
m_{KHP}	KHP 的质量	0.3888g	0.00013g	0.00033
P_{KHP}	KHP 的纯度	1.0	0.00029	0.00029
M_{KHP}	KHP 的摩尔质量	204.2212g/mol	0.0038g/mol	0.000019
V_T	滴定 KHP 所消耗 NaOH 溶液体积	18.64mL	0.013mL	0.00070
c_{NaOH}	NaOH 溶液浓度	0.10214mol/L	0.00010mol/L	0.00097

建议检查不同参数的影响大小。各参数的影响大小可以很直观地用直方图表示。图13-24显示了由表13-13计算得到的 $|u(y,x_j)|$ 的大小。

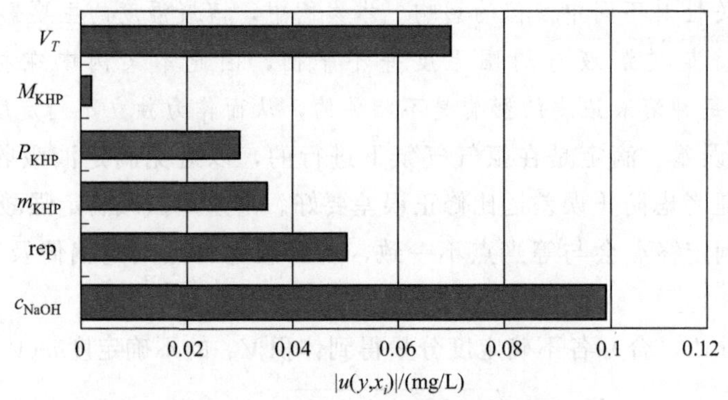

图 13-24　标定 NaOH 溶液的不确定度分量大小

滴定体积 V_T 的不确定度分量是最大的，其次是重复性。称量过程和滴定标准物的纯度处于同一数量级，而摩尔质量的不确定度却几乎小了一个数量级。

6. 步骤 5：重新评估显著的不确定度分量

V_T 不确定度分量是最大的。滴定 KHP 消耗 NaOH 的体积 V_T 受 4 种量的影响：滴定所消耗体积的重复性、滴定管的校准、滴定管滴定时的温度与滴定管校准时温度之间的差异，以及终点判定的重复性。对比各分量的大小，校准是最大的，所以该分量必须研究透彻。

V_T 校准的标准不确定度是由供应商假定为三角形分布计算得到的数据。不同分布假定的影响见表 13-14。

表 13-14 不同分布假定的影响

分布	因子	$u(V_{T,cal})$/mL	$u(V_T)$/mL	$u_c(c_{NaOH})$/(mol/L)
矩形	$\sqrt{3}$	0.017	0.019	0.00011
三角形	$\sqrt{6}$	0.012	0.015	0.00009
正态①	$\sqrt{9}$	0.010	0.013	0.000085

① 因子$\sqrt{9}$来源于 ISO 导则 4.3.9 注 1 的因子 3。

根据 GUM 第 4.3.9 注 1："对于正态分布，期望值为μ，标准偏差为σ，区间$\mu \pm 3\sigma$覆盖了 99.97% 的分布。因此，如果上下限 a_+ 和 a_- 规定了 99.73% 的界限，而不是 100% 的界限，则 x_j 可以假定大致为正态分布，而不是对 x_j（在区间内）所知无几，那么，$u^2(x_j)=a^2/9$。相对地，半宽度为 a 的对称矩形分布的方差为 $a^2/3$，而半宽度为 a 的对称三角形分布的方差为 $a^2/6$。相对于这三种分布的方差的数量级惊人地相似。"

因此，影响量的分布函数的选择对合成标准不确定度 $u(c_{NaOH})$ 数值的影响并不明显，所以将之假定为三角形分布比较合适。

扩展不确定度 $U(c_{NaOH})$ 可由合成标准不确定度乘以包含因子 2 后得到。

$$U(c_{NaOH})=0.00010\times 2=0.0002 \text{ (mol/L)}$$

所以，氢氧化钠标准滴定溶液的浓度为 (0.1021±0.0002)mol/L。

四、案例 3：酸碱滴定

1. 概要

本案例探讨了标定盐酸（HCl）溶液浓度的一系列实验。另外，对滴定技术进行了专门的讨论。HCl 用刚由邻苯二甲酸氢钾（KHP）标定的氢氧化钠（NaOH）标准滴定溶液标定。与案例 2 一样，假定 HCl 溶液的浓度在 0.1mol/L 这个数量级，滴定终点用自动滴定装置通过 pH 曲线的形状判断。本评估给出的测量不确定度以 SI 单位表示。

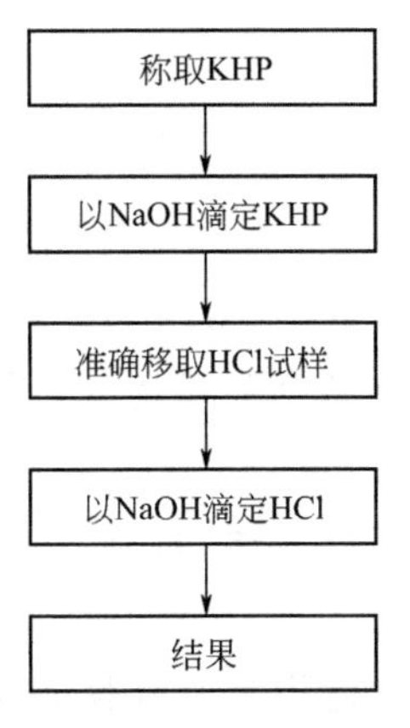

图 13-25 HCl 溶液浓度的测定过程

2. 步骤 1：技术规定

本步骤详细叙述测量步骤，包括以邻苯二甲酸氢钾（KHP）标定氢氧化钠（NaOH）溶液，再以氢氧化钠（NaOH）溶液标定盐酸（HCl）的浓度，以及被测量的数学表达式。

（1）操作步骤 测定 HCl 溶液浓度包括以下各个阶段（可参见图 13-25）。

① 干燥滴定标准物邻苯二甲酸氢钾（KHP），以确保其纯度符合供应商提供的证书上所标数值。称取大约 0.3888g 干燥的滴定标准物质 KHP 以标定 19mL NaOH 溶液。

② 将滴定标准物质 KHP 溶解于约 50mL 的去离子水中，以 NaOH 溶液滴定。滴定装置自动滴加 NaOH 溶液，同时绘出 pH 曲线。通过记录的 pH 曲线形状确定滴定终点。

③ 用移液管移取 15mL 待测 HCl 溶液。用去离子水稀释至约 50mL 的锥形瓶中。

④ 用同一台自动滴定装置以氢氧化钠标准滴定溶液测定 HCl 溶液浓度。

（2）计算　被测量是 HCl 溶液的浓度 c_{HCl}。它取决于 KHP 的质量、纯度、分子量、再次滴定终点时消耗 NaOH 标准滴定溶液的体积和待测 HCl 溶液的移取量：

$$c_{HCl}=\frac{1000m_{KHP}P_{KHP}V_{T2}}{V_{T1}M_{KHP}V_{HCl}}$$

式中　c_{HCl}——HCl 溶液的浓度，mol/L；

1000——由 mL 转化为 L 的换算系数；

m_{KHP}——称取的 KHP 质量，g；

P_{KHP}——以质量分数表示的 KHP 纯度；

V_{T2}——滴定 HCl 溶液所用 NaOH 标准滴定溶液的体积，mL；

V_{T1}——滴定 KHP 所用 NaOH 标准滴定溶液的体积，mL；

M_{KHP}——KHP 的摩尔质量，g/mol；

V_{HCl}——被 NaOH 标准滴定溶液滴定的 HCl 溶液的体积，mL。

3. 步骤 2：确定和分析不确定度来源

用直观的因果关系图（图 13-26）表示出各不确定度来源及其对被测量的影响是分析测量不确定度分量的最好方法。

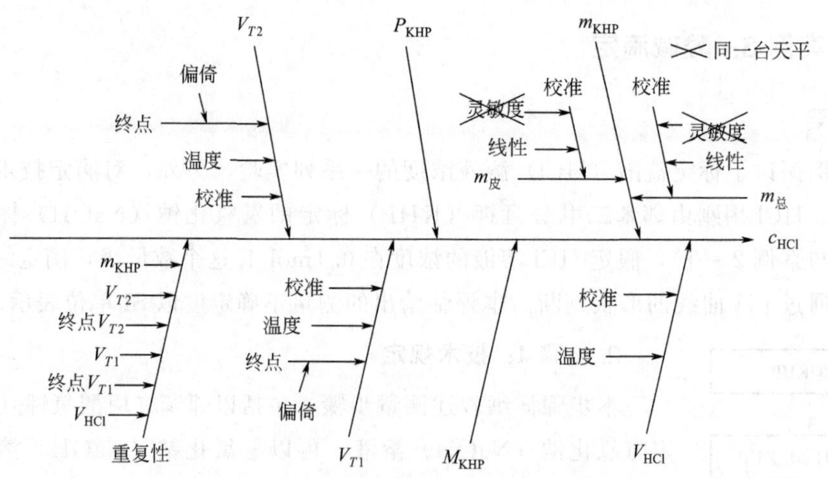

图 13-26　酸碱滴定因果关系

重复性评估作为整体可以从方法确认研究中得到，因此无需分别考虑所有重复性的分量。因此这些可以归纳为一种分量（见因果图 13-26）。

参数 V_{T2}、V_{T1}、M_{KHP}、P_{KHP} 和 M_{KHP} 的影响已在前几个案例中有详尽的探讨，因此只有 V_{HCl} 影响量在本例中详细讨论。

用移液管移取 15mL 待测 HCl 溶液。从移液管排出的 HCl 溶液的体积与所有容量测量装置一样有以下 3 种不同的不确定度来源：a. 排出体积的变化或重复性；b. 移液管规定体积的不确定度；c. 移液管移取的溶液温度与校准时温度的差异。

4. 步骤 3：不确定度分量的量化

本步骤的目的就是对步骤 2 分析的各不确定度来源进行定量。各分支或不同组分的定量在前两个例子中有详细的描述，因此本例只给出不同分量的评估信息。

(1) 重复性 方法确认表明测定的重复性为0.1%（相对标准偏差 RSD）。该数值可以直接用来计算与各重复性有关的合成标准不确定度。

(2) 质量 m_{KHP} 校准/线性：天平制造商给出了±0.15mg的线性分量。该数值代表了被称量物的实际质量与天平所读取的数值的最大差值。线性分量被假设成矩形分布，换算成标准不确定度为：

$$0.15/\sqrt{3}=0.087\ (\mathrm{mg})$$

线性不确定度分量应重复计算两次，一次为空称量容器的量（皮重），另一次为称量容器加该称量滴定标准物质的总量（毛重），产生的不确定度 u（m_{KHP}）为：

$$u(m_{\mathrm{KHP}})=\sqrt{2\times0.087^2}=0.12\ (\mathrm{mg})$$

注1：由于对非线性的形式未做任何假设，因此将该分量重复计算了两次。非线性被相应地看作对每次称量的系统影响，在称量范围内影响的大小是随机变异的。

注2：因为所有称量均是以常规方式在空气中完成的，因此未考虑空气浮力修正。余下的不确定度太小，可以忽略不计。

(3) 纯度 P_{KHP} 供应商证书上给出的 P_{KHP} 值为100%±0.05%，其引用的不确定度可考虑为矩形分布，则其标准不确定度为：

$$u(P_{\mathrm{KHP}})=0.0005/\sqrt{3}=0.00029$$

(4) 体积 V_{T2}

① 校准。制造商提供的数值为±0.03mL，近似于三角形分布，$0.03/\sqrt{6}=0.012$ (mL)。

② 温度。温度变化的范围为±4℃，按矩形分布处理，$u=15\times2.1\times10^{-4}\times4/\sqrt{3}=0.007$ (mL)。

③ 终点判定偏倚。在氩气中滴定可以消除空气中 CO_2 造成的判定终点与等当点的偏倚。不确定度可不予考虑。

滴定盐酸溶液所用氢氧化钠标准滴定溶液的体积 V_{T2} 为14.89mL，将以上两个分量合成为体积 V_{T2} 的不确定度 $u(V_{T2})$：

$$u(V_{T2})=\sqrt{0.012^2+0.007^2}=0.014\ (\mathrm{mL})$$

(5) 体积 V_{T1} 除温度外，所有分量均与 V_{T1} 相同。

① 校准。$0.03/\sqrt{6}=0.012$ (mL)

② 温度。滴定0.3888g KHP大约消耗NaOH标准滴定溶液的体积为19mL，因此其不确定度分量为：

$$19\times2.1\times10^{-4}\times4/\sqrt{3}=0.009\ (\mathrm{mL})$$

③ 偏倚。可忽略。

V_{T1} 求得为18.64mL，其标准不确定度 u（V_{T1}）为：

$$u(V_{T1})=\sqrt{0.012^2+0.009^2}=0.015\ (\mathrm{mL})$$

(6) 摩尔质量 M_{KHP} KHP（$C_8H_5O_4K$）各组成元素的原子量及其不确定度（从最

新的IUPAC原子量表查得），如表13-15所列。

表13-15 KHP各组成元素的原子量及其不确定度

元素	原子量	不确定度	标准不确定度
C	12.0107	±0.0008	0.00046
H	1.00794	±0.00007	0.000040
O	15.9994	±0.0003	0.00017
K	39.0983	±0.0001	0.000058

对于每个元素来说，其标准不确定度可按IUPAC给出的数值以矩形分布求得。将所给的数值除以$\sqrt{3}$可得到其标准不确定度。

KHP摩尔质量M_{KHP}及其不确定度分别为：

$$M_{KHP}=8\times12.0107+5\times1.00794+4\times15.9994+39.0983=204.2212\ (g/mol)$$

$$u(M_{KHP})=\sqrt{(8\times0.00046)^2+(5\times0.00004)^2+(4\times0.00017)^2+(0.000058)^2}=0.0038\ (g/mol)$$

注：每种元素单个原子对不确定度分量并非独立的。因此，计算原子分量的不确定度时将原子量的标准不确定度乘以原子数。

（7）体积V_{HCl}

① 校准。制造商给定15mL移液管的不确定度为±0.02mL，按三角形分布处理。

$$0.02/\sqrt{6}=0.008\ (mL)$$

② 温度。实验室温度变化介于±4℃之间。采用矩形分布，其标准不确定度为：

$$15\times2.1\times10^{-4}\times4/\sqrt{3}=0.007\ (mL)$$

合成上述不确定度分量：

$$u(V_{HCl})=\sqrt{0.008^2+0.007^2}=0.011\ (mL)$$

5. 步骤4：计算合成标准不确定度

盐酸溶液浓度c_{HCl}由下式计算得到：

$$c_{HCl}=\frac{1000m_{KHP}P_{KHP}V_{T2}}{V_{T1}M_{KHP}V_{HCl}}$$

注：本例中，重复性评估视为相对影响，因此完整的公式应为：

$$c_{HCl}=\frac{1000m_{KHP}P_{KHP}V_{T2}}{V_{T1}M_{KHP}V_{HCl}}\times rep$$

先后两次滴定实验各量值及其标准不确定度和相对标准不确定度，以及合成不确定度汇总在表13-16中。

表13-16 酸碱滴定数据及其不确定度

量符号	名称	数值x	标准不确定度$u(x)$	相对标准不确定度$u(x)/x$
rep	重复性	1.000	0.001	0.001
m_{KHP}	KHP的质量	0.3888g	0.00012g	0.00033

续表

量符号	名称	数值 x	标准不确定度 $u(x)$	相对标准不确定度 $u(x)/x$
P_{KHP}	KHP 的纯度	1.000	0.00029	0.00029
V_{T2}	滴定 HCl 消耗 NaOH 的体积	14.89mL	0.014mL	0.00094
V_{T1}	滴定 HKP 消耗 NaOH 的体积	18.64mL	0.015mL	0.00080
M_{KHP}	KHP 的摩尔质量	204.2212g/mol	0.0038g/mol	0.000019
V_{HCl}	用 NaOH 滴定移取的 HCl 的体积	15.00mL	0.011mL	0.00073
c_{HCl}	HCl 溶液的浓度	0.10139mol/L	0.00018mol/L	0.0018

代入这些数值后：

$$c_{HCl}=\frac{1000\times 0.3888\times 1.000\times 14.89}{18.64\times 204.2212\times 15.00}\times 1.000=0.10139\ (\text{mg/L})$$

相应地合成各不确定度分量：

$$\frac{u(c_{HCl})}{c_{HCl}}=\sqrt{\left[\frac{u(m_{KHP})}{m_{KHP}}\right]^2+\left[\frac{u(P_{KHP})}{P_{KHP}}\right]^2+\left[\frac{u(V_{T2})}{V_{T2}}\right]^2+\left[\frac{u(M_{KHP})}{M_{KHP}}\right]^2+\left[\frac{u(V_{HCl})}{V_{HCl}}\right]^2+u(\text{rep})^2}$$

$$=\sqrt{0.00033^2+0.00029^2+0.00094^2+0.00080^2+0.000019^2+0.001^2}$$

$$=0.0018$$

$$u(c_{HCl})=c_{HCl}\times 0.0018=0.00018\ (\text{mg/L})$$

电子表格方法可用于简化上述合成不确定度的计算。

不同不确定度分量的大小可以用直方图的形式比较，见图 13-27。

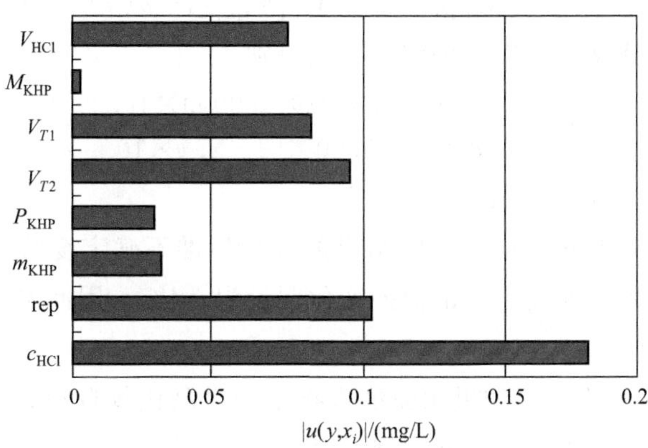

图 13-27　酸碱滴定不确定度分量

将合成标准不确定度乘以包含因子 2 计算扩展不确定度 $U(c_{HCl})$：

$$U(c_{HCl})=0.00018\times 2=0.0004\ (\text{mol/L})$$

HCl 溶液的浓度为：(0.1014 ± 0.0004)mol/L

6. 滴定例子中的特殊性

下文研究实验准备或滴定过程中哪些因素的变化会对最终结果及其合成标准不确定度产生影响。

（1）25℃平均室温的影响　对于常规分析，分析人员很少会对实验室温度对体积的系统影响进行校正。这种情况涉及校正所引入的不确定度。

体积测量装置是在20℃条件下校准的，但是很少有实验室将室温控制并保持在该温度下。为了说明，考虑对25℃的平均室温进行校正。

应使用校正后的体积来计算最终分析结果，而不是按20℃时校准的体积计算。按照下式，校正温度对体积的影响：

$$V'=V[1-\alpha(T-20)]$$

式中 V'——20℃时的校准体积；

V——平均温度 T 时的实际体积；

α——水溶液的膨胀系数，℃$^{-1}$；

T——实验室实际观测到的温度，℃。

被测量的计算公式应重写为：

$$c_{\mathrm{HCl}}=\frac{1000m_{\mathrm{KHP}}P_{\mathrm{KHP}}}{M_{\mathrm{KHP}}}\times\frac{V'_{T2}}{V'_{T1}V'_{\mathrm{HCl}}}$$

加入温度校正项后：

$$c_{\mathrm{HCl}}=\frac{1000m_{\mathrm{KHP}}P_{\mathrm{KHP}}}{M_{\mathrm{KHP}}}\times\frac{V'_{T2}}{V'_{T1}V'_{\mathrm{HCl}}}$$

$$=\frac{1000m_{\mathrm{KHP}}P_{\mathrm{KHP}}}{M_{\mathrm{KHP}}}\times\frac{V_{T2}[1-\alpha(T-20)]}{V_{T1}[1-\alpha(T-20)]V_{\mathrm{HCl}}[1-\alpha(T-20)]}$$

假设温度 T 和水溶液的膨胀系数 α 对于3个体积均是相同的，上式可以简化为：

$$c_{\mathrm{HCl}}=\frac{1000m_{\mathrm{KHP}}P_{\mathrm{KHP}}}{M_{\mathrm{KHP}}}\times\frac{V_{T2}}{V_{T1}V_{\mathrm{HCl}}[1-\alpha(T-20)]}$$

上式给出的盐酸溶液与20℃时的结果有些差别：

$$c_{\mathrm{HCl}}=\frac{1000\times0.3888\times1.0000\times14.89}{204.2212\times18.64\times15.00\times[1-2.1\times10^{-4}\times(25-20)]}$$

$$=0.10149\ (\mathrm{mg/L})$$

该数值仍然落在平均温度为20℃时结果的合成标准不确定度给出的范围内，说明结果无显著影响。由于25℃平均室温的温差变化假设为±4℃，因此温度的变化并不影响合成标准不确定度的评估。

(2) 目测判定滴定终点　如果用酚酞作指示剂目测代替自动滴定装置由pH曲线判定滴定终点，就会引入误差。颜色由透明向红/粉红色转变时，pH值介于8.2～9.8之间，这会额外增加滴定量，相对测定pH的自动终点识别装置来说会引入误差。实验证明过量体积大约为0.05mL，同时目测判定滴定终点的标准不确定度大约为0.03mL。应在计算最终结果时考虑由过量体积产生的误差。目测判定滴定终点的实际体积为：

$$V_{T1,\mathrm{Ind}}=V_{T1}+V_{\mathrm{E}}$$

式中 $V_{T1,\mathrm{Ind}}$——目测判定滴定终点时的体积；

V_{T1}——滴定终点时的体积；

V_{E}——使酚酞变色需要增加的体积。

以上引入的体积校正导致被测量表达式的变化：

$$c_{\mathrm{HCl}}=\frac{1000m_{\mathrm{KHP}}P_{\mathrm{KHP}}(V_{T2,\mathrm{Ind}}-V_{\mathrm{E}})}{M_{\mathrm{KHP}}(V_{T1,\mathrm{Ind}}-V_{\mathrm{E}})V_{\mathrm{HCl}}}$$

考虑目测判定滴定终点的重复性不确定度分量，重新计算标准不确定度 $u(V_{T2})$ 和 u (V_{T1})。

$$u(V_{T1})=u(V_{T1,\mathrm{Ind}}-V_{\mathrm{E}})=\sqrt{0.004^2+0.012^2+0.009^2+0.03^2}=0.034\ (\mathrm{mL})$$

$$u(V_{T2})=u(V_{T2,\mathrm{Ind}}-V_{\mathrm{E}})=\sqrt{0.004^2+0.012^2+0.007^2+0.03^2}=0.033\ (\mathrm{mL})$$

合成标准不确定度为：

$$u_{\mathrm{c}}(c_{\mathrm{HCl}})=0.0003\mathrm{mol/L}$$

比以前的（0.00018mol/L）大得多。

（3）3 次测定求得最终结果　两步滴定实验重复了 3 次后求得最终结果。3 次测定可减少重复性的分量，减少总不确定度。

正如本案例步骤 2 所述，将所有重复实验的变化进行合并作为总的实验重复性，如图 13-26 所示的因果关系。

各不确定度分量通过下列公式计算（其中温度指的是温度的变化影响体积变化的分量，后面的体积是在一定的温度下体积变化的量值）。

① 质量 m_{KHP}。

线性：　$0.15/\sqrt{3}=0.087\ (\mathrm{mg})$

$$m(m_{\mathrm{KHP}})=\sqrt{2\times0.087^2}=0.12\ (\mathrm{mg})$$

② 纯度 P_{KHP}。

纯度：　$0.0005/\sqrt{3}=0.00029$

③ 体积 V_{T2}。

校准：　$0.03/\sqrt{6}=0.012\ (\mathrm{mL})$

温度：　$15\times2.1\times10^{-4}\times4/\sqrt{3}=0.007\ (\mathrm{mL})$

$$u(V_{T2})=\sqrt{0.012^2+0.007^2}=0.014\ (\mathrm{mL})$$

④ 重复性。3 次测定的质量记录显示实验的长期平均标准偏差为 0.001（以 RSD 表示）。不建议使用 3 次测定得到的实际标准偏差，因这个数值本身有 52% 的不确定度。3 次测定（3 次独立测定）的标准不确定度由 0.001 除以 $\sqrt{3}$ 得到：

$$u(\mathrm{rep})=0.001/\sqrt{3}=0.00058$$

⑤ 体积 V_{HCl}。

校准：　$0.02/\sqrt{6}=0.008\ (\mathrm{mL})$

温度：　$15\times2.1\times10^{-4}\times4/\sqrt{3}=0.007\ (\mathrm{mL})$

$$u(V_{\mathrm{HCl}})=\sqrt{0.008^2+0.007^2}=0.01\ (\mathrm{mL})$$

⑥ 摩尔质量 M_{KHP}。

$$u(M_{\mathrm{KHP}})=0.038\mathrm{g/mol}$$

⑦ 体积 V_{T1}。

校准：　$0.03/\sqrt{6}=0.012\ (\mathrm{mL})$

温度：　　$19\times2.1\times10^{-4}\times4/\sqrt{3}=0.009$（mL）

$$u(V_{T1})=\sqrt{0.012^2+0.009^2}=0.015\text{（mL）}$$

所有不确定度分量的值均收于表 13-16。合成标准不确定度为 0.00016mol/L，由于是 3 次测定，因此不确定度略有减小。各不确定度分量的直方图示对比见图 13-28，可明显看出不确定度的主要来源。虽然重复性分量大大降低了，体积的不确定度分量仍保持原来的数值，限制了进一步的改善。

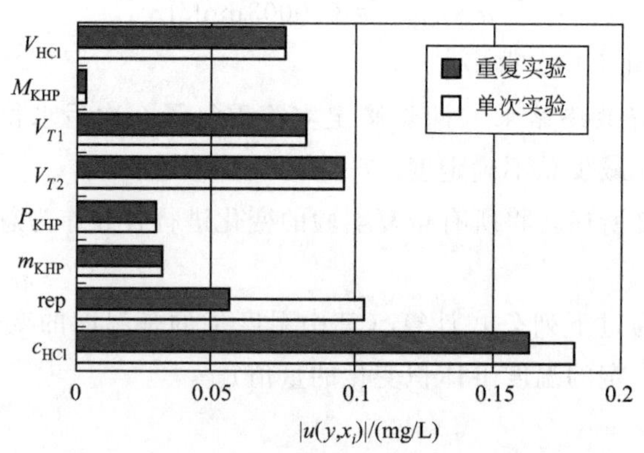

图 13-28　重复实验酸碱滴定的值和不确定度

五、案例 4：面包中有机磷农药的测定（实验室内部确认研究的不确定度评估）

1. 概要

本例采用萃取和气相色谱法（GC）测定食物中残留的有机磷农药的含量，说明用实验室内部确认的数据计算测量不确定度的方法。本测量的目的是测定面包中残留有机磷农药的含量。通过测定加标样品确认方案和实验建立起溯源性。假设对样品中所加的标准物质和被测成分测量响应的不同而导致的不确定度相对于结果的总不确定度较小。

2. 步骤 1：技术规定

对较广泛使用的分析方法被测量的说明，是对分析方法不同阶段的综合描述和测定程序，并提供被测量的计算公式。

（1）测定程序　测定面包中残留的有机磷农药的流程见图 13-29。

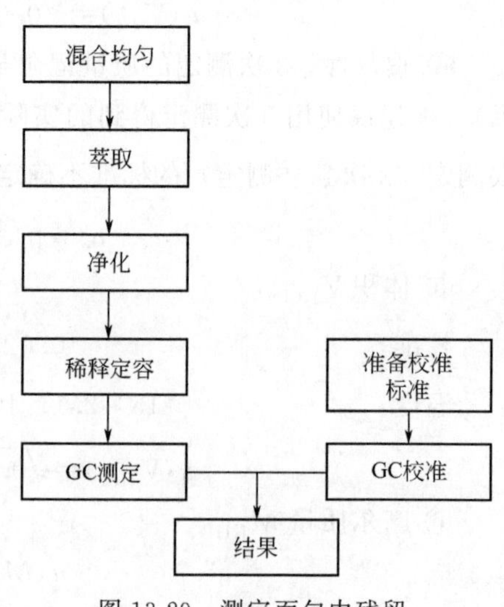

图 13-29　测定面包中残留有机磷农药的流程

① 均匀样品。将完整的样品切成小碎片（约 2cm），从中随机选择 15 个小碎片作为子样品，并把该子样品混合均匀。当怀疑均匀性很差时，则在混合前采用比例抽样法取样。

② 称量分析用子样品，获得质量 m_{sample}。

③ 萃取。用有机溶剂定量萃取被分析物，转移并通过硫酸钠的柱子进行脱水，而后用一个

Kuderna-Danish 装置浓缩萃取物。

④ 液-液萃取。

⑤ 乙腈/己烷液相分配，用己烷洗脱乙腈萃取物，通过硫酸钠柱干燥己烷层。

⑥ 通过气体吹风浓缩洗脱过的萃取物，直到接近干燥。

⑦ 在一个 10mL 刻度管中将浓缩液稀释至标准体积 V_{op}（约 2mL）。

⑧ 测定。注射 5μL 样品萃取物至 GC 中测量，得到峰响应值 I_{op}。

⑨ 制备约 5μg/mL 标准溶液（实际浓度为 c_{ref}）。

⑩ 用已制备的校准用标准溶液作 GC 校准。注射 5μL 标准溶液到 GC 中，得到参考标准响应值 I_{ref}。

（2）计算　式(13-10）给出最终样品萃取液的浓度 c_{op} 为（μg/mL）：

$$c_{op}=c_{ref}\frac{I_{op}}{I_{ref}} \tag{13-10}$$

试样中的农药含量 P_{op} 估计值（以 mg/kg 计）由式(13-11）给出：

$$P_{op}=\frac{c_{op}V_{op}}{\text{Rec}\times m_{sample}}\times 10^6 \tag{13-11}$$

或将 c_{op} 代入得：

$$P_{op}=\frac{I_{op}c_{ref}V_{op}}{I_{ref}\times\text{Rec}\times m_{sample}}\times 10^6 \tag{13-12}$$

式中　P_{op}——样品中农药的含量，mg/kg；

I_{op}——样品萃取液的响应值；

c_{ref}——参考标准溶液的浓度，μg/mL；

V_{op}——萃取样品的最终体积，mL；

10^6——样品中农药含量（mg/kg）的换算因子；

I_{ref}——参考标准溶液的峰响应值；

Rec——回收率；

m_{sample}——待测子样品的质量，g。

（3）适用范围　此方法适用于化学性质相近、含量介于 0.01～2mg/kg 之间的各类面包基体中有机磷农药分析。

3. 步骤 2：识别和分析不确定度来源

对这样一个复杂的分析过程，识别所有的不确定度来源最好的方法是绘制因果关系图。被测量计算公式中的参数在图中作为主要分支。考虑到分析程序的每一步，将更多影响因素添加到该图上，直到所有影响因素对结果的影响变得足够小而忽略不计。

样品的非均匀性不是原始被测量公式中的一个参数，但是它在分析程序中对分析结果有很大的影响。因此在因果图中加上了一个新的分支 F_{hom}，该因子代表样品的非均匀性（图 13-30）。

最后，样品非均匀性引入的不确定度分量应该包括在被测量的计算公式中。为了明确地表明非均匀性引起的不确定度的影响，被测量计算公式写成下式：

$$P_{op}=F_{hom}\frac{I_{op}c_{ref}V_{op}}{I_{ref}\times\text{Rec}\times m_{sample}}\times 10^6$$

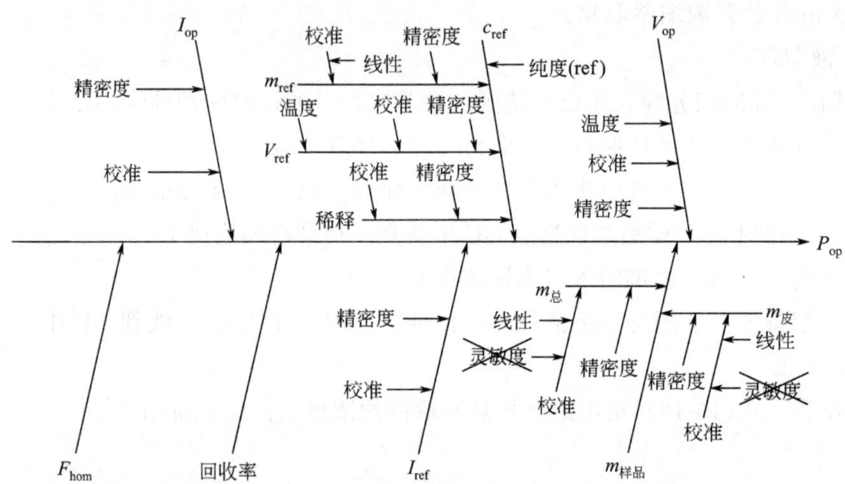

图 13-30 增加样品非均匀性作为主要分支的因果关系

其中 F_{hom} 是一个假定与基本计算结果的单位一致的校正因子。这清楚地表明校正因子的不确定度应包括在总不确定度的估计值中。这个最终表达式也说明了不确定度是如何应用的。

注：校正因子这个计算方法非常通用，它可能对突出那些隐藏着的假定方面很有价值。理论上讲，每次测量都与校正因子有关，一般它为 1。例如，c_{op} 的不确定度可以被表示为 c_{op} 的标准不确定度，或表示为代表校正因子不确定度的标准不确定度。在后一种情况，该数值等同于以相对标准偏差表示的 c_{op} 的不确定度。

4. 步骤 3：不确定度分量的量化

根据本章第三节中“利用实验室内研发和确认研究进行不确定度评估”内容，各类不确定度分量的量化可以利用实验室内部开发和确认研究中的数据。

① 分析过程随机效应导致的最佳估计值；

② 总体偏倚（回收率）的最佳可能估计值及其不确定度；

③ 总的性能研究中没有全面考虑的其他影响因素导致的不确定度的量化。

为使这些输入数据的关系和覆盖面更加明确，有必要对因果关系图重新做调整（图 13-31），增加“精密度”分支以代表中间研究所覆盖的所有影响因子。但这次重新调整并不包括纯度对 c_{ref} 的影响，因为在平行样测试中每次均加入了同样纯度的标准物质（标准样品）。

注：通常，样品按小批量次进行检测，每一批次包括一套标准品、一个控制偏倚的回收率检查样和检查批内精密度的随机平行样。如果这些检查结果表明显著偏离所确定的相应允许范围，则应采取纠正措施。这些基本的质量控制满足使用确认数据进行常规检测不确定度评估的主要要求。

在因果关系图中插入“精密度”额外影响分支，计算 P_{op} 的公式变为：

$$P_{op}=F_{hom}\frac{I_{op}c_{ref}V_{op}}{I_{ref}\times \mathrm{Rec}\times m_{sample}}\times 10^{6}F_{Rep} \tag{13-13}$$

其中 F_{Rep} 是中间精密度条件下变量影响因子。也就是说，像考虑均匀性一样，精密度也用一个乘法因子 F_{Rep} 表示。

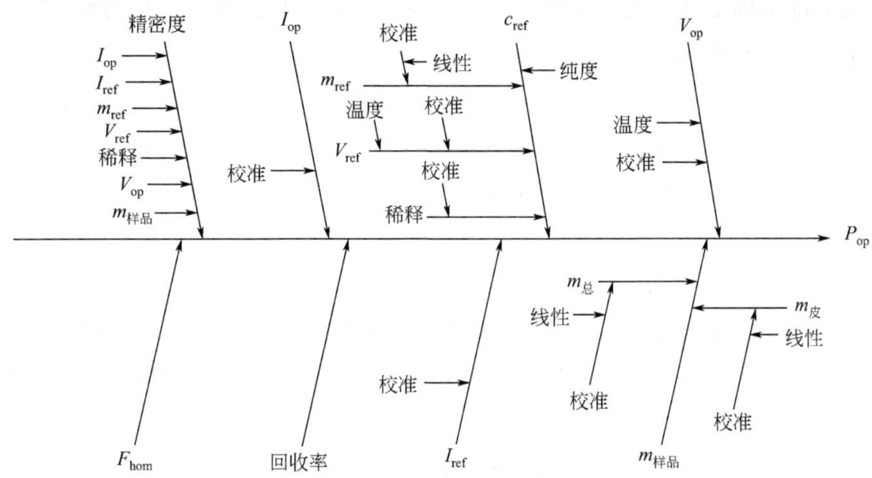

图 13-31 使用方法确认研究的数据后重新安排的因果关系

以下讨论不同的影响因素的不确定度评估。

（1）精密度研究 对不同面包样品中的典型有机磷农药进行一系列平行测试（同一均匀样品、完整的萃取/测定程序重复两次），以获得该分析程序的总的随机变异（精密度）。测定结果见表 13-17。

表 13-17 农药分析平行测试的结果①

残留农药	D_1/(mg/kg)	D_2/(mg/kg)	平均值/(mg/kg)	D_1 与 D_2 的差值	差值/平均值
马拉硫磷	1.30	1.30	1.30	0.00	0.000
马拉硫磷	1.30	0.90	1.10	0.40	0.364
马拉硫磷	0.57	0.53	0.55	0.04	0.073
马拉硫磷	0.16	0.26	0.21	−0.10	−0.476
马拉硫磷	0.65	0.58	0.62	0.07	0.114
甲基嘧啶磷	0.04	0.04	0.04	0.00	0.000
甲基毒死蜱	0.08	0.09	0.085	−0.01	−0.118
甲基嘧啶磷	0.02	0.02	0.02	0.00	0.000
甲基毒死蜱	0.01	0.02	0.015	−0.01	−0.667
甲基嘧啶磷	0.02	0.01	0.015	0.01	0.667
甲基毒死蜱	0.03	0.02	0.025	0.01	0.400
甲基毒死蜱	0.04	0.06	0.05	−0.02	−0.400
甲基嘧啶磷	0.07	0.08	0.075	−0.01	−0.133
甲基毒死蜱	0.01	0.01	0.10	0.00	0.000
甲基嘧啶磷	0.06	0.03	0.045	0.03	0.667

① 平行样均分别测定。

标准化差值数据（差值除以平均值）给出了总的随机变异（中间精密度）的数值。为了得到单次测量的相对标准不确定度的估计值，求该标准化差值的标准偏差并除以$\sqrt{2}$，这样就可以把成对差值的标准偏差校正为单次测定值的标准不确定度，得到总的测试程序随机变异的标准不确定度，包括回收率的随机变异，但不包括样品非均匀性影响。此标准不确定度为：$0.382/\sqrt{2}=0.27$。

注：初看起来，平行测试提供的自由度可能不够，但是做以上测试并不是为了得到某种面包中某种农药分析过程的精密度的准确数据，而是对一系列不同物质（本例中是不同类型的面包）和不同分析物水平进行测试研究，筛选出有代表性的典型有机磷农药。通过对许多物质开展平行测试，该方法中每一种物质平行测试的自由度约为 1，总自由度为 15。

（2）偏倚研究　在实验室内部确认研究中是通过使用加标样品（将均匀的样品分份，其中 1 份加标）来获取分析过程的偏倚的。表 13-18 收集了各种类型加标样品长期研究的结果。

表 13-18　残留农药的回收率研究

基质	残留类型	浓度/(mg/kg)	N①	平均值②/%	S②/%
废油	PCB	10.0	8	84	9
黄油	OC	0.65	33	100	12
复合动物饲料 1	OC	0.325	100	90	9
动物和蔬菜油脂 1	OC	0.33	34	102	24
1987 芸苔	OC	0.32	32	104	18
面包	OP	0.13	42	90	28
甜面包干	OP	0.13	30	84	27
肉和骨粉饲料	OC	0.325	8	95	12
玉米麸质	OC	0.325	9	92	9
油菜饲料 1	OC	0.325	11	89	13
小麦饮料 1	OC	0.325	25	88	9
大豆饲料 1	OC	0.325	13	85	19
大麦饲料 1	OC	0.325	9	84	22

① 测试次数。

② 平均值和样品标准偏差 S 以百分回收率计。

其中对“面包”类型样品的研究，显示了 42 个样品的平均回收率为 90%，标准偏差（S）为 28%。标准不确定度采用平均值的标准偏差计算得到：

$$u(\overline{\mathrm{Rec}})=0.28/\sqrt{42}=0.0432$$

用显著性检验来确定平均回收率是否与 1.0 有显著性差异。检验统计量 t 用式(13-14）来计算：

$$t=\frac{|1-\overline{\mathrm{Rec}}|}{u(\overline{\mathrm{Rec}})}=\frac{1-0.9}{0.0432}=2.315 \tag{13-14}$$

将计算值与置信水平为 95%、自由度为 $n-1$ 的双侧临界值 t_{crit} 比较（其中 n 是用来评估 $\overline{\mathrm{Rec}}$ 的测试结果的数目），如果 t 大于或等于 t_{crit} 值，则 $\overline{\mathrm{Rec}}$ 与 1 有显著性差异。

$t=2.31$，$t_{crit,41}=2.021$，t 大于 t_{crit} 值，因此 $\overline{Rec}$ 与 1 有显著性差异。

在这个例子中，使用了校正因子（$1/\overline{Rec}$），在计算结果中明显地包括了 $\overline{Rec}$。

（3）*其他不确定度来源* 图 13-32 的因果关系图表明，其他不确定度来源如下：

① 被精密度数据合理地覆盖；

② 被回收率数据覆盖；

③ 必须进一步研究，并最终在不确定度计算中予以考虑。

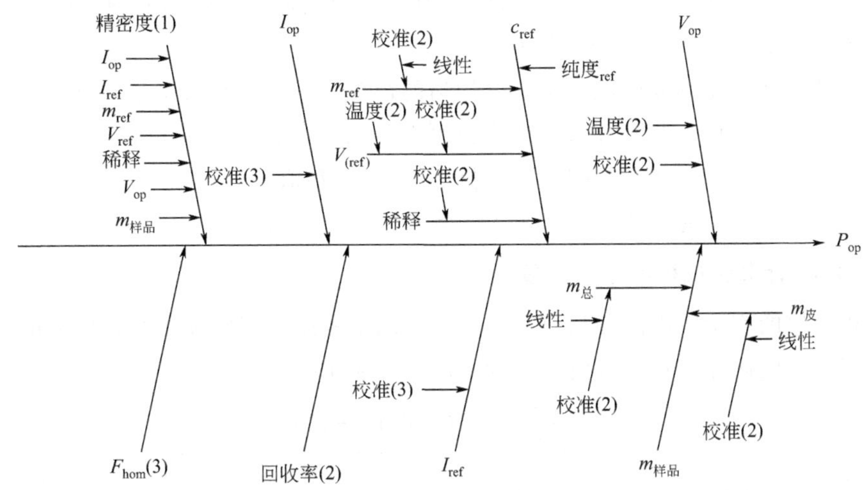

图 13-32 其他不确定度来源的评定

图 13-32 中：a. 在分析过程的变异性研究中考虑了重复性（计算 P_{op} 公式中的 F_{Rep}）；b. 在分析过程的偏倚研究中加以考虑；c. 在估计其他不确定度来源时加以考虑。

所有的天平和重要的体积测量装置均定期校准。由于在研究中使用不同的容量瓶和移液管，因此精密度和回收率研究已经考虑了体积测量装置校准的影响。持续超过了半年时间的大量的随机变异研究，也包括了环境温度对结果的影响。因此，只剩下标准物质的纯度、气相色谱（GC）响应可能的非线性（在图中用 I_{ref} 和 I_{op} 表示）和样品的均匀性作为需要研究的其他不确定度分量。

制造商提供的标准物质（标准样品）的纯度为 99.53%±0.06%。纯度是潜在的不确定度来源，其标准不确定度为 $0.0006/\sqrt{3}=0.00035$（矩形分布）。但是这个分量的贡献如此之小（例如与精密度估计值相比），显然可以忽略这个分量。

在确认研究中已建立了给定的浓度范围内相关有机磷农药的响应线性关系。此外，在表 13-17 和表 13-18 所列各类有机磷农药的不同水平的研究也表明，非线性对测量的精密度有贡献，因此不需要另外考虑非线性影响。实验室内部确认方法研究已经证明了这一点。

面包子样品的均匀性是其他的不确定度来源中最后一个要加以研究的。尽管已经进行了大规模的文献检索，但还是没有找到有关面包产品中痕量有机成分分布的文献数据可利用（乍看这很令人惊讶，但大多数分析人员总是尽量使样品均匀，而不愿意单独对非均匀性做出评估）。而且直接测定均匀性也是不实际的，因此不均匀性不确定度分量的评估必须基于所使用抽样方法。

为了有助于估算，考虑了一系列可能的残留农药分布情况，并使用简单的二项式统计分布来计算被分析样品中农药总量的标准不确定度（见本案例最后一部分内容）。残留农药分布和最终样品中农药含量的相对标准不确定度计算结果如下。

① 残留农药仅分布在样品顶部表面：0.58。

② 残留农药均匀地分布在样品表层：0.20。

③ 残留农药均匀地分布在整个样品中，但是因为蒸发和分解的原因，越靠近表面残留农药的浓度越低：0.05～0.10（取决于表层的厚度）。

分布①特别适于比例取样或者是完全均匀的情况，只有将装饰性添加物（全谷物）加到一个表面上会是这种分布。分布②被认为可能是最差的情况，分布③被认为最有可能，但是不易与分布②区别。在此基础上，选择 0.20 这个数值。

注：非均匀性模型的更详细情况见本案例最后一部分内容。

5. 步骤 4：计算合成标准不确定度

在分析程序的实验室内部确认研究中，对中间精密度、偏倚和所有其他可能的不确定度来源进行了彻底研究。相关数值和不确定度列在表 13-19 中。

表 13-19　农药分析的不确定度

描述	数值 x	标准不确定度 $u(x)$	相对标准不确定度 $u(x)/x$	注
重复性	1.0	0.27	0.27	不同类型样品的平行测试
偏差(回收率)	0.9	0.043	0.048	加标样品
其他来源(均匀性)	1.0	0.2	0.2	基于模型假设的估计
$u(P_{op})/P_{op}$			0.34	相对标准不确定度

因为在以下数学模型中都是相乘关系，因此这些相对数值可以被合成为：

$$\frac{u_c(P_{op})}{P_{op}}=\sqrt{0.27^2+0.048^2+0.2^2}=0.34$$

$$u_c(P_{op})=0.34P_{op}$$

三个不同的不确定度分量相对大小可用直方图（图 13-33）来比较。

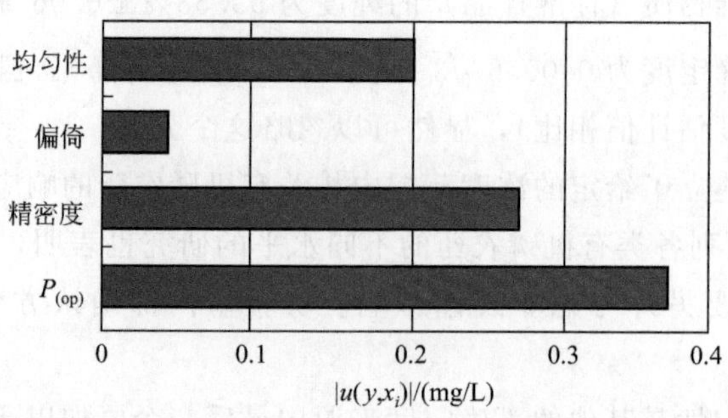

图 13-33　农药分析的不确定度

精密度无疑是不确定度的最大分量。由于这个分量是由方法总的变异性得出的，可以进一步扩展实验，查明哪些可以改进。例如，在取样前均匀一整条面包可以显著地降低不确定度。

扩展不确定度 $U(P_{op})$ 由合成不确定度乘以包含因子 2 得到：

$$U(P_{op})=0.34P_{op}\times 2=0.68P_{op}$$

6. 特殊部分：分析有机磷农药不确定度的非均匀性模型

假设样品中所有有关待测物质，无论其状态如何均可以萃取出来进行分析，最糟糕的非均匀性情况是所有待测物质全部集中在样品的某个或几个部位。常见的与样品非均匀性密切相关的例子是在整个样品中的不同部分有两种不同含量的待测物质，在这里即分别为 L_1 和 L_2。在随机二次抽样前提下，这类非均匀性的影响可使用二项式统计法评估。所需的数据有：在切开样品后随机选取的 n 个等份样品中待测物质含量的平均值 μ 和标准偏差 σ。

通过式(13-15)～式(13-17) 可给出这些数据：

$$\mu=n(p_1l_1+p_2l_2) \tag{13-15}$$

$$\mu=np_1(l_1-l_2)+nl_2 \tag{13-16}$$

$$\sigma^2=np_1(1-p_1)(l_1-l_2)^2 \tag{13-17}$$

式中　l_1，l_2——从 L_1 和 L_2 代表的样品区域中所抽取等份样品中待测物质的含量；

p_1，p_2——从这些区域中所抽取相应部分子样品的概率（n 必须要小于可选子样品数量，样品总量为 X）。

以上数值可用以下方式计算：假设一个典型的面包样品，尺寸大约为 12cm×12cm×24cm，每一子样品的尺寸约为 2cm×2cm×2cm（总共有 432 个子样品），随机选择 15 个子样品并均匀化。

(1) 情形 1（分布 1）　待测物质只分布于样品的某个单独较大的表面（顶表面），因此 L_2 和 l_2 均等于 0，$L_1=1$，每一份含有顶表面的子样品待测物质含量为 l_1，根据给出的尺寸，显然子样品的六分之一（2/12）满足该标准，因此 $p_1=1/6$ 或 0.167，$l_1=X/72$（也就是有 72 个“顶表面”子样品）。可以给出：

$$\mu=15\times 0.167\times l_1=2.5l_1$$

$$\sigma^2=15\times 0.167\times(1-0.167)l_1^2=2.09l_1^2$$

$$\sigma=\sqrt{2.08l_1^2}=1.45l_1$$

$$RSD=\frac{\sigma}{\mu}=0.58$$

注：为计算整个样品中的含量 X，用 432/15 乘以 μ，得到 X 的平均值的估计值。

$$X=\frac{432}{15}\times 2.5l_1=72\times\frac{X}{72}=X$$

这个结果是典型的随机取样，平均值的期望值正好等于总体的平均值。对于随机取样，除了已在这里表示为 σ 或 RSD 的重复性变化外，对总的不确定度没有其他贡献。

(2) 情形 2（分布 2）　待测物质均匀地分布在所有表面上。按照以上类似讨论，并假设所有的表面都包含相同的待测物质含量 l_1，l_2 等于 0，使用上述尺寸，p_1 为：

$$p_1=\frac{12\times 12\times 24-8\times 8\times 20}{12\times 12\times 24}=0.63$$

也就是 p_1 是“外层”2cm 那部分样品的概率分数。使用相同的假设，则 $l_1 = X/272$。

注：与分布 1 相比数值有变化。

$$\mu = 15 \times 0.63 l_1 = 9.5 l_1$$

$$\sigma^2 = 15 \times 0.63 \times (1-0.63) l_1^2 = 3.5 l_1^2$$

$$\sigma = \sqrt{3.5 l_1^2} = 1.87 l_1$$

$$RSD = \frac{\sigma}{\mu} = 0.2$$

(3) 情形 3（分布 3） 由于蒸发或其他损失，接近表面的待测物质含量减少至 0。计算这种情况最简单，只要将其视为与情况 2 相反，$p_1 = 0.37$，$l_1 = X/160$，这样：

$$\mu = 15 \times 0.37 l_1 = 5.6 l_1$$

$$\sigma^2 = 15 \times 0.37 \times (1-0.37) l_1^2 = 3.5 l_1^2$$

$$\sigma = \sqrt{3.5 l_1^2} = 1.87 l_1$$

$$RSD = \frac{\sigma}{\mu} = 0.33$$

然而，如果蒸发或分解损失延伸的深度小于子样品的尺寸（即 2cm），如所预期的情况，每小块均含有待测物质，因而 l_1 和 l_2 都不为 0。例如，所有外层子样品均含有样品的外层部分和中心部分的 50%（即 $l_1 = 2l_2$，$l_1 = X/296$）。分别给出：

$$\mu = 15 \times 0.37(l_1 - l_2) + 15 l_2 = 15 \times 0.37 l_2 + 15 l_2 = 20.6 l_2$$

$$\sigma^2 = 15 \times 0.37 \times (1-0.37)(l_1 - l_2) = 3.5 l_2^2$$

$$\sigma = \sqrt{3.5 l_2^2} = 1.87 l_2$$

给出相对标准偏差（RSD）为：

$$RSD = \frac{\sigma}{\mu} = \frac{1.87 l_2}{20.6 l_2} = 0.09$$

在该模型中，待测物质损失自表面深度约为 1cm 的情况。考查典型的食物样品面包，其厚度小于或等于 1cm，把这作为待测物质损失的深度。面包皮的形成本身抑制了该深度下待测物质的损失。据此断定，情况 3 的实际变化，相对标准偏差 σ/μ 不会超过 0.09。

注：在本例中，与被抽取做均匀性的等份样品相比，非均匀性部分相对较少，这将会使不确定度的贡献降低。据此，当较大量的内含物（例如含在面包块中的谷物颗粒）中含有不成比例的待测物的量时，就无需另外建立模型。只要所抽取的含有待测物的均匀性样品概率足够大，则其对不确定度的贡献均不会超出上述分布的计算范围。

六、案例 5：原子吸收分光光度法测定陶瓷中镉溶出量

1. 概要

本例用原子吸收分光光度法测定陶瓷器皿中镉溶出量，使用的测量程序是英国标准

BS 6748（经验方法），并以经验方法估计不确定度。该经验方法（BS 6748）用于测定从陶瓷、玻璃、玻璃-陶瓷器皿和玻璃体的搪瓷器皿中溶出的金属。该方法使用原子吸收分光光度法（AAS），通过用40mL/L醋酸溶液浸泡测定从陶瓷表面溶出的铅或镉的量。用这个分析方法获得的结果仅与用相同方法得到的其他结果相比较。

2. 步骤1：技术规定

英国标准BS 6748：1986《陶瓷、玻璃、玻璃-陶瓷和搪瓷器皿中溶出的金属限量》给出了完整的测定程序，由此形成了被测量的技术规定。在此对相关规定进行大概描述。

（1）仪器和试剂　影响测量不确定度的试剂规格如下。

① 新配制的40mL/L醋酸水溶液：用水将40mL冰醋酸稀释至1L。

② 40mL/L醋酸溶液中铅标准溶液的浓度为（1000±1）mg/L。

③ 40mL/L醋酸溶液中镉标准溶液的浓度为（500±0.5）mg/L。

实验用玻璃仪器要求至少是B级，并且在测定过程中在40mL/L醋酸溶液中浸泡不可检测到铅或镉。原子吸收分光光度计要求其检测限为：铅0.2mg/L，镉0.02mg/L。

（2）测定步骤　测定陶瓷器皿中镉溶出量的流程见图13-34。

① 样品在（22±2）℃的条件下放置，适当时（“类别1”的产品），测量待测器皿的表面积。在本例中，测得待测器皿的表面积为2.37dm^2（表13-22包括本例的实验数据）。

② 将（22±2）℃的40mL/L醋酸溶液注入经预处理的被测器皿中，使溶液填充的高度为距离溢出处1mm，可从被测器皿上端边缘处测量，或者距离被测器皿的平端或斜边的最边缘处6mm。

③ 记录使用40mL/L醋酸溶液的量，精确至±2%（本例使用了332mL醋酸溶液）。

④ 样品在（22±2）℃的条件下放置24h（测镉时要避光放置），并采取适当的措施防止挥发损失。

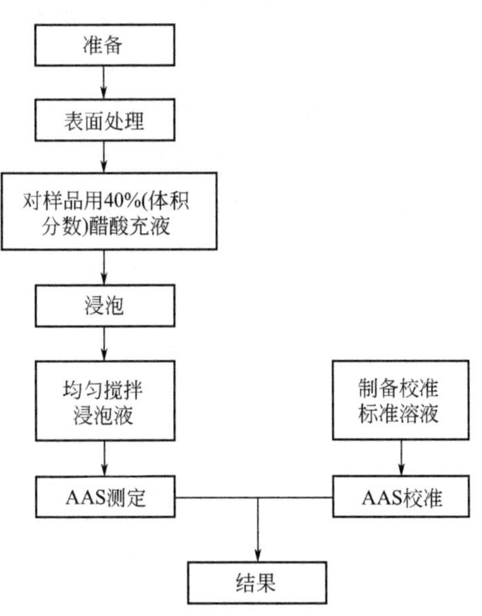

图13-34　测定陶瓷器皿中镉溶出量流程

⑤ 放置后，搅拌溶液使其足够均匀，移取部分浸泡液作为试样，必要时进行稀释（稀释系数为d），在适当的波长下用原子吸收分光光度法（AAS）进行测定，采用最小二乘法校准曲线定量。

⑥ 计算结果［见步骤2］，报告在浸取液中铅和/或镉的含量。对于BS 6748中类别1的产品，用每平方分米表面积含多少毫克铅或镉的方式表示；对于类别2和类别3的产品，用每升体积含多少毫克铅或镉的方式表示。

3. 步骤2：识别和分析不确定度来源

步骤1描述了“经验方法”。如果这个方法在定义范围内使用，认为方法的偏倚为零。因此偏倚的评估与实验室的操作有关，而与方法固有的偏倚无关。因为还没有一个有证标准参考物质（标准样品）用于该标准方法，偏倚的总体控制与影响结果的方法参数的控制有关。这些影响结果的因素有时间、温度、质量和体积等。

稀释后醋酸溶液中铅或镉的浓度 c_0 用原子吸收分光光度法测定，其测定结果计算公式如下：

$$c_0=\frac{A_0-B_0}{B_1} \tag{13-18}$$

式中 c_0——浸泡液中铅或镉的浓度，mg/L；

A_0——浸泡液中金属的吸光度；

B_0——校准曲线的截距；

B_1——校准曲线的斜率。

对于类别 1 所列容器，经验方法要求结果用单位面积溶出的铅或镉的质量 r 来表示，r 的计算式如下：

$$r=\frac{c_0V_L}{a_V}\times d=\frac{V_L(A_0-B_0)}{a_VB_1}\times d \tag{13-19}$$

式中 r——被测器皿中金属（铅或镉）的含量，mg/dm^2；

V_L——浸泡液的体积，L；

a_V——被测器皿的表面积，dm^2；

d——样品的稀释系数。

上述被测量公式的前面部分被用于绘制初步因果关系图，见图 13-35。

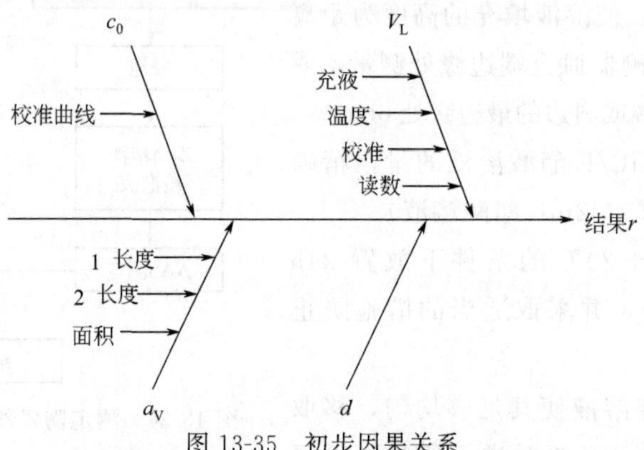

图 13-35 初步因果关系

对于本经验方法，目前尚无有证标准参考物质（标准样品）用于评估实验室操作。因此所有可能的影响量都要考虑，如温度（f_{temp}）、浸泡时间（f_{time}）和酸度（f_{acid}）。为了考虑附加的影响量，需加入各自的修正因子，因此公式扩展为（13-20）：

$$r=\frac{c_0V_L}{a_V}\times df_{acid}f_{time}f_{temp} \tag{13-20}$$

这些修正因子包含在已修正的因果关系图中（图 13-36）。图中显示为影响 c_0 的因素。

注：该标准所允许的温度范围会引入不确定度，这是由被测量技术规定不完全规范而产生的。符合经验方法以及实际可行时，考虑温度的影响允许估计报告结果的范围。尤其要注意由不同操作温度引起的结果变化，因此不能描述为偏差，因为它们是根据技术规定

要求进行测定所得到的结果。

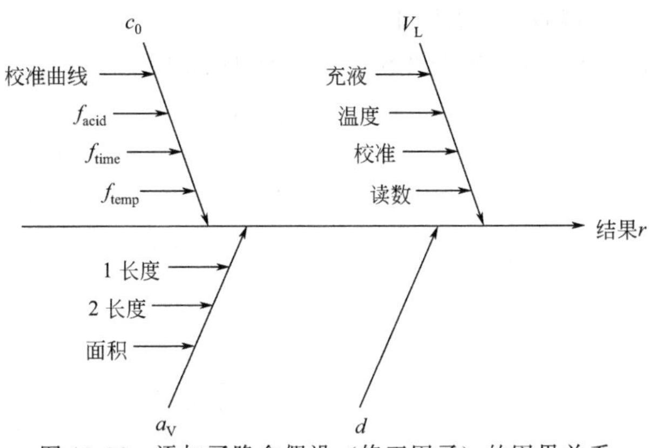

图 13-36 添加了隐含假设（修正因子）的因果关系

4. 步骤 3：量化不确定度来源

这个步骤的目的是对前面已识别的每个不确定度来源引入的不确定度进行量化。这可使用实验数据或基于良好的假定来进行量化。

（1）稀释系数 d 对于本例，无需稀释浸泡液，因此不用考虑其对不确定度的影响。

（2）体积 V_L

① 注入溶液。经验方法要求被测器皿被溶液注入至“距离边缘 1mm 以内”。对于倾斜边缘的浅盘距离边缘 6mm 以内；对于典型的近似圆柱形的饮用和厨房用具，1mm 将代表器皿高度的 1%。因此器皿被填充的体积为 99.5%±0.5%（也就是 V_L 近似为器皿容积的 0.995±0.005）。

② 温度。醋酸的温度必须为（22.5±2）℃。显然液体与器皿相比具有更大的体积膨胀，这个温度范围导致体积测量的不确定度。假定温度分布为矩形分布，则 332mL 体积的标准不确定度是：

$$\frac{2.1\times10^{-4}\times332\times2}{\sqrt{3}}=0.08\ (\text{mL})$$

③ 读数。记录体积 V_L 要求的偏差控制在 2%范围内，实际上使用量筒时允许偏差约为 1%（即 $0.01V_L$）。用三角形分布来估算标准不确定度。

④ 校准。体积校准是根据标准的校准方法进行的，500mL 量筒容量允差为±2.5mL。按三角形分布计算标准不确定度。

本例中体积为 332mL，4 个不确定度分量按下式合成：

$$u(V_L)=\sqrt{\left(\frac{0.005\times332}{\sqrt{6}}\right)^2+0.08^2+\left(\frac{0.01\times332}{\sqrt{6}}\right)^2+\left(\frac{2.5}{\sqrt{6}}\right)^2}=1.83\ (\text{mL})$$

（3）镉浓度 c_0 采用手工绘制的校准曲线计算溶出镉的含量。取（500±0.5)mg/L 校准用镉标准溶液配制浓度分别为 0.1mg/L、0.3mg/L、0.5mg/L、0.7mg/L、0.9mg/L 的 5 个校准标准溶液。使用最小二乘法线性拟合曲线，假定横坐标数值的不确定度明显地小于纵坐标数值的不确定度，因此，通常 c_0 不确定度计算程序仅仅反映由吸光度随机变异产生的不确定度，而不是标准溶液的不确定度，也不是从同一标准储备溶液中逐级稀释产生的必然的相关性。如果需要，第二节提供了标准不确定度的计算方法。然而在本例中，校准用标准溶液的不确定度足够小，以致可以忽略不计。

对 5 个校准用标准溶液分别测量 3 次，结果见表 13-20。

表 13-20 校准结果

浓度/(mg/L)	吸光度(重复测试)		
	1	2	3
0.1	0.028	0.029	0.029
0.3	0.084	0.083	0.081
0.5	0.135	0.131	0.133
0.7	0.180	0.181	0.183
0.9	0.215	0.230	0.216

校准曲线数学表达式为：

$$A_j = c_i B_1 + B_0 \tag{13-21}$$

式中 A_j——第 i 个校准标准的第 j 次吸光度；

c_i——第 i 个校准标准溶液的浓度；

B_1——斜率；

B_0——截距。

最小二乘法线性拟合结果如表 13-21 所列，校准曲线的相关系数 r 为 0.997。拟合曲线见图 13-37。剩余标准偏差 S 为 0.005486。尽管该校准曲线有轻微的弧度，但线性模型和剩余标准偏差足以满足测量要求。

表 13-21 最小二乘法线性拟合结果

量(符号)	数值 x	标准偏差
B_1	0.2140	0.0050
B_0	0.0087	0.0029

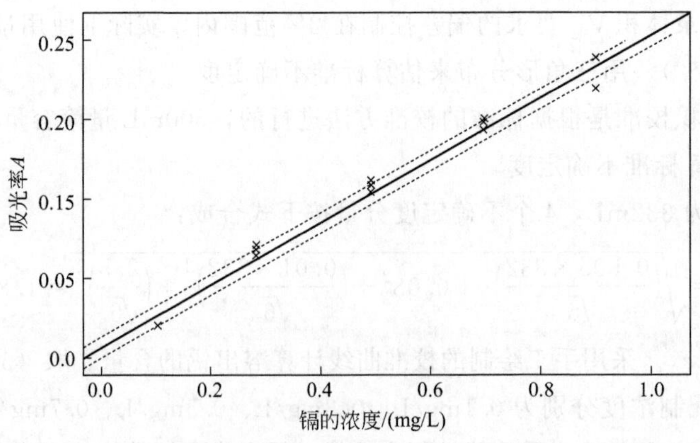

图 13-37 重复测定最小二乘法线性拟合和不确定度区间

浸泡液平行测定两次，浓度 c_0 为 0.26mg/L。本章第二节“有用的统计方法”中详细说明了与最小二乘法线性拟合有关的不确定度 $u(c_0)$ 的计算，因此这里只是简述不相同的计算步骤。

$$u(c_0)=\frac{S}{B}\sqrt{\frac{1}{P}+\frac{1}{n}+\frac{(c_0+\bar{c})^2}{S_{xx}}}=\frac{0.005486}{0.241}\sqrt{\frac{1}{2}+\frac{1}{15}+\frac{(0.26-0.5)^2}{1.2}}$$

剩余标准偏差 S 为：

$$S=\frac{\sum_{j=1}^{n}[A_j-(B_0+B_1c_j)]}{n-2}=0.005486$$

以及：

$$S_{xx}=\sum_{j=1}^{n}(c_j-\bar{c})^2=1.2$$

式中　B_1——斜率；

P——测量 c_0 的次数；

n——测量校准标准溶液浓度的次数；

c_0——浸泡液中镉的浓度；

$\bar{c}$——不同校准标准溶液浓度的平均值（测量 n 次）；

i——下标，指第几个校准标准编号；

j——下标，指获得校准曲线的测量次数。

（4）面积 a_V

① 长度测量。测量样品器皿的尺寸，计算其总的表面积为 2.37dm^2，因为样品近似于圆筒形但不完全规则，在 95%置信水平下测量偏差估计在 2mm 范围内。典型的尺寸介于 1.0～2.0dm 之间，其估计的尺寸测量不确定度为 1mm（与 95%相应的数值除以 1.96 后）。典型的面积测量需要高和宽两个长度尺寸（即 1.45dm 和 1.64dm）。

② 面积。由于样品没有完整的几何形状，因此面积计算也有不确定度，本例中，在 95%置信水平时估计有另外 5%的附加不确定度分量。

长度测量和面积本身的不确定度分量按通常方式合成：

$$u(a_V)=\sqrt{0.01^2+0.01^2+\left(\frac{0.05\times 2.37}{1.96}\right)^2}=0.06(\text{dm}^2)$$

（5）温度影响 f_{temp}　已进行了温度对陶瓷器皿溶出金属影响的一些研究。一般来说，温度影响是相当大的并且随着温度变化，溶出金属有呈指数级上升趋势，直至达到极限值。只有一个研究给出 20～25℃温度范围的影响的指征。从图形资料上看，在接近 25℃的温度附近金属溶出量随温度的变化近于线性，其斜率约为 0.05%/℃。经验方法允许±2℃的范围，导致温度系数 f_{temp} 为 1±0.1。按矩形分布，将其转换为标准不确定度：

$$u(f_{\text{temp}})=\frac{0.1}{\sqrt{3}}=0.06$$

（6）时间影响 f_{time}　对于相对较慢的过程，如浸泡过程，溶出量大约与时间的微小变化成正比。Krinitz 和 Franco 发现在浸泡过程的最后 6h 中浓度的平均变化在 86mg/L 时大约是 1.8mg/L，即约占 0.3%/h，因此对于（24±0.5)h 的浸泡时间，c_0 需要用系数

$f_{time}=1\pm(0.5\times0.003)=1\pm0.0015$ 校正浓度进行修正。这里假定是矩形分布，产生的标准不确定度为：

$$u(f_{temp})=\frac{0.0015}{\sqrt{3}}\approx0.001$$

（7）酸浓度 f_{acid}　根据酸浓度对铅溶出影响的结果显示，当醋酸浓度从 40mL/L 改变为 50mL/L 时，某一特定批陶瓷的铅溶出量从 92.9mg/L 变为 101.9mg/L，f_{acid} 变为 $\frac{101.9-92.9}{92.9}=0.097$ 或近似 0.1，而使用热浸泡方法，结果显示类似的变化（醋酸浓度从 20mL/L 变为 60mL/L 时，铅含量有 50%的改变）。假定这个影响近似于与酸浓度成线性关系，估计酸浓度每变化 10mL/L，f_{acid} 变化值约为 0.1。在另一个实验中，使用标定过的 NaOH 标准滴定溶液滴定得醋酸溶液浓度为 39.96mL/L，其标准不确定度为 0.008mL/L。按醋酸溶液浓度的不确定度为 0.008mL/L 计算，$f_{acid}=0.008\times0.1=0.0008$，因为该醋酸浓度的不确定度已表示为标准不确定度，这个值可被直接作为与 f_{acid} 有关的不确定度。

5. 步骤 4：计算合成标准不确定度

假定没有稀释，则单位面积镉溶出量为：

$$r=\frac{c_0V_L}{a_V}\times d f_{acid} f_{time} f_{temp}$$

以上计算各量值及其标准不确定度和相对标准不确定度，以及合成不确定度汇总在表 13-22 中。将这些数据代入上式：

$$r=\frac{0.26\times0.332}{2.37}\times1.000\times1.000\times1.00=0.036\ (\text{mg/dm}^2)$$

表 13-22　测定镉溶出量的不确定度

量(符号)	描述	数值 x	标准不确定度 $u(x)$	相对标准不确定度 $u(x)/x$
c_0	浸取液中镉含量	0.26mg/L	0.018mg/L	0.069
d	稀释系数(如使用的话)	1.0①	0①	0①
V_L	浸取液体积	0.332L	0.0018L	0.0054
a_V	容器的表面积	2.37dm^2	0.06dm^2	0.025
f_{acid}	酸浓度的影响	1.0	0.0008	0.0008
f_{time}	浸泡时间的影响	1.0	0.001	0.001
f_{temp}	温度的影响	1.0	0.06	0.06
r	单位面积镉溶出量	0.036mg/dm^2	0.0033mg/dm^2	0.09

① 本例中没有用到稀释，因此 d 正好为 1.0。

为计算乘积表示形式（见上所述）的合成标准不确定度，将标准不确定度的每个分量代入下式：

$$\frac{u_c(r)}{r}=\sqrt{\left[\frac{u(c_0)}{c_0}\right]^2+\left[\frac{u(V_L)}{V_L}\right]^2+\left[\frac{u(a_V)}{a_V}\right]^2+\left[\frac{u(f_{acid})}{f_{acid}}\right]^2+\left[\frac{u(f_{time})}{f_{time}}\right]^2+\left[\frac{u(f_{temp})}{f_{temp}}\right]^2}$$

$$=\sqrt{0.069^2+0.0054^2+0.025^2+0.0008^2+0.001^2+0.06^2}=0.095$$

$$u_c(r)=0.095r=0.0034\ (mg/dm^2)$$

图 13-38 显示了不同参数和影响量对测量不确定度的贡献，每个分量的大小与合成不确定度进行比较。

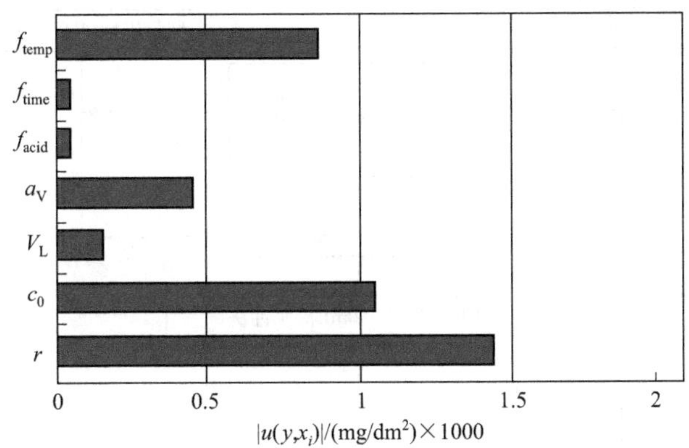

图 13-38　测定浸出镉各不确定度分量

扩展不确定度 U_R 通过包含因子 2 计算得到：

$$U_R=0.0034\times2=0.007\ (mg/dm^2)$$

因此按照 BS 6748：1986 标准测量镉溶出量为：$(0.036\pm0.007)mg/dm^2$

七、 案例 6：动物饲料中粗纤维的测定

1. 概要

用规定的标准方法测定动物饲料中的粗纤维含量（以占样品质量的百分比表示）。在方法范围内粗纤维是指不溶于酸、碱介质的非脂有机物质。测量程序是标准化的，其结果可被直接使用。改变程序就改变了被测量，因此这是经验方法（empirical method）的一个例子。

有现成的协同研究数据（重复性和再现性）适用于该规定方法。所述的精密度实验是方法性能内部评估的一部分。该方法没有合适的标准物质（标准样品）（即被相同方法所赋值）。

实验室的实验表明，实验室内部，实验方法以可以采用协同研究的重复性数据的方式执行，通常没有其他的不确定度分量。在低含量时对所使用的特定干燥过程需要考虑修正。

2. 步骤 1：测定程序

对于许多分析方法，被测量的测定程序最好是全面描述分析方法的不同阶段，并提供被测量的计算公式。

（1）程序　包括消解、过滤、干燥、灰化和称量的复杂过程（图 13-39）。对空白坩埚的重复试验也要重复这些过程，其目的是消解大多数的组分，而留下所有不被消解的物质。有机物被灰化，留下无机残留物，干燥的有机/无机残留物质量与灰化后残留质量之差就是“纤维含量”。其主要步骤如下。

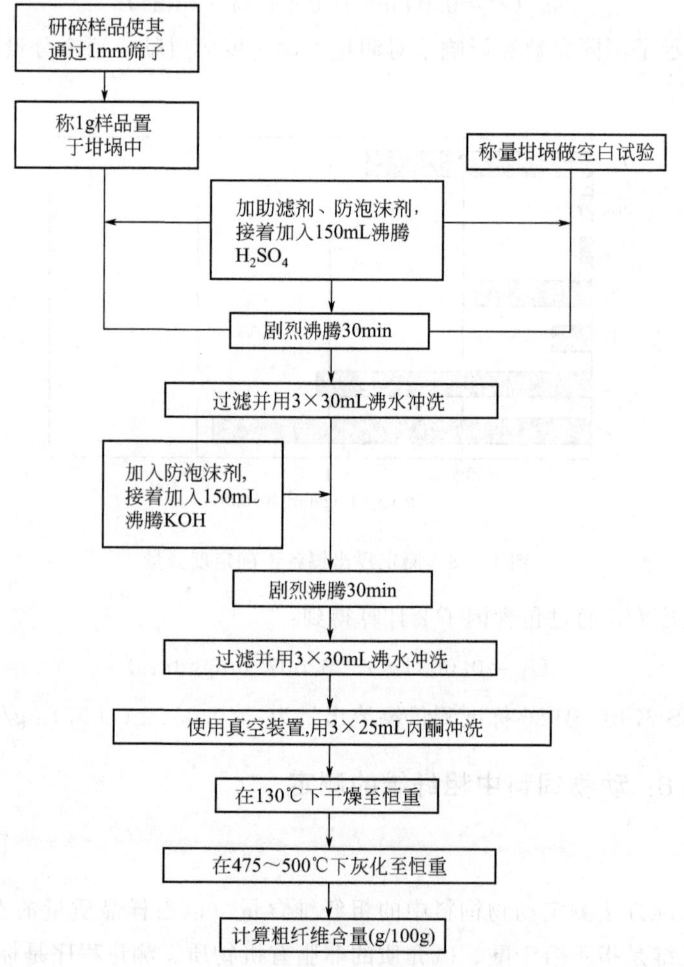

图 13-39　动物饲料中粗纤维测定方法流程

① 研磨样品使其通过 1mm 试验筛。

② 称量 1g 制备样品置于已恒重的坩埚中。

③ 加入规定浓度和体积的酸消解试剂，按规定方法煮沸一定时间，过滤和洗涤残留物。

④ 加入标准碱消解试剂，按规定煮沸一定时间，过滤、洗涤，最后用丙酮淋洗。

⑤ 在标准规定的温度下干燥至恒重（在公布的方法中没有定义“恒重”，也没有给出其他干燥条件，如空气循环或残留物的分散等）。

⑥ 记录干燥残留物的质量。

⑦ 在规定温度下灰化至“恒重”（实际操作是通过内部实验研究确定的灰化时间来控制的）。

⑧ 称量灰化后残留物的质量，减去空白坩埚中残留物质量后计算粗纤维的含量。

（2）计算　被测量粗纤维含量以占样品质量的百分比表示：

$$c_{\text{fibre}}=\frac{(b-c)\times 100}{a} \tag{13-22}$$

式中　c_{fibre}——动物饲料中粗纤维含量，g/100g；

a——样品质量，g，测定时取样量约为 1g；

b——测定过程中灰化后的质量损失，g；

c——测定空白过程中灰化后的质量损失，g。

3. 步骤 2：识别和分析不确定度来源

识别不确定度各种来源，并将它们绘制在方法的因果关系图中（见图 13-40），这个图简化并去掉重复的部分，去掉不显著的分量（特别是天平校准和线性），得到简化的因果关系图，如图 13-41 所示。

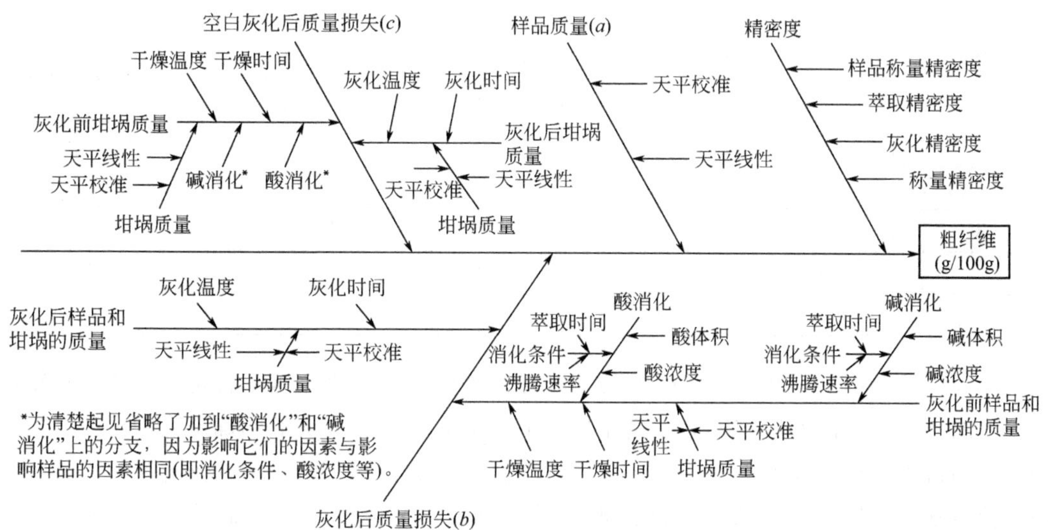

图 13-40　动物饲料中粗纤维测定的因果关系

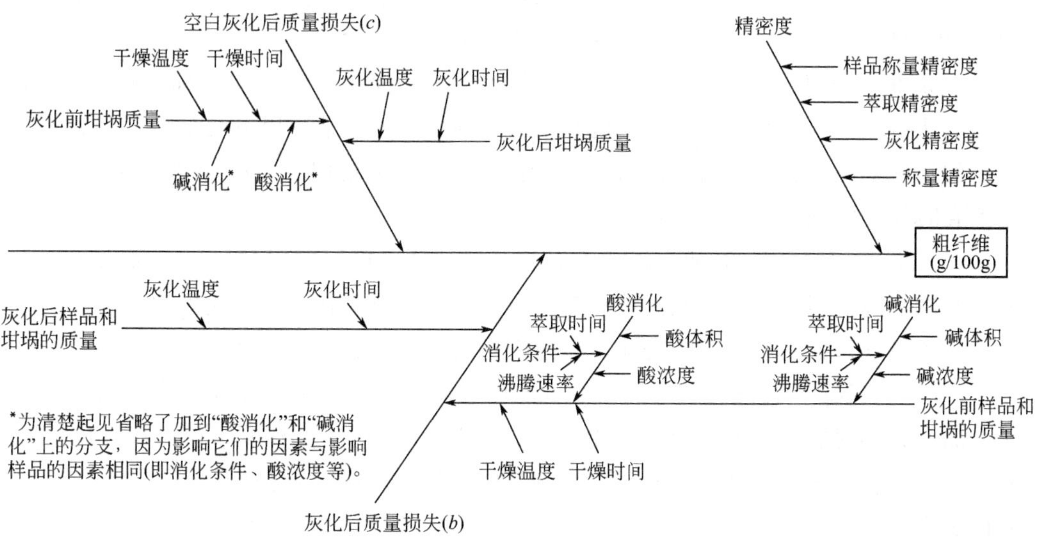

图 13-41　简化的因果关系

由于该方法使用了以前协同实验和内部研究的数据，这些数据的使用与不同不确定度分量评估有密切关系，因此对其进行如下进一步的讨论。

4. 步骤 3：不确定度分量的量化

(1) 协同实验的结果　该方法是协同实验的主体。在协同实验中分析了 5 种不同的具有代表性的典型纤维和脂肪含量的饲料。实验人员按方法的全部过程进行了实验，包括样品的研磨。从协同实验中获得的重复性和再现性的估计值见表 13-23。作为方法内部评估的一部分，实验计划用与协同实验所分析样品纤维含量类似的饲料进行重复性（批精密度）评估，每一个内部重复性评估是基于 5 次重复实验，结果见表 13-23。

表 13-23　方法的协同实验和内部重复性检验结果汇总

样品	纤维含量/(g/100g)			
	协同实验结果			内部重复性标准偏差
	平均值	再现性标准偏差	重复性标准偏差	
A	2.3	0.293	0.198	0.193
B	12.1	0.563	0.358	0.312
C	5.4	0.390	0.264	0.259
D	3.4	0.347	0.232	0.213
E	10.1	0.575	0.391	0.327

内部实验得到的重复性估计值与协同实验获得的相当，表明这个特定实验的方法精密度与参加协同实验的实验室的方法精密度相似，因此在评估方法的不确定度中可以使用协同实验的再现性标准偏差。此外，还要考虑是否有未被协同实验包括的其他影响因素。协同实验包括不同样品基体和样品前处理，因为分析人员得到的样品需要在分析测试前研磨。因此，与基体影响和样品前处理有关的不确定度不需要另外考虑。影响测定结果的其他参数与方法中使用的萃取和干燥条件有关，这些要分别实验以保证实验室偏倚在控制中（即小于再现性标准偏差）。以下对需要考虑的参数进行讨论。

(2) 灰化过程质量损失　由于本方法没有合适的标准参考物质（标准样品），通过考虑与方法每一个步骤有关的不确定度来进行内部偏倚的评估。以下几个因素与灰化后质量损失的不确定度有关：a. 酸浓度；b. 碱浓度；c. 酸消解时间；d. 碱消解时间；e. 干燥温度和时间；f. 灰化温度和时间。

(3) 试剂浓度和消解时间　以前发表的一些论文中已研究了酸浓度、碱浓度、酸消解时间和碱消解时间的影响。在这些研究中，评估了参数变化对分析结果的影响，对每个参数计算了灵敏系数（最终结果变化与参数变化的比率）和参数不确定度。

表 13-24 中不确定度小于表 13-23 中再现性数值。例如，对于纤维含量 2.3g/100g 的纤维样品，其再现性标准偏差为 0.293g/100g，与酸消解时间变化有关的不确定度估计值为 0.021g/100g（即 2.3×0.009），因此我们可以安全地忽略掉与这些方法参数变化有关的不确定度。

(4) 干燥温度和时间　没有以往的数据可用。方法要求样品在 130℃下干燥至“恒重”。本例中样品在 130℃下干燥 3h 后，放入干燥器中冷却至室温并进行称量。然后再重复干燥 1h 后放入干燥器中冷却至室温并进行称量。在这个实验室中“恒重”被定义为连

表 13-24 与方法参数有关的不确定度

参数	灵敏度相关系数①	参数的不确定度	最终结果的不确定度 RSD④
酸浓度	0.23mol/L	0.0013mol/L②	0.00030
碱浓度	0.21mol/L	0.0023mol/L②	0.00048
酸消解时间	0.0031min	2.89min③	0.0090
碱消解时间	0.0025min	2.89min③	0.0072

① 通过制作纤维含量的标准化变化与试剂浓度或消解时间的关系图估计灵敏度系数。使用线性回归来计算分析结果随参数变化的变化率。

② 由制备酸碱溶液所使用的容量瓶的精密度和真值的估计值以及温度影响等来计算酸和碱溶液浓度的标准不确定度。有关溶液浓度不确定度的计算方法详见案例 1～案例 3。

③ 方法规定的消解时间为 30min，消解时间控制在±5min 范围内，按矩形分布除以$\sqrt{3}$后换算成标准不确定度。

④ 以相对标准偏差表示最终结果的不确定度，通过将参数的不确定度乘以其灵敏度相关系数计算得到。

续两次称量的质量变化小于 2mg。在内部实验研究中，4 种饲料的平行样在 110℃、130℃、150℃下干燥 3h 和 4h 后放入干燥器中冷却至室温并进行称量。在大多数情况下，样品干燥 3h 和 4h 其质量变化都小于 2mg，因此在将 2mg 作为干燥引起质量变化的不确定度的最坏情况下进行评估，±2mg 的范围可看作矩形分布，除以$\sqrt{3}$转化为标准不确定度，因此干燥至恒重后所记录质量的不确定度是 0.00115g，方法规定样品质量为 1g，对于 1g 样品，干燥至恒重的不确定度对应于 0.115g/100g 纤维含量的标准不确定度。这个不确定度来源独立于样品中纤维含量，因此不管样品中纤维含量是多少，对于每一个样品的不确定度评估都将有固定的 0.115g/100g 的分量。

对于所有纤维含量，这个不确定度均小于再现性标准偏差，除了纤维含量很低以外，都小于再现性标准偏差（S_R）值的 1/3（即$<1/3S_R$），所以这个不确定度来源通常可以忽略。对于纤维含量低的样品，这个不确定度大于 S_R 值的 1/3（即$>1/3S_R$），因此在不确定度评估中要给予额外考虑（见表 13-25）。

表 13-25 合成标准不确定度

纤维含量/(g/100g)	标准不确定度 $u(c_{fibre})$/(g/100g)	相对标准不确定度 $u(c_{fibre})/c_{fibre}$
2.5	$\sqrt{0.029^2+0.115^2}=0.31$	0.12
5	0.4	0.08
10	0.6	0.06

(5) 灰化温度和时间 方法要求样品在 475～500℃下灰化至少 30min，已经公布的关于灰化条件影响的研究，在从 450℃/30min 到 650℃/3h 之间的一系列不同灰化温度/时间组合条件下测定纤维含量。结果表明在不同条件下获得的纤维含量之间没有显著性差异，因此灰化温度和时间微小的变化对最终结果的影响可忽略不计。

(6) 空白灰化后质量损失 对于这个参数没有实验数据可用。然而其不确定度主要源自称量，该参数变化产生的影响可能很小，并且在相同研究中已得到充分的反映。

5. 步骤 4：计算合成标准不确定

这是一个使用现有的协同实验数据的经验方法的例子。估计内部实验重复性评估值与协同实验预测值相当。因此，假如实验室偏倚受控，使用协同实验提供的再现性标准偏差（S_R）是恰当的。步骤 3 的讨论可以得出这样的结论：除在低纤维含量下干燥条件的影响外，因果关系图所识别的其他不确定度来源与 S_R 值比都很小，在这种情况下，可根据从协同实验获得的再现性标准偏差 S_R 值进行不确定度评估。对于纤维含量 2.5g/100g 的样品，应附加考虑与干燥条件有关的不确定度项。

（1）标准不确定度　表 13-25 给出了一定范围的纤维含量典型的标准不确定度。

（2）扩展不确定度　表 13-26 给出了典型的扩展不确定度。计算时使用包含因子为 2，置信水平约为 95％。

表 13-26　扩展不确定度

纤维含量/(g/100g)	标准扩展不确定度 $u(c_{\text{fibre}})/(\text{g}/100\text{g})$	相对标准扩展不确定度 $u(c_{\text{fibre}})/c_{\text{fibre}}$
2.5	0.62	25
5	0.8	16
10	1.2	12

八、案例 7：使用双同位素稀释和电感耦合等离子体质谱测定水中铅的含量

1. 概要

本案例阐述如何将不确定度的概念应用于同位素稀释质谱法（IDMS）和电感耦合等离子体质谱法（ICP-MS）测定水样中铅的含量（amount content）。

同位素稀释质谱法（IDMS）简介：同位素稀释质谱法（IDMS）是物质量咨询委员会（Comitè comsultatif pour quantetè de matière，CCQM）认可的具有潜在性的基准测量方法之一。它有一个定义严格的表达式描述被测量如何计算。在最简单的使用有证同位素稀释剂［一个富含同位素的有证标准物质（标准样品）］的同位素稀释的例子中，测量稀释剂、样品和已知质量的样品与稀释剂的混合物 b 中的同位素比率，就可以得到待测样品中元素的含量 c_x 为：

$$c_x = c_y \times \frac{m_y}{m_x} \times \frac{K_{y1}R_{y1} - K_bR_b}{K_bR_b - K_{x1}R_{x1}} \times \frac{\sum_i (K_{xi}R_{xi})}{\sum_i (K_{yi}R_{yi})} \tag{13-23}$$

式中　c_x，c_y——样品和稀释剂的元素含量（用符号 c 取代 k 代表含量是为了避免与 K 因子和包含因子 k 同符号而引起的混乱）；

m_x，m_y——样品和稀释剂的质量；

R_x，R_y，R_b——同位素含量比率，下标 x、y 和 b 分别代表样品、稀释剂和混合物。

通常选择一种在样品中含量最丰富的同位素，所有其他的同位素的含量表示为它的相对比率。选择一对特定的同位素（参考同位素最好选择在稀释剂中含量最丰富的同位素）作为监测比率，如 $n(^{208}\text{Pb})/n(^{206}\text{Pb})$。$R_{xi}$ 和 R_{yi} 分别是样品和稀释剂中所有可能的同位素含量比率。对于参比同位素，这个比率等于 1。K_x、K_y 和 K_b 分别是样品、稀释剂和混合物中特定同位素丰度比率的质量歧视校正因子。使用有证的同位素标准物质（标准样品），根据公式(13-24) 测定 K 因子。

$$K = K_0 + K_b$$

$$K_0 = \frac{R_{\text{certified}}}{R_{\text{observed}}} \tag{13-24}$$

式中，K_0 是时间为 0 时的质量歧视校正因子。在测量时，当 K 因子用于校正不同时间测量的比率时 K_{bias} 作为偏倚因子就开始生效。

K_{bias} 还包括其他可能的偏倚，如倍增管死时间校正、基体效应等。

$R_{\text{certified}}$ 是同位素标准物质（标准样品）证书上认定同位素丰度；R_{observed} 是该同位素标准物质（标准样品）观测值。在 IDMS 实验中，使用电感耦合等离子体质谱（ICP-MS）时质量分馏会随时间改变，因此要求对式(13-23）中所有的同位素丰度分别进行质量歧视校正。

富含一种特定同位素的有证标准物质（标准样品）通常很难获得，可使用“双”IDMS 来克服这个问题。做法是将一个特性没有完全确定但同位素富集化的稀释剂与一个具有天然同位素组分的有证标准物质（标记为 z）联合使用。这个具有天然组分的有证物质作为基准定量分析标准品。“双”IDMS 需要使用两种混合物，混合物 b 是样品和富集稀释剂的混合物，如式(13-23）所列。为了执行“双”IDMS，第二个混合物 b′由含量为 c_{z1} 的基准分析标准品与富集稀释剂 y 制备而成。这里给出了与公式(13-23）类似的表达式：

$$c_z = c_y \times \frac{m'_y}{m_z} \times \frac{K_{y1}R_{y1} - K'_b R'_b}{K'_b R'_b - K_{z1}R_{z1}} \times \frac{\sum_i (K_{zi}R_{zi})}{\sum_i (K_{yi}R_{yi})} \tag{13-25}$$

式中　c_z——基准分析标准溶液的元素含量；

m_z——制备新的混合物时的基准分析标准品的质量；

m'_y——富集稀释剂的质量；

K'_b，R'_b，K_{z1}，R_{z1}——新的混合物和基准分析标准物的 K 因子和同位素比率，其中下标 z 为该基准分析标准品。

将式(13-23）除以式(13-25）得：

$$\frac{c_x}{c_z} = \frac{c_y \times \dfrac{m_y}{m_x} \times \dfrac{K_{y1}R_{y1} - K_b R_b}{K_b R_b - K_{x1}R_{x1}} \times \dfrac{\sum_i (K_{xi}R_{xi})}{\sum_i (K_{yi}R_{yi})}}{c_y \times \dfrac{m'_y}{m_z} \times \dfrac{K_{y1}R_{y1} - K'_b R'_b}{K'_b R'_b - K_{z1}R_{z1}} \times \dfrac{\sum_i (K_{zi}R_{zi})}{\sum_i (K_{yi}R_{yi})}} \tag{13-26}$$

化简式(13-26）并引入分析程序中的方法空白 c_{blank}，得到：

$$c_x = c_z \times \frac{m_y}{m_x} \times \frac{m_z}{m'_y} \times \frac{K_{y1}R_{y1} - K_b R_b}{K_b R_b - K_{x1}R_{x1}} \times \frac{K'_b R'_b - K_{z1}R_{z1}}{K_{y1}R_{y1} - K'_b R'_b} \times \frac{\sum_i (K_{xi}R_{xi})}{\sum_i (K_{zi}R_{zi})} - c_{\text{blank}} \tag{13-27}$$

这是最终的公式，其中 c_y 在公式中已经被消掉。在本测量中，同位素含量的比率 R 的下标数字代表了以下实际同位素含量比率：

$$R_1 = n(^{208}Pb)/n(^{206}Pb) \qquad R_2 = n(^{206}Pb)/n(^{206}Pb)$$

$$R_3 = n(^{207}Pb)/n(^{206}Pb) \qquad R_4 = n(^{204}Pb)/n(^{206}Pb)$$

作为参数，所有参数汇总在表 13-27 中。

表 13-27 IDMS 参数汇总

参数	说明	参数	说明
m_x	混合物 b 中样品的质量，g	m_y	混合物中富集稀释剂的质量，g
m'_y	混合物 b′中富集稀释剂的质量，g	m_z	混合物 b′中基准分析标准品的质量，g
c_x	样品 x 的含量(mol/g 或 μmol/g)①	c_z	基准分析标准品 z 的含量(mol/g 或 μmol/g)①
c_y	稀释剂 y 的含量(mol/g 或 μmol/g)①	c_{blank}	测量空白时测得物的含量(mol/g 或 μmol/g)①
R_b	所测得混合物 b 的比率 $n(^{208}Pb)/n(^{206}Pb)$	K_b	R_b 的质量偏倚校正因子
R'_b	所测得的混合物 b′的比率 $n(^{208}Pb)/n(^{206}Pb)$	K'_b	R'_b 的质量偏倚校正因子
R_{y1}	所测得的富集稀释剂中富集同位素与标准同位素的比率	K_{y1}	R_{y1} 的质量偏倚校正因子
		K_{zi}	R_{zi} 的质量偏倚校正因子
R_{zi}	基准分析标准品中的所有比率，R_{z1}、R_{z2} 等	K_{xi}	R_{xi} 的质量偏倚校正因子
R_{xi}	样品中所有的比率	R_{z1}	同 R_{xi}，但是在基准分析标准中
R_{x1}	样品 x 中富集同位素与标准同位素的比率		

① 含量的单位通常在文件中说明。

2. 步骤 1：技术规定

该测量的总程序见表 13-28。所涉及的计算和测量说明如下。

表 13-28 总程序

步骤	说明	步骤	说明
1	制备基准分析标准	4	计算样品中 Pb 的含量 c_x
2	制备混合物 b 和 b′	5	评估 c_x 的不确定度
3	测定同位素比率		

(1) 含量 c_x 的计算程序　在测定水中铅的过程中，对每个混合物 b′（基准分析标准品＋稀释剂）和 b（样品＋稀释剂）各制备 4 份混合样，这将得到 4 个 c_x 值。每一次测量按表 13-28 的步骤 1～步骤 4 所述进行详细说明。报告值 c_x 是 4 次重复测试的平均值。

(2) 计算摩尔质量　由于某些元素（如 Pb）的同位素组成的天然变化，必须测定基准分析标准品的摩尔质量 M，因为它将会对含量 c_z 产生影响。注意若 c_z 以 mol/g 为单位时，就不会出现这种情况。对于一个元素 E，其摩尔质量 M(E) 在数值上等于元素 E 的原子量 A_r(E)。原子量可以根据通用表达式进行计算：

$$A_r = \sum_{i=1}^{P} R_i M(^{i}E) / \sum_{i=1}^{P} R_i \tag{13-28}$$

式中　R_i——元素 E 所有真实的同位素含量比率；

$M(^{i}E)$——元素 E 的核素质量。

注意公式(13-28) 中的同位素含量比率必须是绝对的比率，也就是，它必须用质量歧视进行修正。选用合适的下标得到公式(13-29)。在进行计算时，核素质量 $M(^{i}E)$ 取自文献数值，而比率 R_{zi} 和 K_0 因子 $K_0(zi)$ 需通过测定得到（见表 13-29），得到：

$$M(\mathrm{Pb,Assayl}) = \frac{\sum_{i=1}^{P} K_{zi} R_{zi} M_z(^{i}E)}{\sum_{i=1}^{P} K_{zi} R_{zi}} = 207.21034\ (\mathrm{g/mol}) \tag{13-29}$$

表 13-29 不确定度的计算

参数	不确定评估	数值	实验不确定度[①]	对总不确定度的贡献 u_c/%	最终不确定度[②]	对总不确定度的贡献 u_c/%
ΣK_{bias}	B	0	0.001[③]	7.2	0.001[③]	36.7
c_z	B	0.092605	0.000028	0.2	0.000028	0.8
K_0(b)	A	0.9987	0.0025	14.4	0.00088	9.5
K_0(b′)	A	0.9983	0.0025	18.3	0.00088	11.9
K_0(xl)	A	0.9992	0.0025	4.3	0.00088	2.8
K_0(x3)	A	1.0004	0.0035	1	0.0012	0.6
K_0(x4)	A	1.001	0.006	0	0.0021	0
K_0(y1)	A	0.9999	0.0025	0	0.00088	0
K_0(z1)	A	0.9989	0.0025	6.6	0.00088	4.3
K_0(z3)	A	0.9993	0.0035	1	0.0012	0.6
K_0(z4)	A	1.0002	0.006	0	0.0021	0
m_x	B	1.0440	0.0002	0.1	0.0002	0.3
m_{y1}	B	1.1360	0.0002	0.1	0.0002	0.3
m_{y2}	B	1.0654	0.0002	0.1	0.0002	0.3
m_z	B	1.1029	0.0002	0.1	0.0002	0.3
R_b	A	0.29360	0.00073	14.2	0.00026[④]	9.5
R'_b	A	0.5050	0.0013	19.3	0.00046	12.7
R_{x1}	A	2.1402	0.0054	4.4	0.0019	2.9
R_{x2}	Cons.[⑤]	1	0		0	
R_{x3}	A	0.9142	0.0032	1	0.0011	0.6
R_{x4}	A	0.5901	0.00035	0	0.00012	0
R_{y1}	A	0.00064	0.0004	0	0.000014	0
R_{z1}	A	2.1429	0.0054	6.7	0.0019	4.4
R_{z2}	Cons.	1	0		0	
R_{z3}	A	0.9147	0.0032	1	0.0011	0.6
R_{z4}	A	0.05870	0.00035	0	0.00012	0
c_{blank}	A	4.5×10^{-7}	4.0×10^{-7}	0	2.0×10^{-7}	0
c_x		0.05374	0.00041		0.00018	
			$\Sigma A_{contrib.}=92.2$		$\Sigma A_{contrib.}=60.4$	
			$\Sigma B_{contrib.}=7.8$		$\Sigma B_{contrib.}=39.6$	

① 实验不确定度在计算时没有考虑每个参数的测量次数。

② 在最终不确定度的计算中考虑了测定次数。在本例中所有按 A 类评估的参数测定了 8 次。其标准不确定度要除以$\sqrt{8}$。

③ 该数量值是一个 K_{bias} 的数值。用参数ΣK_{bias} 来代替所有的 $K_{bias,(zi,xi,yi)}$ 的列表，这些数值都是（0±0.001)。

④ 每个混合物其 R_b 测定 8 次，总共测定 32 次，当没有混合物之间的变异时，如本例，在此模型中所有混合物均进行 4 次重复测定时，就能得出所有 32 个测定值。这要花很多时间，在本例中因为它不会显著地影响不确定度，所以没有做。

⑤ 表中 Cons. 为恒定的未知偏移影响值。

(3) 测定 K 因子和同位素含量比率　为了修正质量歧视，式(13-24) 中使用了修正因子 K，可使用由已赋值的同位素组成的标准物质（标准样品）计算因子 K_0。本案例中，使用已赋值的同位素的标准物质（标准样品）NIST SRM981 监测因子 K_0 可能的变化。因子 K_0 在将要修正的比率测定前后进行测定。一个典型的样品次序是：a. 空白；b. NIST SRM981；c. 空白；d. 混合物 1；e. 空白；f. NIST SRM981；g. 空白；h. 样品等。

空白测定不仅仅是用来做空白修正，也可以用来监测空白计数，只有当空白样品计数率稳定并达到正常水平才能进行新的测试。注意在测试前应把样品、混合物、稀释剂和基准分析标准品稀释至适合的含量水平。比率测定的结果、所计算的因子 K_0 和 K_{bias} 的结果汇总在表 13-29 中。

(4) 基准分析标准品的制备和含量 c_z 的计算　制备两个基准分析标准品，其中铅是从化学纯度为 $w=99.999\%$ 的不同金属铅块上分别获得的。两块铅块都来自同一批的高纯度铅。将两个铅块样品溶于 10mL 硝酸水溶液［HNO_3(1+3)］中微微加热，然后进一步稀释。两个混合物各由这两个基准分析标准品来制备。下面介绍一个分析标准品的一些数值。

将 $m_1=0.36544$g 的铅溶解于 HNO_3（0.5mol/L）水溶液中并稀释至总重 $d_1=196.14$g。此溶液定为标准品 1（Assay1）。取标准品 1 质量 $m_2=1.0292$g，用 HNO_3（0.5mol/L）水溶液稀释至总重 $d_2=99.391$g，制备进一步的稀释液，这个溶液定为标准品 2（Assay2）。标准品 2 中 Pb 含量 c_z 根据式(13-30) 计算，如下：

$$c_z=\frac{m_2}{d_2}\times\frac{m_1 w}{d_1}\times\frac{1}{M(\text{Pb},\text{Assay1})} \tag{13-30}$$

$$=9.2605\times10^{-8}\ (\text{mol/g})$$

$$=0.092605\ (\mu\text{mol/g})$$

(5) 混合物的制备　稀释剂的质量分数是已知的，铅（Pb）的质量浓度约为 20μg/g，也已知该样品中 Pb 的质量浓度在这个范围内。表 13-30 列出了本例中使用的两个混合物的称量数值。

表 13-30　两个混合物的称量数值

项目	混合物 b		混合物 b′	
所使用的溶液	加标样品	样品	加标样品	样品
参数	m_{y1}	m_x	m_{y2}	m_z
质量/g	1.1360	1.0440	1.0654	1.1029

(6) 方法空白 c_{blank} 的测量　本案例中用外标法测定方法空白。一个更完善的方法是将富集稀释剂加入空白中，用与样品同样的方法测量空白。在本案例中只使用高纯度的试剂，这样会导致混合物的极端比率并降低富集稀释过程的可靠性。测定 4 次外标校准方法空白，得到 c_{blank} 值为 $4.5\times10^{-7}\mu$mol/g，按 A 类不确定度评估，其标准不确定度为 $4.0\times10^{-7}\mu$mol/g。

(7) 计算未知含量 c_x　将测定和计算的数据（见表 13-29）代入式(13-27) 中，得到

$c_x=0.053738\mu mol/g$。4 次重复测定值见表 13-31。

表 13-31　4 次重复测定值

测定次数	$c_x/(\mu mol/g)$	测定次数	$c_x/(\mu mol/g)$
重复试验 1	0.053738	重复试验 4	0.053822
重复试验 2	0.053621	平均值	0.05370
重复试验 3	0.053610	试验标准偏差 S	0.0001

3. 步骤 2 和 3：不确定度来源的识别和量化

（1）不确定度计算的思路　如果把式(13-24)、式(13-29) 和式(13-30) 代入 IDMS 最终的式(13-27) 中，参数数目之多使得公式无法处理。为使公式简单化，将 K_0 因子和基准标准溶液的含量及其相关的不确定度分别处理，然后代入 IDMS 公式(13-27)，这样也不会影响 c_x 最终的合成不确定度。

使用表 13-28 中一次测量的数值计算合成标准不确定度 $u_c(c_x)$。可以使用电子表格方法计算 c_x 的合成不确定度。

（2）K 因子的不确定度

① K_0 的不确定度。按式(13-24) 计算 K，并以 K_{x1} 的数值为例子计算出 K_0：

$$K_0(x_1)=\frac{R_{cartified}}{R_{observed}}=\frac{2.1681}{2.1699}=0.9992 \tag{13-31}$$

为了计算 K_0 的不确定度，首先查看标准证书，证书给出的比率为 2.1681，在 95%置信度时其不确定度为 0.0008。为了把基于 95%置信度的不确定度转化为标准不确定度，把以上的不确定度除以 2 得到标准不确定度 $u(R_{certified})=0.0004$。观察到的数量比率，$R_{observed}=n(^{208}Pb)/n(^{206}Pb)$ 的标准不确定度为 0.0025（RSD）。K 因子的合成不确定度计算如下：

$$\frac{u_c[K_0(x_1)]}{K(x_1)}=\sqrt{\left(\frac{0.0004}{2.1681}\right)^2+0.0025^2}=0.002507 \tag{13-32}$$

显然，证书给出的比率对不确定度的贡献是可以忽略的。因此，所测量的比率 $R_{observed}$ 的不确定度将用作 K_0 的不确定度。

② 有关 K_{bias} 的不确定度。引入偏倚因子（K_{bias}）是因为考虑到质量歧视因子的数值可能会产生偏离。从上述式(13-24) 中看到，每一个 K 因子都有偏差。这些偏差的数值在本例中是未知的，所以取 0。当然每一个偏倚均有不确定度，当计算最终不确定度时必须考虑这些偏倚不确定度。原则上，像式(13-33) 中加上偏倚项，通过引用式(13-27) 和参数 K_{y1} 和 R_{y1} 来表示：

$$c_x=\frac{[K_0(y_1)+K_{bias}(y_1)]R_{y1}-\cdots}{\cdots}\cdots \tag{13-33}$$

所有偏倚值 K_{bias}（yi，xi，zi）在 0±0.0001 之间。该估计值是基于铅 IDMS 测试的长期经验，所有的 K_{bias}（yi，xi，zi）参数没有详尽地包括在表 13-32、表 13-33 或式(13-27) 中，但是它们应用于所有不确定度计算中。

表 13-32 各参数值

量(符号)	数值	标准不确定度	类型①
$K_{bias}(zi)$	0	0.001	B
R_{z1}	2.1429	0.0054	A
$K_0(z1)$	0.9989	0.0025	A
$K_0(z3)$	0.9993	0.0035	A
$K_0(z4)$	1.0002	0.0060	A
R_{z2}	1	0	A
R_{z3}	0.9147	0.0032	A
R_{z4}	0.05870	0.00035	A
M_1	207.976636	0.000003	B
M_2	205.974449	0.000003	B
M_3	206.975880	0.000003	B
M_4	203.973028	0.000003	B

① A类（统计评估）或B类（其他）。

（3）所称质量的不确定度　在本案例中，称量是由一个专业的质量计量实验室完成的。称量使用一种已校正的砝码和比较仪，采用插入法测定样品的质量，对每个样品质量的测定至少重复6次，进行了浮力校正。在本例中没有运用化学计算和杂质修正。将称量证书上的不确定度作为标准不确定度，见表13-29。

（4）标准分析溶液含量 c_x 的不确定度

① 铅摩尔质量的不确定度。首先计算标准溶液［标准品1（Assay1）］的摩尔质量的合成不确定度，表13-32中的数值已知或已被测得。

按式(13-29）采用式(13-34）形式计算摩尔质量：

$$M(\mathrm{Pb,Assay1})=\frac{K_{z1}R_{z1}M_1+K_{z2}R_{z2}M_2+K_{z3}R_{z3}M_3+K_{z4}R_{z4}M_4}{K_{z1}R_{z1}+K_{z2}R_{z2}+K_{z3}R_{z3}+K_{z4}R_{z4}} \tag{13-34}$$

可使用电子表格模型计算标准溶液中Pb摩尔质量的合成标准不确定度。对每个比率和 K_0 进行8次测量，得到摩尔质量 M（Pb，Assay1）＝207.2103g/mol，由电子表格模型计算出不确定度为0.0010g/mol。

② 测定 c_z 中合成标准不确定度的计算。利用表13-28的数据和式(13-30）计算标准溶液中Pb含量 c_z 的不确定度。称量不确定度从其证书中得到，见表13-30。式(13-30）中使用的所有参数及其不确定度见表13-33。

表 13-33 参数及其不确定度

项目	数值	不确定度
铅块质量 m_1/g	0.36544	0.00005
第一次稀释液的总质量 d_1/g	196.14	0.03
取自第一次稀释液的等份试样质量 m_2/g	1.0292	0.0002
第二次稀释液的总质量 d_2/g	99.931	0.01
金属铅块的纯度 w(质量分数)	0.99999	0.000005
标准物质(标准样品)中Pb的摩尔质量 M/(g/mol)	207.2104	0.0010

使用公式(13-30)计算 c_z 含量。由计算得到 c_z 的合成标准不确定度：$u_c(c_z)=0.000028$。浓度为 $c_z=0.092606\mu mol/g$ 时，其标准不确定度为 $0.000028\mu mol/g$（用 *RSD* 表示为0.03%）。

使用电子表格模型计算重复测试1的 $u_c(c_x)$。重复测试1的不确定度评估代表该测量的不确定度。参数的数值和其不确定度以及 c_x 的合成不确定度见表13-29。

4. 步骤4：计算总标准不确定度

表13-34显示4次重复测定的平均值和实验标准偏差。数值取自表13-31和表13-29。

表13-34 4次重复测定的平均值和实验标准偏差

重复测定1		4次重复实验的平均值		单位
c_x	0.05374	c_x	0.05370	mmol/g
$u(c_x)$	0.00018	S	0.00010①	mmol/g

① 此为实验标准不确定度，不是平均值的标准偏差。

在IDMS和很多非常规分析中，测试程序的完整统计控制需要耗费大量的资源和时间。采用下述方法可检查出不确定度来源是否已被忽略。将按A类评估的所有不确定度来源得出的不确定度分量与4次重复测试的实验标准偏差相比较。假如实验标准偏差大于按A类评估的不确定度分量，表明测定过程有遗漏。作为一种近似法，使用表13-29的数据，取总实验不确定度（即0.00010μmol/g）的92.2%进行近似计算，得到A类评估的实验不确定度的总和为0.00041μmol/g。这个数值明显高于0.00010μmol/g的实验标准偏差（见表13-34）。这表明实验的标准偏差已被按A类评估的不确定度分量所包括，因此无需进一步考虑来自混合物制备的按A类评估的不确定度分量，但还是可能存在与混合物制备有关的偏倚。在本例中，混合物制备过程中可能的偏倚与主要不确定度来源相比时，混合物制备的偏倚被判定为不显著，可忽略不计。

水样中Pb的含量为：

$$c_x=(0.05370\pm0.00036)\mu mol/g$$

该结果扩展不确定度的包含因子为2。

参考文献

[1] 中国合格评定国家认可委员会. CNAS-CL01:2018 检测和校准实验室能力认可准则（ISO/IEC 17025:2017. IDT）[S].

[2] 中国合格评定国家认可委员会. CNAS-CL002:2018 能力验证结果的统计处理和能力评价指南[S].

[3] 全国认证认可标准化技术委员会（SAC/TC261）. GB/T 27418—2017 测量不确定度评定和表示[S]. 北京：中国标准出版社，2018.

[4] 中国实验室国家认可委员会. 化学分析中不确定度的评估指南[M]. 北京：中国计量出版社，2002.

[5] 全国法制计量管理计量技术委员会. JJF 1001—2011 通用计量术语及定义［S］. 北京：中国计量出版社，2012.

[6] 全国化学标准化技术委员会化学试剂分技术委员会（SAC/TC 63/SC 3）. GB/T 14666—2003 分析化学术语［S］. 北京：中国标准出版社，2004.

[7] 全国法制计量管理计量技术委员会. JJF 1059. 1—2012 测量不确定度评定与表示［S］. 北京：中国计量出版社，2013.

[8] 全国法制计量管理计量技术委员会. JJF 1059. 2—2012 用蒙特卡洛法评定测量不确定度［S］. 北京：中国计量出版社，2013

[9] 全国物理化学计量技术委员会. JJF 1135—2005 化学分析中不确定度的评估［S］. 北京：中国计量出版社，2005.

[10] 国家质量技术监督局计量司. 测量不确定度评定与表示指南[M]. 北京：中国计量出版社，2000.

[11] 全国统计方法应用标准化技术委员会. GB/T 3358. 1—2009 统计学词汇及符号 第 1 部分：一般统计术语与用于概率的术语[S]. 北京：中国标准出版社，2010.

[12] 全国统计方法应用标准化技术委员会. GB/T 3358. 2—2009 统计学词汇及符号 第 2 部分：应用统计[S]. 北京：中国标准出版社，2010.

[13] 全国统计方法应用标准化技术委员会. GB/T 3358. 3—2009 统计学词汇及符号 第 3 部分：实验设计[S]. 北京：中国标准出版社，2010.

[14] ISO/IEC 17025：1999. General Requirements for the Competence of Calibration and Testing Laboratories[S]. ISO, Geneva, 1999.

[15] Guide TO The Expression Of Uncertainty In Measurement[S]. ISO, Geneva, 1993.

[16] EURACHEM, Quantifying Uncertainty in Analytical Measuerment. Laboratory of the Government Chemist, London, 1995.

[17] International Vocabulary of basic and general terms in Metrology. ISO, Geneva, 1993.

[18] ISO 3534:1993. Statistics-Vocabulary and Symbols. ISO, Geneva, Switzerland, 1993.

[19] Analytical Methods Committee, Analyst(London). 1995, 120:29-34.

[20] EURACHEM, The Fitness for Purpose of Analytical Methods. 1998.

[21] ISO/IEC Guede38:1989. Users of Certified Reference Materials. ISO, Geneva, 1989.

[22] International Union of Pure and Applied Chemistry. Pure Appl. Chem. 1995, 67：331-343.

[23] ISO 5725:1994(Parts1-4and6). Accuracy(trueness and precision)of measurement methods and results. ISO, Geneva, 1994.

[24] Good I J. “Degree of Belief”, in Encyclopaedia of Statistical Sciences[J]. Wiley, 1982，2.

[25] Kragten J. Calculating standard deviations and confidence intervals with a universally applicable spreadsheet technique[J]. Analyst, 1994, 119:2161-2166.

[26] British Standard BS6748:1986. Limits of metal release form ceramic ware, glassware, glass ceramic ware and vitreous enamel ware. 1986.

[27] Ellison S L R, Barwick V J. Accred Qual Assur. 1998, 3:101-105.

[28] ISO 9004-4:1993, Total Quality Management. Part2. Guidelines forquality improvement. ISO, Geneva, 1993.

[29] EURACHEM/CITAC Quantifying Uncertainty in Analytical Measurement. 量化分析测量不确定度指南[M]. 刘立，潘秀荣，译. 北京：中国计量出版社，2003.

[30] 中国合格评定国家认可委员会. CNAS-CL006:2019 化学分析中不确定度的评估指南[S].

[31] 李慎安，王光先，王国才. 测量不确定度的简化评定[M]. 北京：中国计量出版社，2004.

[32] 全国统计方法应用标准化技术委员会. GB/Z 22553—2010 利用重复性、再现性和正确度的估计值评估测量不确定度的指南[S]. 北京：中国标准出版社，2010.

[33] 全国统计方法应用标准化技术委员会. GB/T 11792—1989 测试方法的精密度 在重复性或再现性条件下所得测试结果可接受性的检查和最终测试结果的测定[S]. 北京：中国标准出版社，1990.

第十四章
水环境标准物质

第一节　标准物质概述

一、简介

标准物质（reference material，RM）原先也被称为标准样品（standard sample）。世界上第一批标准物质是1906年由美国标准局和美国铸造协会共同研制的。当时发放了一组（4个）铸铁化学成分的标准物质，用于铸铁化学分析方法的校准。20世纪60年代以后，标准物质的品种和数量大大增加，除了化学成分的标准物质外，还发展了许多物理化学特性和工程技术特性的标准物质。目前世界上有一两千种标准物质。我国计量机构及冶金、地质、化工、环境、水利和建材等部门已可提供数百种标准物质。

标准物质具有准确量值的测量标准，它在化学测量、生物测量、工程测量与物理测量领域得到了广泛的应用。标准物质具有以下特点：

① 标准物质的量值只与物质的性质有关，与物质的数量和形状无关；

② 标准物质种类繁多，仅化学成分量标准物质就数千种，其量限范围跨越12个数量级；

③ 标准物质实用性强，可在实际工作条件下应用，既可用于校准检定测量仪器，评价测量方法的准确度，也可用于测量过程的质量评价以及实验室的计量与测量仲裁等；

④ 标准物质具有良好的复现性，可以批量制备并且在用完后再行复制。

二、标准物质基本术语

按照《国际通用计量基本术语》和《国际标准化组织指南30》，标准物质有如下基本术语。

1. 标准物质（reference material，RM）

标准物质即具有足够均匀和稳定的特定特性的物质，其特性适用于测量或标称特性检查中的预期用途。[JJF 1001 8.14，VIM 5.13]

注1：标称特性的检查提供标称特性值及其不确定度。该不确定度不是测量不确定度。

注2：赋予或未赋予量值的标准物质都可用于测量精密度控制，只有赋予量值的标准

物质才可用于校准或测量正确度控制。

注3："标准物质"既包括具有量的物质，也包括具有标称特性的物质。

例1：具有量的标准物质如下。

① 给出了纯度的水，其动力学黏度用于校准黏度计；

② 含胆固醇但没有对其物质的量浓度赋值的人血清，仅用于测量精密度控制；

③ 阐明了所含二镤英的质量分数的鱼组织，用作校准物。

例2：具有标称特性的标准物质如下。

① 一种或多种指定颜色的色图；

② 含有特定的核酸序列的DNA化合物；

③ 含19-雄（甾）烯二酮（19-androstenedione）的尿。

注4：标准物质有时与特制装置是一体化的。

例1：三相点瓶中已知三相点的物质。

例2：置于透射滤光器支架上已知光密度的玻璃。

例3：安放在显微镜载玻片上尺寸一致的小球。

注5：有些标准物质的量值计量溯源到单位制外的某个测量单位。这类物质包括量值溯源到由世界卫生组织指定的国际单位（IU）的疫苗。

注6：在某个特定测量中，所给定的标准物质只能用于校准或质量保证两者中的一种用途。

注7：对标准物质的说明应包括该物质的溯源性，指明其来源和加工过程。

注8：国际标准化组织/标准物质委员会有类似定义，但是用术语"测量过程"意指"检查"，它既包含了量的测量，也包含了标称特性的检查。

2. 有证标准物质（certified reference amterial，CRM）

有证标准物质指附有由权威机构发布的文件，提供使用有效程序获得的具有不确定度和溯源性的一个或多个特性值的标准物质。[JJF 1001 8.15，VIM 5.14]

例1：在所附证书中，给出胆固醇浓度赋值及其不确定度的人血清，用作校准物（calibrator，JJF1001中称作校准器）或测量正确度控制的物质。

注1："文件"是以"证书"的形式给出（参见ISO指南31）。

注2：有证标准物质制备和认定的程序是有规定的（参见JJF 1342和JJF 1343，等效于JJF 1001和VIM中所指的ISO指南34和ISO指南35）。

注3：在定义中，"不确定度"包含了测量不确定度和诸如同一性及序列的标称特性值的不确定度两个含义。"溯源性"既包含量值的计量溯源性，也包含标称特性值的追溯性。

注4："有证标准物质"的特定量值要求附有测量不确定度的计量溯源性。

注5：国际标准化组织/标准物质委员会有类似定义，但修饰词"计量"既适用于量也适用于标称特性。

3. 标准物质候选物（candidate reference material）

标准物质候选物即拟研制（生产）为标准物质的物质。[ISO Guide 30 2.1.3]

注 1：候选物尚未经定值和测试，以确保其在测量过程中适用。为转化为标准物质，需对候选物进行考察，以确定其一个或多个特定特性足够均匀、稳定，并适用于针对这些特性的测量和测试方法开发中的预期用途。

注 2：标准物质候选物可以是其他特性的标准物质，也可以是目标特性的候选物质。

4. 基体标准物质（matrix reference material）

基体标准物质即具有实际样品特性的标准物质。[ISO Guide 30 2.1.4]

例 1：土壤、饮用水、金属合金、血液。

注 1：基体标准物质可直接从生物、环境或工业来源得到。

注 2：基体标准物质也可通过将所关心的成分添加至既有物质中制得。

注 3：溶解在纯溶剂中的化学物质不是基体物质。

注 4：基体标准物质旨在用于与其有相同或相似基体的实际样品的分析。

5. 原级测量标准（primary measurement standard）

原级测量标准指在特定范围内，其特性值在不参与相同特性或量的其他标准的情况下被采纳，被指定或广泛公认具有最高计量学品质的测量标准。[ISO Guide 30 2.1.5]

注：参见 JJF1001—2011 和 ISO/IEC 指南 99：2007。

6. 次级测量标准（secondary measurement standard）

次级测量标准指通过与相同特性或量的原级测量标准比对而赋予特性值的测量标准。[ISO Guide 30 2.1.6]

注：参见 JJF 1001—2011 和 ISO/IEC 指南 99：2007。

7. 国际测量标准（international measurement standard）

国际测量标准指由国际协议签约方承认的并旨在世界范围使用的测量标准。[JJF 1001 8.2，VIM 5.2]

例 1：国际千克原件。

例 2：绒（毛）膜促性腺激素，世界卫生组织（WHO）第 4 国家标准 1992，75/589，650 每安瓿的国际单位。

例 3：VSMOW2（维也纳标准平均海水），由国际原子能结构（IAEA）为不同种稳定同位素物质的量比率测量而分布。

8. 国家测量标准（national measurement standard）

国家测量标准简称国家标准（national standard），指经国家权威机构承认，在一个国家或经济体内作为同类量的其他测量标准定值依据的测量标准。[JJF 1001 8.3，VIM 5.3]

9. 样本（sample）

样本指从某批中抽取的一部分或一定量的物质。[ISO Guide 30 2.1.7]

注 1：对于正在考察的一个或多个特性，样本应代表该批。

注 2：本术语可用于涵盖一个供应单元或供分析的一部分。

注 3：所取部分可包含一个或多个抽样单位（如子样或单元），批被视作总体，样本取自总体。

注 4：参见国际纯粹与应用化学联合会分析术语纲要（IUPAC Compendium of Analytical Nomenclature）。

10. 最小取样量（minimum sample size; minimum sample intake）

最小取样量指在确保标准物质相应文件中表达的特性值有效的情况下，可用于测量过程的用量低限，通常用质量表示。[ISO Guide 30 2.1.8]

11.（生产）批（production batch; lot）

（生产）批指一个制造周期所研制（生产）的一定量的物质，预期具有一致的性质与质量。[ISO Guide 30 2.1.9]

注 1：批量制造或生产的一致性条件必须能确保产品的均匀性。

注 2：在统计学中，一个完整的批可视为一个有限总体（所研究项目的整体）。

注 3：参见 GB/T 3358.2—2009。

注 4：参见国际纯粹与应用化学联合会分析术语纲要（IUPAC Compendium of Analytical Nomenclature）。

12.（标准物质的）定值 [characterization (of a reference material)]

（标准物质的）定值指作为研制（生产）程序的一部分，确定标准物质特性值的过程。[ISO Guide 30 2.1.10]

注：参见国际纯粹与应用化学联合会分析术语纲要（IUPAC Compendium of Analytical Nomenclature）。

13. 赋值（value assignment）

赋值指整合定值获得的标准物质特性值，并在标准物质附带文件中表示的过程。[ISO Guide 302.1.11]

14. 均匀性（homogeneiry）

均匀性指标准物质各指定部分中某个特定特性值的一致性。[ISO Guide 30 2.1.12]

注 1：均匀性参见 JJF 1343，等效于 ISO 指南 30 所指的 ISO 指南 35。

注 2：“指定部分”可指诸如一批标准物质或该批内的单个单元。

注 3：参见国际纯粹与应用化学联合会分析术语纲要（IUPAC Compendium of Analytical Nomenclature）。

15. 单元间均匀性（between-unit homogeneiry）

单元间均匀性指特定特性值在标准物质单元间的一致性。[ISO Guide 30 2.1.13]

注：术语“单元间均匀性”既适用于任何类型的包装（如小瓶），也适用于其他物理形态和试件。

16. 单元内均匀性（within-unit homogeneiry）

单元内均匀性指特定特性值在标准物质每一单元内的一致性。[ISO Guide 30 2.1.14]

17. 稳定性 (stability)

稳定性指在指定条件下贮存时，标准物质在规定时间内保持特定特性值在一定限度内的特性。[ISO Guide 30 2. 1. 15]

注：参见国际纯粹与应用化学联合会分析术语纲要 (IUPAC Compendium of Analytical Nomenclature)。

18. 运输稳定性 (transportation stability)

运输稳定性指标准物质特性在运输至标准物质用户的条件和时间段下的稳定性。[ISO Guide 30 2. 1. 16]

注：运输稳定性曾常被称作“短期稳定性”。

19. 长期稳定性 (long-term stability)

长期稳定性指标准物质特性随时间延续的稳定性。[ISO Guide 30 2. 1. 17]

20. (标准物质的) 寿命 [lifetime (of a refere cematerial)]

(标准物质的) 寿命指标准物质特性值保持在其不确定度范围内的时间区间。[ISO Guide 30 2. 1. 18]

注：寿命经常是回顾性确定的，即当标准物质特性不再保持所赋值后确定。

21. (标准物质的) 有效期 [period of validity (of a referecematerial)]

(标准物质的) 有效期指标准物质研制 (生产) 机构保证该标准物质稳定性的时间区间。[ISO Guide 30 2. 1. 19]

注 1：有效期表示为一个特定的日期或一个规定的时间段。

注 2：有效期应设置在标准物质的寿命内。

22. 互换性 (commutability)

互换性是标准物质的特性。将标准物质和能够代表预期测量样品类型的样品均采用不同测量程序测定，该特性由所得测量结果之间数学关系的等效性证明。[ISO Guide 30 2. 1. 20]

注 1：该定义采自 CLSIEP30-A 可互换标准物质的定值与鉴定 (Characterization and Qualification of Commutable Reference Materials)。

注 2：参见 JJF 1001—2011、ISO/IEC 指南 99：2007 和 GB/T 21415—2008。

注 3：在一些领域里，互换性又称作互通性。

23. 基体效应 (matrix effect)

基体效应指除被测量以外，样品特性对特定测量程序测定被测量及其量值的影响。[GB/T 21415 3. 15]

注 1：某个基体效应的明确原因即为一个影响量。

注 2：“基体效应”有时被错误用于因被分析物的变性或加入非真实组分 (代用品) 以模拟分析物等缺少互换性。

注 3：“基体效应”有时又称“基质效应”。

24. 校准物（calibrant）

校准物指用于设备或测量程序校准的标准物质。[ISO Guide 30 2.1.21]

注：ISO/IEC 指南 99：2007 中使用“calibrator”。

25. 质量控制物质（quality control material）

质量控制物质指用于测量质量控制的标准物质。[ISO Guide 30 2.1.22]

注 1：“质量控制”指该类物质的用途，而不是标准物质的另一个类别。

注 2：质量控制标准物质不要求赋值结果具有计量溯源性和测量不确定度，但必须具有满足预期用途的均匀性和稳定性。

26. 认定值（certified value）

认定值是赋予标准物质特性的值，该值附带不确定度及计量溯源性的描述，并在标准物质证书中陈述。[ISO Guide 30 2.2.3]

27. 指示值（indicative value）

指示值又称信息值（information value，informative value），是描述标准物质的量或特性的值，仅作为信息提供。[ISO Guide 30 2.2.4]

注：指示值不能用作计量溯源链中的参照对象。

28. 计量溯源性（metrological traceabity）

计量溯源性指通过具备证明文件的不间断的校准链，将测量结果与参照对象联系起来的测量结果的特性，校准链中的每项校准都会引入测量不确定度。[JJF 1001 4.14，VIM 2.42]

注 1：本定义中的参照对象可以是实际实现的测量单位的定义，包括非序量测量单位的测量程序或测量标准。

注 2：计量溯源性要求建立校准等级关系。

注 3：参照对象的技术说明必须包括其用于建立该校准等级关系的时间，以及关于参照对象的任何其他有关计量信息，如在这个校准等级关系中进行第一次校准的时间。

注 4：在测量模型中的输入量多于一个时，每个输入量的量值本身应该是经过计量溯源的，并且校准等级关系可以形成一个分支结构或网络，为每个输入量的量值建立计量溯源性所作的努力应该与对测量结果的贡献相适应。

注 5：测量结果的计量溯源性不能保证不确定度满足给定的目的，也不能保证没有错误。

注 6：如果两个测量标准的比对用于对其中一个测量标准的量值和测量不确定度进行核查和在必要时修正，则该比对视为一次校准。

注 7：国际实验室认可合作组织（ILAC）认为确认计量溯源性的要素是至国际测量标准或国家测量标准的不间断的计量溯源链、文件证明的测量不确定度、文件规定的测量程序、认可的技术能力、至 SI 的计量溯源性以及校准间隔（ILAC P-10：2002）。

注 8：缩写词“溯源性”有时是指“计量溯源性”，有时也用于其他概念，诸如“样品可追溯性”“文件可追溯性”“仪器可追溯性”或“材料可追溯性”等，其含义是指某些项目的历程（轨迹）。所以，如果有任何混淆的风险，最好使用全称“计量溯源性”。

三、标准物质的基本要求

标准物质是以特性量值的稳定性、均匀性和准确性为主要特征的，这 3 个特性也是标准物质的基本要求。

1. 稳定性

稳定性是指标准物质在规定时间和环境条件下，其特征性量值保持在规定范围内的能力。影响稳定性的因素有：a. 光、温度、湿度等物理因素；b. 溶解、分解、化合等化学因素；c. 细菌作用等生物因素。稳定性表现在：a. 固体物质不风化、不分解、不氧化；b. 液体物质不产生沉淀、不发霉；c. 气体和液体物质对容器内壁不腐蚀、不吸附等。

2. 均匀性

标准物质的均匀性是指标准物质各指定部分中某个特定值的一致性。通过检验具有规定大小的样品，若被测量的特性值均在规定的不确定度范围内，则该标准物质对这一特性来说是均匀的。从理论上讲，如果物质各部分之间的特性量值没有差异，那么该物质就这一给定的特性而言是完全均匀的，然而物质各部分之间特性量值是否存在差异，必须用实验方法才能确定。因此，所谓均匀性指的是物质各部分之间特性量值的差异不能用实验方法检测出来。这样，均匀性的实际概念就包括物质本身的特性和所用的计量方法的某些参数，例如计量方法的精密度（标准偏差）和试样的大小（实验取样量）等。在许多情况下，计量方法可能达到的精密度与取样量有关，因此，标准物质的均匀性是对给定的取样量而言，通常标准物质证书中都给出均匀性检验的最小取样量。

影响均匀性的因素有：物质的物理性质（密度、粒度等）和物质成分的化学形态及结构状况。密度不同可能引起重力偏析（化学成分的不均匀现象称为偏析）。一般地说，固体颗粒越细越容易出现重力偏析。此外，颗粒过细时，表面积增大，吸湿和污染的机会也增加。

3. 准确性

准确性是指标准物质具有准确计量的或严格定义的标准值（亦称保证值或鉴定值）。当用计量方法确定标准值时，标准值是被鉴定特性量之真值的最佳估计，标准值与真值的偏离不超过测量不确定度。在某些情况下，标准值不能用计量方法求得，而用商定一致的规定来指定。当标准值是约定真值时，则还给出使用该标准物质作为“校准物”时的计量方法规范。

四、标准物质的级别和分类

1. 标准物质的级别

标准物质特性量值的准确度是划分其级别的主要依据。此外，均匀性、稳定性和用途等对不同级别的标准物质也有不同的要求。从量值传递和经济观点出发，常把标准物质分为两个级别，即一级（国家级）标准物质和二级（部门级）标准物质。一级标准物质主要用来标定比它低一级的标准物质，或者用来检定高准确度的计量仪器或用于评定和研究标准方法，或在高准确度要求的关键场合下应用。二级标准物质或工作标准物质一般是为了满足本单位的需要和社会一般要求的标准物质，作为工作标准品直接使用，用于现场方法的研究和评价，日常实验室内质量保证以及不同实验之间的质量保证，即用来评定日常分析操作的测量不确定度。

一级标准物质由国家计量机构或经国家计量主管部门确认的机构制备，采用定义法或其他准确、可靠的方法对其特性量值进行计量。计量的准确度达到国内最高水平并相当于国际水平。

二级标准物质由行业主管部门确认的机构制备，采用准确、可靠的方法或直接与一级标准物质相比较的方法对其特性量值进行计量。计量准确度能满足现场计量的需要。

表 14-1 是一级标准物质与二级标准物质主要特点的比较。

表 14-1　一级标准物质与二级标准物质主要特点的比较

项目	一级标准物质	二级标准物质
生产者	国家计量机构或由国家计量主管部门确认的机构	行业主管部门确认的机构
特性量值的计量方法和定值途径	(1)用定义法计量定值； (2)用两种以上原理不同的准确可靠方法计量定值； (3)多个实验室用准确可靠的方法协作计量定值	(1)用两种以上原理不同的准确可靠方法计量定值； (2)多个实验室用准确可靠的方法协作计量定值； (3)用精密计量法与一级标准物质直接比较计量定值
准确度	根据使用要求和经济原则，尽可能达到较高准确度，至少比使用要求的准确度高 3 倍以上	高于现场使用要求的 3～10 倍
均匀性	取决于使用要求	取决于使用要求
稳定性	时间越长越好，至少一年	要求略低，如果鉴定后马上使用，可短至几个月或几周
主要用途	(1)计量器具的校准； (2)标准计量方法研究与评价； (3)二级标准物质的鉴定； (4)高准确度计量的现场应用	(1)计量器具的校准； (2)现场计量方法的研究与评价； (3)日常分析、计量的质量控制(现场应用)

2. 标准物质的品种和分类

标准物质的各类繁多，也有不少分类方法，常用的分类方法有下列几种。

(1) 按技术特性分类

① 化学成分标准物质（也称成分量标准物质）。这类物质具有确定的化学成分，并用技术上正确的方法对其化学成分进行了准确的计量，用于成分分析仪器的校准和分析方法的评价，例如金属、地质、环境等化学成分标准物质。

② 物理化学特性标准物质。这类标准物质具有某种良好的物理化学特性，并经过准确计量，用于物理化学特性计量器具的刻度校准或计量方法的评价，例如 pH 值、燃烧热、聚合物分子量标准物质等。

③ 工程技术特性标准物质。这类标准物质具有某种良好的技术特性并经准确计量，用于工程参数和特性计量器具的校准、计量方法的评价及材料或产品技术参数的比较计量，如粒度标准物质、标准像胶、标准光敏褪色纸等。

（2）按学科或专业分类　可分为地质学、物理化学等十几类（见表 14-2）。ISO 采用这种方法汇编了标准物质指南。

表 14-2　按学科或专业分类的标准物质

类号	分类名称	品种分类举例
1	地质学	岩石、矿石、矿物、土壤
2	物理化学	黏度、密度、电化学、热化学、热物理
3	核科学、放射性	同位素成分、射线能量
4	环境科学	环境气体、水质、粉尘
5	有色金属	铜、铝、锌、锡
6	钢铁	生铁、钢
7	聚合物	聚合物、橡胶
8	玻璃、陶瓷、耐火材料	水泥、玻璃、耐火材料
9	生物学和植物学	抗生素、果树叶
10	生物医学和药学	药品、血清
11	临床化学	胆甾醇、脲酸
12	纸张	纸的反射颜色
13	石油	异辛烷、残余燃油
14	无机化工产品	无机试剂、化肥、纯气体
15	有机化工产品	纯有机化合物、农药、致癌物
16	技术工程	粒度、硬度
17	物理学	热导、磁矩、温度固定点

（3）按标准物质的用途分类

① 用于产品交换，即国内外贸易用的标准物质；

② 用于质量控制，即用于生产流程的监测、产品检验的标准物质；

③ 用于特性测定的标准物质；

④ 科学研究用的标准物质。

五、标准物质的作用

1. 标准物质在质量监控中的作用

我国原地矿部于 1978 年制定了区域化探全国扫面计划，在这项计划中要在我国内地及沿海两百多万平方公里的山区及丘陵地区，按若干平方公里采取一个样品来进行地球化学扫面以探明矿产资源情况，此项工作由各省地矿局中心实验室组织。为防止过去曾出现的地区之间和省与省之间图幅拼接出现台阶产生偏倚，国家组织研制了水系沉积物（12 种）、土壤（8 种）、岩石（10 种）和金（7 种）等标准物质，并在化探扫面工作中在全国范围内统一采用密码插入这些标准物质进行质量监控，有效地控制了不同时间、不同方法及不同实验室间的测试偏倚，使得此项工作在全国共测试 100 多万个样品，取得了 4 亿多个定量测试数据，保证了这些数据的全国性比对和成图，显著提高了成矿异常的分辨力和找矿效果。此地球化学图件不仅在地矿行业而且在农业、环境和卫生领域都发挥了重要作用，它所提供的信息具有巨大的潜力，成为我国地球化学领域的宝贵财富，并为国际地球学界所瞩目，公认为国际地球化学填图的典范，标准物质对这一卓越成就的实现所起的作用是特别巨大的。

目前，我国钢铁行业原材料和产品均需经过化验，因此冶金生产一天也离不开标准物质。随着对新产品质量要求的提高，我国冶金标准物质品种发展很快，至 2003 年经国家批准的一级、二级标准物质和原冶金部发布的行业标准物质已达 2388 种，仪器用标准物质 137 套，单点仪器用标准物质 42 种。这些标准物质在冶金产品质量保证中起到了良好的作用。

自 20 世纪 70 年代以来，各国政府相继制定了环境保护法和环境质量标准。在大气质量标准中都规定了总悬浮颗粒物标准，我国的大城市每天都公布可吸入颗粒物监测数据。我国北方干旱、半干旱地区面积广，植被稀少，风沙大，一旦遇到东亚季风或大风容易起沙，并把沙土表面的微细颗粒物送入空中，导致我国北方地区大面积的空气混浊，形成严重污染。为了控制和监测污染状况，我国研制的黄沙和模拟黄沙标准物质对大气颗粒物检测的质量管理和仪器校正，对我国北方大气颗粒物来源和组分的分析与研究，对沙漠及土壤的分析测定与研究都发挥了重大的作用。

标准物质在产品标准制定、验证与实施方面，在产品检验和认证机构的质量控制和评价方面，在实验室的认可方面都起着重要作用。

2. 标准物质在计量学中的作用

标准物质为某些国际单位制基本单位与导出单位的复现所不可缺少，如用高纯铯-133、水、碳-12、高纯 α-三氧化二铝来分别复现单位秒、温度（开尔文）、物质的量的单位（摩尔）、比热容等。标准物质传递量值的方式也引起了量值传递方式的变革。

3. 标准物质在实现工程特性量约定标定中的作用

在辛烷值标度、浊度单位、煤的烧结力以及 pH 标度等方面，标准物质起着复现与传递这些约定标度的作用。

4. 标准物质在发展分析测试技术中的作用

标准物质与分析测试技术是密不可分的，现代分析测试技术已经从经典的、单一的、简单的基体的测试，逐渐演化为以现代分析仪器为主的、多组分、痕量、复杂基体测试，分析测试的难度和复杂程度大幅度增加。例如，在临床分析中血清中的胆固醇的测试是采用酶转换法，这种分析测试方法受试剂和基体的影响非常大，不同批次的试剂、血清放置的时间、温度都会使测定结果产生偏差。根据卫生部门 1991 年的调查，北京、天津、上海三市 206 所医院室间分析测试血清中总胆固醇含量的相对标准偏差达到 6.8%～10.8%，个别实验室的偏差超过 30%。考虑到血清中胆固醇测量的不确定因素，产生这样的偏差是难免的。原卫生部老年医学研究所为此研制了血清中胆固醇标准物质，在使用了标准物质并统一了试剂后，这些实验室间的相对偏差下降为 3.9%～5.3%，效果显著。又例如，我国开展纳米材料的研究已经有比较长的时间，但研究成果一时间没能很好地推广应用，主要原因是纳米材料颗粒测试问题没有解决，产品质量不能保证。由于没有纳米颗粒的标准物质检验测试方法，测试结果无法满足实际要求。

随着高纯材料、环境科学、食品卫生、临床分析与资源的深度开发，痕量分析技术也有很大的发展，而痕量分析技术的发展又依赖于痕量组分标准物质。由于分析实验室采用痕量组分标准物质，大大提高了分析结果的可靠性。

大量国外临床检验用分析仪器进入我国，如果缺乏相应的标准物质，就会使许多检验数据都缺乏可比性。例如，同一肝炎患者在两家不同医院化验转氨酶，往往得到相差甚远的结果，这是由于没有统一的量值准确可靠的转氨酶，各家医院的转氨酶活力量值不一致。因此，研制一系列蛋白质标准物质和非蛋白氮、葡萄糖等标准物质在临床生化领域就显得十分必要。

第二节 我国标准物质的管理及其发展

按照我国《计量法》和《标准物质管理办法》的规定，将标准物质作为计量器具施行法制管理。

一、我国标准物质的分类、分组和管理

1. 标准物质的分类

我国将标准物质分为 13 类，分类情况参见表 14-3。

表 14-3 国家质量监督检验检疫总局批准、发布的国家一级、二级标准物质分布一览表

序号	类别	一级标准物质数	二级标准物质数
1	钢铁	241	67
2	有色金属	153	11
3	建材	35	2
4	核材料	118	11
5	高分子材料	2	3
6	化工产品	31	221
7	地质	238	63
8	环境	135	434
9	临床化学与药品	35	19
10	食品	5	11
11	煤炭、石油	25	18
12	工程	4	16
13	物理	71	187
合计		1093	1063

注：国家质量监督检验检疫总局，2018 年国务院机构改革中将其组建为国家市场监督管理总局。

2. 标准物质的分级

我国将标准物质分一级与二级，它们都符合标准物质的定义。

(1) 一级标准物质 一级标准物质符合如下条件。

① 用绝对测量法或两种以上不同原理的准确可靠的方法定值。在只有一种定值方法的情况下，由多个实验室以同种准确可靠的方法定值。

② 准确度具有国内最高水平，均匀性在准确度范围之内。

③ 稳定性在一年以上，或达到国际上同类标准物质的先进水平。

④ 包装形式符合标准物质技术规范的要求。

(2) 二级标准物质 二级标准物质符合如下条件。

① 用与一级标准物质进行比较测量的方法或一级标准物质的定值方法定值。

② 准确度和均匀性未达到一级标准物质的水平，但能满足一般测量的需要。

③ 稳定性在半年以上，或能满足实际测量的需要。

④ 包装形式符合标准物质技术规范的要求。

3. 标准物质的编号

① 一级标准物质的编号是以标准物质代号“GBW”冠于编号前部。编号的前两位数是标准物质的大类号，第三位数是标准物质的小类号，最后二位是顺序号；生产批号用英文小写字母表示，排于标准物质编号的最后一位。

② 二级标准物质的编号是以二级标准物质代号“GBW（E）”冠于编号前部。编号的前两位数是标准物质的大类号，后四位数为顺序号；生产批号用英文小写字母表示，排于标准物质编号的最后一位。

4. 标准物质的管理

原国家质量监督检验检疫总局对标准物质的申报、技术审查、定级、批准发布都做出了明确的、严格的规定。经批准的标准物质都核发制造计量器具许可证和标准物质定级证书。至 2003 年，被批准的国家一级标准物质有 1093 种（其中含基准物质 103 种），二级标准物质 1063 种。这些标准物质分布情况见表 14-3。

二、标准物质的溯源体系

① 标准物质的量值传递系统见图 14-1。

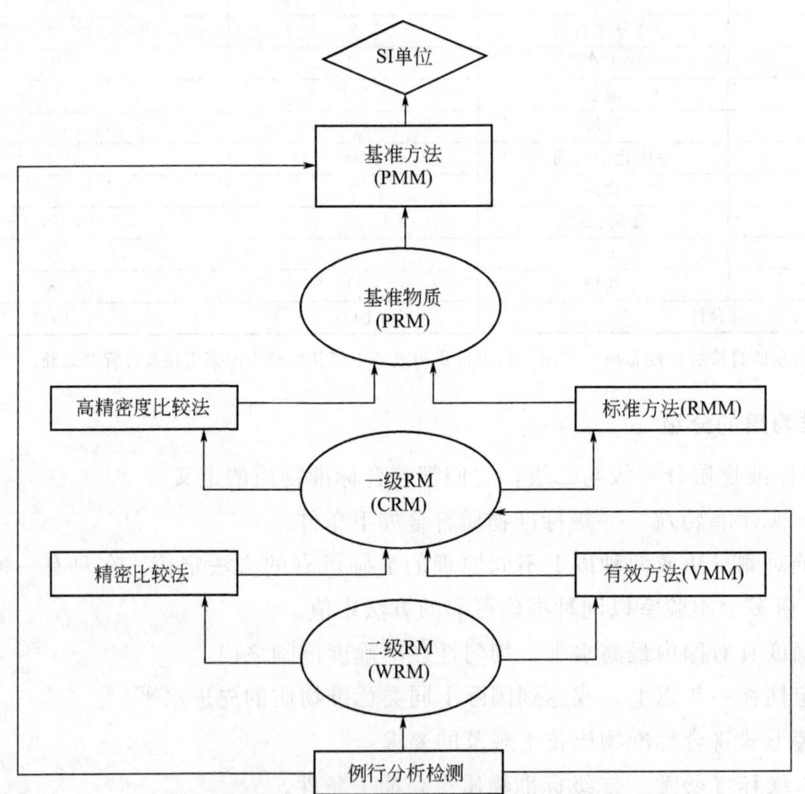

图 14-1 标准物质的量值传递系统

② 由国际标准化组织标准物质委员会给出的标准物质溯源体系见图 14-2。

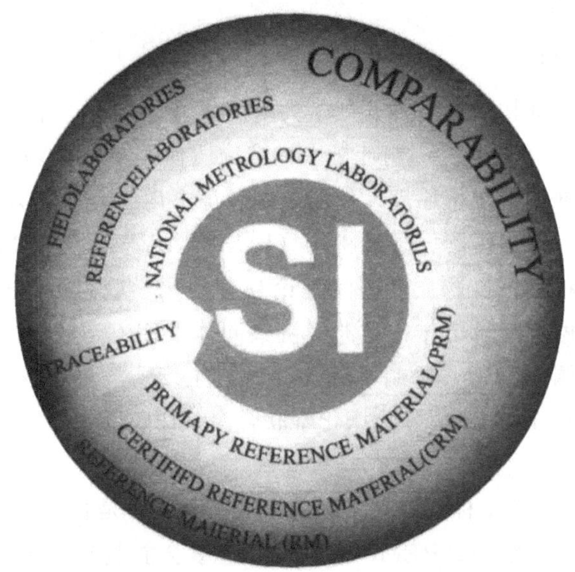

图 14-2 ISO/REMCO 绘制的溯源体系

SI—国际单位制；FIELD LABORATORIES—现场实验图；COMPARABILITY—可比性；REFERENCE LABORATORIES—标准实验室；PRM—基准标准物质；NATIONAL METROLOGY LABORATORIES—国家计量实验室；CRM—有证标准物质；TRACEABILITY—溯源性；RM—标准物质

三、标准物质定值的组织系统

标准物质定值的组织系统见图 14-3。

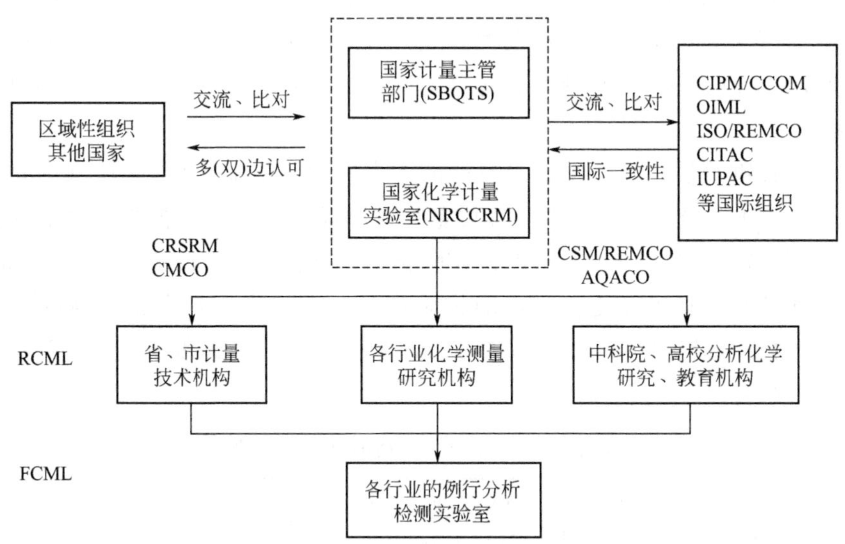

图 14-3 标准物质定值的组织系统

CIPM/CCQM—国际计量委员会/物质量咨询委员会；OIML—国际法制计量组织；ISO/REMCO—国际标准化组织/标准物质委员会；CITAC—分析化学国际溯源协作组织；IUPAC—国际理论与应用化学联合会；CRSRM—中国标准物质研究会；CSM/REMCO—中国计量测试学会标准物质专业委员会；CMCO—化学计量专业委员会；AQACO—检测质量保证专业委员会；RCML—行业的化学测量标准实验室；FCML—化学测量的现场实验室

四、标准物质信息

1. 国际组织标准物质

许多国际组织在标准物质领域都开展了大量的研究与应用工作。例如，国际法制计量组织（OIML）的第27秘书处“法制计量中标准物质使用一般原理”就在标准物质术语、分类、计量特性及标准化、定值原理、使用原则、证书内容、比对方法及标准物质信息等方面起草了许多国际建议；国际原子能机构（IAEA）在岩石、土壤、生物及食品等方面研制了近百种放射性材料标准物质；国际理论与应用化学联合会（IUPAC）在物理化学特性标准物质研制中做了大量工作；欧洲经济共同体（EEC）的标准物质管理局（BCR）为统一共同体内部各国的量值，研制了近400种与生产、环境及人体健康有关的标准物质；世界卫生组织（WHO）及国际临床化学联合会（IFCC）也都在医学与卫生领域研制了大量的标准品。

国际标准化组织（ISO）标准物质委员会（REMCO）是目前各国际组织中标准物质合作方面最有影响的国际组织。REMCO对ISO理事会能起到技术咨询作用，对ISO下设各技术委员会（TC）能起到提供标准物质的指南的作用，为制定国际标准提供指导作用。

2. 有关国家标准物质

① 许多国家在标准物质领域都开展了研制与应用工作。例如：英国分析样品局（BAS）的冶金样品，MBH分析有限公司的冶金、矿物、建材、能源以及多种标准溶液，英国政府化学家研究所（LGC）的各种农药；加拿大矿产、能源技术中心的各种矿石、岩石、土壤及沉积物标准物质；原苏联的各种金属、合金、力学特征、热特性、光学特性、磁特性、电特性以及辐射、放射性测量标准物质；德国联邦材料和试验研究院（BAM）的各种金属、气体及物理特性标准物质；日本的用于冶金分析、仪器分析等中的气体标准物质。

② 美国是标准物质发展最早且最发达的国家。如美国地质调查所（USGS）的岩石物质、美国国家环保局（EPA）的环境质量控制样品、美国原子能委员会的新布隆斯威克研究所（NBL）的各种核材料和放射性标准物质、美国石油协会的石油研究所（API）的各种烃类、有机硫化合物标准物质等，标准物质都具有相当高的水平。美国国家标准和技术研究院（NIST）代表了美国国家标准物质的水平，NIST标准物质品种、数量参见表14-4。

表14-4 NIST标准物质的品种、数量

分类	品种	数量	分类	品种	数量
化学成分	101黑色金属	172	化学成分	106无机	25
	102有色金属	122		107基准气体混合物	93
	103微量分析	7		108矿物燃料	31
	104高纯金属	148		109有机	32
	105健康与工业卫生	63		110食品和农业	37

续表

分类	品种	数量	分类	品种	数量
化学成分	111 地质材料	64	物理特性	207 计量学	45
	112 陶瓷与玻璃	38		208 陶瓷与玻璃	15
	113 水泥	14		209X 射线光谱测定	22
	114 机械磨损材料	26		合计	334
	合计	872	多种材料	301 尺寸	23
物理特性	201 离子活度	30		302 表面光洁度	16
	202 聚合物特性	26		303 无损测定	5
	203 热力学特性	66		304 自动数据处理	8
	204 光学特性	22		305 发光研究	6
	205 放射性	86		309 其他性能的工程材料	6
	206 电学特性	22		合计	64
全部合计		1270			

3. 标准物质信息交流

为了快速、准确地查询世界范围内最新、最全的标准物质信息，促进标准物质在世界范围内的应用与推广，实现高质量的信息服务，进行国际间合作与交流，由中国国家标准物质研究中心、法国国家测试所、美国国家标准技术研究院、英国政府化学家研究所、德国国家材料研究所、日本国际贸易和工业检验所、苏联全苏标准物质计量研究所 7 个国家的实验室，于 1990 年共同创立了国际标准物质信息库，简称 COMAR 信息库。该信息库按照钢铁、有色金属、无机、有机、物理和技术特性、生物和临床、生活质量、工业等 8 大应用领域 70 多类标准物质，对每一种标准物质的应用领域、CRM 名称、用途、包装、CRM 形状、元素成分、分子成分、物理技术特性、工程特性、CRM 研制者及研制国家等信息进行详细的记录。至 2003 年，COMAR 信息库存储了 10766 种标准物质信息，提供信息的国家也由创造时的 7 个发展到 19 个，COMAR 信息库为世界范围内标准物质的研制和发展提供了宝贵的、新的、权威的信息。

五、标准物质的发展趋势

标准物质是随着生产的发展和计量技术的进步而发展的，其发展方向大体如下。

① 提高已有品种的质量和发展新的品种。对金属标准物质等扩大计量纯度的范围和增加定值元素，发展高纯、临床、食品和环境等标准物质新品种。

② 改进现有计量方法和发展新的计量方法，特别是有机化合物的计量方法。

③ 开展标准物质制备技术和储存方法的研究。探索制备均匀材料的新途径和痕量成分的稳定保存方法。

④ 开展有关标准物质抽样检验和计量数据处理的研究。

第三节　标准物质的制备

标准物质是使用者直接使用的计量标准品。因此，在制备标准物质时要注意以下几个方面。

一、候选物的选择

① 候选物是拟研制（生产）为标准物质的物质。标准物质候选物可以是其他特性的标准物质，也可以是目标特性的候选物质。由于标准物质可用于校准仪器、评价测量方法和给物质赋值，因此候选物的选择应满足适用性、代表性及容易复制的原则。由于候选物尚未经定值和测试，可确保其在测量过程中适用。为转化为标准物质，需对候选物进行考察，以确定其一个或多个特定特性足够均匀、稳定，并适用于针对这些特性的测量和测试方法开发中的预期用途。例如，不同地质条件下形成的各种地质物质往往都有特定的组成范围；为适应寻找石油资源，需要制备海洋泥质岩标准物质；为适应海底矿产资源的研究，需要制备深海锰结核标准物质。所以候选物的选择取决于该物质的预期用途。大部分标准物质，特别是用于分析化学的标准物质是消耗性的物质，要保证在一定范围内使用，起到在不同时间、不同空间统一量值的作用。标准物质必须有足够的批量，而且一旦用完后能较容易再复制，所以候选物比较容易再取得是很重要的。

② 候选物的基体应和使用的要求相一致或尽可能接近，这样可以消除方法基体效应引入的系统误差。对痕量与超痕量分析来说，基体效应往往是主要的系统误差来源之一。

③ 候选物的均匀性、稳定性以及待定特性的量值范围应适合该标准物质的用途。只有物质是均匀的才能保证在不同空间测量的一致性和可比性。只有物质是稳定的才能保证在不同时间测量的一致性和可比性。

④ 系列化标准物质特性量的量值分布梯度应能满足使用要求，以较少品种覆盖预期的范围。钢铁产品种类很多，不可能按钢种的数目来研制相应的标准物质，表 14-5 中列出了一些国家现有钢铁标准物质的种类。从表 14-5 中可以看出与这些国家生产的钢种比起来，标准物质品种是很少的，但这些标准物质能满足大部分钢生产的需要。我国冶金系统将钢铁标准物质分成 20 类，对每一类标准物质都规划了一定数量品种，共有 200 多个品种，这些标准物质基本上能满足大多数钢种检测的需要。

表 14-5 一些国家钢铁标准物质的种类

国别	碳素钢	铁	低合金钢	高合金钢	铁合金	仪器分析	气体	矿石
中国	15	19	80	66	22	105(20 套)	7	11
美国	14	12	21	17	10	93(19 套)	19	—
英国	41	12	30	39	11	103(20 套)	—	10
日本	39	4	25	21	4	62(10 套)	4	16
法国	14	—	28	11	9	31(3 套)	—	13
欧洲共同体	27	12	16	11	7	—	—	13

⑤ 候选物应有足够的数量，以满足在有效期间使用的需要。

二、成分量标准物质的基体选择与成分设计

标准物质的成分可分为基体成分、主要成分、次要成分和痕量成分 4 个部分。

基体有两种类型：第一种是人工合成基体，例如配制环境水质标准物质时，采用人工合成的方法在蒸馏水中加入与天然水组成近似量的各种无机盐；第二种是天然基体，例如制备岩矿标准物质时，以天然“空矿”（即不含或含有极少量分析元素的矿石）作基体，制备环境标准气体时以洁净空气作补余气体。不另找基体而直接选用天然材料本身作为标准物质的，也属于天然基体这一类。例如，选择天然土壤、动物组织、植物叶子等作为环境标准物质。实际应用中，人们并不关心基体成分的准确含量，只要求基体成分与预期的使用对象大体一致。

标准物质的主要成分、次要成分和痕量成分是用户需要的基本信息。标准物质的制造者必须对这三种成分进行合理的设计或选择，使制成品满足预期的使用要求，给予准确定值。

三、标准物质的制备

1. 固体标准物质制备

根据候选物的性质，选择合理的制备程序、工艺，并防止外来污染、易挥发成分的损失以及待定特性量的量值变化。

在铸造生铁标准物质制备中，为了减少成分的偏析，常采用快速冷却薄壁管工艺和雾化喷粉工艺。在钢标准物质研制中，为了达到合适的成分含量的要求，需按一定成分设计进行冶炼，冶炼方法有电炉冶炼法、高频感应炉冶炼法和真空自耗炉冶炼法等，有的甚至采用二次重熔的办法来满足成分设计要求。在矿物样品制备中要防止研磨过程中的污染及待定元素的氧化。一般来说，研磨过程中研磨设备中的金属铁会污染样品，为了避免铁的污染，在球磨机中采用高密度的瓷球和衬里。我国在制备该类样品时采用石英岩衬里，用硅质卵石作为球石。国外有的采用镀碳化钨的振动磨进行细磨。

颗粒状、粉末状固体标准物质的制备，粒度指标的控制也是十分重要的。很多冶金标准物质为了防止偏析，常常选取某一粒度范围内的样品作为该标准物质的候选物，这是由于某些元素在不同粒级里含量有较大变化。表 14-6 列出某铸铁样品中不同粒度的含碳量变化情况。

表 14-6　铸铁样品中不同粒度的含碳量

粒度/mm	0.900～0.475 (20～40 目)	0.475～0.375 (40～50 目)	0.375～0.280 (50～60 目)	0.280～0.200 (60～80 目)
碳含量/%	3.08	3.04	2.90	2.74

由表 14-6 可以看出不同粒度的样品含碳量有明显差异，所以选取某一粒度范围的样品作为候选物是值得重视的。

2. 气体标准物质制备

气体标准物质常称为标准气体，可分为标准纯气体和标准混合气体两类。标准混合气体由校准成分和补余气体两部分组成。校准成分是指在混合气体中以气体或蒸气状态存在的、经定性和定量计量并直接用于标准和试验的成分。补余气体是指混合气体中除校准成分以外的其他成分。补余气体可以是纯气体（如纯氮气），也可以是混合气体（如空气）。

标准气体的配制方法有称量法、压力法、静态体积法、动态体积法、饱和法、渗透法、扩散法和比较法等。这里介绍两种常用的方法，即称量法（或称质量比法）和渗透法。

（1）*称量法* 首先计量抽空了的耐压容器（钢瓶等）的质量，然后逐次计量充入容器的各种成分的质量。假定校准成分的质量为 m_1，补余气体的质量为 m_2，则校准成分的质量比浓度 c_m 和摩尔比浓度 c_{mol} 分别为：

$$c_m=\frac{m_1}{m_1m_2} \tag{14-1}$$

$$c_{mol}=\frac{m_1/M_1}{m_1/M_1+m_2/M_2} \tag{14-2}$$

式中 M_1，M_2——校准成分和补余气体的摩尔质量。

使用高精度天平，用称量法配制标准气体的不确定度为 0.1%～1%，是目前最准确的配气方法之一。

（2）*渗透法* 这是一种动态发生法，其发生装置主要由渗透管和稀释装置两部分组成。

渗透管由内装液化气的容器和渗透帽组成。在管内蒸气压力下，气体分子通过渗透帽向外扩散。对一支特定渗透管，在恒定的温度下，经过一段时间后其渗透率可达到一个稳定值，并保持不变。用称重和计时的办法可测定渗透率：

$$q=\frac{\Delta w}{\Delta t} \tag{14-3}$$

式中 q——渗透率，μg/min；

Δw——相邻两次称重的渗透管质量损失，μg；

Δt——相邻两次称重的时间间隔，min。

稀释装置主要由稀释气净化和干燥系统、恒温控制系统以及流量控制器组成。惰性稀释气经过净化、干燥后，在恒温下以一定的流量通过装有渗透管的标准气体发生瓶。控制不同的稀释气流量即可配制各种低浓度的标准混合气体，其浓度可按下式计算：

$$c=\frac{q}{Q} \tag{14-4}$$

式中 c——标准混合气体的浓度，mg/m^3；

q——渗透率，μg/min；

Q——稀释气流量，L/min。

渗透法适合于配制各种低浓度的腐蚀性气体，如 NO_2、SO_2、H_2 等，不确定度可达 1%左右。

3. 液体标准物质制备

液体标准物质可分为纯品（如异辛烷、苯等）和溶液两类。溶液类标准物质以纯水作溶剂的较多。许多有机化合物不溶于水或者在水溶液中不稳定，故常用有机溶剂配制成有机溶液。

溶液类标准物质的配制一般采用衡量法或容量法。当被计量的成分含量大于 10^{-6} 级时，可使用有关的纯物质和纯溶剂直接配制成溶液。按质量和容量计量结果计算溶液浓度，以计算值作为标准值。由于容器内壁的吸附作用和材料杂质的影响，对浓度小于 10^{-6} 级的溶液，常常不能以质量和容量计量结果计算的浓度作为标准值，而用分析方法计量其浓度，以计量所得值为标准值。

对待测特性量不易均匀的候选物，在制备过程中除采取必要的均匀措施外，还应进行均匀性初检。

候选物的待测特性量有不易稳定趋向时，在加工过程中应注意研究影响稳定性的因素，采取必要的措施改善其稳定性，如辐照灭菌、添加稳定剂等。选择合适的贮存环境也是保持稳定性的重要措施。

包装样品的物料应选择材质纯、水溶性小、器壁吸附性和渗透性小、密封性好的容器。容器器壁要有足够的厚度。对于气体标准物质，钢容器内壁的处理具有重要的意义。例如，一氧化碳和氮混合气在内衬石蜡的不锈钢瓶中可长期保持稳定，而二氧化硫和氮的混合气却必须保存在铝钢瓶中。最小包装单元中标准物质的实际质量或体积与标称的质量或体积应符合规定的允许差要求。

当候选物制备量大时，为便于保存和便于发现产生的问题，可采取分级分装方法，如几十千克的大桶、几千克的大瓶、几十克的小瓶等。最小包装单元应以适当方式编号并注明制备或分装日期。

四、标准物质的均匀性及其检验

标准物质均匀性是标准物质最基本的属性，它是用来描述标准物质特性空间分布特征的。均匀性的定义是：标准物质各指定部分中某个特定特性值的一致性。通过检验具有规定大小的样品，若被测量的特性值均在规定的不确定度范围内，则该标准物质对这一特性来说是均匀的。从这一定义可以看出，不论制备过程中是否经过均匀性初检，凡成批制备并分装成最小包装单位的标准物质必须进行均匀性检验。对于分级分装的标准物质，凡分装成大包装单元时都需要进行均匀性检验。

1. 最小取样量的确定

物质的均匀性是个相对概念。当取样量很少时，物质的特性量可能呈现不均匀；当取样量足够大时，物质均匀程度能够达到预期要求，就可认为是均匀的。例如，矿石中金和银系列成分分析物质，对于银取 0.1～1.0g 样品物质就能达到均匀，而对于金则取 5～20g 样品均匀性才有保证。所以当进行均匀性检验时，应该确定最小取样量，该取样量多少由用来检验均匀性所采用的方法决定，一旦最小取样量确定，该标准物质定值和使用时都应保证用量不少于该最小取样量。一般来说，取样量小物质也能均匀，就表明该标准物质性能优良。当一种标准物质有多个待测特性量时，以不易均匀待测特性量的最小取样量表示标准物质的最小取样量，或分别给出每个特性量的最小取样量。

2. 取样方式的选择

均匀性检验取样时，应从待测特性量值可能出现差异的部位抽取，取样点的分布对于总体样品应有足够的代表性。例如，对粉状物质应在不同部位取样（如在每瓶的上部、中部、下部取样）；对圆棒状材料可在两端或棒长的 1/4、1/2、3/4 部位取样；在同一断面可沿直径按里、中、外部位取样；对溶液可在分装最小包装单元的初始、中间和终结阶段取样。

当引起待测特性量值的差异原因未知或认为不存在差异时，均匀性检验则采用随机取样的方法，可使用随机数表决定抽取样品的号码。

3. 取样数目的决定

抽取单元数目对样品总体要有足够的代表性。抽取单元数取决于总体样品的单元数和对样品的均匀程度的了解。当总体样品的单元数较多时，抽取单元也相应增多。当已知总体样品的均匀性良好时，抽取单元数可适当减少。抽取单元数以及每个样品的重复测量次数还应满足所采用的统计检验模式的要求。

以下取样数目可供参考：当总体单元少于 500 个时，抽取单元数不少于 15 个；当总体单元数大于 500 个时，抽取单元数不少于 25 个。对于均匀性好的样品：当总体单元数少于 500 个时，抽取单元数不少于 10 个；当总体单元数大于 500 个时，抽取单元数不少于 15 个。若记 N 为总体单元数，也可按 $3\sqrt[3]{N}$ 来计算出抽取样品数。

4. 均匀性检验项目的选择

一般来说对将要定值的所有特性量都应进行均匀性检验。对具有多种待测特性量的标准物质，应选择有代表性的和不容易均匀的待测特性量进行检验。

5. 测试方法的选择

选择检验待测特性量是否均匀所使用的分析方法（也可能是物理方法）除了要考虑最小取样量大小外，还要求该分析方法的精密度不低于所有定值方法且具有足够灵敏度。由于均匀性检验取样数目比较多，为防止测量误差对样品均匀性误差的干扰，应注意在重复性的实验条件下做均匀性检验。推荐以随机次序进行测定以防止系统的时间变差干扰均匀性评价。如果待测特性量的定值不是和均匀性检验结合进行的话，作为均匀性检验的分析方法，并不要求准确计量物质的特性量值，只是检查该特性量值的分布差异，所以均匀性检验的数据可以是测量读数，不一定换算成特性量的量值。

6. 检测结果的评价

选择合适的统计模式进行均匀性检验结果的统计检验，检验结果应能给出以下信息。

① 检验单元内变差与测量方法的变差并进行比较，确认在统计学上是否显著。

② 检验单元间变差与单元内变差并进行比较，确认在统计学上是否显著。

③ 判断单元内变差以及单元间变差统计显著性是否适合于该标准物质的用途。

一般来说有以下 3 种情况。

① 相对于所用测量方法的测量随机误差或相对于该特性量值不确定度的预期目标而言，待测特性量的不均匀性误差可忽略不计，此时认为该标准物质均匀性良好。

② 待测特性量的不均匀性误差明显大于测量方法的随机误差，并是该特性量预期不确定度的主要来源，此时认为该物质不均匀。在这种情况下，这批标准物质应该弃去或者重新加工，或对每个成品进行单独定值。

③ 待测特性量的不均匀性误差与方法的随机误差大小相近，且与不确定度的预期目

标相比较又不可忽略，此时应将不均匀性误差记入定值的总的不确定度内。

五、标准物质的稳定性及其检验

标准物质的稳定性的定义是：在指定条件下贮存时，标准物质在规定时间内保持特定特性值在一定限度内的特性。标准物质的稳定性是用以描述标准物质特性量值随时间的不同而变化的情况，是指标准物质长时间贮存时，在外界环境条件的影响下物质物理化学性质和特性量值保持不变的能力。规定的期限越长，表明该标准物质稳定性越好。这个期限被称为标准物质的有效期。在颁发和发售标准物质时，应明确给出标准物质的有效期，这样使用者在规定的有效期内使用该标准物质才可能保证所校准的测量仪器、所评价的测量方法或确定其他材料的特性值的准确。

1. 获取稳定性标准物质的措施

物质稳定性是有条件的、相对的。标准物质的稳定性受外界因素的影响很大，例如：固体物质在空气中由于风化、吸湿水解而表面发生变化；液体物质长时间保存后溶剂蒸发或产生沉淀，使浓度发生改变；有机物易发生霉变现象；对气体和液体标准物质，容器是影响标准物质稳定性的重要因素，容器的材质和容器内壁的处理方法、工艺对标准物质稳定性至关重要。

为了获得具有良好稳定性的标准物质，在标准物质研制的初始阶段应注意选择具有长时间稳定性的材料作为标准物质的候选物。应对物质的制备过程和方法、贮存条件以及促使物质稳定的措施加以研究。选择合适的保存环境，如在干燥、阴凉、干净的环境中保存。选择恰当的贮存容器，如选择材质纯、水溶性小、器壁吸附性和渗透性小、密封性好的容器存贮。采取必要的措施，如用紫外光照射和^{60}Co的γ射线杀菌。使用化学稳定剂，如一定浓度的酸可以增加水中重金属元素的稳定性。

2. 标准物质稳定性的监测

稳定性监测的目的是给出该标准物质的有效期。稳定性监测需要考虑以下几个问题。

① 应在规定的贮存或使用条件下定期进行待定量值的稳定性检验。

② 稳定性检验的时间间隔可以按先密后疏的原则安排，在有效期内应有多个时间间隔的监测数据。

③ 当标准物质有多个特定性量值时，应选择那些易变的和有代表性的待测特性量进行稳定性检验。

④ 选择不低于定值方法精密度和具有足够灵敏度的测量方法进行稳定性检验，并注意每次实验时操作及实验条件的一致。

⑤ 考察稳定性所用样品从分装成最小包装单元的样品中随机抽取，抽取的样品数对于总体样品应有足够的代表性。

3. 稳定性的评价

可用作图法、统计检验法或变化率指标确定稳定性和有效期。

（1）作图法 绘制监测结果随时间变化的曲线，把无明显上升或下降趋势、计量值在计量方法的不确定度范围内波动的时间间隔作为标准物质的有效期。

（2）统计检验法　采用 t 检验等统计检验法检查各次监测结果的差异，是否处于统计学允许的计量方法的不确定度范围内。

（3）变化率指标的规定　变化率的定义为：

$$R=\frac{C-C_0}{C_0} \tag{14-5}$$

式中　R——特性量值的变化率，%；

C_0——标准物质的标准值；

C——稳定性监测的各次计量值。

根据使用要求确定一个适当的变化率指标，将 R 值不超出规定值的时间间隔定为标准物质的有效期。

对于具有良好的稳定性的标准物质，在规定的期限，即有效期内，物质本身的变化在检测方法的精密度范围内不应检测出来。当这种变化能被检测出时，则由物质的变化所带来的特性量定值的不确定度应被引入总的测量不确定度中。

第四节　标准物质的定值

一、概述

标准物质的定值的定义是：作为研制（生产）程序的一部分，确定标准物质特性值的过程。标准物质作为计量器具的一种，它能复现、保存和传递量值，保证在不同时间与空间量值的可比性与一致性。要做到这一点就必须保证标准物质的量值具有溯源性，即标准物质的量值能通过连续的比较链，以给定的不确定度与国家的或国际的基准联系起来。要实现溯源性就必须要对标准物质研制单位进行计量认证，保证研制单位的测量仪器进行计量校准，要对所用的分析测量方法进行深入的研究。定值的测量方法应在理论上和实践上经检验证明是准确可靠的。应对测量方法、测量过程和样品处理过程所固有的系统误差和随机误差（如溶解、消化、分离、富集等过程中被测样品的沾污和损失）、测量过程中的基体效应等进行仔细研究，选用具有可溯源的基准试剂，要有可靠的质量保证体系。要对测量结果的不确定度进行分析，要在广泛的范围内进行量值比对，要经国家计量主管部门的严格审核等。

二、定值方式的选择

以下 4 种方式可供标准物质定值时选择。

1. 用高准确度的绝对或权威测量方法定值

绝对（或权威）测量方法的系统误差是可估计的，相对随机误差的水平可忽略不计。测量时，要求有两个或两个以上分析者独立地进行操作，并尽可能使用不同的实验装置，有条件的要进行量值比对。

2. 用两种以上不同原理的已知准确的可靠方法定值

研究不同原理的测量方法的精密度，对方法的系统误差进行估计，采取必要的手段对方法的准确度进行验证。

3. 多个实验室合作定值

参加合作的实验室应具有标准物质定值的必备条件，并有一定的技术权威性。每个实验室可以采用统一的测量方法，也可以选择被该实验室确认为最好的方法。合作实验室的数目或独立定值分组数目应符合统计学的要求。定值负责单位必须对参加实验室进行质量控制和制订明确的指导原则。

4. 用直接比较法定值

当已知有一种一级标准物质，欲研制类似的二级标准物质时，可使用一种高精密度方法将欲研制的二级标准物质与已知的一级标准物质直接比较而得到欲研制标准物质的量值。此时该标准物质的不确定度应包括一级标准物质给定的不确定度以及用该方法对一级标准物质和该标准物质进行测定时的重复性。

三、对特性量值测量时的影响的研究

对标准物质定值时必须确定操作条件对特性量值及其不确定度的影响大小，即确定影响因素的数值，可以用数值表示或数值因子表示。例如，标准毛细管熔点仪用熔点标准物质，其毛细管熔点及其不确定度受升温速率的影响，因此定值要给出不同升温速率下的熔点及其不确定度。

有些标准物质的特性量值可能受到测量环境条件的影响，影响函数就是其特性量值与影响量（如温度、湿度、压力）之间关系的数学表达式，例如校准 pH 计用的标准缓冲溶液的 pH 值受温度的影响，其影响函数的数学表达式可写为：

$$\mathrm{pH}=A/T+B+CT+DT^2$$

因此，标准物质定值时必须确定影响函数。

四、定值数据的统计处理

1. 用绝对或权威测量方法定值

当用绝对或权威测量方法定值时，测量数据可按如下程序处理。

① 对每个操作者的一组独立测量结果，在技术上说明可疑值的产生并予以剔除后，可用格拉布斯（Grubbs）法或狄克逊（Dixon）法从统计上再次剔除可疑值。当数据比较分散或可疑值比较多时，应认真检查测量方法、测量条件及操作过程。列出每个操作者测量原始数据、平均值、标准偏差、测量次数的结果。

② 对两个（或两个以上）操作者测定数据的平均值和标准偏差分别检验是否有显著性差异。

③ 若检验结果认为没有显著性差异，可将两组（或两组以上）数据合并给出总平均值和标准偏差。若检验结果有显著性差异，应检查测量方法、测量条件及操作过程，并重新进行测定。

2. 用两种以上不同原理的方法定值

当用两种以上不同原理的方法定值时，测量数据可按如下程序处理。

① 对两个（或多个）方法的测量数据分别按上述 1 中的①步骤进行处理。

② 对两个（或多个）平均值和标准偏差按上述 1 中的②进行检验。

③ 若检验结果认为没有显著性差异，可对两个（或多个）平均值求出总平均值，将两个（或多个）标准偏差的平方和除以方法个数，然后开平方求出标准偏差。若检验结果有显著性差异，应检查测量方法、测量条件及操作过程，或可考虑用不等精度加权方式处理。

3. 多个实验室合作定值

当多个实验室合作定值时，测量数据可按如下程序处理。

① 对各个实验室的测量结果分别按上述 1 中的①步骤进行处理。

② 汇总全部原始数据，考察全部测量数据分布的正态性。

③ 在数据服从正态分布或近似正态分布的情况下，将每个实验室的所测数据的平均值视为单次测量值，构成一组新的测量数据。用格拉布斯法或狄克逊法从统计上剔除可疑值。当数据比较分散或可疑值比较多时，应认真检查每个实验室所使用的测量方法、测量条件及操作过程。

④ 用科克伦（Cochran）法检查各组数据之间是否等精度。当数据是等精度时，计算出总平均值和标准偏差；当数据不等精度时可考虑用不等精度加权方式处理。

⑤ 当全部原始数据服从正态分布或近似正态分布时，也可视其全部为一组新的测量数据，按格拉布斯或狄克逊法从统计上剔除可疑值，再计算全部原始数据的总平均值和标准偏差。

⑥ 当数据不服从正态分布时，应检查测量方法和找出各实验室可能存在的系统误差，对定值结果的处理持慎重态度。

4. 与一级标准物质相比较定值

当与一级标准物质相比较定值时，以氮中二氧化碳气体标准物质为例，设用气相色谱法作为高精密度测量方法，则有：

$$c_2=c_1\frac{h_2}{h_1} \tag{14-6}$$

式中 c_1——一级气体的浓度（已知）；

h_1——一级气体色谱峰高（测得）；

c_2——二级气体的浓度（待求）；

h_2——二级气体色谱峰高（测得）。

假设 S_1、S_2、S_3、S_4 分别表示 c_1、c_1、h_1、h_2 的标准偏差，则有：

$$\left(\frac{S_2}{c_2}\right)^2=\left(\frac{S_1}{c_1}\right)^2+\left(\frac{S_3}{h_1}\right)^2+\left(\frac{S_4}{h_2}\right)^2$$

这就是说二级气体浓度的标准偏差是由一级气体浓度的标准偏差以及峰高 h_1 和 h_2 的标准偏差合成而得到的。

五、定值不确定度的估计

特性量的测量总平均值即为该特性量的标准值，标准值的总不确定度由三个部分组成：第一部分是通过测量数据的标准偏差、测量次数及所要求的置信水平按统计方法计算出的；第二部分是通过对测量影响参数和影响函数的分析，估计出其大小；第三部分是物质不均匀性和物质在有效期内的变动性所引起的不确定度。

六、定值结果的表示

定值结果一般表示为：标准值±总不确定度。

要明确指出总不确定度的含义并指明所选择的置信水平。总不确定度可以用标准不确定度表示，也可以用扩展不确定度表达。

总不确定度一般保留一位有效数字，最多只保留两位有效数字。标准值的最后一位与总不确定度相应的位数对齐，来决定标准值的有效数字位数。

标准物质的定值结果，通常以平均值的置信区间或单次计量的统计容许区间这两种不同的方式来表达。

1. 平均值的置信区间

这种表示方式适用于逐个定值的标准物质和随机取样定值而均匀性好的标准物质。当均匀性评价结果表明标准物质的不均匀性可以忽略时，可以认为该批标准物质的所有包装单元都具有平均值的同一标准值，与逐个定值的标准物质相似，其不确定度的唯一来源是计量方法误差。在这种情况下，用平均值的置信区间来表示计量结果是合适的。

平均值的置信区间有下列形式：

$$\bar{x}\pm\frac{tS}{\sqrt{n}} \tag{14-7}$$

式中 $\bar{x}$——平均值，$\bar{x}=\frac{\sum_{i=1}^{n}x_1}{n}$；

n——计量次数；

S——标准偏差，$S=\sqrt{\frac{\sum(x_i-\bar{x})^2}{(n-1)}}$；

x_i——第 i 次计量值；

t——学生分布系数。

平均值置信区间的含意是：总体的平均值落在 $\bar{x}\pm\frac{tS}{\sqrt{n}}$ 区间内的概率为 $1-\alpha$，α 是显著性水平，通常取 $\alpha=0.05$。

2. 单次计量的统计容许区间

某些标准物质由于物质不容易弄均匀，要使每个包装单元之间的物质的变动性与计量方法的误差相比小到可以忽略是不可能的，或者是不现实的。在这种情况下，建议使用单次计量的统计容许区间来表示标准物质的计量结果。

统计容许区间的计算需要选择两个参数：一个是置信概率 $1-\alpha$；另一个是容许概率 P。统计容许区间的含意是：单次计量在统计容许区间内的概率大于 P 的这一事件的概率为 $1-\alpha$，统计容许区间表示如下：

$$\bar{x} \pm kS$$

式中 $\bar{x}$ 和 S 的意义同式(14-7)。

k 是计量次数 n、$1-\alpha$ 和 P 的函数，可从表 14-7 中查出。

表 14-7 双边统计容许区间 k 值表

n	$1-\alpha=0.95$			$1-\alpha=0.99$		
	$P=0.90$	$P=0.95$	$P=0.99$	$P=0.90$	$P=0.95$	$P=0.99$
5	4.29	5.08	6.63	6.61	7.86	10.26
6	3.71	4.41	5.78	5.34	6.35	8.30
7	3.37	4.01	5.25	4.61	5.49	7.19
8	3.14	3.73	4.89	4.15	4.94	6.47
9	2.97	3.53	4.63	3.82	4.55	5.97
10	2.84	3.38	4.43	3.58	4.27	5.59
11	2.74	3.26	4.28	3.40	4.05	5.31
12	2.66	3.16	4.15	3.25	3.87	5.08
13	2.59	3.08	4.04	3.13	3.73	4.89
14	2.53	3.01	3.96	3.03	3.61	4.74
15	2.48	2.95	3.88	2.95	3.51	4.61
16	2.44	2.90	3.81	2.87	3.41	4.49
17	2.40	2.86	3.75	2.81	3.35	4.39
18	2.37	2.82	3.70	2.75	3.28	4.31
19	2.34	2.78	3.66	2.70	3.22	4.23
20	2.31	2.75	3.62	2.66	3.17	4.16
22	2.26	2.70	3.54	2.58	3.08	4.04
24	2.23	2.65	3.48	2.52	3.00	3.95
26	2.19	2.61	3.43	2.47	2.94	3.87
28	2.16	2.58	3.39	2.43	2.89	3.79
30	2.14	2.55	3.35	2.39	2.84	3.73
35	2.09	2.49	3.27	2.31	2.75	3.61
40	2.05	2.45	3.21	2.25	2.68	3.52
45	2.02	2.41	3.17	2.20	2.62	3.44
50	2.00	2.38	3.13	2.16	2.58	3.39
60	1.96	2.33	3.07	2.10	2.51	3.29
70	1.93	2.30	3.02	2.06	2.45	3.23
80	1.91	2.27	2.99	2.03	2.41	3.17
90	1.89	2.25	2.96	2.00	2.38	3.13
100	1.87	2.23	2.93	1.98	2.36	3.10
150	1.83	2.18	2.86	1.91	2.27	2.98
200	1.80	2.14	2.82	1.87	2.22	2.92
250	1.78	2.12	2.79	1.84	2.19	2.88
300	1.77	2.11	2.77	1.82	2.17	2.85
400	1.75	2.08	2.74	1.79	2.14	2.81
500	1.74	2.07	7.72	1.78	2.12	2.78
1000	1.71	2.04	2.68	1.74	2.07	2.72
∞	1.64	1.96	2.58	1.64	1.96	2.85

七、有证标准物质的使用

随着生产、贸易的发展以及科技的进步，有证标准物质的需求量很大，而且预计还在增加。有证标准物质的制备费时，且费用昂贵，因此很难满足对有证标准物质全部类型和数量的需求，所以有证标准物质必须使用得当，亦要有效果地、有效率地和节俭地使用。

1. 使用有证标准物质的一般原则

① 有证标准物质必须始终用于保证可靠的测量。使用有证标准物质的优点：用户能够评定其测量方法的正确度和精密度，并能够建立起结果的计量溯源性。无论是估计方法的正确度和精密度，还是进行仪器校准选择，对有证标准物质的一个重要考虑是该方法最终使用要求的不确定度水平，显然用户不应当选用不确定度超过最终使用允许水平的有证标准物质。

② 有证标准物质的用户应通晓由研制者所载明的有关有证标准物质的有效期、规定的贮存条件、使用规则以及定值特性的详细说明等。有证标准物质不应用于预定目的以外的其他用途。有时，由于得不到适宜的有证标准物质，只好不正确地应用另一个有证标准物质，此时必须充分认识潜在的危险，并相应地评估它的测量结果的可靠程度。

③ 在一些测量程序中可使用有证标准物质，也可使用多种工作标准物质，例如某种均匀物料、已经分析过的物料、纯化合物、纯元素溶液等。当这种测量程序仅仅是为了粗略估计方法的正确度或精密度，或常规质量控制计划中使用的“盲样”，以及分析者之间水平高低比较时，并不需要以有证标准物质已经充分确定的标准值和不确定度作为依据，这时可能产生标准物质的“误用”。当有证标准物质的供应不足或极昂贵时，这种使用确实是误用。如果有证标准物质供应充足或来源充足且价格低廉，还是最好使用有证标准物质代替工作标准物质，因为这样可以提高测量结果的可信度。用户应该认识到制备与实际样品组成匹配的工作标准物质，其花费可能超过购买有证标准物质。在这种情况下，推荐使用有证标准物质。在质量控制计划中把有证标准物质作为未知检验“盲样”来使用，有可能是误用，特别是一些专门技术领域中仅有少数有证标准物质，它们很容易被识别，因而达不到“盲样”的预期目的。此外，同一有证标准物质决不会既用于校准目的又作为在测量过程中未知检验样品的“盲样”。

④ 有证标准物质的特性量值的不确定度包含了物质的不均匀性，实验室内、实验室间的误差，还包含了物质在有效期内的变化。因此，使用者在有效期外使用或取样量少于最小取样量时，都可能造成不确定度大大增加，以致有证标准物质的定值参数不再有效。

⑤ 有证标准物质的不均匀程度取决于检验均匀性时所用方法的重复性，当用户使用该有证标准物质评价一个有更好重复性的方法时，有可能会发现物质的不均匀性。在这种情况下，用有证标准物质评价这个方法，其评价基础就有一定问题。同样当用一个不确定度大的有证标准物质评价具有更好重复性的方法时，对方法的精密度、正确度的评价基础也有一定问题。

⑥ 除了必须考虑预期用途所要求的不确定度水平外，选择有证标准物质还要考虑供应状况、价格以及对于预期目的的化学和物理的适用性。对于化学分析，如果第一种有证

标准物质虽然比第二种的定值特性的不确定度低些，但由于其成分更接近实际样品，故只要其不确定度水平可接受，则可选择第一种有证标准物质，这样可以将基体或化学效应的影响降低，而这些效应却有可能产生远远大于两个有证标准物质不确定度之差的误差。

2. 选择有证标准物质的注意事项

在选择和使用有证标准物质时需要注意以下几点。

① 要选择并使用经国家批准、颁布的有证标准物质。

② 要全面了解标准物质证书上所规定的各项内容并严格执行。

③ 要选择与待测样品的基体组成和待测成分的含量水平相类似的有证标准物质。

④ 要根据预期用途和不确定度水平要求选择不同级别的有证标准物质。

⑤ 要在有证标准物质的有效期限内使用标准物质。

⑥ 要注意标准物质的最小取样量，当在小于最小取样量情况下使用时，标准物质的特性量值和不确定度等参数有可能不再有效。

⑦ 应在分析方法和操作过程处于正常稳定状态下，即处于统计控制中使用标准物质，否则会导致错误。

八、标准物质举例

（一）化学成分标准物质

化学成分标准物质是具有确定的化学成分并用准确可靠的方法测定其成分含量的一类标准物质。这类物质可以是纯物质，也可以是混合物。被计量的成分可以是元素，也可以是化合物。在已有的标准物质中约半数以上是化学成分标准物质。

化学成分标准物质的主要类型有：地质（岩石、矿石、矿物、土壤）成分分析标准物质；金属（钢铁、有色金属等）成分分析标准物质；建筑材料（水泥、玻璃、陶瓷等）成分分析标准物质；化工产品（化学试剂、农药、化肥、染料等）成分分析标准物质；环境（水、气体、生物材料等）分析标准物质；临床（血清、药物等）分析标准物质；食品（动物、植物基体组织）成分分析标准物质等。

1. 化学成分标准物质的量值表示方法

化学成分标准物质的量值一般以浓度为单位。常见的浓度表示方法有质量比浓度、摩尔比浓度等 6 种。这些浓度表式方法的常用单位及适用对象列于表 14-8。

表 14-8 常用浓度表示法

深度表示法	浓度单位		适用对象
	高浓	低浓	
质量比浓度	%(g/100g)	ppm[①](μg/g)	固体、液体、气体
摩尔比浓度	%(mol/100mol)	ppm(μmol/mol)	固体、液体、气体
体积比浓度	%(L/100L)	ppm(μL/L)	固体、液体、气体
质量体积比浓度	g/m^3	mg/m^3、μg/m^3	液体、气体
	g/L	mg/L、μg/L	气体

续表

深度表示法	浓度单位		适用对象
	高浓	低浓	
摩尔体积比浓度	mol/L	mol/L	液体、气体
摩尔质量比浓度	mol/kg	mol/kg	液体、气体

① ppm 为非法定计量单位，ppm 为 10^{-6}。

2. 金属成分分析标准物质

金属成分分析标准物质是使用最早并用得最多的一类标准物质，主要用于金属材料和金属制品化学成分分析的质量控制和分析方法评价。由于金属材料的成分是决定材料物理化学性能、机械性能及工艺性能的主要因素，因此化学成分的控制就成为一种保证材料具有特定性质的简便方法。使用金属成分分析标准物质作为分析质量控制的一种最有效手段，早在 1906 年就开始使用，几十年来得到了迅速发展。

金属成分分析标准物质可按材料的种类分为钢铁和有色金属两大类。如果按使用目的来划分，则可分为碎屑状、块状（或棒状）以及金属中的气体三类。碎屑状标准物质用于金属化学分析；块状或棒状标准物质用于金属光谱分析；金属中的气体标准物质则用于金属中的夹杂气体分析。

金属成分分析标准物质的稳定性很好，一般可保存 3 年以上。但由于有偏析的存在，它的均匀性是一个问题。因此，制备时需要采用必要的均匀化措施。金属成分分析标准物质的特性量值的计量，大多采用标准法和多个实验室合作计量的方式。近年来也发展了一些定义法，如同位素稀释质谱法等。

3. 基准试剂——化学试剂纯度标准物质

基准试剂是具有高含量的主体化学成分（高纯度），在化学分析的容量法中作为原始标准的化学试剂，通常也称为“容量基准”。按照国际理论与应用化学联合会的建议，基准试剂的纯度应为 100％±0.02％。

（1）基准试剂的分类　根据容量分析法的原理，基准试剂可分为四类，见表 14-9。

表 14-9　基准试剂的种类

类别	品种举例
酸量和碱量基准试剂	碳酸钠、苯二甲酸氢钾、苯甲酸
氧化还原量基准试剂	重铬酸钾、三氧化二砷、草酸钠
沉淀量基准试剂	氯化钠、氯化钾
络合量基准试剂	乙二胺四乙酸二钠、氧化锌

（2）基准试剂的纯度计量　1959 年美国标准局采用精度库仑法计量基准试剂的纯度，测量不确定度小于 0.01％。

精密库仑法是一种定义计量法，其理论基础是法拉第电解定律：

$$W=\frac{ItM}{Fn} \tag{14-8}$$

式中 I——电流，A；

t——时间，s；

W——在时间 t 内，通过电流 I 时，在电极上参加反应的物质的质量，kg；

M——在电极上参加反应的物质的摩尔质量，kg/mol；

n——在电极上参加反应的电子转移数；

F——法拉第常数。

将准确称量的待计量试样放入电解池中，在恒电流下进行电解，精密计量电解电流和将样品全部电解完毕需要的时间，按下式可算出试样的纯度 p。

$$p=\frac{Q_{\mathrm{P}}}{Q_{\mathrm{T}}}=\frac{It}{\dfrac{nFW}{M}} \tag{14-9}$$

式中 Q_{P}——电解质量为 W（kg）的物质实际消耗的电量，C；

Q_{T}——电解质量为 W（kg）的物质应该消耗的理论电量，C。

上述电流、时间等物理量的计量具有很高的准确度，因此，它对基准试剂纯度计量的准确度是很高的。国家标准物质研究中心采用这种方法计量了碳酸钠等六种基准试剂的纯度，计量总不确定度小于0.01%。

表14-10给出几种基准试剂纯度计量结果的比较。

表 14-10 几种基准试剂纯度计量结果的比较

基准试剂名称	计量精度(标准偏差)		
	美国标准局	日本东京理科大学	中国国家标准物质研究中心
苯二甲酸氢钾	3.0×10^{-5}	7.0×10^{-5}	7.0×10^{-5}
碳酸钠	7.0×10^{-5}	44.0×10^{-5}	4.0×10^{-5}
氯化钠	3.7×10^{-5}	37.2×10^{-5}	5.2×10^{-5}
重铬酸钾	3.0×10^{-5}	6.3×10^{-5}	1.2×10^{-5}
三氧化二砷	3.2×10^{-5}	—	3.5×10^{-5}
乙二胺四乙酸二钠	2.2×10^{-5}	—	5.0×10^{-5}

4. 环境分析标准物质

随着环境保护工作的开展，环境分析标准物质得到迅速发展，很多国家都先后制备并发放了气体、液体、固体和生物材料等环境分析标准物质。

(1) 环境分析气体标准物质　环境分析气体标准物质主要有钢瓶装标准气体和渗透管标准气体两类。钢瓶装标准气体有氮气中或空气中的一氧化碳、二氧化碳、二氧化硫、甲烷、丙烷等。渗透管标准气体则适合于配制腐蚀性的微量气体，如二氧化硫、二氧化氮、氟化氢、硫化氢、氯气和氨气等。

标准气体的配制方法参见第三节中的“标准物质制备”。钢瓶气是逐瓶配制的，通常用称重的方法配制，以配制值为标准值，同时采用其他分析方法（如色谱法等）计量其浓度，以便和配制值进行核对和监测其稳定性。配制值的不确定度可优于1%，有效期约2年。

渗透管标准气体是成批制作而逐个标定的。标准值的不确定度约1%。使用时必须注意下列2点：

① 渗透管具有较大的温度系数（约10%/℃），使用时需将温度控制在±0.1℃范围

内。当存放温度超过标定温度的±10℃时，需要经过1d的平衡时间后才能使用。

② 渗透管不用时，应保存在装有吸收剂的干燥器中，以防止空气中水分对渗透率的影响和渗透管外表面的沾污。

中国国家标准物质研究中心制备了多种标准气体，见表14-11。

表14-11　中国国家标准物质研究中心制备的标准气体（摘录）

标准气体	浓度范围	不确定度/%
CO_2/N_2	10～1000μmol/mol	1
CO/N_2	10～1000μmol/mol	1
CH_4/N_2	10～1000μmol/mol	2
NO/N_2	50～2000μmol/mol	1
空气中甲烷	1～100μmol/mol	1
空气中一氧化碳	5～50μmol/mol	1
SO_2/N_2	300～3000μmol/mol	1.5
SO_2 渗透管	0.3～1.4μg/min	1
NO_2 渗透管	0.6～2.0μg/min	1
H_2S 渗透管	0.1～1.0μg/min	2
HF 渗透管	0.1～1.0μg/min	2
Cl_2 渗透管	0.2～2.0μg/min	2
NH_3 渗透管	0.1～1.0μg/min	2
O_3	0.08～0.9μmol/mol	3

(2) *环境分析液体标准物质*　这类标准物质分以水作溶剂的水质标准物质和以有机溶剂或油作溶剂的有机污染物标准物质两种。水质标准物质主要用于水中重金属等有害元素或常规元素的分析监测。制备时通常加入必要的基体，例如，加入 Na^+、K^+、Ca^{2+}、Cl^-，SO_4^{2-} 等离子形成天然淡水的成分。此外，还要加入稳定剂和采取灭菌措施。水中痕量元素标准物质放在装入铝制薄膜袋中的聚乙烯瓶中密封保存，以防止外来污染和水分的蒸发。国家标准物质研究中心制备的水质标准物质见表14-12。有机污染物液体标准物质是近些年才研制成功的。目前，已有油中多氯联苯和乙腈中多环芳烃等标准物质可供使用。

表14-12　中国国家标准物质研究中心制备的水质标准物质

名称	标称浓度/(μg/g)	不确定度/%	分析方法
水中镉	0.100	2	原子吸收、极谱、等离子发射光谱、中子活化
水中铅	1.00	2	原子吸收、极谱、等离子发射光谱、中子活化
水中汞	0.01	4	冷原子吸收、金膜电极
水中砷	0.500	3	极谱、分光光度
水中氟	1.00	2	分光光度、离子选择电极、离子色谱
水中氰	0.500	3	分光光度、离子选择电极
水中铜、铅、锌、镉、镍、铬	0.100～0.500 0.0100～0.0900	1～2 4～7	原子吸收、极谱、等离子发射光谱
水中阴离子 (NO_3^-、Cl^-、SO_4^{2-})	4～40	1～2	分光光度、离子色谱、离子选择电极

(3) *环境分析固体物标准物质*　这类标准物质包括土壤、水底沉积物、空中飞灰和生物材料等。

① 水底沉积物标准物质。水底沉积物直接反映了周围环境的变化，通常水底沉积物

中的重金属浓度比水中高得多。许多水中无法计量的元素在沉积物中却可以检测出来。因此，沉积物标准物质具有实用价值。中国、美国等计量、环保机构都制备了河底泥标准物质。

沉积物标准物质直接选取天然沉积物为原料，经低温干燥、研磨、过筛、混匀后装瓶，再用放射性^{60}Co杀菌处理，最后计量其化学成分。

沉积物标准物质容易吸湿，用前必须干燥至恒重。干燥时要注意避免易挥发元素（Hg、As、Se 等）的损失。通常使用五氧化二磷或高氯酸镁干燥剂，或在－50℃的冷井内于 30Pa 的压力下干燥处理。

② 生物材料标准物质。包括植物叶子和果实，以及海洋生物和家畜的内脏、肌肉、乳制品等。这类标准物质的制备和使用有一些共同的特点，就是：直接选用天然材料进行加工；为了长期保存，制备时需要做放射性杀菌处理；制备和使用的干燥处理应在低温下进行。为了避免污染，加工用具尽量避免使用金属制品而选用塑料制品；应在暗处和低室温（10～30℃）下存放。目前，可供使用的有树叶、蔬菜、牧草、海产品肌肉、牛肝、猪肝和奶粉等十余种。

（二）物理化学特性标准物质

1. 概述

物理化学特性标准物质是具有某种良好的物理特性或物理化学特性，并用准确可靠的方法计量了该种特性量值的一类标准物质。它主要用来标定或校准计量仪器，在煤炭、石油、化工等生产和科研中有着广泛的用途。

物理化学特性标准物质按其技术特性可分为四类，见表 14-13。

表 14-13 物理化学特性标准物质的类型

被鉴定的特性		品种举例
热物理和热化学性质	燃烧热	苯甲酸、萘、三甲基戊烷、甲烷
	反应热	水泥、铬酸钡、锆
	溶解热	氯化钾、三(羟基甲基)氨基甲烷
	熔化热	苯甲酸、铟、二甲基丙烷
	热容	铜、钼、聚乙烯、α-氧化铝
	蒸气压	金、银、萘酚、二甲基丙烷
	热导率	不锈钢、光学玻璃、玻璃纤维
	热膨胀	黄铜、刚玉、不锈钢
	温度固定点	复现国际实用温标的纯金属
物质的物理性质	密度	燃料油、甲苯、石油产品
	黏度	矿物油、硅油、玻璃
	折射率	甲苯、环己烷、三甲基戊烷
	旋光度	蔗糖、D-葡萄糖、石英板
	表面张力	硫酸和乙醇、正烷烃
	相对湿度	各种无机化合物(氯化锂、硝酸钾等)
电化学与介电性质	pH 值	四硼酸钠等无机盐和有机盐
	电导率	氯化钾
	介电常数	环己烷、四氯化碳、石英、聚苯乙烯
聚合物分子量及分子量分布		聚乙烯、聚苯乙烯、聚氯乙烯

2. pH（酸度）标准物质

pH 值是溶液性质的重要参量之一，广泛应用于化工、轻工、环境监测和海洋调查等方面。

目前，绝大多数 pH 计量都是采用基于电位计量原理的 pH 计来进行的。pH 计由玻璃电极和甘汞电极组成的计量电池与计量仪器两部分构成。计量电池的电动势与溶液 pH 值存在下列关系：

$$pH_x = pH_s + \frac{E_x - E_s}{\frac{RT\ln 10}{F}} \tag{14-10}$$

式中 E_s——计量标准溶液时的电池电动势；

E_x——计量未知溶液时的电池电动势；

pH_s——标准溶液的 pH 值；

pH_x——未知溶液的 pH 值；

R——气体常数；

T——热力学温度；

F——法拉第常数。

式(14-10) 称为 pH 操作定义。按这一定义给出的 pH 值是无量纲的量，仅仅作为一个实用量值来看待。但是，只要采用国际公认的 pH 操作定义和通用的 pH 标准溶液，就可以使 pH 计量结果达到国际范围内的一致。

从 pH 操作定义可以看出，pH 标准溶液的作用是用来标定和校准 pH 计。常用的 pH 标准溶液有 8 种（表 14-14）。表 14-15 是这些溶液在不同温度下的 pH 值（用 pH_s 表示）。

表 14-14 pH 标准溶液的组成和性质

序号	溶液名称	标准物质分子式	浓度		每升溶液中溶质的质量①/(g/L)	溶液密度/(g/cm^3)	稀释值②/$(\Delta pH_{1/2})$	缓冲值③(β)	温度系数/(pH/℃)
			mol/kg	mol/L					
1	草酸三氢钾	$KH_3(C_2O_4)_2\cdot 2H_2O$	0.05	0.04962	12.61	1.0032	+0.186	0.07	+0.001
2	25℃饱和酒石酸氢钾	$KHC_4H_4C_6$	0.0341	0.034	>7	1.0036	+0.049	0.027	−0.0014
3	邻苯二甲酸氢钾	$KHC_8H_4C_4$	0.05	0.04958	10.12	1.0017	+0.052	0.016	−0.0012
4	磷酸氢二钠 磷酸二氢钾	Na_2HPO_4 KH_2PO_4	0.025 0.025	0.0249 0.0249	3.533 3.387	1.0028	+0.080	0.029	−0.0028
5	磷酸氢二钠 磷酸二氢钾	Na_2HPO_4 KH_2PO_4	0.03043 0.008695	0.03032 0.008665	4.303 1.179	1.0020	+0.07	0.016	
6	硼砂	$Na_2B_4O_7\cdot 10H_2O$	0.01	0.009971	3.80	0.9996	+0.01	0.020	−0.0082
7	碳酸钠 碳酸氢钠	Na_2CO_3 $NaHCO_3$	0.25 0.25		2.092 2.640		0.079	0.029	−0.0096
8	25℃饱和氢氧化钙	$Ca(OH)_2$	0.0203	0.02025	>2	0.9991	−0.28	0.09	−0.033

① 在空气中的质量。

② 稀释值：当溶液等体积稀释时，溶液 pH 值的改变。$\Delta pH_{1/2} = pH_{c/2} - pH_c$。$pH_c$ 为浓度为 c 的溶液 pH 值；$pH_{c/2}$ 为浓度为 $c/2$ 的溶液的 pH 值。

③ 缓冲值：$\beta = db/dpH$。b 是以氢氧根离子的 mol/L 浓度表示的加入溶液的强碱的量。

表 14-15　pH 标准值溶液在不同温度下的 pH 值

温度/℃	0.05mol/kg 四草酸氢钾溶液	25℃饱和酒石酸氢钾溶液	0.05mol/kg 邻苯二甲酸氢钾溶液	0.25mol/kg 磷酸氢二钠、0.025mol/kg 磷酸二氢钾混合溶液	0.03043mol/kg 磷酸氢钠、0.008695mol/kg 磷酸二氢钾混合溶液	0.01mol/kg 硼砂溶液	0.25mol/kg 碳酸钠、0.025mol/kg 磷酸二氢钾混合溶液	25℃饱和氢氧化钙溶液
0	1.688		4.006	6.981	7.515	9.458		13.416
5	1.669		3.999	6.949	7.490	9.391	10.998	13.210
10	1.671		3.996	6.921	7.467	9.330	10.923	13.011
15	1.673		3.996	6.898	7.445	9.276	10.855	12.820
20	1.676		3.998	6.879	7.426	9.226	10.793	12.637
25	1.680	3.559	4.003	6.864	7.409	9.182	10.736	12.460
30	1.684	3.551	4.010	6.852	7.395	9.142	10.685	12.292
35	1.688	3.547	4.019	6.844	7.386	9.105	10.638	12.130
37				6.939	7.383			
40	1.694	3.547	4.029	6.838	7.380	9.072	10597	11.975
45	1.700	3.550	4.042	6.834	7.379	9.042	10559	11.828
50	1.706	3.555	4.055	6.833	7.383	9.015	10527	11.697
55	1.713	3.563	4.070	6.834		8.990		11.553
60	1.721	3.573	4.087	6.837		8.968		11.426
70	1.739	3.596	4.122	6.847		8.926		
80	1.759	3.622	4.161	6.862		8.890		
90	1.782	3.648	4.203	6.881		8.856		
95	1.795	3.660	4.224	6.891		8.839		

对 pH 操作溶液 pH_s 值的计量有定义计量法和相对计量法两种。

(1) pH_s 值的定义计量法　借助于电池电动势的绝对计量和电解质溶液理论方程来确定 pH_s 值的方法称为 pH_s 值的定义计量法。

在 pH 的定义计量法中，采用电极作为指示电极，氯化银电极为参比电极，组成无液接界电池：

氢电极 | pH 标准溶液和氯化钾溶液 | 氯化银电极

按下述 4 个步骤得出 pH 标准溶液的 pH_s 值。

① 计量一系列含有同一 pH 标准溶液并加有少量不同浓度氯化物的电池电动势。pH 函数 $P(\alpha_{H^+}\gamma_{Cl^-})$ 与电动势存在下列关系：

$$P(\alpha_{H^+}\gamma_{Cl^-})=\frac{E-E_0}{\frac{RT\ln 10}{F}}+\lg m_{Cl^-} \tag{14-11}$$

式中　E——电池（接界电池）的电动势；

E_0——氯化银电极的标准电动势；

α_{H^+}——氢离子活度；

m_{Cl^-}，γ_{Cl^-}——氯离子的浓度和活度系数。

② 用最小二乘法由上述 $P(\alpha_{H^+}\gamma_{Cl^-})$ 函数计算得出添加氯化物浓度趋于零时的函数 $P(\alpha_{H^+}\gamma_{Cl^-})^0$ 值。

③ 对氯离子活度系数给予人为约定的计算公式（称为 Bates-Gugenheim 公式）：

$$\lg\gamma^{0}_{Cl^-}=\frac{A\sqrt{I}}{1+1.5\sqrt{I}} \tag{14-12}$$

式中 A——Debye-Huckel 常数；

I——溶液的离子强度。

④ 按 pH 的定义计算 pH_s 值：

$$pH_s=-\lg\alpha_{H^+}=P(\alpha_{H^+}\gamma_{Cl^-})^0+\lg\gamma^{0}_{Cl^-} \tag{14-13}$$

用定义法计量的 pH 值标准溶液称为一级 pH 标准值溶液。中国国家标准溶液物质研究中心计量的一级 pH 标准溶液，总不确定度为 0.005pH，与美国国家标准局的计量准确度相似。

（2）pH_s 值的相对计量法　相对计量法是在一个比较计量装置上通过与一级 pH 标准溶液直接比较计量而得出未知溶液 pH 值的方法。常用的比较计量装置有以下两种类型：a. 氢电极-甘汞电极电池电动势比较计量装置；b. 双氢电极电池电动势比较计量装置。

在比较计量装置上，分别计量已知 pH_s 值的标准溶液的电池电动势（E_s）和未知溶液的电池电动势（E_x），然后按 pH 操作定义式(14-11)，即可算出未知溶液的 pH_x 值。

中国国家标准物质研究中心采用上述两种比较计量装置，计量了二级 pH 标准溶液的 pH_s 值，总不确定度为 0.01pH。

参考文献

[1] 全国标准物质计量技术委员会.标准物质通用术语和定义 JJF 1005—2016 [S]. 北京：中国计量出版社，2017.

[2] 全浩.标准物质及其应用技术 [M]. 北京：中国标准出版社，1990.

[3] 国家标准物质研究中心. 一级标准物质 JJG 1006—1994 [S]. 北京：中国标准出版社，1994.

[4] 国家标准物质研究中心. 一级标准物质计量技术规范 JJG 1006—1994 [S]. 北京：中国计量出版社，1994.

[5] 施昌彦，等. 现代计量学 [M]. 北京：中国计量出版社，2003.

[6] BIPM，IEC ISO，OIML International Vocabulary of Basic and General Terms in Metrology，First Edition 1984.

[7] ISO Guide 35 Certification of Reference Materials—General and statistical Principles.First Fdition 1984.

[8] H. Marchandise，New reference materials improvement of methods of measurements，(1985)，brus—sels.

[9] 潘秀荣. 分析化学准确度的保证和评价 [M]. 北京：中国计量出版社，1987.

[10] 陈守建，鄂学礼，张宏陶，等. 水质分析质量控制 [M]. 北京：人民卫生出版社，1987.

[11] 韩永志. 标准物质手册 [M]. 北京：中国计量出版社，1998.

[12] 中国医学科学院卫生研究所.水质分析法 [M].北京：人民卫生出版社，1983.

[13] 武汉大学，等.分析化学 [M].北京：高等教育出版社，1982.

[14] 华中师范大学，东北师范大学，陕西师范大学，等.分析化学 [M].北京：高等教育出版社，1986.

[15] 张铁垣，程泉寿，张仕斌.化验员手册 [M].北京：水利电力出版社，1988.

[16] 于天仁，王振权.土壤分析化学 [M].北京：科学出版社，1988.

[17] 中国环境监测总站，《环境水质监测质量保证手册》编写组. 环境水质监测质量保证手册 [M].北京：化学工业出版社，1994.

第十五章

水环境监测质量保证与质量控制

第一节　水环境监测质量保证基础

一、一般规定

1）应当建立符合水环境与水生态监测评价质量要求的管理体系，确保监测数据准确、可靠、真实、完整和可比。

2）应将监测质量保证与质量控制贯穿于断面布设、样品采集、样品运输和保存、样品预处理与监测、数据处理、综合评价等监测活动全过程。

3）监测机构应具备下列条件：a. 健全的组织体系、质量管理体系和实验室各项制度；b. 满足监测要求的实验室环境；c. 满足监测要求的仪器设备和材料；d. 采用国家及行业的技术标准或等效采用国际标准；e. 经技术培训和考核合格，持证上岗的从业人员；f. 有准确传递量值的标准参考物质。

4）监测机构应配备与所承担监测工作任务相适应的各类专业技术人员。设置样品采集、监测、水质评价、质量管理等岗位，并应经岗位技术培训和考核合格，持证上岗。每个监测项目原则上应配备两名持证上岗的监测人员。

5）监测机构应当配备与水文和水资源保护事业发展相适应的仪器设备和设施，科学合理地引进高新监测仪器，并有专业人员正确使用与维护。

6）监测人员的岗位技术培训与考核实行分级负责、统一发证制度。

① 国务院水行政主管部门直属水文机构负责水利系统水环境监测人员的岗位技术培训和考核的组织管理工作，负责组织或委托水利部水环境监测评价机构组织实验室管理、水质评价、高新技术应用等岗位的技术培训。其他岗位的技术培训由流域管理机构或省级水文机构负责。

② 水利部水环境监测评价机构各岗位技术考核由国务院水行政主管部门直属水文机构负责。

③ 流域水环境监测机构各监测岗位、流域水文机构和省级水文机构重要监测岗位的技术考核由国务院水行政主管部门直属水文机构负责或委托水利部水环境监测评价机构负责。

④ 流域水文机构和省级水文机构其他监测岗位、省级以下水文机构重要监测岗位的

技术考核由流域水环境监测机构负责。

⑤ 省级以下水文机构其他监测岗位的技术考核由省级水文机构负责。

7）监测人员岗位技术考核包括理论试卷考试和现场操作考核。考核成绩合格的，填发监测从业人员岗位证书，有效期为五年。

8）实行监测质量管理年度报告制度。

① 下级水文机构应在每年末向上级水文机构提交年度质量管理总结和下一年度的质量管理工作计划。

② 省级水文机构和流域水文机构汇总后，连同本机构的质量管理总结和计划于次年的 1 月末报送流域水环境监测机构。

③ 流域水环境监测机构汇总后，连同本机构的质量管理总结和计划于次年的 2 月末报送水利部水环境监测评价机构。

④ 水利部水环境监测评价机构汇总各流域水环境监测机构和省级水文机构质量管理总结和计划后，提出水利系统水环境监测质量年度报告，于次年的 4 月末报送国务院水行政主管部门直属水文机构。

9）质量管理年度工作总结主要内容如下：a. 质量管理制度的执行情况；b. 岗位技术培训与考核；c. 开展质量控制及考核、比对试验和参加能力验证情况；d. 仪器设备、自动监测站、移动实验室运行质量管理；e. 实验室管理及资料整汇编情况；f. 监测站网和监测能力建设。

10）水利系统水环境监测质量监督检查和考评每 5 年组织开展一次。流域水环境监测机构或省级水文机构、流域水文机构按职责分工，负责对本流域或本行政区的水环境监测质量进行经常性的监督检查。

11）监测质量监督检查和考评主要包括以下方面：a. 监测人员岗位技术培训与考核；b. 实验室质量控制考核与比对试验；c. 实验室能力验证；d. 省界缓冲区等重要水功能区监测质量；e. 水质监测仪器设备使用、维护；f. 水质自动监测与移动监测质量管理；g. 为行政机关作出行政决定提供具有证明作用的水质检验报告。

二、实验室质量控制基础

1. 实验室基本要求

1）实验室的设施与环境应满足监测工作的要求，并应符合以下基本要求。

① 实验室应该设计规范、功能布局合理，确保其适用于预定的用途。通排风与水电气系统和安全设施完备，能满足仪器设备测试要求，并满足监测人员安全作业要求。能避免测试环境对监测结果产生影响和测试过程中的交叉污染影响。要有足够的区域用于样品的存放、处置、留样以及记录的保存。

② 精密仪器室具有防火、防震、防电磁干扰、防噪声、防潮、防腐蚀、防尘、防有害气体侵入的功能；室温控制在 18～25℃，相对湿度控制在 60%～70%。

③ 洁净实验室和痕量分析室除温、湿度等环境控制要求以外，空气洁净度按 100 级的标准控制。

2）实验室分析用纯水、化学试剂、标准溶液配制与标定应符合以下规定。

① 痕量或超痕量分析使用一级水或超纯水；常量分析与常用试剂配制使用二级水；特殊分析项目使用特殊要求的实验用纯水，如无氯水、无氨水、无二氧化碳水、无砷水、无铅（无重金属）水、无酚水、不含有机物的蒸馏水等。实验室制备或购买的纯水，使用前应对其质量进行检验。

② 痕量或超痕量分析使用优级纯以上级别的化学试剂；标准溶液配制使用基准级别的化学试剂；常量分析使用分析纯级别的化学试剂；特殊项目分析使用光谱纯、色谱纯和超纯等级别的化学试剂。

③ 标准溶液直接或间接配制法（标定法）。在进行标准溶液标定时，测得的浓度值之相对误差不得大于0.2％。

3）实验室应制定完善的规章制度。主要包括安全制度、药品使用制度、仪器使用制度、样品管理等制度。仪器（含软件和标准物质）设备的使用、维护与检定应符合以下要求。

① 制定大型仪器设备操作规程，并严格执行。

② 制订仪器设备（包括玻璃量器）检定或校准、期间核查和定期维护与保养计划，确保其性能与功能正常。不得使用未检定或检定不合格的监测仪器设备。

③ 仪器修理或更换主要部件等之后，须经检定或校准等方式证明其性能与功能指标已恢复。

④ 对性能不稳定、易漂移、易老化、使用频繁、移动与便携式现场监测仪器设备和在恶劣环境下使用的仪器设备，除进行期间核查外，需定期维护、保养与检查，并在每次使用前进行校正后方可投入使用。

⑤ 定期维护、保养、检查与校正水质自动监测站与移动实验室各台监测仪器与设备，保证自动监测站运行正常，监测数据传输及时、完整和准确，保证移动实验室监测仪器与设备任何时候都能正常投入监测工作。

2. 校准曲线

校准曲线是指物质的特定性质、体积、浓度等和测定值或显示值之间关系的曲线。校准曲线包括“标准曲线”和“工作曲线”。校准曲线的制作应与每批样品监测同时进行，并符合如下要求。

① 配制不少于6个（含空白）已知浓度的标准溶液系列，按浓度值与测量响应值绘制标准曲线，或采用最小二乘法绘制。样品预处理过程复杂时，应绘制工作曲线。必要时，应使用含有与实际样品类似基体的标准溶液系列绘制校准曲线。

② 校准曲线的最低浓度点应与方法定量限（约为方法监测限的3倍）接近。

③ 一般情况下，校准曲线的相关系数绝对值应≥0.999。否则，应从分析方法、仪器、量器及操作等方面查找原因，改进后重新制作。

④ 线性回归校准曲线应进行精密度、截距和斜率检验，确定校准曲线符合规定要求方可使用。

⑤ 使用校准曲线时，测试样品浓度宜控制在曲线的20％～80％最佳范围之间。测试样品浓度超出校准曲线范围时，应采用稀释或浓缩样品的方法，使其含量在校准曲线范围内后再测定，不得使用外插法任意外延。

3. 空白试验

空白试验是除不加试样外，采用完全相同的分析步骤、试剂和用量（滴定法中标准滴定液的用量除外），进行平行操作测得结果，用于扣除试样中试剂本底和计算分析方法的检出限（MDL），反映了测试仪器的噪声、试剂中的杂质、环境及操作过程中的沾污等因素对样品测定产生的综合影响。

① 重复测定空白值不少于 6d，每天一批二个，按下式计算空白批内标准偏差：

$$S_{wb}=\sqrt{\frac{\sum_{i=1}^{m}\sum_{j=1}^{n}X_{ij}^{2}-\frac{1}{n}\sum_{i=1}^{m}\left(\sum_{j=1}^{n}X_{ij}\right)^{2}}{m(n-1)}} \tag{15-1}$$

式中　S_{wb}——空白批内标准偏差；

n——每批测定个数；

m——批数；

X_{ij}——各批所包含的各个测定值；

i——批；

j——同一批内各个测定值。

② 当空白测定数小于 20 次时，方法检出限（MDL）按下式计算：

$$\text{MDL}=2\sqrt{2}t_{f}S_{wb} \tag{15-2}$$

式中　MDL——方法检出限；

t_f——显著水平为 0.05（单侧），自由度为 f 时的 t 值；

f——批内自由度，等于 $m(n-1)$，m 为批数，n 为每批测定个数；

S_{wb}——空白平行测定（批内）标准差。

③ 当空白测定数大于 20 次时，方法检出限（MDL）按下式计算：

$$\text{MDL}=4.6S_{wb} \tag{15-3}$$

④ 原子吸收分光光度法、气相色谱法等检出限（MDL）可按下列公式计算：

$$\text{MDL}=St(n-1,\alpha=0.99) \tag{15-4}$$

式中　$t(n-1,\ \alpha=0.99)$——自由度为 $n-1$，置信度为 99%时的 t 值；

n——重复分析的数目；

S——重复分析的标准偏差。

4. 加标回收率

① 加标回收试验主要包括空白加标和样品加标等。加标回收试验应符合以下要求：a. 加标物的形态和待测物的形态相同；b. 加标量与待测物含量相等或相近；c. 当待测物含量接近方法检出限时，加标量控制在校准曲线最低浓度范围；d. 加标量不得大于待测物含量的 3 倍；e. 加标后的测定值不得超出方法测量上限的 90%。

② 替代物（surrogate）加标回收是将一种或几种已知含量的纯物质（替代物），在样品提取或其他前处理之前定量加入样品中，按照和样品中其他待测组分一样的步骤进行测定，其作用是监视分析方法对每一个样品的适宜性和检查测量的准确性，适合基体和预处理程序复杂样品的分析质量控制。内标物是将一种或几种已知含量的纯物质加入已完成前

处理后的待测样品溶液中，并以内标物的已知含量为标准，用待测化合物和内标物的仪器响应值之比，计算待测化合物的含量。

替代物和内标物的选择应符合以下要求：a. 替代物和内标物与待测化合物化学性质或结构相似，并在样品中不存在，且监测仪器能明显将其与待测化合物分辨；b. 替代物和内标物选择化学性质稳定的同位素标记物，或在自然界中存在可能性极小的物质，其不与待测化合物发生反应和对待测化合物的测定产生影响，并能完全溶解于样品中；c. 同时测定多种待测物时，按测量过程中仪器对多种待测物的前、中、后段响应，添加两种及以上的替代物和内标物。

5. 精密度偏性试验

精密度偏性试验是通过对影响分析测定的各种变异因素及回收率的全面分析，确定实验室测试结果的精密度和准确度。

① 对空白溶液（试验用纯水）、0.1C（C 为监测上限浓度）标准溶液、0.9C 标准溶液、实际水样（含一定浓度待测物的代表性水样）、0.5C 实际加标水样（临用前配制）五类样品，每日一次平行测定，共测 6d。

② 精密度偏性试验结果与评价如下：a. 由空白试验值计算空白批内标准差，估计分析方法的监测限；b. 比较各组溶液的批内变异与批间变异，检验变异差异的显著性；c. 比较实际水样与标准溶液测定结果的标准差，判断实际水样中是否存在影响测定精密度的干扰因素；d. 比较加标样品的回收率，判断实际样品中是否存在改变分析准确度的组分和偏性。

6. 质量控制图

质量控制图主要包括精密度质量控制图、准确度质量控制图、空白试验值质量控制图等。质量控制图的绘制应符合以下要求。

① 质量控制样的组成与实际样品相似。实际样品中待测物浓度值波动不大，选用一个待测物平均浓度的质量控制样。波动大的，根据浓度值变化幅度选用两种以上浓度水平的质量控制样。

② 采用测定待测样品的同一分析方法，每天平行测定质量控制样一次，积累测量 10d 以上，测定结果的相对偏差不得大于标准分析方法所规定偏差的 2 倍。

③ 计算总均值、标准偏差、平均极差等，绘制质量控制图，将原始数据顺序点在图上。落在上、下辅助线内的点数应占总数的 68%。不得连续 7 点位于中心线的同一侧。用于绘制质量控制图的合格数据越多，则该图的可靠性越大。

质量控制图绘制方法详见第二节。

第二节　质量控制图基本知识

一、概述

控制图是统计质量控制的基本工具，是一种把代表过程当前状态的样本信息与根据过程固有变异建立的控制限进行比较的方法。其主要用途是提供一种手段，以评估生产运行或管理过程是否处于“统计控制状态”。控制图是一种管理工具，其对于管理人员和现场操作人员较适用，用于判断过程何时稳定、何时发生变化等。控制图对于管理层和现场操作人员都有用。

如果没有系统偏倚进入过程，则认为过程处于“统计控制状态”。实质上，当过程处于“受控”状态时就能可靠地推断过程的行为，然而当非偶然原因（或异常原因）进入系统时过程就会受其影响。控制图的主要优点是易于使用和绘制，但是其只能作为全部分析程序的一部分。当可查明原因进入过程时，控制图可以及时发出指示，但为确定这些可查明原因的本质和必需的校正措施则需进行单独的研究。

1. 控制限

控制限是控制图上用于决定是否需要发出采取措施的信号或判断过程是否处于“统计控制状态”的界限。有些控制图上还设有一组“警戒限”，这时控制限又被称为“行动限”。可以采取的措施有以下几种形式：

① 调查“可查明原因”来源；

② 调整过程；

③ 停止过程。

这些形式有如落在界限外的点、链或界限内观测值的图像等。

控制限基于 σ_e 的某个乘数，σ_e 为被点绘的统计量的标准偏差，由组内标准偏差得出。如果用样本极差作为变异性的度量，控制图就基于 $\overline{R}$ 的某个乘数，而无需估计标准偏差 σ_e。

2. 合理子组

合理子组是根据技术的原因而选取的子组或样本，组内变差可认为仅由不可查明的偶然原因（或通常原因）造成，组间可能存在由有可能发现和需查明原因（或异常原因）所引起的变差。技术的原因包括一致性问题、抽样的能力和经济的考虑等。控制图的基本特点之一就是采用合理分组的方法收集数据。一致性较好的子组内测定的变异性用来确定控制限或验证短期的稳定性，而较长期的稳定性通过子组间的变动来评估。虽然因为在一段相对短的时间内可查明原因的影响有限而成为合理子组的通常基础，其他基础如比较一致的小范围或共同条件（如由同一位操作人员操作）也可适用。合理子组的定义条件同样也适用于收集数据和确定控制限。

每个子组所获得的观测值标准差，构成控制图固有变异性的基本度量。标准差未知时，通过相当大的一系列子组所获得的信息来估计。通常建议，至少要从 20 个子组中获得信息。证实在这个基本时期内收集到的数据处于“统计控制状态”是重要的，可以通过在控制图上点绘子组的极差或标准差来实现（即就组内变差而论，数据处于统计控制状态）。如果这些数据不处于该状态，就要求采取校正措施来获得更合理的基本数据。

3. 控制图类型

主要有以下 3 种类型的控制图（包括累积和图）：

① 常规控制图（具有几个密切相关的变形，见 ISO 8258）；

② 验收控制图（见 ISO 7966）；

③ 自适应控制图。

常规控制图主要用来评估“统计控制状态”。虽然它们并不是专门为涉及使用过程容差限或准则而设计的，但是常规控制图也经常被用作过程验收工具。

验收控制图是专门为过程验收而设计的。

自适应控制图通过预测趋势，并且根据预测结果事先作出调整来管理过程。

水质监测质量控制常用的是常规控制图，因此本节着重介绍常规控制图的绘制和使用。

二、控制图原理

控制图（control chart）是对过程质量加以测定、记录并进行控制管理的一种用统计方法设计的图。图上有中心线（central line，CL）、上控制限（upper control limit，UCL）和下控制限（lower control limit，LCL），并有按时间顺序抽取的样本统计量数值的描点序列，参见图 15-1。UCL、CL 与 LCL 统称为控制线（control lines）。若控制图中的描点落在 UCL 和 LCL 之外或描点在 UCL 和 LCL 之间的排列不随机，则表示出现了异常。

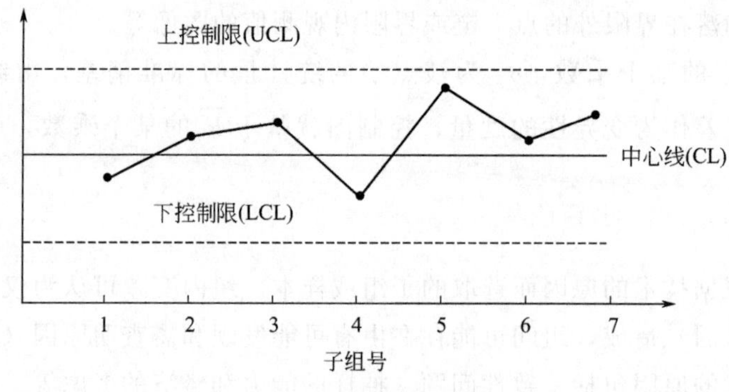

图 15-1 控制图的示意

1. 控制图的构成

讨论正态分布，最简单的莫过于用两个参数即平均值（μ）与标准差（σ）来表示。平均值（μ）与标准差（σ）的变化对正态分布有影响。若平均值μ 增大为μ'，则曲线向右移动，分布中心发生变化。若标准差（σ）越大，则质量越分散。标准差（σ）与质量有着密切的关系，反映了质量的波动情况。

正态分布的两个参数平均值（μ）与标准差（σ）是相互独立的。事实上，不论平均值（μ）如何变化都不会改变标准差（σ）；反之，不论正态分布的形状，即标准差（σ）如何变化，也决不会影响数据的分布中心，即平均值［注意：二项分布与泊松分布就不具备上述特点，它们的平均值（μ）与标准差（σ）则不是相互独立的］。

正态分布有一个事实在质量控制时经常要用到，即不论μ 与σ 如何取值，落在［$\mu-3\sigma$，$\mu+3\sigma$］范围内的概率为 99.73%。这是经过严格计算得到的精确值。因而，落在［$\mu-3\sigma$，$\mu+3\sigma$］范围外的概率为 1－99.73%＝0.27%，而落在大于$\mu+3\sigma$ 一侧的概率为

0.27%/2=0.135%。休哈特就是根据正态分布的这一性质构造了休哈特控制图，亦称为常规控制图。

2. 控制图的第一种解释

为了控制某一产品加工的质量，设每隔 1 小时随机抽取一个加工好的产品，测量其尺寸，将测量结果点在图中，并用直线将点连接，以便观察点的变化趋势。前 3 个点都在控制限内，但第 4 个点却超出了 UCL（对第 4 个点做上记号）。判断第 4 个点有以下两种可能。

① 若过程正常，即分布不变，则点超过 UCL 的概率只有 0.135%。

② 若过程异常，譬如设异常原因为加工工具磨损，则随着加工工具的磨损，产品尺寸将逐渐变大，其尺寸的平均值（μ）亦逐渐增大，于是分布曲线上移，点超过 UCL 的概率将大为增加，可能为 0.135%的几十、几百倍。

现在第 4 个点已经超出 UCL，问题是在上述①、②两种情况中，应该判断是哪种情况造成的。于是得出结论：点出界就判异，并把它作为一条判异准则来使用。用数学语言来说，这就是小概率事件原理。小概率事件实际上不发生，若发生即判断异常。控制图就是统计假设检验的图上作业法。

3. 控制图的第二种解释

现在换个角度再来研究控制图原理。质量因素根据来源的不同，可分为人（men）、机（machine）、料（material）、法（method）、环（environment）5 个方面，简称为 4M1E。但从对质量影响的大小来分，质量因素可分为偶然原因和可查明原因两大类。偶然原因，简称为偶因，又称为一般原因。可查明原因，又称为特殊原因，俗称为异因。

控制图理论认为存在两种变异。第一种变异为随机变异，由“偶然原因”（又称“一般原因”）造成。这种变异由种种始终存在的且不易识别的原因所造成，其中每一种原因的影响只构成总变异的一个很小的分量，而且无一构成显著的分量。然而，所有这些不可识别的偶然原因的影响总和是可度量的，并假定为过程所固有。消除或纠正这些偶然原因，需要管理决策来配制资源，以改进过程和系统。

第二种变异表征过程中实际的改变。这种改变可归因于某些可识别的、非过程所固有的并且至少在理论上可加以消除的原因。这些可识别的原因称为“可查明原因”或“特殊原因”。它们可以归结为原材料不均匀、工具破损、工艺或操作的问题、制造或检测设备的性能不稳定等。

偶然原因是过程所固有的，故始终存在，对质量的影响微小，但难以除去。例如，在水质分析中，一个合格的水质分析人员在用经检验合格的仪器、玻璃量器、准确有效且正常的电源及试剂等条件下正常操作，其分析结果准确性较好，测量结果不确定度在正常范围内。异常原因则是非过程所固有的，故有时存在有时不存在，对质量影响大，但不难排除。例如，水质分析操作过程中不小心受到污染等，对水质分析结果影响大。

偶然原因引起质量的偶然波动（简称偶波），异常原因引起质量的异常波动（简称异波）。偶波是不可避免的，但对质量的影响微小，故可把它看作背景影响而不采取任何措施。异波则不然，它对质量的影响大，且采取措施不难消除，故在过程中异波及造成异波的异因是关注的对象，一旦发生就应该尽快找出，采取措施加以消除，并纳入标准，保证它不再出现。将质量因素区分为偶然原因与异常原因，质量波动区分为偶然波动与异常波动，并分别采取不同的处理策略，这是休哈特的贡献。用控制图检出异常原因的方法总结如下。

质量因素｛偶然原因、异常原因｝：

偶然原因→偶然波动→典型分布。

异常原因→异常波动→偏离典型分布→控制图检出。

综上所述，可以说休哈特控制图的实质就是区分偶然原因与异常原因。

三、常规控制图

常规控制图（又称休哈特控制图）就是给定的子组特性值与子组序号相对应获得的图形，它包含一条中心线（CL），作为所点绘特性的基准值。在评定过程是否处于统计控制状态时，此基准值通常为所考察数据的平均值。对于过程控制，此基准值通常为产品规范中所规定特性的长期值，或者是基于过程以往经验所点绘特性的标称值，或者是产品、服务的隐含目标值。控制图还包含由统计方法确定的两条控制限，位于中心线的两侧，分别为上控制限（UCL）和下控制限（LCL）。

常规控制图要求从过程中以近似等间隔抽取数据。此间隔可以用时间来定义（例如每小时）或者用数量来定义（例如每批）。通常，这样抽取的子组在过程控制中称为子组，每个子组由具有相同可测量单位和相同子组大小的同一产品或服务所组成。从每一子组得到一个或多个子组特性，如子组平均值 $\overline{X}$、子组极差 R 或标准差 S。

常规控制图法用于过程统计控制。水质监测质量控制图常用常规控制图。

四、常规控制图的性质

常规控制图的控制限分别位于中心线两侧的 3σ 距离处。其中，σ 为所点绘统计量的总体组内标准差。组内变异是用来度量随机变差的，σ 可用子组标准差或子组极差的适当倍数进行估计。σ 的这种度量不包括组间变差，仅包括组内变差。3σ 控制限表明，若过程处于统计控制状态，则大约有 99.7%的子组值将落在控制界限之内。换句话说，当过程受控时大约有 0.3%的风险，或每点绘 1000 次中平均有 3 次，描点会落在上控制限或下控制限之外。这里使用“大约”这个词，是因为如果基本假定（例如对数据分布形式的假定）有偏离，将会影响此概率数值。

应该注意，有些专业人员宁愿采用 3.09 来代替 3，以使标称概率值为 0.2%，或平均每 1000 次中有 2 次虚报。但是休哈特不主张采用精确概率值而选择了系数 3。同样地，某些专业人员对非正态分布的控制图采用真实的概率值，例如极差图、不合格频率图等。但是休哈特为了强调经验解释，常规控制图仍采用 $\pm 3\sigma$ 控制限，而不采用概率值控制限。

描点超出控制限确实是由偶然事件引起而非真实信号的可能性被定得很小，因此当一个点超出控制限时就应采取某种行动，故 3σ 控制限有时也称为“行动限”。

许多场合，在控制图上另外加上 2σ 控制限是有益的。这样，任何落在 2σ 界限外的子组值都可作为失控状态即将来临的一个警示信号，因此 2σ 控制限有时也称作“警戒限”（见图 15-2）。

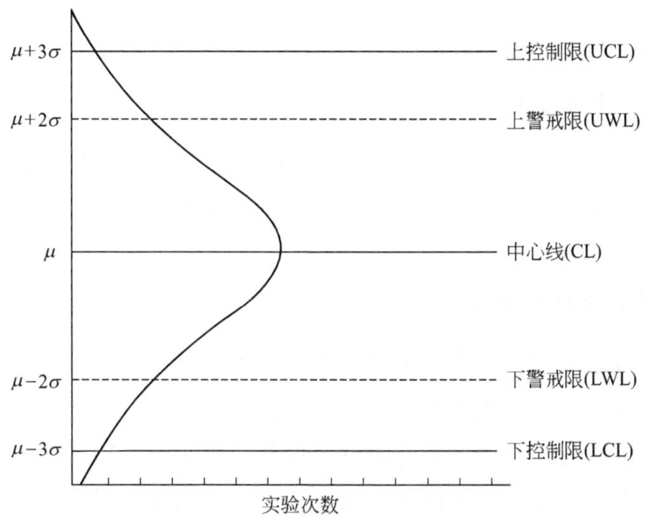

图 15-2 常规控制图示意图

建议水质监测质量控制图采用 $\pm 3\sigma$ 控制限，并采用 2σ 控制限作为“警戒限”，这在水质分析质量控制中是很有用的。

应用控制图时可能发生两种类型的错误。第一种错误称作第一类错误，这是当所涉及的过程仍然处于受控状态，但有某点由于偶然原因落在控制限之外，而得出过程失控的结论时所发生的错误。此类错误将导致对本不存在的问题去无谓寻找原因而增加费用。

第二种错误称为第二类错误，这是当所涉及的过程失控，但所产生的点由于偶然原因仍然在控制限之内，而得出过程仍然处于受控状态的错误结论时所发生的错误。此时由于未检测出不合格品的增加而造成损失。第二种错误的风险是以下三个因素的函数：控制限的间隔宽度、过程失控的程度以及子组大小。上述三个因素的性质决定了对于第二种错误的风险大小只能做出一般估计。

常规控制图仅考虑了第一类错误，对于 3σ 控制限而言，发生这类错误的可能性为 0.3%。由于在给定情形下，对于第二种错误的损失做出有意义的估计通常是不实际的，而且任意选择一个较小的子组大小（例如 4 或 5）也很方便，故采用 3σ 控制限，并将注意力集中于控制和改进过程本身的性能是适宜可行的。

当过程处于统计控制状态时，控制图提供一种连续检验统计原假设的方法，该统计原假设为过程未发生变化并保持于统计控制状态。由于通常不预先确定过程特性对于有关目标值的具体偏离情况，加之第二种错误的风险，以及未根据满足适当的风险水平来确定子组大小等原因，故常规控制图不应在假设检验的意义上加以研究。常规控制图强调的是控制图用于识别偏离过程“受控状态”的经验有效性，而非强调其概率解释。某些使用者确实在认真研究控制图操作特性曲线，将其作为一种手段进行假设检验解释。

五、常规控制图的类型

常规控制图主要有计量控制图和计数控制图两种类型。每一种类型的控制图又有以下两种不同的情形：

① 标准值未给定；

② 标准值给定。

标准值即为规定的要求或目标值。

1. 标准值未给定情形的控制图

这种控制图的目的是发现所点绘特性（如 $\overline{X}$、R 或任何其他统计量）观测值本身的变差是否显著大于仅由偶然原因造成的变差。这种控制图完全基于子组数据，用来检测非偶然原因造成的那些变差。

2. 标准值给定情形的控制图

这种控制图的目的是确定若干个子组的 $\overline{X}$ 等特性的观测值与其对应的标准值 X_0（或 μ_0）之差，是否显著大于由预期的偶然原因造成的差异，其中每个子组的 n 值相同。标准值给定情形的控制图与标准值未给定情形的控制图之间的差别，在于有关过程中心位置与变差的附加要求不同。标准值可以基于通过无先验信息或无规定标准值的控制图而获得的经验来确定，也可以基于通过考虑服务的需要和生产的费用而建立的经济值来确定，或可以是由产品规范指定的标准值。

更适宜地，应通过调查被认为代表所有未来数据特征的预备数据来确定标准值。为了控制图的有效运作，标准值应该与过程固有变异相一致。基于这类标准值的控制图，特别应用于制造业的过程控制，并使产品的一致性保持在期望的水平。

3. 计量控制图和计数控制图的类型

（1）计量控制图

① 平均值（$\overline{X}$）图与极差（R）或标准差（S）图；

② 单值（X）图与移动极差（R）图；

③ 中位数（Me）图与极差（R）图。

（2）计数控制图

① 不合格品率（p）图或不合格品数（np）图；

② 不合格数（c）图或单位产品不合格数（u）图。

水质监测质量控制常用计量控制图，故以下着重介绍计量控制图的绘制和应用。

六、计量控制图

1. 概述

计量数据是指对于所考察子组中每一个单位产品的特性值的数值大小进行测量与记录所得到的观测值，例如以米（m）表示的长度，以欧姆（Ω）表示的电阻，以分贝（dB）表示的噪声等。计量控制图（尤其是其最常用的类型，$\overline{X}$ 与 R 图）代表了控制图对过程控制的典型应用。

计量控制图由于以下几个原因而特别有用。

① 大多数的过程及其输出具有可计量的特性，所有计量控制图的潜在应用广泛。

② 一个计量值较之简单的“是—否”的表述包含更多的信息。

③ 可不考虑规范来分析过程的性能。控制图从过程自身出发，并给出对过程性能的独立的描述。因此，有的控制图可以与规范比较，而有的却不可以。

④ 虽然获得一个计量数据通常要比获得一个“是—否”的计数数据的费用更高，但计量数据的子组大小几乎总是比计数数据的子组要小得多，故更为有效。在一些情况下，这有助于减少总检验费用，并缩短零件生产与采取纠正措施之间的时间间隔。

假定所有计量控制图的子组内变异服从正态（高斯）分布，偏离这一假定将影响控制图的性能。利用正态性的一些假设，推导出计算控制限的一些系数。由于大多数控制限是用来做出决策的经验指南，故有理由认为，对正态性的小偏离应该不会造成重大的影响。总之，由于中心极限定理，平均值总会趋向于正态分布，即使单个观测值不服从正态分布时也是如此。因此，对于 $\overline{X}$ 控制图而言，即使用于评估控制的子组大小为 4 或 5，假定其正态性也是合理的。当出于研究过程能力的目的处理单个观测值时，其分布的真实形式很重要。定期检查正态性假设的持续有效性是明智的，尤其是要确保只使用单一总体的数据。应该注意，极差和标准差的分布并不是正态的，尽管在为计算控制限估计常数时，对极差和标准差的分布做了近似正态性的假设，这种假设对于经验决策程序而言是令人满意的。

2. 均值（$\overline{X}$）图与极差（R）或标准差（S）图

计量控制图可以同时利用离散程度（产品件间变异）和位置（过程平均）去描述过程的数据。正是由于这一点，计量控制图几乎总是成对地绘制并加以分析。其中，一张是关于位置的控制图，另一张是关于离散程度的控制图。最常用的一对即 $\overline{X}$ 图与 R 图。表 15-1 与表 15-2 分别给出了计量控制图的控制限公式和系数。

表 15-1 常规计量控制图控制限公式

统计量	标准值未给定		标准值给定	
	中心线	UCL 与 LCL	中心线	UCL 与 LCL
$\overline{X}$	$\overline{\overline{X}}$	$\overline{\overline{X}}\pm A_2\overline{R}$ 或 $\overline{\overline{X}}\pm A_3\overline{S}$	X_0 或 μ	$X_0\pm A\sigma_0$
R	$\overline{R}$	$D_4\overline{R}, D_3\overline{R}$	R_0 或 $d_2\sigma_0$	$D_2\sigma_0, D_1\sigma_0$
S	$\overline{S}$	$B_4\overline{S}, B_3\overline{S}$	S_0 或 $c_4\sigma_0$	$B_6\sigma_0, B_5\sigma_0$

注：X_0、R_0、S_0、μ 和 σ_0 为给定的标准值。

表 15-2 计量控制图计算控制线的系数表

子组中观测值个数 n	控制限系数											中心线系数			
	A_1	A_2	A_3	B_3	B_4	B_5	B_6	D_1	D_2	D_3	D_4	c_4	$1/c_4$	d_2	$1/d_2$
2	2.121	1.880	2.659	0.000	3.267	0.000	2.606	0.000	3.686	0.000	3.267	0.7979	1.2533	1.128	0.8865
3	1.732	1.023	1.954	0.000	2.568	0.000	2.276	0.000	4.358	0.000	2.574	0.8862	1.1284	1.693	0.5907
4	1.500	0.729	1.628	0.000	2.266	0.000	2.088	0.000	4.698	0.000	2.282	0.9213	1.0854	2.059	0.4857
5	1.342	0.577	1.427	0.000	2.089	0.000	1.964	0.000	4.918	0.000	2.114	0.9400	1.0638	2.326	0.4299
6	1.225	0.483	1.287	0.030	1.970	0.029	1.874	0.000	5.078	0.000	2.004	0.9515	1.0510	2.534	0.3946
7	1.134	0.419	1.182	0.118	1.882	0.113	1.806	0.204	5.204	0.076	1.924	0.9594	1.0423	2.704	0.3698

续表

子组中观测值个数 n	控制限系数											中心线系数			
	A_1	A_2	A_3	B_3	B_4	B_5	B_6	D_1	D_2	D_3	D_4	c_4	$1/c_4$	d_2	$1/d_2$
8	1.061	0.373	1.099	0.185	1.815	0.179	1.751	0.388	5.306	0.136	1.864	0.9650	1.0363	2.847	0.3512
9	1.000	0.337	1.032	0.239	1.761	0.232	1.707	0.547	5.393	0.184	1.816	0.9693	1.0317	2.970	0.3367
10	0.949	0.308	0.975	0.284	1.716	0.276	1.669	0.687	5.469	0.223	1.777	0.9727	1.0281	3.078	0.3249
11	0.905	0.285	0.927	0.321	1.679	0.313	1.637	0.811	5.535	0.256	1.744	0.9754	1.0252	3.173	0.3152
12	0.866	0.266	0.886	0.354	1.646	0.346	1.610	0.922	5.594	0.283	1.717	0.9776	1.0229	3.258	0.3069
13	0.832	0.249	0.850	0.382	1.618	0.374	1.585	1.025	5.647	0.307	1.693	0.9794	1.0210	3.336	0.2998
14	0.802	0.235	0.817	0.406	1.594	0.399	1.563	1.118	5.696	0.328	1.672	0.9810	1.0194	3.407	0.2935
15	0.775	0.223	0.789	0.428	1.572	0.421	1.544	1.203	5.741	0.347	1.653	0.9823	1.0180	3.472	0.2880
16	0.750	0.212	0.763	0.448	1.552	0.440	1.526	1.282	5.782	0.363	1.637	0.9835	1.0168	3.532	0.2831
17	0.728	0.203	0.739	0.466	1.534	0.458	1.511	1.356	5.820	0.378	1.622	0.9845	1.0157	3.588	0.2787
18	0.707	0.194	0.718	0.482	1.518	0.475	1.496	1.424	5.856	0.391	1.608	0.9854	1.0148	3.640	0.2747
19	0.688	0.187	0.698	0.497	1.503	0.490	1.483	1.487	5.891	0.403	1.597	0.9862	1.0140	3.689	0.2711
20	0.671	0.180	0.680	0.510	1.490	0.504	1.470	1.549	5.921	0.415	1.585	0.9869	1.0133	3.735	0.2677
21	0.655	0.173	0.663	0.523	1.477	0.516	1.459	1.605	5.951	0.425	1.575	0.9876	1.0126	3.778	0.2647
22	0.640	0.167	0.647	0.534	1.466	0.528	1.448	1.659	5.979	0.434	1.566	0.9882	1.0119	3.819	0.2618
23	0.626	0.162	0.638	0.545	1.455	0.539	1.438	1.710	6.006	0.443	1.557	0.9887	1.0114	3.858	0.2592
24	0.612	0.157	0.619	0.555	1.445	0.549	1.429	1.759	6.031	0.451	1.548	0.9892	0.0109	3.895	0.2567
25	0.600	0.153	0.606	0.565	1.435	0.559	1.420	1.806	6.056	0.459	1.541	0.9896	1.0105	3.931	0.2544

注：资料来源于 ASTM，Philadelphia，PA，USA。

3. 单值(X)控制图

在某些过程控制情形下，取得合理的子组或许不实际，由于测量单个观测值所需要的时间太长或费用太大，所以不能考虑重复观测。当测量很昂贵（例如破坏性试验）或者当任一时刻的输出都相对均匀时，即出现上述典型情形。还有一些情形只有一个可能的数值，例如仪表读数或一批输入原材料的性质，在这些情况下需要基于单个读数进行过程控制。

在单值控制图情形下，由于没有合理子组来提供批内变异的估计，故控制限就基于经常为两个观测值的移动极差所提供的变差来进行计算。移动极差就是在一个序列中相邻两个观测值之间的绝对差，即第一个观测值与第二个观测值的绝对差，然后第二个观测值与第三个观测值的绝对差，如此等等。由移动极差可以计算出平均移动极差（$\overline{R}$）然后用于建立控制图。同样，由整个数据可算出总平均值（$\overline{\overline{X}}$）。

表 15-3 给出了单值控制图的控制限公式。

表 15-3　单值控制图的控制限公式

统计值	标准值未给定		标准值给定	
	中心线	UCL 与 LCL	中心线	UCL 与 LCL
单值 X	$\overline{X}$	$\overline{X} \pm E_2\overline{R}$	X_0 或 μ	$X_0 \pm 3\sigma_0$
移动极差 R	$\overline{R}$	$D_4\overline{R}, D_3\overline{R}$	R_0 或 $d_2\sigma_0$	$D_2\sigma_0, D_1\sigma_0$

注：1. X_0、R_0、μ 和 σ_0 为给定的标准值。

2. $\overline{R}$ 表示 $n=2$ 时观测值的平均移动极差。

3. d_2、D_1、D_2、D_3、D_4 以及 E_2（$E_2=3/d_2$）由表 15-2 中 $n=2$ 行查得。

对于单值控制图应注意下列各点：

① 单值控制图对过程变化的反应不如 $\overline{X}$ 图和 R 图那么灵敏；

② 若过程的分布不是正态的，则对于单值控制图的解释应特别慎重；

③ 单值控制图并不辨析过程的件间重复性，故在一些应用中采用子组大小较小（2至4）的 $\overline{X}$ 控制图与 R 控制图可能会更好，即使要求子组之间有更长的间隔时间。

4. 中位数（Me）控制图

对于具有计量数据的过程控制，中位数图是另一种可以替代 $\overline{X}$ 图与 R 图的控制图。由中位数图获得的结论与由 $\overline{X}$ 图和 R 图获得的相似且具有某些优点。它们易于使用，计算较少，这点可以增加现场操作人员对控制图法的接受程度。由于对单个数据（像中位数一样）进行了描点，中位数图表明了过程输出的离散程度，并给出过程变差的一种动态描述。

中位数图的控制限可以用两种方法进行计算：利用子组中位数的中位数和极差的中位数；或者利用子组中位数的平均值和极差的平均值。后一种方法更简易、方便，故本手册采用这种方法。

控制限的计算如下所述。

（1）中位数图

中心线 $=\overline{\mathrm{Me}}=$ 子组中位数的平均值

$\mathrm{UCL}_{\mathrm{Me}}=\overline{\mathrm{Me}}+A_4\overline{R}$

$\mathrm{LCL}_R=\overline{\mathrm{Me}}-A_4\overline{R}$

中位数图的建立方法与 $\overline{X}$ 图和 R 图相同。

常数 A_4 的值见表 15-4。

表 15-4　A_4 的值

n	2	3	4	5	6	7	8	9	10
A_4	1.88	1.19	0.80	0.69	0.55	0.51	0.43	0.41	0.36

应该注意，具有 3σ 控制限的中位数控制图对于失控状况的反应比 $\overline{X}$ 图要慢。

（2）极差图

中心线 $=\overline{R}=$ 所有子组的 R 值的平均值

$\mathrm{UCL}_R=D_4\overline{R}$

$\mathrm{LCL}_R=D_3\overline{R}$

常数 D_3 和 D_4 的值见表 15-2。

七、计量控制图的控制程序与解释

常规控制图体系规定，若生产过程中的产品件间变异和平均值（分别由 $\overline{R}$、$\overline{\overline{X}}$ 估计得出）在当前水平下保持不变，则单个的子组极差（R）以及平均值（$\overline{X}$）将由偶然因素引起变化，极少超出控制限。换言之，除了可能会由于偶然原因发生而引起变化外，数据将不呈现某种明显的变化趋势或模式。

$\overline{X}$ 控制图显示过程平均的中心位置，并表明过程的稳定性。$\overline{X}$ 图从平均值的角度揭示组间不希望出现的变差。R 控制图则揭示组内不希望出现的变差，它是所考察过程的变异大小的一种指示器，也是过程一致性或均匀性的一个度量。若组内变差基本不变，则 R 图表明过程保持统计控制状态，这种情况仅当所有子组受到相同处理时才会发生。若 R 图表明过程不保持统计控制状态，或 R 值增大，这表示可能不同的子组受到了不同的处理，或是若干个不同的系统因素正在对过程起作用。

R 控制图的失控状态也会影响到 $\overline{X}$ 图。由于无论是对子组极差还是对子组平均值的解释能力都依赖于件间变异的估计，故应首先分析 R 图。应遵守下列控制程序。

① 收集与分析数据，计算平均值与极差。

② 首先点绘 R 图。与控制限进行对比，检查数据点是否有失控点，或有无异常的模式或趋势。对于极差数据中关于可查明原因的每一个征兆，分析过程的运行，以便找出原因，进行纠正，并防止它再次出现。

③ 剔除所有受到某种已识别的可查明原因影响的子组，然后重新计算并点绘新的平均极差（$\overline{R}$）和控制限。当与新控制限进行比较时，要确认是否所有的点都显示外统计控制状态，如有必要，重复“识别—纠正—重新计算”程序。

④ 若根据已识别的可查明原因，从 R 图中剔除了任何一个子组，则也应该将它从 $\overline{X}$ 控制图中除去。应利用修正过的 $\overline{R}$ 值和 $\overline{\overline{X}}$ 值重新计算平均值的试用控制限 $\overline{\overline{X}} \pm A_2\overline{R}$。

注：排除显示失控状态的子组并不意味着“扔掉坏数据”。更确切地说，通过剔除受到已知可查明原因影响的点，可以更好地估计偶然原因所造成变差的背景水平。这样做，同样也为那些用来最有效地检测出未来所发生变差的可查明原因的控制限提供最适宜的基础。

⑤ 当极差控制图表明过程处于统计控制状态时，则认为过程的离散程度（组内变差）是稳定的。然后就可以对平均值进行分析，以确定过程的位置是否随时间而变动。

⑥ 点绘 $\overline{X}$ 控制图，与控制限比较，检验数据点是否有失控点，或有无异常的模式或趋势。与 R 控制图一样，分析任何失控的状况，然后采取纠正措施和预防措施。剔除任何已找到可查明原因的失控点，重新计算并点绘新的过程平均值（$\overline{\overline{X}}$）和控制限。当与新的控制限进行比较时，要确认所有数据点是否都显示为统计控制状态，如有必要则重复“识别—纠正—重新计算”程序。

⑦ 当用来建立控制限基准值的初始数据全部包含在试用控制限内时，则在未来时段内延长当前时段的控制限。这些控制限将用于当前过程的控制，责任人（操作者或监督者）将对 $\overline{X}$ 图或 R 图中任何失控状态的信号做出反应，并采取及时的行动。

八、质量控制图的应用

1. 变差的可查明原因的模式检验

图 15-3 给出了一组用于解释常规控制图的 8 个模式检验示意。

虽然上述模式检验可以作为一组基本的检验，但是分析者还应留意任何可能表明过程受到特殊原因影响的独特模式。因此，每当出现可查明原因的征兆时，这些检验就应该仅仅看作是采取行动的实用规则。这些检验中所规定的任何情形的发生都表明已出现变差的

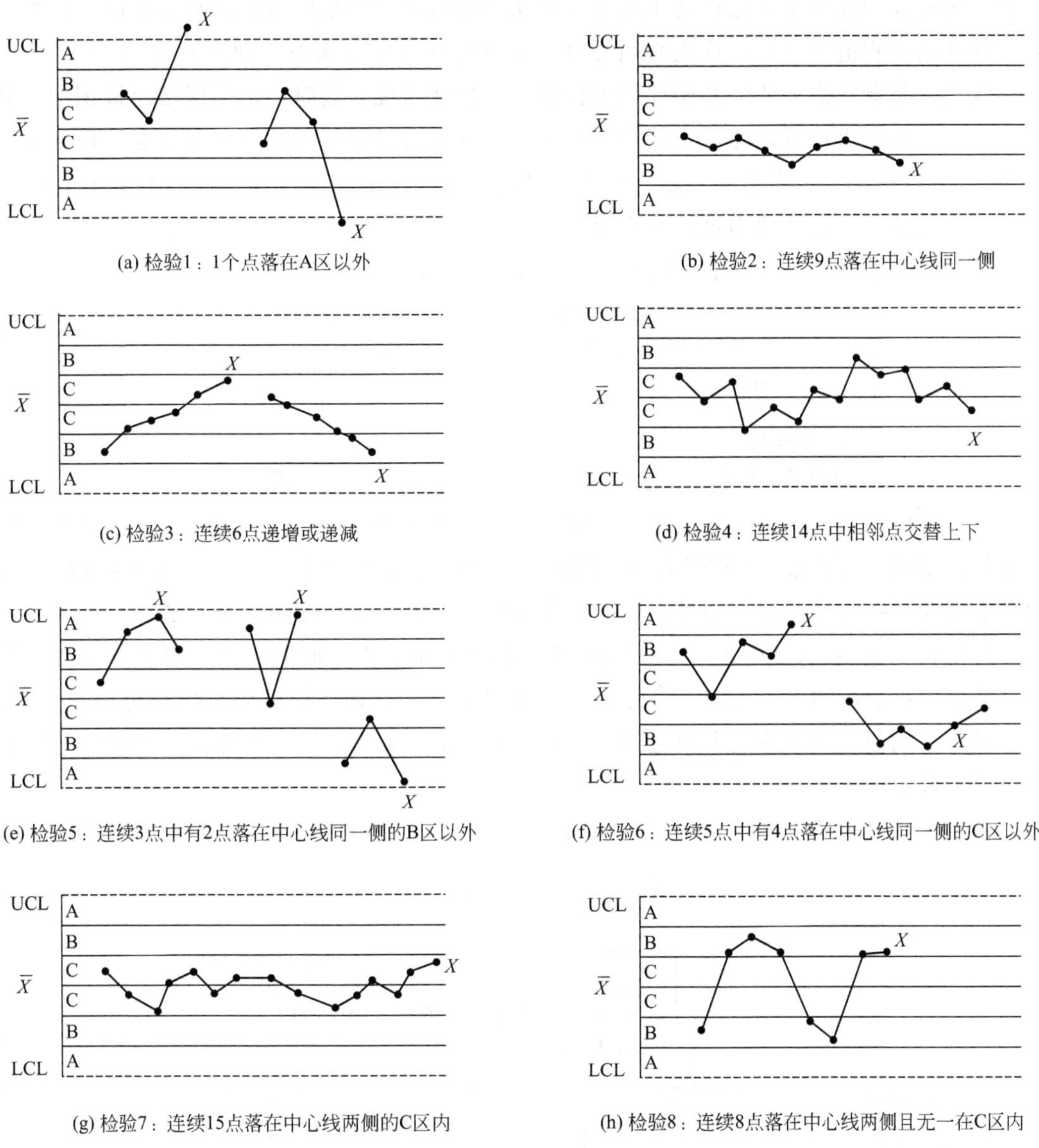

图 15-3　可查明原因的检验

可查明原因，必须加以诊断和纠正。

上下控制限分别位于中心线之上与之下的 3σ 距离处。为了应用上述检验，将控制图等分为 6 个区，每个区宽 1σ。这 6 个区的标号分别为 A、B、C、C、B、A，两个 A 区、B 区及 C 区都关于中心线对称。这些检验适用于 $\overline{X}$ 图和单值（X）图。这里假定质量特性 X 的观测值服从正态分布。

2. 过程控制与过程能力

过程控制系统的功能就是当变差异常的可查明原因出现时发出统计信号。通过持续的努力，系统地消除引起变差异常的可查明原因，最终使过程进入统计控制状态。一旦过程在统计控制状态下运行，过程的性能就可预测，并且过程满足规范的能力就能够加以评估。

过程能力取决于由一般原因引起的总变异，即消除所有可查明原因后所能达到的最小变差。过程能力反映了当过程处于统计控制状态时所表现出来的过程自身的性能。既然如此，在评估过程能力之前，首先必须将过程调整到统计控制状态，即只有在 $\overline{X}$ 图和 R 图都达到统计控制状态后才能开始评估过程能力。也就是说，这时特殊原因已经被识别、分析、纠正、防止再出现，并且当前的控制图已经反映出过程处于统计控制状态，最好通过至少 25 个以往子组来表明这一点。通常，将过程输出的分布与工程规范进行比较，以确定过程是否能够一致性地满足这些规范。

过程能力通常是由过程能力指数 PCI（或 C_p）来度量，其公式如下：

$$\text{PCI}=\frac{\text{规定的容差}}{\text{过程离散程度}}=\frac{\text{UTL}-\text{LTL}}{6\hat{\sigma}} \tag{15-5}$$

式中 UTL——上容差限；

LTL——下容差限；

$\hat{\sigma}$——通过平均组内变差来估计，由 $\overline{S}/C_4$ 或 $\overline{R}/d_2$ 给出。

PCI 值小于 1 表示过程不满足规范要求，过程能力不足；PCI＝1 则意味着过程刚好满足规范要求，过程能力刚刚够。在实际工作中，通常取 PCI＝1.33 为最小可接受值，因为总存在一些抽样误差，而且不可能存在永远完全处于统计控制状态的过程。

但是，必须注意，PCI 仅度量了容差限与过程离散程度之间的关系，而未考虑过程的位置或集中中心的情况。即使 PCI 值很高，也可能有一定比率的数值超出规范限。为此，考虑过程平均值与最近的规定限之间的间距是重要的。关于这个问题更深入的探讨超出了本手册的范围。

根据上述讨论，图 15-4 所示的程序作为过程控制和改进的主要步骤的图解指南。

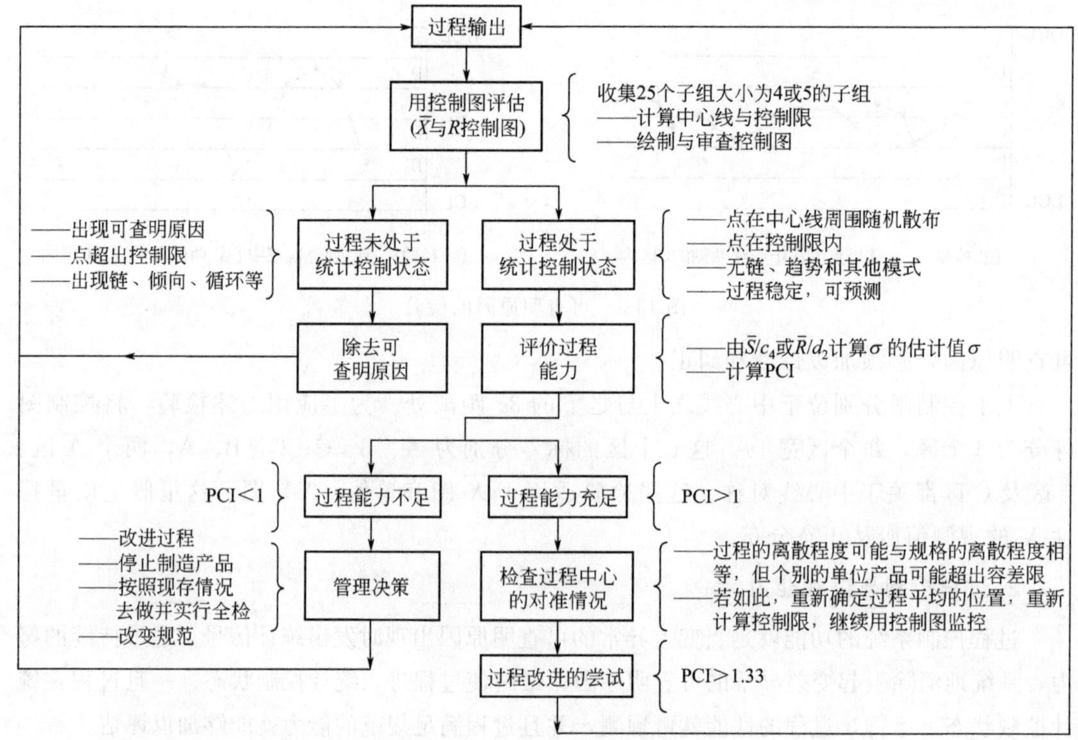

图 15-4 过程改进的策略

3. 质量控制图的使用

质量控制图的使用方法如下。

① 测定数据位于中心线附近，上、下警戒线之间的区域内，则测定过程处于控制状态。

② 测定数据超出上、下警戒线，但仍在上、下控制限之间的区域内，则提示测定质量开始变劣，可能存在“失控”倾向。此时，应进行初步检查，并采取相应的校正措施。

③ 测定数据落在上、下控制限之外，则表示测定过程失去控制，应立即检查原因，予以纠正，并重新测定该批全部样品。

④ 测定数据如有 7 个点连续逐渐下降或上升时，表示测定有失去控制的倾向，应立即查明原因，加以纠正；如测定数据连续 7 个点在中心线的同一侧，表示测定过程失控。

⑤ 测定数据波动幅度过大，或有周期性变化，表示测定过程失控。

九、质量控制图的绘制

1. 开始建立控制图的预备工作

（1）*质量特性的选择*　在选择控制方案所需的质量特性时，通常应将影响生产或服务性能的特性作为首选对象。所选择的质量特性可以是所提供服务的特征，或者是所用材料或产品零部件以及提供给购买者的成品的特征。凡控制图有助于及时提供过程信息，以使过程得到纠正并能生产出更好的产品或服务的场合，首先应该采用统计控制方法。所选择的质量特性应对产品或服务的质量具有决定性的影响，并能保证过程的稳定性。

（2）*生产过程的分析*　应详细分析生产过程以确定下列各点：

① 引起过程异常的原因的种类与位置；

② 设定规范的影响；

③ 检验的方法与位置；

④ 所有可能影响生产过程的其他有关因素。

还应做出分析以确定生产过程的稳定性、生产与检验设备的准确度、所生产产品或服务的质量，以及不合格的类型与其原因之间的相关性模式。必要时，对生产运作的状况和产品质量提出要求，以便作出安排去调整生产过程与设备，并设计生产过程的统计控制方案。这将有助于确认建立控制的最佳位置，迅速查明生产过程中的任何不正常因素，以便迅速采取纠正措施。

（3）*合理子组的选择*　控制图的基础是休哈特关于将观测值划分为所谓“合理子组”的中心思想；即将所考察的观测值划分为一些子组，使得组内变差可认为仅由偶然原因造成，而组间的任何差异可以是由控制图所欲检测的可查明原因造成的。

合理子组的划分有赖于某些技术知识、对生产状况的熟悉程度和获取数据的条件。如果方便，可根据时间或来源来确定子组，这样可能更容易地追踪与纠正生产问题的具体原因。按收集观测值的顺序所给出的检验和试验记录，提供了根据时间划分子组的基础。由于在制造业中保持生产系统随时间恒定不变很重要，故根据时间划分子组的作法在制造业中通常有用。这在水质监测某些分析项目中也可以借鉴。

应该始终记住，如果在计划收集数据时就注重样本的选取，使得从每个子组取得的数据都可以适当地处理为一个单独的合理子组，那么分析工作将大为简便，并且应以此种方式确定子组使得这一点成为可能。此外，在尽可能的范围内应保持子组大小 n 不变，以避免烦琐的计算和解释。当然，应该注意常规控制图原理对于 n 变化的情形也同样适用。

（4）子组频数与子组大小　关于子组频数或子组大小无法制定通用的规则。子组频数可能取决于取样和分析样本的费用，而子组大小则可能取决于一些实际的考虑。例如，低频率长间隔抽取的大子组可以更准确地检测出过程中的小偏移，而高频率短间隔地抽取的小子组则能更迅速地检测出大偏移。通常，子组大小取为 4 或 5，而抽样频数，一般在初期时高，一旦达到统计控制状态后就低。通常认为，对于初步估计而言抽取大小为 4 或 5 的 20～25 个子组就足够了。

值得注意的是，抽样频数、统计控制和过程能力需要统一加以考虑。理由如下：平均极差 $\overline{R}$ 常常用于估计 σ。随着在一个子组中抽样的时间间隔加长，变差来源的数目也会增加。因此，在一个子组内若抽样时间间隔延长，将使 $\overline{R}$ 也即 σ 的估计值增大、加宽控制限范围，从而降低过程能力指数。反之，连续的逐个抽样将给出较小的 $\overline{R}$ 值和 σ 的估计值，虽然有可能增加过程能力，但统计控制状态将很难达到。

（5）预备数据的收集　在确定了要控制的质量特性以及子组的子组抽样频数和子组大小以后，就必须收集和分析一些原始的检验数据和测量结果，以便能够提供初始的控制图数值，这是为确定绘于控制图上的中心线与控制限所需要的。预备数据可以从一个连续运作的生产过程中逐个子组地进行收集，直到获得 20～25 个子组为止。注意，在收集原始数据的过程中，过程不得间歇地受到外来因素的不当影响，如原材料的供给、操作方式、仪器设置等方面的变化。换言之，在收集原始数据时过程应该呈现出一种稳定状态。

2. 建立控制图的步骤

以下给出了有关标准值未给定的情形下建立 $\overline{X}$ 图与 R 图的一般步骤。建立其他控制图时，其基本步骤相同，但用于计算的常数有所不同（见表 15-1 和表 15-2）。标准控制图表的一般格式如图 15-5 所示。根据过程控制实际情况的特殊需求，可以对此表格进行修改。

① 若预备数据未依照规定计划按子组来获取，则依照在前文中所述的合理子组准则，将整批观测值分解成子组序列。这些子组必须具有相同的结构和大小。任一子组的样品都应具有某个被认为是重要的共性，例如在同一个短时间间隔内生产的单位产品，或是来自若干个不同来源或位置之一的单位产品。不同的子组应反映产生这些产品的过程的可能或可疑的差别，如不同的时间间隔或不同的来源或位置。

② 计算每个子组的平均值 $\overline{X}$ 和极差 R。

③ 计算所有观测值的总平均值 $\overline{\overline{X}}$ 和平均极差 $\overline{R}$。

④ 在适当的表格或图纸上绘制一张 $\overline{X}$ 图与一张 R 图。用左侧纵坐标表示 $\overline{X}$ 和 R，用横坐标表示子组号。在平均值图上点绘 $\overline{X}$ 的计算值，在极差图上点绘 R 的计算值。

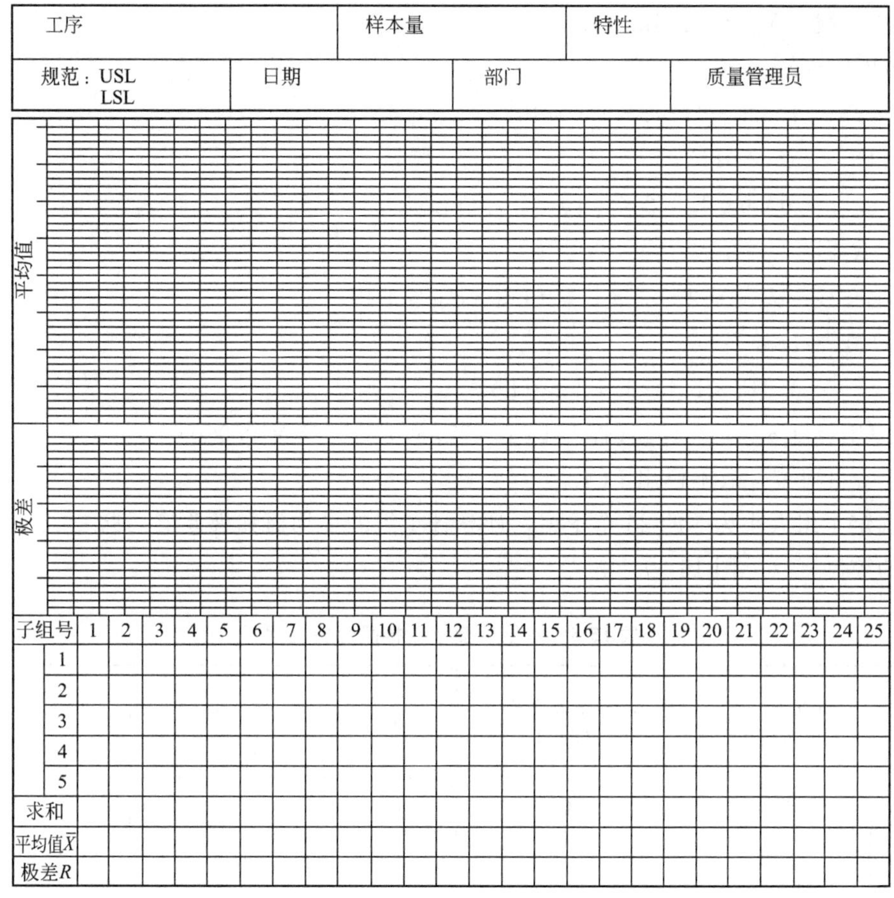

图 15-5　控制图表的一般格式

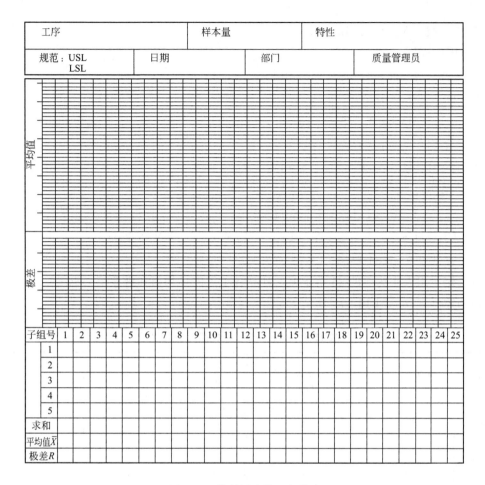

⑤ 在上述每张图上分别画出表示 $\overline{\overline{X}}$ 和 $\overline{R}$ 的水平实线。

⑥ 在上述图上标出控制限。在 $\overline{X}$ 图上于 $\overline{\overline{X}} \pm A_2\overline{R}$ 处作两条水平虚线，而在 R 图上分别于 $D_3\overline{R}$ 和 $D_4\overline{R}$ 处作两条水平虚线，这里 A_2、D_3 和 D_4 与子组大小 n 有关，于表 15-2 中给出。无论何时，只要 n 小于 7，R 图上就不需要标出 LCL 项，因为这时 D_3 的值设为零。

十、水环境监测控制图案例分析

1. $\overline{X}$ 图与 R 图：标准值给定的情形

【例 15-1】 将水质硬度标准样品作为水质硬度分析的质量控制样品，采用与正常水质样品同样的标准分析方法分析其浓度。已知其标准样品的浓度（以 $CaCO_3$ 计）标准值为 100.6mg/L，分析过程的标准差为 1.4mg/L。

由于标准值已给定（$X_0=100.6$mg/L，$\sigma_0=1.4$mg/L），所以，利用表 15-1 给出的公式和表 15-2 中 $n=5$ 行对应的系数 A、d_2、D_2、D_1，能立即建立均值控制图和极差控制图。

（1）$\overline{X}$ 图

① 中心线$=X_0=100.6$mg/L

② UCL $=X_0+A\sigma_0$

$=100.6+1.342\times1.4=102.5$（mg/L）

③ LCL $=X_0-A\sigma_0$

$=100.6-1.342\times1.4=98.7$（mg/L）

（2）R 图

① 中心线$=d_2\sigma_0=2.326\times1.4=3.3$（mg/L）

② UCL $=D_2\sigma_0$

$=4.918\times1.4=6.9$（mg/L）

③ LCL$=D_1\sigma_0=0\times1.4$（查表 15-2，当 $n<7$ 时，$D_1=0.000$）

由于 n 小于 7，故不标出 LCL。

现选定子组大小为 5 的 25 个子组，计算各子组的平均值和极差值（见表 15-5），并绘制算出的控制限（见图 15-6）。

表 15-5 水质硬度标准样品分析过程

子组号	子组平均值 $\overline{X}$ /(mg/L)	子组极差 R /(mg/L)	子组号	子组平均值 $\overline{X}$ /(mg/L)	子组极差 R /(mg/L)
1	100.6	3.4	14	99.4	5.1
2	101.3	4.0	15	99.4	4.5
3	99.6	2.2	16	99.6	4.1
4	100.5	4.5	17	99.3	4.7
5	99.9	4.8	18	99.9	5.0
6	99.5	3.8	19	100.5	3.9
7	100.4	4.1	20	99.5	4.7
8	100.5	1.7	21	100.1	4.6
9	101.1	2.2	22	100.4	4.4
10	100.3	4.6	23	101.1	4.9
11	100.1	5.0	24	99.9	4.7
12	99.6	6.1	25	99.7	3.4
13	99.2	3.5			

图 15-6 的控制图表明，该分析过程对于预期的过程水平失控，因为在 $\overline{X}$ 图上出现了连续 13 个点低于中心线的情况，在 R 图上出现了连续 16 个点高于中心线的情况。对于引起这种长序列的平均值偏低的原因应加以调查并消除。

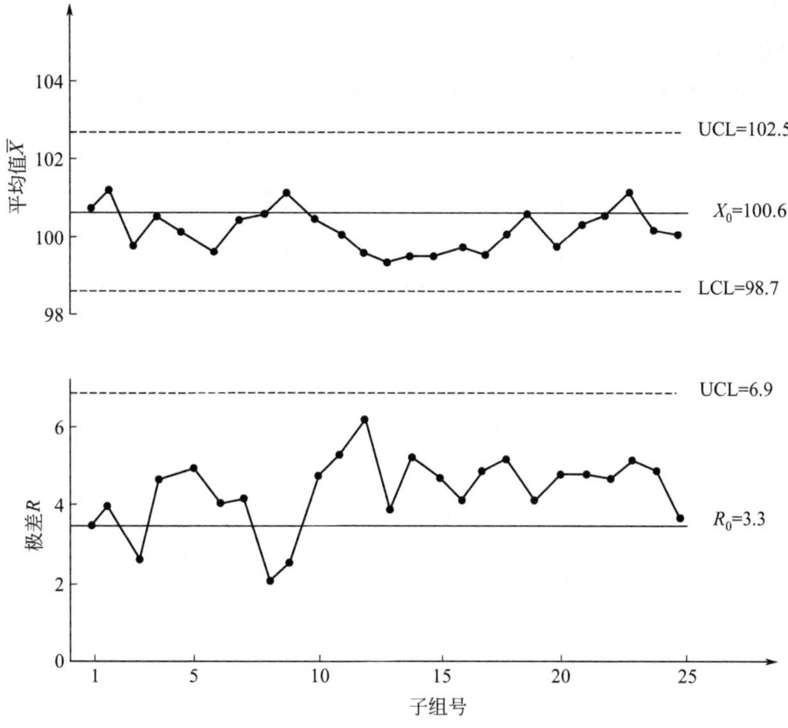

图 15-6　表 15-5 中数据的平均值与极差图

2. $\overline{X}$ 图与 R 图：标准值未给定的情形

【例 15-2】 将水质总磷标准样品作为水质总磷分析的质量控制样品，采用与正常水质样品同样的标准分析方法分析其浓度。每个子组平行分析 4 个试样，总共 20 个子组。表 15-6 给出了子组平均值和极差。规定的上容差限为 0.219mg/L，下容差限为 0.125mg/L。目标是评估分析过程性能，并控制过程位置和离散程度，从而使过程满足规范要求。

$$\overline{\overline{X}}=\frac{\sum\overline{X}}{k}=\frac{3.8475}{20}=0.1924\ (\mathrm{mg/L})$$

$$\overline{R}=\frac{\sum R}{k}=\frac{0.5734}{20}=0.0287\ (\mathrm{mg/L})$$

第一步是绘制 R 图并评估控制状态。

（1）R 图

① 中心线$=\overline{R}=0.0287$mg/L

② UCL$=D_4\overline{R}=2.282\times0.0287=0.0655$（mg/L）

③ LCL$=D_3\overline{R}=0\times0.0287$（查表 15-2，当 $n<7$ 时，$D_3=0.000$）

由于 n 小于 7，故不标出 LCL。

所乘系数 D_3、D_4 的值由表 15-2 中 $n=4$ 行中查得。由于表 15-6 中的 R 值都位于 R 图的控制限内，故 R 图显示出过程处于统计控制状态。因此，$\overline{R}$ 值现在可用来计算 $\overline{X}$ 图的控制限。

(2) $\overline{X}$ 图

① 中心线$=\overline{\overline{X}}=0.1924$mg/L

② UCL$=\overline{\overline{X}}+A_2\overline{R}=0.1924+0.729\times0.0287=0.2133$ (mg/L)

③ LCL$=\overline{\overline{X}}-A_2\overline{R}=0.1924-0.729\times0.0287=0.1715$ (mg/L)

系数 A_2 的值由表 15-2 中 $n=4$ 行中查得。$\overline{X}$ 图与 R 图绘制于图 15-7 中。

表 15-6 水质总磷标准样品分析过程数据

子组号	浓度值/(mg/L)				平均值 $\overline{X}$ /(mg/L)	极差 R /(mg/L)
	X_1	X_2	X_3	X_4		
1	0.1898	0.1729	0.2067	0.1898	0.1898	0.0338
2	0.2012	0.1913	0.1878	0.1921	0.1931	0.0134
3	0.2217	0.2192	0.2078	0.1980	0.2117	0.0237
4	0.1832	0.1812	0.1963	0.1800	0.1852	0.0163
5	0.1692	0.2263	0.2066	0.2091	0.2028	0.0571
6	0.1621	0.1832	0.1914	0.1783	0.1788	0.0293
7	0.2001	0.1927	0.2169	0.2082	0.2045	0.0242
8	0.2401	0.1825	0.1910	0.2264	0.2100	0.0576
9	0.1996	0.1980	0.2076	0.2023	0.2019	0.0096
10	0.1783	0.1715	0.1829	0.1961	0.1822	0.0246
11	0.2166	0.1748	0.1960	0.1923	0.1949	0.0418
12	0.1924	0.1984	0.2377	0.2003	0.2072	0.0453
13	0.1768	0.1986	0.2241	0.2022	0.2004	0.0473
14	0.1923	0.1876	0.1903	0.1986	0.1922	0.0110
15	0.1924	0.1996	0.2120	0.2160	0.2050	0.0236
16	0.1720	0.1940	0.2116	0.2320	0.2024	0.0600
17	0.1824	0.1790	0.1876	0.1821	0.1828	0.0086
18	0.1812	0.1585	0.1699	0.1680	0.1694	0.0227
19	0.1700	0.1567	0.1694	0.1702	0.1666	0.0135
20	0.1698	0.1664	0.1700	0.1600	0.1666	0.0100

检查 $\overline{X}$ 图，发现最后 3 点失控。这表明变差的某些可查明原因可能在起作用。如果控制限是根据前面的数据来计算的，则从第 18 点起就需要采取行动。在该点采取适当的补救措施以消除可查明原因并防止其再次出现。通过剔除失控点，也就是子组号为 18、19、20 点的值，建立修正控制限，继续实行控制图方法。$\overline{\overline{X}}$、$\overline{R}$ 的值和控制图线按以下公式进行重算。

修正后的 $\overline{\overline{X}}$、$\overline{R}$ 的值如下：

$$\overline{\overline{X}}=\frac{\sum\overline{X}}{k}=\frac{3.3449}{17}=0.1968\ (\text{mg/L})$$

$$\overline{R}=\frac{\sum R}{k}=\frac{0.5272}{17}=0.0310\ (\text{mg/L})$$

(3) 修正后的 $\overline{X}$ 图

① 中心线$=\overline{\overline{X}}=0.1968$mg/L

② UCL$=\overline{\overline{X}}+A_2\overline{R}=0.1968+0.729\times0.0310=02194$ (mg/L)

③ LCL$=\overline{\overline{X}}-A_2\overline{R}=0.1968-0.729\times0.0310=0.1742$ (mg/L)

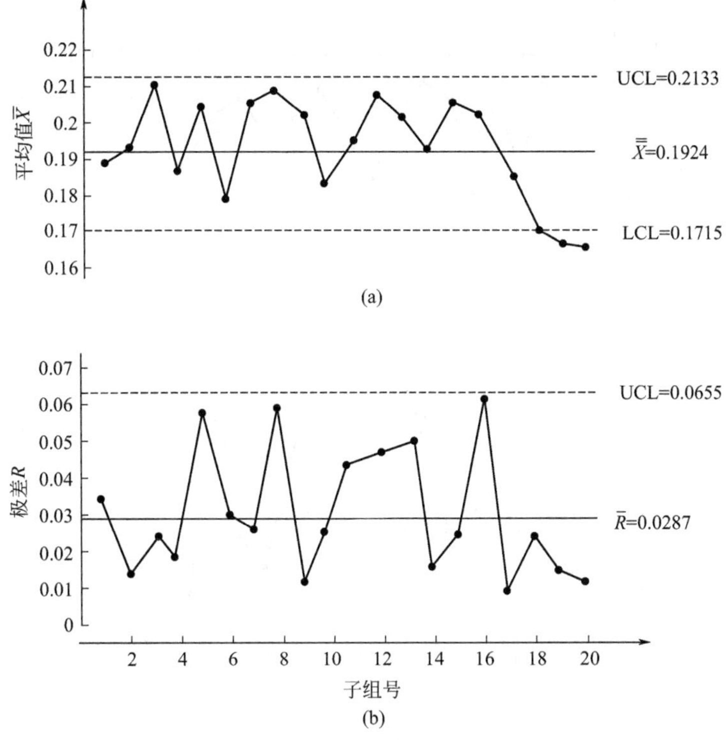

图 15-7 表 15-6 中数据的平均值与极差图

（4）修正后的 R 图

① 中心线$=\overline{R}=0.0310$mg/L

② UCL$=D_4\overline{R}=2.282\times0.0310=0.0707$（mg/L）

③ LCL$=D_3\overline{R}=0\times0.0310$（查表 15-2，当 $n<7$ 时，$D_3=0.000$）。

由于 n 小于 7，故不标出 LCL。

表 15-6 中数据修正后的平均值和极差如图 15-8 所示。

由于过程相对于修正后的控制限呈现出统计控制状态，于是就可以对过程能力进行评估。

计算：

$$\text{PCI}=\frac{\text{规定容差}}{\text{过程离散程度}}=\frac{\text{UTL}-\text{LTL}}{6\hat{\sigma}}$$

式中，$\hat{\sigma}$ 由 $\overline{R}/d_2=0.0310/2.059=0.0151$ 估计。

常数 d_2 的值由表 15-2 中 $n=4$ 行中查得。

于是

$$\text{PCI}=\frac{0.2190-0.1250}{6\times0.0151}=\frac{0.0940}{0.0906}=1.0375$$

由于上述 PCI 大于 1，故过程能力可认为是足够的。但经严密检查就能看出，就规范而论过程中心的位置并不合适，大约有 11.8%的单个值超出上容差限。所以，在固定的控制图参数建立之前应采取行动调整过程中心位置，从而使过程保持为统计控制状态。

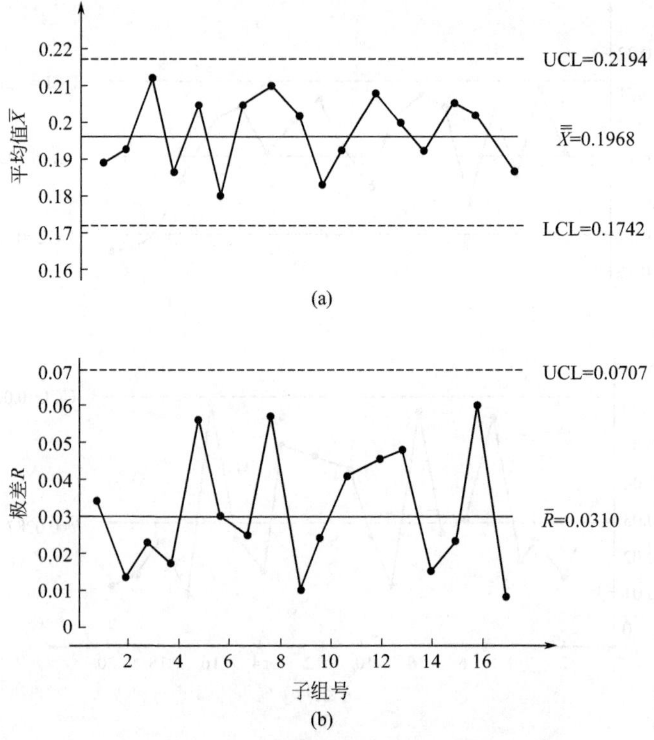

图 15-8 表 15-6 中数据修正后的平均值与极差图

3. 单值（X）与移动极差（R）控制图：标准值未给定的情形

【例 15-3】 将实验室水质硝酸盐氮标准样品作为水质硝酸盐氮分析的质量控制样品，采用与正常水质样品同样的标准分析方法分析其浓度。表 15-7 中给出了连续 10 批水质硝酸盐氮标准样品的实验室分析结果。在实验室情况下对其浓度进行分析测试，希望将分析过程的标准样品硝酸盐氮含量控制在 4mg/L 以下。由于发现单批内的抽样变差可以忽略，因此决定对每批只抽取一个浓度值作为分析结果，并以连续各批的移动极差作为设置控制限的基础。

表 15-7 连续 10 批水质硝酸盐氮标准样品的实验室分析结果

批号	1	2	3	4	5	6	7	8	9	10
X/(mg/L)	2.9	3.2	3.6	4.3	3.8	3.5	3.0	3.1	3.6	3.5
R/(mg/L)		0.3	0.4	0.7	0.5	0.3	0.5	0.1	0.5	0.1

$$\overline{X}=\frac{2.9+3.2+\cdots+3.5}{10}=\frac{34.5}{10}=3.45\ (\text{mg/L})$$

$$\overline{R}=\frac{0.3+0.4+\cdots+0.1}{9}=\frac{3.4}{9}=0.38\ (\text{mg/L})$$

（1）移动极差控制图

① 中心线$=\overline{R}=0.38$mg/L

② UCL$=D_4\overline{R}=3.267\times0.38=1.24$（mg/L）

③ LCL$=D_3\overline{R}=0\times0.38$（查表 15-2，当 $n<7$ 时，$D_3=0.000$）

由于 n 小于 7，故不标出 LCL。

系数 D_3 和 D_4 的值由表 15-2 中 $n=2$ 行中查得。由于该移动极差图呈现出统计控制状态，于是可进行单值控制图的绘制。

（2）单值（X）控制图

① 中心线 $=\overline{X}=3.45\text{mg/L}$

② $\text{UCL}=\overline{X}+E_2\overline{R}=3.45+2.66\times0.38=4.46$（mg/L）

③ $\text{LCL}=\overline{X}-E_2\overline{R}=3.45-2.66\times0.38=2.44$（mg/L）

控制限公式和系数 E_2 的值分别由表 15-3 和表 15-2 给出。控制图绘制于图 15-9 中。该控制图表明分析过程处于统计控制状态。

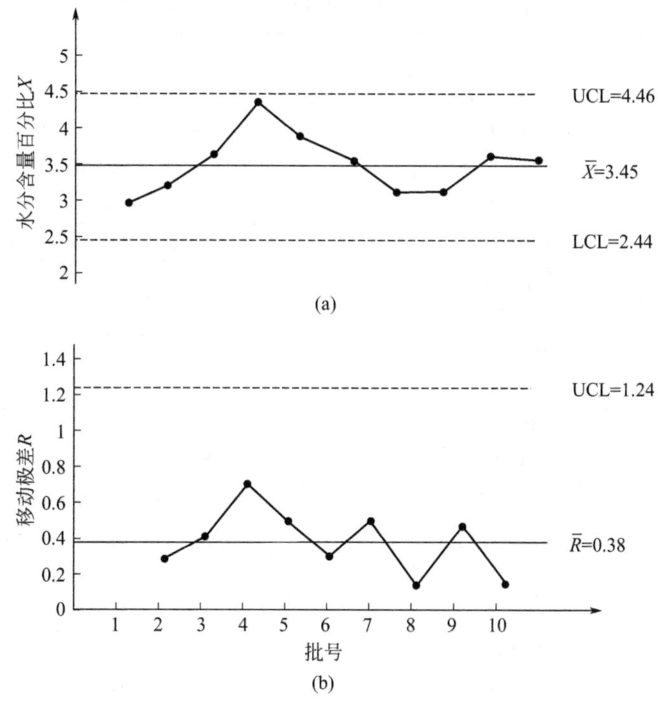

图 15-9　表 15-7 中数据的单值（X）控制图

第三节　水环境分析实验室质量控制

一、实验室内质量控制

1. 实验室内质量控制基本内容

1）室内质量控制主要包括监测人员自我分析质量控制和实验室质量控制与监测数据审核。

① 监测人员自我分析质量控制主要包括空白实验与方法检出限、校准曲线以及初始校准与连续校准、平行样、加标回收与替代物加标回收、质量控制图、仪器比对和标准物

质测定等质量控制方法。

② 实验室质量控制主要包括密码平行样、密码质控标样、密码加标样、人员比对与方法比对、留样复测等质量控制方法。

③ 监测数据审核主要包括异常值的判断和处理、数据计算与校核、质控数据审核、监测数据与历史数据的比较以及总量与分量的逻辑关系等准确性、逻辑性、可比性和合理性审核。

2）应根据监测工作流程，针对样品前处理、实验室分析测试等质量控制环节，制订本实验室分析质量控制标准操作程序（SOP）；根据不同监测对象、样品类型以及监测项目与分析方法等，应按表 15-8 质量控制方法分别制订质量控制标准操作程序。

表 15-8 室内质量控制方法与主要控制作用

质量控制方法		主要控制作用
空白样	样品容器空白样	样品容器清洁度
	现场空白样	运输、保存和预处理的偏倚
	仪器空白样	仪器污染
	方法空白样	方法检出限或灵敏度
平行样	现场平行样	采样后所有过程的精密度
	室内平行样	分析的精密度
	平行分析	仪器的精密度
加标回收样	基体加标	分析预处理和测定的偏倚
	空白加标	分析的准确性
	替代物加标	分析的偏倚
校准曲线检查样	零浓度检查样	校准曲线漂移和记忆效应
	高浓度检查样	校准曲线漂移和记忆效应
	中浓度检查样	校准曲线漂移和记忆效应
质量控制图	精密度	分析的精密度
	准确度	分析的准确度
	空白试验	分析的灵敏度
室内比对试验	人员比对	分析的精密度和准确度
	仪器比对	仪器的精密度和准确度
	方法比对	偏倚、精密度和准确度
	分割样监测比对	室间的精密度和准确度
	定性比对	分析的偏倚
标准物质	有证标准物质	室内准确度和系统误差
	方法监测限	分析的灵敏度

3）质量控制图的使用方法见本章第二节相关内容。根据质量控制图判断测定过程是否受控还应符合以下要求。

① 每批样品监测取 2 份平行的质量控制样，随样品同时进行测定。每批样品所监测的质量控制样品数不得低于 2 个。

② 气温变化对质量控制样的测定值有影响时，应对各次质量控制样测定值进行温度校正。

③ 根据相邻几次合格测定值的分布趋势，对监测质量可能的发展趋势进行判断。趋

（或同）向性变化，应查找产生系统误差的来源；分散度变化，应查找实验条件变化或失控以及其他人为影响因素，及时消除产生误差的来源。

④ 控制图使用一段时间后，还应积累更多的合格数据，调整控制图的中心线和上下控制限位置，不断提高准确度和灵敏度，直至中心线和控制限的位置基本稳定为止。

4）空白样主要包括样品容器空白样、现场空白样、仪器空白样、方法空白样等，通过测定空白样以判断实验用水、试剂纯度、器皿洁净程度、仪器性能及环境条件等的质量状况或是否受控。空白实验质量控制要求如下。

① 除监测方法另有规定之外：每一批样品＜10 个时，监测人员制备方法空白样或仪器空白样不得少于 1 个；每一批样品≥10 个时，每 10～20 个样品制备 1 个方法空白样或仪器空白样。

② 空白试验分析值应低于方法检出限或低于方法规定值；空白平行测定的相对偏差应≤50%。

③ 有质量控制图的，将所测定值的均值点入图中，进行控制。

④ 若空白值不符合规定值范围，应查找原因，消除之后，重新分析。

5）平行样主要包括现场平行样、实验室平行样和密码平行样，通过平行样测定判断监测精密度状况或是否受控。平行样质量控制要求如下。

① 每一批样品＜10 个时，监测人员制备的平行样不得少于 1 个；每一批样品≥10 个时，每 10～20 个样品制备 1 个平行样。

② 平行测定值不符合规定值范围的，应查找原因，消除之后重新测定。

③ 有质量控制图的，将所测定值的均值点入图中，进行控制。

6）加标回收试验主要包括空白加标、基体加标、实际样品加标和密码加标回收试验，通过加标回收试验判断监测准确度状况或是否受控。加标回收试验质量控制要求如下。

① 每一批样品＜10 个时，监测人员制备加标样品不得少于 1 个；每一批样品≥10 个时，每 10～20 个样品制备 1 个加标样。

② 加标样品测定值不符合规定值范围的，应查找原因，消除之后重新分析。

③ 有质量控制图的，将所测定值的均值点入图中，进行控制。

7）标准物质质量控制是指使用有证标准物质和实际样品同步分析，将标准物质的分析结果与其保证值相比较，评价其准确度和检查实验室内（或监测人员）存在的系统误差。标准物质质量控制要求如下。

① 实验室应定期采用标准物质质量控制方法对实验室系统误差进行检查和控制，不定期对监测人员或新上岗人员进行分析质量考核检查。

② 实验室每月标准物质质量控制样品不得少于实验室内质量控制样品总数的 5%，每个监测项目（参数）室内系统误差检查应≥2 次/年。

③ 监测人员应定期采用标准物质对计量监测仪器和标准溶液进行期间核查；根据实验室监测能力与监测方法变化实际情况等，采用标准物质检查和控制室内系统误差。

8）替代物加标回收质量控制是通过替代物加标回收试验判断和评价样品分析过程中监测结果的准确度状况或是否受控，主要适用于对多个目标化合物或元素进行测定的气相色谱、液相色谱、气相色谱-质谱和电感耦合等离子体质谱等痕量分析方法的质量进行控制。

① 可在现场样品、室内样品、预处理样品、净化后样品和浓缩后样品中，准确加入一定浓度的替代物，检查和控制整个操作过程各个关键环节的质量状况。

② 替代物加标回收率应控制在60%～120%范围内。

9）色谱-质谱联用等大型仪器分析，可采用单点和多点标准溶液浓度检查样对批量样品测试过程中的分析质量进行控制，并应符合以下要求。

① 每12h或每20个样品采用一个中间浓度点的标准溶液，或一个与样品浓度接近的标准溶液浓度点进行一次校准。

② 所有目标化合物的响应因子与最初或最近一次校准的平均响应因子相比较，结果不符合规定要求，应更换衬管、色谱柱等，重新进行校准。

2. 监测人员自我分析质量控制

监测人员自我质量控制样品应随机插入在每批次样品中进行测试，覆盖全部样品测试的开始、中间、结束时段操作过程。

① 每批次样品进行多次测试时，每次测试应插入质量控制样品。

② 样品成分与操作过程复杂且需进行如消解、提取和净化等样品预处理的，质量控制检查样应插入包括样品预处理和样品测试的全过程。

③ 每测试10～20个样品应插入1个标准曲线中间浓度点的控制样。一批样品测试过程≥24h的，应每隔24h分别插入1个空白控制样品和校准曲线中间浓度、高浓度2个控制样。

④ 测试过程中有记忆效应的，每测试3～5个样品应插入1个空白控制样和1个校准曲线中间浓度控制样。

⑤ 根据分析方法规定的要求，判断和评价样品监测结果的准确度状况。结果不符合方法规定要求的，应查找原因并证实影响消除后再进行测试。

3. 实验室内质量控制过程评价

1）实验室密码平行样、密码质控标样、密码加标样、留样复测以及比对试验的质量控制样品之和，不得低于每批次样品总数和监测项目总数的10%～20%。

① 根据实验室监测工作与监测项目等具体情况与要求，应定期采用人员比对、仪器比对和方法比对质量控制方法，评价实验室样品检验结果的可靠性。

② 每年比对试验的监测项目，应覆盖实验室经常性开展的全部监测项目。

2）实验室可针对以下情况，采用比对试验方法进行质量控制。

① 监测能力、新开展的监测项目或分析方法变化。

② 重要监测任务、仲裁检验、特定目的检验、对结果提出质疑。

③ 分析方法适应性检验与验证、样品基体和检验过程复杂的监督与验证。

④ 易受到监测人员判别经验与能力差异影响的监测项目。

⑤ 无法采用有证标准物质进行准确度控制与检查的监测项目。

⑥ 其他尚无精密度、准确度允许差控制指标的监测项目。

3）各实验室应按月汇总和统计质量控制结果，将监测报告或成果表和质量控制结果统计表一并上报。质量控制结果统计与评价技术要求如下。

① 计算相对标准偏差、加标回收率和相对误差，按《水环境监测规范》（SL 219—2013）附录A允差控制范围，对质量控制结果进行评价。采用空白值、精密度和准确度质量控制图的，按上、下控制限值评价；空白值统计计算方法监测限，并与方法规定监测限比较评价；校准曲线检查，按相对偏差≤5%控制限值评价；比对试验结果的评价，见本节“实验室间质量控制”（比对试验）。

② 按式(15-5)～式(15-7) 计算每批样品每个监测项目的精密度和准确度合格率。

$$精密度合格率(\%)=\frac{平行测定合格数}{平行测定总数}\times 100\% \tag{15-6}$$

$$准确度合格率(\%)=\frac{质控样(或标准样)测定合格数}{质控样(或标准样)测定总数}\times 100\% \tag{15-7}$$

$$准确度合格率(\%)=\frac{加标回收测定合格数}{加标回收测定总数}\times 100\% \tag{15-8}$$

③ 统计每批样品每个监测项目空白、平行、加标、校准曲线检查、质量控制图、比对试验、标准物质（或质控样）以及其他质量控制检查总数和总合格数；统计计算每个监测项目总的检查率和总合格率。

④ 若某个监测项目质量控制结果的总合格率<100%时，除对不合格者重新测定外还应再增加10%～20%测定率，如此累进直至总合格率达到100%为止。

⑤ 实验室应累积各个监测项目的质量控制数据，并采用数理统计等方法分析监测体系质量的持续稳定性，监控各个监测项目的精密度和偏差的波动，发现和解决可能潜在的质量问题。

4. 实验室监测数据审核

实验室应对每批样品的监测数据进行三级审核，并应符合《水环境监测规范》（SL 219—2013）数据处理与审核的相关规定，主要包括异常值的判断和处理、数据计算与校核、质控数据审核、监测数据与历史数据的比较，以及总量与分量的逻辑关系等准确性、逻辑性、可比性和合理性等审核。

二、实验室间质量控制

1. 实验室间质量控制基本内容

1）实验室间质量控制又称外部质量控制（指由外部的第三者进行质量控制），是采用协作实验、能力验证、实验室间比对和质控考核等方式对各个实验室的分析质量进行定期或不定期检查的过程。实验室间质量控制主要目的与作用如下：a. 评估各实验室间分析的精密度和准确度；b. 判断各实验室间是否存在系统误差；c. 检查各实验室间监测数据的有效性和可比性；d. 确定和提高各实验室综合监测技术能力；e. 检查与评定监测人员技术能力等。

2）实验室应按下列要求积极参加质量控制考核、比对试验、能力验证等活动，定期检查和消除实验室系统误差。

① 每5年组织一次水利系统实验室间质量控制综合性（多组、多项目）考核。定期

组织开展实验室间比对试验、能力验证与方法验证等。

② 流域水环境监测机构和省级水文机构应当针对日常监测质量管理工作，经常性组织开展本流域或本行政区实验室分析质控考核、比对试验（人员比对、方法比对、仪器比对等），以及留样复测等实验室间的质量控制。常规监测项目的实验室间质量控制不得少于1次/年。

③ 积极鼓励实验室参加国家或省级质量监督行政主管部门组织开展的能力验证；有条件的，可以参加国际间的比对实验、能力验证等。

2. 测试项目和控制样品

1）实验室间质量控制可选用单个测试项目和一组测试项目，分析和评价实验室单项和综合测试能力。实验室间质量控制实施方案主要包括以下内容。

① 说明考核的依据、目的、性质、范围和相关技术要求。

② 规定考核项目、方法、量程、准确度或不确定度的要求。

③ 参加的实验室和统一的日程安排与考核程序。

④ 规定的实验室环境、仪器设备、考核样测定等技术要求。

⑤ 确定数据的统计和结果评价方法与标准。

⑥ 结果的报告要求以及结果通报等。

2）实验室间质量控制样品可选用实际（或加标）样品、标准物质（或公议值样品，如土壤标样）、分割样品、已知值样品等。比对试验用样品应符合以下要求。

① 样品与实际监测样品相似，每个样品的各个监测项目不存在显著性差异，有良好的均匀性。

② 样品制备完成后，应随机抽取10份以上的样品，进行样品的均匀性检验检测。对抽取的每个样品，至少重复测试2次，重复测试的样品应分别单独取样。

③ 采用单因子方差分析法（F检验法），对样品的均匀性进行判断。

3. 实验室间质量控制结果统计分析与评价

实验室间质量控制结果统计分析与评价步骤如下。

① 在开始进行统计分析之前，应检查和识别数据中存在的粗大误差和潜在问题，确保所收集、输入和转换的数据是正确、合理的。

② 制作显示结果分布的数据直方图，看结果是否连续和对称，检验结果的正态分布假设，否则统计分析可能无效。

③ 若在直方图上出现两组有差异的结果（即双峰分布），如由于使用了产生不同结果的两种监测方法，应对两种方法的数据进行分离，然后对每一种方法的数据分别进行统计分析。

④ 采用Dixon或Grubbs等检验法对可疑值进行判断和处理。

⑤ 用总计统计量来描述结果，例如结果数、中位值、标准四分位数间距（IQR）、相对标准偏差、最小值、最大值和极差等。

⑥ 采用数理统计法，如常用的t检验法、F检验法、x^2近似检验以及稳健统计处理法等，编制测定结果和统计量图表。

⑦ 分析和评价比对试验结果；分析和评价实验室内或实验室间的精密度、准确度和监测数据可靠有效性；分析和评价监测人员的技术能力；分析和评价实验室单个监测项目能力和综合监测能力。

第四节　水质自动监测质量控制

一、水质自动监测站

水质自动监测站（或在线监测系统）是水质监测站网的重要组成部分。按监测水体类型，可分为地表水、地下水和入河排污口等类型的水质自动监测站。

1. 水质自动监测站位置的选择

水质自动监测站位置的选择应满足以下条件。

① 具有良好的地质、供电、供水、交通、通信等基础条件；

② 具有较好的断面水质代表性；

③ 能保证自动监测站长期运行，不受城市、农村、水利等建设的影响；

④ 自动监测站周围安全环境良好；

⑤ 便于自动监测站日常运行、维护和管理。

2. 水质自动监测站基础设施

水质自动监测站基础设施应满足以下要求。

① 站房建筑结构、抗震、避雷、接地、地面标高设计等符合国家和行业相应标准的要求。

② 仪器间、质控间和生活用房功能布局合理，便于仪器设备的安装、操作、维修与保养。

③ 仪器间温度能保持在18～28℃，相对湿度保持在60%以内。

④ 电源总容量为全部用电设备实际用量的1.5倍；水质自动监测系统配置专用动力配电箱。

⑤ 水质自动监测站室外周边、采水单元、仪器间等重要部位安装视频监控。

3. 采水口位置选择

采水口位置选择和采水单元应满足以下技术要求。

① 采水设施有安全防护，并便于维护和清理，不得影响航道正常航行。

② 取水点设在水下0.5～1m范围内，保证枯水季节和流速较大的状况下均能采集代表性样品。

③ 河流取水口不得设在漫滩、死水区、缓流区、回流区。

④ 断面水质均匀，水体交换良好，采水点水质与该断面平均水质的误差不得大于10%。

⑤ 采取有效防淤、防冻、防盗措施，保证采水设施正常运行。

二、水质自动监测仪器

1. 采水、配水单元

① 采水单元能满足配水单元和分析仪器的需要，并具有自动诊断泵故障及自动切换泵工作功能。

② 配水单元应满足以下基本技术要求：a. 常规五参数（即 pH 值、水温、溶解氧、浑浊度和电导率 5 个监测项目）的分析，使用未经过预处理的样品；b. 通过对流量和压力的调配，满足所选用仪器和设备对样品水流量和压力的具体要求；c. 满足标准分析方法中对样品的预处理要求；d. 系统管路和相关设备清洗、杀菌和除藻，不对仪器和设备性能及分析结果产生不良影响；e. 具有停电自我保护，再次通电自动恢复功能；f. 设有分析单元排放废液的回收装置。

2. 监测单元

监测单元应满足以下基本技术要求。

① 分析方法原理符合国家或行业技术标准所规定的方法或其他等效方法要求。水位、流量监测按国家或水利行业有关技术标准执行。部分水质自动监测站监测项目和分析方法见表 15-9。

表 15-9　部分水质自动监测站监测项目及分析方法

监测项目	分析方法
水温	温度传感器法
pH 值	玻璃电极法
电导率	电极法
浊度	光散射法
溶解氧	膜电极法
高锰酸盐指数	酸性高锰酸盐氧化库仑滴定法
化学需氧量	重铬酸钾氧化滴定或比色法
氨氮	气敏电极法或光度法
总氮	过硫酸盐消解光度法
总磷	过硫酸盐消解光度法或紫外线钼催化光度法
氟离子、氯离子、氰离子	离子选择电极法
六价铬	分光光度法
酚	比色法或紫外吸收法
重金属	离子选择电极法或阳极溶出伏安法
油类	荧光光度法
硝酸盐、磷酸盐	分光光度法
叶绿素 a	荧光法
生物毒性	发光细菌法
挥发性有机物	吹扫捕集气相色谱法

② 监测仪器具有基本参数贮存、自动清洗与标定、状态值查询、故障报警及故障诊断、断电保护和自动恢复（上电后仪器的运行参数设置不变）、自动连续或间歇式（时间间隔可调）监测、密封防护与防潮和抗电磁干扰等功能。

③ 仪器类型的选择原则为：仪器结构合理，性能稳定；仪器测定范围满足水质分析要求，测定结果与标准方法一致；运行维护量少，维护成本低；二次污染少。

④ 根据仪器运行的要求，选配或加装所需的辅助设备，主要包括过滤器、自动进样装置、自动清洗装置、冷却水循环装置等。

⑤ 分析仪的性能指标符合国家和行业相关标准的规定。尚无标准规定的水质自动监测仪器性能指标，参照相关国家和行业标准中的实验室分析方法执行。

3. 数据采集、控制和传输单元

数据采集、控制和传输单元应满足以下基本技术要求。

① 具备 16 通道以上模拟量采集功能，并具有可扩展性；数据采集精度符合相关标准要求；具有断电自动保护历史数据和参数设置功能；数据采集和控制单元具备数据存储能力，并可作为现场数据备用存储设备。

② 控制单元具有一定数量的备用控制点和可扩展性；可现场或远程对采水、配水、管路清洗等单元以及仪器的待机控制、工作模式控制、校准控制、清洗控制等进行自动控制；断电、断水或设备故障时的安全保护性自动控制操作与处理；具备断电后可继续工作数小时和自动启动、自动恢复功能。

③ 现场监控单元具备监控现场各设备状态、图形化界面显示其运行状态功能，定时自动上传历史数据、报警等信息；能够接受中心站的远程访问，实现远程状态监控和参数设置；有能够保存 2 年以上的历史数据的存储容量。

④ 数据传输单元支持有线或无线等多种方式与局域网或广域网连接；具备对子站通信链路的自动诊断功能，一旦通信链路不畅，能够及时自动恢复通信链路；远程数据传输采用具有校验功能的通信协议，能够及时纠正传输错误的数据包；采用相应的加密手段，保证数据传输的安全。

4. 水质自动监测中心站系统

水质自动监测中心站系统应满足以下基本技术要求。

① 配有满足中心站软件工作要求的计算机、防火墙和防病毒软件、不间断电源等，保证系统和数据安全。

② 标准数据库具有足够的数据库容量、网络共享和快速的检索功能以及良好的可扩充性；具有保护原始数据，防止人为修改原始数据的功能；具备数据的导入、导出和通用数据文件格式转换的功能，并能满足中心站数据库系统对本数据的备份、共享及数据传递等操作。

③ 支持与子站相对应的通信方式和通信协议；能自动接收和存储子站上传的历史数据、报警信息、工作日志以及数据采集过程中发生的异常等信息；具有以图形方式对远程子站进行运行状态显示和参数设置（运行模式、安全参数和超标报警）等功能。

④ 能对各子站任意时间段的数据进行趋势比较和报警数据分析；具有自动判断水质类别、超标和无效数标记、异常数据自动剔除和超标数据列表等数据处理功能；能根据有效数据，自动统计各子站样本数、最大值、最小值、平均值、均值、水质类别等数据，生成日报、周报、月报等。

⑤ 具有安全登录、权限管理、用户修改设置和数据等操作的安全记录与管理功能。

三、水质自动监测质量控制

1. 监测数据的审核

水质自动监测站报出的监测数据应进行审核，并应根据仪器的工作状况、近期水质变化趋势及相关参数变化趋势等方面，对异常值加以判断和确认。水质自动监测平均值采用算术平均值，平均值计算应符合以下要求：

① 日均值计算，每日上午和夜间的有效监测数据≥2 个（pH 的均值采用氢离子活度计算算术平均值）；

② 周均值计算，有效日均值数据≥5 个；

③ 月均值计算，有效日均值数据≥20 个；

④ 年均值计算，有效日均值数据≥240 个；

⑤ 确定为异常值的，不得参加均值计算。

2. 监测频率与时间

水质自动监测站的监测频率与时间规定如下。

① 国家重点水质自动监测站，每日采样监测不得少于 2 次，上午 8～10 时和夜间 20～22 时之间进行；洪水期与枯水期每日采样监测不得少于 4 次，每隔 6h 监测一次。

② 国家一般水质自动监测站，每日采样监测不得少于 1 次，在上午 8～10 时之间进行。

③ 行政区界间易发生水事纠纷的区域，每日采样监测不得少于 2 次，分别在上午和夜间 8 时～10 时之间进行，并可根据具体情况酌情增加采样监测频次。

④ 水质易突变的水域，每日采样监测不得少于 2 次，分别在上午 8～10 时和夜间 20～22 时之间进行；水质突变期间，应每隔 1h 采样监测 1 次。

⑤ 动态监测与应急监测期间，采样监测频次不得少于 1～2h 取样监测 1 次。

⑥ 当自动监测系统发出异常值警告时，应密切关注水质变化趋势，并随时增加监测频次。确认超标的，应及时向上一级管理部门报告水质变化情况。

⑦ 对重要水功能区有影响的入河排污口，每隔 1～2h 取样监测 1 次。已掌握排放规律的，可降低取样监测频次。

3. 质量控制

水质自动监测质量控制要求如下。

① 运行管理人员应具备相应的专业技术知识和操作技能，熟悉自动监测站仪器操作和设备性能，并经培训考核，持证上岗。

② 按操作规程的要求，定期进行仪器设备、监测系统的关键部件的维护、清洗和标定；按规定的周期更换试剂、泵管、电极等各类易耗试剂和易损部件；更换各类易损部件或清洗之后应重新标定仪器。

③ 实验用水、试剂和标准溶液应符合规定质量要求。试剂更换周期一般不超过两个星期，校准溶液不得超过一个月，更换试剂后应对监测仪器进行校准。

④ 每周巡视自动监测站 1～2 次，检查采水系统、配水系统、监测系统、通信系统等仪器及设备的状态，判断运行是否正常；检查试剂、标准液和实验用水存量是否有效，更换使用到期的耗材和备件，并进行必要的仪器校准等，及时处理和排除事故隐患，保证自动监测站正常运行；认真填写巡检的各项记录。

⑤ 结合自动监测站巡视工作，采用标准溶液核查方法对水质自动监测仪器进行定期

核查，核查结果的相对误差应不超过±10%，否则需要对自动监测仪器重新校准；定期或不定期使用质控样或密码样等进行质量控制，保证水质自动监测数据的准确性。

⑥ 每年对水质自动监测仪器进行 1～2 次比对实验，比较自动监测仪器监测结果与国家标准分析方法监测结果的相对误差。相对误差超过±15%时，应对自动监测仪器重新校准或进行必要的维护和维修。

⑦ 每天通过远程控制系统查看自动监测站的运行情况和监测数据的变化，检查自动监测站系统的运行情况；发现或判断仪器出现问题或故障时应及时维修和排除，并应及时向系统维护部门和上级单位报告；必要时应做好手工采样和实验室分析的应急补救措施。

⑧ 认真做好仪器设备日常运行记录及质量控制等情况记录。

4. 运行维护与管理

水质自动监测站运行维护与管理应满足以下要求。

① 建立人员岗位职责、运行管理、操作规程和质控规则等规章制度，并严格执行。

② 建立自动监测站建设与运行、仪器设备、监测数据和质控档案管理制度。

③ 每天至少应进行一次中心站软件远程查看和下载自动监测数据，并对站点进行远程管理和巡查，发现异常或通信存在障碍时，应尽快前往现场进行检修。

④ 水质自动监测站主要部件和仪器设备的日常维护工作，每月不得少于一次。

⑤ 水质自动监测站每年应至少完成 1 次系统全面运行状况检查和维护，排除故障隐患，保障长期稳定运行。

四、自动监测站比对试验

① 地表水质自动监测站比对试验是指自动站监测与实验室内监测同步进行的一组比较试验，由自动监测站管理单位组织实施。

② 比对试验可选用实际水样或标准物质，采用国家和行业分析方法等进行比对。监测参数、自动监测仪器方法与实验室比对方法见表 15-10。

表 15-10 监测参数、自动监测仪器方法与实验室比对方法

监测参数	自动监测仪器方法	实验室比对方法
水温	温度传感器法	水温计法(GB/T 13195)，现场监测
pH 值	玻璃电极法	玻璃电极法(GB/T 6920)，现场监测
DO	膜电极法	碘量法(GB/T 7489)，现场固定样品
电导率	电极法	电导率仪法(SL 78)，现场监测
浊度	光散射法	分光光度法(GB/T 13200)，现场监测
化学需氧量	重铬酸钾氧化滴定或比色法	快速消解分光光度法(HJ/T 399)
高锰酸盐指数	酸性高锰酸盐氧化库仑滴定法	酸性高锰酸盐指数法(GB/T 11892)
总有机碳(TOC)	燃烧氧化或过硫酸盐氧化红外检测法	非分散红外线吸收法(GB/T 13193)
氨氮	气敏电极法或光度法	纳氏试剂比色法(HJ 535)
总氮	过硫酸盐消解光度法	碱性过硫酸钾消解紫外分光光度法(GB/T 11894)
总磷	过硫酸盐消解光度法或紫外线钼催化光度法	碱性过硫酸钾消解钼酸铵分光光度法(GB/T 11893)

③ 比对水样采集与处理应满足以下要求：a. 比对实验中实验室分析水样应与自动监测仪分析采用的水样相同；b. 若自动监测仪需要过滤或沉淀水样，则实验室分析比对水样用相同过滤材料过滤或沉淀；c. 实验室分析水样的采样位置与自动监测仪的水样取样位置应尽量保持一致。

④ 比对试验可选择高、中、低三种不同浓度的实际水样，分别使用水质自动监测仪和相应国家或行业等标准方法进行比对试验。同一浓度实际水样比对试验次数不少于 9 次，并对试验结果进行统计、分析与评价，确认水质自动监测站监测水样相对偏差符合所规定的允许偏差范围。水质自动监测实际水样比对允许实验相对偏差建议值参见表 15-11。

表 15-11 水质自动监测实际水样比对允许实验相对偏差建议值

参数		实际水样比对允许实验相对偏差建议值
pH 值		±10%
电导率		±10%
浊度		±15%
溶解氧		±15%
高锰酸盐指数		±15%
氨氮	电极法	±15%
	光度法	±15%
总氮		±15%
总磷		±15%
总有机碳		±15%

参考文献

[1] 水利部水文局. 水环境监测规范 SL 219—2013 [S]. 北京：中国水利水电出版社，2014.

[2] 全国统计方法应用标准化技术委员会. 控制图 通则和导引 GB/T 17989—2000 [S]. 北京：中国标准出版社，2000.

[3] 全国统计方法应用标准化技术委员会. 常规控制图 GB/T 4091—2001 [S]. 北京：中国标准出版社，2001.

[4] 全国统计方法应用标准化技术委员会. 带警戒限的均值控制图 GB/T 4886—2002 [S]. 北京：中国标准出版社，2002.

[5] 潘秀荣. 分析化学准确度的保证和评价 [M]. 北京：中国计量出版社，1987.

[6] 陈守建，鄂学礼，张宏陶，等. 水质分析质量控制 [M]. 北京：人民卫生出版社，1987.

[7] 邓英春，等. 水质化学分析计算指南 [M]. 合肥：安徽科学技术出版社，1993.

[8] 中国环境监测总站，《环境水质监测质量保证手册》编写组. 环境水质监测质量保证手册 [M]. 北京：化学工业出版社，1994.

[9] [美] J P 杜克斯. 分析化学实验室质量保证手册 [M]. 徐立强，等译. 上海：上海翻译出版公司，1988.

[10] 罗旭. 化学统计学基础 [M]. 沈阳：辽宁人民出版社，1985.

[11] 陈守建，鄂学礼，张宏陶，等. 水质分析质量控制 [M]. 北京：人民卫生出版社，1987.

[12] 郑用熙. 分析化学中的数理统计方法 [M]. 北京：科学出版社，1986.

[13] 施昌彦，等．现代计量学［M］．北京：中国计量出版社，2003.

[14] 国家认证认可监督管理委员会．化学分析实验室内部质量控制 比对试验：RB/T 208—2016［S］．北京：中国标准出版社，2017.

[15] 国家认证认可监督管理委员会．合格评定 能力验证的通用要求：GB/T 27043—2012［S］．北京：中国标准出版社，2013.

[16] 中国科学院数学研究所数理统计组．回归分析方法．［M］．北京：科学出版社，1974.

[17] 张公绪，阎育苏．质量管理与选控图［M］．北京：人民邮电出版社，1983.

[18] 孙静，等．常规控制图理解与实施［M］．北京：中国标准出版社，2002.

[19] 国家环境保护局,《水和废水监测分析方法》编委会．水和废水监测分析方法［M］．北京：中国环境科学出版社，2002.

[20] 中国医学科学院卫生研究所．水质分析法［M］．北京：人民卫生出版社，1983.

[21] 武汉大学，等．分析化学［M］．北京：高等教育出版社，1982.

[22] 华中师范大学，东北师范大学，陕西师范大学，等．分析化学［M］．北京：高等教育出版社，1986.

[23] 张铁垣，程泉寿，张仕斌．化验员手册［M］．北京：水利电力出版社，1988.

[24] 中国质量协会．QC 小组基础教材［M］．北京：中国社会出版社，2000.

第十六章
水环境监测数据处理与资料整编

第一节 数据记录与处理

一、数据记录

1. 纸质记录

原始（纸质）记录的填写应符合以下要求。

① 采用墨水笔或档案用圆珠笔及时填写原始记录；现场采样记录可用硬质铅笔或防水签字笔填写。

② 原始记录不得记在纸片或其他本子上再誊抄或以回忆方式填写。

③ 直接读数的测量仪器，及时填写原始记录。

④ 填写记录字迹端正，内容真实、准确、完整，不得随意涂改。

⑤ 原始记录需改正时，在原数据上画一横线，并加盖记录者印章，再将正确数据填写在其上方，不得涂擦、挖补。

⑥ 监测人员按规定认真填写原始记录，对各项记录负责，并记录监测过程中出现的问题、异常现象及处理方法等。

2. 电子记录

① 电子记录的生成、修改、维护、发送等活动应符合以下要求：a. 能够真实、准确地按操作步骤或测量过程的时间顺序，自动记录和存储电子信息以及电子记录生成的时间；b. 能够识别电子记录的原始信息、校核与审查等修改信息，并能追踪和验证原始信息被修改的内容、修改人与修改时间等；c. 能够生成准确而完整的复制件，可被随时调出和查阅，包括人工可阅读的形式及能够接受检查与验证的电子形式；d. 电子签名能完整链接在其相关的电子记录上，确保签名不能够被删除、复制或转移到其他未授权的电子记录上。

② 电子签名可采用用户识别码与密码、指纹、视网膜扫描等方式，电子签名的管理与控制应符合以下要求：a. 有相关文件规定每个电子签名对应的授权范围，任何其他人不得再使用或再分配；b. 对具有电子签名资格的个人身份进行授权分配、批准并确认其一致性；签名同时代表其明确含意，如监测、校核、审核、批准等；每次签名均具有时间的印记，并完整体现在电子记录及复印件中；c. 电子签名识别码及密码≥6 个字母和数

字，并具有唯一性、安全性和完整性；系统管理者不得知道或透露用户识别码及密码；d. 出现识别码及密码变更、撤除（人员离开时）、丢失或被窃时，确保能及时正确置换；e. 具有防止识别码及密码被非法使用的监测、跟踪安全防护功能与措施。

③ 电子记录的确认、验证与管理应符合以下要求：a. 应有专业小组或专人负责电子记录确认与验证；b. 确认和验证工作流程中电子记录的范围、生成电子记录的过程以及关键环节；c. 确认工作中使用电子记录取代纸张式记录的活动和控制环节；d. 依照国家和行业对电子记录的有关技术标准要求，分析采用电子记录潜在的风险；e. 编制并实施电子记录验证方案，建立管理规程，保证记录和签名的原始性，防止记录和签名被仿造；f. 验证电子记录的质量、安全与有效性、完整性、真实性和保密性，并编制验证报告或验证文件；g. 系统文件的发放、使用、登记和变更（软硬件、版本升级）等，具有可追踪性；h. 开放系统中的电子记录，增加文件（数据）加密、数字签名等方面的措施与规定；i. 对使用者的权限进行确认，确保使用者在受权限范围内进行读、写、删除、修改、变更记录、电子签名等相关操作，并经培训考核确认；j. 电子记录打印的纸质复印件或纸质副本应与电子记录原件的内容完全一致，并作为纸质原始记录保存；有电子签名的，可与电子记录一并打印；其他电子记录打印成纸质复印件后，由监测、校核、审核等人员手工签字；k. 电子记录归档编号也应对应一致，并作为电子和纸质两种形式的原始记录，同时接受检查、监督与审查。

3. 数据记录的校核与审核

数据记录的校核与审核要求规定如下。

① 原始记录应有监测、校核、审核等人员签名，签名应写全称，字迹端正。校核、审核人员应对记录进行全面检查，对记录的完整性、规范性、正确性、可靠性负责。

② 校核、审核人员应具有 3 年以上相应监测工作经验。发现原始记录有误或可疑，应通过原始记录填写人查明原因并进行确认后由校核、审核人员改正，并加盖修改者印章。

③ 电子记录的校核与审核应符合上述规定，打印成电子记录原件纸质复印件或纸质副本，应真实反映监测、校核、审核人员记录和修改等过程的印记与准确时间。

二、数据记录中有效数字与计量单位

1. 有效数字

数据记录中数字位数的确定应符合以下原则。

① 根据计量器具的精度确定，不得任意增删。

② 监测结果数字位数不能超过方法检出限的数字位数。

③ 来自同一个正态分布的数据量多于 4 个时，其均值的数字位数可比原位数增加一位。计算数据按四则运算规则取数字位数。

④ 极差、平均偏差、标准偏差按方法检出限的数字位数确定。

⑤ 相对偏差、相对平均偏差、相对标准偏差、加标回收率以百分数表示，取 3 位数字。

⑥ 当测定结果低于分析方法的检出限（DL）时，用检出限值前加小于号表示。

⑦ 检出率和超标率以%表示，记至小数点后一位。

2. 计量单位

监测结果的表示应正确使用法定计量单位及符号，并应符合以下要求。

① 除 pH 值（无量纲）、水温（℃）、电导率［μS/cm（25℃）］、氧化还原电位（mV）、细菌总数（个/mL 或 CFU/mL）、总大肠菌群数（个/L 或 MPN/100mL 或 CFU/100mL）、粪大肠菌群数（个/L）、粪链球菌数（个/L）、透明度（cm）、色度（度）、浑浊度（度或 NTU）、总 α（β）放射性（Bq/L）外，其余单位均为 mg/L 或 μg/L。

② 底质、悬移质及生物体中的含量用 mg/kg 或 μg/kg 表示。

③ 平行样测定结果用均值表示；测定精密度、准确度和允许差用偏（误）差值表示。

三、数据处理与审核

1. 监测数据准确性、合理性检查

监测数据应进行准确性、合理性检查。

1）检查现场制备室内质量控制样品和监测人员自我质量控制样品测试比例。

2）按给定的室内标准误（偏）差的要求，对监测数据的精密度、准确度和检出限等进行审核。

3）利用化学物质不同形态的关系进行合理性检验，通常情况下，水中化学物质有下列关系。

① 总氮（TN）＞无机氮（TIN）；总氮（TN）＞有机氮（TON）；

② 无机氮（TIN）＞硝酸盐氮（NO_3^--N）＞氨氮（NH_3-N）＞亚硝酸盐氮（NO_2^--N）；

③ 总磷＞正磷酸盐、聚合磷酸盐、可水解磷酸盐以及有机磷；

④ 总铬＞三价铬、六价铬；重金属总量＞可溶态、吸附态等分量；

⑤ 化学需氧量（COD）＞高锰酸盐指数（COD_{Mn}）；化学需氧量（COD）＞五日生化需氧量（BOD_5）；

⑥ 大肠菌群数＞粪大肠菌群数等。

4）天然水化学项目可根据数据间逻辑相关关系，按表 16-1 计算公式及评价标准检查数据的正确性。

表 16-1 天然水化学项目分析结果校核的计算公式及评价标准

类型	误差计算公式	评价标准
阴阳离子	$\frac{\sum 阴离子毫摩尔浓度-\sum 阳离子毫摩尔浓度}{\sum 阴离子毫摩尔浓度+\sum 阳离子毫摩尔浓度}\times 100\%$ $离子的毫摩尔浓度=离子价\times\frac{离子的质量浓度(mg/L)}{离子的原子量之和}$	≤±10%
总含盐量与溶解固体	$\frac{溶解性总固体计算值-溶解性总固体实测值}{溶解性总固体实测值}\times 100\%$ 其中：溶解性总固体计算值(mg/L)＝阴离子浓度总和(mg/L)＋阳离子浓度总和(mg/L)$-\frac{1}{2}HCO_3^-$ 的浓度(mg/L)	±5%

续表

类型	误差计算公式	评价标准
硬度	$\frac{\text{硬度的计算值}-\text{硬度的实测值}}{\text{硬度的实测值}}\times 100\%$ 硬度的计算值(mg/L,以 $CaCO_3$ 计)=Ca^{2+} 的浓度(mg/L,以 $CaCO_3$ 计)+Mg^{2+} 的浓度(mg/L,以 $CaCO_3$ 计)	±5%
溶解固体与电导率	$\frac{TDS}{\text{电导率}}=0.55$ 其中:TDS 为溶解固体含量,mg/L; 电导率单位为 μS/cm	0.55~0.70
HCO_3^-、游离 CO_2 与 pH 值	$pH_{计算值}-pH_{实测值}$ $pH_{计算值}=6.37+\lg[HCO_3^-]-\lg[CO_2]$	±0.2

5）根据断面多年年均值、月均值及月内测定值等历史数据，以及同一水系相临水域同期和近期监测数据，进行合理性检查。

6）结合其他环境要素，如水文情势、降水量、流量的变化（丰水期、枯水期）、地下水补给等物理、化学、生物季节性变化规律进行综合分析，对监测数据进行合理性检查。

2. 可疑数据的判断处理与数值修约

1）测定数据中如有可疑值，经检查非操作失误粗大误差所致，可采用 Dixon 法或 Grubbs 法等检验同组测定数据的一致性后，再决定其取舍。可疑值与数据运算应符合国家相关标准的要求，并按以下规则进行。

① 当数据加减时，其结果的数字位数与各数中数字位数最少者相同。

② 当各数相乘、除时，其结果的数字位数与各数中数字位数最少者相同。

③ 对数的数字位数应与真数的数字位数相同。

④ 欲修约位数的下一位数（称为尾数）的取舍按“四舍六入五单双”原则处理。即当尾数≤4 时则舍去；尾数≥6 时则进一；当尾数左边第一个数为五，其右的数字不全为零时则进一；其右边全部数字为零时，以保留数的末位的奇偶决定进舍，末位为奇数进一，偶数（含零）舍去。

⑤ 数据的修约只能进行一次，计算过程中的中间结果不必修约。

2）数据审核发现偏离或异常，应立即向质量负责人报告，分析和查找原因。同时采用其他质控措施进行控制，启用副样进行复测时，应经质量负责人签字批准。

3）监测数据统计一般以监测断面（点）为统计单元，按日、旬、月、季、水期（丰、平、枯）、年，计算监测断面（点）浓度的算术平均值或中位值等。

① 监测断面（点）>1 个时，先计算监测断面（点）浓度的算术平均值，然后再按统计时段计算平均值或中位值。

② 测次为奇数时，依数值大小排列在中间位置的数据即为中位值；测次为偶数时，排列在中间位置的两个数据的平均值即为中位值。

③ 监测断面（点）平均值计算应≥2 个监测数据；中位值确定应≥3 个监测数据；季度、水期平均值计算应每季或每个水期≥2 个监测数据；年平均值计算、中位值确定应≥

6 个监测数据。

④ 评价河长以 km 表示，计至小数点后一位；评价水域面积以 km^2 表示，计至小数点后一位；评价库容以 $\times 10^4 m^3$ 表示，计至小数点后两位。

可疑数值的判断处理方法详见第九章，数值修约方法详见第十章。

3. 监测成果年特征值统计

监测成果年特征值统计应符合以下要求。

① 当测次少于两次时，不得统计年特征值；可疑值不参加计算。

② 样品总数为断面（点）全年分析的样品总数（含未检出）；实测范围为全年测得的最小值～最大值。

③ 若分析方法中无检出限，均不统计检出率。

④ 年平均值以算术平均法计算，小于检出限的按 1/2 方法检出限参加计算。

⑤ pH 值、水温、氧化还原电位不统计年平均值。

⑥ 有污染带的江河，按垂线分别统计。

⑦ 超标率计算公式如下：

$$超标率(\%)=\frac{超标个数}{总数}\times 100\%$$

⑧ 超标倍数计算公式如下：

$$超标倍数=\frac{该项目的浓度值}{该项目的水质标准值}-1$$

⑨ 检出率计算公式如下：

$$检出率(\%)=\frac{样品检出个数}{样品总数}\times 100\%$$

第二节　资料整编和汇编

一、成果表

成果报表格式应符合《水环境监测规范》（SL 219—2013）附表 D 的规定，并满足以下要求。

① 已建立水质数据库的，可通过网络提取数据，或按规定成果表格式提交纸质与电子文件各一份。

② 未建立水质数据库的，应按规定成果表格式（电子表格），以邮寄方式和电子邮件或电子存储设备提交纸质与电子文件各一份。

③ 紧急情况时，可选用其他快速方式提供，如传真、短信方式，随后再提交纸质与电子文件各一份。

二、原始资料整、汇编与审查

原始资料整、汇编与审查应按地表水、地下水、大气降水、水体沉降物、水生态、入河排污口、应急和自动监测进行分类，基本要求如下。

① 监测资料的整编由各级水文机构负责完成，监测资料汇编与复审由流域管理机构组织完成。

② 对原始监测资料应进行系统、规范化整理分析，按分级管理要求进行整、汇编，并报送成果。

③ 按检测流程与质量管理要求对原始监测结果进行核查，发现问题应及时处理，以确保监测成果质量。

④ 原始资料整、汇编内容包括样品的采集、保存、运送过程，分析方法的选用及检测过程，质控结果和各种原始记录（如基准溶液、标准溶液、试剂配制与标定记录、样品测试记录、校准曲线等），并对资料合理性进行检查。

⑤ 全面、认真、及时检查原始资料，发现可疑之处，应查明原因。若原因不明，应如实说明情况，不得任意修改或舍弃数据。

⑥ 经检查合格后，按时间顺序将原始资料、监测成果表与监测报告分类装订成册，妥善保管，以备查阅。

⑦ 填制或绘制有关整编图表，编制整编说明书，说明监测工作（断面、测次、方法等）的变化情况、整编中发现的主要问题与处理情况等。有关整编图表填绘要求详见《水环境监测规范》（SL 219—2013）附录 E。

三、监测资料汇编与复审

1）监测资料汇编与复审要求如下。

① 各级水文机构应按年进行监测资料整汇编，并于次年 4 月底前，完成年度监测资料整编、审查工作。流域管理机构应于次年 6 月底前，完成本流域年度监测资料整汇编工作。

② 汇编单位负责对监测资料进行复审。复审不合格的整编资料退回整编单位重新整编、审查，并限期提交质量合格的整编资料。

③ 提交汇编的资料图表，应经过校（初校、复校）、审并达到项目齐全、图表完整、方法正确、资料可靠、说明完备、字迹清晰、规格统一等。

④ 汇编单位抽审监测成果表和原始资料不得≤10%。如发现错误，另应增加 10%的抽审比例。

⑤ 监测成果大错误率不得>1/10000，小错误率不得>1/1000。

⑥ 年度汇编时有关图表填绘要求详见《水环境监测规范》（SL 219—2013）附录 E，汇编成果应包括以下内容：a. 资料索引表；b. 编制说明；c. 监测断面（点）一览表；d. 监测断面（点）分布图；e. 监测断面（点）监测情况说明表及位置图；f. 监测成果表；g. 监测成果特征值年统计表。

2）监测成果资料计算机整、汇编，应采用统一规定的资料整、汇编程序；整、汇编的监测成果资料可利用移动硬盘（U 盘、光盘）等载体存储与传递，或数据加密网络传输。

四、监测成果资料刊印

1. 监测成果资料刊印要求

监测成果资料刊印应符合下列要求。

① 流域、水系（水资源分区、水文地质单元）和地表水功能区与地下水功能区，按“面向下游，先上后下，先干后支，先右后左，顺时针方向”的顺序、全国行政区编码顺序和监测时间（1～12 月）顺序进行刊印编排。

② 资料刊印卷册划分见《水环境监测规范》（SL 219—2013）附录 F；每卷册按地表水、地下水、大气降水、水体沉降物、水生态、入河排污口和自动监测汇编成果分篇顺序进行编排。

③ 编制编印说明，记录当年资料概况、整编情况、样品处理、分析方法、水质标准、统计方法、整编符号说明等。

④ 卷册和分篇刊印内容及编排顺序如下：a. 封面、背脊；b. 总目录；c. 资料总索引表；d. 编印说明；e. 分篇子目录；f. 分篇索引表；g. 监测断面（点）一览表；h. 监测断面（点）分布图；i. 监测断面（点）监测情况说明表及位置图；j. 监测成果表；k. 监测成果特征值年统计表；l. 封底。

⑤ 刊印本采用 16 开，精装；刊印封面样式应符合《水环境监测规范》（SL 219—2013）附录 F 的规定，并应包括资料名称、资料年份、卷册编号、编制单位、出版日期、机密等级等内容。

2. 刊印时间

流域管理机构应于次年 7 月底前完成排版清样校核与复核，8 月底前完成资料的刊印工作；省级水文机构可根据实际需要，刊印本行政区监测成果。

第三节　水质数据库系统与资料保存

一、水质数据库系统

1. 数据库系统建设基本要求

数据库系统建设基本要求如下。

① 实验室应采用计算机技术，实现日常监测数据的规范管理。

② 水利系统水环境与水生态监测信息数据库系统建设可分为水利部、流域、省（自治区、直辖市）和地市四级。

③ 在建或未建数据库系统的实验室应采用电子文件方式，如电子表格文件等方式，处理、保存及传送监测数据。

④ 自动监测站管理机构应建立自动监测实时数据库系统，并按规定要求进行处理、保存及传送监测数据。

2. 数据库系统设计基本要求

数据库系统设计应符合以下基本要求。

① 符合国家和水利行业相关技术标准和规范的要求。

② 数据间的内在联系描述充分，具有良好的可修改性和可扩充性；能够确保系统运行可靠和数据的独立性，冗余数据少，数据共享程度高。

③ 用户接口简单、使用方便，具有数据输入、输出、维护、查询、评价以及基础信息维护、备份与恢复等基本功能。

④ 能提供多种数据录入、导入、转换、处理方式，满足用户操作特性的变化，并能提供必要的技术措施保证入库数据的准确性、完整性和数据质量。

⑤ 能保护数据库不受非受权者访问或破坏，防止错误数据的产生，保障数据库安全。

3. 数据库系统软硬件基本要求

数据库系统软硬件基本要求如下。

① 选择操作系统、数据库管理软件及应用软件等时，应考虑到软件的适应性与完备性，与硬件的兼容性等，具备数据定义、数据操纵、数据库的运行管理和数据库的建立与维护等主要功能。

② 数据库在局域网中运行时，硬件主要包括网络设备、计算机、数据输入输出设备、数据存储与备份设备等；数据库在单机环境下运行时，硬件主要包括计算机、数据输入输出设备、数据存储与备份设备等。

③ 硬件选择应考虑硬件的性能满足数据库系统的要求、与其他硬件的兼容性以及与软件的兼容性等。

4. 应用软件基本功能要求

数据库系统应用软件基本功能要求如下。

① 能提供监测数据的手工录入、自动导入及网络接收功能，并能确保入库数据的规范性、准确性、真实性与完整性。

② 能提供基本信息及监测信息等灵活多样的查询功能，具有显示、打印、导出、发送查询结果的输出功能。

③ 能方便、简单、直观地选择评价参数、水质标准和评价方法，对流域、水系和行政区地表水、地下水、大气降水、水功能区等水环境与水生态质量进行评价、分析与统计，并提供相关评价与统计结果的查询、显示及输出功能。

④ 具有系统基础信息、监测断面基本属性、监测因子属性、评价标准与方法等数据与信息修改、插入、删除等基本维护与操作功能。

⑤ 具备数据库自动备份与恢复功能。

5. 数据库系统维护与更新

数据库系统维护与更新基本要求如下。

① 数据库应用软件的维护应包括修改性维护、适应性维护、完整性维护。

② 数据的维护及更新包括监测数据的更新、添加、修改、删除、复制、格式转换等，

并应按照统一的数据标准与格式进行数据的生产、维护和更新。

③ 能通过增、删、改操作，对单位、站点、节点等各类数据标准与代码进行定义和维护。

④ 系统维护主要包括数据库服务的启动和停止、主机的开启和关闭，以及数据库参数文件内容调整、网络连接方式的更改和调整等。

⑤ 数据库系统的维护与更新应由专门的系统管理员负责，定期安装数据库补丁和升级操作系统、数据库管理软件及应用软件与防病毒软件。

6. 数据库信息和数据管理基本要求

数据库信息和数据管理基本要求如下。

① 所有入库数据应达到数据生产的质量标准与规范的要求。

② 所有入库数据应转换和存储为系统标准格式。

③ 人工录入数据应进行校核与复核，确保录入数据真实、准确和可靠。

④ 制定数据库系统使用管理办法，并对用户进行分级、分类授权管理，避免越权使用和更改系统信息与数据。

⑤ 监测数据应严格按照国家和行业的有关秘密规定执行。在通过网络向授权用户提供数据时，应根据数据的保密级别，采取数据加密措施。

⑥ 数据库系统应具备性能较为完善的网络信息安全设施，具有保证数据安全、数据备份、防计算机病毒与黑客入侵的软硬件措施。

二、资料保存

1）应按有关档案管理规定，建立健全监测与管理信息档案资料管理制度，做好纸质和电子文件（记录）资料的收集、整理、归档、保管和提供。

2）建有自动监测系统、网络办公系统或实验室信息管理系统（LIMS）的，对实时进行的电子文件先做逻辑归档，然后定期完成物理归档和电子记录原件纸质复印件或纸质副本归档。

3）监测资料应分类立卷归档，定期向本单位档案部门移交，任何个人不得据为己有。

4）资料保存基本要求如下。

① 档案资料应保存在温度、湿度、光线、空气等环境条件适宜洁净场所。应配备防盗、防火、防渍、防有害生物等必要设施，确保档案的安全。

② 电子文件资料保存还应采取防震、防磁、防修改与删除等措施，并按载体保存限期及时转录和制作备份。

③ 除原始资料外，整、汇编成果资料备份应异地存放。

④ 电子记录与纸质复印件或纸质副本保存期限相同。

⑤ 原始资料保存期限 5 年；整汇编成果资料长期保存。

5）保密资料的使用管理和销毁，以及密级的变更和解密等，应符合国家和行业的有关规定。

参考文献

[1] 水利部水文局. 水环境监测规范 SL 219—2013. 北京：中国水利水电出版社，2014.

[2] 水利部水文局. 水质数据库表结构与标识符规定 SL 325—2005. 北京：中国水利水电出版社，2014.

[3] 水利部水文局. 水文资料整编规范 SL 247—2012. 北京：中国水利水电出版社，2013.

[4] 水利电力部水利司. 水文测验手册 第三册 资料整编和审查［M］. 北京：水利电力出版社，1980.

[5] 中国科学院数学研究所数理统计组. 回归分析方法［M］. 北京：科学出版社，1974.

[6] 水利部水文局. 基础水文数据库表结构及标识符标准：SL 324-2005［S］. 北京：中国水利水电出版社，2005.

[7] 金光炎. 水文统计计算［M］. 北京：水利电力出版社，1983.

[8] 肖明耀. 误差理论与应用［M］. 北京：计量出版社，1985.

[9] 水利电力部水利司. 水文测验手册 第二册 资料整编和审查［M］. 北京：水利电力出版社，1980.

[10] 国家环境保护局，《水和废水监测分析方法》编委会. 水和废水监测分析方法［M］. 北京：中国环境科学出版社，2002.

[11] 国家环境保护局，《空气和废气监测分析方法》编写组. 空气和废气监测分析方法［M］. 北京：中国环境科学出版社，1990.

[12] 中国医学科学院卫生研究所. 水质分析法［M］. 北京：人民卫生出版社，1983.

[13] 于天仁，王振权. 土壤分析化学［M］. 北京：科学出版社，1988.

[14] 中国环境监测总站，《环境水质监测质量保证手册》编写组. 环境水质监测质量保证手册［M］. 北京：化学工业出版社，1994.

附 录

附表 1 $u_{1-\alpha}/\sqrt{n}$ 的数值表

n	双侧情形		单侧情形	
	$u_{0.975}/\sqrt{n}$	$u_{0.995}/\sqrt{n}$	$u_{0.95}/\sqrt{n}$	$u_{0.99}/\sqrt{n}$
1	1.9600	2.5758	1.6449	2.3263
2	1.3859	1.8214	1.1631	1.6450
3	1.1316	1.4872	0.9497	1.3431
4	0.9800	1.2879	0.8224	1.1632
5	0.8765	1.1519	0.7356	1.0404
6	0.8002	1.0516	0.6715	0.9497
7	0.7408	0.9736	0.6217	0.8793
8	0.6930	0.9107	0.5815	0.8225
9	0.6533	0.8586	0.5483	0.7754
10	0.6198	0.8145	0.5201	0.7357
11	0.5910	0.7766	0.4959	0.7014
12	0.5658	0.7436	0.4748	0.6716
13	0.5436	0.7144	0.4562	0.6452
14	0.5238	0.6884	0.4396	0.6217
15	0.5061	0.6651	0.4247	0.6007
16	0.4900	0.6440	0.4112	0.5816
17	0.4754	0.6247	0.3989	0.5642
18	0.4620	0.6071	0.3877	0.5483
19	0.4496	0.5909	0.3774	0.5337
20	0.4383	0.5760	0.3678	0.5202
21	0.4277	0.5621	0.3589	0.5077
22	0.4179	0.5492	0.3507	0.4960
23	0.4087	0.5371	0.3430	0.4851
24	0.4001	0.5258	0.3358	0.4749
25	0.3920	0.5152	0.3290	0.4653
26	0.3844	0.5052	0.3226	0.4562
27	0.3772	0.4957	0.3166	0.4477
28	0.3704	0.4868	0.3108	0.4396
29	0.3640	0.4783	0.3054	0.4320
30	0.3578	0.4703	0.3003	0.4247
31	0.3520	0.4626	0.2954	0.4178
41	0.3061	0.4023	0.2569	0.3633
51	0.2744	0.3607	0.2303	0.3258
61	0.2509	0.3298	0.2106	0.2979
71	0.2326	0.3057	0.1952	0.2761
81	0.2178	0.2862	0.1828	0.2585
91	0.2055	0.2700	0.1724	0.2439
101	0.1950	0.2563	0.1637	0.2315

附表 2　t 分布分位数表

ν	双侧情形		单侧情形	
	$t_{0.975}$	$t_{0.995}$	$t_{0.95}$	$t_{0.99}$
1	12.7062	63.6567	6.3138	31.8205
2	4.3027	9.9248	2.9200	6.9646
3	3.1824	5.8409	2.3534	4.5407
4	2.7764	4.6041	2.1318	3.7469
5	2.5706	4.0321	2.0150	3.3649
6	2.4469	3.7074	1.9432	3.1427
7	2.3646	3.4995	1.8946	2.9980
8	2.3060	3.3554	1.8595	2.8965
9	2.2622	3.2498	1.8331	2.8214
10	2.2281	3.1693	1.8125	2.7638
11	2.2010	3.1058	1.7959	2.7181
12	2.1788	3.0545	1.7823	2.6810
13	2.1604	3.0123	1.7709	2.6503
14	2.1448	2.9768	1.7613	2.6245
15	2.1314	2.9467	1.7531	2.6025
16	2.1199	2.9208	1.7459	2.5835
17	2.1098	2.8982	1.7396	2.5669
18	2.1009	2.8784	1.7341	2.5524
19	2.0930	2.8609	1.7291	2.5395
20	2.0860	2.8453	1.7247	2.5280
21	2.0796	2.8314	1.7207	2.5176
22	2.0739	2.8188	1.7171	2.5083
23	2.0687	2.8073	1.7139	2.4999
24	2.0639	2.7969	1.7109	2.4922
25	2.0595	2.7874	1.7081	2.4851
26	2.0555	2.7787	1.7056	2.4786
27	2.0518	2.7707	1.7033	2.4727
28	2.0484	2.7633	1.7011	2.4671
29	2.0452	2.7564	1.6991	2.4620
30	2.0423	2.7500	1.6973	2.4573
40	2.0211	2.7045	1.6839	2.4233
50	2.0086	2.6778	1.6759	2.4033
60	2.0003	2.6603	1.6706	2.3901
70	1.9944	2.6479	1.6669	2.3808
80	1.9901	2.6387	1.6641	2.3739
90	1.9867	2.6316	1.6620	2.3685
100	1.9840	2.6259	1.6602	2.3642
200	1.9719	2.6006	1.6525	2.3451
500	1.9647	2.5857	1.6479	2.3338

附表 3 $t_{1-\alpha}(\nu)/\sqrt{n}$ 的数值表（$\nu=n-1$）

$\nu=n-1$	双侧情形		单侧情形	
	$t_{0.975}/\sqrt{n}$	$t_{0.995}/\sqrt{n}$	$t_{0.95}/\sqrt{n}$	$t_{0.99}/\sqrt{n}$
1	8.9846	45.0121	4.4645	22.5005
2	2.4841	5.7301	1.6859	4.0210
3	1.5912	2.9205	1.1767	2.2704
4	1.2417	2.0590	0.9534	1.6757
5	1.0494	1.6461	0.8226	1.3737
6	0.9248	1.4013	0.7345	1.1878
7	0.8360	1.2373	0.6698	1.0599
8	0.7687	1.1185	0.6198	0.9655
9	0.7154	1.0277	0.5797	0.8922
10	0.6718	0.9556	0.5465	0.8333
11	0.6354	0.8966	0.5184	0.7846
12	0.6043	0.8472	0.4943	0.7436
13	0.5774	0.8051	0.4733	0.7083
14	0.5538	0.7686	0.4548	0.6776
15	0.5329	0.7367	0.4383	0.6506
16	0.5142	0.7084	0.4234	0.6266
17	0.4973	0.6831	0.4100	0.6050
18	0.4820	0.6604	0.3978	0.5856
19	0.4680	0.6397	0.3866	0.5678
20	0.4552	0.6209	0.3764	0.5516
21	0.4434	0.6036	0.3669	0.5368
22	0.4324	0.5878	0.3580	0.5230
23	0.4223	0.5730	0.3498	0.5103
24	0.4128	0.5594	0.3422	0.4984
25	0.4039	0.5467	0.3350	0.4874
26	0.3956	0.5348	0.3282	0.4770
27	0.3878	0.5236	0.3219	0.4673
28	0.3804	0.5131	0.3159	0.4581
29	0.3734	0.5032	0.3102	0.4495
30	0.3668	0.4939	0.3048	0.4413
40	0.3156	0.4224	0.2630	0.3784
50	0.2813	0.3750	0.2347	0.3365
60	0.2561	0.3406	0.2139	0.3060
70	0.2367	0.3142	0.1978	0.2825
80	0.2211	0.2932	0.1849	0.2638
90	0.2083	0.2759	0.1742	0.2483
100	0.1974	0.2613	0.1652	0.2352
200	0.1391	0.1834	0.1166	0.1654
500	0.0878	0.1155	0.0736	0.1043

附表 4　χ^2 分布分位数表

ν	双侧情形				单侧情形			
	$\chi^2_{0.025}$	$\chi^2_{0.975}$	$\chi^2_{0.005}$	$\chi^2_{0.995}$	$\chi^2_{0.05}$	$\chi^2_{0.95}$	$\chi^2_{0.01}$	$\chi^2_{0.99}$
1	0.0010	5.0239	0.0000	7.8794	0.0039	3.8415	0.0002	6.6349
2	0.0506	7.3778	0.0100	10.5966	0.1026	5.9915	0.0201	9.2103
3	0.2158	9.3484	0.0717	12.8382	0.3518	7.8147	0.1148	11.3449
4	0.4844	11.1433	0.2070	14.8603	0.7107	9.4877	0.2971	13.2767
5	0.8312	12.8325	0.4117	16.7496	1.1455	11.0705	0.5543	15.0863
6	1.2373	14.4494	0.6757	18.5476	1.6354	12.5916	0.8721	16.8119
7	1.6899	16.0128	0.9893	20.2777	2.1673	14.0671	1.2390	18.4753
8	2.1797	17.5345	1.3444	21.9550	2.7326	15.5073	1.6465	20.0902
9	2.7004	19.0228	1.7349	23.5894	3.3251	16.9190	2.0879	21.6660
10	3.2470	20.4832	2.1559	25.1882	3.9403	18.3070	2.5582	23.2093
11	3.8157	21.9200	2.6032	26.7568	4.5748	19.6751	3.0535	24.7250
12	4.4038	23.3367	3.0738	28.2995	5.2260	21.0261	3.5706	26.2170
13	5.0088	24.7356	3.5650	29.8195	5.8919	22.3620	4.1069	27.6882
14	5.6287	26.1189	4.0747	31.3193	6.5706	23.6848	4.6604	29.1412
15	6.2621	27.4884	4.6009	32.8013	7.2609	24.9958	5.2293	30.5779
16	6.9077	28.8454	5.1422	34.2672	7.9616	26.2962	5.8122	31.9999
17	7.5642	30.1910	5.6972	35.7185	8.6718	27.5871	6.4078	33.4087
18	8.2307	31.5264	6.2648	37.1565	9.3905	28.8693	7.0149	34.8053
19	8.9065	32.8523	6.8440	38.5823	10.1170	30.1435	7.6327	36.1909
20	9.5908	34.1696	7.4338	39.9968	10.8508	31.4104	8.2604	37.5662
21	10.2829	35.4789	8.0337	41.4011	11.5913	32.6706	8.8972	38.9322
22	10.9823	36.7807	8.6427	42.7957	12.3380	33.9244	9.5425	40.2894
23	11.6886	38.0756	9.2604	44.1813	13.0905	35.1725	10.1957	41.6384
24	12.4012	39.3641	9.8862	45.5585	13.8484	36.4150	10.8564	42.9798
25	13.1197	40.6465	10.5197	46.9279	14.6114	37.6525	11.5240	44.3141
26	13.8439	41.9232	11.1602	48.2899	15.3792	38.8851	12.1981	45.6417
27	14.5734	43.1945	11.8076	49.6449	16.1514	40.1133	12.8785	46.9629
28	15.3079	44.4608	12.4613	50.9934	16.9279	41.3371	13.5647	48.2782
29	16.0471	45.7223	13.1211	52.3356	17.7084	42.5570	14.2565	49.5879
30	16.7908	46.9792	13.7867	53.6720	18.4927	43.7730	14.9535	50.8922

附表 5-1 F 分布分位数 $F_{0.90}$ (ν_1, ν_2) 表

ν_2 \ ν_1	1	2	3	4	5	6	7	8	9	10	12	14	16	18	20	25	30	60	120	∞
2	8.53	9.00	9.16	9.24	9.29	9.33	9.35	9.37	9.38	9.39	9.41	9.42	9.43	9.44	9.44	9.45	9.46	9.47	9.48	9.49
3	5.54	5.46	5.39	5.34	5.31	5.28	5.27	5.25	5.24	5.23	5.22	5.20	5.20	5.19	5.18	5.17	5.17	5.15	5.14	5.13
4	4.54	4.32	4.19	4.11	4.05	4.01	3.98	3.95	3.94	3.92	3.90	3.88	3.86	3.85	3.84	3.83	3.82	3.79	3.78	3.76
5	4.06	3.78	3.62	3.52	3.45	3.40	3.37	3.34	3.32	3.30	3.27	3.25	3.23	3.22	3.21	3.19	3.17	3.14	3.12	3.11
6	3.78	3.46	3.29	3.18	3.11	3.05	3.01	2.98	2.96	2.94	2.90	2.88	2.86	2.85	2.84	2.81	2.80	2.76	2.74	2.72
7	3.59	3.26	3.07	2.96	2.88	2.83	2.78	2.75	2.72	2.70	2.67	2.64	2.62	2.61	2.59	2.57	2.56	2.51	2.49	2.47
8	3.46	3.11	2.92	2.81	2.73	2.67	2.62	2.59	2.56	2.54	2.50	2.48	2.45	2.44	2.42	2.40	2.38	2.34	2.32	2.29
9	3.36	3.01	2.81	2.69	2.61	2.55	2.51	2.47	2.44	2.42	2.38	2.35	2.33	2.31	2.30	2.27	2.25	2.21	2.18	2.16
10	3.29	2.92	2.73	2.61	2.52	2.46	2.41	2.38	2.35	2.32	2.28	2.26	2.23	2.22	2.20	2.17	2.16	2.11	2.08	2.06
12	3.18	2.81	2.61	2.48	2.39	2.33	2.28	2.24	2.21	2.19	2.15	2.12	2.09	2.08	2.06	2.03	2.01	1.96	1.93	1.91
14	3.10	2.73	2.52	2.39	2.31	2.24	2.19	2.15	2.12	2.10	2.05	2.02	2.00	1.98	1.96	1.93	1.91	1.86	1.83	1.80
16	3.05	2.67	2.46	2.33	2.24	2.18	2.13	2.09	2.06	2.03	1.99	1.95	1.93	1.91	1.89	1.86	1.84	1.78	1.75	1.72
18	3.01	2.62	2.42	2.29	2.20	2.13	2.08	2.04	2.00	1.98	1.93	1.90	1.87	1.85	1.84	1.80	1.78	1.72	1.69	1.66
20	2.97	2.59	2.38	2.25	2.16	2.09	2.04	2.00	1.96	1.94	1.89	1.86	1.83	1.81	1.79	1.76	1.74	1.68	1.64	1.61
25	2.92	2.53	2.32	2.18	2.09	2.02	1.97	1.93	1.89	1.87	1.82	1.79	1.76	1.74	1.72	1.68	1.66	1.59	1.56	1.52
30	2.88	2.49	2.28	2.14	2.05	1.98	1.93	1.88	1.85	1.82	1.77	1.74	1.71	1.69	1.67	1.63	1.61	1.54	1.50	1.46
60	2.79	2.39	2.18	2.04	1.95	1.87	1.82	1.77	1.74	1.71	1.66	1.62	1.59	1.56	1.54	1.50	1.48	1.40	1.35	1.30
120	2.75	2.35	2.13	1.99	1.90	1.82	1.77	1.72	1.68	1.65	1.60	1.56	1.53	1.50	1.48	1.44	1.41	1.32	1.26	1.20
∞	2.71	2.31	2.09	1.95	1.85	1.78	1.72	1.67	1.63	1.60	1.55	1.51	1.47	1.45	1.42	1.38	1.35	1.25	1.18	1.06

附表 5-2　F 分布分位数 $F_{0.95}(\nu_1, \nu_2)$ 表

ν_2	ν_1																			
	1	2	3	4	5	6	7	8	9	10	12	14	16	18	20	25	30	60	120	∞
2	18.51	19.00	19.16	19.25	19.30	19.33	19.35	19.37	19.38	19.40	19.41	19.42	19.43	19.44	19.45	19.46	19.46	19.48	19.49	19.50
3	10.13	9.55	9.28	9.12	9.01	8.94	8.89	8.85	8.81	8.79	8.74	8.71	8.69	8.67	8.66	8.63	8.62	8.57	8.55	8.53
4	7.71	6.94	6.59	6.39	6.26	6.16	6.09	6.04	6.00	5.96	5.91	5.87	5.84	5.82	5.80	5.77	5.75	5.69	5.66	5.63
5	6.61	5.79	5.41	5.19	5.05	4.95	4.88	4.82	4.77	4.74	4.68	4.64	4.60	4.58	4.56	4.52	4.50	4.43	4.40	4.37
6	5.99	5.14	4.76	4.53	4.39	4.28	4.21	4.15	4.10	4.06	4.00	3.96	3.92	3.90	3.87	3.83	3.81	3.74	3.70	3.67
7	5.59	4.74	4.35	4.12	3.97	3.87	3.79	3.73	3.68	3.64	3.57	3.53	3.49	3.47	3.44	3.40	3.38	3.30	3.27	3.23
8	5.32	4.46	4.07	3.84	3.69	3.58	3.50	3.44	3.39	3.35	3.28	3.24	3.20	3.17	3.15	3.11	3.08	3.01	2.97	2.93
9	5.12	4.26	3.86	3.63	3.48	3.37	3.29	3.23	3.18	3.14	3.07	3.03	2.99	2.96	2.94	2.89	2.86	2.79	2.75	2.71
10	4.96	4.10	3.71	3.48	3.33	3.22	3.14	3.07	3.02	2.98	2.91	2.86	2.83	2.80	2.77	2.73	2.70	2.62	2.58	2.54
12	4.75	3.89	3.49	3.26	3.11	3.00	2.91	2.85	2.80	2.75	2.69	2.64	2.60	2.57	2.54	2.50	2.47	2.38	2.34	2.30
14	4.60	3.74	3.34	3.11	2.96	2.85	2.76	2.70	2.65	2.60	2.53	2.48	2.44	2.41	2.39	2.34	2.31	2.22	2.18	2.13
16	4.49	3.63	3.24	3.01	2.85	2.74	2.66	2.59	2.54	2.49	2.42	2.37	2.33	2.30	2.28	2.23	2.19	2.11	2.06	2.01
18	4.41	3.55	3.16	2.93	2.77	2.66	2.58	2.51	2.46	2.41	2.34	2.29	2.25	2.22	2.19	2.14	2.11	2.02	1.97	1.92
20	4.35	3.49	3.10	2.87	2.71	2.60	2.51	2.45	2.39	2.35	2.28	2.22	2.18	2.15	2.12	2.07	2.04	1.95	1.90	1.85
25	4.24	3.39	2.99	2.76	2.60	2.49	2.40	2.34	2.28	2.24	2.16	2.11	2.07	2.04	2.01	1.96	1.92	1.82	1.77	1.71
30	4.17	3.32	2.92	2.69	2.53	2.42	2.33	2.27	2.21	2.16	2.09	2.04	1.99	1.96	1.93	1.88	1.84	1.74	1.68	1.63
60	4.00	3.15	2.76	2.53	2.37	2.25	2.17	2.10	2.04	1.99	1.92	1.86	1.82	1.78	1.75	1.69	1.65	1.53	1.47	1.39
120	3.92	3.07	2.68	2.45	2.29	2.18	2.09	2.02	1.96	1.91	1.83	1.78	1.73	1.69	1.66	1.60	1.55	1.43	1.35	1.26
∞	3.85	3.00	2.61	2.38	2.22	2.10	2.01	1.94	1.88	1.84	1.76	1.70	1.65	1.61	1.58	1.51	1.46	1.32	1.23	1.08

附表 5-3 F 分布分位数 $F_{0.975}$（ν_1，ν_2）表

ν_2	ν_1																			
	1	2	3	4	5	6	7	8	9	10	12	14	16	18	20	25	30	60	120	∞
2	38.51	39.00	39.17	39.25	39.30	39.33	39.36	39.37	39.39	39.40	39.41	39.43	39.44	39.44	39.45	39.46	39.46	39.48	39.49	39.50
3	17.44	16.04	15.44	15.10	14.88	14.73	14.62	14.54	14.47	14.42	14.34	14.28	14.23	14.20	14.17	14.12	14.08	13.99	13.95	13.90
4	12.22	10.65	9.98	9.60	9.36	9.20	9.07	8.98	8.90	8.84	8.75	8.68	8.63	8.59	8.56	8.50	8.46	8.36	8.31	8.26
5	10.01	8.43	7.76	7.39	7.15	6.98	6.85	6.76	6.68	6.62	6.52	6.46	6.40	6.36	6.33	6.27	6.23	6.12	6.07	6.02
6	8.81	7.26	6.60	6.23	5.99	5.82	5.70	5.60	5.52	5.46	5.37	5.30	5.24	5.20	5.17	5.11	5.07	4.96	4.90	4.85
7	8.07	6.54	5.89	5.52	5.29	5.12	4.99	4.90	4.82	4.76	4.67	4.60	4.54	4.50	4.47	4.40	4.36	4.25	4.20	4.15
8	7.57	6.06	5.42	5.05	4.82	4.65	4.53	4.43	4.36	4.30	4.20	4.13	4.08	4.03	4.00	3.94	3.89	3.78	3.73	3.67
9	7.21	5.71	5.08	4.72	4.48	4.32	4.20	4.10	4.03	3.96	3.87	3.80	3.74	3.70	3.67	3.60	3.56	3.45	3.39	3.34
10	6.94	5.46	4.83	4.47	4.24	4.07	3.95	3.85	3.78	3.72	3.62	3.55	3.50	3.45	3.42	3.35	3.31	3.20	3.14	3.08
12	6.55	5.10	4.47	4.12	3.89	3.73	3.61	3.51	3.44	3.37	3.28	3.21	3.15	3.11	3.07	3.01	2.96	2.85	2.79	2.73
14	6.30	4.86	4.24	3.89	3.66	3.50	3.38	3.29	3.21	3.15	3.05	2.98	2.92	2.88	2.84	2.78	2.73	2.61	2.55	2.49
16	6.12	4.69	4.08	3.73	3.50	3.34	3.22	3.12	3.05	2.99	2.89	2.82	2.76	2.72	2.68	2.61	2.57	2.45	2.38	2.32
18	5.98	4.56	3.95	3.61	3.38	3.22	3.10	3.01	2.93	2.87	2.77	2.70	2.64	2.60	2.56	2.49	2.44	2.32	2.26	2.19
20	5.87	4.46	3.86	3.51	3.29	3.13	3.01	2.91	2.84	2.77	2.68	2.60	2.55	2.50	2.46	2.40	2.35	2.22	2.16	2.09
25	5.69	4.29	3.69	3.35	3.13	2.97	2.85	2.75	2.68	2.61	2.51	2.44	2.38	2.34	2.30	2.23	2.18	2.05	1.98	1.91
30	5.57	4.18	3.59	3.25	3.03	2.87	2.75	2.65	2.57	2.51	2.41	2.34	2.28	2.23	2.20	2.12	2.07	1.94	1.87	1.79
60	5.29	3.93	3.34	3.01	2.79	2.63	2.51	2.41	2.33	2.27	2.17	2.09	2.03	1.98	1.94	1.87	1.82	1.67	1.58	1.49
120	5.15	3.80	3.23	2.89	2.67	2.52	2.39	2.30	2.22	2.16	2.05	1.98	1.92	1.87	1.82	1.75	1.69	1.53	1.43	1.32
∞	5.03	3.70	3.12	2.79	2.57	2.41	2.29	2.20	2.12	2.05	1.95	1.87	1.81	1.76	1.72	1.63	1.57	1.40	1.28	1.09

附表 5-4 F 分布分位数 $F_{0.95}$（ν_1，ν_2）表

ν_2	ν_1																			
	1	2	3	4	5	6	7	8	9	10	12	14	16	18	20	25	30	60	120	∞
2	98.50	99.00	99.17	99.25	99.30	99.33	99.36	99.37	99.39	99.40	99.42	99.43	99.44	99.44	99.45	99.46	99.47	99.48	99.49	99.50
3	34.12	30.82	29.46	28.71	28.24	27.91	27.67	27.49	27.35	27.23	27.05	26.92	26.83	26.75	26.69	26.58	26.50	26.32	26.22	26.13
4	21.20	18.00	16.69	15.98	15.52	15.21	14.98	14.80	14.66	14.55	14.37	14.25	14.15	14.08	14.02	13.91	13.84	13.65	13.56	13.47
5	16.26	13.27	12.06	11.39	10.97	10.67	10.46	10.29	10.16	10.05	9.98	9.77	9.68	9.61	9.55	9.45	9.38	9.20	9.11	9.03
6	13.75	10.92	9.78	9.15	8.75	8.47	8.26	8.10	7.98	7.87	7.72	7.60	7.52	7.45	7.40	7.30	7.23	7.06	6.97	6.89
7	12.25	9.55	8.45	7.85	7.46	7.19	6.99	6.84	6.72	6.62	6.47	6.36	6.28	6.21	6.16	6.06	5.99	5.82	5.74	5.65
8	11.26	8.65	7.59	7.01	6.63	6.37	6.18	6.03	5.91	5.81	5.67	5.56	5.48	5.41	5.36	5.26	5.20	5.03	4.95	4.86
9	10.56	8.02	6.99	6.42	6.06	5.80	5.61	5.47	5.35	5.26	5.11	5.01	4.92	4.86	4.81	4.71	4.65	4.48	4.40	4.32
10	10.04	7.56	6.55	5.99	5.64	5.39	5.20	5.06	4.94	4.85	4.71	4.60	4.52	4.46	4.41	4.31	4.25	4.08	4.00	3.91
12	9.33	6.93	5.95	5.41	5.06	4.82	4.64	4.50	4.39	4.30	4.16	4.05	3.97	3.91	3.86	3.76	3.70	3.54	3.45	3.37
14	8.86	6.51	5.56	5.04	4.69	4.46	4.28	4.14	4.03	3.94	3.80	3.70	3.62	3.56	3.51	3.41	3.35	3.18	3.09	3.01
16	8.53	6.23	5.29	4.77	4.44	4.20	4.03	3.89	3.78	3.69	3.55	3.45	3.37	3.31	3.26	3.16	3.10	2.93	2.84	2.76
18	8.29	6.01	5.09	4.58	4.25	4.01	3.84	3.71	3.60	3.51	3.37	3.27	3.19	3.13	3.08	2.98	2.92	2.75	2.66	2.57
20	8.10	5.85	4.94	4.43	4.10	3.87	3.70	3.56	3.46	3.37	3.23	3.13	3.05	2.99	2.94	2.84	2.78	2.61	2.52	2.43
25	7.77	5.57	4.68	4.18	3.85	3.63	3.46	3.32	3.22	3.13	2.99	2.89	2.81	2.75	2.70	2.60	2.54	2.36	2.27	2.18
30	7.56	5.39	4.51	4.02	3.70	3.47	3.30	3.17	3.07	2.98	2.84	2.74	2.66	2.60	2.55	2.45	2.39	2.21	2.11	2.01
60	7.08	4.98	4.13	3.65	3.34	3.12	2.95	2.82	2.72	2.63	2.50	2.39	2.31	2.25	2.20	2.10	2.03	1.84	1.73	1.61
120	6.85	4.79	3.95	3.48	3.17	2.96	2.79	2.66	2.56	2.47	2.34	2.23	2.15	2.09	2.03	1.93	1.86	1.66	1.53	1.39
∞	6.65	4.62	3.79	3.33	3.03	2.81	2.65	2.52	2.42	2.33	2.19	2.09	2.01	1.94	1.89	1.78	1.71	1.48	1.34	1.11

附表 6-1 常用玻璃量器衡量法 $K(t)$ 值表

（钠钙玻璃体胀系数 25×10^{-6}℃$^{-1}$，空气密度 0.0012g/cm^3）

水温 t/℃	0.0	0.1	0.2	0.3	0.4	0.5	0.6	0.7	0.8	0.9
15	1.00208	1.00209	1.00210	1.00211	1.00213	1.00214	1.00215	1.00217	1.00218	1.00219
16	1.00221	1.00222	1.00223	1.00225	1.00226	1.00228	1.00229	1.00230	1.00232	1.00233
17	1.00235	1.00236	1.00238	1.00239	1.00241	1.00242	1.00244	1.00246	1.00247	1.00249
18	1.00251	1.00252	1.00254	1.00255	1.00257	1.00258	1.00260	1.00262	1.00263	1.00265
19	1.00267	1.00268	1.00270	1.00272	1.00274	1.00276	1.00277	1.00279	1.00281	1.00283
20	1.00285	1.00287	1.00289	1.00291	1.00292	1.00294	1.00296	1.00298	1.00300	1.00302
21	1.00304	1.00306	1.00308	1.00310	1.00312	1.00314	1.00315	1.00317	1.00319	1.00321
22	1.00323	1.00325	1.00327	1.00329	1.00331	1.00333	1.00335	1.00337	1.00339	1.00341
23	1.00344	1.00346	1.00348	1.00350	1.00352	1.00354	1.00356	1.00359	1.00361	1.00363
24	1.00366	1.00368	1.00370	1.00372	1.00374	1.00376	1.00379	1.00381	1.00383	1.00386
25	1.00389	1.00391	1.00393	1.00395	1.00397	1.00400	1.00402	1.00404	1.00407	1.00409

附表 6-2 常用玻璃量器衡量法 $K(t)$ 值表

（硼硅玻璃体胀系数 10×10^{-6}℃$^{-1}$，空气密度 0.0012g/cm^3）

水温 t/℃	0.0	0.1	0.2	0.3	0.4	0.5	0.6	0.7	0.8	0.9
15	1.00200	1.00201	1.00203	1.00204	1.00206	1.00207	1.00209	1.00210	1.00212	1.00213
16	1.00215	1.00216	1.00218	1.00219	1.00221	1.00222	1.00224	1.00225	1.00227	1.00229
17	1.00230	1.00232	1.00234	1.00235	1.00237	1.00239	1.00240	1.00242	1.00244	1.00246
18	1.00247	1.00249	1.00251	1.00253	1.00254	1.00256	1.00258	1.00260	1.00262	1.00264
19	1.00266	1.00267	1.00269	1.00271	1.00273	1.00275	1.00277	1.00279	1.00281	1.00283
20	1.00285	1.00286	1.00288	1.00290	1.00292	1.00294	1.00296	1.00298	1.00300	1.00303
21	1.00305	1.00307	1.00309	1.00311	1.00313	1.00315	1.00317	1.00319	1.00322	1.00324
22	1.00327	1.00329	1.00331	1.00333	1.00335	1.00337	1.00339	1.00341	1.00343	1.00346
23	1.00349	1.00351	1.00353	1.00355	1.00357	1.00359	1.00362	1.00364	1.00366	1.00369
24	1.00372	1.00374	1.00376	1.00378	1.00381	1.00383	1.00386	1.00388	1.00391	1.00394
25	1.00397	1.00399	1.00401	1.00403	1.00405	1.00408	1.00410	1.00413	1.00416	1.00419